机械识图完全自学一本通

（图解双色版）

邱立功　主编

化学工业出版社

·北京·

内 容 简 介

《机械识图完全自学一本通（图解双色版）》是一本讲解机械图形识读方法的工具书。本书从识图的基本知识讲起，分别详细地解读了投影图、立体图、组合体图、轴测图等的识读方法，在打好基础的前提下，提高至对机件、常用件、标准件、零件图、装配图的识读，最后将所学知识运用至各行业，包括焊工、模具工、钣金工、钳工识图等。即本书在讲解机械图识读的基本方法的同时，也对各个机械领域的图形识读进行了详细阐述，使读者在学好基础知识的同时能够将技能应用至工作中，是一本实用性较强的工具书。

本书可供机械工人、机械识图的初学者和进阶阶段人员阅读，同时也可供高校及职业院校机械专业的相关师生参考使用。

图书在版编目（CIP）数据

机械识图完全自学一本通：图解双色版/邱立功主编.—北京：化学工业出版社，2022.1（2025.4重印）
ISBN 978-7-122-40131-1

Ⅰ. ①机… Ⅱ. ①邱… Ⅲ. ①机械图-识图
Ⅳ. ①TH126.1

中国版本图书馆CIP数据核字（2021）第212739号

责任编辑：雷桐辉　张兴辉　　文字编辑：孙月蓉　陈小滔
责任校对：王佳伟　　装帧设计：王晓宇

出版发行：化学工业出版社（北京市东城区青年湖南街13号　邮政编码100011）
印　　装：三河市航远印刷有限公司
787mm×1092mm　1/16　印张28¾　字数720千字　2025年4月北京第1版第5次印刷

购书咨询：010-64518888　　售后服务：010-64518899
网　　址：http：//www.cip.com.cn
凡购买本书，如有缺损质量问题，本社销售中心负责调换。

定　　价：99.00元

前言

为适应我国机械工业的发展，必须高度重视技术人员的素质，大力加速高技能人才的培养。在市场经济条件下，企业要想在激烈的市场竞争中立于不败之地，必须有一支高素质的技术人员队伍，有一众技术过硬、技艺精湛的能工巧匠。机械识图能力是工科类专业学生的必备能力，是锻炼学生空间思维和设计创造能力的重要基础。机械图样是表达和交流技术思想的重要工具，是工程技术部门的一项重要技术文件。本书以机械识图指定的课程教学基本要求为出发点，研究阅读机械图样的基本原理和方法，培养机械工人和学生的读图能力和空间思维能力。

本书内容主要包括：识图的基本知识、投影基本知识、立体及其表面交线、组合体的视图与尺寸标注、轴测图、机件的常用表达方法、常用件和标准件、零件图、装配图、焊工识图、模具工识图、钣金工识图、钳工识图等。

本书在编写时以好用、实用为原则，指导自学者快速入门、步步提高。在内容编排上，以应用性为主导，对画法几何部分进行了大幅精简，删除了一些深层次内容，重点突出识图理论知识的培养，强化工程实际能力的训练。本书的大部分章节，尤其是与工程实际结合紧密的零件图和装配图章节里，配置了大量的工程实例和详细的分析讲解，有利于理论和实际的紧密结合，提高读者的识图应用能力。本书部分名词、术语、标准等沿用行业惯用标准。

本书图文并茂，内容丰富，浅显易懂，取材实用而精练，可作为技工学校、中等职业学校、高等职业院校培训用教材，及初、中级技术工人培训和自学用书，亦可供农家书屋使用。

本书由邱立功主编。参加编写的人员还有：王吉华、高佳、钱革兰、魏金营、王荣、张华瑞、陈薇聪、唐雄辉、刘文花、张茂龙、钱瑜、张道霞、李稳、邓杨、唐艳玲、张业敏、张能武、章奇、陈锡春、方光辉、刘瑞、周小渔、胡俊、王春林、李德庆、沈飞、刘瑞、庄卫东、张婷婷、赵富惠、袁艳玲、蔡郭生、刘玉妍、周文军、任志俊、王石昊、刘文军、徐嘉翊、孙南羊、吴亮、刘明洋、周韵、刘欢等。

由于时间仓促，编者水平有限，书中不妥之处在所难免，敬请广大读者批评指正。

编　者

目录

第一章　识图的基本知识　/　1

第一节　国家标准的基本规定　/　1
一、机械图样的基本组成　/　1
二、图纸幅面及格式　/　1
三、比例　/　3
四、字体　/　4
第二节　尺寸注法　/　6
一、标注尺寸的基本规则　/　6
二、尺寸的组成　/　6
三、尺寸标注示例　/　7
第三节　几何作图　/　9
一、基本几何图形的画法　/　9
（一）平行线的画法　/　9
（二）垂直线的画法　/　9
（三）线段的等分　/　11
（四）圆弧的画法　/　11
（五）圆的等分　/　12
（六）作圆的切线　/　14
（七）求圆弧的圆心　/　15
（八）椭圆的画法　/　15
（九）正多边形的画法　/　15
（十）角与角度的等分　/　16
（十一）抛物线与涡线的画法　/　18
（十二）阿基米德螺旋线画法　/　19
二、多边形的画法　/　19
三、斜度和锥度　/　20
第四节　平面图形的分析和画法　/　22
一、尺寸分析　/　22
二、线段分析　/　22
三、作图步骤　/　23
四、平面图形的尺寸标注　/　24

第二章　投影基本知识　/　25

第一节　投影法和三视图　/　25
一、投影法的概念与分类　/　25
二、三投影面体系和三视图　/　26
第二节　点的投影　/　28
一、点的投影图　/　28
二、点的投影特性　/　29
三、点的投影与坐标之间的关系　/　30
四、两点的相对位置　/　30
五、重影点　/　31
第三节　直线的投影　/　31
一、投影特性　/　31
二、直线在三投影面体系中的投影特性　/　32
三、直线上的点　/　34
四、两直线的相对位置　/　35
五、直角投影定理　/　38
第四节　平面的投影　/　39
一、投影特性　/　39
二、平面对投影面的倾角　/　39
三、平面在三投影面体系中的投影特性　/　39
四、平面内的直线与点　/　42
第五节　直线或平面与平面的相对位置分析　/　43
一、平行问题　/　43
二、相交问题　/　45

第三章　立体及其表面交线　/　47

第一节　平面立体　/　47
一、棱柱的投影　/　47
二、棱锥的投影　/　48
三、平面立体表面上取点和直线　/　49
四、带切口的平面立体的投影　/　50
第二节　曲面立体　/　52
一、圆柱　/　52
二、圆球　/　53
三、圆锥　/　55
四、常见的不完整回转体　/　56
第三节　立体表面交线　/　57
一、截交线　/　57
二、相贯线　/　64

第四章　组合体的视图与尺寸标注　/　67

第一节　组合体的组合形式及其分析方法　/　67
一、组合体的组合形式　/　67
二、组合体的形体分析法和线面分析法　/　69
第二节　组合体的画法　/　70
一、叠加式组合体视图的画法　/　70
二、切割式组合体视图的画法　/　72
第三节　组合体的视图识读　/　73
一、组合体的读图要点　/　73
二、组合体读图的基本方法　/　76
三、组合体的读图的经验　/　80
第四节　组合体的尺寸标注　/　95
一、基本体的定形尺寸标注　/　96
二、组合体的定位尺寸标注　/　96
三、组合体的总体尺寸标注　/　97
四、标注尺寸时应注意的几个问题　/　97
五、尺寸标注的清晰布置　/　99
六、组合体的尺寸标注方法和步骤　/　100

第五章　轴测图　/　102

第一节　轴测图的基本知识　/　102
一、轴测图的基本术语　/　102
二、轴测图的特性　/　103
三、轴测图的分类　/　103
第二节　正等轴测图和斜二等轴测图的识读及画法　/　104
一、正等轴测图的识读及画法　/　104
二、斜二等轴测图的识读及画法　/　109
第三节　轴测图的尺寸标注　/　110
一、轴测图上线性尺寸的标注　/　110
二、轴测图上圆的直径的标注　/　110
三、轴测图上角度的标注　/　110

第六章　机件的常用表达方法　/　111

第一节　视图　/　111
一、基本视图　/　111
二、向视图　/　112
三、局部视图　/　113
四、斜视图　/　115
第二节　剖视图　/　116
一、剖视的基本概念　/　116
二、剖视图的分类　/　116
三、剖视图的画法及标注　/　119
四、剖切平面的种类及剖切方法　/　122
第三节　断面图　/　137
一、断面图的形成和分类　/　137
二、断面图的使用　/　139
三、断面图的规定画法　/　139

四、断面图示例 / 140
第四节 其他表达方法 / 141
一、局部放大图 / 141
二、简化画法 / 142
三、其他规定画法 / 145
第五节 第三角投影 / 146
第六节 综合应用举例 / 147

第七章 常用件和标准件 / 152

第一节 弹 簧 / 152
一、圆柱螺旋压缩弹簧各部分名词及尺寸 / 153
二、圆柱螺旋压缩弹簧的规定画法 / 153
三、圆柱螺旋压缩弹簧的作图步骤与图例 / 154
第二节 螺纹和螺纹紧固件 / 155
一、圆柱螺旋线及螺纹的形成 / 155
二、螺纹的结构和基本要素 / 157
三、螺纹分类、标注及基本尺寸 / 159
四、螺纹的规定画法 / 178
五、常用螺纹紧固件 / 180
第三节 销连接和键连接 / 194
一、销连接 / 194
二、键连接 / 195
三、销和键的基本尺寸 / 197
第四节 滚动轴承 / 200
一、滚动轴承的种类 / 200
二、滚动轴承的代号 / 201
三、滚动轴承的画法 / 202
第五节 齿轮 / 203
一、标准直齿圆柱齿轮 / 204
二、齿轮精度 / 207
三、圆柱齿轮的规定画法 / 209

第八章 零件图 / 211

第一节 识读零件图的基本知识 / 211
一、零件图的作用 / 211
二、零件图的内容 / 211
三、零件构形因素与示例 / 212
第二节 零件图上的技术要求和尺寸标注 / 219
一、零件图上的技术要求 / 219
二、零件图的尺寸标注 / 240
第三节 零件工作图的视图选择 / 244
一、视图选择的一般原则 / 245
二、视图选择的具体步骤和实例 / 245
第四节 画零件图 / 246
一、零件测绘的方法和步骤 / 246
二、零件尺寸的测量 / 249
三、零件测绘注意事项 / 252
第五节 看零件图 / 252
一、看零件图的方法和步骤 / 252
二、看零件图示例 / 253
第六节 典型零件的图例分析 / 255
一、轴类零件 / 255
二、支架类零件 / 256
三、叉杆类零件 / 257
四、轮盘类零件 / 258
五、箱体类零件 / 259

第九章 装配图 / 261

第一节 识读零件图的基本知识 / 261
一、装配图的作用 / 261
二、装配图的内容 / 261
三、装配图的视图表达 / 263
四、装配图特有的表达方法 / 264
五、装配图的零部件序号和明细栏 / 267
六、装配图中的尺寸标注和技术要求 / 268

第二节　装配结构的合理性　/　269
一、装配结构工艺性　/　269
二、常见装配结构　/　273
第三节　部件测绘和装配图的绘制　/　274
一、对部件进行了解和分析　/　274
二、画装配示意图、拆卸零件　/　275
三、画零件草图　/　275
四、绘制装配图　/　275
第四节　装配图的识图和拆画　/　279
一、装配图识图的方法和步骤　/　279
二、装配图识图举例　/　280
三、由装配图拆画零件图　/　280
四、拆画零件图举例　/　280

第十章　焊工识图　/　289

第一节　焊接接头、焊缝形式及焊缝表示法　/　289
一、焊接接头　/　289
二、焊缝形式　/　291
三、机械图样中焊缝的表示方法　/　296
第二节　焊接装配图的识读　/　298
一、焊接装配图的特点及组成　/　298
二、焊接装配图的要求　/　300
三、常见的焊接装配工艺　/　302
四、焊接装配识图实例　/　307

第十一章　模具工识图　/　310

第一节　典型模具零件图的识读　/　310
一、面盖产品图的识读　/　310
二、底板产品图的识读　/　315
三、凸模垫板零件图的识读　/　317
四、矩形支架产品图的识读　/　318
第二节　典型模具装配图的识读　/　322
一、双型挡片模具装配图的识读　/　322
二、斜导柱模总装图的识读　/　328
三、落料模总装图的识读　/　343

第十二章　钣金工识图　/　350

第一节　展开放样　/　350
一、展开作图　/　350
二、直线段实长的求法　/　353
三、板厚处理　/　354
第二节　圆柱面构件的展开　/　357
一、被平面斜截后的圆柱管构件展开　/　358
二、被圆柱面截切后的圆柱管构件展开　/　383
三、被球面截切后的圆柱管构件展开　/　389
四、被椭圆面截切后的圆柱管构件展开　/　393
五、被圆锥面截切后的圆柱管构件展开　/　396
第三节　圆锥面构件的展开　/　398
一、圆锥台展开　/　398
二、被平面截切后的圆锥台构件展开　/　401
三、被曲面截切后的圆锥台构件展开　/　407
第四节　平板构件的展开　/　410
一、棱锥棱柱管及非棱锥棱柱管构件展开　/　410
二、弯管构件展开　/　414
三、三通管构件展开　/　415

第十三章　钳工识图　/　420

第一节　钳工划线图的识读　/　420
一、常用平面划线标记的识读　/　420

二、划线基准的识读 / 421
三、常用划线方法的识读 / 424
四、分度头划线的识读 / 431
五、借料划线图的识读 / 436
第二节 钳工识图特点 / 438
一、平面图形线段分析图（三步作图法）的识读 / 438
二、设备结构分析图的识读 / 439
三、检修钳工图的识读 / 444
四、装配钳工图的识读 / 447
参考文献 / 450

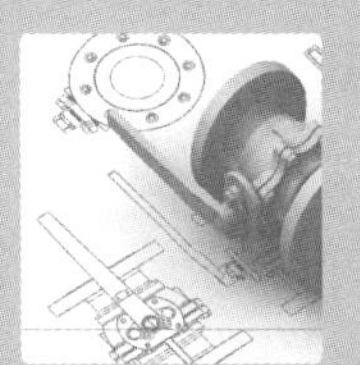

第一章

识图的基本知识

第一节　国家标准的基本规定

一、机械图样的基本组成

机械制图是用图样确切表示机械的结构形状、尺寸大小、工作原理和技术要求的学科。图样由图形、符号、文字和数字等组成，是表达设计图和制造要求，以及交流经验的技术文件，常被称为工程界的语言。机械图样主要有零件图和装配图，此外还有布置图、示意图和轴侧图等。表达机械结构形状的图样，常用的有视图、剖视图和剖面图等。

对于图样中某些作图比较烦琐的结构，为提高制图效率，允许将其简化后画出，称为简化画法。机械制图标准对其中的螺纹、齿轮、花键和弹簧等结构或零件的画法制定有独立的标准。

图样是依照机件的结构形状和尺寸大小按适当比例绘制的。制造机件时，必须按图样中标注的尺寸数字进行加工。

二、图纸幅面及格式

（1）图纸幅面

绘制图样时，应优先采用表1-1中规定的基本幅面。必要时，也允许采用加长幅面，其尺寸是由相应基本幅面的短边成整数倍增加后得出的，如图1-1所示，图中粗实线所示为基本幅面，虚线为加长幅面。

表1-1　图纸幅面尺寸　　单位：mm

幅面代号	A0	A1	A2	A3	A4
$B \times L$	841×1189	594×841	420×594	297×420	210×297
a	25				
c	10			5	
e	20		10		

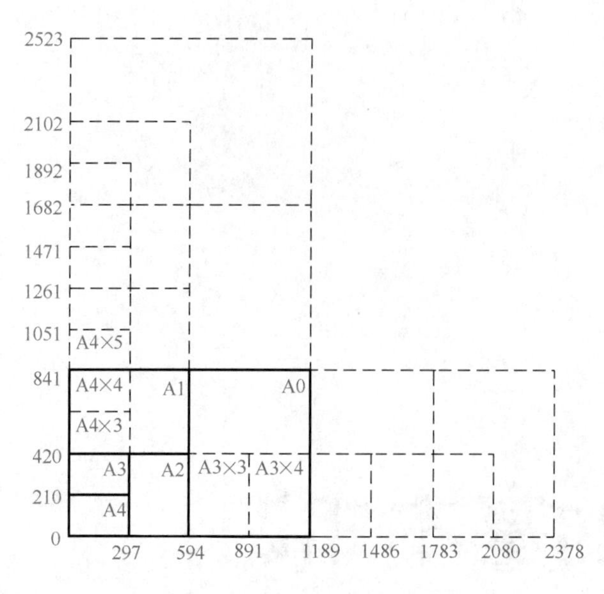

图1-1　图纸基本幅面及加长幅面尺寸

（2）图框格式

绘制图样时，图纸可以横放，也可以竖放。图纸上必须用粗实线绘制图框，其格式分为留装订边（装订型）和不留装订边（非装订型）两种，如表1-2所示。图框的尺寸按表1-1确

表1-2　常用图纸类型

类型	A3幅面横放	A4幅面竖放
装订型	图框线　图纸边界线　c　a　c　B　c　L　标题栏	图框线　图纸边界线　c　a　c　L　c　B　标题栏
非装订型	e　e　e　B　e　L　标题栏	e　e　e　L　e　B　标题栏

定。图纸装订时一般采用A3幅面横装或A4幅面竖装。

（3）标题栏

每张图样上都必须绘制标题栏，标题栏的内容包含零部件及其管理等信息，其格式和尺寸如图1-2所示。标题栏通常位于图样的右下角，紧贴在图框线内侧。标题栏中的文字方向通常为读图方向。

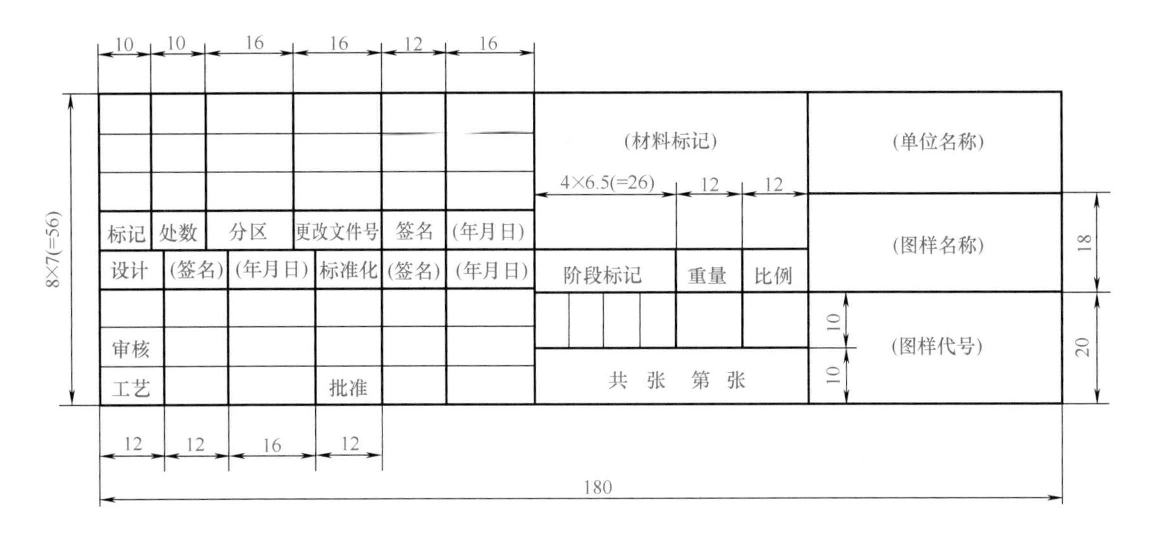

图1-2 标题栏的格式及尺寸

三、比例

比例是指图样中机件要素的线性尺寸与实物相应要素的线性尺寸之比。绘制图样时，应当尽量按照机件的真实大小，即按照1∶1的比例绘制。必要时，也可根据物体的大小及结构的复杂程度，采用放大比例或缩小比例绘制图样。国家标准规定了各种绘图比例的比例数值，如表1-3所示。

表1-3 绘图比例

比例种类	优先使用比例	可使用比例
原值比例	1∶1	
放大比例	5∶1　2∶1 (5×10^n)∶1　(2×10^n)∶1　(1×10^n)∶1	4∶1　2.5∶1 (4×10^n)∶1　(2.5×10^n)∶1
缩小比例	1∶2　1∶5　1∶10 1∶(2×10^n)　1∶(5×10^n)　1∶(1×10^n)	1∶1.5　1∶2.5　1∶3　1∶4　1∶6 1∶(1.5×10^n)　1∶(2.5×10^n)　1∶(3×10^n)　1∶(4×10^n)　1∶(6×10^n)

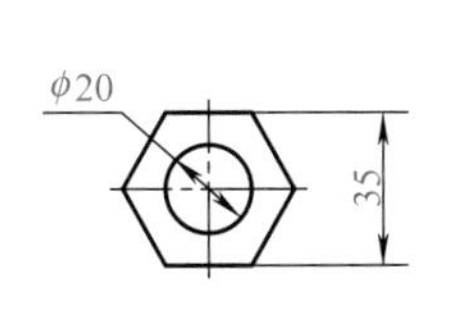

(a) 1∶2比例的图样

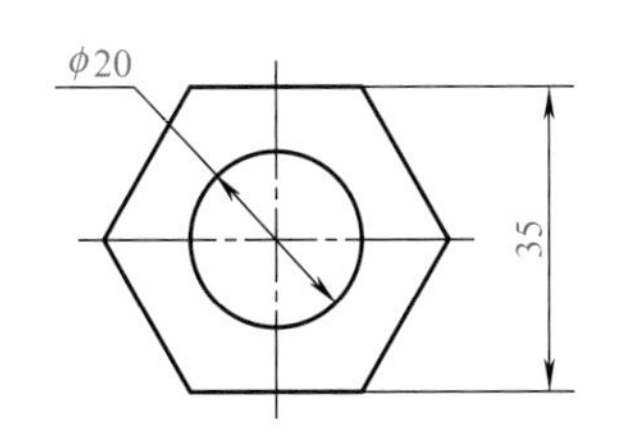

(b) 1∶1比例的图样

图1-3 按实物尺寸进行标注

在使用放大或者缩小比例进行绘图时还应当注意：标注尺寸时，应按实物的真实尺寸进行标注，尺寸数值与所采用的绘图比例无关，如图1-3所示。

四、字体

图样上除了图形外，还需要用文字、数字和符号来说明机件的大小和技术要求等内容。因此，字体是图样的一个重要组成部分，国家标准对图样中字体的书写规范作了规定。

书写字体的基本要求是：字体工整，笔画清楚，间隔均匀，排列整齐。具体规定如下。

（1）字高

字体高度代表字体的号数。国家标准中，字体高度（h）的公称尺寸（单位为mm）系列为：1.8、2.5、3.5、5、7、10、14、20。如需要书写更大号的文字，其字体高度数值应按$\sqrt{2}$的比例等比递增。

（2）汉字

图样中的汉字应采用长仿宋体，并采用国家正式公布的规范简化字。汉字的高度一般不小于3.5mm，其宽度为字高的$1/\sqrt{2}$。图1-4为长仿宋体汉字的书写示例。

10号字

字体工整笔画清楚间隔均匀排列整齐

7号字

横平竖直注意起落结构均匀填满方格

5号字

技术制图机械电子汽车航舶土木建筑矿山井坑港口纺织服装

3.5号字

螺纹齿轮端子接线飞行指导驾驶舱位挖填施工引水通风闸阀坝棉麻化纤

图1-4 长仿宋体汉字书写示例

（3）数字与字母

图样中的数字主要是阿拉伯数字和罗马数字，字母主要是拉丁字母和希腊字母。数字和字母的写法分斜体和直体两种，机械图样中一般采用斜体写法。斜体字书写时，字头向右倾斜，与水平基准线成75°角。图1-5为数字与字母的斜体字书写示例。

图1-5 数字与字母的斜体字书写示例

（4）图线

① 图线的形式及其应用。在绘制图样时，应当采用国家标准规定的标准图线。如表1-4所示为机械图样中常用图线的名称、形式、宽度与主要用途，应用举例如图1-6所示。

表1-4　图线的基本线型与应用

图线名称	图线形式	图线宽度	主要用途
粗实线	——————	d	可见轮廓线、可见的过渡线
细实线	——————	$d/2$	尺寸线、尺寸界线、剖面线、辅助线、重合断面的轮廓线、引出线
波浪线	～～～～～	$d/2$	断裂处的边界线、视图和剖视图的分界线
双折线	——√——√——	$d/2$	断裂处的边界线
虚线	12d　3d	$d/2$	不可见的轮廓线、不可见的过渡线
细点画线	24d　6.5d	$d/2$	轴线、对称中心线、轨迹线、齿轮的分度圆及分度线
粗点画线	—·—·—·—	d	有特殊要求的线或表面的表示线
双点画线	——··——··——	$d/2$	相邻辅助零件的轮廓线、极限位置的轮廓线、假想投影轮廓线

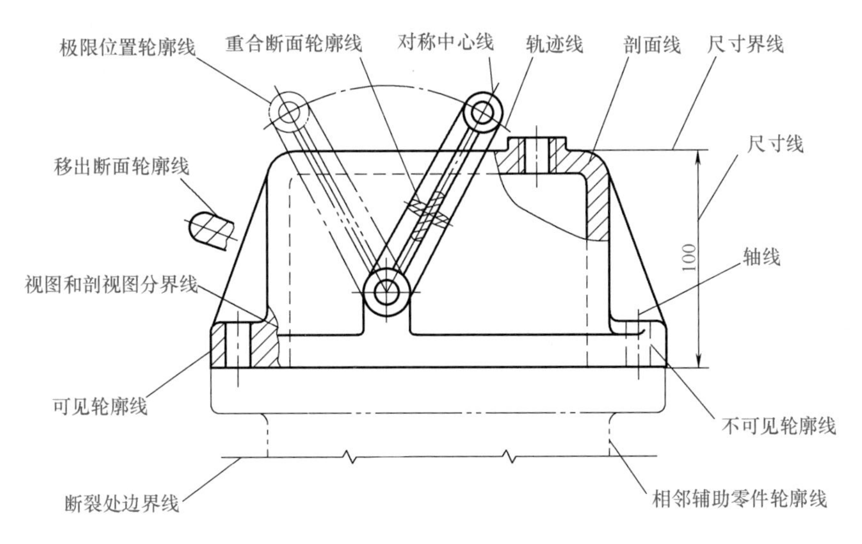

图1-6　图线应用举例

② 图线的宽度。机械图样中一般采用两种图线宽度，即粗线和细线。粗线的宽度为d，细线的宽度约为$d/2$。所有线型的图线宽度（d和$d/2$）都应根据图形大小和复杂程度在以下数列中选取：0.13，0.18，0.25，0.35，0.5，0.7，1，1.4，2（mm），一般粗线的宽度（d）不宜小于0.5mm。

③ 图线画法。在绘图过程中，除了正确掌握图线的标准和用法以外，还应遵守以下要求：

a. 两条平行线之间的最小间隙不得小于0.7mm。

b. 图样中同类图线的宽度应保持一致。

c. 虚线、点画线及双点画线的线段长度和间隔大小应各自大致相等。

d. 当虚线或点画线位于粗实线的延长线上时，其连接处应断开，粗实线画到分界点。

e. 点画线和双点画线的首末两端应是线段，且应超出图形轮廓线约2~5mm。

f. 在较小图形上绘制点画线或双点画线有困难时，可用细实线代替。

g. 当各种线条重合时，应按粗实线、虚线、点画线的优先顺序绘制。

第二节 尺寸注法

一、标注尺寸的基本规则

图形只能表达机件的形状，而机件的大小是通过图样中的尺寸来确定的，因此，标注尺寸是一项极为重要的工作，必须严格遵守国家标准中的有关规定：

① 图样中标注的尺寸，其数值应以机件的真实大小为依据，与图形的大小及绘图的准确度无关。

② 图样中标注的尺寸，其默认单位为mm，此时不需标注单位的代号或名称；必要时也可以采用其他单位，此时必须注明相应单位的代号或名称，如30°、10m。

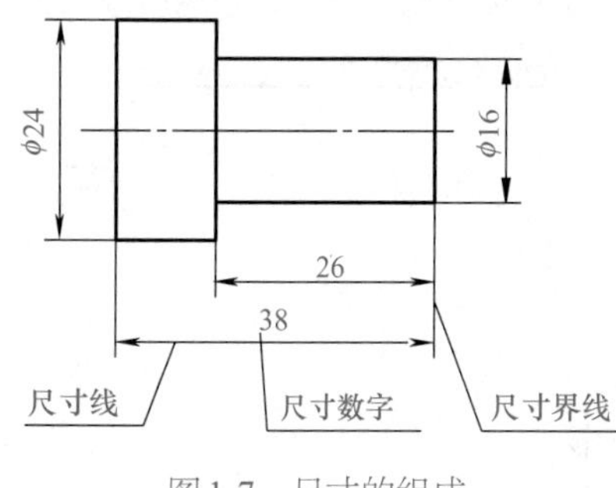

图1-7 尺寸的组成

③ 图样中标注的尺寸，应为该图样所示机件的最后完工的尺寸，否则应另加说明。

④ 机件结构的尺寸，应当尽量标注在能够最清晰反映该结构的图形上，同一结构尺寸原则上只标注一次。

二、尺寸的组成

如图1-7所示，一个完整的尺寸一般由尺寸界线、带有终端符号的尺寸线和尺寸数字组成（表1-5）。

表1-5 尺寸的组成

类别	说明
尺寸界线	①尺寸界线用细实线绘制，并应由图形的轮廓线、轴线或对称中心线处引出，也可以利用轮廓线、轴线或对称中心线作尺寸界线 ②尺寸界线一般与尺寸线垂直，并超出尺寸线约2~3mm。当尺寸界线贴近轮廓线时，允许尺寸界线与尺寸线倾斜
尺寸线	①尺寸线用细实线单独绘制，不能用其他图线代替，一般也不得与其他图线重合或画在其延长线上。其终端一般采用箭头。当标注尺寸的位置不够的情况下，允许用圆点或斜线代替箭头 ②标注线性尺寸时，尺寸线必须与所注的线段平行。当有几条互相平行的尺寸线时，其间隔要均匀，并将大尺寸注在小尺寸外面，以免尺寸线与尺寸界线相交 ③圆的直径和圆弧的半径的尺寸线终端应画成箭头，尺寸线或其延长线应通过圆心
尺寸数字	①尺寸数字一般注写在尺寸线的上方，也允许注写在尺寸线的中断处 ②尺寸数字一般采用3.5号字，线性尺寸数字的注写一般按图1-8(a)所示的方向注写，并应尽可能避免在30°范围内标注尺寸。当无法避免时，可按图1-8(b)所示的形式引出标注 ③标注角度尺寸时，尺寸数字一律水平书写，一般注写在尺寸线的上方或中断处，如图1-8(a)所示，必要时也可引出标注

续表

类别	说明
尺寸数字	④尺寸数字不可被任何图线通过，否则应将尺寸数字处的图线断开，或者引出标注，如图1-9所示 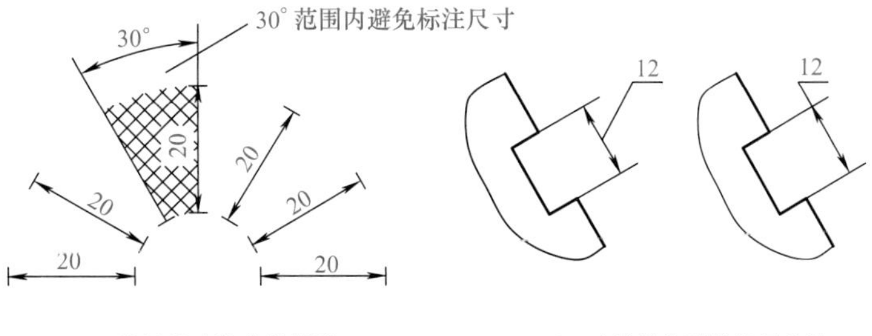 (a) 填写尺寸数字的规则　(b) 无法避免时的注写方法 图1-8　线性尺寸数字注法 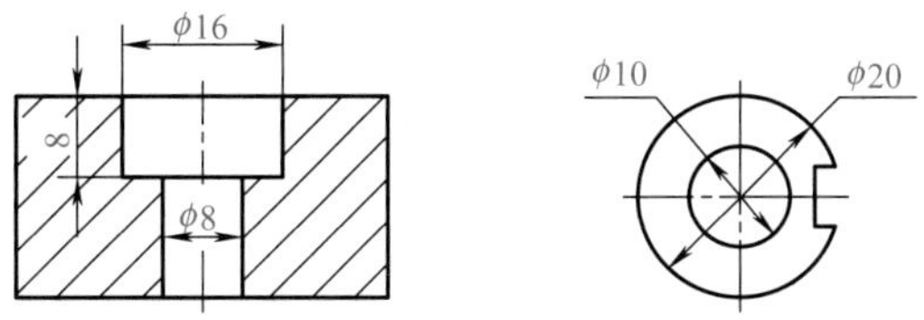 图1-9　尺寸数字不能被图线通过 ⑤标注尺寸时，应尽可能使用符号或缩写词，表1-6为常用的符号或缩写词

表1-6　常用的符号或缩写词

项目	直径	半径	球直径	球半径	45°倒角	厚度	均布	正方形	深度	埋头孔	沉孔或锪平
符号或缩写词	ϕ	R	$S\phi$	SR	C	t	EQS	□	↧	∨	⌴

三、尺寸标注示例

表1-7列出了国家标准规定的一些尺寸标注。

表1-7　尺寸标注示例

内容	图例	说明
直径	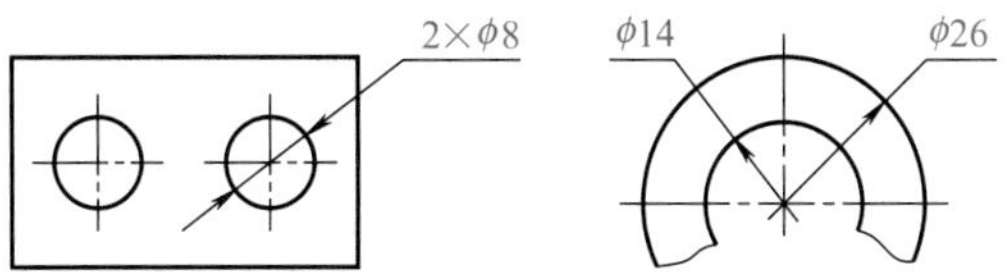	①圆或大于半圆的圆弧，注直径尺寸，尺寸线通过圆心，以圆周为尺寸界线 ②直径尺寸在尺寸数字前加“ϕ”
半径	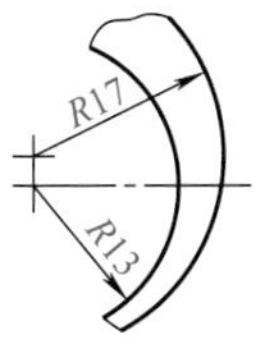 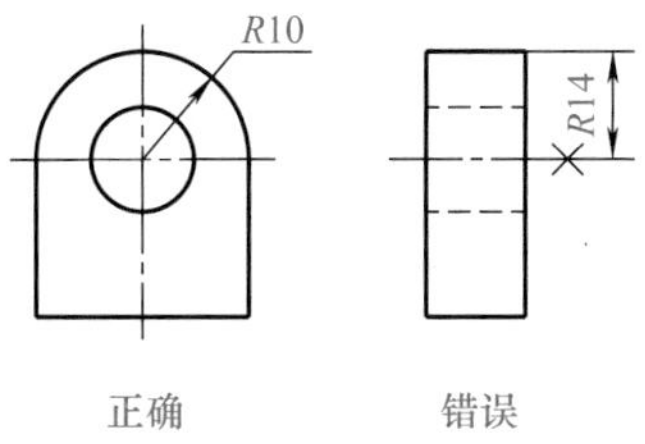 正确　错误	①小于或等于半圆的圆弧，注半径尺寸，且必须注在投影为圆弧的图形上，尺寸线箭头自圆心指向圆弧 ②半径尺寸在尺寸数字前加“R”

续表

内容	图例	说明
大圆弧	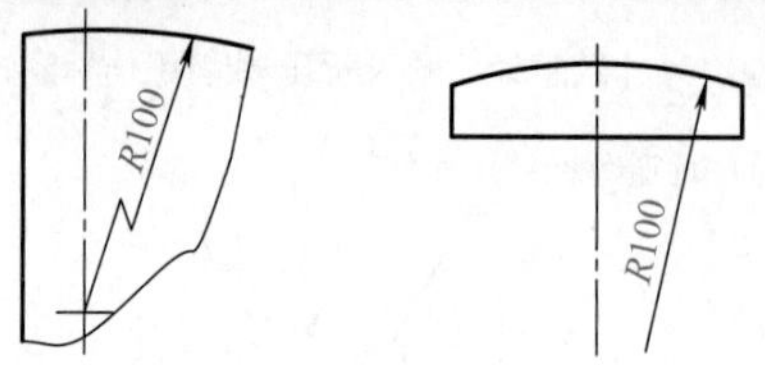 R100 R100	①在图纸范围内无法标出圆心位置时，可按左图标注 ②不需标出圆心位置时，可按右图标注
球面	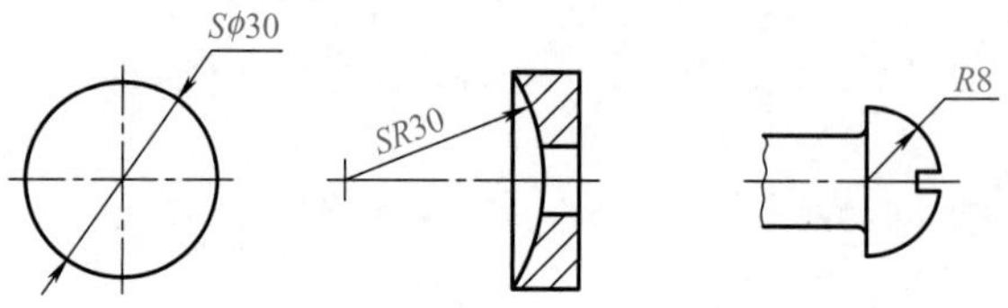 Sϕ30 SR30 R8	①标注球面的直径和半径时，应在“ϕ”或“R”前加注“S” ②对于螺钉、铆钉的头部、轴及手柄的端部，在不致引起误解的情况下可省略“S”
角度	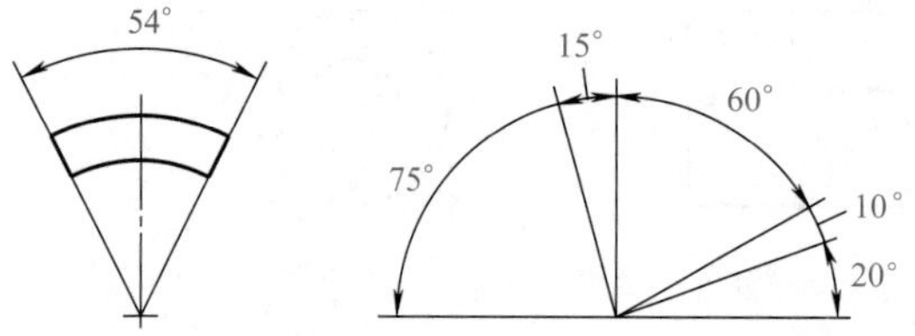 54° 15° 60° 75° 10° 20°	①标注角度的尺寸界线应沿径向引出，尺寸线应画圆弧，其圆心是角的顶点 ②角度的尺寸数字一律水平书写，一般写在尺寸线的中断处，必要时允许写在外面，或引出标注
狭小部位的尺寸	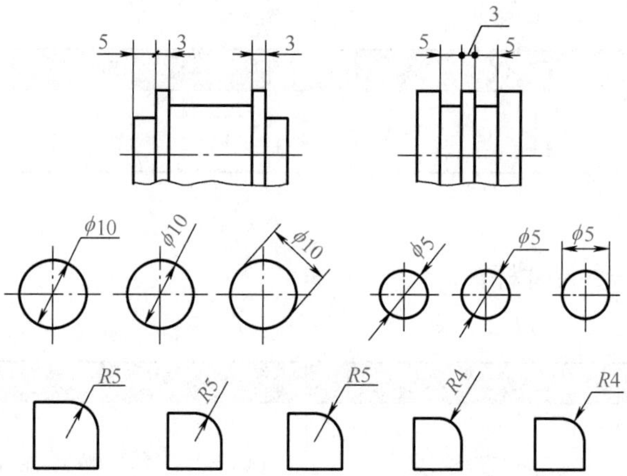 5 3 3 5 3 5 ϕ10 ϕ10 ϕ10 ϕ5 ϕ5 ϕ5 R5 R5 R5 R4 R4	①当没有足够的位置画箭头或注写尺寸数字时，可将箭头或尺寸数字布置在尺寸界线外面，或者两者都布置在外面，尺寸数字也可引出标注 ②对连续标注的小尺寸，中间的箭头可用圆点或斜线代替
对称图形	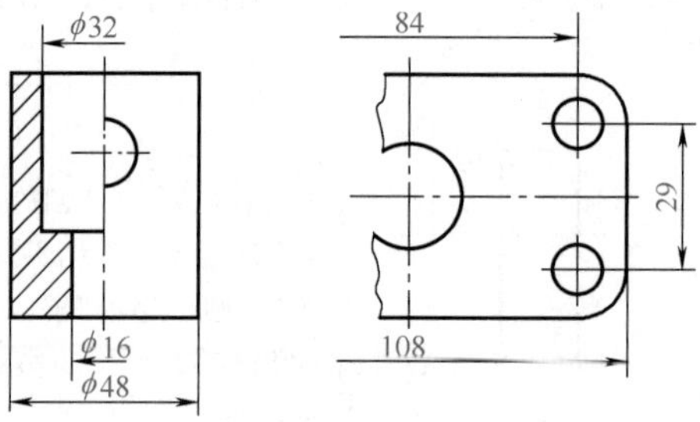 ϕ32 ϕ16 ϕ48 84 29 108	当对称图形只画出一半或略大于一半时，尺寸线应略超过对称中心线或断裂处的边界线，仅在尺寸线的一端画出箭头

续表

内容	图例	说明
光滑过渡处	28 20	①当尺寸界线过于靠近轮廓线时，允许倾斜引出 ②在光滑过渡处标注尺寸时，必须用细实线将轮廓线延长，从它们的交点处引出尺寸界线
正方形结构	□20 20×20	标注断面为正方形结构的尺寸时，可在正方形边长尺寸数字前加注符号“□”或用$B \times B$的形式注出，其中B为正方形边长

第三节 几何作图

机械零件的轮廓形状是复杂多样的，为了确保绘图质量，提高绘图速度，必须熟练掌握一些常见几何图形的作图方法和作图技巧。

一、基本几何图形的画法

（一）平行线的画法

平行线的画法及要求说明见表1-8。

表1-8 平行线的画法及要求说明

类别	简图	说明
作ab的平行线，相距为s	$R=s$ $R=s$ c d a b	作ab的平行线，相距为s(左图)，具体要求如下： ①在ab线上分别任取两点为圆心，以s长为半径，作两圆弧 ②作两圆弧的切线cd，则$cd//ab$
过p点作ab的平行线	p g c d R_1 R_2 R_1 R_2 a f e b	过p点作ab的平行线(左图)，具体要求如下： ①以已知点p为圆心，取R_1(大于p点到ab的距离)为半径画弧交ab于e ②以e为圆心、R_1为半径画弧交ab于f ③以e为圆心，取$R_2=fp$为半径画弧交cd于g，过p、g两点作cd，则$cd//ab$

（二）垂直线的画法

垂直线的画法及要求说明见表1-9。

表1-9　垂直线的画法及要求说明

类别	简图	说明
作过ab上定点p的垂线	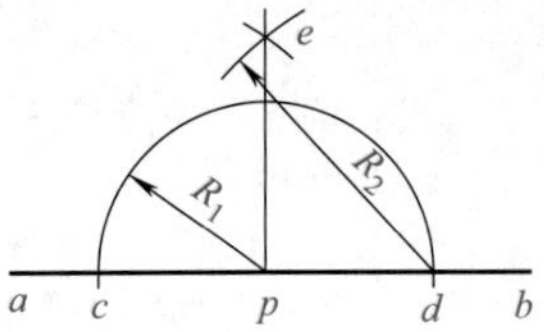	作过ab上定点p的垂线(左图),具体要求如下: ①以p为圆心,任取适当R_1为半径画弧交ab于c、d点 ②分别以c、d点为圆心,取$R_2(>R_1)$为半径画弧,得交点e,连接ep则$ep\perp ab$
作过ab外,任意点p的垂线	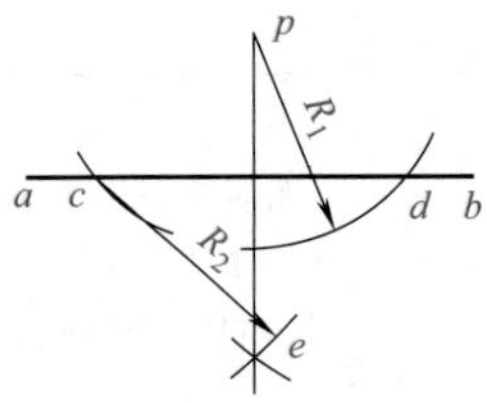	作过ab外,任意点p的垂线(左图),具体要求如下: ①以p为圆心,任取适当R_1为半径画弧,交ab于c、d点 ②分别以c、d点为圆心,任取R_2为半径画弧,得交点e,连接ep,则$ep\perp ab$
作过ab端点外定点p的垂线	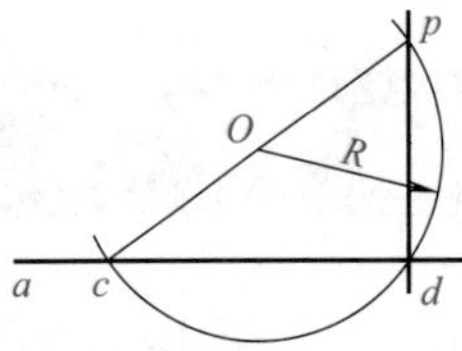	作过ab端点外定点p的垂线(左图),具体要求如下: ①过p点作一倾斜线交ab于c,取cp中点为O ②以O为圆心,取$R=cO$为半径画弧交ab于d点,连接dp,则$dp\perp ab$
作过ab的端点b的垂线	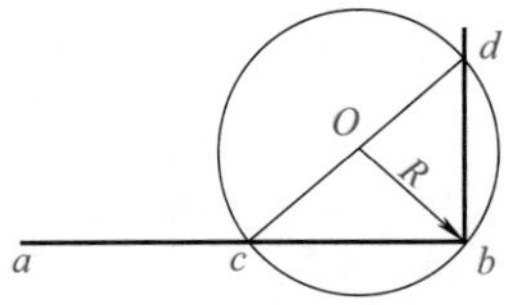	作过ab的端点b的垂线(左图),具体要求如下: ①任取线外一点O,并以O为圆心,取$R=Ob$为半径画圆交ab于c点 ②连接cO并延长,交圆周于d点,连接bd,则$bd\perp ab$
作过ab的端点b,用3∶4∶5比例法作垂线	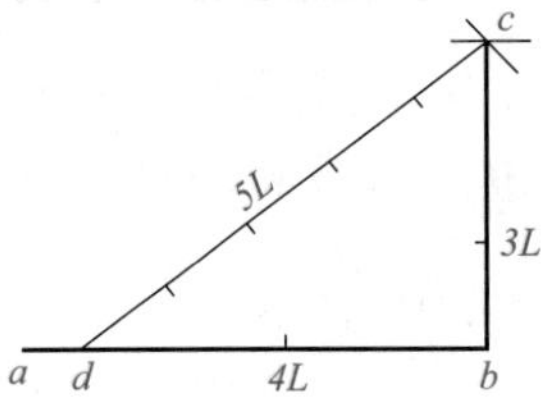	作过ab的端点b,用3∶4∶5比例法作垂线(左图),具体要求如下: ①在ab上取适当之长为半径L,然后以b为顶点量取$bd=4L$ ②以d、b为顶点,分别量取以$5L$、$3L$长作半径交弧于c点,连接bc,则$bc\perp ab$
作过ab的端点b用斜边两等分法作垂线	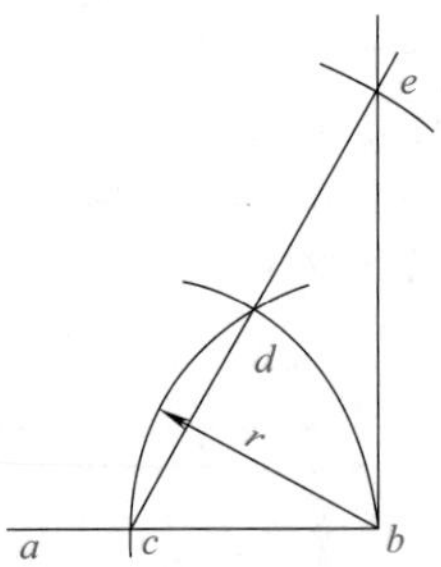	作过ab的端点b用斜边两等分法作垂线(左图),具体要求如下: ①取适当长度为半径r,以b为圆心作圆弧交ab直线于c ②以相同半径r,c点为圆心作圆弧,两圆弧交于d ③以相同半径r,d点为圆心作圆弧,连接c、d,并延长交圆弧得e点 ④连接e、b,则$eb\perp ab$

（三）线段的等分

线段的等分及说明见表1-10。

表1-10　线段的等分及说明

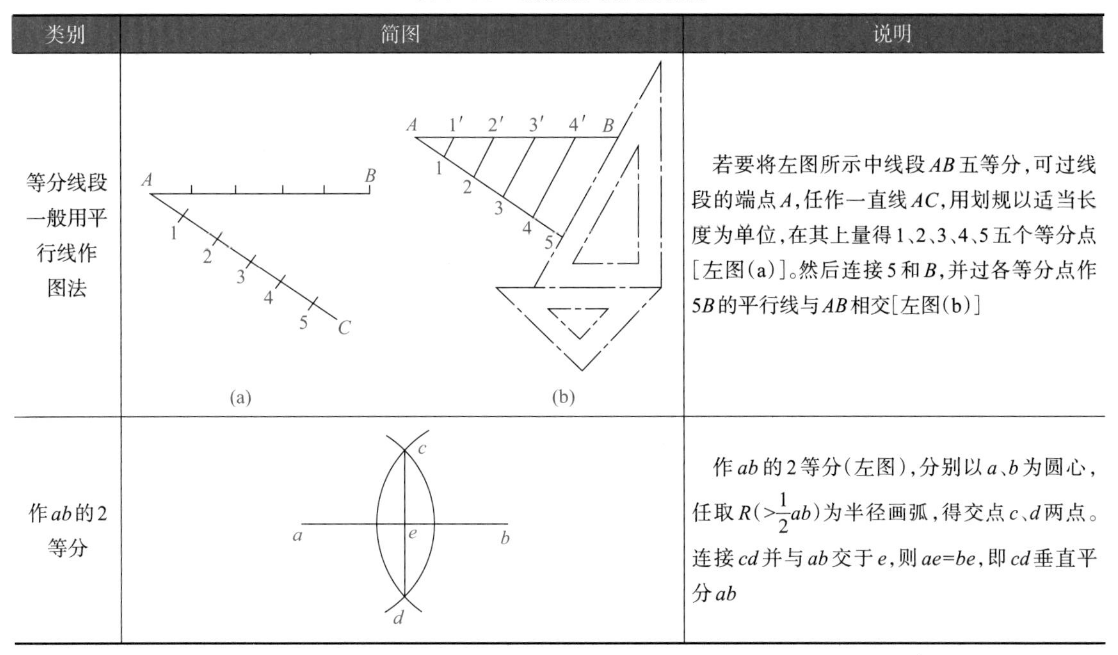

类别	简图	说明
等分线段一般用平行线作图法	A B 1 2 3 4 5 C (a) A 1′ 2′ 3′ 4′ B 1 2 3 4 5 (b)	若要将左图所示中线段AB五等分，可过线段的端点A，任作一直线AC，用划规以适当长度为单位，在其上量得1、2、3、4、5五个等分点[左图(a)]。然后连接5和B，并过各等分点作$5B$的平行线与AB相交[左图(b)]
作ab的2等分	c a e b d	作ab的2等分（左图），分别以a、b为圆心，任取$R(>\frac{1}{2}ab)$为半径画弧，得交点c、d两点。连接cd并与ab交于e，则$ae=be$，即cd垂直平分ab

（四）圆弧的画法

圆弧连接有三种类型，见表1-11。

表1-11　圆弧连接的类型及说明

类别	说明
用圆弧连接两已知直线	如图1-10中(a)、(b)所示，两直线成锐角或钝角，可分别作两已知直线的平行线，其距离为连接圆弧半径R，将交点O定为连接圆弧的圆心，以R为半径，即可画出连接弧。如图1-10(c)所示中，两直线成直角，也可用上述方法。为了使作图更简单，可以两直线的交点为圆心，以R为半径画圆弧，与两直线的两交点k、k'即为两切点；分别以两切点为圆心，以R为半径画两圆弧得交点O，以O为圆心，以R为半径，即可画出连接弧 (a) 锐角　(b) 钝角　(c) 直角 图1-10　用圆弧连接两已知直线
用圆弧连接两已知圆弧	如图1-11(a)所示为半径分别是R_1、R_2的圆，现要作半径为R的外公切圆弧，与两已知圆相切。可先分别以两已知圆弧的圆心O_1、O_2为圆心，作半径分别为$R+R_1$和$R+R_2$的两辅助圆弧，求得其交点O。然后过O点分别连接两已知圆弧的圆心O_1和O_2，得交点k、k'。最后以O点为圆心，以R为半径在两切点之间画出连接圆弧 如图1-11(b)所示为半径分别是R_1、R_2的圆，现要作半径为R的内公切圆弧，与两已知圆相切。可分别以两已知圆弧的圆心O_1、O_2为圆心，以$(R-R_1)$和$(R-R_2)$为半径作两辅助圆弧，其交点为O，过O点分别

续表

类别	说明
用圆弧连接两已知圆弧	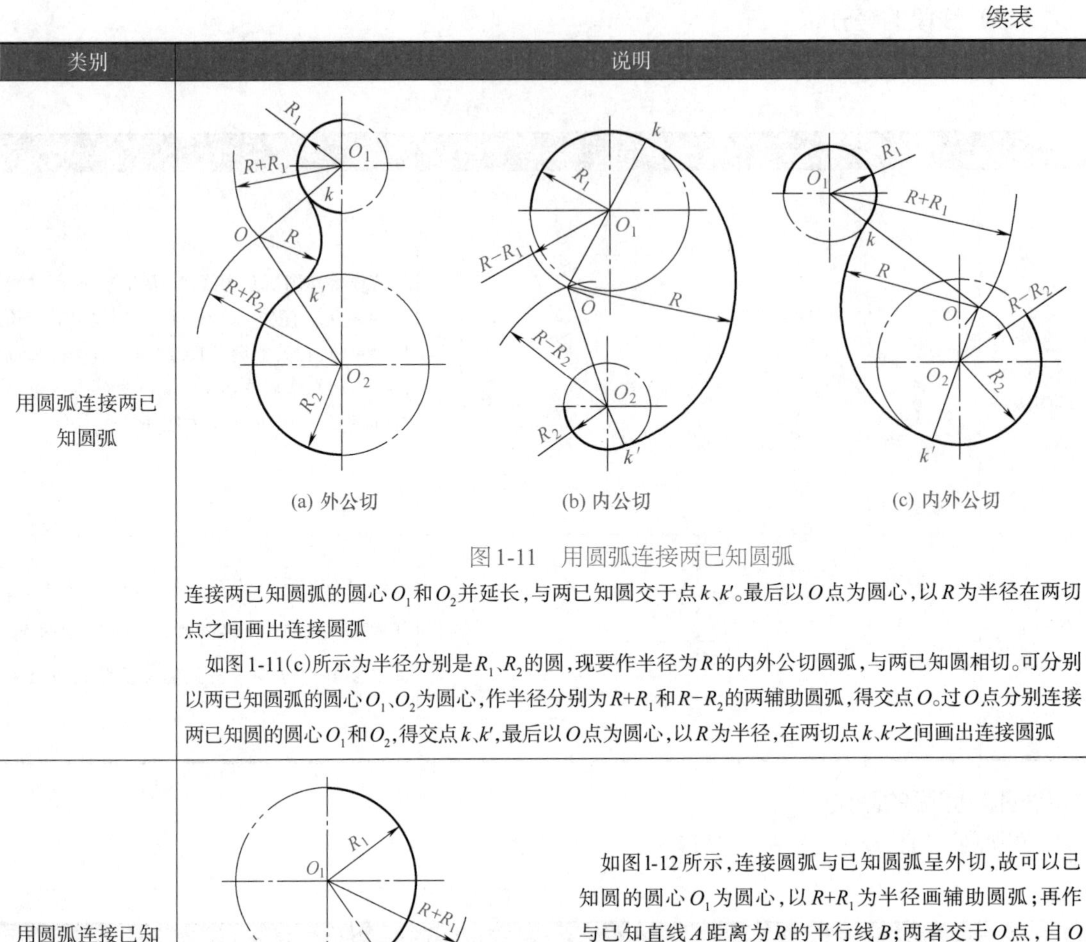 (a) 外公切　(b) 内公切　(c) 内外公切 图1-11　用圆弧连接两已知圆弧 连接两已知圆弧的圆心O_1和O_2并延长，与两已知圆交于点k、k'。最后以O点为圆心，以R为半径在两切点之间画出连接圆弧 如图1-11(c)所示为半径分别是R_1、R_2的圆，现要作半径为R的内外公切圆弧，与两已知圆相切。可分别以两已知圆弧的圆心O_1、O_2为圆心，作半径分别为$R+R_1$和$R-R_2$的两辅助圆弧，得交点O。过O点分别连接两已知圆的圆心O_1和O_2，得交点k、k'，最后以O点为圆心，以R为半径，在两切点k、k'之间画出连接圆弧
用圆弧连接已知直线和圆弧	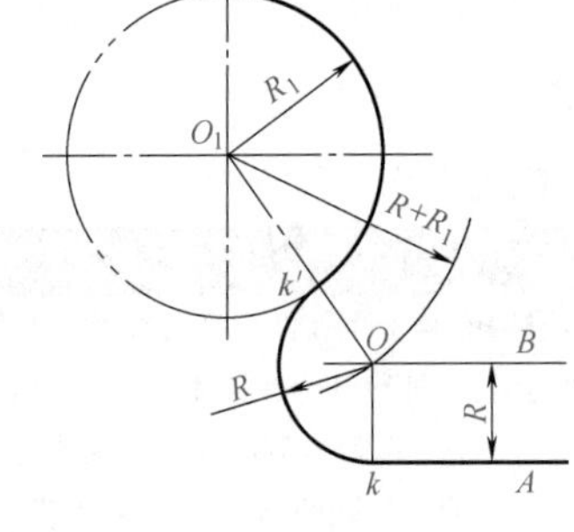 图1-12　用圆弧连接已知直线和圆弧 如图1-12所示，连接圆弧与已知圆弧呈外切，故可以已知圆的圆心O_1为圆心，以$R+R_1$为半径画辅助圆弧；再作与已知直线A距离为R的平行线B；两者交于O点，自O点向已知直线作垂线，得垂足k，再连接O点和已知圆弧的圆心O_1，得交点k'；最后以O点为圆心，以R为半径在两切点k、k'之间画出连接圆弧

（五）圆的等分

（1）作图法（表1-12）

表1-12　作图法的操作要求

类别	简图	说明
求圆的3、4、5、6、7、10、12等分		求圆的3、4、5、6、7、10、12等分(左图)，具体操作如下： ①过圆心O作$ab\perp cd$的两条直径线 ②以b为圆心、R为半径画弧交圆周于e、f，连接ef并交ab于g点 ③以g为圆心，$R_1=cg$为半径画弧与ab交于h ④则ef、bc、ch、bO、eg、hO、ce长分别为等分该圆周的3、4、5、6、7、10、12等分长 ⑤用ef、bc、ch、bO、eg、hO、ce长等分圆周，然后连接各点，即为该圆周的正三、四、五、六、七、十、十二边形

续表

类别	简图	说明
作圆的任意等分(图中7等分)	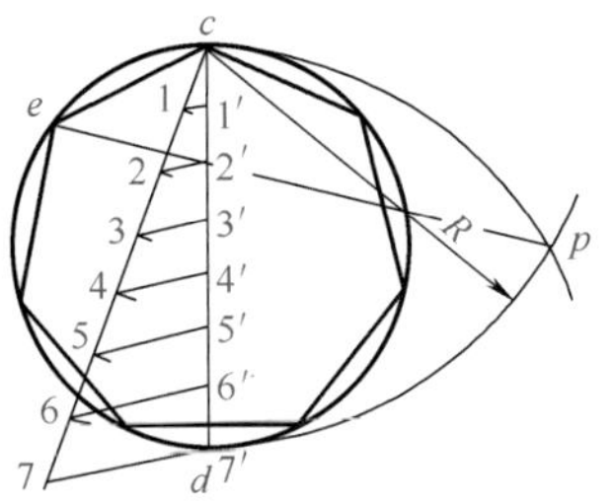	作圆的任意等分(图中7等分),如左图所示。具体操作如下: ①把圆的直径cd 7等分 ②分别以c、d为圆心,取$R=cd$为半径画弧得p点 ③p点与直径等分的偶数点2′连接,并延长与圆周交于e点,则ce即是所求的等分长 ④用ce长等分圆周,然后连接各点,即为正七边形
作圆的任意等分(图中9等分)	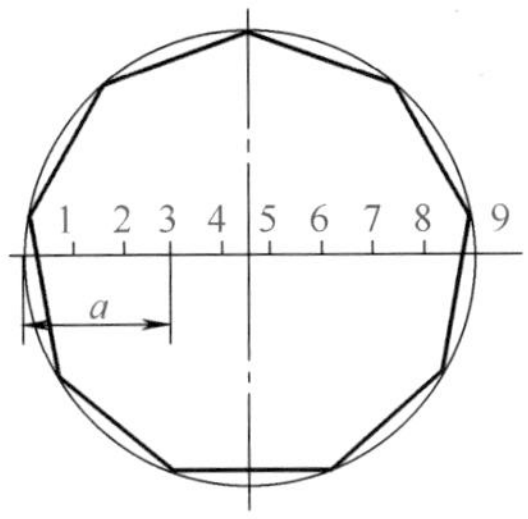	作圆的任意等分(图中为9等分),如左图所示。具体操作如下: ①将圆直径等分,等分数与圆周等分数相同(图中9等分) ②量取其中三等分之长a即可等分圆周(图中9等分) ③连接各点,得正多边形(图中正九边形)
作半圆弧的任意等分(图中5等分)	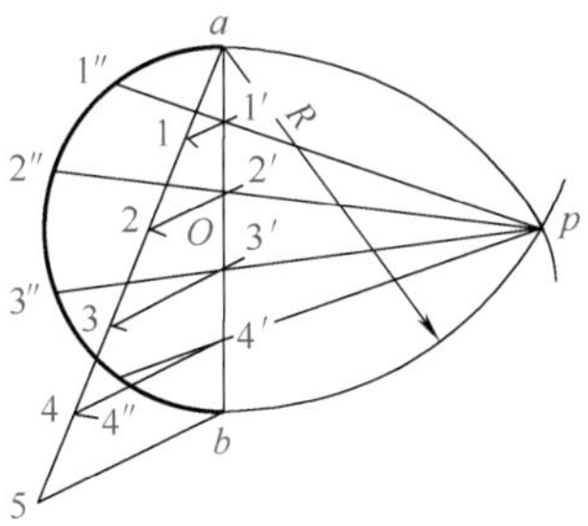	作半圆弧的任意等分(图中5等分),如左图所示。具体操作如下: ①将直径ab5等分 ②分别以a、b为圆心,以$R=ab$为半径,画弧交于p点 ③分别连接p与1′、2′、3′、4′,并延长与圆周得交点为1″、2″、3″、4″点,即各点将半圆弧5等分

(2)计算法

已知圆的直径和等分数,则正多边形的每边长S可按下式计算:

$$S=KD$$

式中 S——边长(等分圆周的弦长);

D——圆的直径;

K——圆等分数的系数(见表1-13)。

例:已知一法兰(图1-13)24孔均布,求其排孔的孔距?

解:$S=KD$。

已知$D=1000$(mm);查表1-13,当$n=24$时,则得$K=0.13053$。

所以$S=KD=0.13053\times1000=130.53$(mm),法兰排孔孔距为130.53mm。

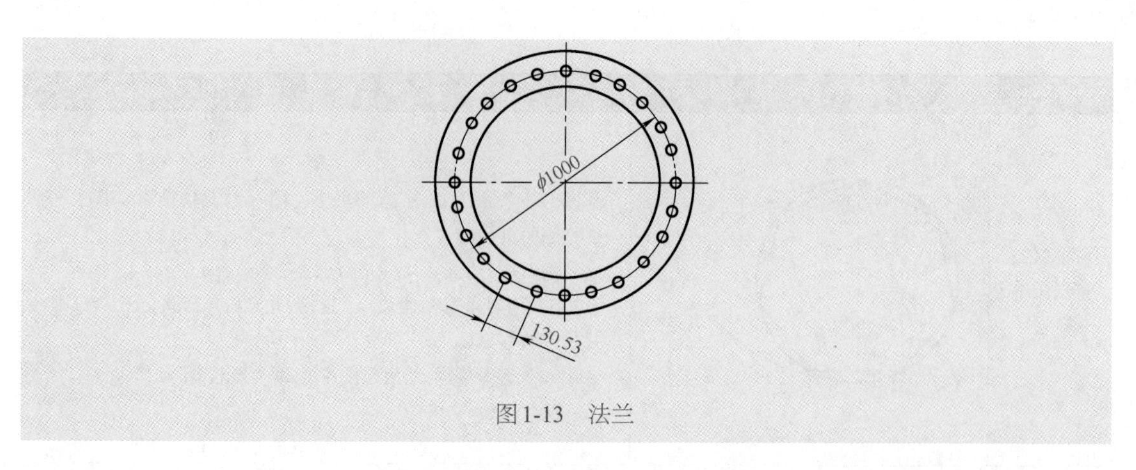

图 1-13　法兰

表 1-13　圆内接正多边形边数（n）与系数（K）的值

n	K	n	K	n	K	n	K
1	—	26	0.12054	51	0.06156	76	0.04132
2	—	27	0.11609	52	0.06038	77	0.04079
3	0.86603	28	0.11196	53	0.05924	78	0.04027
4	0.70711	29	0.10812	54	0.05814	79	0.03976
5	0.58779	30	0.10453	55	0.05700	80	0.03926
6	0.50000	31	0.10117	56	0.05607	81	0.03878
7	0.43388	32	0.09802	57	0.05509	82	0.03830
8	0.38268	33	0.09506	58	0.05414	83	0.03784
9	0.34202	34	0.09227	59	0.05322	84	0.03739
10	0.30902	35	0.08964	60	0.05234	85	0.03693
11	0.28173	36	0.08716	61	0.05148	86	0.03652
12	0.25882	37	0.08481	62	0.05065	87	0.03610
13	0.23932	38	0.08258	63	0.04985	88	0.03559
14	0.22252	39	0.08047	64	0.04907	89	0.03529
15	0.20791	40	0.07846	65	0.04831	90	0.03490
16	0.19509	41	0.07655	66	0.04758	91	0.03452
17	0.18375	42	0.07473	67	0.04687	92	0.03414
18	0.17365	43	0.07300	68	0.04618	93	0.03377
19	0.16459	44	0.07134	69	0.04551	94	0.03341
20	0.15643	45	0.06976	70	0.04486	95	0.03306
21	0.14904	46	0.06824	71	0.04423	96	0.03272
22	0.14231	47	0.06679	72	0.04362	97	0.03238
23	0.13617	48	0.06540	73	0.04302	98	0.03205
24	0.13053	49	0.06407	74	0.04244	99	0.03173
25	0.12533	50	0.06279	75	0.04188	100	0.03141

（六）作圆的切线

若要过圆上已知点A作圆的切线，可连接O、A两点并适当延长；再以A点为圆心，用适当的半径作弧线，在直线OA上得交点a、b；分别以a、b为圆心，用相等的半径作弧线，求得交点c；连接cA即可，如图 1-14 所示。

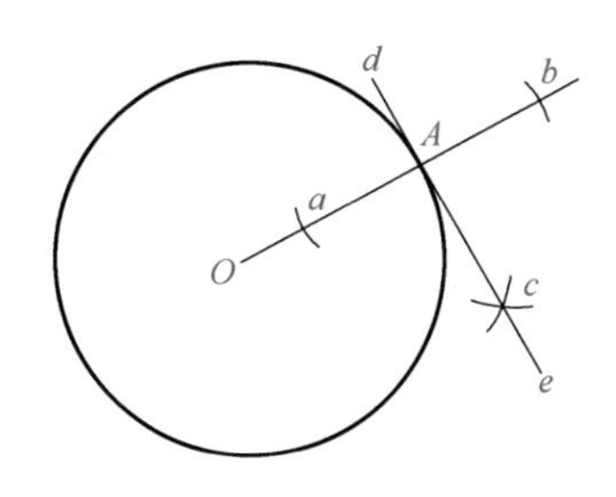

图1-14　作圆的切线

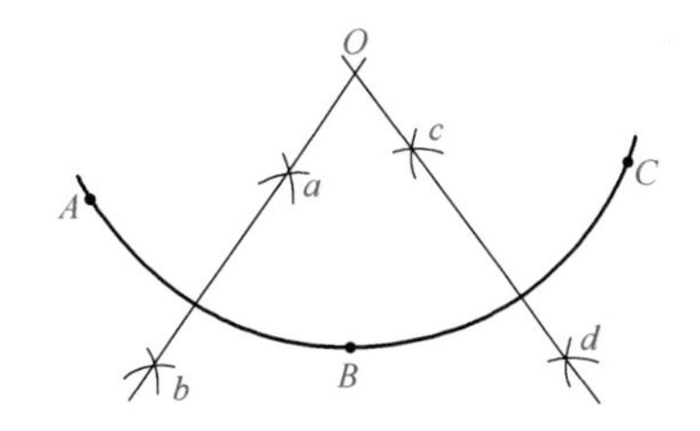

图1-15　求圆弧的圆心

（七）求圆弧的圆心

若要求一段圆弧的圆心，可先在其上任选三点*A*、*B*、*C*，如图1-15所示；分别以*A*、*B*点为圆心，用适当的半径作弧线，得交点*a*、*b*；再分别以*B*、*C*点为圆心，用适当的半径作弧线，得交点*c*、*d*；连接*ab*和*cd*，其交点*O*即为所求。

（八）椭圆的画法

椭圆的画法及操作要点见表1-14。

表1-14　椭圆的画法及操作要点

类别	简图	说明
四心圆法	E 4 D F G O A B 1 3 C 2	求得四个圆心，画四段圆弧，可近似代替椭圆(左图)。作法如下： ①以*O*点为圆心，以半长轴*OA*为半径画圆弧，与短轴的延长线交于*E*点 ②以短轴*D*点为圆心，以*DE*为半径画圆弧，与*AD*线交于*F*点 ③作*AF*线的垂直平分线，与长轴*AB*交于点1，与短轴*CD*的延长线交于点2 ④求1、2两点的对称点3、4，并连线 ⑤以点2为圆心，以2*D*为半径，在12线和23线之间画圆弧，同理，以点4为圆心，以4*C*为半径，在14线和43线之间画圆弧 ⑥分别以1和3为圆心，以1*A*和3*B*为半径画出两段圆弧即成
同心圆法	D 2 3 1 4 A B 8 5 7 6 C	以长、短轴为直径画两个同心圆，求得椭圆上的数点，依次连接成曲线(左图)。其作法是： ①以长、短轴为直径画两个同心圆 ②将两圆12等分(其他等分也可，等分数越多越准确) ③过各等分点作垂线和水平线，得8个交点(1、2、…、8) ④用曲线板依次连接*A*、1、2、*D*、3、4、*B*、5、6、*C*、7、8、*A*即成

（九）正多边形的画法

正多边形的画法及操作要点见表1-15。

表1-15　正多边形的画法及操作要点

类别	简图	说明
已知一边长 ab，作正五边形	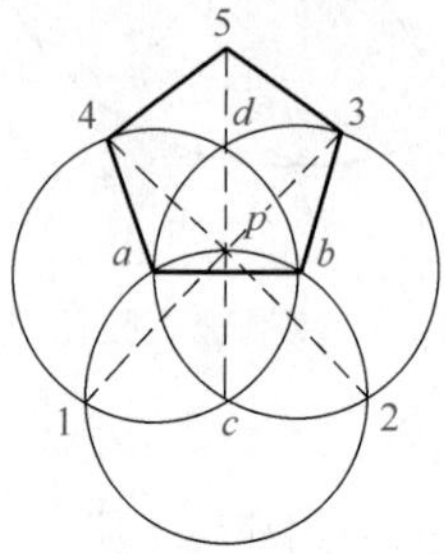	已知一边长 ab，作正五边形如左图所示。操作要点如下： ①分别以 a 和 b 为圆心，取 $R=ab$ 为半径画两圆，并相交于 c、d 两点 ②以 c 为圆心，同样半径画圆，分别交 a 圆于点1、b 圆于点2 ③连接 cd 交 c 圆于 p 点，分别连接 $1p$ 并延长交 b 圆于点3，连接 $2p$ 并延长交 a 圆于点4 ④分别以点3、4为圆心，同样 $R=ab$ 为半径画弧相交于点5，连接 a、b、3、5、4点即为正五边形
已知一边长 ab 作正六边形	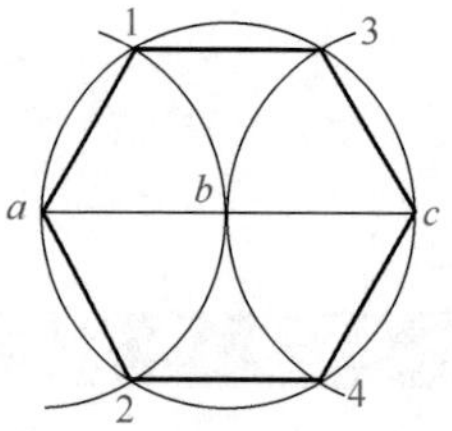	已知一边长 ab 作正六边形如左图所示。操作要点如下： ①延长 ab 到 c，使 $ab=bc$ ②以 b 为圆心取 $R=ab$ 画圆 ③分别以 a 和 c 为圆心，取同样 $R=ab$ 为半径画圆弧，交圆周于点1、2、3、4点，连接1、3、c、4、2、a 点即为正六边形
已知边长 ab 作正七边形	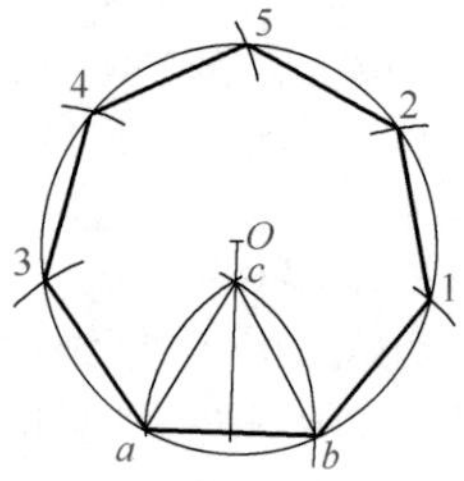	已知边长 ab 求作正七边形如左图所示。操作要点如下： ①分别以 a、b 为圆心，取 $R=ab$ 为半径画弧交于 c 点 ②过 c 作 ab 的垂线 ③由于作七边形，可以 c 向上取 O 点使 $cO=\frac{ab}{6}$（若作九边形，应以 c 向上取3倍 $\frac{ab}{6}$ 的长，若五边形可向下取1倍 $\frac{ab}{6}$ 的长） ④以 O 为圆心，取 Oa 为半径画圆 ⑤以 ab 为长，在圆周上量取1、2、3、4、5点。再连接各点与 a、b 点即为正七边形
已知边长 ab 作任意正多边形（图中作正九边形）	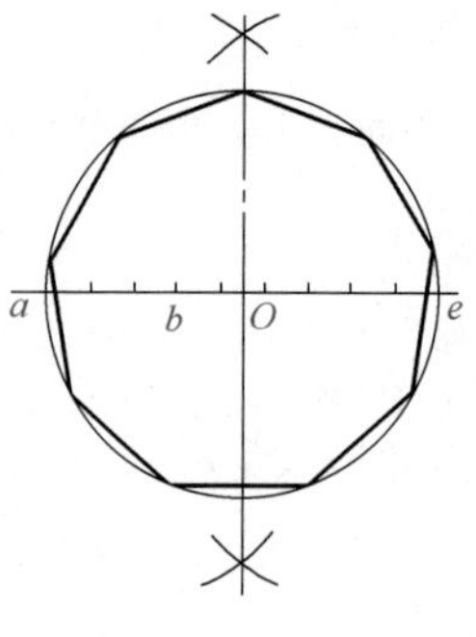	已知边长 ab 求作任意正多边形（图中作正九边形）如左图所示。操作要点如下： ①将边长 ab 3等分 ②量取其中的1等分长度，在 ab 的延长线上截取与多边形边数相同的等分数，得 e 点（图中9等分） ③作 ae 的垂直平分线得圆心 O，并以 Oa 或 Oe 为半径作圆 ④以边长 ab 等分圆周，连接圆周上各点得正多边形（图中正九边形）

（十）角与角度的等分

角与角度的等分的作图条件、要求及操作要点见表1-16。

表1-16　角与角度的等分的作图条件、要求及操作要点

类别	简图	说明
∠*abc* 2等分	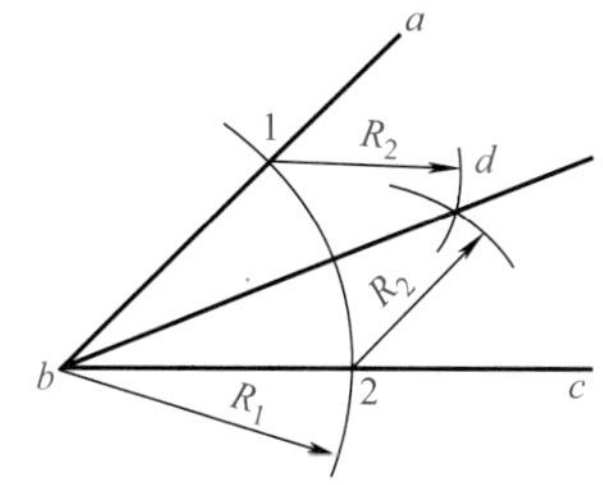	如左图所示为∠*abc* 2等分。操作要点如下： ①以*b*为圆心，适当长R_1为半径，画弧交角的两边为1、2两点 ②分别以1、2两点为圆心，任意长R_2（大于1—2线长的一半）为半径画弧，相交于*d*点 ③连接*bd*，则*bd*即为∠*abc*的角平分线
作无顶点角的角平分线	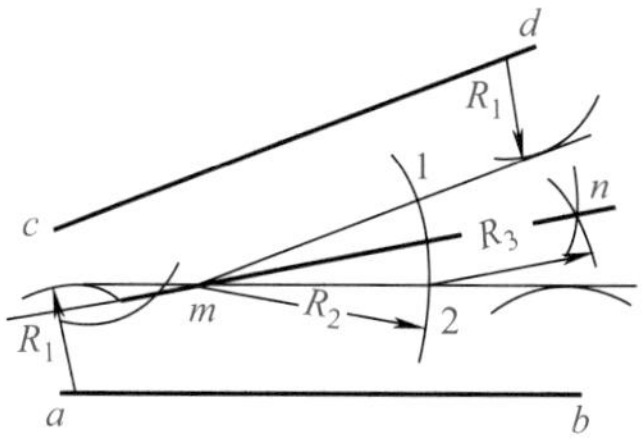	作无顶点角的角平分线如左图所示。操作要点如下： ①取适当长R_1为半径，作*ab*和*cd*的平行线交于*m*点 ②以*m*点为圆心，适当长R_2为半径画弧，交两平行线于1、2两点 ③以1、2两点为圆心，适当长R_3为半径画弧交于*n*点 ④连接*mn*，则*mn*为*ab*和*cd*两角边的角平分线
90°角∠*abc* 3等分	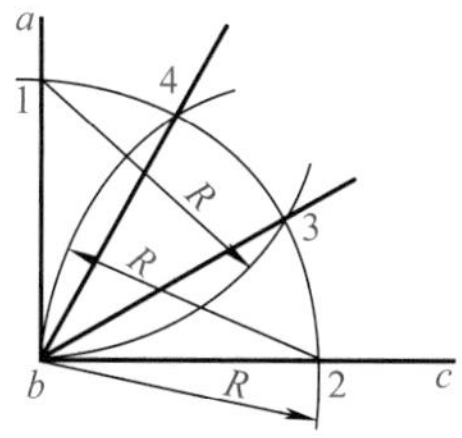	90°角∠*abc* 3等分如左图所示。操作要点如下： ①以*b*为圆心，任意长*R*为半径画弧，交两直角边于1、2两点 ②分别以1、2点为圆心，用同样长*R*为半径画弧得3、4点 ③连接*b*3、*b*4即得3等分90°角
∠*abc* 3等分	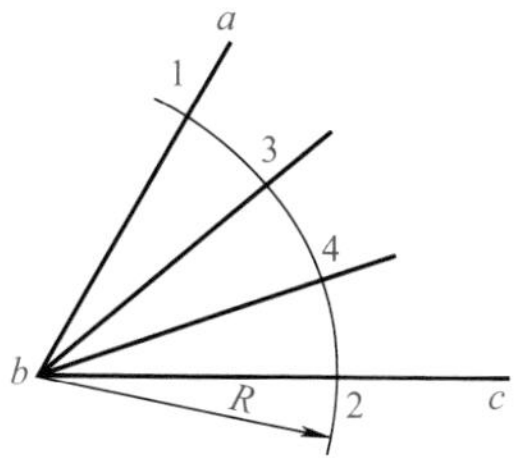	∠*abc* 3等分如左图所示。操作要点如下： ①以*b*为圆心，适当长*R*为半径画弧，交角边于1、2两点 ②将$\overset{\frown}{12}$用量规截取3等分得3、4两点 ③连接*b*3、*b*4即得3等分∠*abc*
90°角5等分	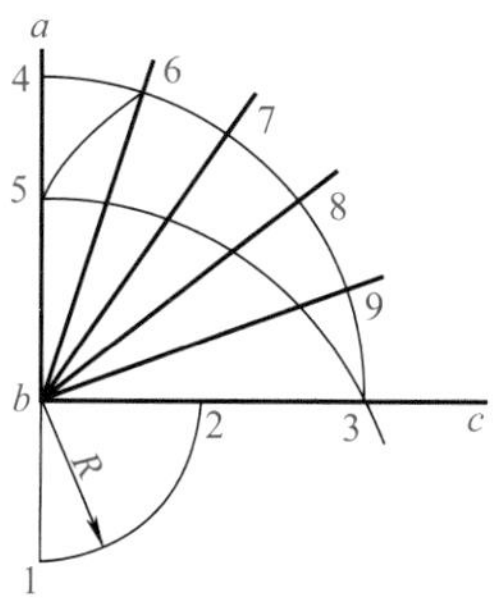	90°角5等分如左图所示。操作要点如下： ①以*b*为圆心，取适当*R*半径画弧交*ab*延长线、*bc*于点1和点2，量取点3使2—3=*b*2 ②以*b*为圆心，*b*3为半径画弧交*ab*于点4 ③以点1为圆心1—3为半径画弧交*ab*于点5 ④以点3为圆心3—5为半径画弧交$\overset{\frown}{34}$于点6 ⑤以$\overset{\frown}{a6}$长在$\overset{\frown}{34}$上量取7、8、9各点 ⑥连接*b*6、*b*7、*b*8、*b*9即得5等分90°角∠*abc*

续表

类别	简图	说明
作∠a′b′c′等于已知角∠abc	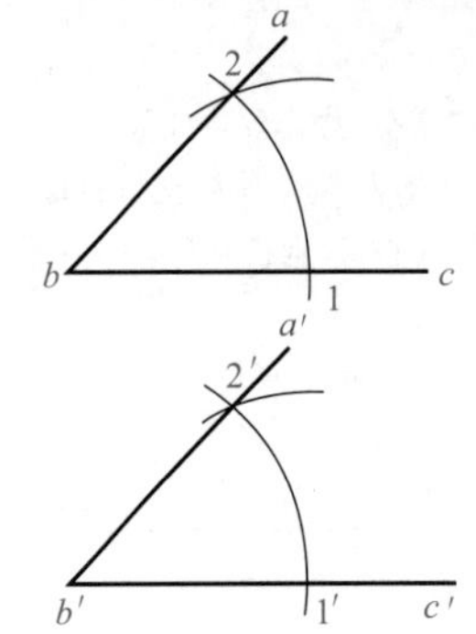	作∠a′b′c′等于已知角∠abc如左图所示。操作要点如下： ①作直线b′c′ ②分别以∠abc的b和b′c的b′为圆心，适当长R为半径画弧，交∠abc于1、2点和b′c′于点1′ ③以1′点为圆心，取1—2为半径画弧交于点2′ ④连接b′2′并适当延长到a′则∠a′b′c′=∠abc
用近似法作任意角度(图中为49°)	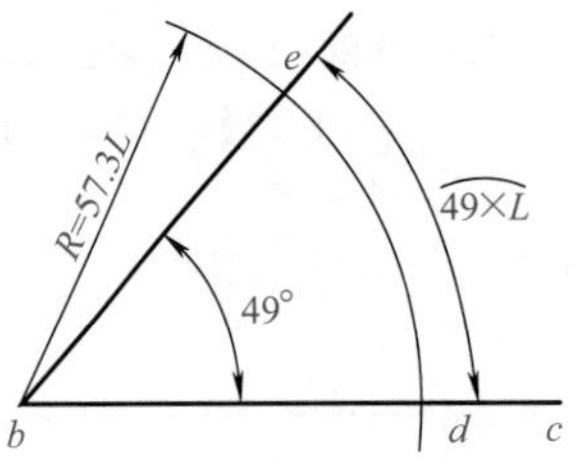	用近似法作任意角度(图中为49°)如左图所示。操作要点如下： ①以b为圆心，取R=57.3L长为半径画弧(L为适当长度)交bc于d ②由于作49°角，可取49×L的弧长，在所作的圆弧上，从d点开始用卷尺量取到e点 ③连接be，则∠ebd=49° ④作任意角度均可用此方法，只要半径用57.3L，并以“角度数×L”作为弧长(L是任意适当数)

（十一）抛物线与涡线的画法

抛物线与涡线的画法及操作要点见表1-17。

表1-17　抛物线与涡线画法及操作要点

类别	说明
抛物线的画法	①抛物线的函数式为$y=x^2$，故在直角坐标系中的X轴上标出单位长1及一动点x；利用两个相似三角形作出x^2的高度，则点(x,x^2)的轨迹就是抛物线$y=x^2$，如图1-16所示 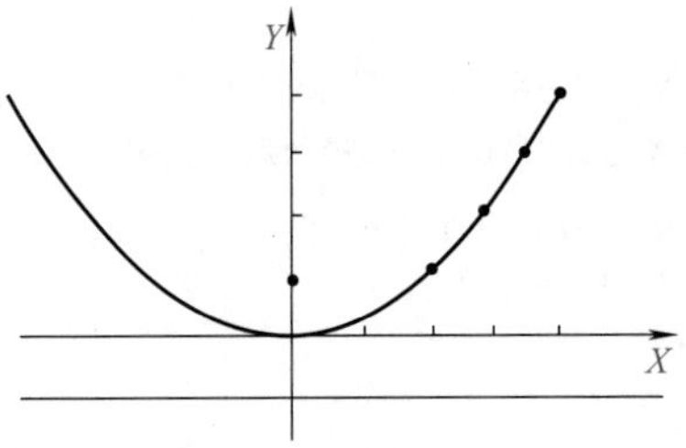 图1-16　抛物线的画法 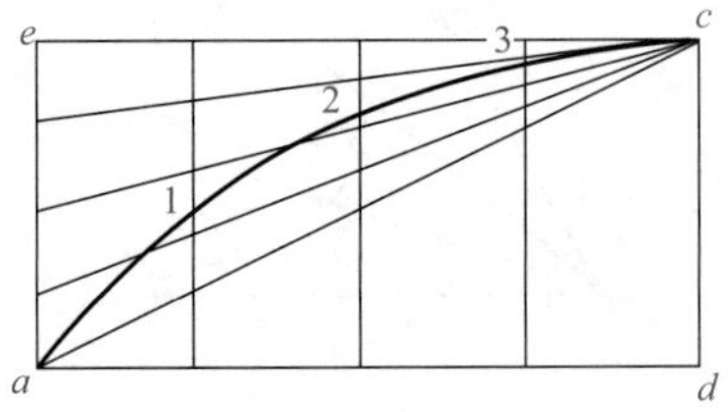 图1-17　1/2跨度为ad，拱高为cd的抛物线 ②已知抛物线的1/2跨度为ad，拱高为cd，作抛物线(图1-17)，操作要点如下： a. 过a和c作cd和ad平行线得矩形，交点为点e b. 分别以ad、ce和ae作相同的等分(图中4等分)，把ad和ce上的等分对应相连，连线和c点与ae上的等分点的连线对应相交于1、2、3各点 c. 用曲线圆滑连接a、1、2、3、c各点即得所求抛物线
涡线的画法	①已知正方形abcd作涡线。已知正方形abcd作涡线，如图1-18所示。分别作ab、bc、cd和ad的延长线，以a为圆心，取ac为半径，自c点起作圆弧得点1；以b为圆心，取b1为半径画弧交cb延长线于点2；同理以c、d为圆心取c2、d3为半径画弧得3、4点，依次类推得所求的涡线

续表

类别	说明
涡线的画法	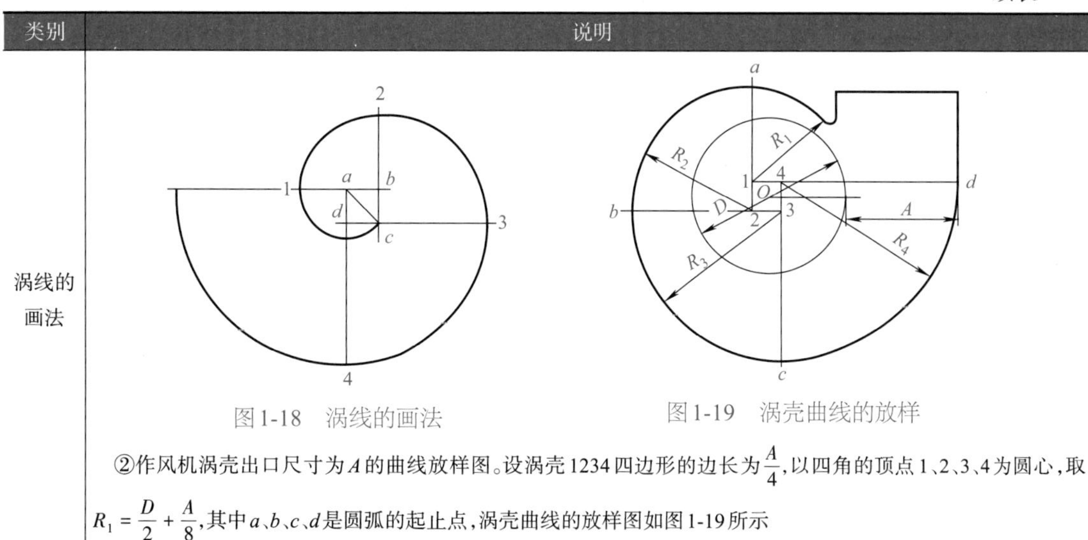 图1-18　涡线的画法　　图1-19　涡壳曲线的放样 ②作风机涡壳出口尺寸为A的曲线放样图。设涡壳1234四边形的边长为$\frac{A}{4}$,以四角的顶点1、2、3、4为圆心,取$R_1=\frac{D}{2}+\frac{A}{8}$,其中$a$、$b$、$c$、$d$是圆弧的起止点,涡壳曲线的放样图如图1-19所示

(十二)阿基米德螺旋线画法

阿基米德螺旋线画法如图1-20所示。作图步骤如下:

① 将圆的半径OA分成若干等分,图示为8等分,得点1、2、3、…、8。

② 将圆周作同样数量的等分,得1′、2′、3′、…、8′。

③ 以O为圆心,$O1$、$O2$、$O3$、…、$O8$为半径作弧。

④ 各弧与相应射线$O1'$、$O2'$、$O3'$、…、$O8'$相交于P_1、P_2、P_3…、P_7、P_8,将各点连成曲线即为所求螺旋线。

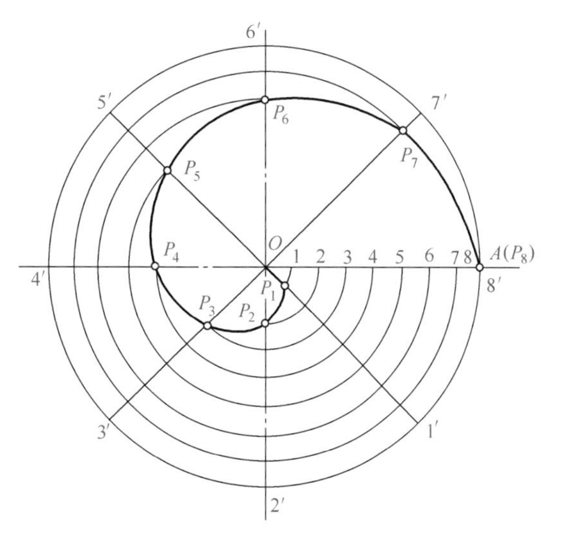

图1-20　阿基米德螺旋线画法

二、多边形的画法

正多边形的作图方法中常常利用其外接圆,并将圆周进行等分。表1-18列出了正五边形、正六边形及任意正多边形(以七边形为例)的作图方法及步骤。

表1-18　多边形的作图方法及步骤

种类	作图方法及步骤
正五边形	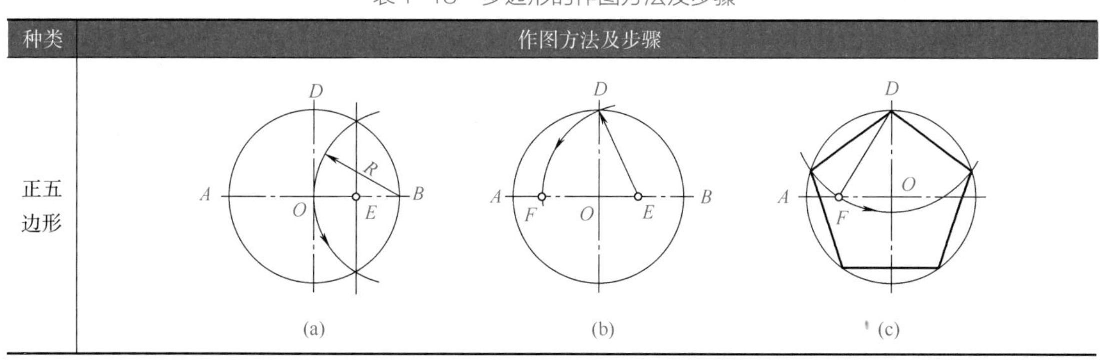 (a)　(b)　(c)

续表

种类	作图方法及步骤
正五边形	①作半径*OB*的中点*E* ②以*E*为圆心,*ED*为半径画弧与*OA*交于*F*点,则*DF*即为五边形边长 ③以边长*DF*等分圆周,得五个等分点,连接各等分点,即完成作图
正六边形	(a) 已知对角距离*L*　　(b) 已知对边距离*S* 方法1:过点*A*、*D*分别作60°的直线交外接圆于*B*、*F*、*C*、*E*,连接*BC*、*EF*,即完成作图 方法2:以*A*、*D*为圆心,外接圆半径为半径画弧,得顶点*B*、*C*、*E*、*F*。依次连接各顶点 方法3:作圆的上下两条水平切线,再作出另外四条60°的切线,得六个顶点,依次连接
正*n*边形	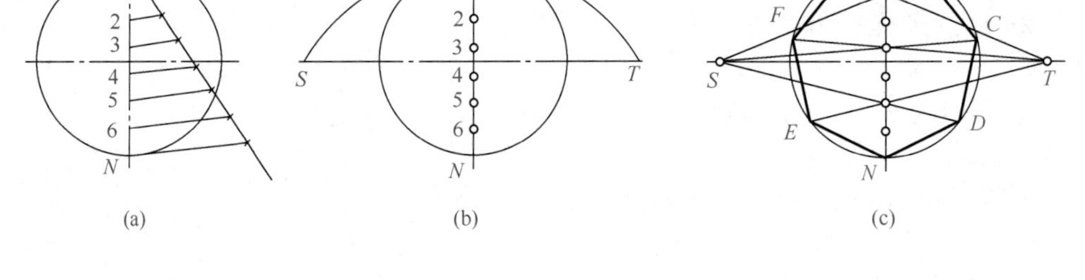 (a)　(b)　(c) ①将*n*边形的外接圆直径*AN*等分为*n*等份,并标出顺序号1、2、3、4、5、6… ②以*N*为圆心,*NA*为半径画弧,与外接圆的水平中心线交于*S*、*T* ③*S*、*T*分别与*NA*上的奇数(如1,3,5…)或偶数等分点相连并延长,与外接圆交于*B*、*C*、*D*、*G*、*F*、*E*…。依次连接除*S*、*T*外各顶点

三、斜度和锥度

(1) 斜度

斜度是指一直线或平面对另一直线或平面的倾斜程度。其大小用两者间夹角的正切值来表示，在图上通常将其值注写成1∶*n*的形式，标注斜度时，符号方向应与斜度的方向一致。表1-19列出了斜度的定义、标注和作图方法。

(2) 锥度

锥度是指正圆锥底圆直径与圆锥高度之比。如果是圆台，则为底圆直径与顶圆直径之差与圆台高度之比。在图上通常将其值注写成1∶*n*的形式。标注锥度时，符号方向应与锥度的方向一致。表1-20列出了锥度的定义、标注和作图方法。

表1-19 斜度的定义、标注及作图方法

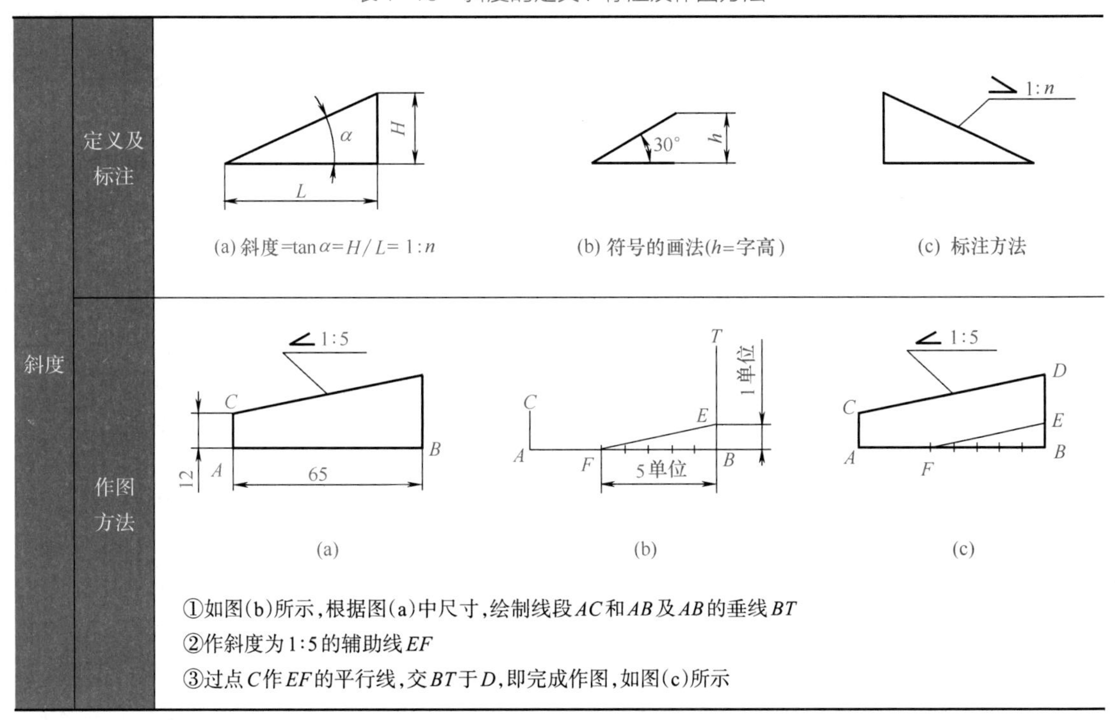

斜度	定义及标注	(a) 斜度=tan α=H/L=1:n　(b) 符号的画法(h=字高)　(c) 标注方法
	作图方法	(a)　(b)　(c) ①如图(b)所示，根据图(a)中尺寸，绘制线段AC和AB及AB的垂线BT ②作斜度为1:5的辅助线EF ③过点C作EF的平行线，交BT于D，即完成作图，如图(c)所示

表1-20 锥度的定义、标注和作图方法

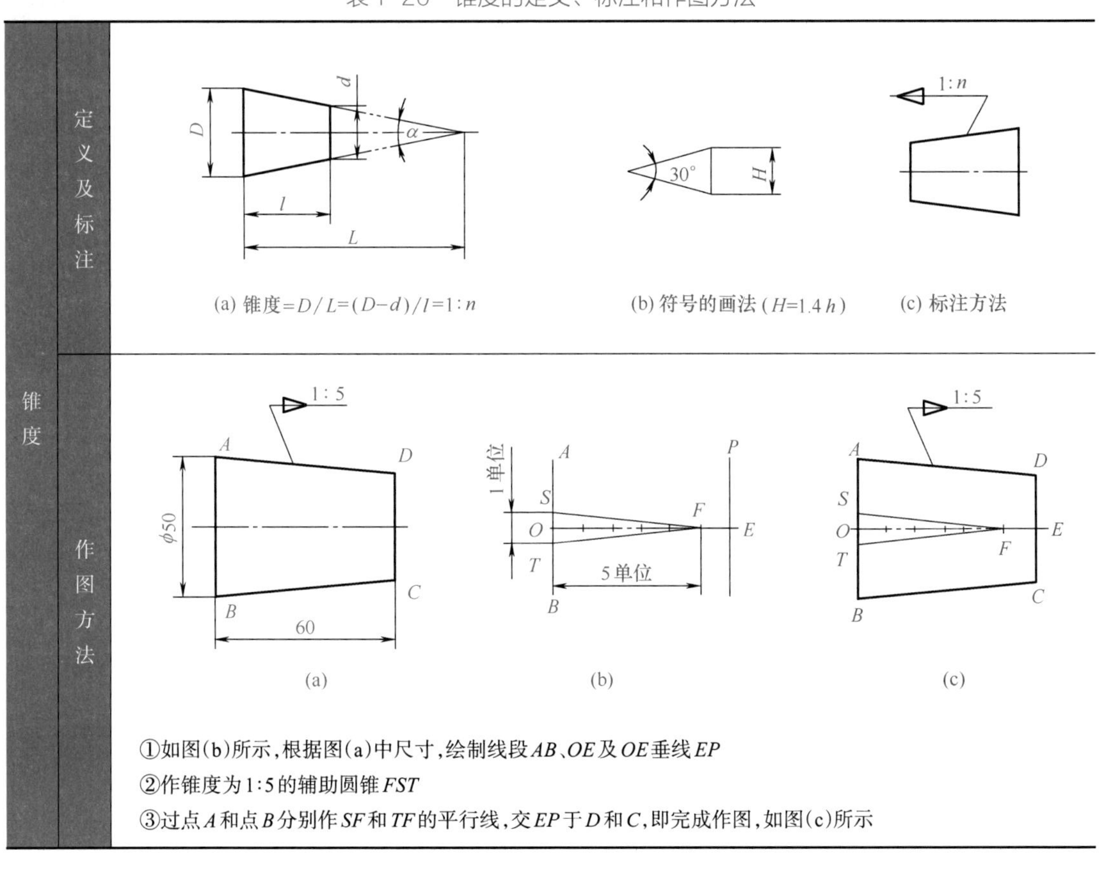

锥度	定义及标注	(a) 锥度=D/L=$(D-d)/l$=1:n　(b) 符号的画法(H=1.4h)　(c) 标注方法
	作图方法	(a)　(b)　(c) ①如图(b)所示，根据图(a)中尺寸，绘制线段AB、OE及OE垂线EP ②作锥度为1:5的辅助圆锥FST ③过点A和点B分别作SF和TF的平行线，交EP于D和C，即完成作图，如图(c)所示

第四节　平面图形的分析和画法

平面图形一般由一个或多个封闭线框组成，这些封闭线框由一些线段连接而成。因此，要想正确地绘制平面图形，首先必须对平面图形进行尺寸分析和线段分析。

一、尺寸分析

在进行尺寸分析时，首先要确定水平方向和垂直方向的尺寸基准，也就是标注尺寸的起点。对于平面图形而言，常用的基准是对称图形的对称线、较大的圆的中心线或图形的轮廓线。例如，图1-21中轮廓线*AC*和*AB*分别为水平和垂直方向的尺寸基准。

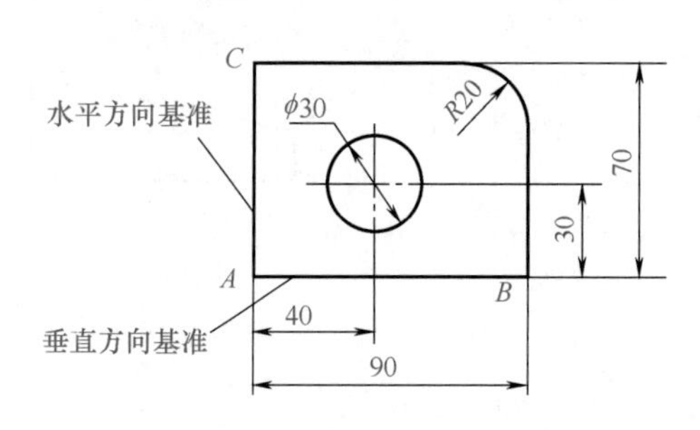

图1-21　平面图形的尺寸分析

平面图形中的尺寸按其作用可以分为两大类：

① 定形尺寸。确定平面图形上几何元素的形状和大小的尺寸称为定形尺寸。例如，直线的长短、圆的直径、圆弧的半径等。如图1-21中的90、70、*R*20确定了外面线框的形状和大小，ϕ30确定里面的线框的形状和大小，这些都是定形尺寸。

② 定位尺寸。确定平面图形上几何元素间相对位置的尺寸称为定位尺寸。例如，直线的位置、圆心的位置等。如图1-21中40、30确定了ϕ30的圆的圆心位置，是定位尺寸。

二、线段分析

如图1-22（a）所示的平面图形为一手柄，其基准和定位尺寸如图中所示。平面图形中的线段根据所标注的尺寸可以分为以下三种：

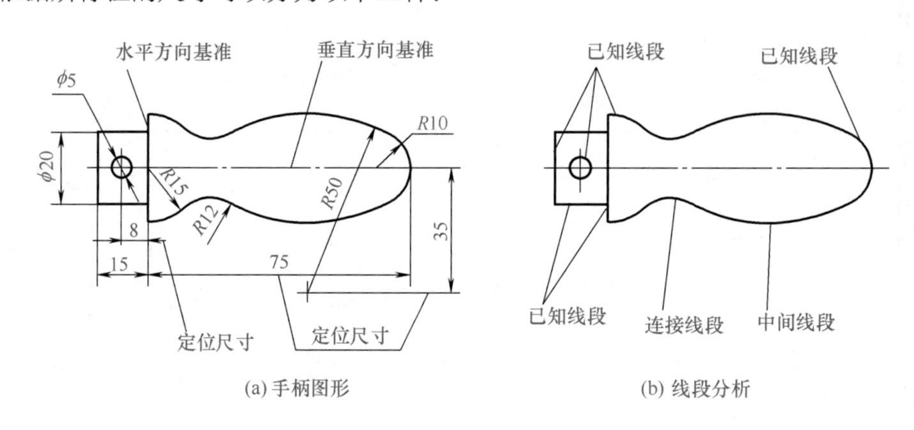

图1-22　平面图形的分析

① 已知线段。注有完全的定形尺寸和定位尺寸，并能直接按所注尺寸画出的线段，如图1-22（a）中的直线段、ϕ5的圆、*R*15和*R*10的圆弧。

② 中间线段。只注出一个定形尺寸和一个定位尺寸，必须依靠与相邻的一段线段的连

接关系才能画出的线段。如图1-22（a）中的$R50$的圆弧。

③ 连接线段。只给出定形尺寸，没有定位尺寸，必须依靠与相邻的两段线段的连接关系才能画出的线段。如图1-22（a）中的$R12$的圆弧。

三、作图步骤

根据上述对图形中的尺寸和线段分析，可以将平面图形的作图步骤归纳如表1-21所示。

表1-21 手柄的作图步骤

步骤	作图	说明
1	 E F	画出长度和宽度方向的基准线，定出$\phi5$的圆的圆心E和$R10$的圆弧的圆心F
2	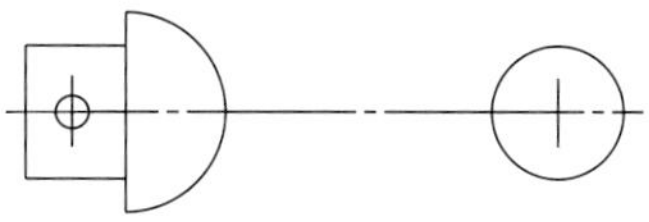	画出各已知线段
3	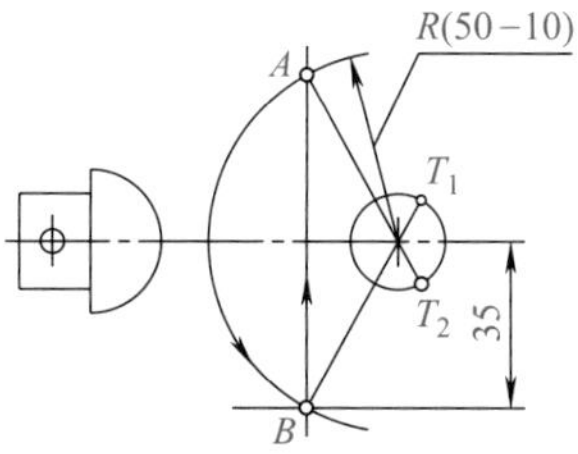 R(50−10) A T_1 T_2 35 B	半径为50的圆弧与半径为10的圆弧内切，作出其圆心A和B，定出切点T_1、T_2
4	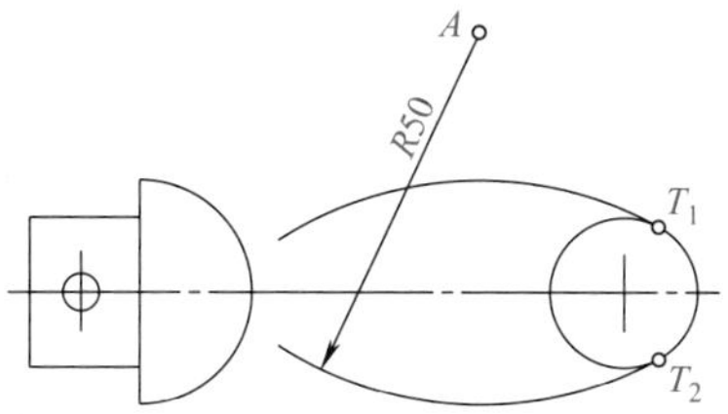 A R50 T_1 T_2	画出中间线段
5	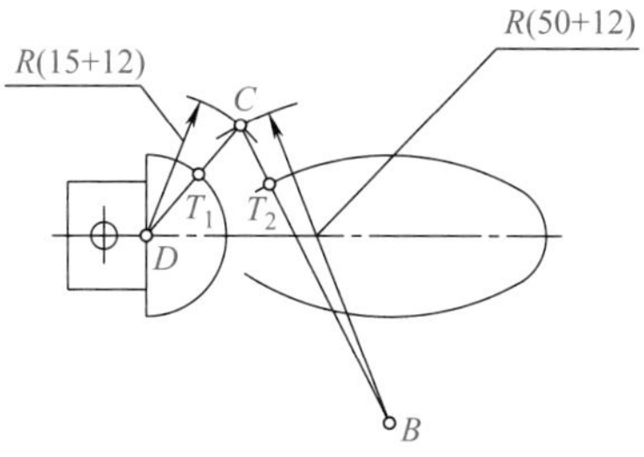 R(15+12) C R(50+12) T_1 T_2 D B	半径为12的圆弧与半径为15和50的圆弧外切，作出其圆心C和切点T_1、T_2
6	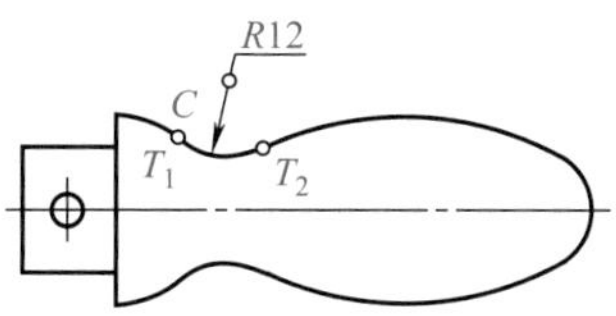 R12 C T_1 T_2	画出连接线段，并整理加深轮廓线

四、平面图形的尺寸标注

图形中标注的尺寸，必须能唯一地确定图形的大小，既不能遗漏又不能重复。其方法和步骤如下：

① 分析图形，确定尺寸基准。

② 进行线段分析，确定哪些线段是已知线段、中间线段和连接线段。

③ 按已知线段、中间线段、连接线段的顺序逐个标注尺寸。

如图1-23所示为几种常见平面图形尺寸的注法示例。

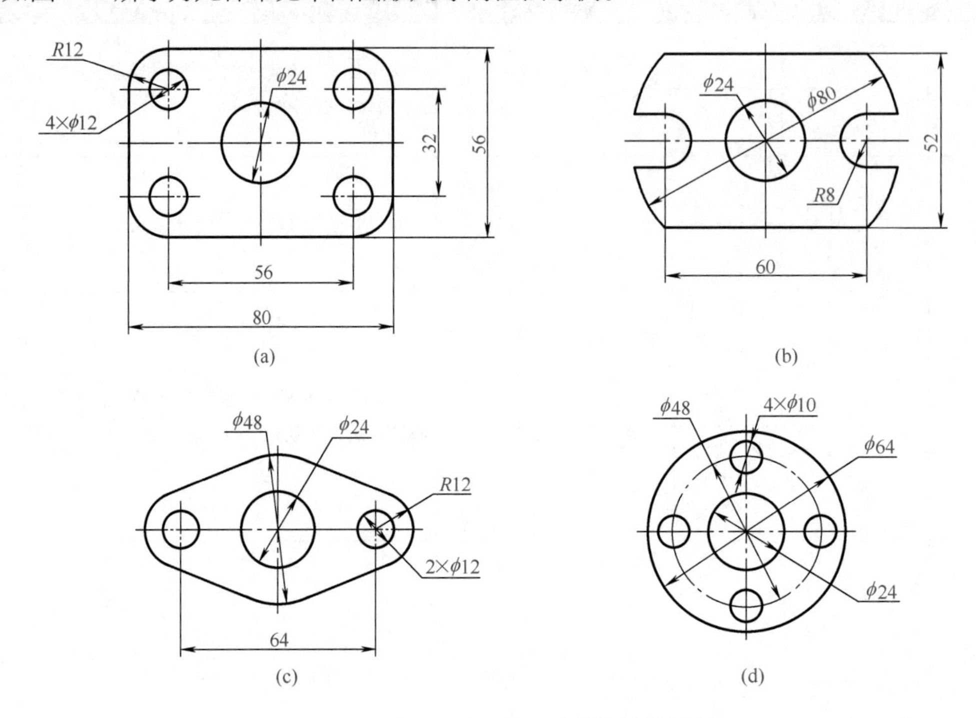

图1-23 常见平面图形尺寸的注法举例

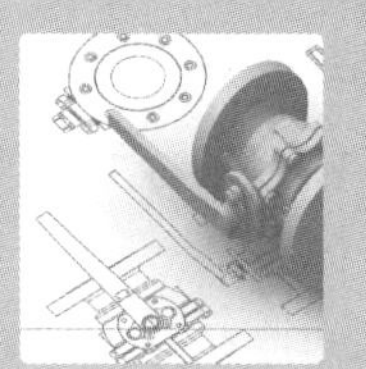

第二章
投影基本知识

第一节　投影法和三视图

在日常生活中，我们经常看到物体在日光或灯光照射下，在地面或墙上产生影子，这种现象叫投射。人们根据这种自然现象，经过科学的抽象提出了投影法。掌握投影法是绘制和阅读工程图样的基础。

一、投影法的概念与分类

如图2-1所示，将发自投射中心且通过物体上各点的直线称为投射线，投射线通过物体，向选定的平面投射，并在该面上得到图形的方法称为投影法。投射线的方向称为投射方向，选定的平面称为投影面，投射所得到的图形称为投影。

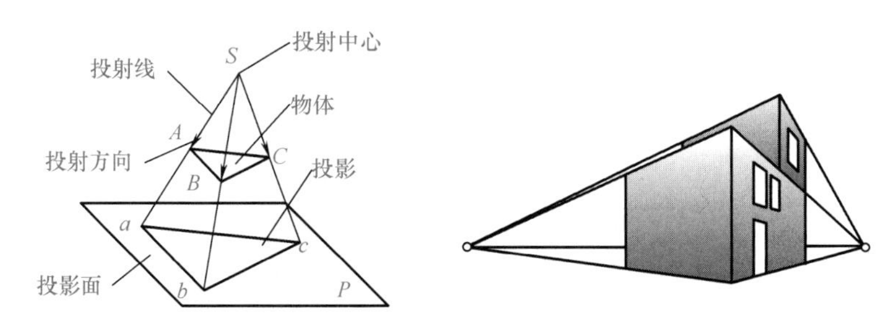

图2-1　中心投影法

根据投射线间的相对位置（平行或相交），投影法可以分为中心投影法和平行投影法两大类。

（一）中心投影法

投射线相交于一点的投影方法称为中心投影法，如图2-1所示，其中投射线的交点S称为投射中心。用中心投影法绘制的图形叫作中心投影图。

中心投影图的度量性较差，一般不反映物体的真实形状，而且投影的大小随投射中心、物体和投影面之间的相对位置的改变而改变，但它的立体感较强，主要用于绘制物体的透视图，特别是建筑物的透视图。

（二）平行投影法

投射线相互平行的投影法称为平行投影法。平行投影法又分为两类。

（1）斜投影法

投射方向倾斜于投影面的投影方法称为斜投影法，如图2-2所示。斜投影法主要用于绘制物体的轴测图，在工程上作为辅助图样来说明机器的安装、使用与维修等情况。其直观性较好，并具有一定的立体感。

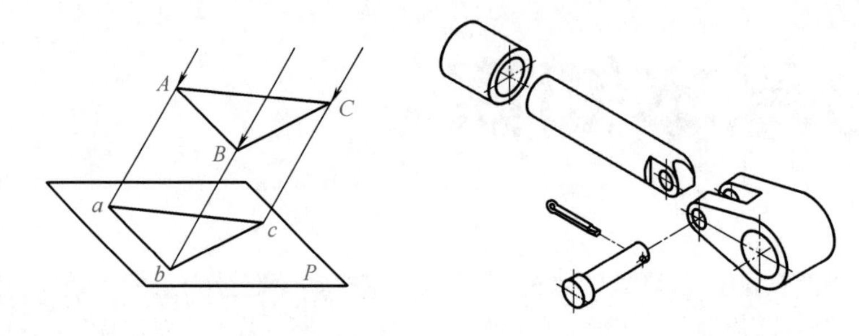

图2-2　斜投影法

（2）正投影法

投射方向垂直于投影面的投影方法称为正投影法，如图2-3所示。用正投影法绘制的图形称为正投影图，如图2-3所示。

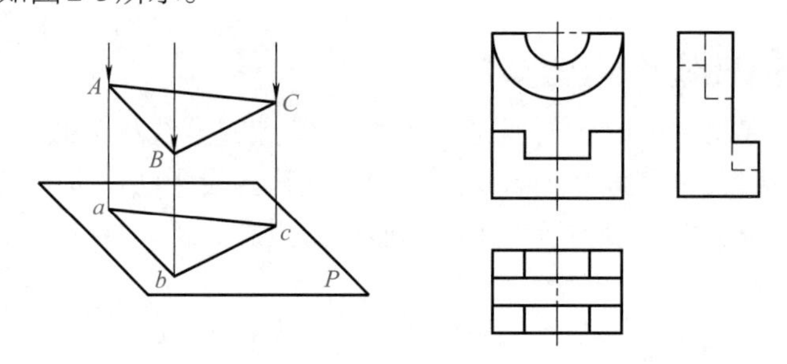

图2-3　正投影法

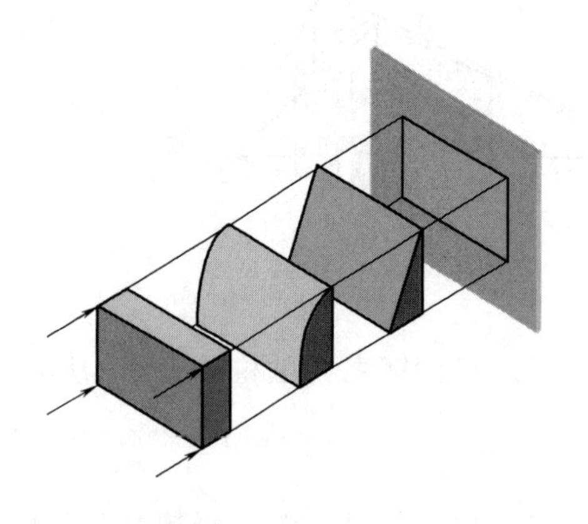

图2-4　立体的单面投影

正投影图的直观性不如中心投影图和轴测图，但它的可度量性非常好，当空间物体上某个面平行于投影面时，正投影图能反映该面的真实形状和大小，且作图简便。因此，国家标准中明确规定，机件的图样采用正投影法绘制。

二、三投影面体系和三视图

机械图样是按正投影法绘制的。但单面投影不能完全确定立体的空间形状，如图2-4所示。因此，为了清晰地反映立体的结构形状，工程上一般采用由多个单面投影所组成的多面正投影来表达立体。

（1）三投影面体系

如图2-5所示，由三个互相垂直的平面构成的投影面体系称为三投影面体系。正立放置的投影面称为正立投影面，简称正面，用*V*表示；水平放置的投影面称为水平投影面，简称水平面，用*H*表示；侧立放置的投影面称为侧立投影面，简称侧面，用*W*表示。投影面两两相交产生的交线*OX*、*OY*、*OZ*称为投影轴。

三个投影面将空间分成八个角如图2-5（a）所示，我国国家标准规定机械图样采用第一角，按正投影法绘制，如图2-5（b）所示。

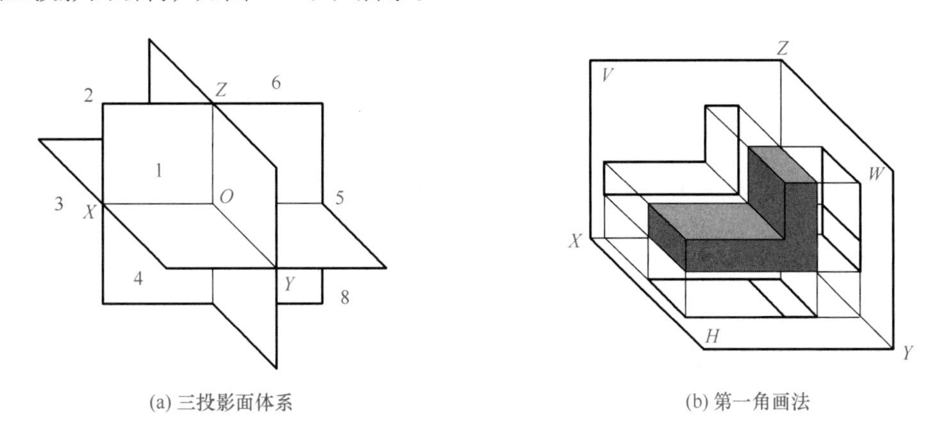

(a) 三投影面体系　　(b) 第一角画法

图2-5　三投影面体系

（2）三视图的形成

用正投影法绘制的图形称为视图。如图2-6（a）所示，将物体置于第一角内，分别向三个投影面投射，得到的三个最基本的视图称为三视图。

主视图——由前向后投射，在*V*面上所得的视图；

俯视图——由上向下投射，在*H*面上所得的视图；

左视图——由左向右投射，在*W*面上所得的视图。

这样，从三个不同方向反映了物体的形状。国家标准规定：*V*面不动，将*H*面绕*OX*轴向下旋转90°，*W*面绕*OZ*轴向右旋转90°，使*H*、*V*、*W*三个投影面共面，如图2-6（b）所示；投影面边框和投影轴可省略不画，如图2-6（c）所示。

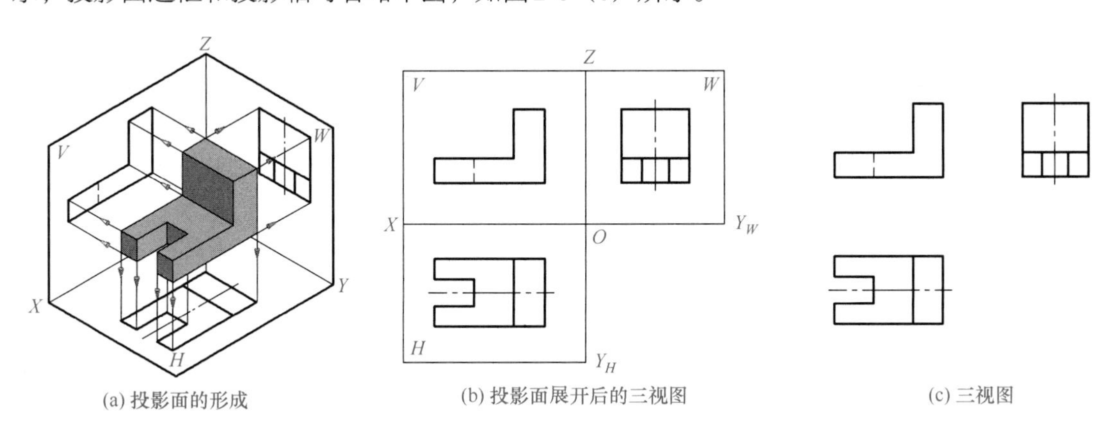

(a) 投影面的形成　　(b) 投影面展开后的三视图　　(c) 三视图

图2-6　三视图的形成及配置

（3）三视图的投影特性

① 度量对应关系。由图2-7可看出，三视图间的度量关系为：

主视图和俯视图长度相等且对正——长对正。

主视图和左视图高度相等且平齐——高平齐。

左视图和俯视图宽度相等且对应——宽相等。

“长对正、高平齐、宽相等”的投影对应关系，简称“三等”关系，是三视图的重要特性，也是画图和读图的依据。在画图时，各视图无论在整体上，还是各个相应部分都必须满足这一投影对应关系，如图2-7所示。确定宽相等可作45°辅助线，也可用圆规直接量取。

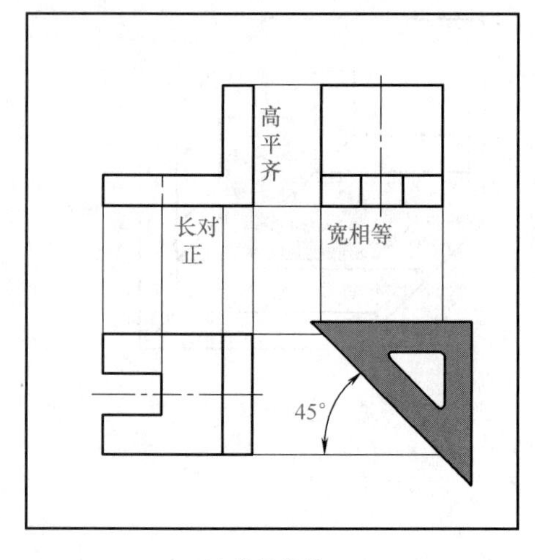

(a) 度量关系

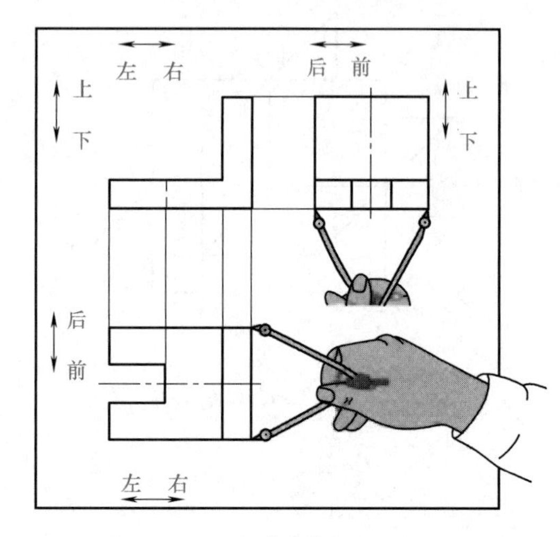

(b) 方位关系

图2-7 三视图之间的对应关系

② 方位对应关系。物体有上、下、左、右、前、后六个方位，在三视图中的对应关系，如图2-7（b）所示。主视图反映物体的上、下和左、右方位；俯视图反映物体的前、后和左、右方位；左视图反映物体的上、下和前、后方位。

需要特别注意俯视图与左视图的前后对应关系。若以主视图为中心来看，俯、左视图中靠近主视图一侧表示物体后面，远离主视图一侧表示物体前面。

第二节 点的投影

一、点的投影图

如图2-8（a）所示，在三投影面体系中，设有一空间点A，自A分别作垂直于H、V、W面的投射线，得交点a、a'、a''，则a、a'、a''分别称为点A的水平投影、正面投影、侧面投影。

在投影法中规定，凡空间点用大写字母表示，其水平投影用相应的小写字母表示，正面投影和侧面投影分别在相应的小写字母上加“′”和“″”。

为了使点的三面投影画在同一图面上，规定V面不动，将H面绕OX轴向下旋转90°，将

W面绕OZ轴向右旋转90°，使H、V、W三个投影面共面。画图时一般不画出投影面的边界线，也不标出投影面的名称，则得到点的三面投影图，如图2-8（b）所示。

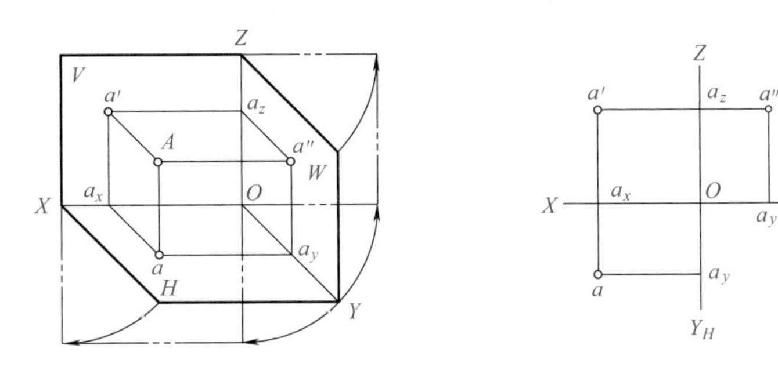

(a) 点的三面投影　　(b) 点的投影图

图2-8　点的投影

二、点的投影特性

通过对图2-8（a）中点的三面投影分析，可以概括出点的三面投影特性。

① 投影连线垂直于投影轴。点的正面投影a'与水平投影a的连线垂直于投影轴OX，即$a'a \perp OX$。点的正面投影a'与侧面投影a''的连线垂直于投影轴OZ，即$a'a'' \perp OZ$。

② 点的投影到各投影轴的距离等于空间点到相应投影面的距离。即：

$$a'a_x = a''a_y = \text{点}A\text{到}H\text{面的距离}$$

$$aa_x = a''a_z = \text{点}A\text{到}V\text{面的距离}$$

$$aa_y = a'a_z = \text{点}A\text{到}W\text{面的距离}$$

根据上述点的投影特性，在点的三面投影中，只要知道其中任意两个面的投影就可求出点的第三面的投影。

例1：如图2-9（a）所示，已知点A的正面投影和水平投影，求其侧面投影。

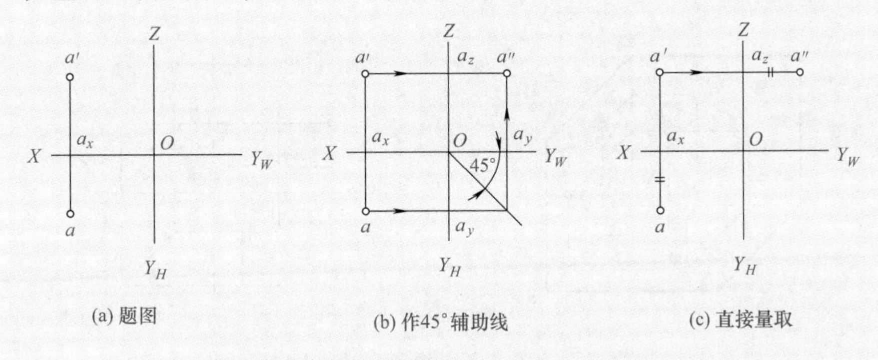

(a) 题图　　(b) 作45°辅助线　　(c) 直接量取

图2-9　已知点的两个投影求第三个投影

解：由点的投影规律可知，$a'a'' \perp OZ$，且$a''a_z = aa_x$，则其作图步骤为

① 过原点O作45°辅助线。

② 过a'作水平线，与OZ轴交于a_z。

③ 过a作水平线与45°辅助线相交，过其交点作垂直线与过a'的水平线交于a''。也可以在过a'的水平线上直接量取$a''a_z = aa_x$。

三、点的投影与坐标之间的关系

在工程上，有时也用坐标法来确定点的空间位置，三投影面体系中的三条投影轴可以构成一个空间直角坐标系。如图2-10（a）所示，空间点A的位置可以用三个坐标（x_A，y_A，z_A）表示，则点的投影与坐标之间的关系为：

$$aa_y = a'a_z = x_A$$
$$aa_x = a''a_z = y_A$$
$$a'a_x = a''a_y = z_A$$

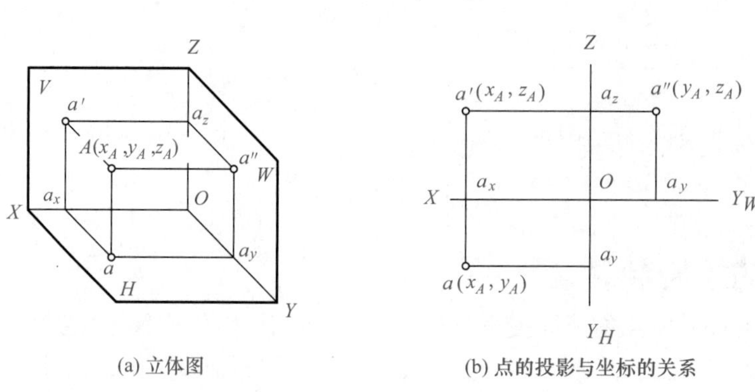

(a) 立体图　　(b) 点的投影与坐标的关系

图2-10　点的投影与坐标之间的关系

四、两点的相对位置

两点的相对位置是指空间两点的上下、左右、前后位置关系。如图2-11所示，两点的投影沿OX、OY、OZ三个方向的坐标差，即为这两个点对投影面W、V、H的距离差。因此，两点的相对位置可以通过这两点在同一投影面上的投影之间的相对位置来判断。X坐标大的点在左，Y坐标大的点在前，Z坐标大的点在上。

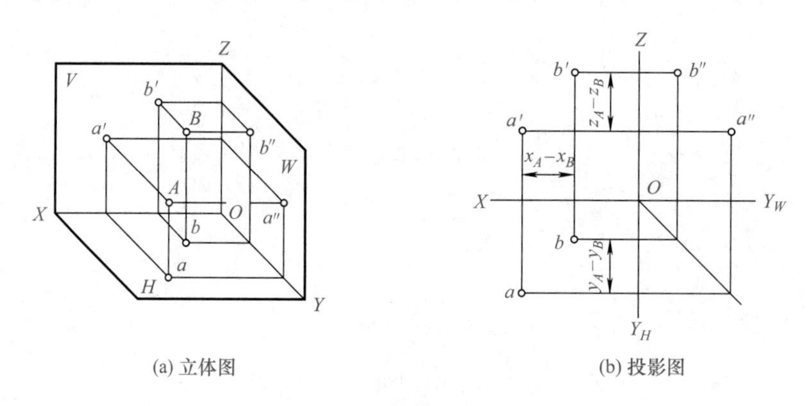

(a) 立体图　　(b) 投影图

图2-11　两点的相对位置

由于投影图是由H面绕OX轴向下旋转90°和W面绕OZ轴向右旋转90°而形成的，所以必须注意：对水平投影而言，由OX轴向下代表向前；对侧面投影而言，由OZ轴向右也代表向前。

五、重影点

如果空间两点位于某一投影面的同一条投射线上，则这两点在该投影面上的投影就会重合于一点，此两点称为对该投影面的重影点。如图2-12（a）所示，*A*、*B*两点的正面投影重合为一点，则称*A*、*B*两点为对*V*面的重影点。

由于空间点的相对位置，重影点在某个投影面的重合投影存在一个可见性问题。沿投射方向进行观察，看到者为可见，被遮挡者为不可见。为了表示点的可见性，可在不可见点的投影上加括号，如图2-12（b）所示。

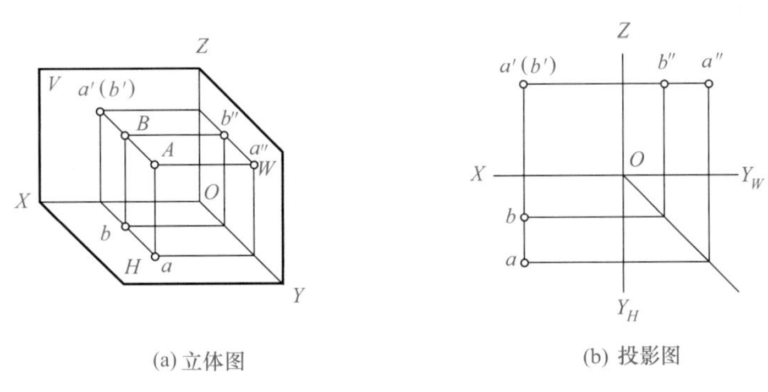

(a) 立体图　　(b) 投影图

图2-12　重影点

第三节　直线的投影

直线的空间位置可由直线上两点确定。因此，直线的投影可由直线上两点在同一个投影面上的投影（同名投影）相连而得。

一、投影特性

如图2-13所示，直线对投影面的投影特性取决于直线对投影面的相对位置，直线对一个投影面有三种相对位置。

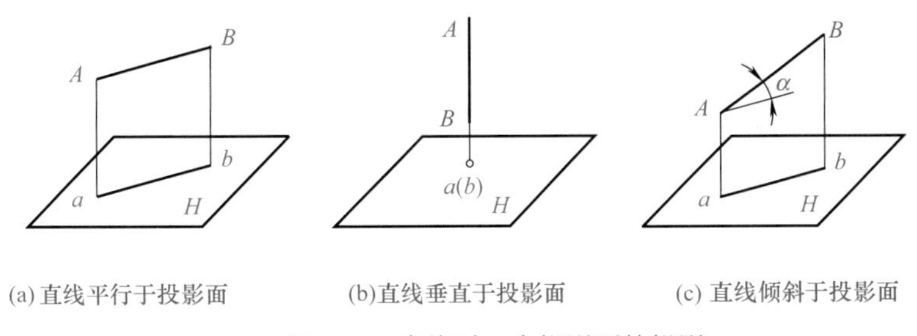

(a) 直线平行于投影面　　(b)直线垂直于投影面　　(c) 直线倾斜于投影面

图2-13　直线对一个投影面的投影

① 直线平行于投影面。其投影仍为直线，投影的长度反映空间线段的实际长度，即 $ab=AB$。

② 直线垂直于投影面。其投影重合于一点，这种特性称为积聚性。

③ 直线倾斜于投影面。其投影仍为直线，投影的长度小于空间线段的实际长度，即 $ab=AB\cos\alpha$。

直线与投影面的夹角称为直线对投影面的倾角。直线对H面的倾角用α表示，对V面的倾角用β表示，对W面的倾角用γ表示。

二、直线在三投影面体系中的投影特性

在三投影面体系中，根据直线与三投影面之间的相对位置，可将直线分为一般位置直线和特殊位置直线两类（如图2-14所示），其中特殊位置直线又可分为投影面平行线和投影面垂直线。各种位置直线的立体图、投影图及其投影特性见表2-1。

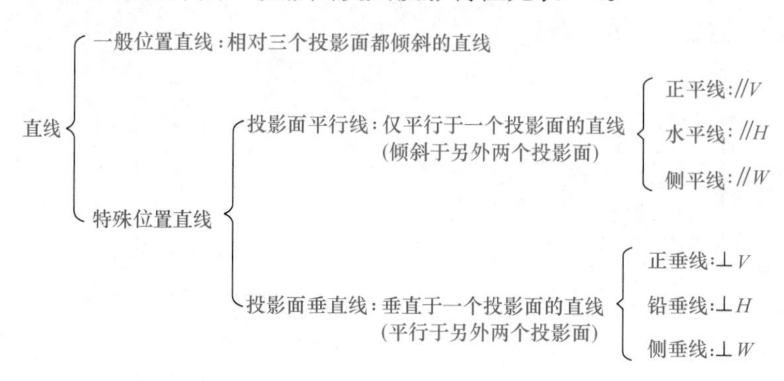

图2-14　各种位置直线的投影特性

表2-1　各种位置直线的立体图、投影图及其投影特性

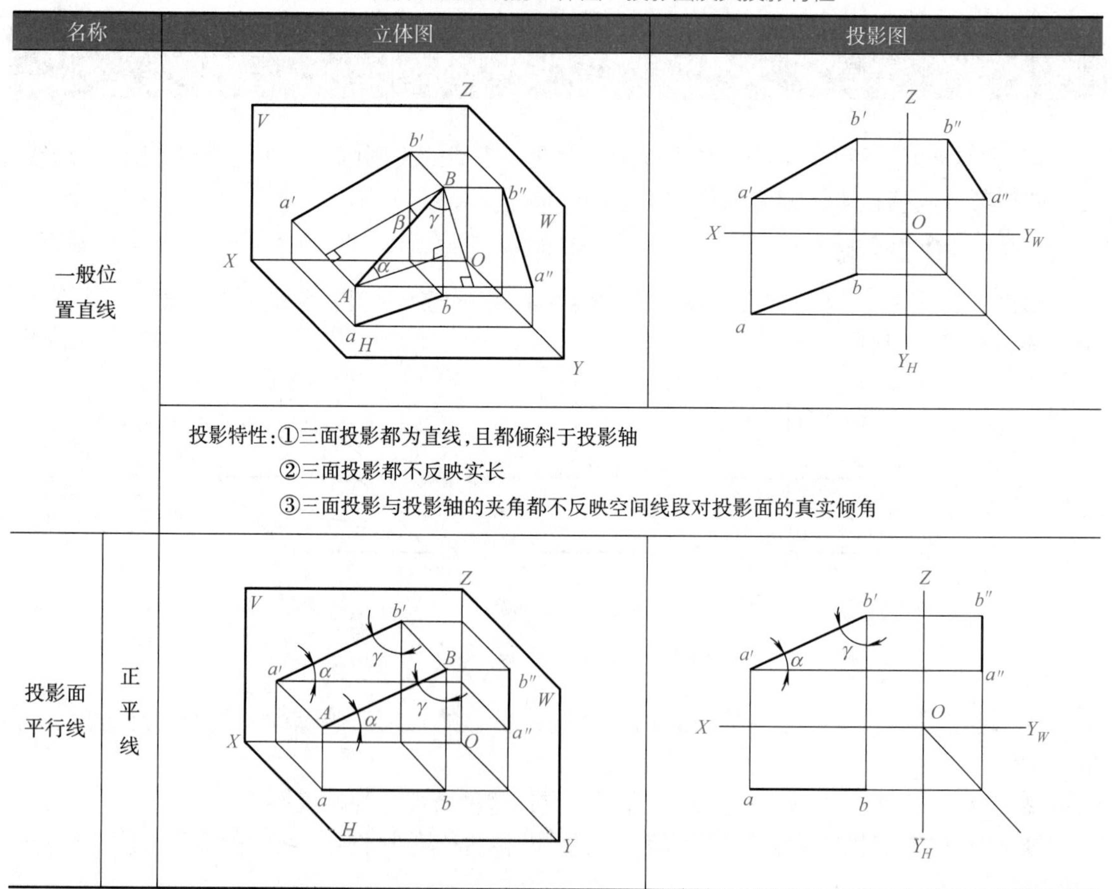

名称		立体图	投影图
一般位置直线			
		投影特性：①三面投影都为直线，且都倾斜于投影轴 ②三面投影都不反映实长 ③三面投影与投影轴的夹角都不反映空间线段对投影面的真实倾角	
投影面平行线	正平线		

续表

<table>
<tr><th colspan="2">名称</th><th>立体图</th><th>投影图</th></tr>
<tr><td rowspan="5">投影面平行线</td><td>正平线</td><td colspan="2">投影特性:①$a'b'=AB$,即正面投影反映实长
②$a'b'$与OX、OZ轴的夹角反映AB对H面、W面的真实倾角α、γ
③$ab//OX$,$a''b''//OZ$</td></tr>
<tr><td rowspan="2">水平线</td><td>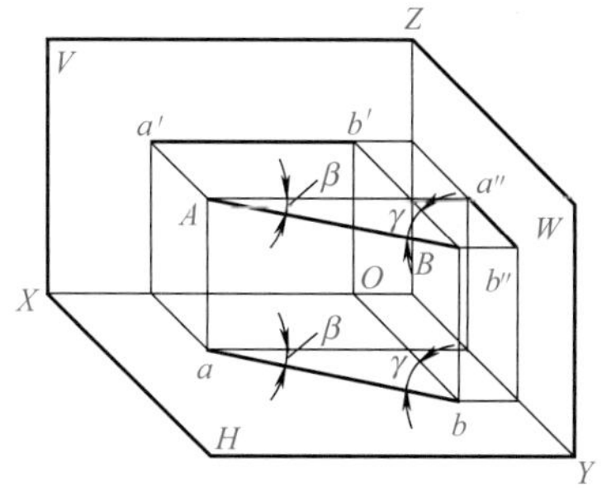</td><td>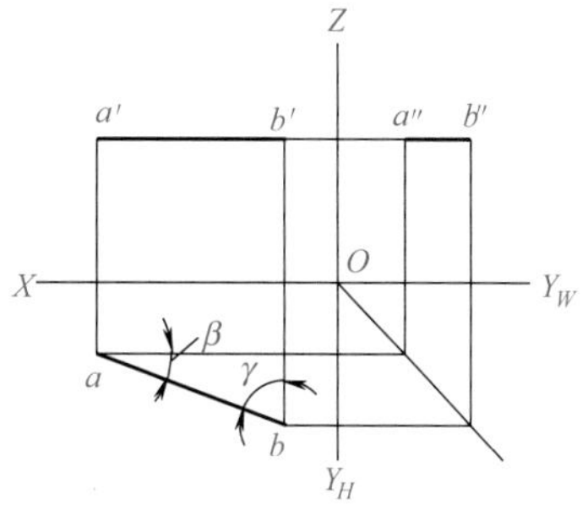</td></tr>
<tr><td colspan="2">投影特性:①$ab=AB$,即水平投影反映实长
②ab与OX、OY_H轴的夹角反映AB对V面、W面的真实倾角β、γ
③$a'b'//OX$,$a''b''//OY_W$</td></tr>
<tr><td rowspan="2">侧平线</td><td>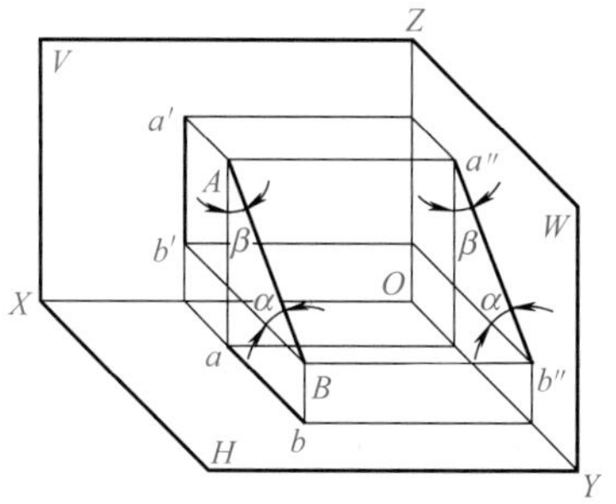</td><td>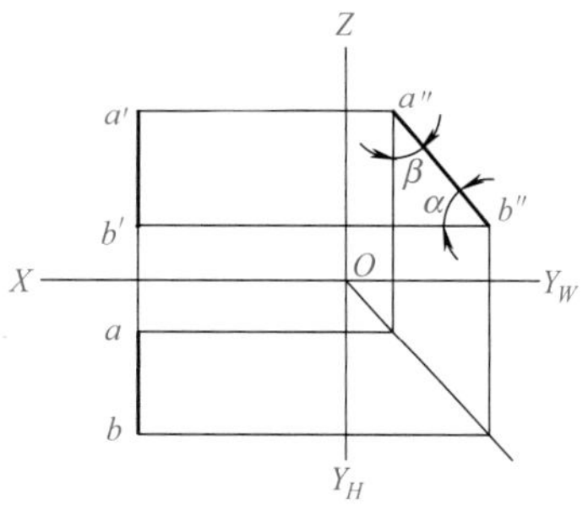</td></tr>
<tr><td colspan="2">投影特性:①$a''b''=AB$,即侧面投影反映实长
②$a''b''$与OY_W、OZ轴的夹角反映AB对H面、V面的真实倾角α、β
③$a'b'//OZ$,$ab//OY_H$</td></tr>
<tr><td rowspan="2">投影面垂直线</td><td rowspan="2">正垂线</td><td>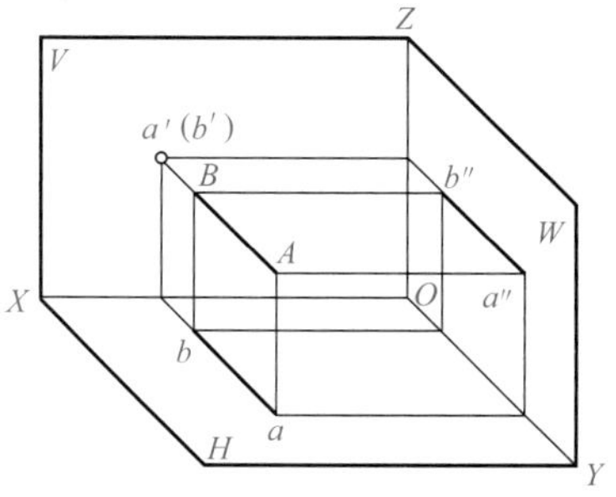</td><td>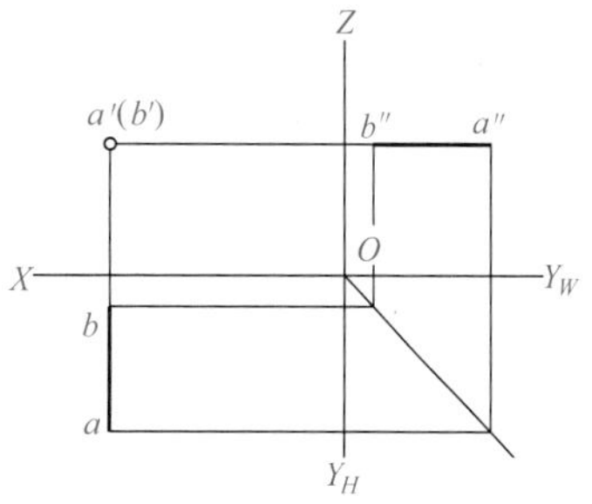</td></tr>
<tr><td colspan="2">投影特性:①正面投影$a'b'$积聚为一点
②$ab = a''b'' = AB$,反映实长
③$ab\perp OX$,$a''b''\perp OZ$</td></tr>
</table>

续表

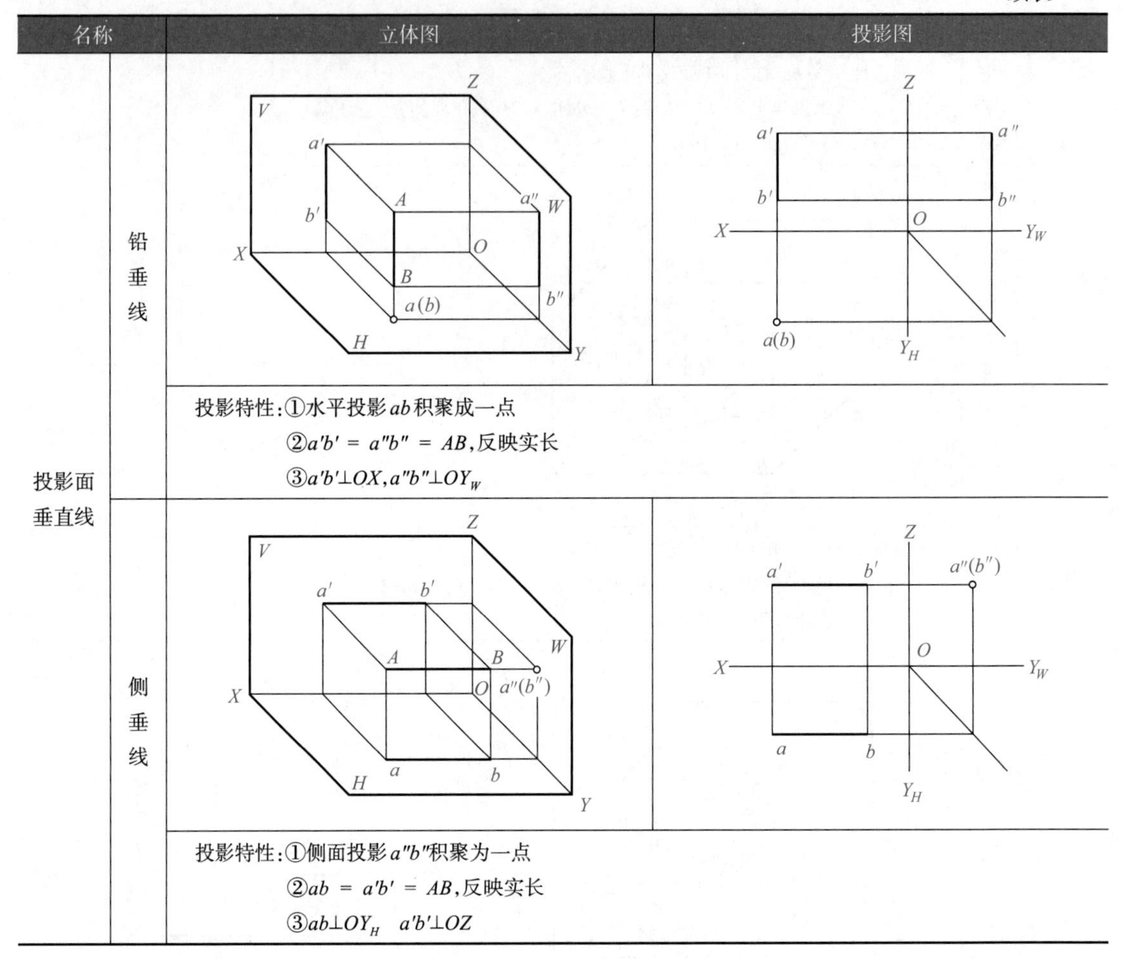

名称		立体图	投影图
投影面垂直线	铅垂线		
		投影特性：①水平投影 ab 积聚成一点 ② $a'b' = a''b'' = AB$，反映实长 ③ $a'b' \perp OX$，$a''b'' \perp OY_W$	
	侧垂线		
		投影特性：①侧面投影 $a''b''$ 积聚为一点 ② $ab = a'b' = AB$，反映实长 ③ $ab \perp OY_H$　$a'b' \perp OZ$	

三、直线上的点

当点位于直线上时，如图2-15所示，根据平行投影的性质，该点具有两个性质：

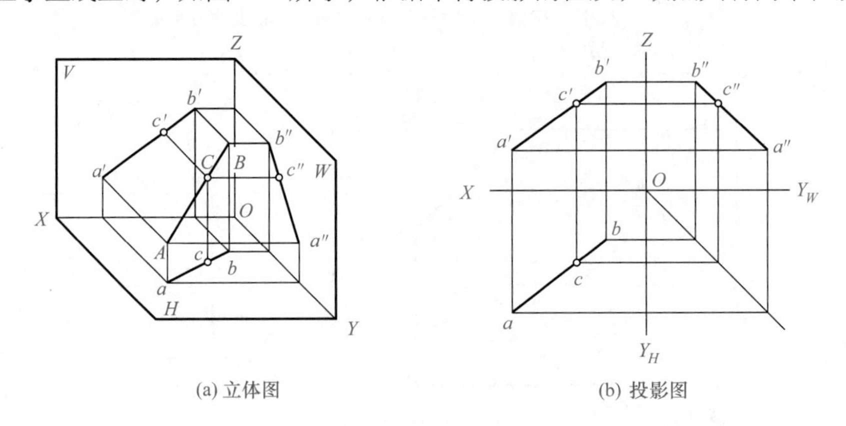

图2-15　直线上的点

① 若点在直线上，则点的投影必在直线的同名投影上，反之亦然。

② 若点在直线上，则点分线段之比在其各投影上保持不变，反之亦然。即

$$ac:cb = a'c':c'b' = a''c'':c''b'' = AC:CB$$

利用直线上点的这两个性质，可以求直

例2：如图2-16（a）所示，判断点K是否在直线AB上。

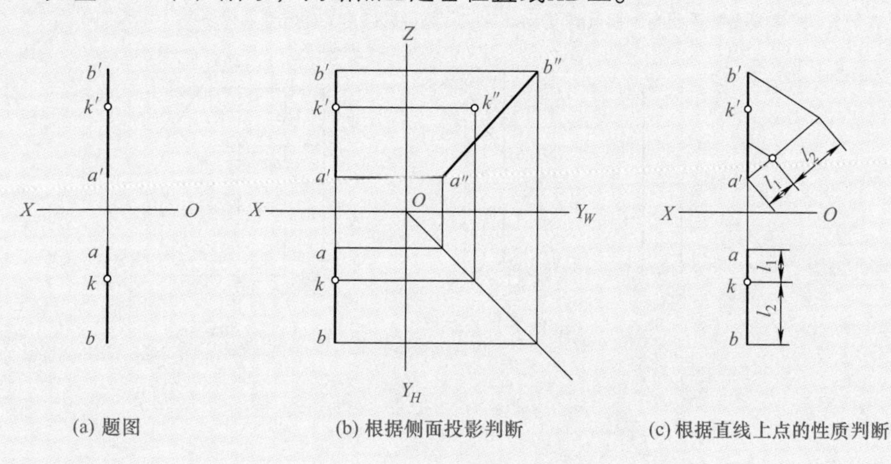

(a) 题图　(b) 根据侧面投影判断　(c) 根据直线上点的性质判断

图2-16　判断点是否在直线上

解：有两种判断方法。

① 作出侧面投影。如图2-16（b）所示，由于k''不在$a''b''$上，所以点K不在直线AB上。

② 根据直线上点的性质。如图2-16（c）所示，由于$ak:kb \neq a'k':k'b'$，所以点K不在直线AB上。

线上点的投影或判断点是否在直线上。

四、两直线的相对位置

空间两直线的相对位置有三种：平行、相交和交叉（异面）。其说明见表2-2。

表2-2　空间两直线的相对位置

类别	说明
两直线平行	若空间两直线平行，则其同名投影必平行。反之，若空间两直线的各组同名投影平行，则该两直线必平行 如图2-17所示，若$AB//CD$，则$ab//cd$，$a'b'//c'd'$ 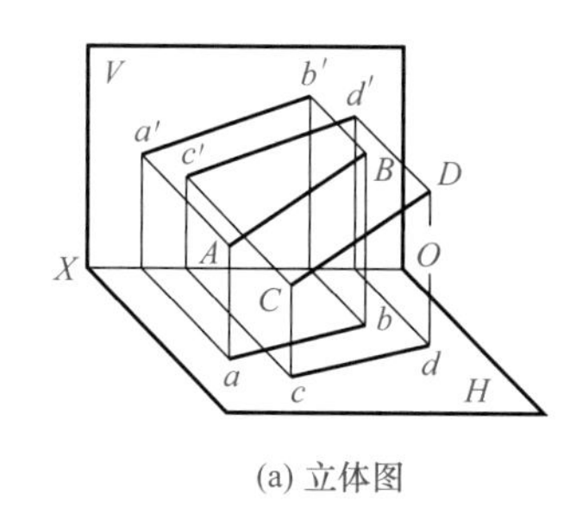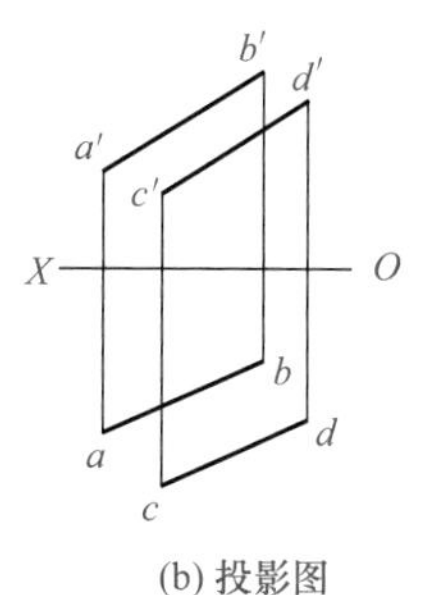(a) 立体图　(b) 投影图 图2-17　两直线平行 一般情况下，判断两直线是否平行，只需检查两面投影即可判定，但若二直线为某投影面平行线，则需视其在所平行的投影面上的投影是否平行而判定

续表

<table>
<tr><th>类别</th><th>说明</th></tr>
<tr><td>两直线
平行</td><td>

例3：两直线投影图如图2-18（a）所示，判断两直线AB和CD是否平行。

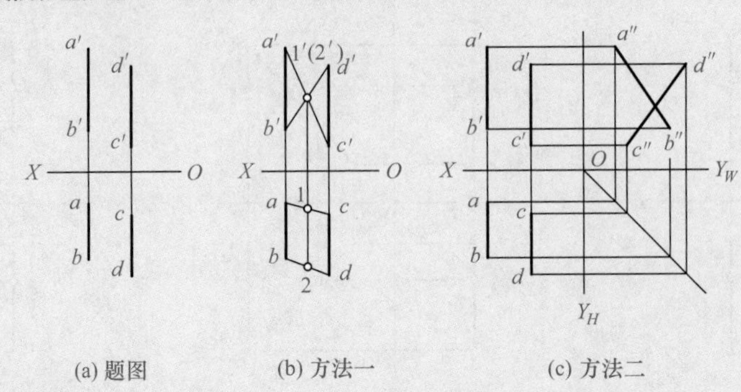

(a) 题图　(b) 方法一　(c) 方法二

图2-18　判断两直线是否平行

解：有两种判断方法。

①如图2-18（b）所示，连接ac和bd、$a'c'$和$b'd'$，由于两交点不是同一点的两个投影，因此，AC和BD是交叉直线，直线AB和CD不共面，所以，AB和CD不平行。

②如图2-18（c）所示，求出侧面投影，由于$a''b''$不平行于$c''d''$，所以直线AB与CD不平行

</td></tr>
<tr><td>两直线
相交</td><td>

若空间两直线相交，则其同名投影必相交，且交点的投影符合点的投影规律，反之亦然

如图2-19所示，直线AB、CD相交于K，由于点K是两直线的共有点，因此，两直线水平投影ab与cd，正面投影$a'b'$与$c'd'$应分别相交于k、k'，且$kk' \perp OX$

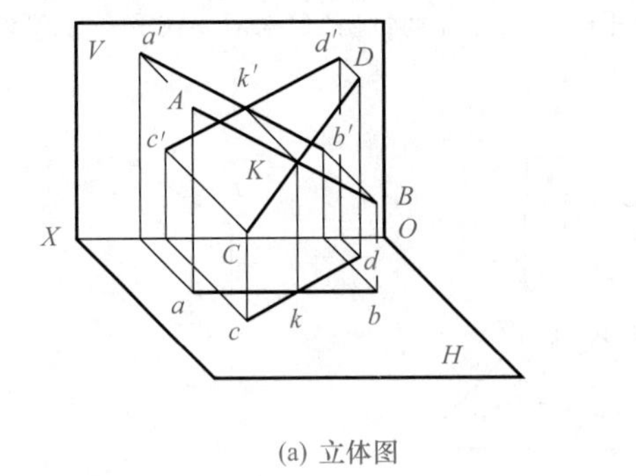

(a) 立体图

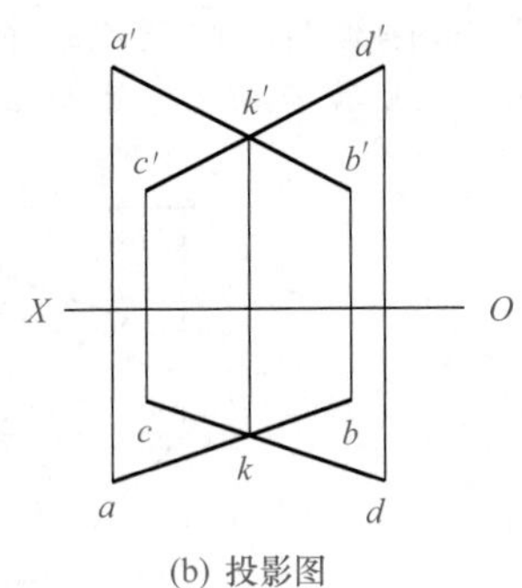

(b) 投影图

图2-19　两直线相交

判断两直线是否相交，在一般情况下，只需判断两面同名投影相交，且交点符合点的投影规律即可，但如果两直线中有一条直线是投影面的平行线，则需进一步判断

</td></tr>
</table>

续表

类别	说明
两直线相交	例4：两直线在两面上投影如图2-20（a）所示，判断两直线*AB*和*CD*是否相交。 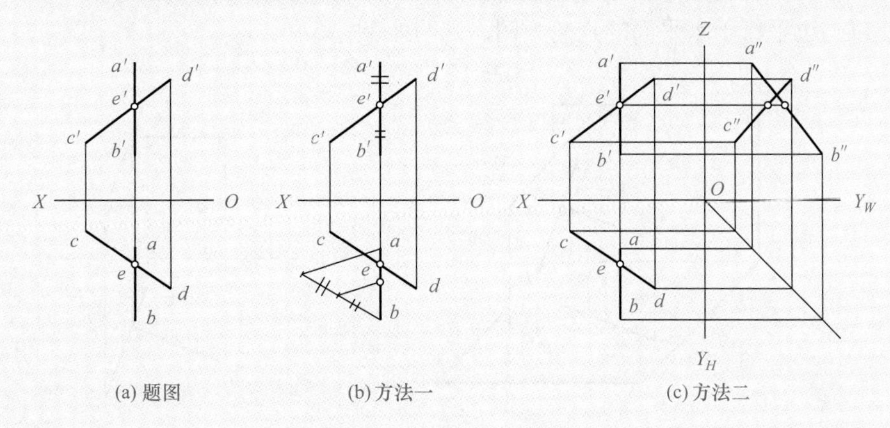 (a) 题图 (b) 方法一 (c) 方法二 图2-20 判断两直线是否相交 解：有两种判断方法。 ①如图2-20（b）所示，由于*be*：*ea*≠*b'e'*：*e'a'*，根据直线上点的性质，可以判断点*K*不在直线*AB*上，所以直线*AB*与*CD*不相交。 ②如图2-20（c）所示，求出侧面投影，由于*a"b"*与*c"d"*的交点不是点*E*的侧面投影，即点*K*不在直线*AB*上，所以直线*AB*与*CD*不相交
两直线交叉	既不平行又不相交的两直线称为交叉二直线。在投影图上，若二直线的各同名投影既不具有平行二直线的投影性质，又不具有相交二直线的投影性质，即可判定为交叉二直线 交叉二直线可能有一个或两个投影平行，但不会有三个同名投影平行。交叉两直线的同名投影也可能会相交，但它们的交点不符合点的投影规律，其交点实际上是两直线上对投影面的一对重影点的投影。如图2-21所示，直线*AB*和*CD*的水平投影的交点（对*H*面的重影点）是直线*CD*上的点Ⅰ和*AB*上的点Ⅱ的水平投影，直线*AB*和*CD*的正面投影的交点（对*V*面的重影点）是直线*AB*上的点Ⅲ和*CD*上的点Ⅴ的正面投影 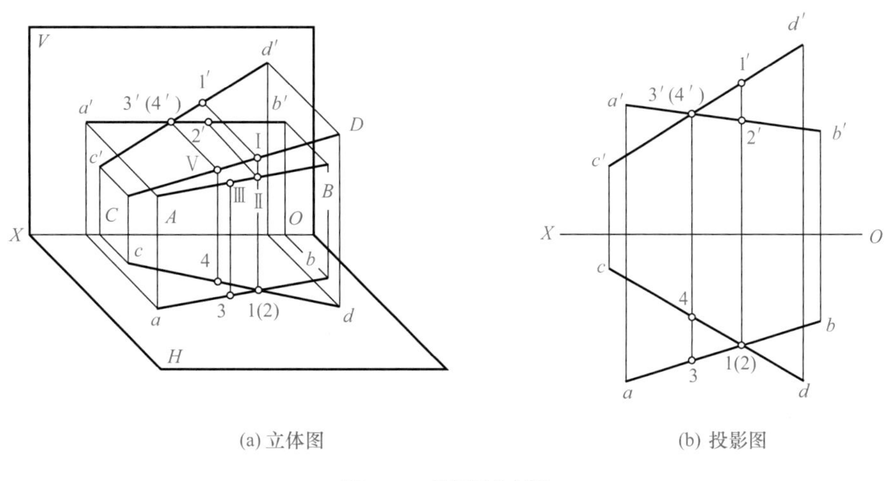 (a) 立体图 (b) 投影图 图2-21 两直线交叉

五、直角投影定理

空间两直线成直角（相交或交叉）时，若两边相对某一投影面都倾斜，则在该投影面内的投影不是直角；若其中一边平行于某投影面，则在该投影面上的投影仍成直角，如图2-22所示。以一边平行于水平面的直角为例，证明如下。

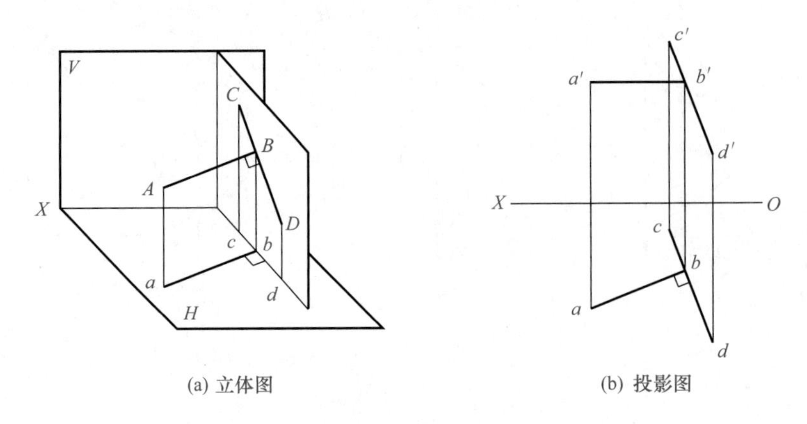

(a) 立体图　　(b) 投影图

图2-22　直角投影定理

设空间相交直线$AB \perp CD$，且$AB//H$面。因为$AB//H$，$Bb \perp H$，所以$AB \perp Bb$；因为$AB \perp CD$、$AB \perp Bb$，所以，$AB \perp$平面$CcdD$；又因$ab//AB$，所以$ab \perp$平面$CcdD$。所以$ab \perp cd$，即$\angle abd = 90°$。

反之，若相交二直线在某投影面上的投影为直角，且其中一直线与该投影面平行，则两直线在空间必相互垂直。

例5：如图2-23（a）所示，求作交叉两直线AB和CD的公垂线并求AB和CD之间的距离。

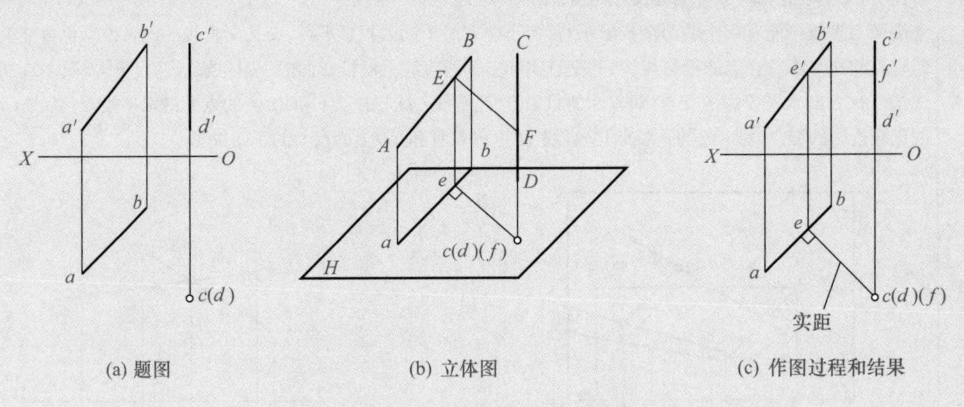

(a) 题图　　(b) 立体图　　(c) 作图过程和结果

图2-23　求直线AB和CD的之间距离

解：直线AB和CD的公垂线是与AB和CD都垂直相交的直线。设垂足分别为E和F，则EF的实长即为两交叉直线AB和CD之间的距离。

因为$CD \perp H$，$EF \perp CD$，所以$EF//H$，并且垂足F的水平投影应与CD在水平面的积聚性投影重合。根据直角投影定理，AB与EF在H面的投影仍为直角，即$ef \perp ab$。又由于$EF//H$，则ef即为EF的实长，即为AB和CD之间的距离。

作图步骤：

① 过CD的积聚性投影作$ef \perp ab$，与ab交于e。
② 由e作OX轴的垂直线，交$a'b'$于e'。
③ 过e'作$e'f'//OX$，交$c'd'$于f'。则$e'f'$、ef即为公垂线EF的两面投影，ef即为AB和CD之间的距离。

第四节　平面的投影

一、投影特性

平面对一个投影面的投影特性取决于平面对投影面的相对位置，平面对一个投影面有三种相对位置（表2-3）。

表2-3　平面对一个投影面有三种相对位置

类别	画图	说明
平面垂直于投影面		其投影积聚成一条直线，平面上所有的几何元素在该面上的投影都重合在这条直线上。这种投影特性称为积聚性
平面平行于投影面		其投影反映该平面的实形，这种投影特性称为实形性
平面倾斜于投影面		其投影不反映该平面的实形，但形状与该面是类似的，这种投影特性称为类似性

二、平面对投影面的倾角

空间平面与投影面之间的夹角称为平面对投影面的倾角。平面对H面的倾角用α表示，平面对V面的倾角用β表示，平面对W面的倾角用γ表示。

三、平面在三投影面体系中的投影特性

在三投影面体系中，根据平面与三投影面之间的相对位置，可将平面分为一般位置平面和特殊位置平面两类如图2-24所示，其中特殊位置平面又可分为投影面平行面和投影面垂直面。各种位置平面的立体图、投影图及其投影特性见表2-4。

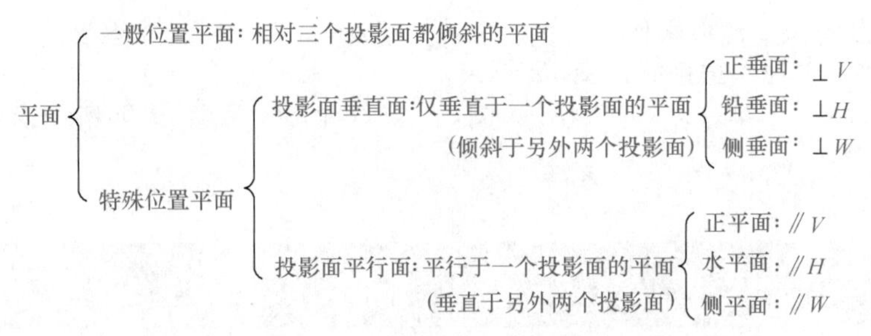

图2-24　平面在三投影面体系中的投影特性

表2-4　各种位置平面的立体图、投影图及其投影特性

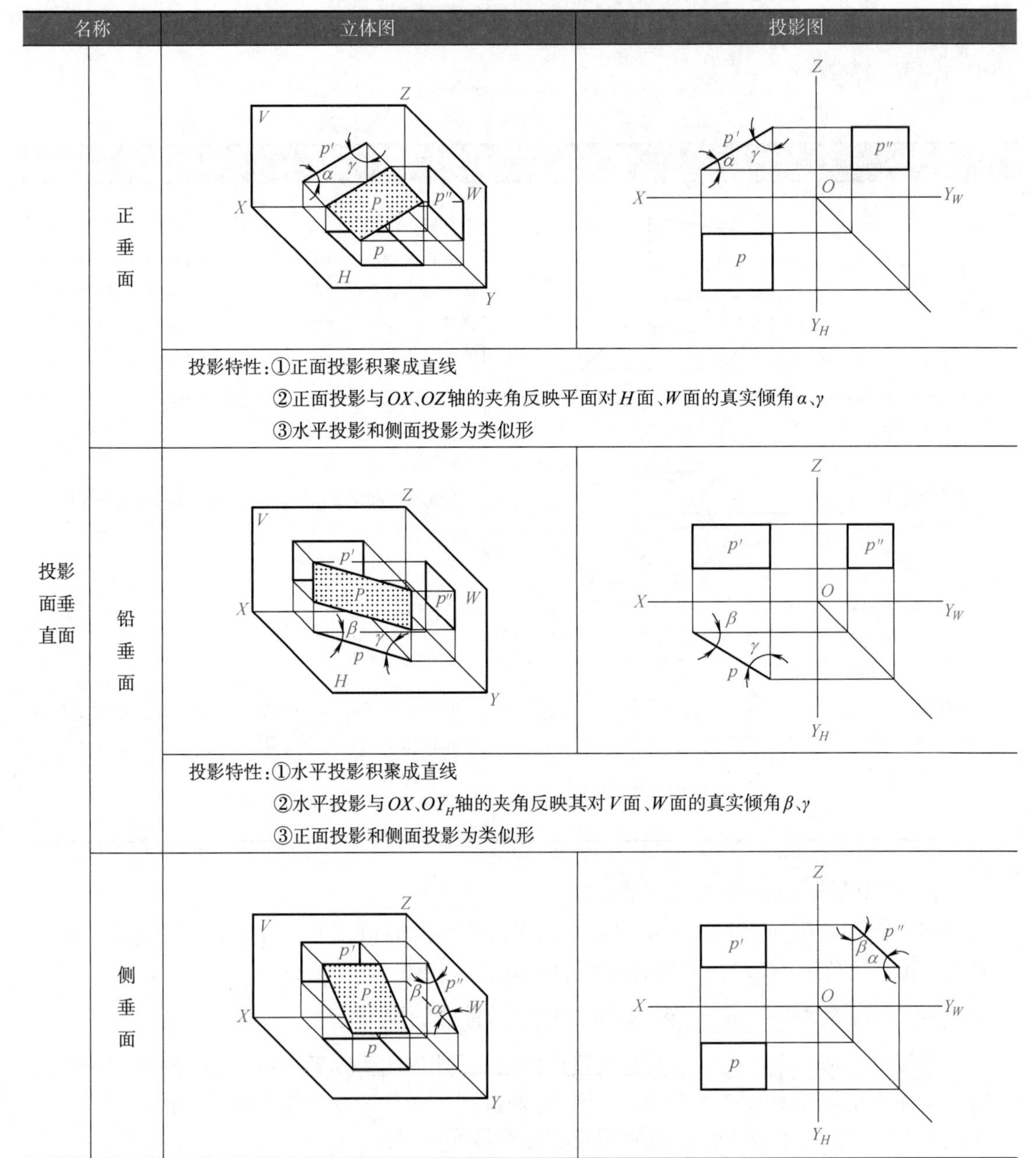

名称		立体图	投影图
投影面垂直面	正垂面		
		投影特性：①正面投影积聚成直线 ②正面投影与OX、OZ轴的夹角反映平面对H面、W面的真实倾角α、γ ③水平投影和侧面投影为类似形	
	铅垂面		
		投影特性：①水平投影积聚成直线 ②水平投影与OX、OY_H轴的夹角反映其对V面、W面的真实倾角β、γ ③正面投影和侧面投影为类似形	
	侧垂面		

续表

<table>
<tr><th colspan="2">名称</th><th>立体图</th><th>投影图</th></tr>
<tr><td>投影面垂直面</td><td>侧垂面</td><td colspan="2">投影特性:①侧面投影积聚成直线
②侧面投影与 OY_W 、OZ 轴的夹角反映其对 H 面、V 面的真实倾角 α、β
③水平投影和正面投影为类似形</td></tr>
<tr><td rowspan="6">投影面平行面</td><td rowspan="2">正平面</td><td>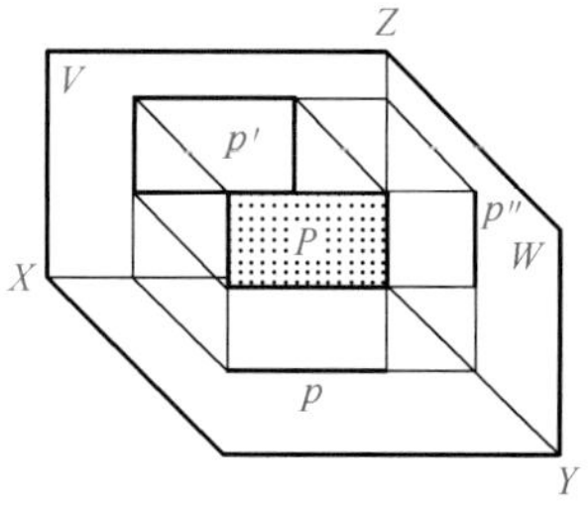</td><td>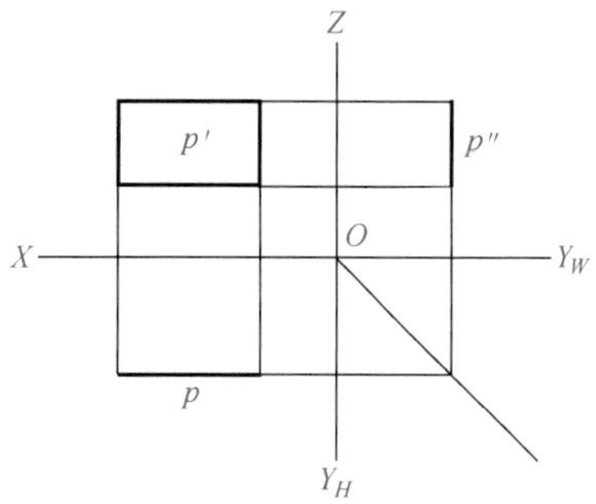</td></tr>
<tr><td colspan="2">投影特性:①正面投影反映实形
②水平投影和侧面投影积聚成直线,并分别平行于 OX、OZ 轴</td></tr>
<tr><td rowspan="2">水平面</td><td>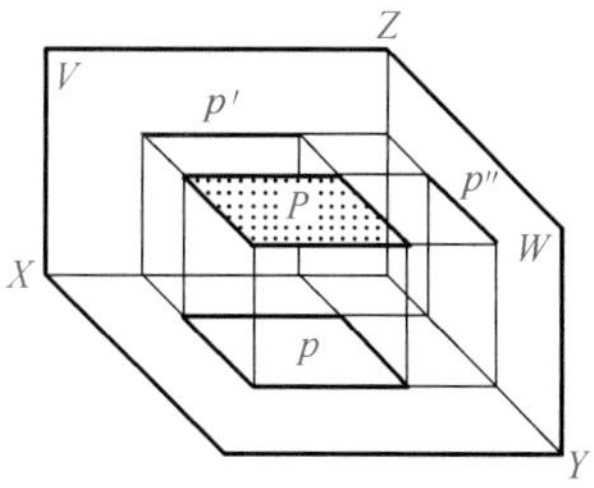</td><td>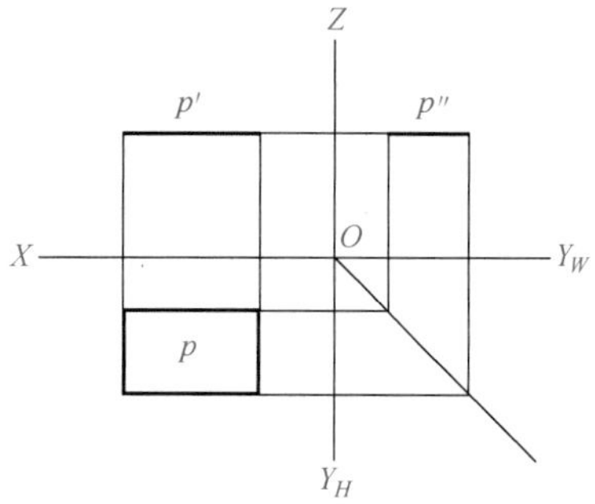</td></tr>
<tr><td colspan="2">投影特性:①水平投影反映实形
②正面投影和侧面投影积聚成直线,并分别平行于 OX,OY_W 轴</td></tr>
<tr><td rowspan="2">侧平面</td><td>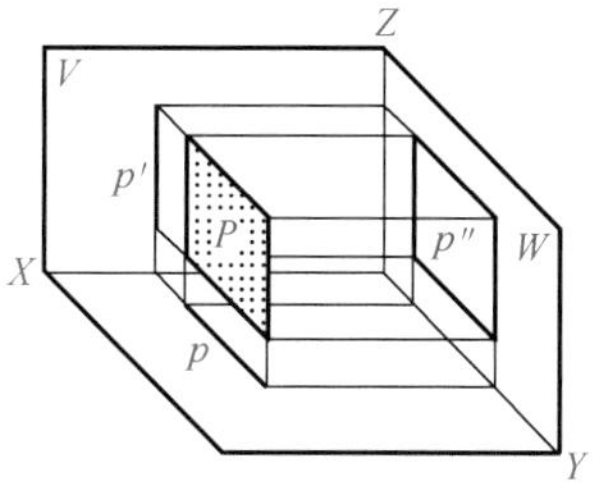</td><td>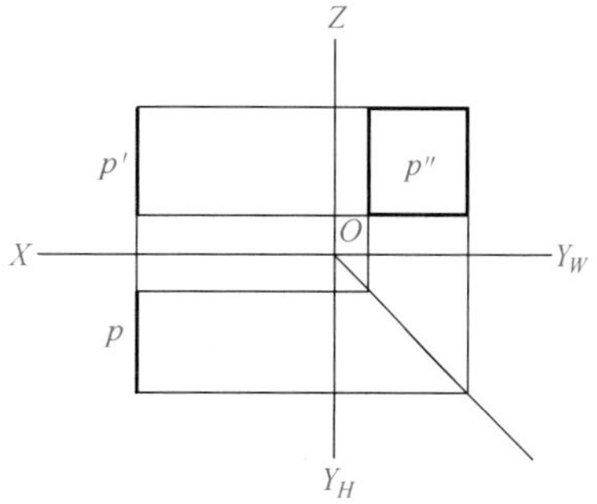</td></tr>
<tr><td colspan="2">投影特性:①侧面投影反映实形
②水平投影和正面投影积聚成直线,并分别平行于 OY_H、OZ 轴</td></tr>
</table>

续表

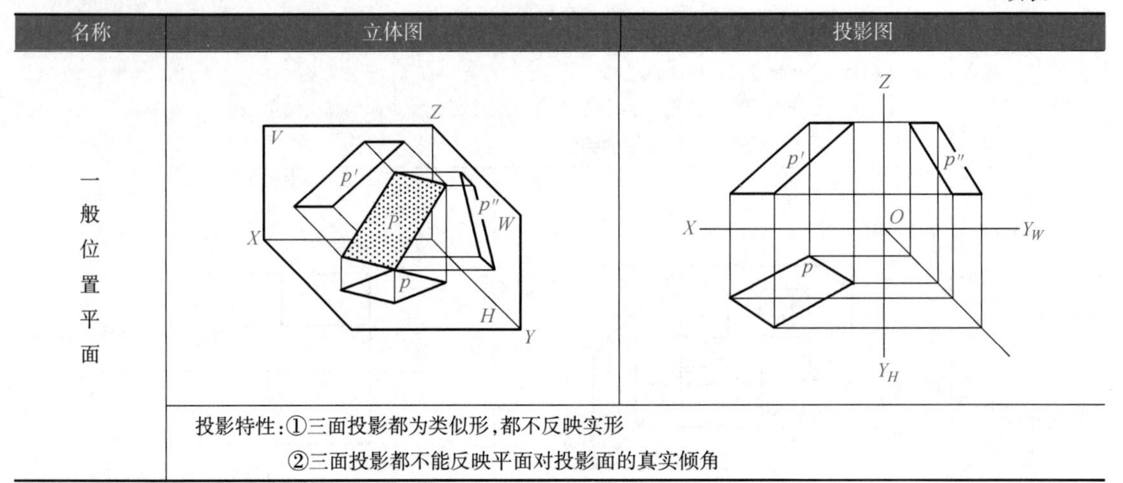

名称	立体图	投影图
一般位置平面		
	投影特性：①三面投影都为类似形，都不反映实形 ②三面投影都不能反映平面对投影面的真实倾角	

四、平面内的直线与点

平面内的直线与点的形式见表2-5。

表2-5　平面内的直线与点的形式

类别	说明
平面内取直线	直线在平面内必须具备下列条件之一： ①直线通过平面内的两点 ②直线通过平面内的一点且平行于平面内的另一直线 依此条件，在平面内取直线，可在平面内取二个已知点连线，或取一个已知点，过该点作平面内已知直线的平行线，如图2-25所示 (a) 立体图　(b) 方法一　(c) 方法二 图2-25　平面内取直线
平面内取点	点在平面上，必在平面内的某条直线上。因此，在平面内取点，必须在平面内的已知直线上取 例6：如图2-26所示，平面由△*ABC*给出，已知其两面投影，试在平面内取一点*K*，使其距*H*面和*V*面的距离分别为16mm和20mm。 解：平面内距*H*面为16mm的点应在平面内距*H*面为16mm的水平线上，平面内距*V*面为20mm的点应在平面内距*V*面为20mm的正平线上。因此，可先作距*H*面和*V*面的距离分别为16mm和20mm水平线和正平线。其作图步骤为

续表

类别	说明
平面内取点	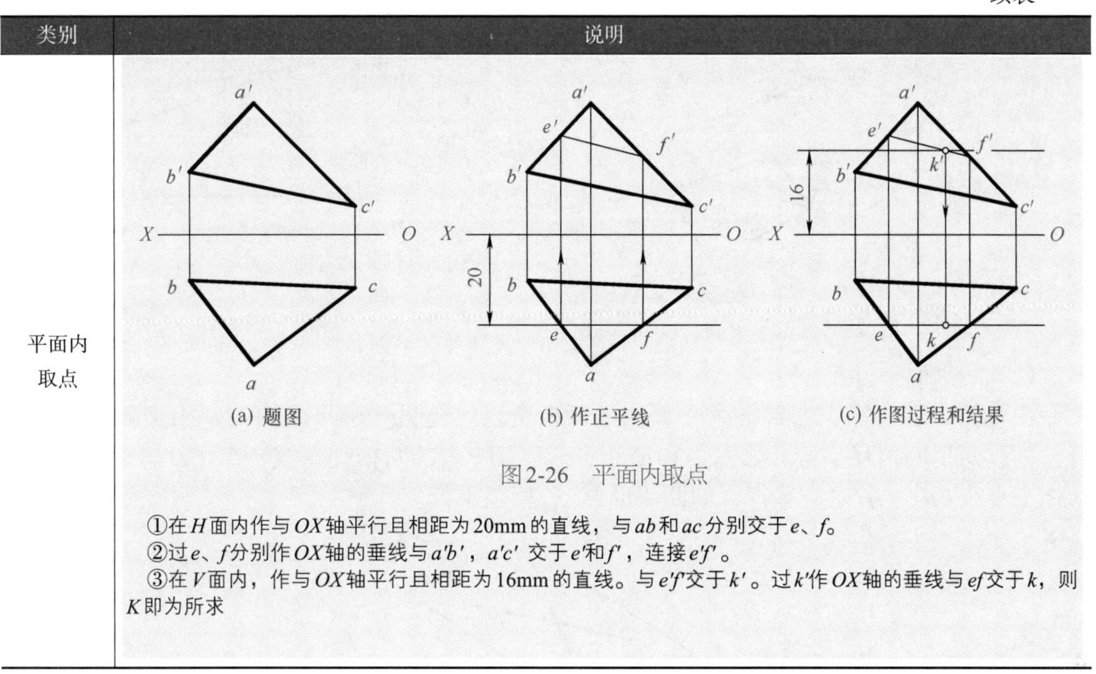 (a) 题图　(b) 作正平线　(c) 作图过程和结果 图2-26　平面内取点 ①在H面内作与OX轴平行且相距为20mm的直线，与ab和ac分别交于e、f。 ②过e、f分别作OX轴的垂线与$a'b'$，$a'c'$ 交于e'和f'，连接$e'f'$。 ③在V面内，作与OX轴平行且相距为16mm的直线。与$e'f'$交于k'。过k'作OX轴的垂线与ef交于k，则K即为所求

第五节　直线或平面与平面的相对位置分析

直线与平面、平面与平面的相对位置包括：直线与平面平行；两平面平行；直线与平面相交；两平面相交；直线与平面垂直；两平面相互垂直。本节着重讨论在投影图上如何判别它们之间的平行和相交的问题。

一、平行问题

（1）直线与平面平行

由几何定理可知，若平面外一直线与平面内的一直线平行，则此直线与该平面平行。如图2-27所示，因为直线AB平行于平面P内的直线CK，所以直线AB与平面P平行。

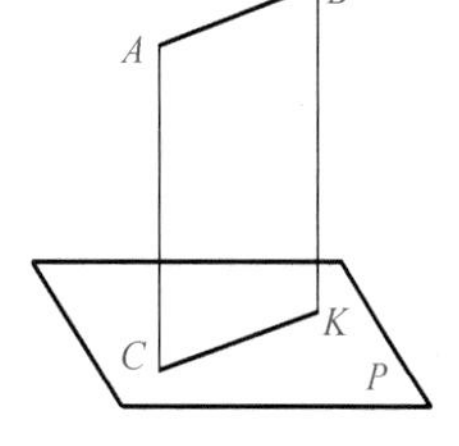

图2-27　线面平行

例7：判别已知直线AB是否平行于平面$CDEF$，如图2-28所示。

分析：如果在平面$CDEF$内能作出与直线AB平行的直线，则此直线与该平面平行，否则不平行。

作图：在正面投影中，作平面$CDEF$内的一条辅助线CK的投影$c'k'$，使$c'k'//a'b'$，再作出CK的水平投影ck，从图中判别ck与ab不平行，所以CK不平行于AB，说明平面内没有与AB平行的直线，故直线AB与已知平面$CDEF$不平行。

例8：如图2-29所示，过点K作一正平线KE使其平行于$\triangle ABC$。

分析：过已知点K可以作无数条平行于已知平面的直线，但其中只有一条正平线。

作图：在$\triangle ABC$内作正平线AD为辅助线，再过点K引一直线KE平行于AD，即作$ke//ad$；$k'e'//a'd'$，则直线KE为所求。

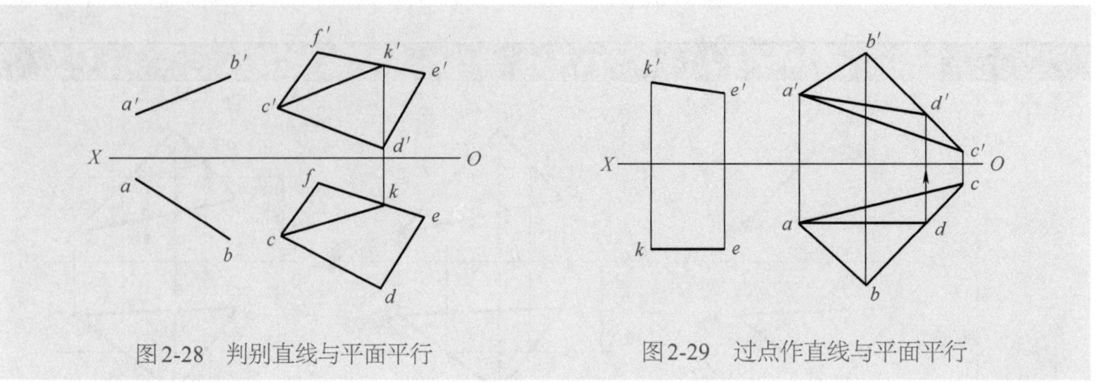

图2-28　判别直线与平面平行　　　　图2-29　过点作直线与平面平行

（2）两平面平行

由几何定理可知，如果一个平面内的两相交直线与另一个平面内的两相交直线对应平行，则此两平面相互平行。如图2-30所示，若平面P内的两相交直线AB、CD与平面Q内的两相交直线EF、GH对应平行，则两平面P、Q相互平行。

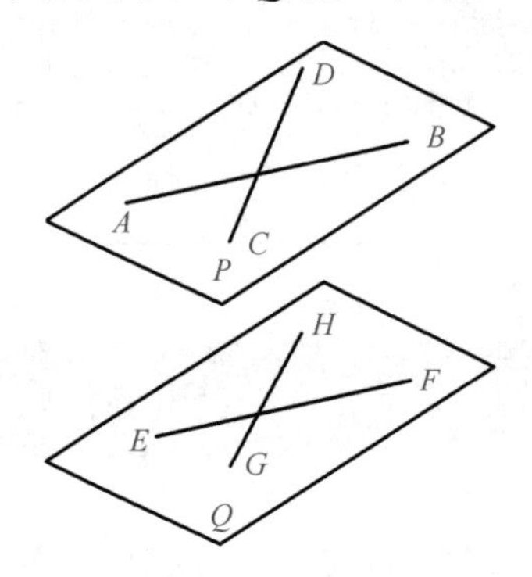

图2-30　两平面平行

例9：试判别$\triangle ABC$与$\triangle DEF$是否平行，投影图如图2-31所示。

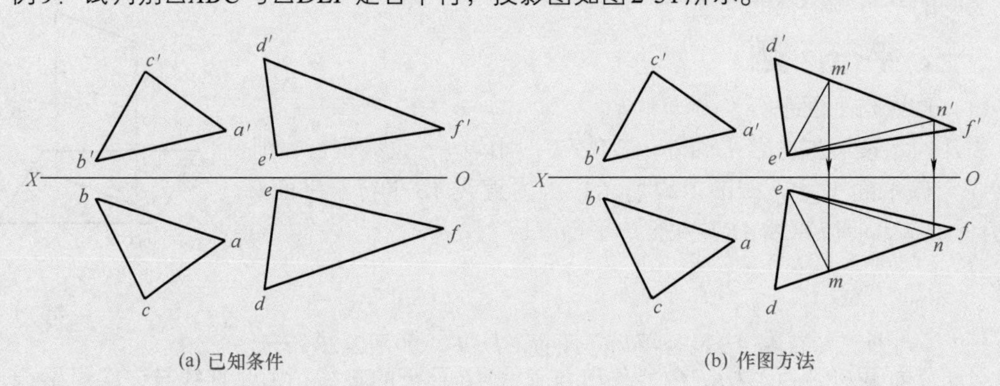

(a) 已知条件　　　　(b) 作图方法

图2-31　判别两平面是否平行

分析：可以先在其中一个平面内任作两相交直线，然后在另一平面内，若能作出与之对应平行的两相交直线。则此两平面相互平行。否则，两平面不平行。

作图：在$\triangle DEF$内过点E作两条直线EM和EN，使$e'm'//b'c'$，$e'n'//a'b'$，然后作出em和en，从图中判别$em//bc$，$en//ab$，所以$\triangle ABC//\triangle DEF$。

例10：过点K作一平面平行于$\triangle ABC$，已知条件如图2-32所示。

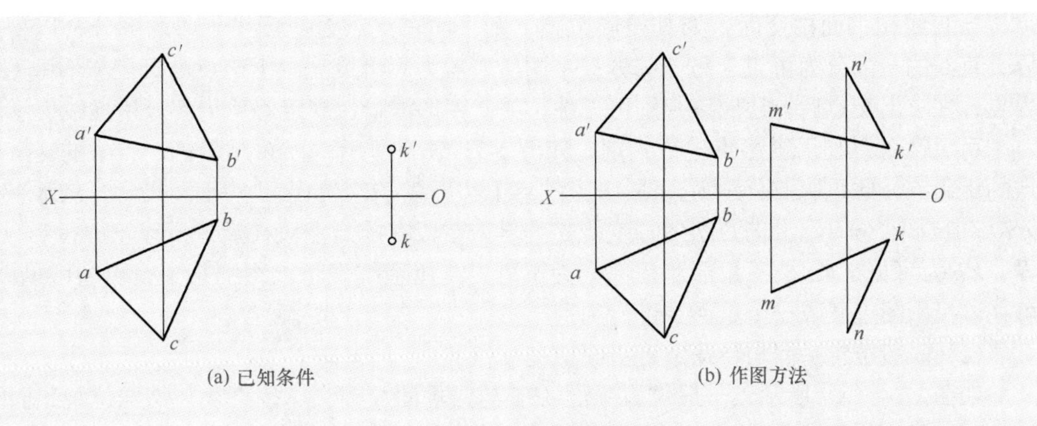

图2-32　过已知点作已知平面的平行面

分析：过点K作两相交直线，对应平行于$\triangle ABC$内的两相交直线，由两相交直线所决定的平面必平行于$\triangle ABC$。

作图：过点K作$KN//BC$，$KM//AB$，即作$k'n'//b'c'$，$kn//bc$和$k'm'//a'b'$，$km//ab$，则由两相交直线KN、KM所决定的平面即为所求。

二、相交问题

直线与平面不平行则必相交，其交点是直线与平面的共有点，该点既在直线上又在平面内，且只有一个。

两平面不平行则必相交，其交线为两平面的共有线。两平面相交求交线的问题，就是研究如何确定它们的两个共有点的问题。

（1）一般位置直线与特殊位置平面相交

特殊位置平面的投影具有积聚性，利用交点是直线和平面的共有点的性质，可以在平面有积聚性的投影上直接得出交点。如图2-33（a）所示，直线AB与铅垂面CDE相交，$\triangle CDE$的水平投影cde积聚为一条直线，交点K是平面和直线的共有点，其水平投影既在cde上又在直线AB的水平投影ab上，所以cde和ab的交点k即为交点K的水平投影。再根据k，在$a'b'$上求得k'，则点K即为所求。

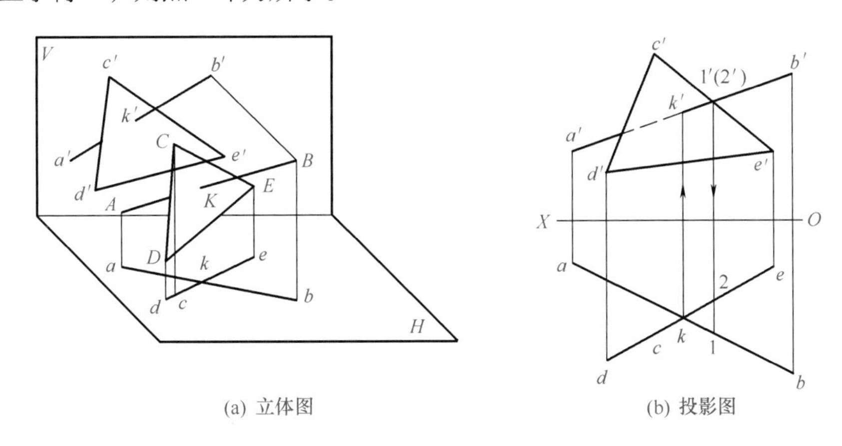

图2-33　一般位置直线与特殊位置平面相交

当直线和平面相交时，如其投影重叠，则平面在交点处把直线分成两部分，以交点为界，直线的一部分为可见，另一部分被平面所遮盖为不可见。由于交点为可见与不可见的分界点，在求出交点后，还应该判别可见性，为使图形清晰，规定不可见部分用虚线表示。

可见性可以利用重影点进行判别，如图2-33（b）所示，正面投影$a'b'$与$c'e'$的交点为两点的重影点，此重影点分别为直线AB上的点Ⅰ和直线CE上的点Ⅱ的正面投影，从水平投影y坐标值看出，$y_1>y_2$，即直线AB以交点K为界，右段在前，左段在后，所以正面投影以k'为界，$k'b'$为可见，$k'a'$被三角形遮盖部分为不可见，用虚线表示。判别某个投影的可见性时，可在该投影图上任取一个重影点进行判别。

（2）一般位置平面与特殊位置平面相交

如图2-34（a）所示，一般位置平面ABC与铅垂面Q相交。按直线与特殊位置平面交点的求法，只要求出直线AB、AC与平面Q的交点即可。平面Q的水平投影积聚为一直线Q_H，ab和ac与Q_H的交点m和n分别为直线AB、AC与平面Q的交点M、N的水平投影，再求出正面投影m'、n'，则MN即为所求，如图2-34（b）所示。

两平面相交，其投影的重叠部分有可见与不可见之分。对同一平面而言，交线为可见与不可见的分界线，交线的一侧可见，另一侧则不可见。在交线的同一侧，两平面投影的重叠部分必定是一个平面的投影可见，另一个平面的投影不可见。在求出交线后，应该判别可见性，不可见部分用虚线表示。

如图2-34（b）所示，在水平投影中，平面Q具有积聚性，除交线外无投影重叠，不会产生遮挡现象。而在正面投影上，平面Q无积聚性，投影有重叠，从两平面水平投影的前后位置可以直接看出，平面ABC被交线MN分成两个部分，$MNCB$在平面Q的前方，故其正面投影$m'n'c'b'$可见画成实线，则$a'm'n'$不可见，画成虚线。

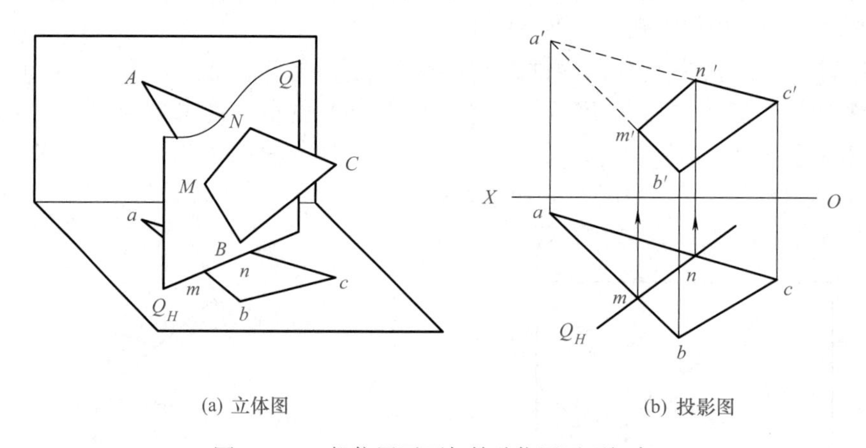

(a) 立体图　　(b) 投影图

图2-34　一般位置平面与特殊位置平面相交

第三章
立体及其表面交线

机器零部件及设备虽然形状多种多样，但都可以看作由基本几何形体所组成的。如图3-1所示的六角头螺栓的毛坯即由六棱柱、圆柱及圆锥台所组成。因此掌握基本几何形体的投影特性以及其表面交线性质与画法，是画图和看图的重要基础。

基本几何形体可分为平面立体和曲面立体两大类。平面立体由平面所围成，如棱柱体、棱锥体；曲面立体则由曲面或曲面和平面所围成，如圆柱体、圆锥体、球体等。

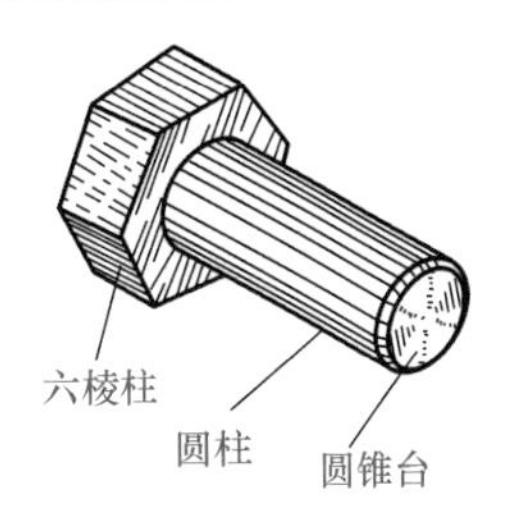

图3-1　六角头螺栓

第一节　平面立体

平面立体是由若干平面多边形所围成的几何体，各表面的交线称为平面立体的棱线，棱线的交点称为平面立体的顶点。如图3-2所示，围成平面立体的各平面多边形由棱线所围成，而每条棱线可由其两顶点确定。因此画平面立体的投影就是画平面立体各表面多边形的投影，即画出平面立体各棱线和各顶点的投影，并将可见棱线的投影画成粗实线，不可见棱线的投影不画或者画成虚线。

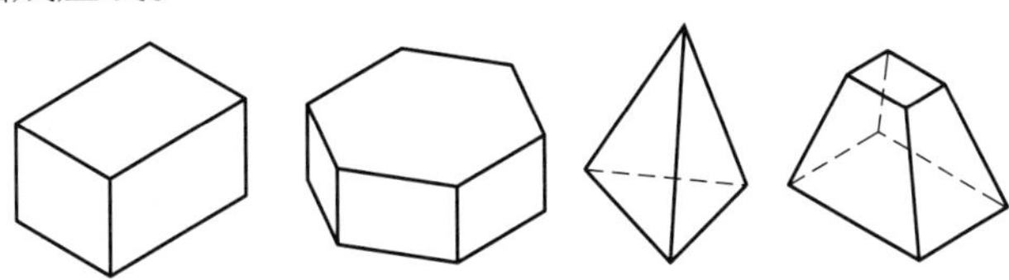

图3-2　平面立体

一、棱柱的投影

棱柱由两个底面和若干个侧棱面组成，棱柱的特点是各侧棱线相互平行，上、下底面相互平行。棱柱体按侧棱线的数目分为三棱柱、四棱柱、五棱柱、六棱柱等。侧棱线与底面垂直的棱柱称为直棱柱，侧棱线与底面倾斜的棱柱称为斜棱柱，上下底面均为正多边形的直棱柱称为正棱柱。现以正六棱柱为例说明棱柱的投影特性。

如图3-3（a）所示，正六棱柱由上、下底面和六个侧棱面所围成。上、下底面为水平面，其水平投影反映实形并重合。正面投影和侧面投影积聚成平行于相应投影轴的直线，六个侧棱面中，前、后两个棱面为正平面，它们的正面投影反映实形并重合，水平投影和侧面投影积聚成平行于相应投影轴的直线；其余四个棱面均为铅垂面，其水平投影分别积聚成倾斜直线，正面投影和侧面投影都是缩小的类似形（矩形）。将其上、下底面及六个侧面的投影画出后，即得正六棱柱的三面投影图，如图3-3（b）所示。

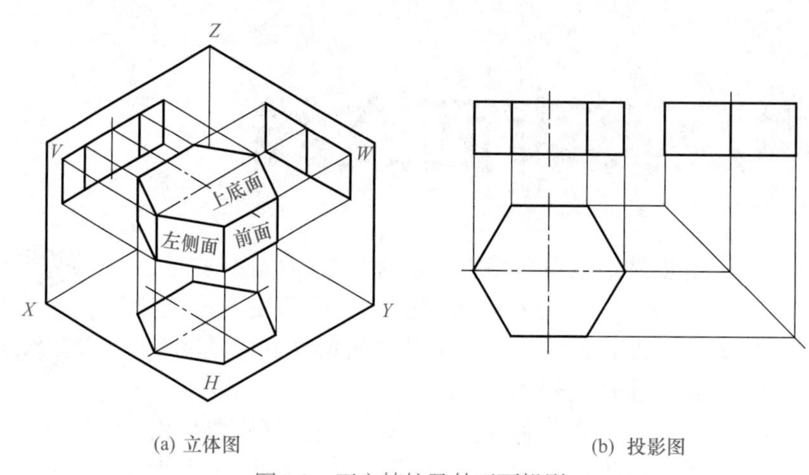

(a) 立体图　　(b) 投影图

图3-3　正六棱柱及其三面投影

二、棱锥的投影

棱锥由一个多边形底面和若干个具有公共顶点的三角形组成，即各侧棱线交汇于一点，该点称为锥顶，从锥顶到底面的垂直距离称为棱锥的高。按侧棱线的数目棱锥也分为三棱

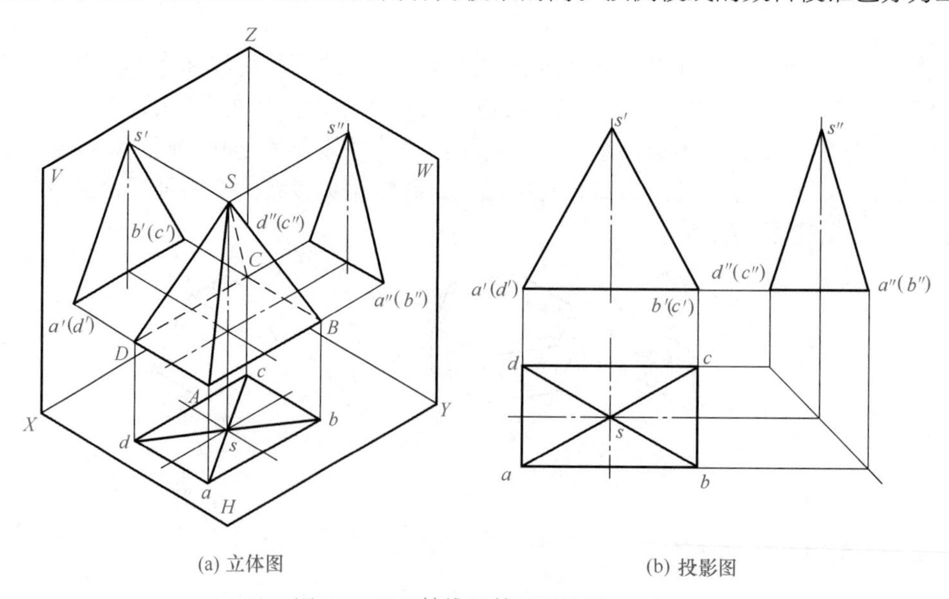

(a) 立体图　　(b) 投影图

图3-4　正四棱锥及其三面投影

锥、四棱锥、五棱锥、六棱锥等。底面为正多边形、各侧棱面为等腰三角形的棱锥称为正棱锥。如图3-4（a）所示的四棱锥，*ABCD*为底面，*SA*、*SB*、*SC*、*SD*为棱线，*S*为锥顶。现以该四棱锥为例，说明棱锥的投影特性。

四棱锥的底面*ABCD*为水平面，其水平投影反映实形，正面投影和侧面投影积聚成平行相应投影轴的直线。左、右两个侧棱面*SAD*和*SBC*是正垂面，其正面投影分别积聚为两段直线，水平投影*sad*和*sbc*为缩小且大小相等的类似形，侧面投影$s''a''d''$和$s''b''c''$为缩小的大小相等且投影重合的类似形。前、后两个侧棱面*SAB*和*SCD*是侧垂面，其侧面投影积聚为两段直线，水平投影*sab*和*scd*为缩小的类似形，正面投影$s'a'b'$和$s'c'd'$为缩小的类似形且投影重合。如图3-4（b）所示。

三、平面立体表面上取点和直线

平面立体表面上取点、直线的方法，与前述的在平面内取点、直线的方法相同。下面举例说明在平面立体表面上取点、直线的作图方法。

例1：如图3-5（a）所示，已知正五棱柱棱面上点*M*和点*N*的正面投影m'和（n'），求作其水平投影和侧面投影，并判断可见性。

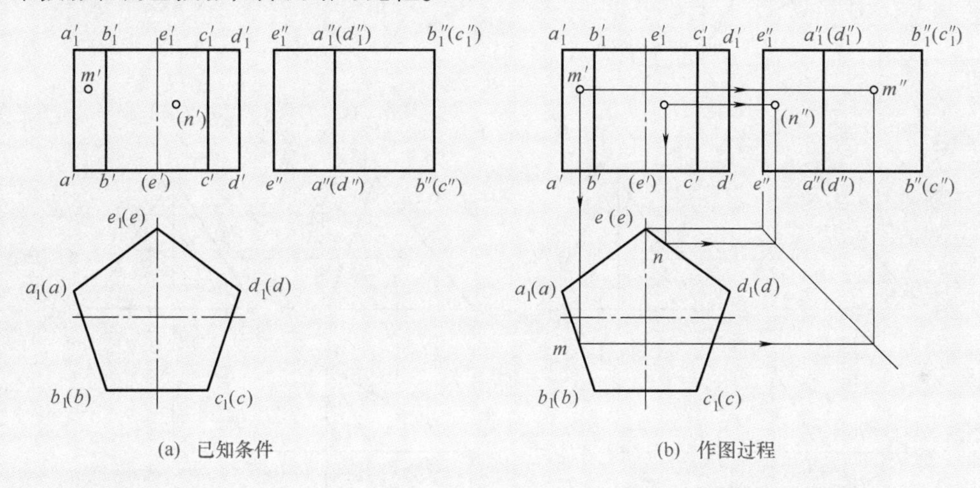

图3-5　五棱柱表面上取点

分析：由于点*M*的正面投影m'为可见，所以点*M*在可见的棱面AA_1B_1B上，棱面AA_1B_1B为铅垂面，该棱面的水平投影积聚成一直线，点*M*的水平投影必在该直线上，求出*m*后，根据投影关系求出m''。点*N*的正面投影（n'）为不可见，则点*N*在不可见的棱面DD_1E_1E上，同理可求出点*N*的其他两个投影。

作图：过m'向水平投影面作投影连线与棱面AA_1B_1B的水平投影相交于点*m*，按点的投影规律，由m'和*m*求作m''；同理作出点*N*水平投影*n*和侧面投影n''。

判断可见性：若点所在平面的投影可见或具有积聚性，则点的同名投影可见；若点所在平面的投影不可见，则点的同名投影不可见。根据上述判断可见性的原则，点*M*的水平投影*m*和侧面投影m''均可见；点*N*的水平投影可见，点*N*的侧面投影不可见，用（n''）表示。

例2：如图3-6（a）所示，已知正三棱锥及其点*P*和点*M*的正面投影和正三棱锥的水平投影，求正三棱锥的侧面投影及点*P*与点*M*的水平投影和侧面投影。

分析：由图3-6（a）可知，正三棱锥的底面*ABC*为水平面，棱面*SAB*和*SAC*为一般位置平面，棱面*SBC*为正垂面，三个侧棱面的侧面投影均反映类似形。点*P*是正三棱锥棱线*SA*

上的点，利用点在线上的投影特性即可求出点P的水平投影和侧面投影。从图3-6（a）可知，点M的正面投影m'可见，说明点M在棱面SAB上，点M的其余两个投影可利用面上取点法求得。

作图：首先画出底面ABC的侧面投影$a''b''c''$，然后作出锥顶S的侧面投影s''，将s''与a''、b''、c''分别连线，即为正三棱锥的侧面投影，如图3-6（b）所示。由p'在棱线SA上求出点P的水平投影p和侧面投影p''，如图3-6（b）所示。棱面SAB上取点M的两种作图方法如图3-6（c）、图3-6（d）所示。

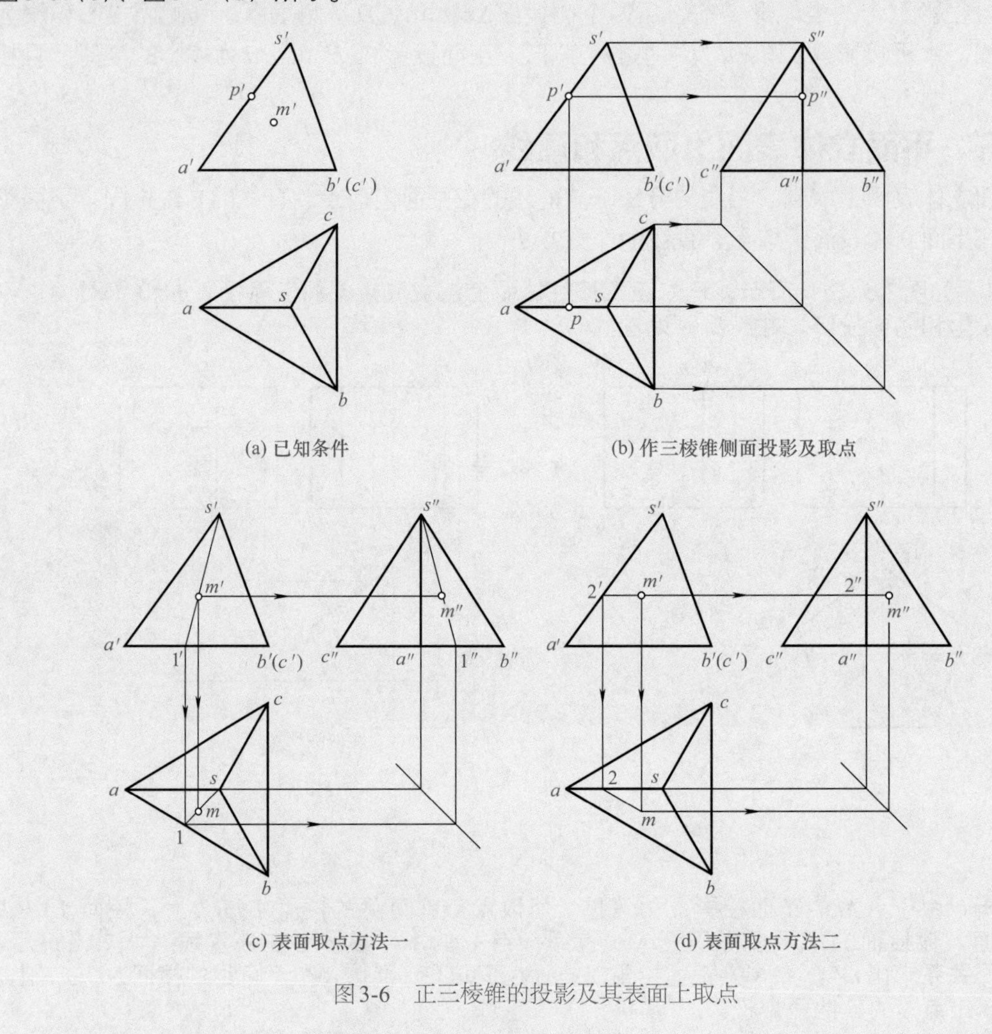

图3-6　正三棱锥的投影及其表面上取点

四、带切口的平面立体的投影

下面通过对不同平面立体的不同切口形状的分析，讨论其投影图的画法。

（1）穿孔三棱柱的投影

如图3-7（a）所示为穿孔三棱柱的立体图，三棱柱的三条棱线AA_1、BB_1、CC_1均为铅垂线，三个棱面中AA_1C_1C为正平面，AA_1B_1B和BB_1C_1C为铅垂面，上、下底面ABC和$A_1B_1C_1$为水平面。中间穿孔是由两个水平面和两个侧平面切割成的长方体孔，这四个切平面的投影都具有积聚性或反映实形的投影特性。如图3-7（b）所示为三棱柱的三面投影以及穿孔的正面投影。

穿孔的其他两投影的作图过程如图3-7（c）所示，穿孔的正面投影积聚为长方形1′2′4′5′；水平投影积聚为五边形1（2）、6（3）、5（4）、10（9）、7（8），侧面投影则按二补三求得。为图形清晰，不表示投影作图过程，其三面投影结果如图3-7（d）所示。

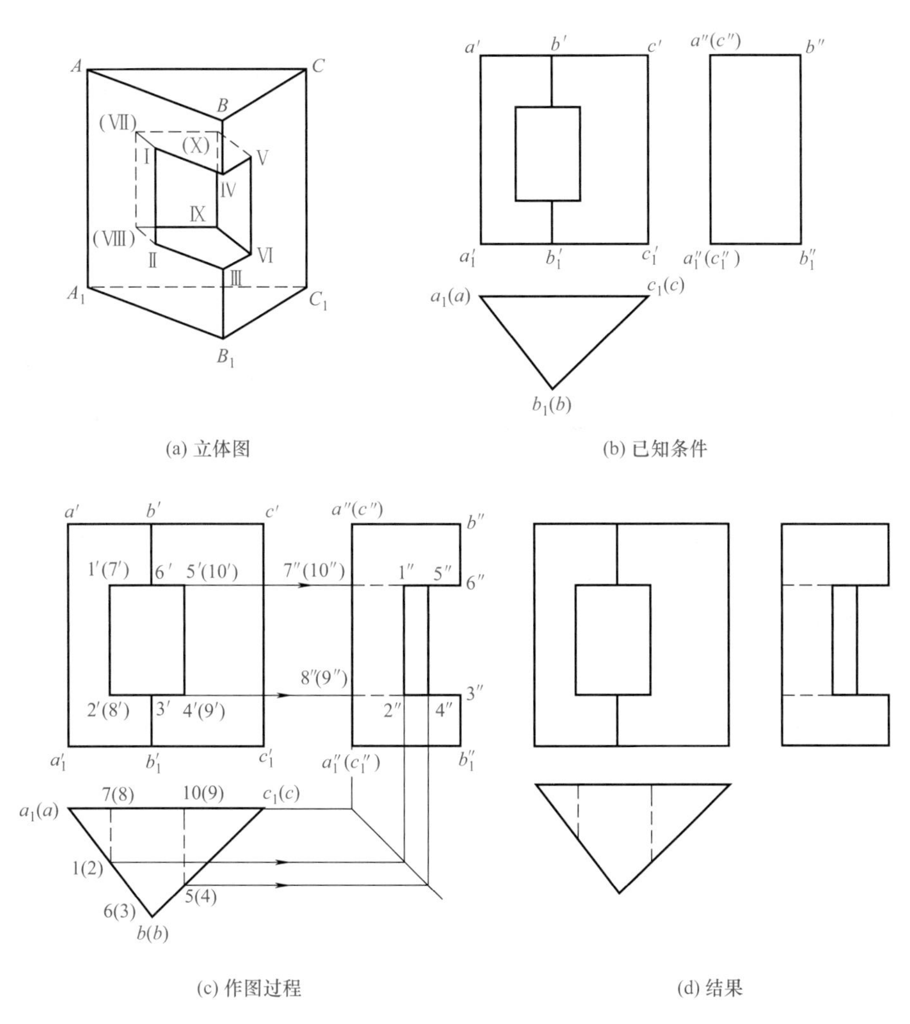

(a) 立体图　(b) 已知条件

(c) 作图过程　(d) 结果

图3-7　穿孔三棱柱

（2）切口三棱锥的投影

如图3-8（a）所示，正三棱锥的切口是由正垂面*P*和水平面*Q*截切而形成。在三棱锥的两个棱面上共出现四条交线，且两两相交，四个交点为Ⅰ、Ⅱ、Ⅳ、Ⅲ，正垂面*P*和水平面*Q*的交线为ⅡⅢ。在画图时，只要作出四个交点的投影，然后顺次连线即可。其中Ⅰ、Ⅳ点在棱线*SA*上，可直接求出另两面投影。Ⅱ、Ⅲ两点分别在△*SAB*和△*SAC*上，Ⅱ、Ⅲ点正面投影2′、3′已知，可利用底边平行线作为辅助线求出其水平投影2、3和侧面投影2″、3″。最后将所求各点依次连线，如图3-8（c）所示。在连线中应注意，必须将同一平面内的相邻两点连线，棱线被切去部分应断开。两个切平面的交线ⅡⅢ为正垂线，水平投影不可见，故用虚线表示。

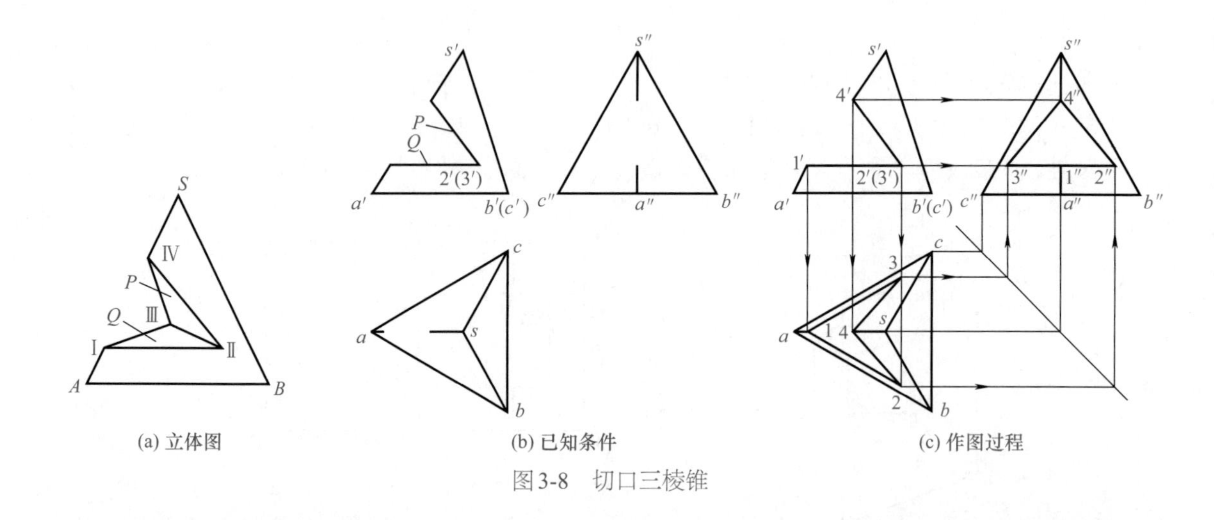

图3-8　切口三棱锥

第二节　曲面立体

曲面立体是由曲面或曲面和平面所围成的几何体，曲面立体的投影就是组成曲面立体的曲面或曲面和平面的投影的组合。常见的曲面立体为回转体，如圆柱、圆锥、圆球和圆环等。回转体包含有回转面，回转面是由线段绕轴线旋转形成的曲面，这条运动的线段称为母线，回转面上任一位置的母线称为素线。本节主要介绍回转体投影图的画法以及回转体表面上取点的方法。

一、圆柱

圆柱是由圆柱面、顶平面和底平面所围成，圆柱面由直线绕与它平行的轴线旋转而成。

（1）圆柱体的投影

如图3-9所示为空间直立圆柱的立体图和三面投影图。该圆柱的轴线和圆柱表面上所有

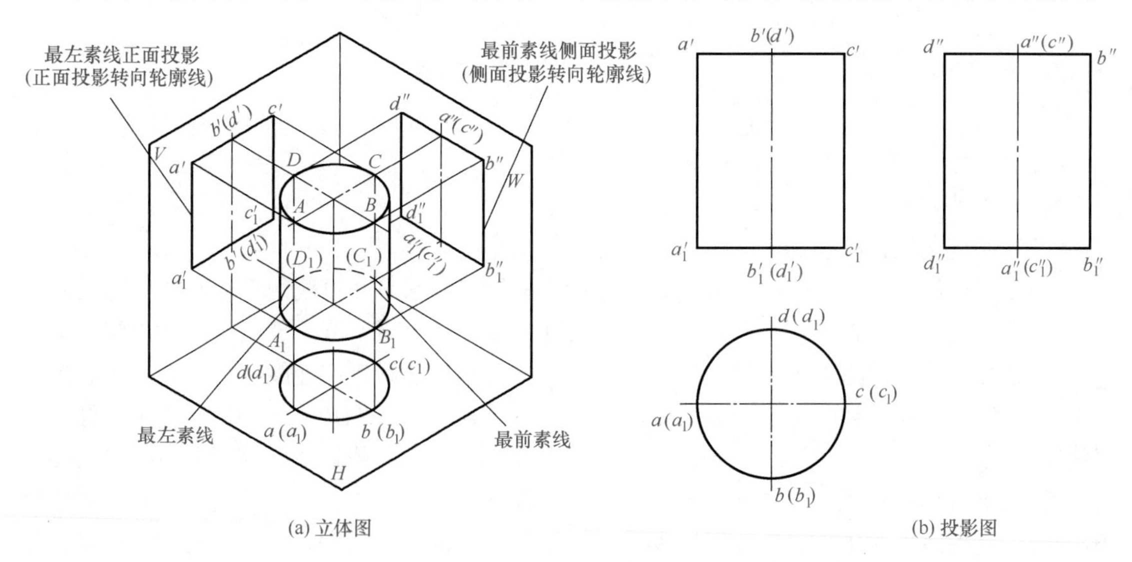

图3-9　圆柱的三面投影

的素线都垂直于水平投影面，因此，圆柱面的水平投影积聚为圆，此圆反映圆柱上下圆平面的实形。

圆柱的正面投影为矩形$a'a_1'c_1'c'$，上下两边$a'c'$、$a_1'c_1'$为圆柱上、下圆平面的积聚投影，其长度等于圆的直径。左、右两边$a'a_1'$、$c'c_1'$分别为圆柱面上最左、最右两素线AA_1、CC_1的投影，这两条素线将圆柱面分为前后两部分，前半部分为可见，后半部分为不可见。$a'a_1'$、$c'c_1'$称为圆柱面正面投影的转向轮廓线，其侧面投影与圆柱轴线的侧面投影重合。转向轮廓线是区分曲面可见部分与不可见部分的分界线。

圆柱的侧面投影$b''b_1''d_1''d''$为与正面投影全等的矩形。$b''b_1''$、$d''d_1''$分别为圆柱面最前和最后两条素线BB_1、DD_1的投影，这两条素线将圆柱面分为左右两部分，左半部分为可见，右半部分为不可见，$b''b_1''$、$d''d_1''$称为圆柱面侧面投影的转向轮廓线，其正面投影与圆柱轴线的正面投影重合，但不画出。

（2）圆柱表面上取点

在圆柱表面上取点，可利用圆柱表面投影为圆的积聚性或通过作辅助素线的方法求得。

例3：如图3-10（a）所示，圆柱表面上有三个点A、B、C，已知其正面投影a'、b'和(c')，求它们的水平投影和侧面投影。

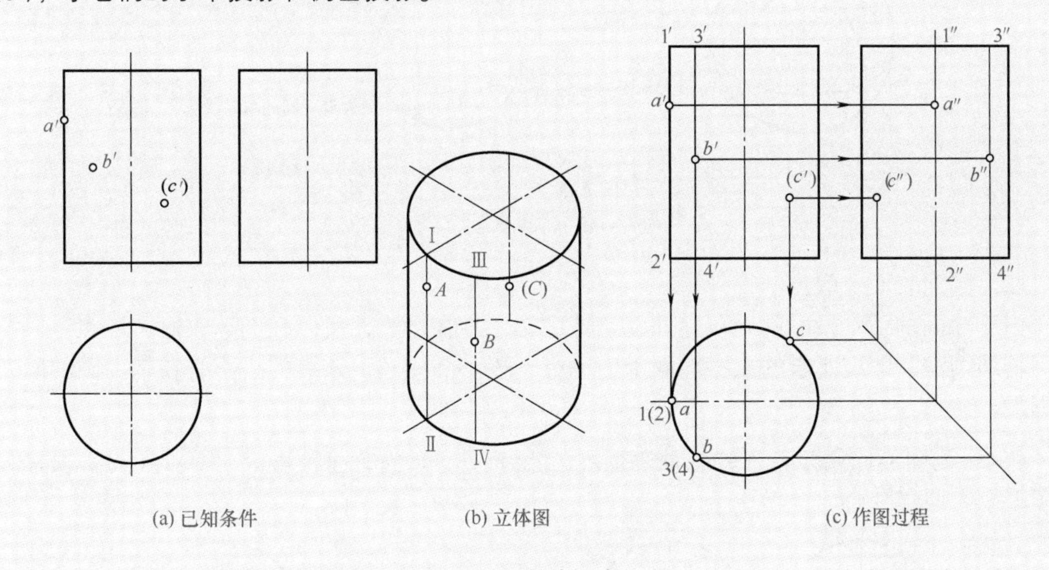

(a) 已知条件　　(b) 立体图　　(c) 作图过程

图3-10　圆柱表面上取点

分析：由图3-10（a）可知，点A在最左素线ⅠⅡ上；点B在左、前半圆柱面的素线ⅢⅣ上；点C位于右半圆柱的后部分，如图3-10（b）所示。

作图：如图3-10（c）所示，利用圆柱水平投影的积聚性在圆柱表面上取点。点A的水平投影a与最左素线ⅠⅡ的水平投影1（2）重合，点A的侧面投影a''在最左素线ⅠⅡ的侧面投影1″2″上，由于点A在左半圆柱面上，所以a''为可见。作出素线ⅢⅣ的三面投影，根据直线上取点的方法求得b和b''，并可判定b''为可见。同理，可由（c'）求得c和c''。由于点C在右半圆柱面上，所以侧面投影c''为不可见，以（c''）表示。

二、圆球

圆球是以球面围成的回转体，球面是由圆绕其直径旋转而成的。

（1）圆球的投影

如图3-11所示为圆球的立体图和投影图。

圆球在三个投影面上的投影皆为直径相等的圆，其直径等于圆球的直径，它们分别为圆球表面上处于不同位置的三个大圆的投影，是这个球面的三个投影的转向轮廓线。

圆球正面投影的转向轮廓线是圆球上平行于正投影面的最大正平圆的正面投影，这个圆是可见的前半球面和不可见的后半球面的分界圆。圆球水平投影的转向轮廓线是球面上平行于水平投影面的最大水平圆的水平投影，这个圆是可见的上半球面和不可见的下半球面的分界圆。圆球侧面投影的转向轮廓线是球面上平行于侧面的最大侧平圆的侧面投影，这个圆是可见的左半球面和不可见的右半球面的分界圆。

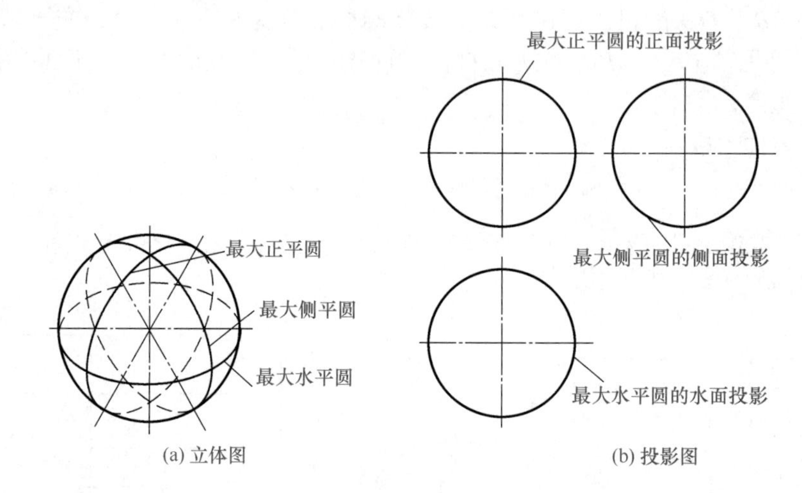

图3-11　球的三面投影

（2）圆球表面上取点

由于球面的三个投影都无积聚性，且球面上不存在直线，所以在圆球表面上取点，只能利用辅助圆法，即过所求的点在球面上作平行于投影面的圆，该点的投影必在辅助圆的同名投影上。

例4：如图3-12所示，已知圆球表面上三点A、B、C的正面投影a'、b'和（c'），求其水平投影和侧面投影。

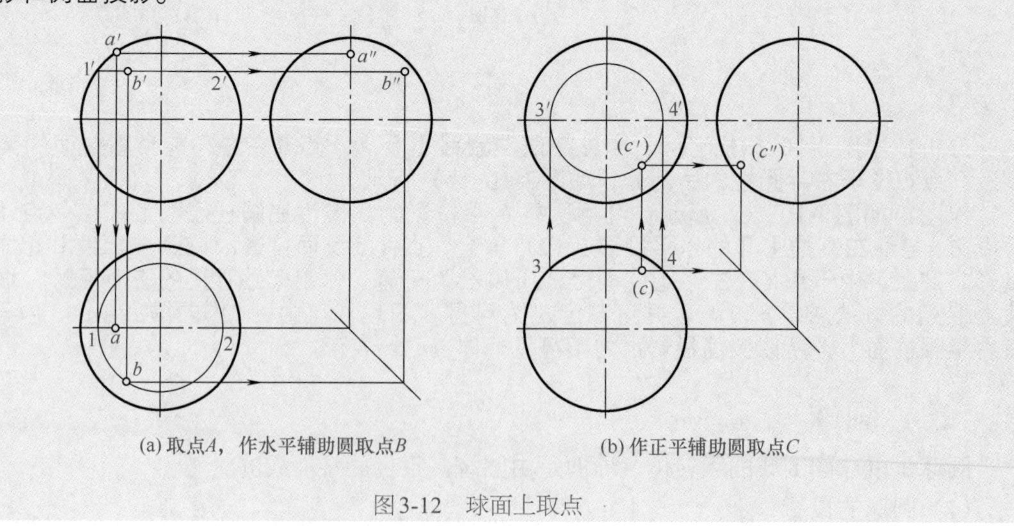

图3-12　球面上取点

分析：由已知投影可知，点A在最大正平圆上，点B在前、左、上半球面上；点C在后、右、下半球面上。

作图：如图3-12（a）所示，点A的水平投影在最大正平圆的水平投影上，即水平中心线上，其侧面投影在最大正平圆的侧面投影上，即垂直中心线上，利用点的投影规律可以直接求得a和a''。点B和C不在圆球表面的最大投影圆上，不能直接求得，采用辅助圆方法求得。如图3-12（a）所示，过点B在球面上作水平圆，其正面投影为水平线$1'2'$，水平投影为以1—2为直径的圆，b必在此圆上，再由b'、b求得b''。由于点B是位于前、左、上半球面上的点，所以b和b''均为可见。用同样方法由（c'）求得（c）和（c''），如图3-12（b）所示。

三、圆锥

圆锥由圆锥面和底圆平面所围成。圆锥面由直线绕与它相交的轴线旋转而成。圆锥表面上的所有素线为过锥顶的直线。

（1）圆锥的投影

如图3-13所示为轴线垂直于水平投影面的正圆锥的立体图和三面投影图。

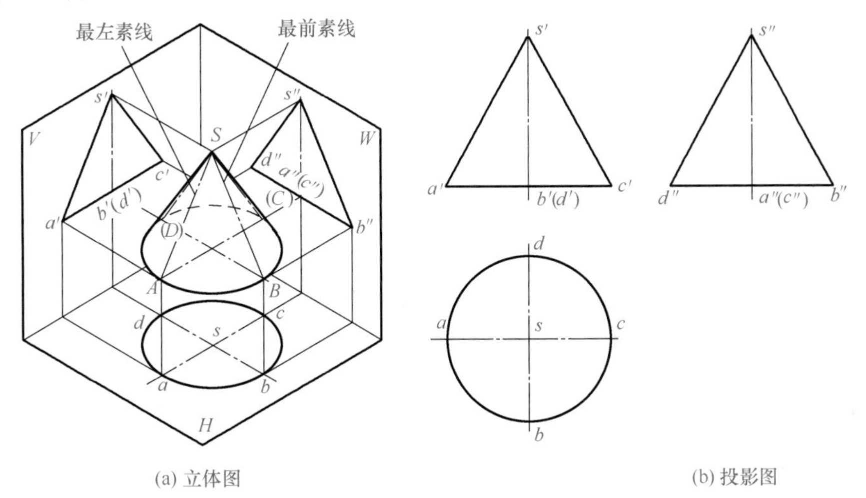

(a) 立体图　　(b) 投影图

图3-13　圆锥的三面投影

圆锥的水平投影为圆，其直径等于圆锥底圆直径。此圆表示圆锥表面和底圆的重合投影。圆锥顶点S的水平投影为s，与此圆的圆心重合。

圆锥的正面投影为等腰三角形。三角形的底边是底圆的积聚投影，边长等于圆的直径，两腰$s'a'$和$s'c'$分别为圆锥的最左素线SA和最右素线SC的正面投影，称为圆锥面正面投影的转向轮廓线。SA和SC将圆锥面分成前后两部分，前半圆锥面的正面投影可见，后半圆锥面的正面投影不可见。圆锥的最前素线SB及最后素线SD的正面投影$s'b'$和$s'd'$与中心线重合。

圆锥的侧面投影为与正面投影全等的等腰三角形，$s''b''$和$s''d''$分别为圆锥的最前素线SB和最后素线SD的侧面投影，称为圆锥面侧面投影的转向轮廓线。SB与SD将圆锥面分成左右两部分，它们是判别侧面投影可见性的分界线。最左素线SA和最右素线SC的侧面投影$s''a''$和$s''c''$与中心线重合。

（2）圆锥表面上取点

圆锥表面上取点的作图原理与平面内取点的原理相同，即过圆锥面上的点作一辅助线，点的投影必在辅助线的同名投影上。根据在圆锥面上所作的辅助线，有素线法和纬圆法两种取点方法。

例5：如图3-14给出正圆锥表面上的三个点A、B、C的正面投影a'、b'和（c'），求作水平投影和侧面投影。

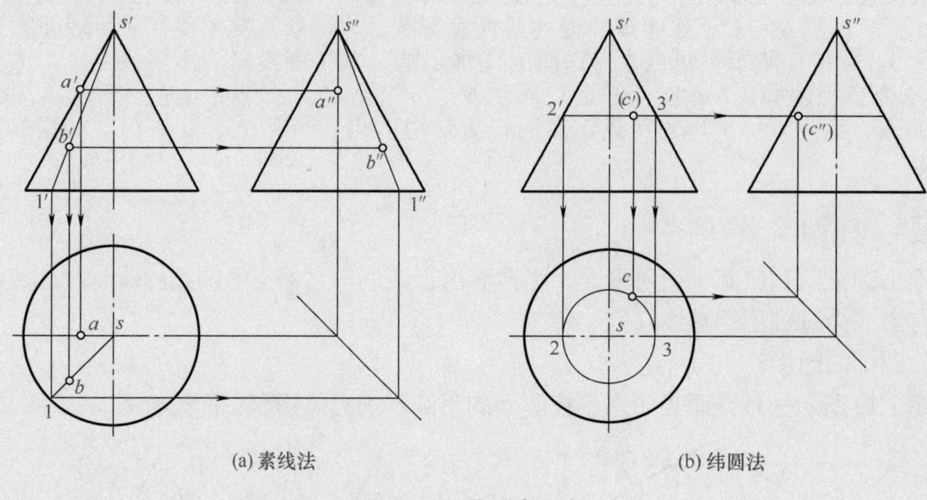

(a) 素线法　　(b) 纬圆法

图3-14　圆锥面上取点

分析：由所求点的已知投影可以判断，点A在最左素线上；点B在左半圆锥面的前半部分；点C在右半圆锥面的后半部分。

作图：点A的投影a和a''可在最左素线的同名投影中直接求出。点B和点C的水平投影和侧面投影可用素线法或纬圆法求出。

① 素线法。如图3-14（a）所示，过点B作辅助素线SⅠ，即过b'作$s'1'$，求得水平投影$s1$、侧面投影$s''1''$，根据点在直线上的投影性质求得b和b''，由分析可知，点B在左半圆锥面上，所以b''是可见的。

② 纬圆法。如图3-14（b）所示，在圆锥表面上，过点C作纬圆（此圆垂直于圆锥轴线），在此圆的各投影上求得点C的同名投影。具体作图过程如下：

在正面投影中，过点（c'）作水平线，与转向轮廓线交于点$2'$、$3'$，则$2'3'$即为辅助纬圆的正面投影。在水平投影上，以s为圆心，$s2$为半径画圆，此圆为纬圆的水平投影，由（c'）求得水平投影c，再由（c'）、c求得c''。侧面投影c''为不可见，以（c''）表示。

四、常见的不完整回转体

工程上常会遇到一些不完整的回转体，如图3-15所示。

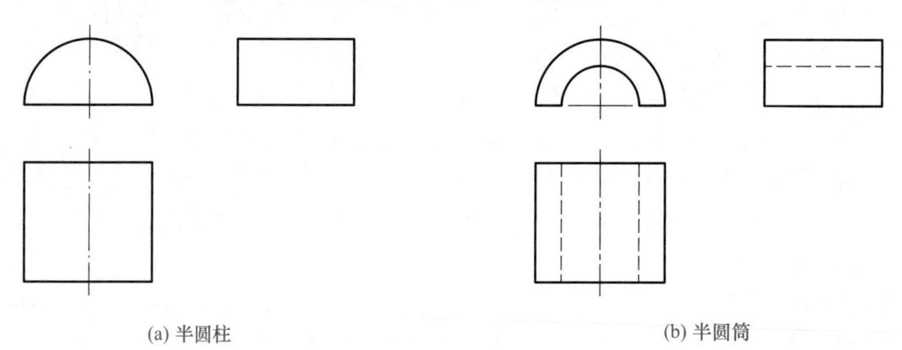

(a) 半圆柱　　(b) 半圆筒

图3-15

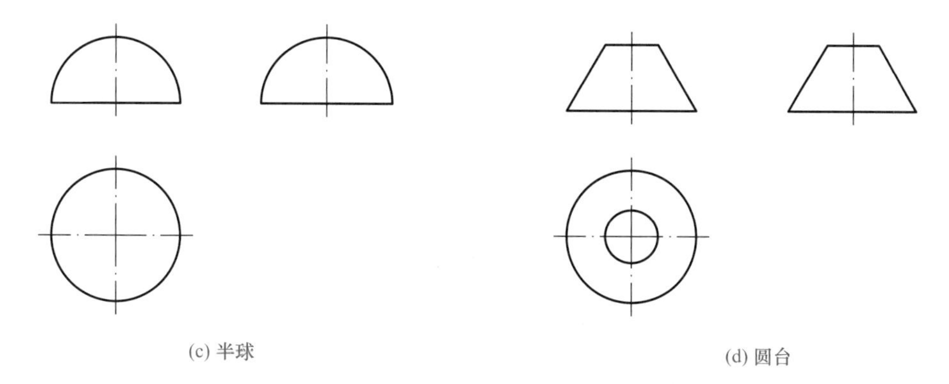

图3-15　常见的不完整的回转体

第三节　立体表面交线

绝大部分机械零件都是由多个几何体组合而成，其表面会呈现各种类型的交线，如图3-16所示。这些交线是组成零件的相邻立体的表面相交而成的，其中平面与立体表面相交的交线称为截交线，曲面与立体表面相交的交线称为相贯线。本节将介绍截交线和相贯线的性质和画法。

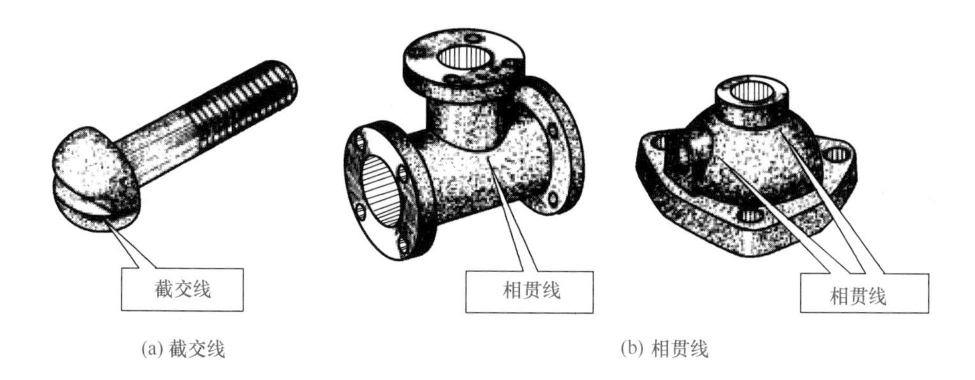

图3-16　立体表面交线

一、截交线

平面与回转体相交，可以看成回转体被平面所截切，如图3-16（a）所示的半圆头螺钉的头部就是圆球被平面截切的结果。与立体相交的平面称为截平面，截平面与立体表面的交线称为截交线。

平面与回转体相交，其截交线一般为封闭的平面曲线或曲线与直线所围成的平面图形，其形状由回转体的形状及截平面与回转体相对位置所确定。截交线具有以下两个性质：

① 截交线一般是由直线、曲线、直线与曲线所组成的封闭的平面图形。

② 截交线是截平面与回转体表面的共有线，截交线上的点是截平面与回转体表面的共有点。因此求截交线就是求截平面与立体表面的共有点，亦即求回转体表面上的线与截平面的交点。

求截交线时首先需要分析截平面与回转体的相对位置以确定截交线的形状，分析截平面以及回转体与投影面的相对位置以确定截交线的投影特性，并判断截交线的已知投影以及需要作的未知投影。

当截交线为平面曲线时，一般先求出能确定其形状和范围的特殊点，如最高、最低、最前、最后、最左、最右点，以及转向轮廓线上的点、对称轴上的端点等，然后根据具体情况求出若干中间点，最后依次光滑连接成曲线，并判断可见性。

（1）平面与圆柱相交

根据截平面与圆柱轴线的相对位置不同，圆柱面上截交线的形状有三种情况：直线、圆、椭圆，见表3-1。

表3-1　平面与圆柱相交的截交线

截平面位置	平行于圆柱轴线	垂直于圆柱轴线	倾斜于圆柱轴线
截交线形状	两平行直线	圆	椭圆
轴测图	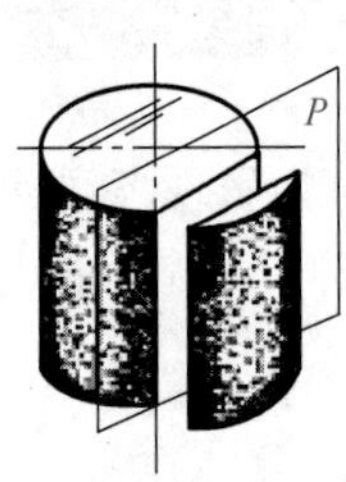 P	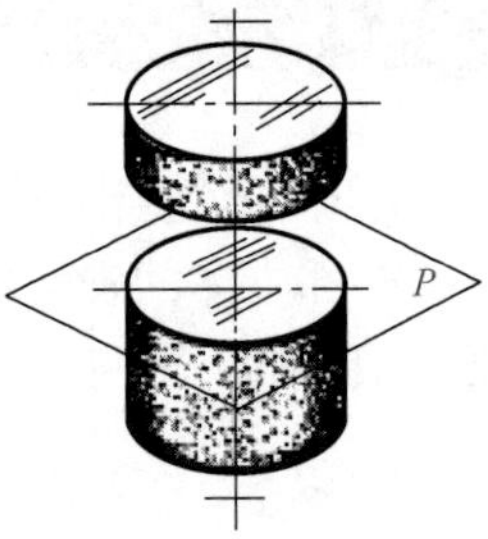 P	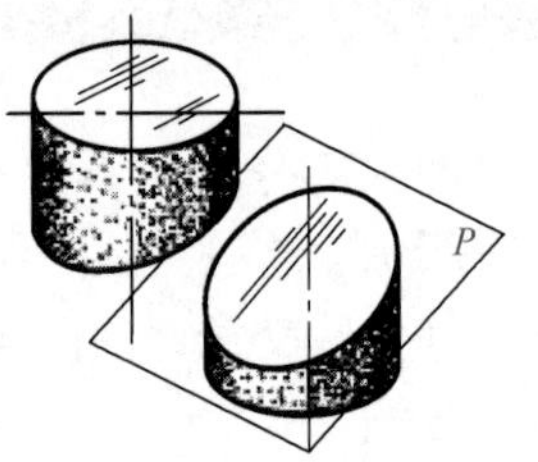 P
投影图	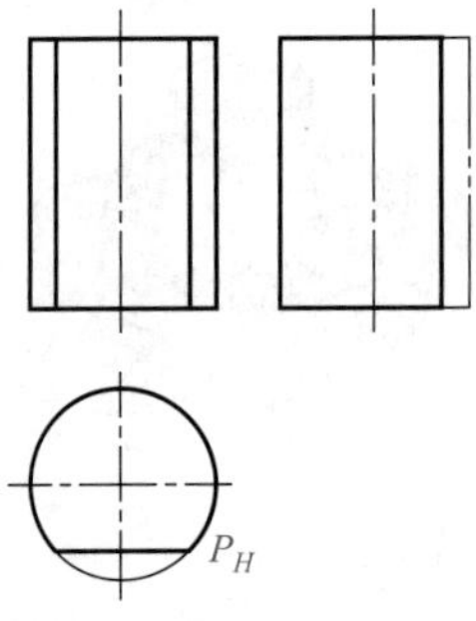 P_H	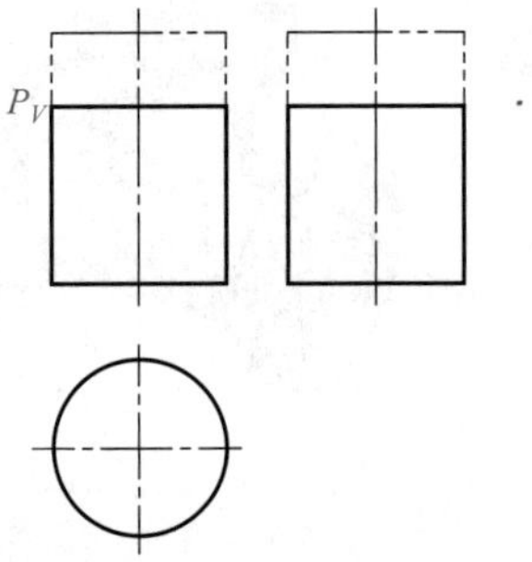 P_V	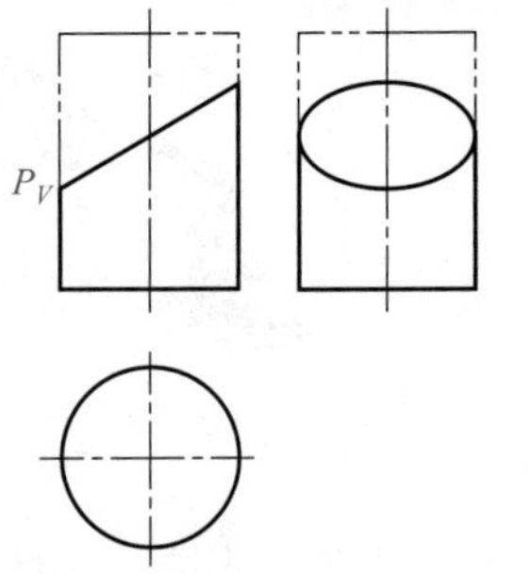 P_V

例6：圆柱轴端凸榫，已知其正面投影，试完成水平投影和侧面投影，如图3-17所示。

分析：该立体为圆柱被两个侧平面和两个水平面切割而成。这几个截平面的正面投影都积聚成直线。侧平面与圆柱的交线为圆柱表面的两条素线$\mathrm{I}\,\mathrm{I}_1$和$\mathrm{II}\,\mathrm{II}_1$（垂直于水平投影面），水平投影各积聚为一点。水平面与圆柱的交线为水平圆弧ⅠⅢⅡ，其水平投影反映实形。侧平截断面形状为矩形，水平截断面形状为圆弧与直线围成的封闭线框，如图3-18（a）所示。

其形体左右对称，这里只分析左侧部分被切割部分的投影。

作图：

① $\mathrm{I}\,\mathrm{I}_1$和$\mathrm{II}\,\mathrm{II}_1$的正面投影$1'1_1'$与$2'2_1'$重合，根据点的投影规律，可求得1（$1_1$）和2（$2_1$）以及侧面投影$1''$、$1_1''$和$2''$、$2_1''$。

② 圆弧ⅠⅢⅡ的水平投影圆弧132为圆柱面水平投影的一部分，侧面投影为直线$1''2''$，如图3-17（b）和图3-17（c）所示。

形体右侧被切割部分的正面投影和水平投影与左侧对称，侧面投影与左侧部分重合，不可见。

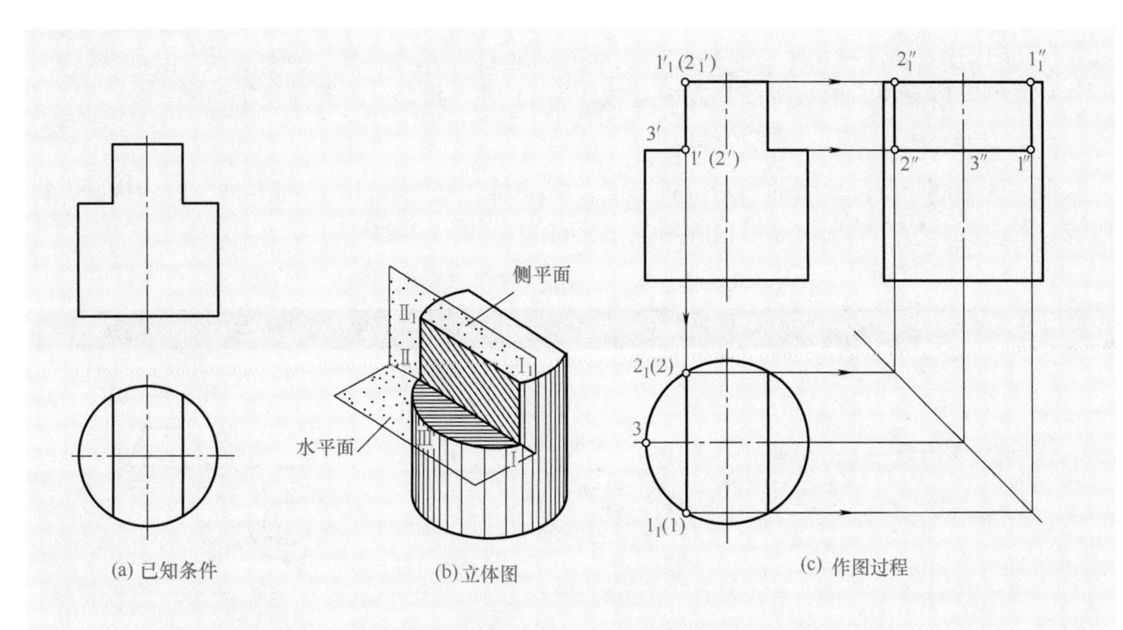

图3-17　圆柱体轴端凸榫的投影

例7：求正垂面截圆柱体的截交线，如图3-18所示。

分析：由于截平面相对圆柱轴线倾斜，故其截交线为椭圆。由于截平面为正垂面，故截交线的正面投影积聚为直线。水平投影与圆柱表面的水平投影重合，侧面投影一般情况下仍为椭圆，此椭圆通过求素线与截平面交点的方法作出。

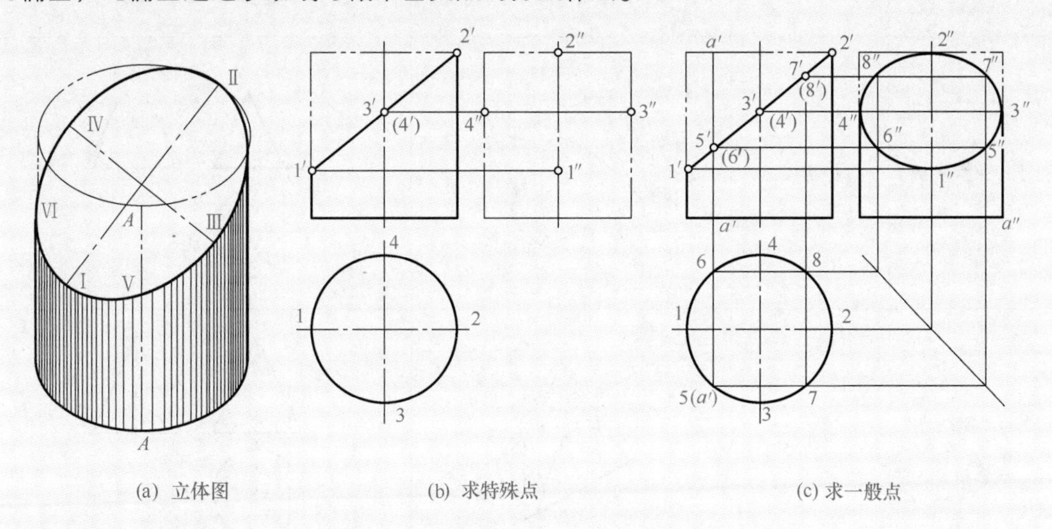

图3-18　圆柱被正垂面截切的截交线

作图：

① 求作特殊点Ⅰ、Ⅱ、Ⅲ、Ⅳ的投影。它们分别在圆柱的最左、最右、最前和最后素线上，即正面转向线和侧面转向线与截平面的交点，如图3-18（a）所示。其正面投影为1′、2′、3′、(4′)，水平投影为1、2、3、4，求得侧面投影1″、2″、3″、4″，如图3-18（b）所示。

② 求一般点。在适当位置取一般素线，求此素线与截平面的交点。如取素线A，它与截平面交点为Ⅴ，其水平投影5在圆周上，正面投影与截平面交于5′，由5和5′求得5″。依此方法可作若干素线求得若干点，如Ⅵ、Ⅶ、Ⅷ等。

③ 将所求各点的侧面投影光滑连接起来即得椭圆的侧面投影，如图3-18（c）所示。从本例可以看出，若截平面与圆柱轴线倾斜45°时，截交线的侧面投影为圆。

（2）平面与圆锥相交

根据截平面与圆锥轴线的相对位置不同，圆锥面上截交线的形状有五种：圆、椭圆、抛物线、双曲线，特殊情况为过锥顶的两条相交直线。（见表3-2）

表3-2 平面与圆锥相交的截交线

截平面位置	截交线形状	轴测图	投影图
垂直于圆锥轴线 θ=90°	圆	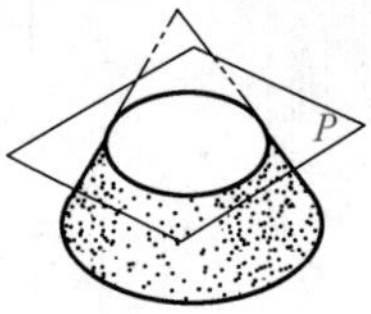	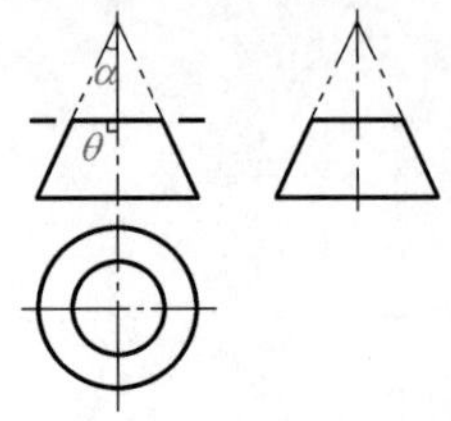
倾斜于圆锥轴线 $\theta>\alpha$	椭圆	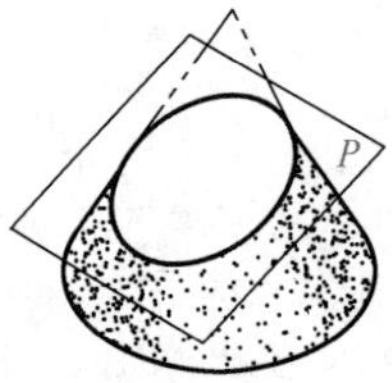	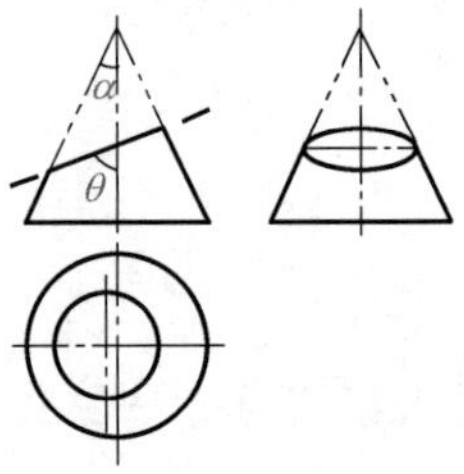
平行于一条素线 $\theta=\alpha$	抛物线	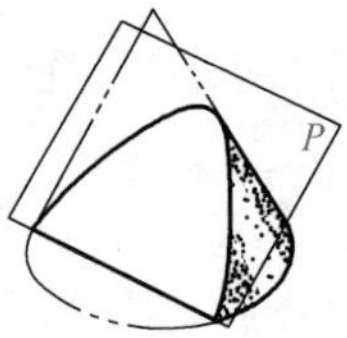	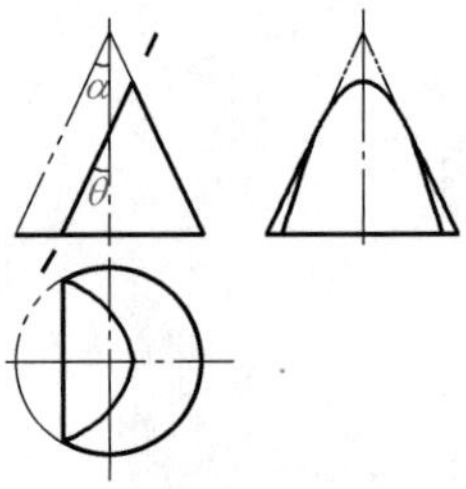
平行于轴线 θ=0°或 $\theta<\alpha$	双曲线	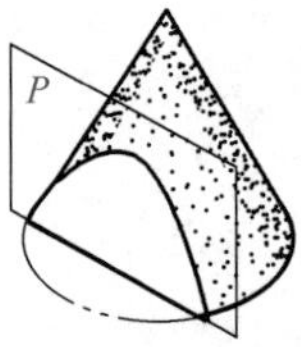	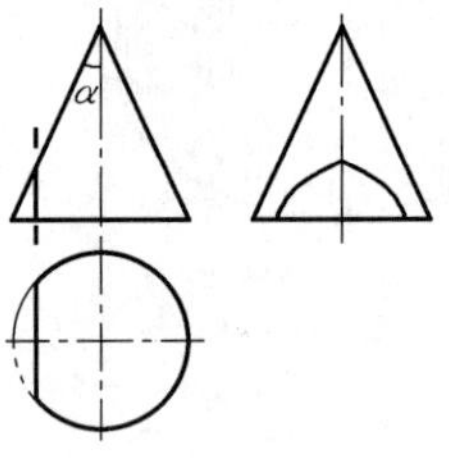
过锥顶	两相交直线	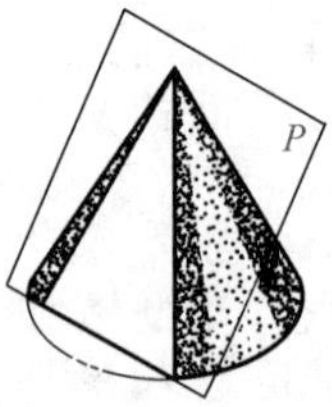	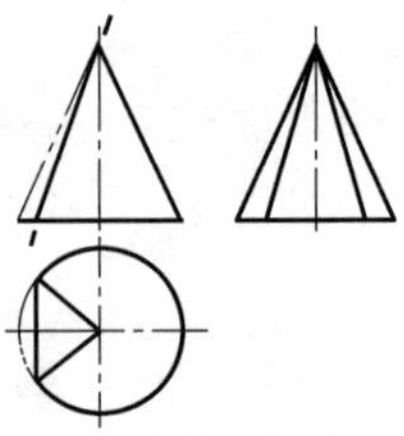

例8：直立圆锥被不过锥顶的侧平面所截，求截交线的侧面投影，如图3-19（a）所示。

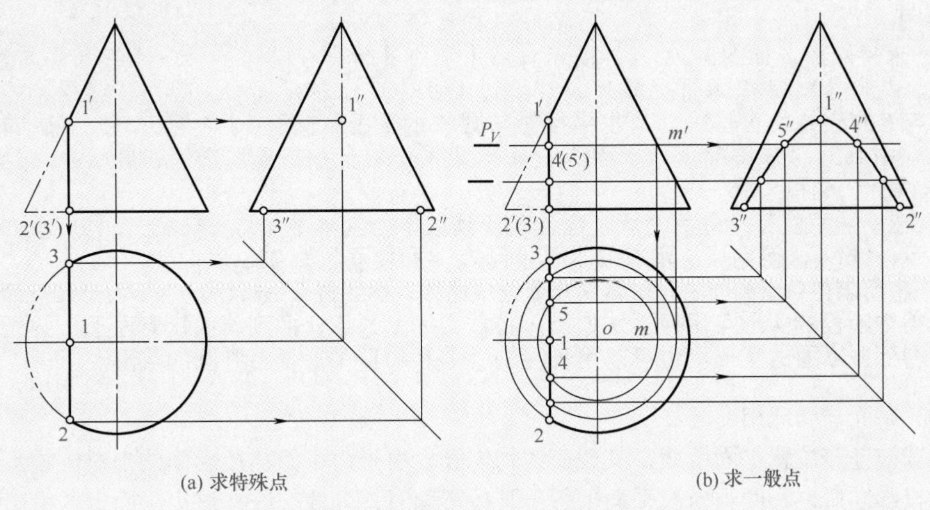

图3-19　圆锥被不过锥顶的侧平面截切的截交线

分析：截平面为不过锥顶的侧平面，与圆锥轴线平行，故截交线为双曲线，其正面投影和水平投影均为直线，侧面投影反映实形。

作图：

① 求特殊点。点Ⅰ为双曲线的最高点，在圆锥最左素线上。由1′求得1和1″。点Ⅱ、Ⅲ为截交线的最低点，在圆锥底圆上。由2′、(3′)和2、3求得2″和3″。

② 求一般点。如图3-19（b）所示，选水平面P作辅助平面，即作P_V与截平面正面投影交于4′、(5′)，与圆锥最右素线交于m'，求得m。再以o为圆心，om为半径作圆，与截平面的水平投影交于4、5。由4′、(5′)和4、5，求得4″、5″。用同样方法，在P面上下再作辅助平面求出若干点。

③ 依次光滑连接所求各点，即为截交线——双曲线的侧面投影，如图3-19（b）所示。所得截交线的形状为双曲线和直线围成的封闭线框。

例9：直立圆锥被正垂面所截，求截交线的投影和所截断面的实形，如图3-20（a）所示。

分析：截平面P截断圆锥所有素线，截交线为椭圆。截交线的正面投影积聚在P_V上，椭圆的长轴为正平线ⅠⅡ，其正面投影1′2′为其实长，短轴为过ⅠⅡ中点的正垂线ⅢⅣ，其水平投影

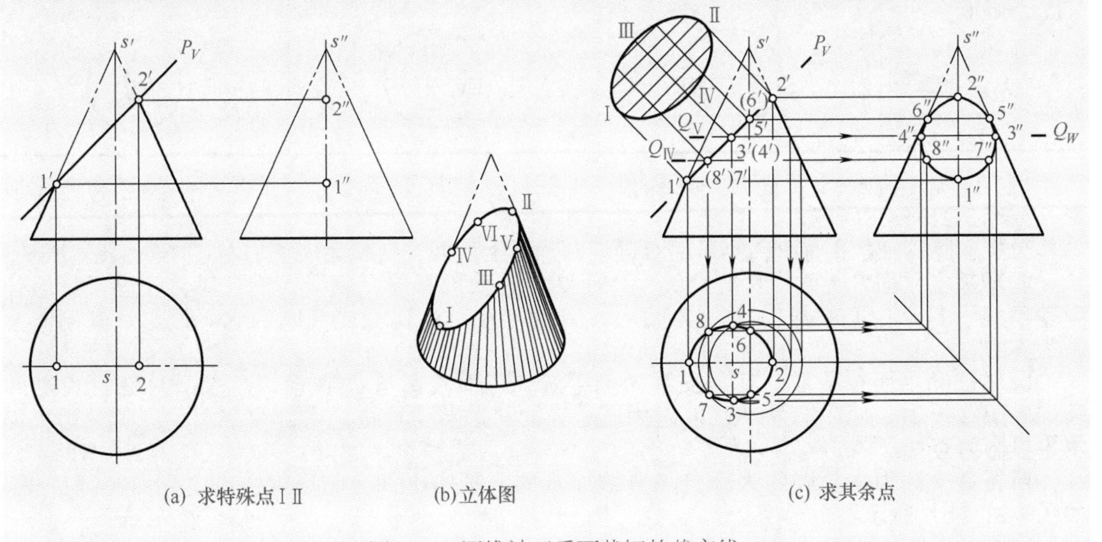

图3-20　圆锥被正垂面截切的截交线

3—4为其实长，如图3-20（b）、图3-20（c）所示。

作图：

① 求特殊点。如图3-20（c）所示，点Ⅰ和点Ⅱ分别在圆锥的最左素线和最右素线上，可由1'、2'求得1、2和侧面投影1″、2″。过ⅠⅡ中点作水平面Q，截切圆锥得半径为R的圆。Q与P的交线为正垂线，其水平投影与圆的水平投影交于3、4两点，3—4是椭圆短轴的实长，由点3、4求得3′、(4′)和3″、4″。点Ⅴ、Ⅵ分别在最前素线和最后素线上，由5′(6′)求得5″、6″和5、6。

② 求一般点。在特殊点之间，任作若干辅助平面（水平面），求得一系列点。如图3-20（c）所示，作Q_{IV}，得到Ⅶ、Ⅷ点的水平投影7、8和侧面投影7″、8″。

③ 将所求得各点的同名投影依次光滑连成曲线，得到截交线椭圆的水平投影和侧面投影。

所得截断面的实形可用换面法作出。将截交线上的点变换到新的投影面上，并光滑连成曲线便得到截断面的实形。也可以用长短轴（ⅠⅡ和ⅢⅣ）画出椭圆的实形。

（3）平面与圆球相交

圆球被任一位置平面所截，其截交线均为圆。由于截平面与投影面的相对位置不同，截交线的投影性质也不同：当截平面平行于某投影面时，其截交线在该投影面上的投影为反映实形的圆；当截平面垂直于某投影面时，其截交线在该投影面上的投影为直线；当截平面倾斜于某投影面时，其截交线在该投影面上的投影为椭圆。如表3-3所示。

表3-3　圆球截交线

截平面位置	平行于V面	平行于H面	垂直于V面
截交线形状	圆	圆	圆
轴测图	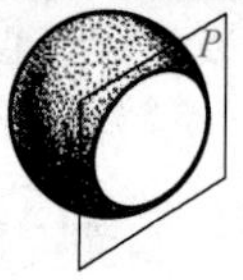 P	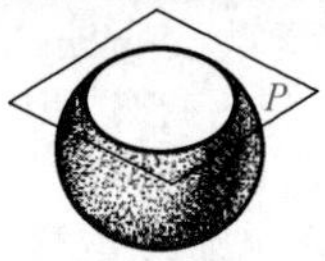 P	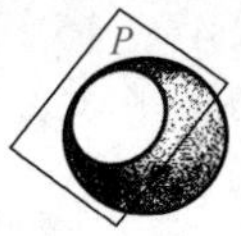 P
投影图	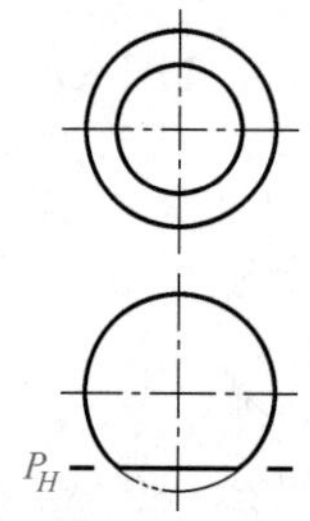 P_H	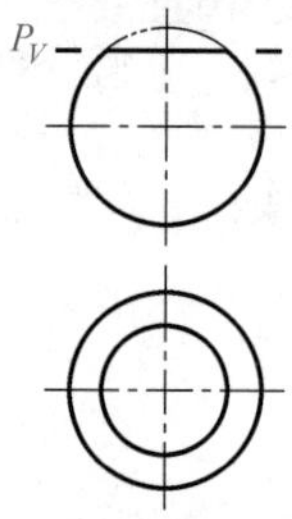 P_V	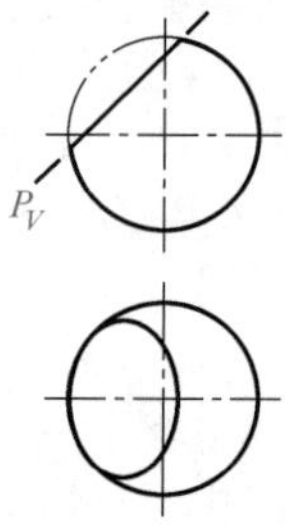 P_V

例10：球体被一水平面P、侧平面Q所截，已知其正面投影，求其水平投影和侧面投影，如图3-21（a）所示。

分析：圆球被水平面P和侧平面Q截切，球面上的截交线均为圆弧，如图3-21（b）所示。

圆球被水平面P所截，其截交线为水平圆，正面投影与P_V重合，P_V交球体正面投影的转向轮廓线于1′，由1′求得1，以o为圆心，o1为半径画弧得截交线圆的水平投影。其侧面投影为直线。

圆球被侧平面Q所截，其截交线为侧平圆，正面投影与Q_V重合，Q_V交球体正面投影的转向轮廓线于2′，由2′求得2″，以o″为圆心，o″2″为半径画弧，得截交线圆的侧面投影。其水平投影为直线。

所得截交线为水平圆的大部分与直线以及侧平圆的小部分与直线围成的两个封闭线框，如图3-21（b）所示。

作图：具体作图方法如图3-21（c）所示。

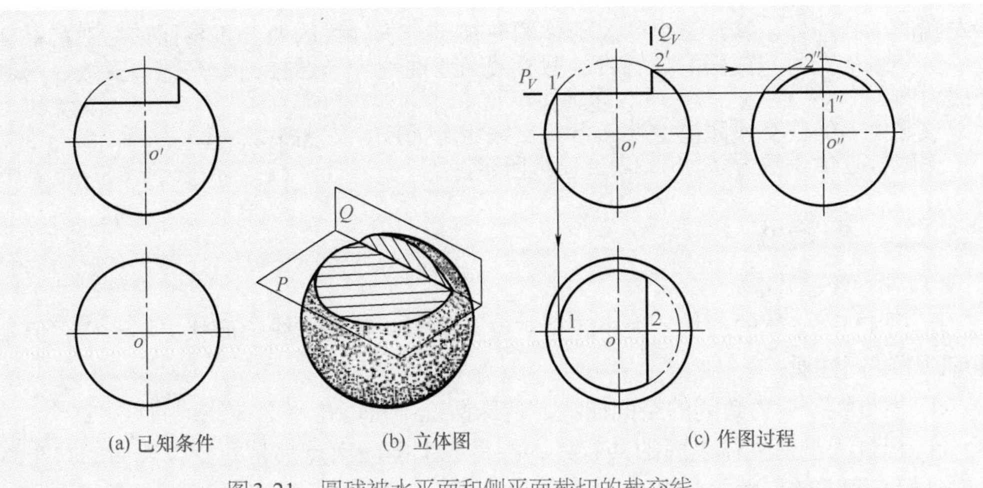

(a) 已知条件　　(b) 立体图　　(c) 作图过程

图3-21　圆球被水平面和侧平面截切的截交线

(4) 平面与组合体相交

组合体是由若干个基本形体组合而成，如果截平面同时截切组合体中的各基本形体，那么组合体截交线则由截平面与各基本形体相交所得的截交线组合而成。解题时应该先分析各基本形体的形状，区分各形体的分界位置，然后逐个形体进行截交线分析与作图，最后综合分析、整理、连接成完整的截交线。

例11：求如图3-22（a）所示零件的截交线。

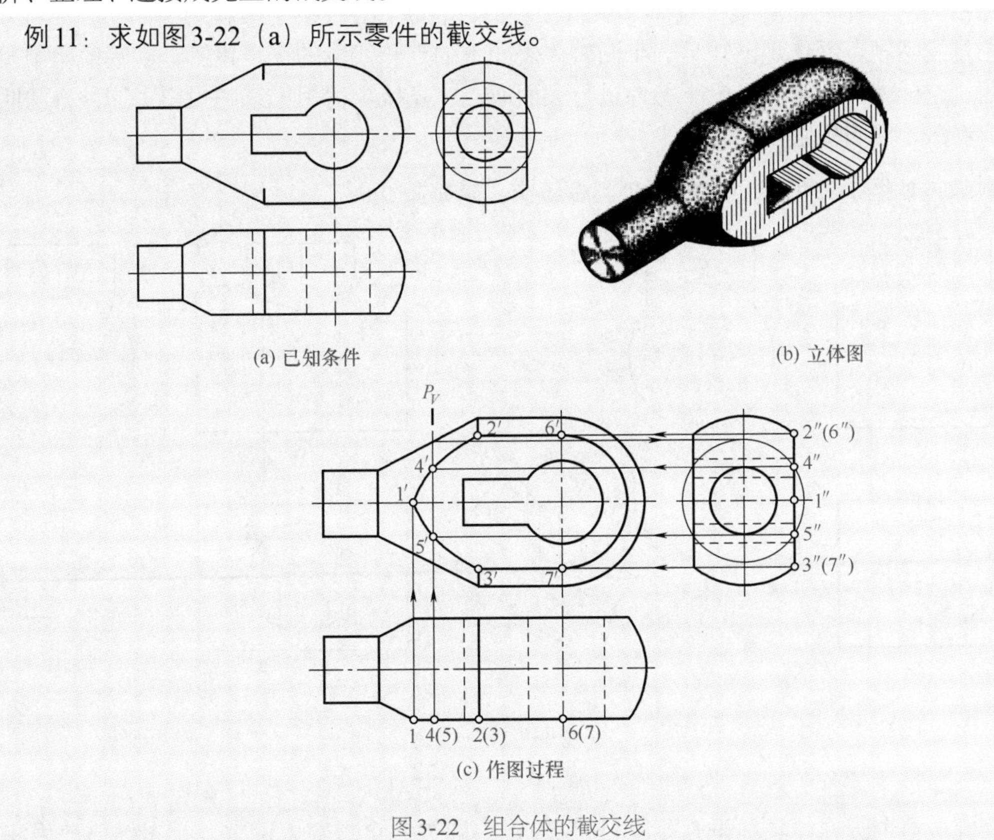

(a) 已知条件　　(b) 立体图

(c) 作图过程

图3-22　组合体的截交线

分析：如图3-22（a）所示，此零件为四个基本形体组成的组合体。其公共轴线为侧垂线，除左端的小圆柱外，其余三个基本形体同时被平行于轴线的两个正平面前后对称截切，所产生的截交线依次为：截平面与圆锥的截交线为双曲线、与圆柱的截交线为直线、与圆球的截交线为圆。

该零件上的截交线即由上述三条截交线组合而成，如图3-22（b）所示。

作图：具体作图方法如图3-22（c）所示。

二、相贯线

（1）相贯线的性质

由于相交两立体的形状、大小和相对位置不同，其相贯线的形状也不一样，但相贯线都具有以下共同性质：

① 相贯线一般为封闭的空间曲线，特殊情况下可能是平面曲线或直线。

② 相贯线是两立体表面的共有线，相贯线上的任何点都是两立体表面的共有点。相贯线也是相交两立体表面的分界线。

从上述性质可知，相贯线是由两立体表面一系列共有点组成的，因此，求相贯线问题实际上就是求两立体表面上一系列共有点问题。

（2）求相贯线的方法

求立体表面的相贯线与求截交线的步骤类似，其基本方法有表面取点法、辅助平面法、辅助球面法等，其中最常用的是表面取点法。

当相交两立体表面的某个投影具有积聚性时，相贯线的一个投影必积聚在这个投影上，则求相贯线问题可看作是已知另一个回转体表面上的点和线段的一个投影，求其他两个投影的问题。这样就可利用积聚投影特性进行表面取点，直接求得相贯线的投影。这种方法叫作表面取点法，也叫积聚性法。

例12：如图3-23所示，已知两个圆柱正交，求相贯线。

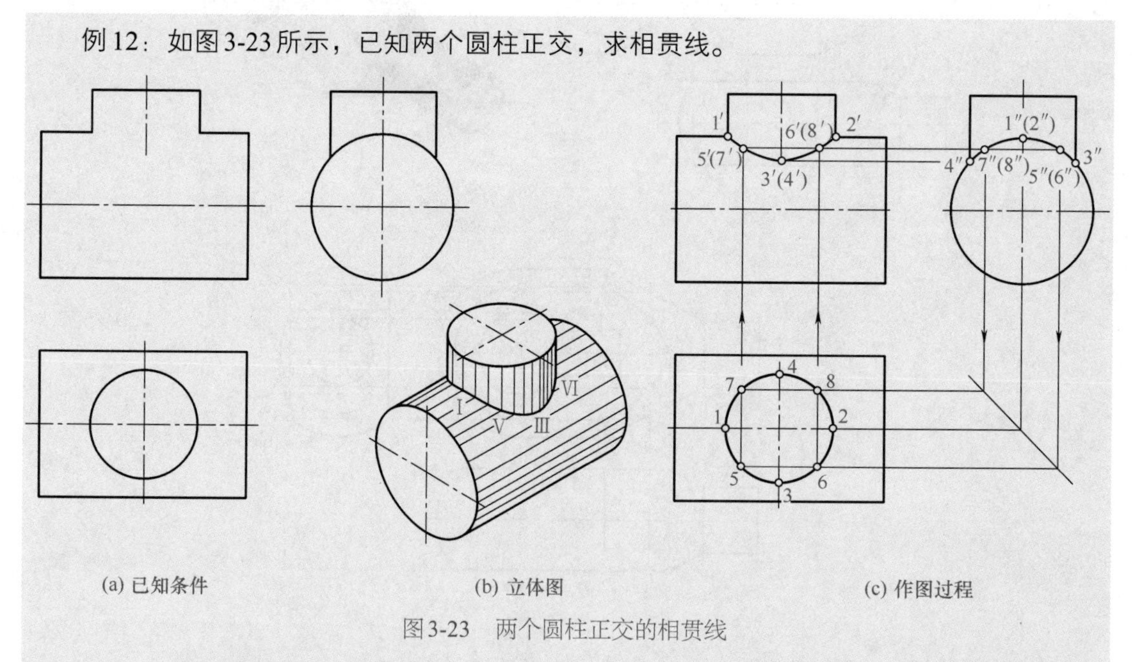

图3-23 两个圆柱正交的相贯线

分析：两个圆柱体轴线垂直相交（正交），小圆柱完全贯穿大圆柱，相贯线为前后和左右都对称的封闭空间曲线，如图3-23（b）所示。小圆柱轴线为铅垂线，其表面水平投影积聚为圆。大圆柱轴线为侧垂线，其表面侧面投影积聚为圆。相贯线的水平投影和侧面投影分别重合在两个圆柱的积聚投影上，为已知投影，要求相贯线的正面投影。先按点的投影规律，用已知两投影求第三投影的方法，求得相贯线上若干点的正面投影，然后将这些点依次光滑连接即得相贯线的正面投影。

作图：

① 求特殊点。点Ⅰ、Ⅱ分别为相贯线的最左点和最右点，也是相贯线的最高点。它们的正面投影1′、2′为两圆柱正面转向线的交点，根据正面转向线的水平投影和侧面投影可求出1、2和1″、(2″)。点Ⅲ、Ⅳ为相贯线的最前点和最后点，也是相贯线的最低点，它们的侧面投影为小圆柱侧面转向线与大圆柱侧面投影的交点3″、4″，根据该转向线正面投影和水平投影可求出3′、(4′) 和3、4。

② 求一般点。在Ⅰ、Ⅲ间任取Ⅴ点，Ⅱ、Ⅲ间任取Ⅵ点，即在相贯线的侧面投影上取5″、(6″)，由5″、(6″) 在水平投影上求得5、6，再由5″、(6″) 和5、6求得正面投影5′、6′。

③ 依次光滑连接1′、5′、3′、6′、2′得到前半段相贯线的正面投影。后半段相贯线的正面投影与之重合，结果如图3-23 (c) 所示。

(3) 相贯线的三种形式

相贯线可以由两个外表面相交得到，也可以由外表面和内表面或者是两个内表面相交而得，这三种形式可以简称为外外相贯、内外相贯和内内相贯。以两轴线垂直相交的圆柱体相贯为例，如图3-24所示，不论它们是哪种形式的相贯线，其形状和作图方法都是相同的。

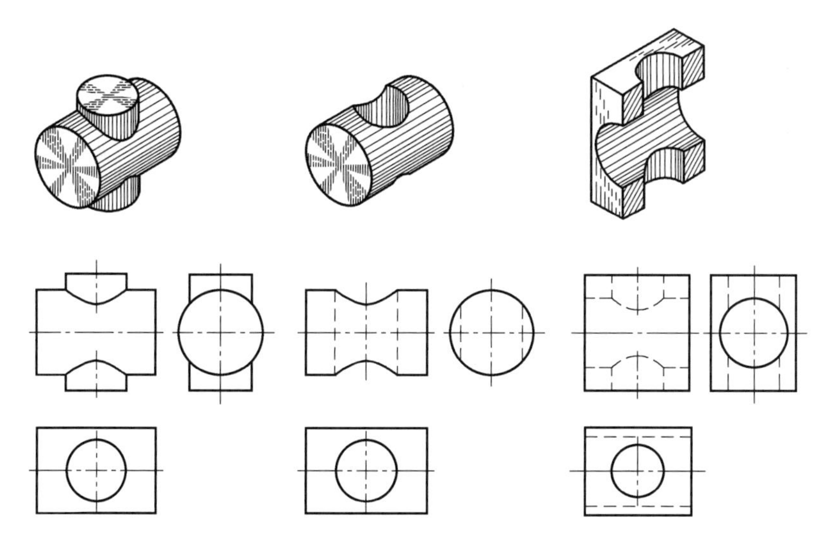

(a) 两个外圆柱表面相贯　(b) 外圆柱表面与内圆柱表面相贯　(c) 两个内圆柱表面相贯

图3-24　圆柱表面相贯的三种形式

(4) 两曲面立体相贯的特殊情况

两曲面立体的相贯线，一般情况下为封闭的空间曲线，特殊情况下可能为平面曲线或直线。下面介绍几种两曲面立体相贯的特殊情况。

① 当两回转体同轴相交时，相贯线为垂直于回转体轴线的圆。如果轴线垂直于某投影面，相贯线在该投影面上的投影为圆，在与轴线平行的投影面上的投影为直线，如图3-25所示。

② 当两个回转体同时外切于一个球面时，其相贯线为两个椭圆。如果两轴线同时平行

于某投影面，则这两个椭圆在该投影面上的投影为相交两直线，如图3-26所示。

③ 当两个圆柱轴线平行时，其相贯线在与轴线平行的投影面上的投影为直线，如图3-27所示。

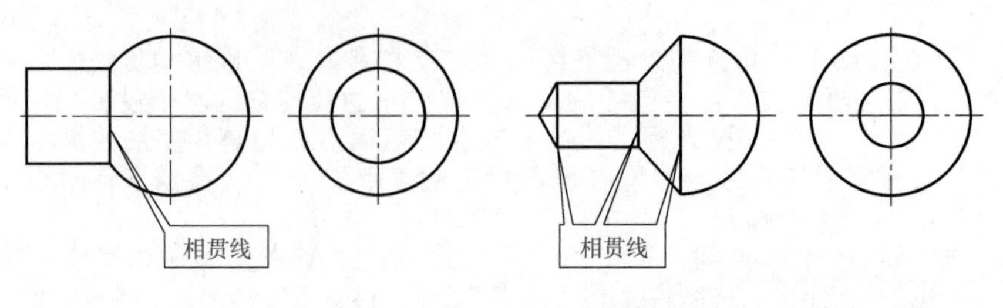

(a) 圆柱与球同轴相交　　(b) 圆锥、圆柱、球同轴相交

图3-25　同轴回转体相交的相贯线

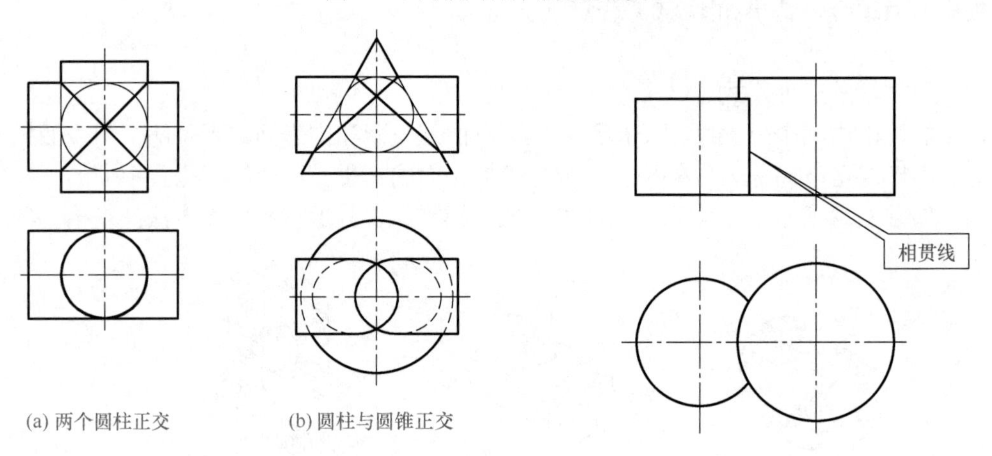

(a) 两个圆柱正交　　(b) 圆柱与圆锥正交

图3-26　两个回转体外切于同一球面的相贯线

图3-27　两个圆柱轴线平行相交的相贯线

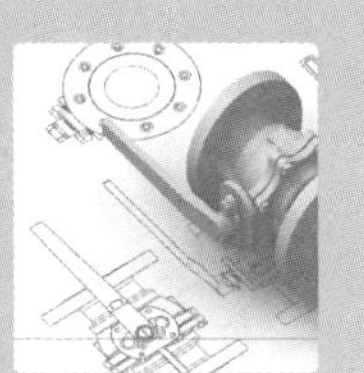

第四章

组合体的视图与尺寸标注

任何复杂的机器零件，都是由一些基本形体（平面立体和曲面立体）所组成的，这种由基本形体组合而成的物体称为组合体。

本章主要介绍组合体三视图的投影特性、组合体的画图和读图方法以及组合体尺寸标注等内容。

第一节　组合体的组合形式及其分析方法

一、组合体的组合形式

组合体的组合形式可分为叠加和切割两种基本形式，实际中最常见的是上述两种形式的综合，如图4-1所示。

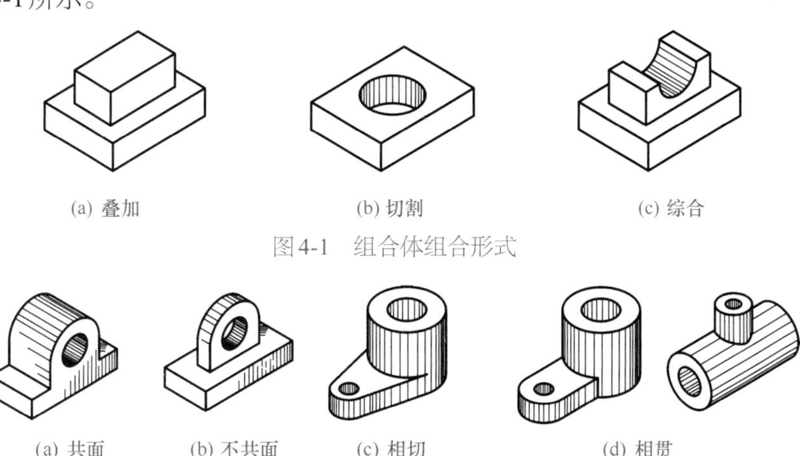

(a) 叠加　(b) 切割　(c) 综合

图4-1　组合体组合形式

(a) 共面　(b) 不共面　(c) 相切　(d) 相贯

图4-2　表面间的相对位置关系

（1）叠加

如图4-2所示，两个基本形体以叠加的方式进行组合时，其表面间的相对位置关系有四种情况：共面、不共面、相切、相贯，其说明见表4-1。

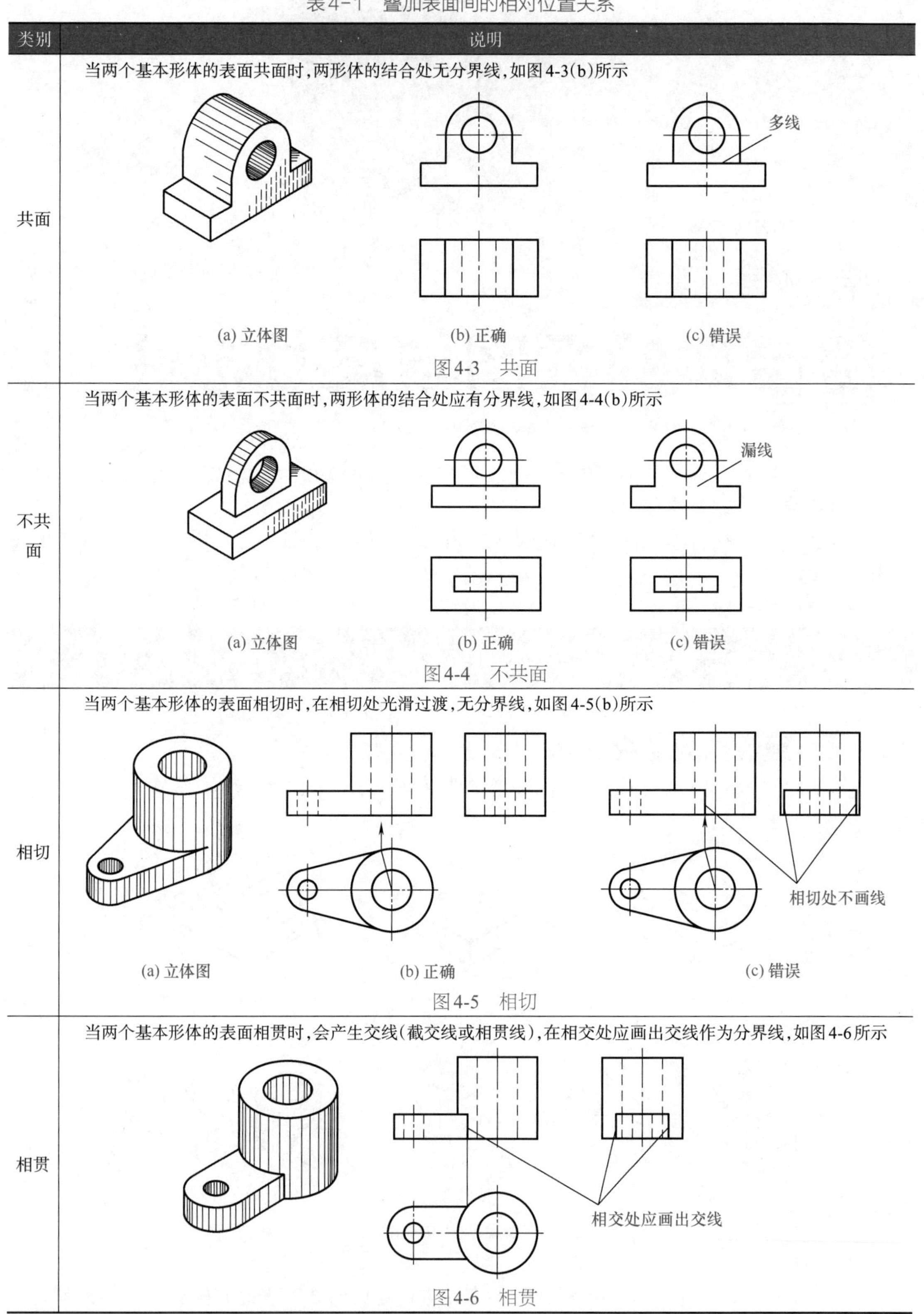

表4-1　叠加表面间的相对位置关系

类别	说明
共面	当两个基本形体的表面共面时，两形体的结合处无分界线，如图4-3(b)所示 多线 (a) 立体图　(b) 正确　(c) 错误 图4-3　共面
不共面	当两个基本形体的表面不共面时，两形体的结合处应有分界线，如图4-4(b)所示 漏线 (a) 立体图　(b) 正确　(c) 错误 图4-4　不共面
相切	当两个基本形体的表面相切时，在相切处光滑过渡，无分界线，如图4-5(b)所示 相切处不画线 (a) 立体图　(b) 正确　(c) 错误 图4-5　相切
相贯	当两个基本形体的表面相贯时，会产生交线(截交线或相贯线)，在相交处应画出交线作为分界线，如图4-6所示 相交处应画出交线 图4-6　相贯

（2）切割

用一个或几个平面或曲面在基本形体上截切、开槽或穿孔的组合形式称为切割。如图4-7所示的斜垫块是由棱柱体切割而成的，切割时会在立体的表面产生交线。

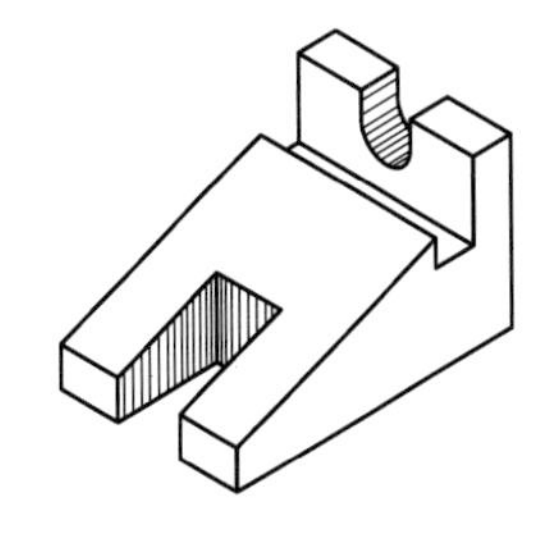

图4-7　切割

掌握组合体的组合形式，正确分析其表面间的相对位置关系很重要，只有这样，画图时才能不多画图线或漏画图线，读图时才能正确地想象组合体的结构形状。

二、组合体的形体分析法和线面分析法

（1）形体分析法

所谓形体分析法，就是假想将组合体分解为若干基本体，弄清它们的形状、组合方式和相对位置，分析它们的表面过渡关系及投影特性，从而得到组合体整体形象的分析方法。

如图4-8所示，组合体连杆可分为四个基本形体：大圆筒、连接板、小圆筒、肋板。连接板与大圆筒及小圆筒同时相切，起连接作用，连接板底面与小圆筒底面平齐，大圆筒底面向下凸出，肋板前后对称地叠加在底板的上表面，并与两圆筒相贯。通过上述分析，对该组合体建立整体形象。

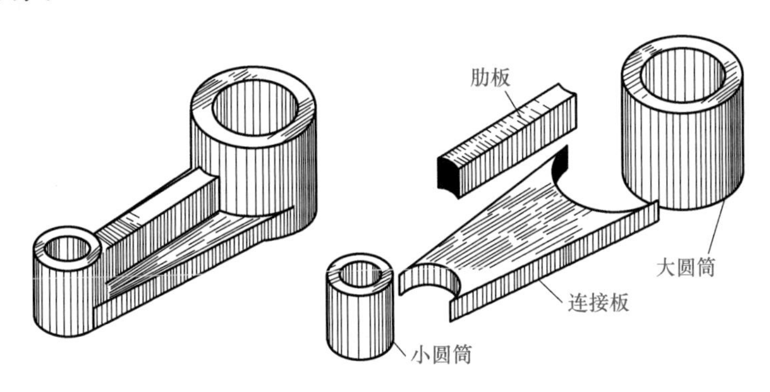

图4-8　形体分析法

由上述分析可知，形体分析法是先将组合体化整为零，逐个分析各形体的形状，再由零获整得到整个组合体。使用形体分析法可以把复杂的问题转化为简单的问题，把感到生疏的组合体转化为熟悉的基本形体。因此，形体分析法是画图、读图和标注尺寸最基本、最重要的方法。

（2）线面分析法

一个平面在各个投影面上的投影，除了积聚性的投影外，其他投影都表现为一个封闭线框。运用这个投影规律，从已知视图的线框与图线入手，分析视图中图线和线框所代表的意义和相对位置，从而看懂视图，这种方法称为线面分析法。这种方法主要用来分析切割类形体和视图中的局部复杂投影。

如图4-9（a）所示，该压板的主视图中有两个封闭线框p'和q'，对应俯视图中两直线p和q，由此可知，P为正平面，Q为铅垂面；再分析俯视图中的两个线框r和s，对应主视图的两直线r'和s'，显然，R是水平面，S是正垂面。由此我们可以想象压板是一个长方体，其左端被三个平面（一个正垂面和两个铅垂面）截切。通过上述分析，对该压板建立整体形象，如图4-9（b）所示。

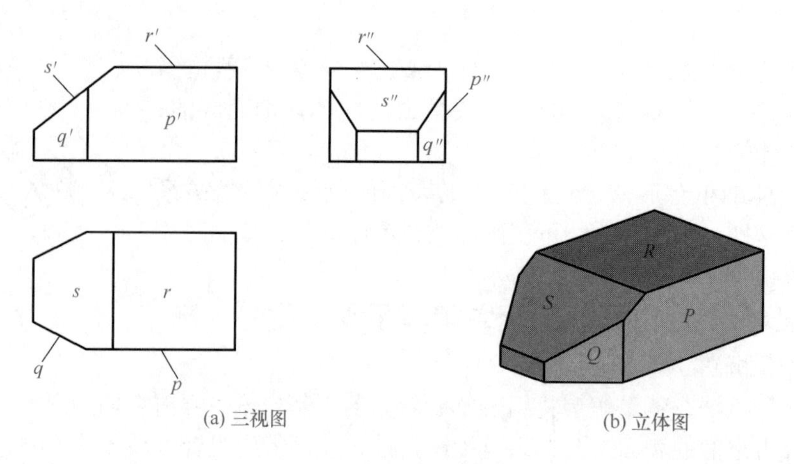

(a) 三视图　　(b) 立体图

图4-9　线面分析法

第二节　组合体的画法

一、叠加式组合体视图的画法

（1）形体分析

画组合体视图前首先对组合体进行形体分析，了解组合体的形状、结构特点。该轴承座可以分为五个基本形体：底板、支承板、轴承套筒、凸台及肋板，如图4-10（b）所示。底板上有两个切割圆角，并有两个切割圆柱孔；支承板叠加在底板的上表面，且与其后表面共面；支承板两侧面与套筒外圆柱面相切，且套筒后表面向后凸出；套筒和圆柱凸台正交，且有切割圆孔；肋板前后叠加在底板的上表面、支承板前表面、套筒的正下方。

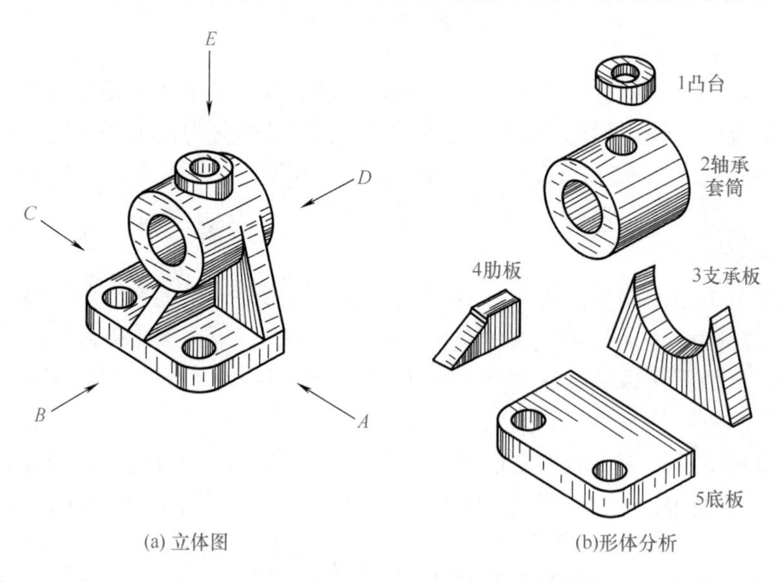

(a) 立体图　　(b)形体分析

图4-10　轴承座及其形体分析

（2）选择主视图

在形体分析的基础上选择主视图。主视图是三视图中必不可少的视图，也是最重要的视图，主视图的选择是否合理，影响三视图的表达是否清晰，读图是否方便。确定主视图要考虑以下三个问题：

① 组合体的安放位置。应选择其平稳自然位置，一般尽量使组合体的主要表面与投影面平行或垂直。

② 主视图的投射方向。要求能尽量多地反映物体的形状特征和相对位置特征。

③ 要求视图能清晰地表达物体的结构形状特征，且应使视图中出现的虚线尽可能少。

如图4-10所示的轴承座，物体安放位置可按图示，即底板放成水平位置；在箭头所指的几个投射方向中，通过比较可以选择主视图的投射方向。

选择*E*向作为主视图的投射方向，则物体安放位置不符合平稳自然的位置要求。在*A*、*B*、*C*、*D*四个方向投影下，可以分别得到如图4-11所示的四个方向的视图。选择*D*向，主视图上虚线多；选择*C*向，则左视图上虚线多，只有选择*A*向或*B*向作为主视图的投射方向较好。比较*A*向与*B*向，它们都比较充分反映了组合体的各部分的形状特征和组合方式，但*B*向视图相对来说，对轴承座中心结构的特征的表达更为充分，因此应选择*B*向作为主视图的投射方向。

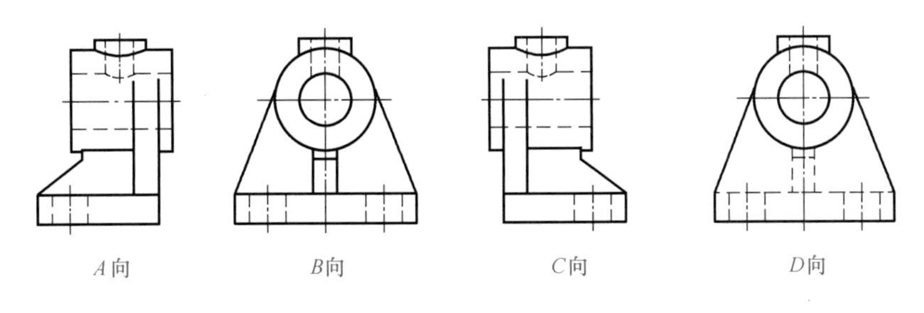

图4-11　轴承座主视图的选择

主视方向选择好以后，其他视图的投射方向随之确定。

（3）画图步骤

① 选择比例、确定图幅。根据组合体的大小及其复杂程度确定比例，一般情况下，尽量选用1∶1的比例。比例确定后，估算各视图的图形大小，确定所要用的图纸幅面。

② 布图、画基准线。为使图形清晰，应根据各视图的最大轮廓尺寸均匀布置视图，同时要考虑留有标注尺寸的位置，保持各视图间距。为此，应首先画出基线、对称线、轴线、圆的中心线如图4-12（a）所示。

③ 按形体分析法用细线逐个画出各基本形体的三视图。画图时，一般应从反映特征的视图入手，三个视图联系起来画，这样既可以保证三视图的投影关系和形体之间的相对位置关系，又提高了作图速度。画图顺序一般是：先画主要部分后画次要部分；先定位后定形状；先画外形后画内部细节形状；先画圆或圆弧后画直线。

④ 检查底稿，擦去多余图线，补画遗漏图线。分析检查各形体的投影是否画完全、正确，相对位置和表面过渡关系是否画正确，确认无误后，擦去多余图线，再严格按照标准线型加深对应图线。结果如图4-12（f）所示。

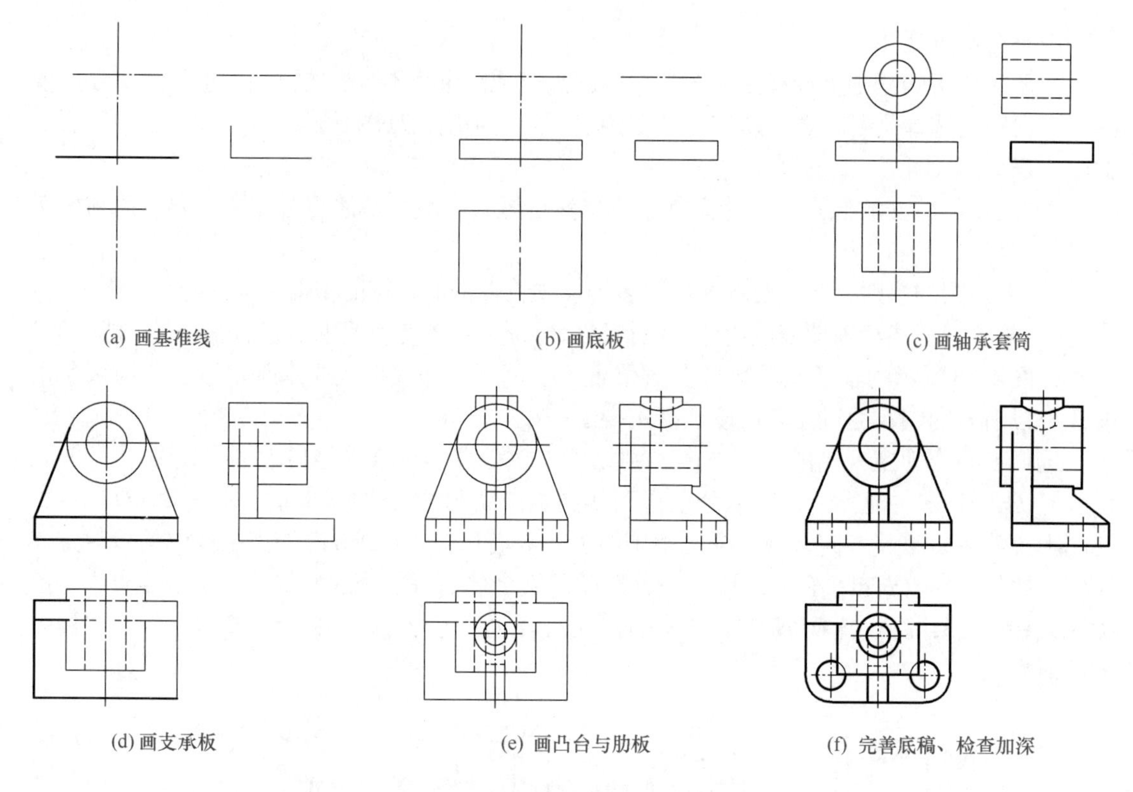

图4-12　轴承座三视图的画图步骤

二、切割式组合体视图的画法

对于切割式组合体应通过形体分析，了解组合体的切割过程。画三视图时，先画出切割前的总体外形，再根据切割过程依次画出切去每一部分后的三视图，对于被切的形体，一般先画反映形状特征或投影具有积聚性的视图。如图4-13所示为切割式组合体三视图的画法。

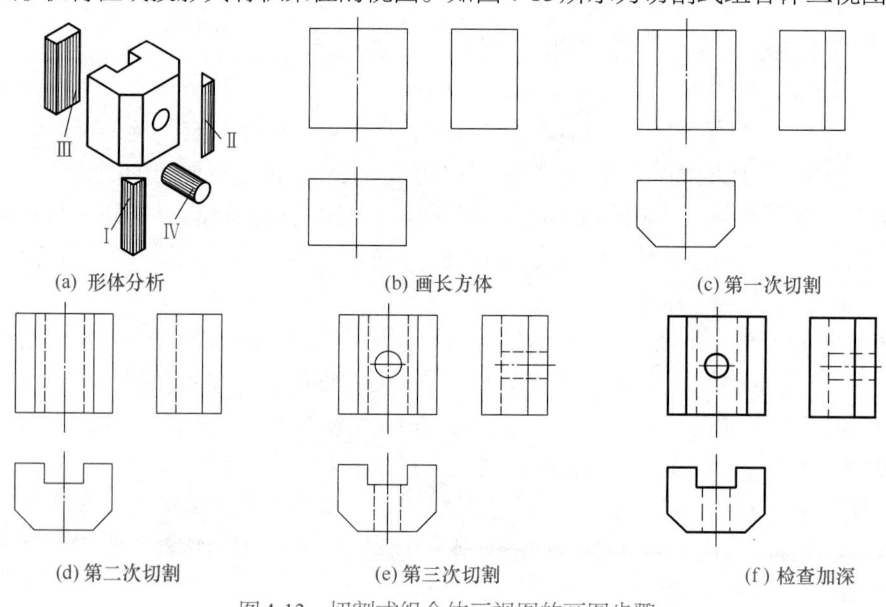

图4-13　切割式组合体三视图的画图步骤

在组合体的绘制过程中还需要注意：当画图时发生几种图线重合在一起的情况，应按粗实线、虚线、细实线、点画线的优先顺序进行选择，确定在该位置上的作图图线类型。

第三节　组合体的视图识读

画图和读图是相辅相成的两个环节。画图是把空间的物体用正投影方法表达在平面上，是由空间到平面、由物画图的过程；而读图则是画图的逆过程，即运用正投影原理，根据平面图形（视图）想象出空间物体的结构形状，是由平面到空间、由图想物的过程。读组合体视图又称读图、看图。其基本方法是形体分析法，必要时辅以线面分析法。为了正确、迅速地读懂视图，必须掌握读图的要点、基本方法和经验。

识读组合体视图有两种基本方法和八条经验。两种基本方法是形体分析法和线面分析法。形体分析法主要适用于读叠加式组合体视图，线面分析法主要适用于读切割式组合体视图。多数情况下两种方法并用。

八条经验是：制作模型法、画立体图法、正误对比法、泥芯法、加画视图法、补视图缺线法、图形记忆积累法和还原法。

一、组合体的读图要点

组合体视图的读图要点见表4-2。

表4-2　组合体视图的读图要点

类别	说明
要读懂视图中图线、线框的含义	如图4-14所示，图中的粗实线和虚线通常是物体表面积聚性的投影、表面交线的投影或回转体转向轮廓线的投影。图中每个封闭线框，通常都是物体上一个表面（平面或曲面）的投影，或者通孔投影 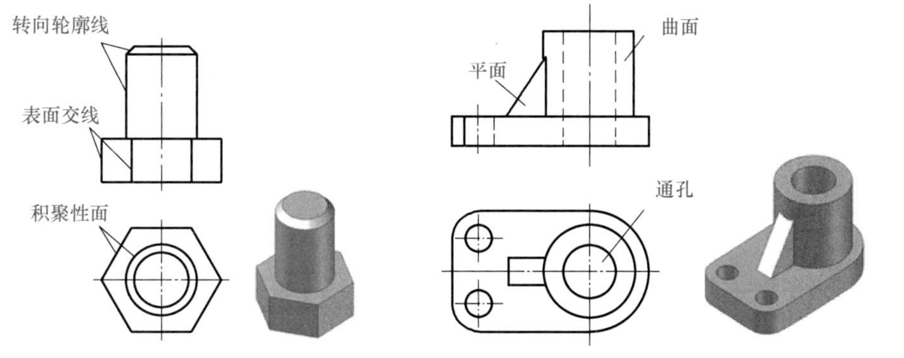 转向轮廓线　表面交线　积聚性面　曲面　平面　通孔 (a) 图线的含义　(b) 线框的含义 图4-14　视图中图线、线框的含义
利用线框分析各表面的相对位置	视图上一个线框一般情况下表示一个面，若线框内仍有线框，通常表示两个面凹凸不平或通孔，如图4-15所示。若两个线框相连，通常表示两个相邻的面高低不一或相交，如图4-16所示

续表

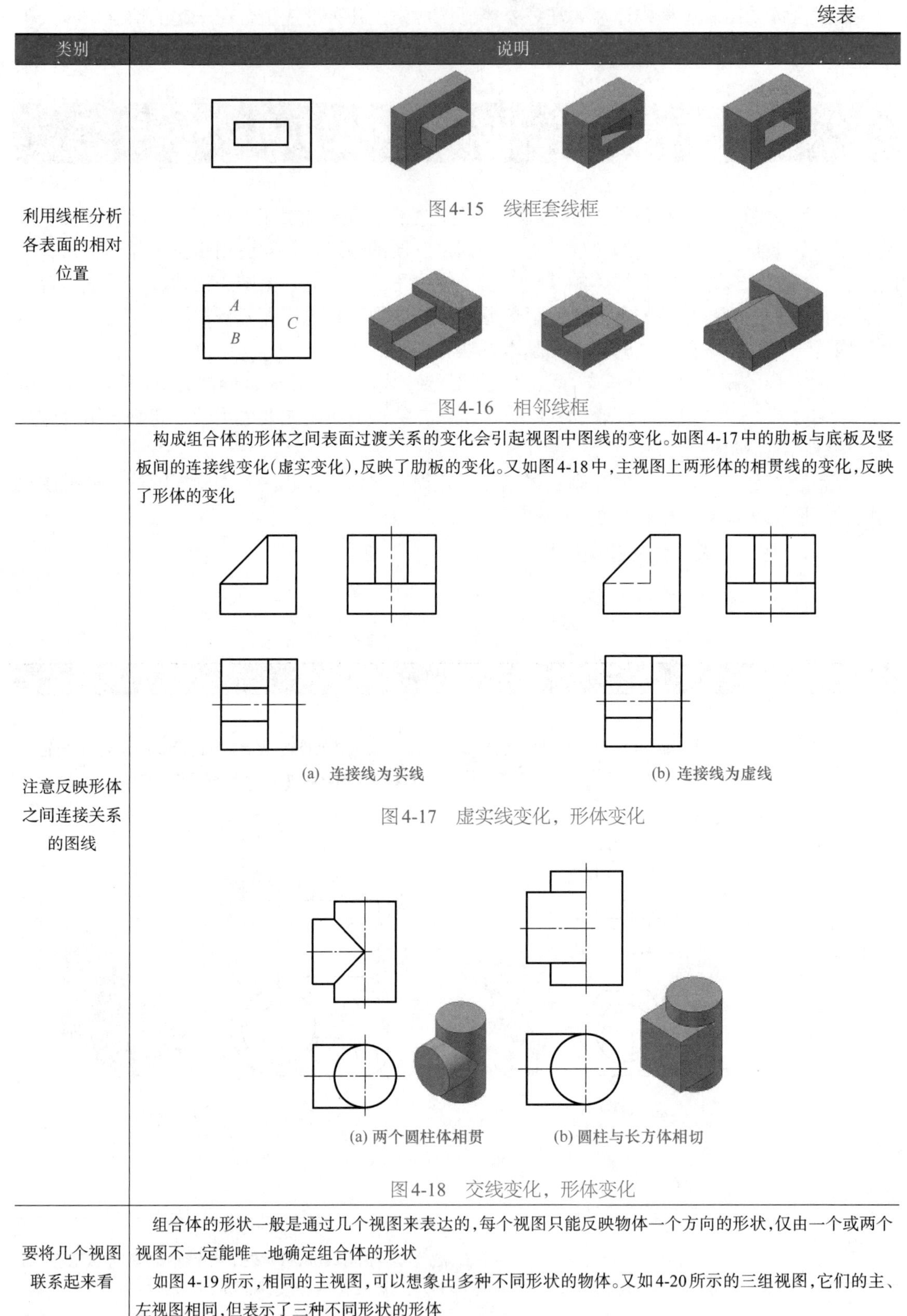

类别	说明
利用线框分析各表面的相对位置	图4-15　线框套线框 图4-16　相邻线框
注意反映形体之间连接关系的图线	构成组合体的形体之间表面过渡关系的变化会引起视图中图线的变化。如图4-17中的肋板与底板及竖板间的连接线变化(虚实变化),反映了肋板的变化。又如图4-18中,主视图上两形体的相贯线的变化,反映了形体的变化 (a) 连接线为实线　(b) 连接线为虚线 图4-17　虚实线变化，形体变化 (a) 两个圆柱体相贯　(b) 圆柱与长方体相切 图4-18　交线变化，形体变化
要将几个视图联系起来看	组合体的形状一般是通过几个视图来表达的,每个视图只能反映物体一个方向的形状,仅由一个或两个视图不一定能唯一地确定组合体的形状 如图4-19所示,相同的主视图,可以想象出多种不同形状的物体。又如4-20所示的三组视图,它们的主、左视图相同,但表示了三种不同形状的形体

续表

类别	说明
要将几个视图联系起来看	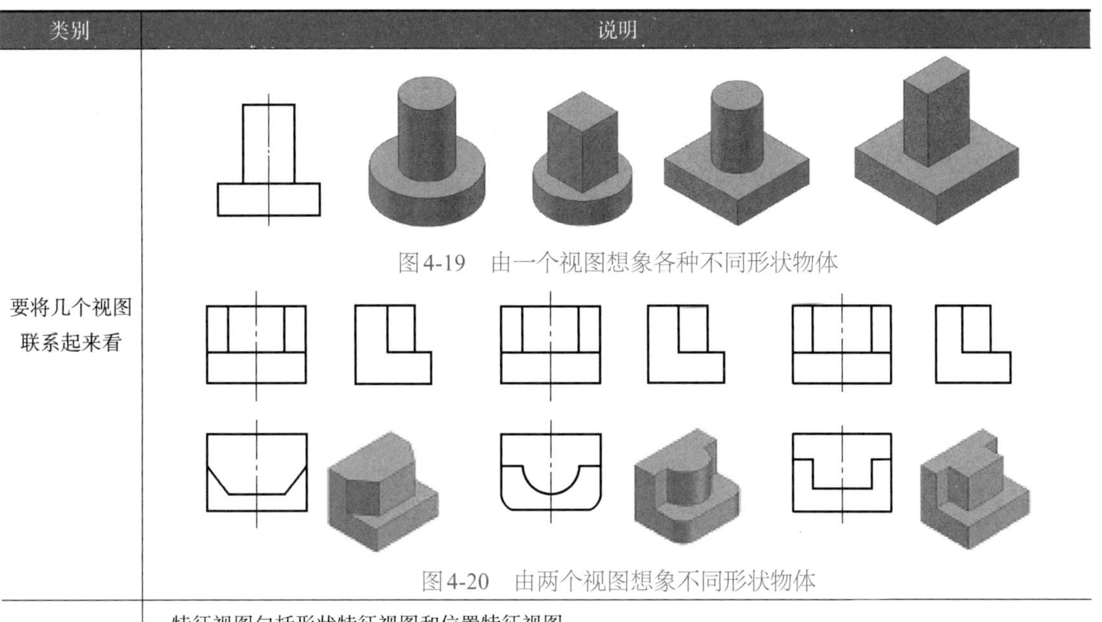 图4-19　由一个视图想象各种不同形状物体 图4-20　由两个视图想象不同形状物体
要善于在视图中捕捉特征视图	特征视图包括形状特征视图和位置特征视图 ①形状特征视图。指最能表达物体的形状特征的视图，如图4-20中的俯视图表达了物体的形状特征 ②位置特征视图。指能清晰地表达构成组合体的各形体之间的相对位置关系的视图，如图4-21中左视图清晰地表达了形体间的位置特征 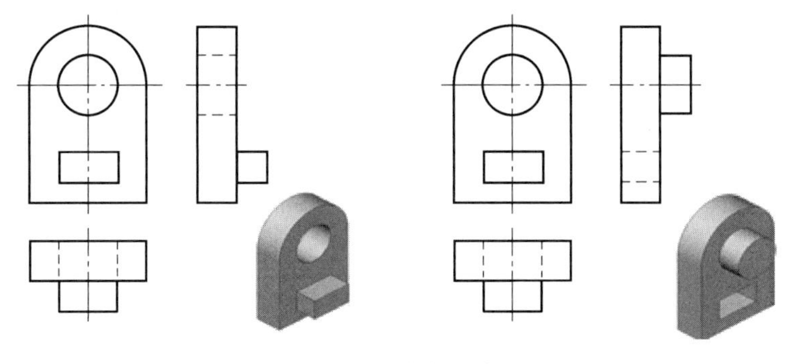 图4-21　左视图为位置特征视图 主视图是最能反映物体形状特征、各部分间相对位置的视图，但是，组合体的每一组成部分的形体特征并不一定都集中在主视图上，读图时要善于在视图中捕捉特征视图来构思物体的形状 如图4-22(a)所示，主视图反映了该形体的形状为L形；俯视图反映了底板的形体特征；左视图反映了竖板的形体特征。经过这样的构思与分析，从而想象出该形体的形状 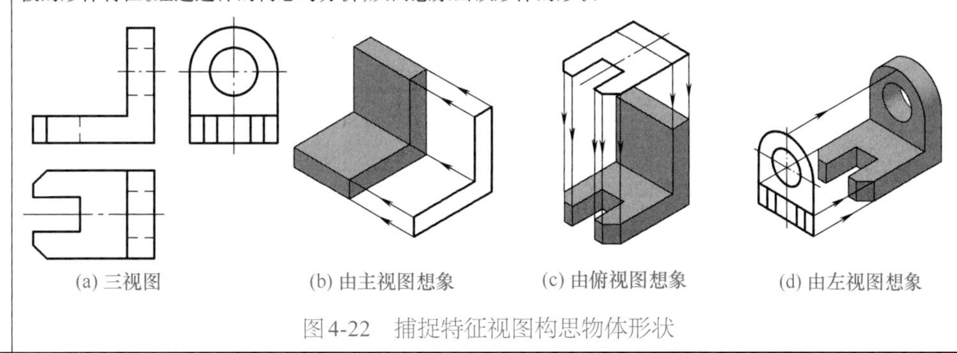 (a) 三视图　(b) 由主视图想象　(c) 由俯视图想象　(d) 由左视图想象 图4-22　捕捉特征视图构思物体形状

续表

类别	说明
要善于构思空间形体	读图的思维过程是从一个视图假设出满足该视图的可能的立体形状，再判断该立体是否满足所给的其他视图，若满足则正确，若不满足则返回去再假设，直到完全满足为止 如图4-23所示，由主视图可想象出该立体形状可能是圆锥或三棱柱，但都不满足俯视图；再假设该形体为圆柱被两个正垂面切割，则主视图和俯视图都满足了，因此该形体为圆柱被切割而形成的楔形体 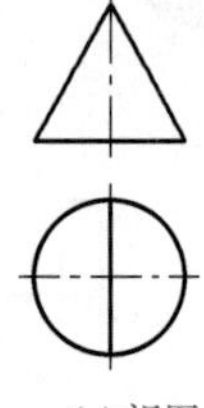 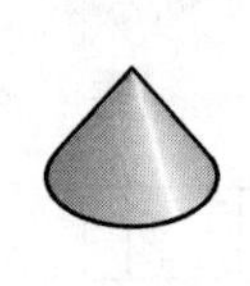 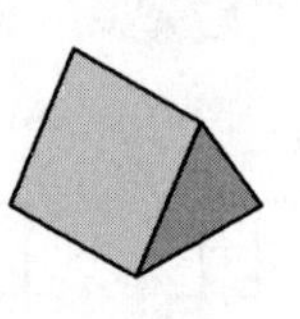 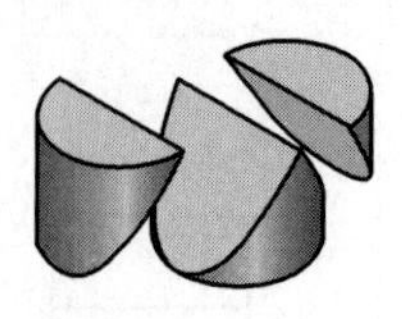 (a) 视图　(b) 假设、再假设　(c) 满足所给视图 图4-23　读图的思维过程

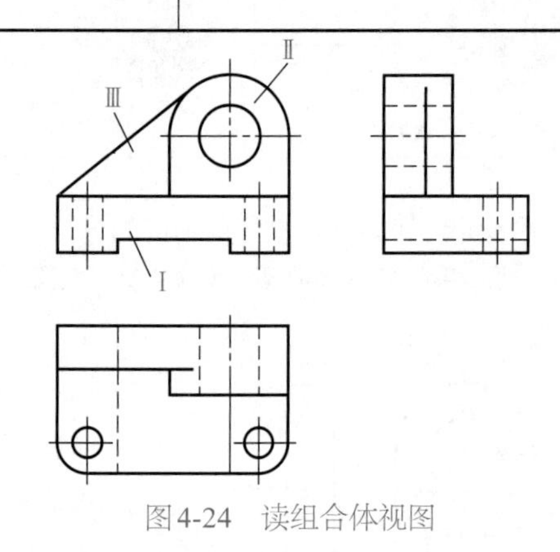

图4-24　读组合体视图

二、组合体读图的基本方法

读组合体视图的基本方法仍是以形体分析法为主，线面分析法为辅。读图时要注意：先主后次，先易后难，先局部后整体。

(1) 形体分析法

下面以图4-24所示的组合体三视图为例，说明用形体分析法读图的方法与步骤。

① 看视图，分线框。将主视图分解为三个封闭线框Ⅰ、Ⅱ和Ⅲ，如图4-24所示。

② 对投影，识形体。对照三视图，想象出各个线框所对应的形体的形状。如图4-25 (a)、

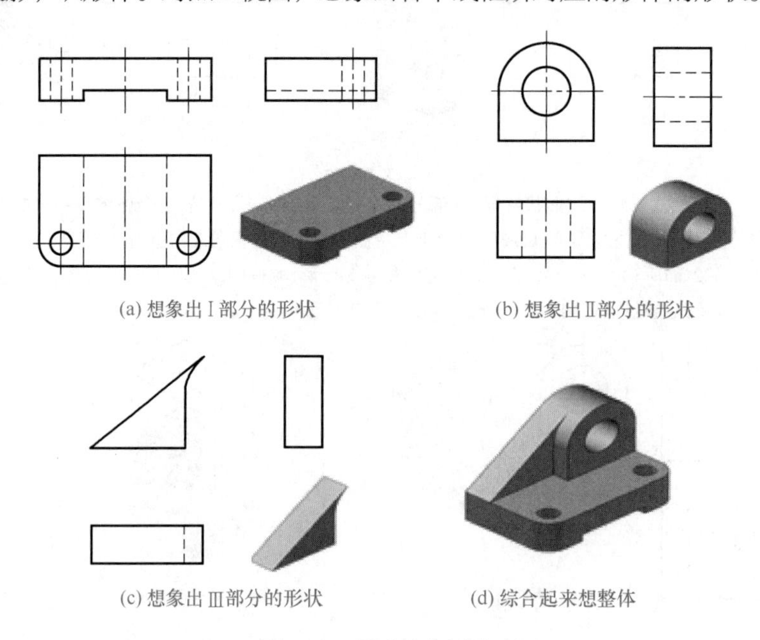
(a) 想象出Ⅰ部分的形状　(b) 想象出Ⅱ部分的形状

(c) 想象出Ⅲ部分的形状　(d) 综合起来想整体

图4-25　用形体分析法读图

(b)、(c) 所示。

③ 综合起来想整体。形体Ⅱ、Ⅲ与形体Ⅰ叠加，并且Ⅰ、Ⅱ和Ⅲ在后表面共面；Ⅰ和Ⅱ在右表面共面，形体Ⅲ与Ⅱ相切。整体形状如图4-25 (d) 所示。

例1：如图4-26所示，已知组合体的主、俯视图，想象出它的形状，补画左视图。

① 看视图、分线框。该形体以叠加式为主。将主视图分解为三个封闭线框Ⅰ、Ⅱ和Ⅲ，如图4-26所示。

② 对投影，识形体。对照俯视图，想象出各个线框所对应形体的形状，如图4-27 (a)、(b)、(c) 所示。

③ 综合起来想整体。形体Ⅱ与形体Ⅰ叠加，并且在后表面共面；形体Ⅲ对称地分布在形体Ⅰ两侧，且与形体Ⅰ相交，整体形状如图4-27 (d) 所示。

④ 画左视图。依次逐个画出各部分的左视图，最后按照各形体的组合方式，表面连接关系检查、校核并加深图线，完成作图。其作图过程如图4-28所示。

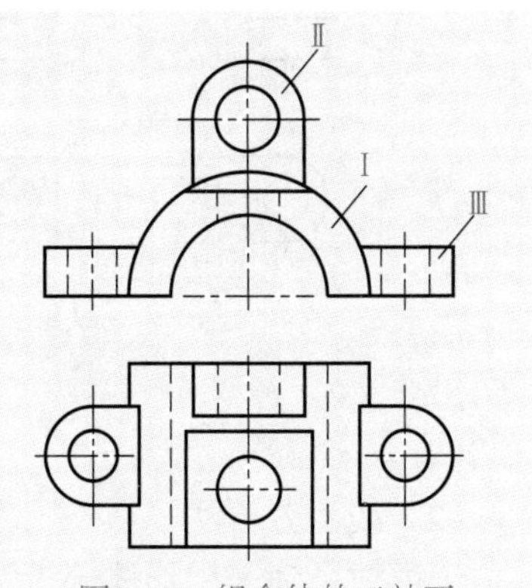

图4-26 组合体的二补三

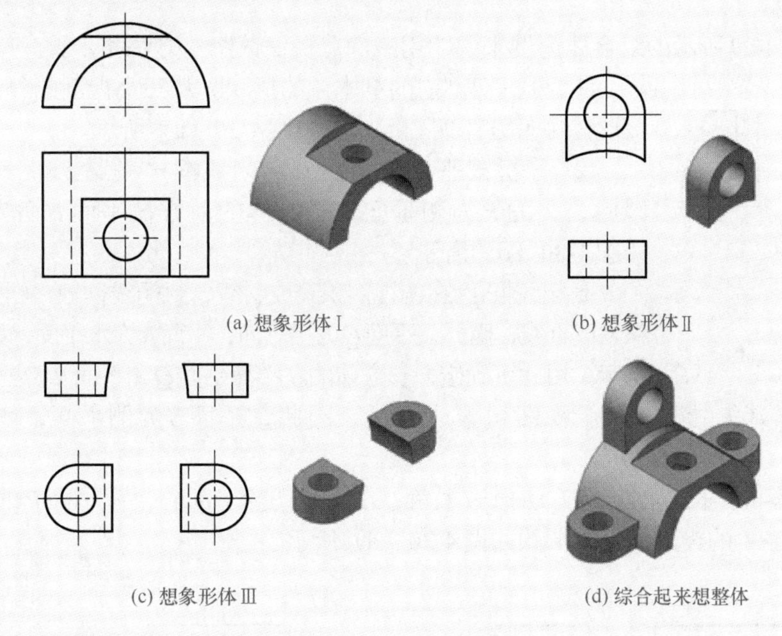

图4-27 读已知视图

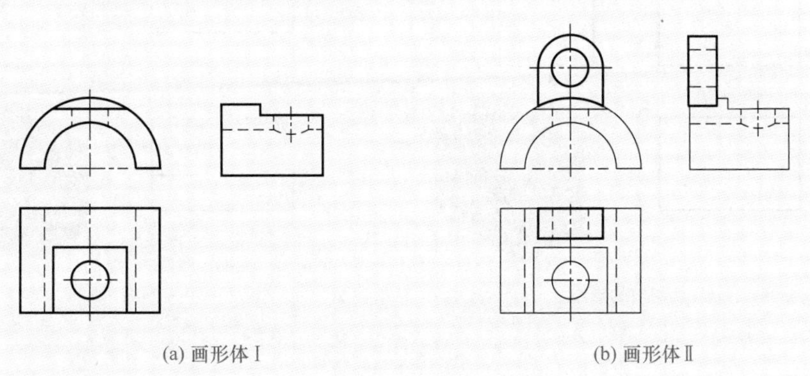

图4-28

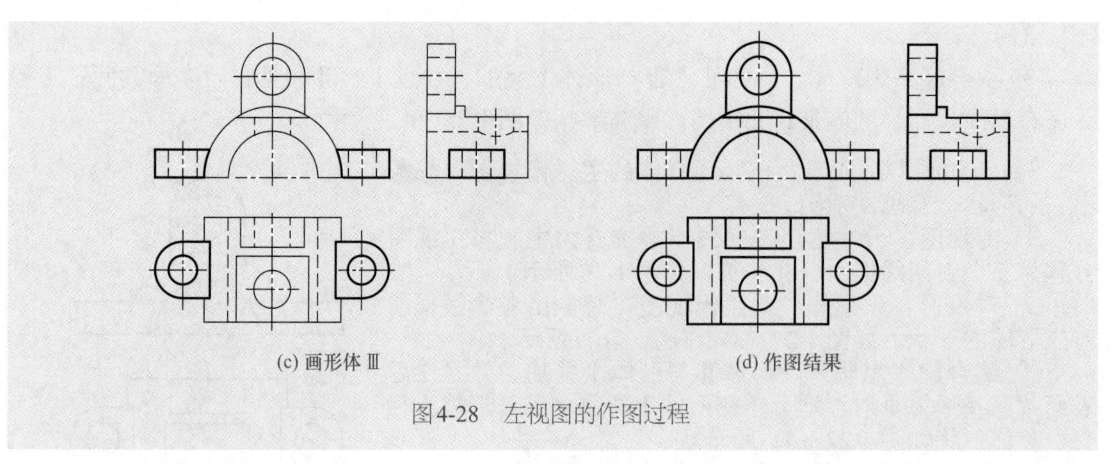

图4-28　左视图的作图过程

（2）线面分析法

读图时，在采用形体分析法的基础上，对局部较难看懂的地方，常常运用线面分析法来帮助读图。

下面以图4-29所示的组合体为例来说明用线面分析法读图的方法和步骤。

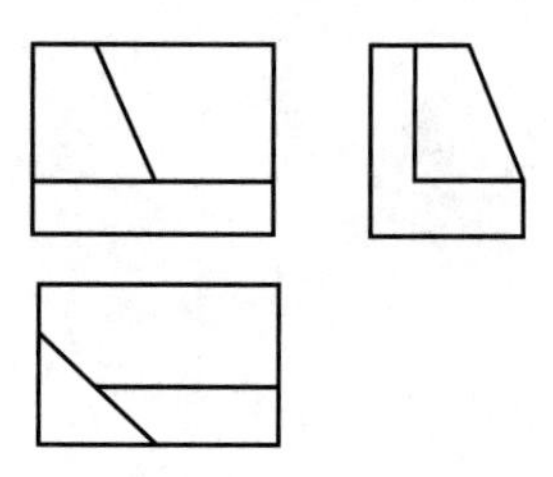
图4-29　组合体

① 分析切割前的基本体的形状。从三个视图的外部轮廓可知，该形体由长方体切割而成，如图4-30（a）所示。

② 分析截平面的位置。封闭线框p'在左视图积聚成斜线，因此，平面P为侧垂面，长方体的前方被平面P切去了一部分，如图4-30（b）所示。

封闭线框q'在俯视图积聚成斜线，封闭线框r在主视图和左视图积聚成直线，因此，平面Q为铅垂面，平面R为水平面，如图4-30（c）所示。由此可确定，长方体的左端被平面Q和平面R切去了一部分。

封闭线框s''在主视图和俯视图积聚成直线，因此，平面S为侧平面，如图4-30（d）所示。

③ 综合分析。长方体前上方切掉一个角，左上方切掉一部分，截平面P的形状也发生变化，最后检查P的投影，整体形状如图4-30（d）所示。

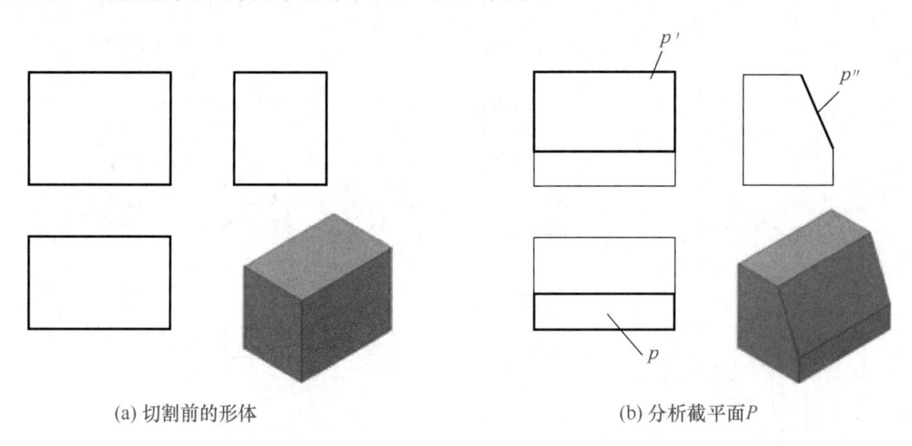

图4-30

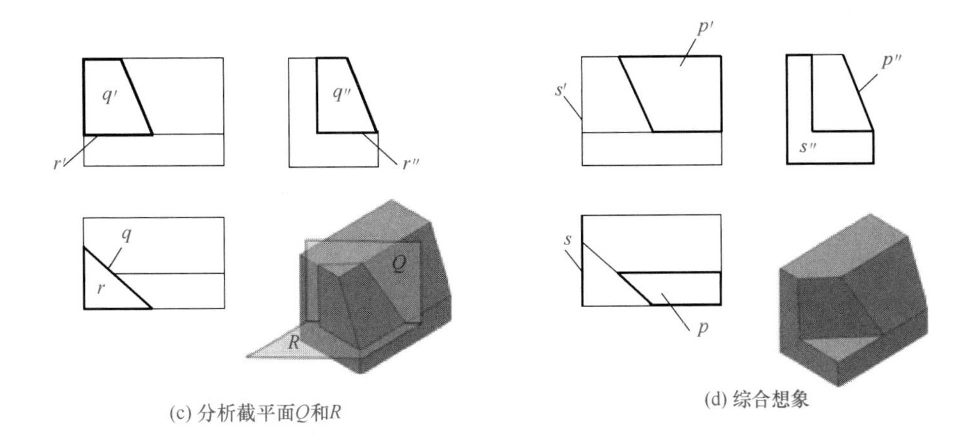

(c) 分析截平面Q和R

(d) 综合想象

图4-30 用线面分析法读图

例2：如图4-31所示，已知组合体的主视图和俯视图，求作左视图。

① 读懂已知视图，想象出形体形状。从主视图和俯视图的外部轮廓可知，该形体由长方体切割而成。长方体的左上角被正垂面P切去了一部分，如图4-32（b）所示。

俯视图后面有一方形缺口，对应主视图两条虚线，说明后面挖了一个方槽。如图4-32（c）所示。

封闭线框q' 在俯视图积聚成直线，封闭线框r在主视图积聚成直线，由此确定长方体的右前方被平面Q和R切去了一部分。整体形状如图4-32（d）所示。

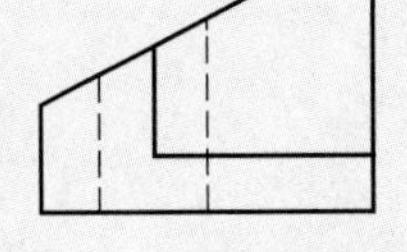

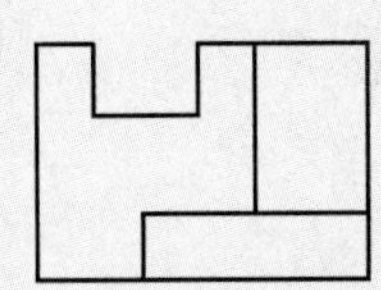

图4-31 题图

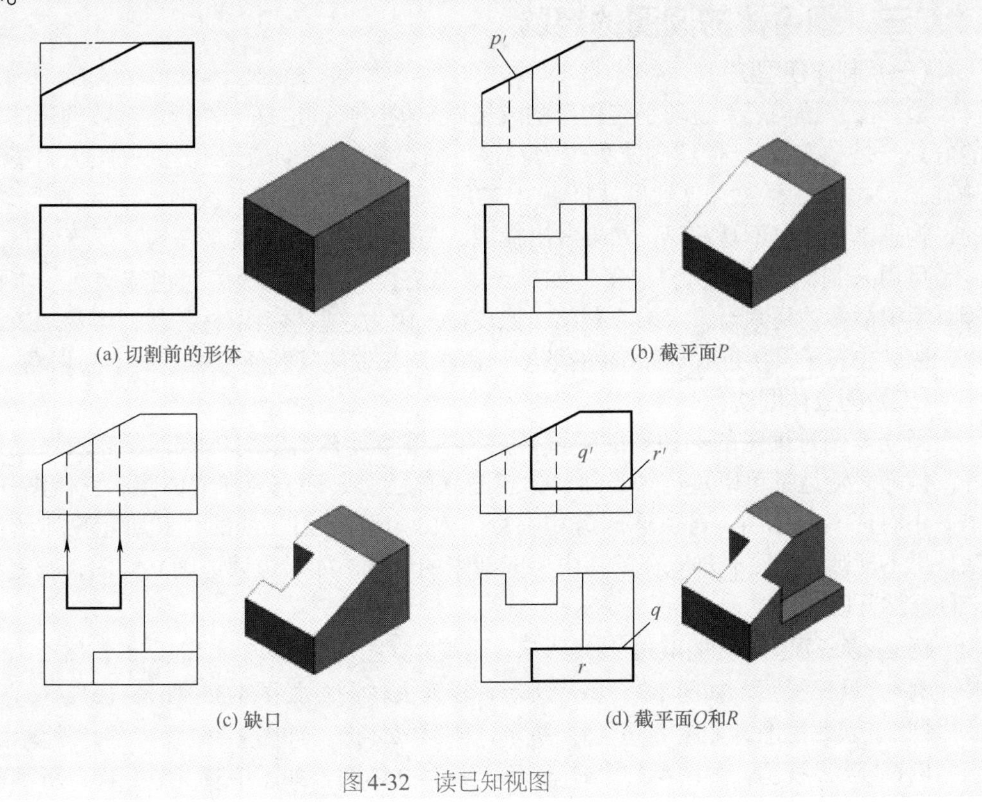

(a) 切割前的形体

(b) 截平面P

(c) 缺口

(d) 截平面Q和R

图4-32 读已知视图

② 画左视图。按顺序画出长方体被切去各块后的左视图，并分析P面的投影特性。作图过程如图4-33所示。

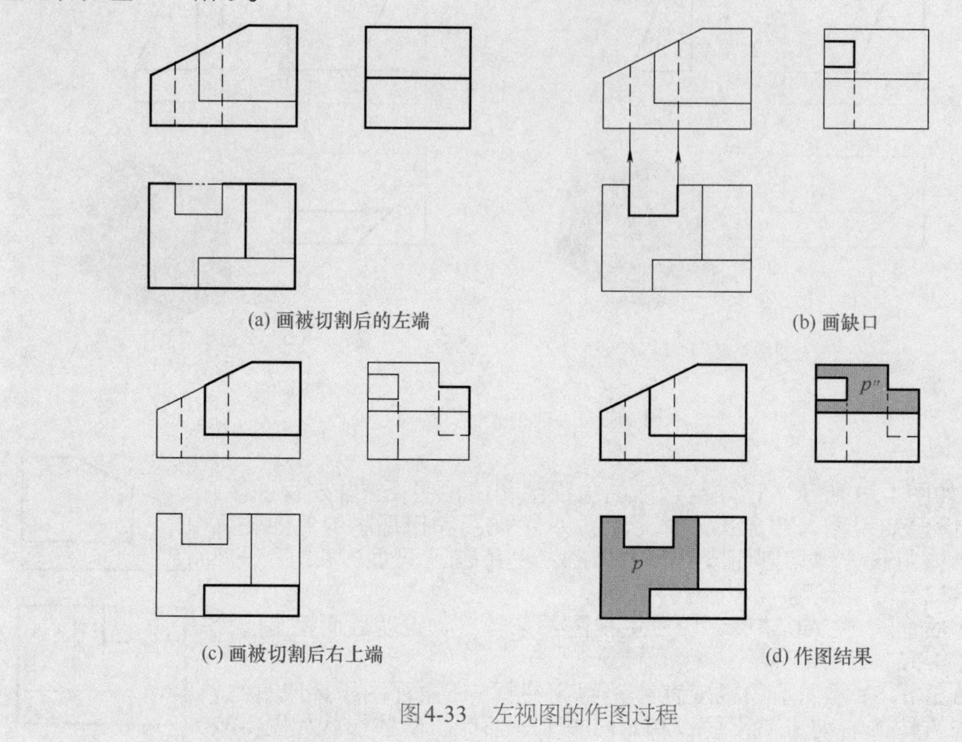

图4-33　左视图的作图过程

三、组合体的读图的经验

（一）制作模型法

边读图，边构思，边动手将构思的成果做出模型来，这是一种行之有效的读图方法。它的好处一是"实在"，使读图成果成为看得见摸得着的实体，读懂多少就能巩固多少。在此基础上，再读，再做，直到解决问题；二是容易纠正错误，读图时，产生的形象是"虚"的，构思错了，也不易发现，如果做出模型，与图对照，容易发现差错，便于修正。

可用来制作模型的材料很多，如黏土、橡皮泥、水果、蔬菜、泡沫塑料、木材、金属等。用得最多的是黏土、水果、蔬菜、橡皮泥。因为这些材料取材方便，容易加工。若用黏土，应剔去石子，掺进10%~20%的细沙，用水调和致使其既便于雕刻又不易坍塌。

（二）画立体图法

画立体图是读图的一种辅助手段，它和做模型具有相似的功能，虽然效果不如做模型好，但随时随地都可以进行。当然，你想画立体图，必须先会画立体图。立体图并不难画，本书中有许多立体图，可供你琢磨和临摹仿效。下面几组三视图，其所示物体结构并不复杂，但不规则，读图时难以在脑海中形成清晰的形象，如果边读边画立体图，画完后会产生一种豁然开朗的感觉。

例3：读三视图，如图4-34（a）所示，画其立体图，如图4-34（b）、（c）、（d）、（e）所示。

例4：读三视图，如图4-35（a）所示，画其立体图，如图4-35（b）、（c）、（d）所示。

例5：读三视图，如图4-36（a）所示，画其立体图，如图4-36（b）、（c）所示。

例6：读三视图，如图4-37（a）所示，画其立体图，如图4-37（b）、（c）所示。

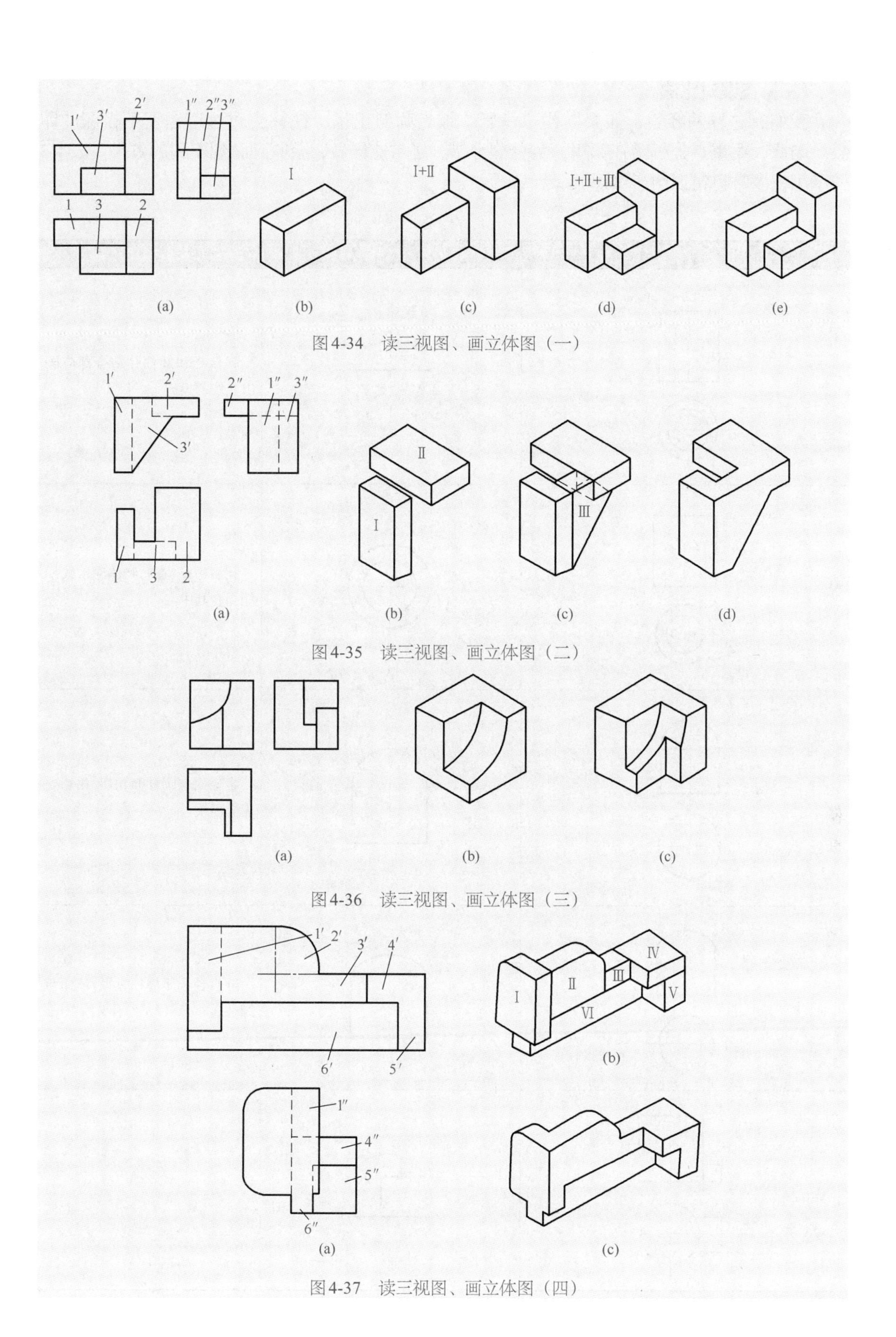

图4-34　读三视图、画立体图（一）

图4-35　读三视图、画立体图（二）

图4-36　读三视图、画立体图（三）

图4-37　读三视图、画立体图（四）

（三）正误对比法

我们有这样的经验，如果做错了一题，被老师纠正了，往往会对这道题留下极深的印象。因此，要重点分析错在哪里，为什么会错，经常这样做，会收到意想不到的效果。表4-3列举了许多常见错误图形供识读。

表4-3　常见错误图形

错误图形	正确图形	错误原因
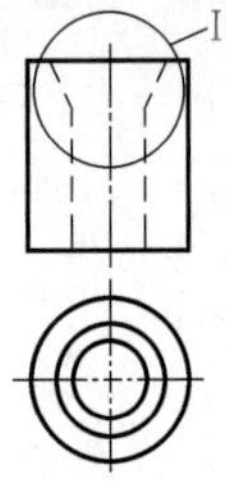 I	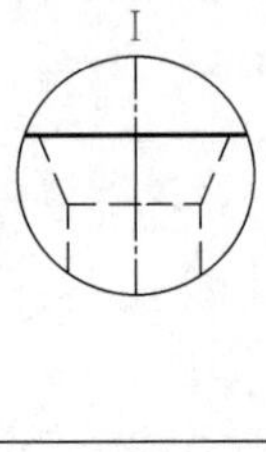 I	圆台孔和圆柱孔结合部应画出交线的投影
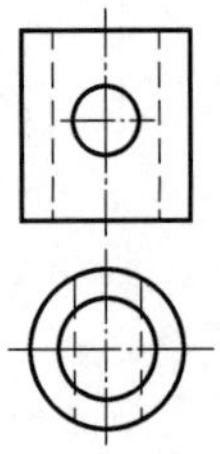	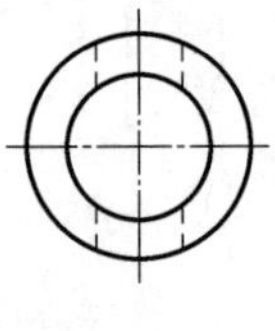	孔洞中是空的，物体轮廓线不能画在其中
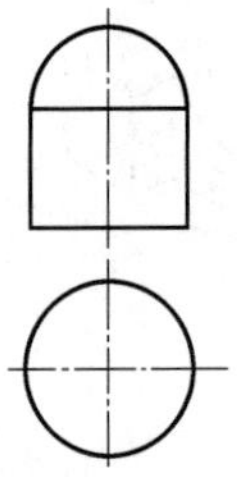	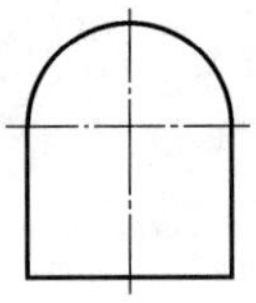	半球面与圆柱面相切，相切处无分界线
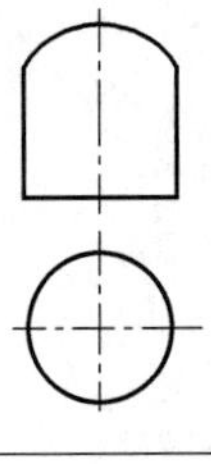	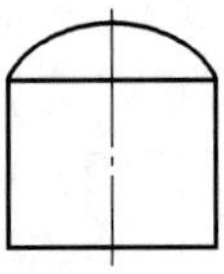	球直径大于圆柱直径，球面与圆柱面相交，相交处有交线
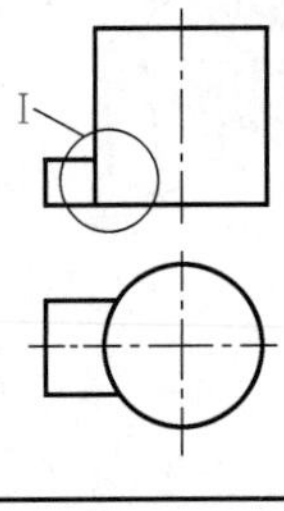 I	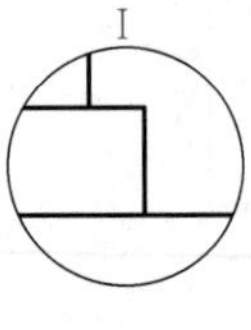 I	—

续表

错误图形	正确图形	错误原因
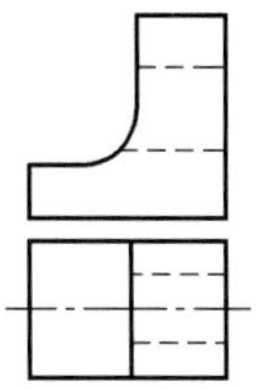	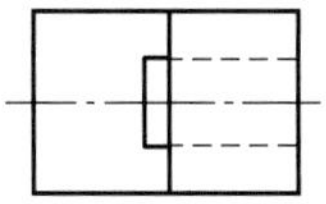	—
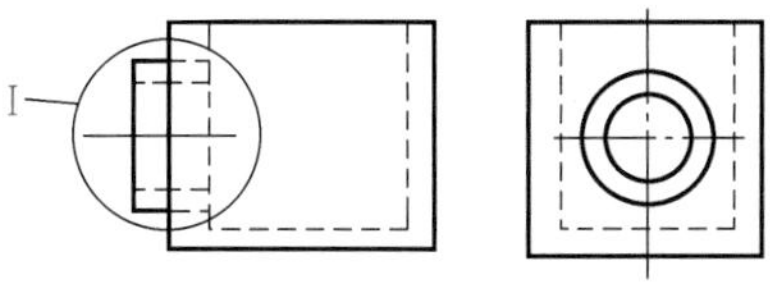 I	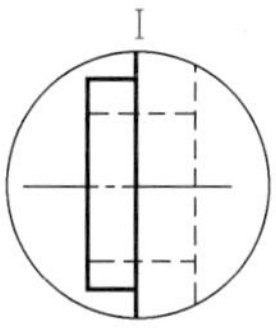 I	—
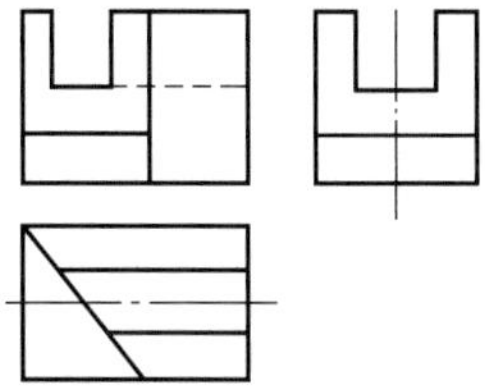	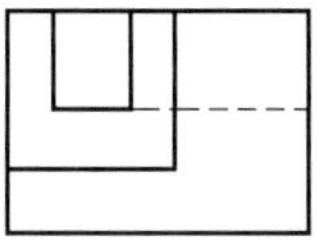	—
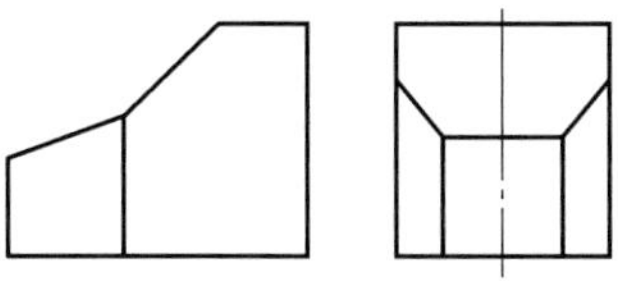	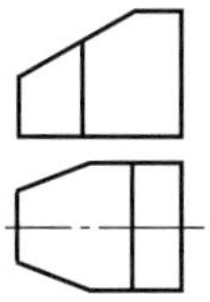	—
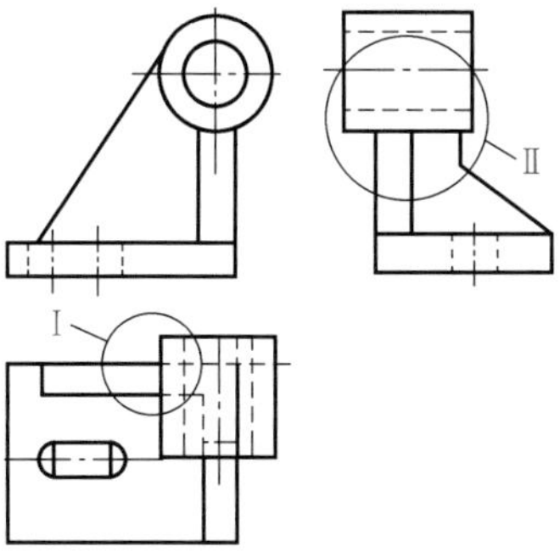 I II	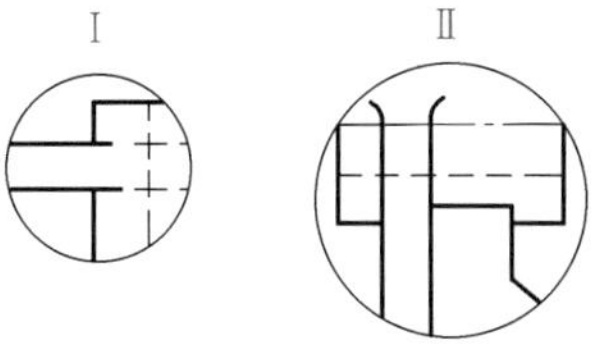 I II	—

（四）泥芯法

许多机件的孔槽结构形状并不复杂，但其视图却不易读懂，如果设想用泥土将孔槽空腔填实，再“捣碎”外壳，拿出泥芯，泥芯的结构形状和孔槽完全相同，而泥芯的视图就可能容易读懂了。或者设想在孔中塞一木棒，使孔槽具有实感，也可能使读图容易些。泥芯法图例见表4-4。

表4-4　泥芯法图例

孔槽结构图形	泥芯结构图形	说明
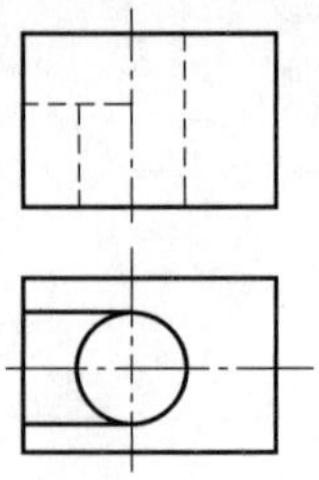	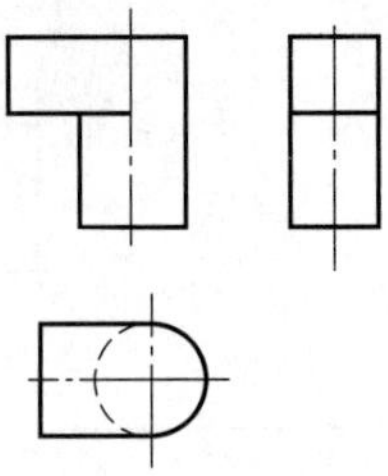	—
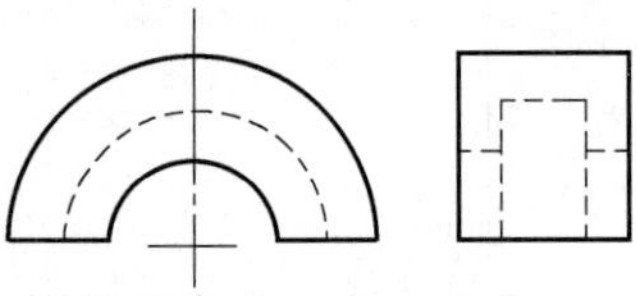		—
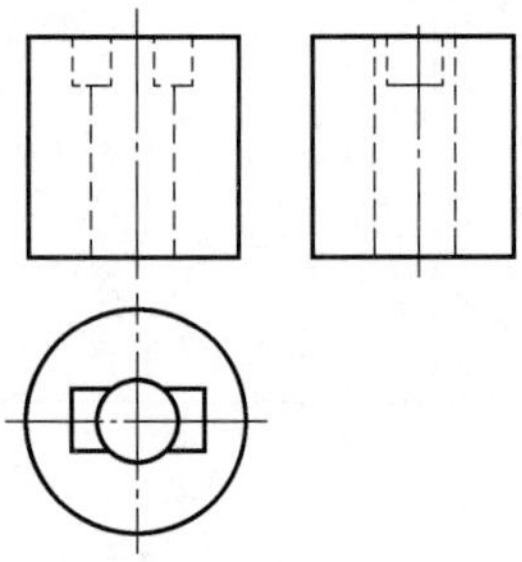	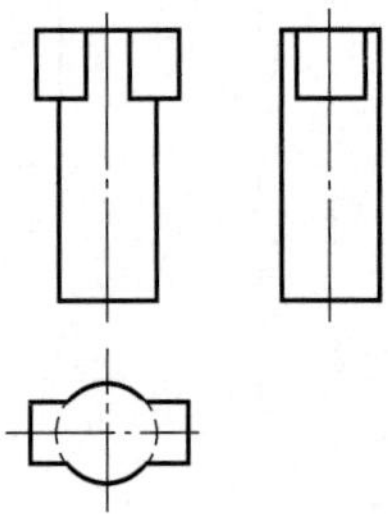	—
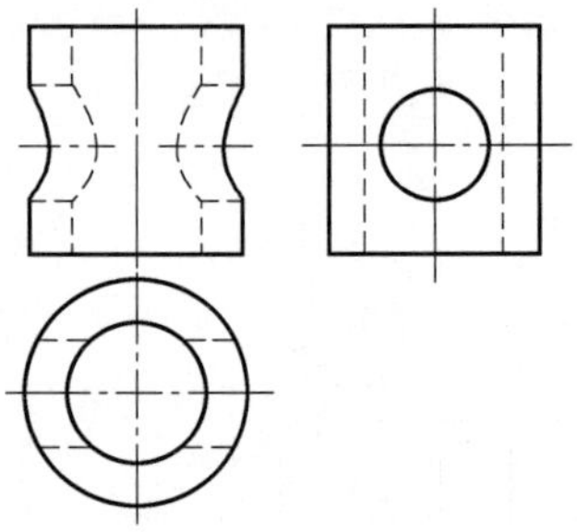	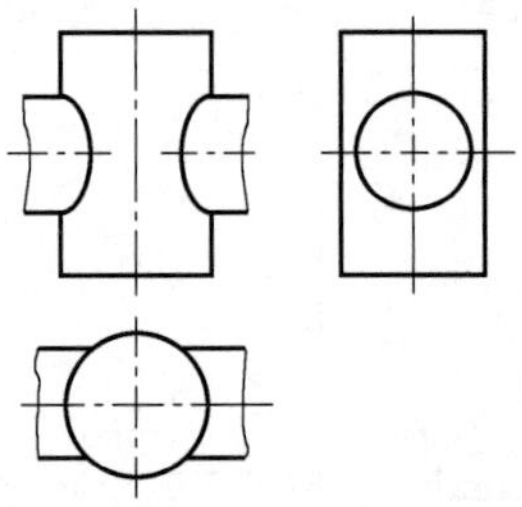	波浪线表示假想断裂处边界线
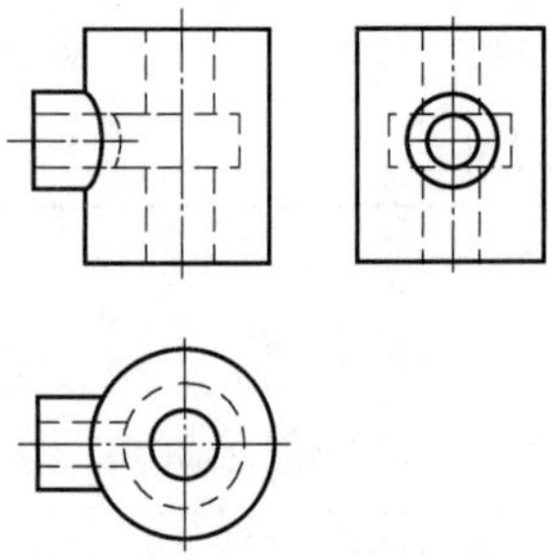	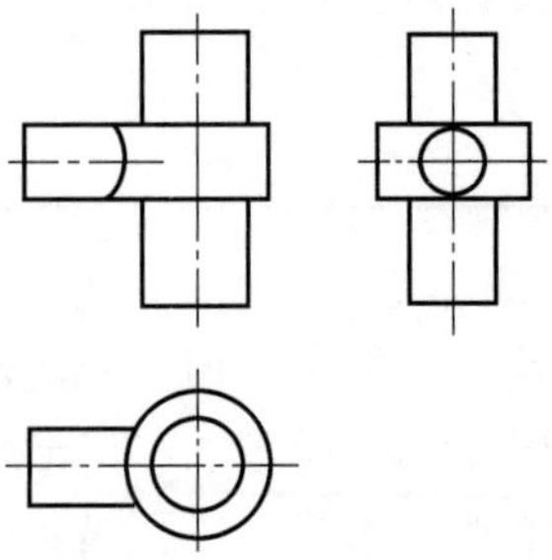	—

续表

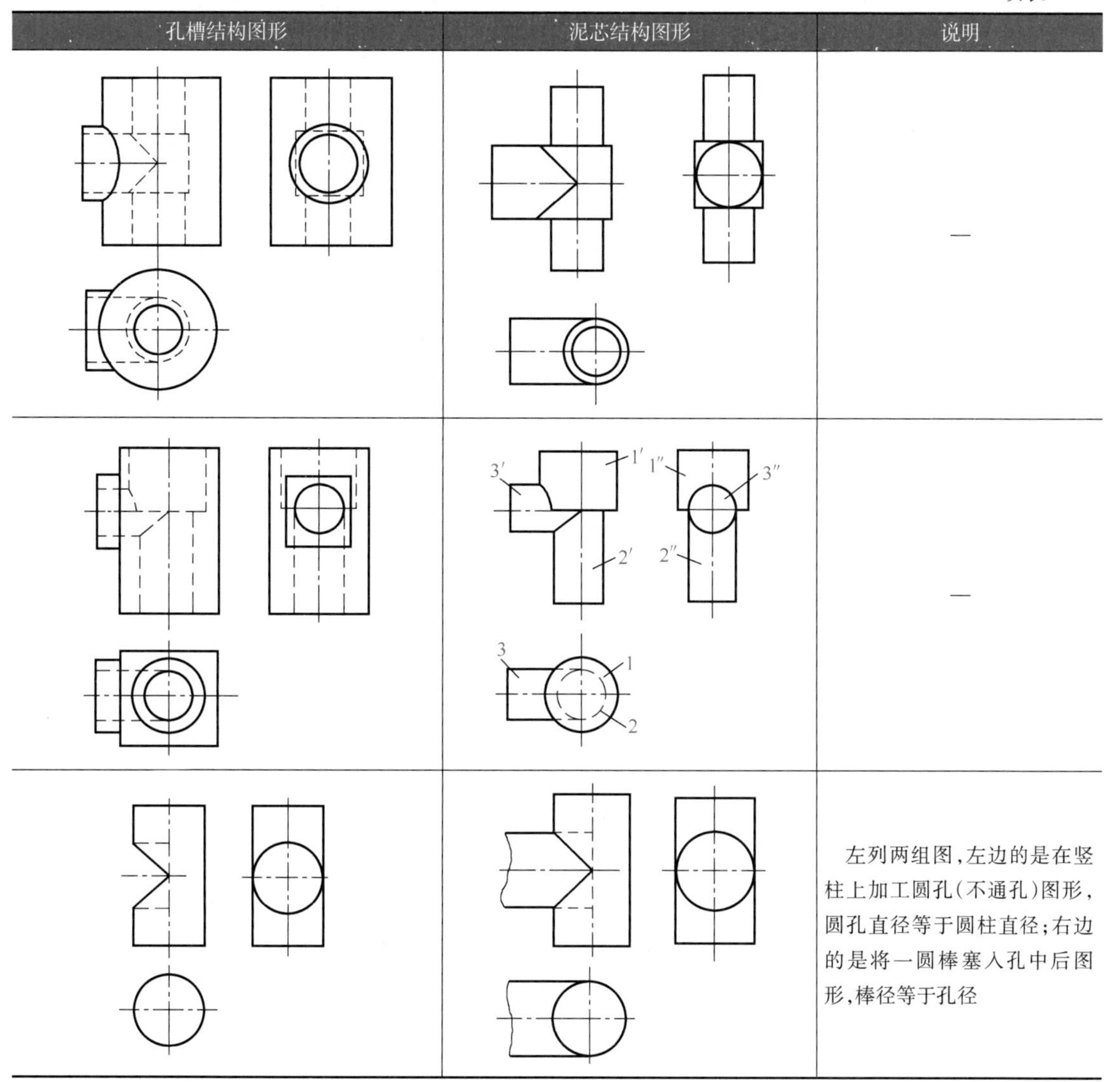

孔槽结构图形	泥芯结构图形	说明
		—
		—
		左列两组图，左边的是在竖柱上加工圆孔（不通孔）图形，圆孔直径等于圆柱直径；右边的是将一圆棒塞入孔中后图形，棒径等于孔径

类似上表中的图形，不胜枚举，许多制图习题集中有这样的习题，读者可去找来研究，以提高读图能力。

（五）加画视图法

根据物体已有视图加画视图，是深化读图的一种综合练习。只有在已有视图完全确定了物体的形状结构的条件下，才能加画物体的视图。通常情况下，一个视图不能确定物体的形状结构，要有两个和两个以上的视图才行。只有大致读懂了已有视图才能加画视图，在加画视图过程中，求得彻底读懂。所以加画视图，既可作为自测的手段，又可提高读图能力。研究加画视图是从读图的角度出发的，并不是原有视图不够，需要我们补充。

（1）对叠加式组合体可用形体分析法加画视图

例7：根据图4-38（a）、（b）所示组合体（叠加式为主）的主、俯视图加画左视图。其步骤如下。

① 先将已有视图大致读懂，了解此组合体由三部分组成：左为圆筒（附一个凸台），右为平板，中间为连接板。

② 分别画各组成部分的左视图。最好是顺着投射方向（物体左→物体右）画，先触及视线的先画，被遮住的后画。先画圆筒和凸台的左视图，再画平板和连接板的左视图，被遮住的轮廓线用细虚线表示，如图4-38（c）、（d）、（e）所示，合成后如图4-38（f）所示。通过加画视图，读图必会更深入、更细致。

③ 检查图形有无错漏，特别是在各组成部分的结合部容易出错。例如连接板和圆筒相切处不能画分界线，如果只是呆板地将各组成部分视图“堆”在一起，就会出错。

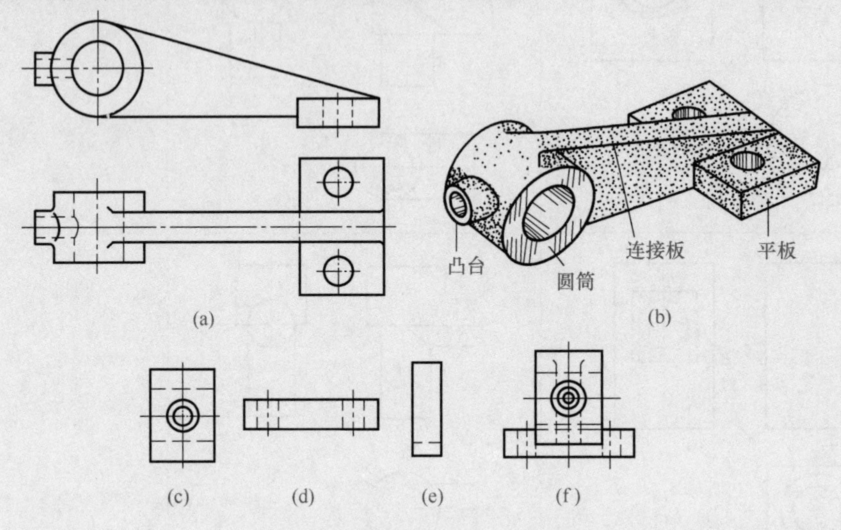

图4-38　用形体分析法加画视图（一）

例8：根据图4-39（a）、（b）所示组合体的主、俯两图，加画左视图，其步骤如下：

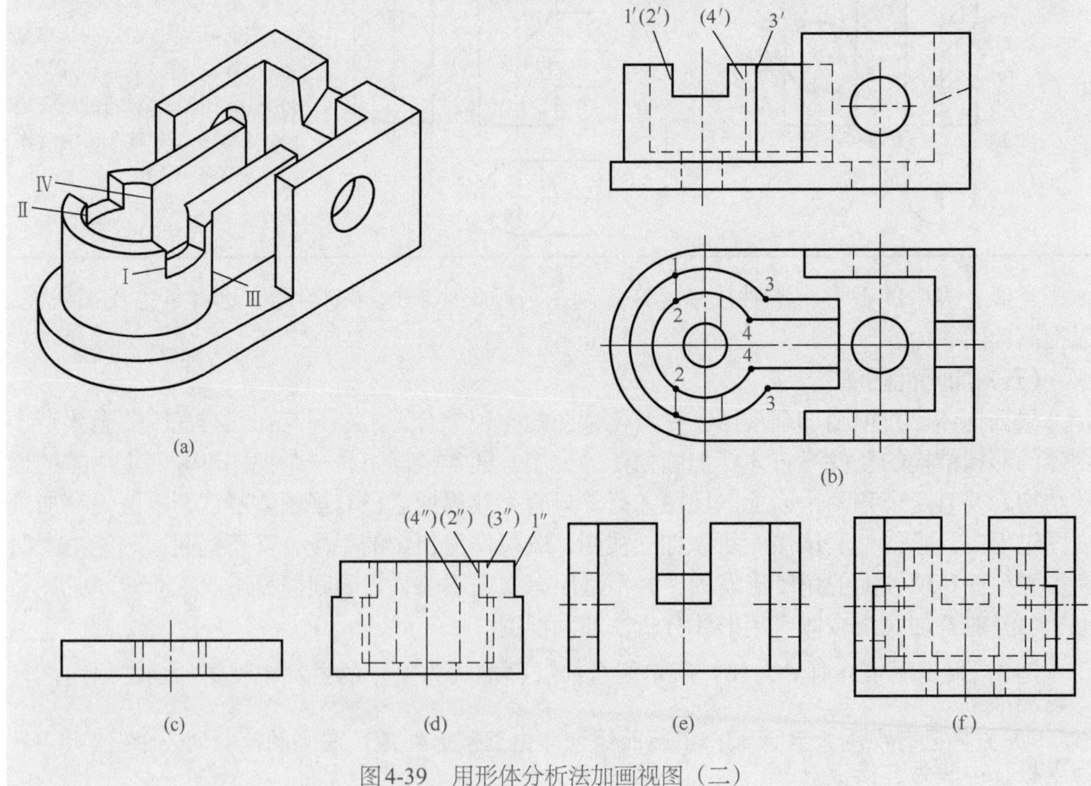

图4-39　用形体分析法加画视图（二）

① 先将已有视图大致读懂。此组合体由三部分组成：底板，开口圆筒（在底板上面左侧），开口板框（在底板上面右侧）。

② 分别画各组成部分的左视图。先画底板的左视图，如图4-39（c）所示。再画开口圆筒的左视图，此图较复杂一点，请特别注意图中标明的直线Ⅰ、Ⅱ、Ⅲ、Ⅳ的投影位置和长度，如图4-9（d）所示。最后画开口板框的左视图，如图4-39（e）所示。以上三部分的左视图合成起来就是图4-39（f），即整个组合体的左视图。

③ 检查图形有无错漏。

虽然这两个示例都是加画左视图，但实际应用中，什么方向的视图都可以加画。

（2）对切割式组合体可用线面分析法加画视图

例9：根据图4-40（a）、（b）所示组合体（切割式）的主、左视图加画俯视图。其步骤如下。

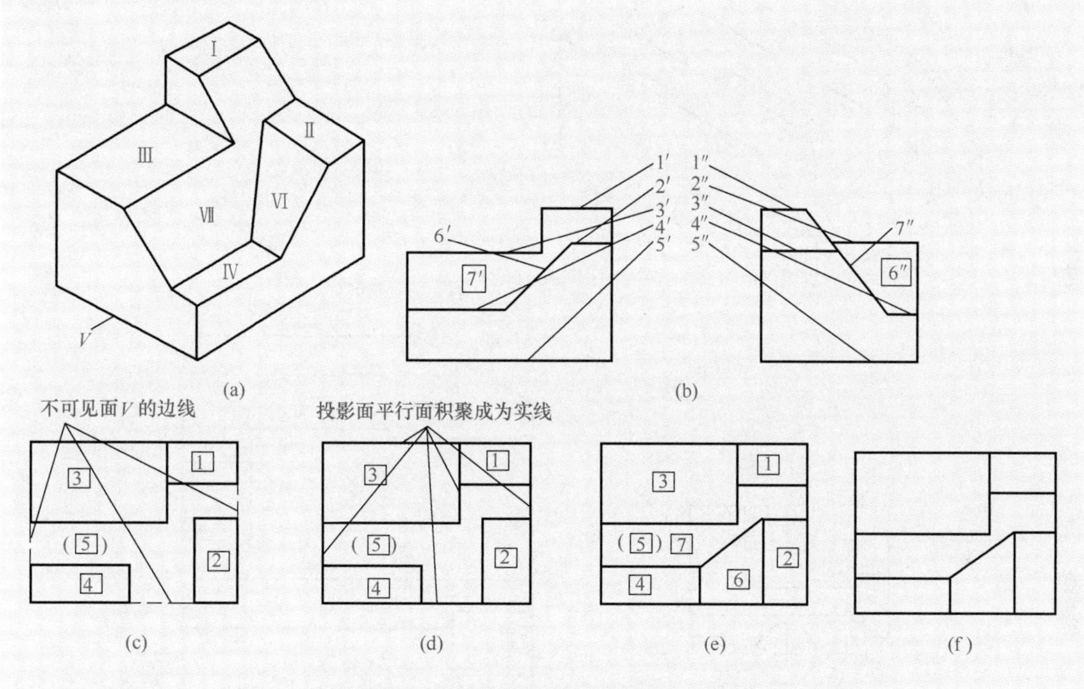

图4-40 用线面分析法加画视图（一）

① 先将已有视图大致读懂，并对组合体表面的各种平面形和线段的性质作分析。

② 画出组合体在所加画的视图中显实形的平面形。例如图4-40（a）中的水平面Ⅰ、Ⅱ、Ⅲ、Ⅳ、Ⅴ在俯视图中显实形，可先画它们。画它们时可顺着投射方向由高而低逐层画出，被遮住的轮廓线用虚线表示，如图4-40（c）所示。

③ 画出组合体表面上所有的投影面平行面和投影面垂直线。图4-40（a）所示物体上的正平面和侧平面在俯视图中都积聚成水平面的边线，投影面垂直线在俯视中也成了水平面的边线或顶点，如图4-40（d）所示。因此，此例中画水平面的同时就画出了许多投影面平行面和投影面垂直线。

④ 画出所有投影面垂直面和投影面平行线。此例中有两条斜线6′和7″，利用尺寸联系都能找到对应线框[6″]和[7′]，线框[7′]为八边形，斜线7″和线框[7′]如果是侧垂面的两个投影，则俯视图中必有一类似形线框与它们对应，而将线框[2]、[4]的两顶点连成直线，就形成了线框[7]，线框[7]与[7′]形状类似，而且尺寸对正，因此，线框[7]、[7′]和线段7″同为侧垂面Ⅶ的投影，如图4-40（e）所示。画出线框[7]的同时，线框[6]也形成了。线框[6]和[6″]及线段6′同为正垂面Ⅵ的投影。例中的投影面平行线都是平面形的边线，画各平面形在俯

视图中的投影时已顺带画出。此例中共有投影面垂直面两个，投影面平行线四条（侧平线三条，正平线一条）。

⑤ 画出组合体上所有一般位置平面形和一般位置直线段。这种平面形和直线段在机件上是较少的。此例中就没有一般位置平面形，只有一条一般位置直线段，它就是面Ⅵ和面Ⅶ的共有边，已经画出。

⑥ 画出曲面的投影，画出各种截交线和相贯线的投影。此例无曲面，故省略。

⑦ 检查图形有无错漏。

例10：根据图4-41（a）、（b）所示组合体（混合式，主要部分是切割式）的主、左视图加画俯视图。其步骤如下。

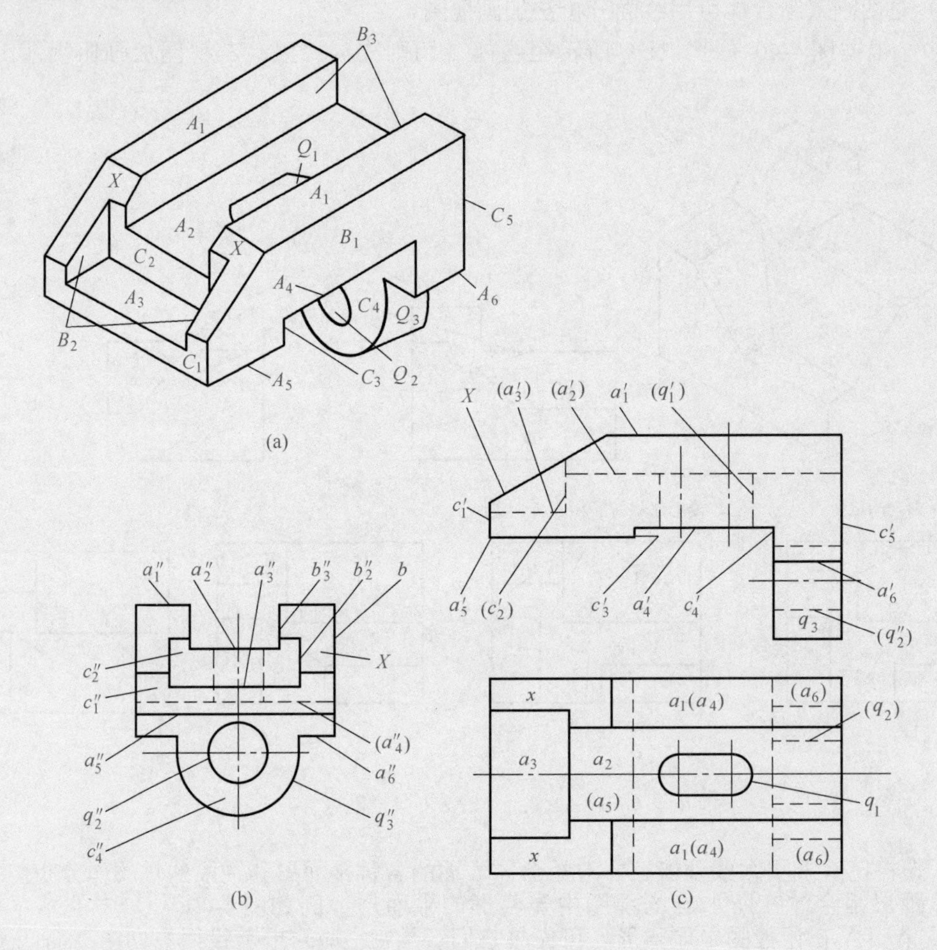

图4-41　用线面分析法加画视图（二）

① 先将已有视图大致读懂，并对组合体表面的各种平面形和线段的性质做分析。如图4-41（a）所示组合体表面上的各种平面形的性质和形状见表4-5。在表中，水平面的名称一律以字母A表示，正平面以B表示，侧平面以C表示，正垂面（斜面）以X表示，曲面（圆柱面、圆孔、长圆孔）以Q表示。它们的下角标数字表示按投射方向的层次，例如A_1面高于A_2面等。

② 按组合体的总长和总宽画出俯视方框，在此方框内画出A_1、A_2、A_3、A_4、A_5、A_6在俯视中的投影a_1、a_2、a_3、a_4、a_5、a_6，它们都显实形。被遮住的a_4、a_5、a_6用细虚线表示。这些投影都必须与主、左视图中的对应投影保持长对正和宽相等的联系，如图4-41（c）所示。

③ 画组合体表面的其余各面在俯视图中的投影。在第二步完成后，俯视图基本上也就

画完了，其他的平面和曲面或者与这些水平面重影，或者成了它们的边线，只剩了斜面的投影x和Q_2（圆柱孔）的投影q_2未画出，斜面（正垂面）在俯视中的投影x和a_5部分重影，只需将a_5的部分细虚线改为实线就可以了。另外在相应的部位加画两条细虚线表示投影q_2，俯视图即告完成，如图4-41（c）所示。

④ 检查图形有无错漏。

表4-5　组合体线面分析表

<table>
<tr><td rowspan="2">水平面</td><td>名称</td><td>A_1</td><td>A_2</td><td>A_3</td><td>A_4</td><td>A_5</td><td>A_6</td></tr>
<tr><td>形状</td><td></td><td>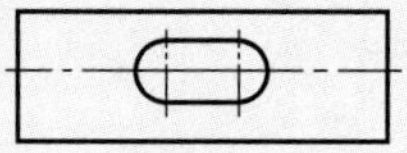</td><td>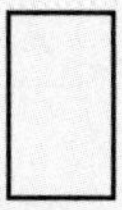</td><td>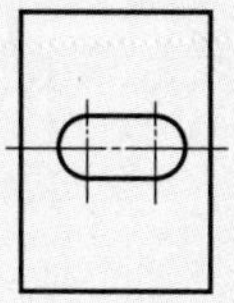</td><td>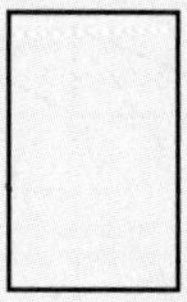</td><td></td></tr>
<tr><td rowspan="2">正平面</td><td>名称</td><td colspan="2">B_1</td><td colspan="2">B_2</td><td colspan="2">B_3</td></tr>
<tr><td>形状</td><td colspan="2">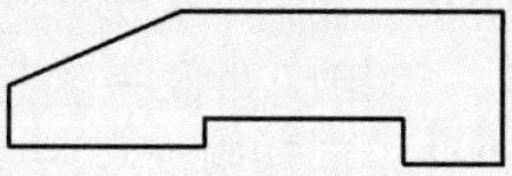</td><td colspan="2"></td><td colspan="2"></td></tr>
<tr><td rowspan="2">侧平面</td><td>名称</td><td>C_1</td><td>C_2</td><td>C_3</td><td>C_4</td><td colspan="2">C_5</td></tr>
<tr><td>形状</td><td></td><td></td><td></td><td>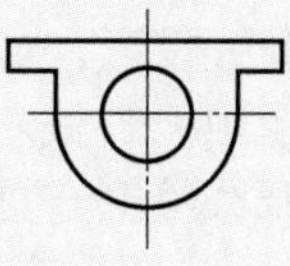</td><td colspan="2">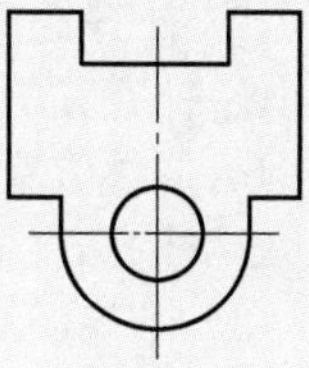</td></tr>
<tr><td rowspan="2">正垂面（斜面）</td><td>名称</td><td colspan="6">X</td></tr>
<tr><td>形状</td><td colspan="6">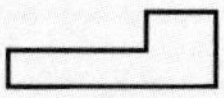</td></tr>
<tr><td rowspan="2">曲面</td><td>名称</td><td colspan="2">Q_1</td><td colspan="2">Q_2</td><td colspan="2">Q_3</td></tr>
<tr><td>形状</td><td colspan="2">长圆孔</td><td colspan="2">圆柱孔</td><td colspan="2">半圆柱面和平面相切</td></tr>
</table>

注：表中省略了组合体上的线段分析。

以上两例，第一例是平面立体，第二例是平面和曲面兼有的立体，在加画视图时，先分析组合体表面上的线面性质，接着画在加画视图中显实形的面的投影，待显实形的面的投影画完，加画的视图往往就基本上完成了。这个方法在加画平面立体视图时很适用，但是在曲面立体中就不大适用。因此，我们必须灵活运用线面分析法。

加画混合式组合体视图，既可用形体分析法，也可用线面分析法。

（六）补视图缺线法

补视图缺线和加画视图具有相同的功能：可以训练想象能力，并可以用作自测手段。补视图缺线也是使用两种方法：形体分析法和线面分析法。补缺线时，有的指明补线范围，例如补相贯线投影或补某一视图缺线；有的不指明补线范围，就是所有视图的缺线都要补。

例11：补齐图4-42（a）、（b）所示组合体的三视图中的缺线。其具体步骤如下。

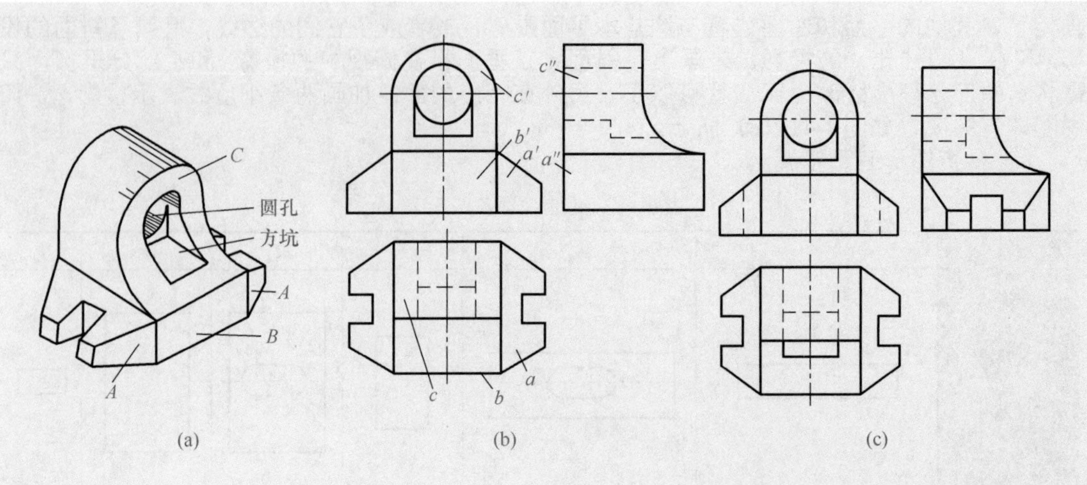

图4-42　补视图缺线

① 形体分析。A为四棱台，中间挖一方槽；B为四棱柱；C为半圆柱和四棱柱叠加，先用刀片（呈正平面）切它一刀，切到圆孔轴线后，再用圆凿挖一弧面，使平面与弧面相切（相切情况在左视中画得最清楚），在此基础上，跨着平面和弧面挖一圆孔，圆孔的轴线呈正垂线。最后在弧面切线以下挖一方坑，方坑的左右侧面与圆柱孔面相切。形体A、B、C都是互相贴接。

② 补齐组成部分A、B、C各自的轮廓线投影。

a. 补齐A的轮廓线投影，如图4-42（c）所示。

b. 形体B在视图中无缺线。

c. 补齐C的轮廓线投影，如图4-42（c）所示。

③ 补齐组成部分结合处交线（相贯线、截交线）的投影。一般组合体都应该有这一步骤，但此例所示组合体叠加关系简单，结合部无复杂线段出现。

④ 检查图形有无错漏。

（七）图形记忆积累法

读图过程中，读懂了的图形，经过多次感知就会形成感性形象，此后读同样图形或相似图形时，感性形象就会在脑中再现，这就叫记忆表象。这种记忆表象越多，越有利于发展想象力，对读图越有好处。现列举一些简单而又常见立体的图形（附立体图）以供积累，见表4-6。

表4-6　常见立体的三视图和立体图

视图	立体图
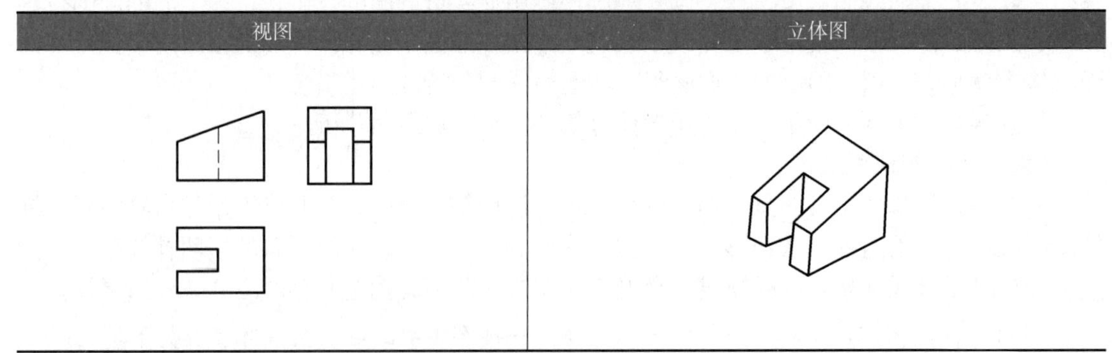	

续表

视图	立体图
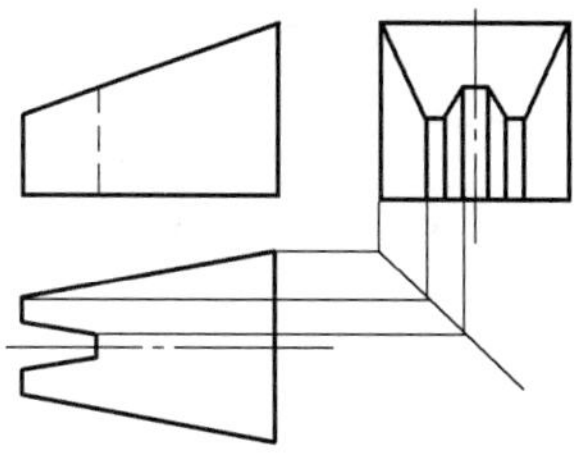	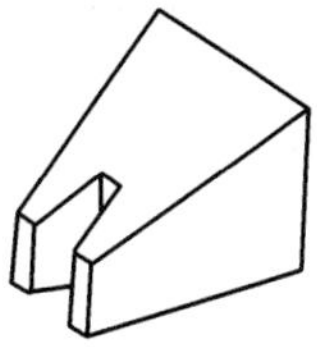
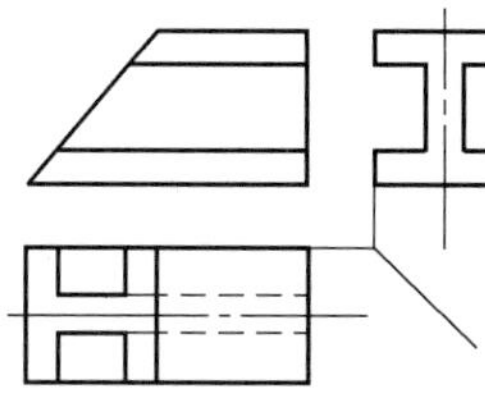	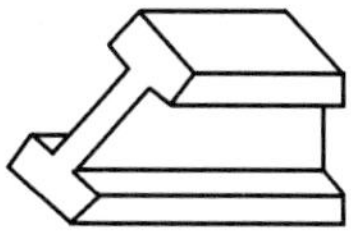
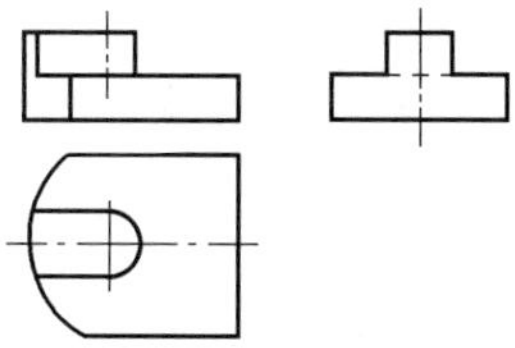	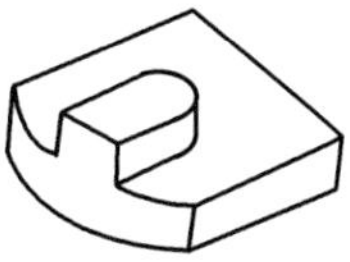
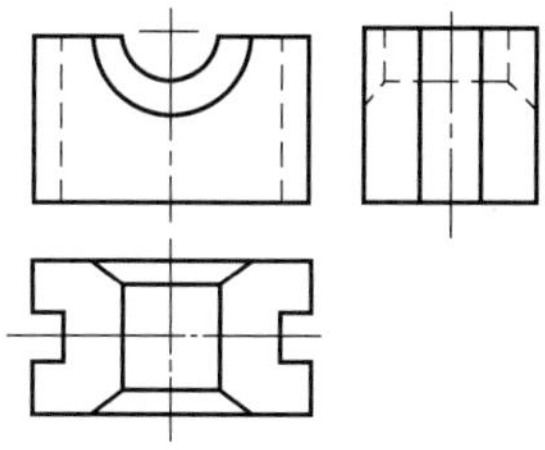	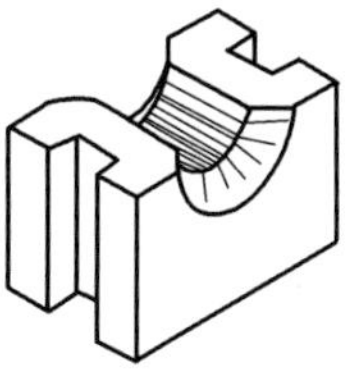
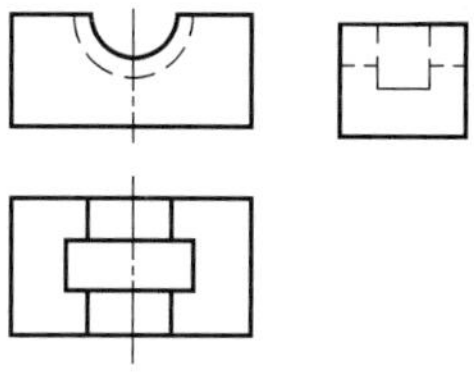	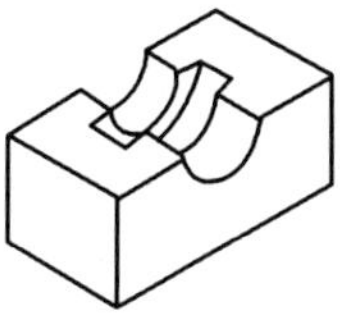
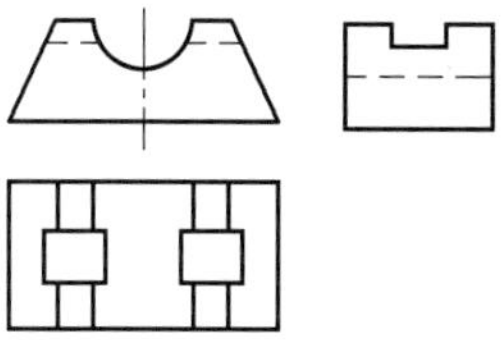	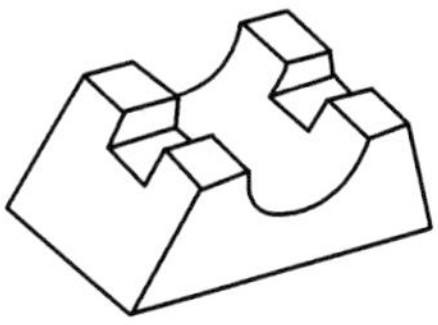
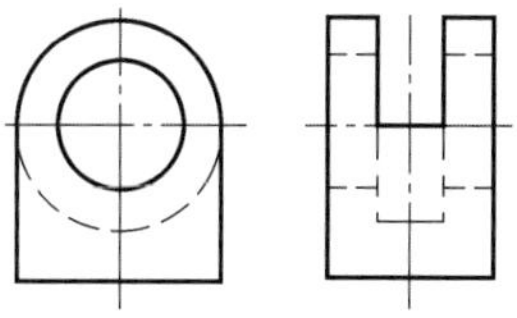	 此处剖掉

续表

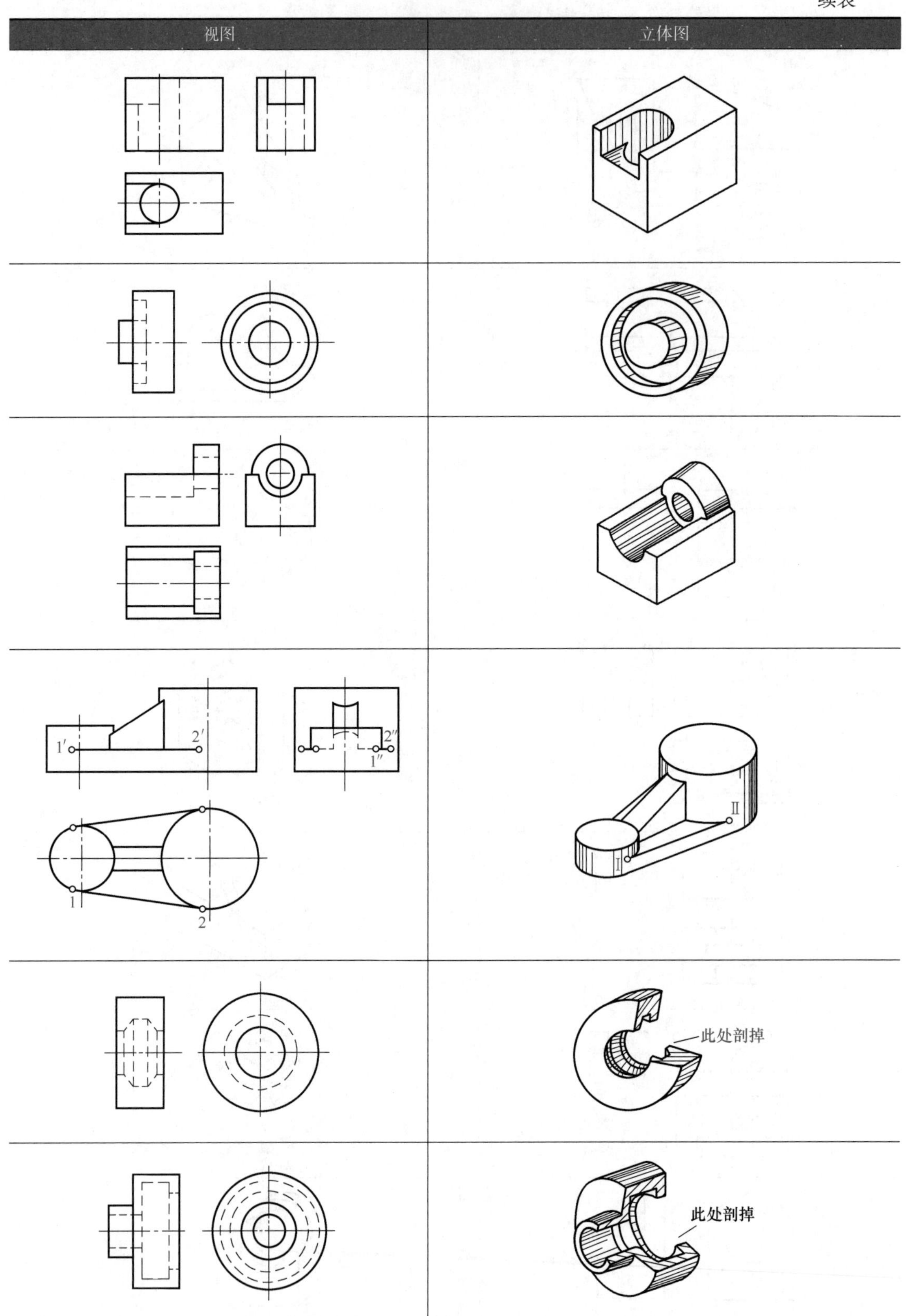

续表

视图	立体图
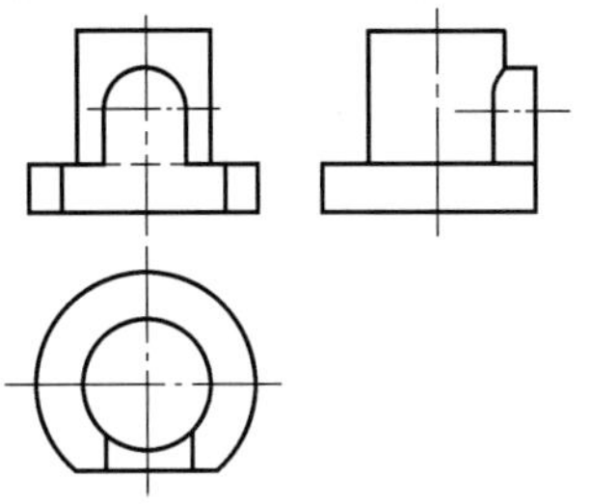	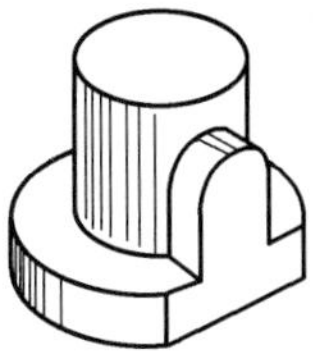
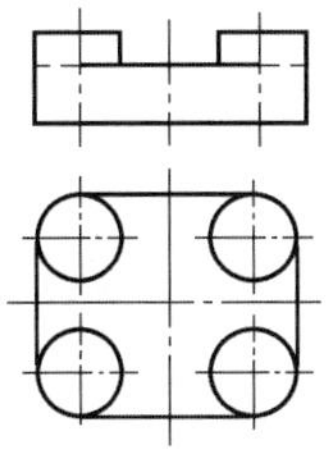	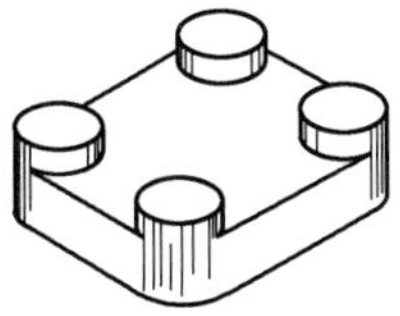
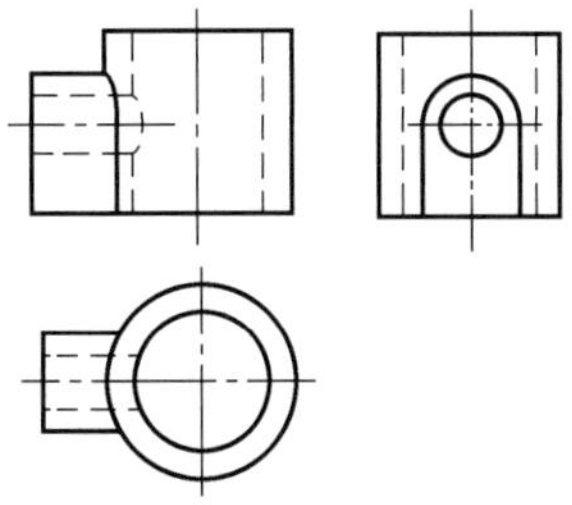	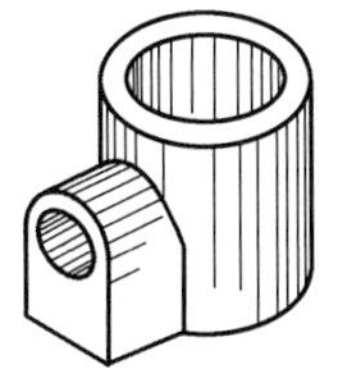
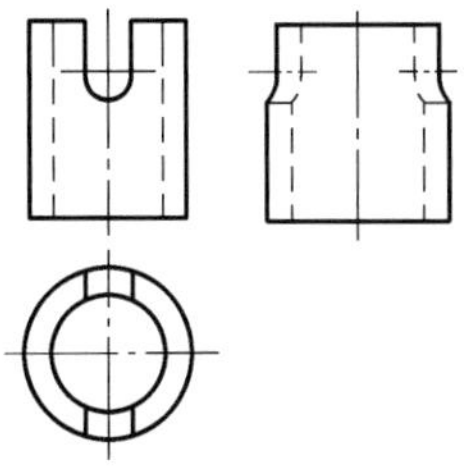	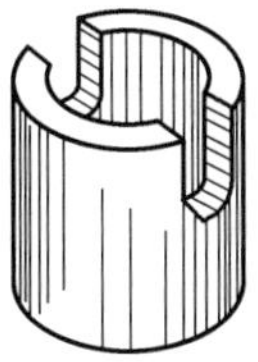
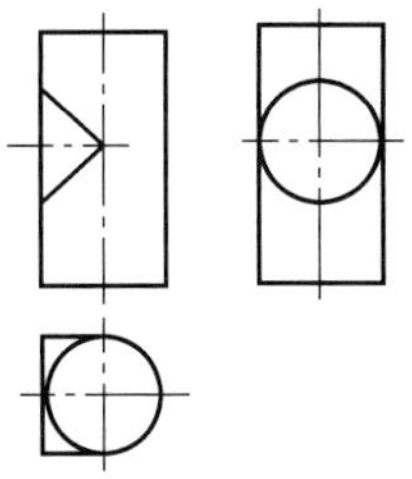	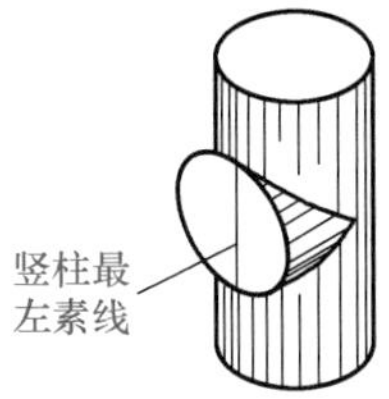 竖柱最 左素线
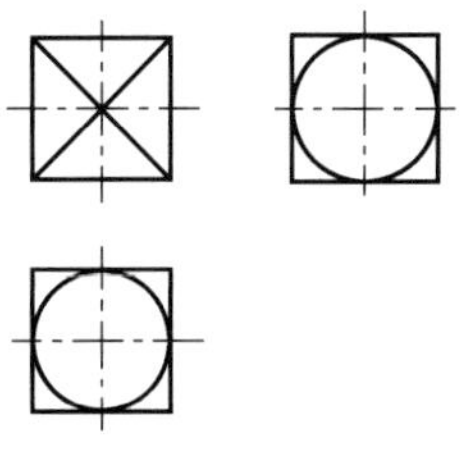	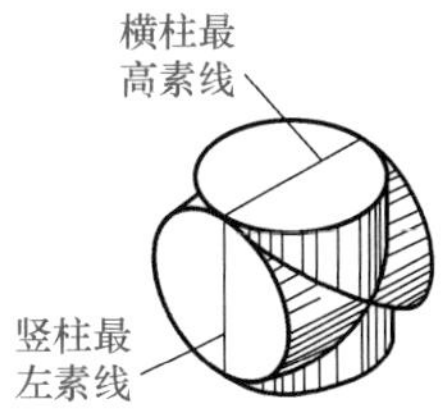 横柱最 高素线 竖柱最 左素线

续表

视图	立体图

（八）还原法

我们知道，三视图中的主视图是从物体前面观察得到的图形，俯视图是物体顶面的图形，左视图是物体左侧面的图形。所谓还原，就是在读图时，将三视图裁剪开，使它们回到各自的原始位置，这样，在构思空间形体时，就比处于同一平面的三个视图要直观得多，如图4-43所示。

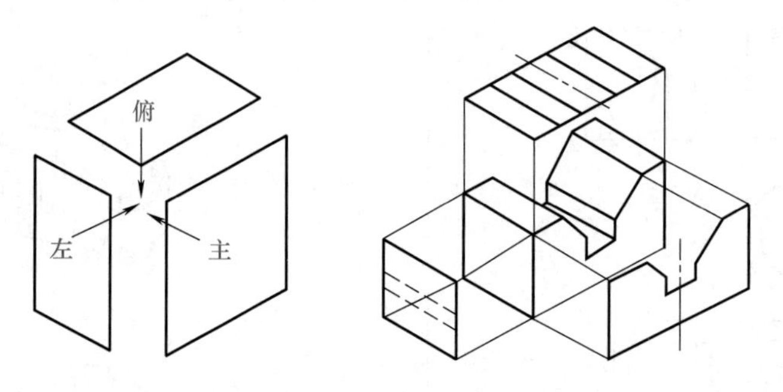

图4-43　三视图恢复原始位置

如何将还原法具体应用到读图中去，现举两例，供读者参考。

例12：用还原法读图4-44（a）所示机件的三视图。其具体步骤如下。

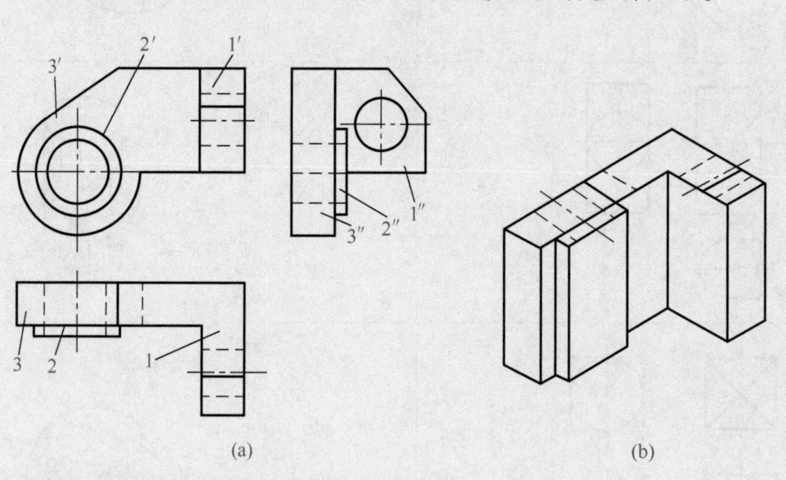

图4-44　根据机件三视图中俯视图“准备”机件“坯料”

① 将三视图分别画在三张纸上，或将三视图剪开。

② 选一视图，用以“准备”机件的“坯料”。一般地说，应该选主视图。因为主视往往最具有机件形状的特征。但本例三视图中，选俯视图更为合适，如图4-44（b）所示。

③ 逐面“加工”。首先，假想将主视图“贴”在“坯料”前面，将主视图外围线以外的材料去掉。“贴”主视图时，应该分步骤，先“贴”位于机件前面的部分主视图，例如先贴图4-44主视图中的线框1′，将线框1′边线以下的“材料”去掉，如图4-45（a）所示。再贴线框2′，将线框2′边线以外的“材料”去掉一层（这一层有多厚，“坯料”中已确定），如图4-45（b）所示。最后，“贴”线框3′，将线框3′边线以外的“材料”全部去掉，并将圆孔内的“材料”去掉，如图4-45（c）所示。依照主视图“加工坯料”后，再依照左视图“加工坯料”。此时，只需将左视中的线框1″“贴”在机件右侧板上，将“坯料”上多余“材料”去掉即可，如图4-45（d）所示。

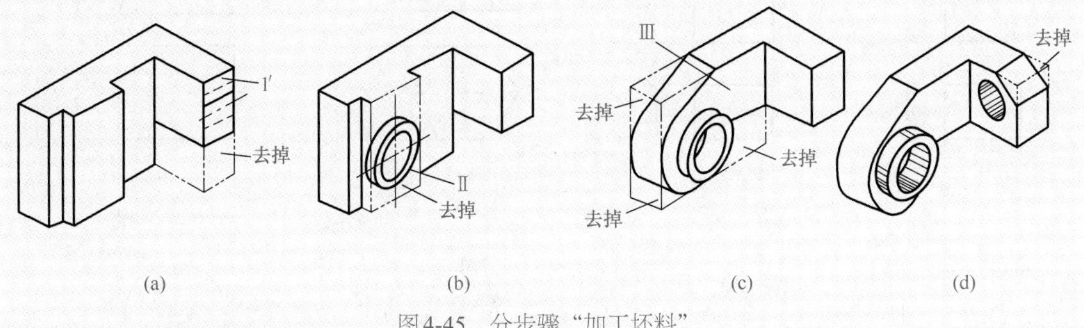

图4-45　分步骤“加工坯料”

例13：用还原法读图4-46（a）所示机件的三视图。具体步骤如下。

① 选用左视图“准备”机件“坯料”，如图4-46（b）所示。

② 根据主视图“加工”左端榫头和右端榫槽，如图4-46（c）所示。

③ 将俯视图放在顶面，进行最后“加工”。在此例中，这一步可以省略，因为前两步已将此机件“加工”完毕。但不是所有机件都能省去这一步的。

制作模型时，最适合用还原法，最能感受到还原法的优越之处。

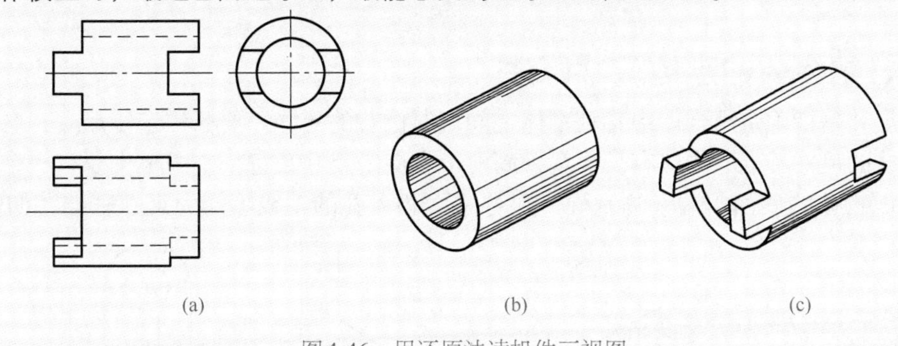

图4-46　用还原法读机件三视图

第四节　组合体的尺寸标注

视图只能反映组合体的形状，而其真实大小则要靠标注尺寸来确定。因此标注尺寸是表达物体的重要组成部分。

组合体尺寸标注的基本要求是：

① 正确——所注尺寸应符合国家标准的有关规定。

② 完整——尺寸标注必须完全，能完全确定组成组合体的各基本体的形状大小及相对位置。一般应包含各基本体的定形尺寸、定位尺寸和组合体的总体尺寸三方面的内容。

③ 清晰——所注尺寸布置整齐、清楚，便于读图。

一、基本体的定形尺寸标注

组合体是由若干基本体按一定组合方式形成的，图4-47列出了常见基本体的定形尺寸标注。

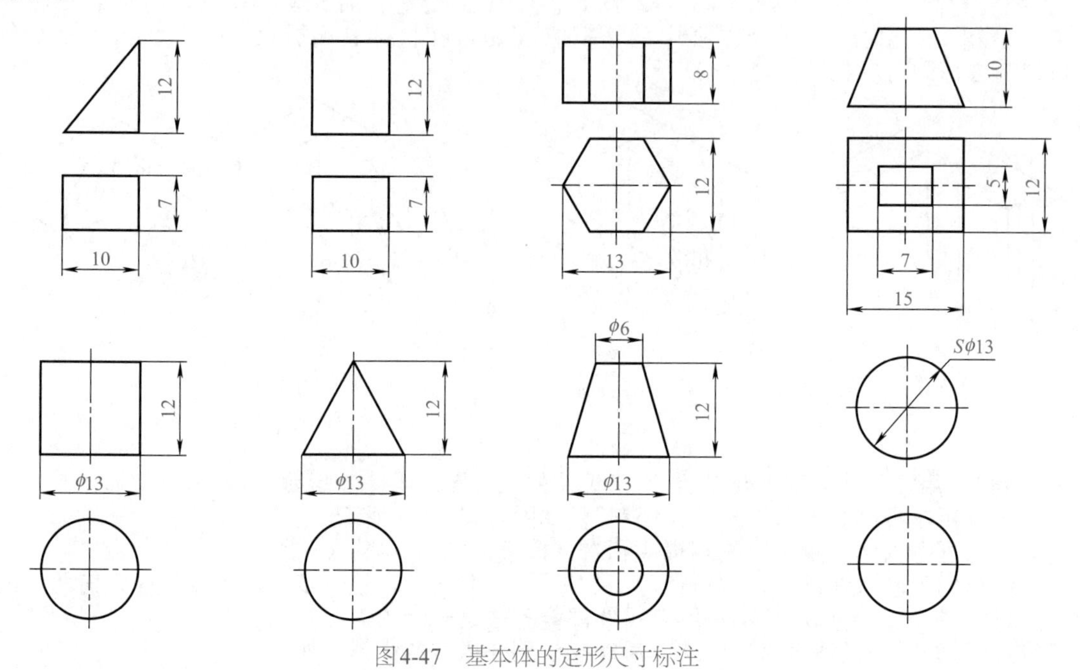

图4-47 基本体的定形尺寸标注

二、组合体的定位尺寸标注

定位尺寸是指确定组合体中各基本体之间相对位置的尺寸。要标注定位尺寸，必须选择好定位尺寸的尺寸基准。物体有长、宽、高三个方向的尺寸，每个方向至少要有一个尺寸基准。通常以物体的底面、端（侧）面、对称平面和大孔的轴线等作为尺寸基准，如图4-48

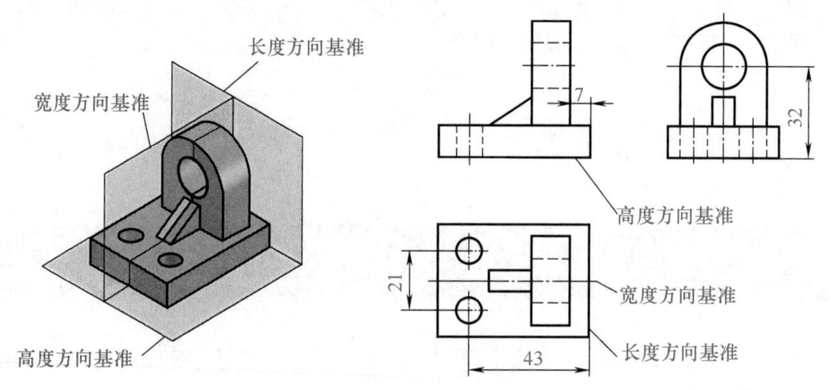

图4-48 支架各基本体的定位尺寸

所示。

图4-48中标注的是支架各基本体之间的定位尺寸。从图中可看出，标注回转体的定位尺寸时，一般都是标注它的轴线位置。

三、组合体的总体尺寸标注

组合体的总体尺寸是指组合体在长、宽、高三个方向的最大尺寸。

在标注总体尺寸时，应注意以下几点：

① 总体尺寸有时就是某形体的定形或定位尺寸，此时一般不再标注。如图4-49（a）中底板的长和宽即为组合体的总长和总宽。

② 当加注总体尺寸后出现多余尺寸时，需做适当调整，避免出现封闭的尺寸链。如图4-49（a）中，标注总高，删去小圆柱的高度尺寸（一般删去次要尺寸）。

③ 当组合体的某一方向具有回转面结构时，一般标注其定形和定位尺寸，该方向的总体尺寸不再标注。如图4-49（b）所示。

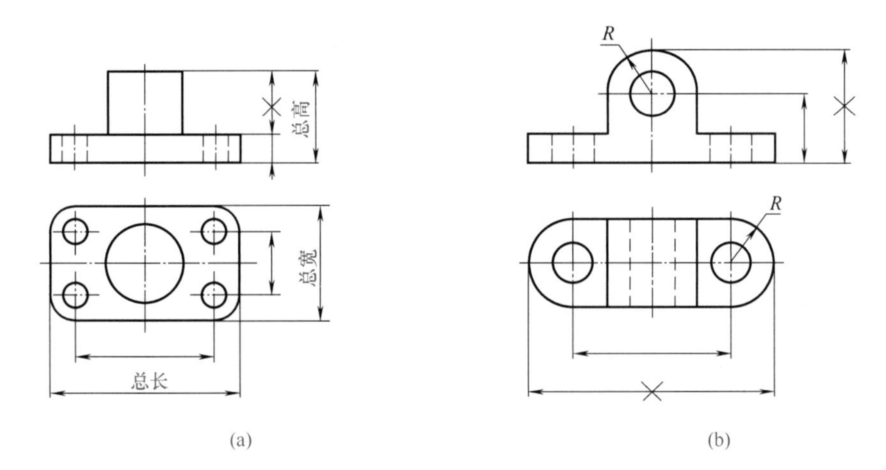

图4-49 组合体的总体尺寸

四、标注尺寸时应注意的几个问题

标注尺寸时应注意的几个问题见表4-7。

表4-7 标注尺寸时应注意的几个问题

类别	说明
对称结构的尺寸标注	对称结构的尺寸，不论是定形尺寸还是定位尺寸，都应将对称中心线两边结构合起来标注，不可只标注一边或分两边标注，如图4-50所示 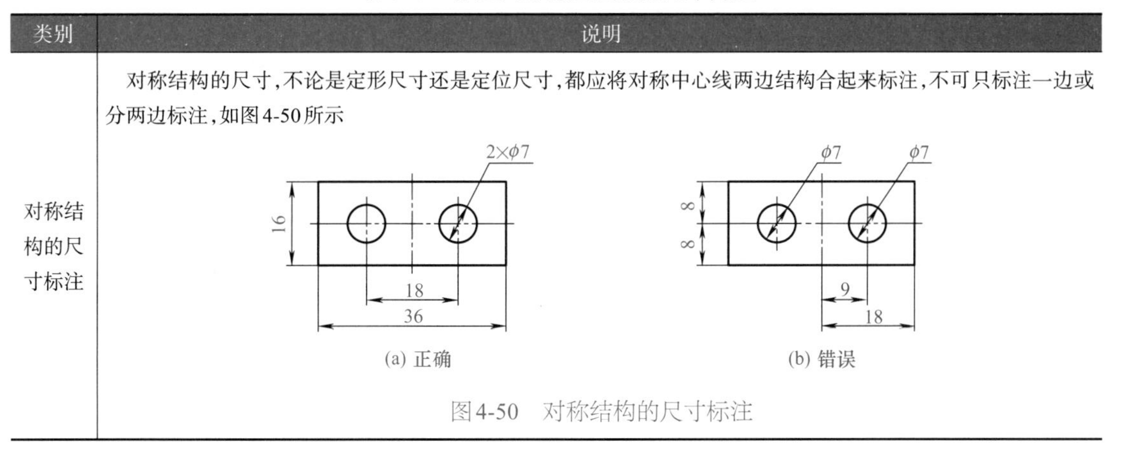 图4-50 对称结构的尺寸标注

续表

类别	说明
相贯体的尺寸标注	带相贯线的立体应标注立体的定形状尺寸以及相贯体间的相对位置尺寸，不能在相贯线上标注尺寸，如图4-51所示 (a) 正确　(b) 错误 图4-51　相贯体的尺寸标注
截切体的尺寸标注	带截交线的立体应标注立体的大小和形状尺寸以及截平面的相对位置尺寸，不能标注截交线的尺寸，如图4-52所示 (a)　(b)　(c) 图4-52　截切体的尺寸标注
常见薄板零件的尺寸标注	对一些薄板零件，如底板、法兰盘等，它们通常是由两个以上的基本体组成，图4-53为常见底板的尺寸标注 (a)　(b)　(c) 图4-53　常见底板的尺寸标注

五、尺寸标注的清晰布置

为了便于读图，尺寸标注要力求清晰。尺寸标注清晰布置的几点要求如下：

① 同一形体的尺寸尽量集中标注在一个视图上，且应尽可能标注在形状特征明显的视图上。如图4-54中的底板尺寸尽量集中标注在俯视图上，竖板尺寸尽量集中标注在主视图上。

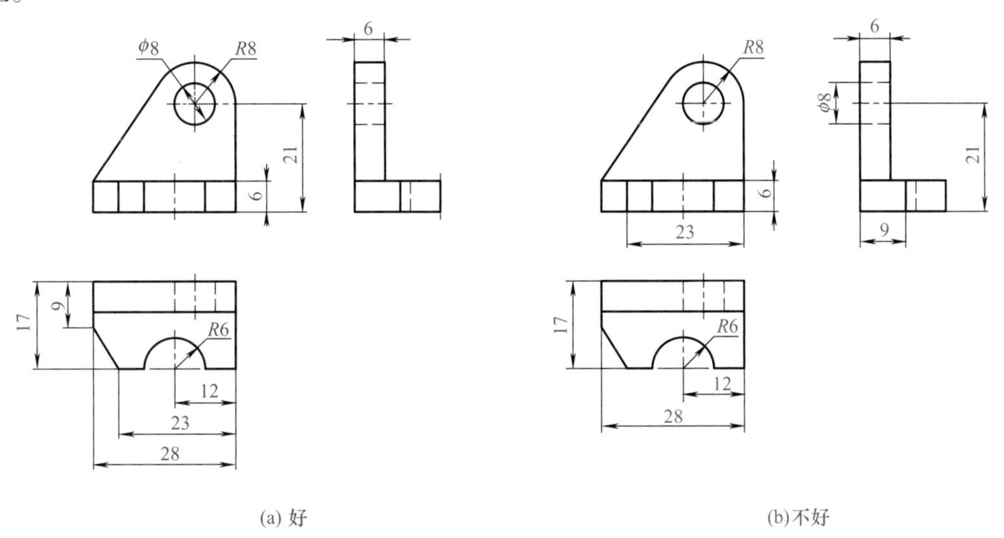

图4-54　同一形体的尺寸尽量集中标注

② 同一方向上的连续尺寸，尽量布置在同一条线上，并避免标注成封闭链，如图4-55所示。

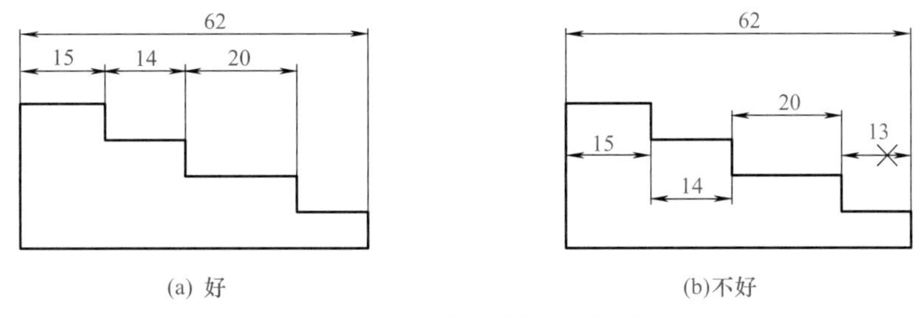

图4-55　同一方向上连续尺寸的标注

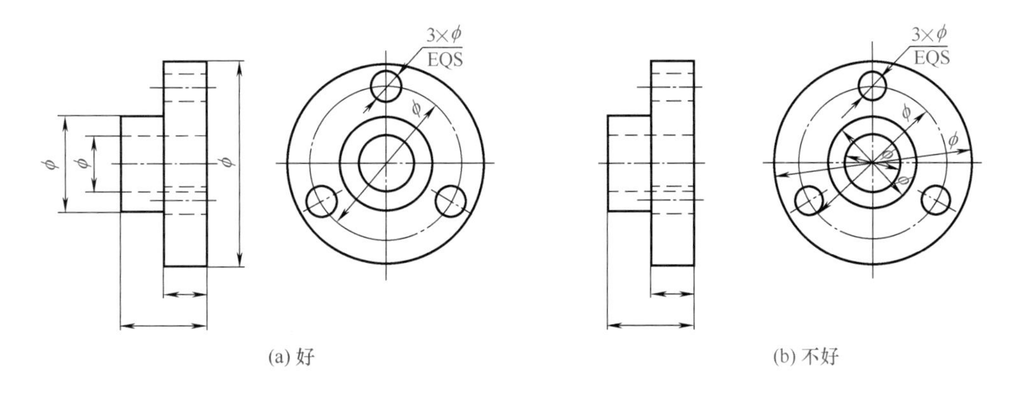

图4-56　直径的尺寸标注

③ 尺寸尽量标注在视图的外部，以保持图形清晰，便于读图，如图4-55所示。

④ 尺寸应尽量避免标注在虚线上。两个以上回转体直径尺寸尽量标注在非圆视图上，半径尺寸必须标注在反映圆弧实形的视图上，如图4-56所示。

六、组合体的尺寸标注方法和步骤

形体分析法是标注组合体尺寸的基本方法，下面以图4-57（a）所示的组合体为例说明组合体的尺寸标注方法和步骤。

（1）形体分析

读懂已知视图，想象出形体形状。该形体由底板Ⅰ、圆筒Ⅱ和肋板Ⅲ叠加而成，如图4-57（b）所示。

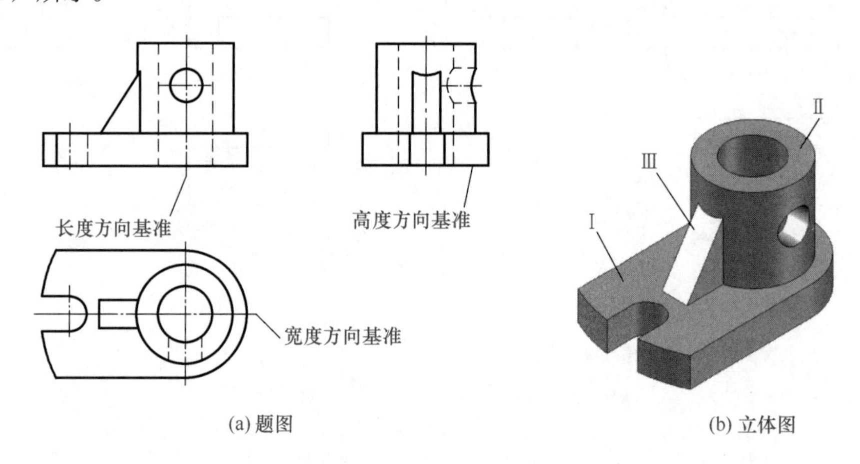

(a) 题图　　(b) 立体图

图4-57　组合体的尺寸标注

（2）确定尺寸基准

长度方向以圆筒轴线作为基准；宽度方向以前后基本对称面作为基准；高度方向以底板的底面作为基准，如图4-57（a）所示。

（3）逐个标注各个形体的定形和定位尺寸

逐个标注各个形体的定形和定位尺寸，如图4-58（a）、（b）、（c）所示。

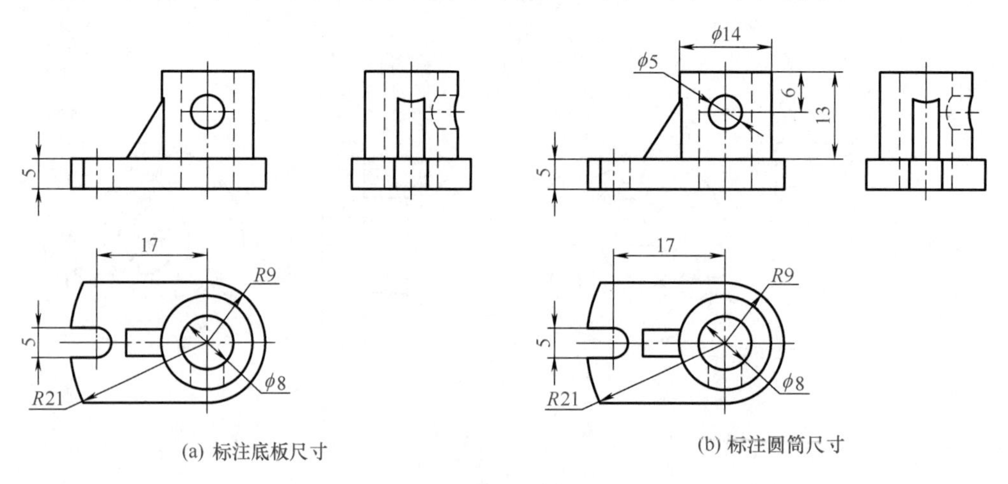

(a) 标注底板尺寸　　(b) 标注圆筒尺寸

图4-58

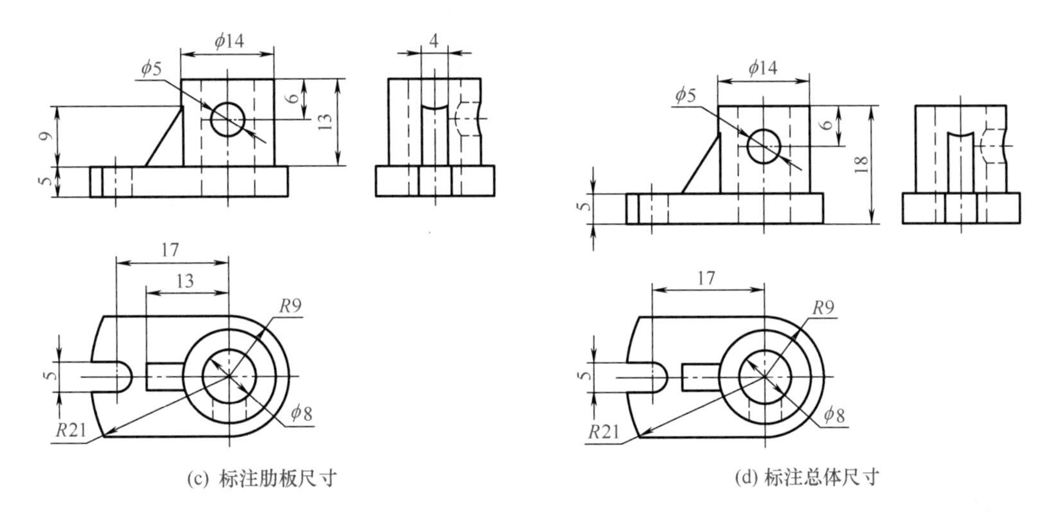

(c) 标注肋板尺寸

(d) 标注总体尺寸

图4-58　组合体的尺寸标注

（4）标注总体尺寸

因该立体长度方向具有回转面结构，所以不必标注总长。标注总高尺寸“18”后，圆筒高度尺寸“13”不再标注。总宽尺寸即为底板右端半圆的直径18mm。标注结果如图4-58（d）所示。

第五章

轴测图

在工程上应用正投影法绘制的多面正投影图，可以完全确定物体的形状和大小，且作图简便，度量性好，依据这种图样可制造出所表示的物体。但它缺乏立体感，直观性较差，要想象物体的形状，需要运用正投影原理把几个视图联系起来看，有些缺乏读图知识的人难以看懂。

轴测图是一种单面投影图，在一个投影面上能同时反映出物体三个坐标面的形状，并接近于人们的视觉习惯，形象、逼真，富有立体感。但是轴测图一般不能反映出物体各表面的实形，因而度量性差，同时作图较复杂。因此，在工程上常把轴测图作为辅助图样来说明机器的结构、安装、使用等情况。在设计中，用轴测图帮助构思、想象物体的形状，以弥补多面正投影图的不足，如图5-1所示。

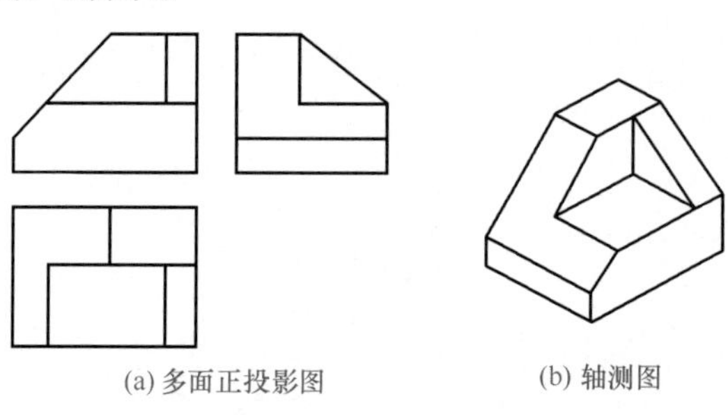

(a) 多面正投影图　　(b) 轴测图

图5-1　多面正投影图与轴测图的比较

第一节　轴测图的基本知识

轴测图是把空间物体和确定其空间位置的直角坐标系按平行投影法投影到单一投影面上所得的图形，如图5-2所示。

一、轴测图的基本术语

轴测图的基本术语见表5-1。

表5-1 轴测图的基本术语

类别	说明
轴测投影面	被选定的单一投影面称为轴测投影面，用大写拉丁字母表示，如图5-2所示的P面
轴测轴	空间坐标轴O_0X_0、O_0Y_0、O_0Z_0在轴测投影面P上的投影OX、OY、OZ称为轴测投影轴，简称轴测轴
轴间角	两个轴测轴之间的夹角$\angle XOY$、$\angle YOZ$、$\angle ZOX$称为轴间角
点的轴测图	空间点在轴测投影面P上的投影，空间点记为A_0，其轴测投影记为A
轴向伸缩系数	轴测图沿轴测轴方向的线段长度与空间物体沿相应坐标轴方向的对应线段长度之比，即 X轴的轴向伸缩系数 $p_1=\dfrac{OA}{O_0A_0}$ Y轴的轴向伸缩系数 $q_1=\dfrac{OB}{O_0B_0}$ Z轴的轴向伸缩系数 $r_1=\dfrac{OC}{O_0C_0}$ 轴间角和轴向伸缩系数是绘制轴测图的重要依据

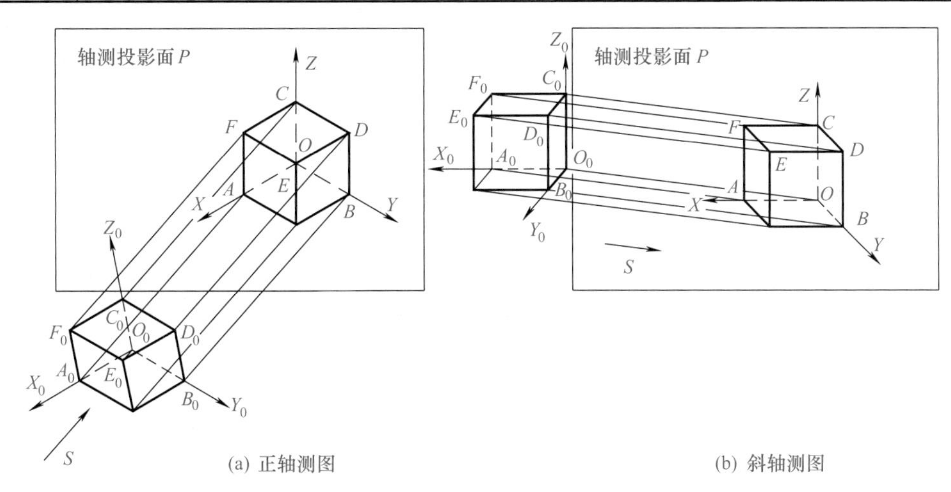

图5-2 轴测图的形成

二、轴测图的特性

由于轴测图是用平行投影法形成的，所以在原物体和轴测图之间必然保持如下关系：

① 若空间两直线互相平行，则在轴测图上仍互相平行。如图5-2中，若$A_0F_0//B_0D_0$，则$AF//BD$。

② 凡是与坐标轴平行的线段，在轴测图上必平行于相应的轴测轴，且其伸缩系数与相应的轴向伸缩系数相同。

如图5-2所示，$DE=p_1\times D_0E_0$，$EF=q_1\times E_0F_0$，$BD=r_1\times B_0D_0$。

凡是与坐标轴平行的线段，都可以沿轴向进行作图和测量，“轴测”一词就是“沿轴测量”的意思。而空间不平行于坐标轴的线段在轴测图上的长度不具备上述特性。

三、轴测图的分类

（1）按投射方向分类

按投射方向与轴测投影面相对位置的不同，轴测图可分为两大类：

① 正轴测图。投射方向S垂直于轴测投影面时，得到正轴测图，如图5-2（a）所示。

② 斜轴测图。投射方向S倾斜于轴测投影面时，得到斜轴测图，如图5-2（b）所示。

（2）按轴向伸缩系数分类

在上述两类轴测图中，按轴向伸缩系数的不同，每类又可分为三种：

① 正（或斜）等轴测图。简称正等测（或斜等测），$p_1=q_1=r_1$。

② 正（或斜）二等轴测图。简称正二测（或斜二测），$p_1=r_1\neq q_1$，$p_1=q_1\neq r_1$，$r_1=q_1\neq p_1$。

③ 正（或斜）三轴测图。简称正三测（或斜三测），$p_1\neq q_1\neq r_1$。

国家标准规定，工程图样一般采用正等测、正二测、斜二测三种轴测图，其中使用较多的是正等测和斜二测，本章主要介绍这两种轴测图的特性。

第二节　正等轴测图和斜二等轴测图的识读及画法

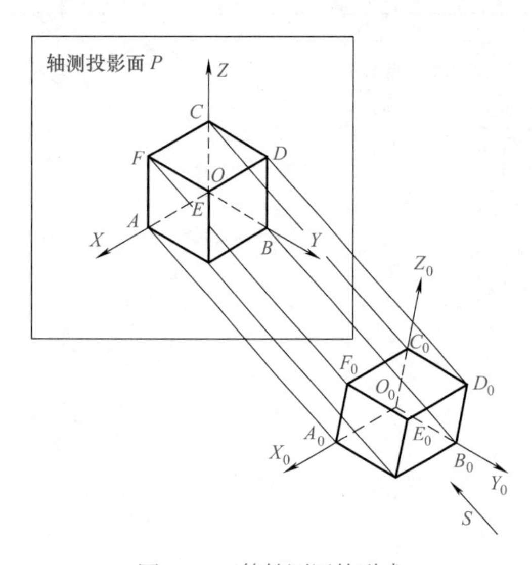

图5-3　正等轴测图的形成

一、正等轴测图的识读及画法

当三个空间坐标轴O_0X_0、O_0Y_0、O_0Z_0对轴测投影面P的倾角都相等，并以垂直于轴测投影面P的S方向为投射方向，这样所得到的正轴测图为正等轴测图，如图5-3所示。

如图5-4（a）所示，在正等轴测图中，轴间角均为120°，一般将轴测轴OZ画成垂直方向，即OX、OY都和水平方向成30°角，各轴向伸缩系数均为$\cos35°16'\approx0.82$。

为了作图简便，将轴向伸缩系数简化为1，即$p=q=r=1$。采用简化轴向伸缩系数作图时，沿各轴向的所有尺寸都可以用实长度量，作图比较方便，但画出的轴测图是原投影的1.22倍$\left(\frac{1}{0.82}\approx1.22\right)$，如图5-4（b）所示。

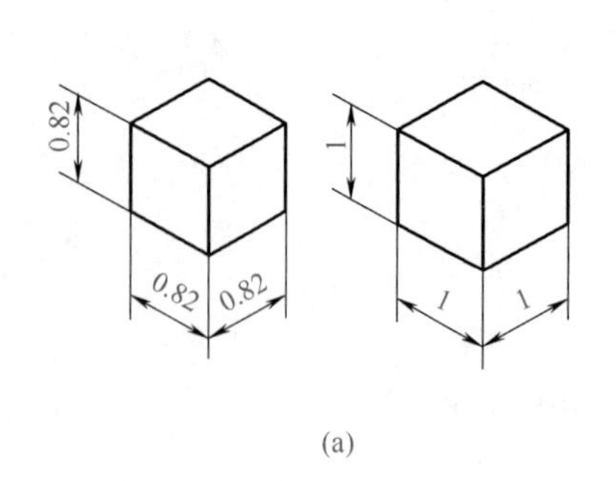

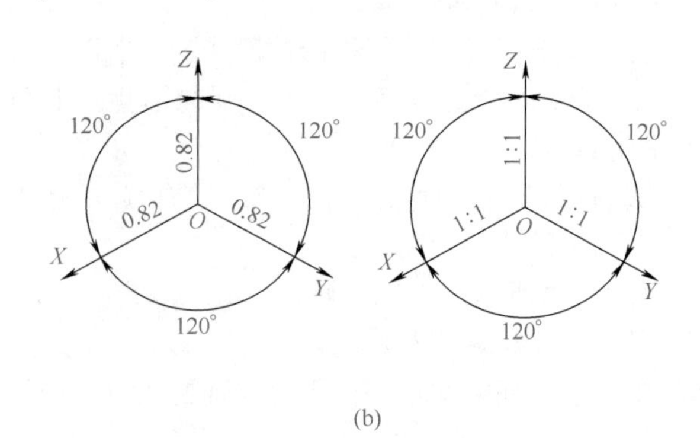

(a)　(b)

图5-4　正等轴测图的轴间角和轴向伸缩系数

（一）简单几何体正等轴测图的画法

作平面立体正等轴测图的最基本的方法是坐标法，对于复杂的物体，可以根据其形状特点，灵活运用叠加法、切割法等作图方法。

对于简单几何体，可以建立合适的坐标轴，然后按坐标法画出物体上各顶点的轴测投影，再由点连成物体的轴测图。

例1：如图5-5（a）所示，已知正六棱柱的两视图，画其正等轴测图。

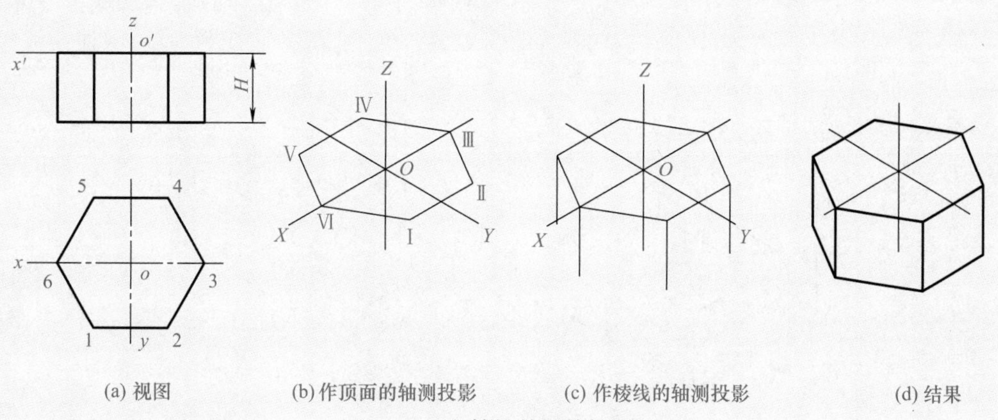

图5-5　正六棱柱的正等轴测图

作图方法和步骤如下：

① 在视图上确定坐标原点和坐标轴，如图5-5（a）所示。

② 作轴测轴，然后按坐标分别作出顶面各点的轴测投影，依次连接起来，即得顶面的轴测图ⅠⅡⅢⅣⅤⅥ，如图5-5（b）所示。

③ 过顶面各点分别作OZ的平行线，并在其上向下量取高度H，得各棱的轴测投影，如图5-5（c）所示。

④ 依次连接各棱端点，得底面的轴测图。擦去多余的作图线并加深外轮廓线，即完成了正六棱柱的正等轴测图，如图5-5（d）所示。

（二）复杂几何体正等轴测图的画法

对于复杂几何体，可以运用形体分析法将物体分成几个简单的形体，然后根据各形体之间的相对位置依次画出各部分的轴测图，最后整合即可得到该物体的轴测图。

例2：根据图5-6所示平面立体的三视图，画其正等轴测图。

将物体看作由Ⅰ、Ⅱ两部分叠加而成。作图步骤如图5-7所示。

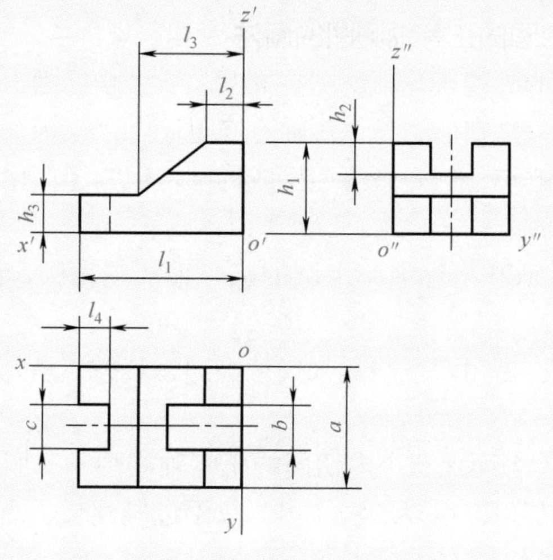

图5-6　平面立体的三视图

① 画轴测轴，定原点位置，画Ⅰ部分的正等轴测图，如图5-7（a）所示。

② 在Ⅰ部分的正等轴测图的相应位置上画出Ⅱ部分的正等轴测图，如图5-7（b）所示。

③ 在Ⅰ、Ⅱ部分切割开槽，如图5-7（c）所示。

④ 整理、加深即得这个物体得正等轴测图，如图5-7（d）所示。

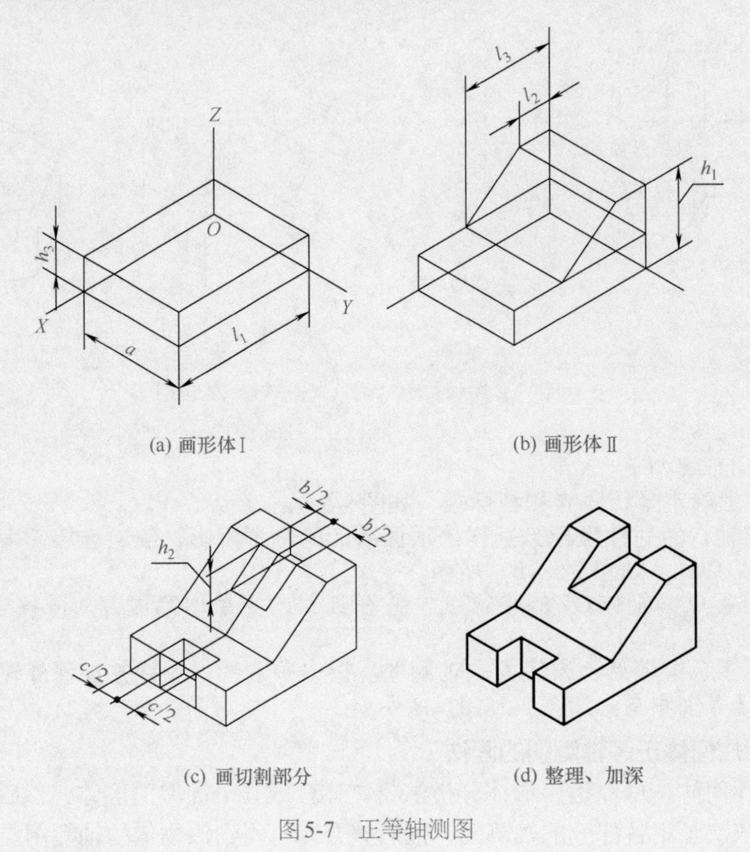

(a) 画形体Ⅰ　(b) 画形体Ⅱ

(c) 画切割部分　(d) 整理、加深

图5-7　正等轴测图

用叠加法绘制轴测图时，应首先进行形体分析，并注意各形体在叠加时的定位关系，保证形体之间的相对位置正确。

（三）平行于坐标面的圆的正等轴测图的画法

坐标面或其平行面上的圆的正等轴测图是椭圆。三个坐标面上的圆的正等轴测图是大小相等、形状相同的椭圆，只是它们的长、短轴方向不同。用坐标法可以精确作出该椭圆，即按坐标定出椭圆上一系列的点，然后光滑连接成椭圆。但为了简化作图，工程上常采用菱形法绘制近似椭圆。

现以水平面（平行于*XOY*坐标面）上圆的正等轴测图为例，说明用菱形法作近似椭圆的方法，作图步骤见表5-2。

菱形法绘制近似椭圆，是用四段圆弧来代替椭圆，其关键是先作出四段圆弧的圆心，故此方法也称四心椭圆法。

如图5-8所示为正方体表面上三个内切圆的正等轴测图——椭圆。凡平行于坐标面的圆的正等轴测图均为椭圆，都可以用菱形法作出，只不过椭圆长、短轴的方向不同。椭圆长轴方向是菱形的长对角线方向，短轴方向是菱形的短对角线方向。

表5-2　菱形法绘制近似椭圆

步骤	图示	说明
画外切正方形		在正投影图上作该圆的外切正方形，如左图所示
画外切正方形的轴测图		画轴测轴，根据圆的直径d作圆的外切正方形的正等轴测图——菱形。菱形的长、短对角线方向即为椭圆的长、短轴方向。两顶点3、4为大圆弧圆心，如左图所示
确定圆弧的圆心		连接$D3$、$C3$、$A4$、$B4$，两两相交得点1和点2，点1、2即为小圆弧的圆心，如左图所示
画四段圆弧		以点3、4为圆心，以$D3$、$A4$为半径画大圆弧$\overset{\frown}{DC}$和$\overset{\frown}{AB}$，然后以点1、2为圆心，以$D1$和$B2$为半径画小圆弧$\overset{\frown}{AD}$和$\overset{\frown}{CB}$，即得近似椭圆，如左图所示

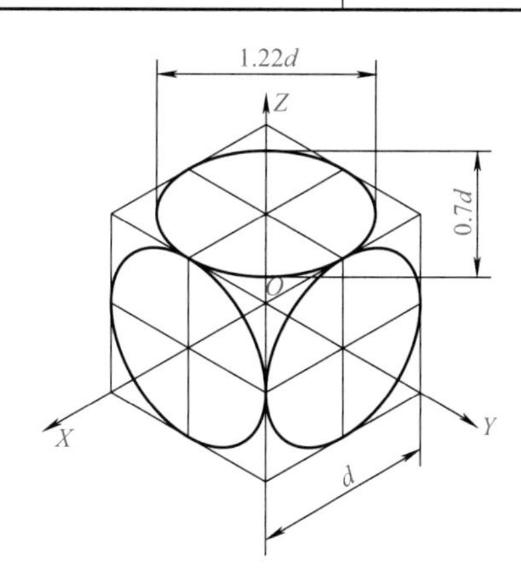

图5-8　平行于各坐标面圆的正等轴测图

例3：作如图5-9（a）所示圆柱的正等轴测图。

作图步骤如图5-9所示。

① 在圆柱的正投影图上确定坐标原点和坐标轴，并作底面圆的外接正方形。

② 画Z轴，使其与圆柱轴线重合，定出坐标原点O，截取圆柱高度H，画圆柱顶圆、底圆轴测轴。

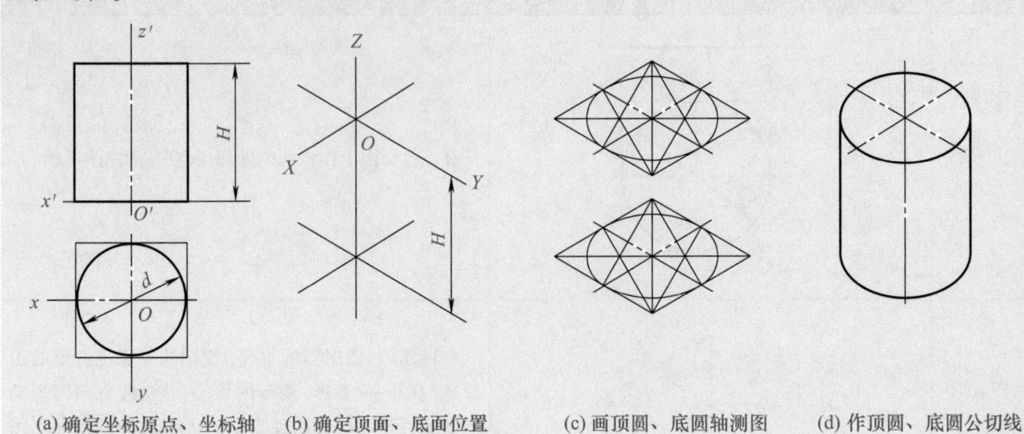

(a) 确定坐标原点、坐标轴　(b) 确定顶面、底面位置　(c) 画顶圆、底圆轴测图　(d) 作顶圆、底圆公切线

图5-9　圆柱的正等轴测图

③ 用菱形法画圆柱顶面、底面的正等轴测椭圆。

④ 作两椭圆的公切线，并整理、加深，完成全图。

如图5-10所示为三个方向的圆柱的正等轴测图，它们的轴线分别平行于相应的轴测轴，作图方法与上例相同。

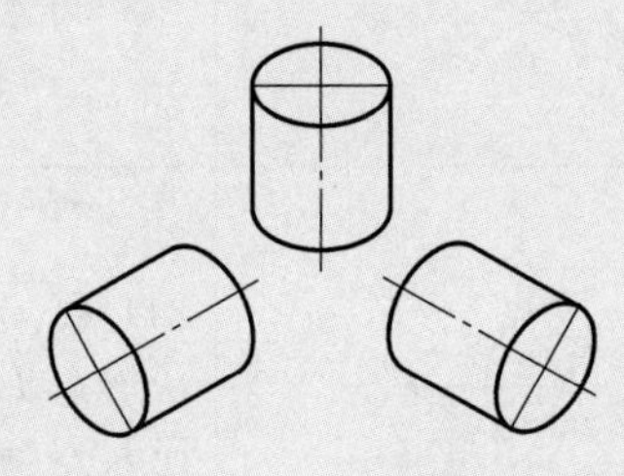

图5-10　三个方向的圆柱的正等轴测图

（四）圆角正等轴测图的画法

连接直角的圆弧为整圆的1/4圆弧，其正等轴测图是1/4椭圆弧，可用近似画法作出，如图5-11所示。

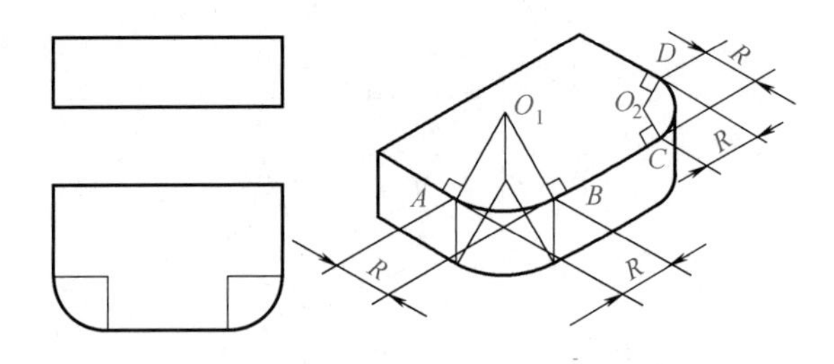

图5-11　圆角的正等轴测图的画法

① 根据已知圆角半径R，找出切点A、B、C、D。

② 过切点分别作圆角邻边的垂线，两垂线的交点即为圆心。

③ 以此圆心到切点的距离为半径画圆弧，即得圆角的正等轴测图。

④ 从圆心O_1、O_2向下量取板的厚度，得到底面的圆心，分别画出两段圆弧。

⑤ 作右端上下两圆弧的公切线，整理、加深，完成作图。

二、斜二等轴测图的识读及画法

如图5-12（a）所示，如果确定立方体空间位置的直角坐标系的一个坐标面XOZ与轴测投影面P平行，而投射方向S倾斜于轴测投影面P，这时投射方向与三个坐标面都不平行，得到的轴测图叫正面斜轴测图。本节只介绍其中一种常用的正面斜二等轴测图，简称斜二测。

（一）斜二等轴测图的轴间角和轴向伸缩系数

从图5-12（a）可以看出，由于坐标面XOZ与轴测投影面P平行，因此不论投射方向如何，根据平行投影的特性，X轴和Z轴的轴向伸缩系数都等于1，X轴和Z轴间的轴间角为直角。即

$$p_1=r_1=1，\angle XOZ=90°$$

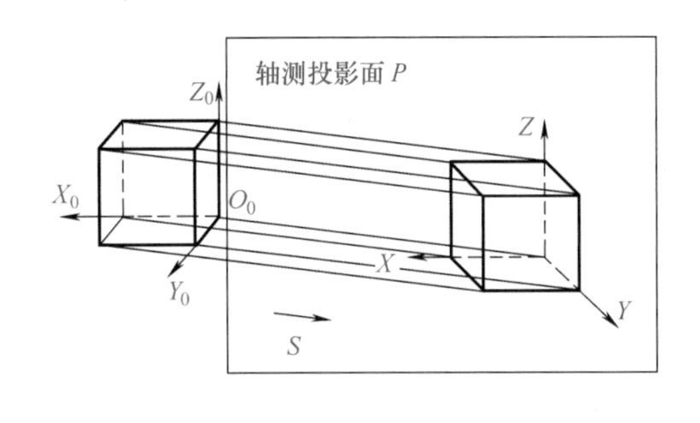

(a) 斜二测的形成

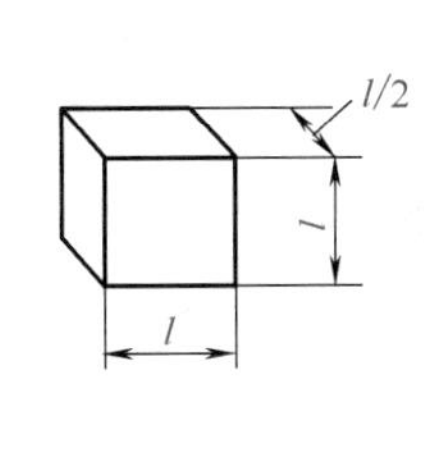

(b) 斜二测的轴间角和轴向伸缩系数

图5-12　斜二测的形成以及其轴间角和轴向伸缩系数

一般将Z轴画成铅直位置，物体上凡是平行于坐标面XOZ的直线、曲线、平面图形的斜二测图均反映实形。

Y轴的轴向伸缩系数和相应的轴间角是随着投射方向S的变化而变化的，为了作图简便，增强投影的立体感，通常取轴间角$\angle XOY=\angle YOZ=135°$，$Y$轴与水平面成45°，选$Y$轴的轴向伸缩系数$q_1=0.5$，即斜二测各轴向伸缩系数的关系是

$$p_1=r_1=2q_1=1$$

斜二测的轴间角和轴向伸缩系数如图5-12（b）所示。

（二）平行于坐标面的圆的斜二等轴测图的画法

如图5-13所示，平行于坐标面XOZ的圆的斜二测反映实形。平行于另外两个坐标面XOY、YOZ的圆的斜二测为椭圆。其长轴与相应轴测轴的夹角为7°10′，长度为1.06d，其短轴与长轴垂直等分，长度为0.33d。

斜二测的椭圆可用近似画法作出。

（三）斜二等轴测图的画法

当物体的正面（坐标面XOZ）形状比较复杂时，采用斜二等轴测图较合适。斜二等轴测图与正等轴测图作图步骤相似。

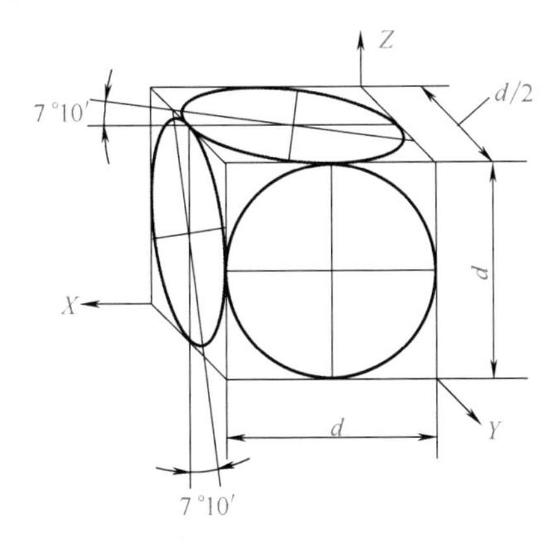

图5-13　平行于各坐标面的圆的斜二等轴测图

例4：根据物体的正投影图作其斜二等轴测图。

作图步骤如图5-14所示。

① 确定原点，画轴测轴，并作出物体上竖板的斜二等测，如图5-14（b）所示。

② 画半圆柱及肋板的斜二测，并在竖板上画圆孔的斜二测，如图5-14（c）所示。

③ 擦去作图线，整理、加深即完成全图，如图5-14（d）所示。

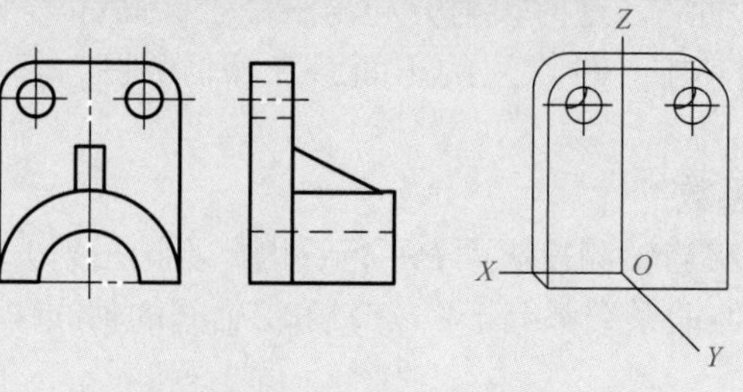

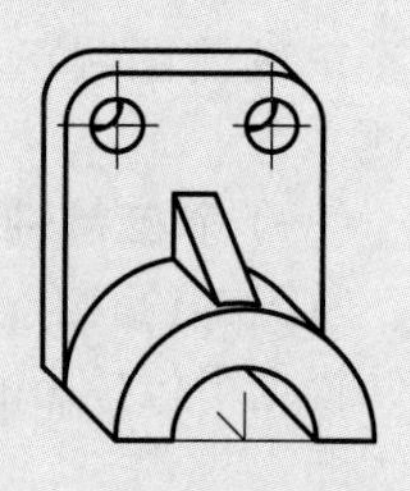

(a) 已知视图　(b) 画竖板　(c) 画半圆柱、肋板　(d) 整理、加深

图5-14　支架的斜二测的画法

第三节　轴测图的尺寸标注

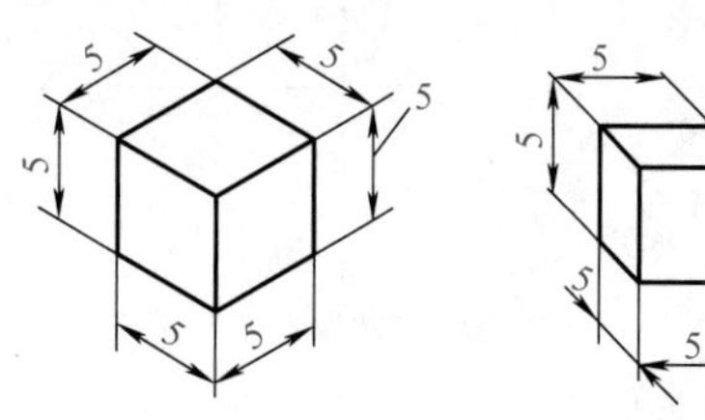

图5-15　线性尺寸的标注方法

一、轴测图上线性尺寸的标注

轴测图上的线性尺寸，一般须沿轴测轴方向标注。尺寸数值为物体的基本尺寸；尺寸线必须同所标注的线段平行；尺寸界线一般应平行于某一轴测轴；尺寸数字应按相应的轴测图标注在尺寸线的上方，但在图形中若出现字头朝下时，应用引出线将数字写成水平位置。线性尺寸的标注方法如图5-15所示。

二、轴测图上圆的直径的标注

在轴测图上标注圆的直径，尺寸线和尺寸界线应分别平行于圆所在平面内的轴测轴，标注圆弧半径或较小圆的直径时，尺寸线可以从（或通过）圆心引出标注，但注写数字的横线必须平行于轴测轴，如图5-16所示。

三、轴测图上角度的标注

轴测图上标注角度的尺寸线应画成与该坐标平面相对应的椭圆弧，角度数字一般写在尺寸线的中间处，字头向上，如图5-17所示。

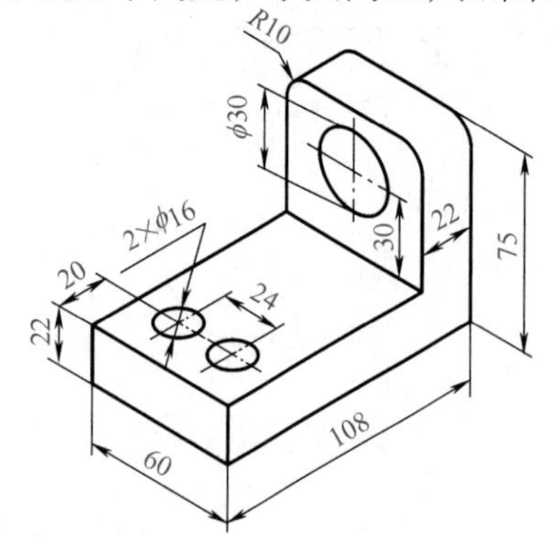

图5-16　直径与半径的标注方法

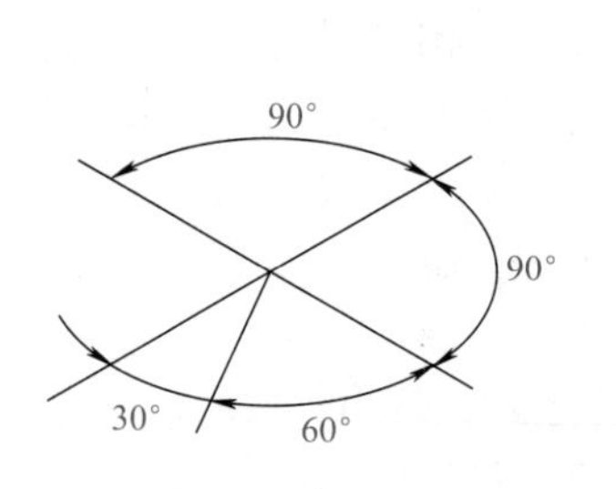

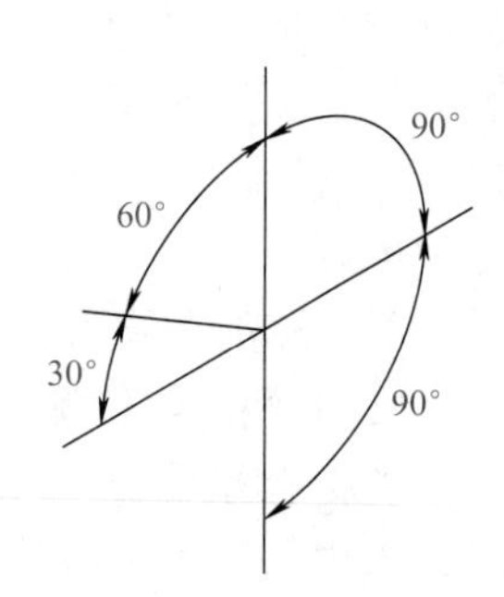

图5-17　角度的标注方法

第六章 机件的常用表达方法

在生产实践中，机件的形状和结构千变万化，对于简单的机件，只需要一个视图就能表达清楚，相反对于复杂的机件，仅用三个视图往往不能完整、清晰地表达出内外结构形状和大小，因此，国家标准中明确规定了一系列机件的表达方法，以便根据机件的结构特点，在正确、完整、清晰地表达机件的内外形状的前提下，力求绘图简单，取得较佳的表达方案。本章只介绍其中一些常用的表达方法，如视图、剖视图、断面图、局部放大图、简化画法及其他规定画法。

第一节 视　　图

根据有关标准和规定，用正投影法所绘制的物体的图形称为视图。视图主要表达机件的外部结构形状，一般只画机件的可见部分，必要时才画其不可见部分。视图分为基本视图、向视图、局部视图和斜视图四种。

一、基本视图

当机件用三视图不能完全表达清楚其结构形状时，可在原有三个投影面的基础上再增设三个投影面，组成一个正六面体，如图6-1（a）所示。正六面体的六个面称为基本投影面。机件向基本投影面投影所得的视图称基本视图。将机件置于六投影面体系中，可从前、后、上、下、左、右六个方向分别向基本投影面投影，得到六个基本视图。

在基本视图中，除前面介绍过的主视图、俯视图和左视图外，再增加以下三个基本视图：

① 右视图——从右向左投影所得到的视图；

② 仰视图——从下向上投影所得到的视图；

③ 后视图——从后向前投影所得到的视图。

六个基本投影面在展开时仍保持V面不动，其他投影面按图6-1（b）所示箭头方向展开至与V面共面。

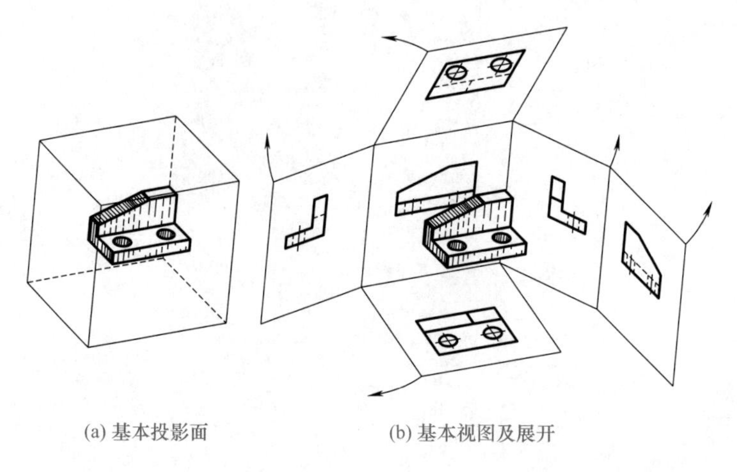

图6-1 基本投影面、基本视图及其展开

展开后，六个基本视图的配置关系如图6-2所示。在同一张图纸内，若按图6-2规定的位置配置视图时，一律不标注视图的名称。各视图间仍保持着三等关系，即：主、俯、后、仰四个视图长相等；主、左、后、右四个视图高平齐；俯、左、仰、右四个视图宽相等。各视图仍保持着方位对应关系，除后视图外，其他视图靠近主视图的一侧表示物体的后面，远离主视图的一侧表示物体的前面。

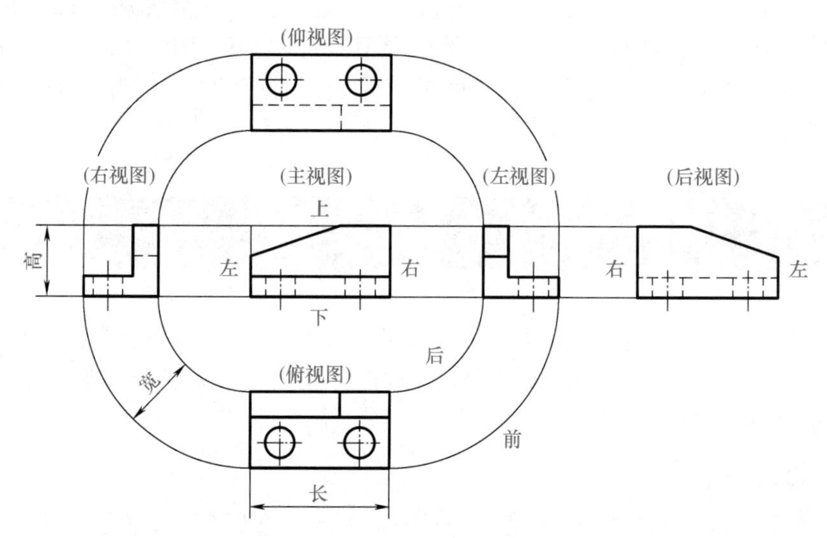

图6-2 六个基本视图的配置关系

实际画图时，应根据机件的结构特点和复杂程度，选用必要的基本视图。如图6-3所示的阀体，具有前后对称，而左右不对称的特点，采用了主、俯、左、右四个基本视图表达，其中主视图保留了必要的虚线，表示出内部结构，其他视图中省略了不必要的虚线。这一组基本视图完整、清晰、简练地表达出机件的结构形状。

二、向视图

向视图是可以自由配置的视图。在实际绘图过程中，为了合理利用图纸，各基本视图可以不按图6-2所示的位置关系配置，而是移位自由配置。

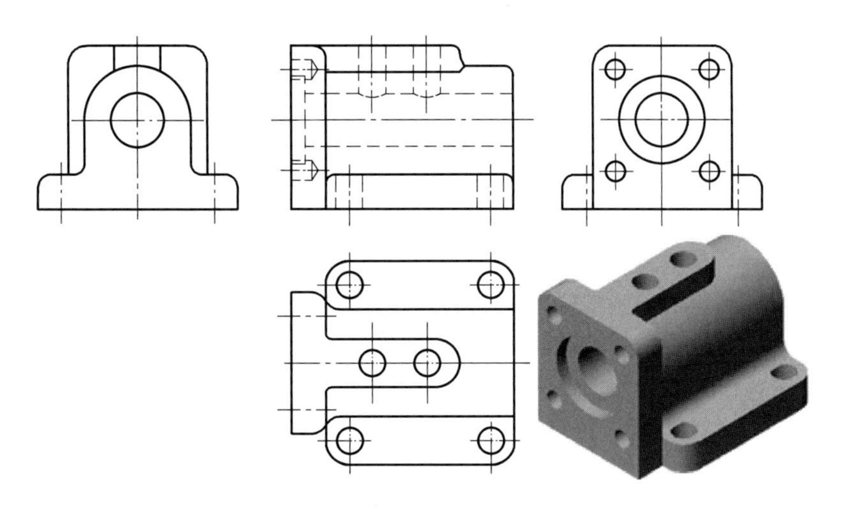

图6-3　阀体的基本视图表达

为了便于读图，向视图必须进行标注。在视图的上方用大写拉丁字母标注出视图的名称“×”（×字母一律水平书写，且较图中所注尺寸的数字大一号或二号），在相应视图附近用箭头指明投射方向（箭头比所注尺寸的箭头大一倍或二倍），并标注相同的字母，如图6-4所示。

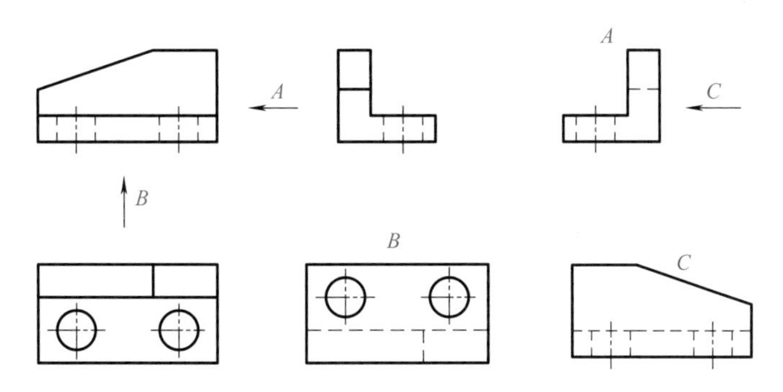

图6-4　向视图及其标注

向视图是基本视图的另一种表达方式，是移位配置的基本视图，其投射方向应与基本视图的投射方向一一对应，表示投射方向的箭头应尽可能配置在主视图上，而表示后视图投射方向的箭头可配置在左视图或右视图上。

三、局部视图

局部视图是将机件的某一部分向基本投影面投射所得到的视图。

如图6-5所示，主、俯视图已将机件的主体结构表示清楚，尚缺左右两凸缘的形状。将两凸缘分别向两基本投影面投射（图中*A*与*B*箭头所指），便得*A*与*B*两个局部视图。两个局部视图清楚地表示了凸缘的形状，分别替代了左、右两个基本视图，达到了既清楚表达局部结构，又不重复表达主体结构形状的目的。

局部视图尽量配置在箭头所指的投射方向上，并画在有关视图附近，以便于看图，如图6-5所示中*A*局部视图；也可以按第三角画法配置在视图上所需表示的局部结构附近，并用细点画线将两者相连，无中心线的图形可用细实线联系两图，如图6-6所示；必要时也允

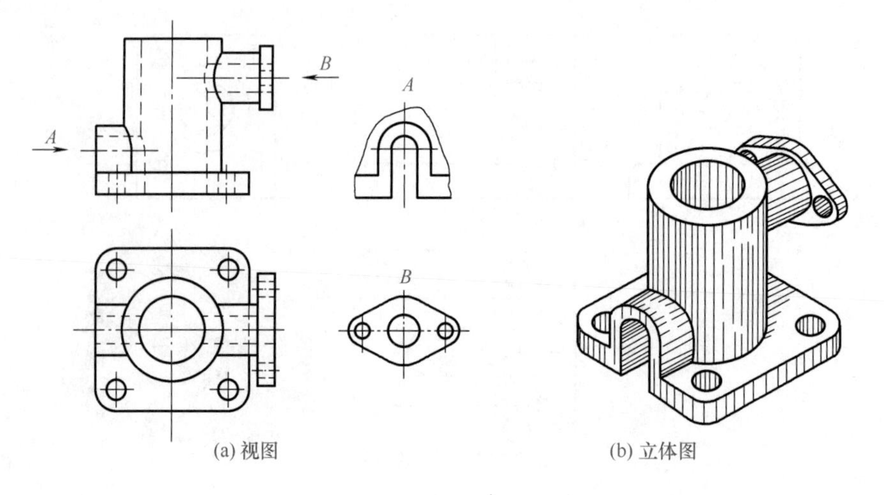

(a) 视图　　(b) 立体图

图6-5　局部视图

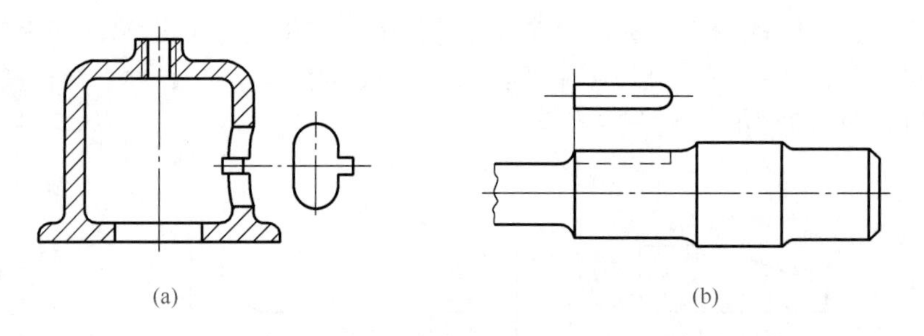
(a)　　(b)

图6-6　局部视图按第三角画法配置

许配置在其他位置，以便于布置图面，如图6-5所示中*B*局部视图。

局部视图的断裂边界以波浪线（或双折线）表示，如图6-5所示中*A*局部视图。当所表示的局部结构是完整的，且外轮廓线又封闭时，波浪线可省略不画，如图6-5所示中*B*局部视图。波浪线只能画在机件实体的断裂处，不能超越轮廓线或画在空洞处，如图6-7所示。

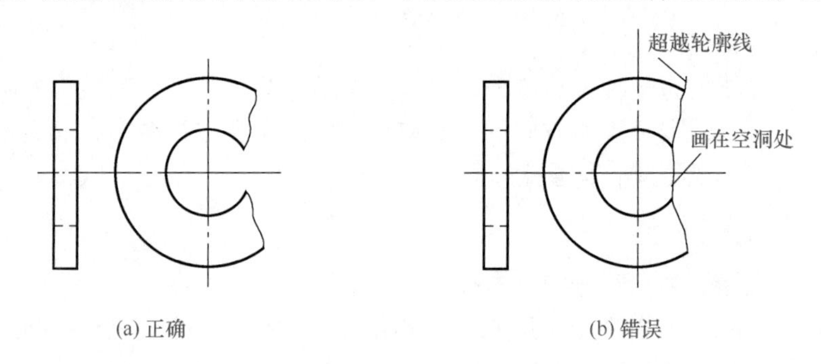

(a) 正确　　(b) 错误

图6-7　波浪线的正误画法

一般应在局部视图的上方标注视图名称“×”，并在相应的视图附近用箭头指明投射方向，注上同样的字母，如图6-5所示中的*A*局部视图。当局部视图与基本视图之间仍按投影关系配置，中间又无其他图形隔开时，标注可省略。如图6-5所示中主视图的“*A*”及下方的箭头与局部视图的“*A*”均可省略。按第三角画法配置的局部视图无需另行标注，如图6-6所示。

四、斜视图

斜视图是将机件向不平行于任何基本投影面的平面投射所得到的视图。

如图6-8所示，当机件上某部分的结构不平行于任何基本投影面，在基本视图上不能反映该部分的实形时，可选一个新的辅助投影面，使它与机件上倾斜部分的主要平面平行。然后将机件的倾斜部分向该辅助投影面投射，将此面连同其投影按投射方向旋转，重合于与它垂直的投影面，获得倾斜部分实形的视图，即斜视图。

如图6-8（b）所示，斜视图一般按投影关系配置，必要时，也可配置在其他位置。在不致引起误解时，允许将图形旋转成水平或垂直位置，如图6-8（c）所示。

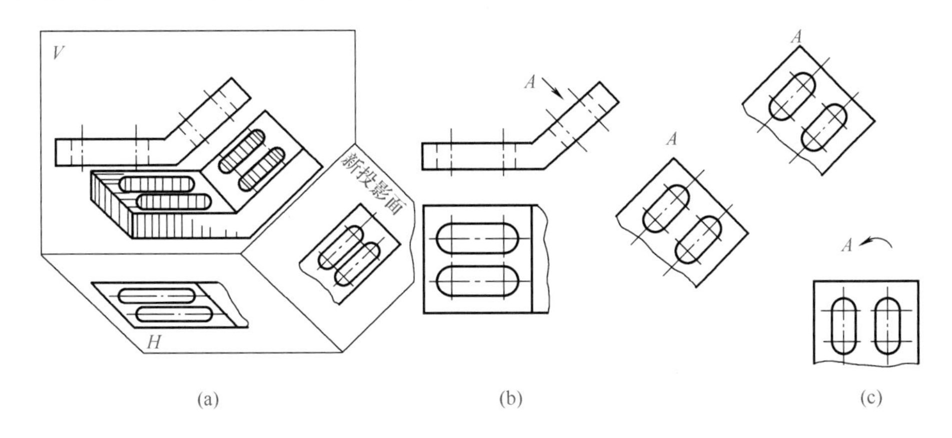

图6-8 斜视图（一）

由于斜视图只是为了表达倾斜部分的结构形状，画出了它的实形后，就不必再画出其余部分的投影，故常用波浪线（或双折线）将图形断开。此处波浪线的画法与局部视图中的画法相同。

斜视图一定要注明视图名称“×”，并在相应的视图附近用箭头指明投射方向，标注同样的字母，如图6-8（b）所示。如斜视图经旋转后画出，此时的标注形式为“×↶”，旋转符号的箭头指向应与旋转方向一致，表示该视图名称的字母应靠近旋转符号的箭头端，如图6-8（c）所示，也允许将旋转角度标注在字母之后，如图6-9所示。

旋转符号的画法如图6-10所示。

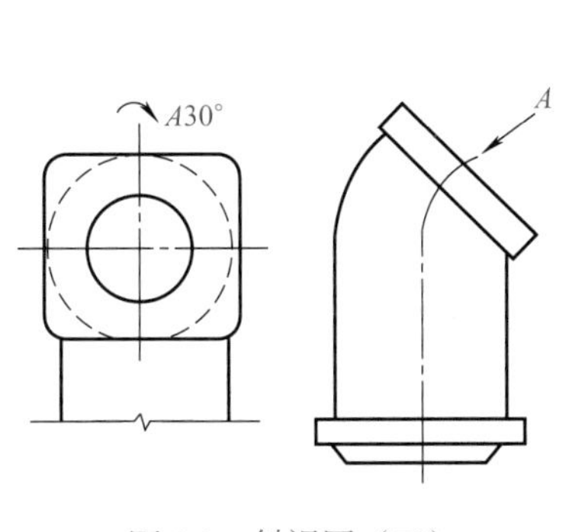

图6-9 斜视图（二）

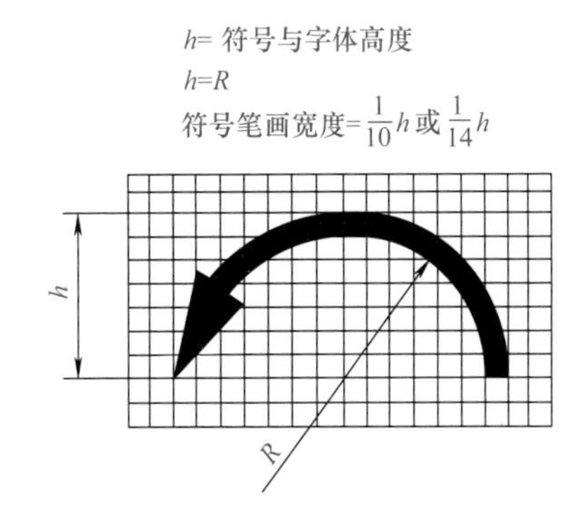

图6-10 旋转符号的画法

第二节　剖　视　图

一、剖视的基本概念

当机件内部形状比较复杂时，视图上就会出现很多虚线，这样既不利于看图，又不便于标注尺寸，如图6-11所示。

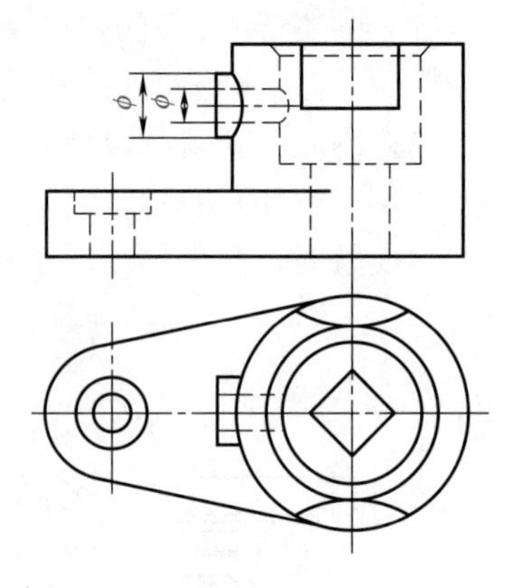

图6-11　视图

为了清楚地表达机件内部的结构形状，常采用剖视的方法。如图6-12所示，假想用剖切面（平面或曲面）剖开机件，移去处在观察者和剖切面中间的部分，将其余部分向投影面投射所得的图形，称为剖视图（简称剖视）。图6-12(a)、(b)表示用通过机件对称平面的正平面作为剖切平面剖切后，把主视图画成了剖视图。

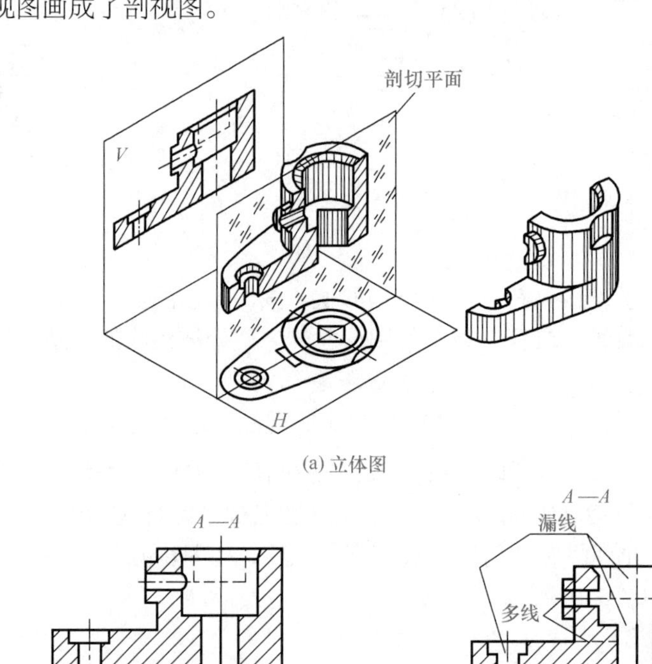

(a) 立体图

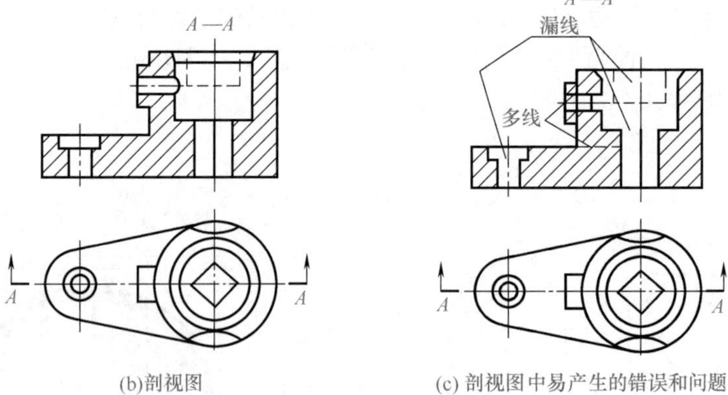

(b)剖视图　　(c) 剖视图中易产生的错误和问题

图6-12　剖视图的概念

二、剖视图的分类

按剖切面剖开机件范围的大小不同，剖视图分为全剖视图、半剖视图和局部剖视图，见表6-1。

表6-1　剖视图的分类

类别	说明
全剖视图	用剖切平面完全地剖开机件所得的剖视图称为全剖视图，如图6-12和图6-13所示 全剖视图主要用于内部结构比较复杂、外形比较简单的机件，或者用于外形虽然复杂但已在其他视图上表达清楚的机件。其标注规则同前文所述 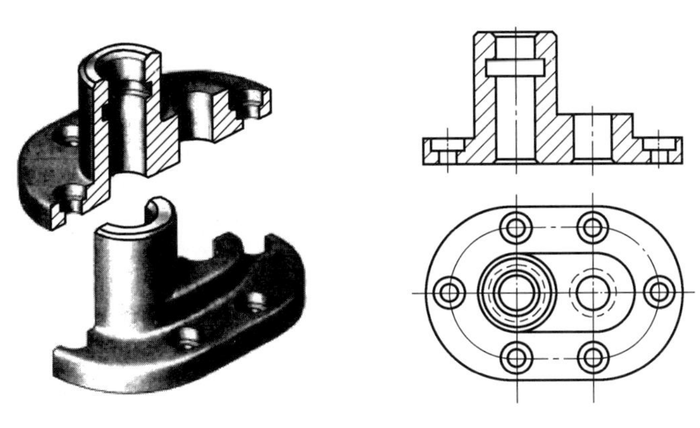 图6-13　全剖视图
半剖视图	当机件具有对称平面时，在垂直于对称平面的投影面上投影所得的图形，可以对称中心线为界，一半画成剖视图，另一半画成视图，这种剖视图称为半剖视图，如图6-14所示 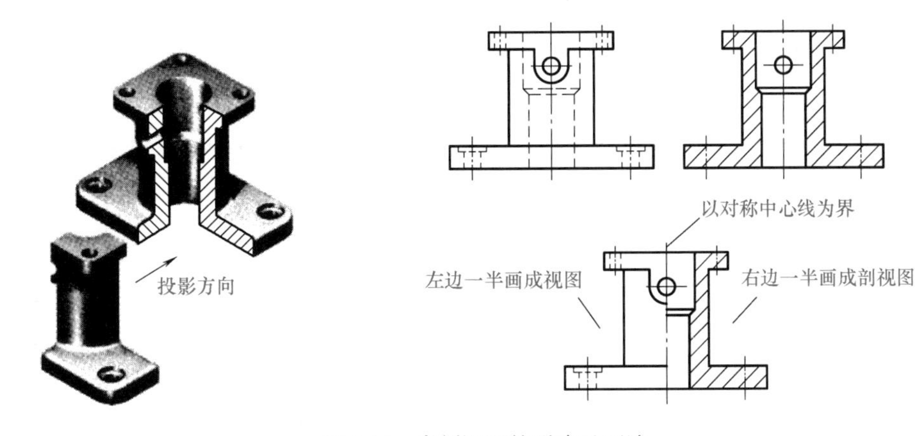 图6-14　半剖视图的形成及画法 半剖视图主要用于内、外结构形状都需要表达的对称机件，如图6-15所示。当机件的形状接近于对称，且不对称部分已另有图形表达清楚时，也可以画成半剖视图，如图6-16所示 画半剖视图时必须注意： ① 在半剖视图中，半个外形视图和半个剖视图的分界线应画成点画线，不能画成实线 ② 由于图形对称，在半个剖视图中已表达清楚的内部结构，在表达外部形状的半个视图中，虚线可以省略不画 ③ 主视图、左视图为半剖视图时，通常剖视部分位于对称线右侧，半剖的俯视图中剖视部分位于对称线的下方 半剖视图的标注规则与全剖视图相同

续表

类别	说明
半剖视图	投影方向 A—A 图6-15　半剖视图　　图6-16　基本对称机件的半剖视图
局部剖视图	用剖切平面局部地剖开机件所得的剖视图称为局部剖视图，如图6-17所示。机件局部剖切后，其视图部分与剖视图部分以波浪线为分界线 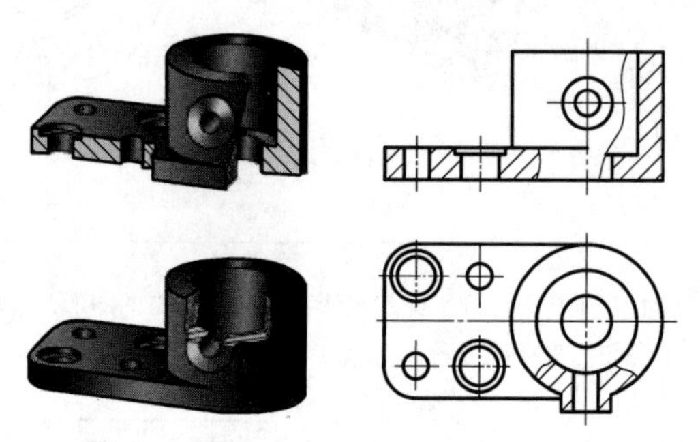 图6-17　局部剖视图 局部剖视是一种比较灵活的表达方法，不受图形是否对称的限制，剖切位置及剖切范围的大小可根据需要决定。常用于下列情况： ① 机件的外形简单，只有局部内形需要表达，不必画成全剖视时，如图6-18所示 ② 机件的内外形状均需表达，但因不对称而不能采用半剖视时，如图6-19所示 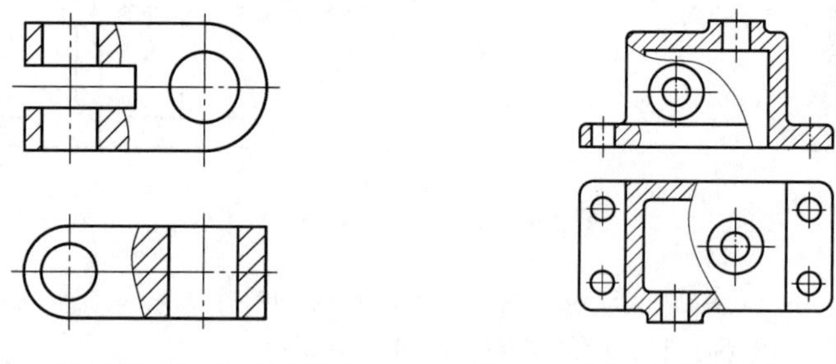 图6-18　局部剖视图表达内部结构　　图6-19　局部剖视图表达不对称机件 ③ 对称机件的轮廓线与对称中心线重合，不宜采用半剖视时，如图6-20所示 画局部剖视图时必须注意： ① 波浪线不应与图样上其他图线重合，如图6-21所示，也不得超出视图的轮廓线或通过中空部分，如图6-22所示

续表

类别	说明
局部剖视图	(a) 错误 (b) 正确 图6-20 局部剖视图表达对称机件 图6-21 局部剖视图的分界线 ② 机件上被剖结构是回转体时，可将该结构的中心线作为局部剖视图与视图的分界线，如图6-23所示 ③ 局部剖视图可以单独使用，也可以配合其他剖视使用。局部剖视图运用得好，可使图形简明清晰。但在一个视图中，局部剖切的数量不宜过多，否则会使图形过于破碎 ④ 对于剖切位置明显的局部剖视图，一般可省略标注。若剖切位置不够明显时，则应进行标注 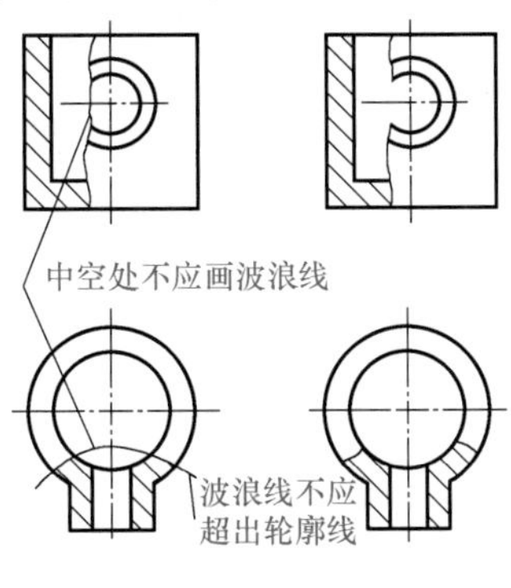 图6-22 局部剖视图波浪线画法 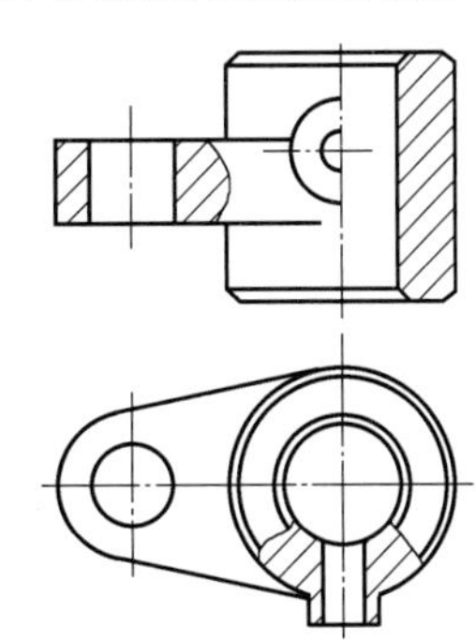 图6-23 中心线作为分界线

三、剖视图的画法及标注

（1）画剖视图的方法

① 确定剖切面的位置。画剖视图时，剖切面一般为平面。为了清晰地表达机件的内部结构，避免剖切后产生不完整的结构要素，剖切平面的位置应尽量与机件的对称面重合或通过机件上孔或槽的轴线、对称中心线，并且使剖切平面平行或垂直于某一投影面。对如图6-12（a）所示机件，当主视图采用剖视图时，用通过机件前后对称面的正平面作为剖切面。

② 画出剖切后的投影。剖开机件后，移去前半部分，并将剖切平面与机件相接触的截断面（剖面区域）的轮廓以及剖切平面后机件的剩余部分结构的可见部分，一并向正投影面投影。注意要仔细分析剩余部分的结构以及剖面区域的形状，以免画错或漏画。

③ 画剖面符号。在剖面区域内画上剖面符号。机件的剖面符号按国家相关标准规定，不同材料用不同的剖面符号表示。常用材料的剖面符号见表6-2。

表6-2 常用材料的剖面符号

材料名称	剖面符号	材料名称	剖面符号
金属材料（通用剖面符号）		木质胶合板	

续表

<table>
<tr><th colspan="2">材料名称</th><th>剖面符号</th><th>材料名称</th><th>剖面符号</th></tr>
<tr><td colspan="2">非金属材料(已有规定剖面符号者除外)</td><td></td><td>基础周围的泥土</td><td></td></tr>
<tr><td colspan="2">线圈绕组元件</td><td></td><td>混凝土</td><td></td></tr>
<tr><td colspan="2">转子、电枢、变压器、和电抗器等的硅钢片</td><td></td><td>钢筋混凝土</td><td></td></tr>
<tr><td colspan="2">型砂、粉末冶金、砂轮、陶瓷刀片、硬质合金刀片等</td><td></td><td>砖</td><td></td></tr>
<tr><td colspan="2">玻璃及供观察用的其他透明材料</td><td></td><td>格网(筛网、过滤网)</td><td></td></tr>
<tr><td rowspan="2">木材</td><td>纵断面</td><td></td><td rowspan="2">液体</td><td rowspan="2"></td></tr>
<tr><td>横断面</td><td></td></tr>
</table>

相关标准规定，若不需在剖面区域中表示材料的类别时，可采用通用剖面线表示。通用的剖面线应以间隔均匀的细实线绘制，其角度最好与图形的主要轮廓线或剖面区域的对称线成45°，如图6-24所示。剖面线间隔因剖面区域的大小而异，一般为2~4mm。剖面区域内，标注数字、字母等处的剖面线必须断开。同一机件在各剖视图中，所有的剖面线方向和间隔必须一致。当画出的剖面线与图形中的主要轮廓线或剖面区域的对称线平行时，该图形的剖面线可画成与图形中的主要轮廓线或剖面区域的对称线成30°或60°的平行线，但其倾斜方向仍与其他图形的剖面线一致，如图6-25所示。

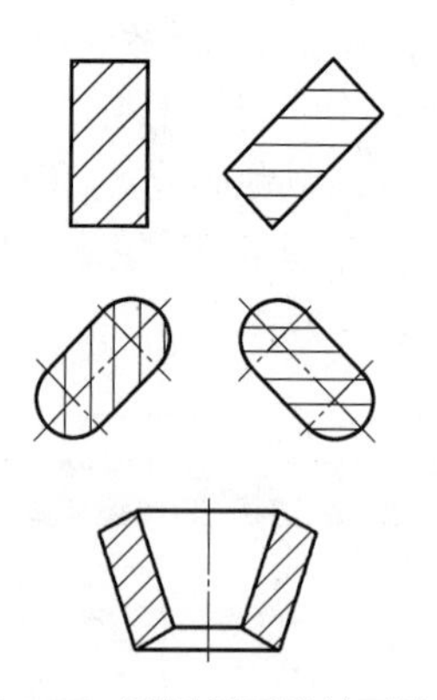

图6-24　通用剖面线的画法

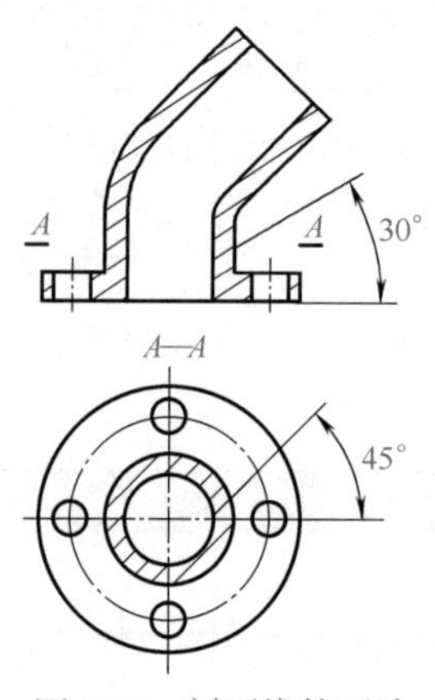

图6-25　剖面线的画法

（2）剖视图的标注

标注的目的是在看图时了解剖切位置和投射方向，便于找出投影的对应关系。一般情况下，应在图标上标注剖切平面的位置及名称、投射方向及剖视图的名称。

① 剖切符号。在与剖视图相对应的视图上，用剖切符号（线宽1~1.5*b*、长度约为5mm的断开粗实线）标出剖切位置，并尽可能不与图形轮廓线相交。

② 投射方向。在剖切符号的起讫处，用箭头画出投射方向，箭头应与剖切符号垂直。

③ 剖视图名称。在剖切符号的起讫和转折处，用水平的大写拉丁字母标出，但当转折处位置有限又不致引起误解时，允许省略标注。在相应的剖视图上方用相同的字母标出剖视图的名称“×—×”，如图6-26所示的*A*—*A*剖视图。

④ 省略或简化标注。剖视图在下列情况下可以省略或简化标注：

a. 当剖视图按投影关系配置，中间又没有其他图形隔开时，可以省略箭头。如图6-25所示的*A*—*A*剖视图。

b. 当单一剖切平面通过机件的对称面或基本对称的平面，且剖视图按投影关系配置，中间又没有其他图形隔开时，可以省略标注。见图6-12（b）、图6-26所示的剖视图，其剖切符号、剖视名称和箭头均可以省略。

（3）画剖视图时应注意的问题

剖视图中极易多画或漏画某些图线，务必请初学者注意。易多画的线为剖切平面前的可见轮廓线和剖切平面后的可以省略的轮廓线（虚线）；易漏画的线为分界线、台阶面的积聚性投影和内腔的交线。剖视图中易产生的错误和问题如图6-12（c）所示。

剖视图中，在剖切平面所接触的机体实体部分（亦称剖面区域）上应画出剖切符号。

① 由于剖视图是假想把机件剖开，所以当一个视图画成剖视图时，其他视图的投影不受影响，仍按完整的机件画出，如图6-27所示。

② 剖切平面后面的可见部分应全部画出，不能遗漏，如图6-27所示。剖切平面后的可见轮廓线均用粗实线画出，不可见轮廓线仍用虚线画出。

③ 在剖视图中，对于已经表达清楚的内部不可见结构，其虚线一般省略不画。在其他视图上，虚线的问题也按同样原则处理。只有对于没有表达清楚的不可见结构，才画出虚线。如图6-27所示。

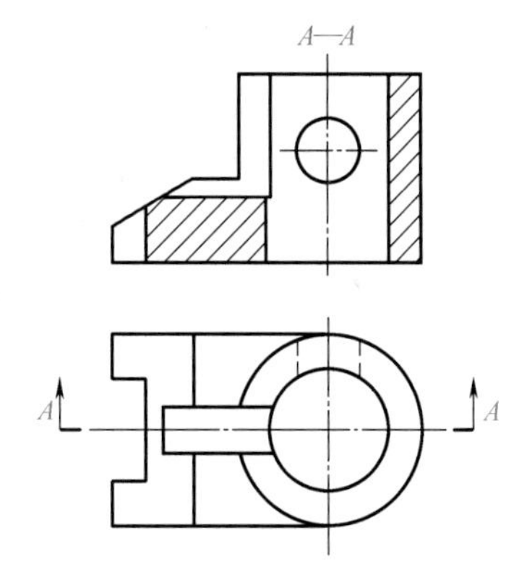

图6-26 剖视图的标注

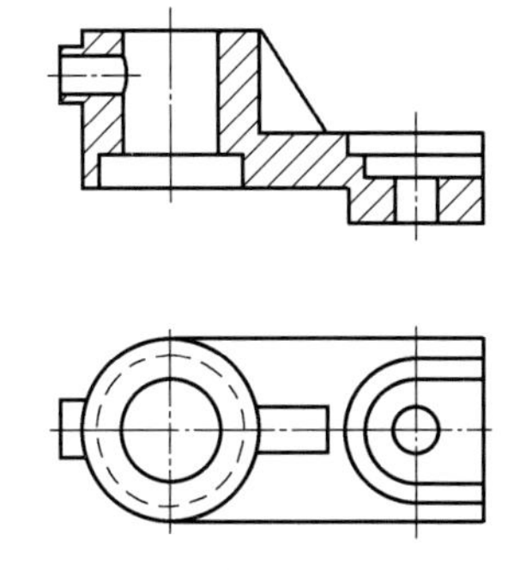

图6-27 剖视图正确画法

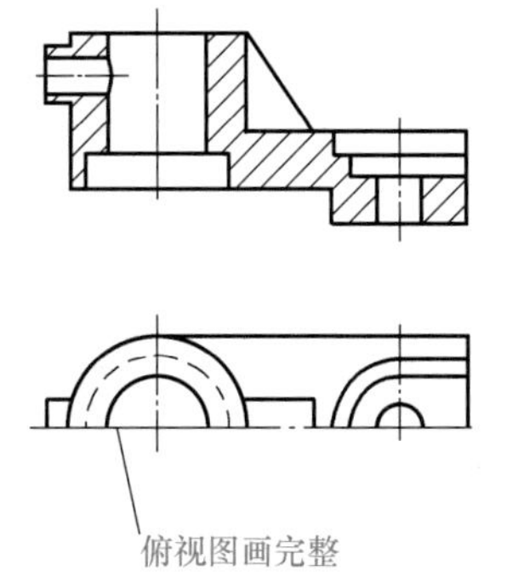

图6-28 剖视图俯视图错误画法

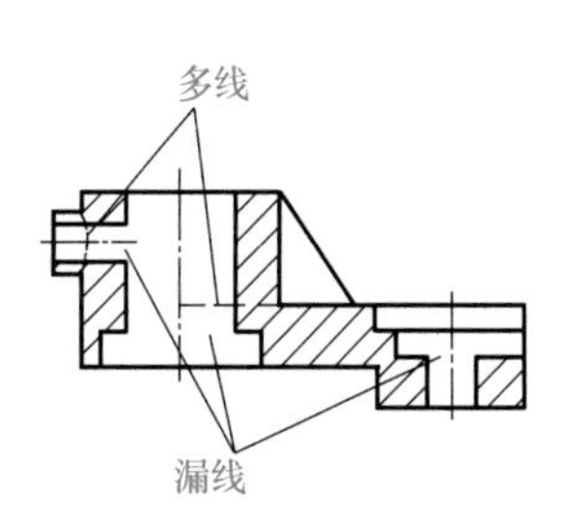

图6-29 剖视图多线与漏线的错误画法

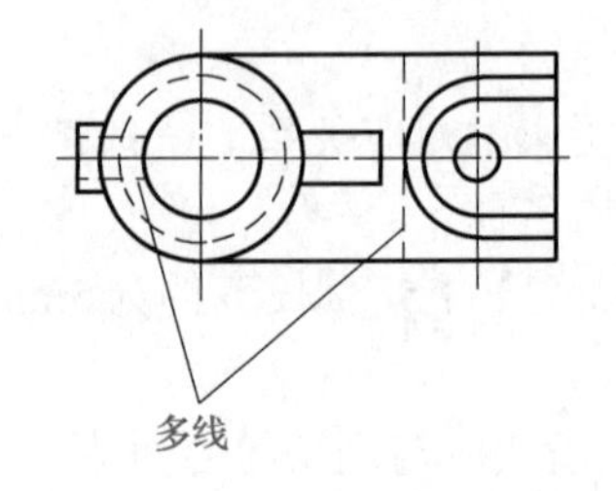

图6-30　剖视图多线的错误画法

在剖视图中容易产生的错误和问题如图6-28、图6-29、图6-30所示。

四、剖切平面的种类及剖切方法

根据剖切平面的位置和数量的不同，可以得到各种剖切方法。

（一）单一剖切平面

（1）平行于某一基本投影面的剖切平面

当机件上需表达的结构均在平行于基本投影面的同一轴线或同一平面上时，常用与该基本投影面平行的单一剖切平面剖切。前面所讲述的各种剖视图图例都是用这种剖切方法画出的。这是最常用的剖视图。

（2）不平行于任何基本投影面的剖切平面

当机件上需表达的内部结构呈倾斜状态，在基本投影面上不能反映实形时，可用一个与倾斜部分的主要平面平行且不平行于任何基本投影面的平面剖切，再投影到与剖切平面平行的投影面上，即可得到该倾斜部分内部结构的实形，这种剖切方法称为斜剖。如图6-31（b）所示的*A*—*A*全剖视图就是用单一的斜剖切平面剖切画出的，它表达了机件上倾斜部分的内部结构及宽度。

用斜剖得到的剖视图必须按规定标注，如图6-31所示。画此类剖视图时，一般应按投影关系配置在与剖切符号相对应的位置，必要时也可以将剖视图配置在其他适当位置，在不致引起误解时，允许将图形旋转，但必须在旋转后的剖视图上方指明旋转方向，并水平标注字母，如图6-28（c）所示，也可以将旋转角度值标注在字母之后。

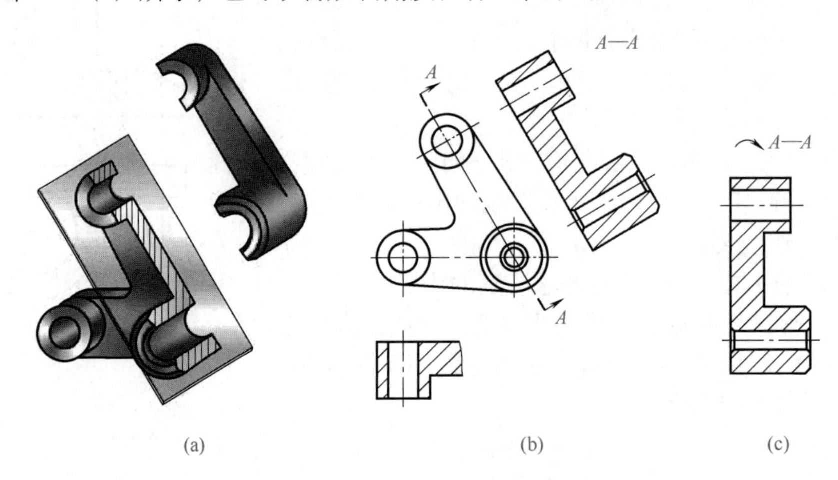

图6-31　用不平行于任何基本投影面的单一剖切平面剖切

（3）斜剖示例

例1：识读如图6-32所示机件，采用斜剖画出的剖视图。

① 分析。这组图包含主视图、局部视图（俯视），它们按投影关系配置，可不加标注；包含斜视图*A*，未按投影关系配置。

B—*B*剖视图是采用斜剖画出的，其画图过程是：

剖——用正垂面*B*剖开机件，其经过路线见主视图中的剖切符号。

移——移走机件左侧大部。

画——将机件剩余部分画在与剖切平面B平行的投影面上，然后将投影面展开与V面平行。B—B剖视图按投影关系配置。注意：图6-32中的剖面线与水平面成30°角。

标——标注见图6-32。

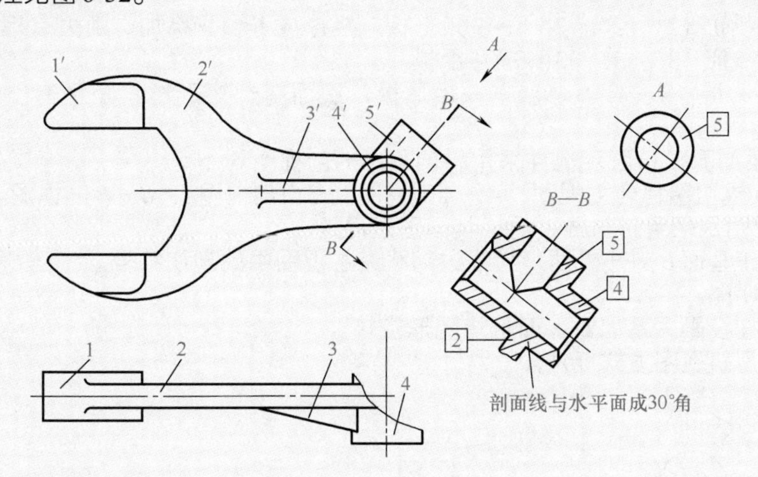

图6-32　机件的一组图形（一）

② 机件结构说明。此件由五部分组合。

第一部分：Ⅰ（1、1′）——近似半圆柱体，两个。

第二部分：Ⅱ（2、2′、[2]）——板，左端呈U形。

第三部分：Ⅲ（3、3′）——肋板，三棱柱。

第四部分：Ⅳ（4、4′、[4]）——圆筒，内孔口部倒角。

第五部分：Ⅴ（5′、[5]）——圆筒，与圆筒Ⅳ相贯，位于圆筒Ⅳ上部和后部。

圆筒Ⅳ、Ⅴ内孔和外圆直径都相等。

例2：识读如图6-33所示机件采用斜剖画出的剖视图。

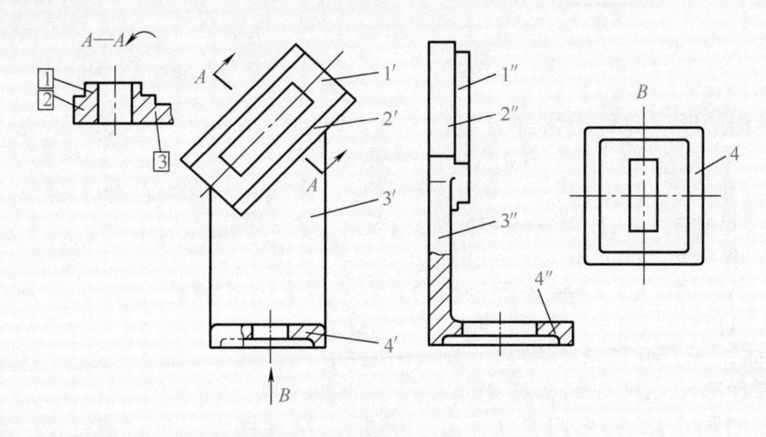

图6-33　机件的一组图形（二）

① 分析。这组图包含主视图（含局部剖视图）、左视图（也含局部剖视图）、局部视图B（仰视）和剖视图A—A。

A—A剖视图是采用斜剖画出的，其画图过程是：

剖——用正垂面A剖开机件，其经过路线见主视图中剖切符号。

移——说明略。

画——未按投影关系配置，并且将图形旋转。

标——在转正后的剖视图上方像斜视图那样加以标注。

② 机件结构说明。此件由四部分组合。

第一部分：Ⅰ（1′、1″、[1]）——矩形板。

第二部分：Ⅱ（2′、2″、[2]）——矩形板，矩形板Ⅰ和Ⅱ叠加，中央有矩形孔贯穿。

第三部分：Ⅲ（3′、3″、[3]）——平板。

第四部分：Ⅳ（4、4′、4″）——矩形板，底面有一矩形坑，顶面有一矩形孔连通矩形坑。

例3：识读如图6-34所示机件采用斜剖画出的剖视图。

① 分析。这组图包含主视图、*A*—*A*剖视图（*H*面剖视图）、*B*—*B*剖视图。

B—*B*剖视图是采用斜剖画出的，其画图过程是：

剖——用正垂面*B*剖开机件，其经过路线见主视图中的剖切符号。

移——说明略。

画——未按投影关系配置，而且将图形旋转。

标——采用斜视图方式标注。

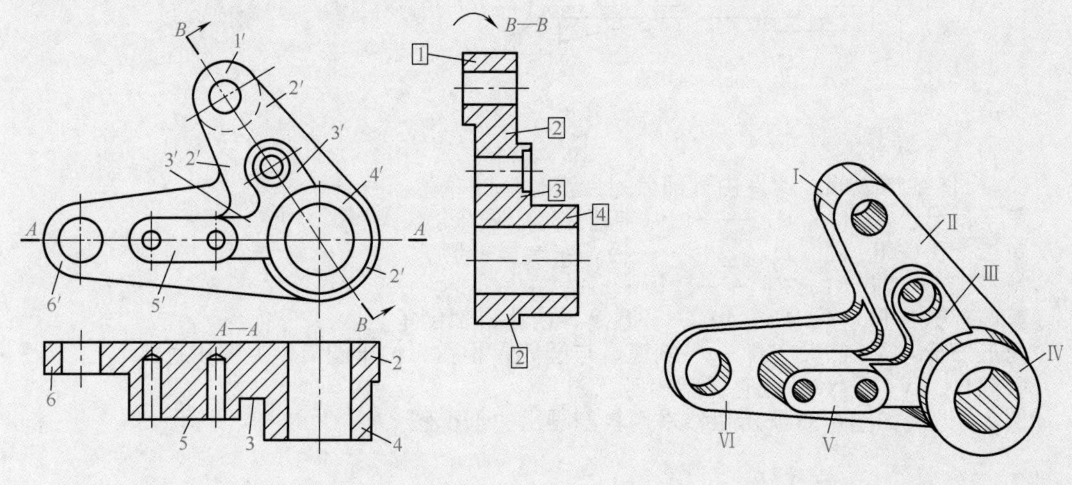

图6-34　机件的一组图形（三）

图6-35　机件立体图（一）

② 机件结构说明。此件由六部分组合。

第一部分：Ⅰ（1′、[1]）——圆凸台，中央有一孔。

第二部分：Ⅱ（2、2′、[2]）——板，琵琶形，顶端有一孔与凸台Ⅰ相通。

第三部分：Ⅲ（3、3′、[3]）——板，呈V形，有一沉孔。

第四部分：Ⅳ（4、4′、[4]）——圆筒。

第五部分：Ⅴ（5、5′）——长圆形凸台，钻有两孔（不通孔）。

第六部分：Ⅵ（6、6′）——板，左端有一孔。

如图6-35所示为系此件的立体图，供读者参阅。

例4：识读如图6-36所示机件采用斜剖画出的剖视图。

① 分析。如图6-36（a）包含主视图（含局部剖视图*B*—*B*）、俯视图（含局部剖视图*A*—*A*）和剖视图*C*—*C*（采用斜剖）。

C—*C*剖视图的画图过程是：

剖——用正垂面*C*剖开机件，其经过路线见主视图中的剖切符号。

移——说明略。

画——未按投影关系配置，图6-36（a）中剖面线与水平面成30°。

标——见图6-36（a）。

② 机件结构说明。此件由四部分组合。

第一部分：Ⅰ（1、1′）——平板，上有沉孔两组，光孔两个。

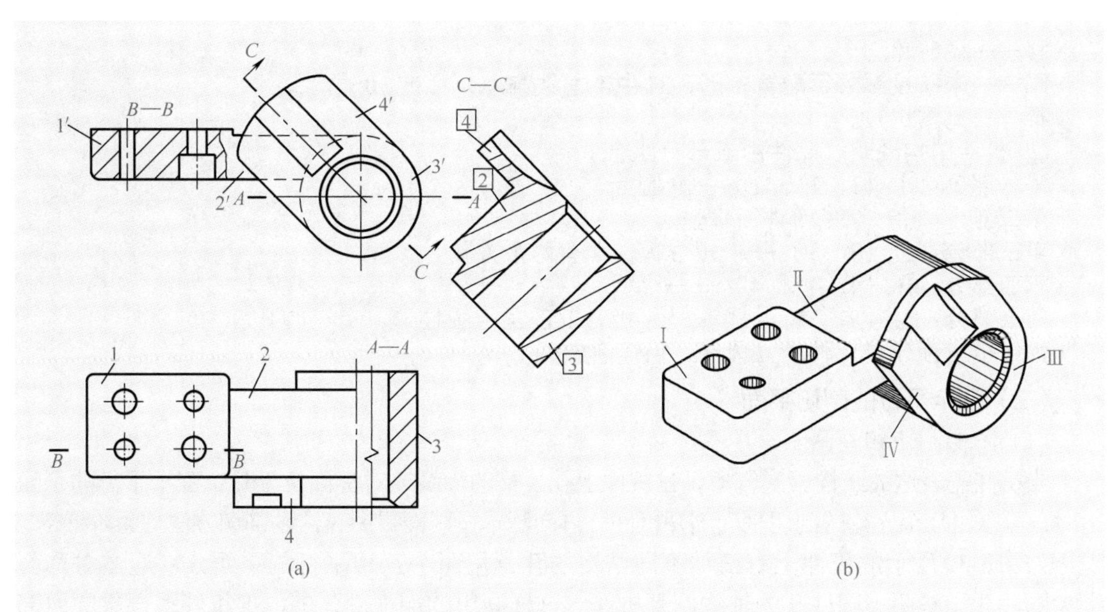

图6-36　机件的一组图形（四）

第二部分：Ⅱ（2、2′、2）——平板，较板Ⅰ薄。

第三部分：Ⅲ（3、3′、3）——圆筒，孔口前端倒角。

第四部分：Ⅳ（4、4′、4）——平板，上端侧面呈弧形，前有一槽，槽底呈曲面，平板前面与圆筒Ⅲ的前端面平齐，其后面贴板Ⅱ前面。

如图6-36（b）所示是此件的立体图，供参阅。

例5：识读如图6-37所示机件采用斜剖画出的剖视图。

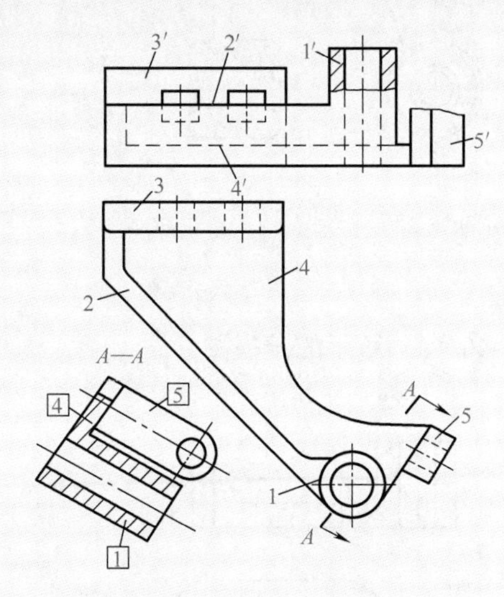

图6-37　机件的一组图形（五）

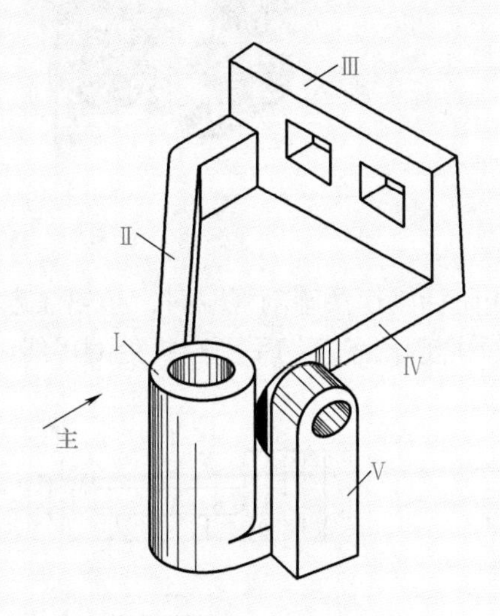

图6-38　机件立体图（二）

① 分析。这组图包含主视图、俯视图和A—A剖视图。主视图可看作是局部视图，因为右侧的机件结构未全部画出，用波浪线将其省略了。在主视图中还有一处局部剖视图，以显示圆筒Ⅰ内形。因其剖切位置容易推知，故未做标注。A—A剖视图是采用斜剖画出的，其画图过程是：

剖——用铅垂面A剖开机件，其经过路线见俯视图中的剖切符号。

移——说明略。
画——未按投影关系配置，图6-37中剖面线与水平面成30°角。
标——见图6-37。
② 机件结构说明。此件由五部分组合。
第一部分：Ⅰ（1、1′、[1]）——圆筒。
第二部分：Ⅱ（2、2′）——弯板。
第三部分：Ⅲ（3、3′）——矩形板，上有两个方孔。
第四部分：Ⅳ（4、4′、[4]）——平板。
第五部分：Ⅴ（5、5′、[5]）——平板，上部呈半圆柱形，有一圆孔。
如图6-38所示是此件的立体图，供读者参阅。

（二）几个平行的剖切平面

（1）阶梯剖切和画图

当机件需表达的结构层次较多，且机件上孔、槽的轴线或对称面位于几个互相平行的平面上时，可以用几个平行的剖切平面剖开机件，再向基本投影面投影，这种剖切方法称为阶梯剖。

如图6-39所示的机件上有三种不同结构的孔，用两个互相平行的平面分别通过对称面上大圆柱孔和右侧小圆柱孔的轴线剖开机件。这样画出的剖视图，就能把机件多层次的内部结构完全表达清楚。

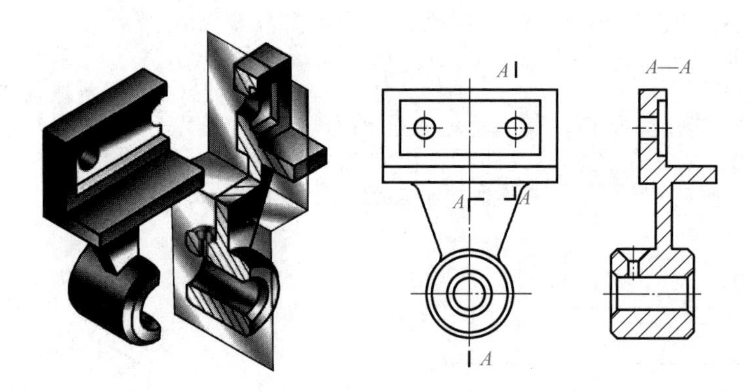

图6-39　用几个平行的剖切平面剖切

用阶梯剖切法画剖视图时，必须注意以下几点：

① 应画出各剖切平面转折处的界线，如图6-40（a）所示的俯视图。

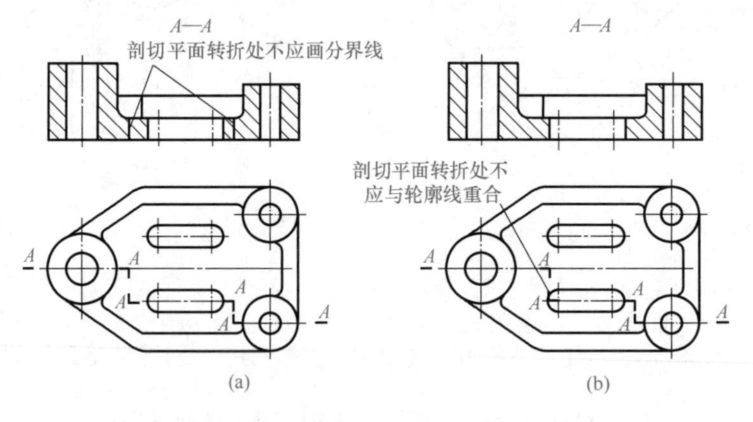

图6-40　用几个平行剖切平面剖切时常见的错误（一）

② 剖切平面的转折处不应与视图中的轮廓线重合，如图6-40（b）与图6-41（a）所示。

③ 在图形内不应出现不完整的要素，如图6-41（b）所示。只有当两个要素在图形上具有公共对称中心线或轴线时，可以对称中心线或轴线为界各画一半，如图6-42所示。

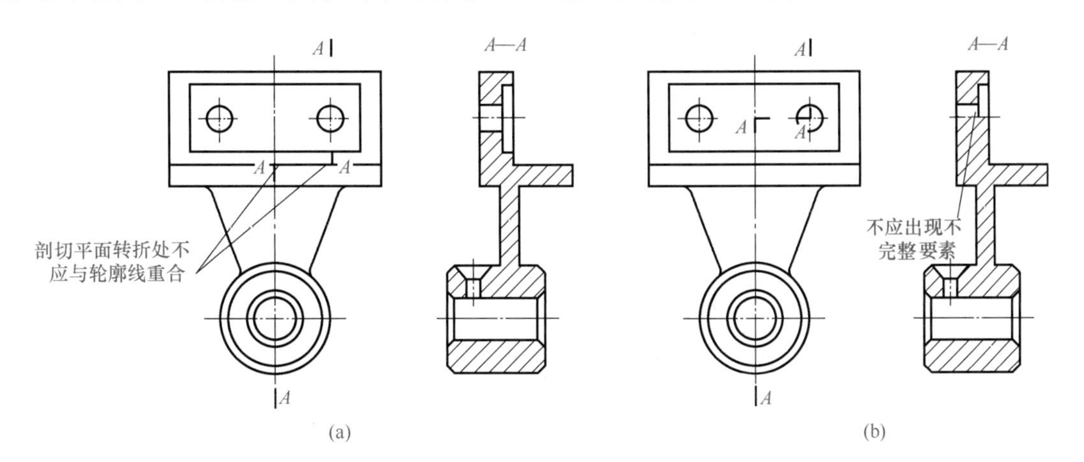

图6-41　用几个平行剖切平面剖切时常见的错误（二）

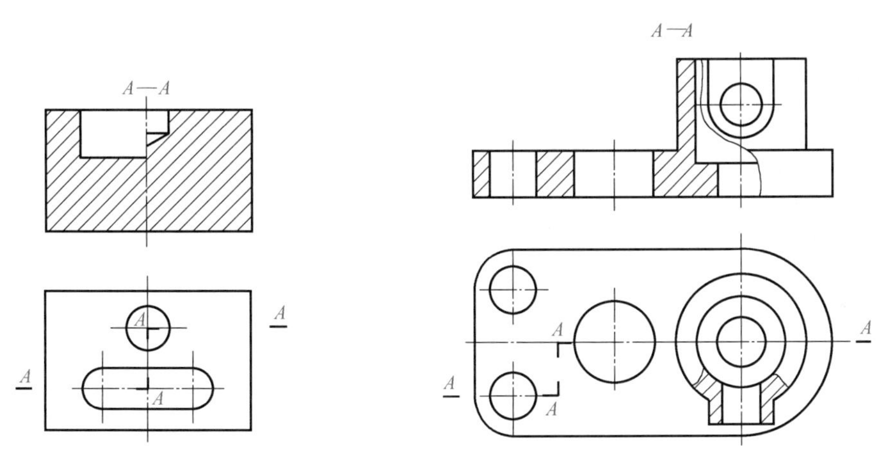

图6-42　具有公共对称线的画法　　图6-43　用两个平行平面剖切的局部剖视图

④ 所得剖视图必须标注，在剖切面的起讫和转折处画出剖切符号表示剖切位置，同时注上大写拉丁字母，并用箭头指明投射方向，在相应的剖视图上方用相同的字母标出剖视图的名称“×—×”，如图6-39所示（图6-39中省略了箭头）。

⑤ 如图6-43所示的主视图是用几个平行的剖切平面剖切获得的局部剖视图。

（2）阶梯剖示例

例6：识读如图6-44（a）所示机件采用阶梯剖画出的全剖视图，图中标有“!”的线不可漏画。

① 分析。此件由两部分组合：板和凸台。板的两侧各有一U形台阶槽，底面有一方坑。凸台有四个，分布于板的四角，皆有孔通底面，孔口倒角。凸台半径等于板的四圆角半径，因此，板的Q面与凸台圆柱面相切，相切处不能画线。板的P面在主视图中投影实线只能画到凸台轴线，剩下的画虚线。如图6-44（a）所示包含主、俯两视图，主视图应采用阶梯剖。

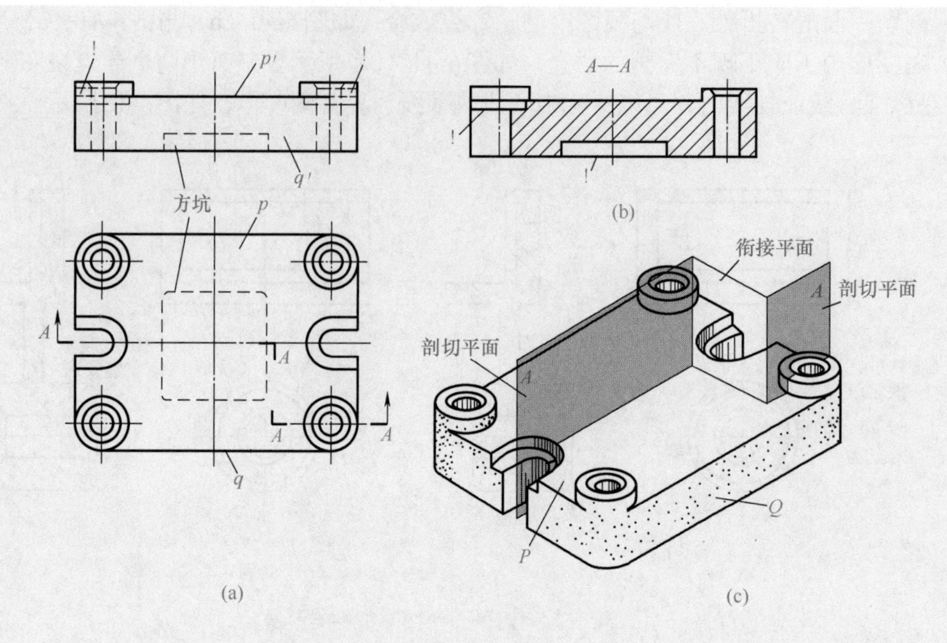

图6-44　机件视图、剖视图和立体图（一）

② *V*面全剖视图（*A—A*）如图6-44（b）、（c）所示，其画图过程是：

剖——使平行于*V*面的剖切平面通过U形槽的对称中心线，切完底部方坑后转到衔接平面再通过凸台轴线剖开机件，如图6-44（a）俯视图中的剖切符号所示。

移、画、标——说明略。

画*A—A*剖视图后，替代原主视图。

例7：识读如图6-45（a）所示机件采用阶梯剖画出的全剖视图，图中标有“！”的线不可漏画。

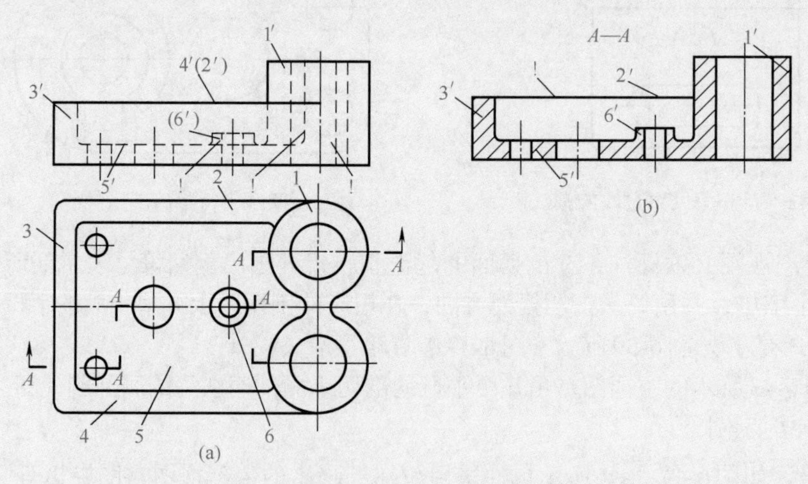

图6-45　机件视图和剖视图（一）

① 分析。此件由六部分组合。

第一部分：Ⅰ（1、1′）——圆筒，前后共有两个，它们的外圆相连。

第二部分：Ⅱ（2、2′）——板。

第三部分：Ⅲ（3、3′）——板。

第四部分：Ⅳ（4、4′）——板。

第五部分：Ⅴ（5、5′）——底板，其左侧两角各有一孔，对称中心线上有一孔。

第六部分：Ⅵ（6、6′）——凸台，有一孔通底板。

如图6-45（a）所示的主视图应采用阶梯剖。

② V面全剖视图（$A—A$）如图6-45（b）所示，其画图过程是：

剖——用三个平行于V面的剖切平面（衔接平面不计）剖开机件。其经过路线见俯视图中的剖切符号。

移、画、标——说明略。

画剖视$A—A$图后，替代原主视图。

例8：识读如图6-46（a）所示机件采用阶梯剖画出的全剖视图。

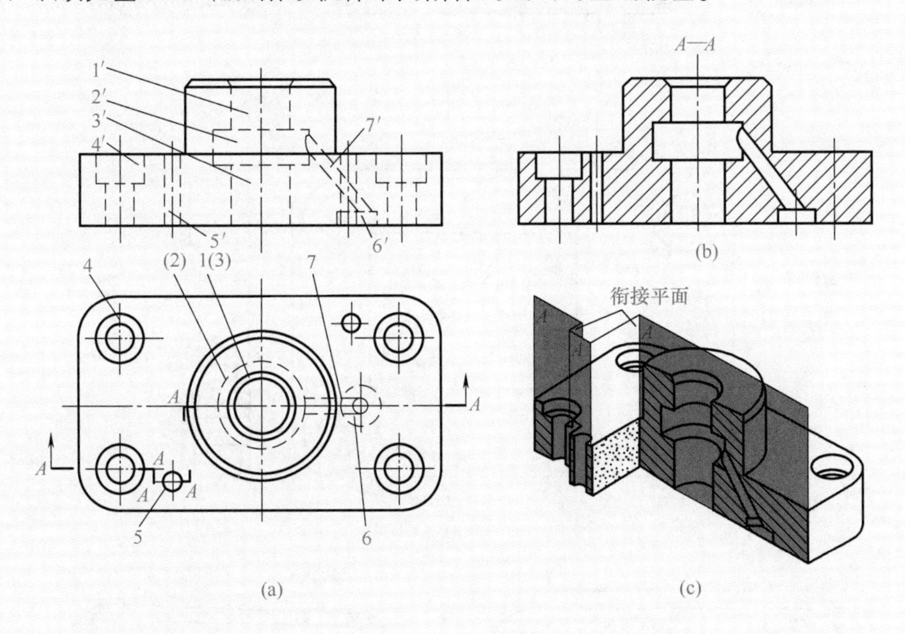

图6-46　机件视图、剖视图和立体图（二）

① 分析。此件由一圆筒体和一矩形底板组合。圆筒体内的孔分为三段。Ⅰ（1、1′）和Ⅲ（3、3′）直径相等，但孔Ⅰ口部有倒角，孔Ⅱ（2、2′）的直径较大，其右侧有一斜孔Ⅶ（7、7′）与矩形底板的圆坑Ⅵ（6、6′）相通。底板四角各有一沉孔Ⅳ（4、4′），另有光孔Ⅴ（5、5′）两个。如图6-46（a）所示的主视图应采用阶梯剖。

② V面全剖视图（$A—A$）如图6-46（b）、（c）所示，其画图过程是：

剖——用三个平行于V面的剖切平面剖开机件，其经过路线见俯视图中的剖切符号。

移、画、标——说明略。

画剖视图$A—A$后，替代原主视图。

例9：识读如图6-47（a）所示机件采用阶梯剖画出的全剖视图。

① 分析。如图6-47（a）包含主视图和三个单一剖切平面全剖视图$A—A$、$B—B$（以上两图相当于左视）、$C—C$（相当于右视）。如果将$A—A$剖视图改为阶梯剖，使其剖切平面经过凸台，则$C—C$剖视图就可删掉了。

如图6-47（a）、（c）所示机件由四部分组合。

第一部分：Ⅰ（1′、1″）——圆凸台，四个，分布于机件四角，各有一沉孔通到背面。

第二部分：Ⅱ（2′、2″）——矩形凸台，从$A—A$剖视图看出，矩形凸台左侧有较小的光孔三个（只剖到一个），较大的光孔一个，此光孔直通背面的凸台Ⅳ。从$B—B$剖视图可知，矩形凸台右侧有不通孔两个（只剖到一个），较大的光孔一个。

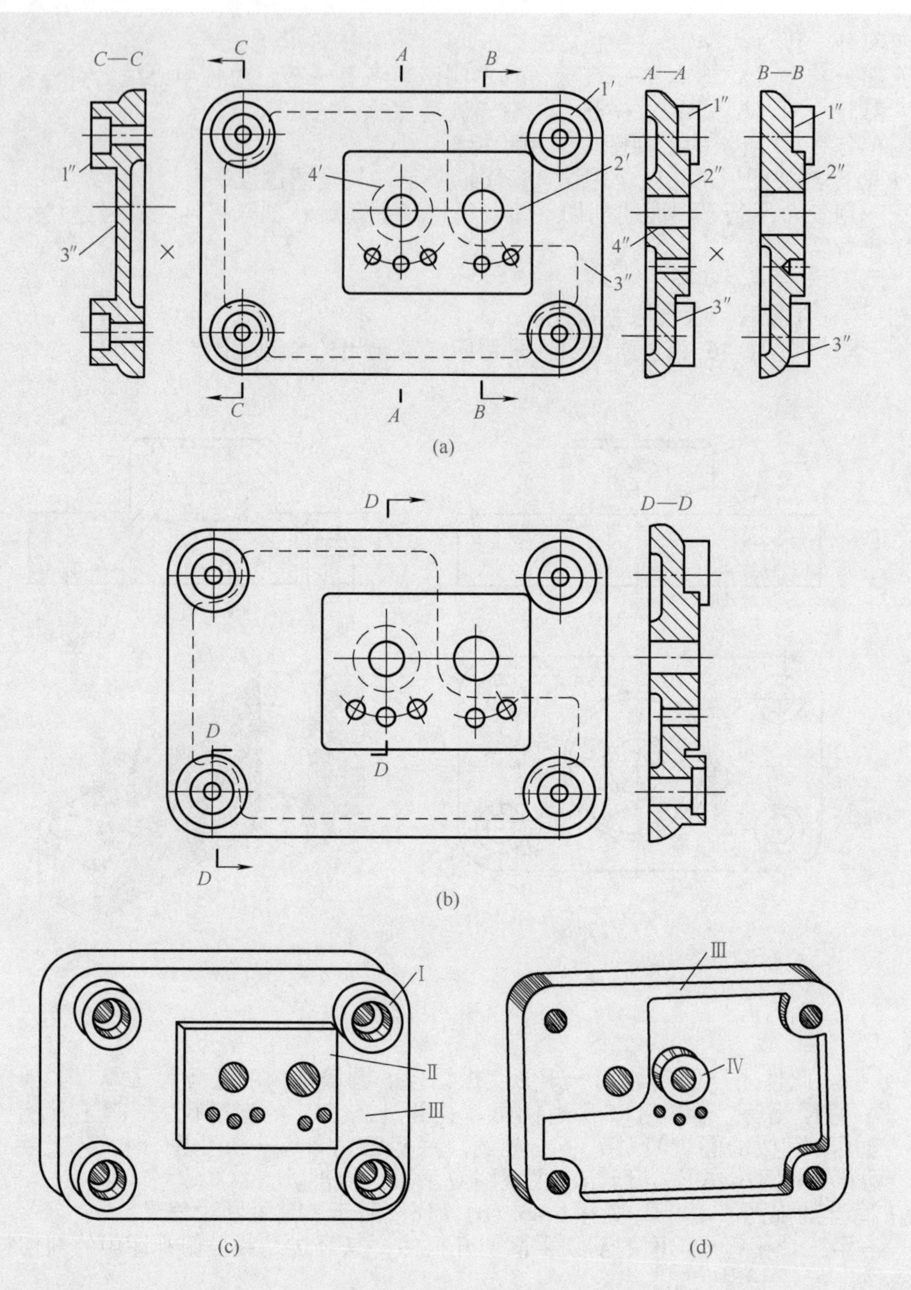

图6-47　机件视图、剖视图和立体图（三）

第三部分：Ⅲ（3′、3″）——矩形板，它的背面有一凹坑，凹坑的形状用细虚线显示在主视图中，凹坑的深度在剖视图*A*—*A*、*B*—*B*、*C*—*C*中都有表示。

第四部分：Ⅳ（4′、4″）——圆凸台，处于矩形板Ⅲ背面的凹坑中［如图6-47（d）所示］。

②将*A*—*A*剖视图改为阶梯剖的全剖视图*D*—*D*，如图6-47（b）所示，其画图过程是：

剖——剖切平面的经过路线见图6-47（b）主视图中的剖切符号。

移、画、标——说明略。

新的一组图包括：主视图、*D*—*D*和*B*—*B*剖视图。无*A*—*A*、*C*—*C*剖视图。

（三）几个相交的剖切平面

（1）几个相交的剖切平面剖切、画图注意事项及应用

当机件的内部结构用一个剖切平面不能表达完全，而其整体结构具有明显的回转轴线时，可以用几个相交的剖切面（交线垂直于某一基本投影面）剖开机件，并将那个不平行于投影面的剖切平面剖开的结构及其有关部分旋转到与选定的基本投影面平行后再进行投影，这种剖切方法称为旋转剖，如图6-48所示。

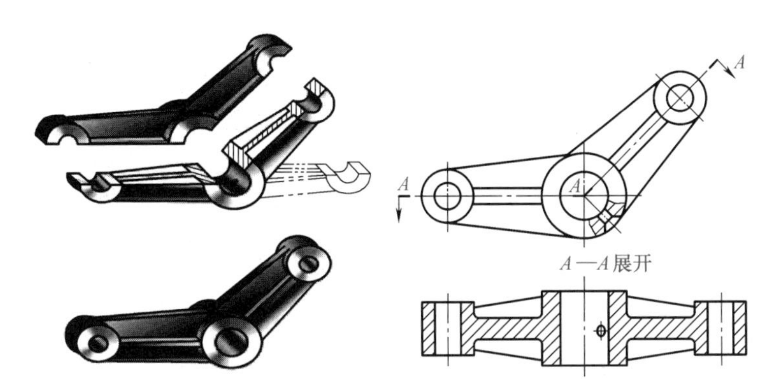

图6-48 用两个相交剖切平面剖切

用旋转剖切法画剖视图时，必须注意以下几点：

① 应用先剖切再旋转后投影的方法绘制剖视图。

② 位于剖切平面后的结构要素一般不应旋转，仍按原来位置投影，如图6-48所示的小油孔的两个投影。

③ 当剖切后产生不完整结构要素时，应将该部分按不剖画出，如图6-49所示。

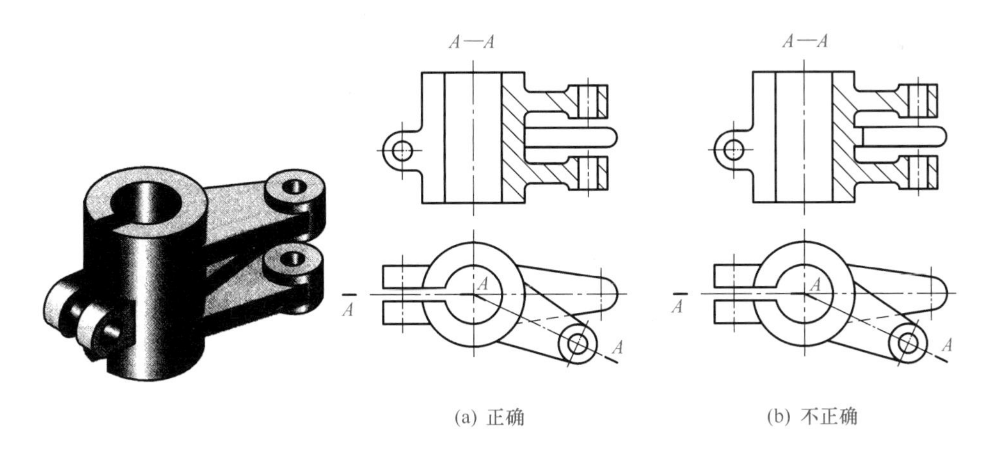

图6-49 用几个相交剖切平面剖切后产生不完整结构要素时的画法

④ 剖视图必须进行标注，如图6-48、图6-49所示。

⑤ 用旋转剖切同样可以获得半剖视图和局部剖视图。

这种剖切方法常用于下列情况：

① 盘盖类零件上孔、槽等的形状，如图6-50所示。

② 具有明显回转轴线的非回转面零件，如图6-48所示。

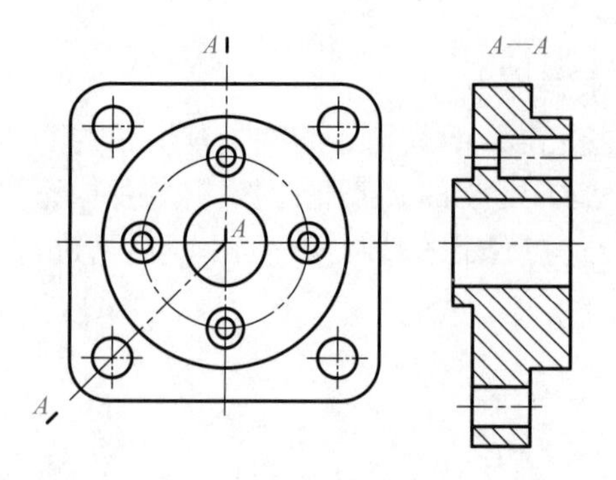

图6-50　用两个相交剖切平面剖切盘盖类零件

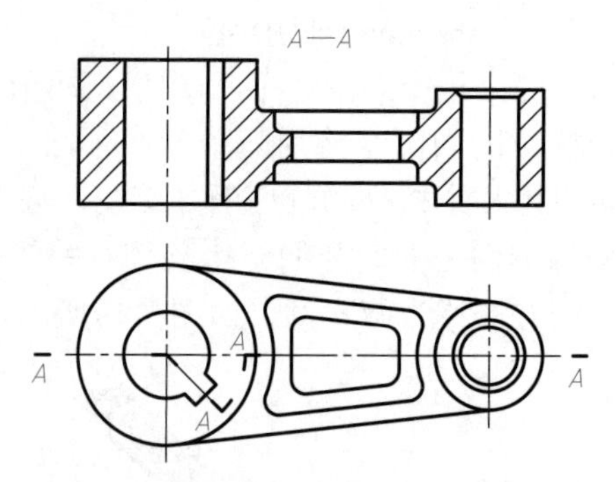

图6-51　用几个相交剖切平面剖切机件

当机件的内部结构较多，可采用两个以上相交的剖切面剖切，如图6-51所示。若需要把几个剖切面展开成与某一基本投影面平行后再投影，即采用展开画法，此时应在剖视图上方标注“×—×展开”，如图6-52所示。

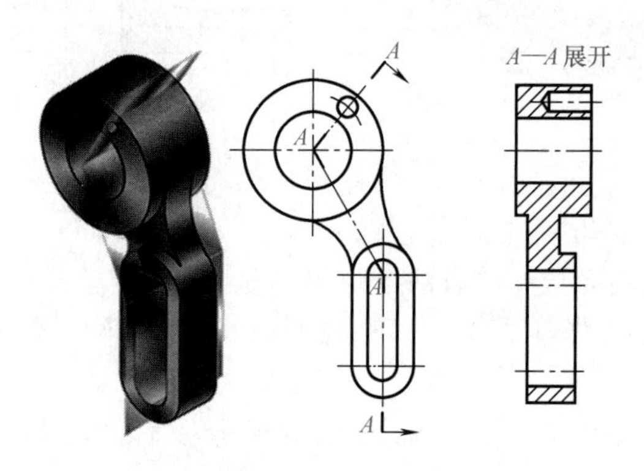

图6-52　展开画法

（2）用几个相交的剖切面剖切机件示例

例10：识读如图6-53（a）所示机件采用两个相交剖切平面剖切后画出的全剖视图。

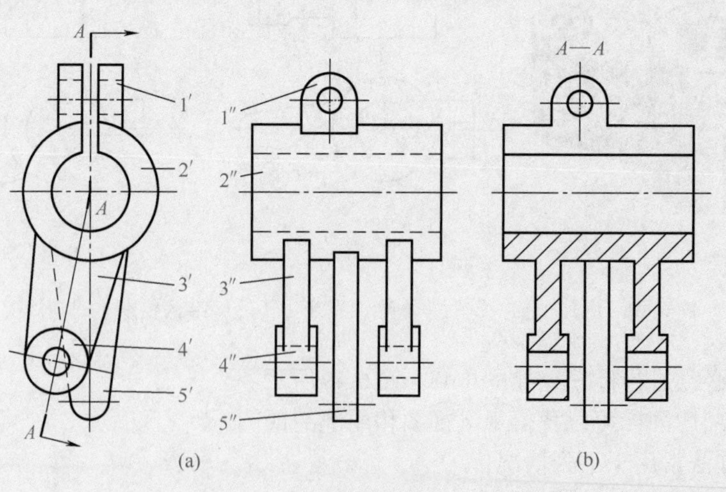

图6-53　机件视图和剖视图（二）

① 分析。此件由五部分组合。

第一部分：Ⅰ（1′、1″）——平板，两块，各有一孔。

第二部分：Ⅱ（2′、2″）——圆筒，上方有槽。

第三部分：Ⅲ（3′、3″）——平板，两块，与*W*面倾斜。

第四部分：Ⅳ（4′、4″）——圆筒，两个，位于平板Ⅲ末端。

第五部分：Ⅴ（5′、5″）——平板，与平板Ⅲ方向不一致。

如图6-53（a）所示中的主视图应保留，左视图应改为剖视图。

② *W*面全剖视图（*A—A*）如图6-53（b）所示，其画图过程是：

剖——用两个相交的剖切平面剖开机件，其经过路线见主视图中的剖切符号。两剖切平面的交线垂直于*V*面且与圆筒Ⅱ轴线重合。

移——说明略。

转——以圆筒Ⅱ轴线为轴，将被倾斜剖切平面剖到的结构旋转到与*W*面平行。

画——按旋转后的投影关系画图，平板Ⅲ在剖视图*A—A*中的长度要按它在主视图中的实际长度画。剖切平面从圆筒Ⅱ的槽子处剖开机件，没有“伤”到平板Ⅰ和圆筒Ⅱ的上壁，因此，在*A—A*剖视图中该处不画剖面线。另外，倾斜的剖切平面在剖平板Ⅲ和圆筒Ⅳ时，也剖到了平板Ⅴ的一部分，使平板Ⅴ变得不完整。这种情况下，平板Ⅴ应该按未剖处理，如*A—A*剖视图所示。其余说明略。

标——说明略。

画*A—A*剖视图后，替代原左视图。

例11：识读如图6-54（a）所示机件采用两个相交剖切平面剖切后画出的全剖视图。

① 分析。此件由五部分组合。

第一部分：Ⅰ（1、1″）——圆柱体，中央有方孔。

第二部分：Ⅱ（2、2″）——板，上有凹坑，凹坑形状见俯视图，凹坑深度见主视图。

第三部分：Ⅲ（3、3′）——圆筒。

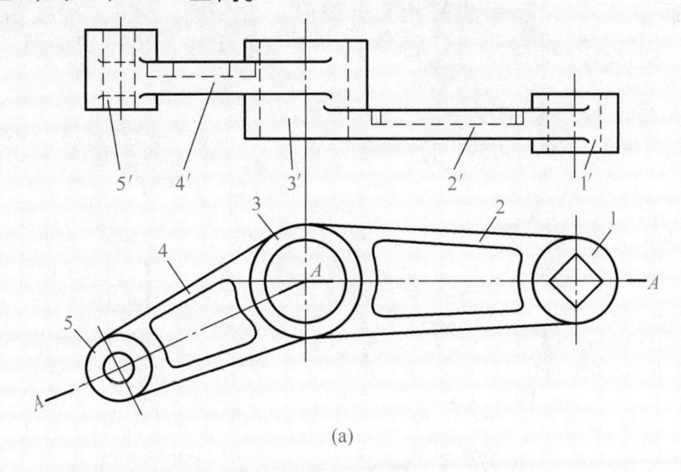

(a)

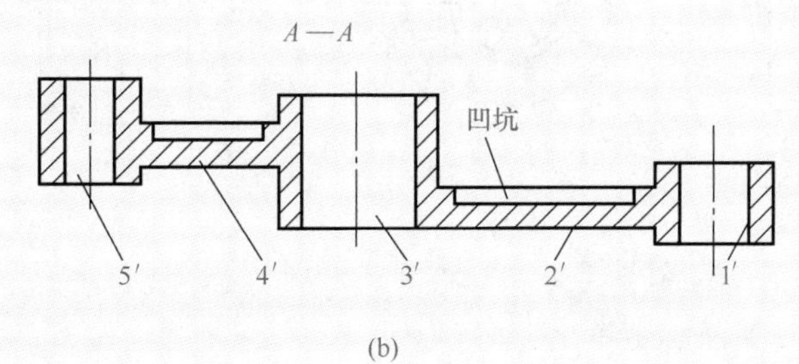

(b)

图6-54

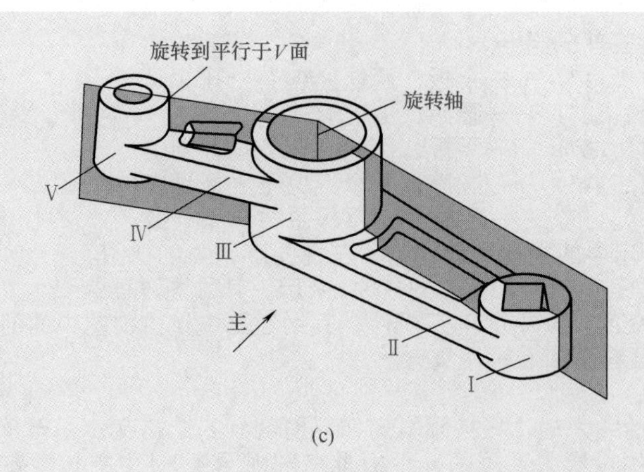

(c)

图6-54 机件视图、剖视图和立体图（四）

第四部分：Ⅳ（4、4′）——板，上有凹坑。

第五部分：Ⅴ（5、5′）——圆筒。

如图6-54（a）所示的俯视图应保留，主视图应改为剖视图。

② *V*面全剖视图（*A*—*A*）如图6-54（b）所示，其画图过程是：

剖——剖切平面经过路线见俯视图中的剖切符号。两剖切平面的交线垂直于*H*面且与圆筒Ⅲ轴线重合。

移——说明略。

转——旋转时以圆筒Ⅲ轴线为轴。其余说明略。

画——经过旋转后，圆筒Ⅴ在*A*—*A*剖视图和俯视图中的投影已不应对正。因剖切平面通过凹坑，板的凹坑处较薄，而板的其余部分厚度一致，所以*A*—*A*剖视图中标有“！”的线不可漏画。另外，圆柱Ⅰ中的方孔剖开后，中间有一条实线，也不可漏画。

标——说明略。

画*A*—*A*剖视图后，替代原主视图。

例12：识读如图6-55（a）所示机件采用两个相交剖切平面剖切后画出的全剖视图。

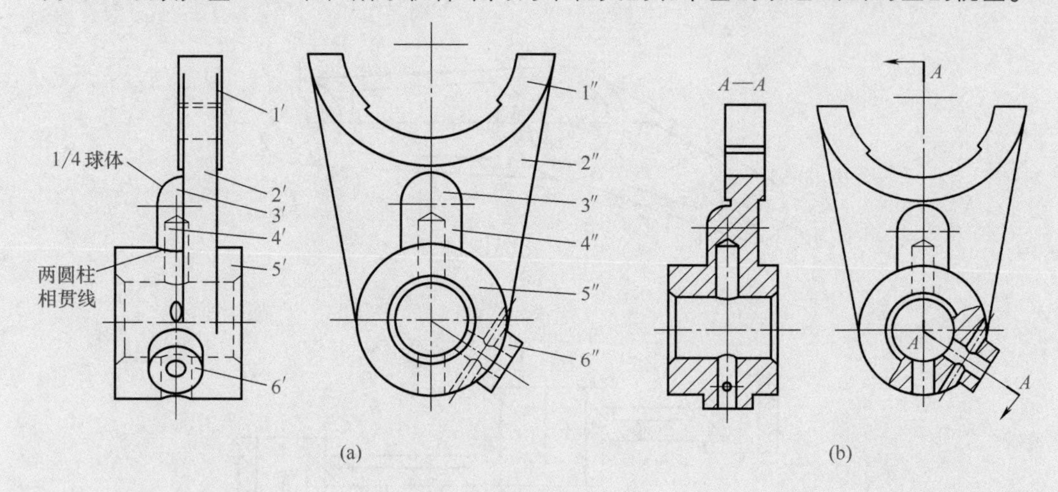

图6-55 机件视图和剖视图（三）

① 分析。此件由六部分组合。

第一部分：Ⅰ（1′、1″）——半圆筒，中间挖了一道弧形槽。

第二部分：Ⅱ（2′、2″）——平板，其前后侧面与半圆筒Ⅰ和圆筒Ⅴ相切。

第三部分：Ⅲ（3′、3″）——球体（1/4）。

第四部分：Ⅳ（4′、4″）——半圆柱体，它与球体Ⅲ相切。

第五部分：Ⅴ（5′、5″）——圆筒，其内孔两端倒角。从圆筒下面钻一孔，直达形体Ⅲ、Ⅳ，孔末端的三角形就是钻头残孔的投影。

第六部分：Ⅵ（6′、6″）——圆凸台，有一斜孔直通圆筒Ⅴ，在此斜孔的垂直方向又有一孔与之相通（见左视图）。图6-55（a）所示中，左视图中可作一局部剖视图显示斜孔结构，主视图则应改为全剖视图［如图6-55（b）所示］。

② V面全剖视图（A—A）如图6-55（b）所示，其画图过程是：

剖——两个相交的剖切平面的经过路线见左视图中的剖切符号。

移、转、画、标——说明略。

画图6-55（b）后，图6-55（a）全部被替代。

例13：识读图6-56（a）所示机件用三个相交的剖切平面剖切后画出的全剖视图。

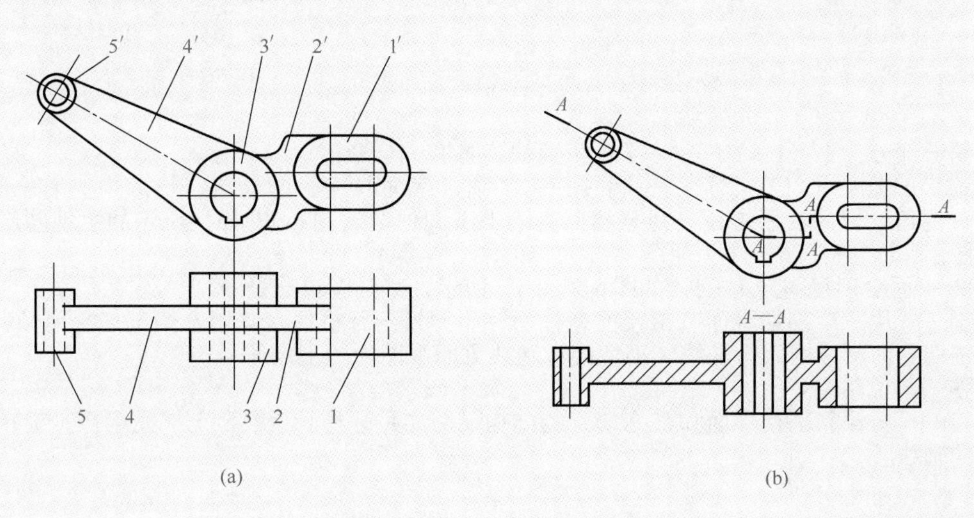

图6-56　机件视图和剖视图（四）

① 分析。此件由五部分组合。

第一部分：Ⅰ（1、1′）——长圆形柱体，中央有长圆孔。

第二部分：Ⅱ（2、2′）——板，连接形体Ⅰ、Ⅲ。

第三部分：Ⅲ（3、3′）——圆筒，筒中有一槽。

第四部分：Ⅳ（4、4′）——板，连接形体Ⅲ、Ⅴ。

第五部分：Ⅴ（5、5′）——圆筒。根据这个机件的结构特点，图6-56（a）所示的俯视图应改为剖视图。

② H面全剖视图（A—A）如图6-56（b）所示，其画图过程是：

剖——用三个剖切平面（衔接平面不计）剖开机件，不同部位的结构要素都被剖到了。其中两个剖切平面平行于H面，一个倾斜于H面却垂直于V面。剖切平面的交线均为正垂线。剖切经过路线见主视图中的剖切符号。

移——说明略。

转——将倾斜剖切平面连同被它切到的结构旋转到与H面平行，旋转轴为圆筒Ⅲ的轴线。

画——与阶梯剖相同，衔接平面不应在剖视图中留下“痕迹”。A—A剖视图的长度要稍大于原俯视图。其余说明略。

标——说明略。

画图6-56（b）后，替代图6-56（a）。

例14：识读图6-57所示机件用三个相交的剖切面剖切后画出的全剖视图。

① 分析。此件由两部分组合。

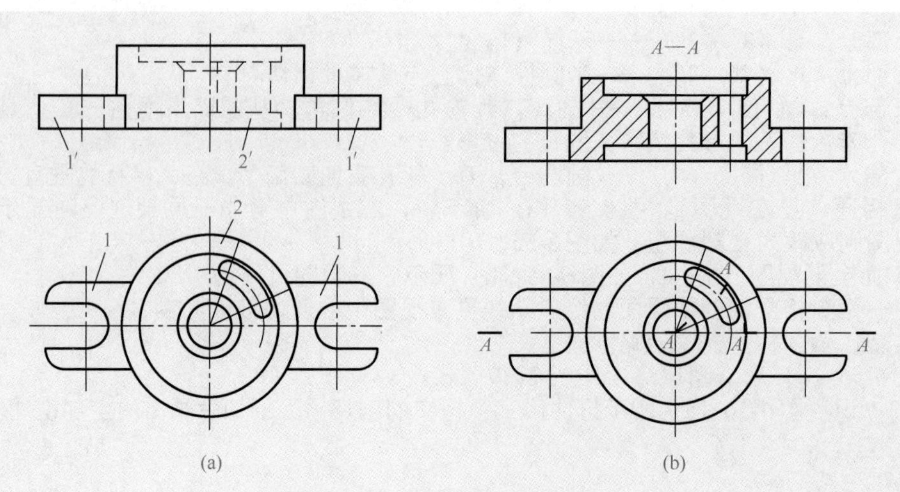

图6-57 机件视图和剖视图（五）

第一部分：Ⅰ（1、1′）——平板，两块，各有一U形槽。

第二部分：Ⅱ（2、2′）——圆柱，它的顶、底面各挖一圆柱坑，坑底中央有一圆孔，孔上口倒角，坑的右后方有一月牙槽，直通上下圆柱坑。图6-57（a）所示的主视图应改为剖视图。

② *V*面全剖视图（*A—A*）如图6-57（b）所示，其画图过程是：

剖——用三个剖切平面（衔接面是柱面，不计）剖开机件，其中一个剖切平面倾斜于*V*面。剖切平面交线均为铅垂线，剖切经过路线见俯视图中的剖切符号。

移——说明略。

转——将倾斜剖切平面和被它切到的结构（例如月牙槽）旋转到与*V*面平行，旋转轴是圆孔的轴线。

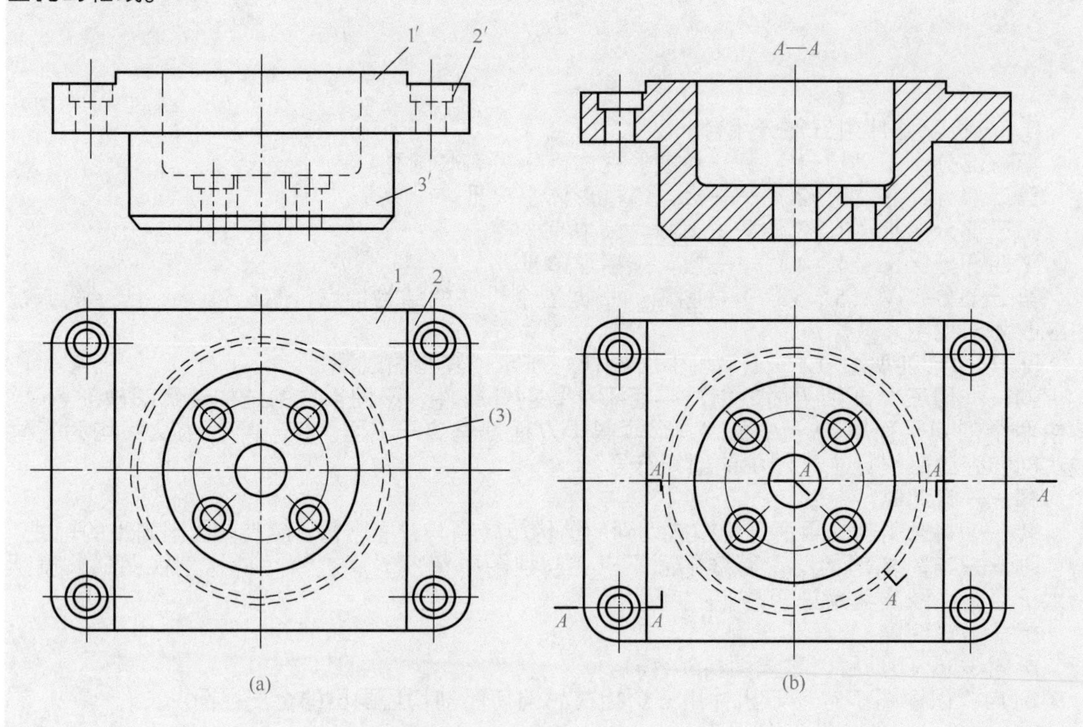

图6-58 机件视图和剖视图（六）

画——衔接面不应在剖视图中留下“痕迹”。其余说明略。

标——说明略。

画图6-57（b）后，替代图6-57（a）。

例15：识读图6-58（a）所示机件采用四个相交的剖切面剖切后画出的全剖视图。

① 分析。此件由三部分组合。

第一部分：Ⅰ（1、1′）——方凸台。

第二部分：Ⅱ（2、2′）——矩形板，与凸台Ⅰ同宽，比凸台Ⅰ长，四角各有一沉孔。

第三部分：Ⅲ（3、3′）——圆柱体，其末端外圆倒角。

形体Ⅰ、Ⅱ、Ⅲ叠加后开一圆柱坑，再在圆柱坑底面中央开一小孔，直通机件底部，在小孔周围均匀分布四个沉孔。如图6-58（a）所示的主视图应改为剖视图。

② *V*面剖视图（*A*—*A*）如图6-58（b）所示，其画图过程是：

剖——用四个剖切平面（两个衔接面中一个是平面，一个是柱面，不计）剖开机件，剖切平面交线均为铅垂线，机件上不同部位的结构都剖到了，其经过路线见俯视图中的剖切符号。

移——说明略。

转——将倾斜剖切平面和被它切到的结构（例如沉孔）旋转到与*V*面平行，旋转轴是圆柱Ⅲ的轴线。

画、标——说明略。

画图6-58（b）后，替代图6-58（a）。

第三节 断 面 图

一、断面图的形成和分类

如图6-59（b）所示是机件的一组断面图形，该断面图的形成也可以归纳为四个字：剖、移、画、标。现以断面图*A*—*A*为例加以说明。

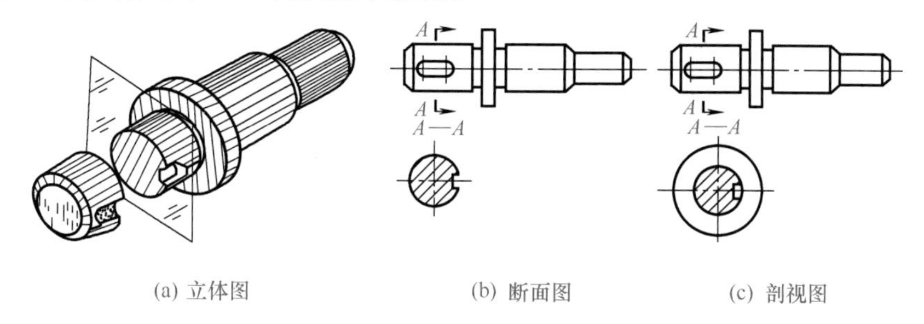

(a) 立体图　(b) 断面图　(c) 剖视图

图6-59　区分断面图与剖视图

① 剖。假想用一剖切平面将机件从需要显示其断面形状的地方切断。图6-59（b）所示断面图*A*—*A*是用一个剖切平面从键槽中间将机件切断的，剖切平面平行于*W*面。断面形状也将画在*W*面上。

② 移。将挡住画图者视线的部分机件移走。画断面图*A*—*A*时是将剖切符号以左部分机件移走。移也是假想的，它只对即将要画的断面图起作用，对其他图不产生影响。例如图6-60（a）所示的机件主视图仍应完整画出。

③ 画。第一，在选定的投影面上（例如*W*面），只将机件的断面图形（也就是机件与剖切平面相接触的部分）画出，而不像剖视图那样将机件剩余部分全部画出。在机件的断面

图形中仍要画规定的剖面符号。试比较6-59所示中*A*—*A*断面图和*A*—*A*剖视图。第二，断面图如果独立地画在相应视图外就叫移出断面，移出断面的轮廓线用粗实线绘制，如图6-59（b）所示。如果将断面图画在相应视图内部就叫重合断面，重合断面的轮廓线用细实线绘制，当相应视图中的轮廓线与重合断面的图形重叠时，视图轮廓线不可间断，如图6-60（a）、（b）所示。图6-60（a）所示是将机件在*W*面上显现的断面图形直接画在主视图中，图6-60（b）所示的重合断面请读者自行分析。第三，关于移出断面配置的规定，见表6-3。

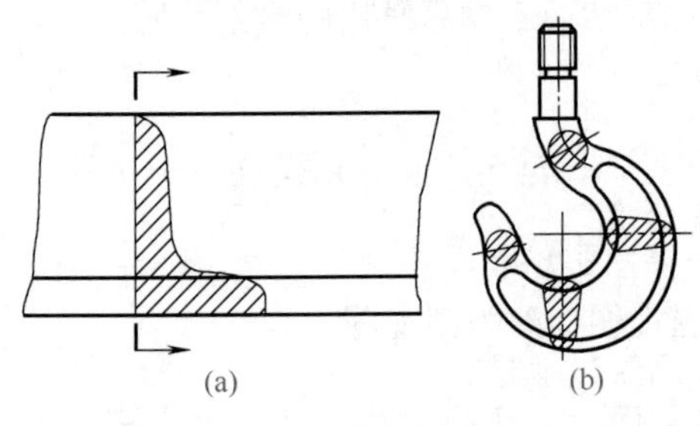

(a)　(b)

图6-60　重合断面图

④ 标。画重合断面时，若其图形对称，则只需画对称中心线，不做其他任何标注，如图6-60（b）。若其图形不对称，则需画剖切符号和箭头，但不标注字母，如图6-60（a），移出断面的标注规定见表6-3。

表6-3　移出断面的配置和标注

移出断面配置位置	图示	说明
放在剖切符号(剖切平面积聚线)的延长线上	断面形状对称时　断面形状不对称时	断面图形对称时，只画对称中心线，不做其他任何标注。不对称时，需画剖切符号和箭头，但可不标注字母
放在视图中断处		只有断面图形对称时才能放在视图中断处
按投影关系配置	断面形状对称时　断面形状不对称时 A　A—A　A　A—A　A　A	不论断面图形对称与否，都需要画剖切符号和标注字母，但可不画箭头
放在其他位置	断面形状对称时　断面形状不对称时 A　B　A　B　A　B　A—A　B—B　A　B　A—A　B—B	断面图形对称时，需画剖切符号，标注字母，但不画箭头。不对称时，需画剖切符号和箭头，标注字母

二、断面图的使用

轴、杆、钩、板等类零件或零件要素，其断面尺寸常有变化，如果将它们画成视图或剖视图，要么表达不清，要么需画很多图。而适当地使用断面图，则不仅图形少和简单，而且表达效果好。例如图6-61所示机件，用一个主视图、两个移出断面，一个重合断面（局部）就将它表达得很清楚。这组图中两个移出断面图形对称，而且放在剖切平面积聚线的延长线上，按规定只画对称中心线，不做任何标注。键槽处的重合断面没有全部画出，只画了局部图形，这种方法在表达机件肋板的断面形状上多有应用，如图6-62所示。

用断面图表达钩类零件，则更显优越，如图6-60（b）所示吊钩，用一个主视和几个重合断面图就将它显示得清清楚楚，而加画视图和剖视图是无论如何达不到这种效果的。

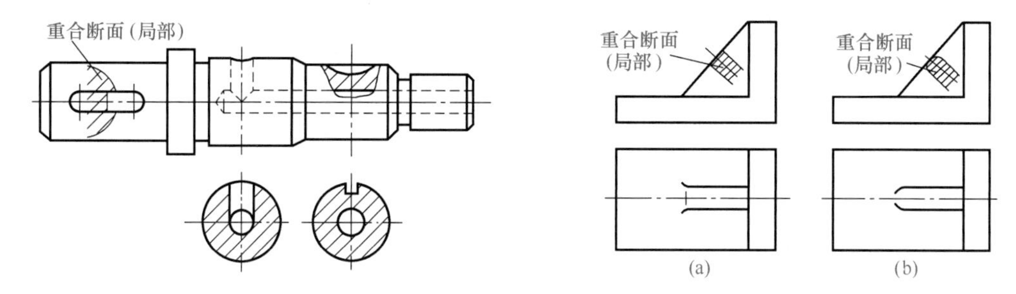

图6-61　轴的断面图

图6-62　肋板的重合断面（局部）

三、断面图的规定画法

① 当剖切平面通过圆柱孔、锥孔、锥坑等回转面结构的轴线时，这些结构应按剖视绘制，如图6-63（a）所示对圆孔的处理也是这样，如果按断面图绘制［如图6-63（b）所示］，反倒是错误的。

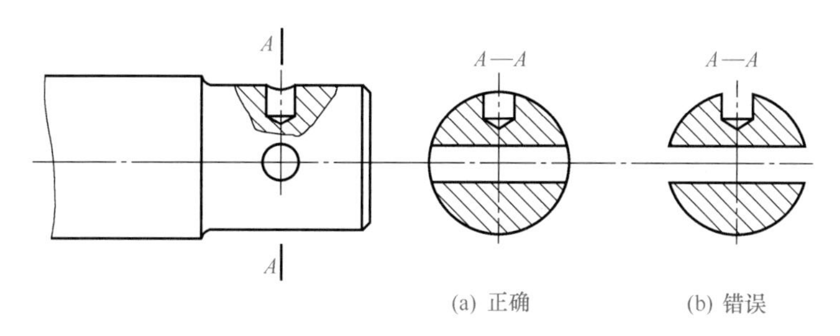

图6-63　剖切平面通过圆孔、锥孔轴线时断面图的规定画法

② 当断面图形完全分离时，应按剖视绘制，如图6-64所示。

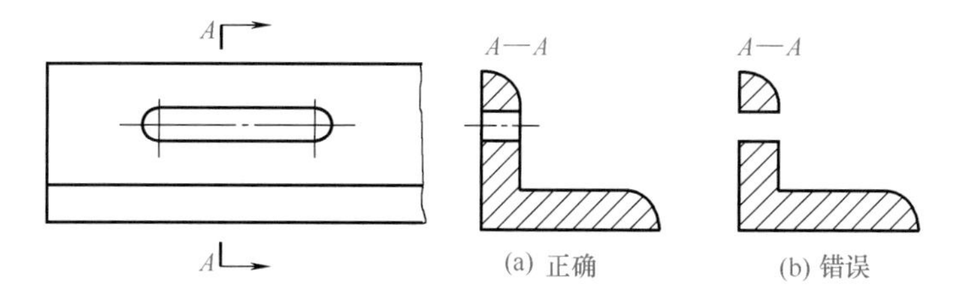

图6-64　断面图形分离时的规定画法

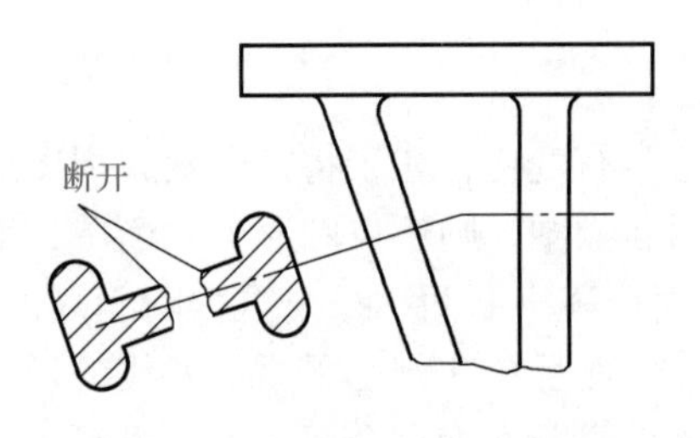

图6-65 相交剖切平面剖得的断面图的规定画法

③ 由两个或更多的相交剖切平面剖得的移出断面，剖切平面的积聚线应垂直于机件的主要轮廓，断面图形中间应断开，如图6-65所示。

④ 倾斜的剖切平面剖得的断面图，在不致引起误解时，允许将图形转正，但要在断面图上方按斜视图的方式加以标注，后面将看到这种例子。

四、断面图示例

例16：识读图6-66所示机件各图。

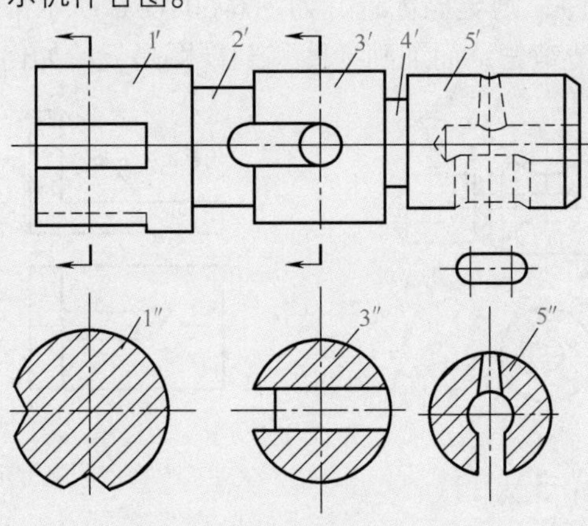

图6-66 机件的一组图形（一）

① 分析。这组图包含主视图、局部视图（仰视，显示长圆形槽）、三个断面图。两个断面图形不对称，一个断面图形对称，都按规定标注或不标注。另外，切到圆孔、锥孔的断面按剖视绘制，三角槽和长圆形槽不能按剖视绘制。

② 机件结构说明。此件由五段共轴线的圆柱组合。

第一部分：Ⅰ（1′、1″）——圆柱，上有三角槽两条。

第二部分：Ⅱ（2′）——圆柱。

第三部分：Ⅲ（3′、3″）——圆柱，上有一圆孔。另有一长圆形槽，跨圆柱Ⅱ、Ⅲ。

第四部分：Ⅳ（4′）——圆柱。

第五部分：Ⅴ（5′、5″）——圆柱，顺其轴线钻有一孔，另有一长圆形槽和锥孔与之相通。

例17：识读图6-67（a）所示机件各图。

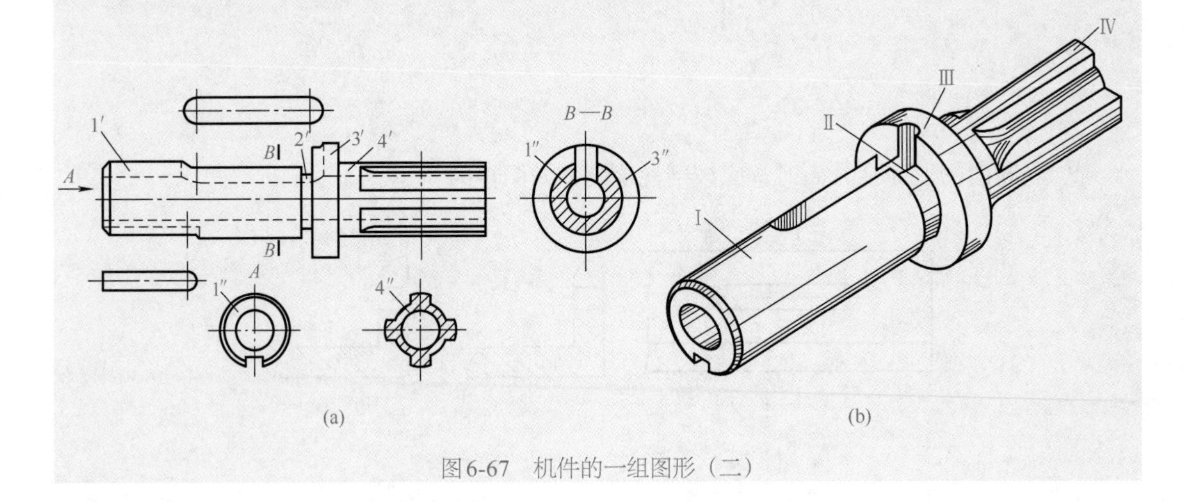

图6-67 机件的一组图形（二）

① 分析：图6-67（a）包含主视图、B—B剖视图、局部（左）视图A、两条长圆形槽局部视图（上为局部俯视，下为局部仰视，规定可不予标注）、一个移出断面图。对各图都按规定加了或不加标注。立体图如图6-67（b）所示。

② 机件结构说明。此件由四部分组合。

第一部分：Ⅰ（1′、1″）——圆筒，左端外圆倒角，上壁有一与内孔相通的长圆形槽，此槽纵跨Ⅰ、Ⅱ、Ⅲ。下壁也有一槽，不通内孔。

第二部分：Ⅱ（2′）——圆筒，外圆直径较小。

第三部分：Ⅲ（3′、3″）——圆筒，外圆直径较大。

第四部分：Ⅳ（4′、4″）——圆筒，外圆上有四个齿。

例18：识读图6-68所示机件各图。

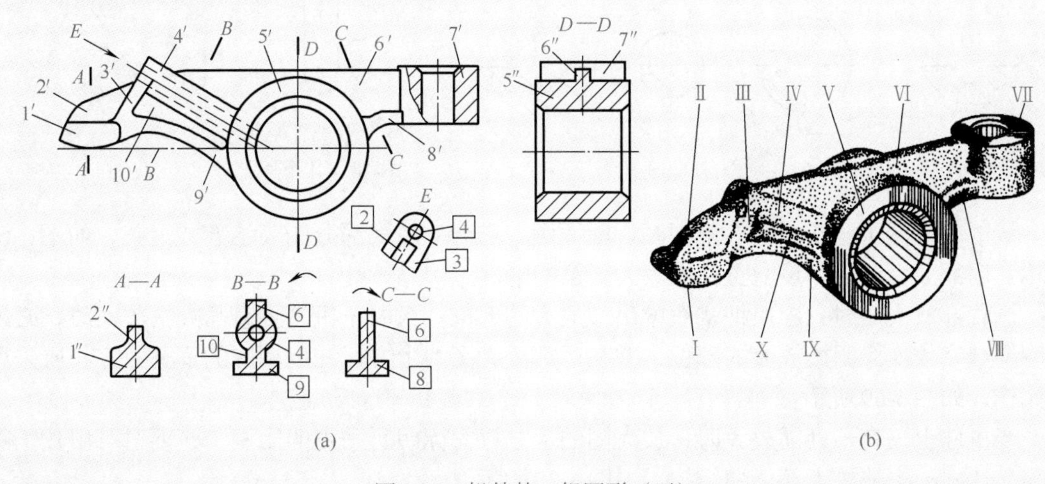

图6-68　机件的一组图形（三）

① 分析。如图6-68（a）所示包含主视图（右端圆筒作局部剖视）、D—D剖视图（相当于左视）、斜视图E、三个断面图（A—A、B—B、C—C），其中B—B、C—C剖切平面倾斜，画图时将其图形转正，在其上方按斜视图方式加以标注。

② 机件结构说明。此件由十部分组合。

第一部分：Ⅰ（1′、1″）——板，下面为曲面。

第二部分：Ⅱ（2′、2″、[2]）——肋板，连接形体Ⅰ和Ⅲ。

第三部分：Ⅲ（3′、[3]）——平板，连接形体Ⅰ和Ⅳ。

第四部分：Ⅳ（4′、[4]）——圆筒，内孔斜通圆筒Ⅴ的内孔。

第五部分：Ⅴ（5′、5″）——圆筒，孔口倒角。

第六部分：Ⅵ（6′、6″、[6]）——肋板，连接形体Ⅳ、Ⅴ、Ⅶ。

第七部分：Ⅶ（7′、7″）——圆筒，上孔口倒角。

第八部分：Ⅷ（8′、[8]）——弯板，连接形体Ⅴ、Ⅶ。

第九部分：Ⅸ（9′、[9]）——弯板，连接形体Ⅰ、Ⅴ。

第十部分：Ⅹ（10′、[10]）——肋板，连接形体Ⅳ和Ⅸ。

第四节　其他表达方法

一、局部放大图

将机件的部分结构，用大于原图形所采用的比例画出的图形称为局部放大图。机件上某些细小结构，在视图上常由于图形过小而表达不清，并给标注尺寸带来困难，将全图放大又无必要。此时可以用局部放大图来表达，如图6-69所示Ⅰ、Ⅱ两处。

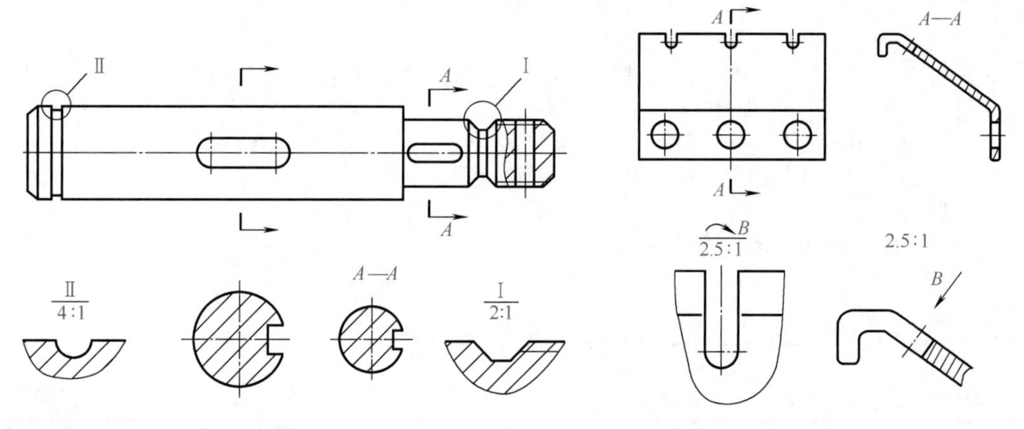

图6-69　局部放大图

图6-70　几个局部放大图表达同一结构

局部放大图可画成视图、剖视图、断面图，它与被放大部分的表达方式无关，如图6-69所示。局部放大图应尽量配置在被放大部位的附近。

画局部放大图时，应用细实线圈出被放大的部位。当同一机件上有几处需放大时，必须用罗马数字依次标明被放大的部位，并在局部放大图的上方标注出相应的罗马数字和所采用的比例，如图6-69所示。

当机件上仅有一处需放大时，放大图的上方只需标明所采用的比例。必要时可由几个图形来表达同一个被放大部分的结构，如图6-70所示。

二、简化画法

简化画法及说明见表6-4。

表6-4　简化画法及说明

类别	简化画法	说明
剖面线的省略	A　A　A—A	在不致引起误解时，零件图中的移出断面允许省略剖面线，但剖切位置与断面图的标注不能省略，如左图所示
相同结构的简化	X个　X个	当机件具有若干相同的结构（如齿、槽等），并按一定规律分布时，只需画出几个完整的结构，其余用细实线连接，并注明该结构的总数，如左图所示

续表

类别	简化画法	说明
按规律分布的等直径孔的简化	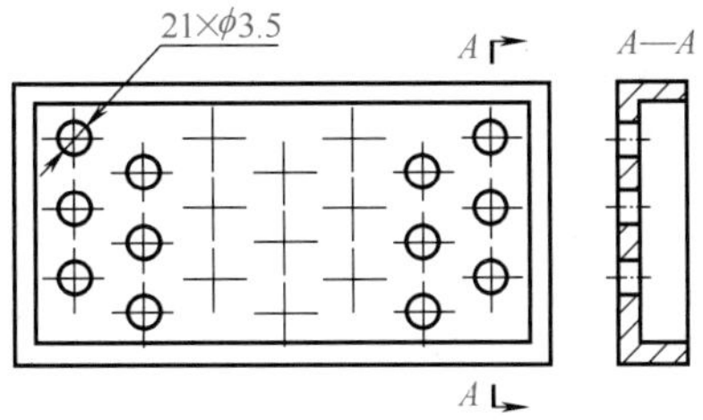 21×ϕ3.5 A A A—A	若干直径相同且按规律分布的孔(圆孔、螺纹孔、沉孔等),可以仅画出一个或几个,其余只需用点画线表示其中心位置,并在零件图中注明孔的总数,如左图所示
网纹、滚花的简化	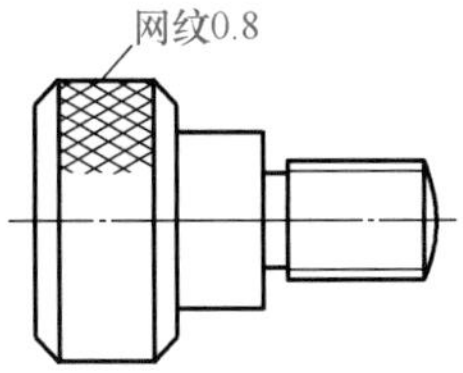 网纹0.8	网状物、编织物或机件上的滚花部分,可在轮廓线附近用细实线示意画出一小部分,并在零件图上或技术要求中注明这些结构的具体要求,如左图所示
平面的表示	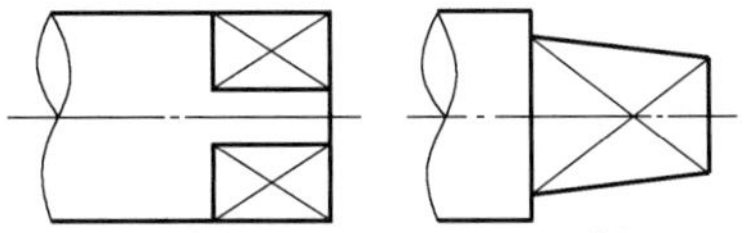 (a) (b)	图形中的平面可用平面符号(相交的两条细实线)表示,如左图(a)、(b)所示
对称结构的局部视图	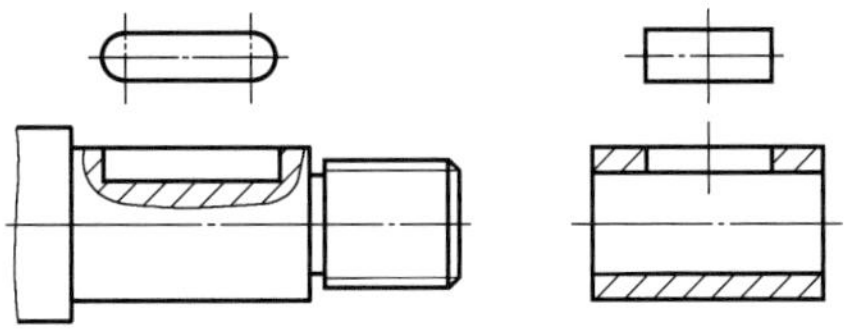 (a) (b)	零件上对称结构的局部视图可按左图(a)、(b)绘制
肋板、轮辐的剖切方法	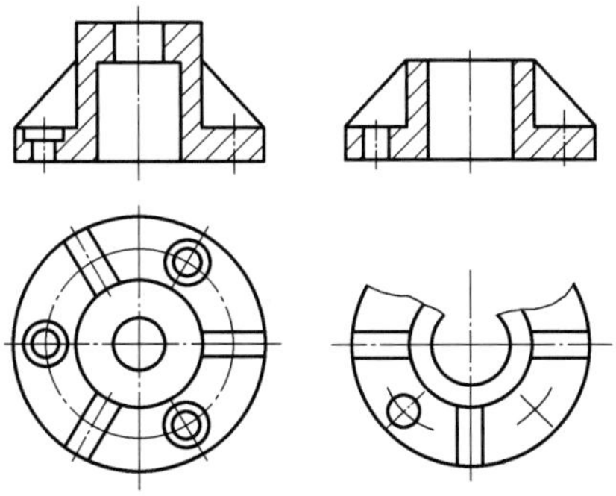 (a) (b)	对机件上的肋、轮辐及薄壁等,如按纵向剖切,这些结构不画剖面线,而用粗实线将它与其邻接部分分开,如左图(a)、(b)、(c)所示。当需要表达零件回转体结构上均匀分布的肋、轮辐、孔等,而这些结构又不处于剖切平面上时,可以把这些结构旋转到剖切平面位置上画出,如左图(a)、(b)所示

续表

类别	简化画法	说明
肋板、轮辐的剖切方法	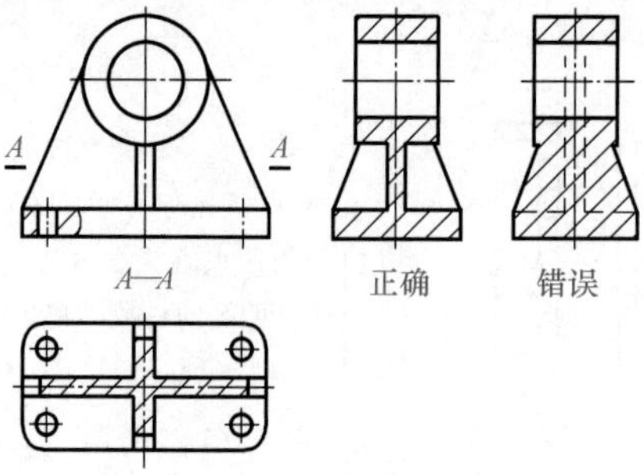 A A A—A 正确 错误 (c)	
机件上斜度不大的结构的画法	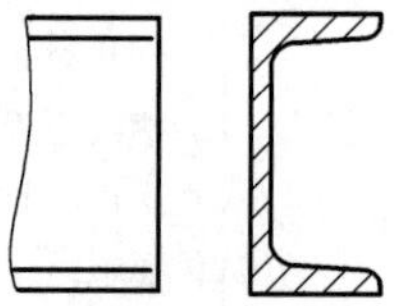 斜度不大结构的画法	机件上斜度不大的结构，如一个图形已表示清楚，其他视图可只按小端画出，如左图所示
圆柱法兰上孔的简化	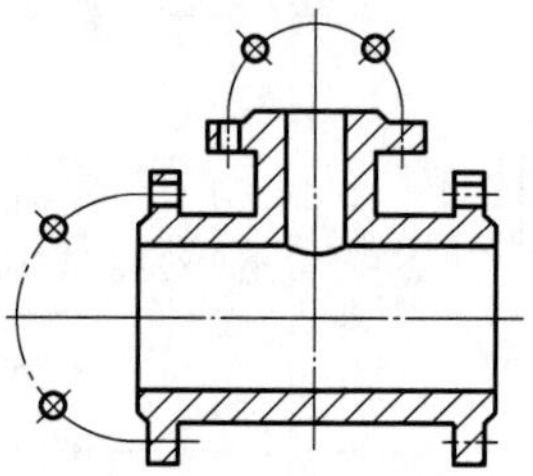 圆柱法兰上孔的简化	圆柱形法兰和类似机件上均匀分布的孔，可按左图方法绘制
较长机件的简化	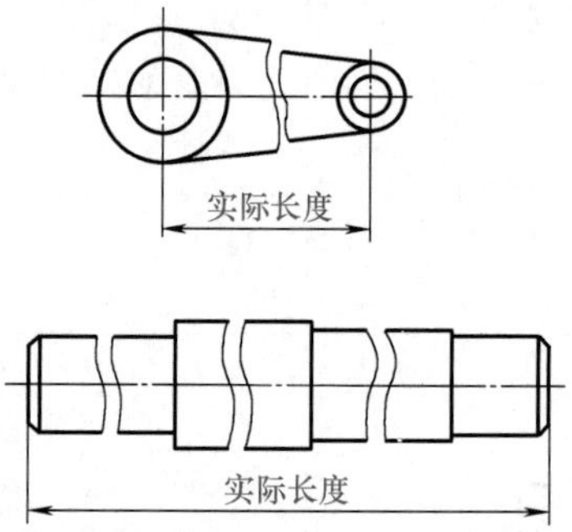 实际长度 实际长度	较长的机件(轴、杆、型材、连杆等)沿长度方向的形状一致或按一定规律变化时，可断开后缩短绘制，但必须标注实际长度尺寸，如左图所示
对称机件的画法	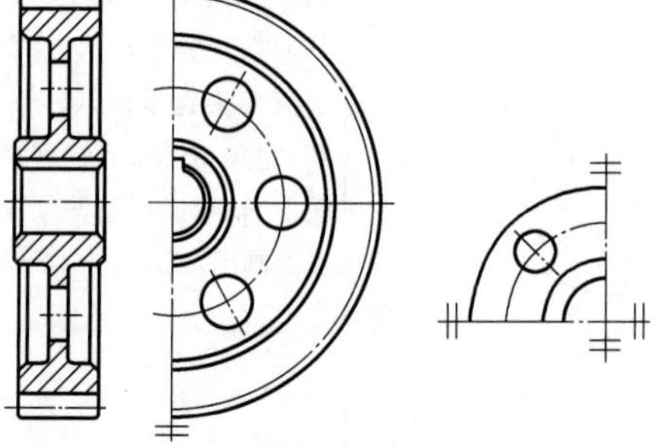	在不致引起误解时，对称机件的视图允许只画出整体的一半或四分之一，并在对称中心线的两端画出两条与其垂直的平行细实线，如左图所示

续表

类别	简化画法	说明
倾斜圆投影的简化	A—A 用圆代替椭圆	机件上与投影面倾斜角≤30°的圆或圆弧，其投影可以用圆或圆弧代替，如左图所示
过渡线、相贯线的简化	(a) 用直线代替相贯线 (b) 相贯线模糊画法	在不致引起误解时，图形中的过渡线、相贯线可以简化，例如用直线或圆弧代替非圆曲线，还可以采用模糊画法，如左图所示

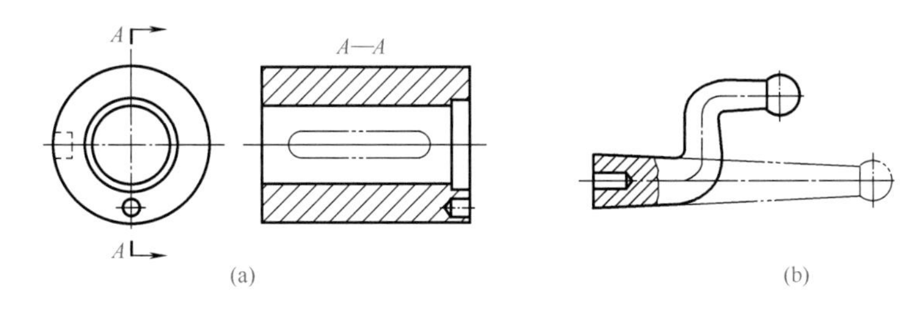

图6-71　假想投影的表示法

三、其他规定画法

① 当需要表示位于剖切平面前面的结构时，这些结构用双点画线绘制，如图6-71（a）所示。对机件加工前的初始轮廓线，亦用双点画线绘制，如图6-71（b）所示。

② 在剖视图的剖面中可再作一次局部剖。采用这种表达方法时，两者的剖面线应同方向、同间隔，但要互相错开，并用引出线标注其名称，如图6-72所示。当剖切位置明显时，也可省略标注。

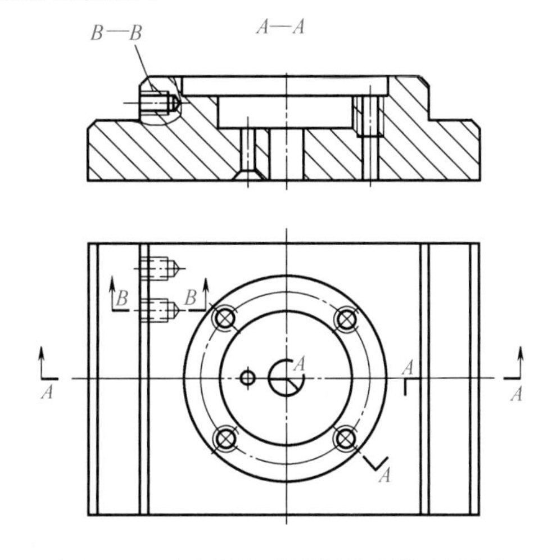

图6-72　在剖视图的剖面中再作局部剖

第五节　第三角投影

在GB/T 17451—1998中规定，我国优先采用第一角投影绘制技术图样，必要时才允许使用第三角投影。在国际技术交流中，经常会遇到某些国家采用第三角投影法绘制的图样，为了更好地进行国际间的技术交流和发展国际贸易，有必要了解和掌握第三角投影。

如图6-73所示，两个互相垂直的投影面，将空间分成Ⅰ、Ⅱ、Ⅲ、Ⅳ四个分角。机件放在第一分角表达称为第一角投影，机件放在第三分角表达，称为第三角投影。

第三角投影的特点是：

① 第一角投影是使机件处在投影面与观察者之间，而第三角投影是使投影面处在观察者与机件之间进行正投影，并假想投影面是透明的，观察者用视线在透明板上观察物体所得到的视图，如图6-74（a）所示。

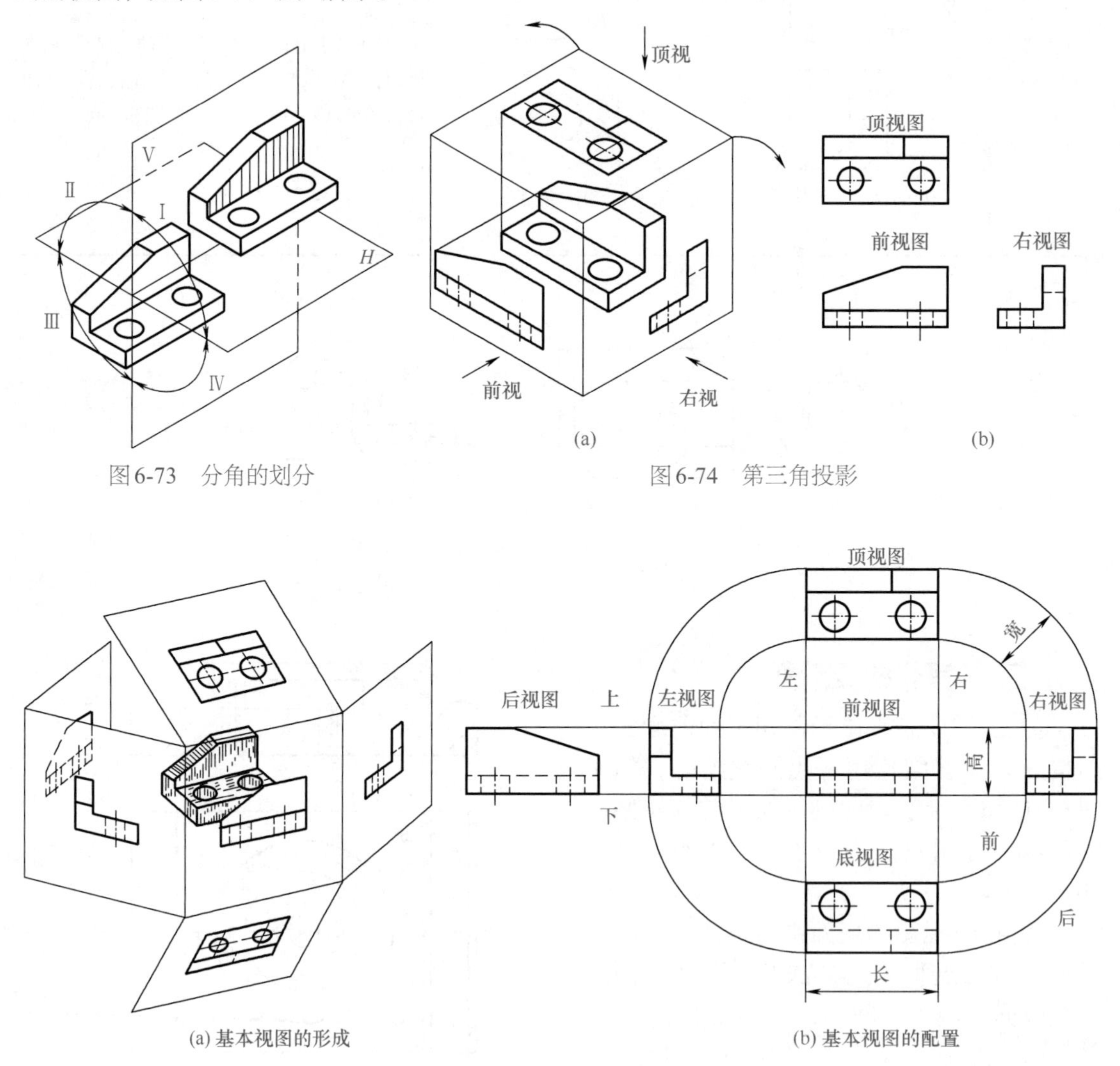

图6-73　分角的划分

(a)　(b)

图6-74　第三角投影

(a) 基本视图的形成

(b) 基本视图的配置

图6-75　第三角投影法中基本视图的形成与配置

② 投影面展开时，仍是V面保持不动，H面绕其与V面的交线向上旋转，W面绕其与V面的交线向右旋转，如图6-74（a）所示箭头的方向。展开后，H面、V面和W面处在同一平面内，从而得到的三视图是前视图（从前向后投影）、顶视图（从上向下投影）和右视图（从右向左投影）。展开后三视图的配置如图6-74（b）所示。

③ 第三角投影的视图间同样符合长对正、高平齐、宽相等的投影关系。要注意的是：在顶视图和右视图中，靠近前视图的内边是机件的前面，外边是机件的后面。

第三角投影也有六个基本视图。即在三视图的基础上再增加后视图、底视图、左视图。

六个基本视图的形成与配置如图6-75所示。

如图6-76（a）、（b）所示，分别为支承座的第一角投影法三视图和第三角投影法三视图的画法。

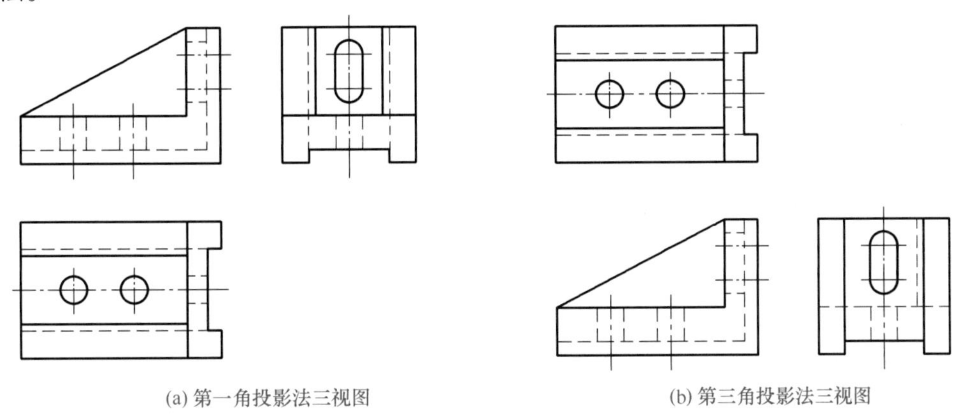

(a) 第一角投影法三视图　　(b) 第三角投影法三视图

图6-76　支承座三视图

第六节　综合应用举例

熟悉掌握了机件的各种表达方法，就能根据机件的结构特点，选用适当的表达方法。在正确、完整、清晰地表达机件各部分形状的前提下，应力求制图简便。下面以图6-77（a）所示的泵体为例，说明表达方案的选择和尺寸标注。

（1）分析机件的结构形状特点

图6-77所示泵体由壳体、底板（T形支承板）前后圆凸台、顶部长圆形凸台及肋组成。整个机件前后对称。

（2）选择主视图

泵体以工作位置放正，选择最能反映机件形状特征的视图作为主视图。经分析比较，按图6-77（a）中箭头所指方向，能同时反映壳体、底板、支承板、凸台和肋，故作为主视图投射方向。

因机件外形简单、内部有若干圆孔，表达内形是主要的。选择平行于V投影面的单一剖切面通过机件的前后对称平面剖切，主视图画成全剖视图，如图6-77（b）所示。

（3）选择其他视图

选取其他视图是为了补充表达主视图中没有表达清楚的部分。在选用其他视图时，应使表达目的清楚，每一个视图应有具体的表达重点。如左视图采用半剖视图，表达了壳体及长

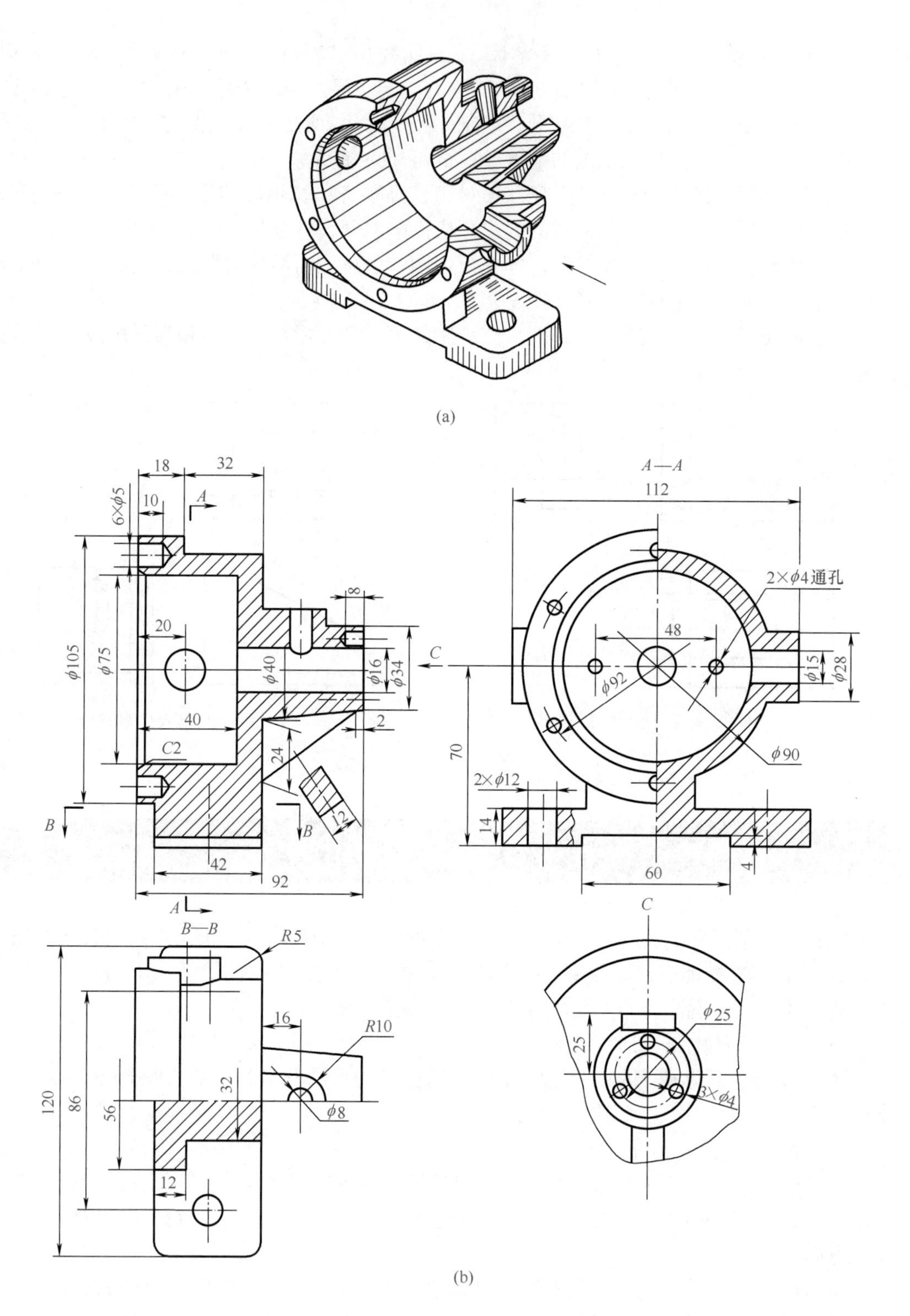

图6-77　泵体

圆形凸台，并采用局部剖视图表示底板上的圆孔；俯视图采用半剖视图，表达了长圆形凸台、T形支承板及底板的真形；C向局部视图表达了壳体背面三个均布的圆孔、长圆形凸台及肋的位置。

肋在以上视图中均未表达清楚，故以移出断面表示。

（4）标注尺寸

如同标注组合体尺寸，先要按形体分析正确地确定长、宽、高三个方向的主要尺寸基准；然后再从轴测图或实物模型量取尺寸，逐个分析并标注各个基本体的定形尺寸和定位尺寸；最后考虑总体尺寸。选取泵体的左端面、前后对称平面和底面分别作为长、宽、高三个方向的主要尺寸基准。逐个分析并标注各个基本形体的定形尺寸和定位尺寸。标出机件的总长尺寸92，总宽尺寸即为底板宽度尺寸120，总高尺寸即为壳体中心高70与壳体外圆柱面半径52.5（直径ϕ105）之和。

除此之外，还需强调以下几点：

① 标注同一轴线的圆柱、圆锥和回转体的直径尺寸时，一般应标注在投影非圆的剖视图中，避免标注在投影为同心圆的视图中，如图中尺寸ϕ75、ϕ105等。

② 在采用半剖视图或局部剖视图以后，有些尺寸线不能完整地画出来，此尺寸线应画成略超过圆心或对称中心线后断开。但尺寸数值仍应按完整数值注出，如图中尺寸ϕ92、ϕ90、56等。

③ 应尽量把外形尺寸和内形尺寸分开标注，以便于看图，如主视图中外形尺寸18、32注在图形外面，内形尺寸20、40注在图形里面。

④ 如必须在剖面线中标注尺寸数字时，则在数字处应将剖面线断开，以保证数字清晰，如左视图中尺寸4。

⑤ 可以通过标注尺寸来帮助表达机件上的某些结构，从而减少视图或剖视图。如左视图中尺寸“2×ϕ4通孔”，已说明是通孔，就不必再在其他视图中画剖视图来表示了。

如图6-78、图6-79和图6-80所示是同一轴承架的三种表达方案。下面分析其表达特点。

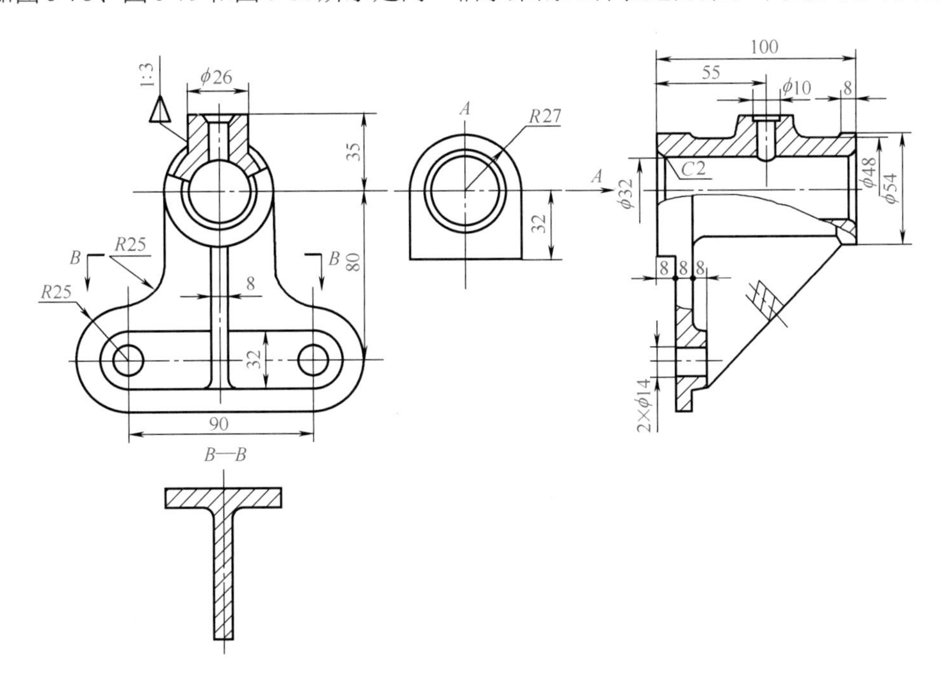

图6-78　轴承架表达方案（一）

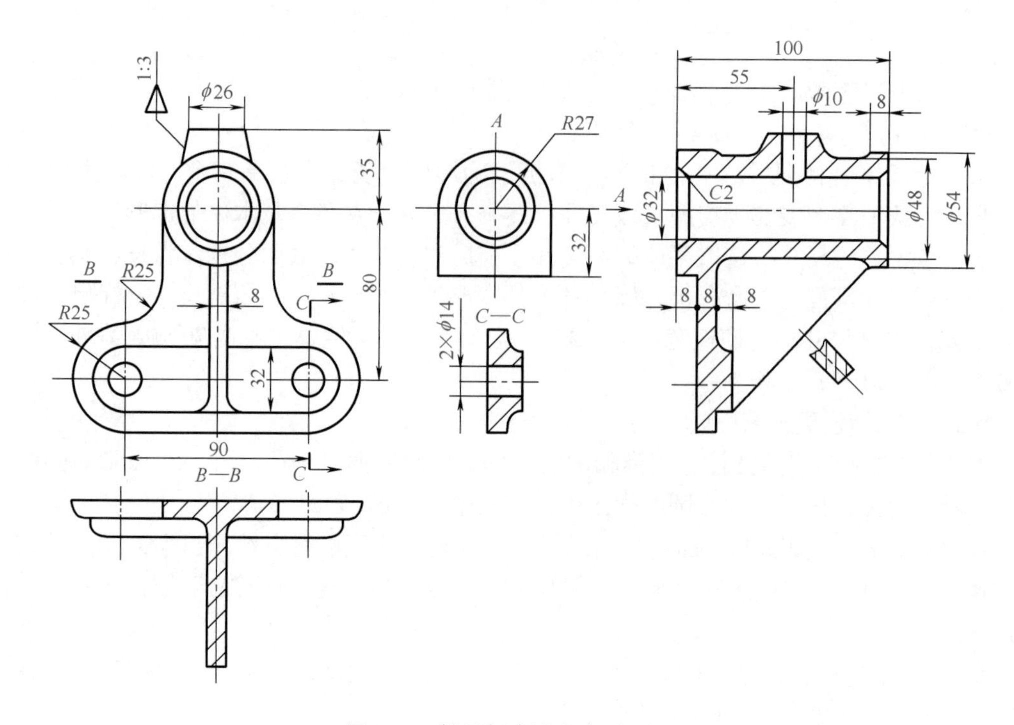

图6-79　轴承架表达方案（二）

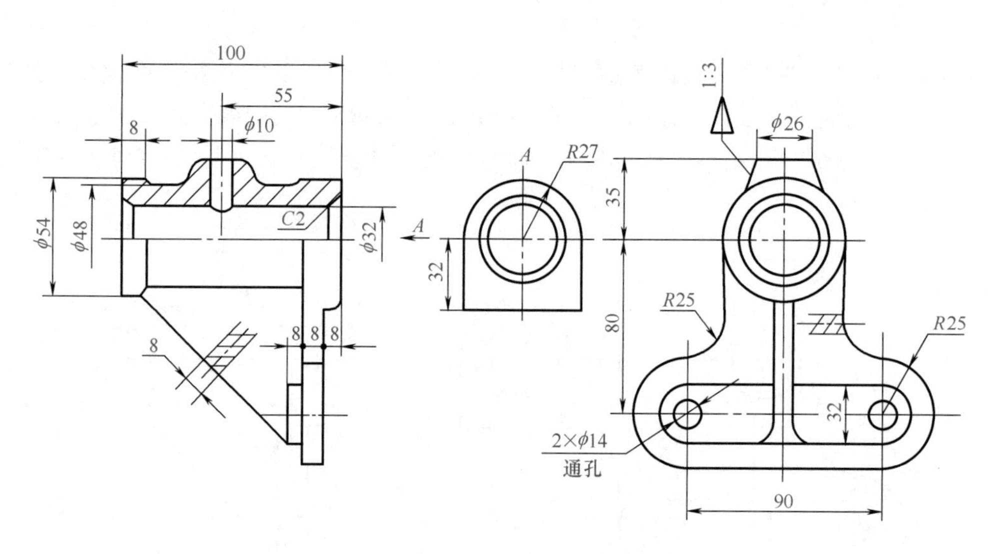

图6-80　轴承架表达方案（三）

如图6-78采用两个基本视图、一个局部视图、一个移出断面图和一个重合断面图表示轴承架。主视图局部剖视图表示ϕ10与ϕ32圆孔贯通。左视图两个局部剖视图中，上方的局部剖视图既表示了ϕ32通孔，又表示了它与ϕ10圆孔贯通（与主视图重复），下方的局部剖视图表示了两个ϕ14通孔。局部视图*A*表示了轴承孔背面的真形。*B*—*B*断面图表示了相互垂直的肋板的真实形状。可以看出，主视图的局部剖视图是多余的。

如图6-79采用三个基本视图、一个局部视图（同上）、一个剖视图和一个移出断面图表示轴承架。主视图画外形。左视图全剖视图表示ϕ10与ϕ32圆孔贯通。俯视图全剖视图表示肋板的截面真形。C—C剖视图表示了ϕ14通孔。从中可以看出，俯视图表示的肋板等结构已在主、左视图中表示清楚，故可省略俯视图。C—C剖视图表示的ϕ14通孔可用文字说明，故可省略C—C剖视图。

如图6-80重新选择了主视图的投射方向，用两个基本视图、一个局部视图和两个重合断面图表示轴承架。主视图以中心线为界画出局部剖视图，表示两孔贯通，并用重合断面图表示肋板的宽度。左视图画出外形，并用重合断面图表示肋板的宽度。从主、左视图的投影关系中，还能看出肋板相互垂直及其他结构的形状与位置。

综上所述，可选择不同的方向作为主视图的投射方向，也可采用不同的表达方法表示同一结构。在正确、完整、清晰地表示物体形状的前提下，应力求制图简便。图6-78和图6-79分别用B—B断面图和剖视图表示相互垂直的肋板，分别用局部剖视图和C—C剖视图表示ϕ14通孔。图6-80通过主、左视图和两个重合断面图表示垂直的肋板，用文字标注表示2×ϕ14为通孔。由此得出，图6-80是一种既简便又清晰的表达方案。

第七章
常用件和标准件

第一节 弹　簧

弹簧是一种常用零件，它的作用是减振、夹紧、测力、储藏能量等。弹簧的特点是外力去掉后能立即恢复原状。弹簧的种类很多，常用的有螺旋弹簧、涡卷弹簧等。根据受力方向不同，螺旋弹簧又分为压缩弹簧、拉伸弹簧和扭转弹簧三种，如图 7-1 所示。

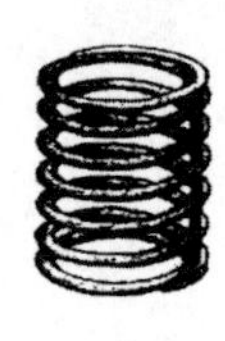
(a) 圆柱螺旋压缩弹簧

(b) 圆柱螺旋拉伸弹簧

(c) 圆柱螺旋扭转弹簧

(d) 平面涡卷弹簧

(e) 板弹簧

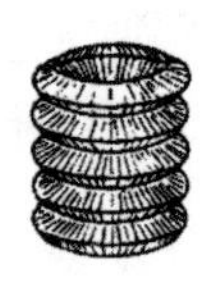
(f) 碟形弹簧

图 7-1　常用弹簧

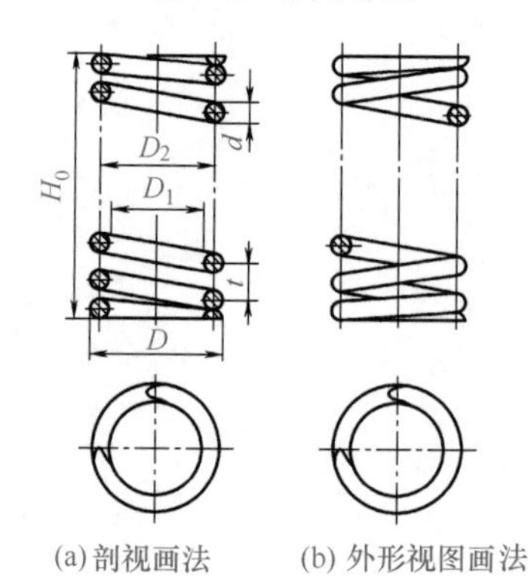

(a) 剖视画法　(b) 外形视图画法

图 7-2　圆柱螺旋压缩弹簧的画法

本节以圆柱螺旋压缩弹簧为例进行介绍，其各部分尺寸和剖视画法，如图7-2（a）所示。

一、圆柱螺旋压缩弹簧各部分名词及尺寸

圆柱螺旋压缩弹簧各部分名词及尺寸见表7-1。

表7-1 圆柱螺旋压缩弹簧各部分名词及尺寸

类别	说明
簧丝直径d	制造弹簧的钢丝直径
弹簧外径D	弹簧的最大直径
弹簧内径D_1	弹簧的最小直径，$D_1=D-2d$
弹簧中径D_2	弹簧的平均直径，按标准选取
节距t	除两端外，相邻两有效圈截面中心线的轴向距离
有效圈数n、支承圈数n_0、总圈数n_1	为了使压力弹簧在工作时受力均匀、支承平稳，要求两端面与轴线垂直。制造时，常把两端的弹簧圈并紧磨平，使其起支承作用，称为支承圈，支承圈有1.5圈、2圈、2.5圈三种，大多数弹簧的支承圈数是2.5圈。其余各圈都参加工作，并保持相等的螺距，称为有效圈，有效圈数是计算弹簧刚度的圈数 总圈数=有效圈数+支承圈数 即 $n_1=n+n_0$
自由高度H_0	未承受载荷时的弹簧高度 $H_0=nt+(n_0-0.5)\ d$
弹簧的展开长度L	制造时弹簧丝的长度 $L=n_1\sqrt{(\pi D_2)^2+t^2}$
旋向	弹簧分右旋和左旋两种

二、圆柱螺旋压缩弹簧的规定画法

国家标准对弹簧的画法作了具体规定：

① 在螺旋弹簧的非圆视图中，各圈的轮廓线画成直线，如图7-2所示。

② 螺旋弹簧均可画成右旋，左旋弹簧不论画成左旋还是画成右旋，一律要加注旋向“左”字。

③ 有效圈数在4圈以上的螺旋弹簧，中间部分可以省略不画，而用通过中径的点画线连接起来，弹簧的长度可适当缩短。弹簧两端的支承圈不论有多少圈，均可按图7-2所示形式绘制。

④ 在装配图中，被弹簧挡住的结构一般不画，可见部分应从弹簧的外轮廓线或从弹簧钢丝剖面的中心线画起，如图7-3（a）所示。

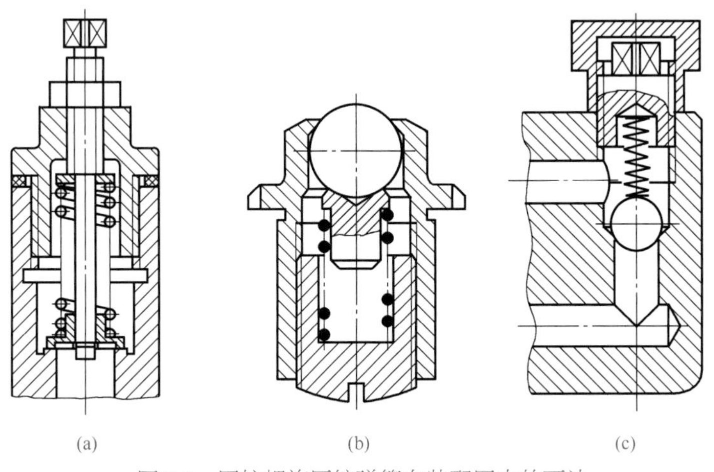

图7-3 圆柱螺旋压缩弹簧在装配图中的画法

⑤ 在装配图中，螺旋弹簧被剖切时，簧丝直径d≤2mm的剖面可以涂黑表示，d≤1mm时，可采用示意画法，如图7-3（b）、（c）所示。

三、圆柱螺旋压缩弹簧的作图步骤与图例

（1）作图步骤

圆柱螺旋压缩弹簧零件图的作图步骤见表7-2。国家标准中规定，无论支承圈的圈数多少，均按2.5圈绘制，但必须注上实际的尺寸和参数，必要时允许按支承圈的实际结构绘制。

表7-2　圆柱螺旋压缩弹簧的作图步骤

步骤	画图方法	说明
1	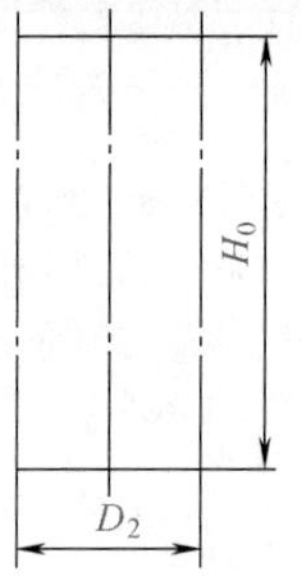 H_0 D_2	根据D_2作出中径(两平行中心线)，并定出自由高度H_0，如左图所示
2	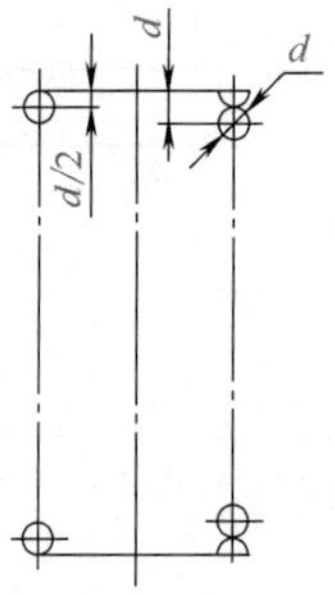 d d $d/2$	画出支承圈部分直径与弹簧丝直径相等的圆，如左图所示
3	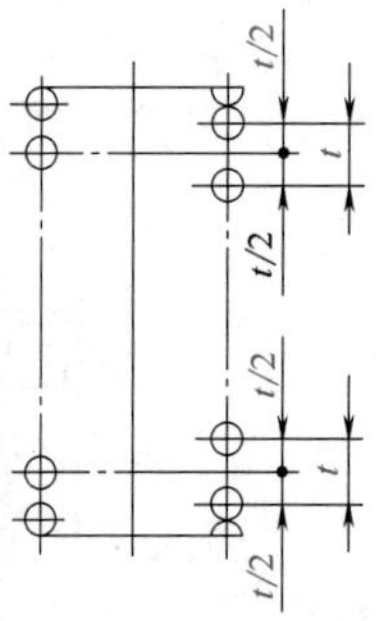 $t/2$ t $t/2$ $t/2$ t $t/2$	画出有效圈部分直径与弹簧丝直径相等的圆，如左图所示
4	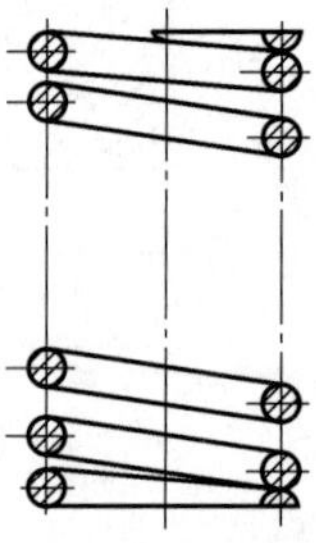	按右旋方向作相应圆的公切线及剖面线，加深，完成作图，如左图所示

（2）圆柱螺旋压缩弹簧的零件图例

圆柱螺旋压缩弹簧的零件图例如图7-4所示。

弹簧的参数应直接标注在图形上，若直接标注有困难，可在技术要求中说明。当需要表明弹簧的力学性能时，必须用图解表示。

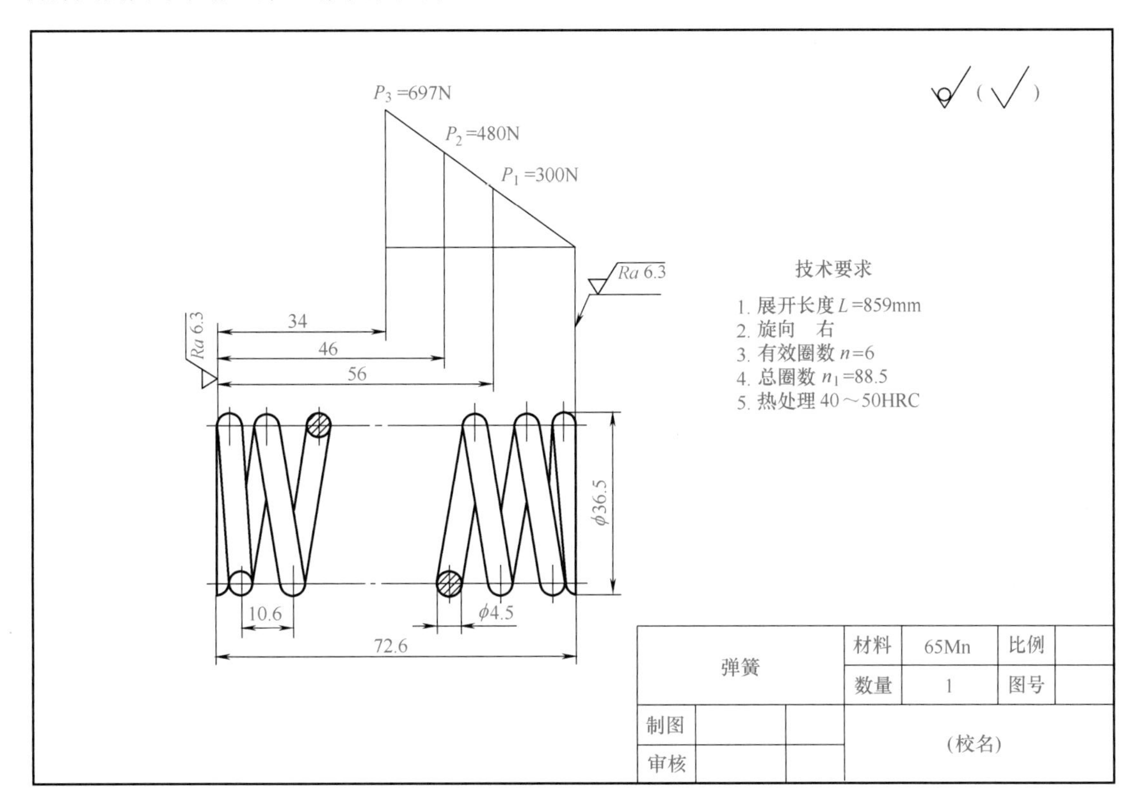

图7-4　圆柱螺旋压缩弹簧的零件图例

第二节　螺纹和螺纹紧固件

一、圆柱螺旋线及螺纹的形成

（1）圆柱螺旋线的形成

如图7-5（a）所示，当动点A沿圆柱表面的母线做等速直线运动，而母线又同时绕圆柱轴线做等角速旋转运动时，动点A的运动轨迹称为圆柱螺旋线。该圆柱面称为导圆柱面。

圆柱螺旋线有三个基本要素：

① 导圆柱直径d——形成圆柱螺旋线的圆柱面的直径。

② 导程S——动点旋转一周时，沿圆柱面轴线方向所移动的距离。

③ 旋向——圆柱螺旋线按动点旋转的方向，分为右旋和左旋两种。

（2）圆柱螺旋线投影图的画法

根据导圆柱直径d、导程S和旋向可以绘制出圆柱螺旋线的投影图，画法如图7-5（b）所示，作图步骤如下：

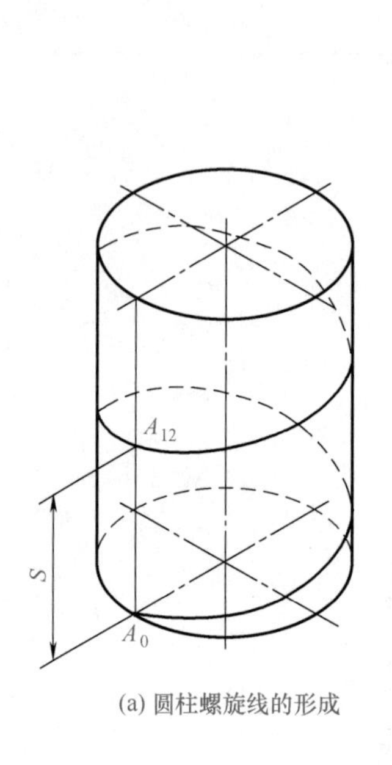

(a) 圆柱螺旋线的形成

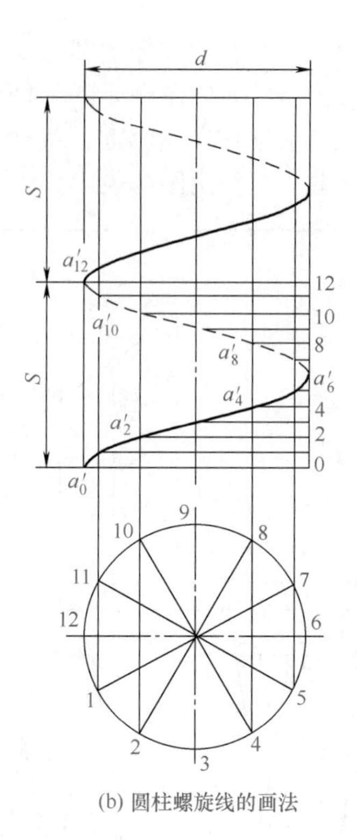

(b) 圆柱螺旋线的画法

图7-5 圆柱螺旋线

① 首先画出直径为*d*的导圆柱的两面投影，然后将其水平投影圆和正面投影的导程S等分，如图7-5（b）所示为12等分。

② 自圆周各等分点向正面投影作垂线，由导程上各等分点作水平线，垂直线与水平线相交的各交点a_0'、a_1'、a_2'、a_3'…即为螺旋线上各点的正面投影。

③ 依次光滑连接这些点，并判断可见性，即得到该螺旋线的正面投影——正弦曲线。螺旋线的水平投影重影在该导圆柱的水平投影圆周上。

（3）螺纹的形成

螺纹是指螺钉、螺栓、螺母和丝杠等零件上起连接和传动作用的部分。它是在圆柱或圆锥表面上沿着螺旋线所形成的具有相同剖面的连续凸起或沟槽，螺纹可以认为是由平面图形（如三角形、矩形、梯形）围绕与它共面的轴线做螺旋运动所形成的螺旋体，如图7-6所示。

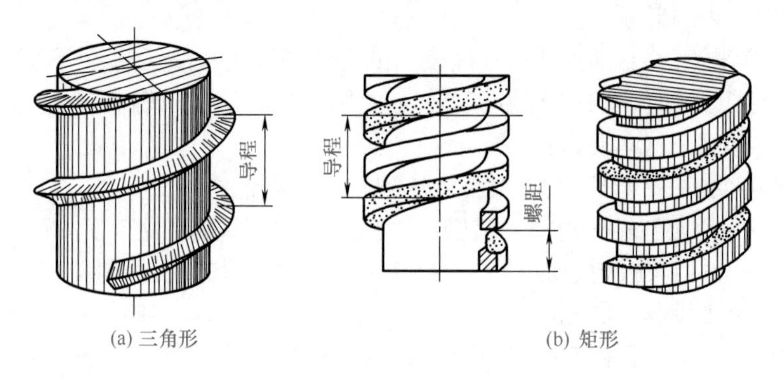

(a) 三角形 (b) 矩形

图7-6 螺纹的形成

在圆柱外表面上形成的螺纹叫外螺纹，在圆柱内表面上形成的螺纹叫内螺纹。如图 7-7 所示为在车床上加工螺纹的方法。

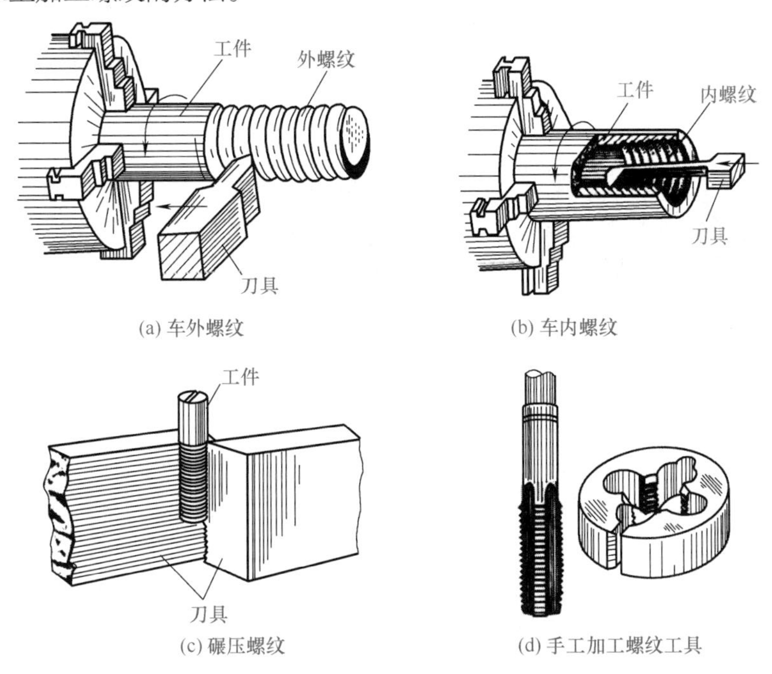

图 7-7　螺纹的形成

二、螺纹的结构和基本要素

（1）螺纹的结构（表 7-3）

表 7-3　螺纹的结构

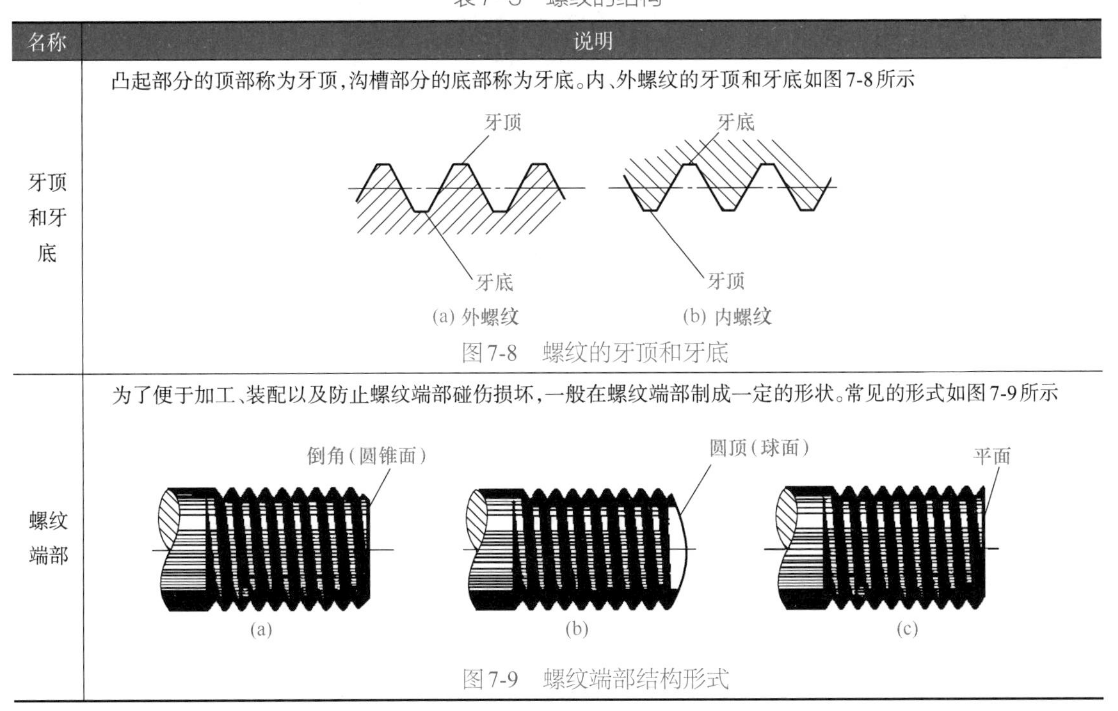

名称	说明
牙顶和牙底	凸起部分的顶部称为牙顶，沟槽部分的底部称为牙底。内、外螺纹的牙顶和牙底如图 7-8 所示 图 7-8　螺纹的牙顶和牙底
螺纹端部	为了便于加工、装配以及防止螺纹端部碰伤损坏，一般在螺纹端部制成一定的形状。常见的形式如图 7-9 所示 图 7-9　螺纹端部结构形式

续表

名称	说明
螺纹尾部	车削螺纹的车刀达到螺纹终止处时，将逐渐退离工件，出现一段逐渐变浅的不完整的螺纹，称为螺纹收尾，简称螺尾，如图7-10(a)所示。为了避免出现螺尾，便于退刀，在螺纹终止处预先车削出一个槽，称为螺纹退刀槽，如图7-10(b)、(c)所示 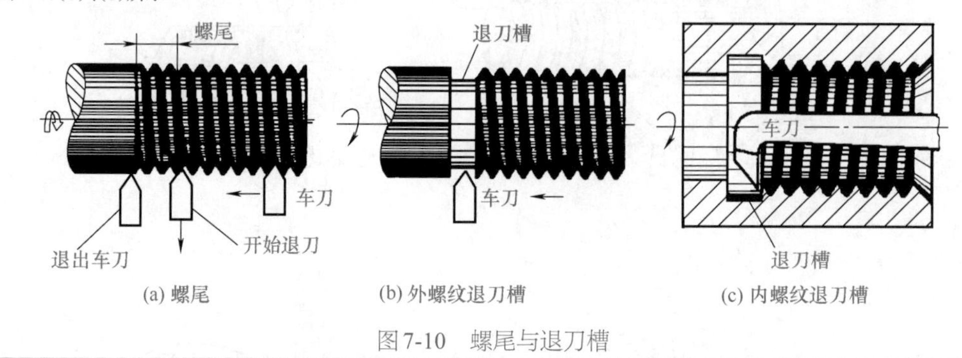 (a) 螺尾　(b) 外螺纹退刀槽　(c) 内螺纹退刀槽 图7-10　螺尾与退刀槽

（2）螺纹的基本要素（表7-4）

表7-4　螺纹的基本要素

名称		说明
螺纹牙型		通过轴线断面上的螺纹轮廓形状称螺纹牙型，螺纹的牙型角如图7-11所示。螺纹的牙型标识着螺纹的特征。常见的螺纹牙型有三角形、梯形等 牙型角 牙型 图7-11　螺纹的牙型
螺纹直径	大径	与外螺纹牙顶或内螺纹牙底相重合的假想圆柱的直径，即螺纹的最大直径，如图7-12所示。其中内螺纹大径用D表示，外螺纹大径用d表示 小径　中径　大径 (a) 外螺纹　(b) 内螺纹 图7-12　螺纹的直径
	小径	与外螺纹牙底或内螺纹牙顶相重合的假想圆柱的直径，即螺纹的最小直径，如图7-12所示。其中内螺纹小径用D_1表示，外螺纹小径用d_1表示
	中径	母线通过牙型上沟槽和凸起宽度相等处的假想圆柱的直径，如图7-12所示。其中内螺纹中径用D_2表示，外螺纹中径用d_2表示
	公称直径	代表螺纹规格尺寸的直径，通常指螺纹大径的基本尺寸

续表

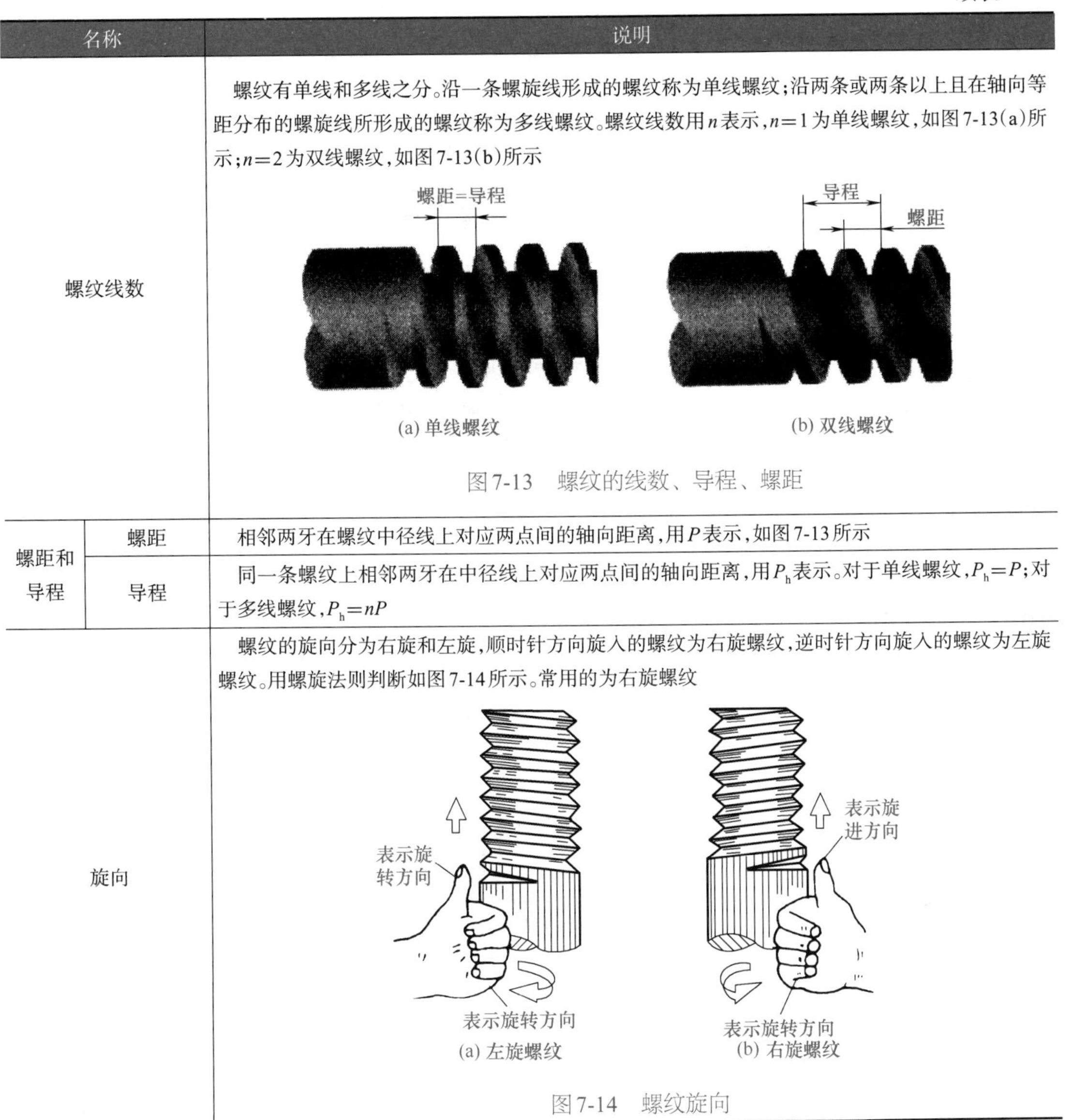

名称		说明
螺纹线数		螺纹有单线和多线之分。沿一条螺旋线形成的螺纹称为单线螺纹；沿两条或两条以上且在轴向等距分布的螺旋线所形成的螺纹称为多线螺纹。螺纹线数用n表示，$n=1$为单线螺纹，如图7-13(a)所示；$n=2$为双线螺纹，如图7-13(b)所示 (a) 单线螺纹　(b) 双线螺纹 图7-13　螺纹的线数、导程、螺距
螺距和导程	螺距	相邻两牙在螺纹中径线上对应两点间的轴向距离，用P表示，如图7-13所示
	导程	同一条螺纹上相邻两牙在中径线上对应两点间的轴向距离，用P_h表示。对于单线螺纹，$P_h=P$；对于多线螺纹，$P_h=nP$
旋向		螺纹的旋向分为右旋和左旋，顺时针方向旋入的螺纹为右旋螺纹，逆时针方向旋入的螺纹为左旋螺纹。用螺旋法则判断如图7-14所示。常用的为右旋螺纹 (a) 左旋螺纹　(b) 右旋螺纹 图7-14　螺纹旋向

两个相互旋合的内外螺纹必须满足以上五个基本要素完全相同。其中，螺纹牙型、螺纹大径和螺距是决定螺纹的最基本的要素，称为螺纹三要素。为了便于设计、制造、选用，国家标准对螺纹的三要素做了规定，凡这三要素符合标准的称为标准螺纹。螺纹牙型符合标准，而螺纹大径和螺距不符合标准的称为特殊螺纹。牙型不符合标准的称为非标准螺纹。

三、螺纹分类、标注及基本尺寸

螺纹按用途可分为连接螺纹和传动螺纹两大类。

连接螺纹用于连接固定两个或多个零件，常见的有普通螺纹、管螺纹等；传动螺纹用于传递动力和运动，有梯形螺纹、矩形螺纹等。普通螺纹、管螺纹、梯形螺纹等均为标准螺纹；矩形螺纹为非标准螺纹。

常用标准螺纹的种类、牙型及用途见表7-5。

表7-5　常用的标准螺纹种类、牙型及用途

螺纹种类			牙型符号(螺纹特征代号)	外形及牙型图	用途
连接螺纹	普通螺纹	粗牙普通螺纹	M	60°	常用的连接螺纹，粗牙普通螺纹一般用于机件的连接。细牙普通螺纹一般用在细小精密或薄壁零件上
		细牙普通螺纹			
	管螺纹	非螺纹密封的管螺纹	G	55°	用于管接头、旋塞、阀门及其附件
		螺纹密封的管螺纹	R_C R_P R	55°	用于管子、管接头、旋塞、阀门和其他螺纹的附件
传动螺纹	梯形螺纹		Tr	30°	用于承受两个方向均有轴向力的传动，尤其是机床丝杠等的传动

（一）普通螺纹

普通螺纹是最常见的连接螺纹，牙型为三角形，牙型角为60°，内、外螺纹旋合后，牙顶和牙底间有一定间隙。普通螺纹分为粗牙和细牙两种，它们的牙型相同，当螺纹的大径相同时，细牙螺纹的螺距和牙型高度较粗牙的小。当普通螺纹的公称直径d（D）≤70mm时，有粗牙螺纹和细牙螺纹之分，而d（D）>70mm时，均为细牙普通螺纹。

（1）普通螺纹的标记

完整的螺纹标记由螺纹代号、公差带代号和旋合长度代号（或数值）组成。各代号间用“-”隔开。

普通螺纹分为粗牙和细牙两种。粗牙普通螺纹用字母M及公称直径表示，如M20等。细牙普通螺纹用字母M及“公称直径×螺距”表示，如M8×1、M16×1.5等。当螺纹为左旋时，在后面加“LH”字，如M10LH、M16×1.5LH等。

螺纹公差带代号包括中径公差带代号和顶径公差带代号。若两者相同，则合并标注一个即可；若两者不同，则应分别标出，前者为中径，后者为顶径。

旋合长度代号除中等旋合长度代号N不标外，对于短或长旋合长度，应标出代号S或L，也可注明旋合长度的数值。

示例如下：

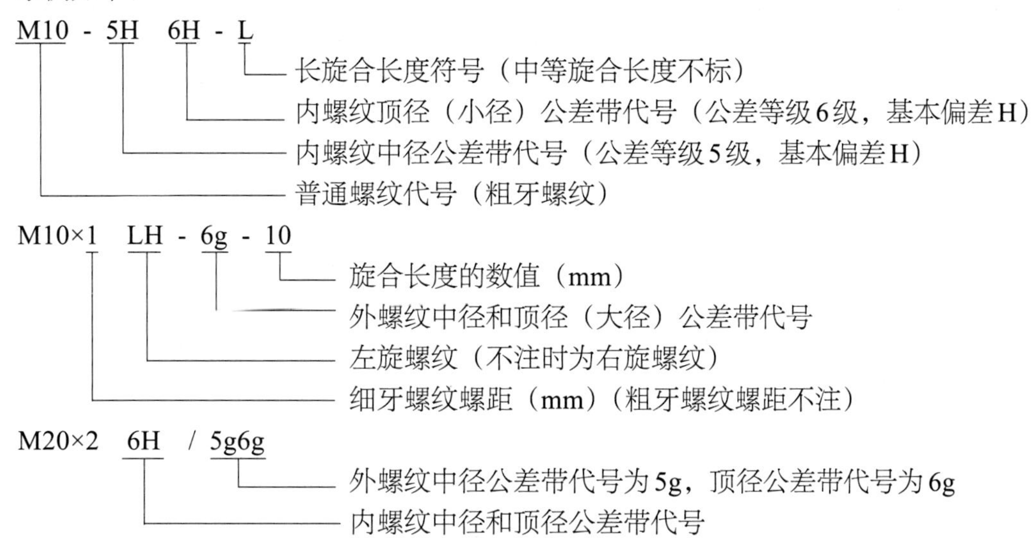

（2）普通螺纹的直径、螺距、基本尺寸（表7-6）

表7-6 普通螺纹基本尺寸 单位：mm

公称直径(大径) D、d			螺距	中径	小径
第一系列	第二系列	第三系列	P	D_2或d_2	D_1或d_1
1	—	—	0.25*	0.838	0.729
			0.2	0.870	0.783
—	1.1	—	0.25*	0.938	0.829
			0.2	0.970	0.883
1.2	—	—	0.25*	1.038	0.929
			0.2	1.070	0.983
—	1.4	—	0.3*	1.205	1.075
			0.2	1.270	1.183
1.6	—	—	0.35*	1.373	1.221
			0.2	1.470	1.383
—	1.8	—	0.35*	1.573	1.421
			0.2	1.670	1.583
2	—	—	0.4*	1.740	1.567
			0.25	1.838	1.729
—	2.2	—	0.45*	1.908	1.713
			0.25	2.038	1.929
2.5	—	—	0.45*	2.208	2.013
			0.35	2.273	2.121
3	—	—	0.5*	2.675	2.459
			0.35	2.773	2.621
—	3.5	—	(0.6*)	3.110	2.850
			0.35	3.273	3.121
4	—	—	0.7*	3.545	3.242
			0.5	3.675	3.459

续表

公称直径(大径)D、d			螺距	中径	小径
第一系列	第二系列	第三系列	P	D_2或d_2	D_1或d_1
—	4.5	—	(0.75*)	4.013	3.688
			0.5	4.175	3.959
5	—	5.5	0.8*	4.480	4.134
			0.5	4.675	4.459
			0.5	5.175	4.959
6	—	—	1*	5.350	4.917
			0.75	5.513	5.188
—	—	7	1*	6.350	5.917
			0.75	6.513	6.188
8	—	—	(1.25*)	7.188	6.647
			1	7.350	6.917
			0.75	7.513	7.188
—	—	9	1.25*	8.188	7.647
			1	8.350	7.917
			0.75	8.513	8.188
10	—	—	1.5*	9.026	8.376
			1.25	9.188	8.647
			1	9.350	8.917
			0.75	9.513	9.188
—	—	11	(1.5*)	10.026	9.376
			1	10.350	9.917
			0.75	10.513	10.188
12	—	—	1.75*	10.863	10.106
			1.5	11.026	10.376
			1.25	11.188	10.647
			1	11.350	10.917
			(0.75)	11.513	11.188
—	14①	—	2*	12.701	11.835
			1.5	13.026	12.376
			(1.25)	13.188	12.647
			1	13.350	12.917
			(0.75)	13.513	13.188
—	—	15	1.5	14.026	13.376
			(1)	14.350	13.917
16	—	—	2*	14.701	13.835
			1.5	15.026	14.376
			1	15.350	14.917
			(0.75)	15.513	15.188
—	—	17	1.5	16.026	15.376
			(1)	16.350	15.917

续表

公称直径(大径)D、d			螺距	中径	小径
第一系列	第二系列	第三系列	P	D_2或d_2	D_1或d_1
—	18	—	2.5*	16.376	15.294
			2	16.701	15.835
			1.5	17.026	16.376
			1	17.350	16.917
			(0.75)	17.513	17.188
20	—	—	2.5*	18.376	17.294
			2	18.701	17.835
			1.5	19.026	18.376
			1	19.350	18.917
			(0.75)	19.513	19.188
—	22	—	2.5*	20.376	19.294
			2	20.701	19.835
			1.5	21.026	20.376
			1	21.350	20.917
			(0.75)	21.513	21.188
24	—	—	3*	22.051	20.752
			2	22.701	21.835
			1.5	23.026	22.376
			1	23.350	22.917
			(0.75)	23.513	23.188
—	—	25	2	23.701	22.835
			1.5	24.026	23.376
			(1)	24.350	23.917
—	—	26	1.5	25.026	24.376
—	27	—	3*	25.051	23.752
			2	25.701	24.835
			1.5	26.026	25.376
			1	26.350	25.917
			(0.75)	26.513	26.188
—	—	28	2	26.701	25.835
			1.5	27.026	26.376
			1	27.350	26.917
30	—	—	3.5*	27.727	26.211
			3	28.051	26.752
			2	28.701	27.835
			1.5	29.026	28.376
			1	29.350	28.917
			(0.75)	29.513	29.188
—	—	32	2	30.701	29.835
			1.5	31.026	30.376

续表

公称直径(大径)D、d			螺距	中径	小径
第一系列	第二系列	第三系列	P	D_2或d_2	D_1或d_1
—	33	—	3.5*	30.727	29.211
			3	31.051	29.752
			2	31.701	30.835
			1.5	32.026	31.376
			(1)	32.350	31.917
			(0.75)	32.513	32.188
—	—	35②	1.5	34.026	33.376
36	—	—	4*	33.402	31.670
			3	34.051	32.752
			2	34.701	33.835
			1.5	35.026	34.376
			(1)	35.530	34.917
—	—	38	1.5	37.026	36.376
—	39	—	4*	36.402	34.670
			3	37.051	35.752
			2	37.701	36.835
			1.5	38.026	37.376
			(1)	38.350	37.917
—	—	40	(3)	38.051	36.752
			(2)	38.701	37.835
			1.5	39.026	38.376
42	—	—	4.5*	39.077	37.129
			(4)	39.402	37.670
			3	40.051	38.752
			2	40.701	39.835
			1.5	41.026	40.376
			(1)	41.350	40.917
—	45	—	4.5*	42.077	40.129
			(4)	42.402	40.670
			3	43.051	41.752
			2	43.701	42.835
			1.5	44.026	43.376
			(1)	44.350	43.917
48	—	—	5*	44.752	42.587
			4	45.402	43.670
			3	46.051	44.752
			2	46.701	45.835
			1.5	47.026	46.376
			(1)	47.350	46.917
—	—	50	(3)	48.051	46.752

续表

公称直径(大径)D、d			螺距 P	中径 D_2或d_2	小径 D_1或d_1
第一系列	第二系列	第三系列			
—	—	50	(2)	48.701	47.835
			1.5	49.026	48.376
—	52	—	5*	48.752	46.587
			(4)	49.402	47.670
			3	50.051	48.752
			2	50.701	49.835
			1.5	51.026	50.376
			(1)	51.350	50.917
—	—	55	(4)	52.402	50.670
			(3)	53.051	51.752
			2	53.701	52.835
			1.5	54.026	53.376
56	—	—	5.5*	52.428	50.046
			4	53.402	51.670
			3	54.051	52.752
			2	54.701	53.835
			1.5	55.026	54.376
			(1)	55.350	54.917
—	—	58	(4)	55.402	53.670
			(3)	56.051	54.752
			2	56.701	55.835
			1.5	57.026	56.376
—	60	—	(5.5)	56.428	54.046
			4	57.402	55.670
			3	58.051	56.752
			2	58.701	57.835
			1.5	59.026	58.376
			(1)	59.350	58.917
—	—	62	(4)	59.402	57.670
			(3)	60.051	58.752
			2	60.701	59.835
			1.5	61.026	60.376
64	—	—	6*	60.103	57.505
			4	61.402	59.670
			3	62.051	60.752
			2	62.701	61.835
			1.5	63.026	62.376
			(1)	63.350	62.917
—	—	65	(4)	62.402	60.670
			(3)	63.051	61.752

续表

公称直径(大径)D、d			螺距	中径	小径
第一系列	第二系列	第三系列	P	D_2或d_2	D_1或d_1
—	—	65	2	63.701	62.835
			1.5	64.026	63.376
—	68	—	6*	64.103	61.505
			4	65.402	63.670
			3	66.051	64.752
			2	66.701	65.835
			1.5	67.026	66.376
			(1)	67.350	66.917
—	—	70	(6)	66.103	63.505
			(4)	67.402	65.670
			(3)	68.051	66.752
			2	68.701	67.835
			1.5	69.026	68.376
72	—	—	6	68.103	65.505
			4	69.402	67.670
			3	70.051	68.752
			2	70.701	69.835
			1.5	71.026	70.376
			(1)	71.350	70.917
—	—	75	(4)	72.402	70.670
			(3)	73.051	71.752
			2	73.701	72.835
			1.5	74.026	73.376
—	76	—	6	72.103	69.505
			4	73.402	71.670
			3	74.051	72.752
			2	74.701	73.835
			1.5	75.026	74.376
			(1)	75.350	74.917
—	—	78	2	76.701	75.835
80	—	—	6	76.103	73.505
			4	77.402	75.670
			3	78.051	76.752
			2	78.701	77.835
			1.5	79.026	78.376
			(1)	79.350	78.917
—	—	82	2	80.701	79.835
—	85	—	6	81.103	78.505
			4	82.402	80.670
			3	83.051	81.752

续表

公称直径(大径)D、d			螺距	中径	小径
第一系列	第二系列	第三系列	P	D_2或d_2	D_1或d_1
—	85	—	2	83.701	82.835
			(1.5)	84.026	83.376
90	—	—	6	86.103	83.505
			4	87.402	85.670
			3	88.051	86.752
			2	88.701	87.835
			(1.5)	89.026	88.376

注：1. 直径优先选用第一系列，其次第二系列，尽可能不用第三系列。
2. 尽可能不用括号内的螺距。
3. 用“*”表示的螺距为粗牙。
① M14×1.25仅用于火花塞。
② M35×1.5仅用于滚动轴承锁紧螺母。

（二）梯形螺纹

（1）梯形螺纹的基本牙型与尺寸计算

梯形螺纹有米制和英制两种。我国采用米制梯形螺纹，牙型角为30°。梯形螺纹牙型如图7-15所示。其尺寸计算公式如下：

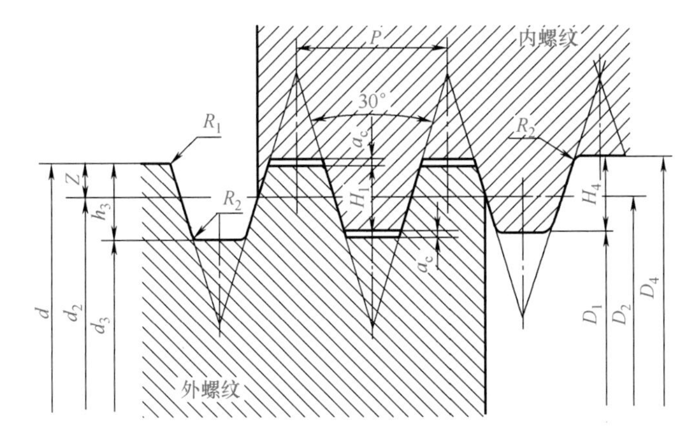

图7-15　梯形螺纹牙型

$$H_1 = 0.5P$$
$$h_3 = H_1 + a_c = 0.5P + a_c$$
$$H_4 = H_1 + a_c = 0.5P + a_c$$
$$Z = 0.25P = H_1/2$$
$$d_2 = d - 2Z = d - 0.5P$$
$$D_2 = d - 2Z = d - 0.5P$$
$$d_3 = d - 2h_3$$
$$D_1 = d - 2H_1 = d - p$$
$$D_4 = d + 2a_c$$
$$R_{1\max} = 0.5a_c$$
$$R_{2\max} = a_c$$

式中　H_1——基本牙型高度；

P——螺距；

D_4、d——内、外螺纹大径（d为公称直径）；

D_2、d_2——内、外螺纹中径；

D_1、d_3——内、外螺纹小径；

H_4、h_3——内、外螺纹牙高；

a_c——牙顶间隙；

Z——牙顶高；

R_1——外螺纹牙顶圆角；

R_2——牙底圆角。

（2）梯形螺纹代号与标记

在符合GB/T 5796.2—2005标准时，梯形螺纹用“Tr”表示。单线螺纹用“公称直径×螺距”表示，多线螺纹用“公称直径×导程（P螺距）”表示。当螺纹为左旋时，需在尺寸规格之后加注“LH”，右旋不注出。

梯形螺纹的标记是由梯形螺纹代号、公差带代号及旋合长度代号组成。梯形螺纹的公差带代号只标注中径公差带代号。当旋合长度为N组时，不注旋合长度代号。

内螺纹示例如下：

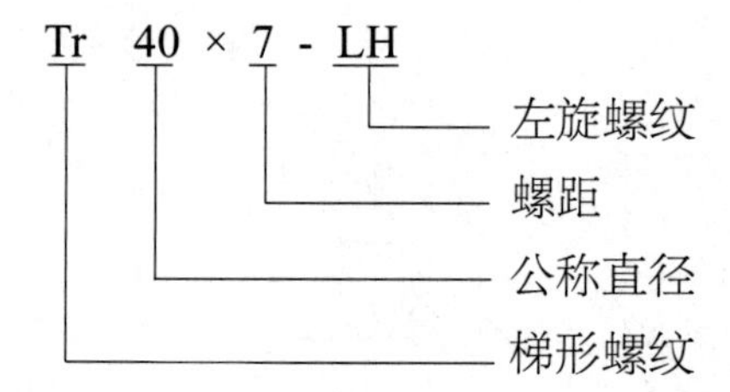

外螺纹：

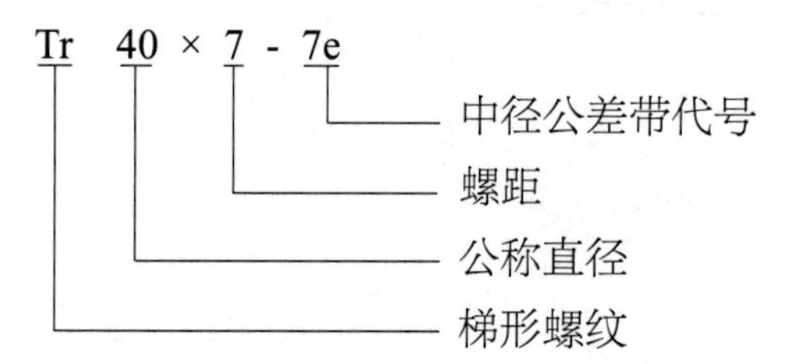

左旋外螺纹：

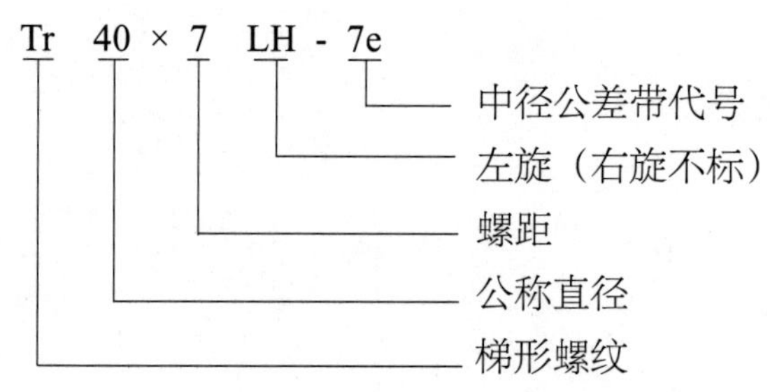

螺纹的公差带要分别注出内、外公差带代号，前者为内螺纹，后者为外螺纹，中间用斜线分开。

螺纹副示例如下：

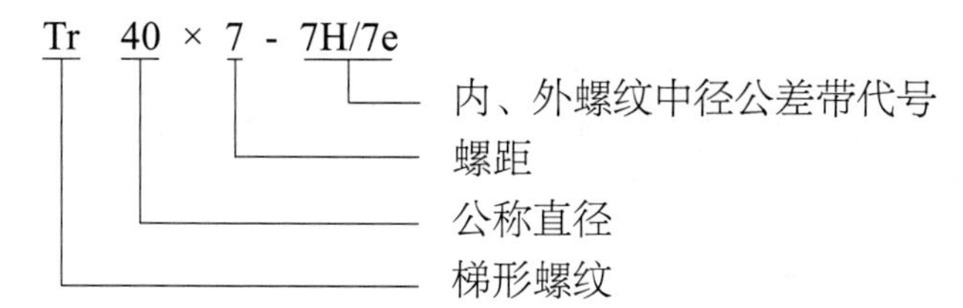

当旋合长度为L组时，组别代号L写在公差带代号的后面，并用“-”隔开。示例如下：

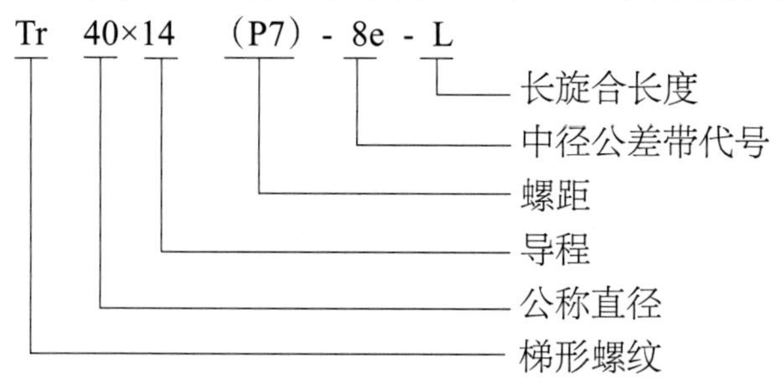

（3）梯形螺纹的直径、螺距等基本尺寸（GB/T 5796.3—2005）

梯形螺纹的基本尺寸见表7-7。

表7-7 梯形螺纹的基本尺寸

公称直径 d/mm			螺距	中径	大径	小径/mm	
第一系列	第二系列	第三系列	P/mm	$d_2=D_2$/mm	D_4/mm	d_3	D_1
8	—	—	1.5	7.25	8.3	6.2	6.5
—	9	—	1.5	8.25	9.3	7.2	7.5
			2	8.00	9.5	6.5	7.0
10	—	—	1.5	9.25	10.3	8.2	8.5
			2	9.00	10.5	7.5	8.0
—	11	—	2	10.00	11.5	8.5	9.0
			3	9.50	11.5	7.5	8.0
12	—	—	2	11.00	12.5	9.5	10.0
			3	10.50	12.5	8.5	9.0
—	14	—	2	13	14.5	11.5	12
			3	12.5	14.5	10.5	11
16	—	—	2	15	16.5	13.5	14
			4	14	16.5	11.5	12
—	18	—	2	17	18.5	15.5	16
			4	16	18.5	13.5	14
20	—	—	2	19	20.5	17.5	18
			4	18	20.5	15.5	16
—	22	—	3	20.5	22.5	18.5	19
			5	19.5	22.5	16.5	17
			8	18	23	13	14
24	—	—	3	22.5	24.5	20.5	21
			5	21.5	24.5	18.5	19
			8	20	25	15	16

续表

公称直径 d/mm			螺距	中径	大径	小径/mm	
第一系列	第二系列	第三系列	P/mm	$d_2=D_2$/mm	D_4/mm	d_3	D_1
—	26	—	3	24.5	26.5	22.5	23
			5	23.5	26.5	20.5	21
			8	22	27	17	18
28	—	—	3	26.5	28.5	24.5	25
			5	25.5	28.5	22.5	23
			8	24	29	19	20
—	30	—	3	28.5	30.5	26.5	27
			6	27	31	23	24
			10	25	31	19	20
32	—	—	3	30.5	32.5	28.5	29
			6	29	33	25	26
			10	27	33	21	22
—	34	—	3	32.5	34.5	30.5	31
			6	31	35	27	28
			10	29	35	23	24
36	—	—	3	34.5	26.5	32.5	33
			6	33	27	29	30
			10	31	27	25	26
—	38	—	3	36.5	38.5	34.5	35
			7	34.5	39	30	31
			10	33	39	27	28
40	—	—	3	38.5	40.5	36.5	37
			7	36.5	41	32	33
			10	35	41	29	30
—	42	—	3	40.5	42.5	38.5	39
			7	38.5	43	34	35
			10	37	43	31	32
44	—	—	3	42.5	44.5	40.5	41
			7	40.5	45	36	37
			12	38	45	31	32
—	46	—	3	44.5	46.5	42.5	43
			8	42.0	47	37	38
			12	40.0	47	33	34
48	—	—	3	46.5	48.5	44.5	45
			8	44	49	39	40
			12	42	49	35	36
—	50	—	3	48.5	50.5	46.5	47
			8	46	51	41	42
			12	44	51	37	38
52	—	—	3	50.5	52.5	48.5	49

续表

公称直径d/mm			螺距	中径	大径	小径/mm	
第一系列	第二系列	第三系列	P/mm	$d_2=D_2$/mm	D_4/mm	d_3	D_1
52	—	—	8	48	53	43	44
			12	46	53	39	40
—	55	—	3	53.5	55.5	51.5	52
			9	50.5	56	45	46
			14	48	57	39	41
60	—	—	3	58.5	60.5	56.5	57
			9	55.5	61	50	51
			14	53	62	44	46
—	65	—	4	63	65.5	60.5	61
			10	60	66	54	55
			16	67	67	47	49
70	—	—	4	68	70.5	65.5	66
			10	65	71	59	60
			16	62	72	52	54
—	75	—	4	73	75.5	70.5	71
			10	70	76	64	65
			16	67	77	57	59
80	—	—	4	78	80.5	75.5	76
			10	75	81	69	70
			16	72	82	62	64
—	85	—	4	83	85.5	80.5	81
			12	79	86	72	73
			18	76	87	65	67
90	—	—	4	88	90.5	58.5	80
			12	84	91	77	78
			18	81	92	70	72
—	95	—	4	93	95.5	90.5	91
			12	89	96	82	83
			18	86	97	75	77
100	—	—	4	98	100.5	95.5	96
			12	94	101	87	88
			20	90	102	78	80
—	—	105	4	103	105.5	100.5	101
			12	99	106	92	93
			20	95	107	83	85
—	110	—	4	108	110.5	105.5	106
			12	104	111	97	98
			20	100	112	88	90

续表

公称直径d/mm			螺距	中径	大径	小径/mm	
第一系列	第二系列	第三系列	P/mm	$d_2=D_2$/mm	D_4/mm	d_3	D_1
—	—	115	6	112	116	108	109
			12	108	117	99	101
			4	104	117	91	93
120	—	—	6	117	121	113	114
			14	113	122	104	106
			22	109	122	96	98
—	—	125	6	122	126	118	119
			14	118	127	109	111
			22	114	127	101	103
—	130	—	6	127	131	123	124
			14	123	32	114	116
			22	119	132	106	108
—	—	135	6	132	136	128	129
			14	128	137	119	121
			22	123	137	109	111
140	—	—	6	137	141	133	134
			14	133	142	124	126
			24	128	142	114	116
—	—	145	6	142	146	138	139
			14	138	147	129	131
			24	133	147	119	121
—	150	—	6	147	151	143	144
			14	142	152	132	134
			24	138	152	124	126
—	—	155	6	152	156	148	149
			16	147	157	137	139
			24	143	157	129	131
160	—	—	6	157	161	153	154
			16	152	162	142	144
			28	146	162	130	132

（三）55°非密封管螺纹（GB/T 7307—2001）

标准规定管螺纹其内、外螺纹均为圆柱螺纹，不具备密封性能（只是作为机械连接用），若要求连接后具有密封性能，可在螺纹副外采取其他密封方式。

（1）牙型及牙型尺寸计算（表7-8）

表7-8　牙型及牙型尺寸计算

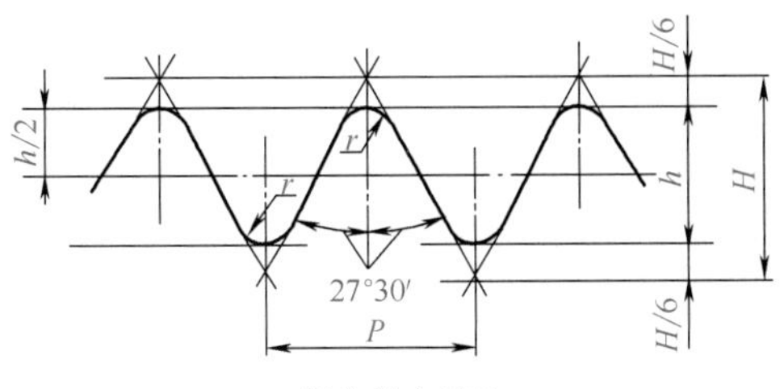

螺纹基本牙型

术语	代号	计算公式	螺纹的基本尺寸
牙型角	α	$\alpha=55°$	螺纹中径(d_2、D_2)和小径(d_1、D_1)的基本尺寸按下列公式计算： $d_2=D_2=d-0.640327P$ $d_1=D_1=d-1.280654P$ 式中，d为外螺纹大径
螺距	P	$P=\dfrac{25.4}{n}$	
圆弧半径	r	$r=0.137329P$	
牙型高度	h	$h=0.640327P$	
原始三角形高度	H	$H/6=0.160082P$	
螺纹牙数	n	n为每25.4mm轴向长度内的牙数	

（2）基本尺寸和公差

外螺纹的上偏差（es）和内螺纹的下偏差（EI）为基本偏差，基本偏差为零。对内螺纹中径和小径只规定一种公差，下偏差为零，上偏差为正。对外螺纹中径公差分为A和B两个等级，对外螺纹大径，规定了一种公差，均是上偏差为零，下偏差为负。螺纹的牙顶在给出的公差范围内允许削平。

55°非密封管螺纹的基本尺寸和公差见表7-9。

（3）螺纹代号与标记

55°非密封管螺纹的标记由螺纹特征代号、螺纹尺寸代号和公差等级代号组成，螺纹特征代号用字母G表示。

标记示例：

外螺纹A级　G1½A；

外螺纹B级　G1½B：

内螺纹　G1½。

当螺纹为左旋时，在公差等级代号后加注“LH”，例如G1½-LH，G1½A-LH。

当内、外螺纹装配在一起时，内、外螺纹的标记用斜线分开，左边表示内螺纹，右边表示外螺纹。例如：G1½ / G1½A；G1½ / G1½B。

（四）55°密封管螺纹（GB/T 7306—2000）

标准规定连接形式有两种，第一种为圆柱内螺纹和圆锥外螺纹的连接；第二种为圆锥内螺纹和圆锥外螺纹连接。两种连接形式都具有密封性能，必要时，允许在螺纹副内加入密封填料。

（1）圆柱内螺纹基本牙型、基准平面尺寸分布位置及尺寸计算（表7-10）

表7-9 55°非密封管螺纹的基本尺寸和公差

螺纹的尺寸代号	每25.4mm内的牙数 n	螺距 P/mm	牙型高度 h/mm	圆弧半径 r/mm	基本尺寸/mm			外螺纹/mm					内螺纹/mm			
					大径 $d=D$	中径 $d_2=D_2$	小径 $d_1=D_1$	大径公差 T_d		中径公差 T_{d_2} *			中径公差 T_{D_2} *		小径公差 T_{D_1}	
								下偏差	上偏差	下偏差 A级	下偏差 B级	上偏差	下偏差	上偏差	下偏差	上偏差
1/16	28	0.907	0.581	0.125	7.723	7.142	6.561	−0.214	0	−0.107	−0.214	0	0	+0.107	0	+0.282
1/8	28	0.907	0.581	0.125	9.728	9.147	8.566	−0.214	0	−0.107	−0.214	0	0	+0.107	0	+0.282
1/4	19	1.337	0.856	0.184	13.157	12.301	11.445	−0.250	0	−0.125	−0.250	0	0	+0.125	0	+0.445
3/8	19	1.337	0.856	0.184	16.662	15.806	14.950	−0.250	0	−0.125	−0.250	0	0	+0.125	0	+0.445
1/2	14	1.814	1.162	0.249	20.955	19.793	18.631	−0.284	0	−0.142	−0.284	0	0	+0.142	0	+0.541
5/8	14	1.814	1.162	0.249	22.911	21.749	20.587	−0.284	0	−0.142	−0.284	0	0	+0.142	0	+0.541
3/4	14	1.814	1.162	0.249	26.441	25.279	24.117	−0.284	0	−0.142	−0.284	0	0	+0.142	0	+0.541
7/8	14	1.814	1.162	0.249	30.201	29.039	27.877	−0.284	0	−0.142	−0.284	0	0	+0.142	0	+0.541
1	11	2.309	1.479	0.317	33.249	31.770	30.291	−0.360	0	−0.180	−0.360	0	0	+0.180	0	+0.640
1⅛	11	2.309	1.479	0.317	37.897	36.418	34.939	−0.360	0	−0.180	−0.360	0	0	+0.180	0	+0.640
1¼	11	2.309	1.479	0.317	41.910	40.431	38.952	−0.360	0	−0.180	−0.360	0	0	+0.180	0	+0.640
1½	11	2.309	1.479	0.317	47.803	46.324	44.845	−0.360	0	−0.180	−0.360	0	0	+0.180	0	+0.640
1¾	11	2.309	1.479	0.317	53.746	52.267	50.788	−0.360	0	−0.180	−0.360	0	0	+0.180	0	+0.640
2	11	2.309	1.479	0.317	59.614	58.135	56.656	−0.360	0	−0.180	−0.360	0	0	+0.180	0	+0.640
2¼	11	2.309	1.479	0.317	65.71	64.231	62.752	−0.434	0	−0.217	−0.434	0	0	+0.217	0	+0.640
2½	11	2.309	1.479	0.317	75.184	73.705	72.226	−0.434	0	−0.217	−0.434	0	0	+0.217	0	+0.640
2¾	11	2.309	1.479	0.317	81.534	80.055	78.576	−0.434	0	−0.217	−0.434	0	0	+0.217	0	+0.640
3	11	2.309	1.479	0.317	87.884	86.405	84.926	−0.434	0	−0.217	−0.434	0	0	+0.217	0	+0.640
3½	11	2.309	1.479	0.317	100.33	98.851	97.372	−0.434	0	−0.217	−0.434	0	0	+0.217	0	+0.640
4	11	2.309	1.479	0.317	113.03	111.551	110.072	−0.434	0	−0.217	−0.434	0	0	+0.217	0	+0.640
4½	11	2.309	1.479	0.317	125.73	124.251	122.772	−0.434	0	−0.217	−0.434	0	0	+0.217	0	+0.640
5	11	2.309	1.479	0.317	138.43	136.95	135.472	−0.434	0	−0.217	−0.434	0	0	+0.217	0	+0.640
5½	11	2.309	1.479	0.317	151.13	149.651	148.172	−0.434	0	−0.217	−0.434	0	0	+0.217	0	+0.640
6	11	2.309	1.479	0.317	163.83	162.351	160.872	−0.434	0	−0.217	−0.434	0	0	+0.217	0	+0.640

注：表中“*”表示对薄壁管件，此公差适用于平均中径，该中径是测量两个互相垂直直径的算术平均值。

表7-10　圆柱内螺纹基本牙型、基准平面尺寸分布位置及尺寸计算

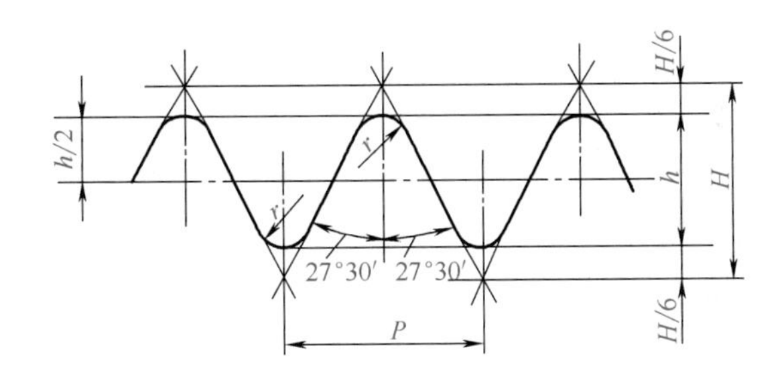

圆柱内螺纹基本牙型

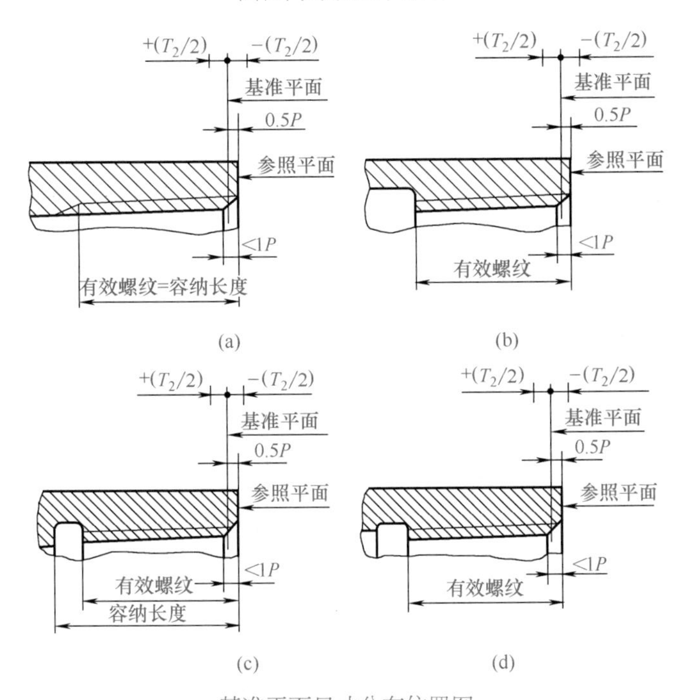

基准平面尺寸分布位置图

附表　圆柱内螺纹上各主要尺寸计算

名称	代号	计算公式	螺纹的基本尺寸
牙型角	α	$\alpha=55°$	螺纹中径(d_2、D_2)和小径(d_1、D_1)的数值按下列公式计算： $d_2=D_2=d-0.640327P$ $d_1=D_1=d-1.280654P$ 式中，d为外螺纹大径
螺距	P	$P=\dfrac{25.4}{n}$	
圆弧半径	r	$r=0.137329P$	
牙型高度	h	$h=0.640327P$	
原始三角形高度	H	$H=0.960491P$ $\dfrac{H}{6}=0.160082P$	

（2）圆锥螺纹基本牙型、主要尺寸分布位置及尺寸计算

其基本牙型、尺寸分布位置及尺寸计算见表7-11。在螺纹的顶部和底部$H/6$处倒圆。圆锥螺纹有1∶16的锥角，可以使螺纹越旋越紧，使配合更紧密，可用在压力较高的管接头处。

表7-11 圆锥螺纹基本牙型、主要尺寸分布位置及尺寸计算

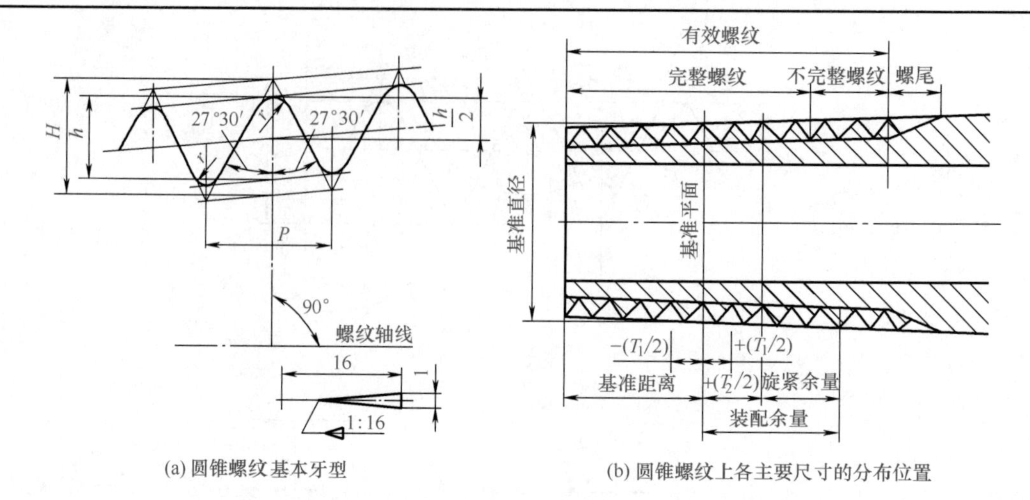

(a) 圆锥螺纹基本牙型

(b) 圆锥螺纹上各主要尺寸的分布位置

附表 圆锥螺纹各主要尺寸计算

术语	代号	计算公式	螺纹的基本尺寸
牙型角	α	$\alpha=55°$	螺纹中径(d_2、D_2)和小径(d_1、D_1)的数值按下列公式计算： $d_2=D_2=d-0.640327P$ $d_1=D_1=d-1.280654P$ 式中，d为螺纹大径
螺距	P	$P=\dfrac{25.4}{n}$	
圆弧半径	r	$r=0.137278P$	
牙型高度	h	$h=0.640327P$	
原始三角形高度	H	$H=0.960237P$	
螺纹牙数	n	n为每25.4mm轴向长度内的牙数	

在表7-11中，基准直径：设计给定的内锥螺纹或外锥螺纹的基本大径。基准平面：垂直于锥螺纹轴线，具有基准直径的平面，简称基面。基准距离：从基准平面到外锥螺纹小端的距离，简称基距。完整螺纹：牙顶和牙底均具有完整形状的螺纹。不完整螺纹：牙底完整而牙顶不完整的螺纹。螺尾：向光滑表面过渡的牙底不完整的螺纹。有效螺纹：由完整螺纹和不完整螺纹组成的螺纹，不包括螺尾。圆锥管螺纹形状特征如图7-16所示。

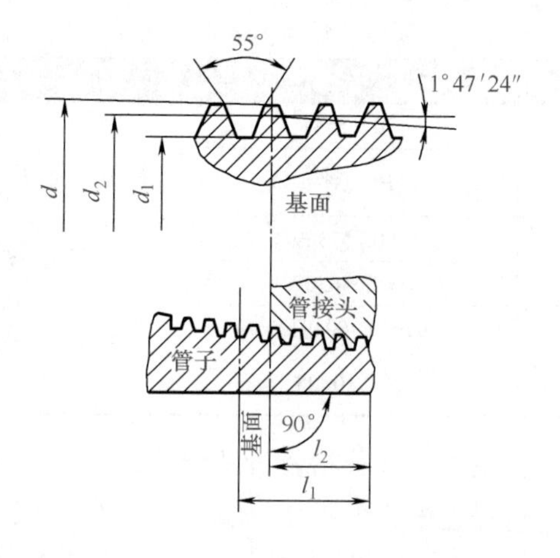

图7-16 圆锥管螺纹的形状特征

（3）螺纹的基本尺寸及其极限偏差（表7-12）。

表7-12　螺纹的基本尺寸及其极限偏差

尺寸代号	每25.4mm内所包含的牙数n	螺距P/mm	牙高h/mm	基准平面内的基本直径/mm			基准距离/mm				
				大径(基准直径)$d=D$	中径$d_2=D_2$	小径$d_1=D_1$	基本/mm	极限偏差		最大/mm	最小/mm
								$(\pm T_1/2)$/mm	圈数		
1/16	28	0.907	0.581	7.723	7.142	6.561	4	0.9	1	4.9	3.1
1/8	28	0.907	0.581	9.728	9.147	8.566	4	0.9	1	4.9	3.1
1/4	19	1.337	0.856	13.157	12.301	11.445	6	1.3	1	7.3	4.7
3/8	19	1.337	0.856	16.662	15.806	14.950	6.4	1.3	1	7.7	5.1
1/2	14	1.814	1.162	20.955	19.793	18.631	8.2	1.8	1	10.0	6.4
3/4	14	1.814	1.162	26.441	25.279	24.117	9.5	1.8	1	11.3	7.7
1	11	2.309	1.479	33.249	31.770	30.291	10.4	2.3	1	12.7	8.1
1¼	11	2.309	1.479	41.910	40.431	38.952	12.7	2.3	1	15.0	10.4
1½	11	2.309	1.479	47.803	46.324	44.845	12.7	2.3	1	15.0	10.4
2	11	2.309	1.479	59.614	58.135	56.656	15.9	2.3	1	18.2	13.6
2¼	11	2.309	1.479	75.184	73.705	72.226	17.5	3.5	1½	21.0	14.0
3	11	2.309	1.479	87.884	86.405	84.926	20.6	3.5	1½	24.1	17.1
4	11	2.30½9	1.479	113.030	111.551	110.072	25.4	3.5	1½	28.9	21.9
5	11	2.309	1.479	138.430	136.951	135.472	28.6	3.5	1½	32.1	25.1
6	11	2.309	1.479	163.830	162.351	160.872	28.6	3.5	1½	32.1	25.1

装配余量		外螺纹的有效螺纹不小于/mm			圆锥内螺纹基准平面轴向位置的极限偏差$(\pm T_1/2)$/mm	圆柱内螺纹直径的极限偏差$\pm T_1/2$	
大小/mm	圈数	基准距离分别为					
		基本	最大	最小		径向/mm	轴向圈数
2.5	2¾	6.5	7.4	5.6	1.1	0.071	1¼
2.5	2¾	6.5	7.4	5.6	1.1	0.071	1¼
3.7	2¾	9.7	11	8.4	1.7	0.104	1¼
3.7	2¾	10.1	11.4	8.8	1.7	0.104	1¼
5.0	2¾	13.2	15	11.4	2.3	0.142	1¼
5.0	2¾	14.5	16.3	12.7	2.3	0.142	1¼
6.4	2¾	16.8	19.1	14.5	2.9	0.180	1¼
6.4	2¾	19.1	21.4	16.8	2.9	0.180	1¼
6.4	2¾	19.1	21.4	16.8	2.9	0.180	1¼
7.5	3¼	23.4	25.7	21.1	2.9	0.180	1¼
9.2	4	26.7	30.2	23.2	3.5	0.216	1½
9.2	4	29.8	33.3	26.3	3.5	0.216	1½
10.4	4½	35.8	39.3	32.3	3.5	0.216	1½
11.5	5	40.1	43.6	36.6	3.5	0.216	1½
11.5	5	40.1	43.6	36.6	3.5	0.216	1½

（4）螺纹代号及标记示例

管螺纹的标记由螺纹特征代号和尺寸代号组成。螺纹特征代号如下：

R_c——圆锥内螺纹；

R_p——圆柱内螺纹；

R_1——与R_p配合使用的圆锥外螺纹；

R_2——与R_c配合使用的圆锥外螺纹。

标记示例：

尺寸代号为3/4的右旋圆锥内螺纹的标记为R_c3/4。

尺寸代号为3/4的右旋圆柱内螺纹的标记为R_p3/4。

与R_c配合使用尺寸代号为3/4的右旋圆锥外螺纹的标记为$R_2$3/4。

与R_p配合使用尺寸代号为3/4的右旋圆锥外螺纹的标记为$R_1$3/4。

当螺纹为左旋时，应在尺寸代号后加注“LH”。如尺寸代号为3/4左旋圆锥内螺纹的标记为R_c3/4LH。

表示螺纹副时，螺纹特征代号为R_c/R_2或R_p/R_1。前面为内螺纹的特征代号，后面为外螺纹的特征代号，中间用斜线分开。

圆锥内螺纹与圆锥外螺纹的配合：$R_c/R_2$3/4。

圆柱内螺纹与圆锥外螺纹的配合：$R_p/R_1$3/4。

左旋圆锥内螺纹与圆锥外螺纹的配合R_c/（$R_2$3/4LH）。

四、螺纹的规定画法

由于螺纹的真实投影比较复杂，而且通常采用专用机床和专用刀具制造。为了简化作图，国家标准GB/T 4459.1—1995中规定了螺纹的画法，而无须画出螺纹的真实投影。

（1）外螺纹的规定画法（图7-17~图7-18）

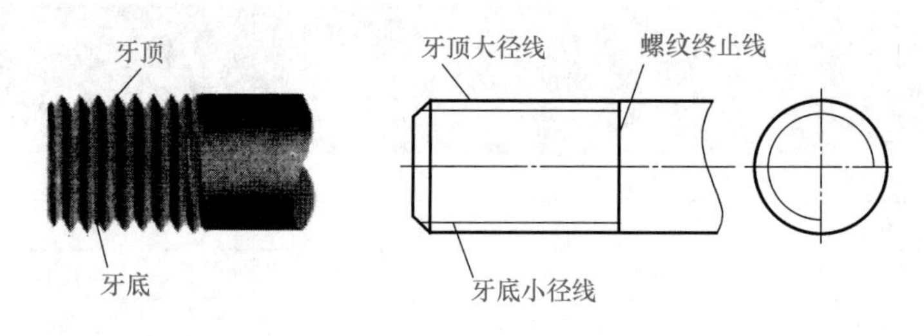

图7-17 外螺纹的规定画法

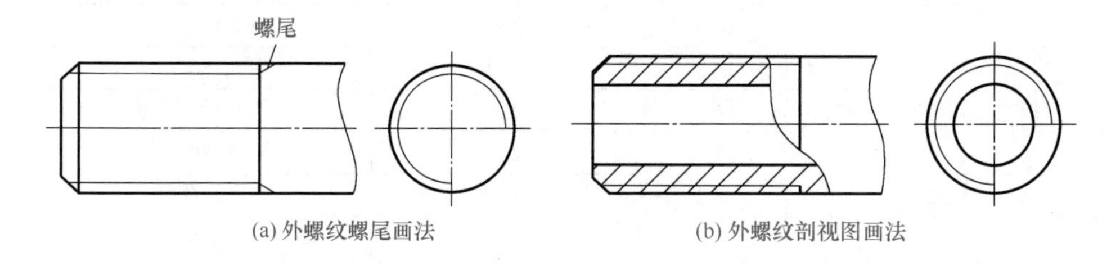

图7-18 外螺纹螺尾及外螺纹剖视图画法

① 外螺纹的大径（牙顶）用粗实线表示，小径（牙底）用细实线表示，小径通常画成大径的0.85倍，即$d_1 = 0.85d$。

② 在非圆视图上，小径线画至螺杆端部，螺纹终止线画成粗实线。

③ 在圆视图上，表示小径的细实线圆约画3/4圈，轴上的倒角圆省略不画。

④ 当需要表示螺尾时，螺尾部分的牙底用与轴线成30°角的细实线绘制，如图7-18（a）

所示，一般情况下螺尾省略不画。

⑤ 在剖视图或断面图中，剖面线必须画到粗实线，螺纹终止线只画出牙顶和牙底部分一小段，如图7-18（b）所示。

（2）内螺纹的规定画法（图7-19）

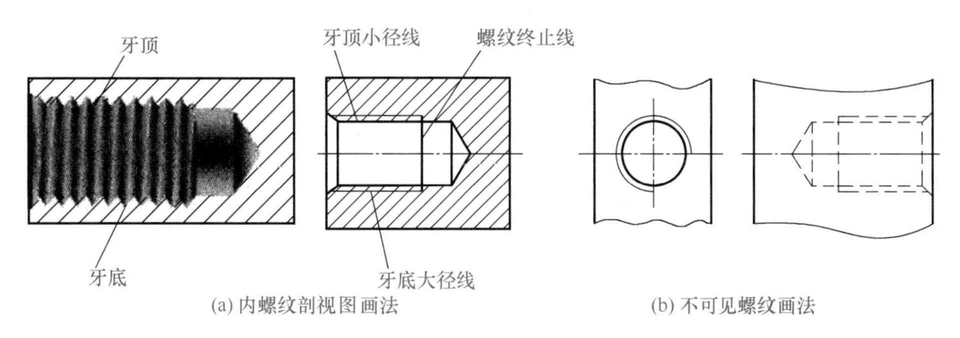

图7-19　内螺纹画法

① 在剖视图中，内螺纹的大径（牙底）用细实线绘制，小径（牙顶）用粗实线绘制，螺纹终止线用粗实线绘制。

② 在圆视图上，表示大径的细实线圆约画3/4圈，孔上的倒角圆省略不画。

③ 在剖视图或断面图中，剖面线必须画到粗实线。

④ 非圆视图上，螺尾部分的画法与外螺纹相同，一般不需画出，如图7-19（a）所示。

⑤ 内螺纹未剖切时，其大径、小径和螺纹终止线均用虚线表示，如图7-19（b）所示。

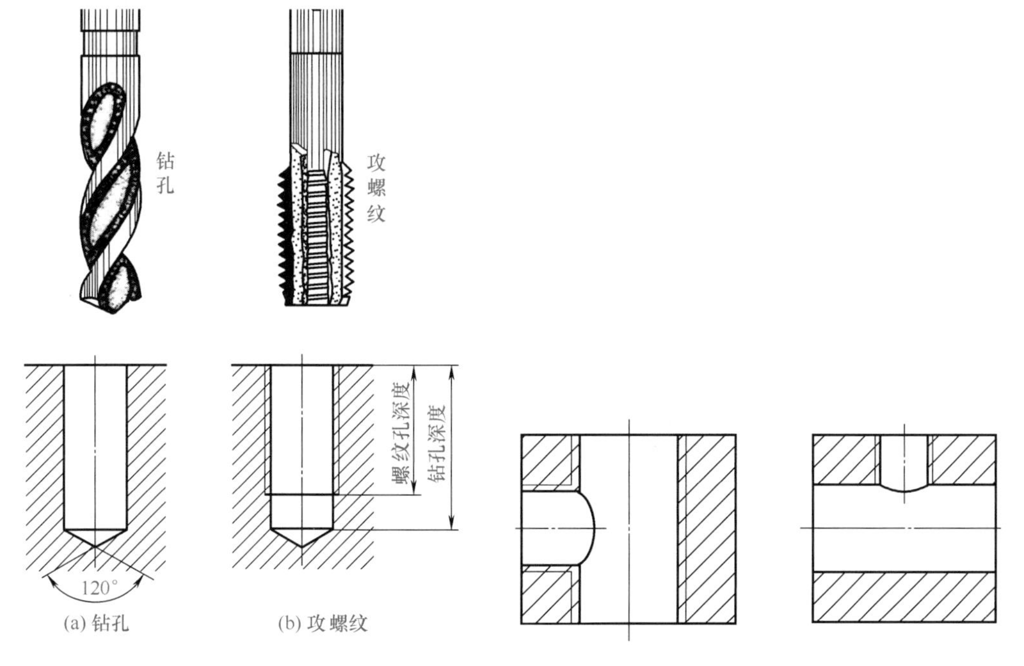

图7-20　不通螺纹孔画法

图7-21　螺纹孔相交画法

⑥ 绘制不通的螺纹孔时，一般应将钻孔深度与螺纹深度分别画出，且钻孔深度一般应比螺纹深度大0.5*D*，钻头头部的锥角画成120°，如图7-20所示。

（3）螺纹孔相交画法

螺纹孔相交时，只画出钻孔的交线，即只在牙顶处画相贯线，如图7-21所示。

（4）螺纹连接的规定画法

在剖视图中，内、外螺纹的旋合部分按外螺纹的画法绘制，其余部分按各自的画法绘制，如图7-22所示。

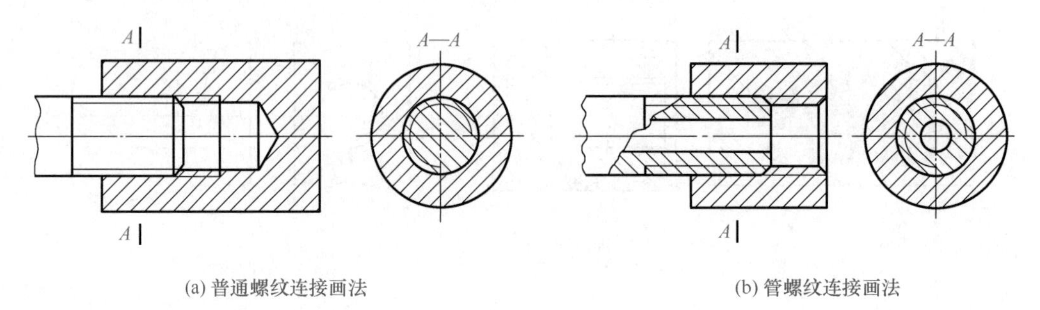

(a) 普通螺纹连接画法　(b) 管螺纹连接画法

图7-22　螺纹连接画法

① 当剖切面通过螺杆的轴线时，螺杆按不剖绘制。

② 表示内、外螺纹的大、小径的粗、细实线应对齐。

③ 剖面线画到粗实线，且相邻两零件的剖面线的方向和间隔应不同。

（5）螺纹牙型表示法

按规定画法画出的螺纹，如必须表示牙型时（多用于非标准螺纹），按图7-23绘制。

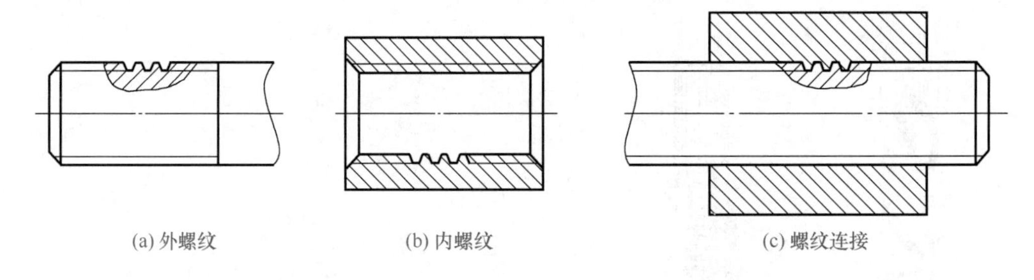

(a) 外螺纹　(b) 内螺纹　(c) 螺纹连接

图7-23　螺纹牙型的表示

五、常用螺纹紧固件

（一）螺纹紧固件的种类和规格尺寸

（1）螺纹紧固件的种类

螺纹紧固件是以一对内、外螺纹的连接作用来连接和紧固零部件的。常用的有螺栓、螺钉、螺柱、螺母、垫圈等，如图7-24所示。螺纹紧固件的种类很多，其结构形式和尺寸都已标准化，又称为标准件。

（2）各种常用的螺纹紧固件规格、用途与尺寸

标准的螺纹紧固件专门由标准件厂大量生产，设计选用时，无须画出其零件图，只要写出规定的标记即可，便于采购。标记的一般格式如下：

名称　标准号　规格

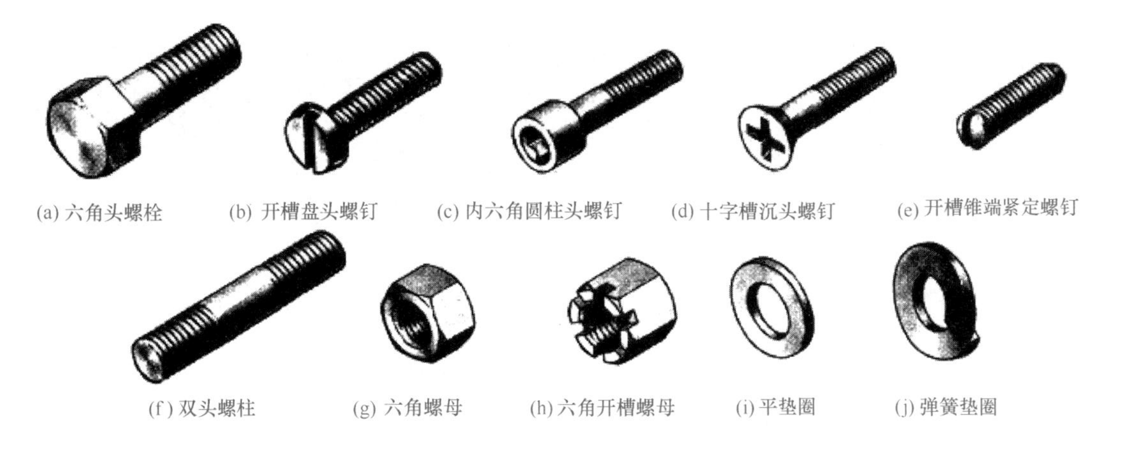

图7-24　紧固件的种类

各种常用的螺纹紧固件规格、用途与尺寸如下。

① 开槽普通螺钉。开槽普通螺钉多用于较小零件的连接，应用广泛，尤其盘头螺钉应用广。沉头螺钉用于不允许钉头露出的场合；半沉头螺钉头部呈弧形，顶端略露在外，比较美观与光滑，在仪器或较精密机件上应用较多；圆柱头螺钉与盘头螺钉形似，钉头强度较好。开槽普通螺钉的规格尺寸见表7-13。

表7-13　开槽普通螺钉规格尺寸　　单位：mm

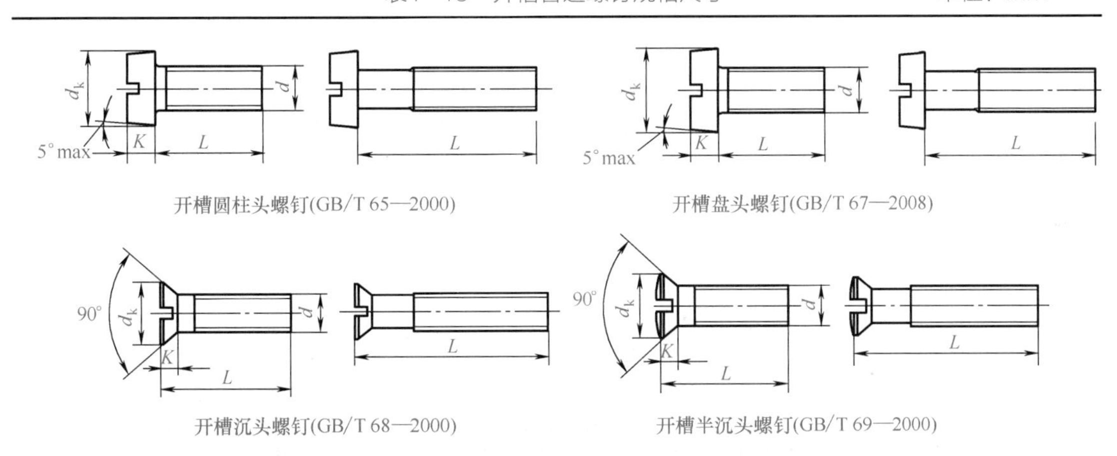

螺纹规格 d	开槽圆柱头螺钉（GB/T 65—2000）			开槽盘头螺钉（GB/T 67—2008）			开槽沉头螺钉（GB/T 68—2000）			开槽半沉头螺钉（GB/T 69—2000）		
	d_k	K	L	d_k	K	L	d_k	K	L	d_k	K	L
M1.6	3	1.1	2~16	3.2	1	2~16	3	1	2.5~16	3	1	2.5~16
M2	3.8	1.4	3~20	4	1.3	2.5~20	3.8	1.2	3~20	3.8	1.2	3~20
M2.5	4.5	1.8	3~25	5	1.5	3~25	4.7	1.5	4~25	4.7	1.5	4~25
M3	5.5	2.0	4~30	5.6	1.8	4~30	5.5	1.6	5~30	5.5	1.65	5~30
(M3.5)	6	2.4	5~35	7	2.1	5~35	7.3	2.35	6~35	7.3	2.35	6~35
M4	7	2.6	5~40	8	2.4	5~40	8.4	2.7	6~40	8.4	2.7	6~40
M5	8.5	3.3	6~50	9.5	3	6~50	9.3	2.7	8~50	9.3	2.7	8~50
M6	10	3.9	8~60	12	3.6	8~60	11.3	3.3	8~60	11.3	3.3	8~60

续表

螺纹规格 d	开槽圆柱头螺钉（GB/T 65—2000）			开槽盘头螺钉（GB/T 67—2008）			开槽沉头螺钉（GB/T 68—2000）			开槽半沉头螺钉（GB/T 69—2000）		
	d_k	K	L	d_k	K	L	d_k	K	L	d_k	K	L
M8	13	5	10~80	16	4.8	10~80	15.8	4.65	10~80	15.8	4.65	10~80
M10	16	6	12~80	20	6	12~80	18.3	5	12~80	18.3	5	12~80

注：1. 尽可能不采用括号内的规格。

2. 螺纹公差为6g。力学性能等级：钢为4.8、5.8；不锈钢为A2-50、A2-70；有色金属为CU2、CU3、AL4。产品等级为A级。

② 内六角螺钉。内六角螺钉头部能埋入机件中（机件中须制出相应尺寸的圆柱形孔），可施加较大的拧紧力矩，连接强度高，一般可代替六角螺栓，用于结构要求紧凑、外形平滑的连接处。内六角螺钉的规格尺寸见表7-14。

表7-14　内六角螺钉规格尺寸　　单位：mm

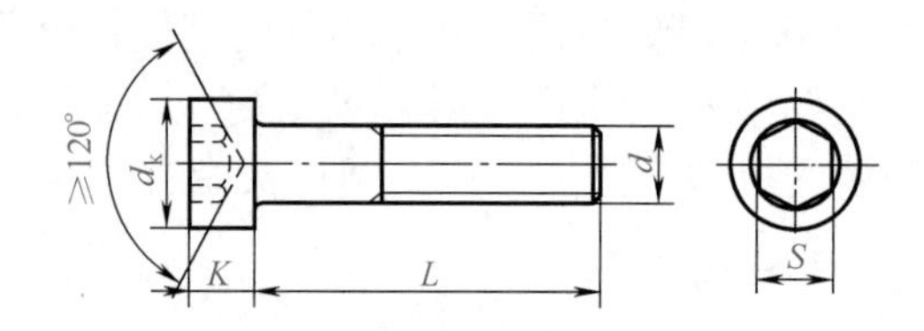

内六角圆柱头螺钉（GB/T 70.1—2008）

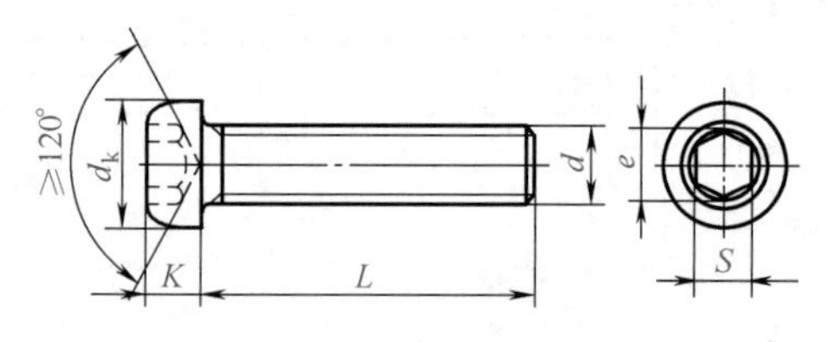

内六角平圆头螺钉（GB/T 70.2—2008）

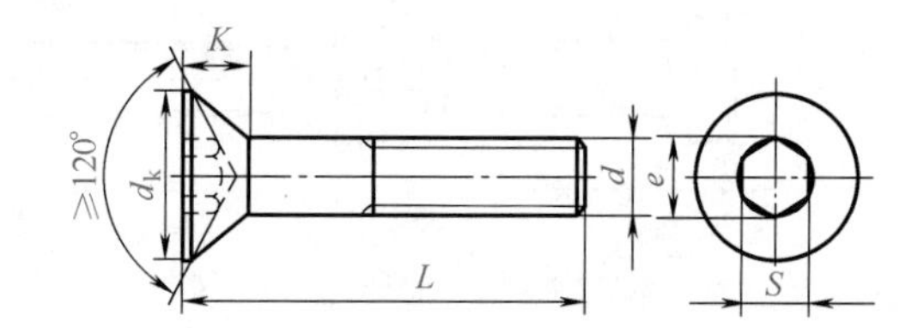

内六角沉头螺钉（GB/T 70.3—2008）

螺纹规格 d	内六角圆柱头螺钉（GB/T 70.1—2008）					内六角平圆头螺钉（GB/T 70.2—2008）				内六角沉头螺钉（GB/T 70.3—2008）			
	d_{kmax} 光滑头部	d_{kmax} 滚花头部	S	K	L	d_{kmax}	S	K	L	d_{kmax}	S	K	L
M1.6	3	3.14	1.5	1.6	2.5~16	—	—	—	—	—	—	—	—
M2	3.8	3.98	1.5	2	3~20	—	—	—	—	—	—	—	—
M2.5	4.5	4.68	2	2.5	4~25	—	—	—	—	—	—	—	—
M3	5.5	5.68	2.5	3	5~30	5.7	2	1.65	6~12	5.54	2	1.86	8~30
M4	7	7.22	3	4	6~40	7.6	2.5	2.20	8~16	7.53	2.5	2.48	8~40
M5	8.5	8.72	4	5	8~50	9.5	3	2.75	10~30	9.43	3	3.1	8~50
M6	10	10.22	5	6	10~60	10.5	4	3.3	10~30	11.34	4	3.72	8~60
M8	13	13.27	6	8	12~80	14.0	5	4.4	10~40	15.24	5	4.95	10~80
M10	16	16.27	8	10	16~100	17.5	6	5.5	16~40	19.22	6	6.2	12~100
M12	18	18.27	10	12	20~120	21.0	8	6.6	16~50	23.12	8	7.44	20~100
(M14)	21	21.33	12	14	25~140	—	—	—	—	26.52	10	8.4	25~100

续表

螺纹规格 d	内六角圆柱头螺钉(GB/T 70.1—2008)					内六角平圆头螺钉(GB/T 70.2—2008)				内六角沉头螺钉(GB/T 70.3—2008)			
	d_{kmax}		S	K	L	d_{kmax}	S	K	L	d_{kmax}	S	K	L
	光滑头部	滚花头部											
M16	24	24.33	14	16	25~160	28.0	10	8.8	20~50	29.01	10	8.8	30~100
M20	30	30.33	17	20	30~200	—	—	—	—	36.05	12	10.6	30~100
M24	36	36.39	19	24	40~200	—	—	—	—	—	—	—	—
M30	45	45.39	22	30	45~200	—	—	—	—	—	—	—	—
M36	54	54.46	27	36	55~200	—	—	—	—	—	—	—	—
M42	63	63.46	32	42	60~300	—	—	—	—	—	—	—	—
M48	72	72.46	36	48	70~300	—	—	—	—	—	—	—	—
M56	84	84.54	41	56	80~300	—	—	—	—	—	—	—	—
M64	96	96.54	46	64	90~300	—	—	—	—	—	—	—	—

注：1. 公称长度系列为：2.5、3、4、5、6、8、10、12、(14)、16、20、25、30、35、40、45、50、(55)、60、(65)、70、80、90、100、110、120、130、140、150、160、180、200、300。

2. 尽可能不采用括号内的规格。

3. 螺纹公差12.9级为5g、6g，其他等级为6g；产品等级为A级。

4. 力学性能等级：钢——GB/T 70.2、GB/T 70.3中为8.8、10.9，12.9；GB/T 70.1中当3mm≤d≤39mm为8.8、10.9、12.9，当d<3mm或d>39mm按协议。不锈钢——d≤24mm为A2-70、A3-70、A4-70、A5-70，24mm<d≤39mm为A2-50、A3-50、A4-50、A5-50，d>39mm按协议。有色金属——为CU2、CU3。

③ 内六角花形螺钉。内六角花形螺钉的内六角可承受较大的拧紧力矩，连接强度高，可替代六角头螺栓。其头部可埋入零件沉孔中，外形平滑，结构紧凑。内六角花形螺钉的规格尺寸见表7-15。

表7-15　内六角花形螺钉规格尺寸　　单位：mm

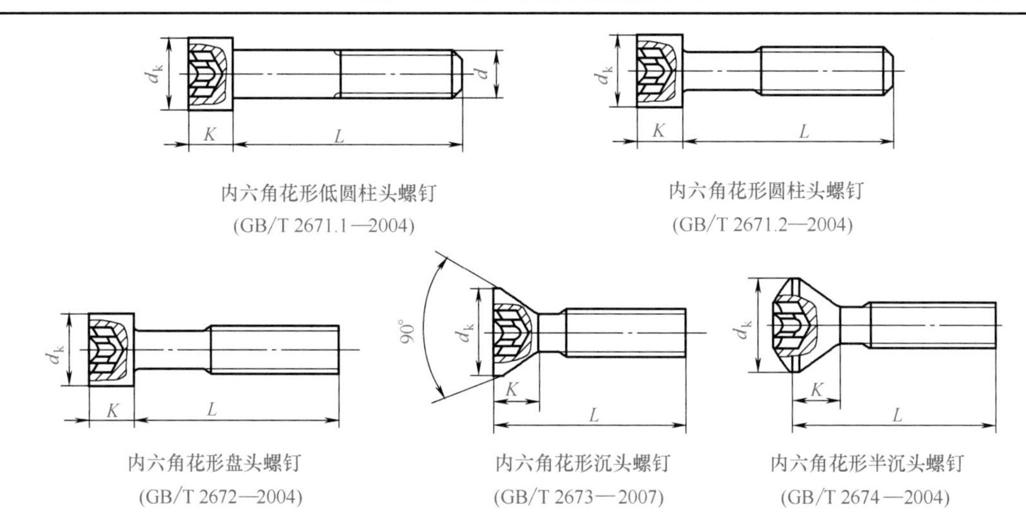

螺纹规格 d	内六角花形低圆柱头螺钉 GB/T 2671.1—2004			内六角花形圆柱头螺钉 GB/T 2671.2—2004			内六角花形盘头螺钉 GB/T 2672—2004			内六角花形沉头螺钉 GB/T 2673—2007			内六角花形半沉头螺钉 GB/T 2674—2004		
	d_k	K	L	d_k	K	L	d_k	K	L	d_k	K	L	d_k	K	L
M2	3.8	1.55	3~20	3.8	2	3~20	4	1.6	3~20	—	—	—	3.8	1.2	3~20

续表

螺纹规格 d	内六角花形低圆柱头螺钉 GB/T 2671.1—2004			内六角花形圆柱头螺钉 GB/T 2671.2—2004			内六角花形盘头螺钉 GB/T 2672—2004			内六角花形沉头螺钉 GB/T 2673—2007			内六角花形半沉头螺钉 GB/T 2674—2004		
	d_k	K	L	d_k	K	L	d_k	K	L	d_k	K	L	d_k	K	L
M2.5	4.5	1.85	3~25	4.5	2.5	4~25	5	2.1	3~25	—	—	—	4.7	1.5	3~25
M3	5.5	2.40	4~30	5.5	3	5~30	5.6	2.4	4~30	—	—	—	5.5	1.65	4~30
(M3.5)	6	2.60	5~35	—	—	—	7.0	2.6	5~35	—	—	—	7.3	2.35	5~35
M4	7	3.10	5~40	7	4	6~40	8.0	3.1	5~40	—	—	—	8.4	2.7	5~40
M5	8.5	3.65	6~50	8.5	5	8~50	9.5	3.7	6~50	—	—	—	9.3	2.7	6~50
M6	10	4.4	8~60	10	6	10~60	12	4.6	8~60	11.3	3.3	8~60	11.3	3.3	8~60
M8	13	5.8	10~80	13	8	12~80	16	6	10~80	15.8	4.65	10~80	15.8	4.65	10~60
M10	16	6.9	12~80	16	10	45~100	20	7.5	12~80	18.3	5	12~80	18.3	5	12~60
M12	—	—	—	18	12	55~120	—	—	—	22	6	20~80	—	—	—
(M14)	—	—	—	21	14	60~140	—	—	—	25.5	7	25~80	—	—	—
M16	—	—	—	24	16	65~160	—	—	—	29	8	25~80	—	—	—
(M18)	—	—	—	27	18	70~180	—	—	—	—	—	—	—	—	—
M20	—	—	—	30	20	80~200	—	—	—	36	10	35~80	—	—	—

注：1. 公称长度系列为：10、12、(14)、16、20、25、30、35、40、45、50、(55)、60、(65)、70、80。

2. 尽可能不采用括号内的规格。

3. 螺纹公差除GB/T 2671.2的12.9级为5g、6g外，其余均为6g；产品等级为A级。

4. 力学性能等级：钢——GB/T 2671.1中为4.8、5.8；GB/T 2671.2中当d<3mm按协议，当3mm≤d≤20mm为8.8、9.8、10.9、12.9；GB/T 2672、GB/T 2673、GB/T 2674中为4.8。不锈钢——GB/T 2671.1中为A2-50、A2-70、A3-50、A3-70；GB/T 2671.2中为A2-70、A3-70、A4-70、A5-70；GB/T 2672、GB/T 2673、GB/T 2674中为A2-70、A3-70。有色金属——均为CU2、CU3。

④ 十字槽普通螺钉。十字槽普通螺钉的用途与开槽普通螺钉相同，可互相替代。十字槽普通螺钉可分为十字槽盘头螺钉、十字槽沉头螺钉、十字槽半沉头螺钉、十字槽圆柱头螺钉几种类型。各种十字槽普通螺钉旋拧时对中性好，易于实现自动化装配，槽形强度好，不易拧秃，外形美观，生产效率高。但须用与螺钉相应规格的十字形旋具进行装卸。十字槽普通螺钉的规格尺寸见表7-16。

⑤ 螺栓。螺栓主要用作紧固连接件，要求保证连接强度（有时还要求紧密性）。连接件分为三个精度等级，为A、B、C级。A级精度最高，用于要求配合精确、防止振动等重要零件的连接；B级精度多用于受载较大且经常装拆、调整或承受变载的连接；C级精度多用于一般的螺纹连接。小六角头螺栓适用于被连接件表面空间较小的场合。螺杆带孔和头部带孔、带槽的螺栓是为了防止松脱用的。

a. 六角头螺栓-C级与六角头螺栓-全螺纹-C级。其规格尺寸见表7-17。

b. 六角头螺栓-A级和B级与六角头螺栓-全螺纹-A级和B级。其规格尺寸见表7-18。

c. 六角头螺栓-细牙-A级和B级与六角头螺栓-细牙-全螺纹-A级和B级。其规格尺寸见表7-19。

⑥ 六角形螺母。用途：与螺栓、螺柱、螺钉配合使用，连接坚固构件。C级用于表面粗糙、对精度要求不高的连接；A级用于螺纹直径≤16mm的连接；B级用于螺纹直径>16mm，表面光洁，对精度要求较高的连接。开槽螺母用于螺杆末端带孔的螺栓上，用开口销插入固定锁紧。六角形螺母型号与规格见表7-20与表7-21。

表7-16　十字槽普通螺钉规格尺寸　　单位：mm

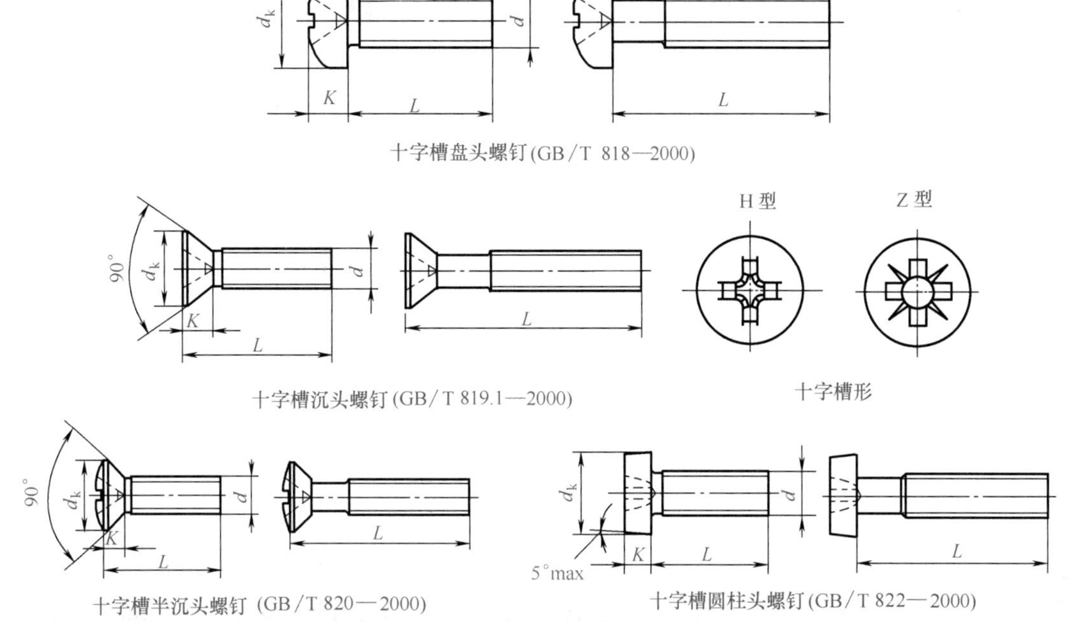

十字槽盘头螺钉 (GB/T 818—2000)

十字槽沉头螺钉 (GB/T 819.1—2000)

十字槽形

十字槽半沉头螺钉 (GB/T 820—2000)

十字槽圆柱头螺钉 (GB/T 822—2000)

螺纹规格 d	十字槽盘头螺钉 GB/T 818—2000			十字槽沉头螺钉GB/T 819.1—2000、十字槽半沉头螺钉GB/T 820—2000			十字槽号 No.	十字槽圆柱头螺钉 GB/T 822—2000			十字槽号 No.
	d_k	K	L	d_k	K	L		d_k	K	L	
M1.6	3.2	1.3	3~16	3	1	3~16	0	—	—	—	—
M2	4	1.6	3~20	3.8	1.2	3~20	0	—	—	—	—
M2.5	5	2.1	3~25	4.7	1.5	3~25	1	4.5	1.8	3~25	1
M3	5.6	2.4	4~30	5.5	1.65	4~30	1	5.5	2.0	4~30	2
(M3.5)	7	2.6	5~35	7.3	2.35	5~35	2	6.0	2.4	5~35	2
M4	8	3.1	5~40	8.4	2.7	5~40	2	7.0	2.6	5~40	2
M5	9.5	3.7	6~45	9.3	2.7	6~50	2	8.5	3.3	6~50	2
M6	12	4.6	8~60	11.3	3.3	8~60	3	10.0	3.9	8~60	3
M8	16	6	10~60	15.8	4.65	10~60	4	13.0	5.0	10~80	4
M10	20	7.5	12~60	18.3	5	12~60	4	—	—	—	—

注：1. 公称长度系列为：3、4、5、6、8、10、12、(14)、16、20、25、30、35、40、45、50、(55)、60、70、80。

2. 螺纹公差为6g；产品等级为A级。

3. 力学性能等级：钢——GB/T 818、GB/T 819.1、GB/T 820中为4.8；GB/T 822中为4.8、5.8。不锈钢——GB/T 818、GB/T 820中为A2-50、A2-70；GB/T 822中为A2-70。有色金属 GB/T 818、GB/T 820、GB/T 822中为CU2、CU3、AL4。

表7-17　六角头螺栓-C级与六角头螺栓-全螺纹-C级规格尺寸　　单位：mm

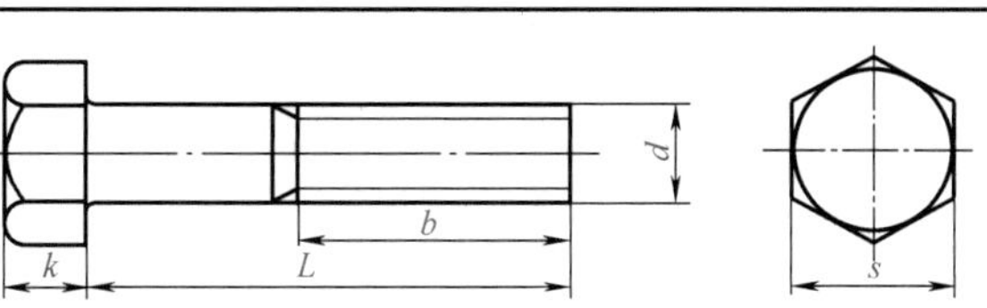

续表

螺纹规格 d	头部尺寸		螺杆长度 L		L 系列尺寸
	（公称）k	（公称）s	部分螺纹	全螺纹	
M5	3.5	8	25~50	10~50	6,8,10,12,16,20,25,30,35,40,45,50,(55),60,(65),70,80,90,100,110,120,130,140,150,160,180,200,220,240,260,280,300,320,340,360,380,400,420,440,460,480,500
M6	4	10	30~60	12~60	
M8	5.3	13	40~80	16~80	
M10	6.4	16	45~100	20~100	
M12	7.5	18	55~120	25~120	
M16	10	24	65~160	35~160	
M20	12.5	30	80~200	40~200	
M24	15	36	100~240	50~240	
M30	18.7	46	120~300	60~300	
M36	22.5	55	140~300	70~360	
M42	26	65	180~240	80~420	
M48	30	75	200~480	100~480	
M56	35	85	240~500	110~500	
M64	40	95	260~500	120~500	

注：尽可能不采用括号内的规格尺寸。

表7-18　六角头螺栓-A级和B级与六角头螺栓-全螺纹-A级和B级规格尺寸　单位：mm

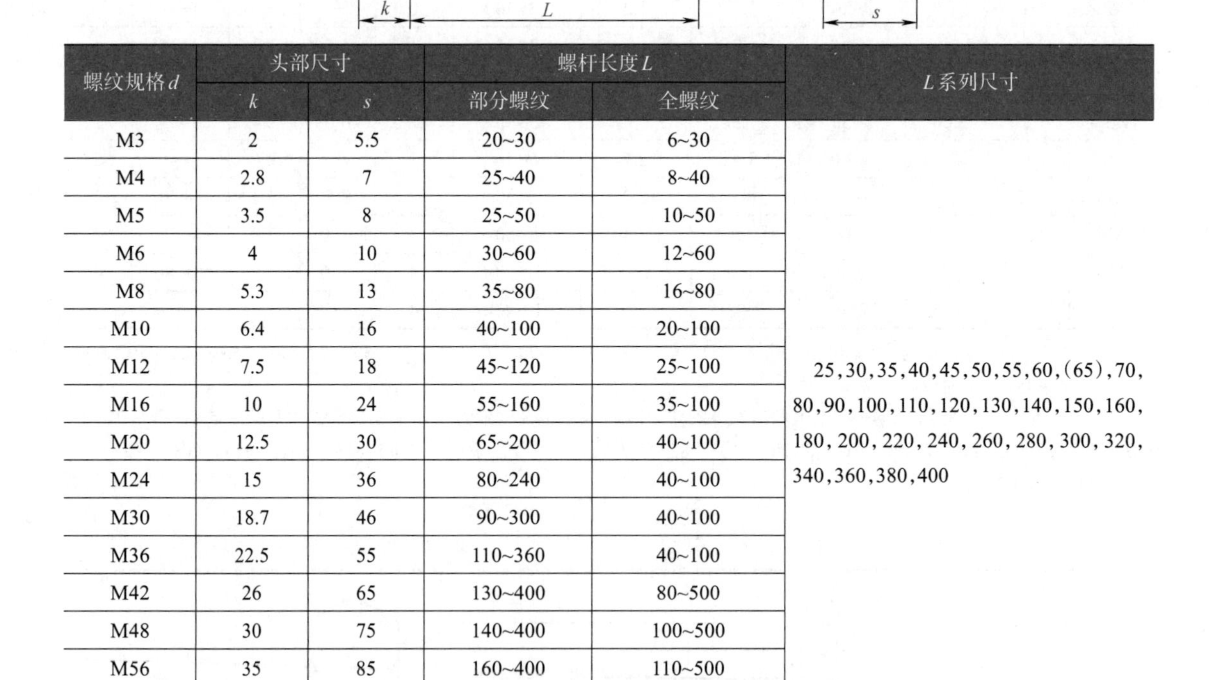

螺纹规格 d	头部尺寸		螺杆长度 L		L 系列尺寸
	k	s	部分螺纹	全螺纹	
M3	2	5.5	20~30	6~30	25,30,35,40,45,50,55,60,(65),70,80,90,100,110,120,130,140,150,160,180,200,220,240,260,280,300,320,340,360,380,400
M4	2.8	7	25~40	8~40	
M5	3.5	8	25~50	10~50	
M6	4	10	30~60	12~60	
M8	5.3	13	35~80	16~80	
M10	6.4	16	40~100	20~100	
M12	7.5	18	45~120	25~100	
M16	10	24	55~160	35~100	
M20	12.5	30	65~200	40~100	
M24	15	36	80~240	40~100	
M30	18.7	46	90~300	40~100	
M36	22.5	55	110~360	40~100	
M42	26	65	130~400	80~500	
M48	30	75	140~400	100~500	
M56	35	85	160~400	110~500	
M64	40	95	200~400	120~500	

注：尽可能不采用括号内的规格尺寸。

表7-19 六角头螺栓-细牙-A级和B级与六角头螺栓-细牙-全螺纹-A级和B级规格尺寸 单位：mm

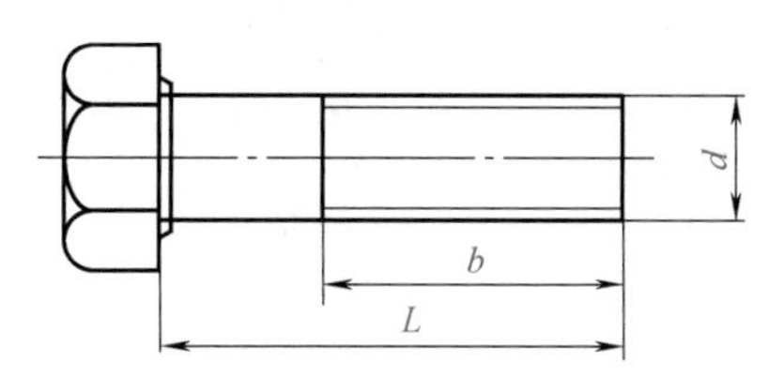

螺纹规格 $d\times P$	螺杆长度L		螺纹规格 $d\times P$	螺杆长度L	
	GB/T 5785—2000 部分螺纹	GB/T 5786—2000 全螺纹		GB/T 5785—2000 部分螺纹	GB/T 5786—2000 全螺纹
M8×1	35~80	16~80	M30×2	90~300	40~200
M10×1	40~100	20~100	(M33×2)	100~320	65~340
M12×1	45~120	25~120	(M36×3)	110~300	40~200
(M14×1.5)	50~140	30~140	(M39×3)	120~380	80~380
M16×1.5	55~160	35~160	M42×3	130~400	90~400
(M18×1.5)	60~180	40~180	(M45×3)	130~400	90~400
(M20×1.5)	65~200	40~200	M48×3	140~400	100~400
(M20×2)	65~200	40~200	(M52×4)	150~400	100~400
(M22×2)	70~220	45~220	M56×4	160~400	120~400
(M24×2)	80~240	40~200	(M60×4)	160~400	120~400
M27×2	90~260	55~280	M64×4	200~400	130~400
L系列尺寸	16、18、20、25、30、35、40、45、50、55、60、75、70、160、180、200、220、240、260、280、300、320、340、380、400				

注：尽可能不采用括号内的规格。

表7-20 六角形螺母型号

图示	螺母品种	国家标准	螺纹规格范围/mm
(a) 六角螺母	1型六角螺母-C级	GB/T 41—2000	M5~M64
	1型六角螺母-A和B级	GB/T 6170—2000	M1.6~M64
	1型六角螺母-细牙-A和B级	GB/T 6171—2000	M8×1~M64×4
	六角薄螺母-A和B级-倒角	GB/T 6172.1—2000	M1.6~M60
	六角薄螺母-细牙-A和B级	GB/T 6173—2000	M8×1~M64×4
	六角薄螺母-A和B级-无倒角	GB/T 6174—2000	M1.6~M10
(b) 六角开槽螺母	2型六角螺母-A和B级	GB/T 6175—2000	M5~M36
	2型六角螺母-细牙-A和B级	GB/T 6176—2000	M8×1~M64×4
	1型六角开槽螺母-C级	GB 6179—1986	M5~M36
	1型六角开槽螺母-A和B级	GB 6178—1986	M4~M36
	2型六角开槽螺母-A和B级	GB 6180—1986	M4~M36
	六角开槽薄螺母-A和B级	GB 6181—1986	M5~M36

⑦ 垫圈。常用垫圈有平垫圈和弹簧垫圈。

a. 平垫圈。用途：置于螺母与构件之间，保护构件表面，避免在紧固时被螺母擦伤。常见平垫圈的品种、规格及主要尺寸见表7-22及表7-23。

表7-21　六角形螺母规格　　单位：mm

螺纹规格 D	扳手尺寸 s	螺母最大高度								
		六角螺母				六角开槽螺母			六角薄螺母	
		1型C级	A和B级		2型C级	A和B级			B级无倒角	A和B级有倒角
			1型	2型		薄型	1型	2型		
M1.6	3.2	—	1.3	—	—	—	—	—	1	1
M2	4	—	1.6	—	—	—	—	—	1.2	1.2
M2.5	5	—	2	—	—	—	—	—	1.6	1.6
M3	5.5	—	2.4	—	—	—	—	—	1.8	1.8
M4	7	—	3.2	—	—	—	5	—	2.2	2.2
M5	8	5.6	4.7	5.1	7.6	5.1	6.7	7.1	2.7	2.7
M6	10	6.4	5.2	5.7	8.9	5.7	7.7	8.2	3.2	3.2
M8	13	7.94	6.8	7.5	10.94	7.5	9.8	10.5	4	4
M10	16	9.54	8.4	9.3	13.54	9.3	12.4	13.3	5	5
M12	18	12.17	10.8	12	17.17	12	15.8	17	—	6
（M14）	21	13.9	12.8	14.1	18.9	14.1	17.8	19.1	—	7
M16	24	15.9	14.8	16.4	21.9	16.4	20.8	22.4	—	8
（M18）	27	16.9	15.8	—	—	—	—	—	—	9
M20	30	19	18	20.3	25	20.3	24	26.3	—	10
（M22）	34	20.2	19.4	—	—	—	—	—	—	11
M24	36	22.3	21.5	23.9	30.3	23.9	29.5	31.9	—	12
（M27）	41	24.7	23.8	—	—	—	—	—	—	13.5
M30	46	26.4	25.6	28.6	35.4	28.6	34.6	37.6	—	15
（M33）	50	29.5	28.7	—	—	—	—	—	—	16.5
M36	55	31.9	31	34.7	40.9	34.7	40	43.7	—	18
（M39）	60	34.3	33.4	—	—	—	—	—	—	19.5
M42	65	34.9	34	—	—	—	—	—	—	21
（M45）	70	36.9	36	—	—	—	—	—	—	22.5
M48	75	38.9	38	—	—	—	—	—	—	24
（M52）	80	42.9	42	—	—	—	—	—	—	26
M56	85	45.9	45	—	—	—	—	—	—	28
（M60）	90	48.9	48	—	—	—	—	—	—	30
M64	95	52.4	51	—	—	—	—	—	—	32

注：螺纹规格带括号的尽可能不采用。

表7-22　常见平垫圈的品种

垫圈名称	国家标准	规格范围/mm
小垫圈—A级	GB/T 848—2002	1.6~36
平垫圈—A级	GB/T 97.1—2002	1.6~64
平垫圈—倒角型—A级	GB/T 97.2—2002	5~64
平垫圈—C级	GB/T 95—2002	5~36
大垫圈—A级	GB/T 96.1—2002	3~36
大垫圈—C级	GB/T 96.2—2002	3~36
特大垫圈—C级	GB/T 5287—2002	5~36

表7-23　平垫圈的规格及主要尺寸　　　　单位：mm

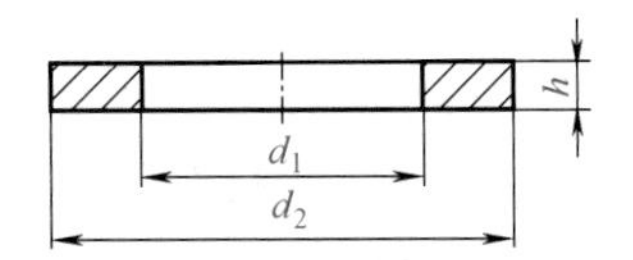

公称尺寸(螺纹规格)d	内径d_1		外径d_2				厚度h			
	产品等级		小垫圈	平垫圈	大垫圈	特大垫圈	小垫圈	平垫圈	大垫圈	特大垫圈
	A级	C级								
1.6	1.7	—	3.5	4	—	—	0.3	0.3	—	—
2	2.2	—	4.5	5	—	—	0.3	0.3	—	—
2.5	2.7	—	6	6	—	—	0.5	0.5	—	—
3	3.2	—	5	7	9	—	0.5	0.5	0.8	—
4	4.3	—	8	—	12	—	0.5	0.8	1	—
5	5.3	5.5	9	10	15	18	1	11	1.2	2
6	6.4	6.6	11	12	18	22	1.6	1.6	1.6	2
8	8.4	9	15	16	24	28	1.6	1.6	2	3
10	10.5	11	18	20	30	34	1.6	2	2.5	3
12	13	13.5	20	24	37	44	2	2.5	3	4
14	15	15.5	24	28	44	50	2.5	2.5	3	4
16	17	17.5	28	30	50	56	2.5	3	3	5
20	21	22	34	37	60	72	3	3	4	6
24	25	26	39	44	72	85	4	4	5	6
30	31	33	50	56	92	105	4	4	6	6
36	37	39	60	66	110	125	5	5	8	8

b. 弹簧垫圈。用途：装在螺母和构件之间，防止螺母松动。有标准型弹簧垫圈（GB 93—1987）、轻型弹簧垫圈（GB 859—1987）和重型弹簧垫圈（GB 7244—1987），其主要尺寸规格见表7-24。

表7-24　弹簧垫圈主要尺寸规格　　　　单位：mm

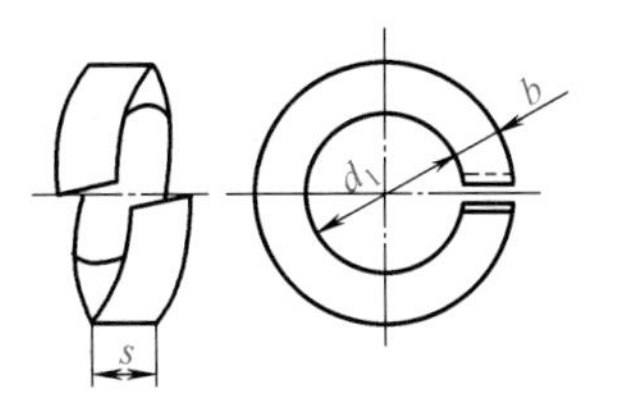

螺纹直径		2	2.5	3	4	5	6	8	10	12	16	20	24	30	36	42	48
d_1		2.1	2.6	3.1	4.1	5.1	6.1	8.1	10.2	12.2	16.2	20.2	24.5	30.5	36.5	42.5	48.5
标准型	s	0.5	0.65	0.8	1.1	1.3	1.6	2.1	2.6	3.1	4.1	5	6	7.5	9	10.5	12
	b	0.5	0.65	0.8	1.1	1.3	1.6	2.1	2.6	3.1	4.1	5	6	7.5	9	10.5	12
轻型	s	—	—	0.6	0.8	1.1	1.3	1.6	2	2.5	3.2	4	5	6	—	—	—
	b	—	—	1	1.2	1.5	2	2.5	3	3.5	4.5	5.5	7	9	—	—	—
重型	s	—	—	—	—	—	1.8	2.4	3	3.5	4.8	6	7.1	9	10.8	—	—
	b	—	—	—	—	—	2.6	3.2	3.8	4.3	5.3	6.4	7.5	9.3	11.1	—	—

（二）常用螺纹紧固件的用途及其连接画法

螺栓、螺柱和螺钉都制成圆柱外螺纹，其长短是由被连接零件的厚度决定的。螺栓连接用于被连接件都不太厚，允许钻成通孔的情况，如图7-25（a）所示。螺柱连接用于被连接件之一较厚，不便或不允许钻成通孔的情况。螺柱两端都有螺纹，一端用于旋入被连接件的螺纹孔内，另一端用于紧固，如图7-25（b）所示。螺钉连接则用于不经常拆卸和受力较小的连接中如图7-25（c）所示，按其用途又分为连接螺钉和紧固螺钉。

螺母是和螺栓或螺柱等一起进行连接的。垫圈一般放在螺母下面，可避免螺母旋紧时损伤被连接零件的表面。弹簧垫圈可防止螺母松动。

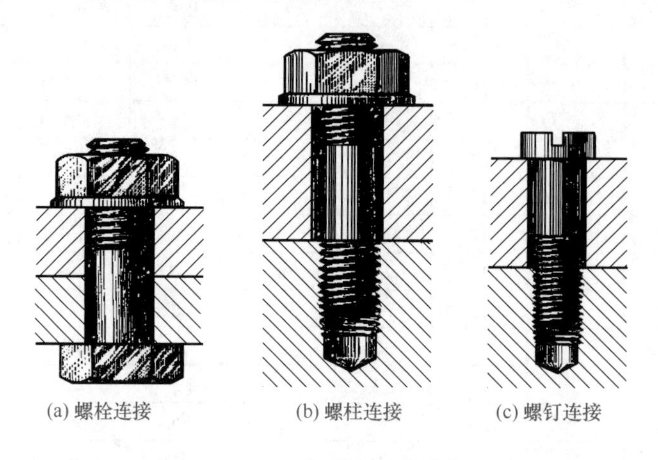

图7-25　螺纹紧固件连接

（1）螺栓连接的画法

螺栓连接由螺栓、螺母、垫圈构成，被连接件的通孔直径d_0应略大于螺栓大径，可以根据装配精度的不同，查阅机械设计手册确定，一般可以按$1.1d$画出。螺栓连接的画法如图7-26所示。

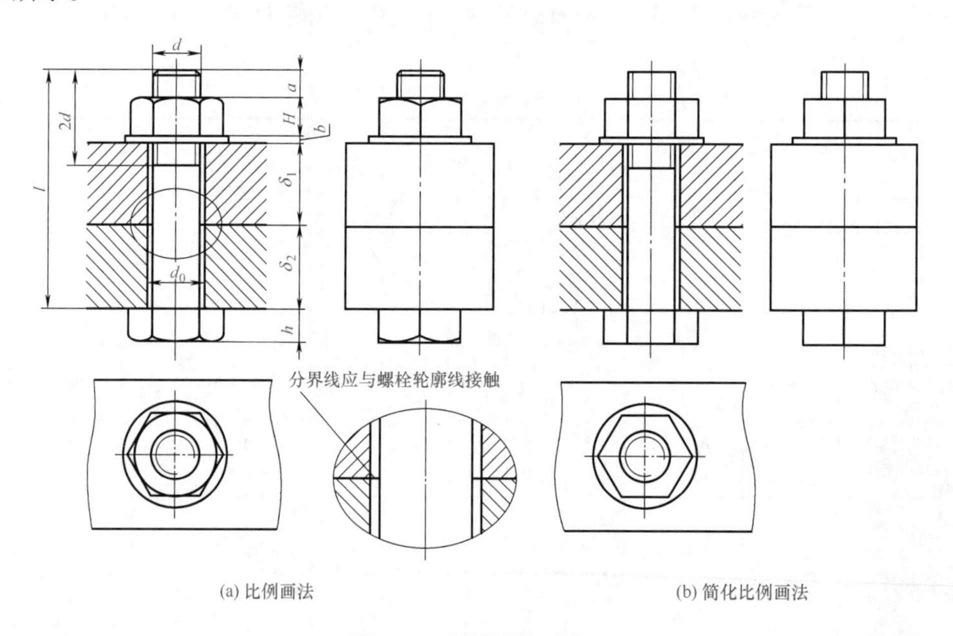

图7-26　螺栓连接画法

画螺栓连接图时，应注意以下几点。

① 绘图时需要知道螺栓的公称直径和被连接件的厚度，再算出公称长度L。螺栓公称长度L按下式计算：

$$L = \delta_1 + \delta_2 + \text{垫圈厚度}b + \text{螺母厚度}H + a$$

式中，$\delta_1+\delta_2$为被连接件的总厚度；a是螺栓顶端伸出螺母的高度，a=(0.3~0.4)d；b=0.15d；H=0.8d。根据上式算出螺栓长度后，查阅螺栓标准，按螺栓公称长度系列选择接近计算值的标准长度。

② 螺栓的螺纹终止线一般应高于两零件的结合面，低于被连接件的顶面轮廓。

（2）螺柱连接的画法

螺柱连接由螺柱、螺母、垫圈构成，螺柱连接的画法如图7-27所示。

画螺柱连接图时，应注意以下几点。

① 绘图时需要知道螺柱的公称直径和被连接件的厚度、旋入端材料，再算出螺柱的公称长度L。螺柱公称长度L按下式计算：

$$L = \delta + \text{垫圈厚度}b\text{或弹簧垫圈厚度}S + \text{螺母高度}H + a$$

式中，δ为光孔零件的厚度，b=0.15d。根据上式算出长度后，查阅螺柱标准，按螺柱公称长度系列选择接近的标准长度。

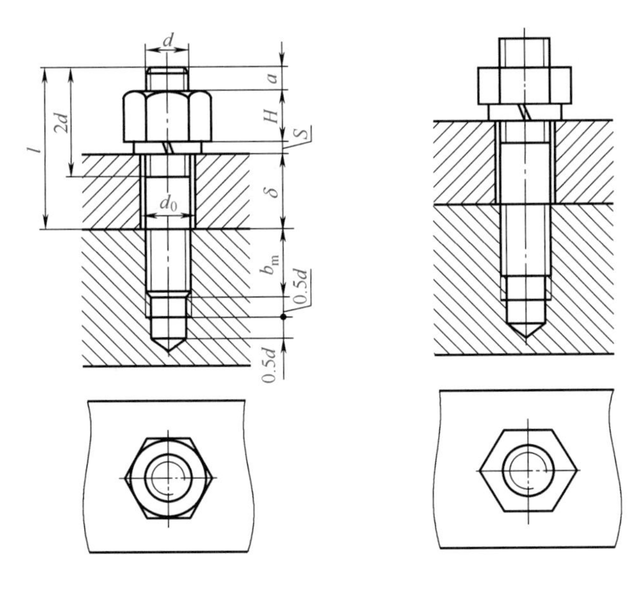

(a) 比例画法　　(b) 简化比例画法

图7-27　螺柱连接画法

② 螺柱的旋入端长度b_m因被旋入的带螺纹孔零件的材料不同而异，按表7-25计算。

表7-25　螺柱旋入端长度计算

被旋入零件的材料	旋入端长度
钢、青铜	b_m=d
铸铁	b_m=1.25d或b_m=1.5d
铝	b_m=2d

③ 螺柱旋入端的螺纹应全部旋入机件的螺纹孔内，故螺纹的终止线与被连接零件的螺

纹孔端面平齐。

④ 螺柱连接的上半部分与螺栓连接相同，下半部分的螺纹孔深度≈b_m+0.5d，钻孔深度≈螺纹孔深度+（0.2~0.5）d，钻孔锥角应为120°。

⑤ 若使用弹簧垫圈，其开口槽方向与水平面成70°，从左上向右下倾斜。

（3）螺钉连接的画法

在较厚的零件上加工出螺纹孔，在另一零件上加工成通孔，然后把螺钉穿过通孔旋进螺纹孔而连接两个零件，即为螺钉连接。

螺钉的种类很多，常用的两种螺钉连接的比例画法如图7-28所示。

画螺钉连接图时，应注意以下几点：

① 估算螺钉公称长度后，再查有关标准，按螺钉公称长度系列选择接近的标准长度。

② 螺纹旋入深度b_m根据被旋入零件的材料决定，选用时参照表7-25。

③ 螺钉的连接画法与螺柱连接旋入端的情况类似，但螺钉上的螺纹不能全部旋入螺纹孔内，即螺纹的终止线应高出螺纹孔的端面，保证连接时能拧紧螺钉。

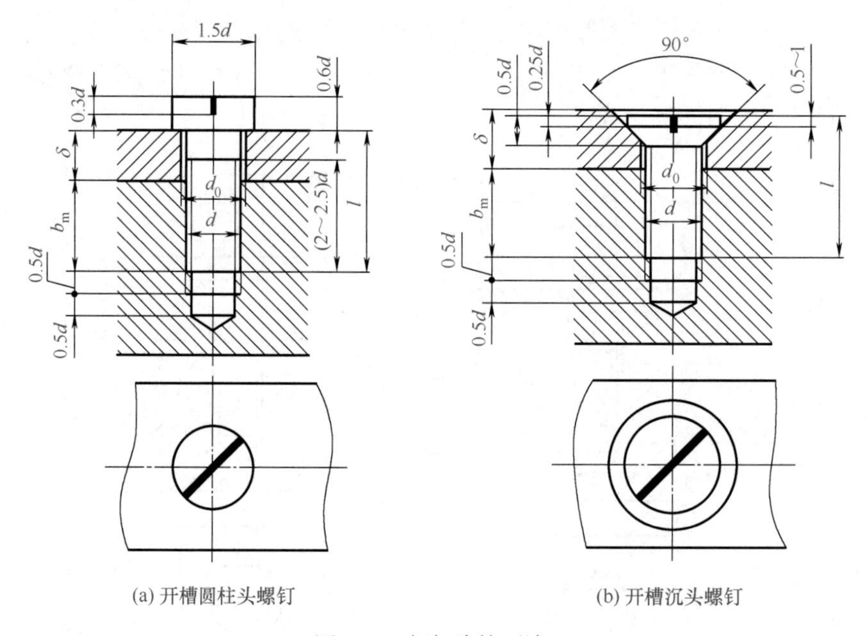

(a) 开槽圆柱头螺钉　　(b) 开槽沉头螺钉

图7-28　螺钉连接画法

④ 螺钉头部槽口在反映螺钉轴线的视图上，应画成垂直于投影面；在俯视图上，应画成与中心线倾斜45°，槽宽可以涂黑表示。

（4）螺纹紧固件连接画法的几点说明

① 画装配图时，相邻两零件接触表面画一条粗实线作为分界线，不接触表面按各自的尺寸画两条线，间隙过小时，应夸大画出。

② 在剖视图中相邻两零件的剖面线方向应相反，或方向相同而间隔不同。在同一张图上，同一零件在各个剖视图中的剖面线方向、间隔应一致。

③ 当剖切平面通过螺栓、螺柱、螺钉、螺母、垫圈等标准件或实心杆件的轴线时，这些零件按不剖绘制。

④ 螺纹连接画法比较烦琐，容易出错，画图时应注意。常见的错误画法见表7-26。

⑤ 常用的螺栓、螺柱、螺钉的头部及螺母在装配图中均可以采用简化画法。

表7-26　螺纹连接件连接图中的正确和错误画法

连接名称	正确画法	错误画法	说明
螺栓连接			① 螺栓头部应画出螺纹小径细实线 ② 螺纹终止线应画粗实线 ③ 两零件的结合面的分界线应画至螺纹大径
螺柱连接			① 螺柱的旋入端应完全旋入螺纹孔内，旋入端终止线应与螺纹孔端面平齐 ② 剖面线应画至粗实线 ③ 锥角应画成120° ④ 弹簧垫圈的开槽方向应自左上向右下倾斜
螺钉连接			① 螺纹终止线应高于螺纹孔端面 ② 120°锥角应从螺纹小径画起 ③ 俯视图上螺钉头部槽口应画成与中心线倾斜45°

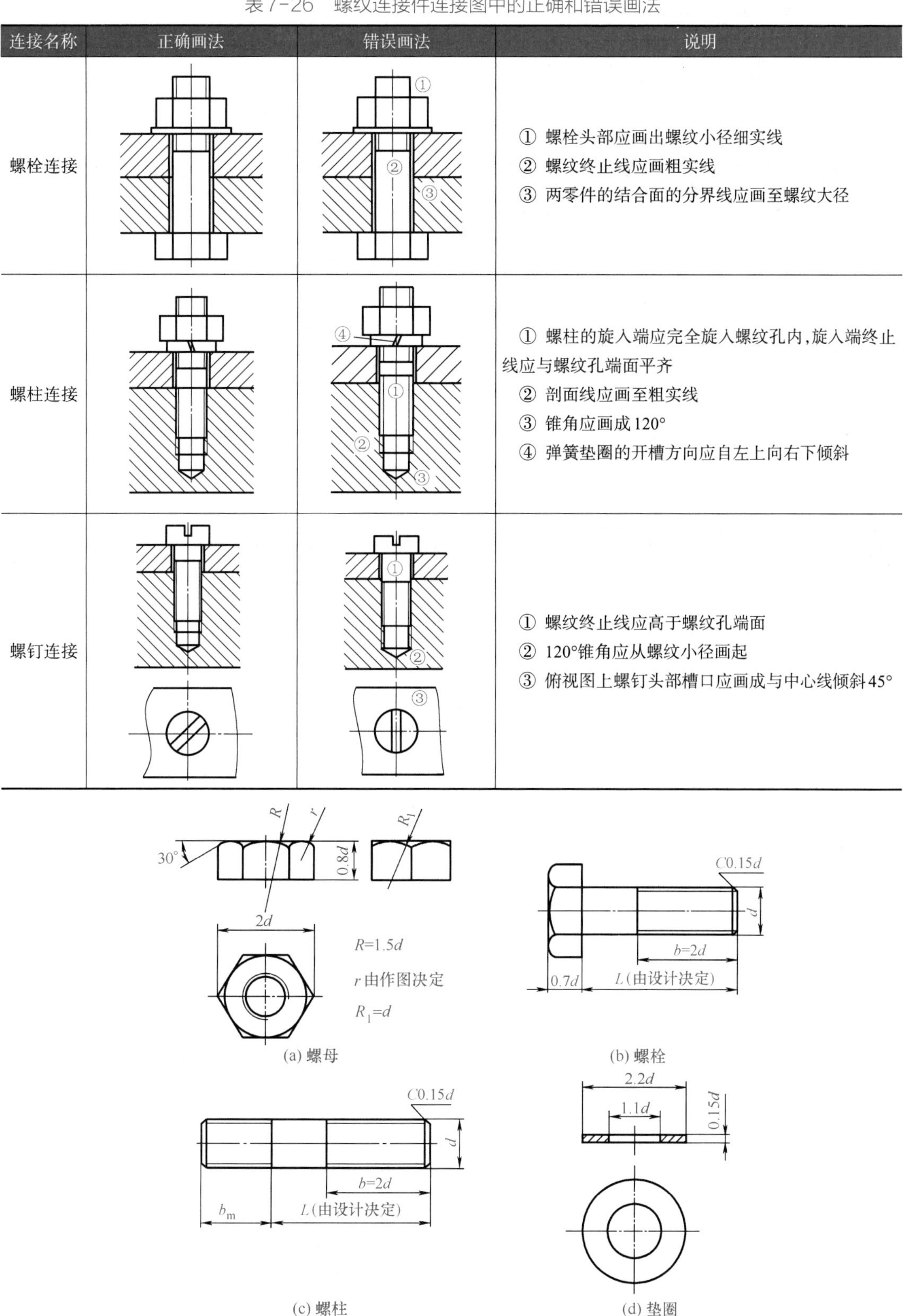

(a) 螺母　(b) 螺栓

(c) 螺柱　(d) 垫圈

图7-29　常用紧固件比例画法

（三）螺纹紧固件的比例画法

螺纹紧固件的结构形式和尺寸可以根据其标记在有关标准中查阅。为了简化作图，在画图时，一般采用比例画法，即除公称长度外，其余各部分尺寸都按与公称直径d的比例确定。如图7-29所示为常用紧固件的比例画法。螺栓的头部画法与螺母画法相同。

第三节　销连接和键连接

销连接和键连接是机器中常用的两种连接方式，其中销和键都是标准件，关于它们的结构形式和尺寸，国家标准都有具体规定，设计时可以从有关标准中选用。

一、销连接

销在机器中主要起定位和连接作用，连接时，只能传递不大的扭矩。常用的有圆柱销、圆锥销和开口销等。销是标准件，其结构形式、尺寸和标记都可以在相应的国家标准中查得，常用销的形式、简图、规定标记见表7-27。

表7-27　销的形式及标记示例

名称	简图	标记示例及说明
圆柱销	d, L	公称直径d=8mm，长度L=30mm，公差为m6，材料为钢，不经淬火，不经表面处理的圆柱销的标记： 销　GB/T　119.1—2000　8　m6×30
圆锥销	1:50, d, L	公称直径d=10mm，长度L=60mm，材料为35钢，热处理硬度28~38HRC，表面氧化处理的A型圆锥销的标记： 销　GB/T　117—2000　A10×60
开口销	L, d	公称直径d=5mm，长度L=50mm，材料为低碳钢，不经表面处理的开口销的标记： 销　GB/T　91—2000　5×50

圆柱销和圆锥销的画法与一般零件相同。如图7-30所示，在剖视图中，当剖切平面通过销的轴线时，按不剖处理。画轴上的销连接时，通常对轴采用局部剖，表示销和轴之间的配合关系。

用圆柱销和圆锥销连接零件时，装配要求较高，被连接零件的销孔一般在装配时同时加工，并在零件图上注明“与××件配作”，如图7-31所示。

圆锥销装拆较为方便，而且可以弥补由于装拆后产生的间隙，装配精度较圆柱销高，适用于经常拆卸的场合。开口销常与槽形螺母配合使用，它穿过螺母上的槽和螺杆上的孔以防止螺母松动。

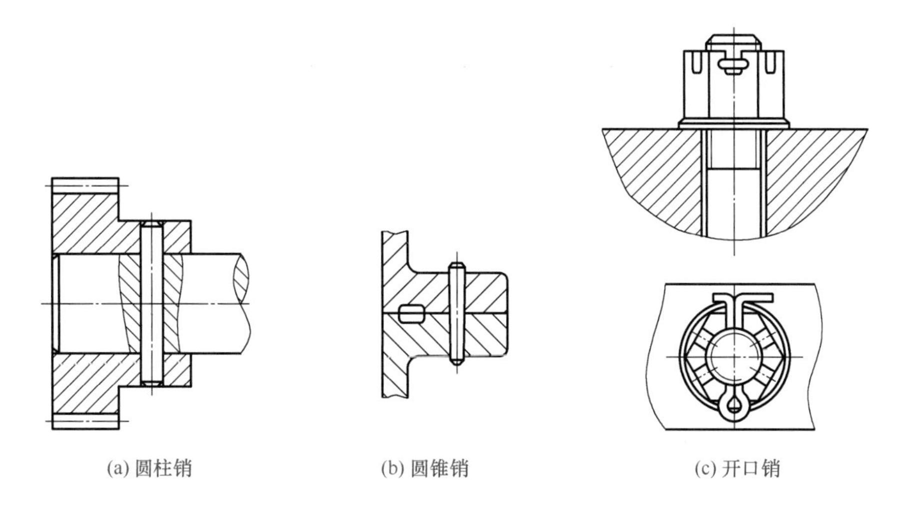

(a) 圆柱销　(b) 圆锥销　(c) 开口销

图7-30　销连接的画法

二、键连接

键用来连接轴和装在轴上的转动零件，如齿轮、带轮、联轴器等，起传递转矩的作用。通常在轴上和轮子上分别制出一个键槽，装配时先将键嵌入轴的键槽内，然后将轮毂上的键槽对准轴上的键装入即可，如图7-32所示。

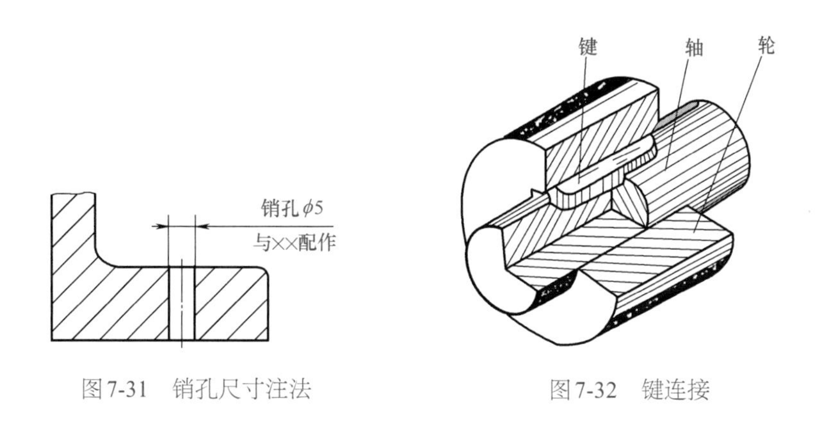

图7-31　销孔尺寸注法　　图7-32　键连接

（1）常用键的种类及标记

常用的键有普通平键、半圆键和钩头楔键等，如图7-33所示。

(a) 普通平键　(b) 半圆键　(c) 钩头楔键

图7-33　常用键

由于它们均为标准件，其结构和尺寸以及相应的键槽尺寸都可以在相应的国家标准中查得。常用键的形式、简图、规定标记见表7-28。

表7-28 常用键的形式、简图、标记示例

形式	简图	标记示例及说明
普通平键	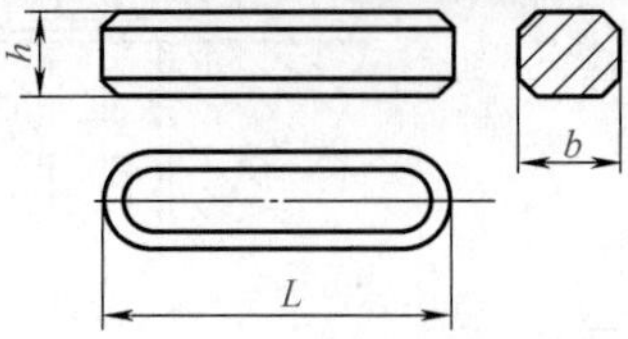	A型圆头普通平键 b=10mm, L=36mm
	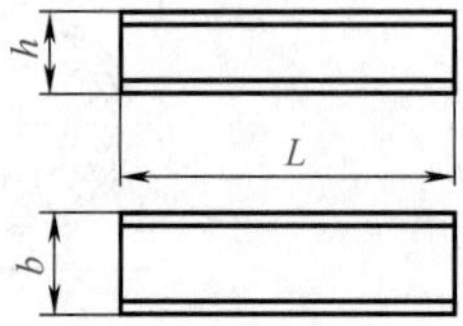	B型方头普通平键 b=10mm, L=36mm
	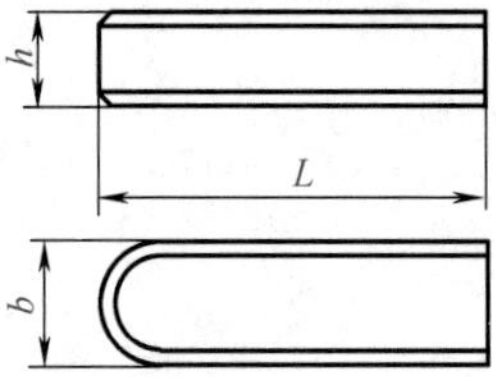	C型单圆头普通平键 b=10mm, L=36mm
半圆键	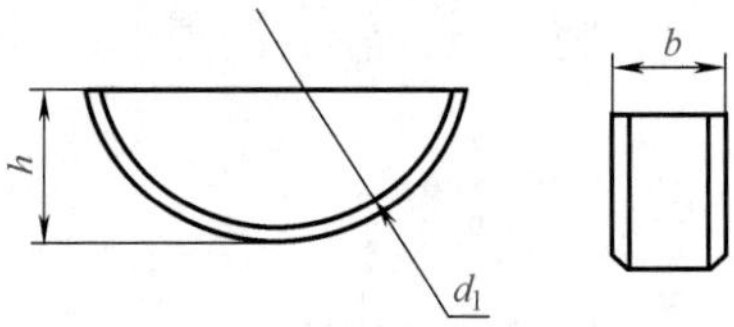	半圆键 b=6mm, d_1=25mm
钩头楔键	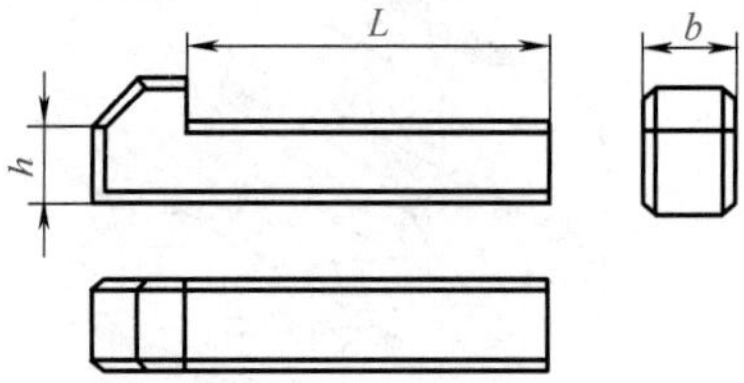	钩头楔键 b=8mm, L=40mm

(2) 键槽和键连接的画法

① 键槽的画法及尺寸注法。用键连接的轴和轮毂上都加工有键槽。绘制键槽时，应该

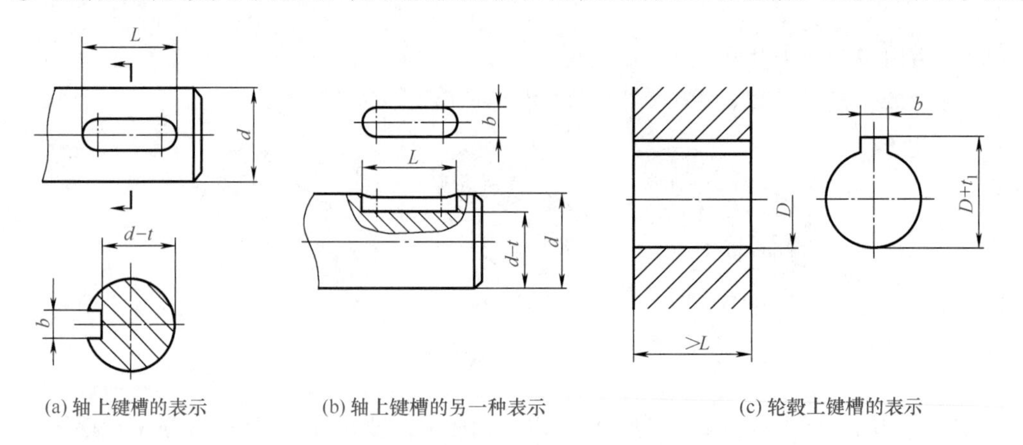

(a) 轴上键槽的表示　(b) 轴上键槽的另一种表示　(c) 轮毂上键槽的表示

图7-34 键槽及尺寸注法

首先确定轴的直径、键的形式和键的长度，键槽的尺寸可根据轴（轮毂孔）的直径从有关标准中查取。如图7-34所示，图7-34（a）、（b）为轴上键槽的两种表示法，图7-34（c）为轮毂上键槽的表示法。

② 键连接的画法。键连接装配图根据轴的直径和键的形式绘制。表7-29列出了普通平键、半圆键、钩头楔键的连接画法及有关说明。键的剖面尺寸$b\times h$、键槽尺寸、键的长度都应在标准系列中查取。当沿着键的纵向剖切时，键按不剖画，通常用局部剖视图表示轴上键槽的深度及与零件之间的连接关系。当沿着键的横向剖切时，则在键的剖面区域内要画剖面线。键与键槽的接触面画一条线。

表7-29　键连接的画法

形式	连接画法	说明
普通平键	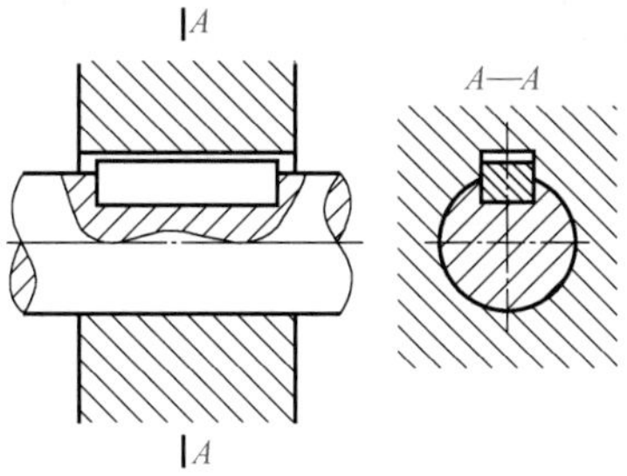 A A—A A	键的两侧面与键槽侧面为工作面，应接触没有间隙；键的顶部与轮毂的键槽顶面应有间隙；键上的倒角、圆角省略不画
半圆键	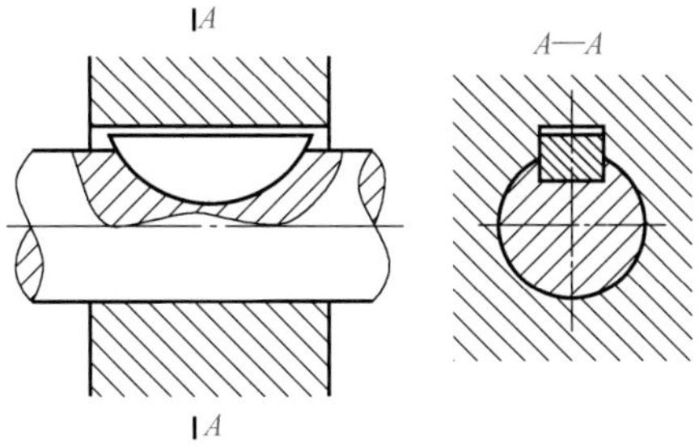 A A—A A	
钩头楔键	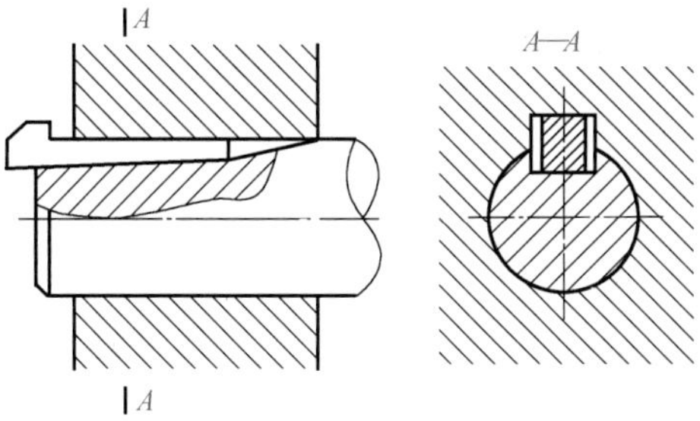 A A—A A	键的顶面有斜度，它和键槽的顶面是工作面，应接触没有间隙；键的两侧与键槽有间隙；键上的倒角、圆角省略不画

三、销和键的基本尺寸

（1）圆柱销（表7-30）

（2）圆锥销（表7-31）

（3）开口销（表7-32）

（4）平键和键槽的剖面尺寸（表7-33）

（5）普通平键（表7-34）

表7-30 圆柱销的尺寸 单位：mm

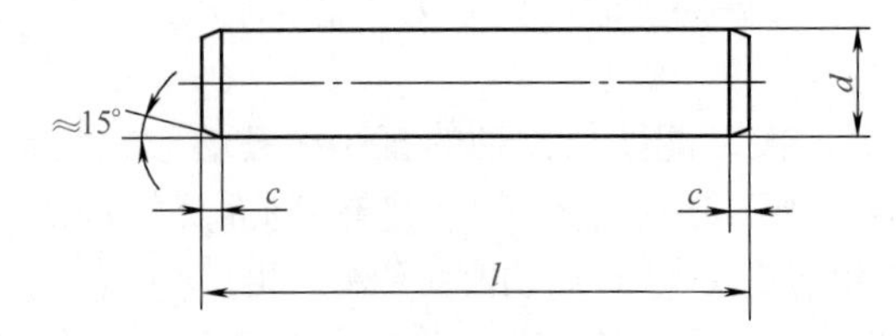

标记示例

公称直径d = 8mm，公差为m6，长度l =30mm，材料为35钢，不经淬火、不经表面处理的圆柱销

d(公称)	4	5	6	8	10	12	16	20
C≈	0.63	0.80	1.2	1.6	2.0	2.5	3.0	3.5
L(公称)	8~35	10~50	12~60	14~80	20~95	22~140	26~180	35~200

注：长度l系列为：6~32（2进位），35~100（5进位），120~200（20进位）。

表7-31 圆锥销的尺寸 单位：mm

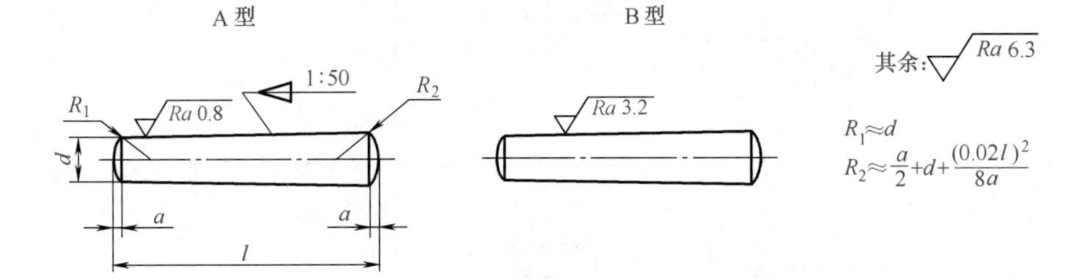

$R_1 \approx d$

$R_2 \approx \frac{a}{2} + d + \frac{(0.02l)^2}{8a}$

标记示例

公称直径d=10mm，长度l =60mm，材料为35钢，热处理硬度为28~38HRC，表面氧化处理的A型圆锥销

d(公称)	0.6	0.8	1	1.2	1.5	2	2.5	3	4	5	6	8	10	12	16
a≈	0.08	0.1	0.12	0.16	0.2	0.25	0.3	0.4	0.5	0.63	0.8	1	1.2	1.6	2
L系列	2,3,4,5,6,8,10,12,14,16,18,20,22,24,26,28,30,32,35,40,45,50														

表7-32 开口销的尺寸 单位：mm

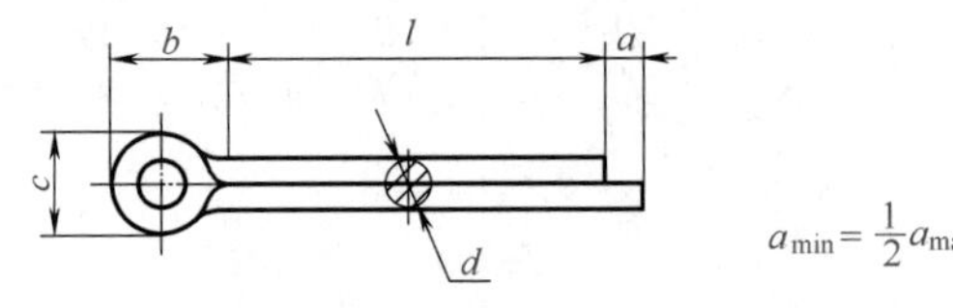

$a_{min} = \frac{1}{2} a_{max}$

允许制造的形式

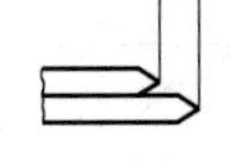

标记示例

公称直径为d=5mm，长度l =50mm，材料为Q215或Q235，不经表面处理的开口销

d	公称	0.6	0.8	1	1.2	1.6	2	2.5	3.2	4	5	6.3	8	10	12
	min	0.4	0.6	0.8	0.9	1.3	1.7	2.1	2.7	3.5	4.4	5.7	7.3	9.3	11.1
	max	0.5	0.7	0.9	1	1.4	1.8	2.3	2.9	3.7	4.6	5.9	7.5	9.5	11.4
c	max	1	1.4	1.8	2	2.8	3.6	4.6	5.8	7.4	9.2	11.8	15	19	24.8
	min	0.9	1.2	1.6	1.7	2.4	3.2	4	5.1	6.5	8	10.3	13.1	16.6	21.7
b≈		2	2.4	3	3	3.2	4	5	6.4	8	10	12.6	16	20	26

续表

a	max	1.6	2.5	3.2	4	6.3
L系列		4,5,6,8,10,12,14,16,18,20,22,24,26,28,30,32,36,40,45,50,55,60,65,70,75,80,85,90,95,100,120,140,160,180,200				

注：销孔的公称直径等于$d_{公称}$。

表7-33　平键和键槽的剖面尺寸　　单位：mm

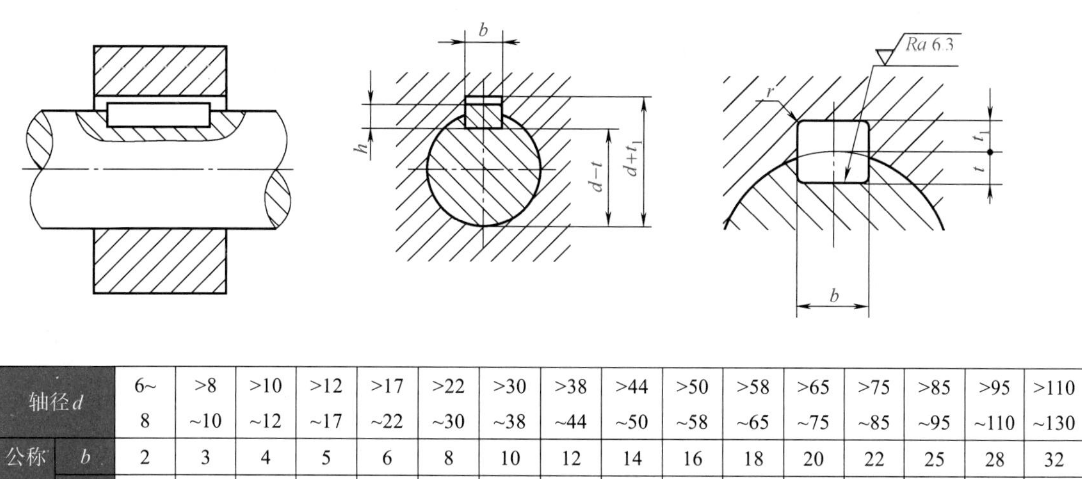

轴径d		6~8	>8~10	>10~12	>12~17	>17~22	>22~30	>30~38	>38~44	>44~50	>50~58	>58~65	>65~75	>75~85	>85~95	>95~110	>110~130
公称尺寸	b	2	3	4	5	6	8	10	12	14	16	18	20	22	25	28	32
	h	2	3	4	5	6	7	8	8	9	10	11	12	14	14	16	18
键槽深	轴t	1.2	1.8	2.5	3.0	3.5	4.0	5.0	5.0	5.5	6.0	7.0	7.5	9.0	9.0	10.0	11.0
	毂t_1	1.0	1.4	1.8	2.3	2.8	3.3	3.3	3.3	3.8	4.3	4.4	4.9	5.4	5.4	6.4	7.4
半径r		最小0.08~最大0.16			最小0.16~最大0.25			最小0.25~最大0.40					最小0.04~最大0.60				

注：在工作图中，轴槽深用（$d-t$）标注，轮毂槽深用（$d+t_1$）标注。

表7-34　普通平键的形式尺寸　　单位：mm

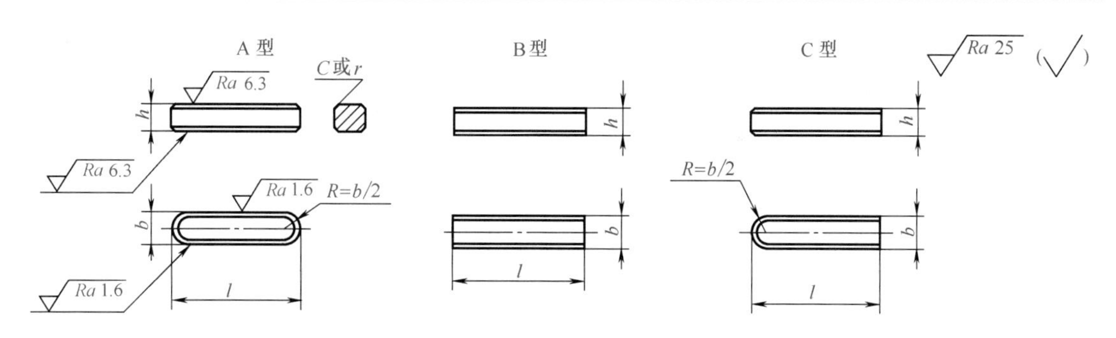

标记示例

圆头普通平键(A型)b=18mm,h =11mm,L=100mm

平头普通平键(B型)b=18mm,h =11mm,L=100mm

单圆头普通平键(C型)b=18mm,h=11mm,L=100mm

b	2	3	4	5	6	8	10	12	14	16	18	20	22	25
h	2	3	4	5	6	7	8	8	9	10	11	12	14	14

续表

c或r	0.16~0.25			0.25~0.40			0.40~0.60					0.60~0.80		
L范围	6~20	6~36	8~45	10~56	14~70	18~90	22~110	28~140	36~160	45~180	50~200	56~220	63~250	70~280

注：L系列为6，8，10，12，14，16，18，20，22，25，28，32，36，40，45，50，56，63，70，80，90，100，110，125，140，160，180，200等。

第四节 滚动轴承

滚动轴承是支承转动轴的部件，它具有摩擦力小、转动灵活、旋转精度高、结构紧凑、维修方便等优点，在生产中被广泛采用。滚动轴承是标准件，由专门工厂生产，需要时根据要求确定型号选购即可。

一、滚动轴承的种类

滚动轴承的种类很多，结构大致相似，一般由外圈、内圈（或下圈、上圈）、滚动体、保持架四个部分组成，如表7-35所示。内圈的外表面及外圈的内表面都制有凹槽，以形成滚动体的运动滚道。使用时，一般内圈套在轴颈上随轴一起转动，外圈安装固定在轴承座孔中固定不动。

滚动轴承按受力情况可分为三类，见表7-35。

表7-35 滚动轴承的分类

类别	图示	说明
向心轴承	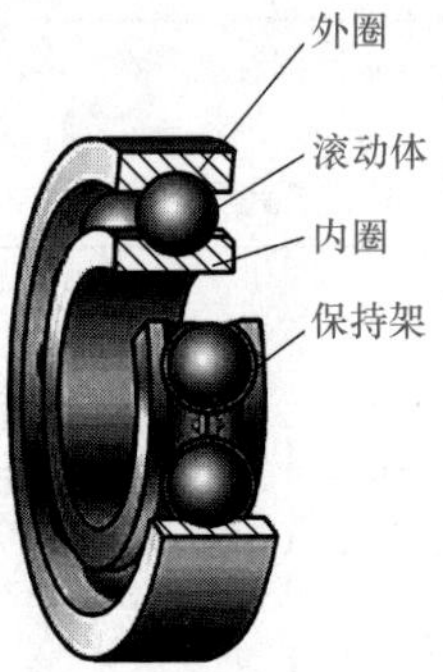 外圈 滚动体 内圈 保持架	主要承受径向载荷，如左图所示的深沟球轴承
推力轴承	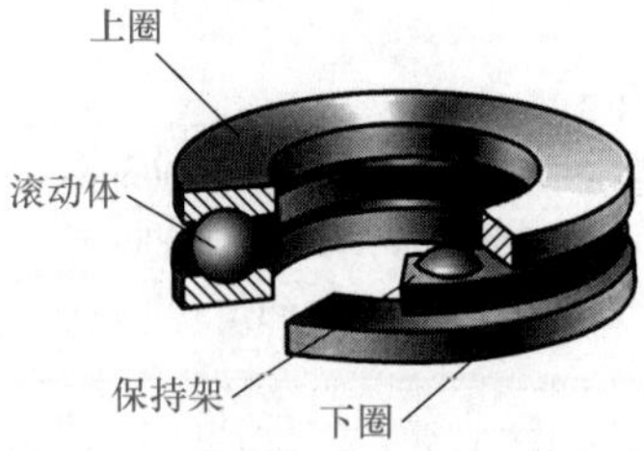 上圈 滚动体 保持架 下圈	只能承受轴向载荷，如左图所示的推力球轴承

续表

类别	图示	说明
向心推力轴承	外圈 滚动体 内圈 保持架	同时承受径向载荷和轴向载荷，如左图所示的圆锥滚子轴承

二、滚动轴承的代号

国家标准规定滚动轴承的结构、尺寸、公差等级、技术性能等特性用代号表示，滚动轴承的代号由前置代号、基本代号、后置代号组成。前置代号、后置代号是轴承在结构形状、尺寸、公差、技术要求等有所改变时，在其基本代号的左右添加的补充代号，需要时可以查阅有关国家标准。

一般常用的轴承由基本代号表示。基本代号由滚动轴承的类型代号、尺寸系列代号和内径代号构成，表示轴承的基本类型、结构和尺寸，是滚动轴承代号的基础。滚动轴承的类型代号用阿拉伯数字或大写拉丁字母表示，见表7-36。

表7-36　滚动轴承的类型代号

代号	轴承类型	代号	轴承类型
0	双列角接触球轴承	6	深沟球轴承
1	调心球轴承	7	角接触球轴承
2	调心滚子轴承和推力调心滚子轴承	8	推力圆柱滚子轴承
3	圆锥滚子轴承	N	圆柱滚子轴承，双列或多列用字母NN表示
4	双列深沟球轴承	U	外球面球轴承
5	推力球轴承	QJ	四点接触球轴承

尺寸系列代号由宽（高）度系列和直径系列代号组成，一般由两位数字组成，表示同一内径的轴承，其内、外圈的宽度、厚度不同，承载能力也随之不同。确定尺寸系列代号可查阅有关标准。

内径代号表示轴承的公称内径，即轴承内圈的孔径，一般也由两位数字组成。常用滚动轴承公称内径480≥d≥10mm的内径代号见表7-37。

表7-37　常用滚动轴承内径代号

公称内径/mm		内径代号
10~17	10	00
	12	01
	15	02
	17	03
20~480(22、28、32除外)		内径代号用公称内径除以5的商数表示，商数为个位数时，需在商数左边加“0”

滚动轴承的规定标记示例：

滚动轴承6205 GB/T 276—2013

6——轴承类型代号，表示深沟球轴承。

2——尺寸系列代号：宽度系列代号为“0”省略，表示窄系列；直径系列代号为“2”，表示轻系列。

05——轴承内径代号，内径$d = 5 \times 5 = 25$（mm）。

滚动轴承32210 GB/T 297—2015

3——轴承类型代号，表示圆锥滚子轴承。

22——尺寸系列代号：宽度系列代号为“2”，表示宽系列；直径系列代号为“2”，表示轻系列。

10——轴承内径代号，内径$d = 5 \times 10 = 40$（mm）。

三、滚动轴承的画法

滚动轴承的画法分为简化画法和规定画法。一般在画图前，根据轴承代号从相应的标准中查出滚动轴承的外径D、内径d、宽度B、T等后，按比例关系绘制。

（1）简化画法

简化画法又分为通用画法和特征画法两种，但在同一张图样中一般只采用其中一种画法。

① 通用画法。通用画法是最简便的一种画法，如图7-35所示。在装配图的剖视图中，当不需要表示其外形轮廓、载荷特性和结构特征时，采用图7-35（a）的画法；当需要确切表示其外形时，采用图7-35（b）的画法。图7-35（c）给出了通用画法的尺寸比例。

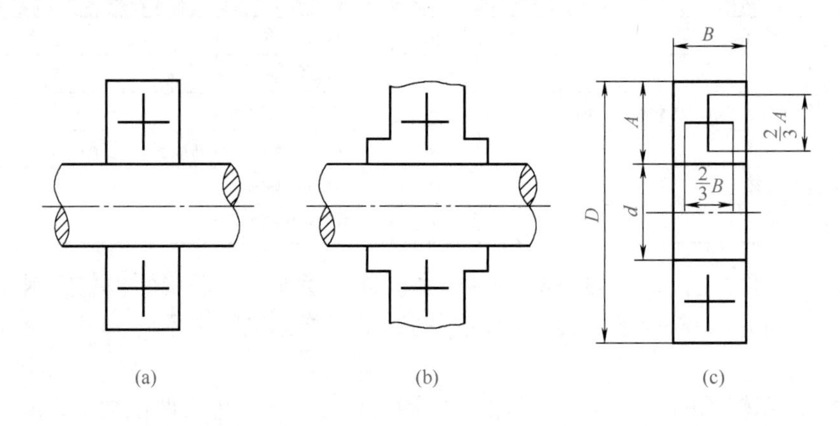

图7-35 滚动轴承的通用画法

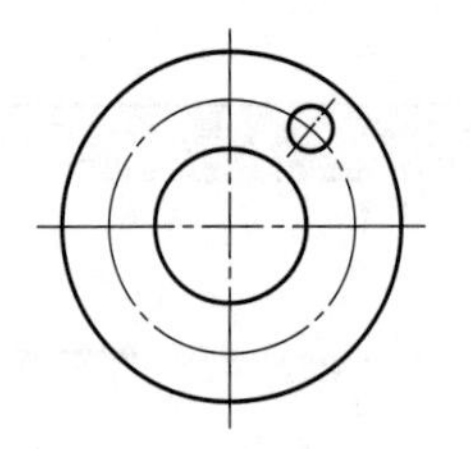

图7-36 滚动轴承端视图的特征画法

② 特征画法。特征画法既可形象地表示滚动轴承的结构特征，又可给出装配指示，比规定画法简便，见表7-38。

在垂直于轴线的投影面的端视图中，无论滚动体的形状及尺寸如何，均只画出内、外两个圆和一个滚动体，如图7-36所示。

表7-38　滚动轴承的简化画法和规定画法的尺寸比例

轴承名称及代号	规定画法与通用画法	特征画法
深沟球轴承 6000型	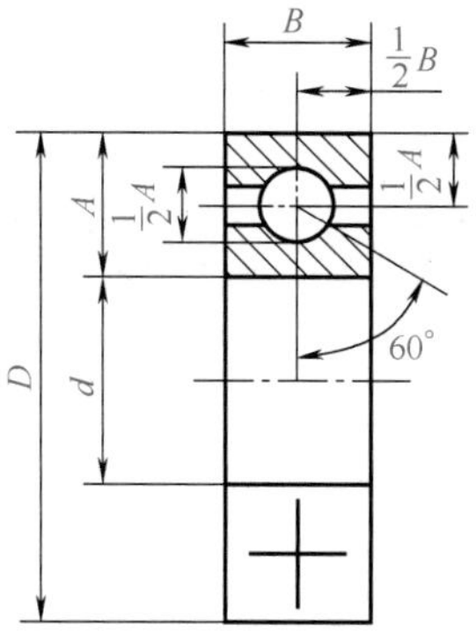	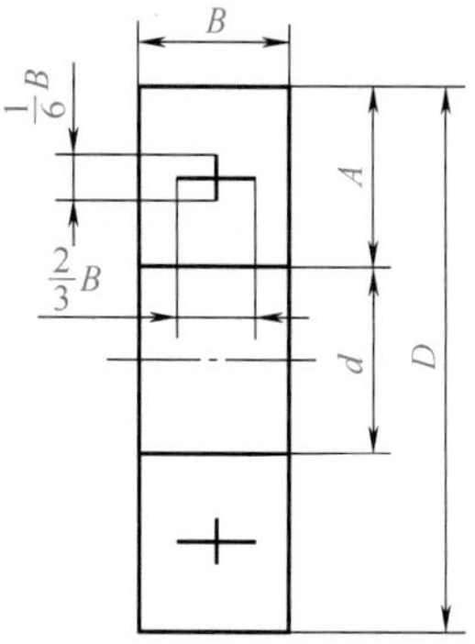
推力球轴承 50000型	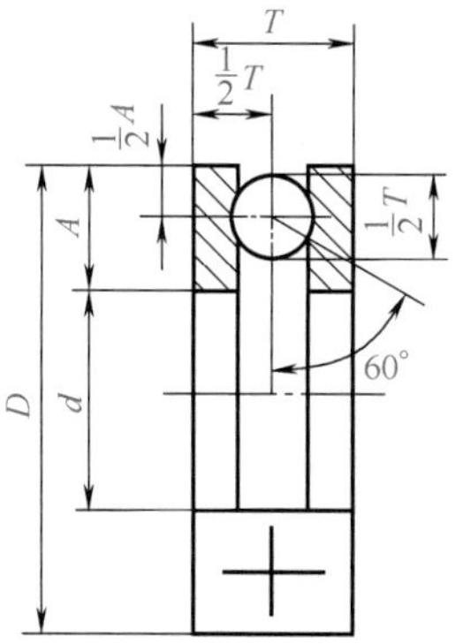	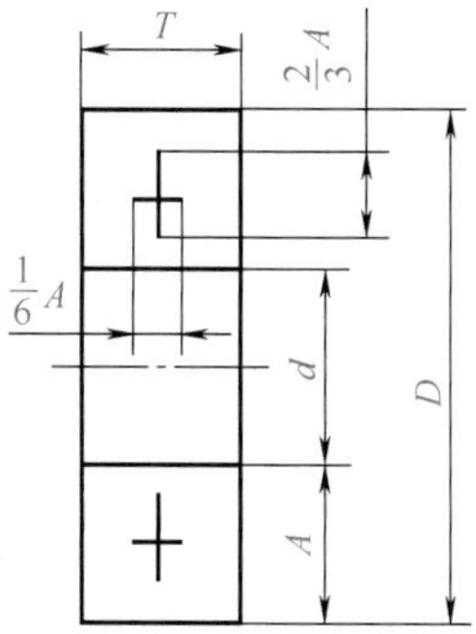
圆锥滚子轴承 30000型	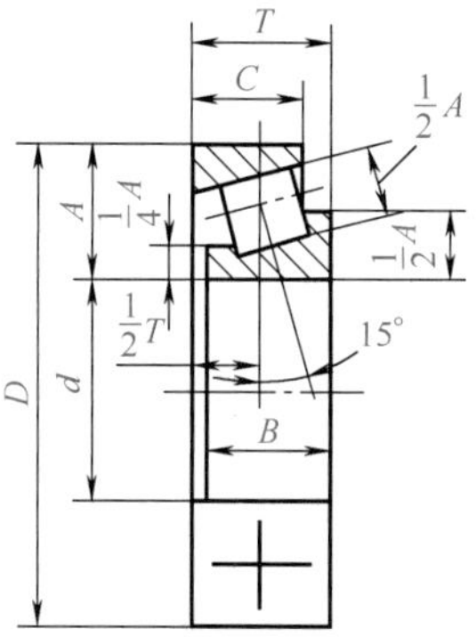	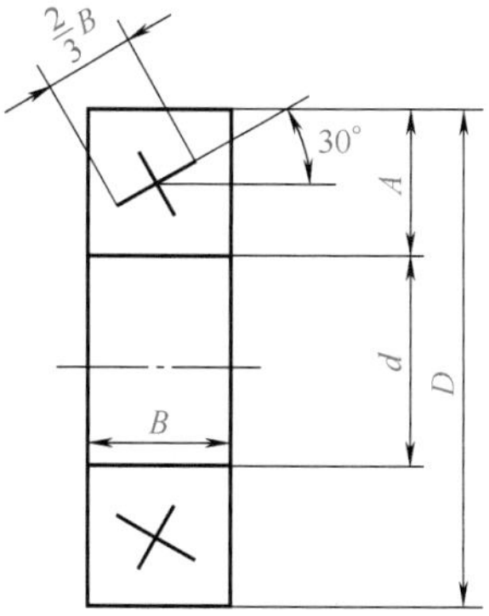

注：规定画法与通用画法一列中，图样以轴线为界，上半部分为规定画法，下半部分为通用画法。

（2）规定画法

规定画法接近于真实投影，但不完全是真实投影。规定画法一般画在轴的一侧，另一侧按通用画法绘制，见表7-38。

第五节　齿　　轮

齿轮传动是各种机器中应用最为广泛的一种机械传动形式，它利用一对互相啮合的齿轮将一根轴的转动传递给另一根轴。齿轮不仅能传递动力，而且能改变轴的转速和转动方向。

齿轮是常用件，其齿形部分的参数已标准化。在国家标准中规定了齿轮的规定画法，而不按真实投影作图。

齿轮的种类很多，根据其传动形式可分为三类，见表7-39。

表7-39　常见的齿轮种类

类别	图示	说明
圆柱齿轮		用于两平行轴之间的传动，如左图所示
圆锥齿轮		用于两相交轴之间的传动，如左图所示
蜗轮蜗杆		用于两交叉轴之间的传动，如左图所示

按齿廓曲线分为摆线齿轮、渐开线齿轮等，一般机器中常采用渐开线齿轮。

圆柱齿轮按其轮齿的方向分为直齿轮、斜齿轮和人字齿轮等。直齿圆柱齿轮的外形为圆柱形，齿向与齿轮轴向平行，本节主要介绍渐开线直齿圆柱齿轮。

一、标准直齿圆柱齿轮

（1）齿轮轮齿各部分名称及符号

如图7-37所示的是直齿圆柱齿轮的一部分，渐开线齿轮的两侧是由相互对称的两个渐开线齿廓组成的。齿轮轮齿各部分的名称和符号见表7-40。

（2）标准齿轮的基本参数及几何尺寸

① 标准齿轮。如果一个齿轮的基本参数中m、α、h_a^*、c^*均为标准值，并且分度圆上的齿厚s与齿槽宽e相等，即$s=e=\frac{p}{2}=\frac{m\pi}{2}$，则该齿轮称为标准齿轮。

② 标准齿轮的基本参数。标准直齿圆柱齿轮的基本参数有五个，即z、m、α、h_a^*、c^*，

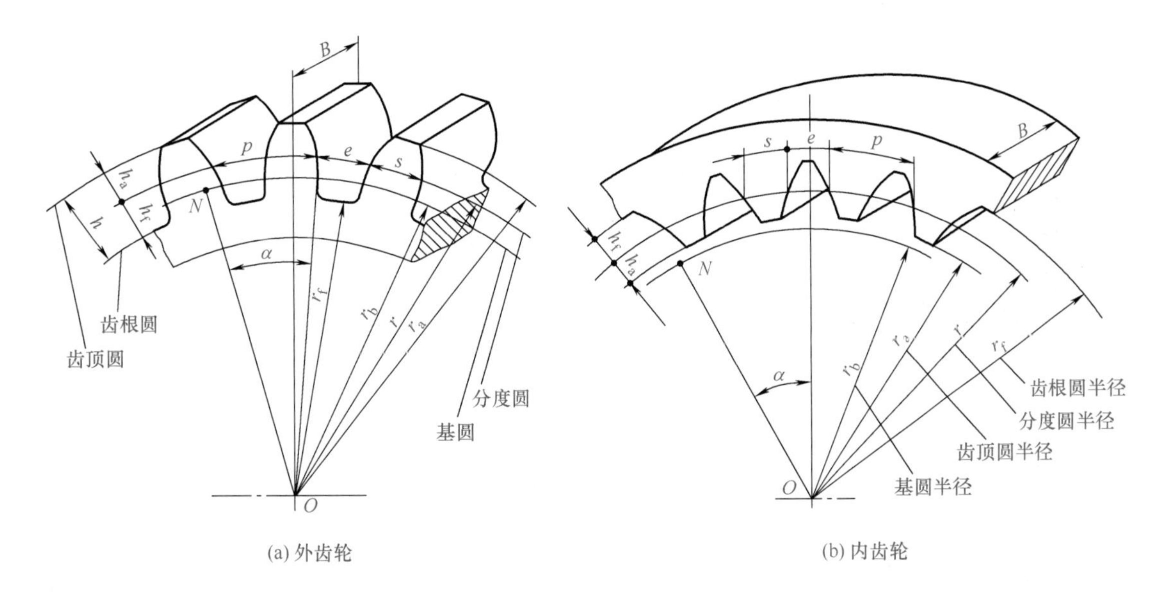

图7-37　齿轮轮齿各部分的名称和符号

表7-40　齿轮轮齿各部分的名称及符号

名称	说明
齿顶圆	经过所有轮齿顶部而确定的圆称为齿顶圆，但内齿轮的齿顶圆在齿槽底部，用直径d_a或半径r_a表示
齿根圆	由所有轮齿根部所确定的圆称为齿根圆，但内齿轮的齿根圆在齿槽顶部，用直径d_f或半径r_f表示
齿槽宽	齿轮上相邻轮齿之间的空间称为齿间或齿槽。同一个齿槽的两侧齿廓在任意圆上的弧长，称为在该圆上的齿槽宽，用e_k表示
齿厚	在任意半径r_k的圆周上，一个轮齿两侧齿廓之间的弧长，称为该圆上的齿厚，用s_k表示
齿距	相邻两个齿同侧齿廓间的弧长，称为该圆上的齿距，用p_k表示。齿距等于齿厚与齿槽宽之和，即$p_k=s_k+e_k$
分度圆	在齿轮上人为取一个特定圆，作为计算的标准，此圆称为分度圆，其直径和半径用d和r表示。分度圆上的所有参数的符号不带下标，即不带下标的参数是分度圆上的。分度圆上的模数是标准模数，压力角也是标准值
齿顶高、齿根高和全齿高	介于分度圆和齿顶圆之间部分称为齿顶，其径向距离称为齿顶高，用h_a表示。介于分度圆和齿根圆之间部分称为齿根，其径向距离称为齿根高，用h_f表示 齿顶圆与齿根圆之间的径向距离，称为全齿高，用h表示。全齿高是齿顶高与齿根高之和，即$h=h_a+h_f$
齿宽	齿轮的轮齿沿轴线方向度量的宽度称为齿宽，用B表示
中心距	两个圆柱齿轮轴线之间的距离，称为中心距，用a表示

其中h_a^*称为齿顶高系数，c^*为顶隙系数。

a. 齿数。在齿轮圆周上均匀分布的轮齿总数称为齿数，用z表示。其数值由工作要求确定。

b. 模数。因为分度圆的圆周长$\pi d=pz$，故分度圆的直径为

$$d=\frac{p}{\pi}z$$

式中，π是一个无理数，对设计、制造及检验都带来不方便，因此工程上人为地规定比值$\frac{p}{\pi}$为有理数，称之为模数，用m表示，单位为mm，即

$$m=\frac{p}{\pi}$$

模数m已是标准化数值。我国已规定国家标准模数系列，表7-41为其中的一部分。

表7-41　渐开线圆柱齿轮模数（GB/T 1357—2008并参照ISO 54：1996）　单位：mm

第一系列	1	1.25	1.5	2	2.5	3	4	5	6
	8	10	12	16	20	25	32	40	50
第二系列	1.125	1.375	1.75	2.25	2.75	3.5	4.5	5.5	（6.5）
	7	9	11	14	18	22	28	36	45

注：1. 在选取时应优先采用第一系列，括号内的模数应尽可能避免。

2. 本表适用于渐开线圆柱齿轮。对于斜齿轮，是指法向模数。

模数是设计和制造齿轮的一个重要参数。模数的大小与齿轮的大小之间的关系如图7-38所示。模数m越大，分度圆齿距p也越大，轮齿也越厚，所以模数的大小会影响齿轮的承载能力。

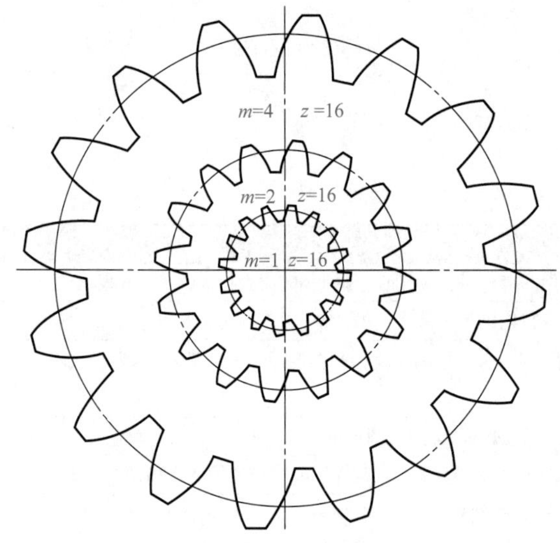

图7-38　同齿数不同模数的各齿轮尺寸

③ 标准压力角。渐开线齿廓上各点的压力角是不同的。为了便于设计和制造，规定分度圆上的压力角为标准值，这个标准值称为标准压力角。我国标准压力角一般取20°。压力角大，对齿轮强度有利；压力角小，对齿轮承受动载荷及降低噪声有利。

④ 齿顶高系数。引入齿顶高系数h_a^*是为了方便用模数的倍数计算齿顶高。h_a^*增大，对齿轮运转平稳、减小噪声有利；h_a^*减小，对应压力角大，对轮齿抗胶合有利。

⑤ 顶隙系数。顶隙可以避免齿顶和齿槽底相抵触，同时还能储存润滑油。一个齿轮的齿根圆与配对齿轮的齿顶圆之间的径向距离称为顶隙，用c表示。同样，为了方便用模数的倍数计算顶隙，从而引入顶隙系数。

齿顶高系数和顶隙系数已标准化，见表7-42。

（3）标准直齿圆柱齿轮几何尺寸计算

标准直齿圆柱齿轮的所有尺寸均可用上述五个参数来表示，外啮合时轮齿的各部分尺寸的计算公式可查表7-43。

表7-42　标准齿顶高系数和顶隙系数

参数	正常齿	短齿	参数	正常齿	短齿
齿顶高系数h_a^*	1	0.8	顶隙系数c^*	0.25	0.3

表7-43　外啮合标准直齿圆柱的几何尺寸计算　单位：mm

名称	代号	公式与说明
齿数	z	根据工作要求确定
模数	m	由轮齿的承载能力确定，并按表7-41取标准值

续表

名称	代号	公式与说明
压力角	α	$\alpha=20°$
分度圆直径	d	$d=mz$
齿顶高	h_a	$h_a=h_a^*m$
齿根高	h_f	$h_f=(h_a^*+c^*)m$
全齿高	h	$h=h_a+h_f$
顶隙	c	$c=c^*m$
齿顶圆直径	d_a	$d_a=d+2h_a$
齿根圆直径	d_f	$d_f=d-2h_f$
基圆直径	d_b	$d_b=d\cos\alpha$
齿距	p	$p=\pi m$
齿厚	s	$s=\frac{p}{2}=\frac{m\pi}{2}$
齿槽宽	e	$e=\frac{p}{2}=\frac{m\pi}{2}$
标准中心距	a	$a=\frac{m(z_1+z_2)}{2}$（z_1、z_2为两外啮合齿轮齿数）

二、齿轮精度

（1）精度等级

渐开线圆柱齿轮精度标准中共有13个精度等级，用数字0~12由高到低的顺序排列，0级精度最高，12级精度最低。0~2级是有待发展的精度等级，齿轮各项偏差的允许值很小，目前我国只有少数企业能制造和检验测量2级精度的齿轮。通常，将3~5级精度称为高精度，将6~8级称为中等精度，而将9~12级称为低精度。径向综合偏差的精度等级由F_i''、f_i''的9个等级组成，其中4级精度最高，12级精度最低。齿轮精度等级见表7-44。齿轮各项偏差代号名称见表7-45。

表7-44　齿轮精度等级

标准	偏差项目	精度等级												
		0	1	2	3	4	5	6	7	8	9	10	11	12
GB/T 10095.1	f_{pt}、F_{pk}、F_p、F_α、F_β、F_i'、f_i'	√	√	√	√	√	√	√	√	√	√	√	√	√
GB/T 10095.2	F_r	√	√	√	√	√	√	√	√	√	√	√	√	√
	F_i''、f_i'					√	√	√	√	√	√	√	√	√

表7-45　齿轮各项偏差代号名称

代号	名称	代号	名称
f_{pt}	单个齿距偏差	F_i'	切向综合总偏差、总公差
F_{pk}	齿距累积偏差	f_i'	一齿切向综合偏差、综合公差
F_p	齿距累积总偏差	F_r	径向圆跳动、圆跳动公差
F_α	齿廓总偏差	F_i''	径向综合总偏差、总公差
F_β	螺旋线总偏差、总公差	f_i''	一齿径向综合偏差、综合公差

（2）精度等级的选择

① 在给定的技术文件中，如果所要求的齿轮精度规定为GB/T 10095.1的某级精度而无

其他规定时，则齿距偏差（f_{pt}、F_{pk}、F_p）、齿廓总偏差（F_α）、螺旋线总偏差（F_β）的允许值均按该精度等级。

② GB/T 10095.1规定，可按供需双方协议对工作齿面和非工作齿面规定不同的精度等级，或对不同的偏差项目规定不同的精度等级。另外，也可仅对工作齿面规定所要求的精度等级。

③ 径向综合偏差精度等级不一定与GB/T 10095.1中的要素偏差（如齿距、齿廓、螺旋线）选用相同的等级。当文件需叙述齿轮精度要求时，应注明GB/T 10095.1或GB/T 10095.2。

④ 选择齿轮精度等级时，必须根据其用途、工作条件等要求来确定，即必须考虑齿轮的工作速度、传递功率、工作的持续时间、机械振动、噪声和使用寿命等方面的要求。齿轮精度等级可用计算法确定，但目前企业界主要是采用经验法（或表格法）。各类机器传动中所应用的齿轮精度等级见表7-46，各精度等级齿轮的适用范围见表7-47。

表7-46　各类机器传动中所应用的齿轮精度等级

产品类型	精度等级	产品类型	精度等级	产品类型	精度等级
测量齿轮	2~5	轻型汽车	5~8	轧钢机	6~10
透平齿轮	3~6	载货汽车	6~9	矿用绞车	8~10
金属切削机床	3~8	航空发动机	4~8	起重机械	7~10
内燃机车	6~7	拖拉机	6~9	农业机械	8~11
汽车底盘	5~8	通用减速器	6~9	—	—

表7-47　各精度等级齿轮的适用范围

精度等级	工作条件与适用范围	圆周速度/(m/s)		齿面的最后加工
		直齿	斜齿	
3	最平稳且无噪声的极高速下工作的齿轮；特别精密的分度机构齿轮；特别精密机械中的齿轮；控制机构齿轮；检测5、6级精度的测量齿轮	>50	>75	特精密的磨齿和珩磨；用精密滚刀滚齿或单边剃齿后的大多数不经淬火的齿轮
4	精密分度机构的齿轮；特别精密机械中的齿轮；高速透平齿轮；控制机构齿轮；检测7级精度的测量齿轮	>40	>70	精密磨齿；大多数用精密滚刀滚齿和珩齿或单边剃齿
5	高平稳且低噪声的高速传动中的齿轮；精密机构中的齿轮；透平传动的齿轮；检测8、9级精度的测量齿轮；重要的航空、船用齿轮箱齿轮	>20	>40	精密磨齿；大多数用精密滚刀加工，进而研齿或剃齿
6	高速下平稳工作，需要高效率及低噪声的齿轮；航空、汽车用齿轮；读数装置中的精密齿轮；机床传动链齿轮；机床传动齿轮	≤15	≤30	精密磨齿或剃齿
7	在高速和适度功率或大功率和适当速度下工作的齿轮；机床变速箱进给齿轮；高速减速器的齿轮；起重机齿轮；汽车以及读数装置中的齿轮	≤10	≤15	无须热处理的齿轮，用精密刀具加工，对于淬硬齿轮必须精整加工（磨齿、研齿、珩磨）
8	一般机器中无特殊精度要求的齿轮；机床变速齿轮；汽车制造业中的不重要齿轮；冶金、起重、机械齿轮；通用减速器的齿轮；农业机械中的重要齿轮	≤6	≤10	滚、插齿均可，不用磨齿；必要时剃齿或研齿
9	不提精度要求的粗糙工作的齿轮；因结构上考虑，受载低于计算载荷的传动用齿轮；重载、低速不重要工作机械的传力齿轮；农机齿轮	≤2	≤4	不需要特殊的精加工工序

三、圆柱齿轮的规定画法

为了清晰、简便地表达齿轮的轮齿部分，国家标准GB/T 4459.2—2003对齿轮的画法做了规定。

（1）单个圆柱齿轮的画法

单个直齿圆柱齿轮一般用非圆全剖视图和端视图表示，如图7-39（a）所示。

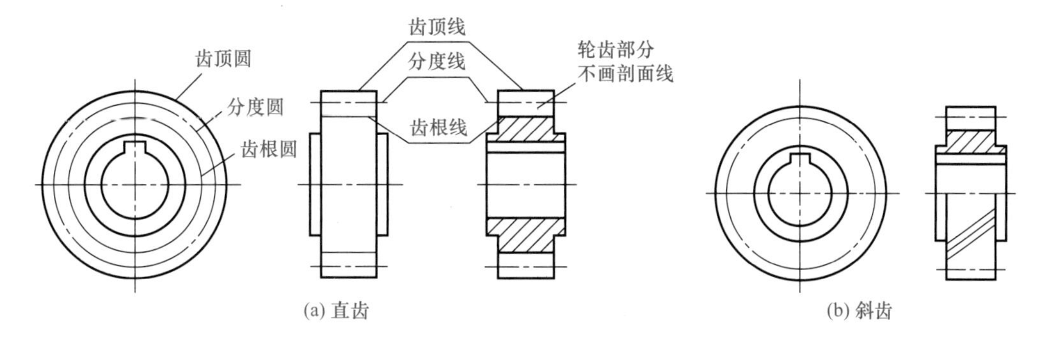

图7-39　单个直齿（斜齿）圆柱齿轮的画法

① 齿轮的齿顶圆和齿顶线用粗实线绘制。

② 分度圆和分度线用点画线绘制。

③ 视图中齿根圆和齿根线用细实线绘制，或省略不画。

④ 在剖视图中，齿根线用粗实线绘制，轮齿部分按不剖绘制。

⑤ 齿轮的其他结构按投影绘制。

⑥ 当需要表示轮齿的方向时（如斜齿圆柱齿轮），可用三条与齿向一致的细实线表示，如图7-39（b）所示。

（2）两个圆柱齿轮的外啮合画法

两个互相啮合的齿轮，它们的模数和压力角必须相等。

如图7-40所示为一对互相外啮合的圆柱齿轮，一般用两个视图表示。

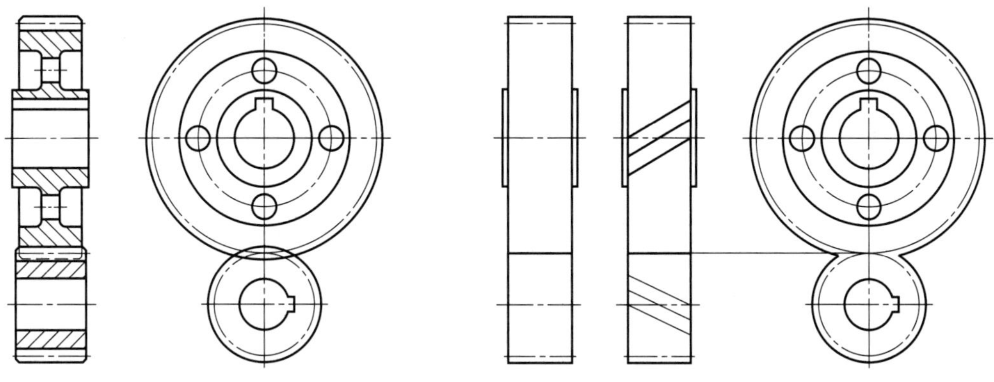

图7-40　圆柱齿轮的外啮合画法

① 在端视图中，两节圆相切，啮合区域内的齿顶圆均用粗实线绘制，如图7-40（a）所示。也可以采用简化画法，如图7-40（b）所示。

② 在非圆剖视图中，当剖切平面通过两啮合齿轮的轴线时，在啮合处两节线重合，用点画线表示，其中一个齿轮轮齿被遮挡部分的齿顶线用虚线表示，也可省略不画，其余两齿根线和一齿顶线均用粗实线表示，如图7-41所示。

注意：一个齿轮的齿顶线与另一个齿轮的齿根线之间应有间隙。

③ 在非圆投影的外形视图上，啮合区域内两齿轮的节线重合，用粗实线表示，如图7-40（b）所示。

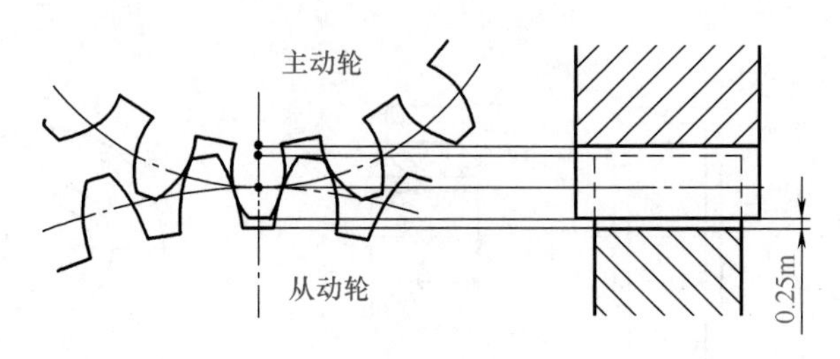

图7-41　齿轮啮合区的画法

如图7-42所示为直齿圆柱齿轮零件图，供读者画图时参考。

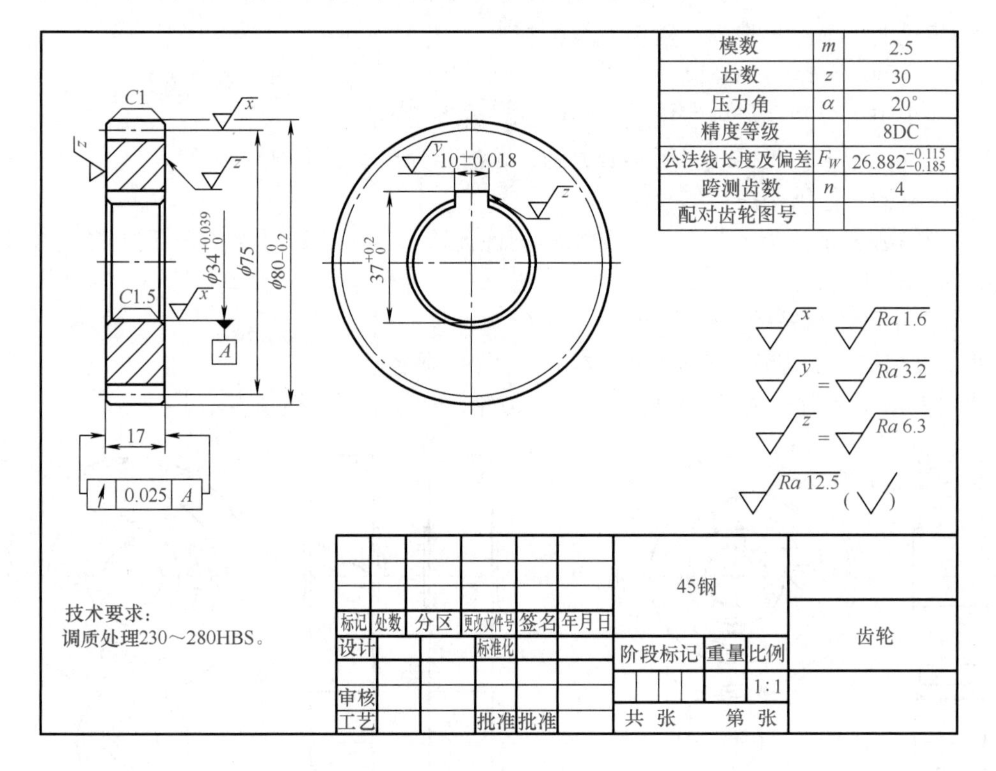

图7-42　齿轮零件图

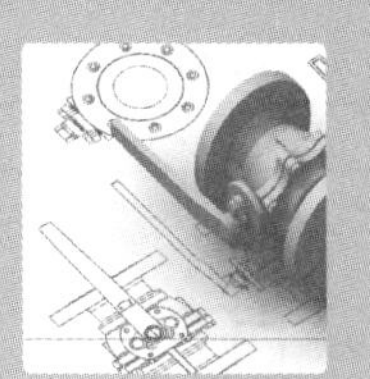

第八章
零件图

任何机械产品都是由若干个零件装配而成的，不论其简单还是复杂，都是依据零件图加工制造出零件，再根据装配图装配成机械设备。零件图和装配图是最常用的机械图样。

在机械产品设计过程中，设计者首先要画出装配图，来表达该机器或部件的工作原理、结构形状以及各零件之间的装配关系，然后确定各个组成零件的结构和形状，并由此画出零件图。在机械制造过程中，首先要根据零件图加工出零件，然后按照装配图组装成机器或部件。因此零件图和装配图都是生产中的重要技术文件。

第一节　识读零件图的基本知识

一、零件图的作用

零件图是表达零件的形状、尺寸、加工精度和技术要求的图样。它是设计部门提交给生产部门的重要技术文件，反映设计者的意图，表达了机器（或部件）对零件的要求，同时考虑到零件结构和制造的可能性与合理性。它在生产中起指导作用，是制造和检验零件的依据，也是技术交流的重要资料。

二、零件图的内容

零件图是指导制造和检验零件的图样。因此，图样中必须包括制造和检验零件时所需的全部信息。如图8-1所示是过渡盘零件图，设计时对零件的各项要求都反映在图样之中，一张完整的零件图应该具有表8-1所示内容。

表8-1　一张完整的零件图应该具有的内容

内容	说明
标题栏	位于图样的右下角，一般填写零件的名称、材料、数量、质量，图样的比例、代号，设计、制图和审核人员的签名，日期以及设计单位的名称等
一组图形	用于表达零件的结构和形状，可以采用视图、剖视图、断面图或局部放大图以及其他表达方式进行表达

续表

内容	说明
完整的尺寸	用一组尺寸，正确、完整、清晰、合理地标注出制造、检验零件所需的全部尺寸
技术要求	用规定的代号、数字、字母和文字注解说明零件在制造和检验过程中应达到的各项技术要求，如尺寸公差、形状和位置公差、表面粗糙度、材料和热处理以及其他特殊要求等

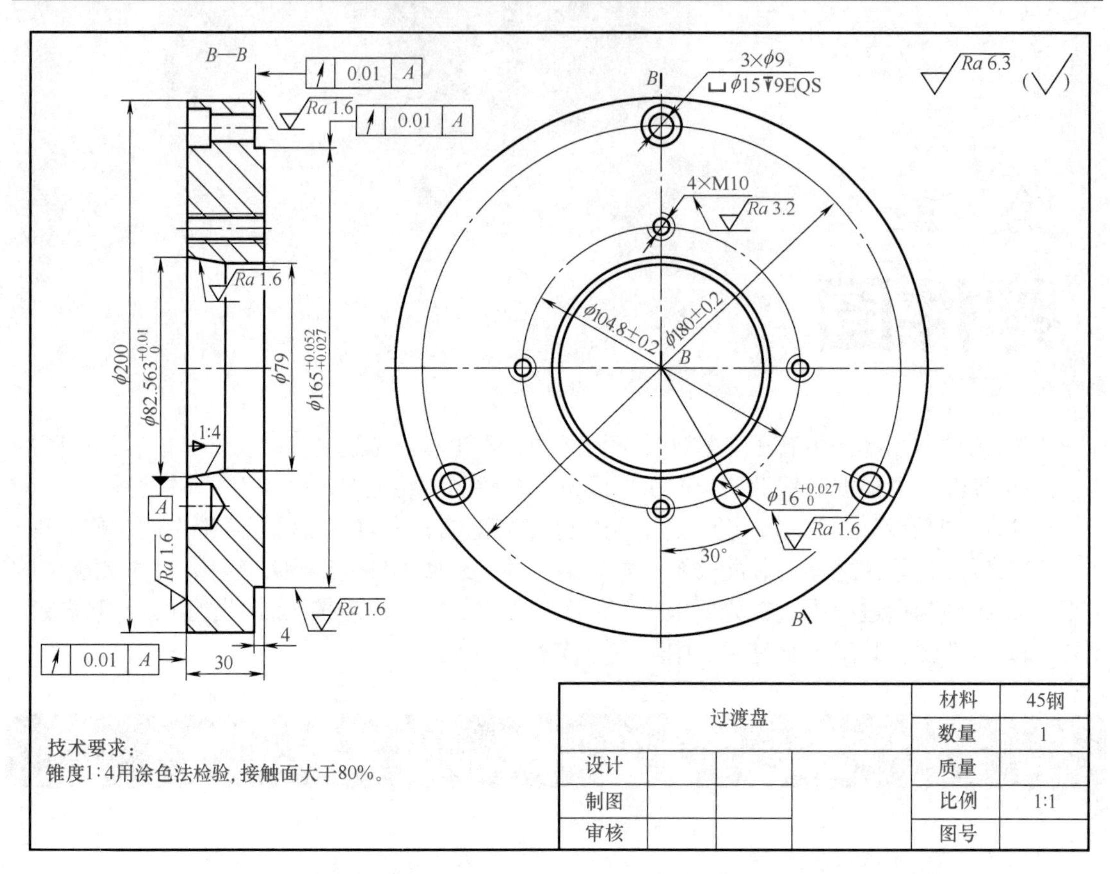

图8-1　过渡盘零件图

三、零件构形因素与示例

对一个零件的几何形状、尺寸、工艺结构、材料选择等进行分析和造型的过程称为零件构形设计。在绘制和阅读零件图时，要了解零件在部件中的功能，零件之间的相邻关系，确定零件的几何形体的构成；要分析构成零件的几何形体的合理性，同时要分析尺寸、工艺结构、材料等因素，最终确定零件的整体结构。下面具体讨论零件构形的主要因素。

（1）保证零件功能

部件具有确定的功能和性能指标，而零件是组成部件的基本单元，所以每个零件都有一定的作用，例如容纳、支承、传动、连接、定位、密封等作用。

零件的功能是确定零件主体结构形状的主要因素之一。如图8-2所示底座零件，一般应具有容纳、支承其他零件的作用，并通过它将部件安装在机器中，因此底座要有足够的底面，将部件的重心落在底面内，以使其平衡稳定。同时考虑部件的安装，应提供一组螺栓孔，这样底座零件的主体结构形状就基本确定了。

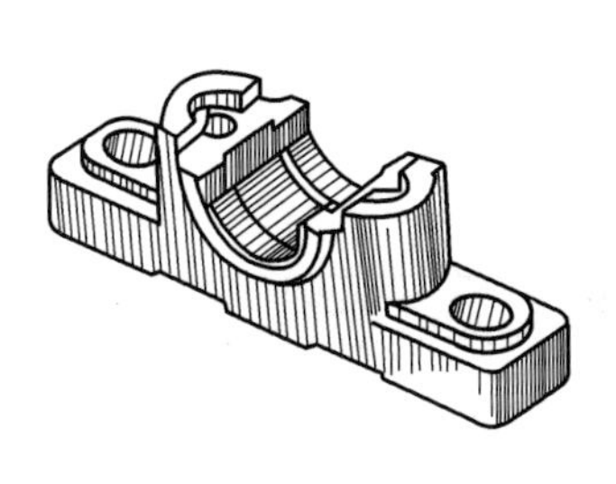

图8-2　底座

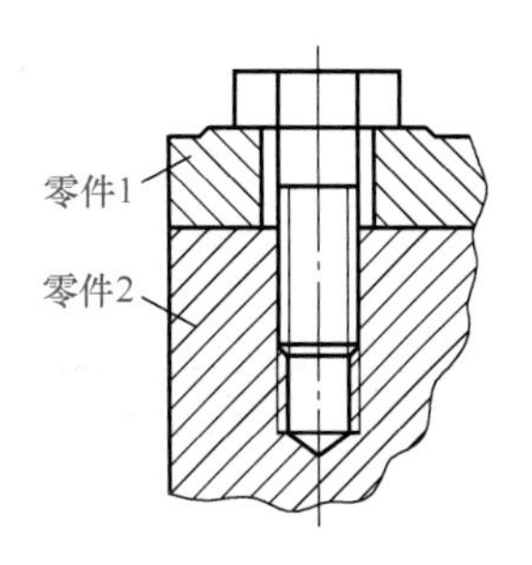

图8-3　螺钉连接结构

（2）考虑部件（或机器）的整体结构（表8-2）

表8-2　考虑部件（或机器）的整体结构

内容	说明
零件的结合方式	部件中各零件按确定的方式连接，应结合可靠，拆装方便。零件的结合可能是相对静止，也可能是相对运动；相邻零件某些表面要求接触，有些表面要求有间隙。因此零件上要有相应的结构来保证。如图8-3所示螺钉连接，为了连接牢固，且便于调整和拆装，两零件端面靠紧，在零件1上做出凸台并加工凸台平面和通孔
外形和内形一致	零件间往往存在包容、被包容关系。若内腔是回转体，外形也应是相应的回转体；内腔是棱柱体，外形也应是相应的棱柱体。一般内外一致，且壁厚均匀，便于制造、节省材料、减轻重量
相邻零件形状一致	当零件是机器（或部件）的相邻零件时，形状应当一致，给人外观统一的整体美感，如图8-4所示 图8-4　相邻零件形状一致
与安装使用条件相适应	如图8-5所示轴承支架，由于轴承孔和安装面的位置不同，其结构形式也相应不同 (a)　(b)　(c)　(d)　(e) 图8-5　不同结构形式的轴承支架 如图8-5(a)、(b)所示，安装面是底面，轴孔方向不同；如图8-5(c)、(d)所示，安装面是侧面，轴孔方向和轴孔与安装面的距离不同；如图8-5(e)所示，安装面是顶部。图8-5中安装面的形状与相邻零件形状一致，支承肋板的形式和尺寸与零件的受力情况有直接关系，同时应考虑使轴承支架有足够的强度和刚度

（3）符合零件结构的工艺要求

零件的结构形状主要是由它在机器或部件中的功能决定的，但还要考虑到零件加工、检测、装配、使用等方面。因此在设计零件时，既要考虑零件功能方面的要求，又要便于加工制造。工艺要求是确定零件局部结构形式的主要依据之一，下面介绍一些常见的工艺结构。

① 铸件工艺结构。铸件工艺结构见表8-3。

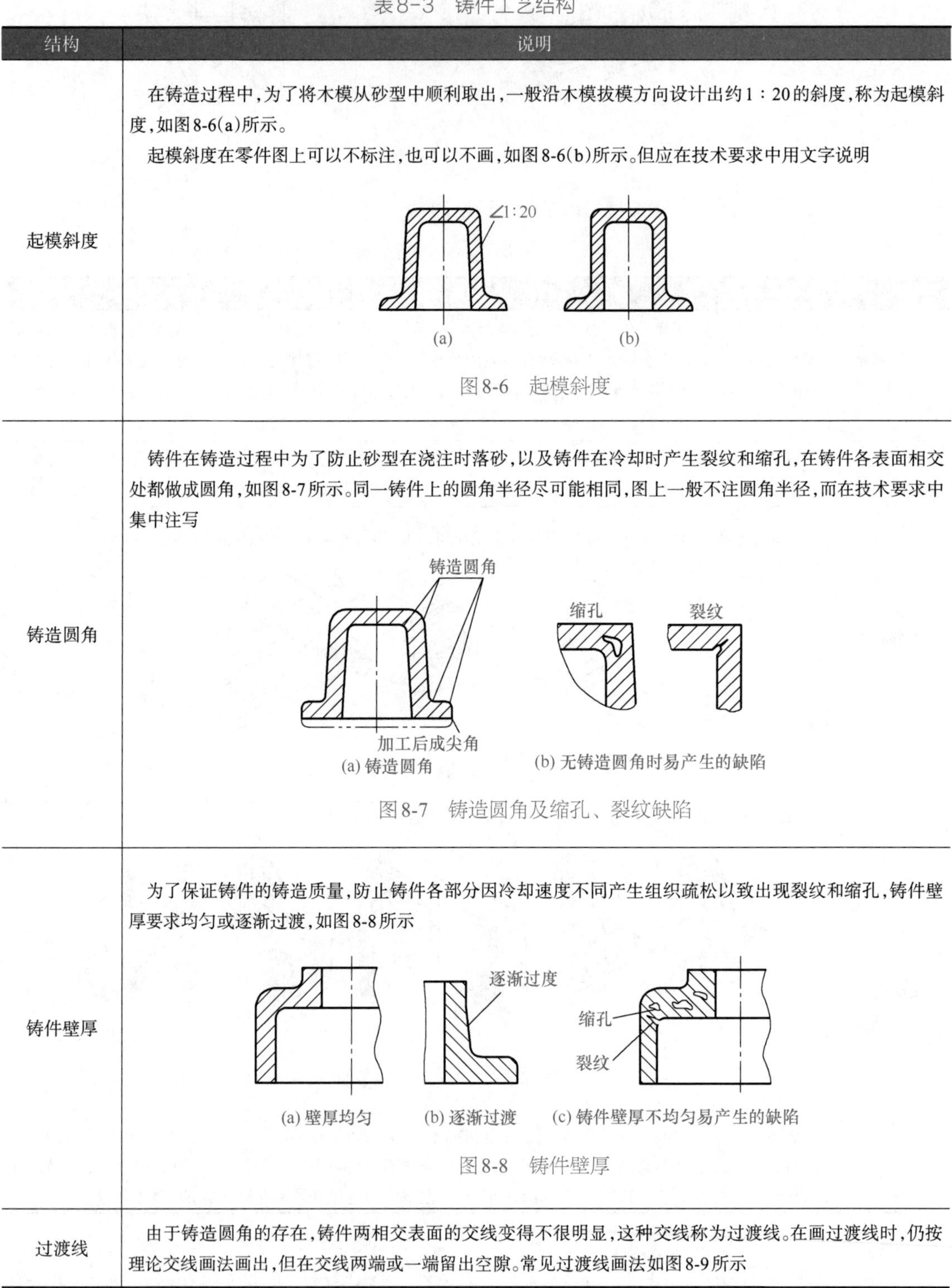

表8-3 铸件工艺结构

结构	说明
起模斜度	在铸造过程中，为了将木模从砂型中顺利取出，一般沿木模拔模方向设计出约1∶20的斜度，称为起模斜度，如图8-6(a)所示。 起模斜度在零件图上可以不标注，也可以不画，如图8-6(b)所示。但应在技术要求中用文字说明 ∠1:20 (a) (b) 图8-6 起模斜度
铸造圆角	铸件在铸造过程中为了防止砂型在浇注时落砂，以及铸件在冷却时产生裂纹和缩孔，在铸件各表面相交处都做成圆角，如图8-7所示。同一铸件上的圆角半径尽可能相同，图上一般不注圆角半径，而在技术要求中集中注写 铸造圆角 加工后成尖角 缩孔 裂纹 (a) 铸造圆角 (b) 无铸造圆角时易产生的缺陷 图8-7 铸造圆角及缩孔、裂纹缺陷
铸件壁厚	为了保证铸件的铸造质量，防止铸件各部分因冷却速度不同产生组织疏松以致出现裂纹和缩孔，铸件壁厚要求均匀或逐渐过渡，如图8-8所示 逐渐过度 缩孔 裂纹 (a) 壁厚均匀 (b) 逐渐过渡 (c) 铸件壁厚不均匀易产生的缺陷 图8-8 铸件壁厚
过渡线	由于铸造圆角的存在，铸件两相交表面的交线变得不很明显，这种交线称为过渡线。在画过渡线时，仍按理论交线画法画出，但在交线两端或一端留出空隙。常见过渡线画法如图8-9所示

续表

结构	说明
过渡线	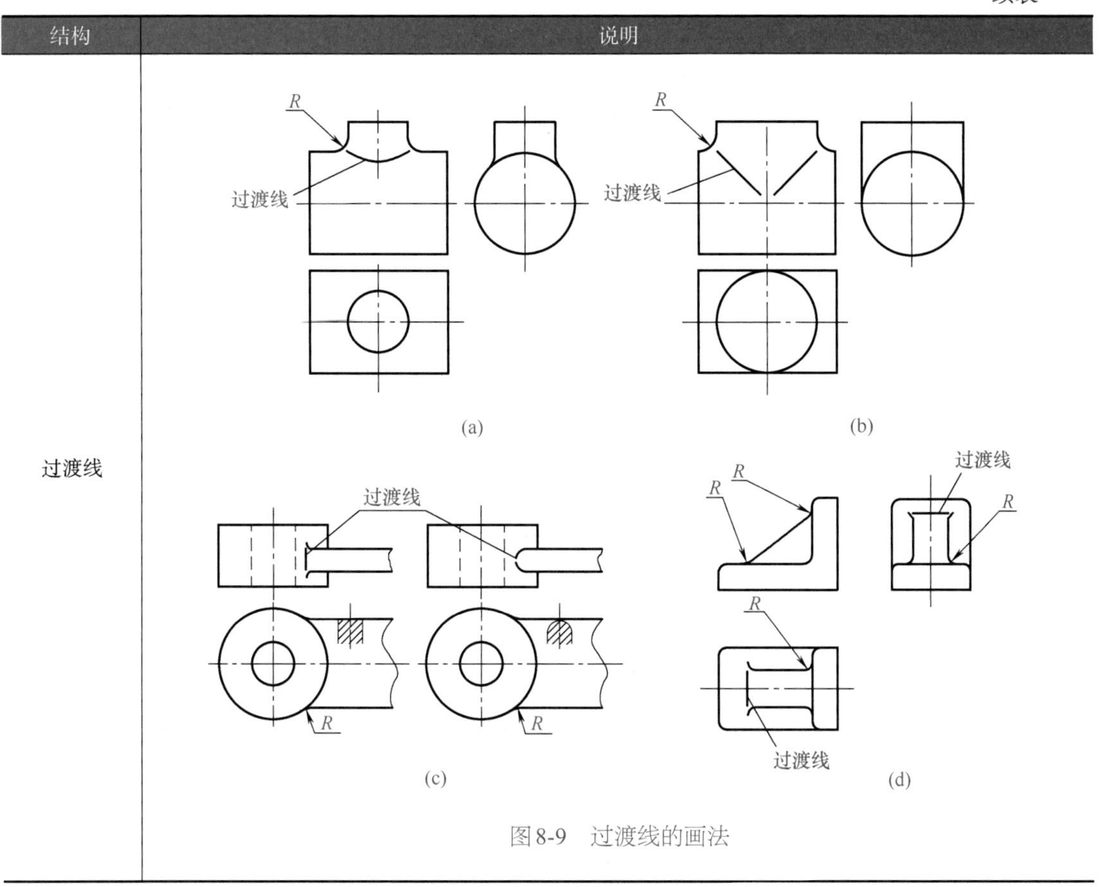 图8-9　过渡线的画法

② 机械加工工艺结构。机械加工工艺结构见表8-4。

表8-4　机械加工工艺结构

结构	说明
倒角和倒圆	为了去除机械加工后的毛刺、锐边，便于装配和保护装配面，在零件的端部常加工出45°的倒角。为了避免应力集中而产生裂纹，在轴肩处往往用圆角过渡，如图8-10所示。它们的结构和尺寸可查表8-5 C2　C1　(a) 倒角 R　D　d　(b) 倒圆 图8-10　倒角和倒圆
退刀槽和砂轮越程槽	在切削加工中，为了便于退出刀具和砂轮，常要在加工的轴肩处先加工出退刀槽或砂轮越程槽，如图8-11所示。砂轮越程槽的结构和尺寸可查阅表8-6

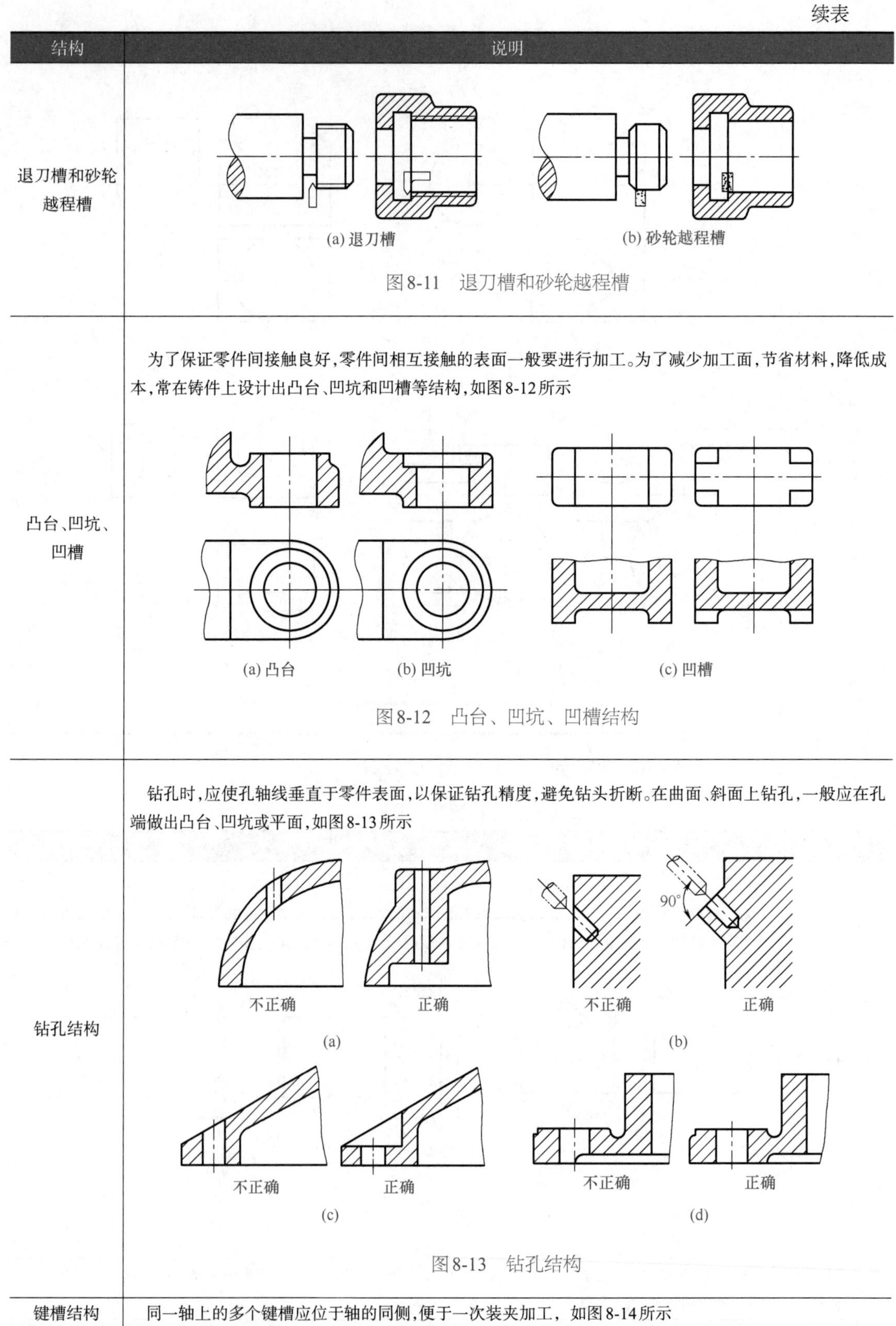

续表

结构	说明
退刀槽和砂轮越程槽	(a) 退刀槽　(b) 砂轮越程槽 图 8-11　退刀槽和砂轮越程槽
凸台、凹坑、凹槽	为了保证零件间接触良好，零件间相互接触的表面一般要进行加工。为了减少加工面，节省材料，降低成本，常在铸件上设计出凸台、凹坑和凹槽等结构，如图 8-12 所示 (a) 凸台　(b) 凹坑　(c) 凹槽 图 8-12　凸台、凹坑、凹槽结构
钻孔结构	钻孔时，应使孔轴线垂直于零件表面，以保证钻孔精度，避免钻头折断。在曲面、斜面上钻孔，一般应在孔端做出凸台、凹坑或平面，如图 8-13 所示 不正确　正确　(a)　不正确　90°　正确　(b) 不正确　正确　(c)　不正确　正确　(d) 图 8-13　钻孔结构
键槽结构	同一轴上的多个键槽应位于轴的同侧，便于一次装夹加工，如图 8-14 所示

续表

结构	说明
键槽结构	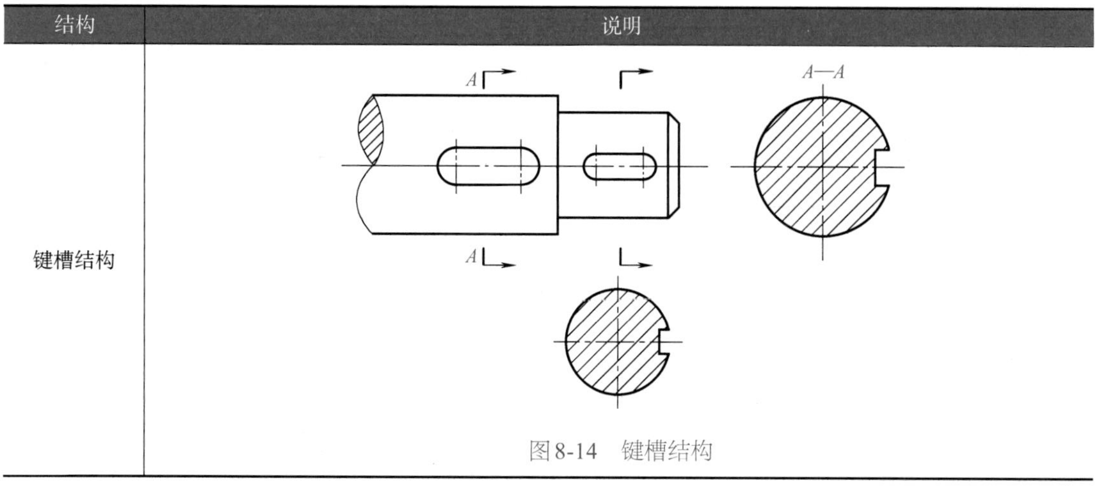 图8-14　键槽结构

表8-5　零件倒圆与倒角　　单位：mm

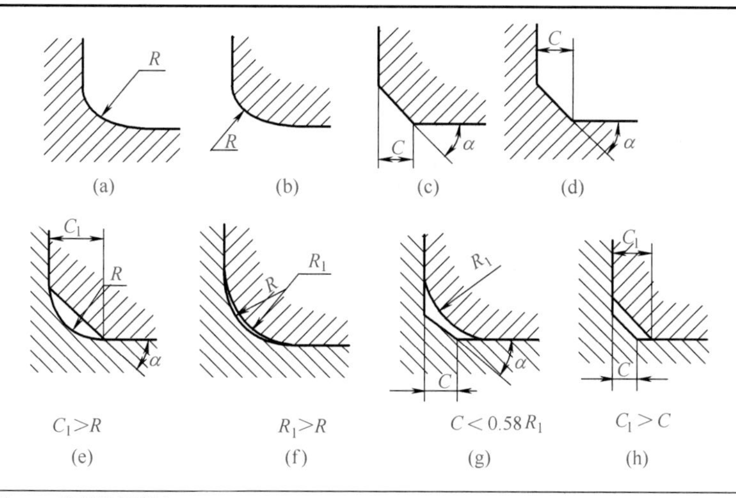

① 倒圆、倒角尺寸R、C系列值见附表1

附表1

0.1	0.2	0.3	0.4	0.5	0.6	0.8	1.0	1.2	1.6	2.0	2.5	3.0
4.0	5.0	6.0	8.0	10	12	16	20	25	32	40	50	

② 内角倒角、外角倒圆时C的最大值C_{max}与R_1的关系见附表2

附表2

R_1	0.1	0.2	0.3	0.4	0.5	0.6	0.8	1.0	1.2	1.6	2.0
C_{max}	—	0.1	0.1	0.2	0.2	0.3	0.4	0.5	0.6	0.8	1.0
R_1	2.5	3.0	4.0	5.0	6.0	8.0	10	12	16	20	25
C_{max}	1.2	1.6	2.0	2.5	3.0	4.0	5.0	6.0	8.0	10	12

③ 与直径D相对应的倒角C，倒圆R的推荐值见附表3

附表3

D	≤3		>3~6		>6~10		>10~18		>18~30		>30~50	
C或R	0.1	0.2	0.3	0.4	0.5	0.6	0.8		1.0		1.2	1.6
D	>50~80		>80~120		>120~180		>180~250		>250~320		>320~400	

续表

C或R	2.0	2.5	3.0	4.0	5.0	6.0
D	>400~500	>500~630	>630~800	>800~1000	>1000~1250	>1250~1600
C或R	8.0	10	12	16	20	25

注：1. R_1、C_1的偏差为正；R、C的偏差为负。

2. α一般采用45°，也可采用30°或60°。倒圆半径、倒角的尺寸标注，不适合在有特殊要求的情况下使用。

表8-6　砂轮越程槽　　单位：mm

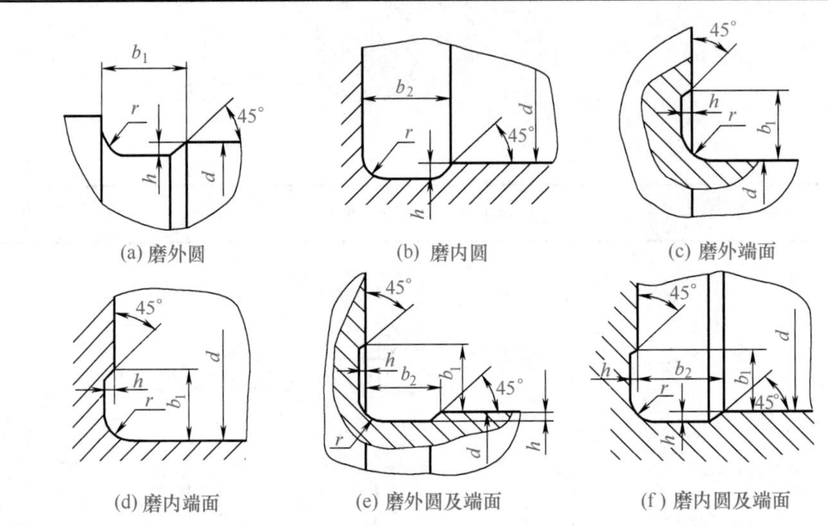

(a) 磨外圆　(b) 磨内圆　(c) 磨外端面

(d) 磨内端面　(e) 磨外圆及端面　(f) 磨内圆及端面

b_1	0.6	1.0	1.6	2.0	3.0	4.0	5.0	8.0	10
b_2	2.0	3.0		4.0		5.0		8.0	10
h	0.1	0.2		0.3	0.4		0.6	0.8	1.2
r	0.2	0.5		0.8	1.0		1.6	2.0	3.0
d	~10			>10~50		>50~100		>100	

注：1. 越程槽内两直线相交处，不允许产生尖角。

2. 越程槽深度h与圆弧半径r，要满足$r<3h$。

3. 磨削具有数个直径的工件时，可使用同一规格的越程槽。

4. 直径d值大的零件，允许选择小规格的砂轮越程槽。

5. 砂轮越程槽的尺寸公差和表面粗糙度根据该零件的结构、性能确定。

（4）注意外形美观

零件的外形设计是零件构形的另一个主要依据。人们不仅需要产品的物质功能，而且还需要从产品的外观形式上得到美的享受。因此，对零件的外形设计还应从美学角度考虑其构形，要具备一些工业美学、造型设计的知识，才能对不同的主体零件灵活采用均衡、稳定、对称、统一、变异等美学法则，设计出性能优越、外形美观的产品。

（5）提高经济效益

从产品的性能、使用、工艺条件、生产效率、材料来源等方面综合分析，应尽可能做到零件的结构简单、制造容易、材料来源方便且价格低廉，以降低成本，提高生产效率。

（6）零件构形举例

减速器是原动机与工作机之间独立的封闭转动装置，用来降低转速并相应增大转矩来适应工作要求。图8-15是减速器底座，其主要功能是容纳、支承轴和齿轮，并与减速器箱盖连接组成包容空腔，实现密封、润滑等辅助功能。

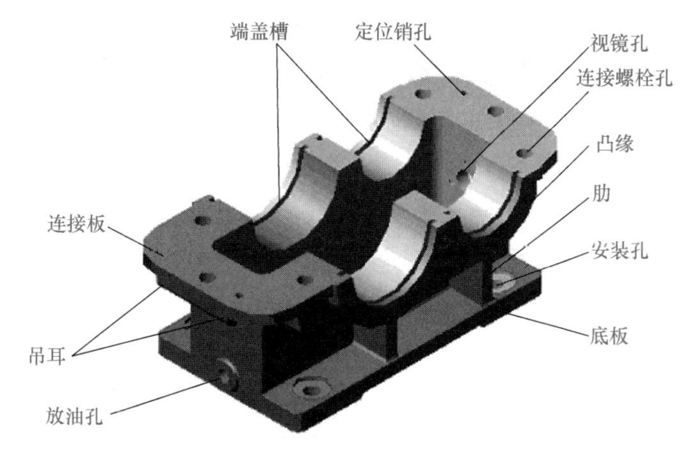

图8-15　减速器底座

减速器底座的结构形状应满足的功能要求及其构形的主要过程如下：

① 为了容纳齿轮和润滑油，底座做成中空形状。

② 为了更换润滑油和观察润滑油面的高度，底座的一端面上开有放油孔，另一端面上有视镜孔。为了安装视镜，在视镜孔的周围有均布的螺纹孔。

③ 为了和减速器箱盖连接，底座上设计有连接板；为了连接准确，连接板上设计有定位销孔和连接螺栓孔。

④ 为了支承两对轴及轴上的轴承，底座上必须开两对大孔，且在大孔处各设计一凸缘。由于凸缘伸出过长，为避免变形，在凸缘的下部设计加强肋。

⑤ 为了安装方便，便于固定在工作地点，底座下部要加一底板，并设计四个安装孔。为了便于搬运，在底座上连接板两侧的下部各加两个吊耳。

⑥ 为了密封，防止油溅出或灰尘进入，在支承凸缘端部加端盖，并设计相应的端盖槽。

在保证零件的功能要求后，还要考虑部件的整体结构，底座和上盖连接时外形应一致和谐，内部和容纳的零件的形状相适应等；考虑零件结构工艺方面的要求，设计出铸造圆角、起模斜度和凹坑等结构，并尽量使壁厚均匀；考虑零件的外形美观，整个零件的外形要体现工业美学、造型设计的知识。经过几方面的考虑，最后形成一个完整的零件。

第二节　零件图上的技术要求和尺寸标注

一、零件图上的技术要求

（一）极限与配合

（1）互换性的概念

从一批规格大小相同的零件中，任取其中一件，不经选择和修配，装到机器或部件上就能保证其使用性能，零件的这种性质称为互换性。现代化的生产，要求零件具有互换性。公差与配合制度是实现互换性的必要条件。

（2）术语和定义

① 尺寸见表8-7。

表8-7　尺寸

术语	说明
尺寸	以特定单位表示线性尺寸值的数值
基本尺寸	通过它应用上、下偏差可算出极限尺寸，如图8-16所示（基本尺寸可以是一个整数或一个小数值）
局部实际尺寸	一个孔或轴的任意横截面中的任一距离，即任何两相对点之间测得的尺寸
极限尺寸	一个孔或轴允许的尺寸的两个极端。实际尺寸应位于其中，也可达到极限尺寸
最大极限尺寸	孔或轴允许的最大尺寸
最小极限尺寸	孔或轴允许的最小尺寸
实际尺寸	通过测量获得的某一孔、轴的尺寸

② 零线。在极限与配合图解中，表示基本尺寸的一条直线，以其为基准确定偏差和公差，如图8-16所示。通常零线沿水平方向绘制，正偏差位于其上，负偏差位于其下，如图8-17所示。

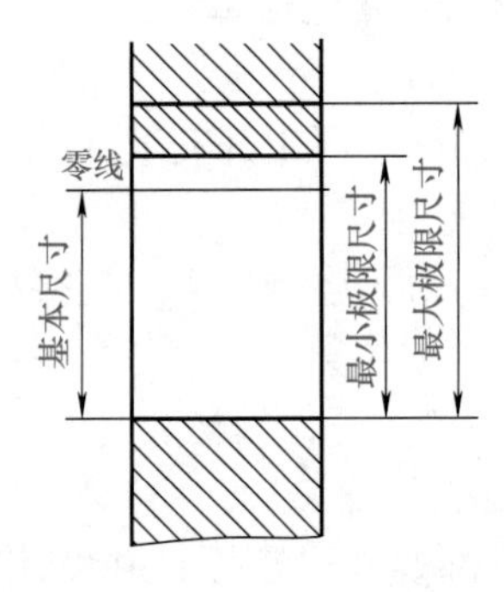

图8-16　基本尺寸、最大极限尺寸和最小极限尺寸

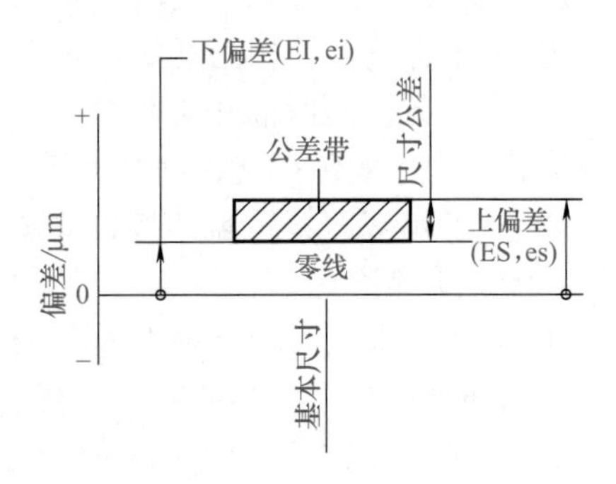

图8-17　公差带图解

③ 尺寸公差见表8-8。

表8-8　尺寸公差

术语	说明
尺寸公差（简称公差）	即最大极限尺寸减最小极限尺寸之差，或上偏差减下偏差之差。它是允许尺寸的变动量（尺寸公差是一个没有符号的绝对值）
标准公差（IT）	国家标准极限与配合制中，所规定的任一公差
标准公差等级	国家标准极限与配合制中，同一公差等级（如IT7）对所有基本尺寸的一组公差被认为具有同等精确程度
公差带	在公差带图解中，由代表上偏差和下偏差或最大极限尺寸和最小极限尺寸的两条直线所限定的一个区域。它由公差大小和其相对零线的位置（如基本偏差）确定，如图8-17所示
标准公差因子（i,I）	在国家标准极限与配合制中，用以确定标准公差的基本单位。该因子是基本尺寸的函数（标准公差因子i用于基本尺寸至500mm；标准公差因子I用于基本尺寸大于500mm）

④ 偏差见表8-9。

表8-9　偏差

术语	说明
偏差	某一尺寸(实际尺寸、极限尺寸等)减其基本尺寸所得的代数差
极限偏差	包含上偏差和下偏差。轴的上、下偏差代号用小写字母es、ei表示;孔的上、下偏差代号用大写字母ES、EI表示
上偏差	最大极限尺寸减其基本尺寸所得的代数差
下偏差	最小极限尺寸减其基本尺寸所得的代数差
基本偏差	在国家标准极限与配合制中,确定公差带相对零线位置的那个极限偏差(它可以是上偏差或下偏差),一般为靠近零线的那个偏差为基本偏差。基本偏差代号对孔用大写字母A,…,ZC表示,对轴用小写字母a,…,zc表示,各28个,如图8-18所示

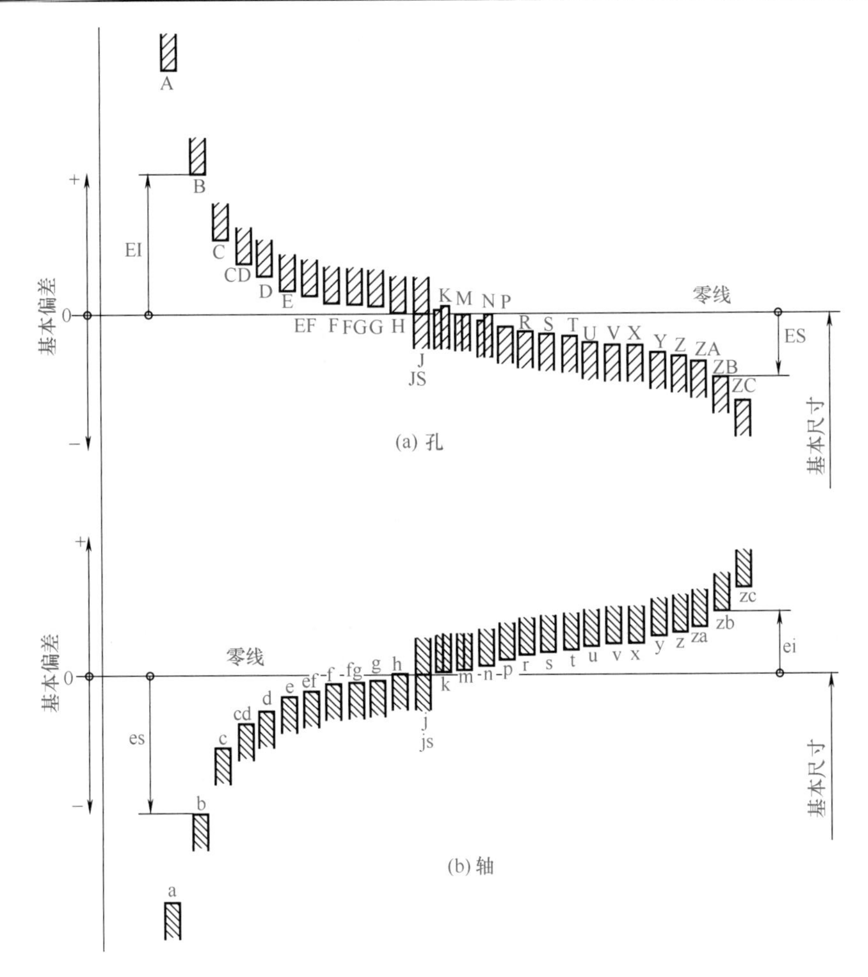

图8-18　基本偏差系列示意图

⑤ 间隙见表8-10。

表8-10　间隙

术语	说明
间隙	孔的尺寸减去相配合轴的尺寸之差为正值,如图8-19所示
最小间隙	在间隙配合中,孔的最小极限尺寸减轴的最大极限尺寸之差,如图8-20所示
最大间隙	在间隙配合或过渡配合中,孔的最大极限尺寸减轴的最小极限尺寸之差,如图8-20和图8-21所示

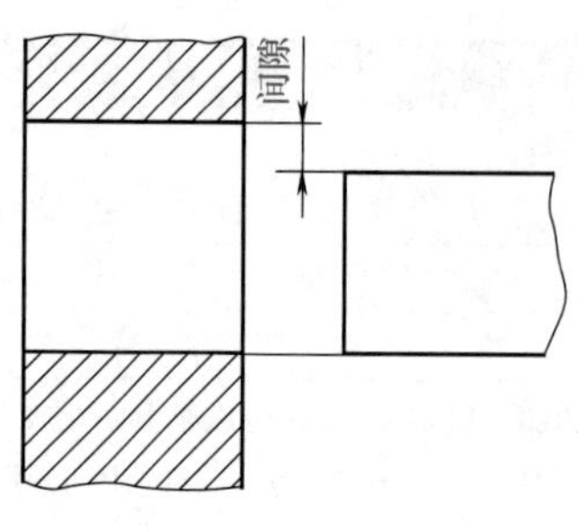

图8-19　间隙

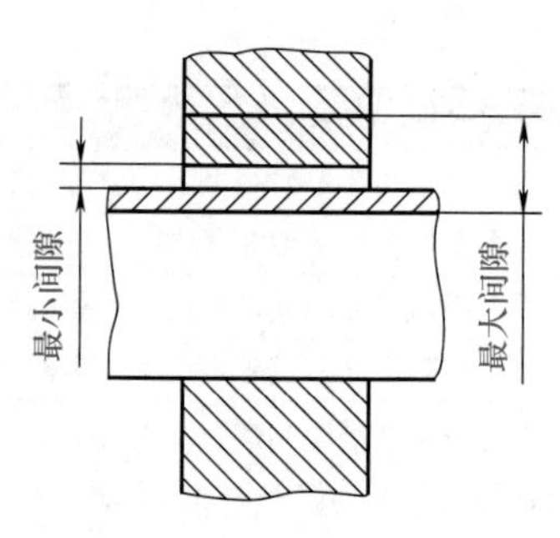

图8-20　间隙配合

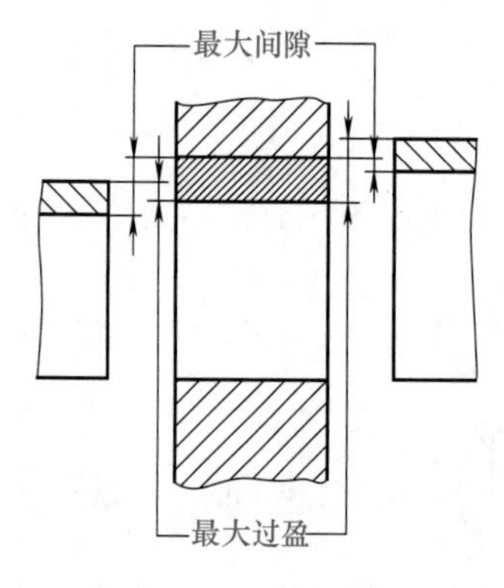

图8-21　过渡配合

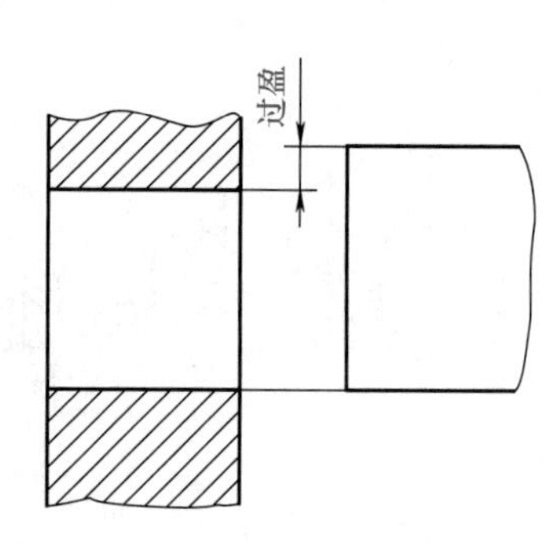

图8-22　过盈

⑥ 过盈见表8-11。

表8-11　过盈

术语	说明
过盈	孔的尺寸减去相配合的轴的尺寸之差为负值，如图8-22所示
最小过盈	在过盈配合中，孔的最大极限尺寸减轴的最小极限尺寸之差，如图8-23所示
最大过盈	在过盈配合或过渡配合中，孔的最小极限尺寸减轴的最大极限尺寸之差，如图8-23和图8-21所示

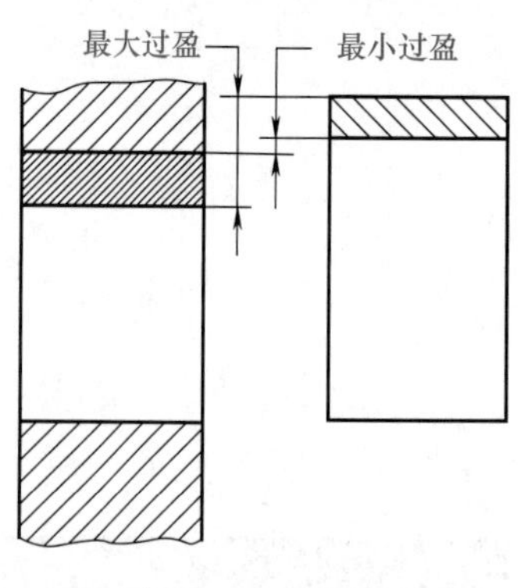

图8-23　过盈配合

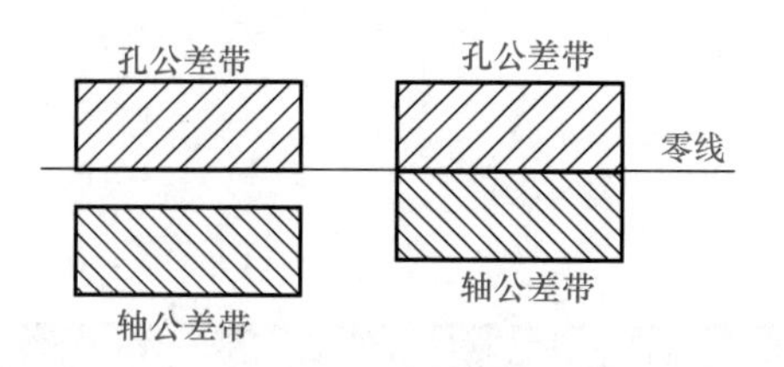

图8-24　间隙配合的示意

⑦ 配合见表8-12。

表8-12　配合

术语	说明
配合	基本尺寸相同、相互结合的孔和轴公差带之间的关系
间隙配合	具有间隙(包括最小间隙等于零)的配合。此时,孔的公差带在轴的公差带之上,如图8-24所示
过盈配合	具有过盈(包括最小过盈等于零)的配合。此时,孔的公差带在轴的公差带之下,如图8-25所示
过渡配合	可能具有间隙或过盈的配合。此时,孔的公差带与轴的公差带相互交叠,如图8-26所示
配合公差	组成配合的孔、轴公差之和。它是允许间隙或过盈的变动量(配合公差是一个没有符号的绝对值)

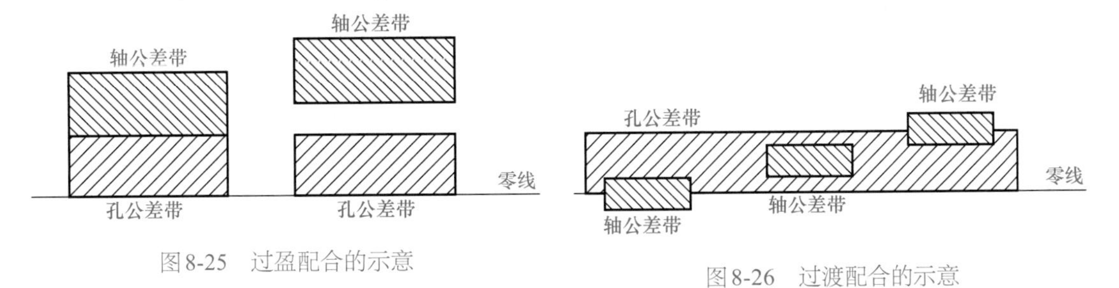

图8-25　过盈配合的示意　　　图8-26　过渡配合的示意

⑧ 配合制见表8-13。

表8-13　配合制

术语	说明
配合制	同一极限制的孔和轴组成配合的一种制度
基轴制配合	基本偏差一定的轴的公差带,与不同基本偏差的孔的公差带形成各种配合的一种制度。对国家标准极限与配合制,是轴的最大极限尺寸与基本尺寸相等、轴的上偏差为零的一种配合制,如图8-27所示
基孔制配合	基本偏差一定的孔的公差带,与不同基本偏差的轴的公差带形成各种配合的一种制度。对国家标准极限与配合制,是孔的最小极限尺寸与基本尺寸相等,孔的下偏差为零的一种配合制,如图8-28所示

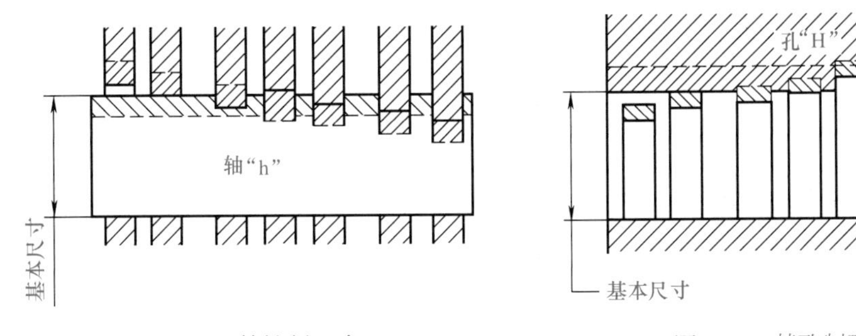

图8-27　基轴制配合　　　图8-28　基孔制配合

图8-27、图8-28中，水平实线代表孔或轴的基本偏差，虚线代表另一极限，表示孔和轴之间可能的不同组合，与它们的公差等级有关。

（3）公差与配合基本规定（表8-14）

表8-14　公差与配合基本规定

类别	说明
标准公差的等级、代号及数值	标准公差分20级,即:IT01、IT0、IT1至IT18。IT表示标准公差,公差的等级代号用阿拉伯数字表示。从IT01至IT18等级依次降低,当其与代表基本偏差的字母一起组成公差带时,省略“IT”字母,如h7。各级标准公差的数值规定见表8-15

续表

<table>
<tr><th>类别</th><th>说明</th></tr>
<tr><td>公差等级的应用范围</td><td>公差等级的应用范围见以下附表
附表　公差等级的应用范围
<table>
<tr><th>公差等级</th><th>应用范围</th></tr>
<tr><td>IT01~IT1</td><td>块规</td></tr>
<tr><td>IT1~IT4</td><td>量规、检验高精度用量规及轴用卡规的校对塞规</td></tr>
<tr><td>IT2~IT5</td><td>特别精密零件的配合尺寸</td></tr>
<tr><td>IT5~IT7</td><td>检验低精度用量规、一般精密零件的配合尺寸</td></tr>
<tr><td>IT5~IT12</td><td>配合尺寸</td></tr>
<tr><td>IT8~IT14</td><td>原材料公差</td></tr>
<tr><td>IT12~IT18</td><td>未注公差尺寸</td></tr>
</table></td></tr>
<tr><td>基本偏差的代号</td><td>基本偏差的代号用拉丁字母表示，大写的代号代表孔，小写的代号代表轴，各28个
孔的基准偏差代号有：A,B,C,CD,D,E,EF,F,FG,G,H,J,JS,K,M,N,P,R,S,T,U,V,X,Y,Z,ZA,ZB,ZC
轴的基准偏差代号有：a,b,c,cd,d,e,ef,f,fg,g,h,j,js,k,m,n,p,r,s,t,u,v,x,y,z,za,zb,zc。其中，H代表基准孔，h代表基准轴</td></tr>
<tr><td>偏差代号</td><td>偏差代号规定如下：孔的上偏差为ES，孔的下偏差为EI；轴的上偏差为es，轴的下偏差为ei</td></tr>
<tr><td>孔的极限偏差</td><td>孔的基本偏差从A到H为下偏差，从J至ZC为上偏差。孔的另一个偏差(上偏差或下偏差)，根据孔的基本偏差和标准公差，按以下代数式计算：
$ES=EI+IT$ 或 $EI=ES-IT$</td></tr>
<tr><td>轴的极限偏差</td><td>轴的基本偏差从a到h为上偏差，从j到zc为下偏差。轴的另一个偏差(下偏差或上偏差)，根据轴的基本偏差和标准公差，按以下代数式计算：
$ei=es-IT$ 或 $es=ei+IT$</td></tr>
<tr><td>公差带代号</td><td>孔、轴公差带代号用基本偏差代号与公差等级代号组成。如H8、F8、K7、P7等为孔的公差带代号；h7、f7等为轴的公差带代号。其表示方法可以用下列示例之一
孔：$\phi50H8$，$\phi50^{+0.039}_{0}$，$\phi50H8\ \left(^{+0.039}_{0}\right)$
轴：$\phi50f7$，$\phi50^{-0.025}_{-0.050}$，$\phi50f7\ \left(^{-0.025}_{-0.050}\right)$</td></tr>
<tr><td>基准制</td><td>标准规定有基孔制和基轴制。在一般情况下，优先采用基孔制。如有特殊需要，允许将任一孔、轴公差带组成配合</td></tr>
<tr><td>配合代号</td><td>用孔、轴公差带的组合表示，写成分数形式，分子为孔的公差带代号，分母为轴的公差带代号，例如H8/f7或$\frac{H8}{f7}$。其表示方法可用以下示例之一：
$\phi50H8/f7$ 或 $\phi50\frac{H8}{f7}$；$10H7/n6$ 或 $10\frac{H7}{n6}$</td></tr>
<tr><td>配合分类</td><td>标准的配合有三类，即间隙配合、过渡配合和过盈配合。属于哪一类配合取决于孔、轴公差带的相互关系。基孔制(基轴制)中，a到h(A到H)用于间隙配合；j到zc(J到ZC)用于过渡配合和过盈配合</td></tr>
<tr><td>公差带及配合的选用原则</td><td>孔、轴公差带及配合，首先采用优先公差带及优先配合，其次采用常用公差带及常用配合，再次采用一般用途公差带。必要时，可按标准所规定的标准公差与基本偏差组成孔、轴公差带及配合</td></tr>
<tr><td>极限尺寸判断原则</td><td>孔或轴的尺寸不允许超过最大实体尺寸。即对于孔，其实际尺寸应不小于最小极限尺寸；对于轴，则应不大于最大极限尺寸
孔或轴在任何位置上的实际尺寸不允许超过最小实体尺寸，即对于孔，其实际尺寸应不大于最大极限尺寸；对于轴，则应不小于最小极限尺寸</td></tr>
</table>

表8-15 标准公差数值

基本尺寸/mm		公差等级									
		IT01	IT0	IT1	IT2	IT3	IT4	IT5	IT6	IT7	IT8
大于	至	μm									
—	3	0.3	0.5	0.8	1.2	2	3	4	6	10	14
3	6	0.4	0.6	1	1.5	2.5	4	5	8	12	18
6	10	0.4	0.6	1	1.5	2.5	4	6	9	15	22
10	18	0.5	0.8	1.2	2	3	5	8	11	18	27
18	30	0.6	11	1.5	2.5	4	6	9	13	21	33
30	50	0.6	1	1.5	2.5	4	7	11	16	25	39
50	80	0.8	1.2	2	3	5	8	13	19	30	46
80	120	1	1.5	2.5	4	6	10	15	22	35	54
120	180	1.2	2	3.5	5	8	12	18	25	40	63
180	250	2	3	4.5	7	10	14	20	29	46	72
250	315	2.5	4	6	8	12	16	23	32	52	81
315	400	3	5	7	9	13	18	25	36	57	89
400	500	4	6	8	10	15	20	27	40	63	97
基本尺寸/mm		公差等级									
		IT9	IT10	IT11	IT12	IT13	IT14	IT15	IT16	IT17	IT18
大于	至	μm			mm						
—	3	25	40	60	0.10	0.14	0.25	0.40	0.60	1.0	1.4
3	6	30	48	75	0.12	0.18	0.30	0.48	0.75	1.2	1.8
6	10	36	58	90	0.15	0.22	0.36	0.58	0.90	1.5	2.2
10	18	43	70	110	0.18	0.27	0.43	0.70	1.10	1.8	2.7
18	30	52	84	130	0.21	0.33	0.52	0.84	1.30	2.1	3.3
30	50	62	100	160	0.25	0.39	0.62	1.00	1.60	2.5	3.9
50	80	74	120	190	0.30	0.46	0.74	1.20	1.90	3.0	4.6
80	120	87	140	220	0.35	0.54	0.87	1.40	2.20	3.5	5.4
120	180	100	160	250	0.40	0.63	1.00	1.60	2.50	4.0	6.3
180	250	115	185	290	0.46	0.72	1.15	1.85	2.90	4.6	7.2
250	315	130	210	320	0.52	0.81	1.30	2.10	3.20	5.2	8.1
315	400	140	230	360	0.57	0.89	1.40	2.30	3.60	5.7	8.9
400	500	155	250	400	0.63	0.97	1.55	2.50	4.00	6.3	9.7

注：基本尺寸小于1mm时，无IT14至IT18。

(4) 公差带及配合的选用

① 基孔制优先、常用配合见表8-16。

表8-16 基孔制优先、常用配合

基准孔	轴																				
	a	b	c	d	e	f	g	h	js	k	m	n	p	r	s	t	u	v	x	y	z
	间隙配合								过渡配合			过盈配合									
H6	—	—	—	—	—	$\frac{H6}{f5}$	$\frac{H6}{g5}$	$\frac{H6}{h5}$	$\frac{H6}{js5}$	$\frac{H6}{k5}$	$\frac{H6}{m5}$	$\frac{H6}{n5}$	$\frac{H6}{p5}$	$\frac{H6}{r5}$	$\frac{H6}{s5}$	$\frac{H6}{t5}$	—	—	—	—	—

续表

基准孔	轴																				
	a	b	c	d	e	f	g	h	js	k	m	n	p	r	s	t	u	v	x	y	z
	间隙配合								过渡配合			过盈配合									
H7	—	—	—	—	—	H7/f6	H7/g6■	H7/h6■	H7/js6	H7/k6■	H7/m6	H7/n6■	H7/p6■	H7/r6	H7/s6■	H7/t6	H7/u6■	H7/v6	H7/x6	H7/y6	H7/z6
H8	—	—	—	—	H8/e7	H8/f7■	H8/g7	H8/h7■	H8/js7	H8/k7	H8/m7	H8/n7	H8/p7	H8/r7	H8/s7	H8/t7	H8/u7	—	—	—	—
	—	—	—	H8/d8	H8/e8	H8/f8	—	H8/h8	—	—	—	—	—	—	—	—	—	—	—	—	—
H9	—	—	H9/c9	H9/d9■	H9/e9	H9/f9	—	H9/h9■	—	—	—	—	—	—	—	—	—	—	—	—	—
H10	—	—	H10/c10	H10/d10	—	—	—	H10/h10	—	—	—	—	—	—	—	—	—	—	—	—	—
H11	H11/a11	H11/b11	H11/c11■	H11/d11	—	—	—	H11/h11■	—	—	—	—	—	—	—	—	—	—	—	—	—
H12	—	H12/b12	—	—	—	—	—	H12/h12	—	—	—	—	—	—	—	—	—	—	—	—	—

注：1. $\frac{H6}{n5}$、$\frac{H7}{p6}$在基本尺寸小于或等于3mm和$\frac{H8}{r7}$在小于或等于100mm时，为过渡配合。

2. 标注■的配合为优先配合。

② 基轴制优先、常用配合见表8-17。

表8-17　基轴制优先、常用配合

基准轴	孔																				
	A	B	C	D	E	F	G	H	JS	K	M	N	P	R	S	T	U	V	X	Y	Z
	间隙配合								过渡配合			过盈配合									
h5	—	—	—	—	—	F6/h5	G6/h5	H6/h5	JS6/h5	K6/h5	M6/h5	N6/h5	P6/h5	R6/h5	S6/h5	T6/h5	—	—	—	—	—
h6	—	—	—	—	—	F7/h6■	G7/h6■	H7/h6■	JS7/h6	K7/h6■	M7/h6	N7/h6■	P7/h6■	R7/h6	S7/h6■	T7/h6	U7/h6■	—	—	—	—
h7	—	—	—	—	E8/h7	F8/h7■	—	H8/h7■	JS8/h7	K8/h7	M8/h7	N8/h7	—	—	—	—	—	—	—	—	—
h8	—	—	—	D8/h8	E8/h8	F8/h8	—	H8/h8	—	—	—	—	—	—	—	—	—	—	—	—	—
h9	—	—	—	D9/h9■	E9/h9	F9/h9	—	H9/h9■	—	—	—	—	—	—	—	—	—	—	—	—	—
h10	—	—	—	D10/h10	—	—	—	H10/h10	—	—	—	—	—	—	—	—	—	—	—	—	—
h11	A11/h11	B11/h11	C11/h11■	D11/h11	—	—	—	H11/h11■	—	—	—	—	—	—	—	—	—	—	—	—	—
h12	—	B11/h12	—	—	—	—	—	H11/h12	—	—	—	—	—	—	—	—	—	—	—	—	—

注：标注■的配合为优先配合。

（5）一般公差

一般公差是指在普通工艺条件下，由车间的机床设备和通常的加工能力即可保证达到的公差。线性尺寸的未注公差是一种一般公差，主要适用于金属切削加工的非配合尺寸。国家标准GB/T 1804—2000规定了四个等级，即f（精密级）、m（中等级）、c（粗糙级）、v（最粗级）。其线性尺寸的极限偏差数值见表8-18。

表8-18　线性尺寸的极限偏差数值　　单位：mm

公差等级	尺寸分段			
	0.5~3	>3~6	>6~30	>30~120
精密f	±0.05	±0.05	±0.1	±0.15
中等m	±0.1	±0.1	±0.2	±0.3
粗糙c	±0.2	±0.3	±0.5	±0.8
最粗v	—	±0.5	±1	±1.5
公差等级	尺寸分段			
	>120~400	>400~1000	>1000~2000	>2000~4000
精密f	±0.2	±0.3	±0.5	—
中等m	±0.5	±0.8	±1.2	±2
粗糙c	±1.2	±2	±3	±4
最粗v	±2.5	±4	±6	±8

（6）极限与配合的标注

① 在零件图中的标注。见表8-19。

表8-19　在零件图中的标注

类别	说明
标注极限偏差	当采用极限偏差标注线性尺寸的公差时，上偏差应注在基本尺寸的右上方，下偏差应注在基本尺寸的右下方，与基本尺寸注在同一底线上。极限偏差数字比基本尺寸数字小一号。上、下偏差小数点必须对齐 当公差带相对于基本尺寸对称配置，即两个偏差绝对值相同时，偏差值只需注写一次，并在偏差值与基本尺寸之间注出符号“±”，且两者的数字高度相同 极限偏差的标注，如图8-29所示 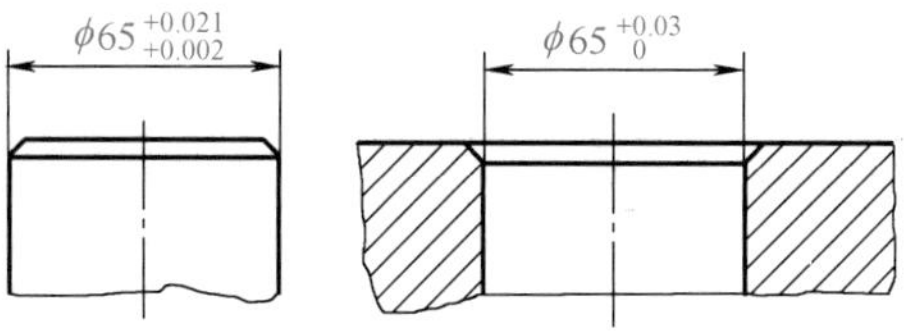 $\phi 65^{+0.021}_{+0.002}$　$\phi 65^{+0.03}_{0}$ (a)　(b) 图8-29　极限偏差的标注
标注公差带代号	标注公差带代号如图8-30所示 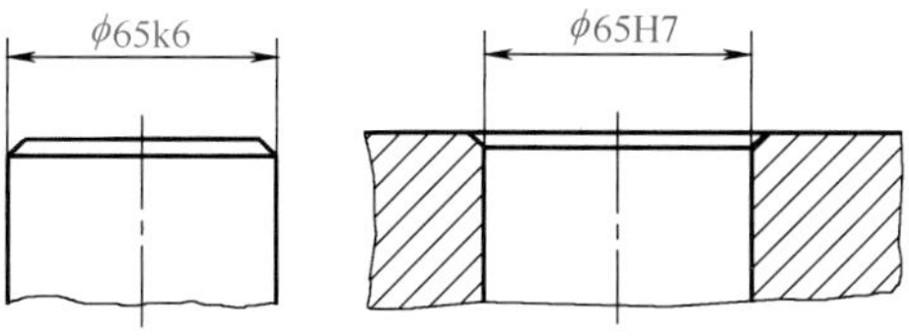 ϕ65k6　ϕ65H7 (a)　(b) 图8-30　公差带代号的标注

续表

类别	说明
同时标注公差带代号和极限偏差	同时标注公差带代号和极限偏差，如图8-31所示 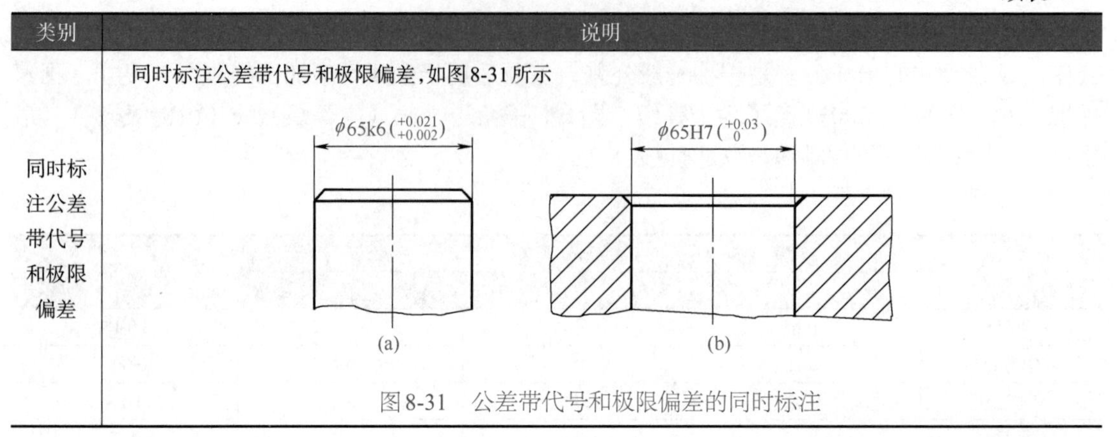 图8-31　公差带代号和极限偏差的同时标注

上述三种标注方法可依据具体情况选择，无优劣之分，但在一份图样上，只能采用一种标注方法。

有时为了制造方便或采用非标准的公差，可在图样中直接注出最大极限尺寸和最小极限尺寸，标注形式如图8-32所示（max——最大，min——最小）。

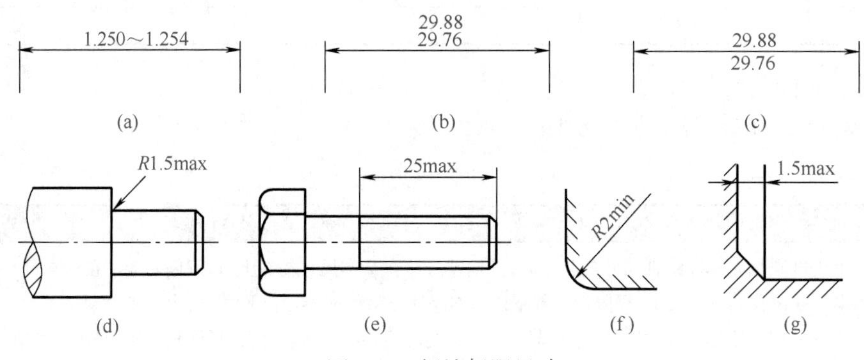

图8-32　标注极限尺寸

② 在装配图中的标注。见表8-20。

表8-20　在装配图中的标注

类别	说明
标注配合代号	在装配图中标注线性尺寸的配合代号有三种形式，如图8-33所示
标注极限偏差	在装配图中标注相配零件的极限偏差有两种形式，如图8-34所示

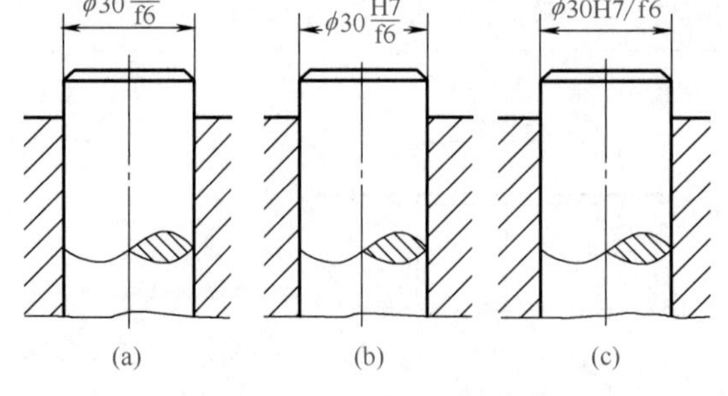

图8-33　配合代号的标注

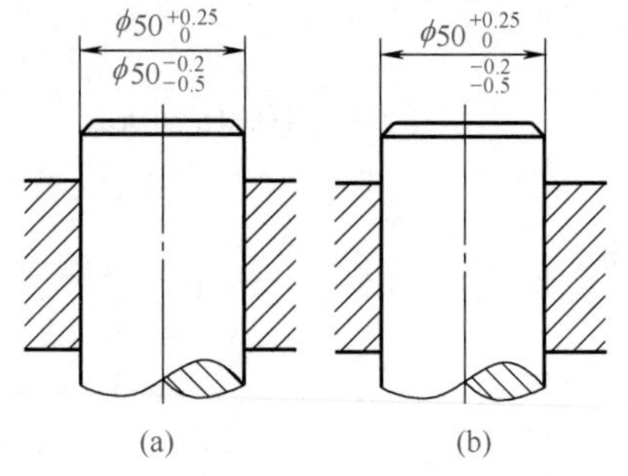

图8-34　配合极限偏差的标注

（二）形状和位置公差

在零件加工过程中，由于机床、刀具及工艺上各种原因，除了产生尺寸误差之外，还会使零件各种几何要素的形状和相对位置产生误差。在机器中某些精度要求较高的零件，不仅需要保证尺寸公差，而且需要保证形状和位置公差，下面将对形状和位置公差做简单介绍。

（1）形状和位置公差的概述

形状公差——零件实际表面形状对理想表面形状的允许变动量。

位置公差——零件实际位置对理想位置的允许变动量。

如图8-35（a）所示，为了保证滚柱工作质量，除了要注出直径的尺寸公差外还需要注出滚柱轴线的形状公差代号 |— | ϕ0.006|，这个代号表示滚柱实际轴线与理想轴线之间的变动量必须保持在ϕ0.006mm的圆柱面内。又如图8-35（b）所示，箱体上两下孔是安装锥齿轮轴的孔，如果两孔轴线歪斜太大，就会影响锥齿轮的啮合传动。为了保证正常的啮合，应该使两孔轴线保持一定的垂直位置，所以要注出位置公差代号——垂直度。图中 |⊥ | 0.05 | A| 说明垂直孔的轴线，必须位于距离为0.05mm、且垂直于水平孔的轴线的两平行平面之间。

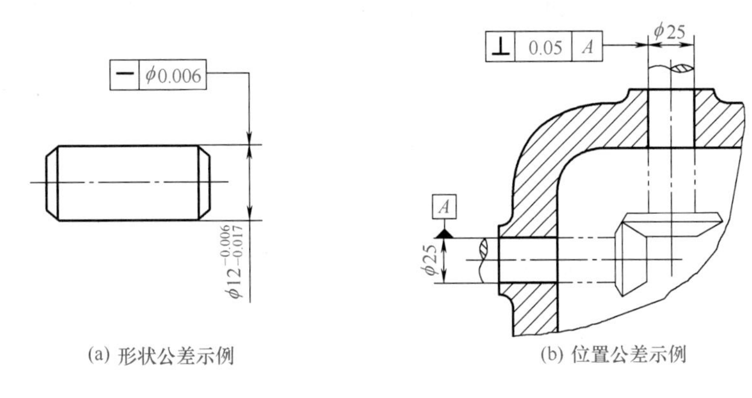

(a) 形状公差示例　　(b) 位置公差示例

图8-35　形状和位置公差示例

（2）形状和位置公差符号

① 形位公差特征项目的符号（表8-21）。

表8-21　形位公差特征项目的符号表

公差		特征项目	符号	有无基准要求
形状	形状	直线度	—	无
		平面度	⏥	无
		圆度	○	无
		圆柱度	⌭	无
形状或位置	轮廓	线轮廓度	⌒	有或无
		面轮廓度	⌓	有或无
位置	定向	平行度	//	有
		垂直度	⊥	有

续表

公差		特征项目	符号	有无基准要求
位置	定向	倾斜度	∠	有
	定位	位置度	⌖	有或无
		同轴(同心)度	◎	有
		对称度	⌯	有
	跳动	圆跳动	↗	有
		全跳动	⌰	有

② 被测要素、基准要素的标注方法。被测要素、基准要素的标注方法见表8-22。如要求在公差带内进一步限制被测要素的形状，则应在公差值后面加注符号（表8-23）。

表8-22 被测要素、基准要素的标注方法

符号	说明		符号	说明
（箭头直接指向要素）	直接	被测要素的标注	Ⓜ	最大实体要求
A（字母标注）	用字母		Ⓛ	最小实体要求
A（方框、涂黑三角形）	基准要素的标注		Ⓡ	可逆要求
φ2/A1（圆圈）	基准目标的标注		Ⓟ	延伸公差带
[50]	理论正确尺寸		Ⓕ	自由状态(非刚性零件)零件
Ⓔ	包容要求		（带圆圈的指引线）	全周(轮廓)

表8-23 被测要素形状的限制符号

含义	符号	举例
只许中间向材料内凹下	(−)	| — | t (−) |
只许中间向材料外凸起	(+)	| ▱ | t (+) |
只许从左至右减小	(▷)	| ⌭ | t (▷) |
只许从右至左减小	(◁)	| ⌭ | t (◁) |

（3）图样上标注公差值的规定（表8-24）

表8-24　图样上标注公差值的规定

规定	说明
公差值或数系表的项目	① 直线度、平面度 ② 圆度、圆柱度 ③ 平行度、垂直度、倾斜度 ④ 同轴(同心)度、对称度、圆跳动和全跳动 ⑤ 位置度数系 GB/T 1182—1996附录提出的公差值，以零件和量具在标准温度(20℃)下测量的为准
公差值的选用原则	① 根据零件的功能要求，并考虑加工的经济性和零件的结构、刚性等情况，按表中数系确定要素的公差值，并考虑下列情况： a. 在同一要素上给出的形状公差值应小于位置公差值。如果求平行的两个表面，其平面度公差值应小于平行度公差值 b. 圆柱形零件的形状公差值(轴线的直线度除外)一般情况下应小于其尺寸公差值 c. 平行度公差值应小于其相应的距离公差值 ② 对于下列情况，考虑到加工的难易程度和除主参数外其他参数的影响，在满足零件功能的要求下，适当降低1~2级选用： a. 孔相对于轴 b. 长径比较大的轴或孔 c. 距离较大的轴或孔 d. 宽度较大(一般大于1／2长度)的零件表面 e. 线对线和线对面相对于面对面的平行度 f. 线对线和线对面相对于面对面的垂直度

（4）形位公差代号标注示例（表8-25）

表8-25　形位公差代号标注示例及含义

特征项目		图注示例	含义
直线度	素线直线度	— 0.02	圆柱表面上任一素线必须位于轴向平面内，且距离为公差值0.02mm的平行直线之间
	轴线直线度	— ϕ0.04　ϕd	ϕd圆柱体的轴线须位于公差值为0.04mm的圆柱面内
平面度		▱ 0.1	上表面必须位于距离为公差值0.1mm的平行平面之间
圆度	圆柱表面圆度	○ 0.02	在垂直于轴线的任一正截面上，该圆必须位于半径差为公差值0.02mm的两同心圆之间
	圆锥表面圆度	○ 0.02	

续表

特征项目		图注示例	含义
平行度	平面对平面的平行度	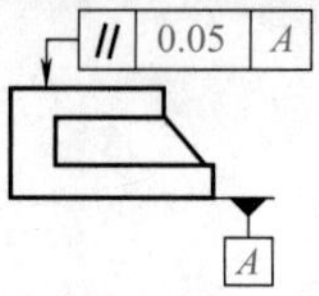	上表面必须位于距离为公差值0.05mm，且平行于基准平面*A*的两平行面之间
	轴线对平面的平行度	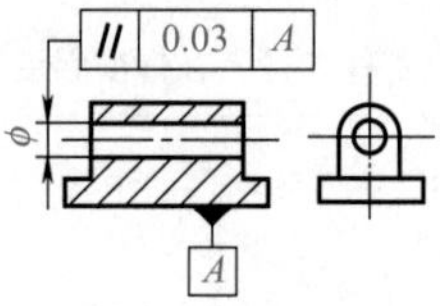	孔的轴线必须位于距离为公差值0.03mm，且平行于基准平面*A*的两平行平面之间
	轴线对轴线在任意方向上的平行度	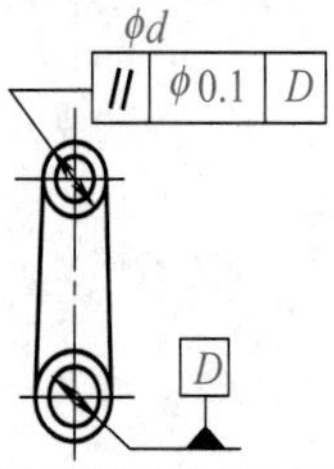	ϕd的实际轴线必须位于平行于基准孔*D*的轴线，直径为0.1mm的圆柱面内
垂直度	平面对平面的垂直度	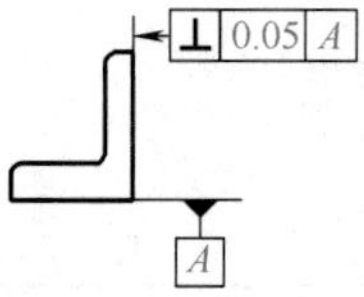	侧表面必须位于距离为公差值0.05mm，且垂直于基准平面*A*的两平行平面之间
	在两个互相垂直的方向上，轴线对平面的垂直度	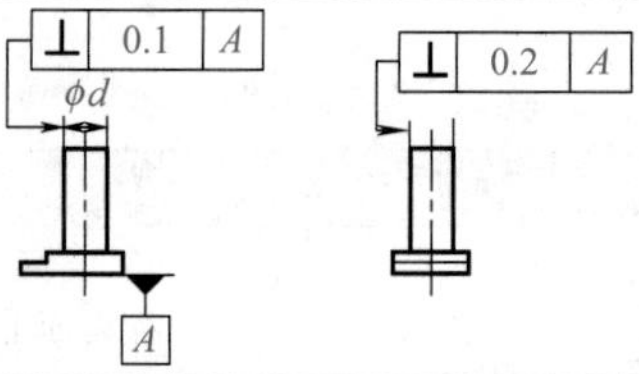	ϕd的轴线必须位于正截面为公差值0.2mm×0.1mm，且垂直于基准平面*A*的四棱柱内
同轴度		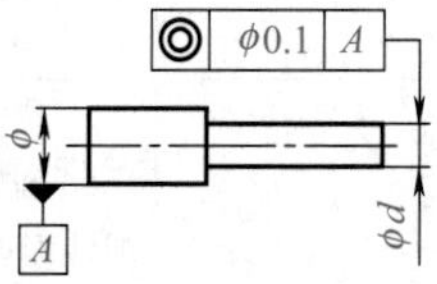	ϕd的轴线必须位于直径为公差值0.1mm，且与基准线*A*同轴的圆柱面内
对称度	中心面对中心面的对称度	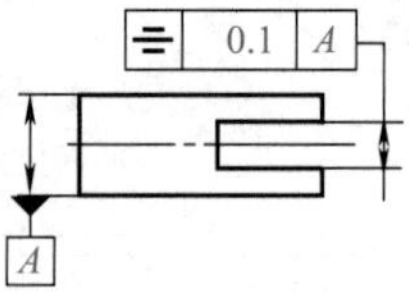	槽的中心面必须位于距离为公差值0.1mm，且相对基准中心平面对称的两平行平面之间
位置度	轴线的位置度	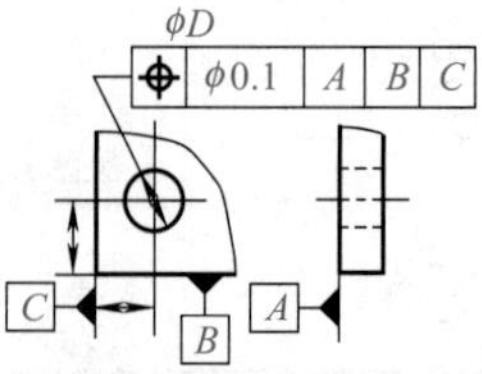	ϕD孔的轴线必须位于直径为公差值0.1mm，且以相对基准面*A*、*B*、*C*所确定的理想位置为轴线的圆柱面内

续表

特征项目		图注示例	含义
圆跳度	径向圆跳动		ϕD圆柱面绕基准轴A的轴线，做无轴向移动的回转时，在任一测量平面内的径向跳动量均不得大于公差值0.05mm
	端面圆跳动		当零件基准轴A的轴心线做无轴向移动的回转时，端面上任一测量直径处的轴向跳动量均不得大于公差值0.05mm

（5）形位公差标注综合举例

如图8-36所示为一气门阀杆，从图8-36中可知，当被测要素为线或面时，形位公差框格一端指引线的箭头应指向被测表面，并必须垂直于被测表面的可见轮廓线或其延长线。被测部位是轴线或对称平面时，箭头位置应与该要素的尺寸线对齐。

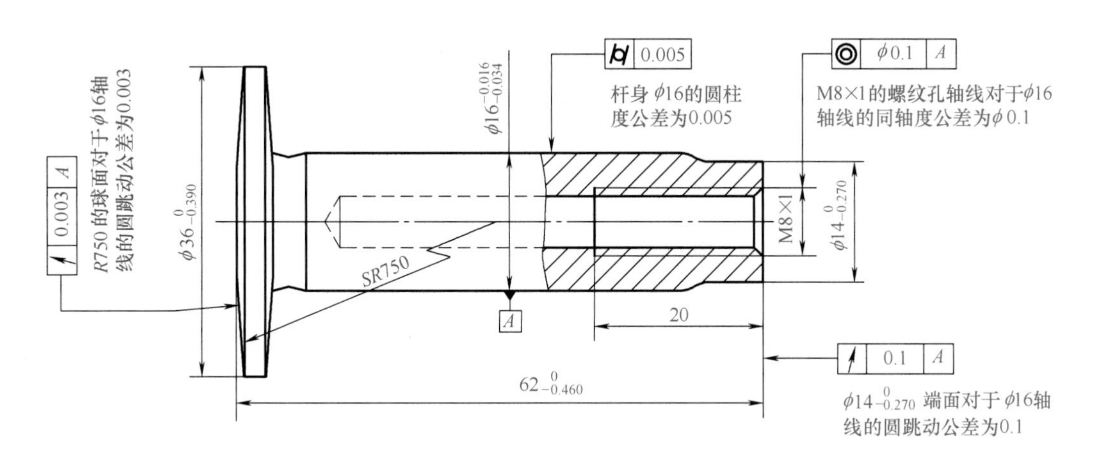

图8-36　气门阀杆形状和位置公差示例

（6）其他技术要求

在零件图中的技术要求除以上介绍的以外，还有其他技术要求（见表8-26）。

表8-26　其他技术要求

技术要求	说明
热处理	热处理即将零件按一定的规范进行加热、保温、冷却的过程。通过热处理可改变金属材料的结晶结构，从而保证零件所需的力学、物理及化学性能。热处理要求可在图样上标注，如图8-37(a)所示。零件局部热处理或局部镀(涂)覆时，应用粗点画线画出其范围，并标注相应的尺寸，也可将其要求注写在表面粗糙度符号长边的横线上

续表

技术要求	说明
热处理	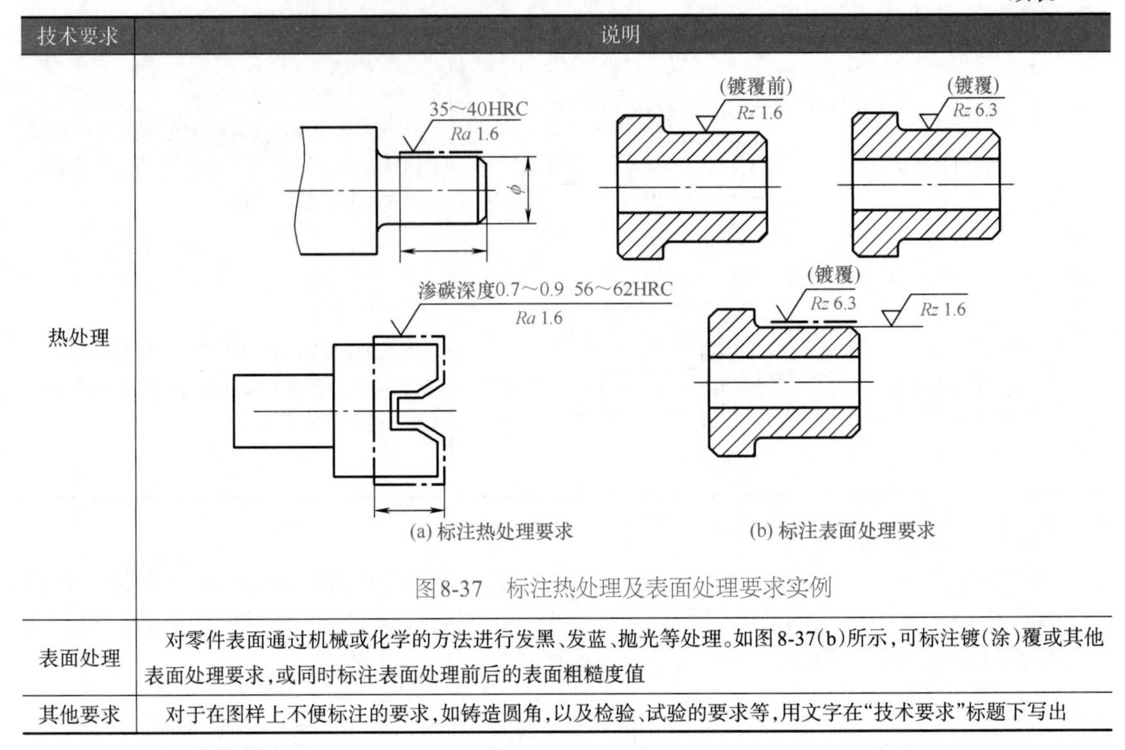 图8-37 标注热处理及表面处理要求实例
表面处理	对零件表面通过机械或化学的方法进行发黑、发蓝、抛光等处理。如图8-37(b)所示，可标注镀(涂)覆或其他表面处理要求，或同时标注表面处理前后的表面粗糙度值
其他要求	对于在图样上不便标注的要求，如铸造圆角，以及检验、试验的要求等，用文字在“技术要求”标题下写出

（三）表面粗糙度

经过机械加工后的零件表面，看起来一般都较为光滑，但放在显微镜下观察，就可发现在零件表面上出现凹凸不平的加工痕迹，这种加工表面上具有的较小间距和峰谷所组成的微观几何形状特性就称为表面粗糙度。

表面粗糙度对零件使用性能有很大影响，故在零件图上必须对它提出技术要求。

（1）表面粗糙度的评定参数

国家标准（GB/T 3505—2000）规定了评定表面粗糙度的高度特征参数主要有：轮廓算术平均偏差*Ra*、轮廓最大高度*Rz*。

① 轮廓算术平均偏差*Ra*。*Ra*即在取样长度内，测量方向的轮廓线上的点与基准线之间距离绝对值的算术平均值，如图8-38所示。

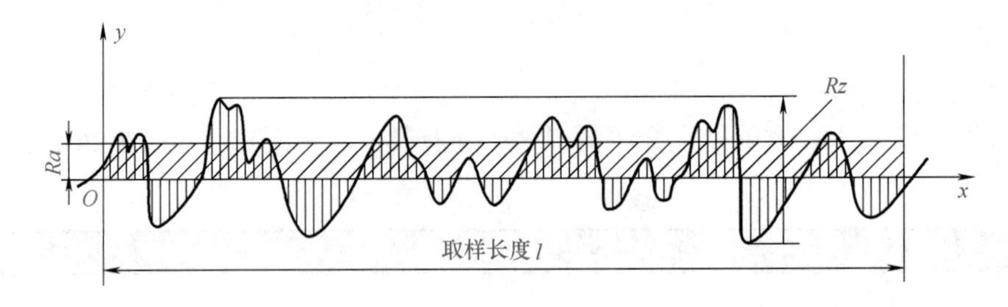

图8-38 表面粗糙度的高度参数

用公式表示为

$$Ra = \frac{1}{l}\int_0^l \left| y(x) \right| \mathrm{d}x$$

或近似表示为

$$Ra = \frac{1}{n}\sum_{i=1}^{n}|y_i|$$

式中，l为取样长度，是判别具有表面粗糙度特征的一段基准线长度；y为轮廓偏距，是轮廓线上的点到基准线之间的距离。图8-38中Ox为基准线。

Ra的数值见表8-27，一般应优先选择第一系列，当第一系列不能满足时，可选择第二系列。

表8-27　轮廓算术平均偏差Ra的数值　　单位：μm

第一系列	第二系列	第一系列	第二系列	第一系列	第二系列	第一系列	第二系列
	0.008		0.125		2.0		32
	0.010		0.16		2.5		40
0.012		0.2		3.2		50	
	0.016		0.25		4.0		63
	0.020		0.32		5.0		80
0.025		0.4		6.3		100	
	0.032		0.5		8.0		
	0.040		0.63		10.0		
0.05		0.8		12.5			
	0.063		1.00		16.0		
	0.080		1.25		20		
0.1		1.6		25			

在测量Ra时，按表8-28选用相应的取样长度推荐值，此时取样长度值在图样上或技术文件中可省略。

表8-28　Ra取样长度推荐值　　单位：μm

Ra	l	Ra	l
≥0.008~0.02	0.08	>2.0~10.0	2.5
>0.02~0.1	0.25	>10.0~80.0	8.0
>0.1~2.0	0.8		

在生产中Ra是评定零件表面质量的基本参数。

表面粗糙度Ra数值与加工方法的关系和应用举例见表8-29。

表8-29　Ra值和相应的表面切削加工方法及应用举例

Ra/μm	表面特征	加工方法		应用举例
50	明显可见刀痕	粗加工面	粗车、粗刨、粗铣、钻孔等	一般很少使用
25	可见刀痕			钻孔表面，倒角、端面，穿螺栓用的光孔，沉孔、要求较低的非接触面
12.5	微见刀痕			
6.3	可见加工痕迹	半精加工面	精车、精刨、精铣、精镗、铰孔、刮研、粗磨等	要求较低的静止接触面，如轴肩、螺栓头的支承面、一般盖板的结合面；要求较高的非接触表面，如支架、箱体、离合器、带轮、凸轮的非接触面
3.2	微见加工痕迹			要求紧贴的静止结合面以及有较低配合要求的内孔表面，如支架、箱体上的结合面等

续表

Ra/μm	表面特征	加工方法		应用举例
1.6	看不见加工痕迹	半精加工面	精车、精刨、精铣、精镗、铰孔、刮研、粗磨等	一般转速的轴孔，低速转动的轴颈；一般配合用的内孔，如衬套的压入孔，一般箱体的滚动轴承孔；齿轮的齿廓表面，轴与齿轮、带轮的配合表面等
0.8	可见加工痕迹的方向	精加工面	精磨、精铰、抛光、研磨、金刚石车、刀精车、精拉等	一般转速的轴颈；定位销、孔的配合面；要求保证较高定心及配合的表面；一般精度的刻度盘；需镀铬抛光的表面
0.4	微辨加工痕迹的方向			要求保证规定的配合特性的表面，如滑动导轨面，高速工作的滑动轴承；凸轮的工作表面
0.2	不可辨加工痕迹的方向			精密机床的主轴锥孔，活塞销和活塞孔；要求气密的表面和支承面
0.1	暗光泽面	光加工面	细磨、抛光、研磨	保证精确定位的锥面
0.05	亮光泽面			精密仪器摩擦面；量具工作面；保证高度气密的结合面；量规的测量面；光学仪器的金属镜面
0.025	镜状光泽面			
0.012	雾状镜面			
0.006	镜面			

② 轮廓最大高度 *Rz*。如图8-38所示，*Rz* 是在取样长度内最高轮廓峰顶线和最低轮廓谷深线之间的距离，它在评定某些不允许出现较大的加工痕迹的零件表面时有实际意义。

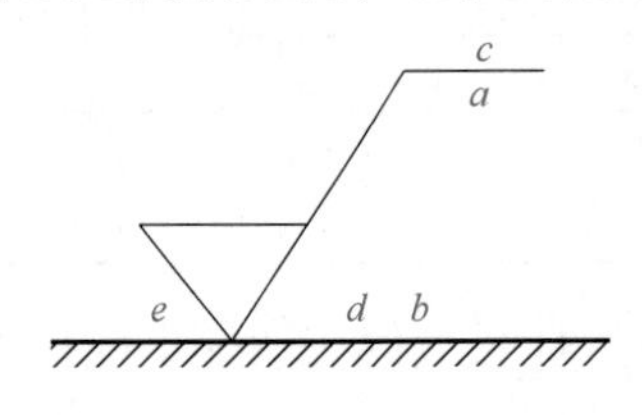

图8-39　表面粗糙度值及有关规定

（2）表面粗糙度的代号、符号及其标注

国标GB/T 131—2006规定了表面粗糙度代号、符号及注法。图样上标注的表面粗糙度代（符）号是该零件表面完工后的要求。

① 表面粗糙度符号、代号。表面粗糙度值及其有关规定在符号中注写的位置如图8-39所示。

a——注写表面结构的单一要求，如“*Ra* 3.2”。

b——注写两个或多个表面结构的要求，如要注写多个要求时，应将图形符号在垂直方向扩大，以空出足够的空间，便于书写。

c——注写加工方法、表面处理、涂层或其他加工工艺要求等，如车、镀等加工。

d——注写表面纹理和方向，如“=”“⊥”“×”“C”等。

e——注写加工余量，单位为mm。

表面粗糙度符号、代号及其意义见表8-30。

表8-30　表面粗糙度符号、代号及意义

符号类型		图形符号	意义、代号示例及说明
基本图形符号			仅用于简化代号标注，没有补充说明时不能单独使用
扩展图形符号	要求去除材料的图形符号		在基本图形符号上加一短横，表示指定表面是用去除材料的方法获得，如通过机械加工获得的表面
	不去除材料的图形符号		在基本图形符号上加一个圆圈，表示指定表面是用不去除材料的方法获得

续表

符号类型		图形符号	意义、代号示例及说明	
完整图形符号	允许任何工艺		当要求标注表面粗糙度特征的补充信息时，应在图形的长边上加一横线	
	去除材料			Ra 3.2 ：表示去除材料获得表面，*Ra*的上限值为3.2μm
	不去除材料			Rz max 3.2 ：表示不去除材料获得表面，*Ra*的最大允许值为3.2μm
工件轮廓各表面的图形符号			当在图样某个视图上构成封闭轮廓的各表面有相同的表面粗糙度要求时，应在完整图形符号上加一圆圈，标注在图样中工件的封闭轮廓线上。如果标注会引起歧义时，各表面应分别标注	
封闭轮廓各表面的图形符号		U Ra 3.2 L Ra 0.8	表示封闭轮廓的各表面，由去除材料获得的*Ra*上限值为3.2μm，*Ra*的下限值为0.8μm	

② 加工方法的标注。当零件表面要求用指定的加工方法获得表面粗糙度要求时，则将此加工方法用文字或代号注在符号长边横线上面，如图8-40所示。

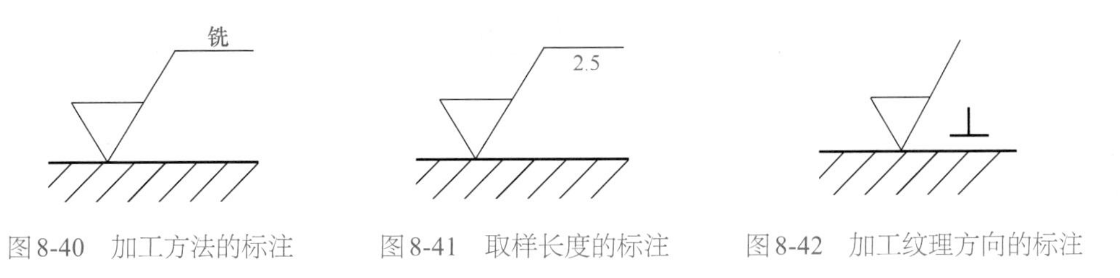

图8-40　加工方法的标注　　图8-41　取样长度的标注　　图8-42　加工纹理方向的标注

③ 取样长度的标注。取样长度应标注在符号长边的横线下面，如图8-41所示。选用国家标准规定的取样长度时，在图样上可省略标注。

④ 加工纹理方向的标注。一般情况下，表面粗糙度不要求有特定的纹理方向。需要控制表面加工纹理方向时，可在符号的右边加注加工纹理方向符号，如图8-42所示。常见的加工纹理方向符号，见表8-31。如表中所列符号能清楚地表明所要求的纹理方向时，应在图样中用文字说明。

表8-31　常见的加工纹理方向

符号	说明	图示	符号	说明	图示
=	纹理平行于视图所在的投影面	纹理方向	⊥	纹理垂直于视图所在的投影面	纹理方向

续表

符号	说明	图示	符号	说明	图示
×	纹理呈两斜向交叉且与视图所在的投影面相交	纹理方向	R	纹理呈近似的放射状与表面圆心相关	
M	纹理呈多方向		P	纹理呈微粒、凸起，无方向	
C	纹理呈近似同心圆且圆心与表面中心相关		—	—	—

⑤ 表面粗糙度的代（符）号在图样上的标注

国家标准规定了表面粗糙度的代（符）在图样上的标注方法，见表8-32。

表8-32 表面粗糙度的代（符）在图样上的标注方法

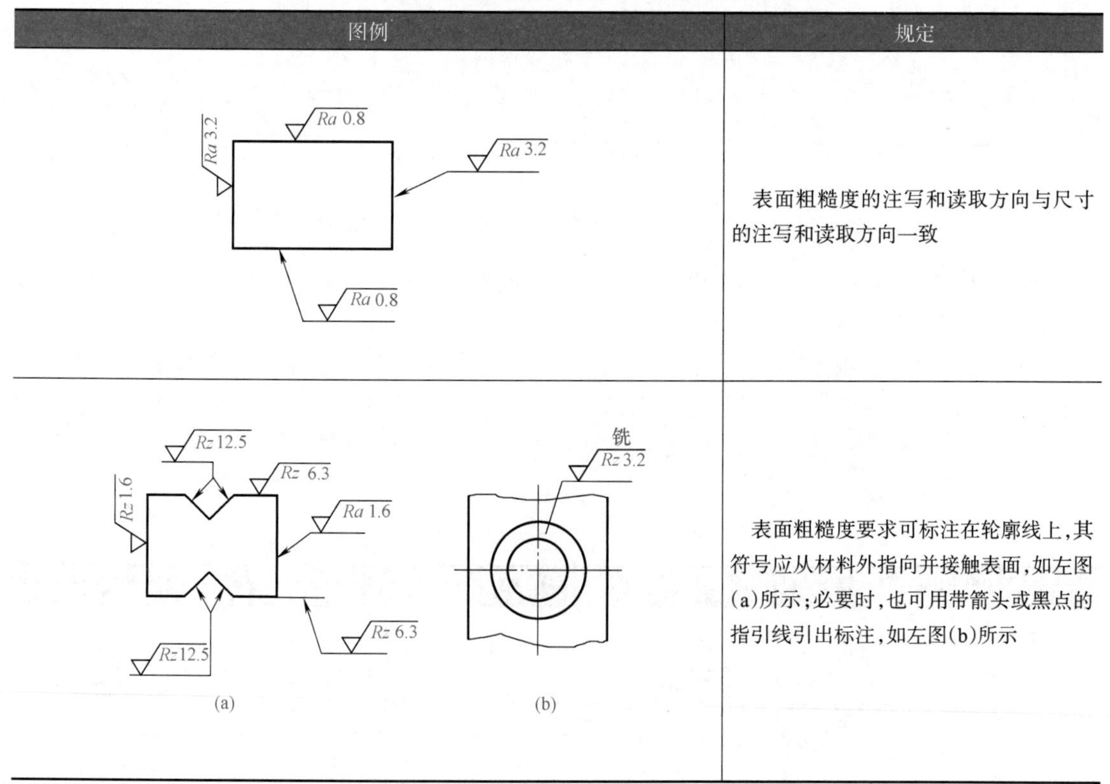

图例	规定
Ra 0.8　Ra 3.2　Ra 3.2　Ra 0.8	表面粗糙度的注写和读取方向与尺寸的注写和读取方向一致
Rz 12.5　Rz 6.3　Rz 1.6　Ra 1.6　Rz 6.3　Rz 12.5　(a) 铣　Rz 3.2　(b)	表面粗糙度要求可标注在轮廓线上，其符号应从材料外指向并接触表面，如左图(a)所示；必要时，也可用带箭头或黑点的指引线引出标注，如左图(b)所示

续表

图例	规定
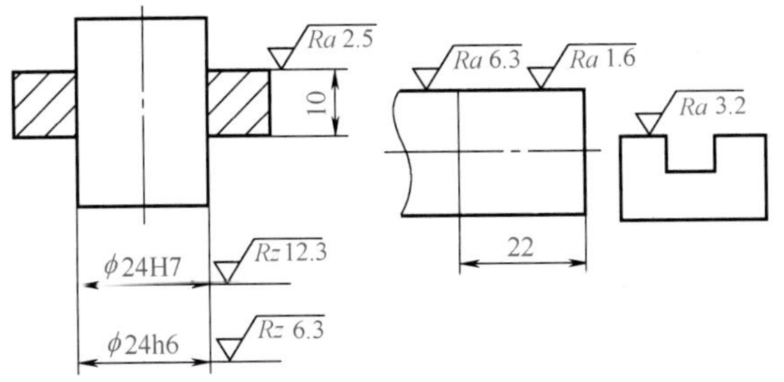 (a) (b) (c)	在不致引起误解时，表面粗糙度要求可以标注在给定的尺寸线或尺寸界线上，如左图(a)所示 同一表面有不同的表面粗糙度要求时，需用细实线画出其分界线，并注出相应的粗糙度代号和尺寸，如左图(b)所示 零件上不连续的同一表面，可用细实线相连，其表面粗糙度代(符)号只标注一次，如左图(c)所示
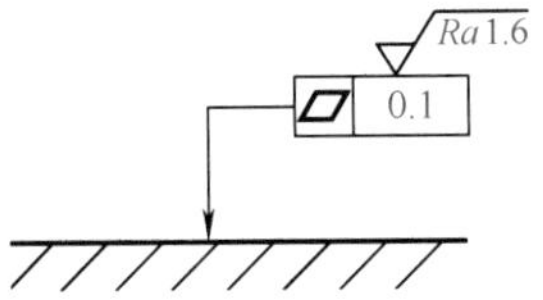	表面粗糙度要求可标注在形位公差框格的上方
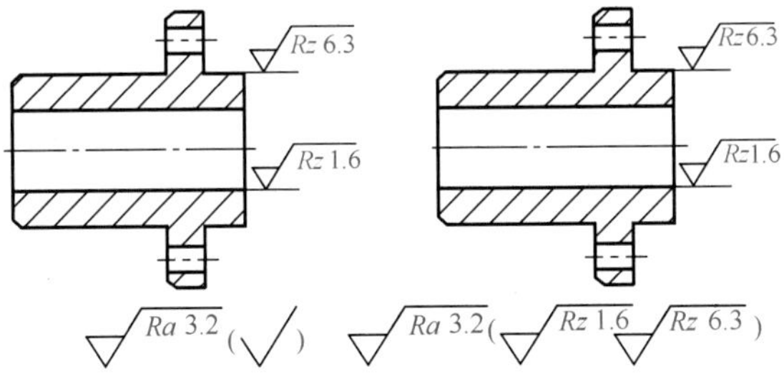 (a) (b)	如果在工件的多数(包括全部)表面有相同的表面粗糙度要求，则可将其统一标注在图样的标题栏附近，其代(符)号及文字的大小，应是图样上其他代(符)号及文字的1.4倍。此时(除全部表面有相同的情况外)，表面粗糙度要求的符号后面应有： ① 在圆括号内给出无任何其他标注的基本符号，如左图(a)所示 ② 在圆括号内给出不同的表面结构要求，如左图(b)所示
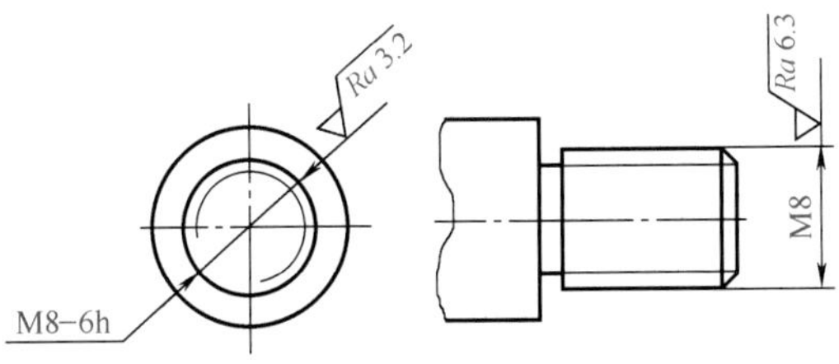 (a)	螺纹、齿轮的工作表面没有画出牙型、齿形时，表面粗糙度代号按左图(a)、(b)规定的方式标注 键槽的工作表面，倒角、圆角、中心孔工作表面的表面粗糙度代号可按左图(c)简化标注

续表

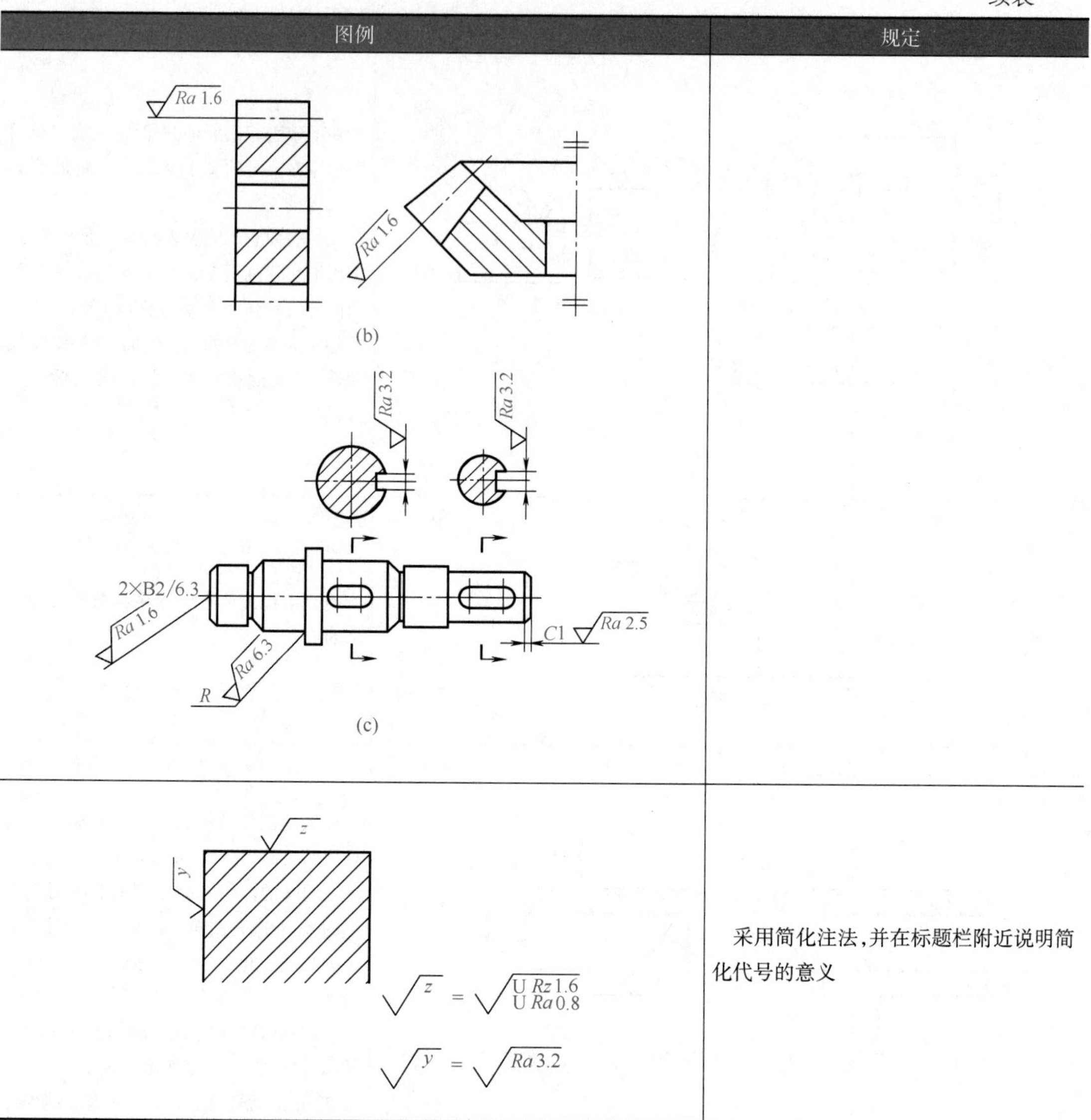

图例	规定
(b) (c)	
	采用简化注法,并在标题栏附近说明简化代号的意义

二、零件图的尺寸标注

组合体尺寸标注要满足正确、完整、清晰的要求，而零件图的尺寸标注是在组合体尺寸标注的基础上，着重解决标注尺寸的合理性要求。所谓合理性，是指所标注的尺寸能够满足设计和加工工艺的要求。也就是既要满足设计要求以保证零件的使用性能，又要便于零件的制造、测量和检验。做到这一点需要积累一定的实践经验和专业知识，以下简单介绍合理标注尺寸的基本原则和注意点。

（1）正确选择尺寸基准

零件图的尺寸标注首先要选择恰当的尺寸基准。尺寸基准即尺寸标注的起点，按其用途的不同分为设计基准和工艺基准。

① 设计基准。零件在机器或部件中工作时用以确定其位置的基准面或线称为设计基准。如图8-43所示，轴承座底平面为设计基准。

② 工艺基准。零件在加工和测量时用以确定结构位置的基准面或线称为工艺基准。如图8-43所示为方便轴承座顶部螺孔深度的测量，以顶部端面为基准量其深度尺寸，该顶部端面即为工艺基准。

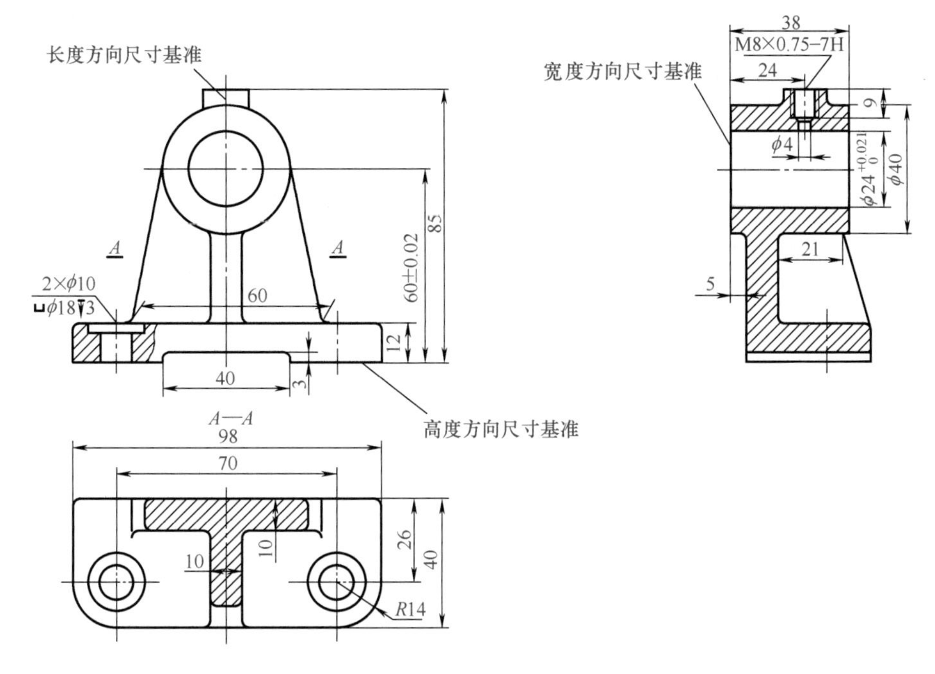

图8-43　轴承座

在设计工作中，应尽量使设计基准和工艺基准一致，这样可以减少尺寸误差，便于加工。如图8-43所示，底平面既是设计基准，又是工艺基准。利用底平面进行高度方向的测量极为方便。另外根据基准的重要性，设计基准和工艺基准又分别称为主要基准和次要基准，且主要基准和次要基准之间应有尺寸相联系。零件在长、宽、高三个方向都应有一个主要基准。如图8-43中所示轴承座底平面为高度方向的主要基准；左右对称面为长度方向的主要基准，轴承端面为宽度方向的主要基准。

一般零件的主要尺寸（与其他零件相配合的尺寸、重要的相对位置尺寸及影响零件使用性能的尺寸）应从设计基准起始直接注出，以保证产品质量。非主要尺寸从工艺基准标注，以方便加工测量。如图8-44（a）所示轴承座的主要尺寸直接注出，能够直接提出尺寸公差

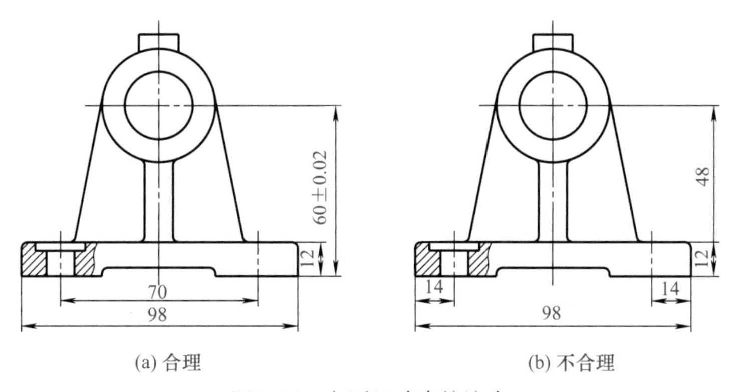

图8-44　主要尺寸直接注出

等技术要求，还可以避免加工误差的积累、保证零件的质量。而图8-44（b）所注尺寸就不能保证产品质量。

（2）按零件加工工序标注尺寸

加工零件各表面时，有一定的先后顺序。标注尺寸应尽量与加工工序一致，以便于加工，并能保证加工尺寸的精度。如图8-45（a）中轴的轴向尺寸是按加工工序（图8-46）标注的。而图8-45（b）中尺寸标注不符合加工工序要求。

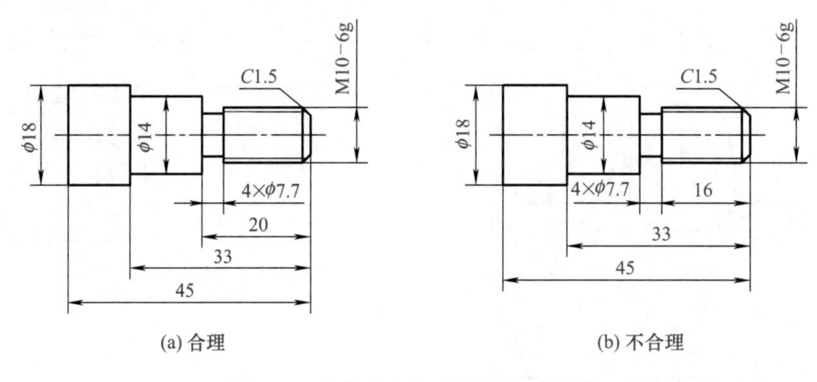

(a) 合理　　(b) 不合理

图8-45　应考虑加工工序的尺寸标注

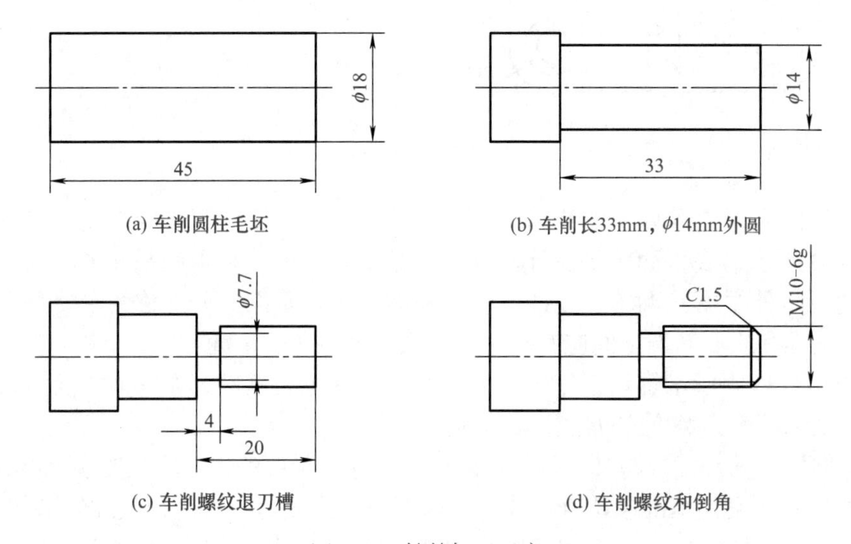

(a) 车削圆柱毛坯　　(b) 车削长33mm，ϕ14mm外圆

(c) 车削螺纹退刀槽　　(d) 车削螺纹和倒角

图8-46　轴的加工工序

（3）标注尺寸要便于测量

如图8-47所示为键槽深度尺寸和套筒件轴向尺寸的两种注法。图8-47（a）、图8-47（c）注法下测量方便，图8-47（b）、图8-47（d）注法下测量不方便，应选择便于测量的尺寸标注法。

（4）避免标注成封闭的尺寸链

尺寸链就是在同向尺寸中首尾相接的一组尺寸，每个尺寸称为尺寸链中的一环。尺寸一般都应留有开口环，所谓开口环即对精度要求较低的一环不注尺寸。如图8-48（a）所示的传动轴的尺寸就构成一个封闭的尺寸链，因为尺寸A_4为尺寸A_1、A_2、A_3之和，而尺寸A_4有精度要求。在加工尺寸A_1、A_2、A_3时，所产生的误差将积累到尺寸A_4上，不能保证尺寸A_4

的精度要求。如果在构成的一个封闭尺寸链中，挑选一个不重要的尺寸不标注（即开口环），例如A_2尺寸，使所有的尺寸误差都积累在A_2处，如图8-48（b），这样就可以避免A_4的尺寸误差积累。

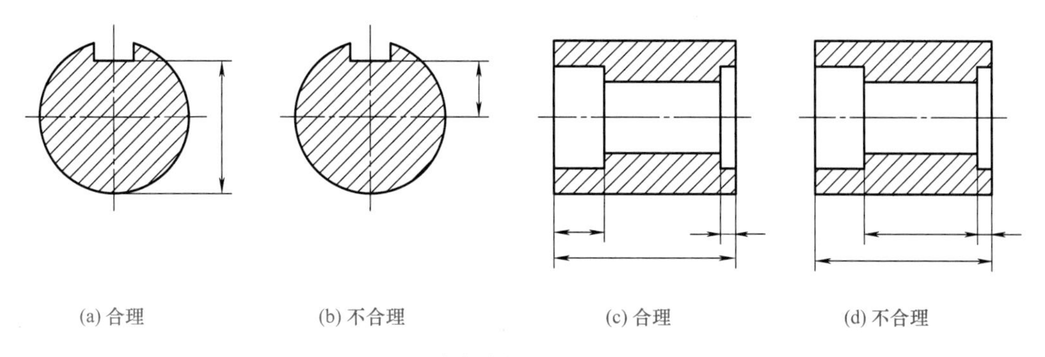

(a) 合理　(b) 不合理　(c) 合理　(d) 不合理

图8-47　应考虑便于测量的尺寸标注

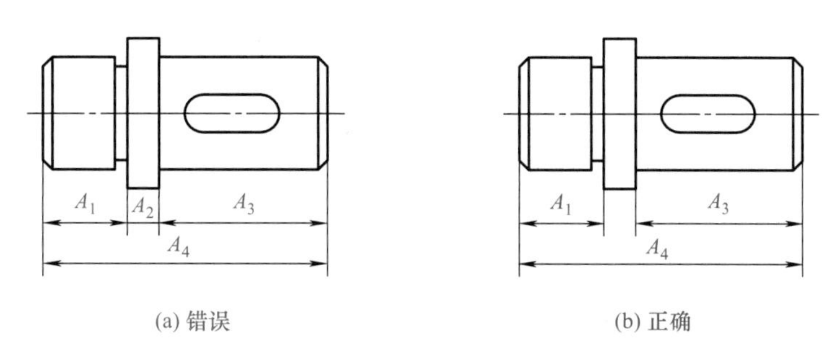

(a) 错误　(b) 正确

图8-48　尺寸链问题

（5）零件常见典型结构的尺寸标注（表8-33、表8-34）

表8-33　倒角、退刀槽的尺寸标注

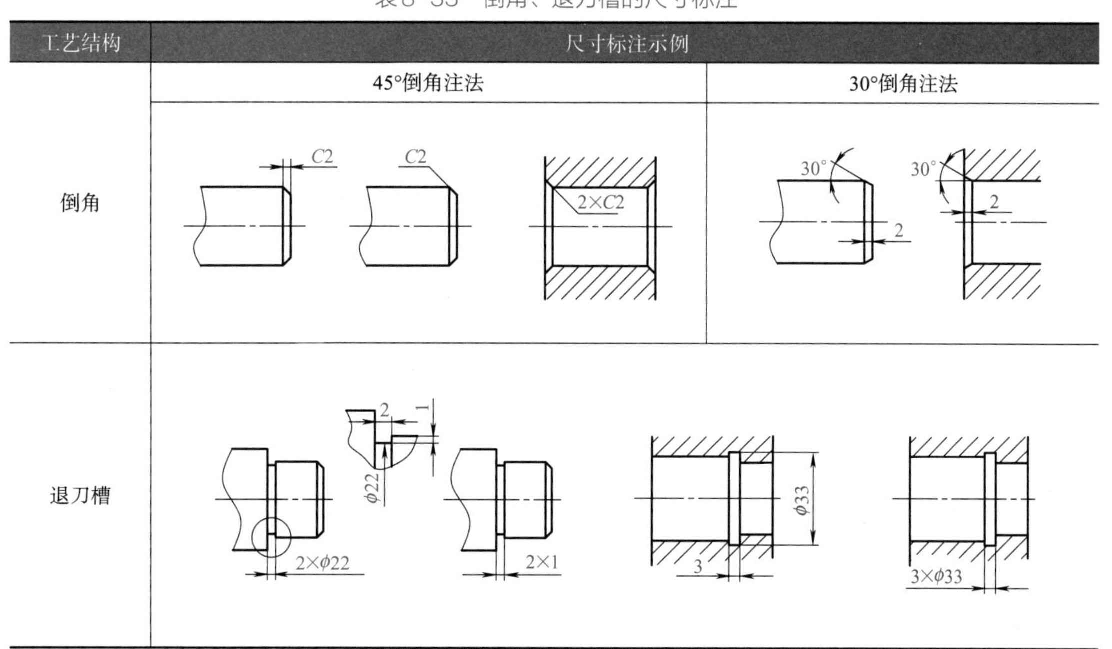

工艺结构	尺寸标注示例	
	45°倒角注法	30°倒角注法
倒角	C2　C2　2×C2	30°　2　30°　2
退刀槽	2　1　φ22　2×φ22　2×1　φ33　3　3×φ33	

表8-34　常见孔的尺寸标注

类型	旁注法		普通注法	说明
螺纹孔	6×M8EQS	6×M8EQS	6×M8EQS	6×M8表示公称直径为8mm的螺孔6个 EQS表示6个螺孔均匀分布
	M8↧15, $C1$ ↧18	M8↧15, $C1$ ↧18	M8 $C1$ 18 15	↧表示深度符号 M8↧15表示公称直径为8mm的螺孔深度为15mm。↧18表示钻孔深18mm
	M8↧15 $C1$	M8↧15 $C1$	M8 $C1$ 15	如对钻孔深度无一定要求，可不必标注，一般加工到比螺孔稍深即可
沉孔	ϕ8 ⌴ϕ15↧7	ϕ8 ⌴ϕ15↧7	ϕ15 7 ϕ8	⌴ 为柱形沉孔的符号 柱形沉孔的直径ϕ15mm及深度7mm均需注出
	ϕ8 ⌵ϕ15×90°	ϕ8 ⌵ϕ15×90°	90° ϕ15 ϕ8	⌵ 为锥形沉孔的符号 锥形沉孔直径ϕ13mm及锥角90°均需注出
	ϕ8 ⌴ϕ19	ϕ8 ⌴ϕ15	ϕ19 ϕ8	锪平ϕ20mm的深度不需标注，一般锪平到不出现毛坯面为止

第三节　零件工作图的视图选择

零件图的视图选择就是选用一组合适的视图表达零件的内、外结构形状及各部分的相对位置关系。在便于看图的前提下，力求制图简便，这是零件图视图选择的基本要求。它是前述章节中机件各种表达方式的具体综合运用。要正确、完整、清晰、简便地表达零件的结构形状，关键在于选择一个最佳的表达方案。

一、视图选择的一般原则

（1）主视图的选择

主视图是反映零件信息量最多的一个视图，应首先选择。选择主视图应注意以下两点：

① 零件的安放位置尽量符合零件的主要加工位置或工作位置。

② 主视图的投射方向应尽量选择反映零件形状特征的方向。

（2）其他视图的选择

① 根据对零件的形体分析或结构分析，首先应考虑需要哪些视图与主视图配合，表达零件的主要形体，然后再考虑补全零件次要结构的其他视图。这样，使每一个视图有一个表达的重点。

② 合理地布置视图位置，做到既充分利用图幅位置，又使图样清晰美观，方便他人读图。

二、视图选择的具体步骤和实例

下面以摇臂和泵体两个零件为例，讲述视图选择的具体步骤。

（1）摇臂的视图选择

① 了解零件。如图8-49所示的零件是送料机构中的主要零件摇臂，通过摇臂的旋转，带动其他零件转动，以达到把原料输送到需要位置。摇臂由三部分，即上部两个圆柱、下部一个圆柱，以及它们之间的肋板连接而成。

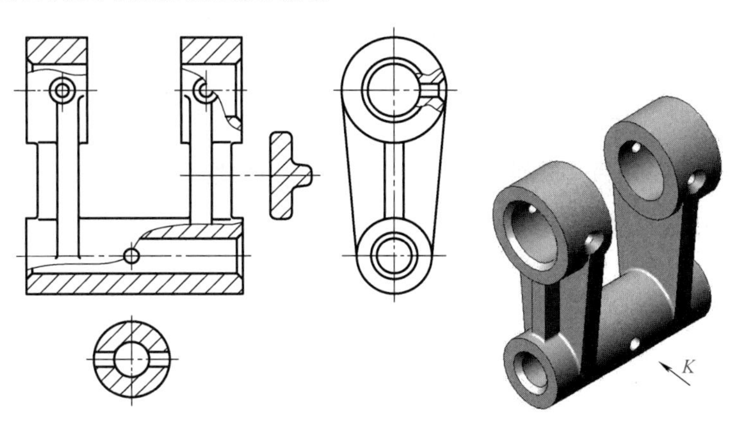

图8-49　摇臂的视图选择

② 选择主视图。摇臂的加工位置多变，安放位置考虑工作位置，其轴线应画成水平。投射方向采用能充分反映摇臂形体特征的K方向。主视图采用局部剖视，主要为了表示三个圆柱内孔的形状。

③ 其他视图选择。采用左视图对应表达圆柱体的形状及其相对位置，选择两个移出剖面用以表示肋板的断面和下部圆柱体上小孔的通孔状态，如图8-49所示。

（2）泵体的视图选择

① 了解零件。如图8-50所示零件为柱塞泵的主体——泵体，其内腔可以容纳柱塞等零件。左端凸缘上的连接孔用以连接泵盖。底板上有四个通孔，用来将泵体紧固在机身上。顶

面的两个螺孔用以装进出油口的管接头。如图8-50立体图所示为其工作位置。

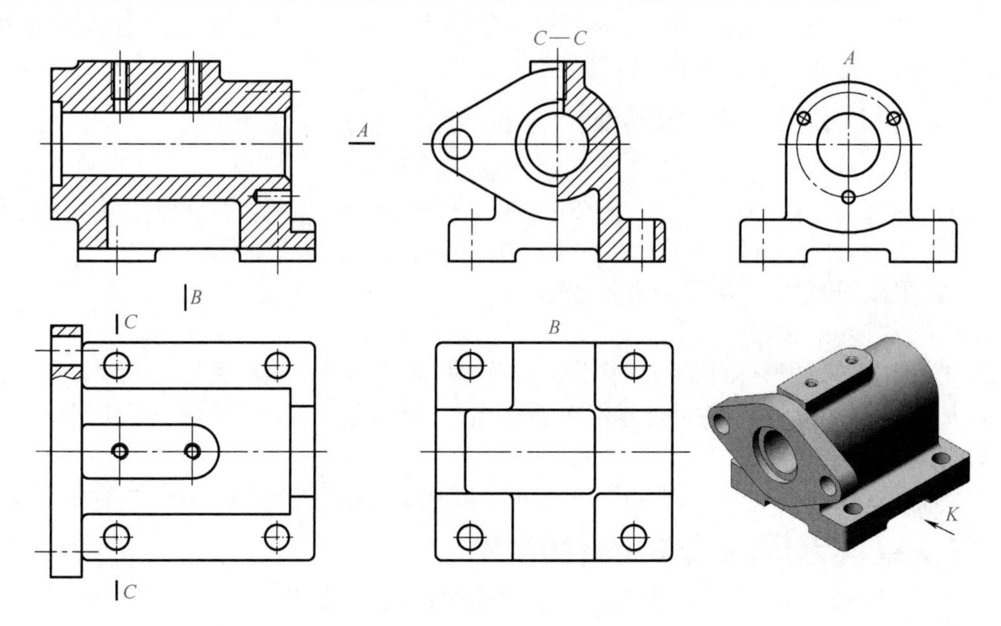

图8-50　泵体的视图选择

② 选择主视图。泵体的安放位置应考虑工作位置，其主要结构为半圆柱体及圆柱孔内腔。为反映内腔结构，应选*K*向为主视图投射方向，如图8-50所示。

③ 其他视图选择。左视图采用半剖视，重点表达内部结构和左端凸缘的形状。俯视图采用局部剖视，既表达底板和凸台外部形状，也表达出连接孔为通孔。此外，还用*A*向视图表达泵体右侧端面上均匀分布的三个螺纹孔，用*B*向视图表达底板的结构形状，如图8-50所示。

第四节　画零件图

对已有零件实物进行测量、绘图、确定技术要求的过程，称为零件测绘。零件测绘是工程技术人员必备的基本技能，在仿制、修配机器或部件及技术改造时常要进行零件测绘。

一、零件测绘的方法和步骤

零件测绘的方法和步骤见表8-35。

表8-35　零件测绘的方法和步骤

步骤	说明
了解、分析测绘对象	首先了解零件的名称、用途、材料及在机器或部件中的位置、作用，其次分析零件的结构形状和零件的制造方法等
确定表达方案	用形体分析法分析零件，确定零件属于哪类零件，按确定零件主视图的原则，确定主视图。再根据零件内、外结构的特点，选择必要的其他视图和必要的表达方法（剖视、断面等）。表达方案力求准确、清晰、简练
绘制零件草图	用目测比例徒手绘制的零件图称为零件草图。测绘零件一般在机器工作现场进行，先在现场绘制草图，后根据零件草图整理成零件工作图。因此零件草图应具备零件图的全部内容，力求做到表达正确，尺寸完整，图面线型分明、清晰，并标注有关的技术要求内容

下面以绘制法兰盘零件图（零件实物如图8-51所示）为例，说明绘制零件草图的具体步骤：

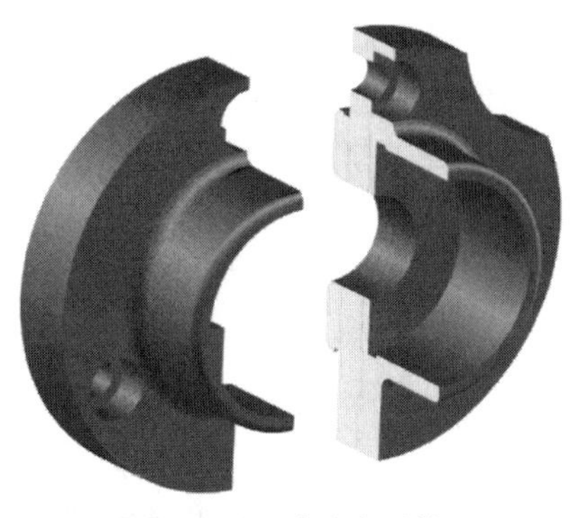

图8-51　法兰盘零件

① 根据已确定的表达方案，在图纸上定出各视图的位置。绘制主视图、左视图的对称中心线和绘图基准线，布图时考虑到各视图之间有足够的空间，以便于标注尺寸等，如图8-52所示。

② 用目测比例详细绘制出零件的结构形状，并绘制剖面符号，如图8-53所示。

③ 选定尺寸基准，按尺寸标注准确、完整、清晰和合理的要求，画出全部尺寸的尺寸界线、尺寸线和尺

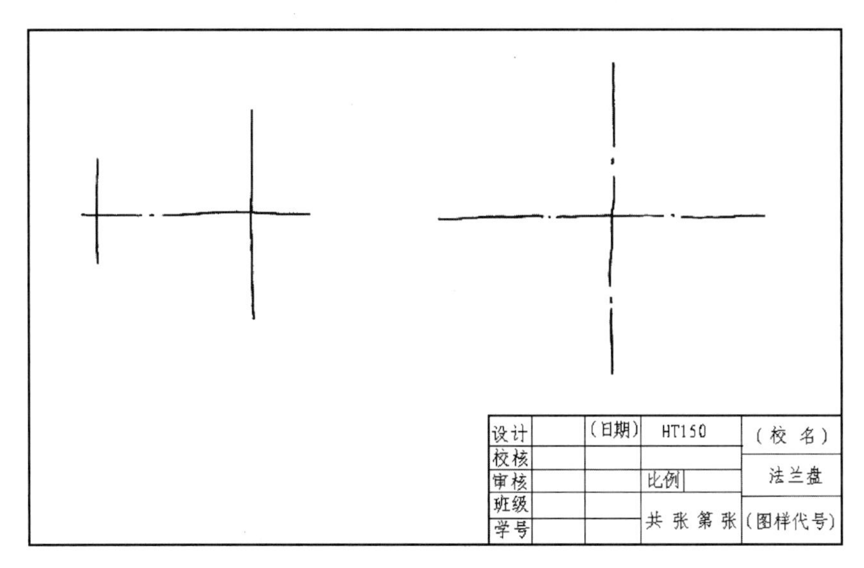

图8-52　绘制零件草图的步骤（一）

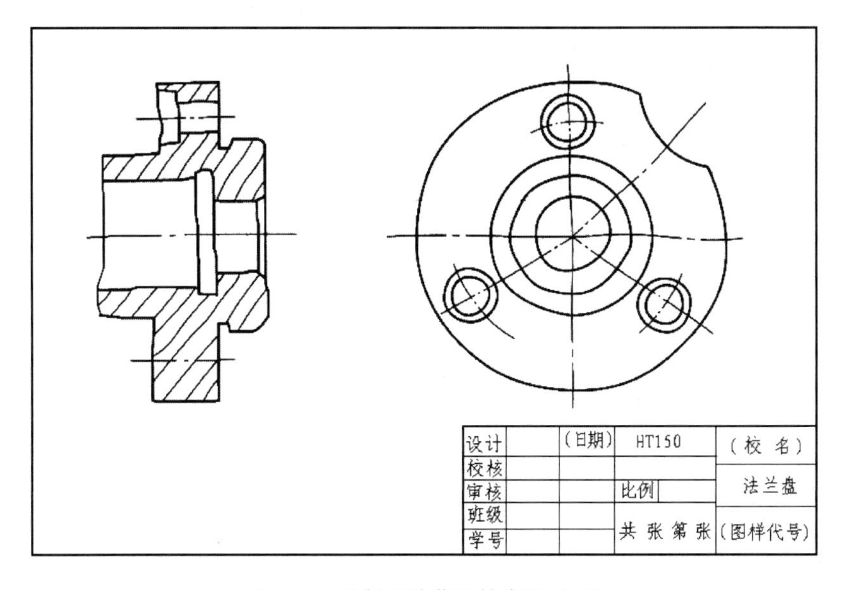

图8-53　绘制零件草图的步骤（二）

寸箭头（注意：不要测量一个尺寸标注一个尺寸，尺寸要集中测量）。经仔细校核后，按规定将图线加深，如图8-54所示。

④ 逐个测量尺寸，填写尺寸数值，标注各表面的表面粗糙度符号，注写技术要求和标题栏，如图8-55所示。

⑤ 对画好的零件草图进行复核，再绘制法兰盘零件工作图，如图8-56所示。

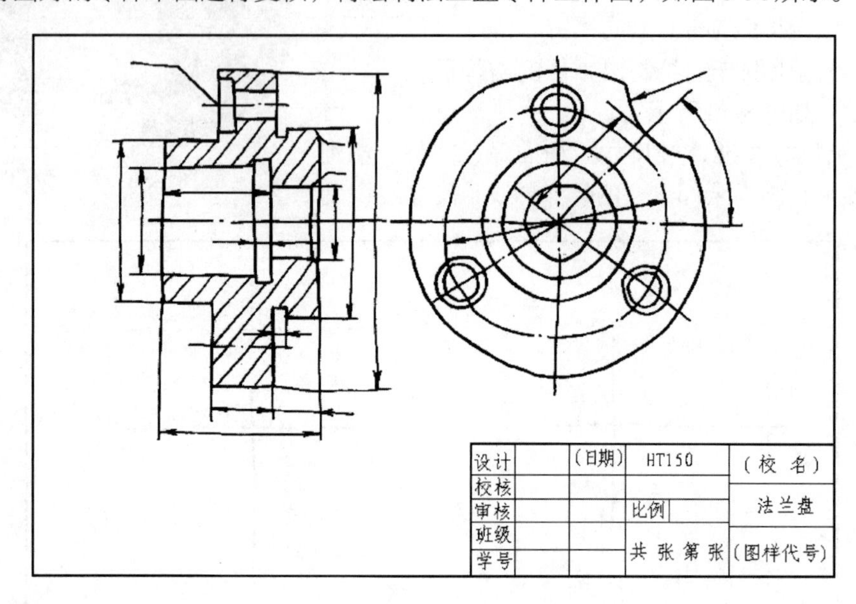

图8-54　绘制零件草图的步骤（三）

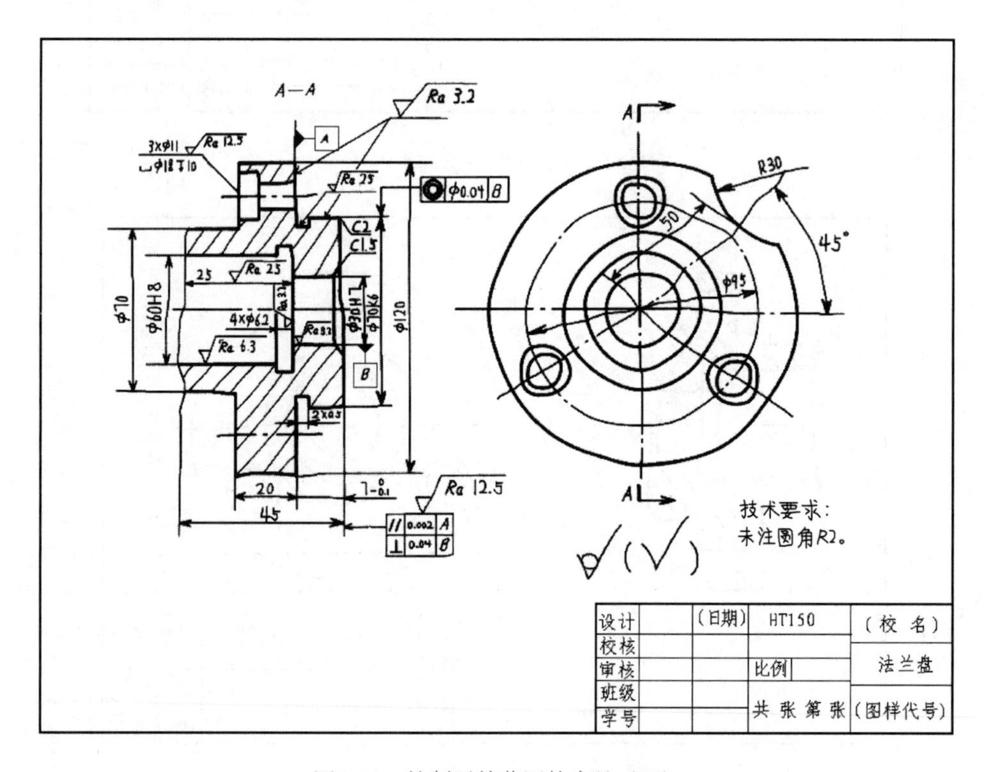

图8-55　绘制零件草图的步骤（四）

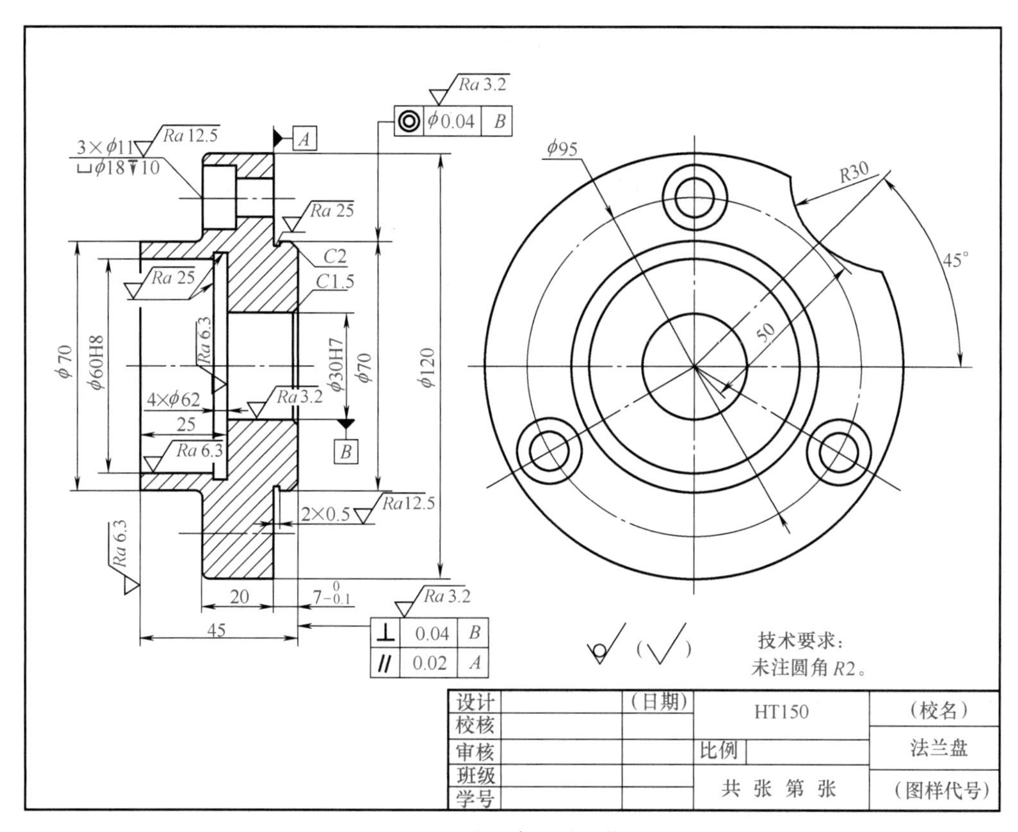

图8-56　法兰盘零件工作图

二、零件尺寸的测量

尺寸测量是零件测绘过程中一个重要的步骤。尺寸测量应集中进行，这样不但可以提高工作效率，还可以避免标注尺寸时漏标和错标尺寸。

在测量零件尺寸时，应注意以下问题：

① 根据零件尺寸不同的精度，确定相应的测量工具。选择量具时，既要保证测量精度，也要符合经济原则。可选择普通量具如直尺和内、外卡钳等，普通精密量具如游标卡尺、螺旋测微器等，特殊量具如螺纹规、圆角规等。

② 测量零件尺寸时，要正确选择零件的尺寸基准，然后根据尺寸基准依次测量，应尽量避免尺寸计算。对零件上不太重要的尺寸，如未经切削加工的表面尺寸，应将测量的尺寸值进行圆整。测量零件重要的相对位置尺寸，如箱体零件孔的中心距时，应用精密仪器测量，并对测量尺寸进行计算、校核，不能随意圆整。

③ 有配合的尺寸，如相配合的轴和孔，其基本尺寸应一致。由于测量的尺寸是实际尺寸，故应圆整到基本尺寸。而公差无法测量，应判断零件的配合性质，再从极限与配合的有关资料中查出偏差值并标出。

④ 零件上损坏部分的尺寸，不能直接测量，要对零件进行分析，按合理的结构形状，参考相邻零件的形状和相应的尺寸或有关技术资料再确定。测量零件磨损部分的尺寸，应尽可能在磨损较小部位测量，若整个配合面磨损较多，则应参照相关零件或查阅相关资料，进行具体分析。

⑤ 对零件上的标准结构，如斜度、锥度、退刀槽、倒角、键槽、中心孔等，应将测量尺寸按有关标准圆整到标准值。

常用的测量及计算方法见表8-36。

表8-36　零件尺寸测量及计算的常用方法

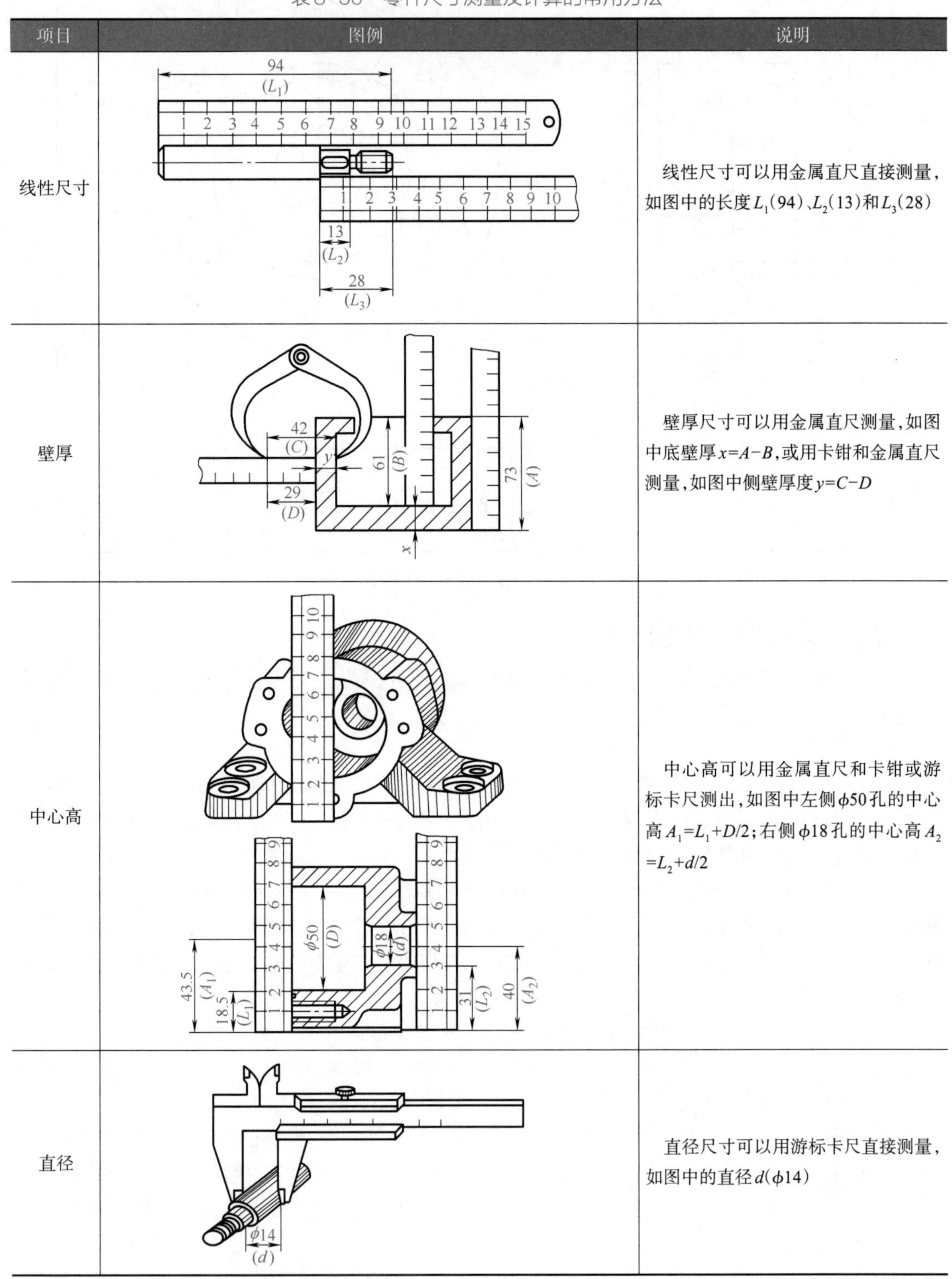

项目	图例	说明
线性尺寸		线性尺寸可以用金属直尺直接测量，如图中的长度L_1(94)、L_2(13)和L_3(28)
壁厚		壁厚尺寸可以用金属直尺测量，如图中底壁厚$x=A-B$，或用卡钳和金属直尺测量，如图中侧壁厚度$y=C-D$
中心高		中心高可以用金属直尺和卡钳或游标卡尺测出，如图中左侧$\phi50$孔的中心高$A_1=L_1+D/2$；右侧$\phi18$孔的中心高$A_2=L_2+d/2$
直径		直径尺寸可以用游标卡尺直接测量，如图中的直径$d(\phi14)$

续表

项目	图例	说明
孔间距	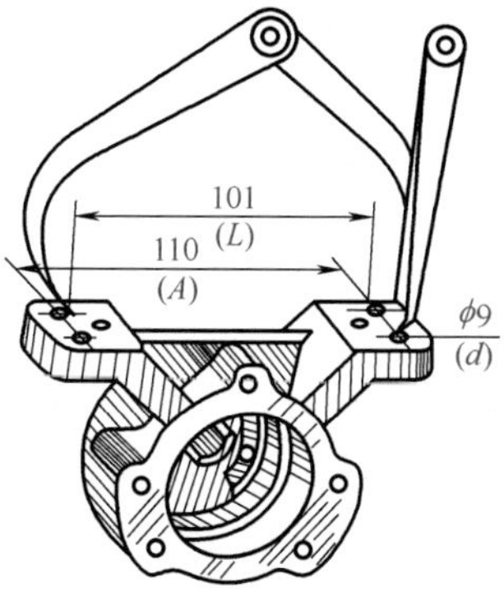 101 (L) 110 (A) φ9 (d)	孔间距可以用卡钳或游标卡尺结合金属直尺测出，如图中两孔中心距$A=L+d$
曲面轮廓	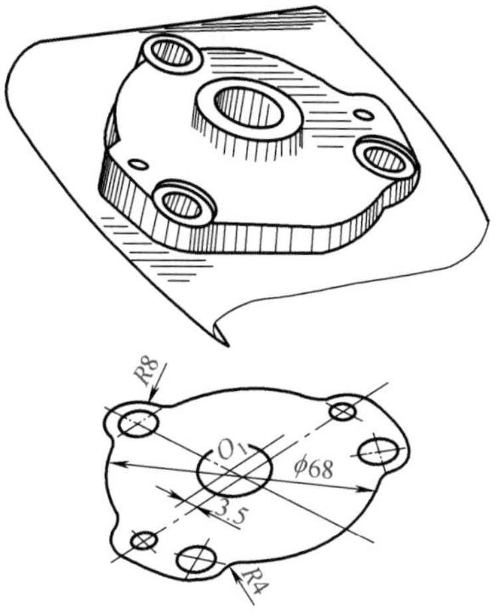 R8 O φ68 3.5 R4	对精度要求不高的曲面轮廓，可以用拓印法在纸上拓出轮廓形状，然后用几何作图的方法求出各连接圆弧的尺寸和中心位置
螺纹的螺距	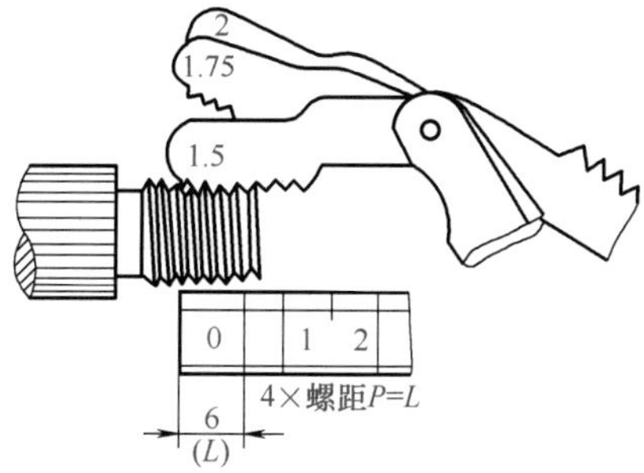 2 1.75 1.5 0 1 2 4×螺距P=L 6 (L)	螺纹的螺距可以用螺纹样板和金属直尺测得，如图中螺距P=1.5mm
齿轮的模数	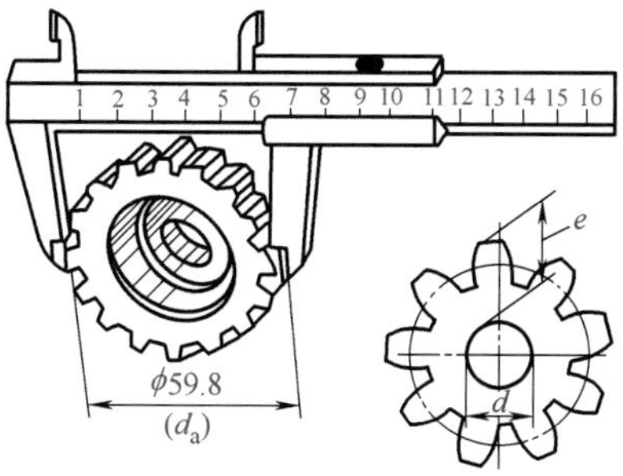 1 2 3 4 5 6 7 8 9 10 11 12 13 14 15 16 φ59.8 (d_a) e d	对标准直齿轮的模数，可以先用游标卡尺测量d_a，计算得到模数$m=d_a/(z+2)$（奇数齿的齿顶圆直径$d_a=2e+d$，如左图所示），再从相关资料中查取标准模数值

三、零件测绘注意事项

① 零件上的制造缺陷如沙眼、气孔、裂纹等都不应画出。

② 零件上因制造、装配而形成的工艺结构，如铸造圆角、倒角、退刀槽、凸台、凹坑等，都必须画出，不能省略。

③ 零件上损坏部分的尺寸，在分析清楚其作用情况下，应参考相邻零件的形状及有关技术资料，再将损坏部分按完整形状画出。

④ 确定零件表面粗糙度时，可根据各表面的作用，并与表面粗糙度标准块比较，目测或感触来判断。零件的制造、检验、热处理等技术要求，根据零件的作用，参照类似图样和有关资料用类比法确定。

⑤ 尺寸测量的注意事项前一小节已叙述，这里不再重复。

第五节 看零件图

在进行零件设计、制造、检验时，不仅要有绘制零件图的能力，还必须有读零件图的能力。读零件图的目的是了解零件的名称、材料及用途，根据零件图想象出零件的内外结构形状，功用，以及它们之间的相对位置及大小，搞清零件的全部尺寸和零件的制造方法和技术要求，以便制造、检验时采用合适的制造方法，并在此基础上进一步研究零件结构的合理性，以便不断改进和创新。

一、看零件图的方法和步骤

看零件图的方法和步骤见表8-37。

表8-37 看零件图的方法和步骤

方法	说明
读标题栏	从标题栏可以了解零件的名称、材料、数量、图样的比例等，从而初步判断零件的类型，了解加工方法及作用
表达方案分析	分析零件的表达方案，弄懂零件各部分的形状和结构。开始看图时，必须先看懂主视图，然后看用多少个视图和用什么表达方法，以及各个视图间的关系，搞清楚表达方案的特点，为进一步看懂零件图打好基础。表达方案可按下列顺序进行分析： ①确定主视图 ②确定其他视图、剖视图、断面图等的名称、相对位置和投影关系 ③有剖视图、断面图的，要找出剖切面的位置 ④有向视图、局部视图、斜视图的，要找到投影部位的字母和表示投射方向的箭头 ⑤有无局部放大图和简化画法
进行形体分析、线面分析和结构分析	进行形体分析、线面分析和结构分析是为了更好地搞清楚投影关系和便于综合想象整个零件的形状。可按下列顺序进行分析： ①先看懂零件大致轮廓，用形体分析法将零件分为几个较大的独立部分进行分析 ②分内外部结构进行分析，分析零件各部分的功能和形状 ③对不便于进行形体分析的部分进行线面分析，搞清投影关系，读懂零件的结构形状
尺寸分析	尺寸分析可按下列顺序进行： ①据形体分析和结构分析，了解定形尺寸和定位尺寸 ②据零件的结构特点，了解尺寸的标注形式

续表

方法	说明
尺寸分析	③了解功能尺寸和非功能尺寸 ④确定零件的总体尺寸
技术要求分析	根据图形内外的符号和文字注解，对表面粗糙度、尺寸公差、形位公差、材料热处理及表面处理等技术要求进行分析
综合分析	通过以上各方面分析，对零件的作用，内外结构的形状、大小、功能和加工检验要求都有了较清楚的了解，最后归纳、总结，得出零件的整体形象

二、看零件图示例

如图8-57所示是壳体零件图，按上述看图方法和步骤读图如下。

① 读标题栏。零件名称为壳体，比例1∶2，属箱体类零件。材料代号是HT150，是灰口铸铁，这个零件是铸件。

② 表达方案分析。壳体零件较为复杂，用三个基本视图表达。主视图为用正平面剖切，得到零件的全剖视图，主要表达零件的内部结构形状。由于零件前后对称，剖切位置在对称平面上，且剖视图按投影关系配置，所以主视图省略标注。俯视图采用基本视图，表达零件的外形，主要表达零件上部两凸台的形状。左视图采用半剖视图，剖切位置通过ϕ36孔的轴线，主要表达零件左、右两端的形状及零件前后ϕ36H8孔和零件内部ϕ62H8孔相交情况。

③ 进行形体分析、线面分析和结构分析。由形体分析可知：该壳体零件主体结构大致是回转体，在回转体的右侧连接安装侧板，上部有两凸台，前后也有方形平台。

再看内外部结构：中部是阶梯的空心圆柱，外圆直径分别为ϕ55、ϕ80，内圆直径分别为ϕ36H8、ϕ62H8；上部凸台一个是圆柱体，另一个是半圆柱和四棱柱组成的，两凸台均有M24×1.5的螺纹孔，且螺纹孔与中部的阶梯圆柱孔贯通；前后方形平台对称，平台前面正好与ϕ80圆柱面相切，平台长为50，并钻有ϕ36通孔；右侧是安装侧板，有安装孔2×ϕ17。

④ 尺寸分析。通过形体和尺寸分析可以看出：零件高度方向的主要尺寸基准为零件的底面，图8-57中由定位尺寸56、110分别定位中部的阶梯空心圆柱和最高凸台的位置，再由空心圆柱的轴线作辅助基准，由尺寸48、28定位另一凸台和ϕ36孔的高度；宽度方向的主要尺寸基准为零件前后的对称面；长度方向的主要尺寸基准为右端面，由定位尺寸24、106、78分别确定各孔的位置。总体尺寸长度为168、宽度为164（=18+128+18），高度为110。通过分析定位和定形尺寸，可完全读出壳体的形状和大小。

⑤ 技术要求分析。中部的阶梯空心圆柱内孔ϕ36H8、ϕ62H8有尺寸公差要求，其极限偏差数值可查表得到。形位公差有：壳体零件的右端面对ϕ62H8孔的轴线垂直度公差为0.03mm，ϕ36H8孔的轴线对ϕ62H8孔的轴线同轴度公差为ϕ0.02mm。零件的表面粗糙度中，ϕ62H8孔和ϕ36H8孔为$\sqrt{Ra\ 3.2}$，要求最高，其他加工面Ra值从6.3μm到12.5μm不等。其余未标注表面为不加工面。用文字叙述的技术要求有：对铸件毛坯的质量要求、未注铸造圆角等要求。

⑥ 综合分析。把以上各项内容综合起来，可得出结论：壳体零件是机器中的重要零件，该零件结构特点是其内部有圆柱孔，前后对称，起容纳、支承其他零件的作用，内部有流体通过，有进出流体的通道；该零件内孔的加工精度高，有尺寸公差和形位公差要求。并且孔的内表面和其他零件有配合要求。这样得到了零件的总体概念。

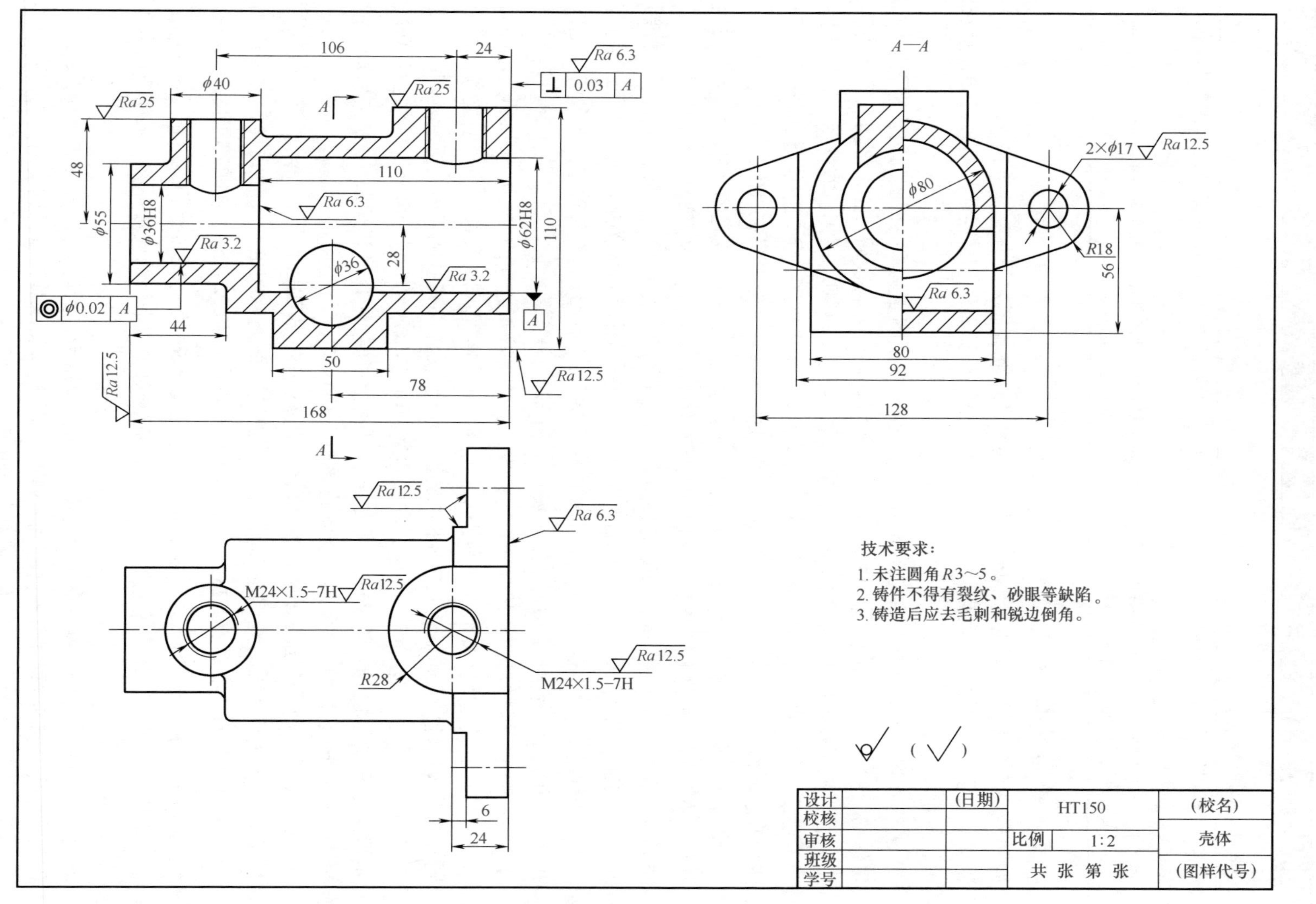

106
24
ϕ40
Ra 25
Ra 25
Ra 6.3
0.03
A
48
ϕ55
ϕ36H8
110
Ra 6.3
Ra 3.2
ϕ36
28
Ra 3.2
ϕ62H8
110
ϕ0.02
A
44
50
78
168
Ra 12.5
Ra 12.5
A—A
2×ϕ17
Ra 12.5
ϕ80
R18
56
Ra 6.3
80
92
128
Ra 12.5
Ra 6.3
M24×1.5-7H
Ra 12.5
R28
Ra 12.5
M24×1.5-7H
6
24
技术要求：
1. 未注圆角R3~5。
2. 铸件不得有裂纹、砂眼等缺陷。
3. 铸造后应去毛刺和锐边倒角。
( )
设计
校核
审核
班级
学号
(日期)
HT150
(校名)
比例
1:2
壳体
共 张 第 张
(图样代号)

图8-57　壳体零件图

第六节　典型零件的图例分析

零件的形状虽然千差万别，但根据其结构特点、视图表达、尺寸标注、制造方法等分析、归纳，仍可大体将它们划为几种类型。现通过几张常见的零件图为例分析，从中找出规律性的东西，作为看、画同类零件图时的指导和参考。

一、轴类零件

轴类零件包括各种轴、丝杠、套筒等。轴类零件在机器中主要用来支承传动件（如齿轮、链轮、带轮等），实现旋转运动并传递动力，如图8-58所示为轴零件图。

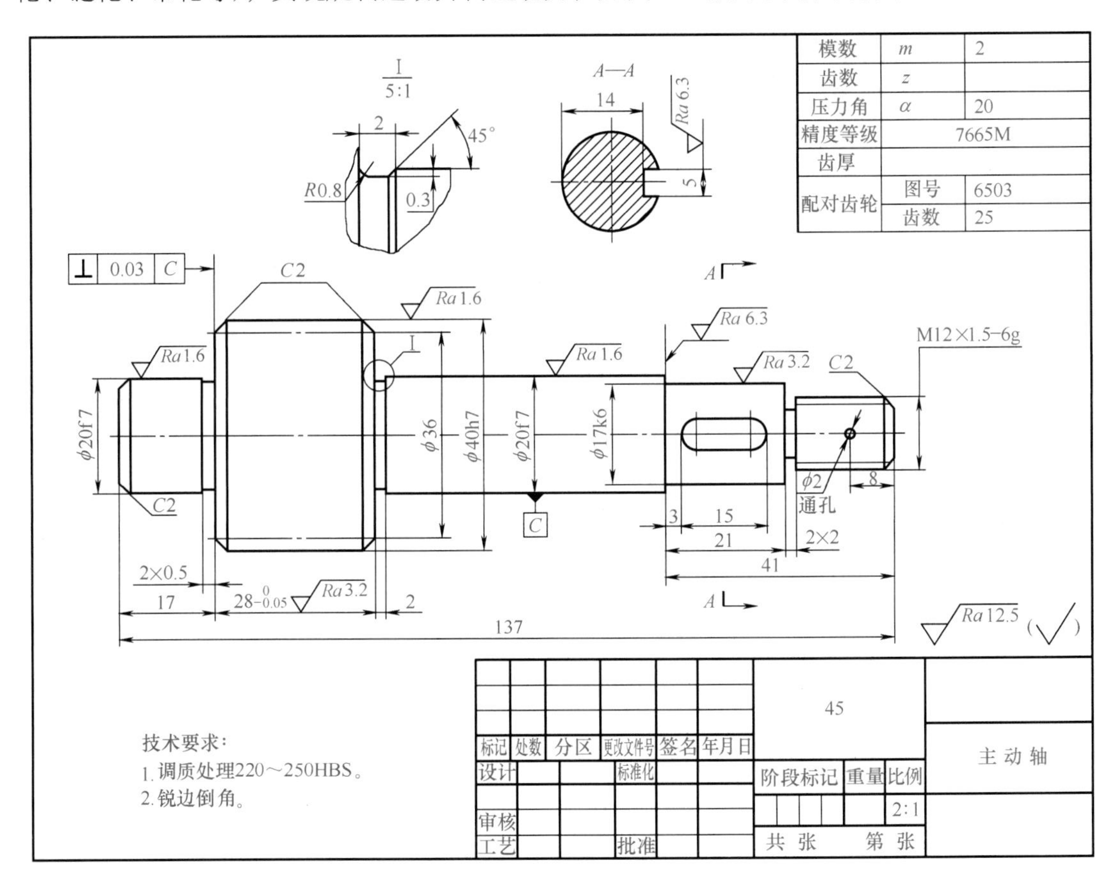

图8-58　轴零件图

（1）结构特点

轴类零件大多数是由若干同轴线、不同直径的回转体组成。轴上常有轴肩、键槽、螺纹及退刀槽、砂轮越程槽、圆角、倒角等结构。它们的形状和尺寸大部分已标准化。

（2）表达方法

轴类零件加工的主要工序一般都在车床、磨床上进行。这类零件常采用一个基本视图——主视图，且轴线水平放置来表达它的主要结构。对轴上的孔、键槽等结构，一般用局部剖视图或剖面图表示，对退刀槽、圆角等细小结构用局部放大图表示。

（3）尺寸标注

轴类零件有径向尺寸和轴向尺寸，一般以回转轴线为径向尺寸基准，以重要端面为轴向尺寸主要基准。如图8-58所示ϕ40h7的左端面是轴承的定位面，是轴向尺寸的主要基准。为了加工测量方便，轴的两个端面和另一轴承定位面为轴向尺寸辅助基准。

（4）技术要求

有配合要求的表面其表面粗糙度、尺寸公差要求较严。有配合的轴颈和重要的端面应有形位公差要求，如垂直度、同轴度、径向圆跳动及键槽的对称度等。

二、支架类零件

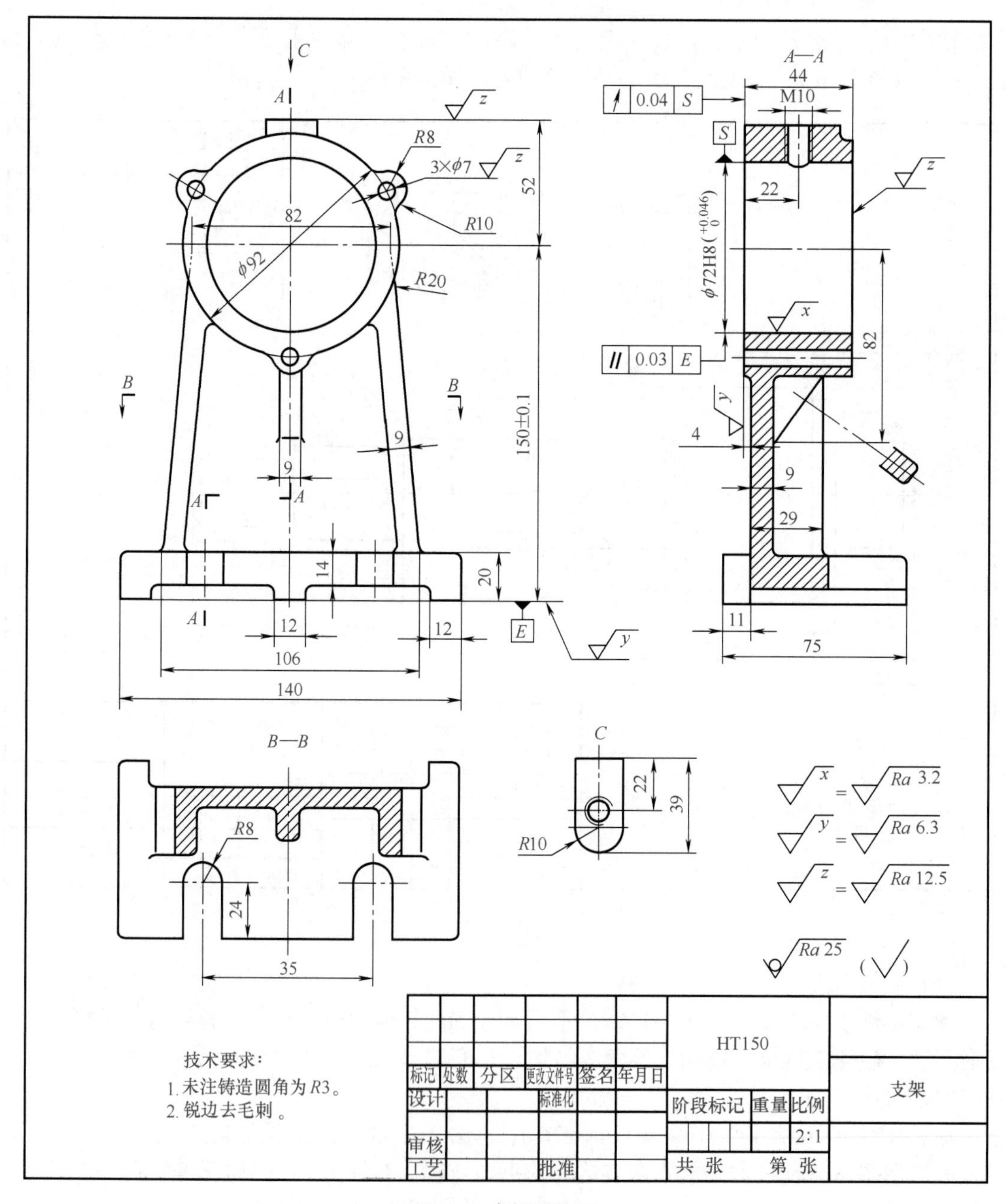

图8-59　支架零件图

支架类零件的重要作用是支承零件，一般为铸件，如支架、轴承座、吊架等。如图8-59所示为支架零件图。

（1）结构特点

这类零件主要由三部分组成：支承部分、安装部分、连接部分。

（2）表达方法

这类零件的主视图应按工作位置和形状特征的原则来选定。由于这类零件的三个组成部分分别在三个不同方向显示其形状特征，一般需用三个基本视图。如支架主视图反映了主要形状特征；左视图清楚地反映三个组成部分内外结构的相对位置，采用了两个平行平面剖切的*A*—*A*剖视图；俯视图采用了*B*—*B*剖视图，一是为更清楚表明连接板的横截面形状及其与加强肋的相对位置关系，二是可省略对支承部分的重复表达，突出了底板和连接部分的相对位置关系。

对个别结构，如凸台形状可作为局部视图补充表达；对连接板、加强肋的截面形状，必要时可采用断面图来表达。

（3）尺寸标注

支架类零件标注尺寸的基准一般都选用安装基面、加工时的定位面、对称中心面。这类零件的主要尺寸是支承孔的定位尺寸。如支架的（150±0.1）mm，它是以安装面为基准注出的，这是设计时根据所要支承的轴的位置确定的。对于与支承孔有联系的其他结构，如顶部凸台面的位置尺寸52mm，则以支承孔轴线为辅助基准注出。

（4）技术要求

支架的安装面既是设计基准，又是工艺基准，因此对加工要求较高，表面粗糙度*Ra*值一般为6.3μm。加工支承孔的定位面（支承孔的后端面）也应按*Ra*6.3μm加工。支承孔应注出配合尺寸，并应给出它对安装面的平行度要求。

三、叉杆类零件

叉杆类零件是在机器的操纵机构中起操纵作用的一种零件，它们多为铸件或锻件，如拨叉、连杆、杠杆等。如图8-60所示即为拨叉零件图。

（1）结构特点

根据这类零件的作用，可将结构看成由三部分组成：支承部分（拨叉上部分）、工作部分（拨叉下部分）、连接部分（拨叉中间部分）。多数为不对称结构。

（2）表达方法

这类零件一般没有统一的加工位置，工作位置也不尽相同，结构形状变化较大，因此应选择能明显和较多地反映零件各组成部分的相对位置、形状特征的方向为主视方向，并将零件放正作为主视图。这类零件一般需要两个基本视图，为表达内部结构常采用全剖视图或局部剖视图，连接部分肋板的断面形状常采用断面图。

（3）尺寸标注

叉杆类零件的支承部分决定了工作部分的位置，因此支承轴的轴线是长、高两个方向的主要基准。如拨叉的花键孔轴线，既是长度方向尺寸基准，又以此为高度基准注出环状结构（工作部分）的中心位置$107_{-0.2}^{\ 0}$。宽度方向的尺寸基准取对称平面或重要端面为基准，如拨叉后端面。

（4）技术要求

这类零件的支承部分应按配合要求标注尺寸，如拨叉的$\phi17_{0}^{+0.027}$。工作部分也应按配合要求标注尺寸，如拨叉工作部分要插入三联齿轮槽中，其宽度尺寸要注出偏差值，即$12^{-0.06}_{-0.18}$，并对该部分提出了形位公差要求，如前后两面平行度及工作面与支承孔垂直度等。

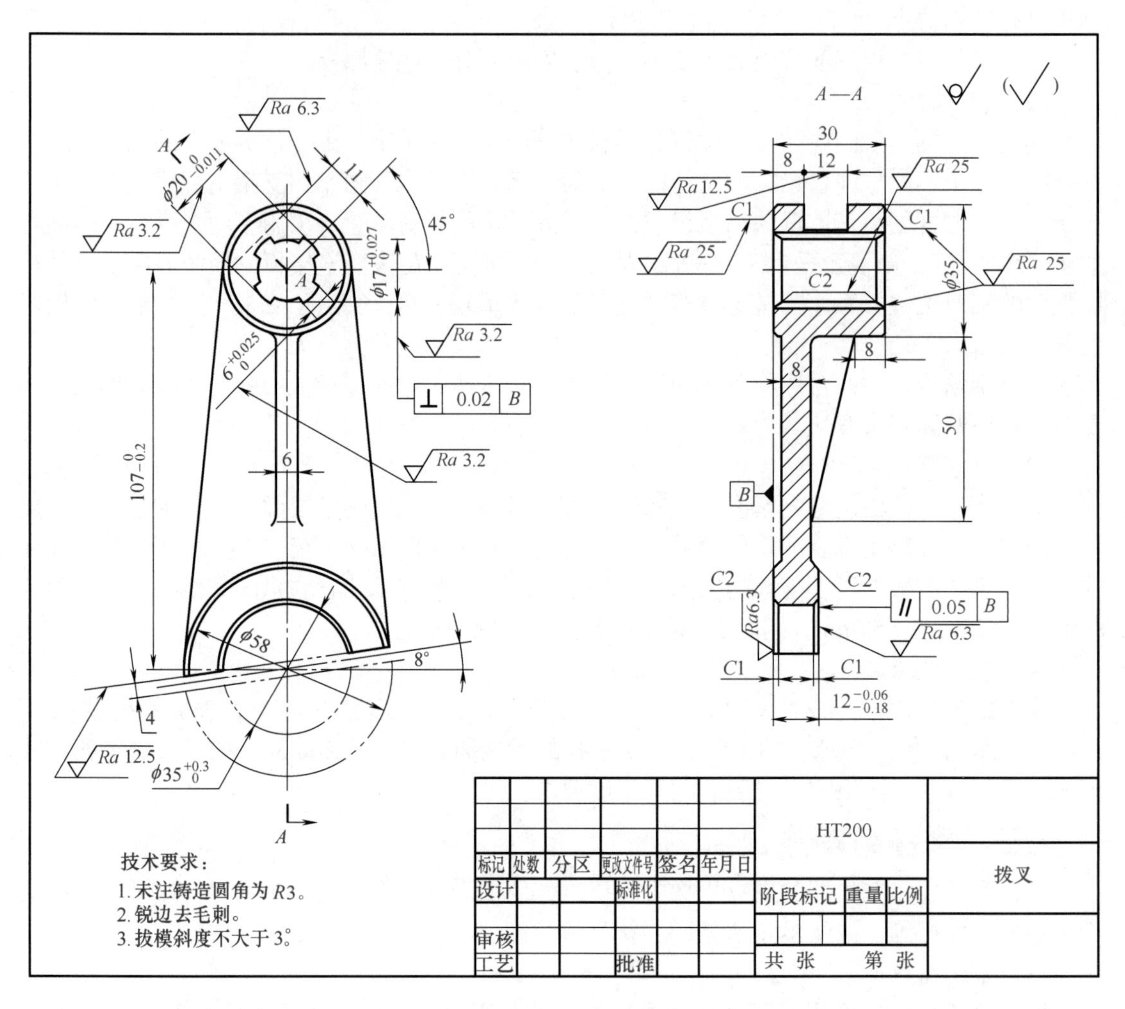

图8-60　拨叉零件图

四、轮盘类零件

轮盘类零件包括法兰盘、端盖、各种轮子（手轮、齿轮、带轮）等。轮类零件主要用于传递转矩，盘类零件则用来支承、轴向定位和密封等。

（1）结构特点

这类零件的主要是由同一轴线不同直径的若干回转体组成，这一点与轴类零件相似。但它与轴类零件相比，轴向尺寸小得多。这类零件上常有形状各异的安装凸缘、均布安装孔、凸台、凹坑以及轮辐、键槽等。如图8-61所示为拖脚盖零件图。

（2）表达方法

这类零件主要在车床上加工，因此，在选择主视图时，常将轴线水平放置。为使内部结构表达清楚，主视图一般都要使用剖视图（单一剖切或两个以上相交的剖切面剖切）。为了表达“盘”的结构及其上安装孔的分布情况，往往还需选取一个端视图；若上述结构已由主视图尺寸标注表达清楚，则端视图可以省略。

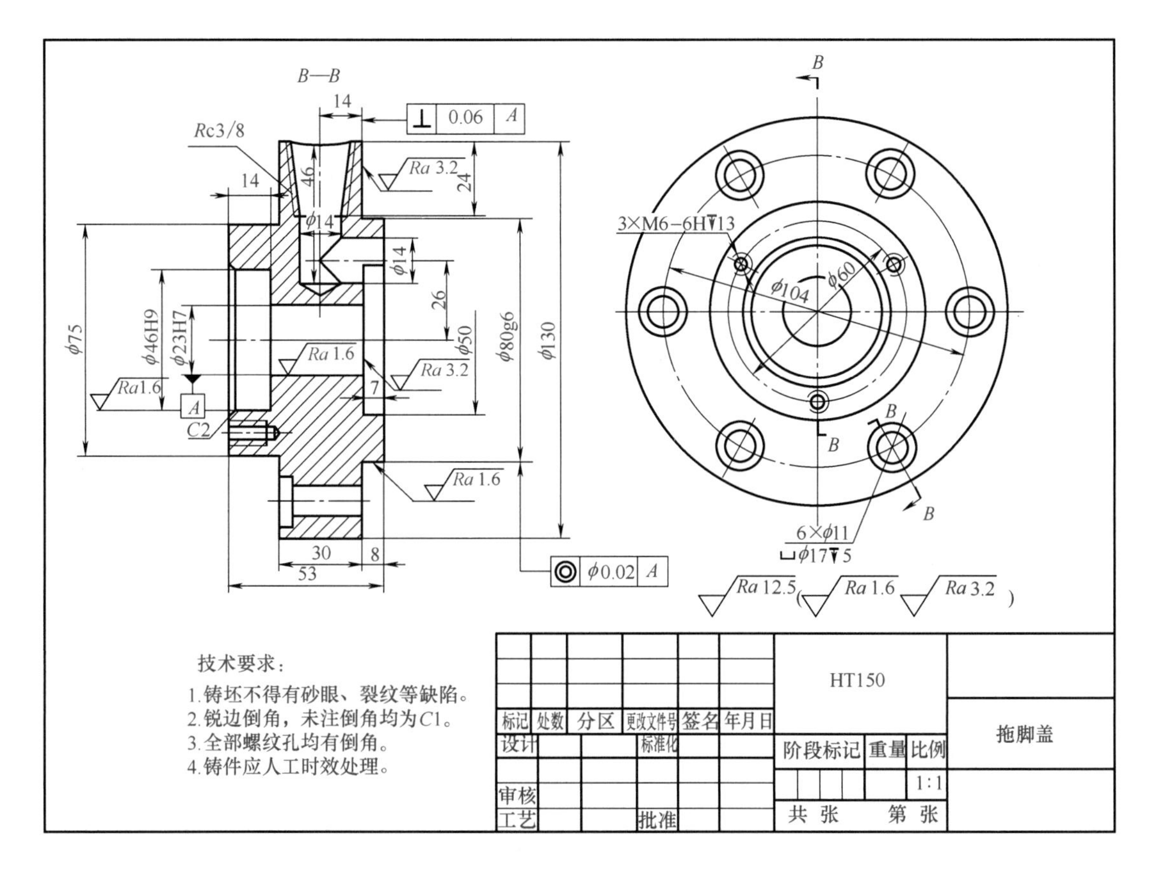

图8-61　拖脚盖零件图

（3）尺寸标注

轮盘类零件宽度和高度方向尺寸的主要基准是回转轴线，长度方向尺寸的主要基准是有一定精度要求的加工结合面。如拖脚盖的主要圆柱面$\phi130$的轴线为宽度和高度方向的主要基准，其右端面为长度方向的主要基准。

（4）技术要求

有配合要求的表面、轴向定位的端面，其表面结构和尺寸公差要求较严，端面与轴线之间常有垂直度或端面圆跳动等要求。

五、箱体类零件

箱体类零件是机器或部件的外壳或座体，它是机器或部件中的骨架零件，起着支承、包容其他零件的作用。

（1）结构特点

箱体类零件结构比较复杂，常有内腔、支承孔、凸台或凹坑、肋板、螺纹孔与螺栓通孔等结构，毛坯多为铸件，部分结构要经机械切削加工而成。如图8-62所示为箱体零件图。

（2）表达方法

由于箱体类零件结构形状较复杂，加工位置多变，所以，一般应以工作位置或最能反映各组成部分形状特征及相对位置的方向为主视图的投射方向。根据具体零件，往往需要多个视图、剖视以及其他表达方法来表达。如图8-62所示的箱体，为了表达内腔，主视图采用了半剖视图且左视图采用了局部剖视图后，顶端凸台和底板还未表达清楚，因此又画了俯视图的半剖视图。

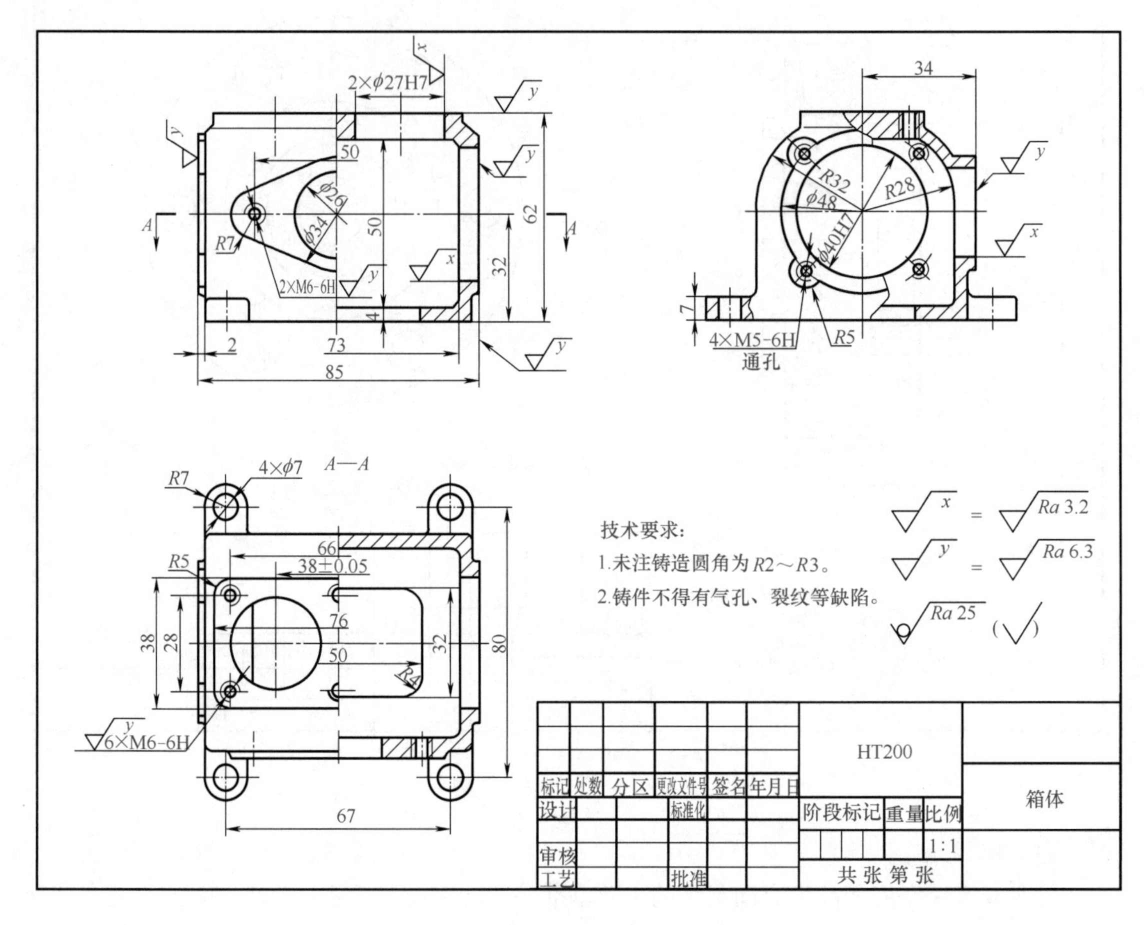

图 8-62　箱体零件图

（3）尺寸标注

箱体类零件常以主要孔的中心、对称平面、较大的加工平面或结合面作为长、宽、高方向尺寸基准。如图 8-62 所示的箱体，分别以左右对称平面、前后对称平面和底面为长、宽、高方向尺寸的主要基准。

箱体类零件尺寸较多，运用形体分析标注尺寸，能避免尺寸遗漏。孔与孔之间、孔与平面之间的定位尺寸要直接注出，如图 8-62 中的尺寸 32；与其他零件有装配关系的尺寸，应与配合件协调一致，如螺纹孔尺寸需与螺钉一致。

（4）技术要求

表面结构要求较严的孔是图中 ϕ27H7 和 ϕ40H7 的孔，两个 ϕ27H7 孔的定位尺寸 38±0.05 要求比较高，加工时必须保证要求。

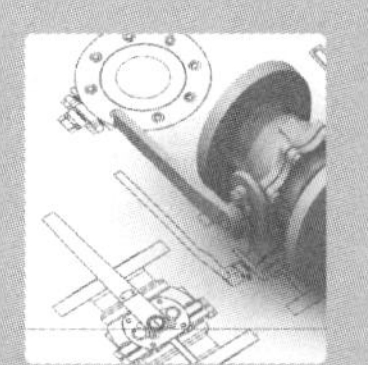

第九章
装配图

第一节　识读零件图的基本知识

装配图是表达机器或部件装配关系和工作原理的图样，它是生产中的主要技术文件之一。零件图与装配图之间是互相联系又互相影响的。设计时，一般先绘制装配图，再根据装配图及零件在整台机器或部件上的作用，绘制零件图。装配图是进行装配、检验、安装和维修的技术依据。

一、装配图的作用

完成一定功用的若干零件的组合称为一个部件，一台机器由若干个零件和部件装配而成。装配图主要用来表达部件或机器工作原理、零件间的相对位置、装配关系、连接方式以及主要零件的主要结构和所需要的尺寸和技术要求。

在进行机器或部件的设计中，一般先根据设计要求画出装配图，然后根据装配图进一步设计绘制零件图。将全部零件制成后，再根据装配图的要求将各零件组装成机器或部件。

二、装配图的内容

下面以截止阀为例，对装配图的内容进行说明。截止阀是管道安装中常用的部件，其轴测图如图9-1所示。其装配图如图9-2所示。

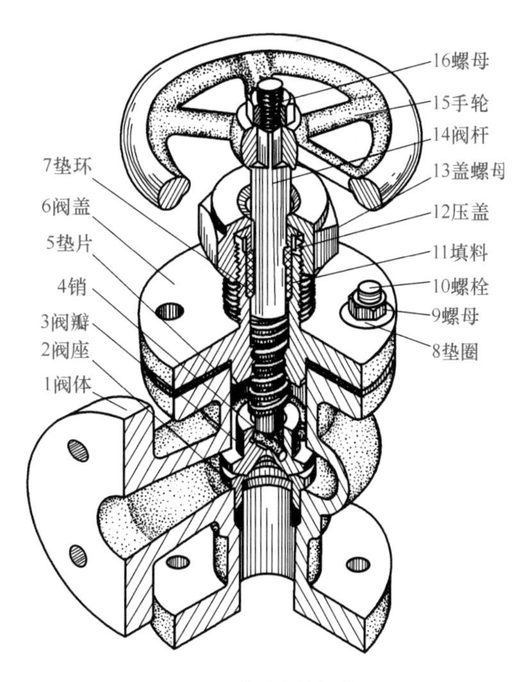

图9-1　截止阀轴测图

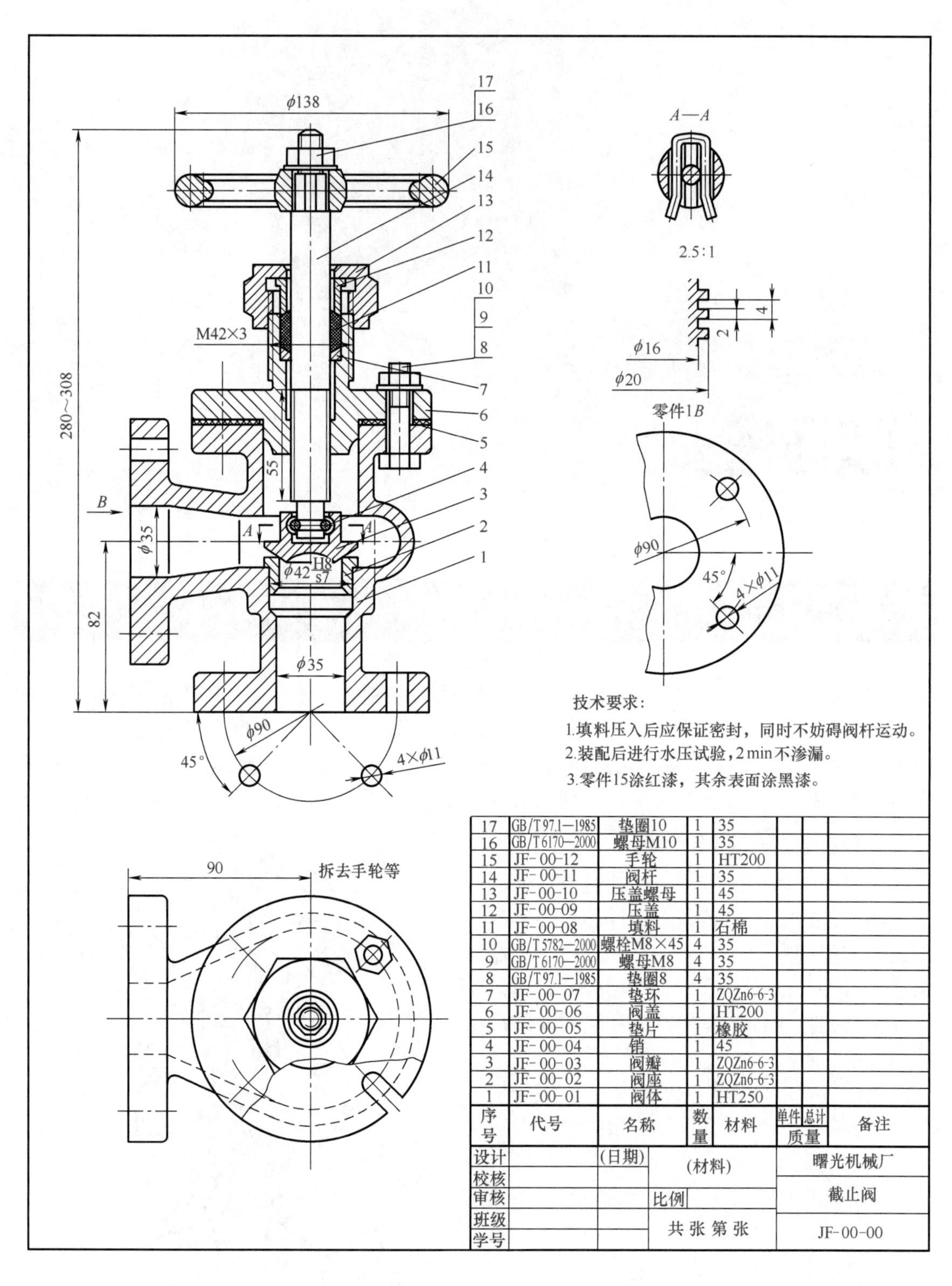

17	GB/T 97.1—1985	垫圈10	1	35			
16	GB/T 6170—2000	螺母M10	1	35			
15	JF-00-12	手轮	1	HT200			
14	JF-00-11	阀杆	1	35			
13	JF-00-10	压盖螺母	1	45			
12	JF-00-09	压盖	1	45			
11	JF-00-08	填料	1	石棉			
10	GB/T 5782—2000	螺栓M8×45	4	35			
9	GB/T 6170—2000	螺母M8	4	35			
8	GB/T 97.1—1985	垫圈8	4	35			
7	JF-00-07	垫环	1	ZQZn6-6-3			
6	JF-00-06	阀盖	1	HT200			
5	JF-00-05	垫片	1	橡胶			
4	JF-00-04	销	1	45			
3	JF-00-03	阀瓣	1	ZQZn6-6-3			
2	JF-00-02	阀座	1	ZQZn6-6-3			
1	JF-00-01	阀体	1	HT250			
序号	代号	名称	数量	材料	单件 质量	总计	备注

图9-2　截止阀装配图

（1）一组视图

装配图由一组视图（包括剖视、断面、局部放大图等）组成，用以表达各组成件之间的装配关系、产品或部件的结构特点和工作原理、传动路线以及零件的主要结构形状等。如图9-2所示的截止阀装配图，它的一组视图包括全剖的主视图（表示此阀的主要装配关系）、拆去手轮等的俯视图（反映螺栓连接的分布情况）、*B*向的局部视图（表示法兰盘上连接孔的结构及分布情况）以及*A—A*断面图（表示使用销连接阀杆和阀瓣的装配情况），从而将截止阀的装配关系、工作原理、主要零件的结构形状等表达清楚。

（2）必要的尺寸

必要的尺寸指部件或机器的规格（性能）尺寸、零件之间的配合尺寸、外形尺寸、部件或机器的安装尺寸和其他重要尺寸等。

（3）技术要求

用文字或符号在装配图上说明对机器或部件的装配、试验、运输、包装和使用等方面的要求。

（4）零部件序号、明细栏和标题栏

在装配图中，应对每种不同的零部件编写序号，并在明细栏中依次填写序号、代号、名称、数量、材料及质量和备注等内容。标题栏一般应填写部件或机器的名称、图号、材料、绘图比例、制图、审核人员的签名等内容。

三、装配图的视图表达

装配图以表达机器或部件的工作原理、装配关系、主要零件的主要结构形状为目的。想将一台机器或一个部件的这些内容正确地表达出来，必须认真进行视图选择并掌握装配图的绘制方法。下面以图9-2所示的截止阀为例说明装配图的视图表达方法（表9-1）。

表9-1　装配图的视图表达方法

项目	说明
分析机器或部件的装配关系及工作原理	画图前，应首先对所表达的机器或部件进行分析，了解其作用、工作原理和装配关系 截止阀是控制流体通道开启和关闭的装置，当逆时针方向转动手轮15时，通过阀杆14、销4，带动阀瓣3上移，阀瓣与阀座2的上口间出现间隙，流体经阀体1下部的垂直通道进入阀体，再从水平通道流出。开启量的大小决定了出口流量，因此，手轮3可以无级地调节流量。当顺时针方向转动手轮15时，阀瓣3则向下移动，当它完全封住阀座2的上口时，即可截断流体通道。阀盖6通过四组螺栓10、螺母9与阀体1连接。压盖螺母13、压盖12、填料11、垫环7均起密封防漏作用。外接管道用螺栓、螺母与阀体的两互相垂直的法兰盘连接
选择主视图	选择视图时，应该首先选择主视图，同时兼顾其他视图，通过分析对比确定一组视图。这里需注意两个问题： ①确定机器或部件的安放位置。一般应尽可能使其与机器或部件的工作位置相符合，这样对于设计和指导装配都会带来方便。但有些部件（如泵、阀类等）由于工作场合不同，可能有多种工作位置，此时，一般将部件的主要轴线或主要安装面呈水平或铅垂位置放置。图9-1的截止阀的主视图即是按主要轴线呈垂直位置放置的 ②确定主视图的投射方向。部件放置位置确定后，应该选择最能反映机器或部件的工作原理、零件间的装配关系以及主要零件主要结构形状的那个视图作为主视图。当不能在同一方向上反映以上内容时，则要经过比较，取一个能较多反映上述内容的投射方向画主视图。图9-2中所选定的截止阀的主视图，既能清楚地表达沿阀杆轴线的主要装配关系，又能清楚地表达该部件的工作原理，充分体现了上述选择主视图的原则

续表

项目	说明
选择其他视图	主视图选定后，还要选择其他视图，补充表达主视图没有表达的内容。增加的每一个视图，都要有一个表达重点。一般应在完整、清晰地反映机器或部件的工作原理、零件间的装配关系及主要零件的主要结构形状的前提下，力求表达方案简练。因此，选择其他视图时可考虑以下几点： ① 能表达还没有表达清楚的装配关系、工作原理以及主要零件的主要结构 ② 尽可能地考虑用基本视图以及基本视图的剖视图表达有关内容 ③ 合理地布置视图位置，既使图幅充分利用，又能做到表达清晰，有利于识图

图9-2所示截止阀的装配图中，用俯视图补充表达螺栓连接的分布情况；用*A*—*A*断面图补充表达销、阀杆和阀瓣的装配情况；*B*向视图和局部放大图则是表达主要零件阀体和阀杆的结构形状。

四、装配图特有的表达方法

部件和零件的表达，它们的共同点是都要表达出内外结构。因此关于零件的各种表达方法和选用原则，在表达部件时也同样适用。但它们也有的各自的特点，装配图需要表达的是部件的总体情况，而零件图仅表达零件的结构形状。

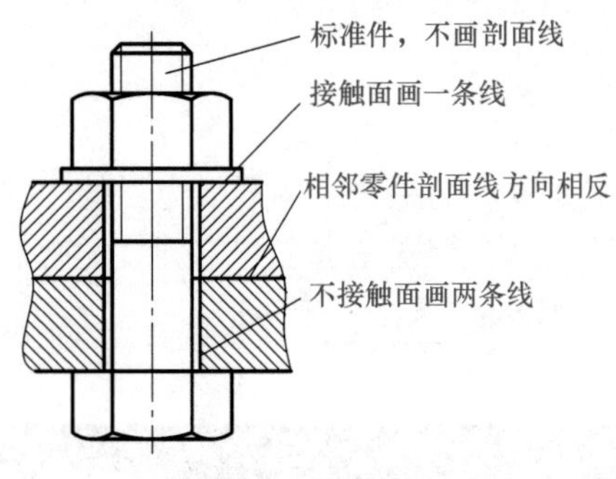

图9-3 规定画法

由于装配图的表达重点是机器或部件的工作原理和零件之间的装配关系，针对这一特点，为了清晰又简便地表达出部件的结构，国家标准对装配图还规定了一些特有的表达方法。下面就来介绍这些规定画法及特殊画法。

（1）规定画法及说明（表9-2）

表9-2 规定画法及说明

类别	说明
零件间接触面和配合面的画法	在装配图中，两零件的接触表面和配合表面只用一条轮廓线表示。对于非接触表面或不配合表面，即使间距很小，也应画两条轮廓线，如图9-3所示
相接触零件剖面线画法	在剖视图中，相邻两零件的剖面线应方向相反，如图9-3所示。三个或三个以上零件相接触时，可使其中一些零件的剖面线间隔不等，或剖面线相互错开加以区别。应特别注意，同一零件在各个视图中的剖面线方向与间隔必须一致
剖视图中实心杆件和一些标准件的画法	为了简化作图，在剖视图中，对一些实心零件（如轴、杆、手柄等）和一些标准件（如螺母、螺栓、键、销等），若剖切平面通过其轴线或对称面剖切时，可按不剖切表达，只画出零件的外形，如图9-3所示

（2）特殊画法及说明（表9-3）

表9-3 特殊画法及说明

类别	说明
沿结合面剖切画法	在装配图中，为表达某些内部结构，可沿零件间的结合面处剖切后进行投射，这种表达方法称为沿结合面剖切画法。结合面不画剖面线，但螺钉等实心零件，若垂直轴线剖切，则应绘制剖面线，如图9-4所示

续表

类别	说明
沿结合面剖切画法	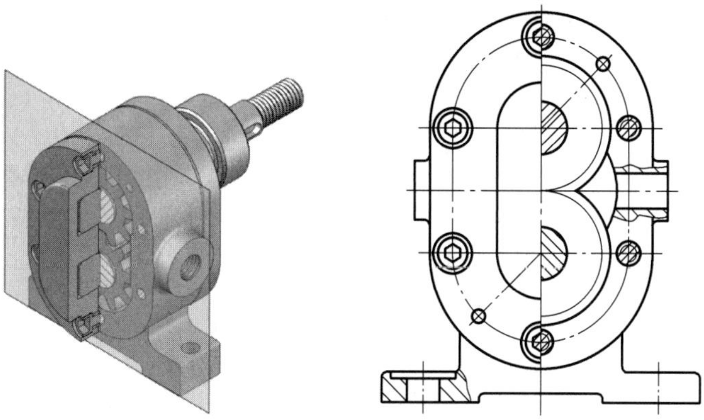 图9-4　沿结合面剖切画法
拆卸画法	在装配图的某一视图中，如果所要表达的部分被某个零件遮住、或某零件无须重复表达时，可假想将其拆去不画。采用拆卸画法时该视图上方需注明“拆去××”，如图9-5所示旋塞阀的左视图，就是拆去定位块和扳手后绘制的 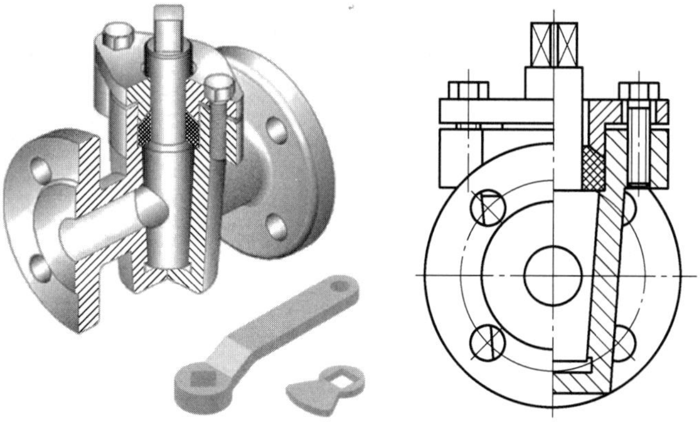 拆去扳手、定位块 (a) 旋塞阀立体图　(b) 旋塞阀左视图 图9-5　拆卸画法
假想画法	为了表示本部件与其他零件的安装和连接关系，可把与本部件有密切关系的其他相关零件用双点画线画出。如图9-6(a)中，为了表示车刀夹与车刀的连接关系，可在车刀夹的装配图中将车刀用双点画线画出；当需要表示运动零件的极限位置时，也可用双点画线画出，如图9-6(b)中的双点画线表示扳手的极限位置 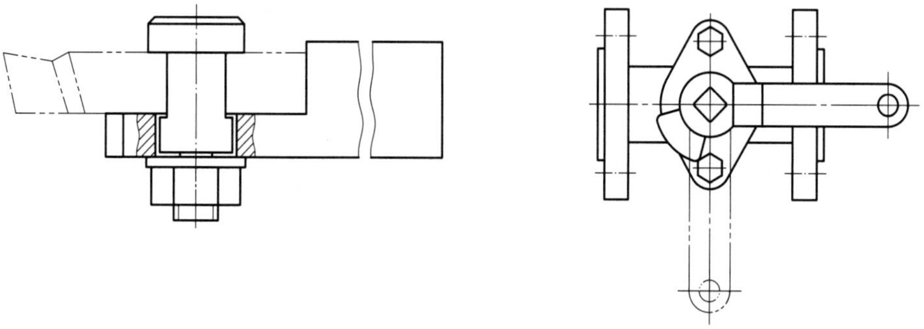 (a) 车刀夹装配图　(b) 旋塞阀的俯视图 图9-6　假想画法

续表

类别	说明
夸大画法	图形中，对于直径或厚度小于2mm的较小零件或较小间隙，如薄片、弹簧等，按实际尺寸无法画出或虽能如实画出但不明显时，可采用夸大画法画出，如图9-7所示
简化画法	间隙夸大画出 退刀槽省略 螺栓简化画法 倒角省略 圆角省略 滚动轴承通用画法 垫片厚度夸大画法 图9-7　夸大和简化画法 ①对于若干相同的零件组，如螺钉、螺栓、螺柱连接等，可只详细地画出一处，其余用点画线表明其中心位置，如图9-7所示 ②滚动轴承在剖视图中可按轴承的规定画法或通用画法绘制，如图9-7所示 ③在装配图中，零件的工艺结构，如圆角、倒角、退刀槽等允许省略不画，如图9-7所示。螺栓、螺母头部可采用简化画法，如图9-7所示
展开画法	为了表示部件传动机构的传动路线及各轴间的装配关系，可按传动顺序沿轴线剖切，依次展开在一个平面上画出，并在剖视图上方加注“×—×展开”，这种画法称为展开画法，如图9-8中的*A—A*展开
单独画法	在装配图中，当个别零件的某些结构没有表示清楚而又需要表示时，可以单独画出该零件的视图，但必须在所画视图的上方注出零件和视图的名称。在相应的视图附近，用箭头指明投射方向并注上相同字母

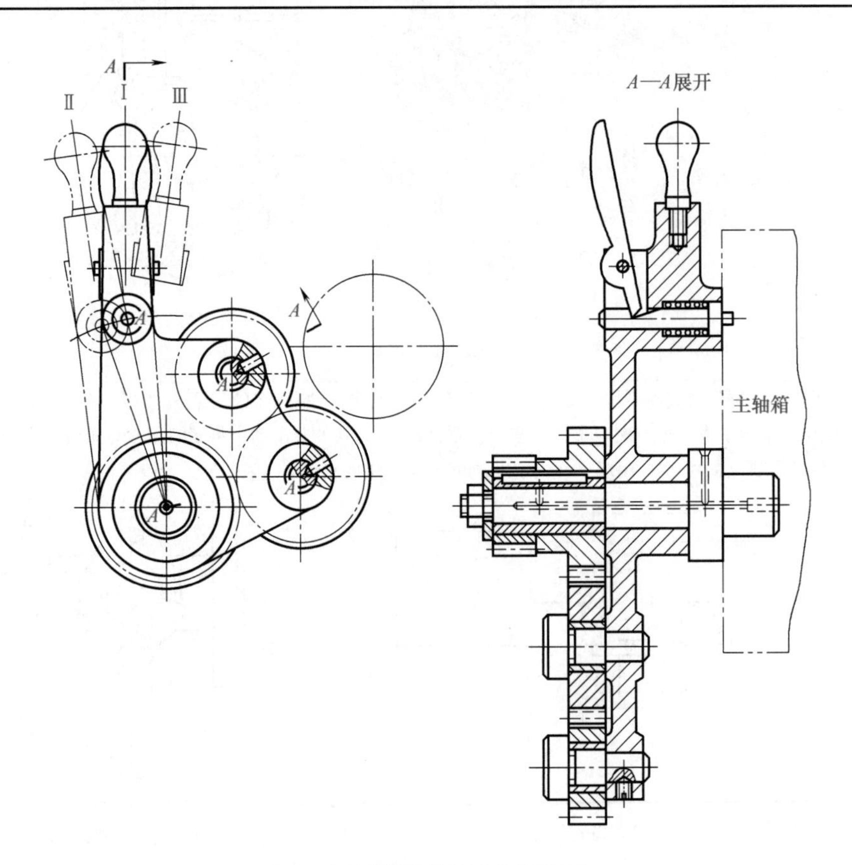

图9-8　三星齿轮传动机构装配图

五、装配图的零部件序号和明细栏

装配图上所有的零、部件都必须编注序号或代号，并填写明细栏，以便统计零件数量，进行生产的准备工作。同时，在看装配图时，也是根据序号查阅明细栏了解零件的名称、材料和数量等，它有助于看图和图样管理。

（1）零、部件序号

① 装配图上所有的零、部件都必须编写序号。相同规格、尺寸的零、部件可只编一个号。如图9-9所示，可以在零、部件上画一小圆点，用细实线引出到轮廓线的外边，终端画一横线或圆圈（采用细实线），序号填写在指引线的横线上或圆圈内，如图9-9（a）、图9-9（c）所示；也可以不画水平线或圆，在指引线附近直接注写序号，如图9-9（b）所示。序号数字要比尺寸数字大一号。若零件很薄（或已涂黑）不便画圆点时，可用箭头代替，如图9-9（d）所示。

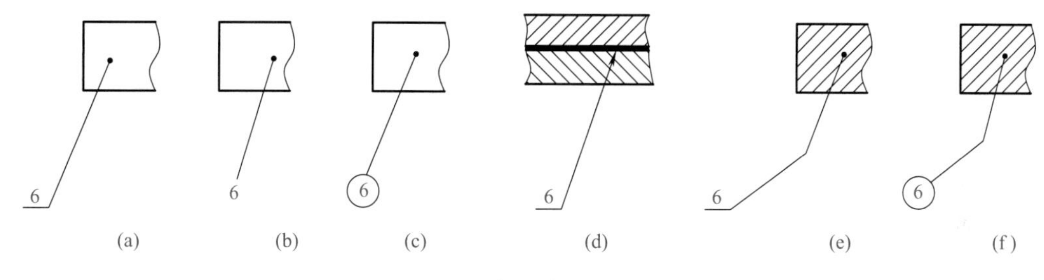

图9-9　序号的指引方式

② 指引线尽量分布均匀，不要彼此相交，也不要过长。当通过剖面线区域时，指引线不要和剖面线平行，必要时指引线可弯折一次，如图9-9（e）、图9-9（f）所示。

③ 对于一组紧固件以及装配关系清楚的零件组，允许采用公共指引线，如图9-10所示。

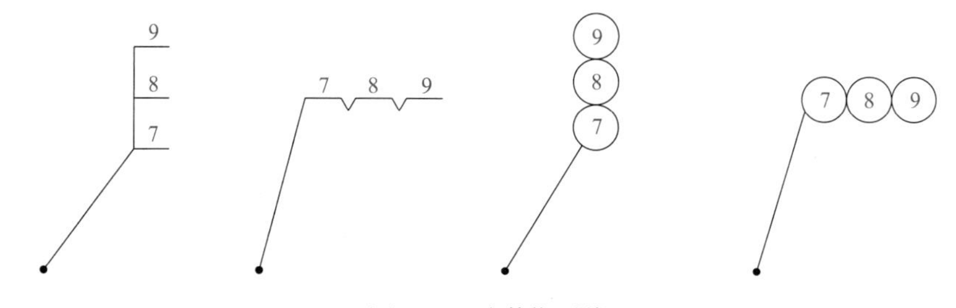

图9-10　公共指引线

④ 装配图中的标准化组件（如油杯、滚动轴承、电动机等），在图上被当作一个整体只编写一个序号，与一般零件一同填写在明细栏内。

⑤ 序号应沿水平或垂直方向，按顺时针或逆时针方向顺序整齐排列，并尽可能均匀分布，如图9-2所示。

⑥ 序号常用的编排方法有两种：一种是将装配图中的所有零件（包括标准件）、部件，按顺序进行编号，如图9-2所示。另一种是将装配图中所有标准件按其标注规定注写在指引线的横线处，而将非标准件按顺序编号。

（2）明细栏

明细栏是说明图中各零、部件的名称、数量、材料等内容的表格，其内容包括零、部件的序号、名称、数量、材料、备注等。国家标准对明细栏的格式作了规定，如图9-11所示。

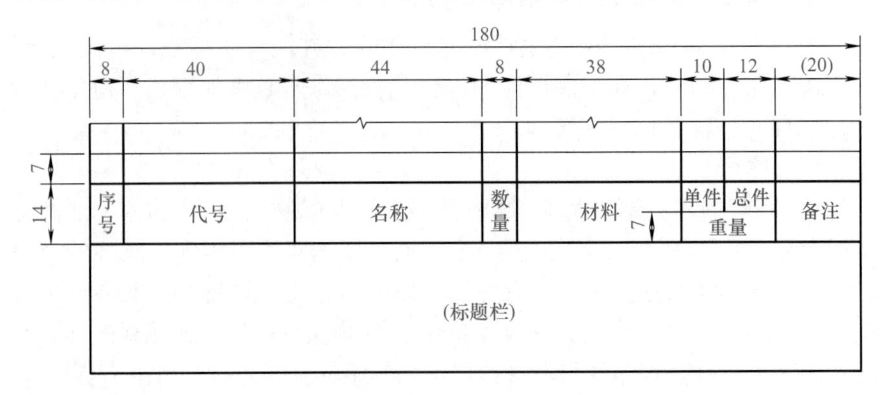

图9-11　明细栏的格式与尺寸

书写明细栏时要注意以下几点：

① 明细栏中所填序号应和图中所编零、部件的序号一致。序号在明细栏中应自下而上按顺序填写，如位置不够，可将明细栏紧接标题栏左侧画出，仍自下而上按顺序填写，如图9-2所示。

② 对于标准件，在名称栏内应注出规定标记及主要参数，并在代号栏中写明所依据的标准代号。

③ 特殊情况下，明细栏可不画在图上，而作为装配图的续页单独给出。续页一般按A4幅面竖放，下方为标题栏。明细栏的表头移至上方，由上而下填写，一张不够时可再加续页，格式不变。续页的张数应计入所属装配图的总张数中。

六、装配图中的尺寸标注和技术要求

（1）装配图中的尺寸标注

装配图是表达机器或部件各组成部分的相对位置、连接及装配关系的图样，因此不需要注出各零件的全部尺寸，只需标注以下几类尺寸（表9-4）。

表9-4　装配图中的尺寸标注

类别	说明
性能（规格）尺寸	表示机器或部件性能和规格的尺寸，它是设计和选择机器或部件的主要依据
装配尺寸	表示零件之间装配关系的尺寸。包括以下两种： ①配合尺寸。表示零件之间配合性质的尺寸 ②相对位置尺寸。在装配时必须保证相对位置
安装尺寸	机器或部件安装到其他基础上时所需要的尺寸（对外关系尺寸）
外形尺寸	机器或部件的总长、总宽、总高。它为包装、运输和安装提供了所需占用的空间大小
其他重要尺寸	在设计过程中计算或选定的尺寸。如运动件的极限位置尺寸，主要零件的重要尺寸等

不是每张装配图上都具有上述五类尺寸，有时同一尺寸可能具有几种功能，分属于几类尺寸。因此在标注时，必须根据机器或部件的特点来分析和标注。

（2）装配图中的技术要求

为了保证产品的设计性能和质量，在装配图中需注明有关机器或部件的性能、装配与调整、试验与验收、使用与运输等方面的指标、参数和要求。一般有以下几个方面（表9-5）。

表9-5　装配图中的技术要求

类别	说明
装配要求	①装配后必须保证的准确度 ②需要在装配时加工的说明及装配时的要求 ③指定的装配方法
检验要求	①基本性能的检验方法和要求 ②装配后必须保证达到的准确度及其检验方法的说明 ③其他检验要求
使用要求	对产品的基本性能、维护、保养的要求以及使用、操作、运输产品时的注意事项

技术要求可以用数字、符号直接在视图上注明或用文字书写在明细栏上方或图纸下方的空白处，也可以另编技术文件作为图纸的附件。

第二节　装配结构的合理性

选择合理的装配结构，能保证部件的装配质量并便于安装和拆卸。因此，在设计机器或部件时，应考虑到零件之间装配结构的合理性，否则将会造成装拆困难，甚至达不到设计性能要求。

一、装配结构工艺性

（1）合理的装配接触面

① 零件在同一方向上只能有一对接触面，这样便于装配，又降低加工精度。图9-12列举了三种情况，分别是长度方向、轴线方向和直径方向。

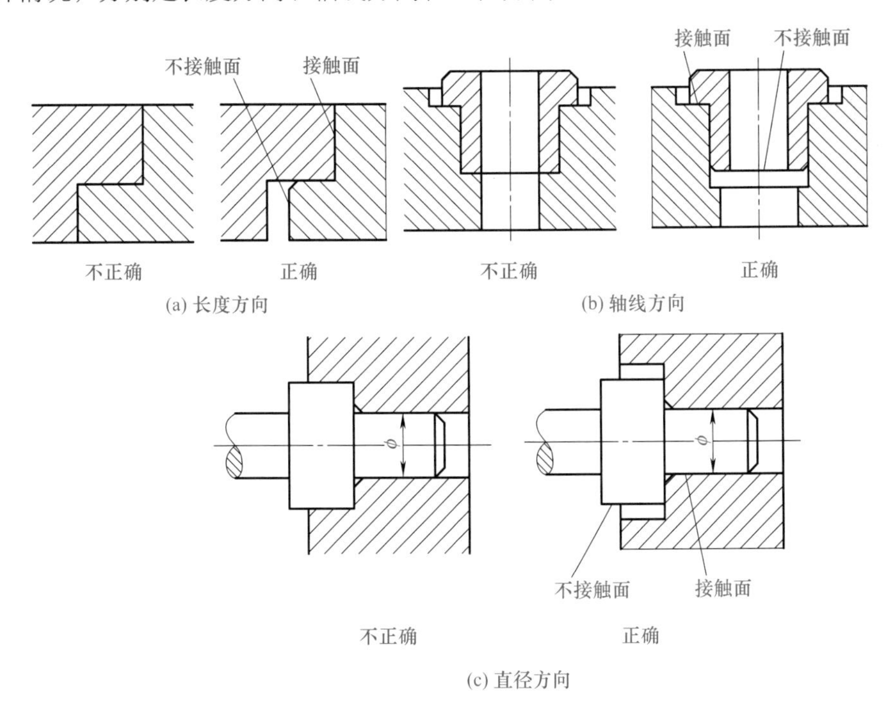

图9-12　接触面画法

② 锥面配合时，圆锥体的端面与锥孔的底部之间应留空隙。如图9-13所示，即$L1>L2$，否则可能达不到锥面的配合要求或增加制造的困难。

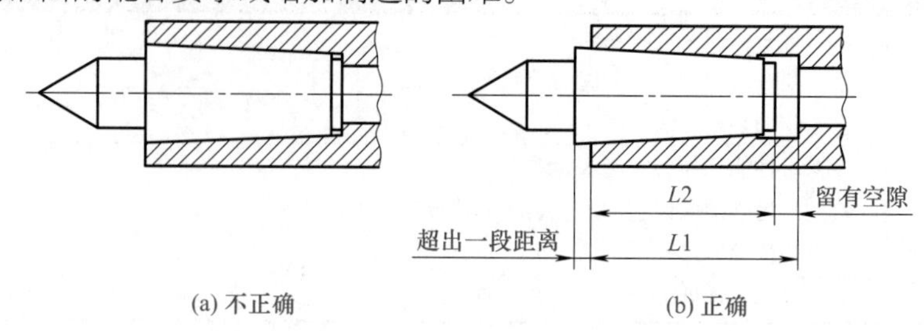

图9-13　锥面接触面画法

（2）接触面转角处结构

两个相互接触的零件，在不同方向的两对接触面的转角处，不应像图9-14（a）所示那样将孔做成尖角，轴做成圆角，因为这样会在转角处发生干涉，产生接触不良，影响装配性能。而应做成图9-14（b）所示结构，将孔做成倒角，或在轴上切槽，以使轴与孔两端面相互靠紧。

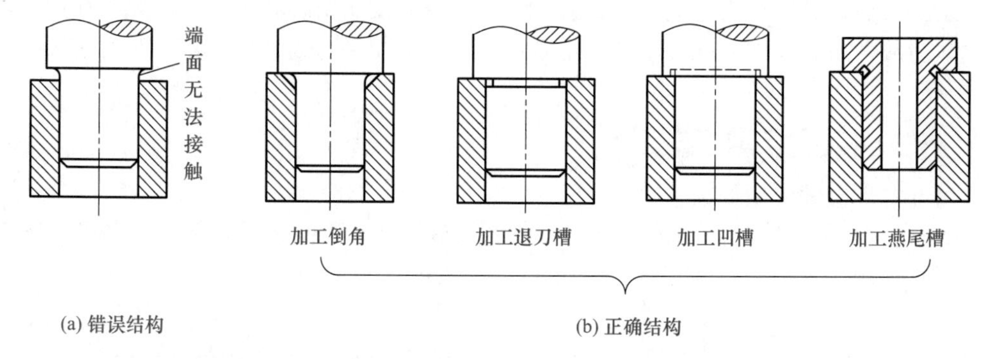

图9-14　零件间接触面转角处结构

（3）便于维修和拆卸

① 在条件允许时，销孔一般应制成通孔，以便装拆和加工，如图9-15（a）所示；或选用带螺孔的销钉，如图9-15（b）所示结构。用销连接轴上零件时，轴上零件应制有工艺螺孔，以备加工销孔时用螺钉制紧，见图9-15（c）。

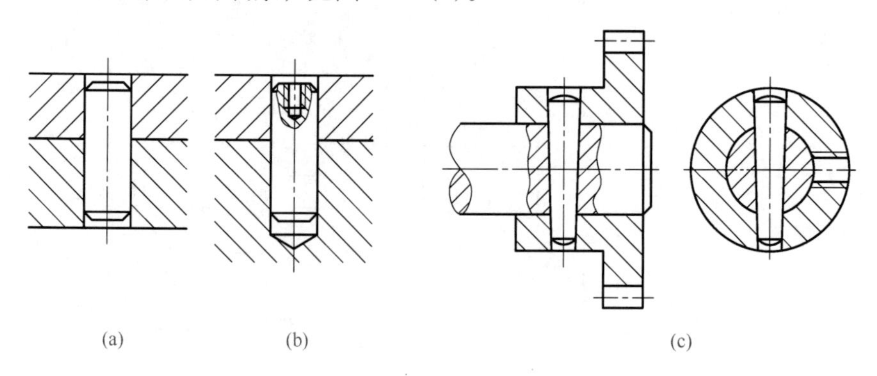

图9-15　销钉的装配

② 滚动轴承如以轴肩定位，则轴肩高度须小于轴承内圈的厚度。当轴肩高度无法降低

时，可在轴肩处开两个槽，以便放入拆卸工具的钩头，如图9-16（a）所示。如以孔肩定位，则孔肩高度要小于外圈厚度，当孔肩不允许减少时，可在孔肩处加工出能放置拆卸用螺钉的螺孔，如图9-17（a）所示。

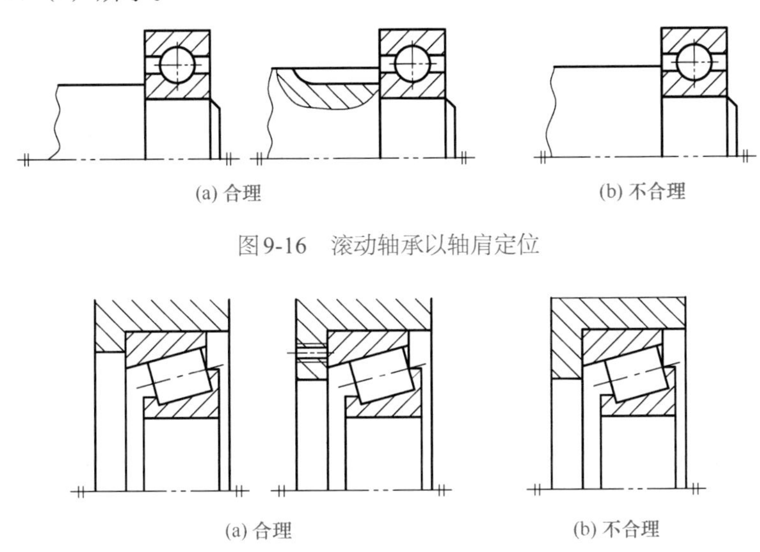

(a) 合理　(b) 不合理

图9-16　滚动轴承以轴肩定位

(a) 合理　(b) 不合理

图9-17　滚动轴承以轴肩定位

③ 为了便于拆装，必须留出装拆螺纹紧固件的空间（图9-18）与扳手活动的空间（图9-19），或者加手孔（图9-20）或工艺孔（图9-21）。

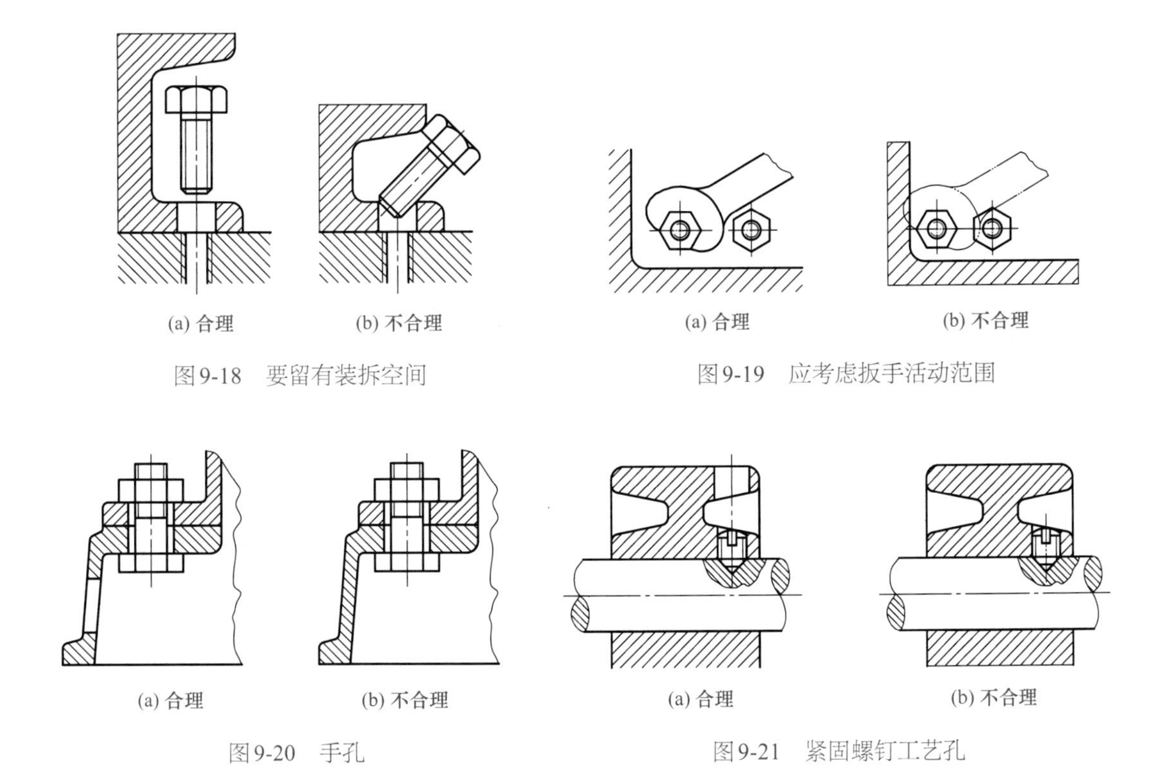

(a) 合理　(b) 不合理

图9-18　要留有装拆空间

(a) 合理　(b) 不合理

图9-19　应考虑扳手活动范围

(a) 合理　(b) 不合理

图9-20　手孔

(a) 合理　(b) 不合理

图9-21　紧固螺钉工艺孔

（4）合理地减少接触面

为了保证接触良好，接触面需经机械加工。因此，合理地减少加工面积、不但可以降低加工费用．而且可以改善接触情况。

① 为了使螺栓、螺母、螺钉、垫圈等紧固件与被连接表面接触良好，可在被连接件上做出沉孔、凸台等结构，如图9-22所示。

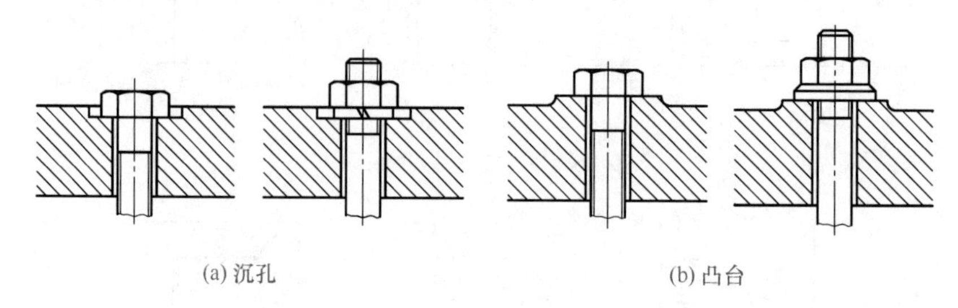

图9-22　沉孔和凸台

② 为了减少接触面，在如图9-23所示的轴承底座与下轴衬的接触面上，开一环形槽，其底部挖一凹槽。

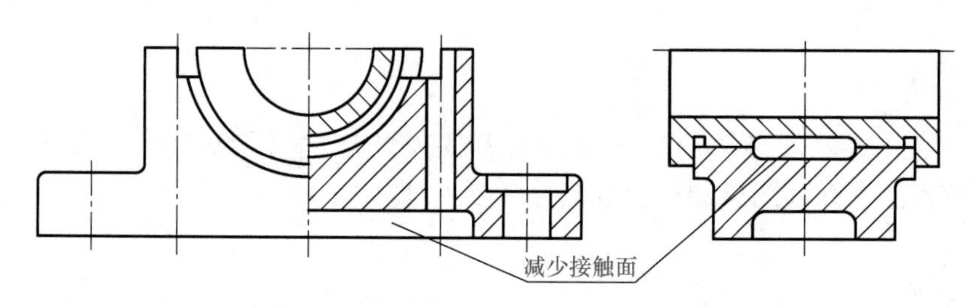

图9-23　减少接触面

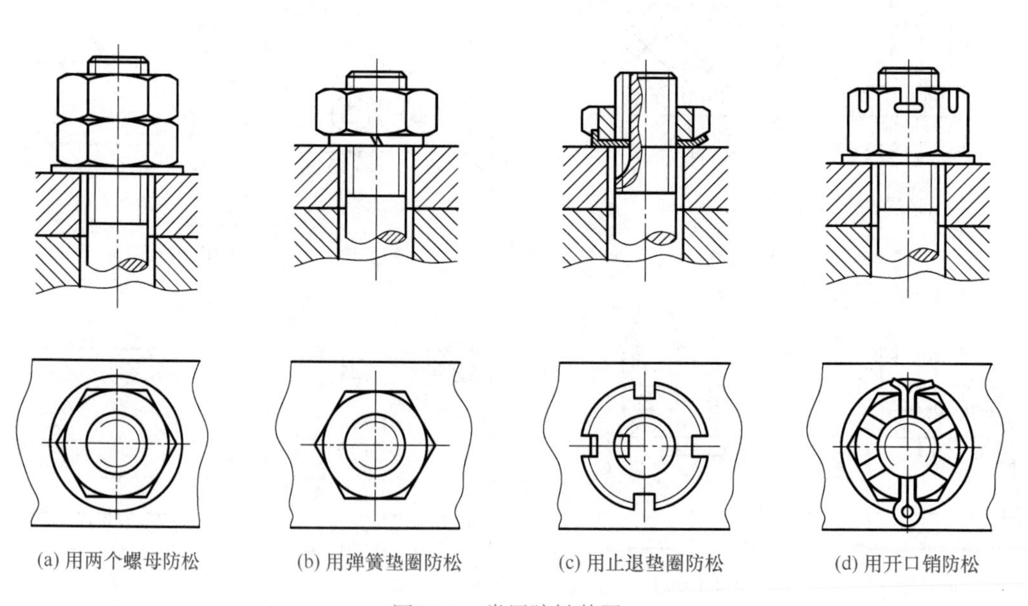

图9-24　常用防松装置

二、常见装配结构

（1）防松结构

机器运转时，由于受到振动或冲击，螺纹连接件可能发生松动，甚至造成严重事故，因此在某些机构中需要防松。图9-24表示了几种常用的防松结构。

（2）密封装置

① 滚动轴承的密封。滚动轴承的密封是为了防止外部的灰尘和水分进入轴承，同时也防止轴承的润滑剂流出。常见的密封方法如图9-25所示。

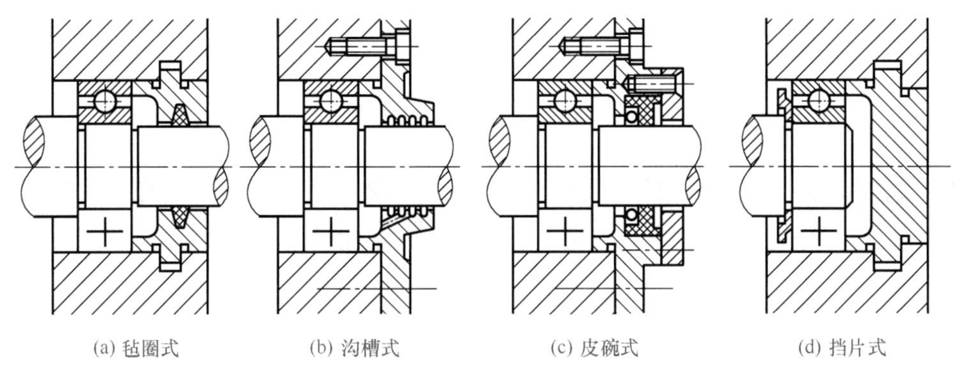

图9-25　滚动轴承的密封

② 防漏措施。在机器或部件中，为了防止内部液体外漏，同时防止外部灰尘、杂质侵入，要采用防漏措施。图9-26表示了两种防漏的典型结构。用压盖或螺母将填料压紧起到防漏作用，压盖要画在开始压填料的位置，表示填料刚刚加满。

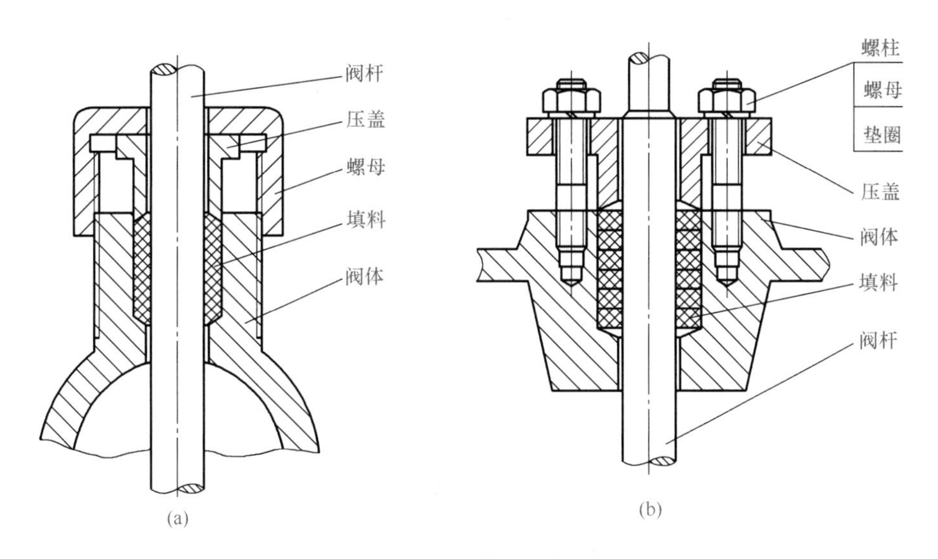

图9-26　防漏结构

（3）滚动轴承间隙调整装置

轴高速旋转会引起发热、膨胀。因此在装配滚动轴承时，轴承与轴承盖的端面之间要留有少量的间隙（一般为0.2~0.3mm），以防轴承转动不灵或卡住。如图9-27（a）所示是靠更换不同厚薄的金属垫片调整间隙；如图9-27（b）所示是通过螺钉调整止推盘的位置调整间隙。

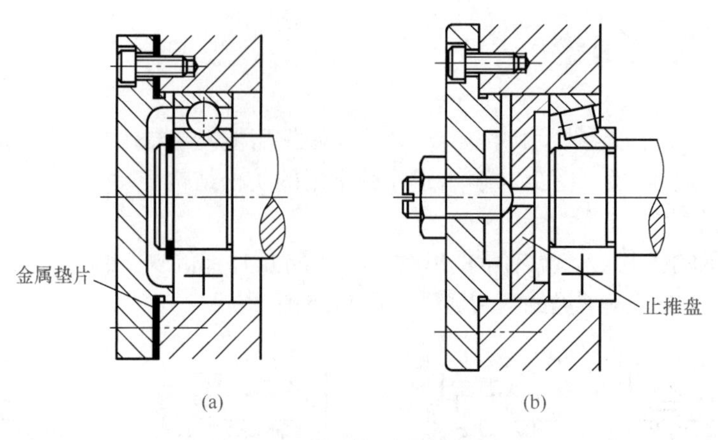

图9-27　轴承间隙调整装置

第三节　部件测绘和装配图的绘制

在生产实际中，对现有的机器或部件进行分析与测量，绘制出全部非标准零件的草图，再根据零件草图整理绘制出装配图和零件图的这个过程称为机器或部件测绘。在仿制先进产品、改进旧产品和维修设备时经常要进行测绘。现以平口钳为例介绍测绘的方法和步骤。

一、对部件进行了解和分析

测绘前，应首先了解测绘部件的任务和目的，决定测绘工作的内容和要求。如为了设计新产品提供参考图样，测绘时可进行修改；如为了补充图样或制作备件，测绘必须准确，不得修改。其次要对部件进行分析研究。通过阅读有关技术文件、资料和同类产品图样，以及直接向有关人员了解使用情况，了解该部件的用途、性能、工作原理、结构特点以及零件间的装配关系，并检测有关的技术性能指标和一些重要的装配尺寸，如零件间的相对位置尺寸、极限尺寸以及装配间隙等，为下一步拆装和测绘打下基础。

如图9-28所示的平口钳，是机床工作台上用来夹持工件进行加工用的部件。通过丝杠的转动带动活动螺母做直线移动，使钳口闭合或开放，以使其夹紧或松开工件。

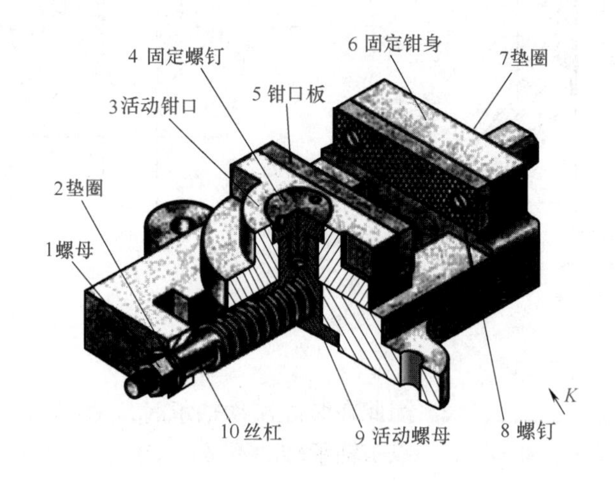

图9-28　平口钳轴测装配图

二、画装配示意图、拆卸零件

拆卸零件之前，一般应先画出装配示意图。装配示意图用简单线条和机构运动简图符号表示零件之间的相对位置和装配关系。如某些零件没有国标规定的符号，可将零件看成是透明体，用简单符号画出内外轮廓，并用一些形象和规定的示意符号表示。画装配示意图时，一般可先从主要零件入手，然后按装配顺序把其他零件逐个画上。通常对各零件的表达不受前后层次、可见与不可见的限制，尽可能把所有零件集中画在一个视图上。如有必要，也可补充画在其他视图上。装配示意图的作用是指明有哪些零件和它们装在什么地方，以便把拆散的零件按原样重新装配起来，还可在画装配图时提供参考。

拆卸零件时，首先要周密地制定拆卸顺序，依次拆卸。对不可拆的连接和过盈配合的零件尽量不拆，以免损坏零件。如图4-29所示的平口钳的拆卸顺序为：先拧下螺母1，取下垫圈2，然后旋出丝杠10，取下垫圈7，再拆下固定螺钉4、活动螺母9、活动钳口3，最后旋出螺钉8取下钳口板5。用打钢印、扎标签或写件号等方法对每一个拆下的部件和零件编号，分区分组地放置在规定的地方，避免损坏、丢失、生锈或放乱，以便测绘后重新装配时，能保证部件的性能和要求。

绘制装配示意图和拆卸零件之间并没有严格的前后顺序，因为有些部分只有在拆卸后才能显示出零件间真实的装配关系。因此，拆卸时必须一边拆卸，一边补充、更正，画出示意图，记录各零件间的装配关系，并对各个零件编号（注意：要和零件标签上的编号一致），还要确定标准件的规格尺寸和数量，并及时标注在示意图上。图9-29为平口钳的装配示意图。

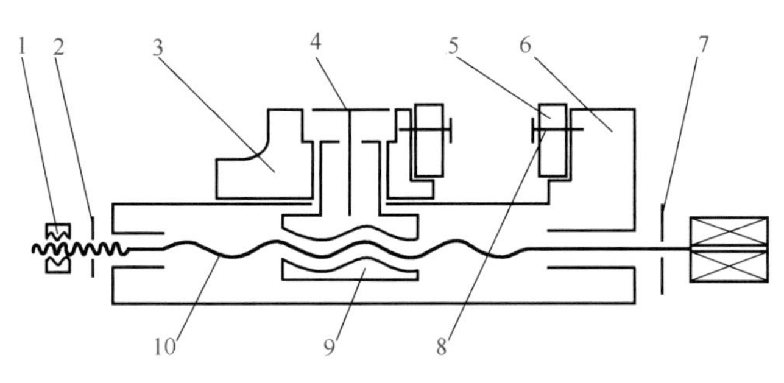

图9-29　平口钳装配示意图

三、画零件草图

测绘工作往往受时间及工作场地的限制。因此一般采用徒手绘制，画出各个零件草图，然后根据零件草图和装配示意图画出装配图，再由装配图拆画零件图。完成的零件草图如图9-30所示。

四、绘制装配图

根据装配示意图和零件草图绘制装配图。下面以平口钳为例，说明装配图的画图步骤。

（1）选择视图，确定表达方案

主视图一般按机器或部件的工作位置选择，使装配体的主要轴线、主要安装面呈水平或铅垂位置，主视图能够较多地表达出机器（或部件）的工作原理、传动路线、零件间主要的装配关系及主要零件的结构形状。根据确定的主视图，选择适当的视图表达还没有表达清楚

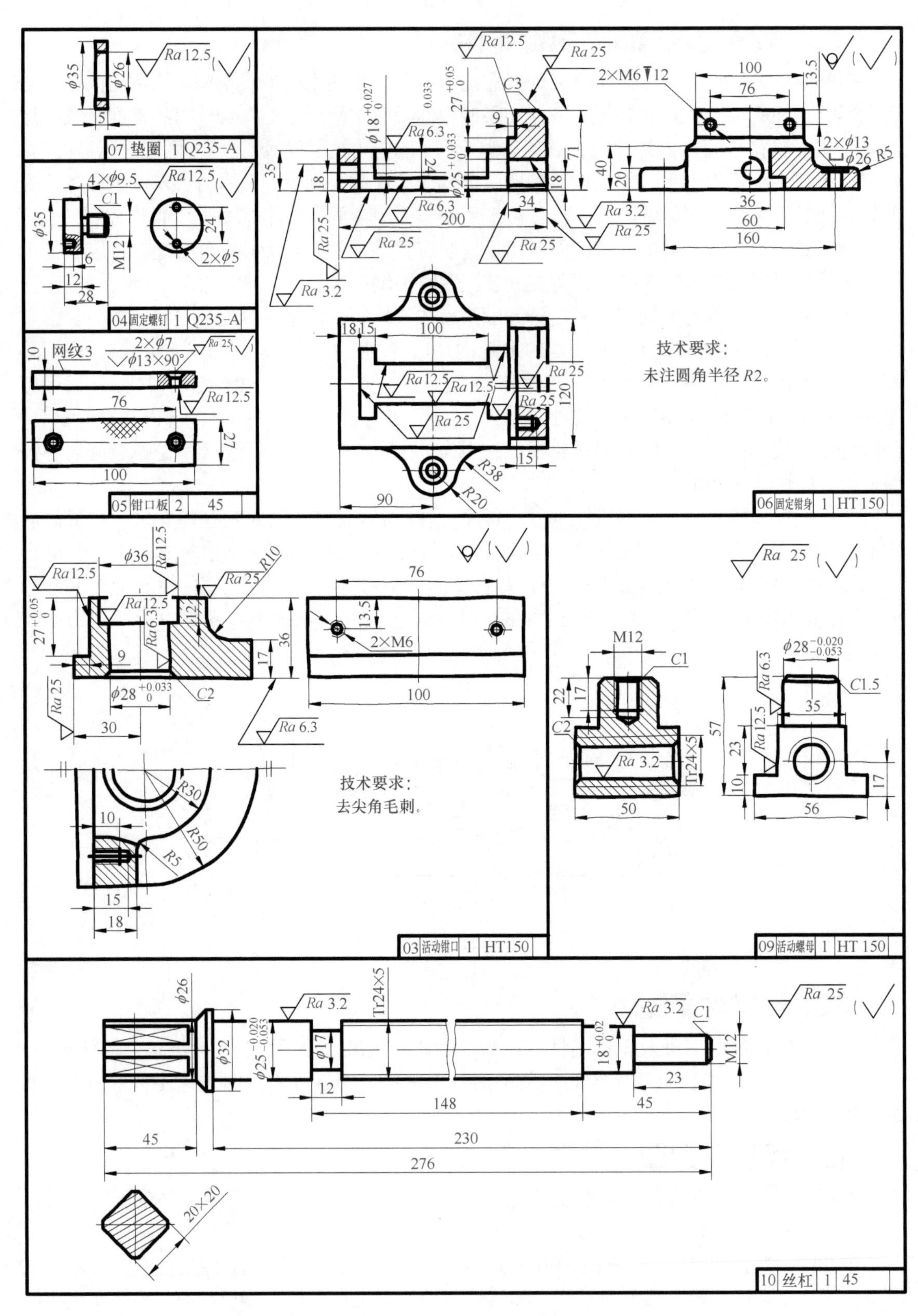

图9-30　平口钳零件草图

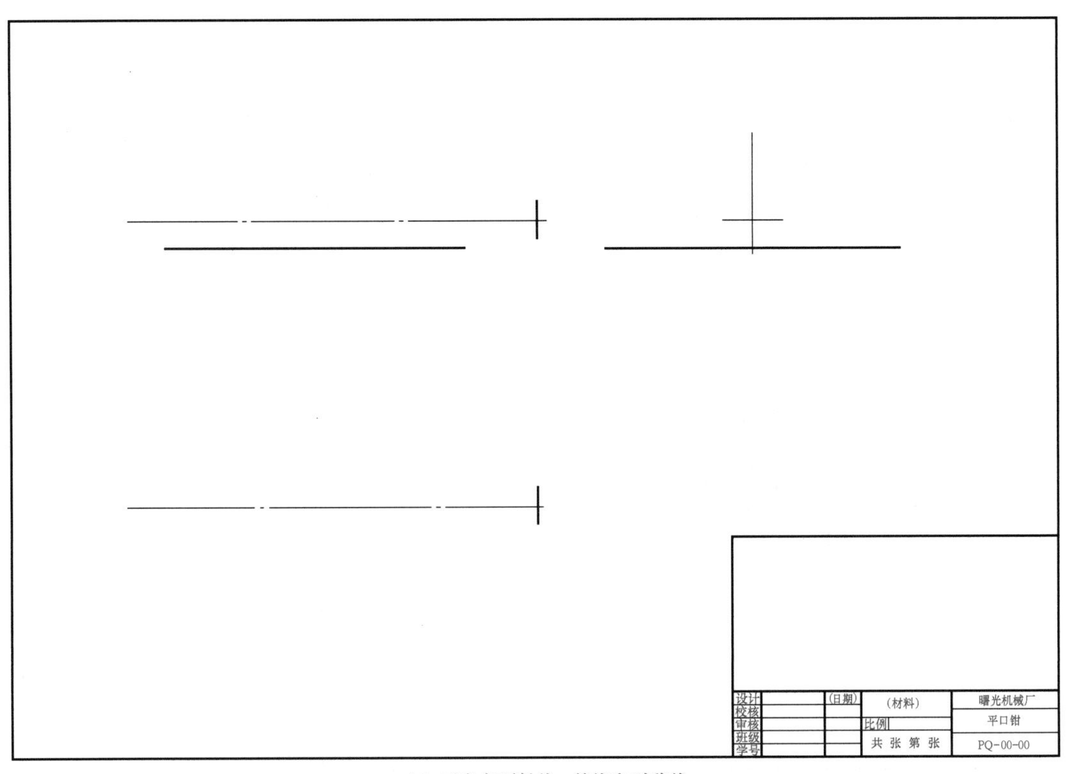

(a) 画出主要轴线、基线和对称线

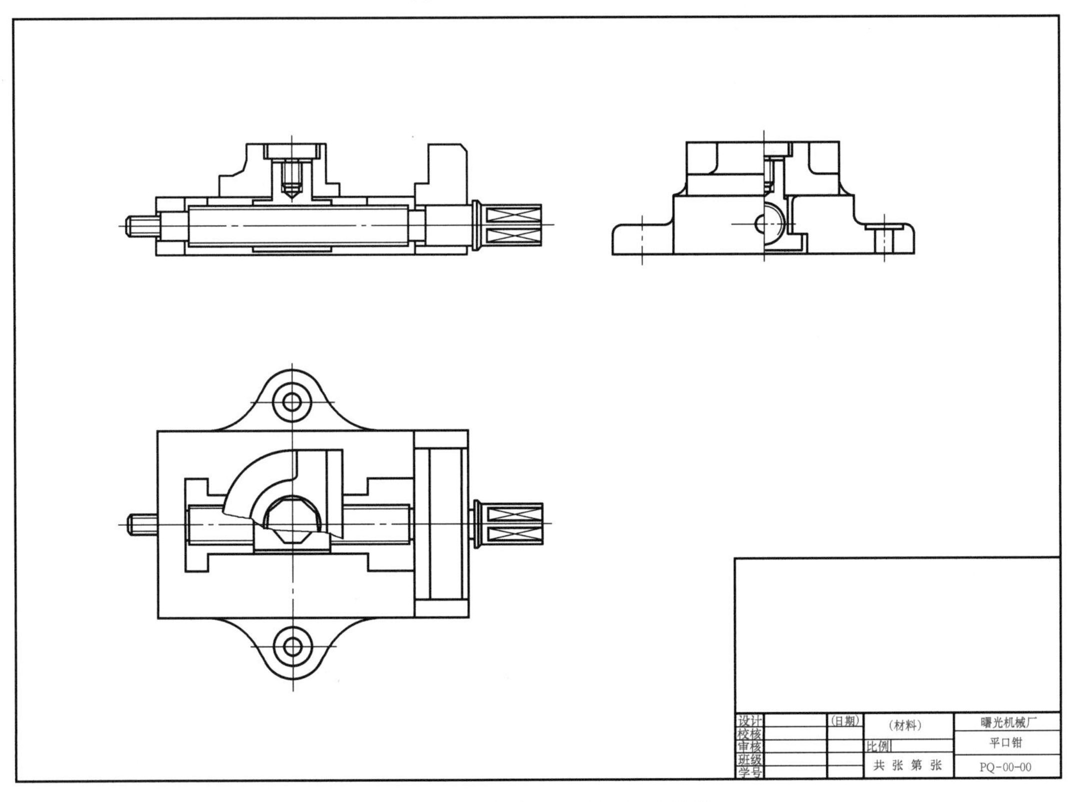

(b) 画出主要装配干线,逐渐向外扩展

图9-31

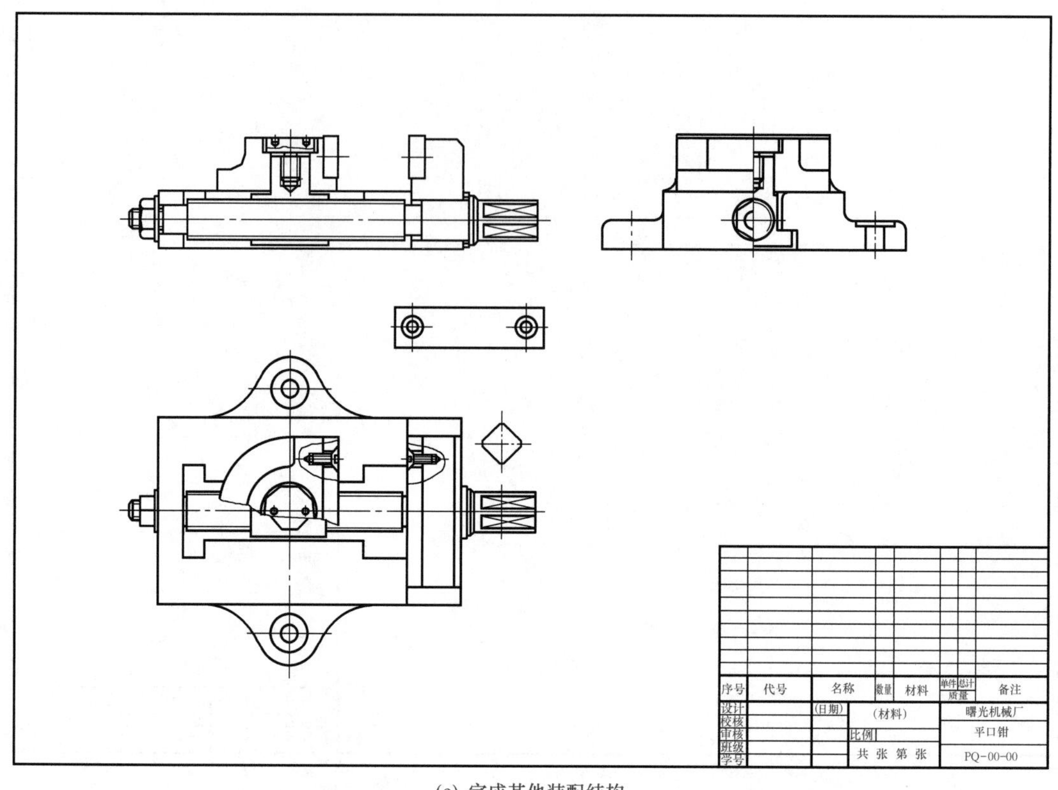

(c) 完成其他装配结构

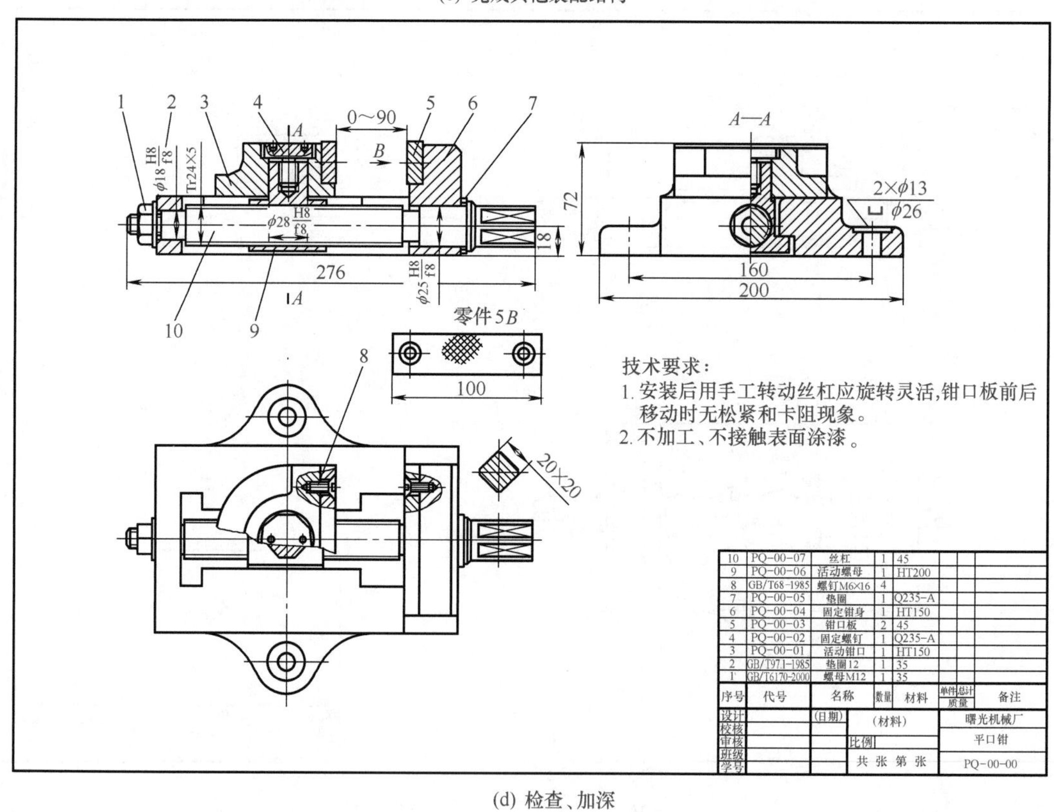

(d) 检查、加深

图9-31　绘制平口钳装配示意图

的装配关系、工作原理及主要零件的结构，尽可能用基本视图以及基本视图的剖视图表达有关内容。

以平口钳为例，按图9-28所示*K*向作为主视图的投射方向，既符合部件的工作位置，又能较多地反映零件间的装配关系。又由于丝杠10为主要的装配干线，主视图采用了通过丝杠10轴线的全剖视图。为了反映钳身、钳口、活动螺母的外形，俯视图采用了沿钳身与钳口结合面的局部剖视图。为了反映活动螺母与钳身的装配关系和安装孔的结构形式，画出了*A*—*A*半剖的左视图。用零件5的*B*局部视图表达钳口板的结构形状，用移出断面表达丝杠右端的截面形状，如图9-31所示。

（2）确定比例，布置视图

根据确定的表达方案，选取适当的比例，在图纸上安排各视图的位置，即画出视图的作图基准线，如对称中心线，较大零件的基线，或主要的轴线（装配干线）。为了便于看图，视图间的位置应尽量符合投影关系，整个图样的布局应匀称、美观。视图间留出一定的位置，以便注写尺寸和零件编号，还要留出标题栏、明细栏及技术要求所需位置。

（3）画装配图

画图时一般可从主视图或反映较多装配关系的视图画起，按照视图之间的投影关系，联系起来画。画剖视图时，以装配干线为准，按先内后外或由主到次的原则逐个画出各个零件，如图9-31所示。画平口钳的主视图，先画出丝杠的轴线，画出丝杠10，然后按照装配关系和相对位置逐渐向外扩展，画出活动螺母9、钳口3、固定螺钉4、钳身6等结构。完成主要装配干线后，再将其他装配结构一一画出，如钳口板、螺母、垫圈等。经过检查、校核后加深图线，画剖面符号，标注尺寸。最后，编写零件序号，填写明细栏、标题栏和技术要求，完成全图。

第四节　装配图的识图和拆画

在工业生产中，不仅在设计、装配过程中要看装配图，就是在技术交流或使用机器时，也常常要参阅装配图来了解设计者的意图和部件或机器的结构特点以及正确的操作方法等。因此，对工程技术人员来说，必须具备阅读装配图的能力，并在此基础上，能从装配图拆画零件图。

装配图识图的基本要求主要有以下四点：

① 了解机器或部件的性能、用途、规格及工作原理。

② 了解各组成零件的相对位置、装配关系、连接方式、传动路线等。

③ 了解各组成零件的作用和主要结构形状。

④ 了解机器或部件的使用方法、装拆顺序和有关技术要求。

一、装配图识图的方法和步骤

装配图识图的方法和步骤见表9-6。

表9-6　装配图识图的方法和步骤

项目	说明
概括了解	装配图识图时，首先从标题栏入手，了解部件的名称；从明细栏中了解组成部件的零件名称、数量、材料以及标准件的规格；通过阅读有关的说明书和技术资料，了解机器或部件的功用、性能和工作原理，从而对装配图的内容有个概略的认识

续表

项目	说明
视图表达分析	从主视图入手,结合其他视图找出各视图的投射方向、剖切位置,分析各个视图所表达的主要内容,为深入看图做准备
工作原理和装配关系分析	在概括了解和视图分析的基础上,全面分析机器或部件的工作原理。以反映装配关系比较明显的视图为主,配合其他视图,分析各条装配干线,即分析装配体上互相有关的零件,各沿着哪个主要零件的轴线或某一方向依次连接;搞清楚部件的传动、支承、调整、润滑和密封等形式;搞清楚各有关零件间的接触面、配合面的连接方式和装配关系;弄清楚运动件的动力输入与输出,运动的传递方向,从而了解整个部件的运动情况
零件分析	分析零件的目的是弄清每个零件的主要结构形状和作用,以便进一步理解部件的工作原理和装配关系。分析时,通常从主要零件开始,从表达该零件最明显的视图入手,联系其他视图,利用图上序号指引线找出零件所在位置和范围,利用同一零件在各剖视图中剖面线方向、间隔的一致性,利用规定画法、配合或连接关系等,对照线条找出对应的投影关系,将零件的视图从装配图中分离出来,依次逐个分析,想象出它们的形状,分析出它们的作用,完善其细部结构。至于一般的标准件,如螺栓、螺钉、滚动轴承等,只要知道它们的数量、规格和标准编号即可
综合归纳	在上述分析的基础上,为了加深、全面认识,还应将机器或部件的作用、结构、装配、操作、维修等方面的问题综合考虑、归纳总结。如:零件的具体结构有何特点?工作要求怎样实现?零件按什么顺序装拆?操作维修是否方便?哪些零件是运动的?哪些零件是静止的?等等。通过这样的提问和求解,对整个机器或部件有一个全面了解,达到识图的基本要求

应当指出，上述装配图识图的方法和步骤仅是一个概括的说明，决不能机械地把这些步骤截然分开，实际上装配图识图的几个步骤往往是交替进行的。只有通过不断实践，才能掌握识图规律，提高识图能力。

二、装配图识图举例

（一）柱塞泵装配图识图

如图9-32所示，其说明见表9-7。

（二）齿轮油泵装配图识图

如下图9-33所示，其说明见表9-8。

三、由装配图拆画零件图

在设计过程中，常常要根据装配图拆画零件图，简称拆图。拆图必须在读懂装配图的基础上进行。为了使拆画的零件图符合设计要求和工艺要求，一般按以下步骤进行（见表9-9）。

四、拆画零件图举例

（一）拆画图9-32所示柱塞泵装配图中的泵体6

（1）确定表达方案

在装配图中，按照泵体6的投影关系和剖面线，在各个视图中找到泵体6的图形，确定其整个轮廓。在此基础上，分离出泵体6的图形，如图9-35所示。

补全被遮挡部分投影后所得的视图，如图9-36所示。

由于装配图中泵体6的主视图并不符合零件图的主视图选择原则，故将泵体6的安装基面朝下。主、俯、左三个视图仍然采用局部剖视图，并用*B*局部视图和*A*—*A*剖视图补充表达，如图9-37所示。

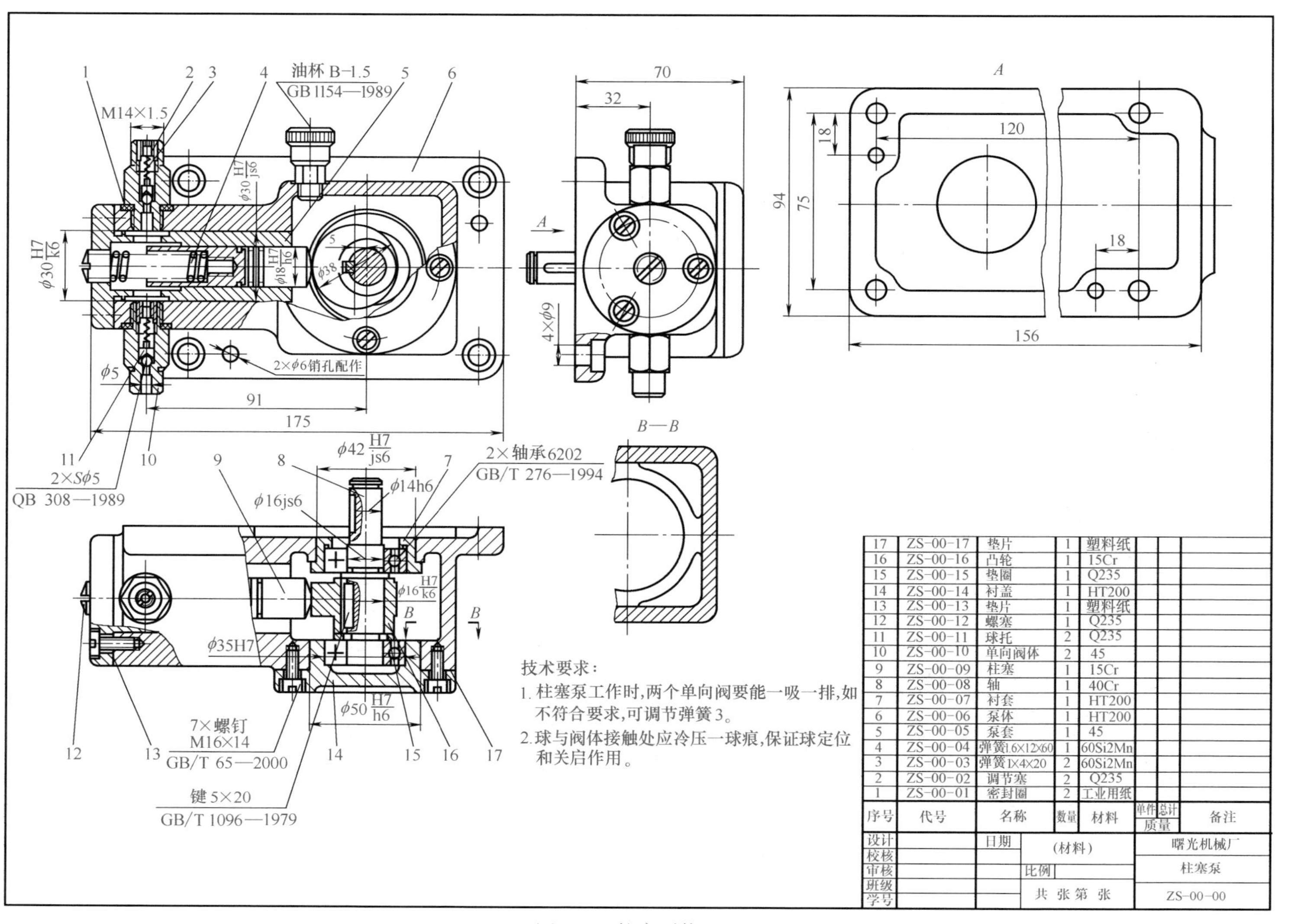

序号	代号	名称	数量	材料	单件质量	总计质量	备注
17	ZS-00-17	垫片	1	塑料纸			
16	ZS-00-16	凸轮	1	15Cr			
15	ZS-00-15	垫圈	1	Q235			
14	ZS-00-14	衬盖	1	HT200			
13	ZS-00-13	垫片	1	塑料纸			
12	ZS-00-12	螺塞	1	Q235			
11	ZS-00-11	球托	2	Q235			
10	ZS-00-10	单向阀体	2	45			
9	ZS-00-09	柱塞	1	15Cr			
8	ZS-00-08	轴	1	40Cr			
7	ZS-00-07	衬套	1	HT200			
6	ZS-00-06	泵体	1	HT200			
5	ZS-00-05	泵套	1	45			
4	ZS-00-04	弹簧1.6×12×60	1	60Si2Mn			
3	ZS-00-03	弹簧1×4×20	2	60Si2Mn			
2	ZS-00-02	调节塞	2	Q235			
1	ZS-00-01	密封圈	2	工业用纸			

设计		日期	(材料)	曙光机械厂
校核				
审核			比例	柱塞泵
班级			共 张 第 张	ZS-00-00
学号				

图9-32　柱塞泵装配图

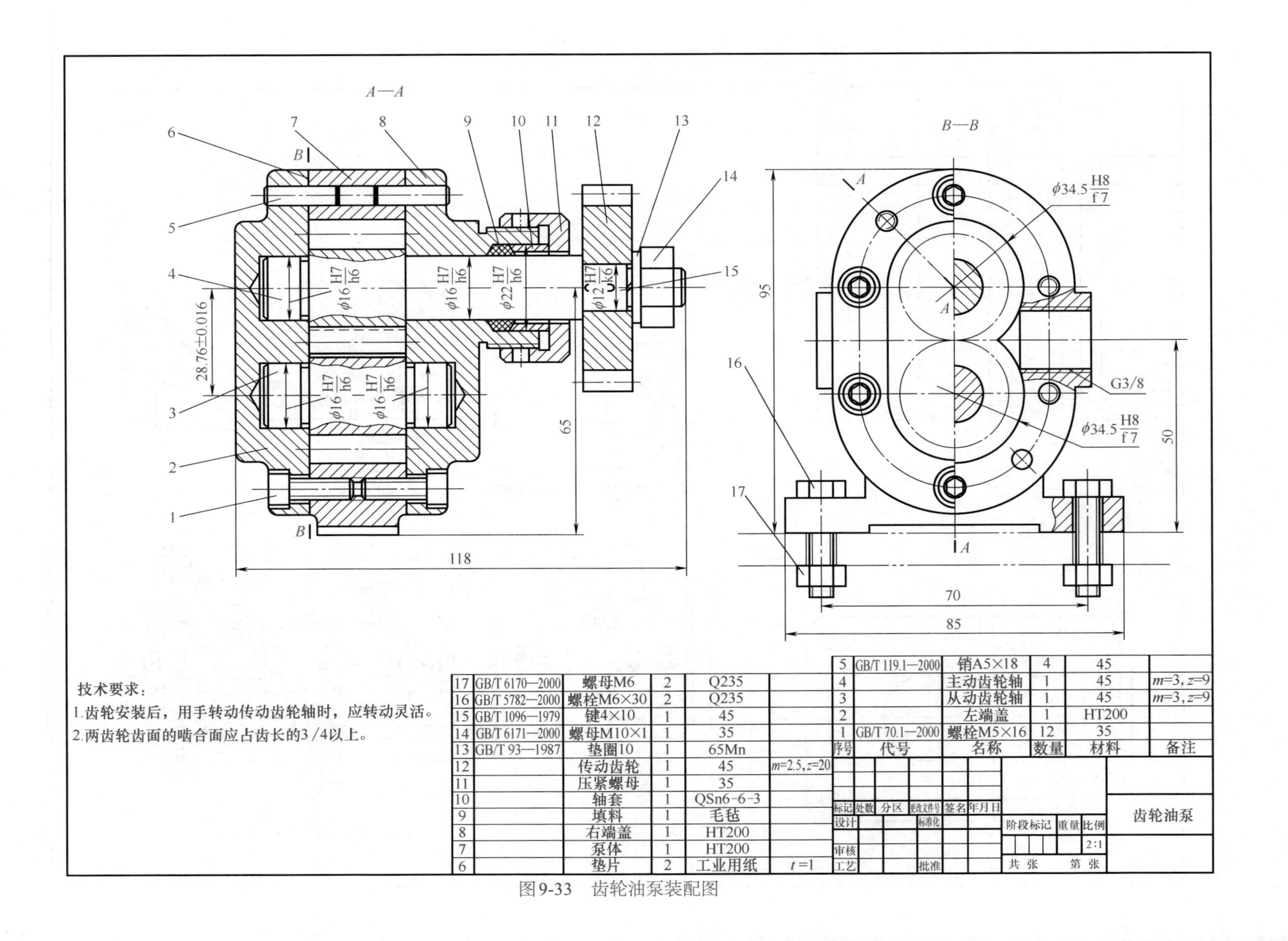

序号	代号	名称	数量	材料	备注
17	GB/T 6170—2000	螺母M6	2	Q235	
16	GB/T 5782—2000	螺栓M6×30	2	Q235	
15	GB/T 1096—1979	键4×10	1	45	
14	GB/T 6171—2000	螺母M10×1	1	35	
13	GB/T 93—1987	垫圈10	1	65Mn	
12		传动齿轮	1	45	m=2.5, z=20
11		压紧螺母	1	35	
10		轴套	1	QSn6-6-3	
9		填料	1	毛毡	
8		右端盖	1	HT200	
7		泵体	1	HT200	
6		垫片	2	工业用纸	t=1
5	GB/T 119.1—2000	销A5×18	4	45	
4		主动齿轮轴	1	45	m=3, z=9
3		从动齿轮轴	1	45	m=3, z=9
2		左端盖	1	HT200	
1	GB/T 70.1—2000	螺栓M5×16	12	35	

图9-33 齿轮油泵装配图

表9-7　柱塞泵装配图识图分析

类别	说明
概括了解	从标题栏可知该部件为柱塞泵。通过阅读装配图中的技术要求以及有关说明书，了解柱塞泵的功用、性能和工作原理。柱塞泵是机器润滑系统中的重要组成部件。泵的工作原理是利用容腔体积的变化产生压力变化，从而把低压油吸入，把高压油挤出。柱塞泵是利用柱塞运动变化及单向阀由件2、3、10、11组成的协调配合实现上述功能的。从明细栏及零件编号可知，柱塞泵共有22种、合计35个零件组成，其中标准件5种，合计13个
视图表达分析	柱塞泵装配图采用了三个基本视图、一个*A*视图和一个*B*—*B*剖视图。主视图采用了局部剖视图，表达了柱塞泵的形状和三条装配干线，即沿柱塞9轴线方向的主要装配干线和两个单向阀的装配干线；俯视图表达了柱塞泵的外形和安装位置，用局部剖视图表达了另一条主要装配干线，即轴8上所有相关零件的装配情况；左视图表达了柱塞泵的形状、三个均布的螺钉，并用局部剖视图表达了泵体6上的四个安装沉孔；局部视图*A*表达泵体6后面的真形、四个安装沉孔及两个销孔的位置；*B*—*B*剖视图表达泵体右端的内部形状
工作原理和装配关系分析	从主、俯视图可知柱塞泵的工作原理：运动从轴8输入，它将回转运动通过键连接传递给凸轮16；在左端弹簧4的作用下，柱塞9始终与凸轮16平稳接触。于是凸轮16的回转运动就转换成柱塞9在泵套内的往复直线运动。调节左端螺塞12，即可调整柱塞9对凸轮16的压紧力。柱塞9左端与两个单向阀构成一个容积不断变化的油腔，当柱塞9在弹簧4作用下右移时，该油腔空间体积增大，形成负压，上面的单向阀关闭，下面的单向阀打开，外界润滑油在常压作用下被吸入油腔；当柱塞9在凸轮16作用下左移时，该空间体积减小，压力增大，这时下面的单向阀关闭，上面的单向阀打开，油腔中的高压油被压入润滑油路 两个单向阀均只能让油液单向通过，其组成完全相同，只是安装方向不同。在图9-32图示位置，上面的单向阀只能让油液自下而上流出，下面的单向阀只能让油液自下而上流入。调整调节塞2，即可调整通过的油液压力 柱塞9与泵套5的配合尺寸ϕ18H7/h6，为间隙很小的间隙配合。通过凸轮尺寸ϕ38与偏心距5，可推算出柱塞9的左右行程；进油口和出油口采用了M14×1.5的普通细牙螺纹连接；ϕ5表示了单向阀的口径 俯视图中的尺寸ϕ16H7/k6，表示轴8与凸轮16为过渡配合。ϕ42H7/js6表示衬套7与泵体6为过渡配合。ϕ50H7/h6表示衬盖14与泵体6为间隙配合。ϕ16js6与ϕ35H7分别表示与轴承相配合的轴与孔的配合尺寸及公差带代号。其余尺寸或为安装尺寸，或为外形尺寸等。前述所有配合尺寸均围绕柱塞9与轴8这两条装配干线，它们是柱塞泵的主要装配干线
零件分析	柱塞泵的泵体是一个主要零件，通过分析主视图和左视图，可以看出，泵体由主体和底板两部分组成，上下结构基本对称。其主体为两个大小不同的方箱，柱塞9和凸轮轴8上的零件都包容在方箱中，形成两条主要装配干线。右侧的大方箱前表面上均布四个螺孔以连接衬盖14，上侧偏左有一螺孔用于安装油杯。在左侧方箱的左面，有上下对称的两个螺孔用来安装单向阀。泵体左端凸台上均布三个螺孔，通过螺塞、弹簧顶着柱塞。泵体底板为带圆角的长方板，上有四个安装螺栓的沉孔和两个定位销孔。根据以上分析可以确定泵体的整体结构形状 其他零件的结构请读者自行分析
综合归纳	经过由浅入深的看图过程，再围绕部件的结构、工作情形和装配连接关系等，把各部分结构有机地联系起来归纳总结，进而可以分析结构能否完成预定的功能，工作是否可靠，装拆是否方便，润滑和密封是否存在问题等。例如，柱塞泵凸轮轴的装配顺序为凸轮轴+键+凸轮+两端轴承+衬套+衬盖，然后再一起由前向后装入泵体，最后装上四个螺钉。柱塞泵的润滑采用油杯，它储存润滑油，在重力作用下油滴滴入凸轮16与柱塞9的摩擦面，使柱塞和凸轮得以润滑。柱塞泵的密封防漏，采用密封圈1、垫片13与17等。通过上述分析可知，该柱塞泵的结构能实现供油的功能，工作原理清楚，部件的表达及尺寸完整

表9-8　齿轮油泵装配图识图分析

类别	说明
概括了解	从标题栏可知该部件为齿轮油泵。通过阅读装配图中的技术要求以及有关说明书，了解齿轮油泵的功用、性能和工作原理。齿轮油泵是机器中用以输送润滑油的一个部件，其工作原理是利用一对啮合齿轮的旋转产生压力变化，从吸油口把低压油吸入，从压油口把高压油挤出。从明细栏及零件编号可知，齿轮油泵共由17种、合计34个零件组成，其中标准件7种，合计23个

续表

类别	说明
视图表达分析	齿轮油泵装配图采用了两个基本视图：主视图为全剖视图(旋转剖切)，清楚地反映了齿轮油泵的零件组成和主要装配关系，主视图中还采用了局部剖视来反映齿轮轴的啮合关系；左视图采用了沿左端盖结合面*B*—*B*的位置剖切的半剖视图，进一步对油泵内腔结构及外形进行表达，此外用局部剖视反映了吸、压油口的情况
工作原理和装配关系分析	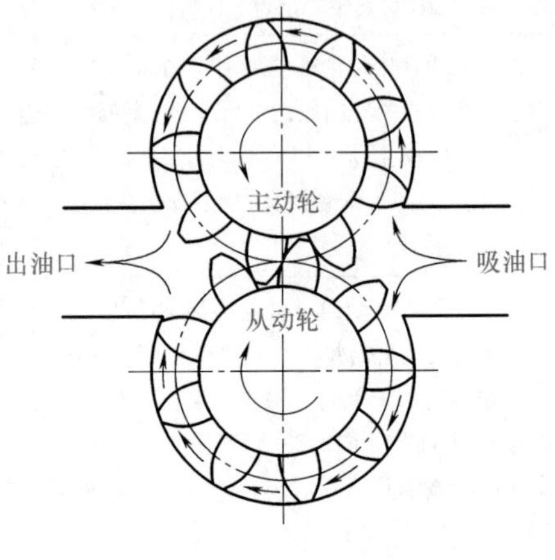 图9-34　齿轮油泵工作原理图 从主、左视图可知齿轮油泵的工作原理：左端盖2、右端盖8和泵体7通过螺栓1组成封闭的内腔结构，同时左右端盖和主、从动齿轮的侧面形成配合的密封面，把泵内的整个工作腔分两个独立的部分，如图9-34所示，右侧为吸入腔，左侧为排出腔 齿轮油泵工作时，运动从传动齿轮12输入，将回转运动通过键15传递给主动齿轮轴4。其与从动齿轮轴3一起啮合旋转，当齿轮从啮合到脱开时在吸油口会形成局部真空，将油吸入。被吸入的油经齿轮的各个齿谷而带到排出腔，齿轮进入啮合时液体被挤出，形成高压液体并经出油口排出泵外 为了防止压力油的泄漏，齿轮油泵必须考虑密封的问题。该油泵的密封主要有静密封和动密封两部分：静密封是左端盖2、右端盖8和泵体7接触面之间的密封，通过添加垫片6和螺栓1的紧固来实现；动密封是主动齿轮轴4和右端盖8之间的密封，通过添加填料9和轴套10，以及压紧螺母11的压紧来实现
零件分析	齿轮油泵的组成零件结构都较为简单。以其中的主要零件——主动齿轮轴为例，通过分析主视图和左视图，可以看出，主动齿轮轴为一细长阶梯圆柱体，通过两个ϕ16H7/h6的配合面分别支承在左右端盖上，右端ϕ12圆柱体为动力输入端，上面分布有4×10键槽与传动齿轮相连，最右端为M10螺纹，用来安装螺母，对传动齿轮进行紧固定位。根据以上分析可以确定主动齿轮轴的整体结构形状 其他零件的结构请读者自行分析
综合归纳	经过由浅入深的看图过程，再围绕部件的结构、工作情形和装配连接关系等，把各部分结构有机地联系起来归纳总结，进而可以分析结构能否完成预定的功能，工作是否可靠，装拆是否方便，润滑和密封是否存在问题等。例如，油泵的整体装配顺序为：首先将右端盖、垫片和泵体通过销和螺栓连成一体，然后将主动齿轮轴、从动齿轮轴由左向右装入，放垫片，装左端盖，接着从右侧填入填料，放套筒，旋上锁紧螺母，最后在主动齿轮轴的动力输入端放入键，装上传动齿轮，用弹簧垫片和螺母锁紧。在装配过程要注意，螺栓和锁紧螺母的松紧要适度，既要保证密封，又不能使齿轮轴的转动出现卡滞

表9-9　由装配图拆画零件图的步骤

项目	说明
确定表达方案	先把表示该零件的视图从装配图中分离出来，补全被其他零件遮挡部分的图线，想象出该零件。再根据零件的分类和具体结构形状，按零件图的视图选择原则考虑其表达方案。不强求方案与装配图一致，不能照搬装配图中的表达形式，更不能简单地照抄装配图上的零件投影。在多数情况下，箱体类零件(包括各种箱体、壳体、阀体、泵体等)主视图的选择尽可能与装配图表达一致，这样便于阅读和画图，装配机器时，便于对照。对于轴套类零件，一般按主要加工位置选取主视图。如图9-33中的轴3是按照其工作位置画出的，若画其零件图，为便于加工时看图，轴线须水平放置，零件的大头在左，小头在右。为表示轴上的键槽等结构再辅以移出断面即可
补全零件的结构形状	在装配图上，零件的倒角、圆角和退刀槽等工艺结构常采用简化画法或者省略不画。而在拆画零件图时，这些结构不能省略，必须表示清楚。对于装配图上未能表达清楚的结构，拆画零件图时，应根据零件的作用及结构知识、设计和工艺的要求，将结构补充完善
确定零件的尺寸	①装配图上已注出的尺寸，在有关零件图上直接注出。对于配合尺寸、相对位置尺寸要注出偏差数值，以便于加工、测量和检验

续表

项目	说明
确定零件的尺寸	②标准结构(如螺纹孔、沉孔、销孔、键槽、退刀槽、中心孔等)的尺寸,要从相应的标准中查取 ③在明细栏中给定的尺寸(如垫片厚度等),要按给定尺寸注写 ④根据装配图中的数据应进行计算的尺寸(如齿轮的分度圆、齿顶圆直径等),要经过计算后才能注写 ⑤对有装配关系的尺寸(如螺纹紧固件的有关定位尺寸)要注意相互协调,避免造成尺寸矛盾 ⑥在装配图上没有标注出的零件各部分尺寸可按比例直接从装配图中量取,注意尺寸的圆整和标准化数值的选取
确定技术要求	零件表面粗糙度可根据各表面的作用和要求确定,也可参阅有关资料或同类产品的图纸,采用类比法确定。一般情况下,配合面与接触面的表面粗糙度参数值应小,自由表面的表面粗糙度参数值较大。有密封、耐蚀、美观等要求的表面粗糙度参数值应较小。至于其他技术要求,如形位公差、热处理等,其选用与确定涉及许多专业知识和实践经验,必须参考同类产品的图纸资料和生产实践知识来拟订

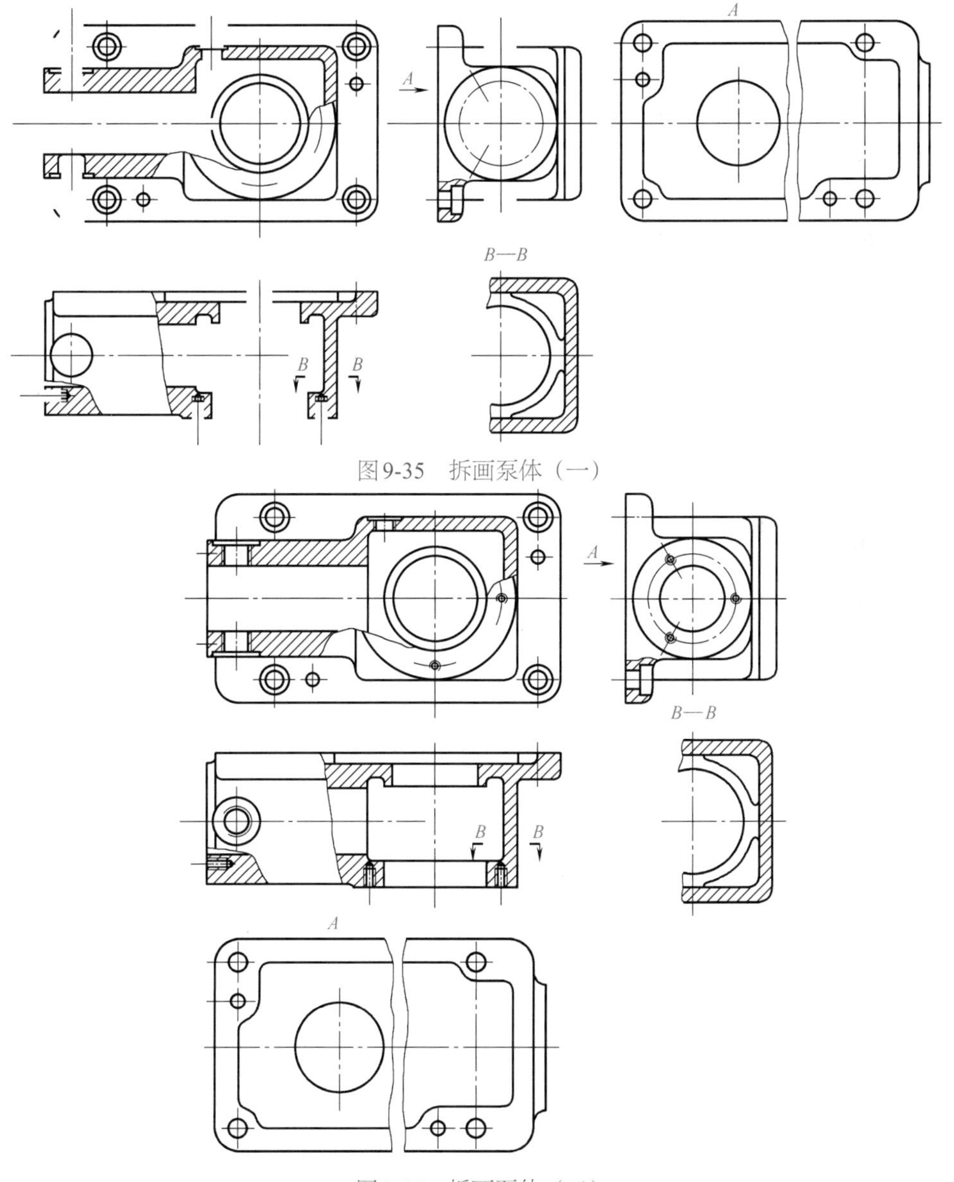

图9-35 拆画泵体(一)

图9-36 拆画泵体(二)

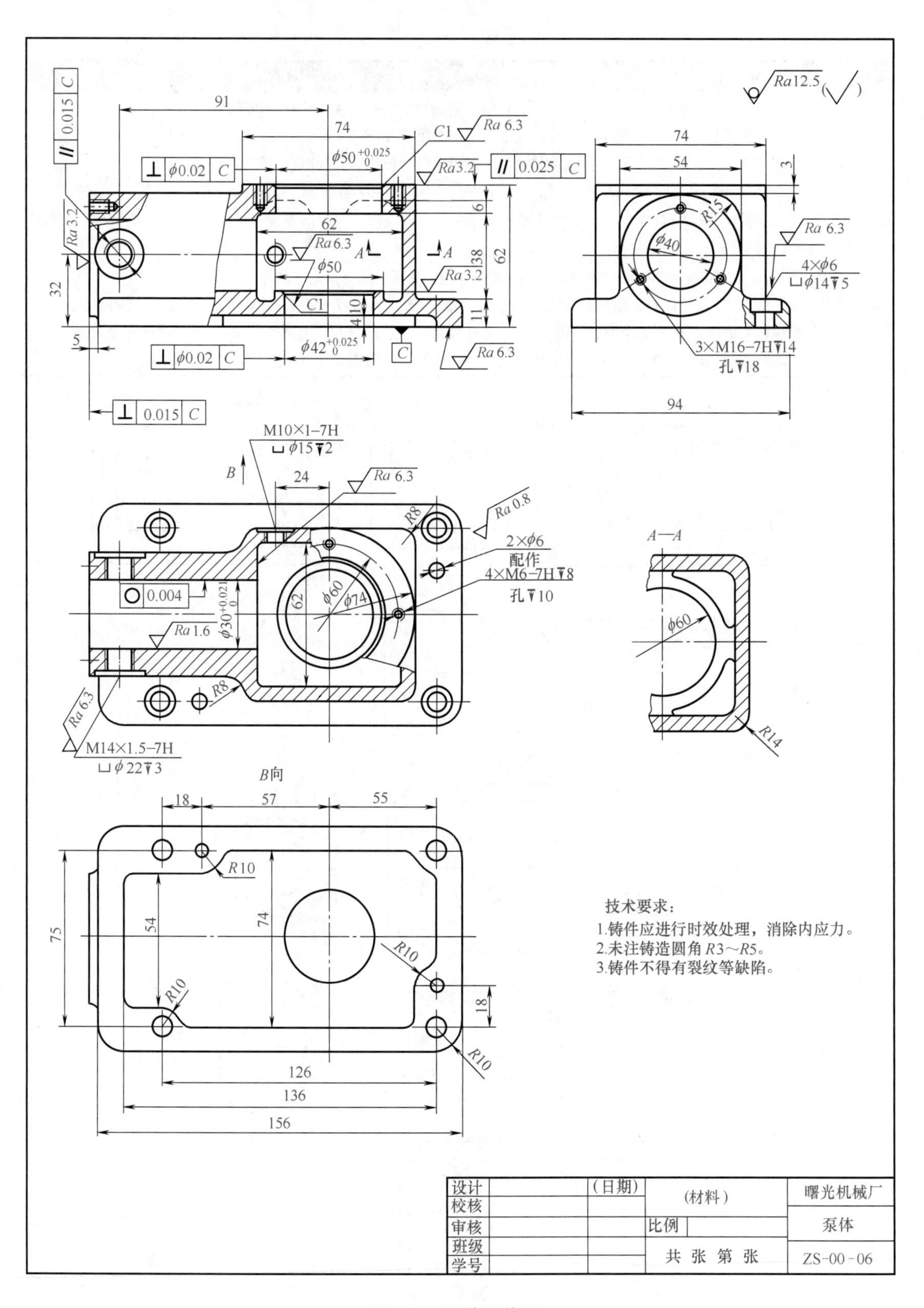
技术要求：
1.铸件应进行时效处理，消除内应力。
2.未注铸造圆角R3～R5。
3.铸件不得有裂纹等缺陷。
A—A
B向
曙光机械厂
泵体
ZS-00-06
设计
校核
审核
班级
学号
(日期)
(材料)
比例
共 张 第 张

图9-37　泵体零件图

（2）补全零件的结构

装配图中泵体6内腔的凸台厚度没有表达出来，应在零件图上表达清楚，故在零件图的主视图中用虚线画出。某些倒角等结构也应在零件图上表达出来，如图9-37所示。

（3）标注尺寸

要注出加工零件时必需的全部尺寸。有些尺寸必须适当处理，如$\phi50^{+0.025}_{0}$、4×M6-7H等。

（4）确定技术要求

根据柱塞泵的工作情况可知，泵体是一个重要的零件。其表面粗糙度、形位公差和其他技术要求如图9-37所示。

（二）拆画图9-33所示的齿轮油泵装配图中的右端盖8

（1）确定表达方案

在装配图中，按照右端盖8的投影关系和剖面线，在各个视图中找到右端盖8的图形，确定其整个轮廓。在此基础上，分离出右端盖8的图形，如图9-38所示。

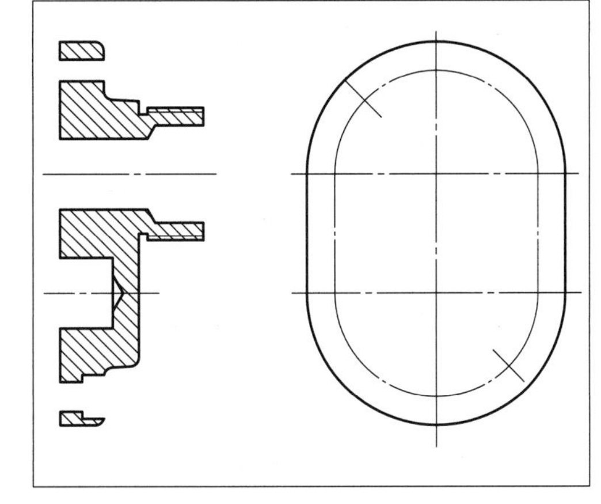

图9-38　拆画右端盖

零件的视图表达方案是根据零件的结构形状确定，而不能盲目照搬装配图。图9-39(a)、(b)为右端盖的两种表达方案，经比较，以表达信息较多的剖视图作为主视图，左视图表达端盖形状特征及沉孔和销孔的分布，如图9-39所示选择方案一。

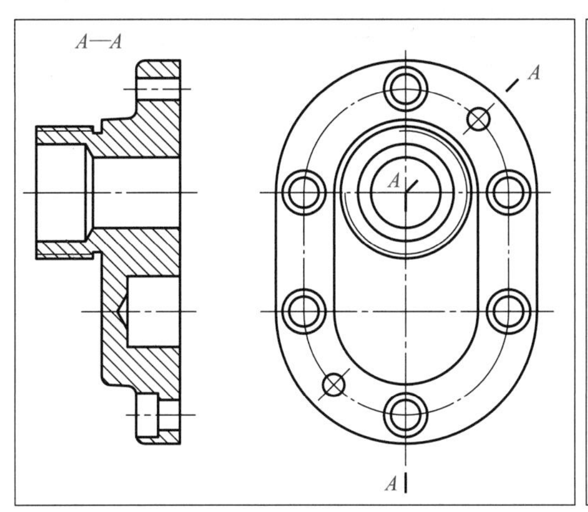

(a) 表达方案一

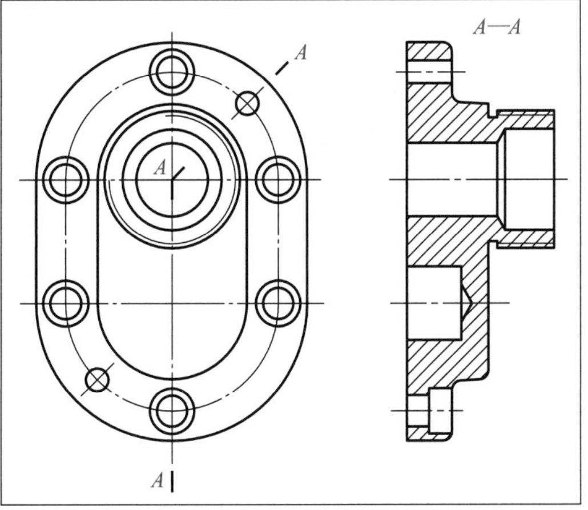

(b) 表达方案二

图9-39　表达方案选择

（2）补全零件的结构

端盖零件结构较为简单，原有装配图中的两个视图已经足够，因此简单补齐后，零件结构表达充分。

（3）标注尺寸

注出加工零件时必需的全部尺寸，对一些尺寸做适当处理。

(4）确定技术要求

根据齿轮油泵的工作情况和装配要求，对右端盖的表面粗糙度、形位公差和其他技术要求做出标注，如图9-40所示。

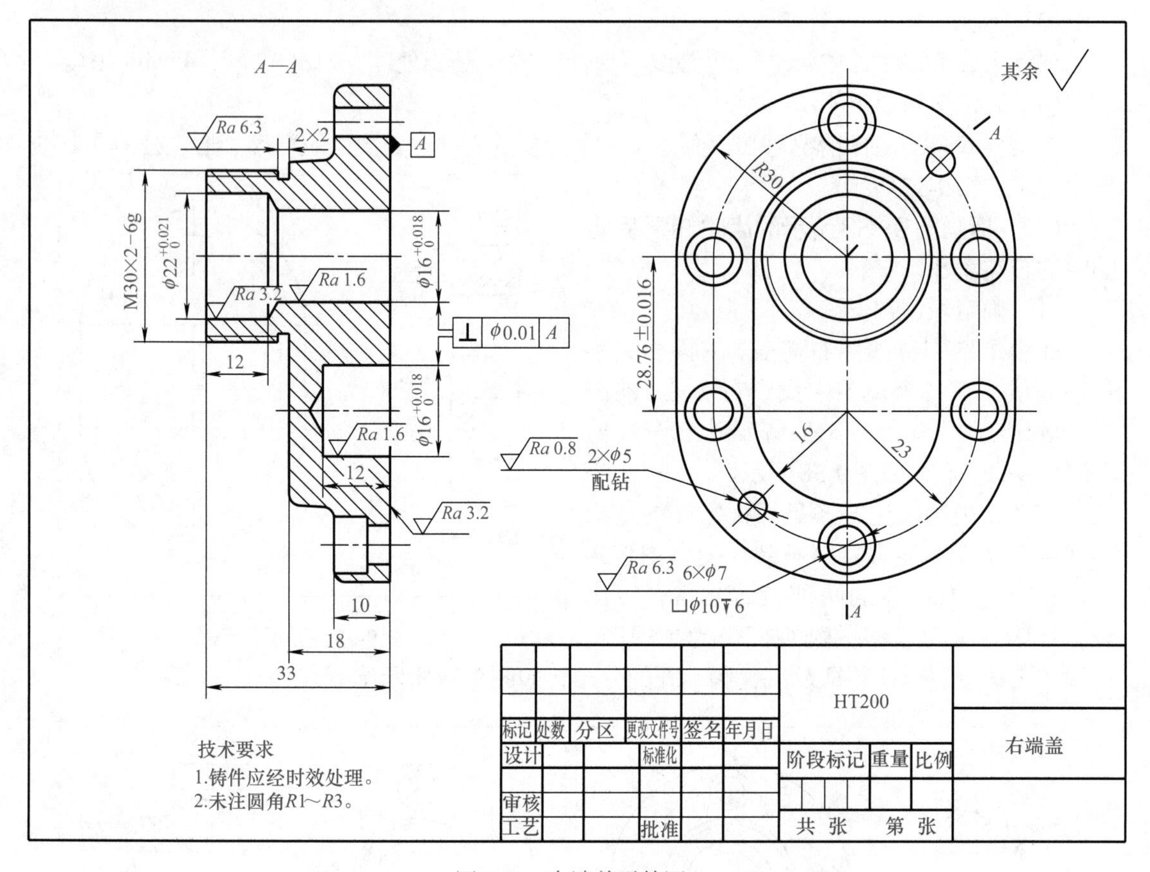

图9-40 右端盖零件图

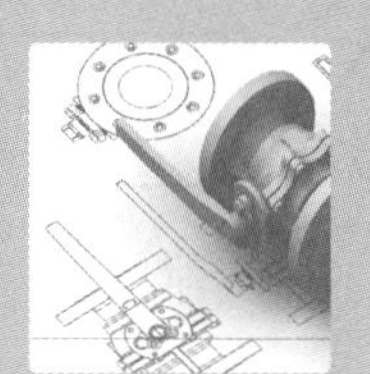

第十章
焊工识图

第一节 焊接接头、焊缝形式及焊缝表示法

焊接接头是一个化学和力学不均匀体，焊接接头的不连续性体现在四个方面：几何形状不连续，化学成分不连续，金相组织不连续，力学性能不连续。

影响焊接接头的力学性能的因素主要有焊接缺陷、接头形状的不连续性、焊接残余应力和变形等。常见的焊接缺陷的形式有焊接裂纹、熔合不良、咬边、夹渣和气孔。焊接缺陷中的未熔全和焊接裂纹，往往是接头的破坏源。接头形状的不连续性主要是焊缝增高及连接处的截面变化造成的，此处会产生应力集中现象，同时由于焊接结构中存在着焊接残余应力和残余变形，导致接头力学性能不均匀。在材质方面，不仅有热循环引起的组织变化，还有复杂的热塑性变形产生的材质硬化。此外，焊后热处理和矫正变形等工序，都可能影响接头的性能。

一、焊接接头

焊接生产中，由于焊件厚度、结构形状和使用条件不同，其接头形式和坡口形式也不同，焊接接头形式可分为：对接接头、搭接接头、T字接头及角接接头四种。

（1）对接接头

对接接头是焊接结构中使用最多的一种接头形式。按照焊件厚度和坡口准备的不同，对接接头一般可分为卷边对接、不开坡口、V形坡口、X形坡口、单U形坡口和双U形坡口等形式（如图10-1所示）。

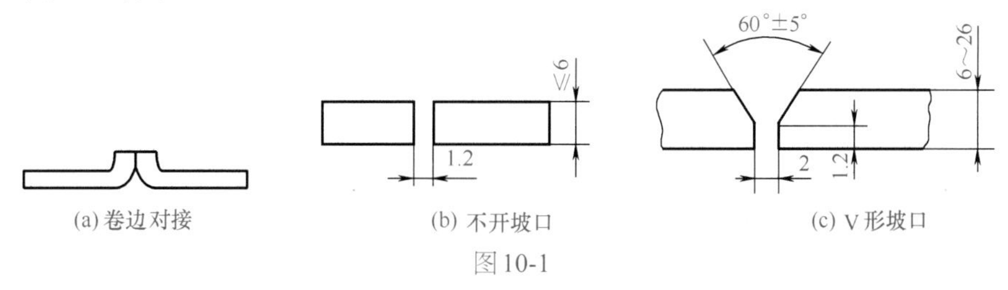

图10-1

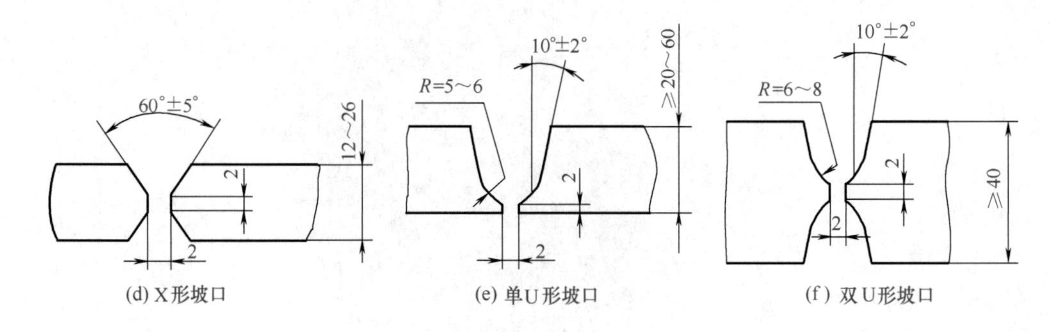

图10-1　对接接头形式

（2）搭接接头

搭接接头根据其结构形式和对强度的要求，可分为不开坡口、圆孔内塞焊、长孔内角焊三种形式（如图10-2所示）。

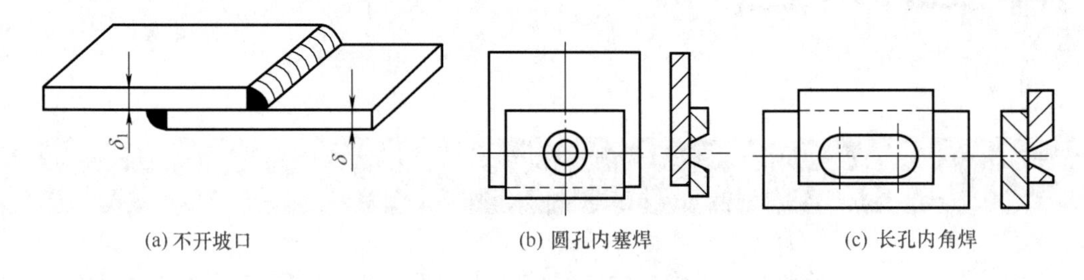

图10-2　搭接接头形式

不开坡口形式搭接接头，一般用于12mm以下钢板，其重叠部分为≥$2(\delta_1+\delta)$，并采用双面焊接。这种接头的装配要求不高，接头的承载能力低，所以只用在不重要的结构中。

当遇到重叠钢板的面积较大时，为了保证结构强度，可根据需要分别选用圆孔内塞焊和长孔内角焊的接头形式。这种形式特别适于被焊结构狭小处以及密闭的焊接结构。圆孔和长孔的大小和数量，应根据板厚和对结构的厚度要求而定。

开坡口是为了保证焊缝根部焊透，便于清除熔渣，获得较好的焊缝成形，而且坡口能起调节基本金属和填充金属比例的作用。钝边是为了防止烧穿，钝边尺寸要保证第一层焊缝能焊透。间隙也是为了保证根部焊透。

选择坡口形式时，主要考虑的因素为：保证焊缝焊透，坡口形状容易加工，尽可能提高生产效率、节省焊条，焊后焊件变形尽可能小。

钢板厚度在6mm以下，一般不开坡口，但重要结构，当厚度在3mm时就要求开坡口。钢板厚度为6~26mm时，采用V形坡口，这种坡口便于加工，但焊后焊件容易发生变形。钢板厚度为12~60mm时，一般采用X形坡口，这种坡口比V形坡口好，在同样厚度下，它能减少焊着金属量1／2左右，焊件变形和内应力也比较小，主要用于大厚度及要求变形较小的结构中。单U形和双U形坡口的焊着金属量更少，焊后产生的变形也小，但这种坡口加工困难，一般用于较重要的焊接结构。

对于不同厚度的板材焊接时，如果厚度差（$\delta_1-\delta$）未超过表10-1的规定，则焊接接头的基本形式与尺寸应按较厚板选取；否则，应在较厚的板上作出单面或双面的斜边，如图10-3所示。其削薄长度$L≥3$（$\delta-\delta_1$）。

表10-1　厚度差范围表　　单位：mm

较薄板的厚度	2~5	6~8	9~11	≥12
允许厚度差	1	2	3	4

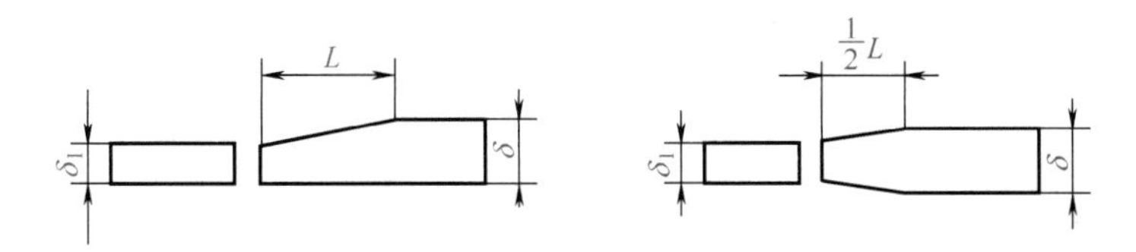

图10-3　不同厚度板材的对接

（3）T字接头

T字接头的形式，如图10-4所示。这种接头形式应用范围比较广，在船体结构中，约70%的焊缝是采用这种接头形式。按照焊件厚度和坡口准备的不同，T字接头可分为不开坡口、单边V形坡口、K形坡口以及双U形坡口四种形式。

当T字接头作为一般连接焊缝，并且钢板厚度在2~30mm时，可不开坡口。若T字接头的焊缝，要求承受载荷时，则应按钢板厚度和对结构的强度要求，开适当的坡口，使接头焊透，以保证接头强度。

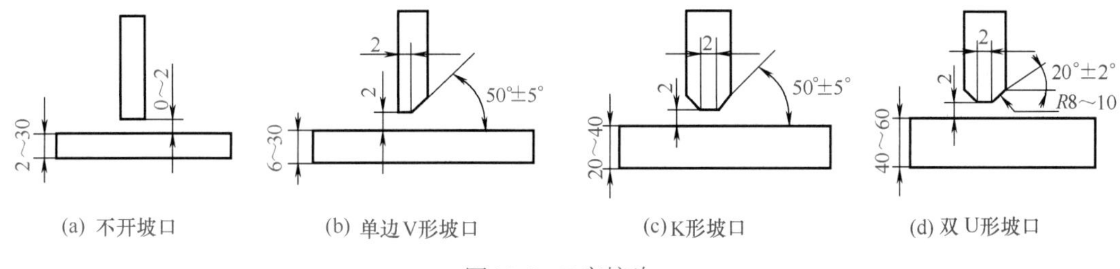

图10-4　T字接头

（4）角接接头

角接接头的形式，如图10-5所示。根据焊件厚度和坡口准备的不同，角接接头可分为不开坡口、单边V形坡口、V形坡口以及K形坡口四种形式。

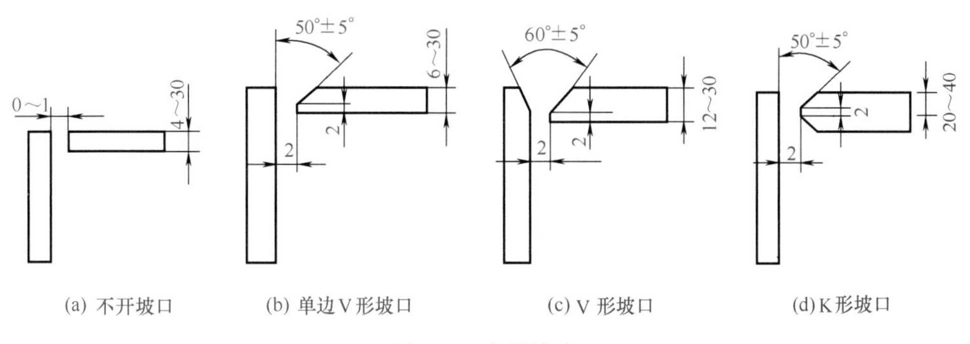

图10-5　角接接头

二、焊缝形式

（1）焊缝的基本形状及尺寸

焊缝形状和尺寸通常是相对焊缝的横截面而言，焊缝形状特征的基本尺寸如图10-6所示。c为焊缝宽度，简称熔宽；s为基本金属的熔透深度，简称熔深；h为焊缝的堆敷高度，称为余高量；焊缝熔宽与熔深的比值称为焊缝形状系数ψ，即$\psi=c/s$；焊缝形状系数ψ对焊缝质量影响很大，当ψ选择不当时，会使焊缝内部产生气孔、夹渣、裂纹等缺陷。通常，焊缝形状系数ψ控制在1.3~2较为合适，这对溶池中气体的逸出以及防止夹渣、裂纹等均有利。

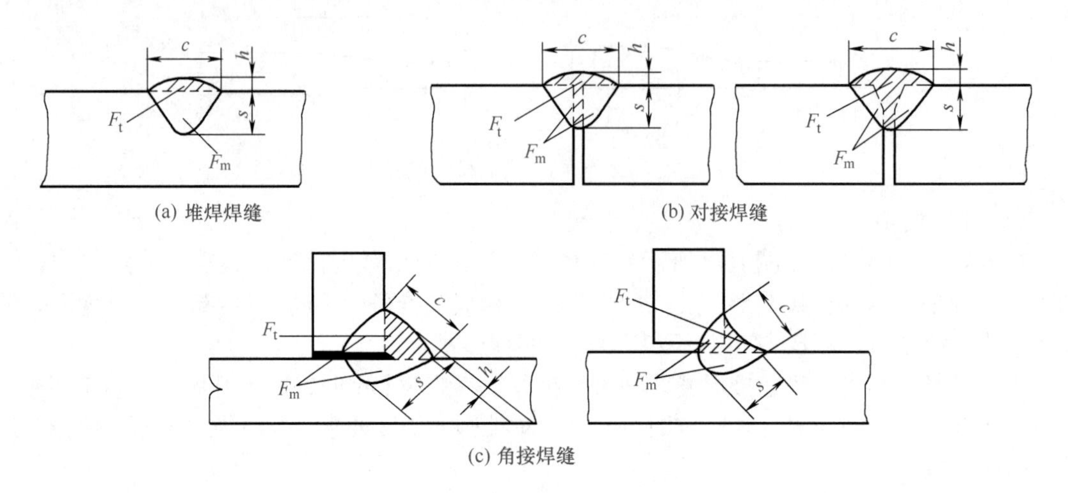

图10-6　各种焊接接头的焊缝形状

（2）焊缝的空间位置

按施焊时焊缝在空间所处位置的不同，可分为立焊缝、横焊缝、平焊缝及仰焊缝四种形式，如图10-7所示。

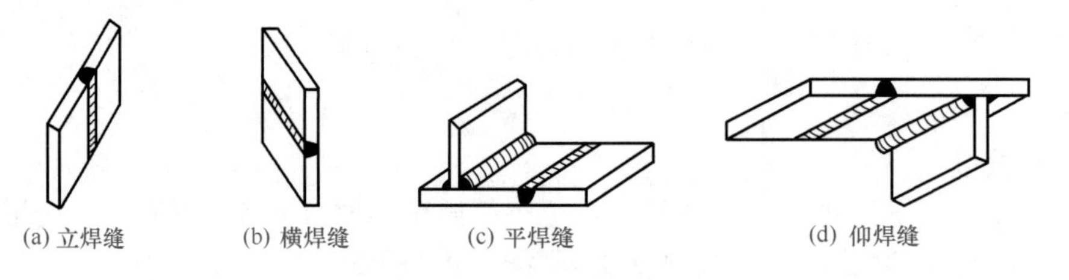

图10-7　各种位置的焊缝

（3）焊缝的符号及应用

焊缝符号一般由基本符号与指引线组成，必要还可以加上辅助符号、补充符号、基准线和焊缝尺寸符号，并规定基本符号和辅助符号、补充符号用粗实线绘制，指引线用细实线绘制。其主要用于金属熔化焊及电阻焊的焊缝符号表示。

① 基本符号。根据国标GB 324《焊接符号表示法》的规定，基本符号是表示焊缝横剖面形状的符号，它采用近似于焊缝横剖面形状的符号来表示。其基本符号表示方法见表10-2。

表10-2　焊缝的基本符号

名称	符号	图示
卷边焊缝 （卷边完全熔化）	八	

续表

名称	符号	图示
I形焊缝		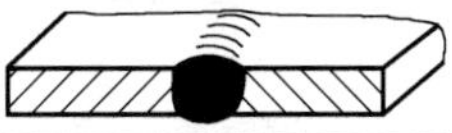
V形焊缝		
单边V形焊缝		
带钝边V形焊缝		
带钝边单边V形焊缝		
带钝边U形焊缝		
带钝边J形焊缝		
封底焊缝		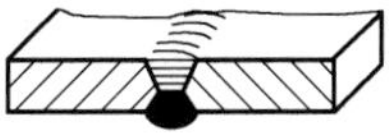
角焊缝		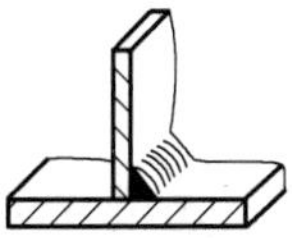
塞焊缝或槽焊缝	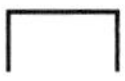	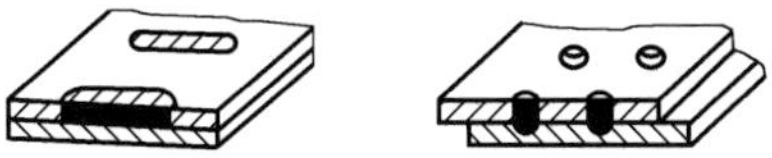
点焊缝		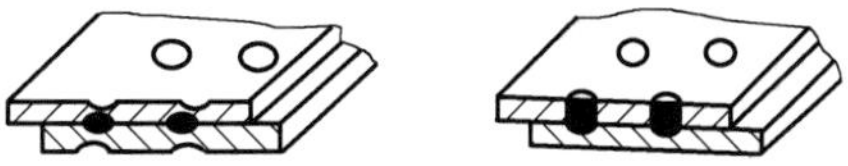 电阻焊　熔焊
缝焊缝	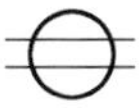	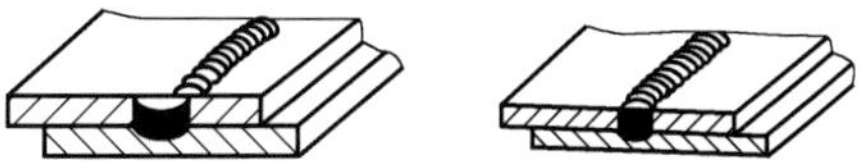 电阻焊　熔焊
陡边焊缝		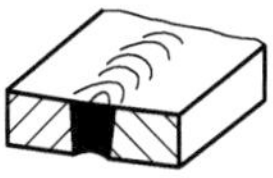
单边陡边焊缝		
端接焊缝		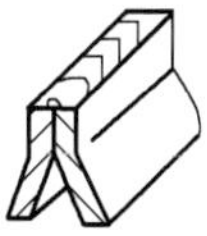
堆焊缝		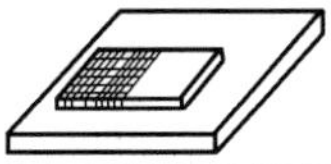

② 辅助符号。辅助符号是表示焊缝表面形状特征的符号，辅助符号及其应用见表10-3。如不需要确切说明焊缝表面形状时，可以不用辅助符号。

表10-3 辅助符号及应用

名称	符号	图示	说明	辅助符号应用示例	
				焊缝名称	符号
平面符号			焊缝表面齐平(一般通过加工)	平面V形对接焊缝	
凹面符号			焊缝表面凹陷	凹面角焊缝	
凸面符号			焊缝表面凸起	凸面V形焊缝	
				凸面X形对接焊缝	
圆滑过渡符号			焊趾处过渡圆滑	圆滑过渡融为一体的角焊缝	

③ 补充符号。补充符号是为了补充说明焊缝的某些特征而采用的符号，见表10-4。

表10-4 补充符号

名称	符号	图示	说明
带垫板符号			表示焊缝底部有垫板
三面焊缝符号			表示三面带有焊缝
周围焊缝符号			表示环绕工件周围的焊缝
现场焊缝符号		—	表示现场或工地上进行焊接
尾部符号		—	尾部可标注焊接方法数字代号(按相关标准)、验收标准、填充材料等。相互独立的条款可用斜线"/"隔开

（4）焊缝标注的有关规定

① 基本符号相对基准线的位置。如图10-8所示为指引线中箭头线和接头的关系，如图10-9所示为基本符号相对基准线的位置。如果焊缝在接头的箭头侧［如图10-8（a）所示］，则将基本符号标在基准线的实线侧［如图10-9（a）所示］。如果焊缝在接头的非箭头侧［如图10-8（b）所示］，则将基本符号标在基准线的虚线侧［如图1-9（b）所示］。标对称焊缝及双面焊缝时，基准线可以不加虚线［如图10-9（c）、（d）所示］。

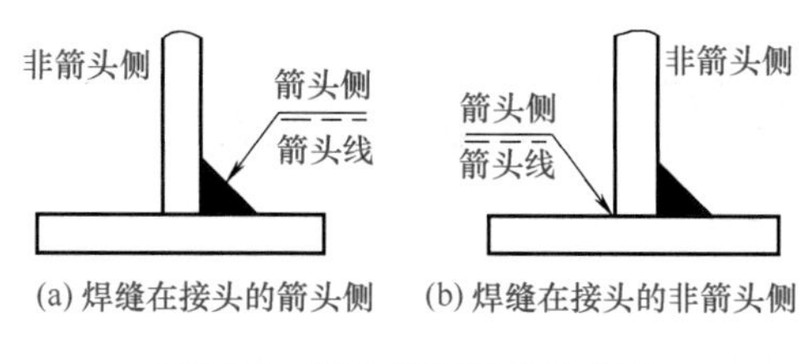

图 10-8 箭头线和接头的关系

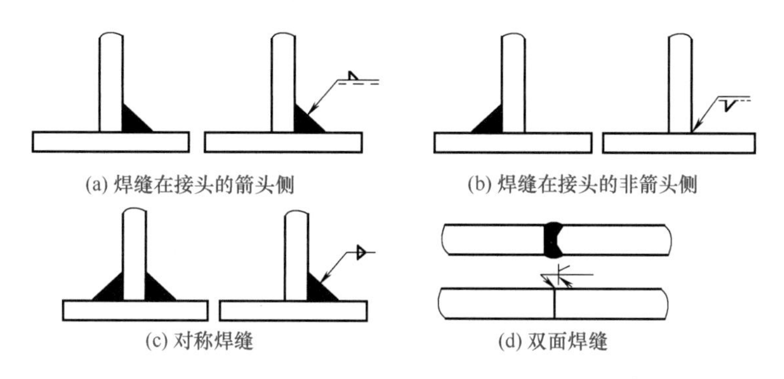

图 10-9 基本符号相对基准线的位置

② 焊缝尺寸的符号及标注。见表10-5。

表 10-5 焊缝尺寸符号及标注图示

名称	符号	图示	名称	符号	图示
δ	工件厚度		β	坡口面角度	
S	焊缝有效厚度		K	焊脚尺寸	
c	焊缝宽度		d	熔核直径	
b	根部间隙		l	焊缝长度	
p	钝边		R	根部半径	
e	焊缝间隙		n	焊缝段数	
α	坡口角度		N	相同焊缝数量	

续表

名称	符号	图示	名称	符号	图示
H	坡口深度		h	余高	

注：1. 焊缝横剖面上的尺寸，如钝边高度p、坡口深度H、焊脚高度K、焊缝宽度c等标在基本符号左侧。

2. 焊缝长度方向的尺寸，如焊缝长度l、焊缝间隙e、相同焊缝段数n等标注在基本符号的右侧。

3. 坡口角度α、坡口面角度β、根部间隙b等尺寸标注在基本符号的上侧或下侧。

4. 相同焊缝数量N标在尾部。

5. 当若干条焊缝的焊缝符号相同时，可使用公共基准线进行标注（如图10-10所示）。

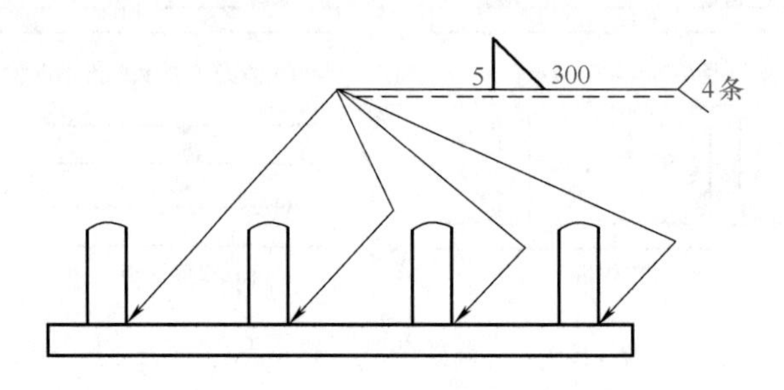

图10-10　相同焊缝的标注

三、机械图样中焊缝的表示方法

在工程图样中表示焊缝有两种方法，即图示法和标注法。在实际中，尽量采用标注法表

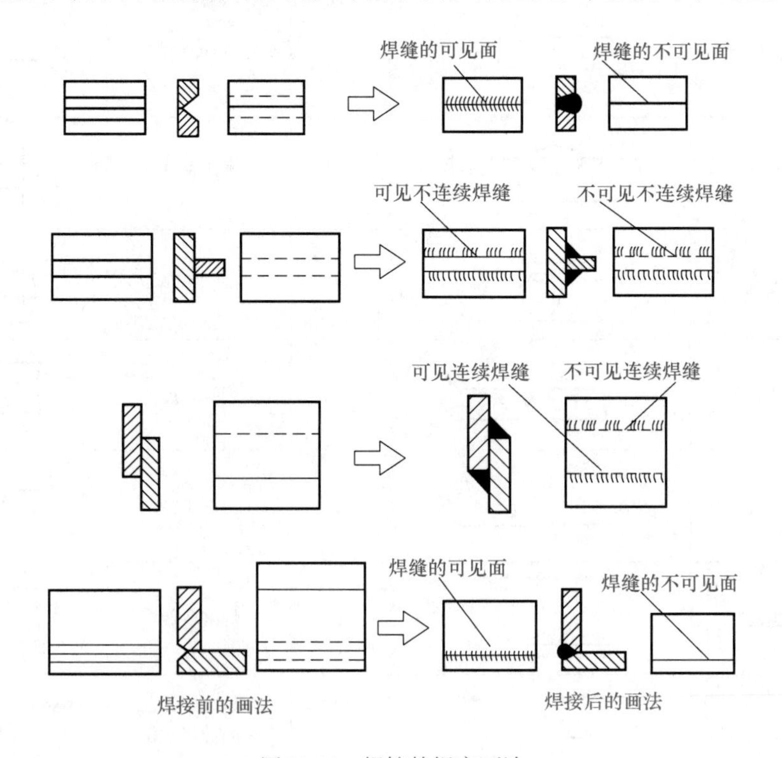

图10-11　焊缝的规定画法

示，以简化和统一图样上的焊缝画法，在必要时允许辅以图示法。如在需要表示焊缝断面形状时，可按机械制图方法绘制焊缝局部剖视图或放大图，必要时也可用轴测图示意。

（1）图示法

GB/T 324—2008《焊缝符号表示法》和GB/T 12212—2012《技术制图 焊缝符号的尺寸、比例及简化表示法》规定，可用图示法表示焊缝，主要内容如图10-11所示。

① 焊缝画法如图10-12和图10-13（表示焊缝的一系列细实线允许徒手绘制）所示。也允许采用加粗实线（2*b*~3*b*）表示焊缝，如图10-14、图10-15所示。但在同一图样中，只允许采用一种画法。

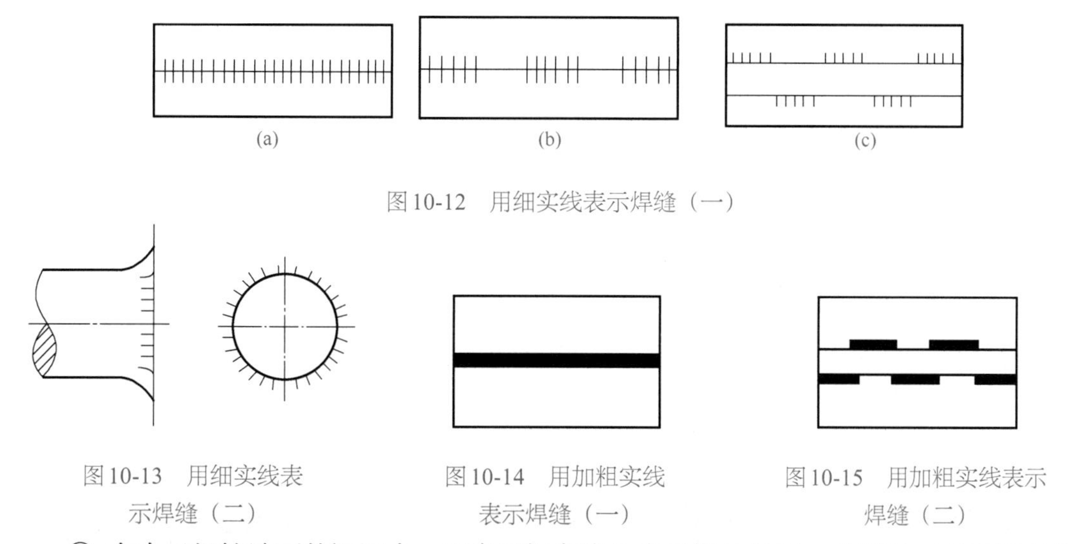

图10-12　用细实线表示焊缝（一）

图10-13　用细实线表示焊缝（二）

图10-14　用加粗实线表示焊缝（一）

图10-15　用加粗实线表示焊缝（二）

② 在表示焊缝端面的视图中，通常用粗实线绘出焊缝的轮廓。必要时，可用细实线画出焊接前的坡口形状等，如图10-16所示。

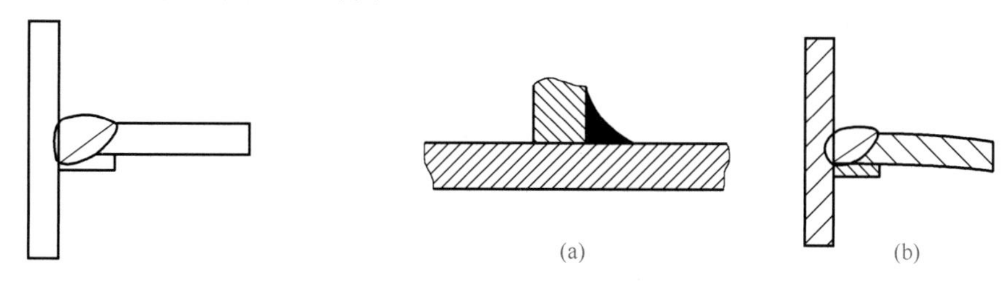

图10-16　用粗实线表示焊缝端面

图10-17　焊缝金属熔焊区剖视图表示法

③ 在剖视图或断面图上，焊缝的金属熔焊区通常应涂黑表示，如图10-17（a）所示。若同时需要表示坡口等的形状时，熔焊区部分亦可按第②条的规定绘制，如图10-17（b）所示。

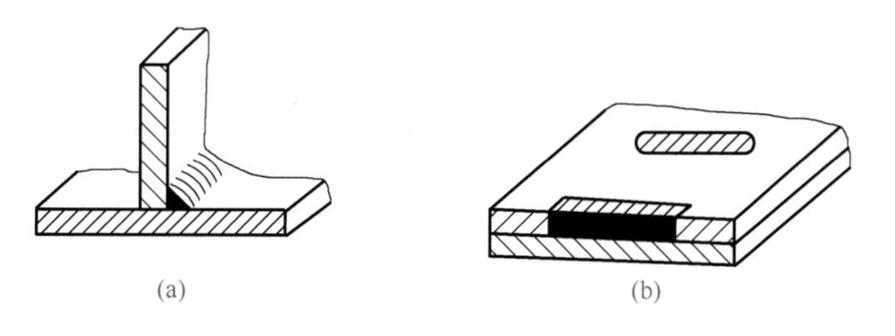

图10-18　焊缝轴测图表示法

④ 用轴测图示意地表示焊缝的画法，如图10-18所示。

⑤ 局部放大图。必要时，可将焊缝部位放大并标注焊缝尺寸符号或数字，如图10-19所示。

⑥ 当在图样中采用图示法绘出焊缝时，通常应同时标注焊缝符号，如图10-20所示。

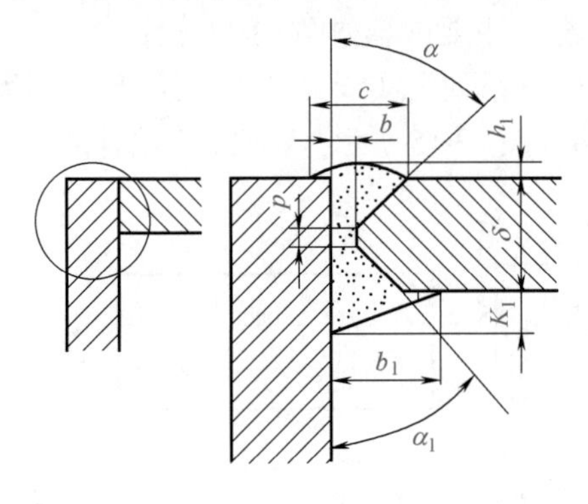

图10-19　焊缝区的局部放大图

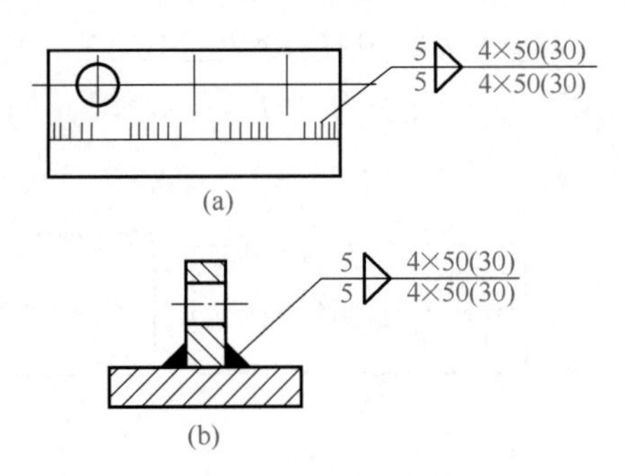

图10-20　图示法配合焊缝符号的标注方法

（2）标注法

为使图样清晰并减轻绘图工作量，可按相关标准规定的焊缝符号表示焊缝，即标注法。

焊接符号标注法是把在图样上用技术制图方法表示的焊缝基本形式和尺寸采用一些符号来表示的方法。焊缝符号可以表示出焊缝的位置、焊缝横截面形状（坡口形状）及坡口尺寸、焊缝表面形状特征、焊缝某些特征或其他要求。

第二节　焊接装配图的识读

在图纸上采用图形及文字来描述焊接结构的装配施工条件比较复杂，而采用各种代号和符号则可简单明了地画出结构焊接接头的类型、形状、尺寸、位置、表面状况、焊接方法以及与焊接有关的各项标准的质量要求，有利于制造者准确无误地进行装配和施工。焊接工程技术人员只有全面理解设计意图，看懂焊接装配图，才能按图样要求完成结构的焊接装配，制造出合格的焊接产品。

一、焊接装配图的特点及组成

焊接装配图是焊接结构生产全过程的核心，组件、部件图成为连接产品装配图与结构图的桥梁。能否正确理解、执行焊接装配图将直接关系到焊接结构的质量和生产效率高低。与其他装配图相比，焊接结构装配图的表达方法具有以下的特点（表10-6）。

表10-6　焊接装配图的特点

类别	说明
焊接装配图的结构比较复杂	因为组成焊接结构的构件较多，当焊接成一个整体时，在视图上会出现较复杂的图线
焊接装配图中的焊缝符号多	在焊接装配图上为了正确地表示焊接接头、焊接方法等内容，常用焊缝符号和焊接方法代号在图样上进行表述。所以在读图时，就必须弄清楚图中的各种符号所代表的焊接接头形式、焊接方法以及焊缝形式和尺寸等含义

续表

类别	说明
焊接装配图中的剖面、局部放大图较多	因为焊接结构件的构件间连接较多，所以在基本视图上往往不容易反映出节点的细小结构，常采用一些断面图或局部放大图等，来表达焊缝的结构尺寸和焊缝形式
焊接装配图需要作放样图	焊接装配图不管多么复杂，在制造时，对某些组成的构件必须放出实样，对构件间的一些交线，在放样时也应该准确绘出

焊接装配图主要用来制造和检验焊接结构件，一般由以下内容组成，见图10-21及表10-7。

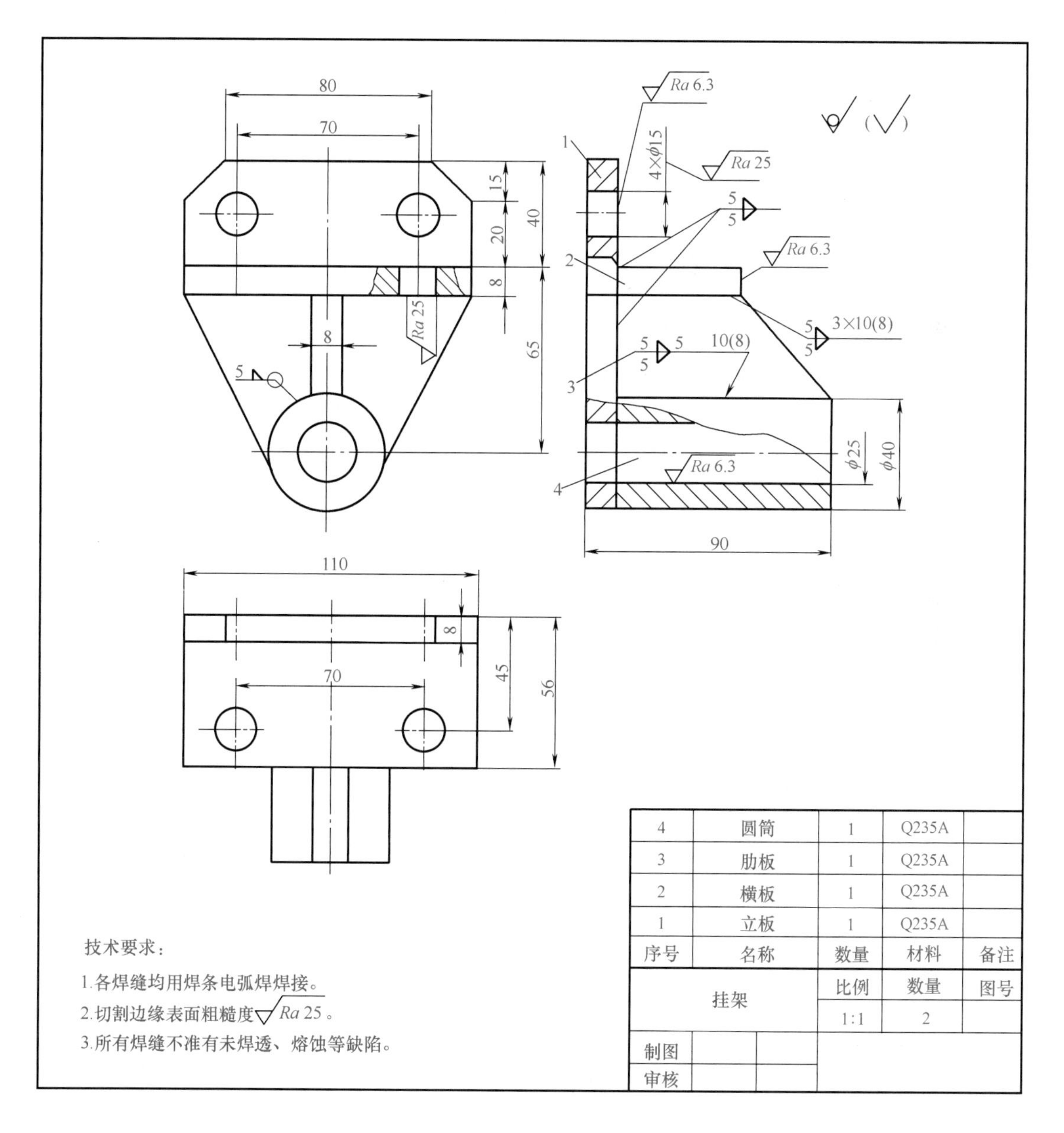

图10-21 挂架焊接装配图

表10-7　焊接结构装配图的组成

组成	说明
一组图形	用一般和特殊的表达方法，正确、完整、清晰地表达装配体的工作原理，零件之间的装配关系、连接关系和零件的主要结构形状。对于焊接结构装配图来说，除了包含与焊接有关的内容外，还有其他加工所需的全部内容
必要的尺寸	标注出表示装配体性能和规格及装配、检验、安装时所需的尺寸
技术要求	用文字说明装配体在装配、检验、调试、使用和维护时需遵循的技术条件和要求等。焊接装配图中用代号(符号)或文字等注写出结构件在制造和检验时的各项质量要求，如焊缝质量，表面处理、校正、热处理要求以及尺寸公差、形状和位置公差等
零件序号、标题栏和明细栏	应对装配体上的每一种零件，按顺序地编写序号；标题栏一般应注明单位名称、图样名称、图样代号、绘图比例、装配体的质量，以及设计、审核人员签名和签名日期等；明细栏应填写零件的序号、名称、数量、材料等内容

二、焊接装配图的要求

焊接装配图的要求见表10-8。

表10-8　焊接装配图的要求

项目	说明
焊接符号和焊接方法代号标注的要求	有关焊接符号和焊接方法代号标注方面的要求，要符合国家相关标准的规定
焊接结构加工的尺寸公差与配合要求	为确保焊接结构的使用性能，保证互换性，降低成本，规定焊接结构件的尺寸在一个范围内变动，这就是焊接结构件的尺寸公差。如果相互配合的工件的尺寸误差都处于公差范围之内，则构件之间的结合就能够达到预定的配合要求 在焊接装配图上对于焊接结构的标注都是统一的，但不规定具体的装配焊接顺序要求，因为一般结构都是由若干构件组成的，经常会因为生产条件、产量大小等因素，在其装配焊接过程中采用多种不同的方案来实现。技术人员和操作工就必须对焊接装配图进行分析比较，编制合理的焊接装配工艺文件。分析工艺方案时应主要从以下两方面考虑 ①确保结构符合焊接装配图的外形尺寸，满足设计要求。在结构生产中，会有很多因素影响焊接装配工艺，从而改变结构的几何尺寸，其中最重要的是焊接变形。因此，在进行工艺分析时，首先要分析结构形式、焊缝的分布及其对焊接变形的影响，然后再针对焊接变形的性质和影响因素，设计几套装配焊接方案进行比较，分析论证后确定最佳方案，以达到焊接装配图的要求。 ②焊接残余应力对结构外形尺寸有一定的影响。对于某些刚度大的结构，焊接应力过大会产生裂纹。对于较薄的结构，过大的压应力则会使结构失稳，造成波浪变形。这些都会严重影响焊接结构的尺寸精度
焊接结构质量检验项目要求	保证焊接结构质量就是确保焊接接头的综合性能良好，即结构的几何尺寸符合设计图样要求(不允许超差)，使用性能(如使用寿命、工作条件等)达到图样要求中所规定的指标。制造过程中尽可能在降低成本的条件下提高生产效率。一般在焊接装配图上，对焊接结构质量都有明确的标准要求(见表10-9)
焊接检验项目	焊接检验项目说明见表10-10

表10-9　焊接结构质量检验项目要求

项目	说明
焊接检验过程的组成	焊接检验的主要内容有基本金属质量检验、焊接材料质量检验、焊接结构设计鉴定、焊接备料检查和焊接装配质量检查等 ①焊前检验。焊前检验主要是对焊前准备情况的检查，是贯彻预防为主的方针，最大限度地避免或减少焊

续表

项目	说明
焊接检验过程的组成	接缺陷的产生，保证焊接质量的有效措施 ②焊接过程检验。焊接过程除了形成焊缝的过程，还包括后热和焊后热处理过程。焊工能直接操纵焊接设备充分接近焊接区和随时调整焊接参数，以适应焊缝成形质量的要求，因此通过焊工自检，能预先控制焊接质量 焊接过程检验的主要内容有焊接规范的检验、焊接材料的复核、焊接顺序的检查、焊道表面质量和后热的检查等 ③焊后检验。对焊接结构虽然在焊前和焊接过程中都进行了有关检验，但由于制造过程中外界因素的变化或规范、能源的波动等仍有可能导致焊接缺陷产生，因此必须进行焊后检验。其主要内容有外观检查、无损检测、力学性能检验和金相检验等 ④安装调试质量的检验。其一是对现场组装的焊接质量进行检验，其二是对产品制造时的焊接质量进行现场复查 ⑤产品服役质量的检验。包括产品运行期间的质量监控、产品检修质量的复查、服役产品质量问题现场处理及焊接结构破坏事故的现场调查与分析等
常用的焊接接头质量检验方法	常用的焊接接头质量检验方法如图10-22所示 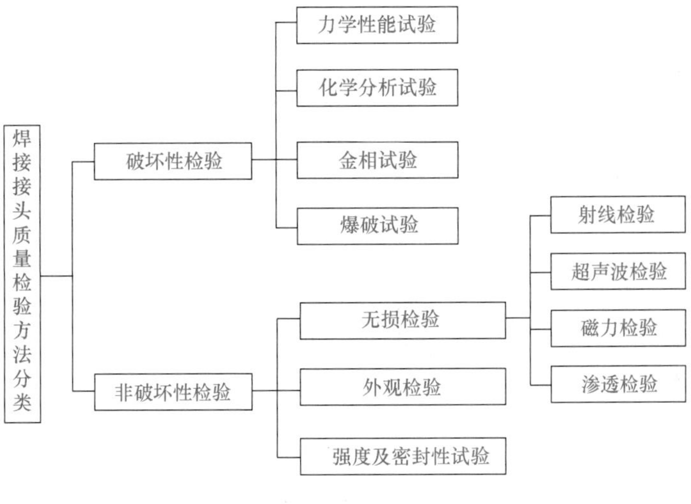 焊接接头质量检验方法分类 —破坏性检验：力学性能试验；化学分析试验；金相试验；爆破试验 —非破坏性检验：无损检验（射线检验；超声波检验；磁力检验；渗透检验）；外观检验；强度及密封性试验 图10-22　常用焊接接头质量检验方法

表10-10　焊接检验项目

类别	说明
整体焊接结构质量	主要指结构的几何尺寸与性能，应根据对图样标准的要求逐项测量
焊缝质量	焊缝质量的高低直接关系到结构强度及安全运行问题，低劣的焊缝质量常会导致重大事故的发生，所以对焊缝要严格执行无损检验标准。根据焊接装配图的要求，焊缝质量检验可以采用不同的方法： ①凡要求外观检验的焊缝均可用肉眼及放大镜检验，如咬边、烧穿、未焊透及裂纹等，并检查焊缝外形尺寸是否符合要求 ②角焊缝表面缺陷可用磁粉检验、着色探伤、荧光探伤法等检验 a.磁粉检验是将焊件在强磁场中磁化，使磁力线通过焊缝，遇到焊缝表面或接近表面处的缺陷时，产生漏磁而吸引撒在焊缝表面的磁性氧化铁粉。根据铁粉被吸附的痕迹就能判断缺陷的位置和大小。磁粉检验仅适用于检验铁磁性材料表面或近表面处的缺陷

续表

类别	说明
焊缝质量	b.着色探伤法，就是将擦洗干净的焊件表面喷涂渗透性良好的红色着色剂，待其渗透到焊缝表面的缺陷内，将焊件表面擦净。再涂上一层白色显示液，待干燥后，渗入到焊件缺陷中的着色剂由于毛细作用被白色显示剂所吸附，在表面呈现出缺陷的红色痕迹 c.荧光探伤和着色探伤这两种渗透检验可用于任何表面光洁的材料 ③要求Ⅱ级以上焊缝质量可采用X射线检验法、γ射线检验法、超声波检验法检验 当射线透过被检验的焊缝时，如有缺陷，则通过缺陷处的射线衰减程度较小，因此在焊缝背面的底片上感光较强，底片冲洗后，会在缺陷部位显示出黑色斑点或条纹。X射线照射时间短、速度快，但设备复杂、费用大，穿透能力较γ射线小，被检验焊件厚度应小于30mm γ射线检验设备轻便、操作简单，穿透能力强，能照透300mm的钢板。透照时不需要电源，野外作业方便。但检验小于50mm以下焊缝时，灵敏度不高 超声波检验是利用超声波能在金属内部传播，并在遇到两种介质的界面时会发生反射和折射的原理来检验焊缝内部缺陷的。当超声波通过探头从焊件表面进入内部，遇到缺陷和焊件底面时，发生反射，由探头接收后在屏幕上显示出脉冲波形。根据波形即可判断是否有缺陷和缺陷位置。但不能判断缺陷的类型和大小。由于探头与被检验件之间存在反射面，因此超声波检验时应在焊件表面涂抹耦合剂 此外，还要根据图样要求做焊接接头常规力学性能试验、金相组织试验等 影响焊接质量的因素很多，如金属材料的焊接性、焊接工艺、焊接规范、焊接设备以及焊工的操作熟练程度等。焊接检验的目的，就是要通过焊接前和焊接过程中对上述因素以及对焊成的焊件进行全面仔细的检查，发现焊缝中的缺陷并提交有关部门进行处理，以确保焊接质量

三、常见的焊接装配工艺

装配是将焊前加工好的零、部件，采用适当的工艺方法，按生产图样和技术要求连接成部件或整个产品的工艺过程。装配工序的工作量大，约占整体产品制造工作量的30%~40%，且装配的质量和顺序将直接影响焊接工艺、产品质量和劳动生产率，所以提高装配工作的效率和质量，对缩短产品制造周期、降低生产成本，以及保证产品质量等方面都具有重要意义。

（1）装配方式的分类

装配方式可按结构类型及生产批量、工艺过程和工作地点等来分类，其说明见表10-11。

表10-11　装配方式的分类

分类	说明
按结构类型及生产批量的大小分类	①单件、小批量生产。单件、小批量生产的结构经常采用画线定位的装配方法。该方法所用的工具、设备比较简单，一般是在装配台上进行。画线定位法装配工作比较繁重，要获得较高的装配精度，要求装配工人必须具有熟练的操作技术 ②成批生产。成批生产的结构通常在专用的胎架上进行装配。胎架是一种专用的工艺装备，上面有定位器、夹紧器等，具体结构是根据焊接结构的形状特点设计的
按工艺过程分类	①由单独的零件逐步组装成结构。装配结构简单的产品，可以是一次装配完毕后进行焊接；装配复杂构件，大多数是装配与焊接交替进行 ②由部件组装成结构。装配工作是将零件组装成部件后，再由部件组装成整个结构并进行焊接
按装配工作地点分类	①固定式装配。装配工作在固定的工作位置上进行，这种装配方法一般用在重型焊接结构或产量不大的情况下 ②移动式装配。焊件沿一定的工作地点按工序流程进行装配 在工作地点上设有装配用的胎夹具和相应的工人。这种装配方式在产量较大的流水线生产中应用广泛，有时为了使用某种固定的专用设备，也常采用这种装配方式

（2）装配的基本条件

在金属结构装配中，将零件装配成部件的过程称为部件装配，简称部装；将零件或部件装配成最终产品的过程称为总装。通常装配后的部件或整体结构直接送入焊接工序，但有些产品先要进行部件装配焊接，经校正变形后再进行总装。无论何种装配方案都需要对零件进行定位、夹紧和测量，这是装配的三个基本条件，其说明见表10-12。

表10-12　装配的基本条件

条件	说　明
定位	定位就是确定零件在空间的位置或零件间的相对位置。如图10-23所示为在平台上装配工字梁。工字梁的两翼板的相对位置是由腹板和挡铁来定位的，它们的端部由挡铁来定位。平台的工作面既是整个工字梁的定位基准面，又是结构的支承面
夹紧	夹紧就是借助通用或专用夹具的外力将已定位的零件加以固定的过程。如图10-23中的翼板与腹板间的相对位置确定后，是通过调节螺钉来实现夹紧的
测量	在装配过程中，需要对零件间的相对位置和各部件尺寸进行一系列的技术测量，从而鉴定定位的正确性和夹紧力的效果，以便进行调整

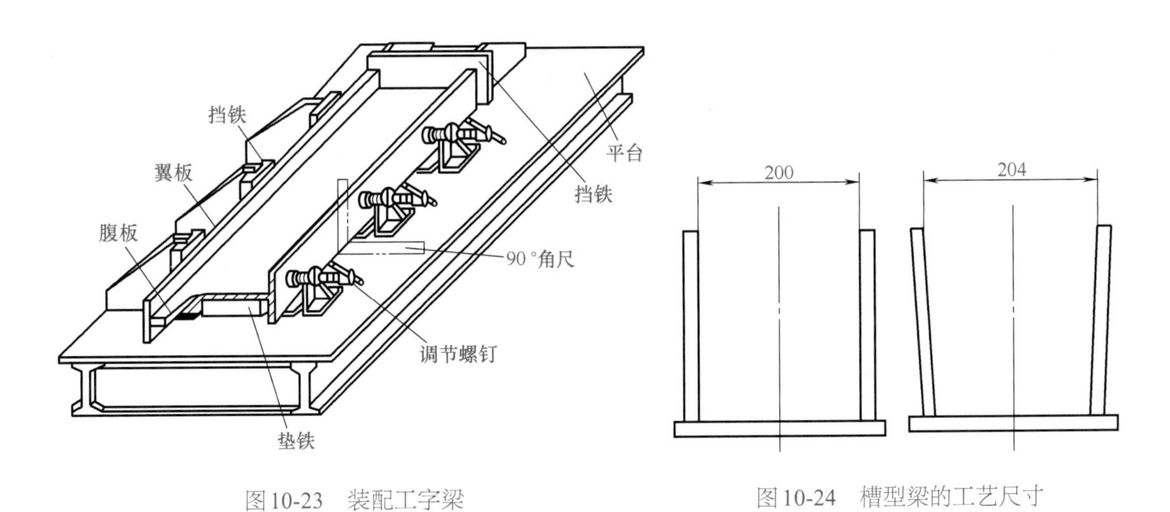

图10-23　装配工字梁

图10-24　槽型梁的工艺尺寸

上述三个基本条件是相辅相成的。定位是整个装配过程中的关键，定位后不进行夹紧就难以保证和保持定位的可靠与准确；夹紧是在定位准确的基础上的夹紧，离开定位，夹紧就失去了意义；测量是为了保证装配的质量，但在有些情况下，可以不进行测量，如一些胎夹具装配、定位元件的装配等。

零件的正确定位，不一定与产品设计图上的定位一致，而是从生产工艺的角度，考虑焊接变形后的工艺尺寸。如图10-24所示的槽型梁，设计尺寸应保持两槽板平行，而在考虑焊接收缩变形后，工艺尺寸为204mm，使槽板与底板有一定的角度，正确的装配应该是按工艺尺寸进行的。

（3）装配的基本方法

① 装配前的准备。充分、细致的装配前准备工作，是高质高效完成装配工作的有力保证。一般包括以下几个方面（见表10-13）。

表10-13 装配前的准备

项目	说明
熟悉产品图样和工艺规程	要清楚各部件之间的关系和连接方法，并根据工艺规程选择好装配基准和装配方法
装配现场和装配设备的选择	依据产品大小和结构复杂程度选择和安置装配平台和装配台架。装配工作场地应尽量设置在起重设备工作区间内。对场地周围进行必要的清理，达到场地平整、清洁，通道通畅
工量具等的准备	装配中常用的工、量、夹具和各种专用吊具，都必须配齐组织到场 此外，根据装配需要配置的其他设备，如焊机、气割设备、钳工操作台和风动砂轮机等，也必须安置在规定的场所
零、部件的预检和除锈	产品装配前，对于从上道工序转来或从零件库中领取的零、部件都要进行核对和检查，对零、部件连接处的表面进行去毛刺、除锈垢等清理工作
适当划分部件	对于比较复杂的结构，往往将部件装焊之后再进行总装，应将产品划分为若干部件，既可以提高装配、焊接质量，减少焊接变形，又可以提高生产效率

② 零件的定位方法。在焊接生产中，应根据零件的具体情况选取零件的定位和装配方法，常用的定位方法有画线定位、销轴定位、挡铁定位和样板定位等（见表10-14）。

表10-14 零件的定位方法

类别	说明
画线定位	就是在平台上或零件上画线，按线装配零件，通常用于简单的单件、小批量装配，或总装时的部分较小零件的装配
销轴定位	它是利用零件上的孔进行定位的。如果允许，也可以钻出专门用于销轴定位的工艺孔。由于孔和销轴的精度较高，所以定位比较准确
挡铁定位	这种方法应用得比较广泛，可以利用小块钢板或小块型钢作为挡铁，取材方便。也可以使用经机械加工后的挡铁，以便提高定位精度。挡铁的安置要保证构件重点部位（点、线、面）的尺寸精度，也要便于零件的装拆
样板定位	它是利用样板来确定零件的位置、角度等的定位方法。常用于钢板之间的角度测量定位和容器上各种管口的安装定位

③ 零件的装配方法。焊接结构生产中应用的装配方法很多，可根据结构的形状尺寸、复杂程度以及生产性质等进行选择。装配方法按定位方式不同可分为画线定位装配法和工装定位装配法，按装配地点不同可分为焊件固定式装配和焊件移动式装配。下面分别对其进行简单的介绍（见表10-15）。

表10-15 零件的装配方法

类别	说明
画线定位装配法	利用在零件表面或装配台表面画出焊件的中心线、结合线和轮廓线等作为定位线，来确定零件间的相对位置，并焊接固定进行装配 图10-25(a)为以画在焊件底板上的中心线和结合线作定位基准线，以确定槽钢、立板和三角形加强肋的位置；图10-25(b)为利用大圆筒盖板上的中心线和小圆筒上的等分线（也常称其为中心线）来确定两者的相对位置 如图10-26所示为钢屋架的画线定位装配。先在装配平台上按1∶1的实际尺寸画出屋架零件的位置和结合线（称地样），如图10-26(a)所示；然后依照地样将零件组合起来，如图10-26(b)所示。此装配法也称地样装配法

续表

类别		说明
画线定位装配法		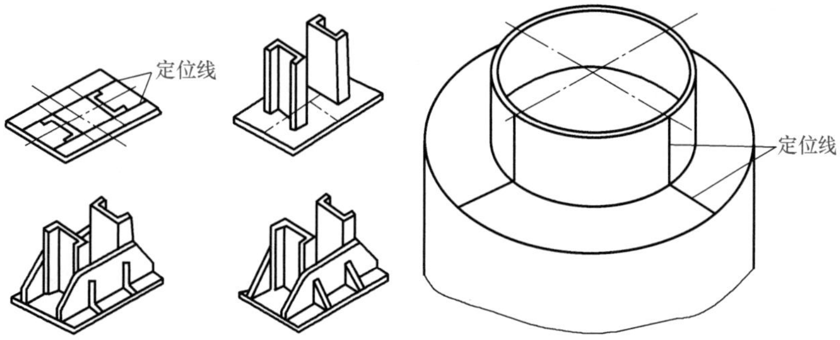 (a) (b) 图10-25　画线定位装配示例 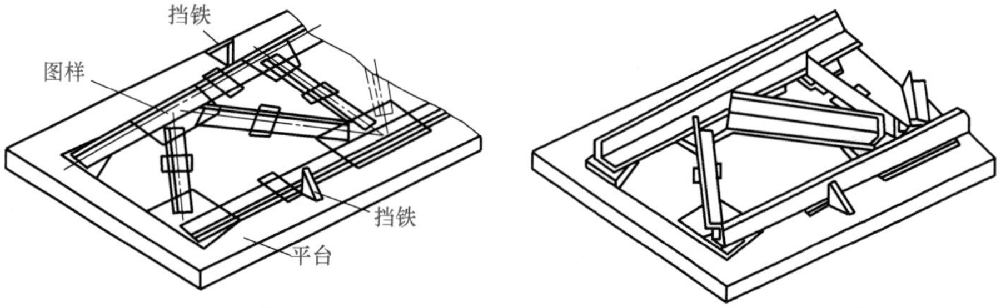 (a) (b) 图10-26　钢屋架地样装配法
工装定位装配法	样板定位装配法	它是利用样板来确定零件的位置、角度等，然后夹紧并经定位焊完成装配的装配方法，常用于钢板与钢板之间的角度装配和容器上各种管口的安装 如图10-27所示为斜T形结构的样板定位装配，根据斜T形结构立板的斜度，预先制作样板，装配时在立板与平板接台线位置确定后，即以样板去确定立板的倾斜度，使其得到准确定位后施行定位焊 断面形状对称的结构，如钢屋架、梁、柱等结构，可采用样板定位的特殊形式——仿形复制法进行装配。如图10-28所示为简单钢屋架部件的装配过程：将图10-28中用地样装配法装配好的半片屋架吊起翻转后放置在平台上作为样板，在其相应位置放置对应的节点板和各种杆件，用夹具卡紧后进行定位焊，便复制出与仿模对称的另一半片屋架。这样连续地复制装配出一批屋架后，即可组成完整的钢屋架 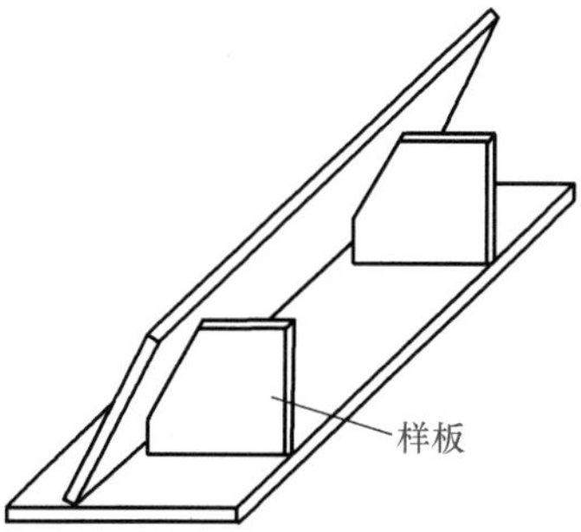 图10-27　样板定位装配 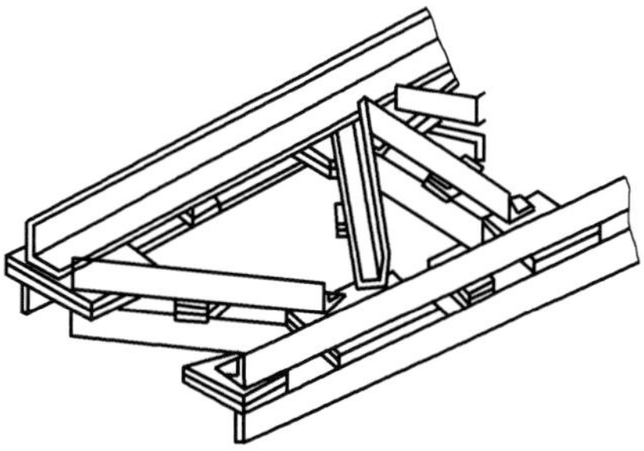 图10-28　钢屋架仿形复制装配

续表

类别		说明
工装定位装配法	定位元件定位装配法	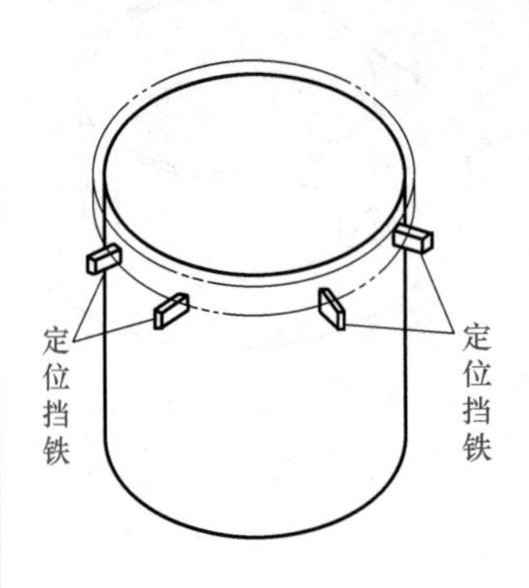 图10-29　挡铁定位装配法 它是用一些特定的定位元件(如板块、角钢、销轴等)构成空间定位点,来确定零件的位置并用装配夹具夹紧装配的方法。该方法不需要画线,装配效率高,质量好,适用于批量生产 如图10-29所示为挡铁定位装配法示例。在大圆筒外部加装钢带圈时,在大圆筒外表面焊上若干挡铁作为定位元件,确定钢带圈在圆筒上的高度位置,并用弓形螺旋夹紧器把钢带圈与筒体壁夹紧密贴,定位焊牢,完成钢带圈的装配 如图10-30所示为双臂角杠杆的焊接装配,它由3个轴套和2个臂杆组成。装配时,臂杆之间的角度和3孔间的距离用活动定位销和固定定位销定位,两臂杆的水平高度位置和中心线位置用挡铁定位,两端轴套高度用支承垫定位,然后夹紧,定位焊完成装配。它的装配全部用定位器定位后完成,装配质量可靠,生产率高 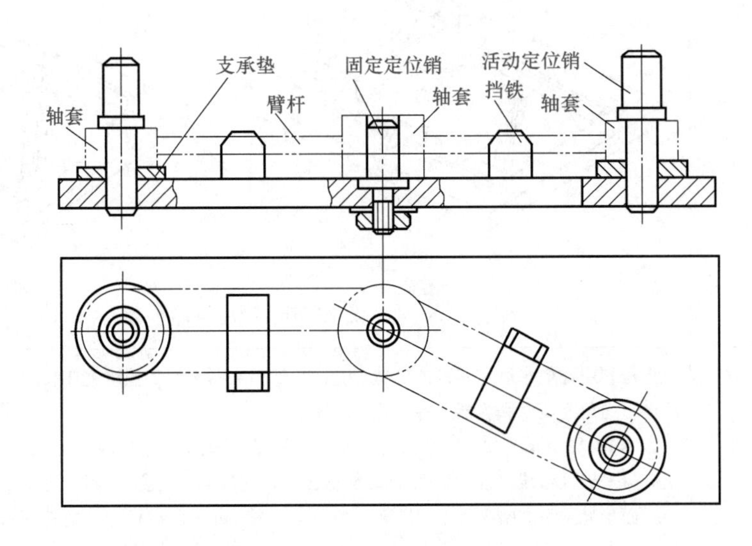 图10-30　双臂角杠杆的装配 注意用定位元件定位装配时,要考虑装配后焊件的取出问题。因为零件装配时是逐个分别安装上去的,自由度大,而装配完后,零件与零件已连成一个整体,如果定位元件布置不适当,则装配后焊件难以取出
	胎夹具(又称胎架)装配法	对于批量生产的焊接结构,若需装配的零件数量较多,内部结构又不很复杂时,可将焊件装配所用的各定位元件、夹紧元件和胎架三者组合为一个整体,构成装配胎架 如图10-31所示为汽车横梁结构及其装配胎架。装配时,首先将角形铁置于胎架上,用活动定位销定位并用螺旋压紧器固定,然后装配槽形板和主肋板,它们分别用挡铁和螺旋压紧器压紧,再将各板连接进行定位焊。该胎架还可以通过回转轴回转,把焊件翻转到使焊缝处于最有利的施焊位置 利用装配胎架进行装配和焊接,可显著地提高装配效率、保证装配质量、减轻劳动强度,同时也易于实现装配工作的机械化和自动化

续表

<table>
<tr><th colspan="2">类别</th><th>说明</th></tr>
<tr><td>工装定位装配法</td><td>胎夹具（又称胎架）装配法</td><td>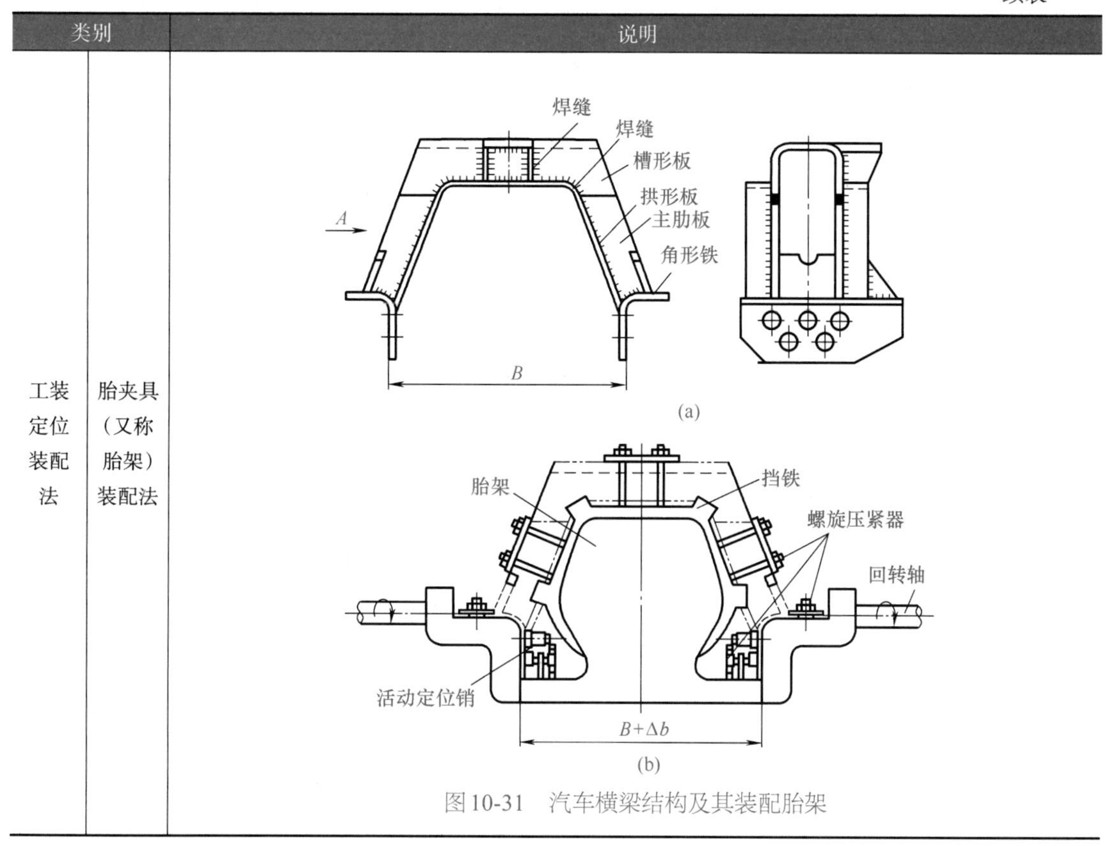

图10-31　汽车横梁结构及其装配胎架</td></tr>
</table>

④ 装配中的定位焊。定位焊用来固定各焊接零件之间的相对位置，以保证整体结构件得到正确的几何形状和尺寸。定位焊的焊缝一般比较短，而且该焊缝作为正式焊缝留在焊接结构之中，故所使用的焊条或焊丝应与正式焊缝所使用的焊条或焊丝同牌号、同质量。

进行定位焊时应注意以下几点：

a. 由于定位焊缝较短，并且要求保证焊透，故应选用直径小于4mm的焊条或直径小于1.2mm的焊丝（CO_2气体保护焊）。又由于焊件温度较低，热量不足而容易产生未焊透，故定位焊的焊接电流应较焊接正式焊缝时大10%~15%。

b. 定位焊缝有未焊透、夹渣、裂纹、气孔等焊接缺陷时，应该铲掉并重新焊接，不允许将缺陷留在焊缝内。

c. 定位焊缝的引弧和熄弧处应圆滑过渡，否则，在焊接正式焊缝时在该处易产生未焊透、夹渣等缺陷。

d. 定位焊缝的长度和间距根据板厚选取，一般长度为15~20mm，间距为50~300mm，薄板取小值，厚板取大值。对于强行装配的结构，因定位焊缝要承受较大的外力，应根据具体情况适当加长定位焊缝长度，并适当缩小间距。对于装配后需吊运的大焊件，定位焊缝应保证吊运中零件不分离，因此对起吊中受力部分的定位焊缝，可增大尺寸或增加数量。最好在完成一定量的正式焊缝以后再吊运，以保证安全。

四、焊接装配识图实例

在工业生产中，从机器的设计、制造、装配、检验、使用，到维修及技术交流，经常需要识读结构的装配图。

（1）识读焊接结构装配图的基本要求

① 了解装配体的名称、作用、工作原理、结构及总体形状的大小。

② 了解各部件的名称、数量、形状、作用，它们之间的相对位置、装配关系以及拆装顺序等。

③ 了解各零件的作用、结构特点、传动路线和技术要求等。

（2）装配图的识读方法与步骤

下面以如图10-32所示的支座焊接结构图为例，简要说明焊接装配图的识读方法和步骤，其说明见表10-16。

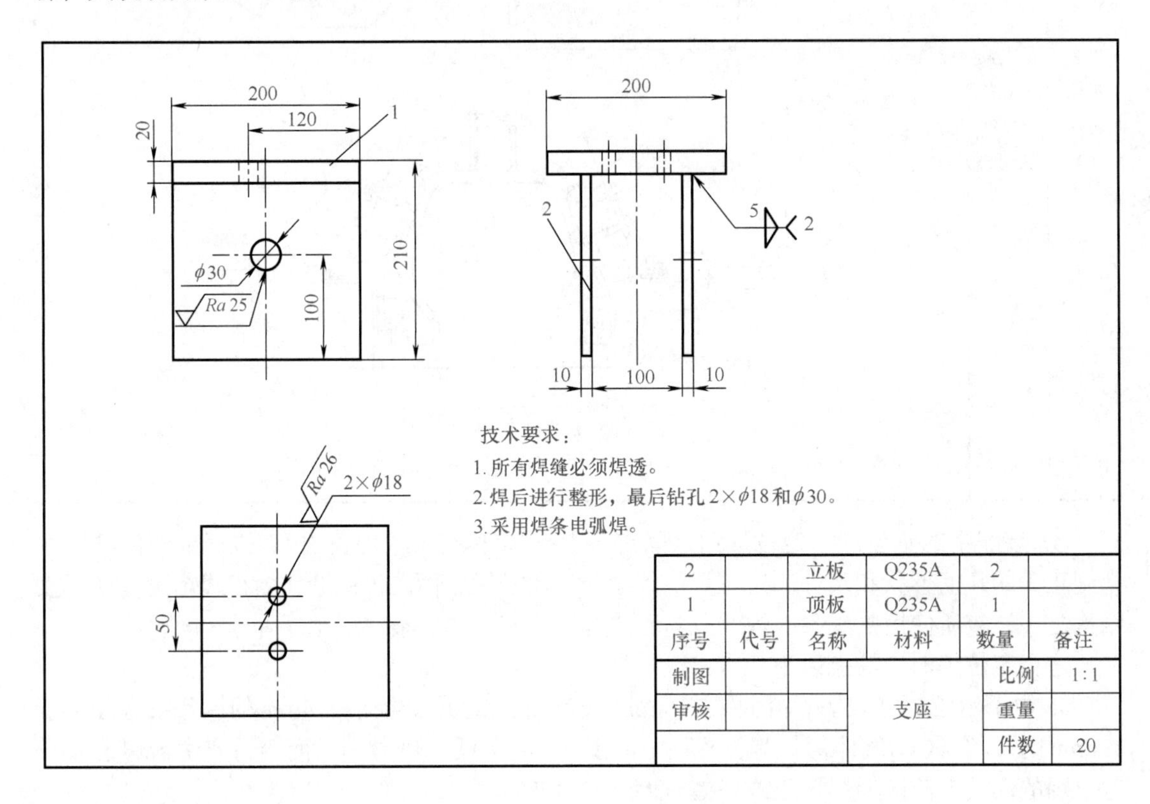

2		立板	Q235A	2	
1		顶板	Q235A	1	
序号	代号	名称	材料	数量	备注
制图			支座	比例	1:1
审核				重量	
				件数	20

图10-32　支座的焊接结构图

表10-16　焊接装配图的识读方法与步骤

项目	说明
看标题栏	由标题栏概括了解部件的名称、制件的材料、数量、型材的标记、图样比例等 如图10-32所示该装配体的名称是支座，由立板和顶板组焊而成。材料为普通碳素结构钢，绘图比例为1∶1
分析视图想象形状	先找出主视图，明确零件图所用的表达方式及各个视图间的关系等。对剖视图和断面图，找到剖切位置和投影方向。对局部视图、斜视图的部分，要找到表示投影部位的字母和投影方向的箭头，检查有无局部放大图和简化画法等 支座的结构较简单，是由3个基本视图组成的，都是外形图。在左视图中标出了焊缝尺寸，并给出了立板的位置，俯视图上给出了两个孔的位置 从形体分析可知，三块板均为矩形板

续表

项目	说明
分析尺寸	根据形体分析和结构分析，了解定形、定位和总体尺寸，分析标注尺寸所用的基准 ①焊接结构装配图的尺寸。 a.定形尺寸。即表示结构构件各组成部分长、宽、高三个方向的大小尺寸。在图10-32中，标注了三个组成部分的大小尺寸 b.定位尺寸。即表示结构件各组成部分的相对位置的尺寸 c.总体尺寸。即表示结构外形大小的尺寸 d.配合尺寸。即表示构件之间相互配合的尺寸。配合尺寸也叫装配尺寸，为保证部件的装配质量，必须要看懂装配图上的装配尺寸 e.安装尺寸。即表示装配体安装到其他装配图或地基上所需的尺寸 ②确定尺寸的基准。基准是确定结构件上构件位置的一些点、线、面，也是标注尺寸的起点。一般选择下面两种基准 a.设计基准。标注设计尺寸的起点称为设计基准 b.工艺基准。即结构件在装配定位或加工测量时使用的基准 在焊接结构件上通常选取主要的装配面、支承面、对称面、主要加工面或回转体的轴线作尺寸基准 ③分析尺寸。在支座结构图中，长度方向、高度方向、宽度方向的尺寸基准均是中心对称平面。该结构的总体尺寸为200mm、200mm、210mm，两个立板的定位尺寸为100mm。ϕ18mm孔焊后加工，它的定位尺寸为120mm、50mm；ϕ30mm孔的定位尺寸为100mm、100mm
了解技术要求	焊接结构图的技术要求有用文字说明的，也有用代(符)号标注的。对这部分内容应能看懂表面粗糙度、尺寸与配合公差、形位公差，以及焊接要求，如焊接方法、焊缝符号、焊缝质量要求、焊后校正和热处理方法等 支座的技术要求在图中分为两部分，一部分是文字说明，如焊缝质量要求、焊后校正、焊接方法等；另一部分是在图中相应位置用代(符)号标注出来的，如各孔的表面粗糙度符号、焊缝符号等

第十一章

模具工识图

第一节　典型模具零件图的识读

一、面盖产品图的识读

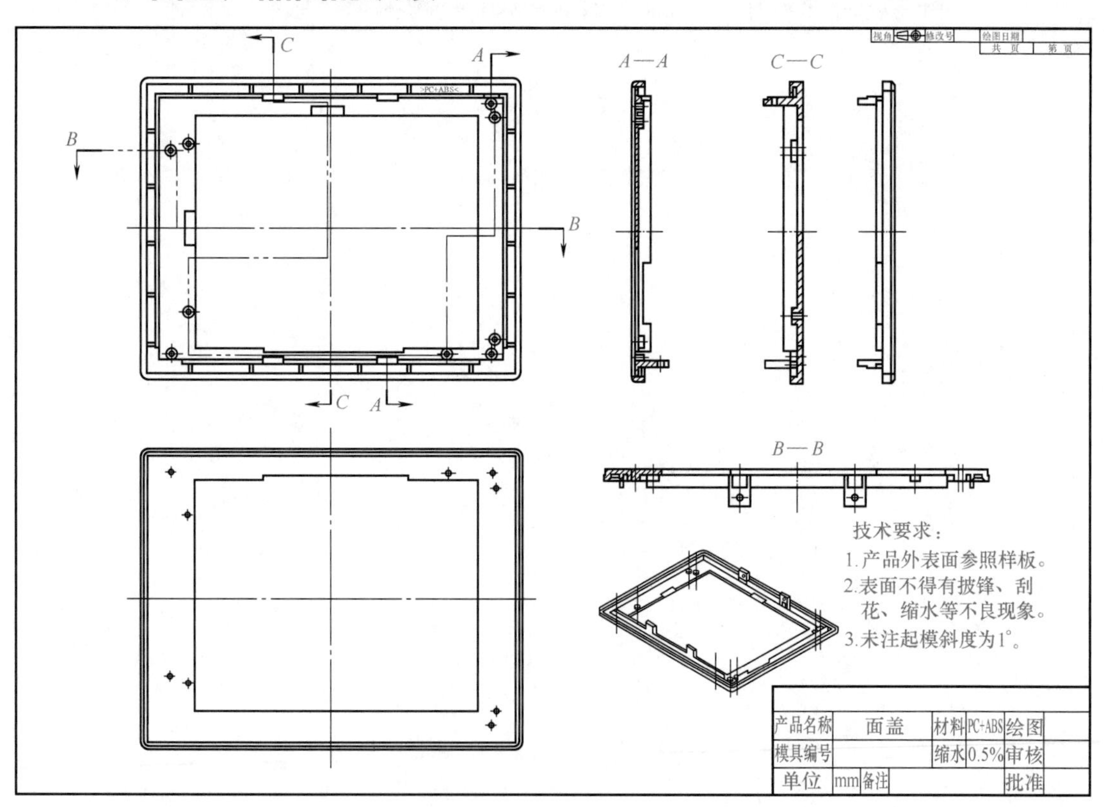

图11-1　面盖产品二维图

（1）面盖产品图样分析

面盖产品二维图如图11-1所示，尺寸省略。从标题栏可以看到，这是第一角投影。从图纸的布局看，此产品由一个俯视图、一个左视图、一个仰视图、多个剖视图和轴测图组成，有技术要求。

（2）面盖产品图识读过程

① 识读思路分析。由于此产品剖视图较多，内部细节也较多，因此在识读时，要综合分析对应关系，同时还要多从剖视图的表达中进行内部结构分析，具体过程见表11-1。

表11-1 面盖产品图识读过程

名称	二维图样	对应的三维结果	说 明
俯视图			俯视图表达了面盖的长和宽，同时表达了柱位孔和通槽，但内部细节没能表现
仰视图			仰视图反映了内部结构，但还不能完全表达其内部的高度、截面，还需要其他辅助视图来表达
剖视图 *A—A*			剖视图 *A—A* 采用阶梯剖剖切了面盖内部相关柱位及通孔，同时也看到了面盖内部的一些结构
剖视图 *B—B*			剖视图 *B—B* 也通过阶梯剖剖切上盖的柱位孔和前端结构

续表

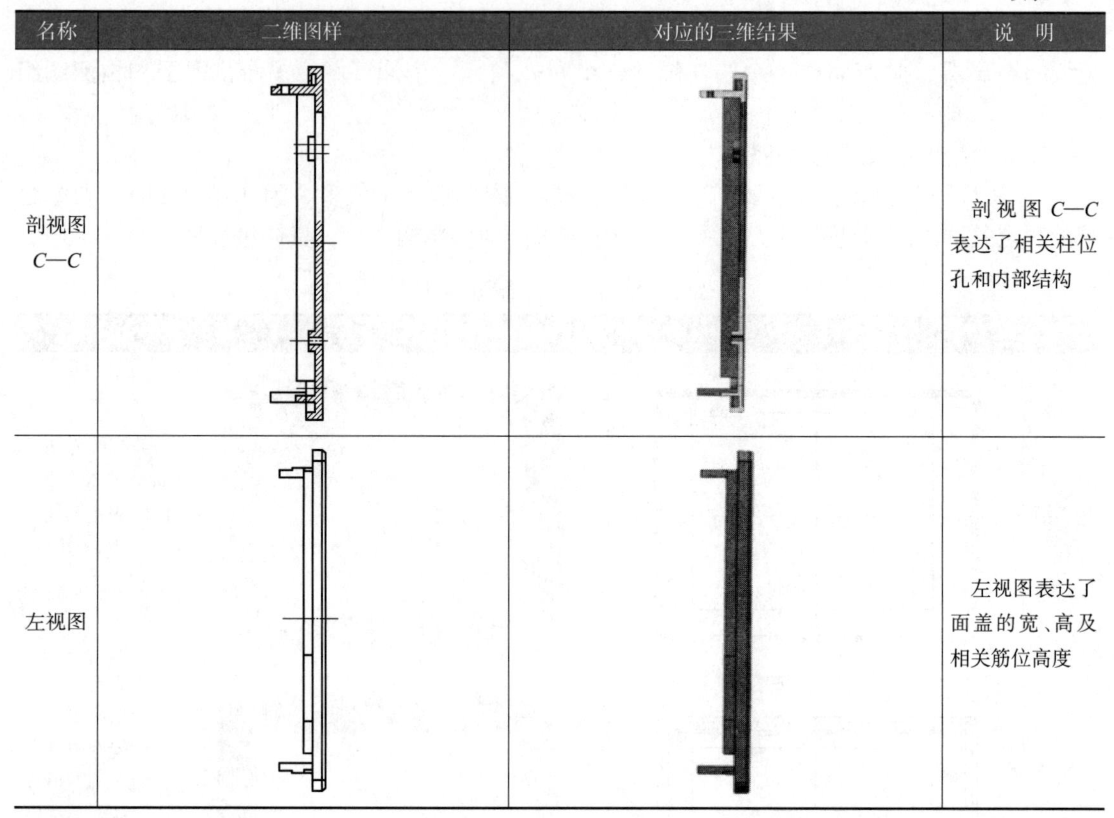

名称	二维图样	对应的三维结果	说明
剖视图 *C*—*C*			剖视图*C*—*C*表达了相关柱位孔和内部结构
左视图			左视图表达了面盖的宽、高及相关筋位高度

② 识读步骤详解。通过识读思路分析，大体知道了面盖的三维形状。下面先从俯视图开始识读。从俯视图中可以看到整个产品外形的长和宽，并能看到相应的柱位孔和通槽等，如图11-2所示，同时从俯视图中可以想象出面盖产品大概的三维形状，如图11-3所示。

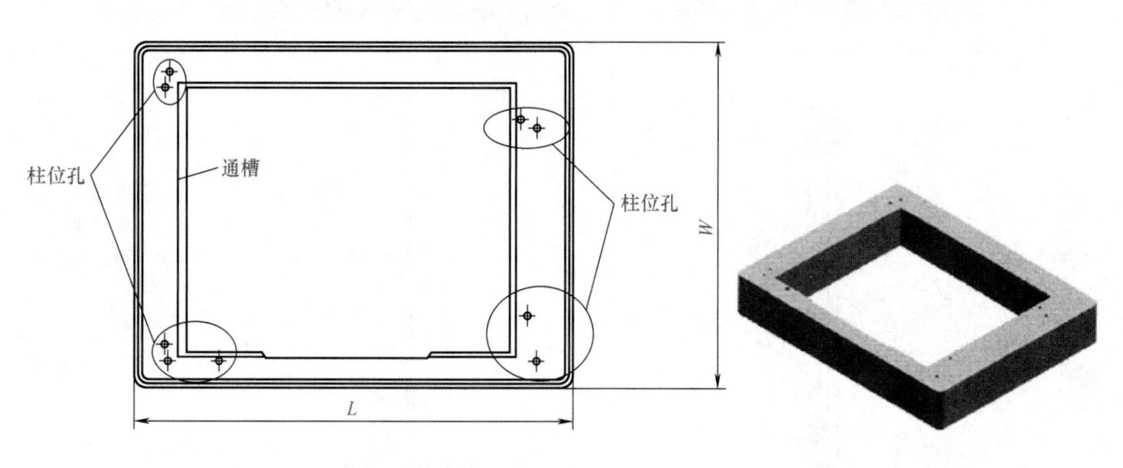

图11-2　俯视图识读结果　　图11-3　面盖单一视图识读结果

由于只观察了俯视图，因此在想象三维外形时应该从最简单、最规律处想起。接着来分析剖视图，从剖视图*A*—*A*、*C*—*C*中，可以看到内部为抽空有一定胶厚，同时还看到了相关的筋位、柱位孔、通槽等细节，如图11-4所示。但此时还不能完全看出面盖的外形是平的还是弧形或其他形状，必须还要对其他剖视图进行分析。从剖视图*B*—*B*中可以看到面盖的外形是由一平整面组成，同时在剖视图*B*—*B*中也剖切了面盖的前端部件，在此看到了面盖的胶厚、产品的筋位和柱位等，如图11-5所示。

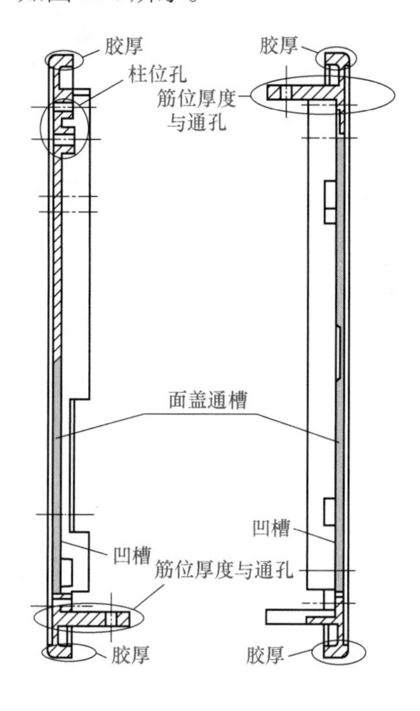

图11-4　剖视图*A*—*A*、*C*—*C*表达对象

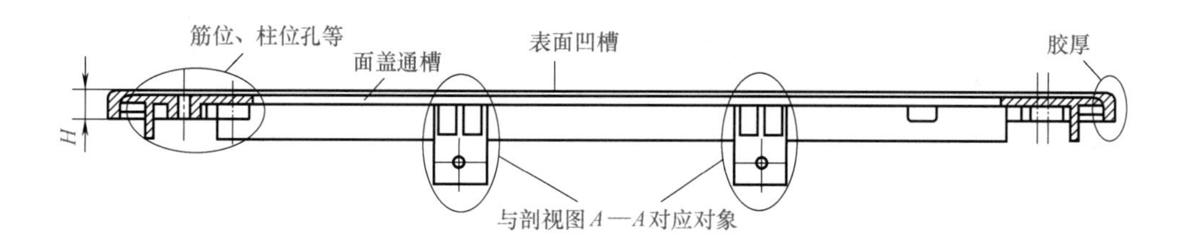

图11-5　剖视图*B*—*B*表达对象

通过对上述几个剖视图的分析，进一步知道了面盖内部结构形状，同时也知道了面盖产品内部是通过抽空后，然后再对抽空后的对象添加相关筋位。所以，应该先将图11-3改变成图11-6所示的实体，然后再对面盖底部进行抽空处理，最终结果如图11-7所示。

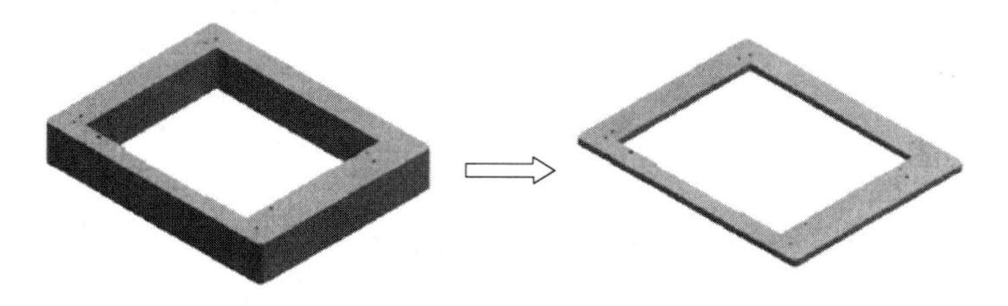

图11-6　识读剖视图后的面盖结果

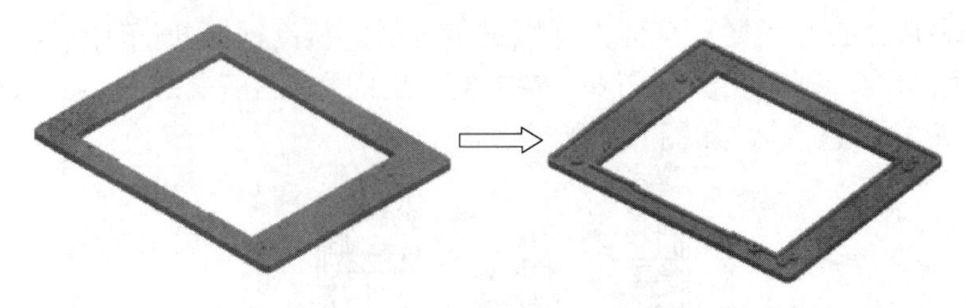

图11-7　面盖进行底部抽空结果

将图11-7想象的结果与图纸进行比对，可以发现内部通槽与剖视图$B—B$中对应的图纸不一致，如图11-8所示。因此还需要再进一步地细化识读图纸和完善面盖内部结构，在图11-7所示结果中，应该将通槽处的凸起边界移除，同时结合图纸再叠加相关筋位，结果如图11-9所示。

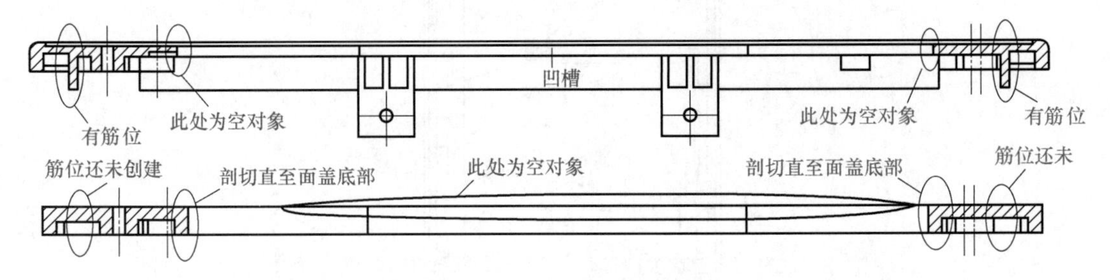

图11-8　面盖想象结果与原图纸比对

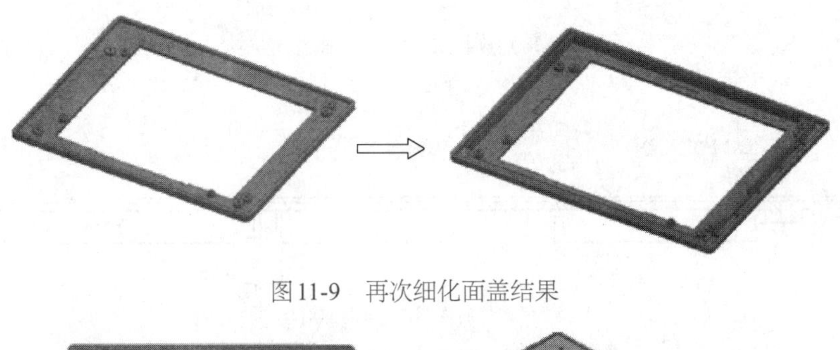

图11-9　再次细化面盖结果

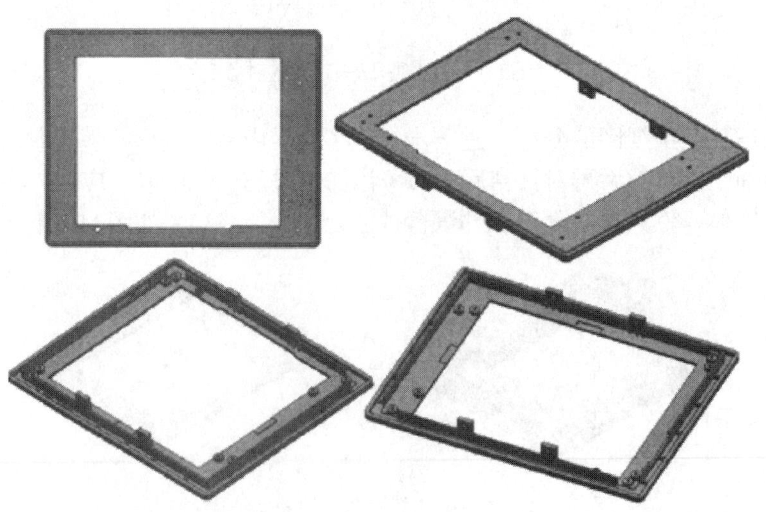

图11-10　面盖最终结果

再接着详细识读面盖各个视图，最终可以想象出面盖应该如图11-10所示。

二、底板产品图的识读

（1）底板产品图样分析

底板二维图如图11-11所示，尺寸省略，图纸采用1∶1的比例。从图纸的布局看，此产品由一个俯视图、一个仰视图和两个剖视图组成，没有技术说明。

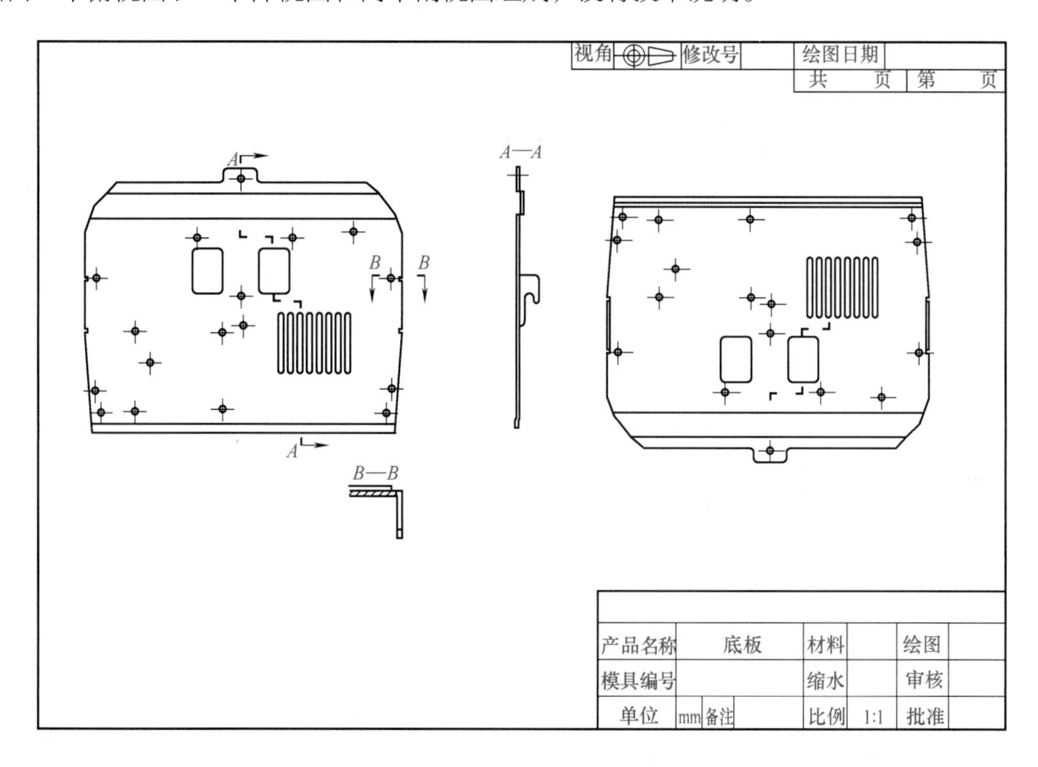

图11-11　底板二维图

（2）底板产品图识读过程

① 识读思路分析。下面将详细介绍各个视图所对应的三维效果图，具体过程见表11-2。

表11-2　底板产品图识读思路分析

名称	二维图样	对应的三维结果	说明
俯视图			俯视图表达了产品的整体外形，包括产品的长度、宽度等

续表

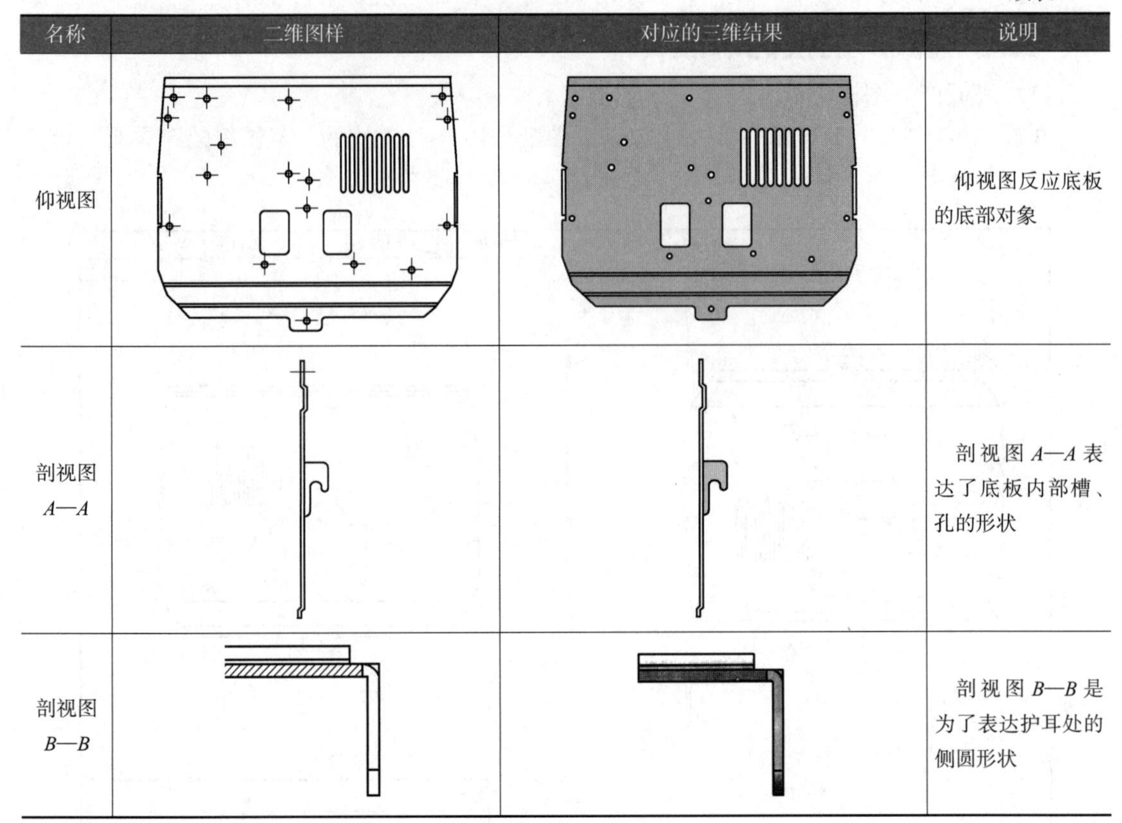

名称	二维图样	对应的三维结果	说明
仰视图			仰视图反应底板的底部对象
剖视图 A—A			剖视图 A—A 表达了底板内部槽、孔的形状
剖视图 B—B			剖视图 B—B 是为了表达护耳处的侧圆形状

② 识读步骤详解。通过二维与三维图样分析，我们对底板总体形式有了初步认识，底板结构比较简单，我们只需对各视图再详细识读就能想象出三维实体。首先从俯视图和仰视图出发，从俯视图和仰视图的外形开始，我们可以先想象出是一个不规则的方体，如图 11-12 所示。接着再识读俯视图和仰视图内部，可以发现两面都有相同结构。判断是否通穿，还需要再识读剖视图 *A—A*。在剖视图 *A—A* 中可以发现底板顶部内部槽为通穿，同时侧面为一块薄板，如图 11-13 所示。

再将图 11-12 和图 11-13 的实体进行组合，也就是说仰视图表达了外形主体，而剖视图 *A—A* 表达了这个视图的厚度或高度，最终可合并成如图 11-14 所示的实体。再通过其他视图的细节识读，最终可以完成底板产品的图纸细节创建，结果如图 11-15 所示。

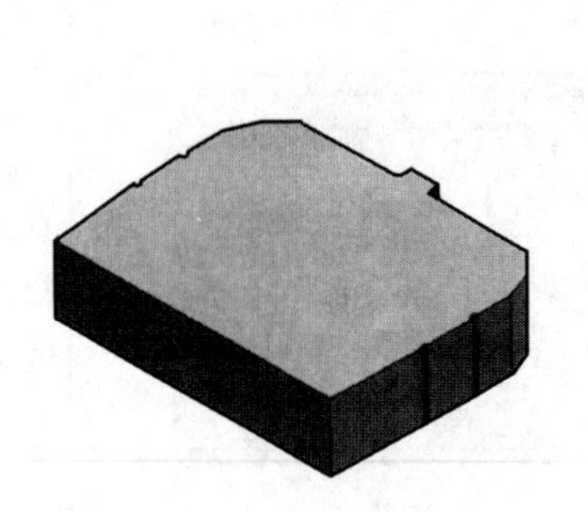

图 11-12　底板外形

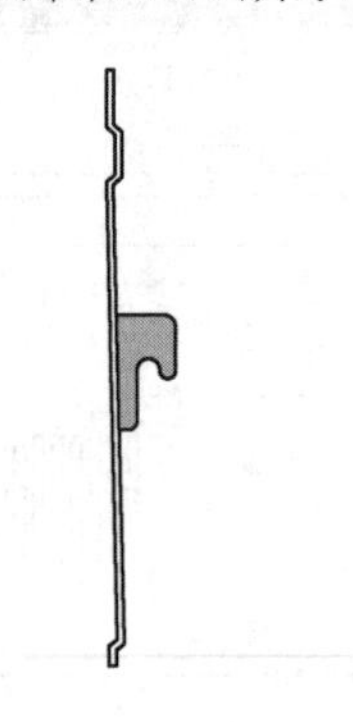

图 11-13　底板侧面板厚

图 11-14　两视图合并结果

图 11-15　底板识读结果

三、凸模垫板零件图的识读

识读模具零件图的方法和绘制零件图的思考步骤基本一致，包括以下主要内容。

① 分析标题栏信息，确定模具零件类型。根据模具零件类型，结合模具知识，可以更明确地确定零件的结构。

② 分析图形，明确零件结构。

③ 结合尺寸和技术要求，确定零件结构和加工、检验等要求。

下面结合图 11-16 所示进行凸模垫板模具零件图的实际分析。

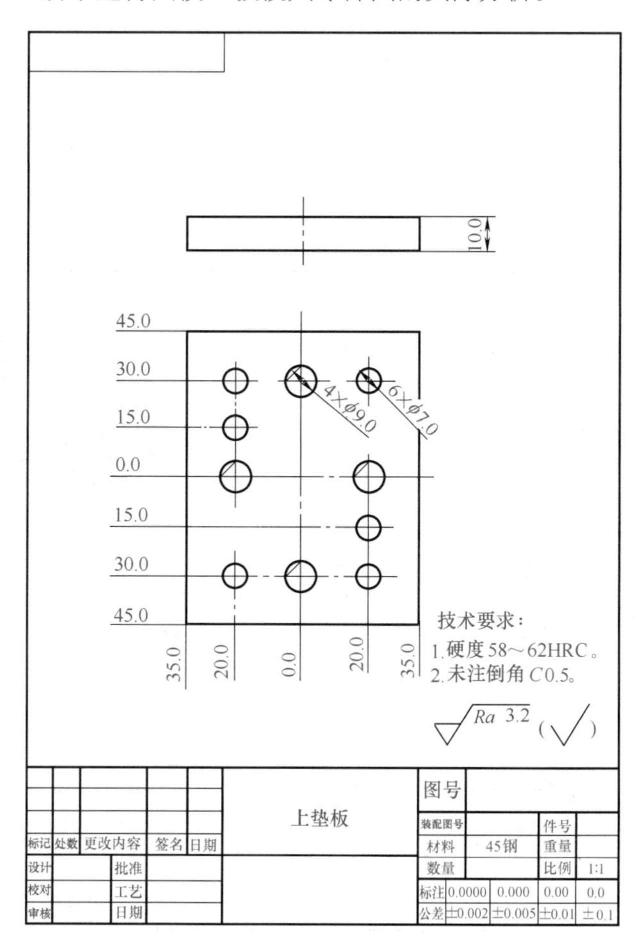

图 11-16　冲压模上垫板零件图

识读零件图，首先从标题栏开始。从标题栏中可以读出该零件是上垫板，材料是45钢。垫板在模具工作中起到减振、减少模座冲击力的作用，一般安装在凸模、凸模固定板和上模座之间，并且零件周边布置着均为通孔的连接孔。标题栏中标注的绘图比例是1∶1，则图形大小即零件实际大小。

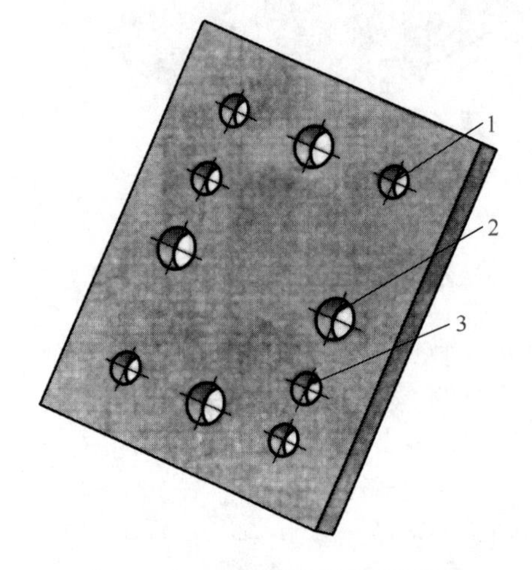

图11-17　冲压模上垫板模型图

整个零件图由两个视图组成，主视图是一个矩形，俯视图也是矩形，表示该零件为一个矩形平板类零件，由于零件上的孔都是通孔，所以主视图没有作剖视图表达，只标注了平板的厚度尺寸。俯视图中有4个直径为$\phi9$的孔，为了和其他孔区别开，俯视图4个孔的1／4圆内都标记了斜线，表示这些是同一种孔，这些孔的直径为$\phi9$，其余各孔尺寸都是$\phi7$。

整个零件的形状如图11-17所示。图中标记序号1和3的孔直径均为$\phi7$，标记序号2的孔直径为$\phi9$。

四、矩形支架产品图的识读

（1）矩形支架产品图样分析

矩形支架产品二维图如图11-18所示，尺寸省略。从标题栏可以看到，这是第一角投影，图纸采用1∶1比例。从图纸的布局看，此产品由一个主视图、一个俯视图、一个仰视图、两个剖视图和一个正等轴测图组成，没有技术要求。

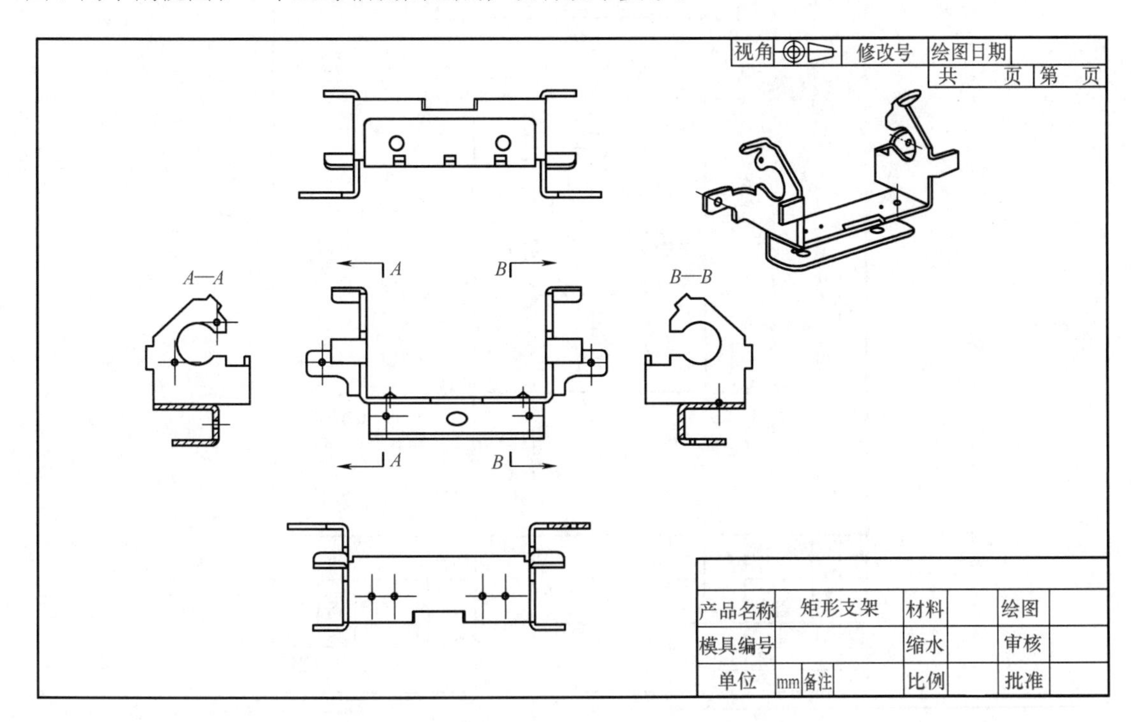

图11-18　矩形支架产品二维图

（2）矩形支架产品图识读过程

① 识读思路分析。下面将详细介绍每个视图所对应的三维效果图，具体过程见表11-3。

表11-3 矩形支架产品图识读思路分析

名称	二维图样	对应的三维结果	说明
主视图	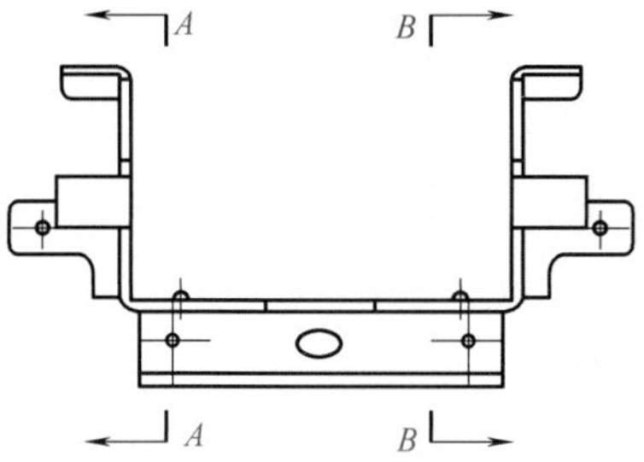 A A B B		主视图表达了产品的整体外形，包括产品的长度、宽度等
剖视图A—A	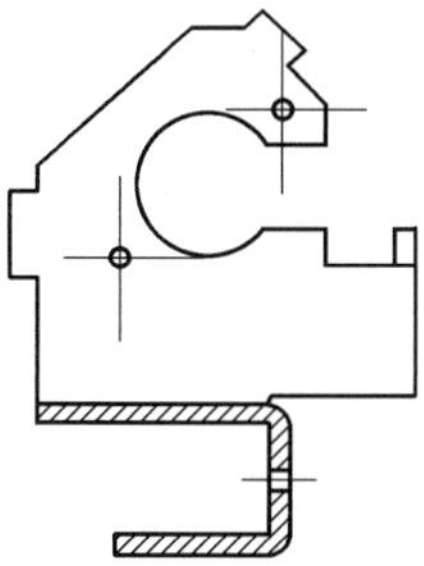		剖视图A—A表达了矩形支架的底部结构，如通孔、侧视图形状等
仰视图	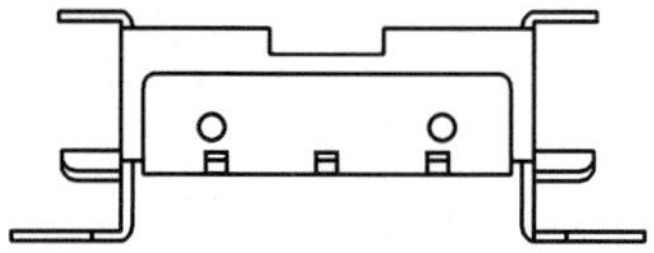		仰视图与俯视图反映了矩形支架的顶部与底部结构，如通孔、支架形状，弯边形状等
俯视图	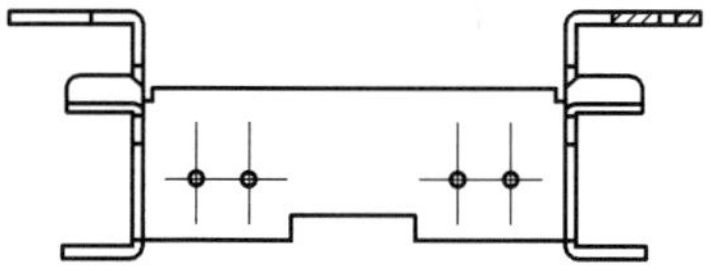	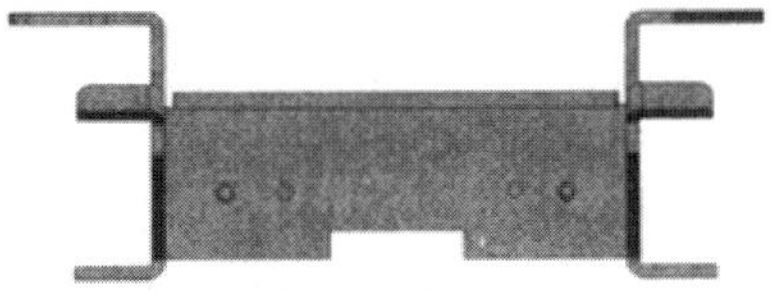	
剖视图B—B	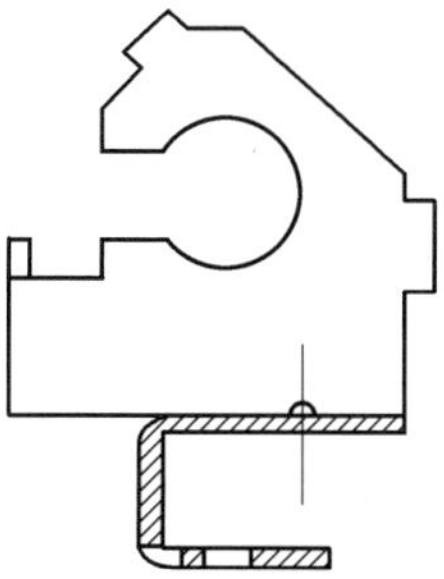	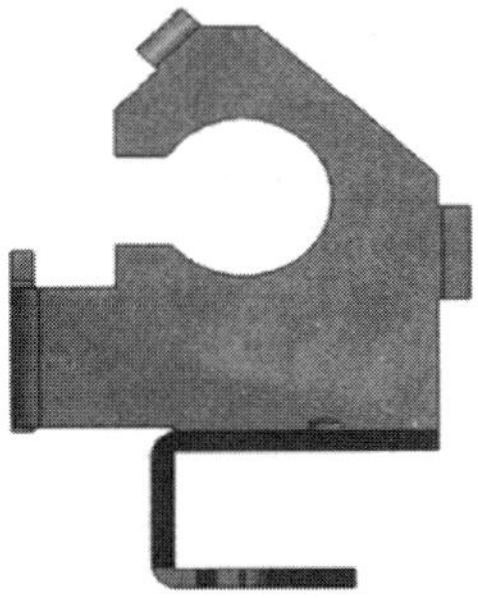	剖视图B—B表达左侧的外部形状，同时也表达了矩形支架左侧结构

② 识读步骤详解。从以上图纸分析，可以发现这个矩形支架不像之前的产品那样规矩，在识读时应该结合组合体知识来完成。首先，可以将这个矩形支架分成左、右侧架和弯边三部分，如图11-19所示，接着进行拆分体的视图识读，以降低识读复杂程度。

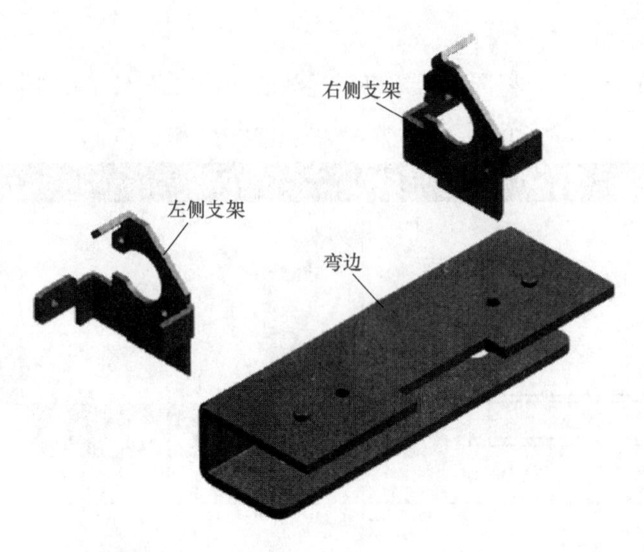

图11-19 矩形支架的组合体分解

a. 弯边对象识读。在矩形支架二维图中，可以只识读弯边视图那部分，从图纸的布局中可以看到，左、右两侧的剖视图就最能表达弯边对象的外形，如图11-20所示。因此只需将这个视图外形线段叠加一实体就可以得出弯边实体，结果如图11-21所示（此处不考虑内部细节）。

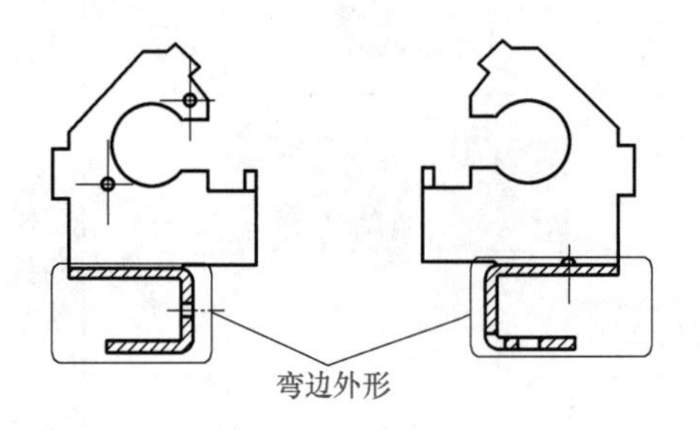

图11-20 弯边外形对象

图11-21 弯边外形识读结果

接着再识读弯边内部细节，从仰视图中可以看到弯边内部有矩形槽、圆孔（台）等，如图11-22所示。内部槽到底是凸还是凹或其他还需再识读相关视图。下面接着识读剖视图*A—A*和剖视图*B—B*。剖视图*A—A*能表达弯边内侧的孔，如图11-23所示；剖视图*B—B*能表达弯边的槽、圆台，如图11-24所示。最后再识读其他对应关系，最终想象出弯边结果如图11-25所示。

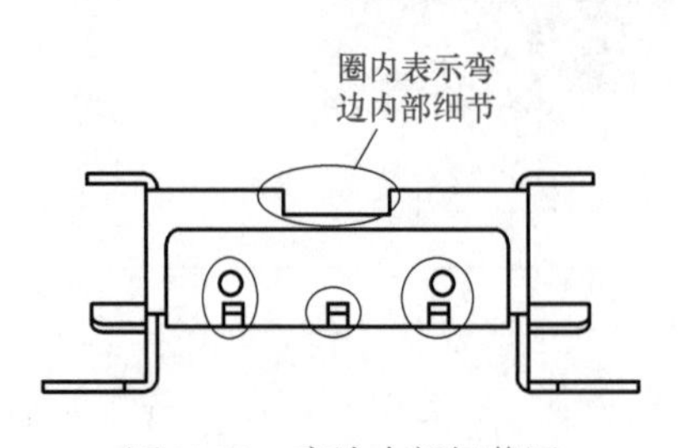

图11-22 弯边内部细节图

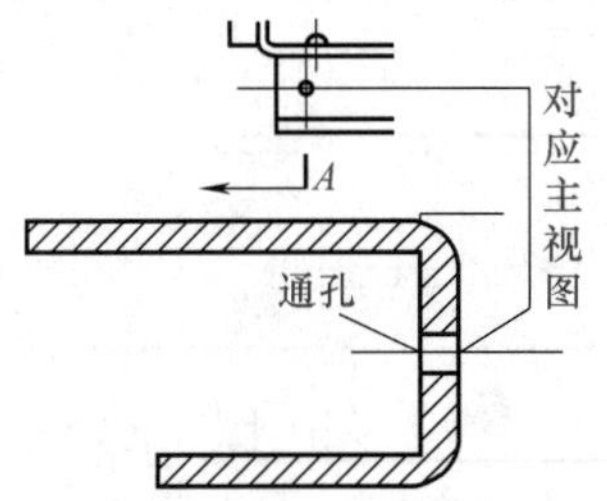

图11-23 剖视图*A—A*与其他视图的对应关系

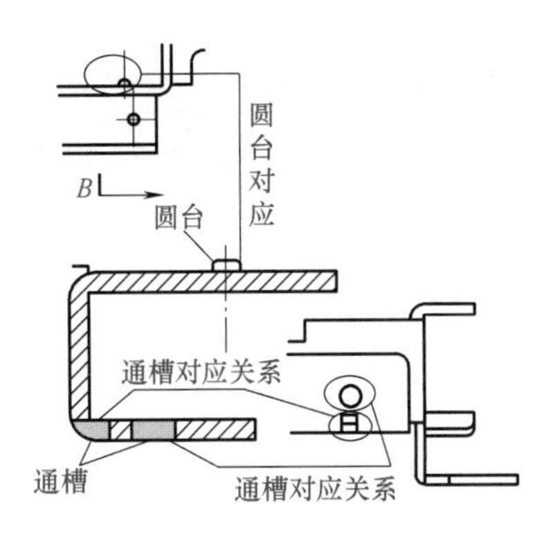

图11-24　剖视图$B—B$与其他视图的对应关系　　　　图11-25　弯边识读结果

b. 左、右侧支架识读。在矩形支架二维图中，能够表达左、右侧支架的对象包括每一个视图，但剖视图$A—A$和剖视图$B—B$中最能表达左、右侧支架形状，因此可以先识读这两个视图。从二维图纸中识读可以发现，左、右侧支架有对称关系，只是剖视图$A—A$中多了两个侧孔，其余都是一样的，因此只识读其中一个剖视图即可。

从剖视图$A—A$出发，在剖视图$A—A$中可看作支架侧面为一块带有不同形状的薄板（先不考虑细节），如图11-26所示。左侧支架外形识读完毕后，接着识读支架另一方向视图，从俯视图和仰视图可以看到，有些长出的护耳，如图11-27所示。

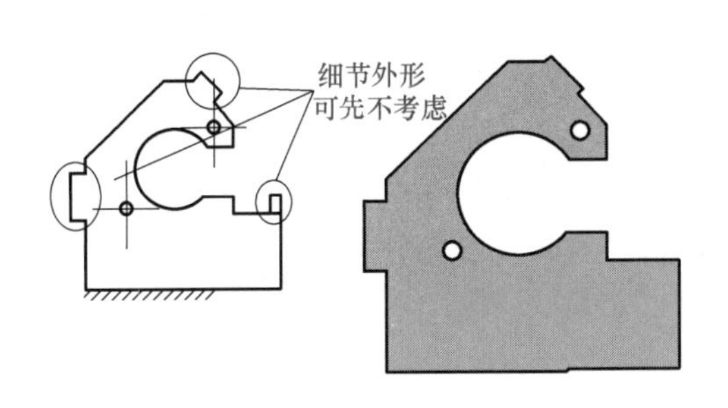

图11-26　剖视图$A—A$外形想象结果

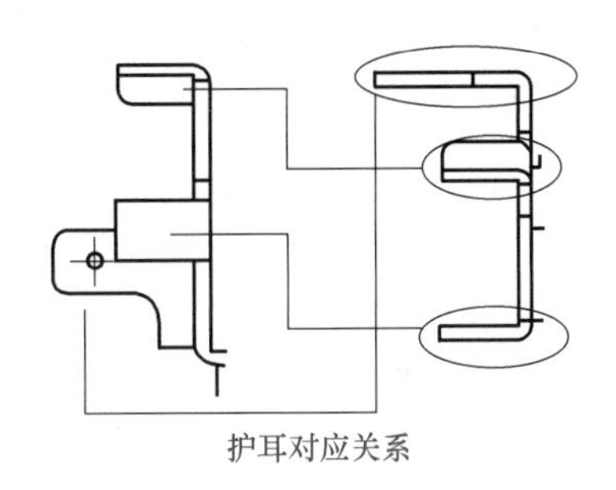

图11-27　左侧支架对应细节对象

结合矩形支架二维图纸中的轴测图，最终可以想象出左侧支架的实体如图11-28所示，同时右侧支架如图11-29所示，最后将这两个支架组合到弯边上，结果如图11-30所示。

图11-28　左侧支架识读结果

图11-29　右侧支架识读结果

图11-30　矩形支架合并结果

第二节 典型模具装配图的识读

一、双型挡片模具装配图的识读

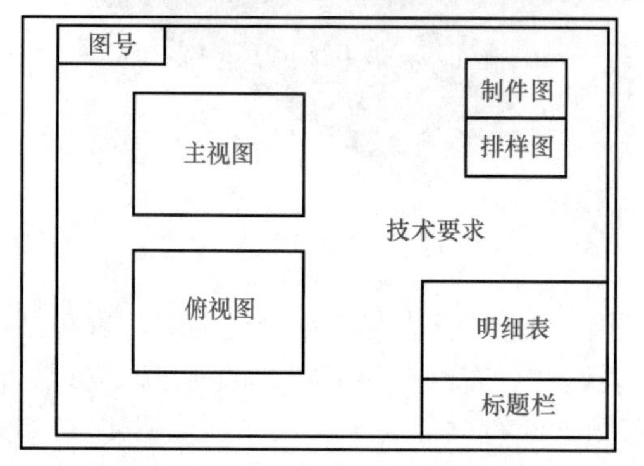

图11-31 冲压模具装配图的基本组成要素及其在图中位置

（一）冲压模具装配图的组成要素

由于模具属于加工装备，所以模具装配图的内容要求与一般机械结构装配图也有所不同，如图11-31所示给出了冲压模具装配图的一般组成要素和各要素在装配图中的位置。

如图11-32所示某为冲压模具装配图。从图中可看出，一张完整的冲压模具装配图应具有下列内容（表11-4）。

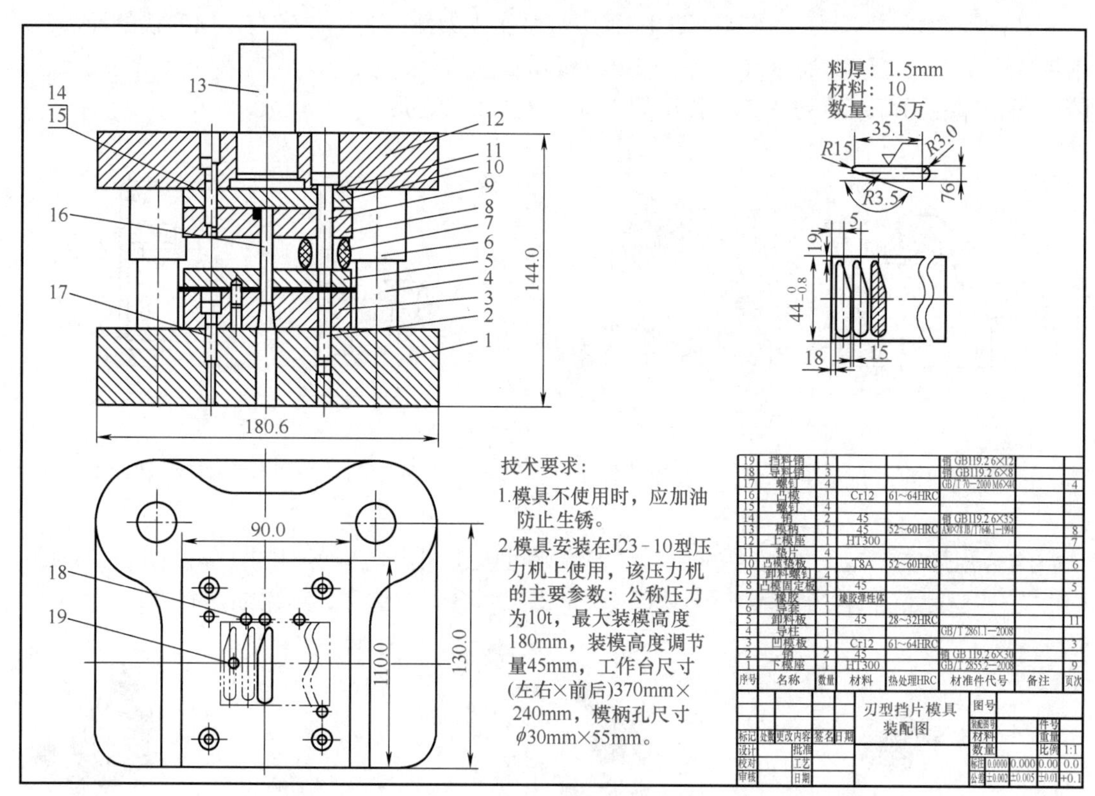

图11-32 双型挡片冲压模具装配图

表11-4 冲压模具装配图的组成要素

要素	说明
冲压件制件图和生产要求	图11-32中右上角给出了冲压件的制件图和生产数量、零件材料和材料厚度等信息，这些是模具装配图中固有的要素之一

续表

要素	说明
冲压排样图	在冲压件制件图的下方是冲压排样图。一般情况下，排样图的排样方向应与冲压时的送料方向一致，以保证读图的准确性
表达模具结构的图形	图11-32中用两个视图给出了该套模具的结构，其中主视图采用全剖视图。在模具装配图中，由于模具是由很多板类零件叠加而成，所以在主视图的表达时往往采用阶梯剖的表达形式，但是一般情况下并不绘制剖切位置。 俯视图则只表达下模部分（拆去上模后再绘制俯视图），这种表达形式是模具装配图特有的表达形式
必要的尺寸	在模具装配图中，主要标注总高、总长和总宽等总体尺寸。同时要给出凹模板的尺寸，以确定工作范围
零件编号、明细栏和标题栏	明细栏和标题栏书写在图样的右下方，如图11-32所示为企业常应用的样式
技术要求等	在模具装配图中，一般会用文字形式写出工作要求、特殊加工要求、装配或调试要求等信息

（二）识读冲压模具装配图

通过识读装配图应了解装配体的名称、用途和工作原理；各零件间的相对位置及装配关系，其调整方法和拆装顺序；主要零件的形状、结构以及在装配体中的作用。现以图11-32为例，说明识读冲压模具装配图的一般方法和步骤。

（1）基于模具典型结构进行初步了解

在识读模具装配图前，必须对该模具的工作原理、结构特点，以及装配体中零件间的装配关系等有一个全面、充分的了解和认识。这一部分的内容，需要读者结合所学的模具结构知识进行分析。

首先，从图11-32所示右上角的冲压件制件图和排样图可知，该图表达的是一套单工序的落料冷冲压模具；从主视图中可知，该模具采用橡胶垫、卸料螺钉和弹压卸料板组合而成，所以这是一套单工序弹压卸料落料的冲压模具。此外，从俯视图可知，采用的是后置导柱导套配合的标准模架。

这类模具的典型结构如图11-33所示，模具整体分为上模部分和下模部分。

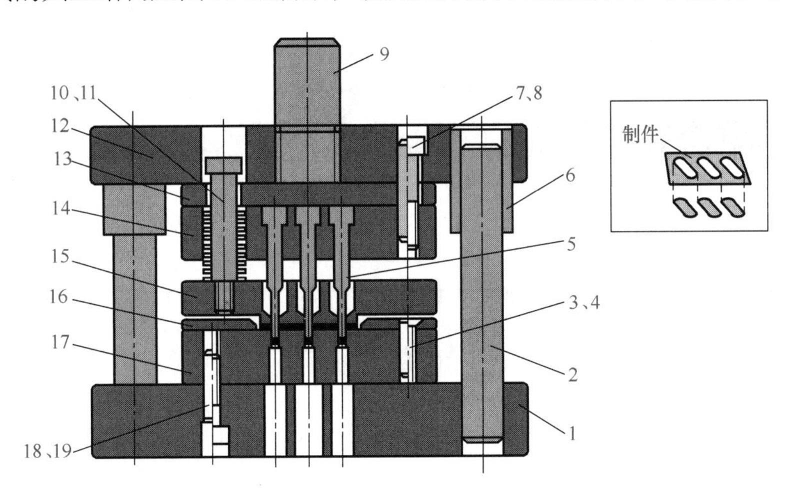

图11-33　典型单工序弹压卸料落料冲压模具结构图

1—下模座；2—导柱；3、7、18—销；4、8、19—螺钉；5—凸模；6—导套；9—模柄；10—卸料螺钉；11—弹簧；12—上模座；13—凸模垫板；14—凸模固定板；15—弹压卸料板；16—导料板；17—凹模板

① 上模部分由模柄、上模座、凸模垫板、凸模固定板、凸模、导套、弹性元件和卸料板等零件组成。

② 下模部分由凹模、下模座和导柱等零件组成。其固定方式采用螺钉固定，定位方式采用销定位。

（2）识读标题栏、明细栏和零件序号等信息

从标题栏中了解装配体名称；按照图上序号对照明细栏，了解组成该装配体的各零件的名称、材料和数量信息；同时结合图形的简要信息和模具知识，对模具装配图所表达的模具结构、零件间的关系作进一步的理解。

（3）分析视图

绘图时要根据装配体的装配关系、工作原理等来选择视图表达的方案，反之，在识读装配图时，也要通过分析装配图的表达方案，分析所选用的视图、剖视图等表达形式来确定其侧重表达的内容。

和其他装配图不同，模具装配图有自己的表达特点和惯用模式。一般情况下，冷冲压模具图有两个图组，一组是冲压件制件图和排样图，另一组是模具结构图；一般采用两个视图，即主视图和俯视图。

如图11-32所示中的制件图和排样图，能使我们初步确定该模具的基本类型和送料方向，为单工序落料冲压模具。

模具装配图的主视图一般清楚地显示了该模具的形状、结构特征，以及大部分零件间的相对位置和装配关系，我们从中可以确定该模具的类型，例如是正装还是倒装，是单工序还是多工序，是弹压卸料还是固定卸料等，这些内容的确定可以帮助我们更快地识读模具结构。

如图11-32所示的主视图就能反映出该模具为单工序落料和弹压卸料的模具类型。由于凸模在上模部分，凹模在下模部分，所以本套模具还是属于正装式冲压模，这也确定了该模具的基本结构组成和工作原理。

另外，在主视图的表达中一般采用阶梯剖的全剖视图，来体现零件间的固定及定位方式。如图11-32所示，主视图所展示的各零件间的装配关系如下（见表11-5）。

表11-5　主视图所展示的各零件间的装配关系

装配关系	说明
配合关系	凸模与凸模固定板有配合关系。上模座、凸模固定板和销有配合关系，凸模垫板与销无配合关系。下模座、凹模板和销有配合关系
固定形式	凸模采用单边挂台形式进行固定。上模座、凸模垫板、凸模固定板采用螺钉固定，销定位。下模座、凹模板也采用螺钉固定，销定位。卸料螺钉则穿过上模座、凸模垫板和凸模固定板及橡胶垫，与弹压卸料板采用螺纹固定连接，达到弹压卸料的作用 装配图中的每一个视图，都应有其侧重要表达的内容。在冲压模具图中，俯视图采用拆卸画法，只表达下模部分的投影。从俯视图中可以得到以下信息 ① 模架的类型和尺寸。从图11-32的主视图中我们只能知道模架采用导柱、导套的导向定位，只有在俯视图中才能确定其模架为后置式，而且还从标注的尺寸中确定了该套模架的尺寸大小 ② 凹模板的形状和尺寸。在模具设计中，凹模板的形状与其他模板的形状应该是一致的，所以从俯视图中得到该模具所有模板的形状都是矩形，周界尺寸也与凹模板一致 ③ 送料的方向和定距方式等。从图11-32俯视图中可以看出，当模具在工作中，料带从右向左进行送料时，使用挡料销和导料销进行定位

综上所述，该冷冲模装配图选用主、俯两个视图，配合冲压件制件图和排样图，已经可以清晰表达出该装配体的结构、原理和零件之间的装配关系等，增选左视图的意义不大。所以，一般结构难度的冷冲压模具装配图不再增设左视图。

（4）读懂零件形状

识读模具装配图的目的，除了理解模具的工作原理和装配关系等，还有一个重要的目的就是要将组成装配体的各个零件进行拆解，绘制成零件图后进行加工生产。所以在分析清楚各视图所表达的内容后，要对照明细栏和图中的序号，按照先简单后复杂的顺序，逐一了解各零件的结构形状。

在识图时，除了利用冲压模具本身的组成特点（如模板零件都是板类零件），还可以根据剖视图中的剖面线方向、间隔等信息来确定各个零件在视图中的投影范围，即零件轮廓。在明确零件轮廓后，就可以按照形体分析法、线面分析法来读懂该装配图所表达的零件图形。

在分析零件时，我们首先要拆除标准件，再去掉简单件，最后分析复杂结构件。对于冲压模具装配图其分解基本步骤如下。

① 根据主视图，确定模板的名称、数量和装配关系。

② 根据俯视图中的凹模板周界尺寸和形状，确定其他模板的周界尺寸和形状。

③ 根据明细栏中的信息，对照主视图确定标准件如螺钉、销、卸料螺钉等的位置和数量，然后将这些零件从图中分离出去。

④ 根据分离出的标准件尺寸和数量，初步确定各个模板上的孔位和直径大小，并绘制零件图草图。

⑤ 根据装配关系补充凸模的固定孔位和尺寸。

⑥ 根据加工要求、装配要求等补全装配图的技术要求，并填写标题栏。

如图11-32所示，从俯视图中读出凹模板的俯视图投影形状是矩形，所以这套模具中的其他模板（如凸模垫板、凸模固定板、卸料板等）的形状也是矩形；凹模板的周界尺寸是100mm×80mm，根据投影规律，从主视图可以读出各个模板的周界尺寸是一样的，所以各个模板的周界尺寸都是100mm×80mm，厚度尺寸可以从主视图中逐一量取。

从主视图中确定各个模板间的装配关系，通过这个步骤不仅读出螺钉固定和销定位，还要确认螺钉安装的方向，继而确定哪个模板上是通孔，哪个模板上是台阶孔，哪个模板上是配合销孔和螺纹孔等。如图11-32所示的主视图中，上模部分的固定螺钉从上向下固定，所以在上模座中有台阶孔、凸模垫板的同样位置是通孔（即尺寸比螺纹公称直径大），凸模固定板上则是螺纹孔；同样的方法可以分析出销穿过上模座、垫板和凸模固定板，则在垫板上的孔位是过孔（即尺寸比销的公称直径略大），其余两个模板上都是配合销孔。

根据凸模的固定形式，确定卸料板中间有一个凸模过孔，凸模固定板上有凸模固定孔和侧面挂台孔。虽然从图样中已确定了以上结构信息，但是并不能清楚确定孔的位置，如螺栓过孔是在模板的四角布置还是中线布置。此时就需要依据模具结构合理性的原则对孔位进行权衡，最终可以得到凸模垫板（如图11-34所示）、凸模固定板（如图11-35所示）和卸料板（如图11-36所示）的零件图。

用同样的方法可以分解下模部分的零件，见图11-32，从主视图可以读出下模部分的固定螺钉是从凹模面往下模座旋入的，所以在凹模四角应有与螺钉（零件17）头部配合的台阶孔，下模座的同样位置应有4个螺纹孔。凹模的零件图如图11-37所示。

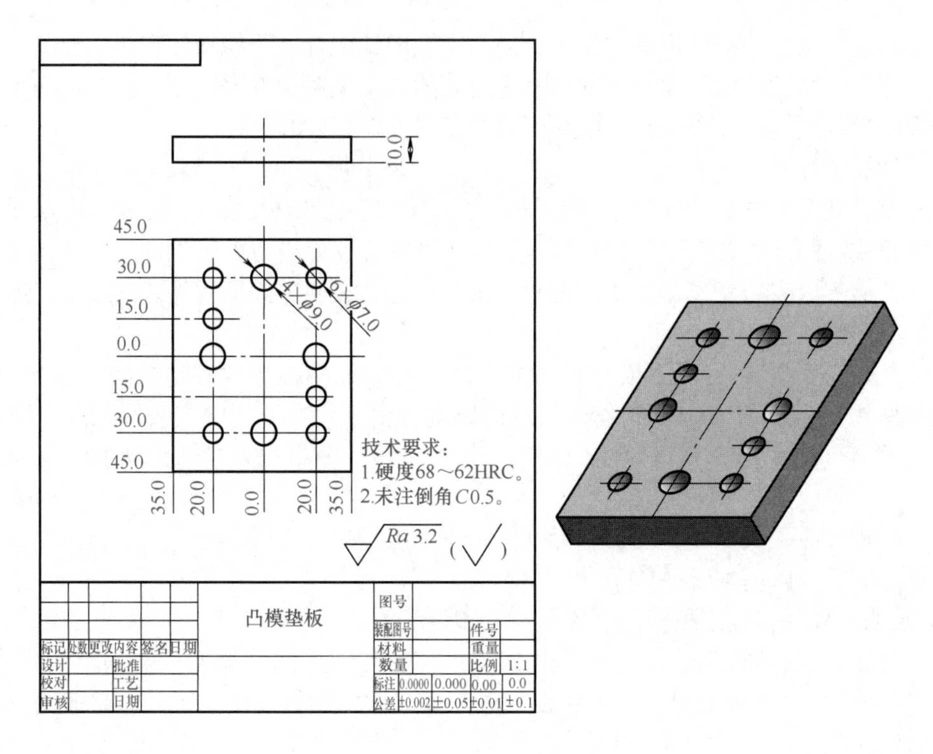

图11-34　凸模垫板

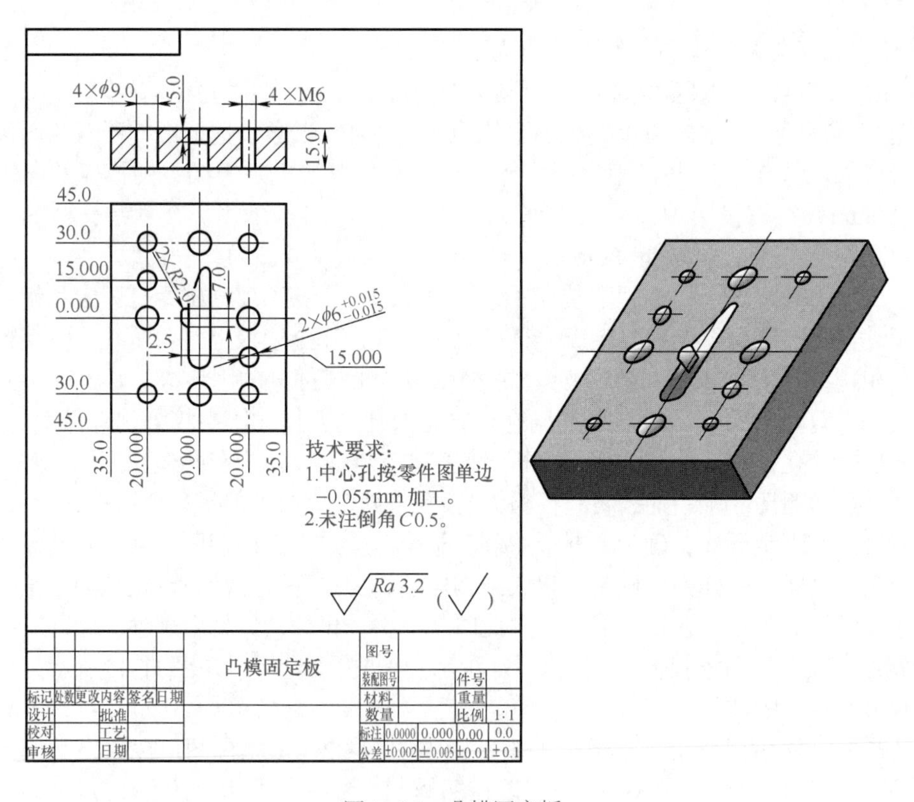

图11-35　凸模固定板

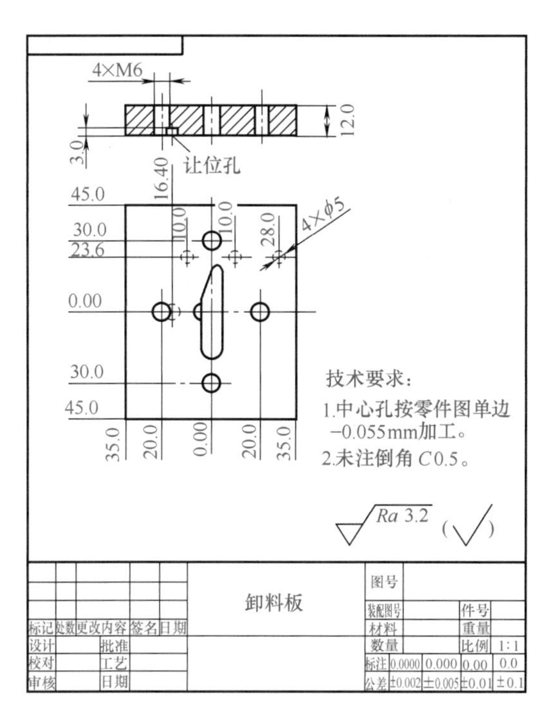

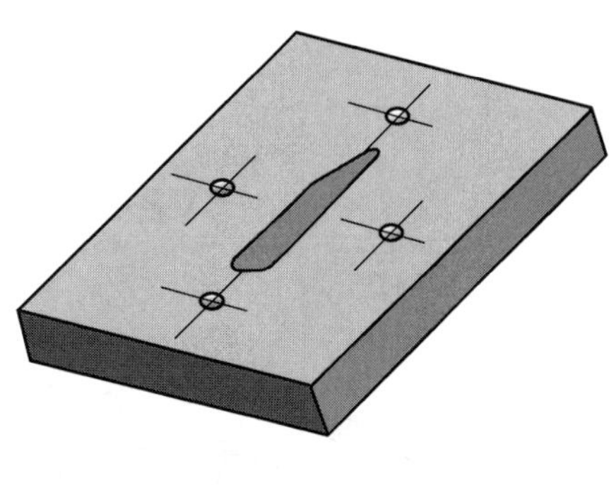

图11-36　卸料板

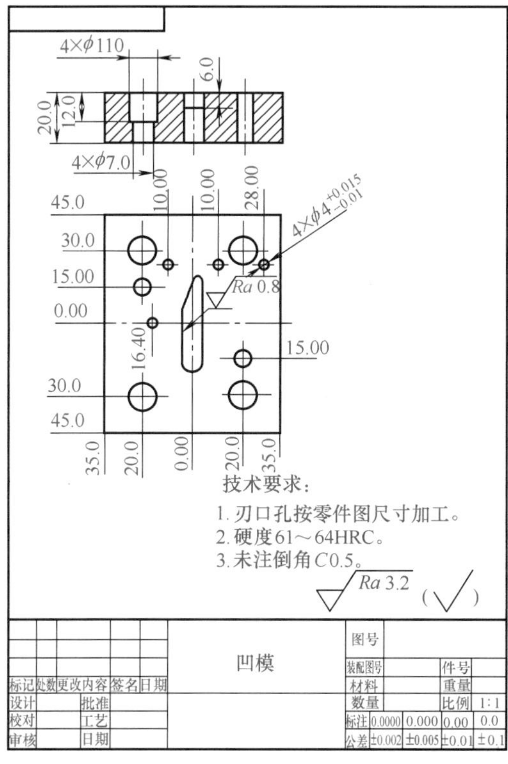

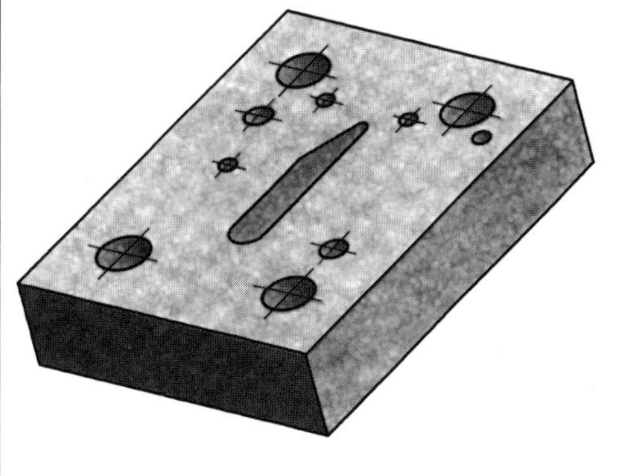

图11-37　凹模

在完成上述各步骤的基础上，再将所有信息加以归纳及综合，从而使该套模具的工作原理、装配关系、拆装顺序、使用和维护的注意事项等信息更明确，于是我们就能更清晰地想象出这套模具的整体形象（如图11-38所示），从而全面地读懂这张装配图。

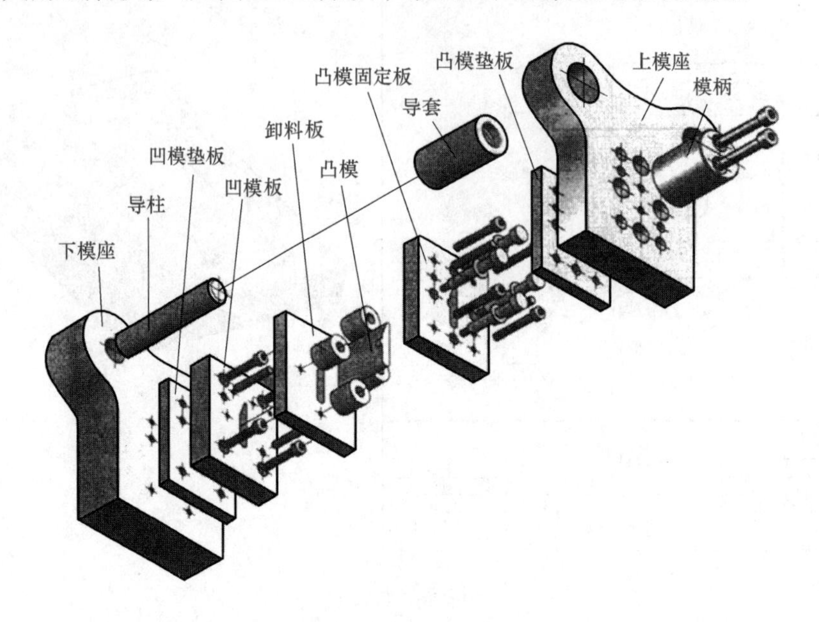

图11-38　冷冲模具立体展开图

二、斜导柱模总装图的识读

（1）斜导柱模总装图样分析

斜导柱模总装图如图11-39所示，尺寸标注省略。

从标题栏可以看到，这是第三角投影，图纸采用了放大形式表达，放大比例为原图的1.5倍。由明细表可知该模具由20种零件组成，按指引线可以在图中找到每个零件所在的位置。从图纸的布局看，该模具由定模部分组成一个仰视图；由动模部分组成一个俯视图；由动、定模组成前视图，并做了视图剖切；由动、定模组成右视图；没有技术要求。

模具总装图只反映了各个零件之间的连接与装配关系，不能反映各个零件的详细形状，因此要对斜导柱模总装图中的各个零件进行拆分识读，即对零件图进行识读。对于标准件(如A板、B板等)、型芯内部结构，可以不进行详细识读，因为标准件的形状是一定的，我们只要了解内部加工对象就可以了；而对于型芯部件，里面有很多曲面过渡面、结构对象等，在识读时需要和产品模型一起识读。

（2）上模结构识读

① 上模结构识读分析。上模结构如图11-40所示，尺寸未标注。从图样中可以看到上模结构包括了面板、A板、斜导柱等其他对象，由于多数为标准件，因此识读起来比较简单，下文将详细介绍每个视图所对应的三维效果图，具体过程见表11-6。

② 识读步骤详解。首先识读俯视图和仰视图，从两个视图中可以看到上模对象中并没有太多的其他结构。再纵观其他视图可以发现，剖视图*A*—*A*、*B*—*B*中表达了斜导柱、唧嘴、流道和型腔形状，如图11-41所示。

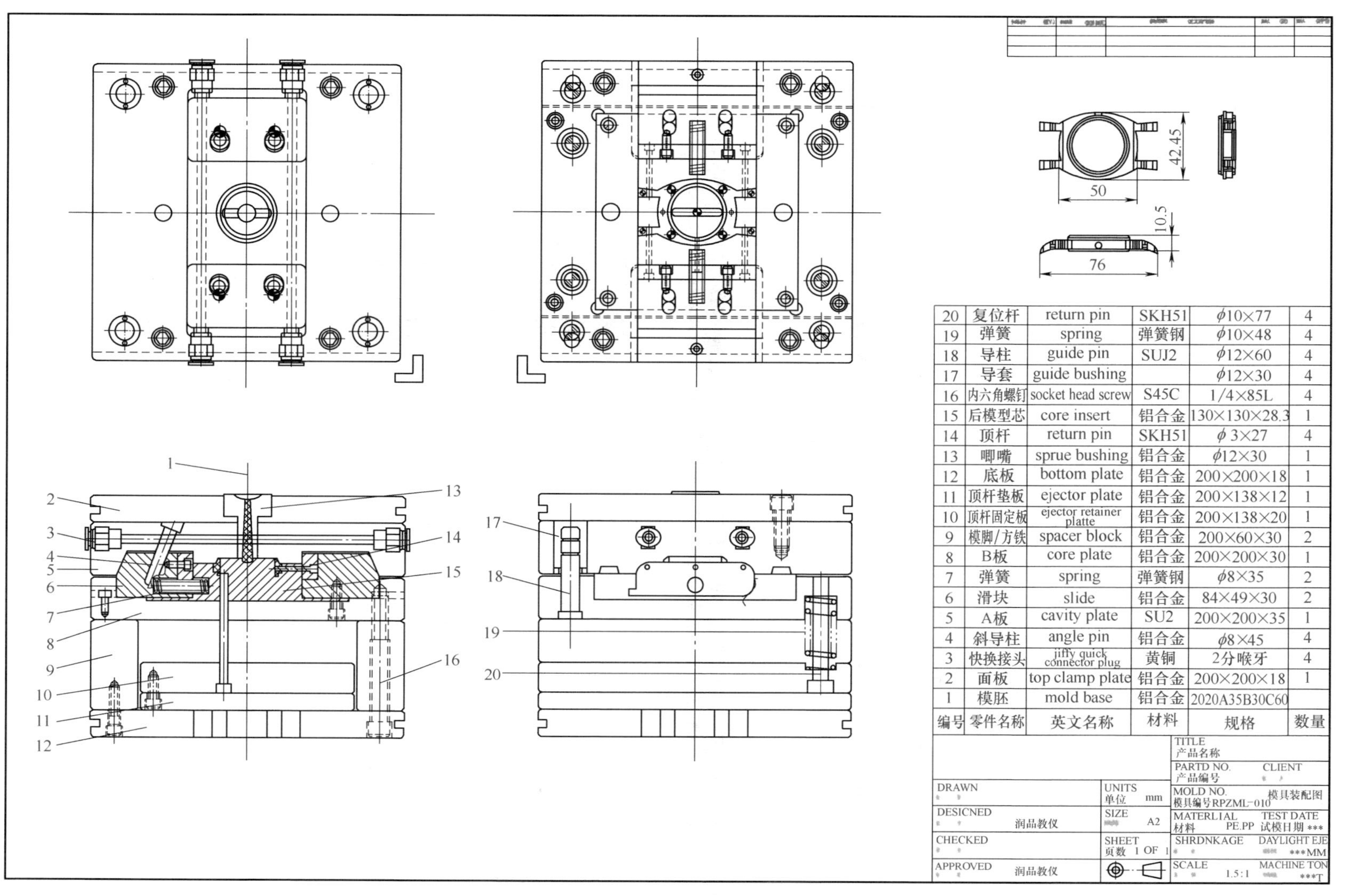

编号	零件名称	英文名称	材料	规格	数量
20	复位杆	return pin	SKH51	φ10×77	4
19	弹簧	spring	弹簧钢	φ10×48	4
18	导柱	guide pin	SUJ2	φ12×60	4
17	导套	guide bushing		φ12×30	4
16	内六角螺钉	socket head screw	S45C	1/4×85L	4
15	后模型芯	core insert	铝合金	130×130×28.3	1
14	顶杆	return pin	SKH51	φ3×27	4
13	唧嘴	sprue bushing	铝合金	φ12×30	1
12	底板	bottom plate	铝合金	200×200×18	1
11	顶杆垫板	ejector plate	铝合金	200×138×12	1
10	顶杆固定板	ejector retainer platte	铝合金	200×138×20	1
9	模脚/方铁	spacer block	铝合金	200×60×30	2
8	B板	core plate	铝合金	200×200×30	1
7	弹簧	spring	弹簧钢	φ8×35	2
6	滑块	slide	铝合金	84×49×30	2
5	A板	cavity plate	SU2	200×200×35	1
4	斜导柱	angle pin	铝合金	φ8×45	4
3	快换接头	jiffy quick connector plug	黄铜	2分喉牙	4
2	面板	top clamp plate	铝合金	200×200×18	1
1	模胚	mold base	铝合金	2020A35B30C60	

图11-39 斜导柱模总装图

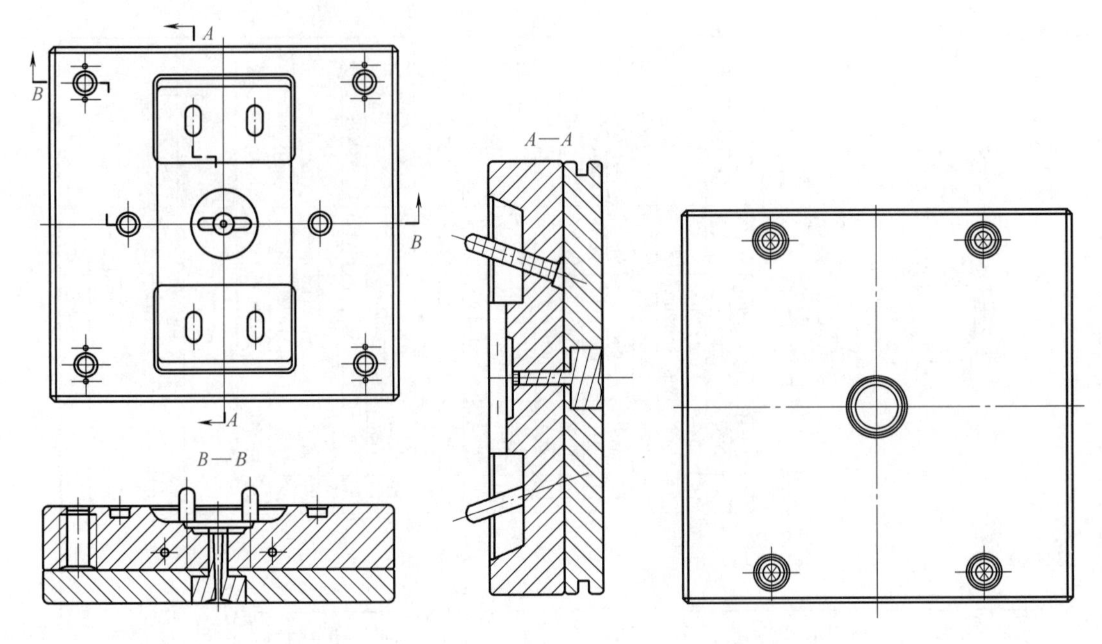

图 11-40　上模结构

表 11-6　上模结构识读思路分析

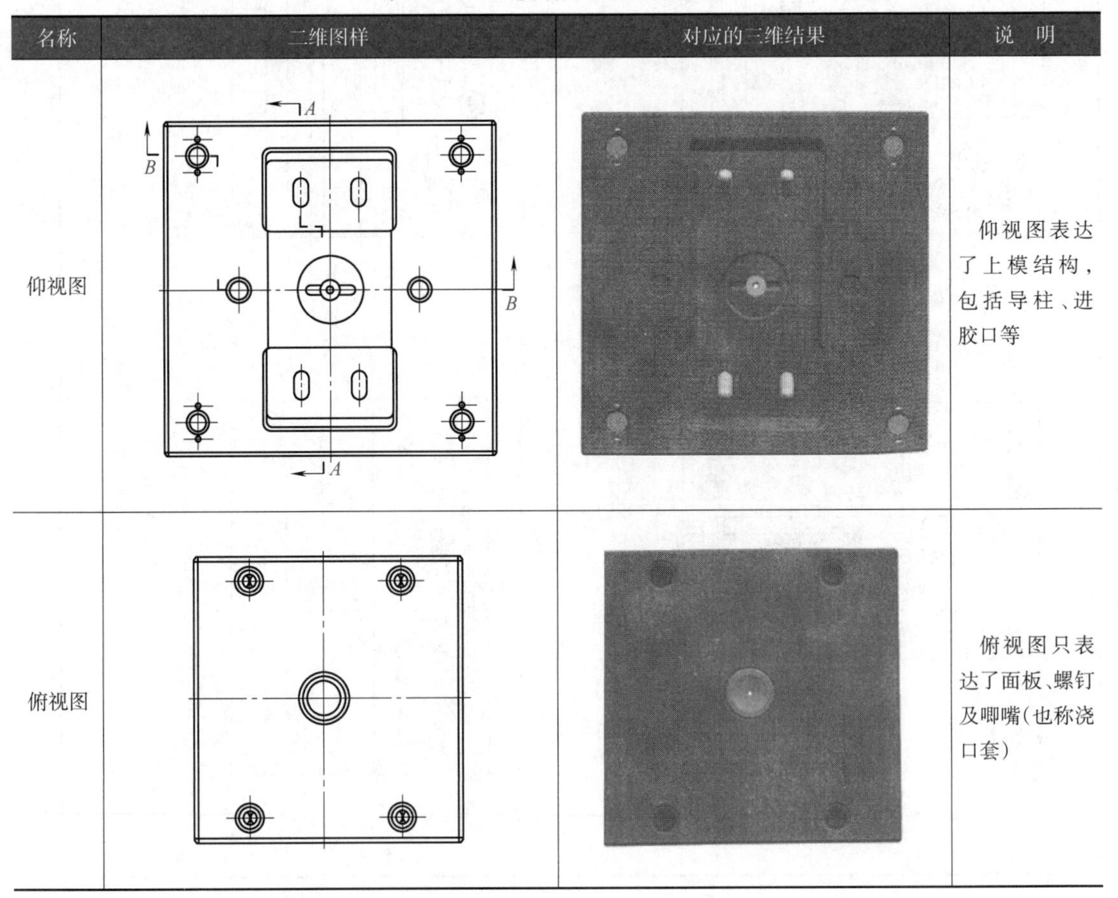

名称	二维图样	对应的三维结果	说　明
仰视图			仰视图表达了上模结构，包括导柱、进胶口等
俯视图			俯视图只表达了面板、螺钉及唧嘴(也称浇口套)

续表

名称	二维图样	对应的三维结果	说 明
剖视图 *A—A*			剖视图*A—A*表达了斜导柱的角度，表达了型腔斜面、唧嘴截面等
剖视图 *B—B*			剖视图*B—B*表达了导套、唧嘴截面、冷却水道截面等

结合图11-40和图11-41的分析可以知道，面板除了标准螺钉孔外，还在面板中间开设了唧嘴孔。再接着分析图样还可以发现，A板除了导柱孔之外，还有斜导柱穿透A板，并在中间挖空，同时两边有斜面。因此可以想象A板结果如图11-42所示。但如果与图11-40进行比对，可以发现图11-42中间部位缺少对象，因此还需要对中间部位添加图11-40中的中间对象，最终结果如图11-43所示。

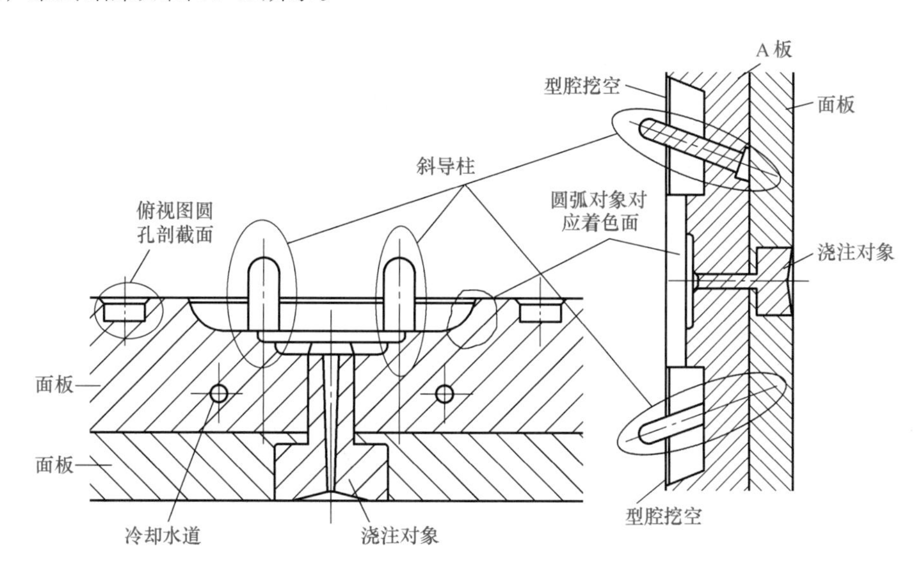

图11-41　剖视图对应关系分析

接着按照图11-39所示的装配图进行装配，将斜导柱装配进A板中，将唧嘴装入面板和A板中，同时从仰视图中可以看到一个直通式冷却水道，如图11-44所示。最后结合模具基础知识完成上模结构识读，识读结果如图11-45所示。

图11-42　A板分析结果

图11-43　A板最终识读结果

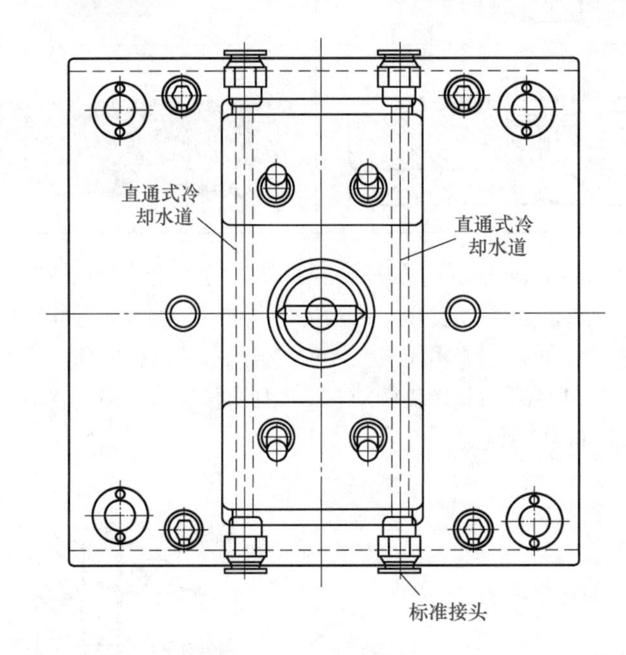

图11-44　直通式冷却水道

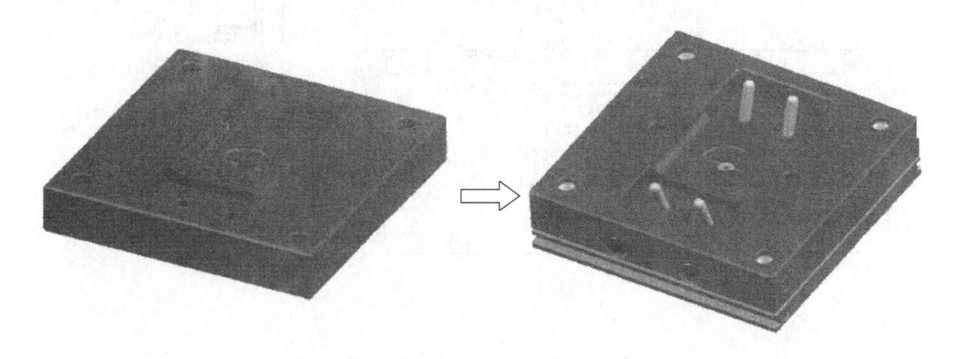

图11-45　上模结构识读结果

(3）下模结构识读

下模结构比较复杂，如果要完整识读比较困难，为了完成下模识读，可以将下模中的各个对象分别识读，最终按模具总装图中的各个零部件进行装配叠加。

（4）型芯零件识读

① 型芯零件识读分析。在识读型芯零件时，成型部分可以忽略不去识读（成型部分要结合模具设计知识和产品原型一起识读，其识读方法与前文一样），主要识读的是其配合部分与加工部分，型芯零件二维图如图11-46所示，尺寸省略，未作技术要求。从图11-46中可以看到型芯零件二维图由一个俯视图和两个剖视图组成，表11-7详细介绍了每个视图所对应的三维效果图。

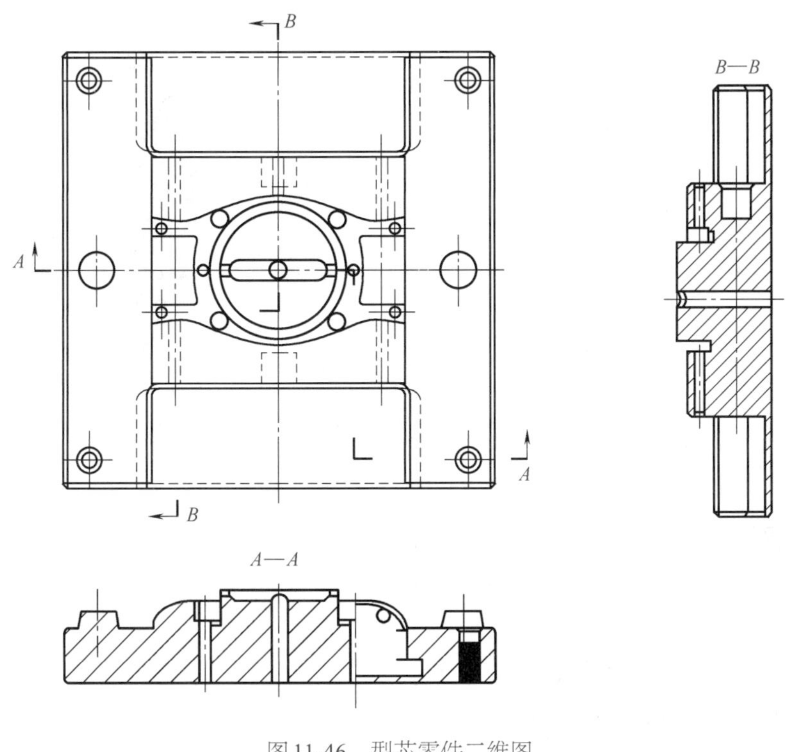

图11-46　型芯零件二维图

表11-7　型芯零件识读思路分析

名称	二维图样	对应的三维结果	说明
仰视图	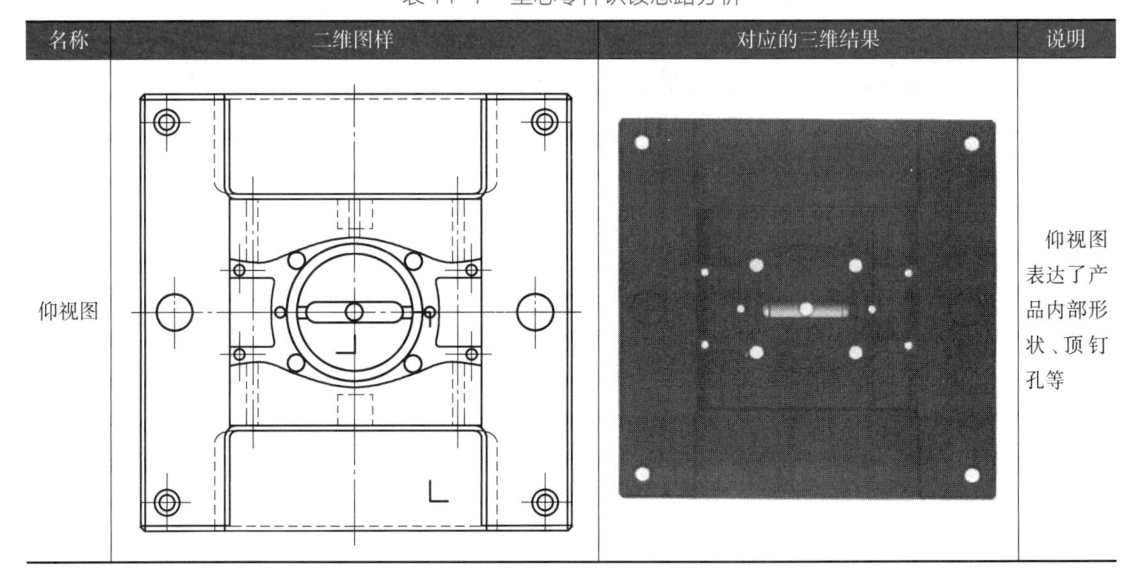		仰视图表达了产品内部形状、顶钉孔等

续表

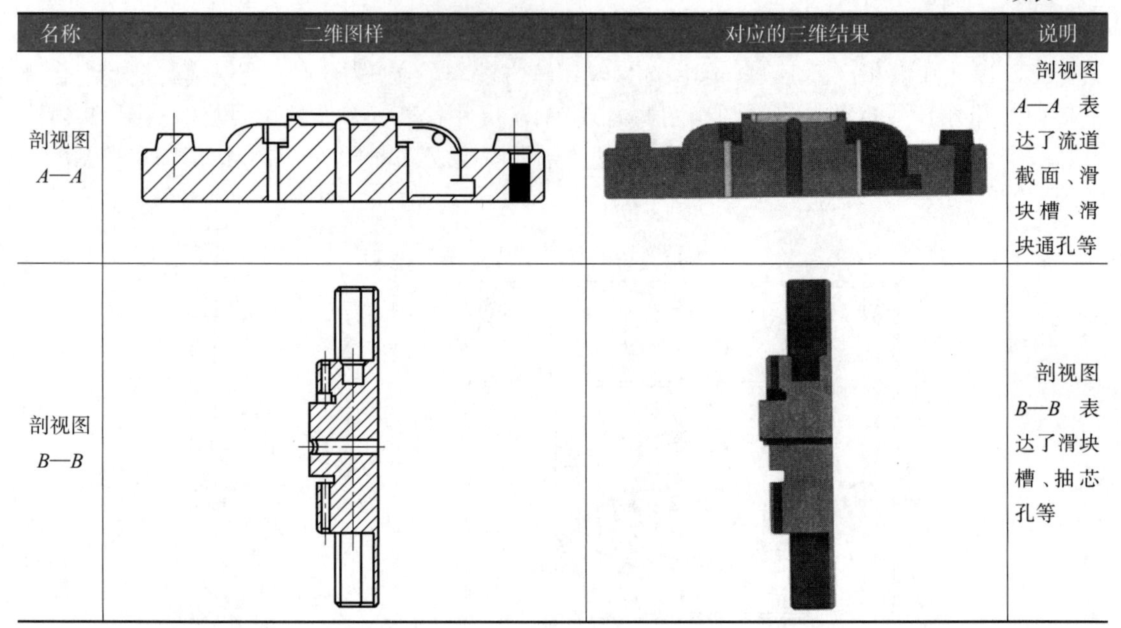

名称	二维图样	对应的三维结果	说明
剖视图 *A—A*			剖视图 *A—A* 表达了流道截面、滑块槽、滑块通孔等
剖视图 *B—B*			剖视图 *B—B* 表达了滑块槽、抽芯孔等

② 识读步骤详解。通过前文的识读分析，我们对型芯中的相关对象有了一定的了解，接下来将详细讲解识读过程。

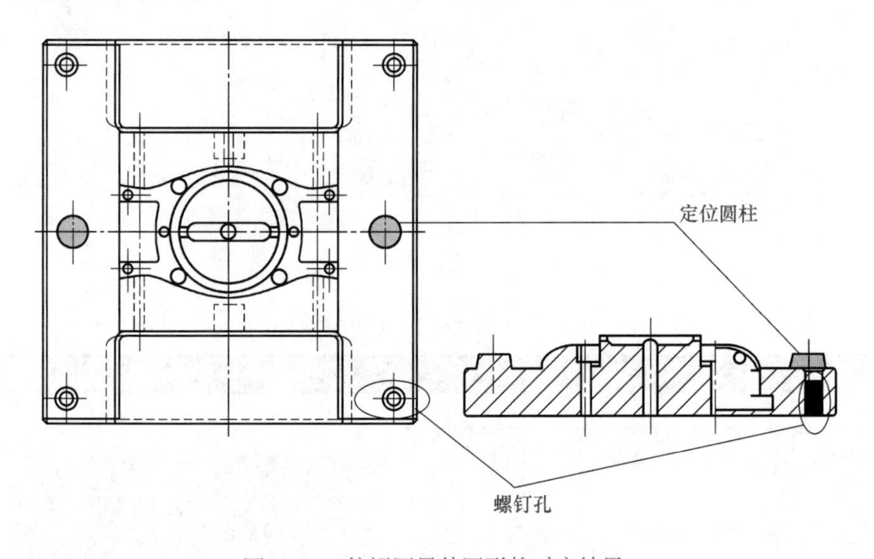

图 11-47　俯视图最外围形状对应结果

从俯视图出发，首先由外往内识读，从俯视图最外围可以发现有四个装夹螺钉孔和两个定位圆柱，与其他视图对应关系如图 11-47 所示。再接着往内识读，可以看到两个切口，这两个切口与其他视图对应关系如图 11-48 所示（限于图幅，一些通孔和细节没有再标示对应关系，可以通过识读找到）。

通过上述详细识读，我们对型芯零件的三维实体有了更清晰的了解，可以通过实体建模思路，将图 11-47 和图 11-48 所示的二维图想象出三维效果，结果如图 11-49 所示（忽略成型部分）。

结合图 11-49（b）所示的三维实体，继续识读成型部分。从图 11-39 的模具总装图中可

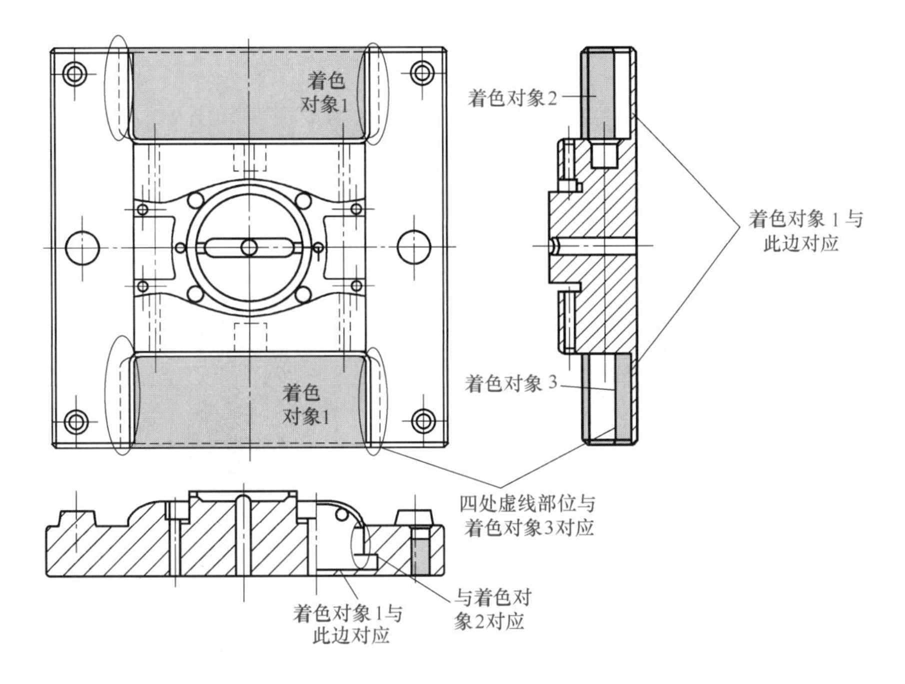

图11-48　俯视图内部结构对象对应结果

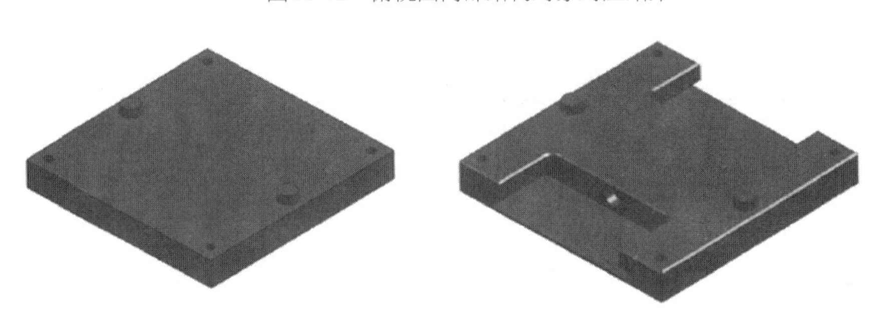

(a) 由图11-47 想象结果　　(b) 结合11-47与图11-48识读结果

图11-49　识读结果

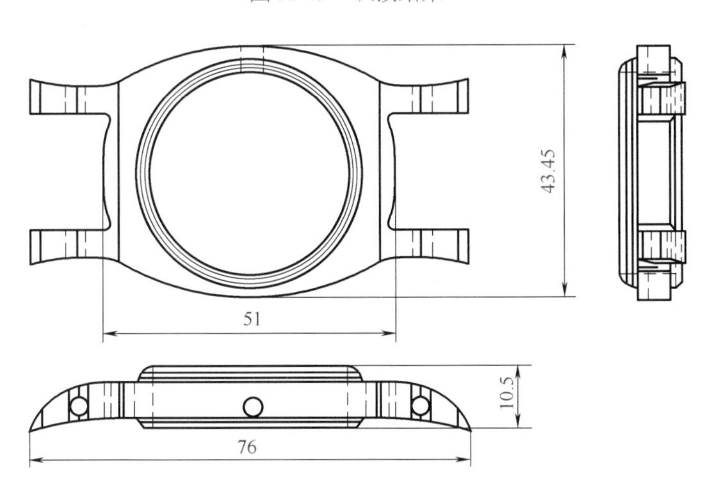

图11-50　表壳外形图样

以看到，这套模具要成型的对象是一个表壳，表壳的外形如图11-50所示（此图只表达外形，内部详细对象未在此图表达）。接着需要借助模具设计知识，对此产品进行分型设计与结构设计，最终设计结果如图11-46所示，因此我们只要将分型得到的内部形状进行叠加就可以完成型芯识读，结果如图11-51所示（由于本书只介绍图纸的识读，而模具设计过程又是一项比较复杂、烦琐的过程，因此设计过程不在此详细介绍）。

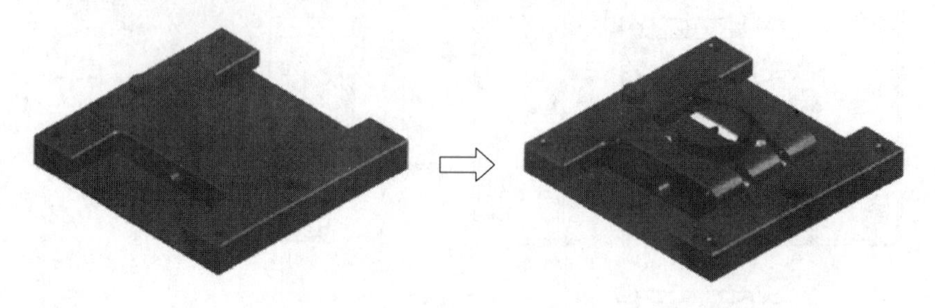

图11-51　型芯识读结果

（5）B板识读

① B板识读分析。在识读B板对象时，外部对象可以忽略不去识读（如导柱孔、螺钉孔等），主要识读的是内部开腔的加工部分，B板二维图如图11-52所示，尺寸省略，无技术要求。从图11-52所示中可以看到B板二维图由一个俯视图、一个前视图和一个剖视图组成，表11-8将详细解剖每个视图所对应的三维效果图。

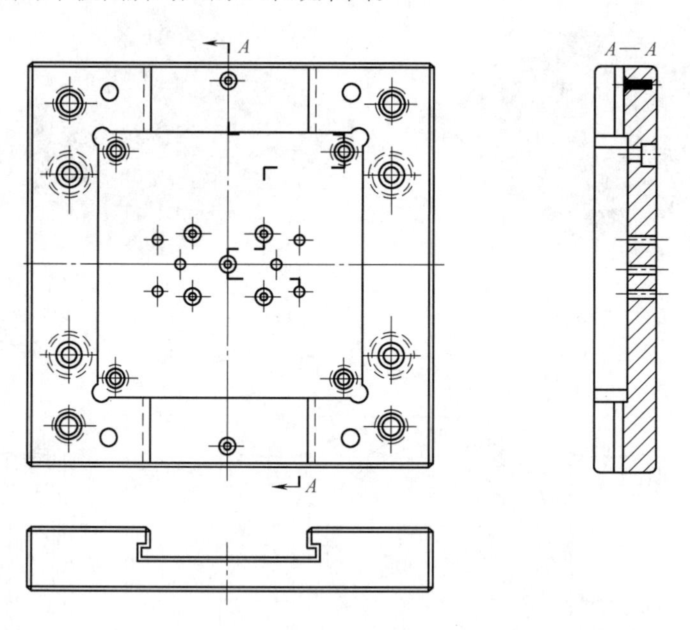

图11-52　B板二维图

② 识读步骤详解。由于B板是一个标准件，同时结合上一节的识读思路分析，我们发现B板内部加工对象的形状已很清晰，只需要对其内部的细节再进行详细识读就行了。从图11-52的图纸布局中可以看到，在俯视图中间，有一个挖切处理，形成一个四方框凹槽，在上下两侧也有一个通槽，这个通槽与前视图中的T形滑块槽是一一对应关系，如图11-53所示。再接着识读剖视图也可以发现俯视图中的四方框凹槽深度及滑块T形槽的深度，如图11-54所示。

表 11-8　B 板识读思路分析

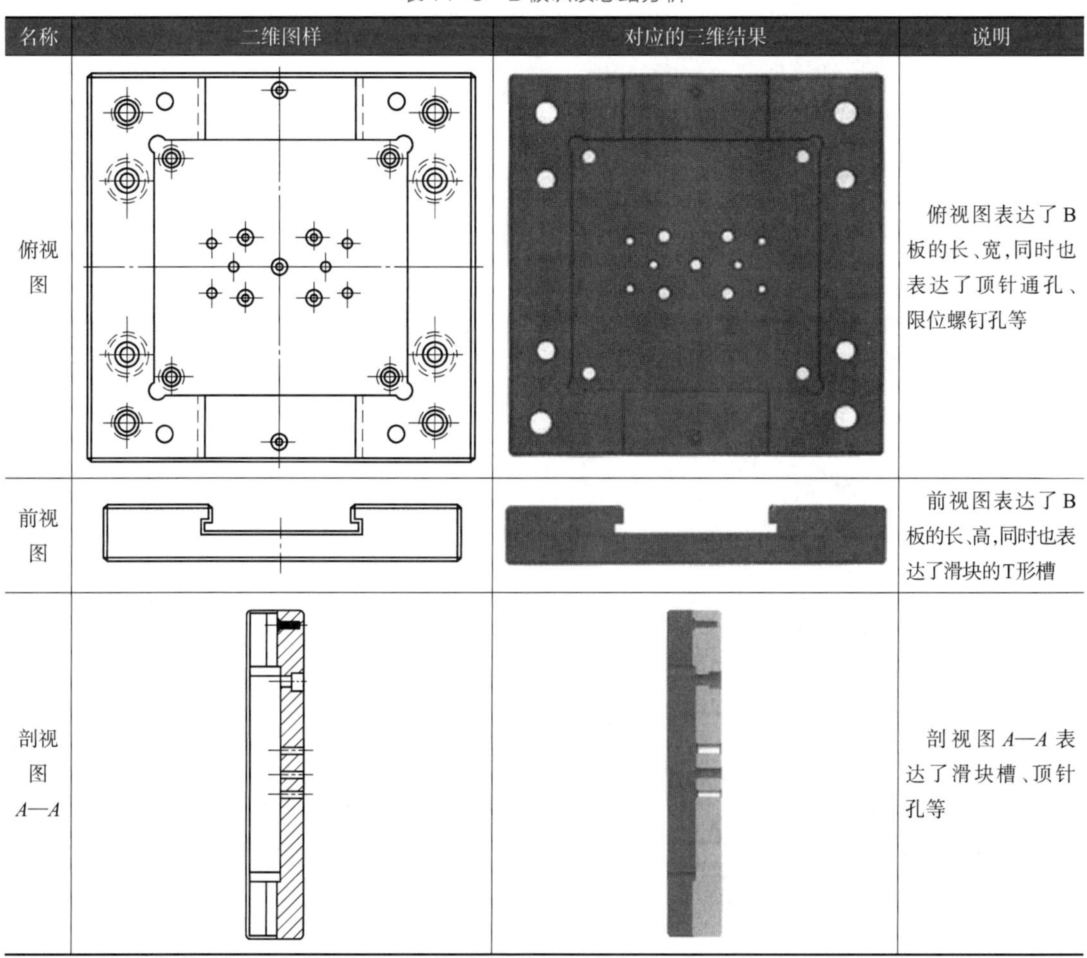

名称	二维图样	对应的三维结果	说明
俯视图			俯视图表达了B板的长、宽，同时也表达了顶针通孔、限位螺钉孔等
前视图			前视图表达了B板的长、高，同时也表达了滑块的T形槽
剖视图 *A*—*A*			剖视图 *A*—*A* 表达了滑块槽、顶针孔等

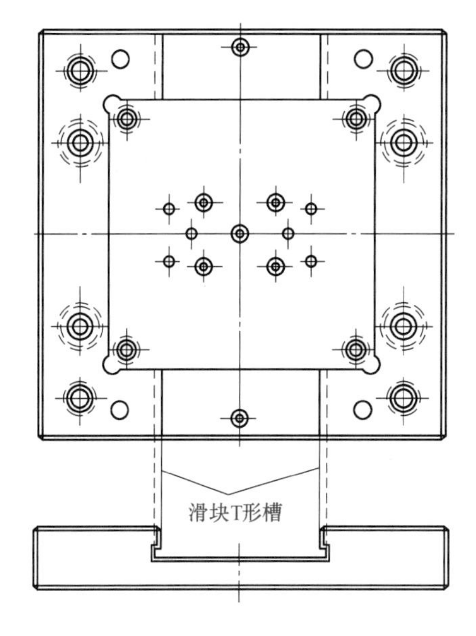

图 11-53　俯视图与前视图对应关系

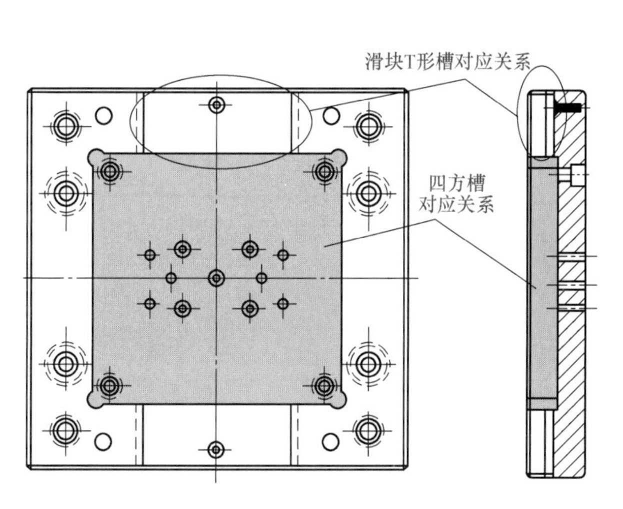

图 11-54　俯视图与剖视图对应关系

通过对三个视图的识读，再结合对图11-53、图11-54的分析，我们已很清楚B板要加工的对象由一个四方槽、滑块T形槽、限位螺钉孔及相关的顶针孔组成，因此只需对B板切除材料就可以了，最终结果如图11-55所示。

再将图11-51所示的型芯结果按照模具总装图的装配要求装进B板中，结果如图11-56所示。

图11-55　B板识读结果

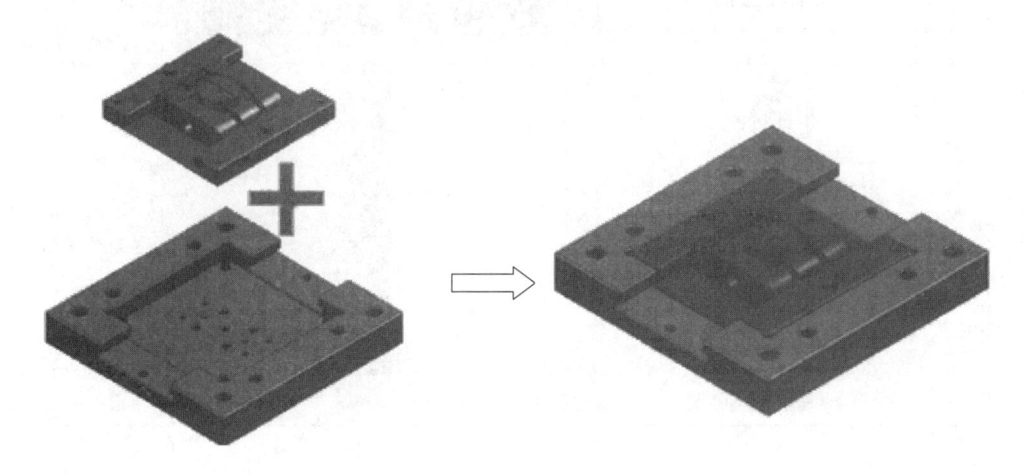

图11-56　B板与型芯装配结果

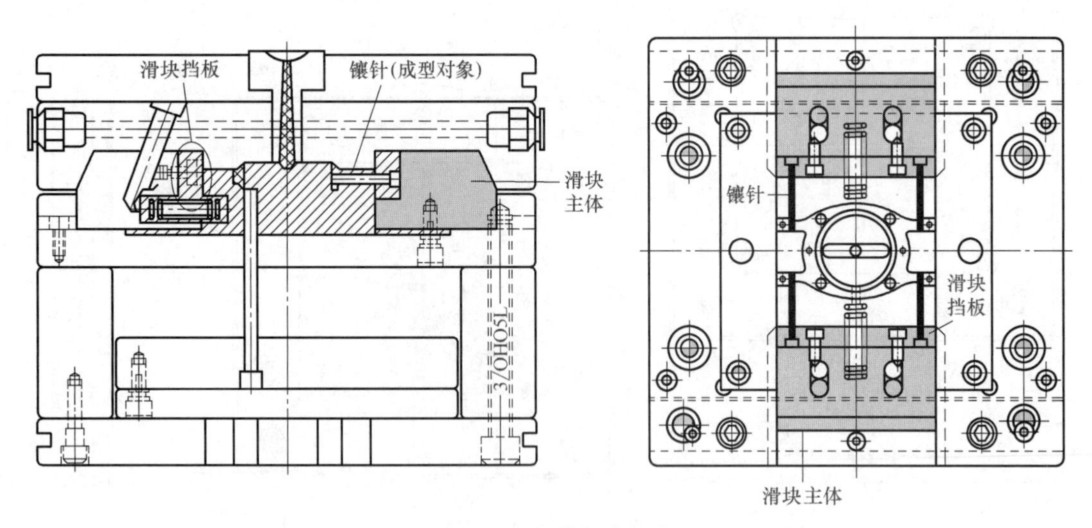

图11-57　滑块组成部分

（6）滑块识读

在识读滑块对象之前，应该先识读模具总装图。从总装图中可以看到，滑块是由滑块主体、滑块板及镶件三部分组成，如图11-57所示。因此在识读时，应先对每个零件进行识读，然后再按总装图的要求进行装配。

① 滑块主体识读分析。滑块主体二维图如图11-58所示，尺寸标注及技术要求都未做注释。从图11-58中可以看到滑块主体二维图由一个俯视图、一个前视图及一个剖视图组成，各个视图相对应的三维效果如表11-9所示。

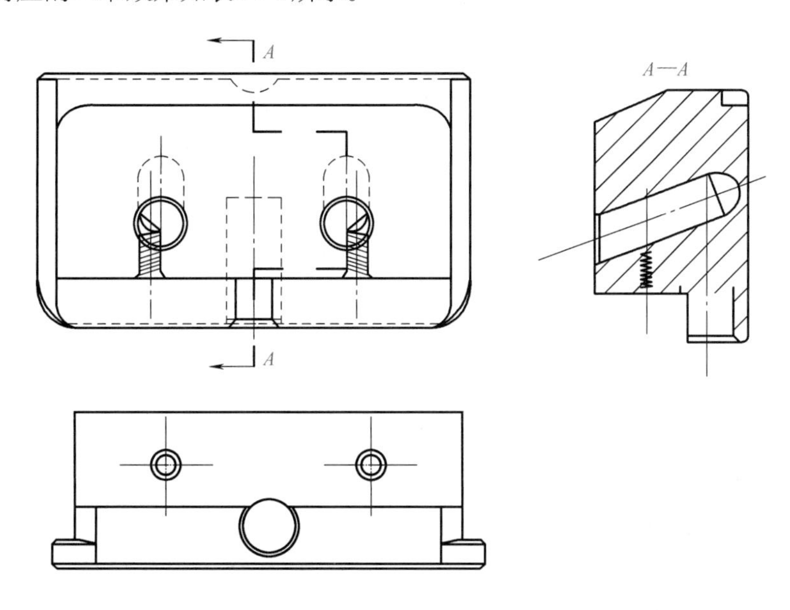

图11-58　滑块主体二维图

表11-9　滑块主体识读思路分析

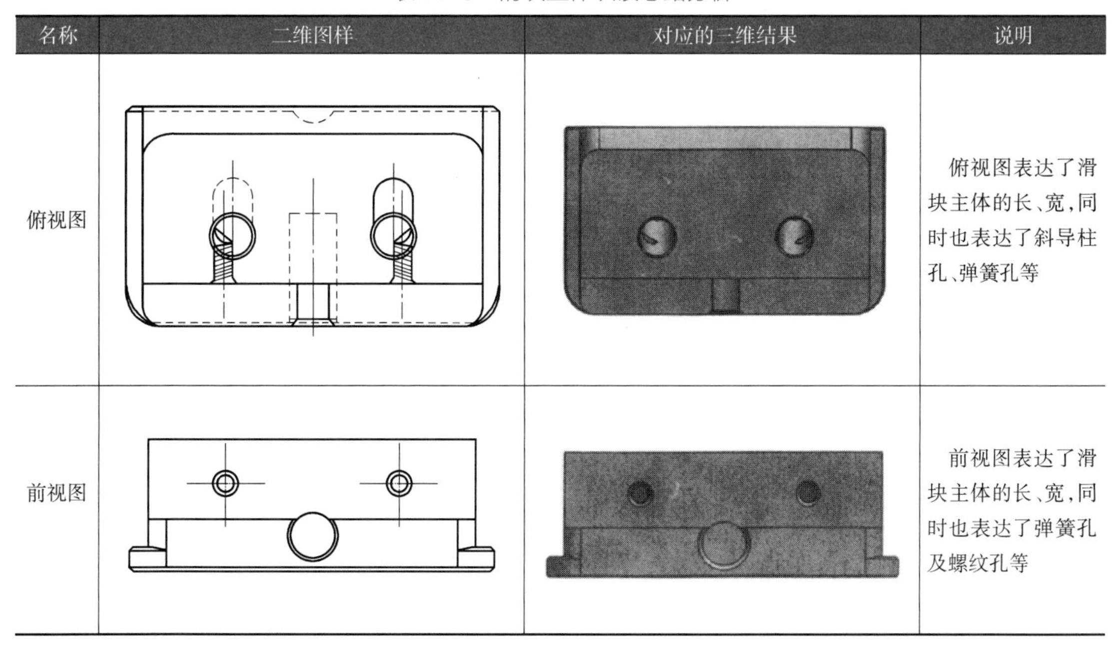

名称	二维图样	对应的三维结果	说明
俯视图			俯视图表达了滑块主体的长、宽，同时也表达了斜导柱孔、弹簧孔等
前视图			前视图表达了滑块主体的长、宽，同时也表达了弹簧孔及螺纹孔等

续表

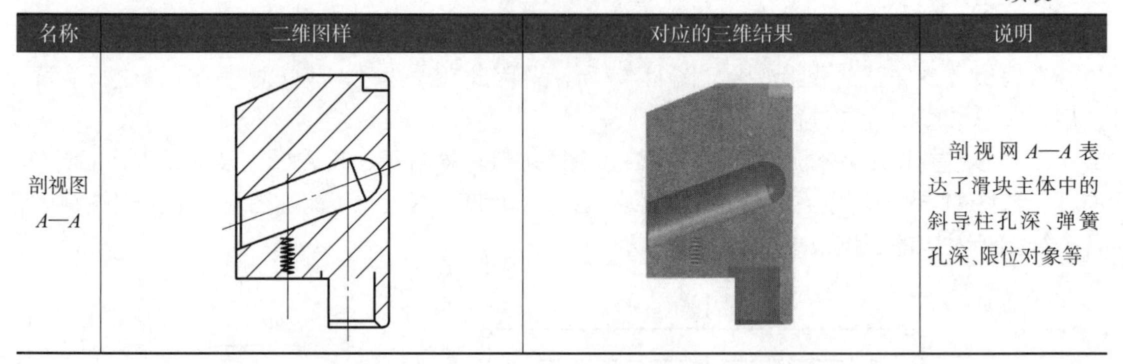

名称	二维图样	对应的三维结果	说明
剖视图 $A—A$			剖视网 $A—A$ 表达了滑块主体中的斜导柱孔深、弹簧孔深、限位对象等

② 滑块主体识读步骤详解。通过上一节的识读思路分析，对滑块主体的整体形状有了一个大致的了解，下面再通过详细的识读过程，将三维形状构建出来。

首先由外往内识读，根据长对正、宽相等、高平齐原则，可以看到俯视图的最大轮廓是一个长方形，而前视图最大轮廓是一个T形。如果按照俯视图最大轮廓进行拉伸，其结果是一个长方形；如按前视图最大轮廓进行拉伸，其结果是一个T形块，如图11-59所示。如果两者只取它们的相交部分，就能得到一个与俯视图长、宽一样大的T形块，如图11-60所示。

图11-59　俯视图与前视图拉伸结果

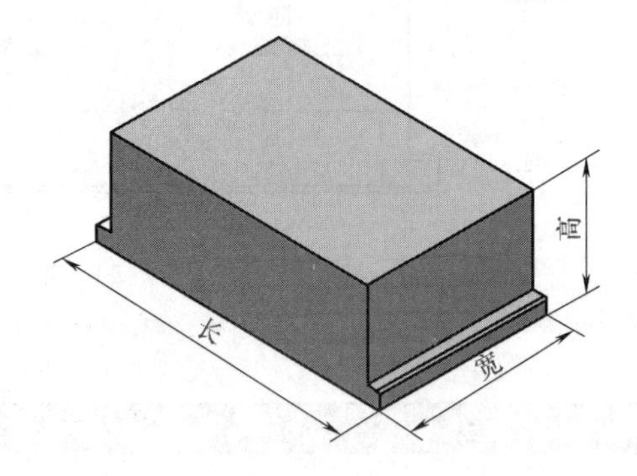

图11-60　两者取中间部分结果

接着对图11-60的结果与图11-58进行比对，可以发现图11-60所示中没有斜面对象。而在剖视图中可以看到滑块主体侧面有一斜面，同时还有一个L形状，如图11-61所示。如果在剖视图按最大轮廓进行拉伸，可以得到如图11-62所示的实体。再对图11-60所示中所得

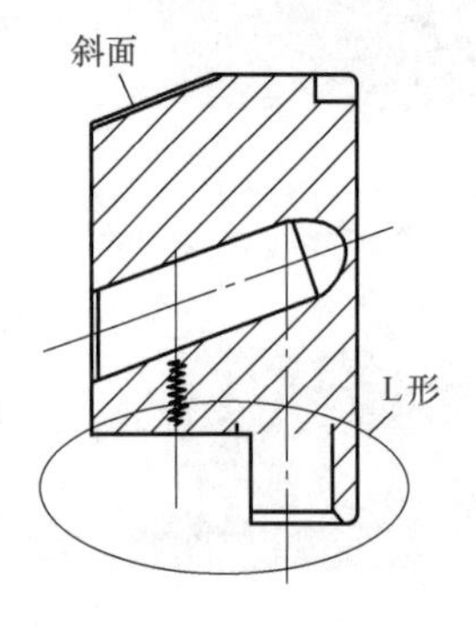

图11-61　剖视图识读

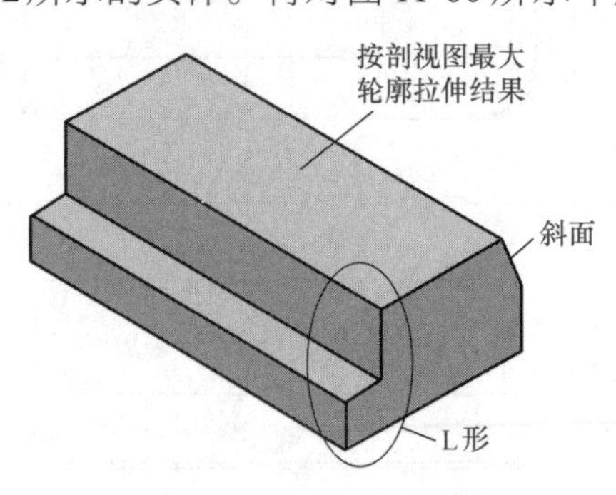

图11-62　剖视图最大轮廓识读结果

的实体与图11-62所示中所得的实体比对取它们的相交部分，最终可得到图11-63所示的实体。

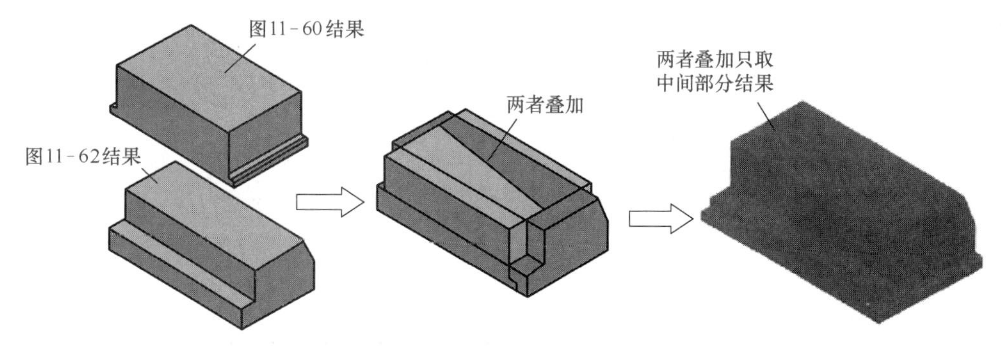

图11-63　图11-60与图11-62叠加取中间部分结果

再接着将图11-63与图11-58进行比对，可以发现图11-63所示中除了细节没有完成外，其余部位都形成了一一对应关系，因此接着识读细节部分就可以了。从俯视图中可以看到两个斜导柱孔，与其对应的视图是剖视图*A*—*A*，剖视图*A*—*A*中表达了斜导柱的深度与底部形状，如图11-64所示。

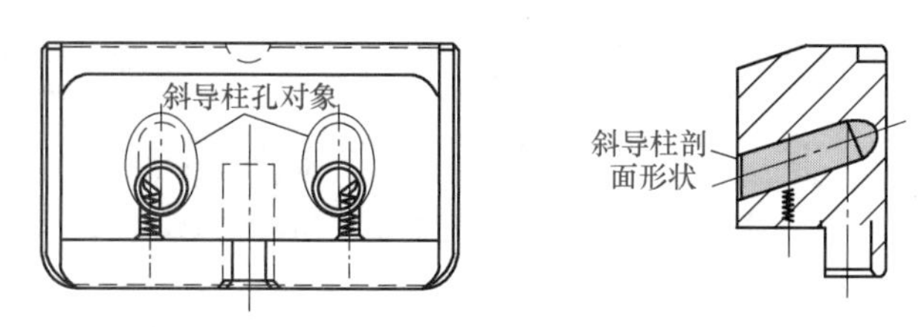

图11-64　斜导柱细节识读结果

通过识读图11-64，最终可以将滑块主体中的斜导柱对象创建出来，结果如图11-65所示，按照上述相同的识读方法，完成其余细节部分的识读，最终滑块主体识读结果如图11-66所示。

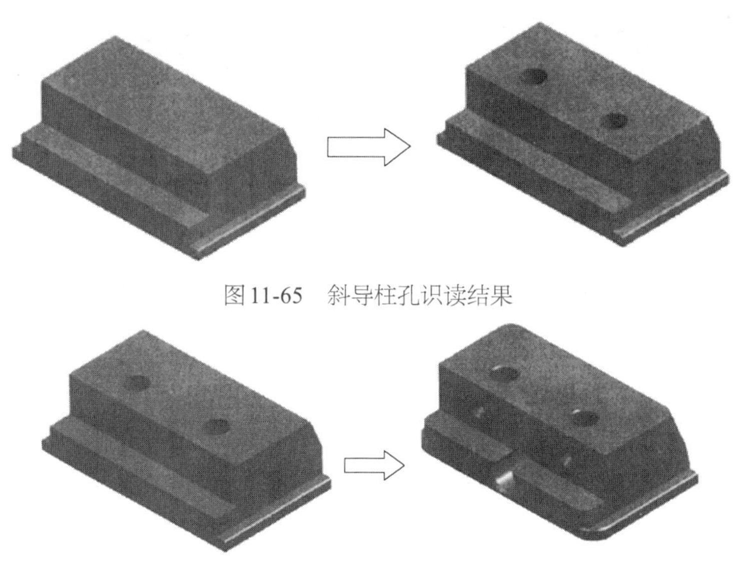

图11-65　斜导柱孔识读结果

图11-66　滑块主体识读结果

③ 滑块挡板识读分析。滑块挡板的二维图如图11-67所示，尺寸标注及技术要求都未做注释，从图11-67中可以看到滑块挡板二维图由一个主视图和一个半剖视图组成，各个视图相对应的三维效果如表11-10所示。

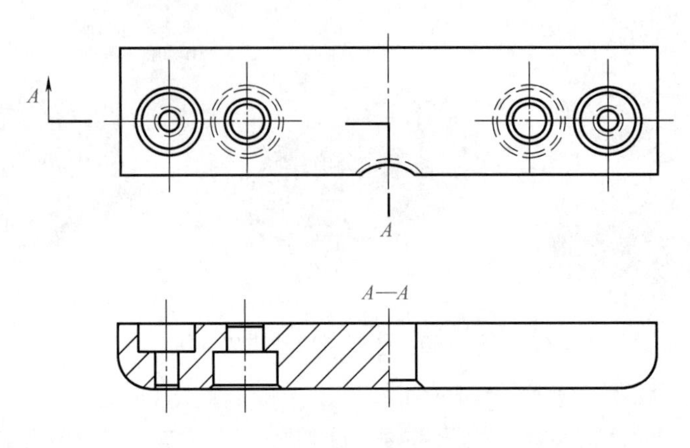

图11-67　滑块挡板二维图

表11-10　滑块挡板识读思路分析

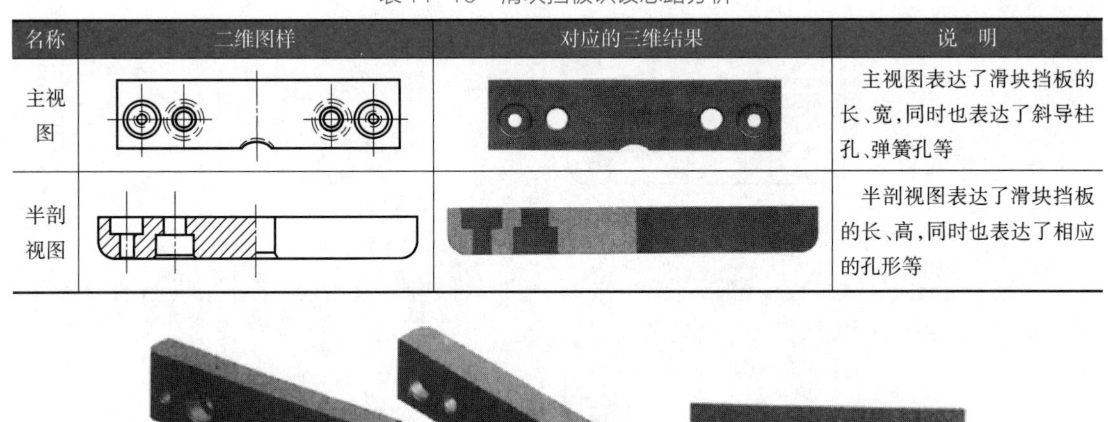

名称	二维图样	对应的三维结果	说　明
主视图			主视图表达了滑块挡板的长、宽，同时也表达了斜导柱孔、弹簧孔等
半剖视图			半剖视图表达了滑块挡板的长、高，同时也表达了相应的孔形等

图11-68　滑块挡板识读结果

④ 滑块挡板识读步骤详解。由于滑块挡板比较简单，从识读思路分析表中可以知道，滑块挡板就是一块长方体的实体对象，然后在其对应的装配位置进行孔加工就可以了，因此在识读时只需将主视图的最大外形轮廓拉伸一个剖视图中的高度值即可。最后按照半剖视图中的孔形对象创建对应孔，最终对应该三维效果如图11-68所示。

至此滑块主体与滑块挡板识读完毕，而滑块中的镶针只是一个小圆柱体，因此只需将滑块主体、滑块挡板及镶针按照模具总装图中的装配顺序进行装配，结果如图11-69所示。

结合图11-56及图11-69的结果可以知道，只要按照模具总装图中的装配顺序进行一对一的配对，就能将下模结构表达清楚。接着再次识读图11-39所示的模具总装图，可以看到在下模结构中，有两个对称的滑块对象，与它们配对的是型芯和B板对象。按照标识，可以将下模结构对象的三维效果想象出来，最终结果如图11-70所示。

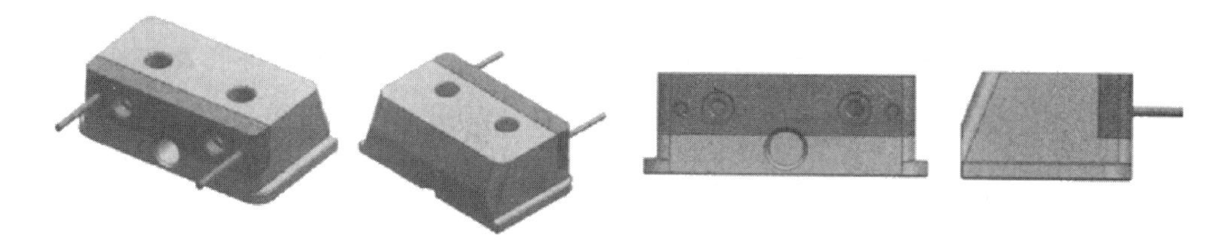

图11-69　滑块装配结果

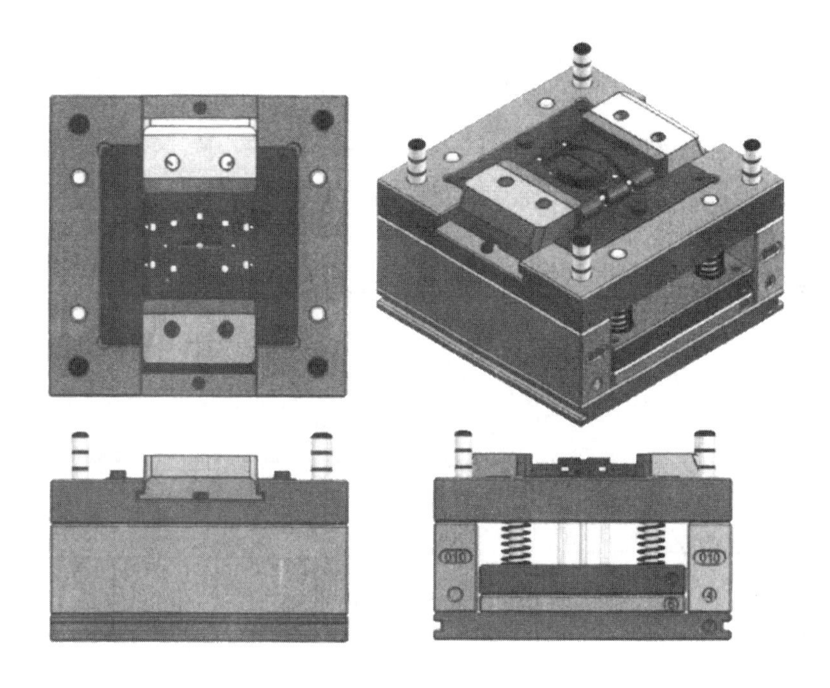

图11-70　下模结构对象

三、落料模总装图的识读

（1）落料模总装图样分析

落料模总装图如图11-71所示，尺寸标注省略。

从图纸的布局看，该模具由一个主视图和一个剖视图组成，没有技术要求。

为了完成落料模各个零件的识读，本节以后只对模具中的零部件单独识读，最后按模具总装图的配合要求，完成装配图识读。

（2）上模结构识读

① 上模结构识读分析。上模结构二维图如图11-72所示，从视图的布局可以看到上模结构二维图是由主视图和两个剖视图组成，每个视图所对应的三维效果见表11-11。而上模结构又是由上模板、卸料板、凸模、导套、螺钉等组件构成。

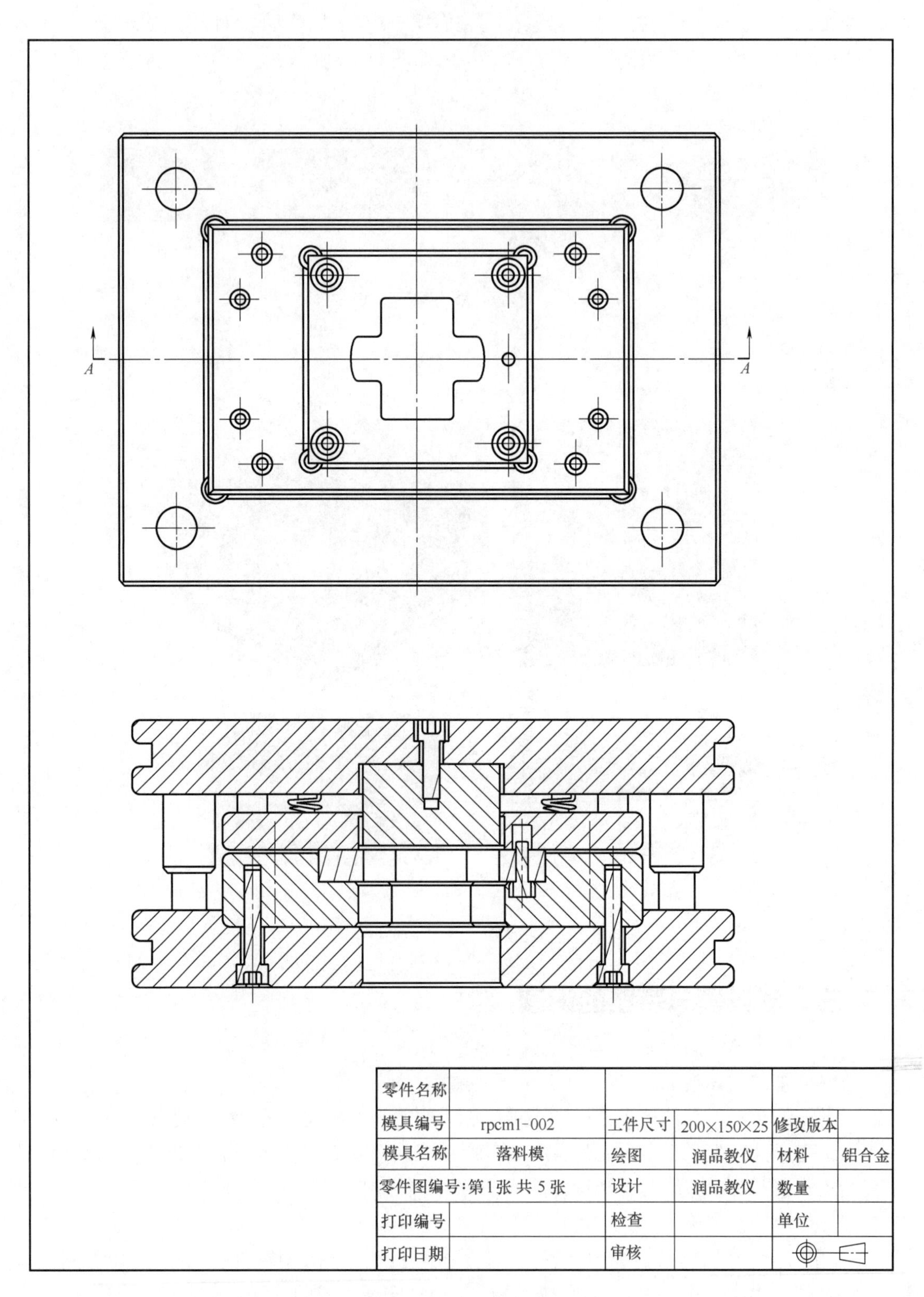

图11-71　落料模总装图

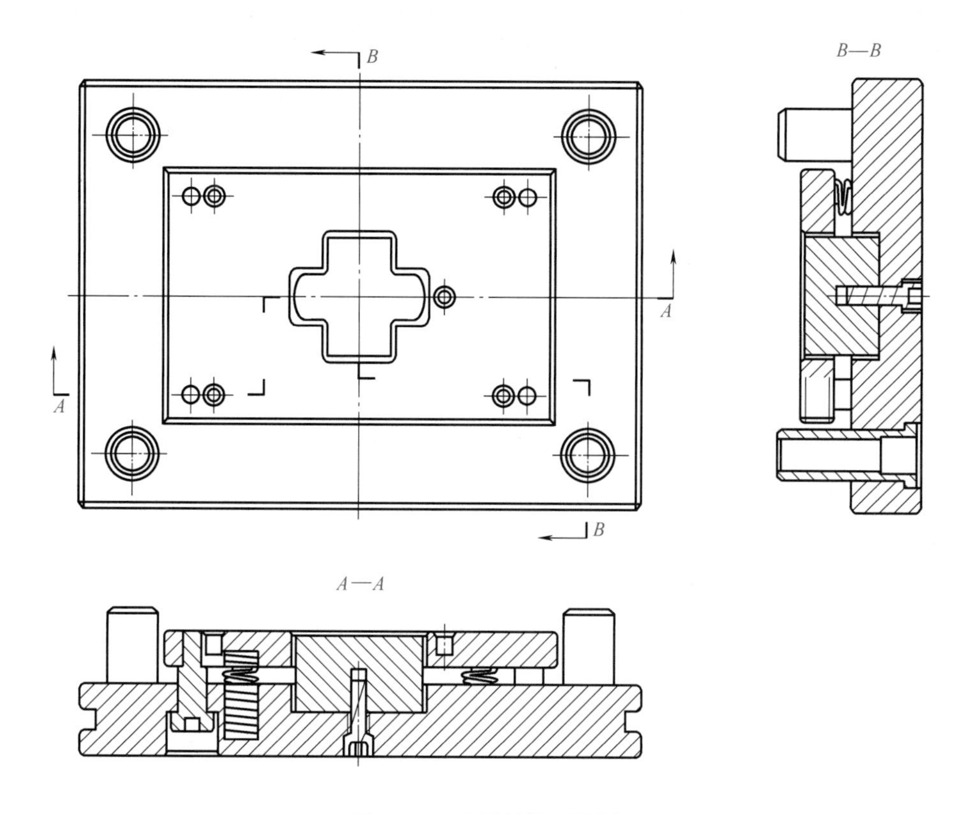

图 11-72　上模结构二维图

表 11-11　上模结构识读思路分析

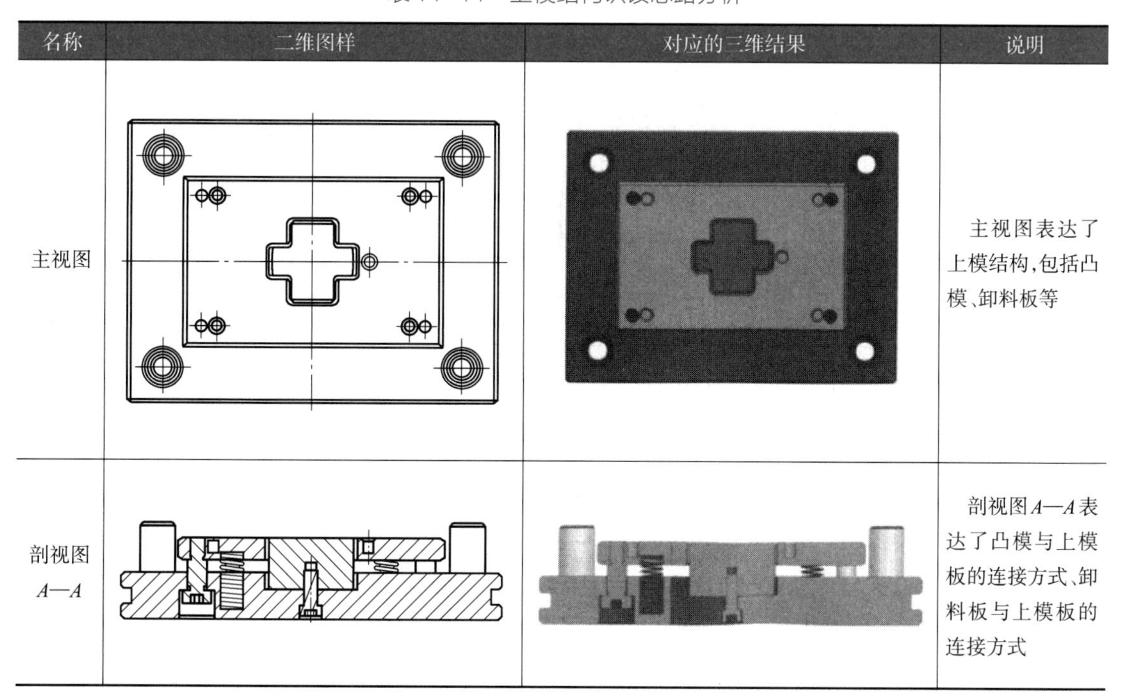

名称	二维图样	对应的三维结果	说明
主视图			主视图表达了上模结构，包括凸模、卸料板等
剖视图 *A*—*A*			剖视图 *A*—*A* 表达了凸模与上模板的连接方式、卸料板与上模板的连接方式

续表

名称	二维图样	对应的三维结果	说明
剖视图 *B*—*B*	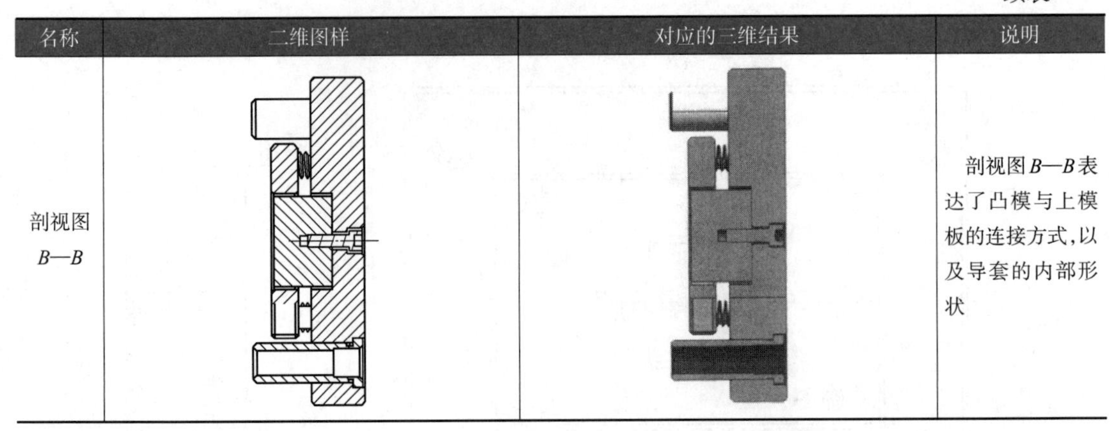		剖视图*B*—*B*表达了凸模与上模板的连接方式，以及导套的内部形状

② 识读步骤详解。通过上模结构的识读思路分析，已经清楚知道上模结构中各个零件的装配关系，同时也知道了各个零件之间的连接方式。

从图11-72所示的上模结构中可以看到凸模与上模板对象是互相装配而成，然后经过螺钉连接方式进行连接。而卸料板与上模板也是互相装配而成，同时也是经过螺钉连接方式进行连接。因此接下来只要分析各个视图中的对应关系就可以想象出上模三维结构实体。

接着先来分析各视图的对应关系。在图11-72所示的图形中，从主视图出发，由外往内识读。在主视图中最外部的外形轮廓是一个长方形，与其对应的是剖视图*A*—*A*和剖视图*B*—*B*中的上模板；再往内识读时又看到一个长方形，并在长方形内部开设了一个十字腔体，与其对应的是剖视图*A*—*A*和剖视图*B*—*B*中的卸料板；再接着往内部识读时，可以看

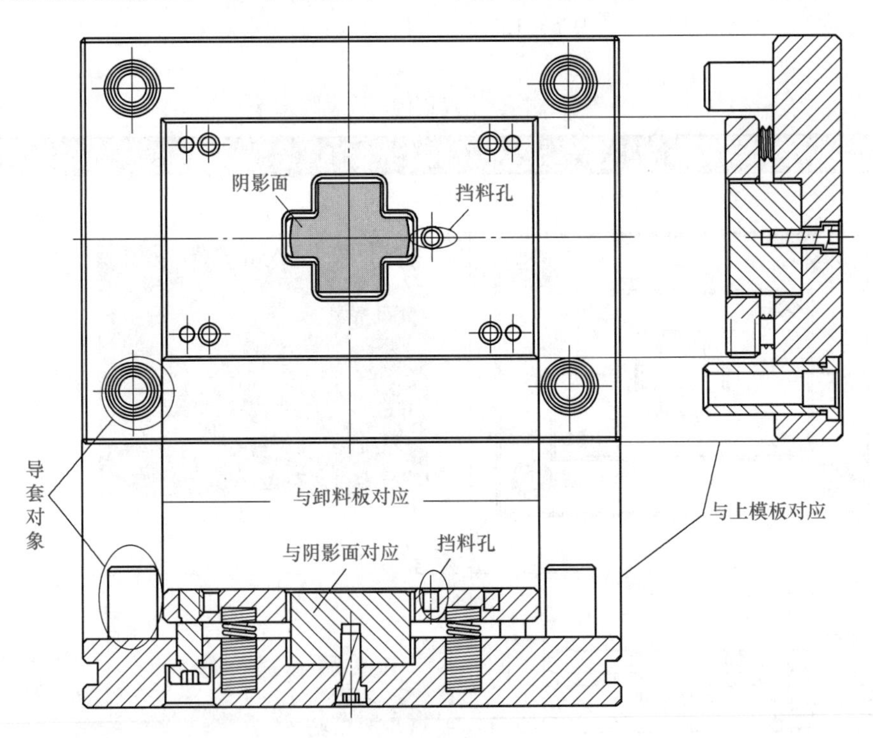

图11-73　上模结构各视图对应关系分析结果

到一个十字形状的外形，而与其对应的是剖视图 *A*—*A* 和剖视图 *B*—*B* 中的凸模对象，分析结果如图 11-73 所示。

通过上述视图对应关系的分析，我们知道上模板中间部位开设了一个十字腔体，卸料板也在中间部位开设了一个通框的十字腔体，而凸模的外形就是十字外形，并装配在上模板中。根据模具的工作原理：当我们进行冲裁产品时，四根弹簧受到压力机的挤压，卸料板往上模板靠近，弹簧往上收缩；当冲裁结束时上下模分开，弹簧复位，卸料板将产品推出。最终可以想象出上模结构如图 11-74 所示。

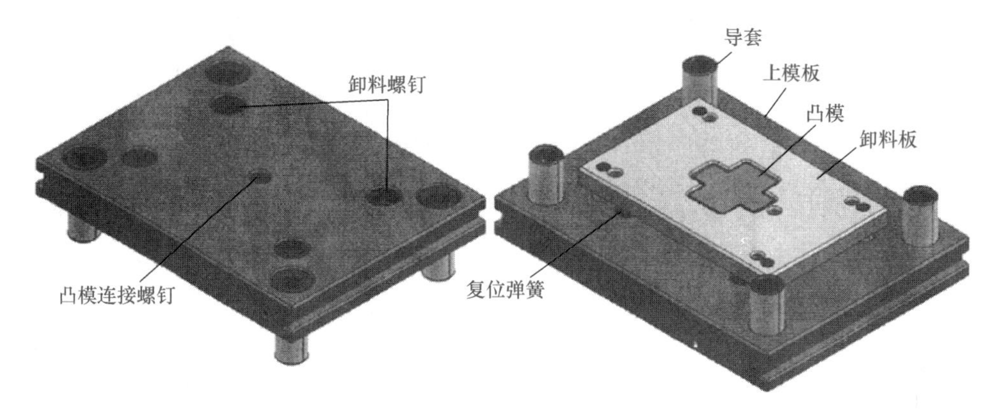

图 11-74　上模结构识读结果

（3）下模结构识读

① 下模结构识读分析。下模结构二维图如图 11-75 所示，从视图的布局可以看到下模结

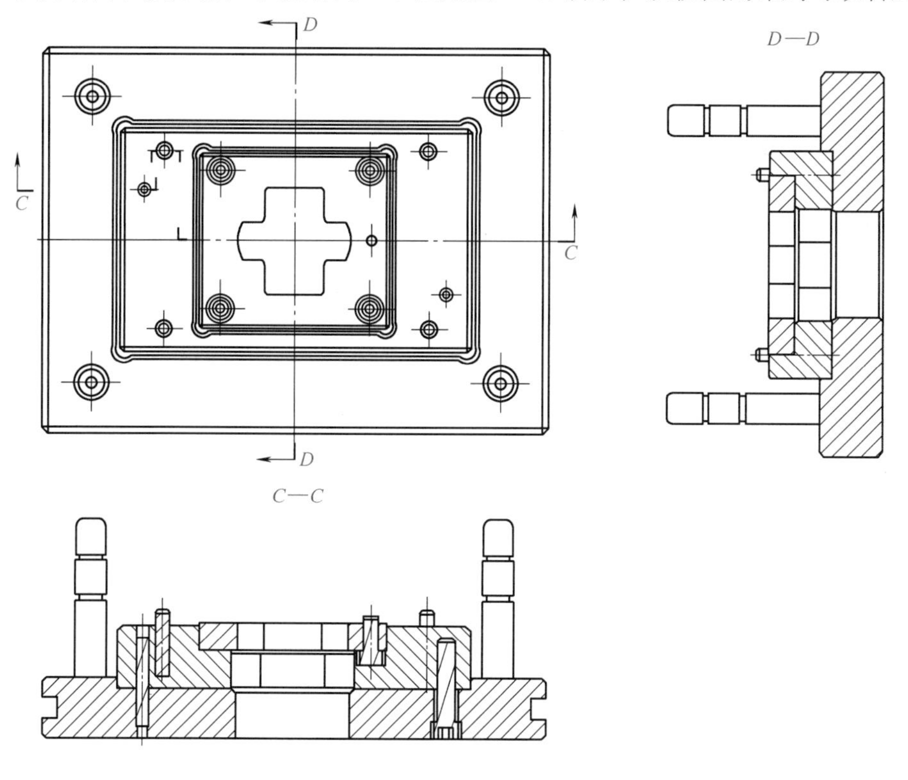

图 11-75　下模结构二维图

构二维图也是由一个主视图和两个剖视图组成，每个视图所对应的三维效果见表11-12。而下模结构又是由下模板、凹模固定板、凹模、导柱、挡料销等组件构成。

表11-12　下模结构识读思路分析

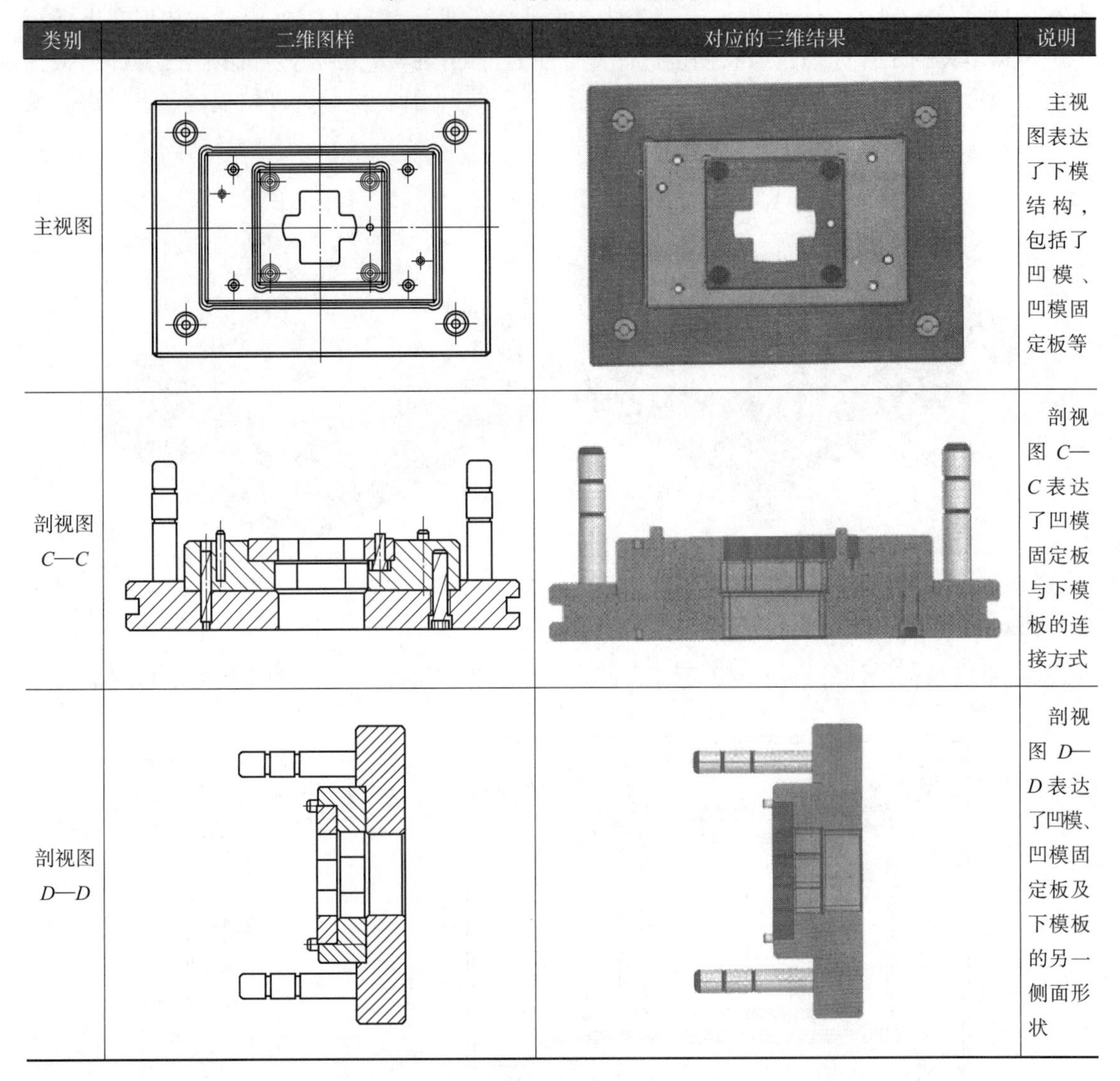

类别	二维图样	对应的三维结果	说明
主视图			主视图表达了下模结构，包括了凹模、凹模固定板等
剖视图 *C*—*C*			剖视图 *C*—*C* 表达了凹模固定板与下模板的连接方式
剖视图 *D*—*D*			剖视图 *D*—*D* 表达了凹模、凹模固定板及下模板的另一侧面形状

② 识读步骤详解。通过下模结构的识读思路分析，我们已经清楚知道下模结构中各个零件的装配关系，同时也知道了各个零件之间的连接方式。

从图11-75所示的下模结构中可以看到凹模固定板与下模板对象是互相装配而成，然后经过螺钉连接方式进行连接；而凹模与凹模固定板也是互相装配而成，同时也是经过螺钉连接方式进行连接。因此接下来只要分析各个视图中的对应关系就可以想象出下模结构三维实体。

接着先来分析各视图的对应关系。在图11-75所示的图形中，从主视图出发，并由外往内识读。在主视图中可以看到最外部的外形轮廓是一个长方形，与其对应的是剖视图 *C*—*C* 和剖视图 *D*—*D* 中的下模板；再往内识读时又看到一个长方形，与其对应的是剖视图 *C*—*C* 和剖视图 *D*—*D* 中的凹模固定板；再接着往内部识读时，可以看到一个四方形的外形，而与其对应的视图是剖视图 C—C 和剖视图 D—D 中的凹模对象；最后看到的是一个十字通框对象。分析结果如图11-76所示。

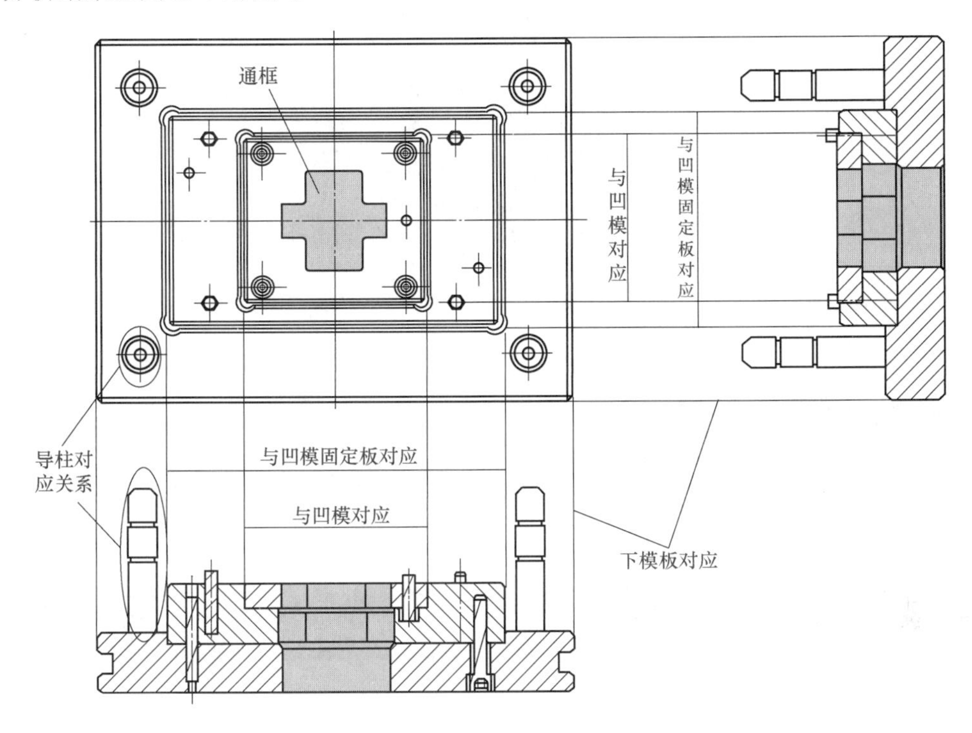

图11-76　下模各视图对应关系分析结果

通过上述视图对应关系的分析，我们知道下模中的各块板中间部位都开设了一个十字通框腔体，用于产品掉落。再结合模具总装图中的装配关系，最终可以想象出下模结构如图11-77所示。

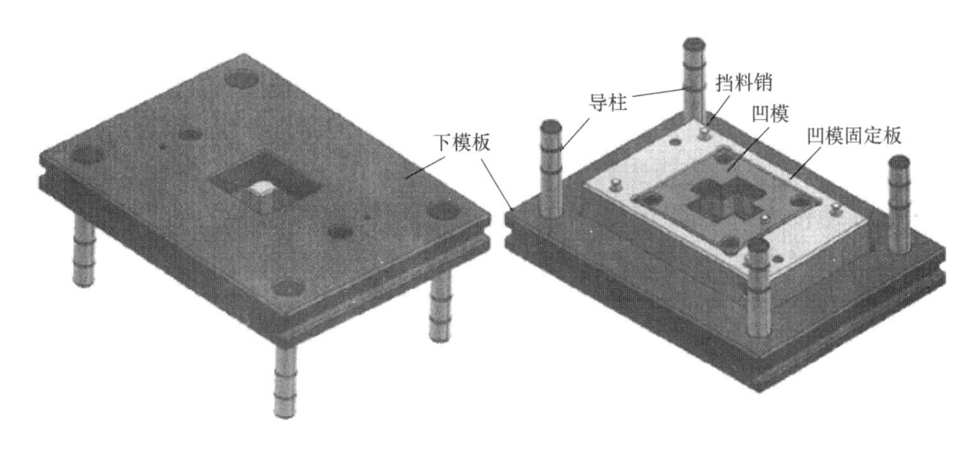

图11-77　下模结构识读结果

第十二章
钣金工识图

第一节 展开放样

一、展开作图

（1）展开作图方法

展开作图实质是求得需展开构件各表面的实形并依次展开，以便考虑板厚处理。展开作图方法有图解法（平行线法、放射线法和三角形法）、计算法、计算公式展开法、软件贴合形体法、经验展开法等。图解法和计算法的原理如下：

① 图解法。运用投影原理把三维空间形体各表面实体摊平到一个平面上（图12-1）。

② 计算法。运用解析计算方法，把三维空间形体各表面展开所需的线段实长或曲线建立数学表面式，而后绘出展开图（图12-2）。

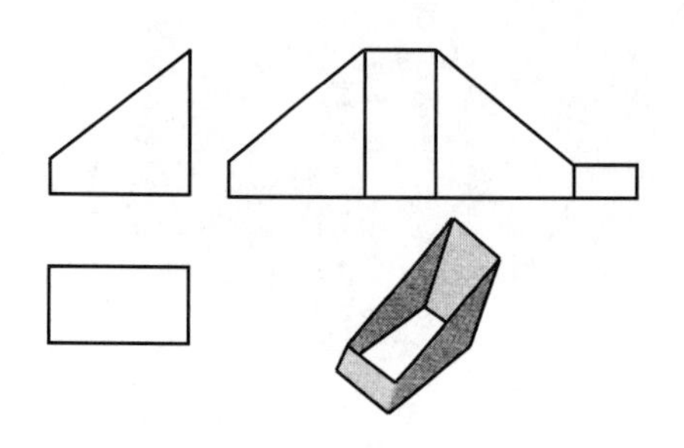

图12-1 图解法投影原理示意

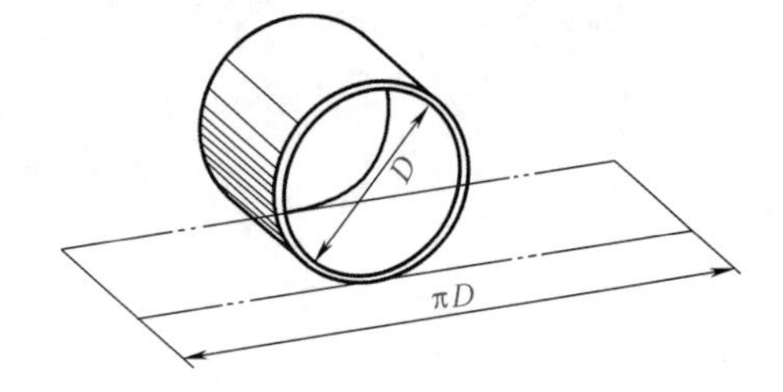

图12-2 计算法的解析计算方法示意

（2）空间直线段的位置

求构件各表面的实形时，往往会遇到需先求出平面各边长的问题。空间直线段的三种位置见表12-1。

表12-1 空间直线段的三种位置

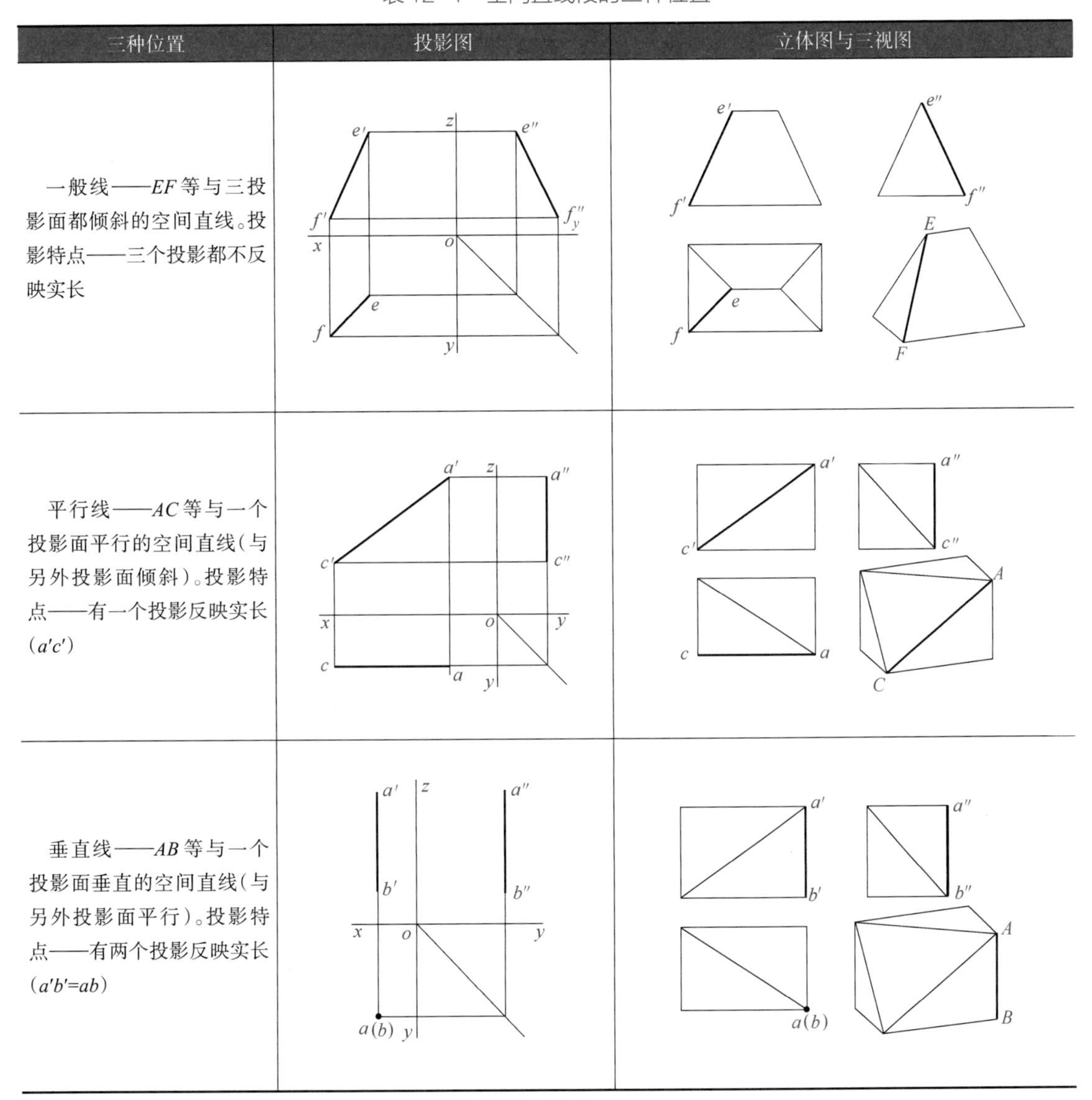

三种位置	投影图	立体图与三视图
一般线——*EF*等与三投影面都倾斜的空间直线。投影特点——三个投影都不反映实长		
平行线——*AC*等与一个投影面平行的空间直线（与另外投影面倾斜）。投影特点——有一个投影反映实长（*a'c'*）		
垂直线——*AB*等与一个投影面垂直的空间直线（与另外投影面平行）。投影特点——有两个投影反映实长（*a'b'=ab*）		

（3）工件圆周等分数

表12-2为圆管直径和等分数。

表12-2 圆管直径和等分数

圆管直径/mm	等分数	圆管直径/mm	等分数
<220	8	>950~1550	32
220~350	12	>1550~2550	48
>350~550	16	>2550	72
>550~950	24	—	—

（4）等分垂直高度计算

等分垂直高度计算如图12-3（a）~（g）所示，*R*为圆半径长度。

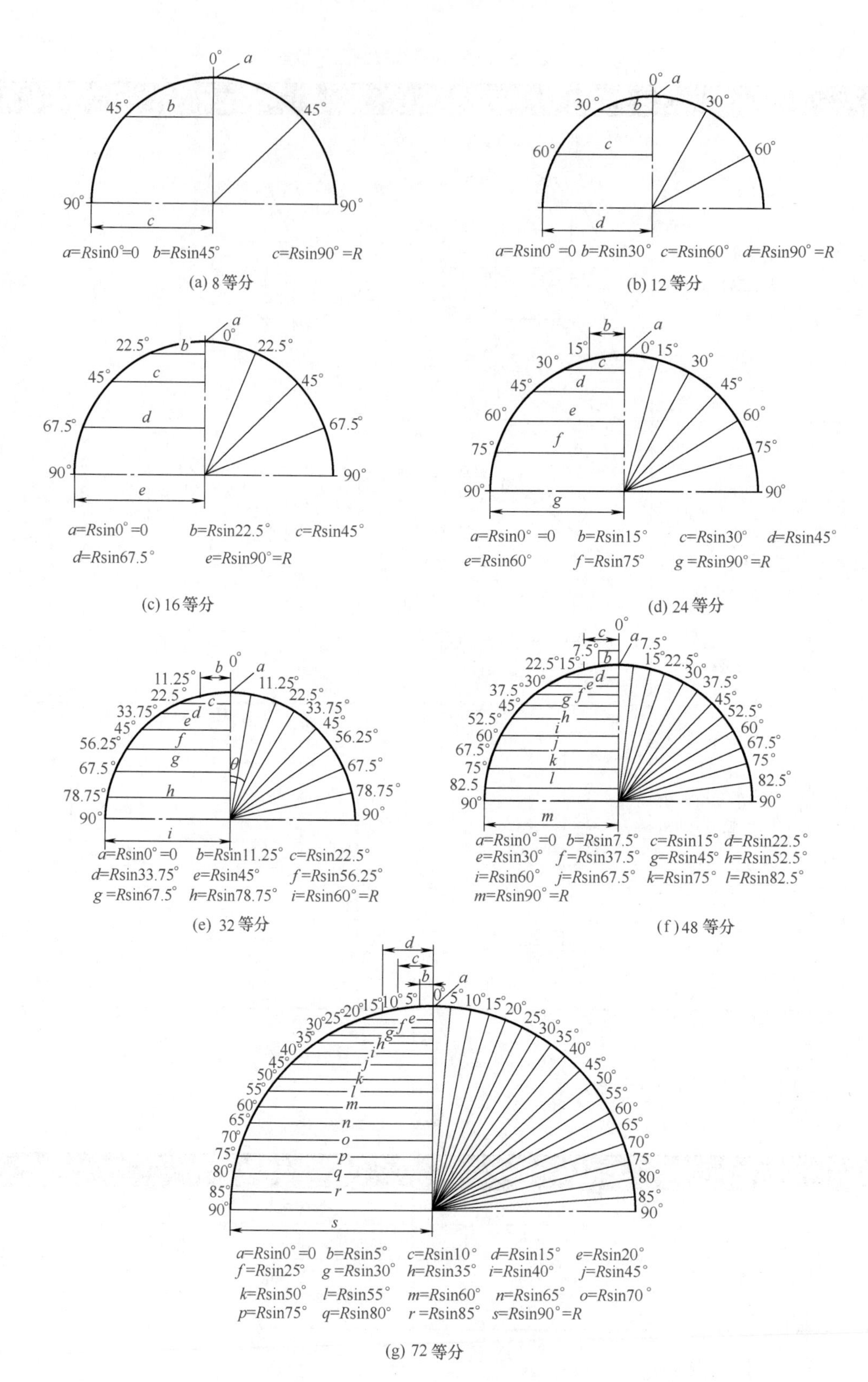

图12-3　等分垂直高度计算

二、直线段实长的求法

图解法中经常会遇到求直线段实长的问题，所以要掌握其方法。由于一般位置直线的三面投影都不反映实长，所以要通过下述投影改造的方法来求得。*V*为垂直面，*H*为正投影中水平面。求一般位置线段实长的方法有：直角三角形法、换面法、旋转法等。其原理和作图步骤见表12-3。

表12-3　求一般位置线段实长的方法及其作图步骤

类别		说明	简图
直角三角形法	原理	①倾斜直线AB的正面投影为$a'b'$，水平投影为ab ②空间直角三角形中，斜边为空间直线AB，底边为$AB_0=ab$（该直线的水平投影），另一直角边$BB_0=\Delta z$（B、A两点的高度差）	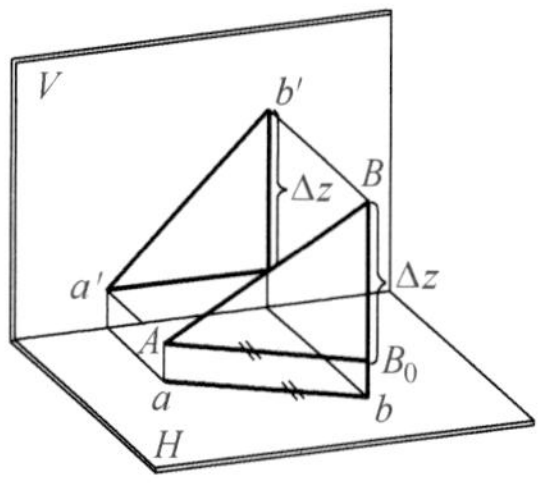
	作图步骤	①画出空间直线的正面、水平投影$a'b'$和ab ②作垂线$BB_0=\Delta z$（b'与a'的高度差） ③作水平线$B_0A=ab$ ④连线AB即为实长	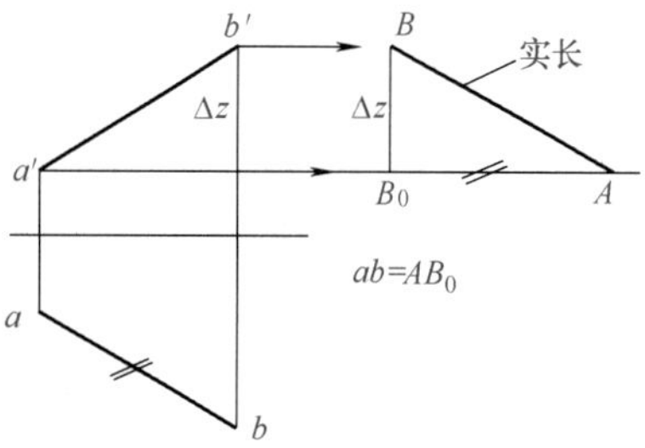
换面法	原理	①倾斜直线AB的正面投影为$a'b'$、水平投影为ab ②设新投影面V_1//空间直线AB（但必须垂直于保留的一个旧投影面H），使倾斜位置直线AB变成新投影体系中的平行线 ③空间直线AB的新投影$a_1'b_1'$便能反映实长	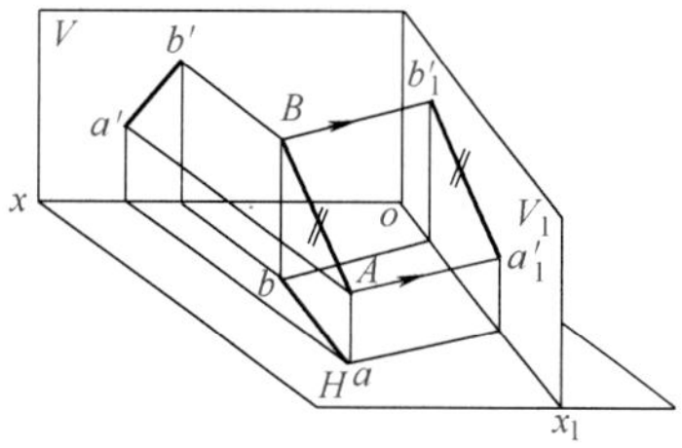
	作图步骤	①画出空间直线的正面、水平投影$a'b'$和ab ②作新投影轴（o_1x_1）平行于ab ③过a、b分别作直线aa_1'和bb_1'垂直于o_1x_1 ④截取$a_1'a_{x_1}=a'a_x$，$b_1'b_{x_1}=b'b_x$。 ⑤连线$a_1'b_1'$即为实长	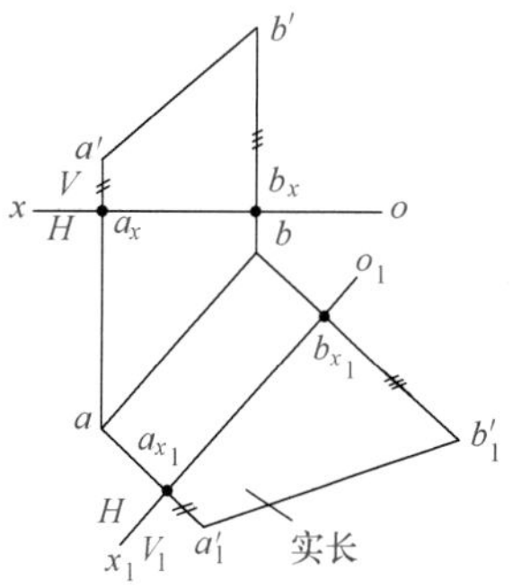

续表

类别		说明	简图
旋转法	原理	①画出倾斜直线 AB 的正面投影为 $a'b'$，水平投影为 ab ②将空间直线 AB 绕 Aa 轴（过 A 点的铅垂线）旋转到与正面投影平行的位置（AB_0） ③正面投影 $a'b_0'$ 即为 AB 实长	
	作图步骤	①画出空间直线 AB 的正面、水平投影 $a'b'$ 和 ab ②确定旋转轴（过 A 点的铅垂线） ③以 a 为圆心，以 ab 为半径画圆弧，再过 a 点画水平线 ab_0（$/\!/ox$ 轴），两者交于 b_0，连线得到新水平投影 ab_0 ④过 b_0 作垂线，与过 b' 所作水平线交于 b_0' ⑤连线 $b_0'a'$ 即为实长	

三、板厚处理

当板厚大于1.5mm、零件尺寸要求精确时，作展开图就要对板厚进行处理，其主要内容是构件的展开长度、高度及相贯构件的接口等。

（1）板料弯曲中性层位置的确定

板料或型材弯曲时，在外层伸长与内层缩短的层面之间，存在一个长度保持不变的中性层。根据这一特点，就可以用它来作为计算展开长度的依据。当弯曲半径较大时，中性层位于其厚度的二分之一处。

在塑性弯曲过程中，中性层的位置与弯曲半径 r 和板厚 t 的比值有关。当 $r/t>8$ 时，中性层几乎与板料中性层重合，否则靠近弯曲中心的内侧。相对弯曲半径 r/t 愈小，中性层离弯板内侧愈近。

中性层的位置可用其弯曲半径 ρ 表示，ρ 由经验公式确定：

$$\rho = r + Kt$$

式中　r——工件内弯曲半径，mm；

t——板料厚度，mm；

K——中性层位移系数，板料和棒料弯曲的中性层位移系数分别见表12-4和表12-5。

表12-4　板料弯曲的中性层位移系数

r/t	0.1	0.2	0.3	0.4	0.5	0.6	0.7	0.8	1.0	1.2
K	0.21	0.22	0.23	0.24	0.25	0.26	0.28	0.30	0.32	0.33
r/t	1.3	1.5	2.0	2.5	3.0	4.0	5.0	6.0	7.0	≥8.0
K	0.34	0.36	0.38	0.39	0.40	0.42	0.44	0.46	0.48	0.50

表 12-5　棒料弯曲的中性层位移系数

r/d	≥1.5	1.0	0.5	0.25
K	0.50	0.51	0.53	0.55

（2）不同构件的板厚处理

不同构件的板厚处理见表12-6。

表 12-6　不同构件的板厚处理

类别	说明
弯折件的板厚处理	金属板弯折时（断面为折线状）的变形与弯曲成弧状的变形是不相同的。弯折时（半径很小，接近于零），板料的里皮长度变化不大，板料的中心层和外皮都发生较大伸长。因此，折弯件的展开长度，应以里皮的展开长度为准（如图12-4所示）。展开长度为L_1和L_2之和 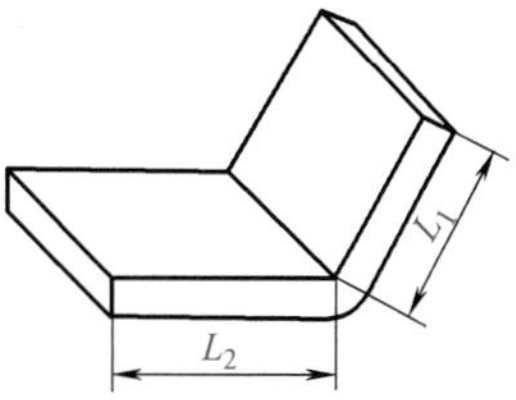 图12-4　金属板的折弯
单件板厚处理	单件的板厚处理主要考虑展开长度及制件的高度，其处理方法见表12-7
板厚处理小结	①凡回转体类构件，即断面为曲线状的展开长度，应以中性层作为放样与计算基准 ②凡棱柱、棱锥体构件，即断面为折线状的展开长度，应以内表面边长作为放样与计算的基准 ③对上圆下方的构件，即断面为曲线状和折线状的投影展开，应分别以曲线状和折线状的处理原则综合应用 ④倾斜的侧表面高度均以投影高度为放样与计算基础

表 12-7　不同形状的构件板厚处理方法

名称	零件图	放样图	处理方法
圆管类	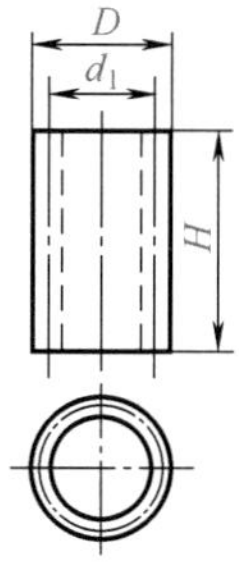 D　d_1　H	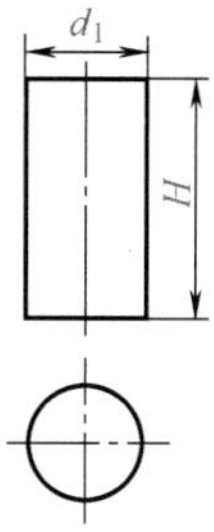 d_1　H	①断面为曲线形状，其展开以中径（d_1）为准计算（$R/\delta<4$除外），放样图画出中径即可 ②其高度H不变 ③展开长度$L=\pi d_1$
矩形管类	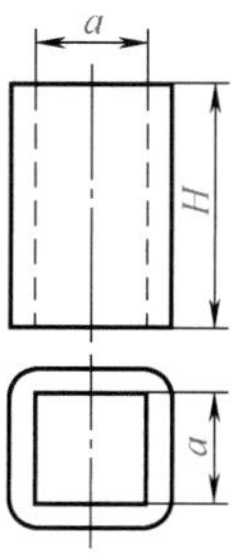 a　H　a	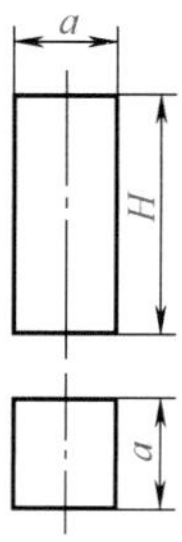 a　H　a	①断面为折线形状，其展开以里皮为准计算．放样图画出里皮即可 ②其高度H不变

续表

名称	零件图	放样图	处理方法
圆锥台类	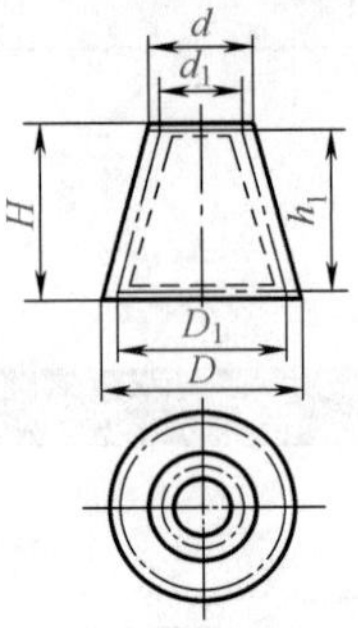	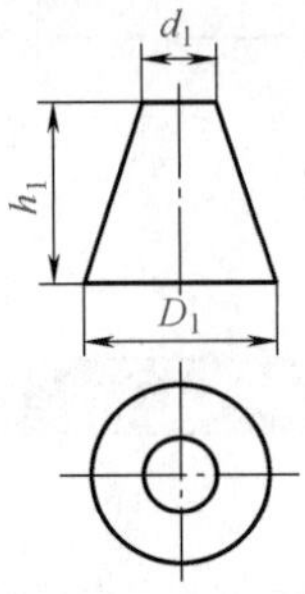	①上下口断面均为曲线状，其放样图上、下口均以中径（d_1、D_1）为准 ②因侧表面倾斜，其高度以 h_1 为准
棱锥台类	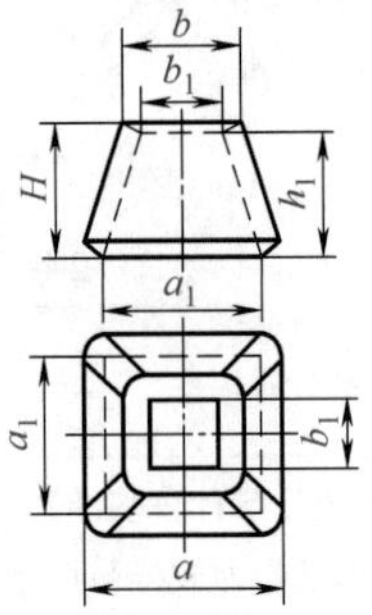	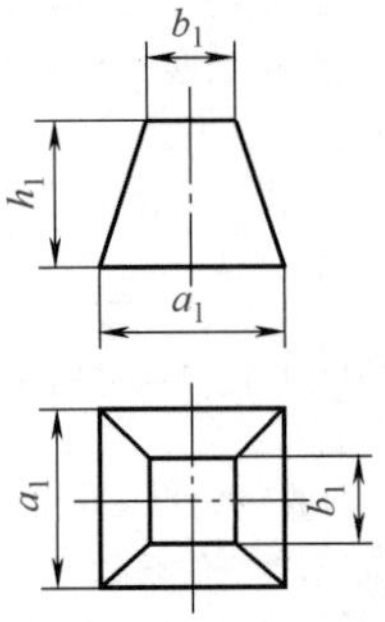	①上、下口断面均为折线状，其放样图上、下口均应以里皮（a_1、b_1）为准 ②因侧表面倾斜，其高度以 h_1 为准
上圆下方类	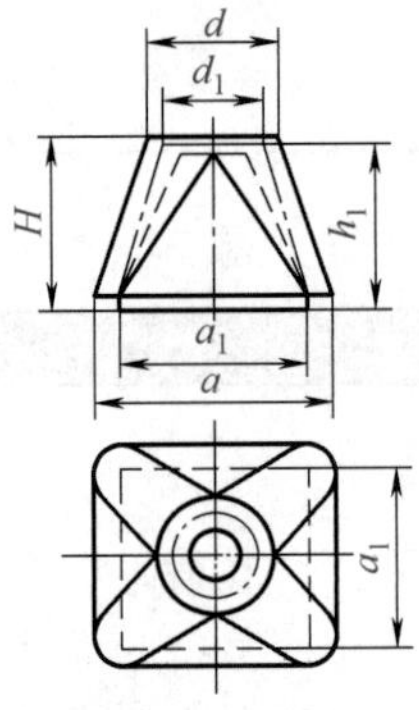	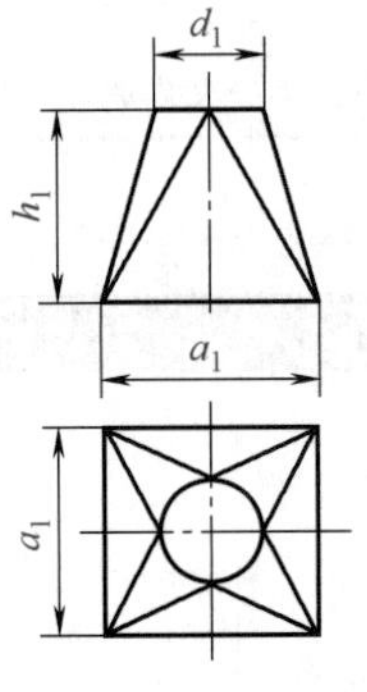	①上口断面为曲线状，放样图应取中径（d_1），下口断面为折线状，故放样图应以里皮（a_1）为准 ②因侧表面倾斜，其高度应以 h_1 为准

（3）相贯件的板厚处理

相贯件的板厚处理，除需解决各形体展开尺寸的问题外，还要处理好形体相贯的接口线。板厚处理的一般原则是：展开长度以构件的中性层尺寸为准，展开图中曲线高度是以构件接触处的高度为准。

① 等径直角弯头。圆管弯头的板厚处理，应分别从断面的内、外圆引素线作展开。即两管里皮接触部分，以圆管里皮高度为准，从断面的内圆引素线；外皮接触部分，以圆管外皮高度为准，从断面的外圆引素线；中间则取圆管的板厚中性层高度。作图步骤如下：

a. 据已知尺寸画出两节弯头的主视图和断面图（图12-5）；

b. 4等分内外断面半圆周（等分点为1、2、3、4、5），由等分点向上引垂线，得与结合线1′5′交点；

c. 作展开图，在主视图底边延长线上截取 $1—1=\pi(D-t)$，并8等分，由等分点向上引垂线，与由结合线各点向右所引水平线对应交点连成光滑曲线，即得弯头展开图。

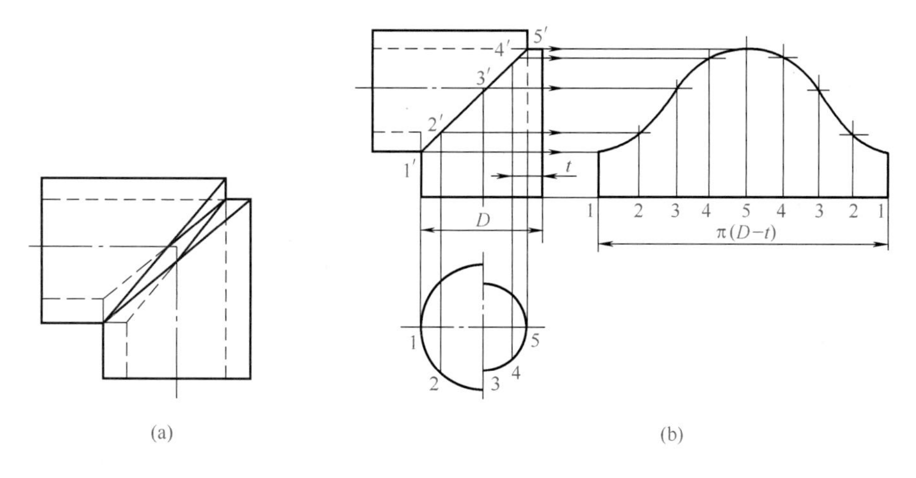

图12-5 等径直角弯头的板厚处理

② 异径直交三通管。如图12-6所示是异径直交三通管。当考虑板厚时，由左视图可知，支管的里皮与主管的外皮相接触，所以支管展开图中各素线长以里皮高度为准；主管孔的展开长度以主管接触部分的中性层尺寸为准；大小圆管的展开长度均按各管的平均直径计算。

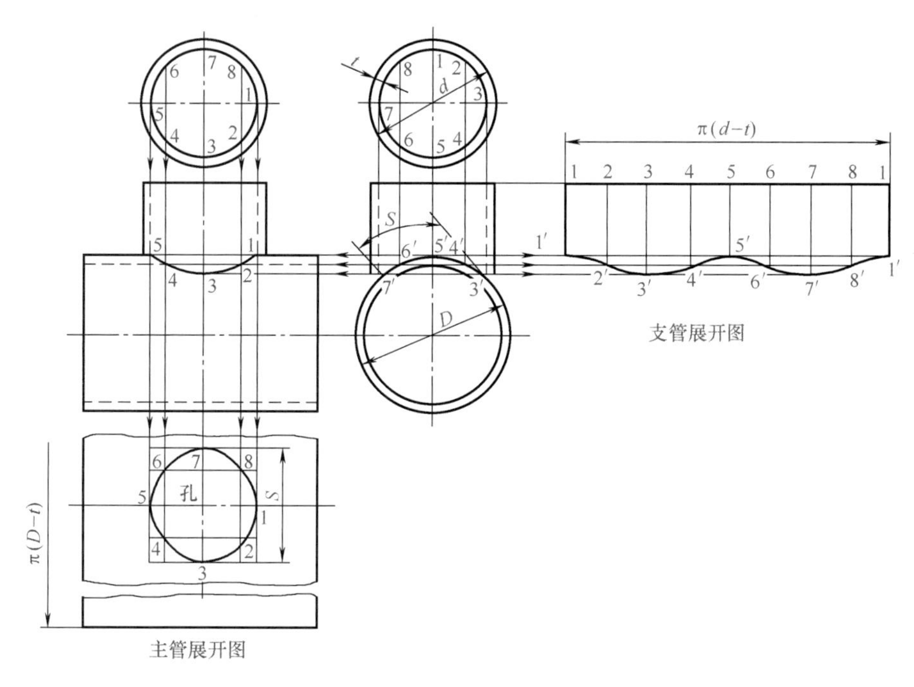

图12-6 异径直交三通管的板厚处理

第二节 圆柱面构件的展开

圆柱面构件的展开下料是钣金工作者在施工中经常遇到的。此类构件在制造中一般可分为钢板卷制和成品钢管两种。因钢管有皮厚存在，所以在实际施工中有中径、内径、外径的分别，就是在展开中要使用其中的一个直径去放样和展开，也可能是用其中的一个直径去展开而用另一个直径去放样和求素线实长。这要根据构件的施工图样和施工要求去决定。但在一般情况下，钢板卷制的钢管在展开下料时都是以中径乘以π为周长展开长度。成品管一般是在下料时用样板围在外壁上画线，所以现场施工中均是以（外径+样板厚度）×π为周长展开长度来做样板。现场多习惯用油毡做样板而厚度多在2mm左右，所以一般取（外径+2mm）×π为圆管展开周长。本节中所有圆柱面展开时，放样计算时无论是内径还是外径，展开周长均是用上述方法计算，不再说明。在实际施工时操作者可根据自己所使用的样板材料取厚度值。

一、被平面斜截后的圆柱管构件展开

圆柱管被平面斜截后的截面形状是平面椭圆，而被斜截后的圆柱管椭圆截面的展开线是以圆柱展开周长为周期，以截面在轴线位置上r为振幅的正弦曲线，如图12-7所示。

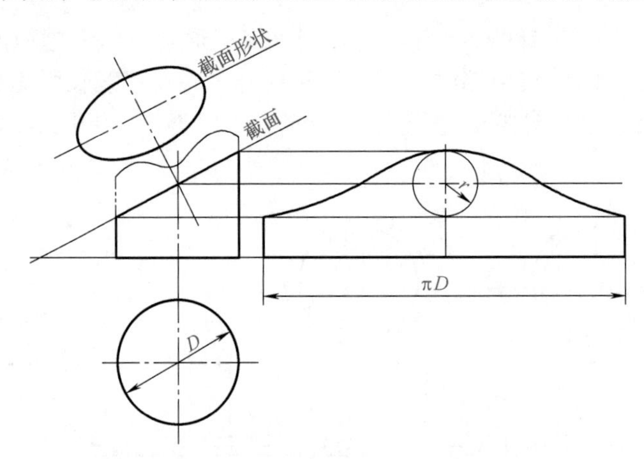

图12-7　圆柱管被平面斜截后的展开图

这种形体是在钣金展开放样中经常遇到的形体，这里介绍这种形体的计算展开通用计算公式和专用计算公式，并在部分例题中代入具体数值算出展开实长线尺寸。这种形体只要求出截面与圆柱轴线垂面的夹角后就可用计算公式计算展开，如能熟练掌握运算过程，此种方法应是圆柱管构件展开中最实用而又快速准确的展开方法。

（1）通用计算公式

被平面斜截圆柱管的展开计算通用公式：

$$x_n = \tan\alpha\left(L - R\cos\frac{180^\circ l_n}{\pi r}\right) \tag{12-1}$$

式中　x_n——圆周l_n值对应素线实长值；

α——截面和圆柱管轴线的垂面间的夹角；

L——截面和圆柱管轴线的垂面的交线到圆柱管轴线的距离；

R——圆柱管放样图半径；

r——圆柱管展开图用半径；

l_n——圆周展开长度、运算变量（0~2πr）。

此公式通用于圆柱管被平面斜截后各种构件中这种形体的展开，对于放样半径和展开半径是否相同都不必考虑，直接套用公式就可计算圆周展开的各素线实长值。而且在计算时直接用 $l_n=\pi r$ 或 $l_n=2\pi r/3$ 的值输入运算就可得出半圆周和2/3圆周等中心线位置的素线实长值，使作图十分方便。公式（12-1）示意图如图12-8所示。

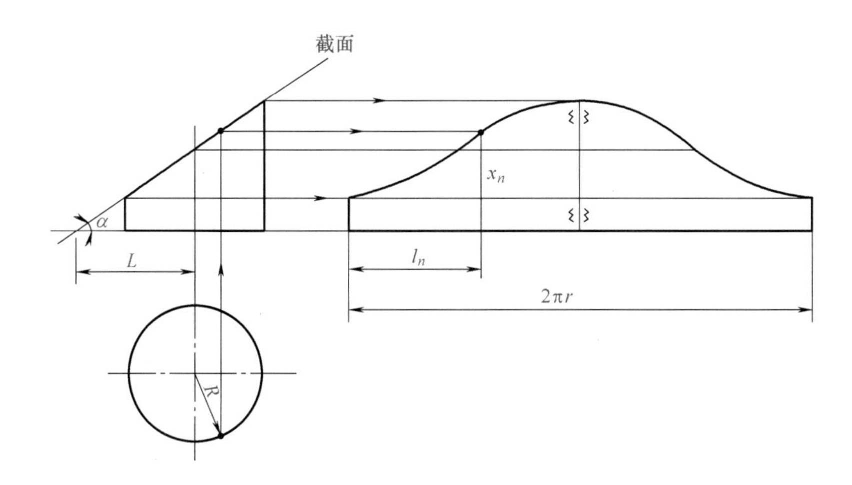

图12-8　平面斜截圆柱管的展开示意图（一）

（2）专用计算公式

通用计算公式一般可以适合被平面斜截后圆柱管形体在各种构件中的展开计算，在展开运算时不必考虑放样半径和展开半径的不同会在做展开图时带来错误，尤其对施工中习惯求出圆周展开时4个中心线的位置也十分方便。但在一般参考资料和现场施工中仍习惯用等分圆周或等分角度的作法，所以对这两种作法也列出计算公式，供读者参考。而且它们也只是式（12-1）的演变，也较适合特殊情况的使用，本书将在后面题型中讨论。展开示意图如图12-9所示。

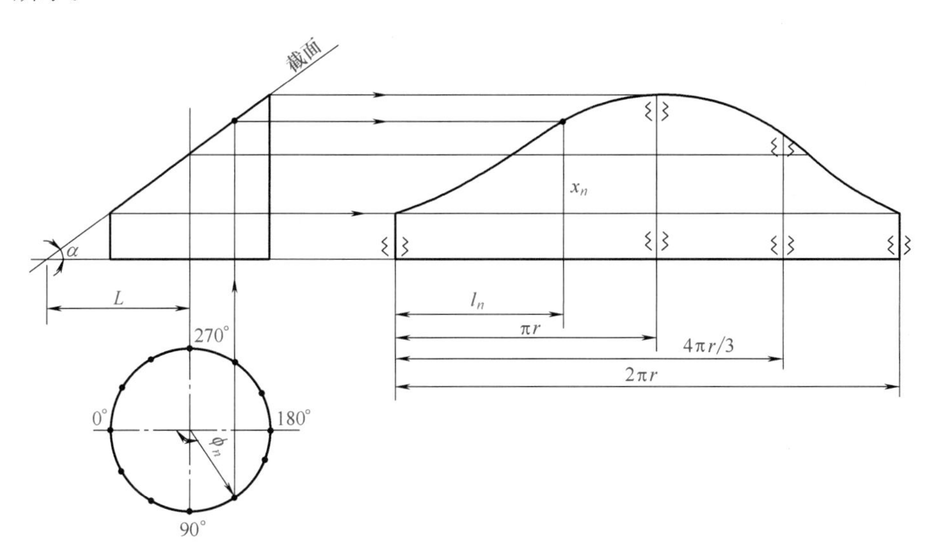

图12-9　平面斜截圆柱管的展开示意图（二）

① 斜截圆柱管的圆周等分展开计算公式：

$$x_n = \tan\alpha\left(L - R\cos\frac{180^\circ n_x}{n}\right) \tag{12-2}$$

式中　x_n——圆周n_x等分点对应素线实长值；

α——截面和圆柱管轴线的垂面间夹角；

L——截面和圆柱管轴线的垂面的交线到圆柱管轴线的距离；

R——圆柱管放样图半径；

n——圆柱管半圆周等分数；

n_x——等分变量（0~2n）。

此公式计算展开用周长等分点距离应和展开计算时对应相同，其计算公式是：

$$l_n = \frac{\pi r n_x}{n} \tag{12-3}$$

式中　l_n——圆周等分数n_x对应展开长度；

r——圆柱管展开图用半径；

n——圆柱管半圆周等分数；

n_x——等分变量（0~2n）。

② 斜截圆柱管的角度等分展开计算公式：

$$x_n = \tan\alpha(L - R\cos\phi_n) \tag{12-4}$$

式中　x_n——角度ϕ_n等分对应素线实长值；

α——截面和圆柱管轴线的垂面间夹角；

L——截面和圆柱管轴线的垂面的交线到圆柱管轴线的距离；

R——圆柱管放样图半径；

ϕ_n——圆心角等分变量（0°~360°）。

此公式计算用圆心角值在展开计算时应对应相同，其计算公式是：

$$l_n = \frac{\pi r \phi_n}{180^\circ} \tag{12-5}$$

式中　l_n——圆周与圆心角ϕ_n对应展开长度；

r——圆柱管展开图用半径；

ϕ_n——圆心角等分变量（0°~360°）。

实例（一）：两节直角圆管弯头展开

弯头是圆柱体管件中常见的构件。用圆管制造的弯头一般是由多节组成的，而每节圆管又可以是钢板卷制或成品管两种。弯头展开放样中必须考虑相贯线的板厚关系。如图12-10所示为钢板卷制的两节直角圆管弯头。

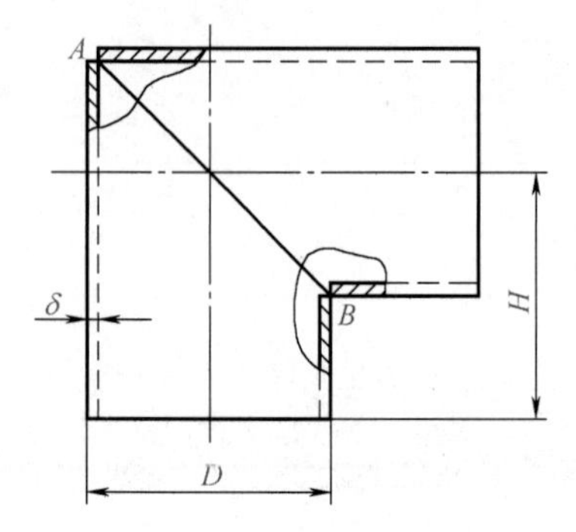

图12-10　两节直角圆管弯头

（1）用计算公式法展开

为便于说明展开方法我们将构件代入具体数值。

如图12-10所示，设D=1000mm，δ=10mm，H=1000mm，n=16，采用式（12-2）和式（12-3）计算：

$$x_n = \tan\alpha\left(L - R\cos\frac{180^\circ n_x}{n}\right)$$

$$l_n = \frac{\pi r n_x}{n}$$

式中，α=45°；$L = H\tan\alpha = 1000\text{mm} \times \tan 45° = 1000\text{mm}$；$R = \dfrac{D}{2} = \dfrac{1000\text{mm}}{2} = 500\text{mm}$（用于$n_x$=0~8等分时）；$R' = \dfrac{D}{2} - \delta = \dfrac{1000\text{mm}}{2} - 10\text{mm} = 490\text{mm}$（用于$n_x$=8~16等分时）；$n$=16［圆周展开π（$D-\delta$）=3110mm］；$r = \dfrac{D-\delta}{2} = \dfrac{1000-10}{2}\text{mm} = 495\text{mm}$。

将以上数据代入公式得：

$$x_n = \tan 45^\circ \times \left(1000\text{mm} - 500\text{mm} \times \cos\frac{180^\circ n_x}{16}\right) (n_x = 0\sim8\text{时})$$

$$x_n = \tan 45^\circ \times \left(1000\text{mm} - 490\text{mm} \times \cos\frac{180^\circ n_x}{16}\right) (n_x = 8\sim16\text{时})$$

$$l_n = \frac{495\text{mm} \times \pi n_x}{16}$$

因构件展开图形是对称图形，所以只要作半圆周16等分展开计算就可以作出全部展开图形。为了方便作展开图，根据l_n的值可作出32等分的全部展开图形，同时也可输入n_x的几个等分点对x_n的值进行检验或全部算出，因运算可十分方便地得出结果，故使作展开图形时更加方便。现将上面三个计算式进行运算，所得结果见表12-8。

表12-8　两节直角圆管弯头的展开计算值

变量n_x值	对应l_n值/mm	对应x_n值/mm（R=500mm）	对应x_n值/mm（R=490mm）	变量n_x值	对应l_n值/mm	对应x_n值/mm（R=500mm）	对应x_n值/mm（R=490mm）
0	0	500.0	—	17	1652.3	—	1480.6
1	97.2	509.6	—	18	1749.5	—	1457.7
2	194.4	538.1	—	19	1846.7	—	1407.4
3	291.6	584.3	—	20	1943.9	—	1346.5
4	388.3	646.4	—	21	2041.1	—	1272.2
5	486.0	722.2	—	22	2138.2	—	1187.5
6	583.2	808.7	—	23	2235.4	—	1095.6
7	680.4	907.5	—	24	2332.6	1000.0	1000.0
8	777.5	1000.0	1000.0	25	2430.0	907.5	—
9	874.4	—	1095.6	26	2527.0	808.7	—
10	971.9	—	1187.5	27	2624.2	722.2	—
11	1069.1	—	1272.2	28	2721.0	646.4	—
12	1166.3	—	1346.5	29	2818.6	584.3	—
13	1263.5	—	1407.4	30	2915.8	538.1	—
14	1360.7	—	1457.7	31	3013.0	509.6	—
15	1457.9	—	1480.6	32	3110.2	500.0	—
16	1555.1	—	1490.0	—	—	—	—

展开图形法：取线段长度为3110.2mm，并将线段按表12-10中l_n的数值进行32等分取点，过各点作线段的垂线，在各垂线上按表12-8中32等分的各对应x_n值取点，然后光滑连接各点就可得到全部展开图，如图12-11所示。

圆管的展开等分数一般施工中以50~100mm作等分较合适。本节中用图解法展开时，为使图线清楚一般采用12等分，实际施工时可根据管径大小来决定等分数。在计算法展开的例题中均采用50~100mm长度范围作展开等分，此例展开长度为3110.2mm，所以用32等分。本节中所有例题均采用这种方法进行等分或取值展开，后面不再说明。

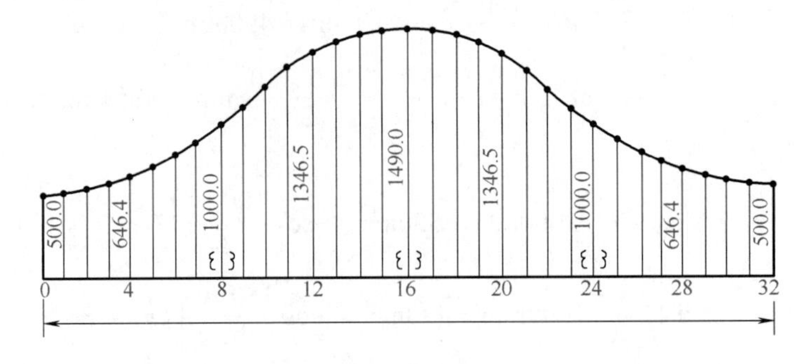

图12-11　两节直角圆管弯头的计算展开图

（2）用图解法展开

此构件在接点A处是内壁相交，在接点B处是外壁相交，所以须以接点A的内壁点和接点B的外壁点至圆管中心点为基准来作弯头展开曲线，因此圆管放样图分别各以$D/2$和$D/2-\delta$为半径来作图，如图12-12所示。因为直角弯头构件的两节圆管完全相同，所以仅做一节圆管的展开就可以了。

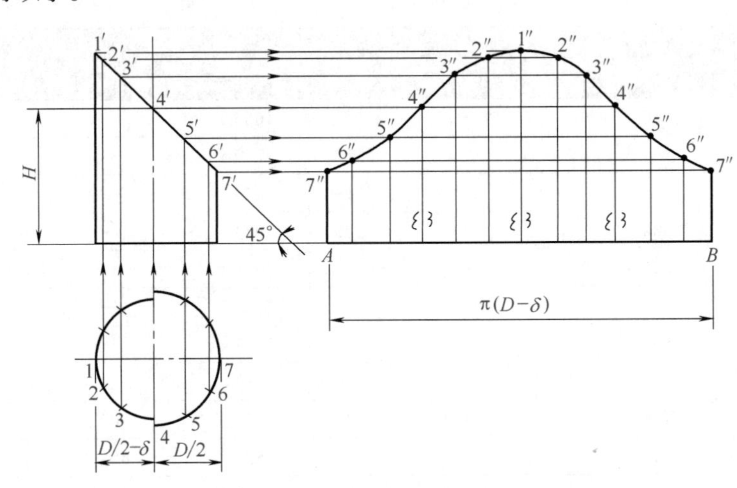

图12-12　两节直角圆管弯头的放样展开示意图

此构件用平行线法展开。将两个半圆在平面图中各作6等分得1、2、3、4、5、6、7各点，由各点上引轴线的平行线交相贯线得1′、2′、3′、4′、5′、6′、7′各点，沿正视图底边作水平线，在线上截取线段等于展开周长π（$D-\delta$），并12等分，过各等分点作垂线与过1′、2′、3′、4′、5′、6′、7′所作水平线交于1″、2″、3″、4″、5″、6″、7″各点。光滑连接各点即得到构件的全部展开图形。

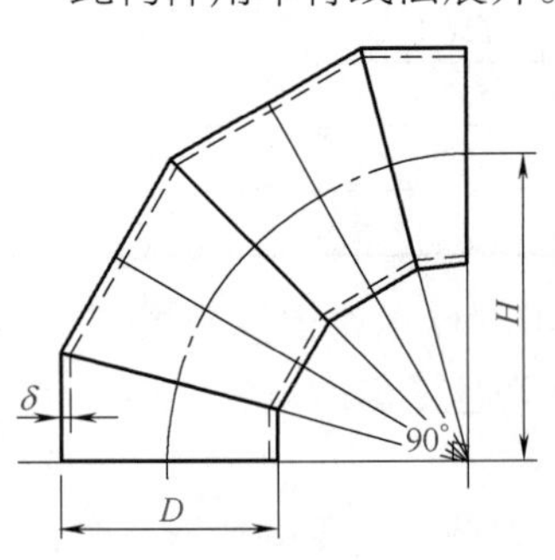

图12-13　四节圆管弯头示意图

实例（二）：四节圆管弯头展开

如图12-13所示为四节圆管弯头的投影图。本例用计算公式法展开。

（1）形体分析

和三节弯头相同，如果将90°角分为6等分，即得到6个相同的圆管部分，只要计算作出一部分的展开图就可得到全部的展开图。设D=377mm、δ=10mm、H=350mm，已知90° 6等分后每等分为15°。此圆管件因焊接的条件要求结合处均作外坡口处理，这样结合处就均是内壁接触，所以放样图半径即应是R=178.5mm，而如用成品管制造时画线样板的展开半径即应是r=189.5mm。并且展开是对称图形，作半圆周展开计算即可。

（2）作计算和展开用草图

如图12-14所示，为提高展开精确度，计算时半圆周作12等分计算，而在样板制作时可根据曲线情况选用。

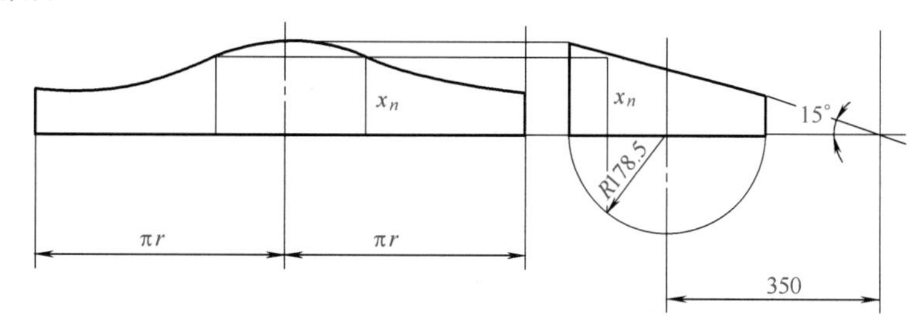

图12-14　四节圆管弯头计算展开草图

（3）选用展开计算式（12-2）和式（12-3）

$$x_n = \tan\alpha\left(L - R\cos\frac{180^\circ n_x}{n}\right)$$

$$l_n = \frac{\pi r n_x}{n}$$

已知：α=15°，L=H=350mm，R=178.5mm，r=189.5mm，n=12。

代入公式得：$x_n = \tan 15^\circ \times \left(350\text{mm} - 178.5\text{mm} \times \cos\dfrac{180^\circ n_x}{12}\right)$；

$$l_n = \frac{189.5\text{mm} \times \pi n_x}{12}$$

以n_x为变量计算得到的x_n和l_n的对应计算值见表12-9。

表12-9　四节圆管弯头展开计算值

变量n_x值	0	1	2	3	4	5	6	7	8	9	10	11	12
对应l_n值/mm	0	49.6	99.2	148.8	198.4	248.0	297.7	347.3	396.8	446.5	496.0	545.7	595.3
对应x_n值/mm	46.0	47.6	52.4	60.0	69.8	81.4	93.8	106.2	117.7	127.6	135.2	140.0	141.6

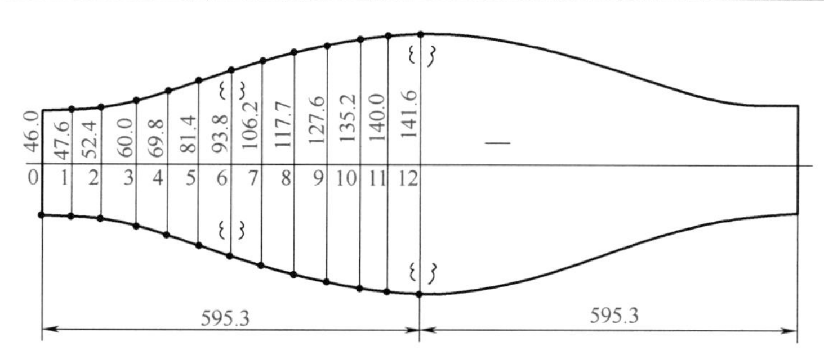

图12-15　四节弯头中节画线样板的计算展开示意图

（4）圆管画线样板作法

如图12-15所示取线段长等于595.3mm，在线段上作12等分。过各等分点作线段的垂线，在各垂线上分别截取x_n所对应的l_n的值的长度得各点。光滑连接各点即得到半圆周的展开曲线，对称作图就可得到半节圆管的展开画线样板。再对称作图就可得到中间节的展开画线整体样板，如图12-15所示。

实例（三）：任意角度两节圆管弯头展开

如图12-16所示为两节圆管弯头。在正视图和左视图中均不反映实形。在正视图中上节管的中心线表示实长，左视图中下节管的中心线表示实长，其是在两面视图各面反映一件实长的任意角度弯头，要用换面法求出两件圆管中心线同时反映实长的实投影面才能够作展开图。

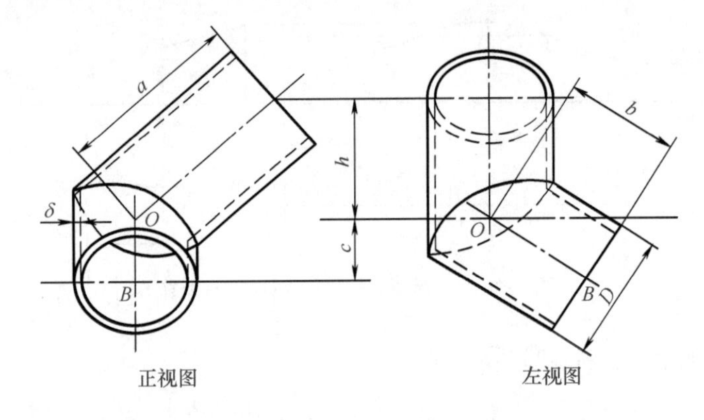

图12-16　任意角度两节圆管弯头

构件的实长投影面作图，如图12-17所示。先将原投影中上下两节管的轴线位置画出，左视图中下节管轴线OB反映实长。过O点和B点作OB线的两条垂线，在垂线上取O'、B'两点并使$O'B'$平行于OB。过A点作OO'的平行线与以O'为圆心a为半径的圆弧相交于A'点。$O'A'$即是上节管的轴线的实长。此例以中径作放样半径和展开半径，沿$O'B'$和$O'A'$两轴线以中径作出实投影面图，此时两管的相贯线投影为一直线。

下节管展开图画法：用平行线法进行展开，先将圆管截面作12等分，过各等分点作素线的平行线交相贯线于1、2、3…各点。在BB′延长线上取线段长等于圆周中径展开长度π($D-\delta$)，12等分线段，过各等分点作垂线，过相贯线上1、2、3…各点作BB'的平行线与线段上各垂线对应交于1′、2′、3′…各点，光滑连接各点即得到下节管的全部展开图形。上节管同样用平行线法展开，如图12-17所示。如将接缝安排在$O'B'$的位置时展开应注意下料时的正反曲面，避免出现十字接缝。

实例（四）：平面任意角度三节圆管弯头展开

如图12-18所示为任意角度三节圆管弯头的投影图。两端节较长，中节较短。但如将β角4等分即得到4个相同的部分，只要展开其中的一个部分，然后对称作图就可得到中节的展开，加上直管部分就可得到两端圆管的展开。本例如用钢板卷制双面坡口形式，放样图半径和展开图半径就都是应用圆管的中径去计算展开或放样展开作图。

（1）用计算公式法展开

为便于计算，我们在构件中代入具体数值。如图12-18所示，设D=820mm、δ=20mm、H=1600mm、B=75°，选用展开计算通用公式（12-1）：

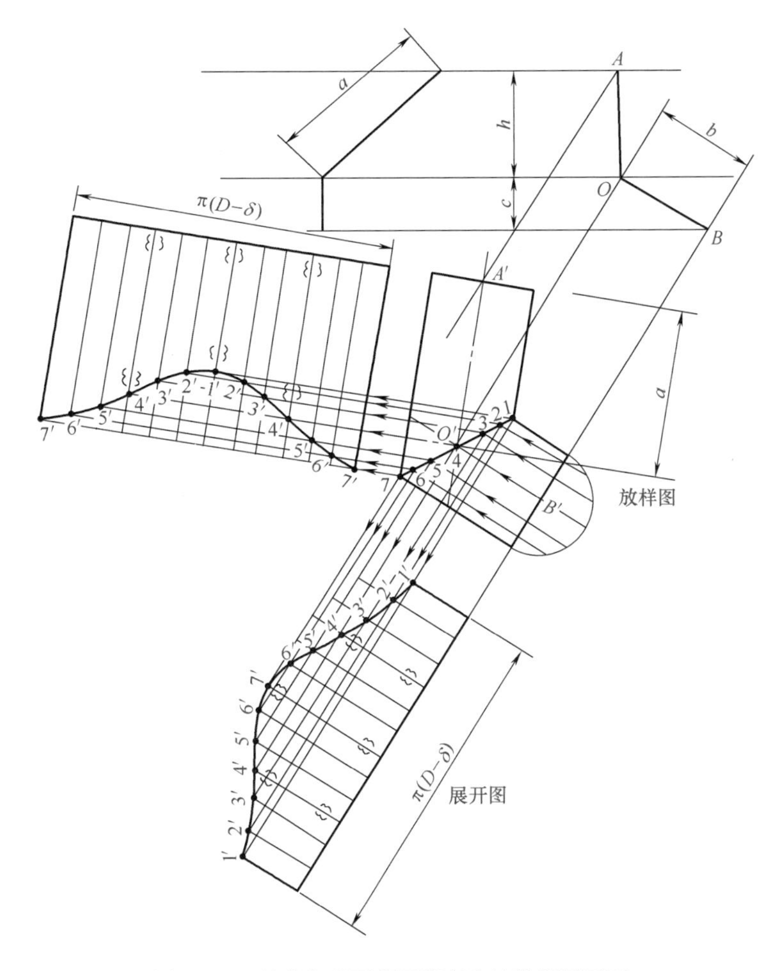

图 12-17　任意角度两节圆管弯头的放样展开图

$$x_n = \tan\alpha\left(L - R\cos\frac{180^\circ l_n}{\pi r}\right)$$

已知：$\alpha = \frac{\beta}{4} = \frac{75^\circ}{4} = 18.75^\circ$；$L=H=1600\text{mm}$；$R = \frac{D-\delta}{2} = \frac{(820-20)\text{mm}}{2} = 400\text{mm}$；$r=R=400\text{mm}$。

代入公式得：$x_n = \tan 18.75^\circ\left(1600\text{mm} - 400\text{mm}\times\cos\frac{180^\circ l_n}{400\pi}\right)$。

图 12-18　任意角度三节圆弯头

为作图的方便将素线实长值编序号并以 l_n 为变量代入计算式，计算结果见表 12-10。

表 12-10　任意角度三节圆管弯头展开计算值

序号	1	2	3	4	5	6	7	8	9	10	11	12	13	14	15
l_n 值/mm	0	100	200	300	400	500	600	$\frac{\pi r}{2}$	700	800	900	1000	1100	1200	πr
对应 x_n 值/mm	407.3	411.6	424.0	443.8	469.8	500.3	533.5	543.1	567.3	599.6	628.4	651.9	668.3	677.5	678.9

表 12-10 中 $\pi r/2$ 的值为 628.3mm，πr 的值为 1256.6mm，这两值在计算时可直接代入并

求出以便在作展开图时使用。

展开图作法：如图12-19所示。取线段长度等于$2\pi r$，将线段按表12-10中l_n的值进行等分。等分时将8线作为接缝位置，因是对称图形，表中仅列出半圆周展开值。过各等分点作线段的垂线，在垂线上线段两面各按l_n对应的x_n值取点并将各点光滑连接，即得到中节的全部展开图形。

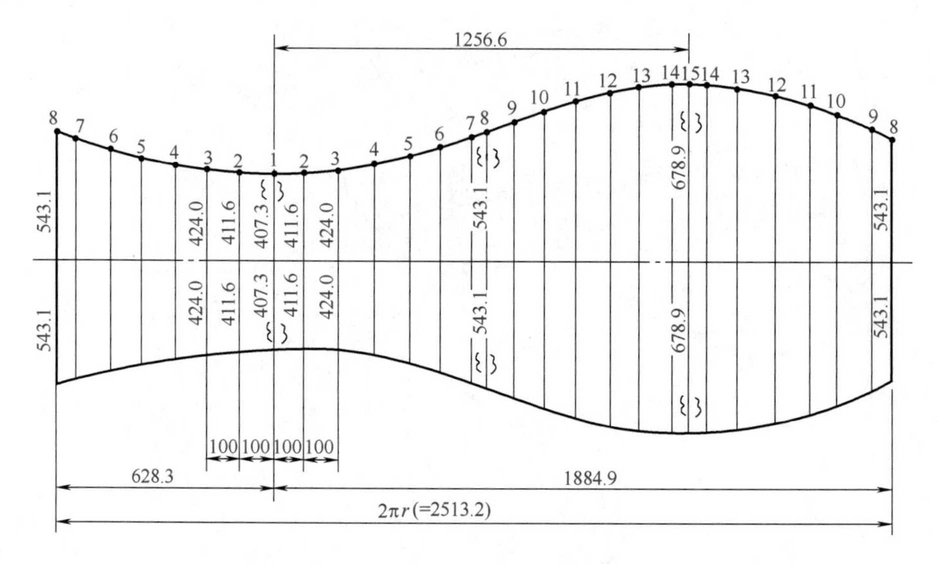

图12-19　任意角度三节弯头的计算展开示意图

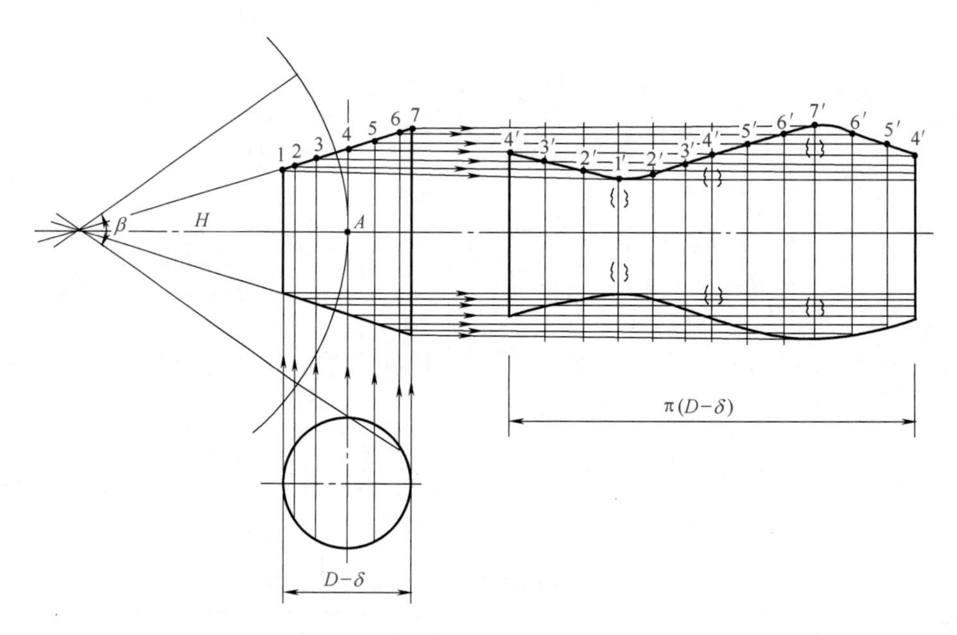

图12-20　任意角度三节弯头放样展开示意图

（2）用图解法展开

此构件的放样展开图用中径画出。如图12-20所示，用平行线法展开。作角度等于β角并将其4等分，在中心等分线上从圆心截取H长度得点A。过A点作垂线，即为中节圆管的轴线。在轴线两侧 $(D-\delta)/2$ 距离处作轴线的平行线交相邻两角平分线，即得到中节的放样正视图，沿轴线作出圆管的俯视图，将俯视图中的圆周12等分，过各等分点作圆管的素线和相贯线交于1、2、3、4、5、6、7各点，将中心角平分线延长，截取线段长度为圆管中径展开长度并且12等分，过各等分点作垂线与相贯线上过1、2、3…各点作水平线交于1′、2′、3′…各点，光滑连接各点即可得到相贯线的展开曲线。对称作图就得到中节的全部展开图形。作展开图形时为错开相贯线处的丁字焊缝和下料时节省材料，接缝位置一般选在如图12-20中4线的位置。但这样下料后在制造中就要注意正曲和反曲的不同，下料时应注明正反曲面，以防止十字焊缝的出现。

实例（五）：带补料的任意角度二节圆管弯头展开

带补料任意角度二节圆管弯头的投影图如图12-21所示。此构件为两圆管轴线相交为 α 角度的等径圆柱管弯头，在其外角增添补料，相贯线仍是正面投影为直线的平面曲线，构件内侧两半圆柱管间是外壁接触，外侧和补料间是内壁接触，所以放样图中内侧半径 $R=D/2$，外侧半径 $r=(D-\delta)/2$，放样展开图如图12-22所示。

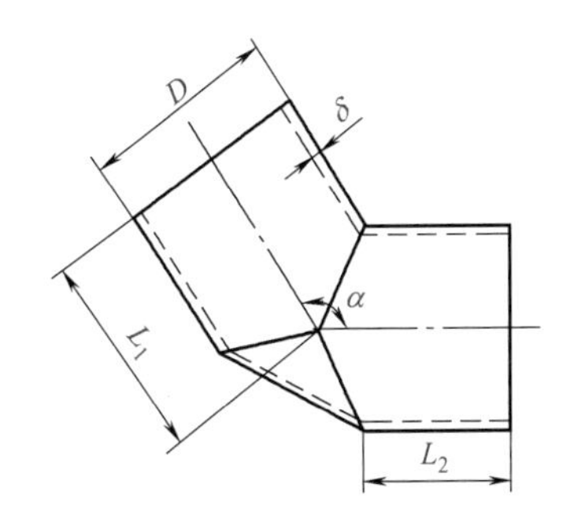

图12-21　带补料任意角度二节圆管弯头

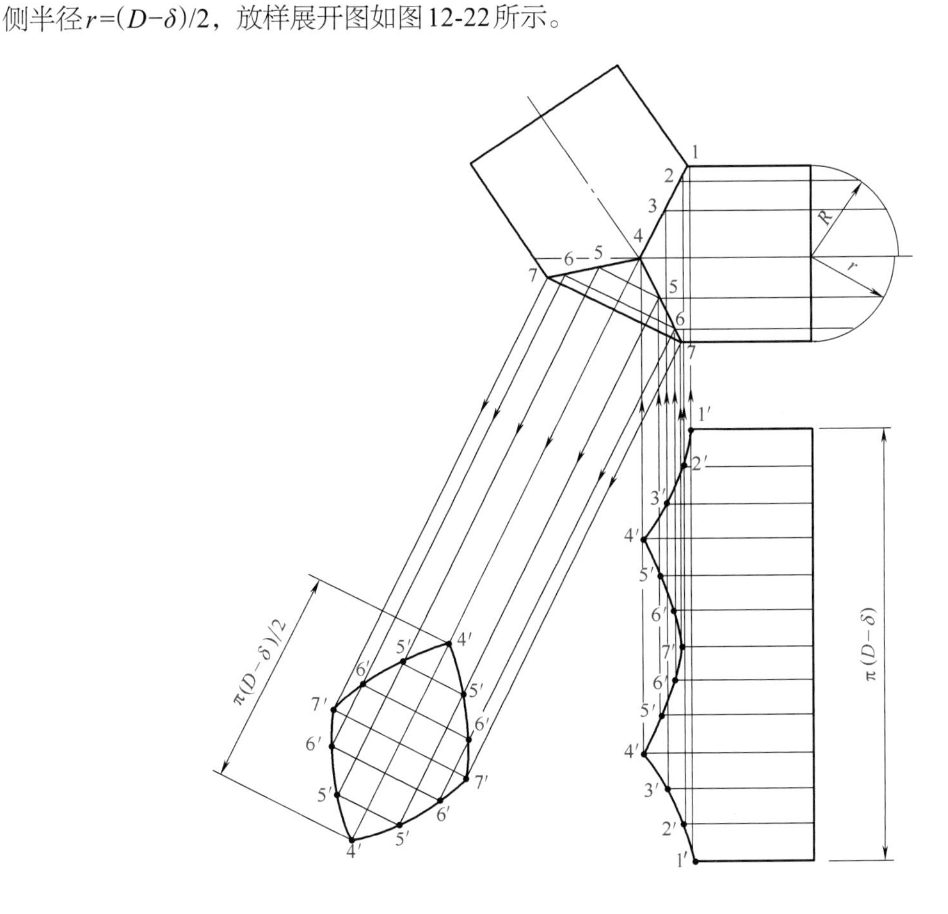

图12-22　带补料任意角度二节圆管弯头放样展开图

圆管展开图法：取线段长度为圆管展开长度 $\pi(D-\delta)$，并和圆管截面作同样等分，过等分点作垂线，在垂线上截取圆管素线对应长度得各点，光滑连接各点即得到圆管展开图形，如图12-22右图所示。另一节圆管可用同样办法进行展开。

补料展开图法：取线段长度为半圆管展开长度$\pi(D-\delta)/2$，并和圆管作同样等分，过各等分点作垂线，在垂线上截取补料半圆管素线对应长度得各点，光滑连接各点即得到补料展开图形，如图12-22左图所示。

实例（六）：等径正交三通管展开

等径正交三通管无论正交还是斜交，相交两轴线所在平面投影的相贯线均是直线，并且平分两轴线夹角，同时也是圆柱体被平面斜截后的截面部分投影，所以三通管的展开仍可以利用平面斜截圆柱管的展开计算公式来进行计算展开。如12-23所示为正交等径三通管的投影图。

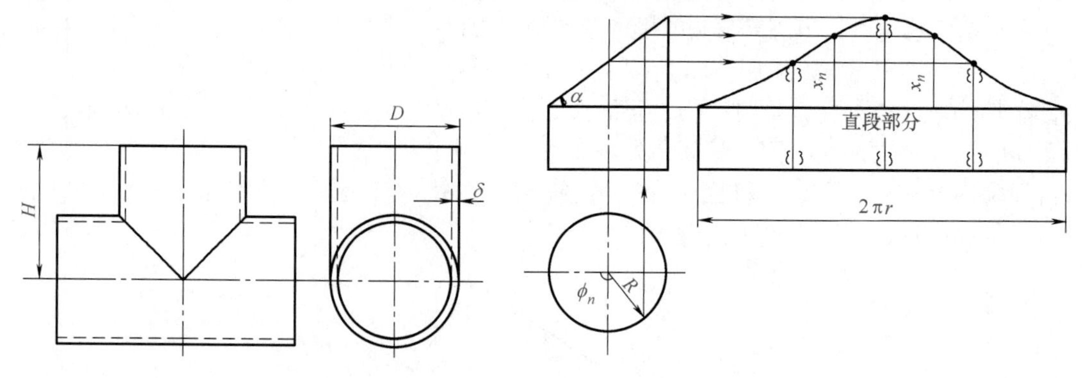

图12-23　等径正交等径三通管　　　　图12-24　平面斜截圆柱管的展开图

从图12-24中可以看出，两条相贯线相同并且同为1/4圆周部分相贯线的重叠投影。相交两管的展开在相贯线部分为曲线，而且由4条相同曲线组成，管截面在曲线以外部分的展开是一个矩形，对于这种形体的展开可以用斜截圆柱管的角度等分计算公式来进行计算展开，用计算法展开此构件的计算公式是式（12-4）和式（12-5）：

$$x_n = \tan\alpha(L - R\cos\phi_n)$$

$$l_n = \frac{\pi r\phi_n}{180°}$$

当R=L时，式（12-4）就变成下面公式：

$$x_n = R\tan\alpha(1 - \cos\phi_n) \tag{12-6}$$

用此公式计算的结果就是没有了圆管的直段部分，需要在展开作图时加上直段部分。此公式的示意图如图12-25所示。

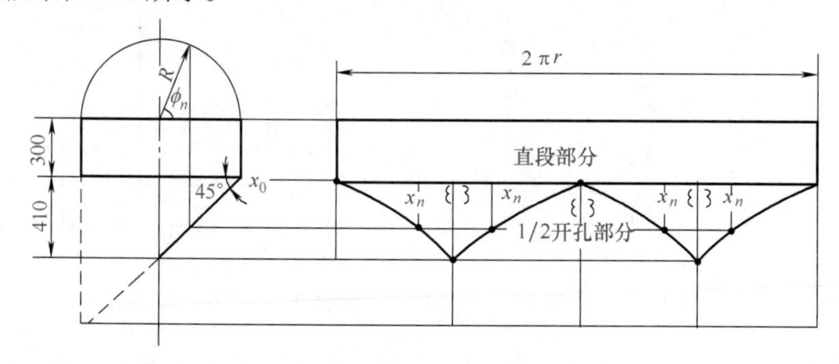

图12-25　等径正交三通管计算展开草图

① 从如图12-23所示的投影图中可以看出，此构件的相贯线处是外壁接触，在没有加工坡口要求的情况时应以圆管外径为准画出放样图。为展开计算设D=820mm、δ=10mm、H=710mm，因是同径，又均是外径作放样图，所以α=45°。

② 根据以上分析画出计算用展开草图，如图12-25所示。因是部分投影展开，并且展开半径和放样半径都不相同，所以ϕ_n在1/4圆周部分应取0°~90°范围值，半圆周πr=1272mm，如展开时取12等分，l/4时为6等分，90°分6等分，每等分为15°，所以ϕ_n可以取15°为一次变量值。

③ 展开计算时如用钢板卷制则r=405mm，当用成品钢管外画线时r=411mm，因主管的开孔画线一般用样板外壁画线，因此本例算出供参考。选用展开计算公式为式（12-6）和式（12-5）：

$$x_n = R\tan\alpha(1-\cos\phi_n)$$

$$l_n = \frac{\pi r\phi_n}{180°}$$

已知：α=45°；$R=\dfrac{D}{2}=\dfrac{820\text{mm}}{2}=410\text{mm}$；$R=405\text{mm}$（用于钢板卷制时）；$R=411\text{mm}$（用于成品钢管外画线用样板时）。

将已知条件代入式（12-6）和式（12-5）得：

$$x_n = 410\text{mm}\times\tan45°(1-\cos\phi_n)$$

$$l_{n_1}=\frac{405\text{mm}\times\pi\phi_n}{180°}\text{（用于钢板卷制）}$$

$$l_{n_2}=\frac{411\text{mm}\times\pi\phi_n}{180°}\text{（用于画线样板）}$$

以ϕ_n为变量程编计算得值见表12-11。

表12-11 等径正交三通管展开计算值

变量ϕ_n值	0°	15°	30°	45°	60°	75°	90°
对应x_n值/mm	0	14.0	54.9	120.1	205	303.9	410.0
对应l_{n_1}/mm（r=405mm时）	0	106.0	212.0	318.1	424.1	530.1	636.2
对应l_{n_2}值/mm（r=411mm时）	0	107.6	215.2	322.8	430.4	538.0	645.2

④ 展开图形和样板作法。作图时在实际施工中如曲线连接不够光滑或要求精度较高时可增加ϕ_n的数量，可以不按等分增加，但x_n值和l_n值计算时都应同时增加，以便于作图。如图12-26所示，当用钢板卷制时取线段l_1=2πr=2544.7mm，当用样板在外壁上画线时取l_2=2πr=2582.4mm，将线段4等分，过各等分点作l线的垂线，中心等分定为x_0线，在其中l/4内以l_n的计算值取点并作l线垂线，在各垂线上以x_n和l_n的对应值取点，光滑连接各点即得到1/4的曲线展开。同时如图12-26对称作其他三部分，在距离l线300mm处作l线的平行线和过l线两端作垂线得到直管部分的展开，这部分和曲线展开部分合起来就是插管的全部展开图形。

开孔用样板作法。作十字中心线x_0和y_0，距离中心点410mm作y_0线的两条平行线，并且以x_0为中心在y_0线上各取两个l/4，在中间两个l/4部分以l_{n_2}值为长度取点，过各点作y_0线的垂线，以x_0为中心在四个l/4部分内各以（x_n，l_n）为坐标取点，光滑连接各点，中间部分即为主管的开孔图形。开孔画线时应以x_0线和主管轴线平行，y_0线和插管垂直线对正。

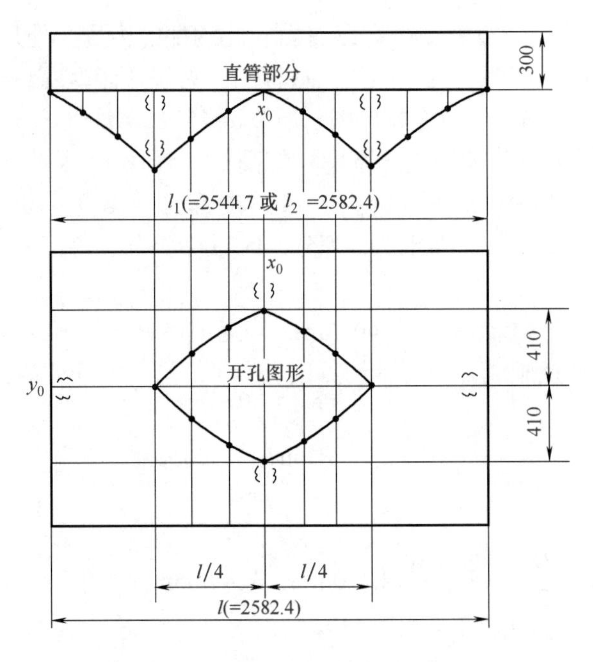

图 12-26　正交等径三通管的计算展开图

实例（七）：等径裤形三通管展开

等径裤形三通管的投影图如图 12-27 所示。构件由五节圆管构成，件Ⅱ和件Ⅲ各为两件完全相同部分，相贯线也均是在正视图上投影为直线的平面曲线，件Ⅰ和件Ⅱ的相贯线部分与等角等径三通管的完全相同，件Ⅱ和件Ⅲ的相贯线与任意角度二节圆管弯头的完全相同，而且也都是用平行线法展开，件Ⅰ与件Ⅱ的所有相贯线处是外壁接触，件Ⅱ与件Ⅲ相贯线处轴线夹角内侧是外壁接触，外侧是内壁接触，展开图仍为中径展开。展开方法参阅前例，展开图形如图 12-28 所示。

实例（八）：等径斜交三通管展开

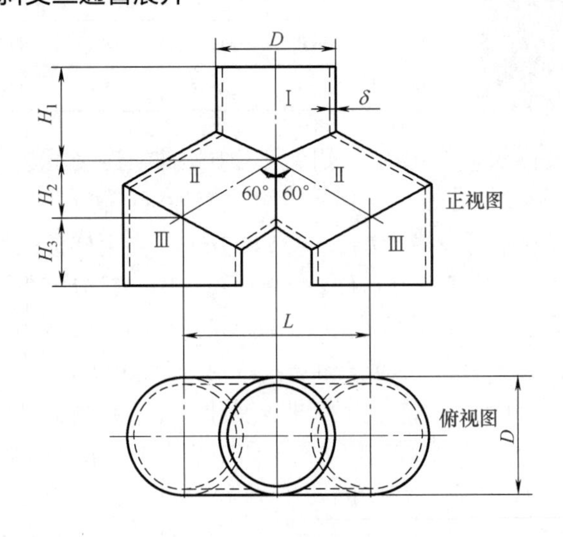

图 12-27　等径裤形三通管

等径斜交三通管的投影图如图12-29所示。

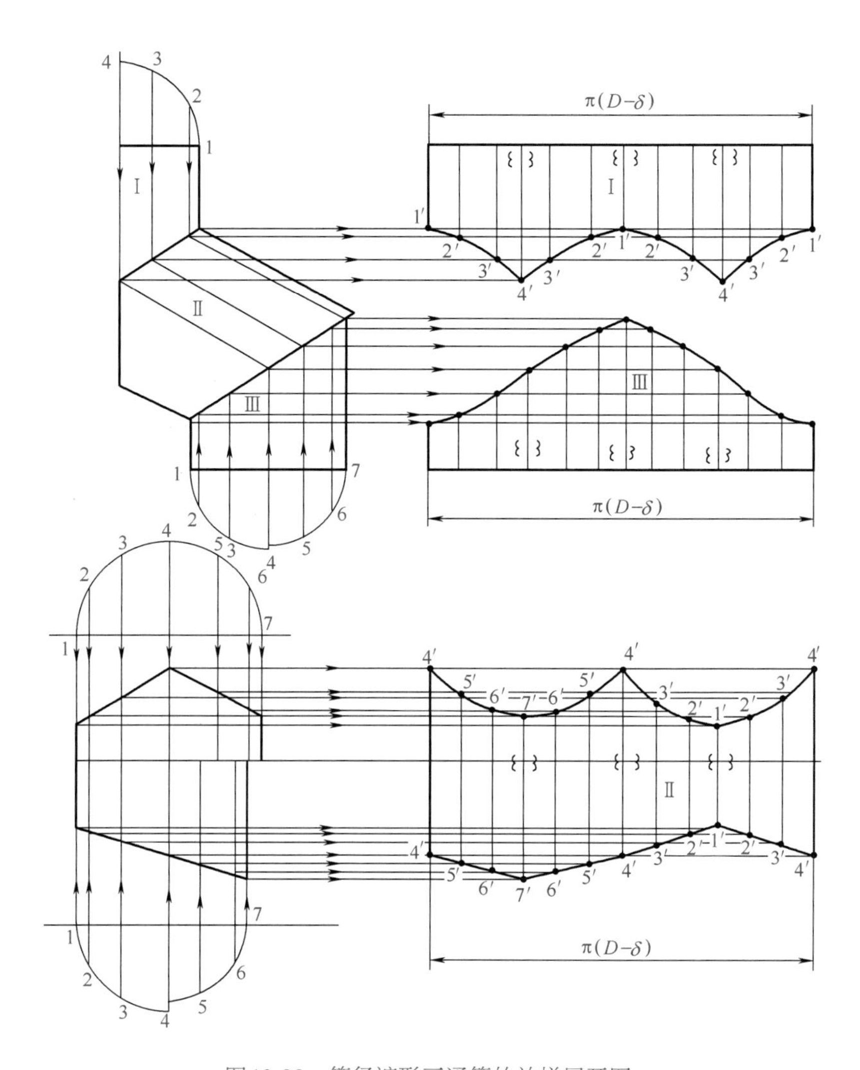

图12-28　等径裤形三通管的放样展开图

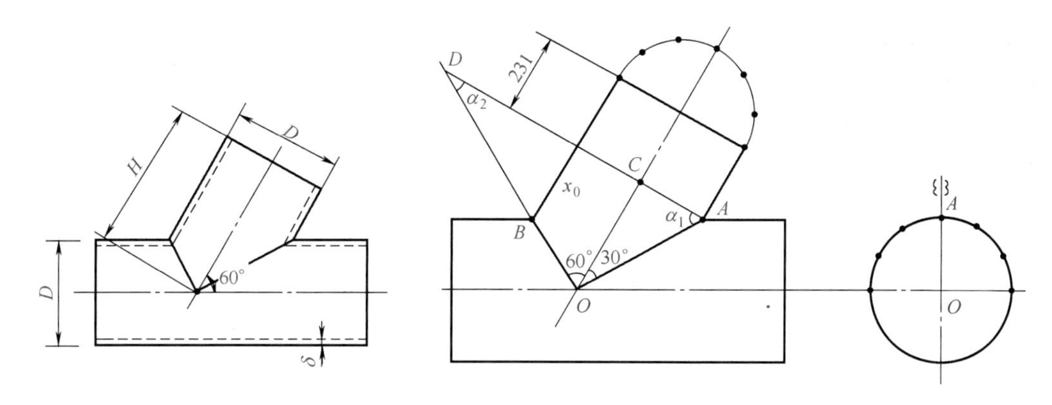

图12-29　等径斜交三通管

图12-30　等径斜交三通管计算展开草图

① 选用展开计算公式。斜交三通和正交三通的不同处是两条相贯线投影长度不相同，但相贯点和正交三通一样在无坡口处理时均是外壁接触，所以放样图仍是以外径画出，本例仍以计算公式法进行展开。根据形体分析画计算用展开草图，如图12-30所示。图中相贯线OA和OB各平分两轴线夹角，并且各是插管半圆周部分的截面垂直投影，如图12-30过A点作插管轴线的垂面和OB截面的夹角为α_2、垂面和OA截面的夹角为α_1。

即得到：$\alpha_1 = 90° - 30° = 60°$，$\alpha_2 = 90° - 60° = 30°$。

设图12-29所示中D=426mm、δ=8mm、H=600mm，钢管为成品管需用样板去画线下料，因此圆管画线样板展开周长$l=2\pi r=2\pi$（213mm+1mm）=1344.6mm，l可作24等分展开。此例的OA和OB部分分别用展开计算公式（12-6）和公式（12-4）。展开周长用展开计算公式（12-5）。即

$$x_n = R\tan\alpha(1-\cos\phi_n)\text{（}OA\text{部分用）}$$

$$x_n = \tan\alpha(L-R\cos\phi_n)\text{（}OB\text{部分用）}$$

$$l_n = \frac{\pi r\phi_n}{180°}$$

对于OA和OB两截面所在的圆管部分就可分别用公式计算展开。因OA和OB是垂直投影，和正交三通相同，只要计算出各1/4圆管部分的展开尺寸就可。OB部分以x_0线为展开样板中心线，OA部分x_0=0。直管段长度等于600mm−213mm×tan60°=231mm。主管开孔以过A、B两点的素线为展开样板的轴向中心线，仍然利用OA和OB的展开计算值画出开孔样板。

公式中已知：α_1=60°（用于OA部分）；α_2=30°（用于OB部分）；$R = \dfrac{D}{2} = \dfrac{426\text{mm}}{2} =$ 213mm；$L_1=R$=213mm（用于OA部分）；$L_2=R\tan\alpha\tan\alpha$=213mm×tan60°×tan60°=639mm（用于OB部分）；r=214mm。

将已知条件代入式（12-4）、式（12-5）、式（12-6）得

$$x_{n1} = 213\text{mm} \times \tan 60°\ (1-\cos\phi_n)\text{（用于}OA\text{部分）}$$

$$x_{n2} = \tan 30°\ (639\text{mm} - 213\text{mm} \times \cos\phi_n)\text{（用于}OB\text{部分）}$$

$$l_n = \frac{214\text{mm} \times \pi\phi_n}{180°}$$

圆周作24等分展开时，在1/4圆周中ϕ_n在0°~90°的范围内取值，即每等分角度为15°，将以上三公式以ϕ_n为变量计算后结果列表见表12-12。

表12-12　等径斜交三通管展开计算值

变量ϕ_n值	0	15°	30°	45°	60°	75°	90°
对应l_n的ln值/mm	0	56.0	112.0	168.1	224.1	280.1	336.2
对应x_{n_1}值/mm	0	12.6	49.4	108.1	184.5	273.4	369.0
对应x_{n_2}值/mm	246.0	250.1	262.4	282.0	307.4	337.1	369.0

② 插管样板作法。如图12-31所示，取线段l=1344.6mm，并且4等分，过等分点作l线的垂线，定中间垂线为展开样板中心线，同时也为OB部分展开的x_0线，两边缘的l/4部分为OA部分，端点为A点，然后将这两l/4部分各自按l_n值6等分，过各等分点作l线垂线，在垂线上以l_n和x_{n_1}、x_{n_2}的对应值各自取点并光滑连接各点即是1/2曲线部分展开，对称作出另1/2部分，距离l线为231mm作平行线和过l线两端作垂线相交，矩形为插管直段部分展开，和曲线部分合起来即是插管的全部展开图形。

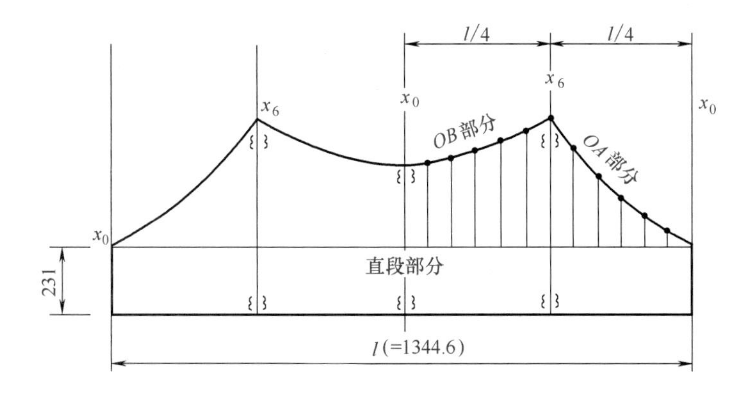

图12-31　等径斜交三通插管的计算展开图

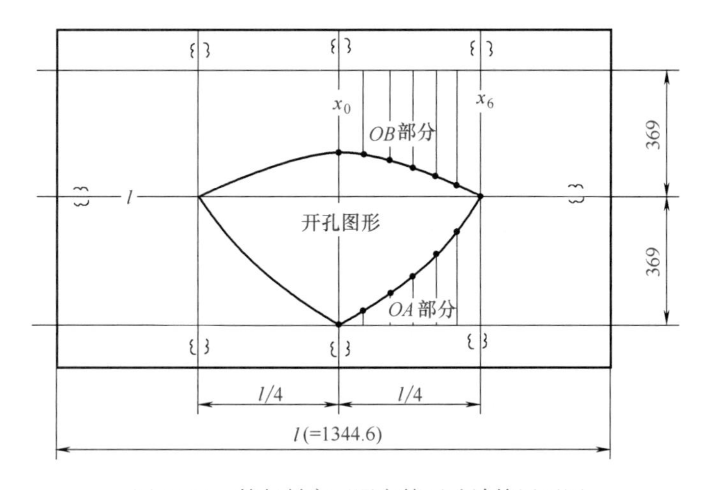

图12-32　等径斜交三通主管开孔计算展开图

③ 主管开孔样板作法。取线段l=1344.6mm，并且4等分，过各等分点作l线的垂线，在l线两边距离369mm各作平行线，以l线上中心垂线为x_0线，在$l/4$部分各作OA和OB部分的曲线展开（作法同插管展开），对称$l/4$部分同时作出图形，如图12-32所示，中心部分即为开孔展开图形，画线时样板x_0中心线应和主管轴线平行。

实例（九）：带补料的等径正交三通管展开

带补料等径正交三通管的投影图如图12-33所示。

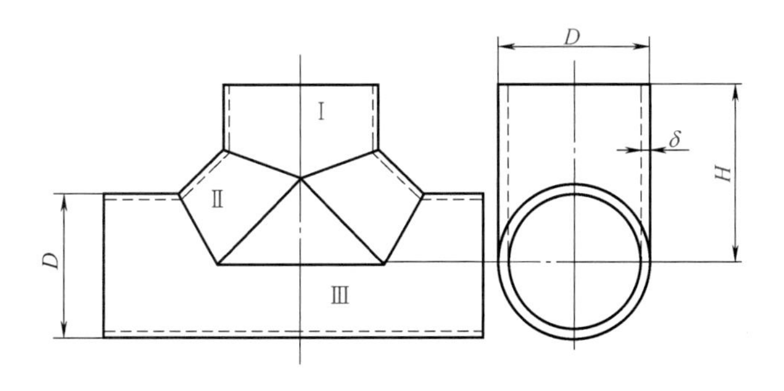

图12-33　带补料的等径正交三通管

此构件在无坡口处理时仍然是外壁接触，仍然是以外径为准作放样图以中径为准作展开图。相贯线投影为直线，也分别是相邻两圆管轴线的角平分线，三角部分应为平面图形。作出放样展开图如图12-34所示。

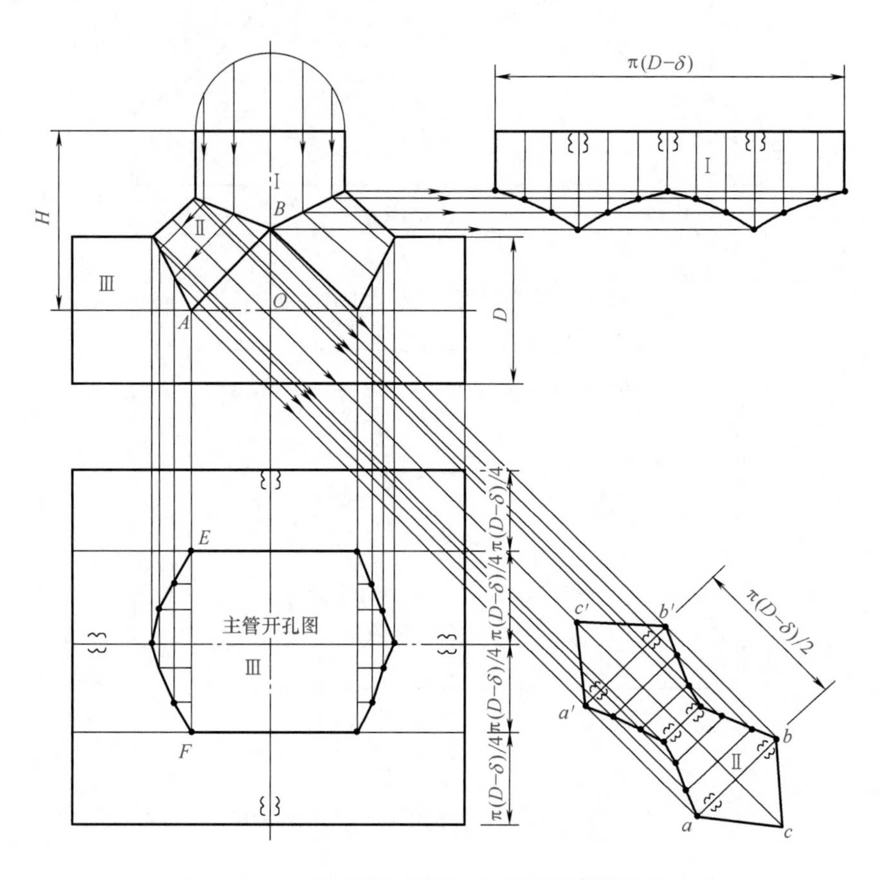

图12-34 带补料的等径正交三通管放样展开图

件Ⅰ展开图作法：沿件Ⅰ上端口投影线作水平延长线并在线上截取线段长为$\pi(D-\delta)$，将此线段12等分，过各等分点作垂线，6等分半圆周并沿素线方向作平行线交相贯线于各点，过各点作上端口投影线的平行线与各垂线对应交于各点，光滑连接各对应交点即得到件Ⅰ的展开图形，如图12-34右上角所示。

件Ⅱ展开图作法：作半圆管轴线的垂直平分线，在线上截取线段长为$\pi(D-\delta)/2$，并将线段6等分，过各等分点作线段的垂线，过相贯线上的相应等分点作垂直平分线的平行线，与垂线对应交于各点，光滑连接各点，以a、b两点为圆心以OA为半径画弧交于c点，连接ac和bc，同理作出c'点，连接$a'c'$和$b'c'$，得到的图形即为件Ⅱ的展开图，如图12-34右下角所示。

件Ⅲ展开图作法：沿长工件轴线，在延长线上取线段长为$\pi(D-\delta)$，4等分此线段，过相贯线上A点作件Ⅰ轴线的平行线与过4等分点的2、3条水平线交于E、F点，将EF线6等分，过各等分点作垂线，过相贯线各对应点作EF的平行线与垂线对应交于各点，光滑连接各点并作对称部分的图形即得到件Ⅲ的主管开孔展开图形，如图12-34左下角所示。

实例（十）：带补料等角等径三通管展开

带补料等角等径三通管的投影图如图12-35所示。构件中三支管及补料间的相贯线仍是正面投影为直线的平面曲线，板厚处理均是外壁接触，仍以外径为准作放样图，以平行线法进行展开。

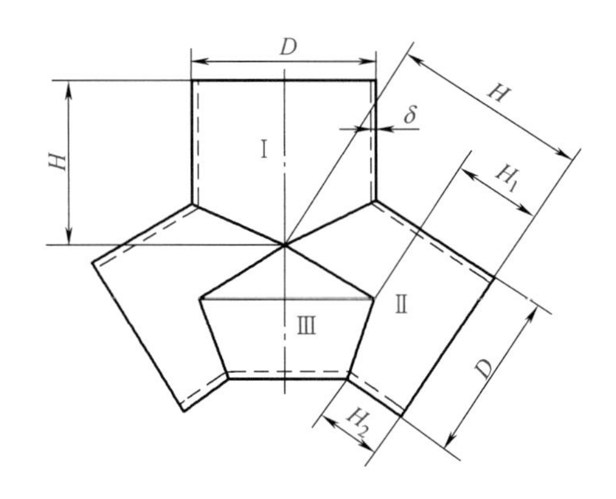

图12-35　带补料等角等径三通管

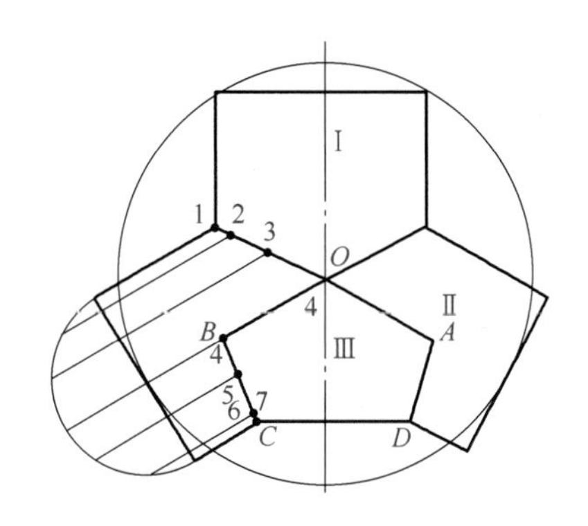

图12-36　带补料等角等径三通管放样图

放样图作法：画圆作三等分线为三管中心轴线，以D为直径和H为高，作出三个等角圆管，以H_2高度作出补料半圆管外壁线。作各相邻管轴线夹角的角平分线，作出所有相贯线即得放样图，如图12-36所示。

件Ⅰ展开图作法：作线段长为圆管展开长度$\pi(D-\delta)$，将此线段和圆管截面作相同等分，过各等分点作垂线，在垂线上取圆管对应素线长度得各点，并光滑连接各点即得到件Ⅰ展开图，如图12-37（a）所示。

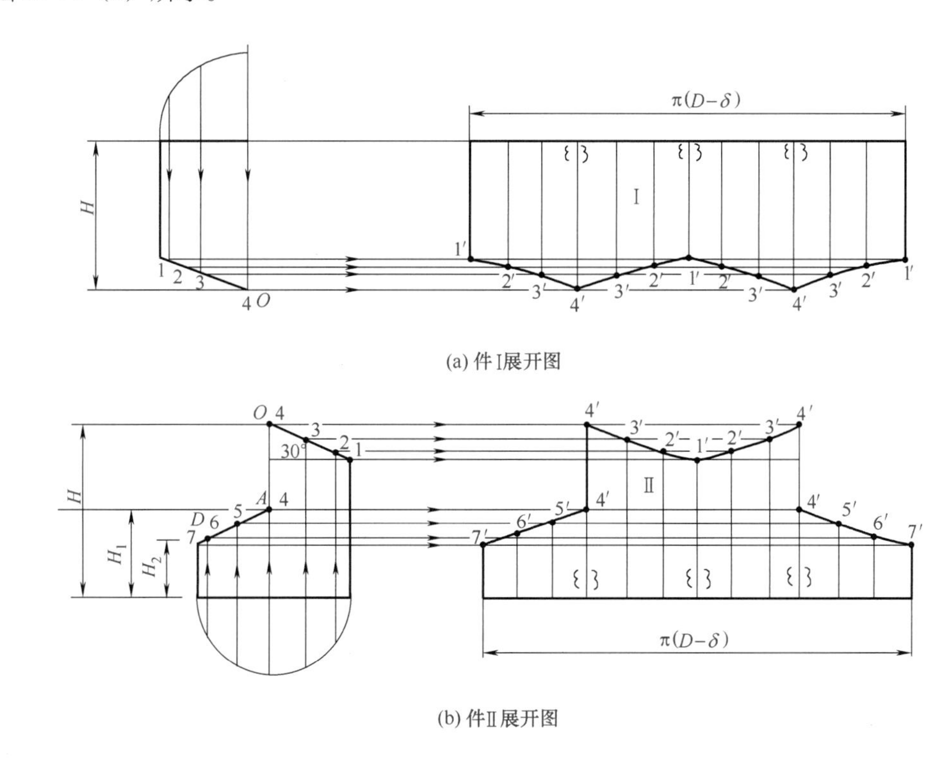

(a) 件Ⅰ展开图

(b) 件Ⅱ展开图

图12-37

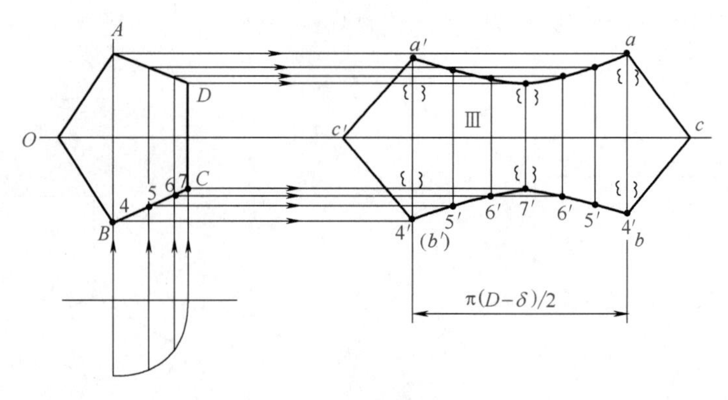

(c) 件Ⅲ展开图

图 12-37　带补料等角等径三通管展开图

件Ⅱ展开图作法：因两节圆管是对称相同构件，所以只作一侧展开，同样作线段长为圆管展开长度$\pi(D-\delta)$，将此线段和圆管截面作相同等分，过各等分点作垂线，在垂线上取圆管对应素线长度得各点，并光滑连接各点即得到件Ⅱ展开图如图 12-37（b）所示。

件Ⅲ展开图作法：作线段长为半圆管展开长度$\pi(D-\delta)/2$，并和补料半圆管同样等分，过各等分点作垂线，在各垂线上取半圆管对应素线长度得各点并光滑连接各点，以a、b点为圆心以OB长为半径画弧交于c点，连接ac和bc，同理作出c'点，连接$a'c'$和$b'c'$即得到件Ⅲ的展开图形如图 15-37（c）所示。

实例（十一）：三节蛇形圆柱弯管展开

三节蛇形圆柱弯管的投影图如图 12-38 所示。此种构件是圆柱管构件中展开较复杂的构件，一般都是由轴线不在同一平面上的三节以上的圆管构成。这类构件的展开方法和平面内弯管的展开方法相同，但由于轴线不在同一平面内，需要在中节管两端的相贯线间错开一个角度。一般作法都是在管的中部设立一个与中节管两椭圆端面都不相交的辅助平面，用辅助平面上的辅助圆作带有错心差的圆管展开。错心差是圆管两端相贯线到辅助圆最短素线在辅助圆上相错的劣弧长度，如图 12-39 所示中的$\overset{\frown}{AB}$即为错心差，α角为错心角。所以此类构件的展开只要先求出错心差或对应错心角，再求出相贯线和轴线所成的夹角，即相邻两管间的正面投影实形，即可按一般圆柱管用平行线法进行展开。如用计算法展开就更加方便准确，读者可自行试作。作展开图时应在以辅助圆展开后，以错心差分别作出两端的展开曲线。对轴线不反映实长的图形可参考本小节实例（三）先求出轴线实长再进行放样图的作图和展开。

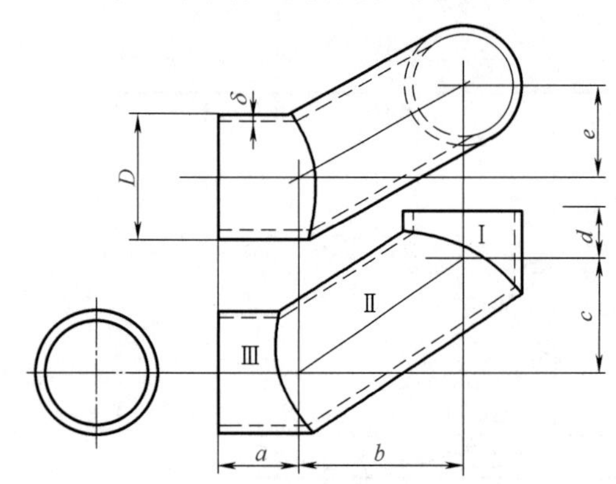

图 12-38　三节蛇形圆柱弯管

在辅助平面上的上半节圆管因截面垂直于投影面，所以轴线反映实长。而下半节因相贯线投影不是直线，即截面不垂直于投影面而不反映实长，经过投影变换而求出OO'即为轴线实长。展开图形中$a'b'$长即为$\overset{\frown}{AB}$展开长度，也是错心差长度。实形图中$M'N'$和EF是下半节圆管截面到辅助平面的最长和最短素线，即$M'N'=MN$、$EF=bp$，p点也叫截面到辅助平面的最近点。

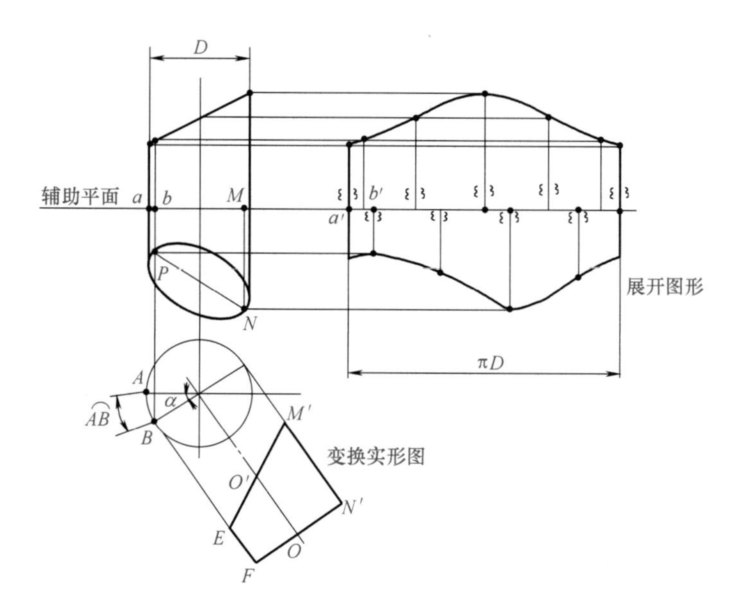

图12-39　蛇形圆柱弯管错心差

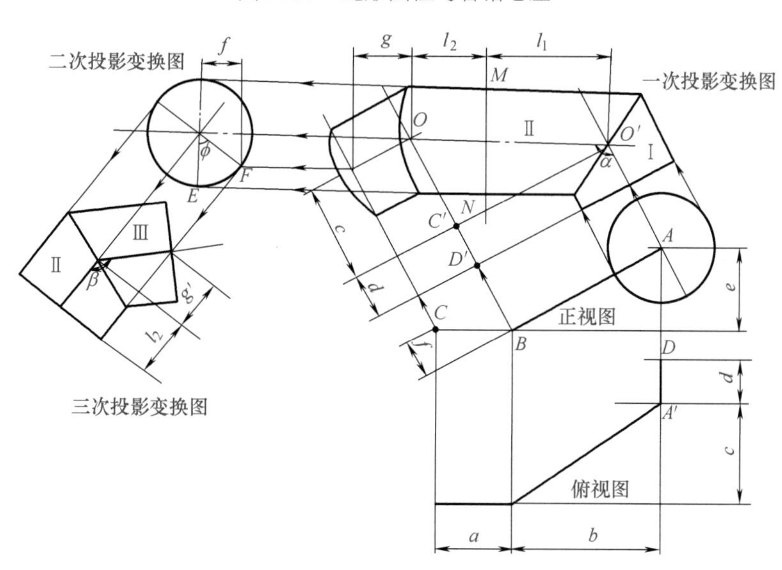

图12-40　三节蛇形圆柱弯管放样图

用辅助面的方法就可以作图12-38所示蛇形管的展开。先作正视图和俯视图轴线的投影如图12-40所示。为作图方便可用轴线尺寸放样。

在轴线投影图的放样图中先作中节的投影面变换求出轴线实长OO'。作法是过正视图中A、B两点作AB的两条垂线，在过B点的垂线上取线段OC'，长度等于c，过C'点作$C'O'$垂直于AO'，OO'即为中节圆管轴线实长。同时在AO'轴线两边和OO'两边作出圆管放样线（放样图均用圆管中径作图），得到的图形中角α即是件Ⅰ和件Ⅱ圆管轴线间实际夹角。在一次变换图上作辅助垂面的投影线MN，延长OO'轴线并作出二次投影变换图，在二次投影变换图中角ϕ即是错心角，也就是MN截面两部分圆管相贯线最近点间的夹角，$\widehat{EF}$即是错心差。同理再作出三次投影变换图，图中角β即是件Ⅱ和件Ⅲ圆管轴线间的实际夹角。

在放样图中我们已求出各轴线实长和相邻两管间实际夹角，并且也求出中节管件Ⅱ在辅助圆上的错心差，根据这些条件就可以用平行线法作出三节圆柱弯管各自的展开图形，如图12-41所示。

展开图中件Ⅰ和件Ⅲ直接用平行线法等分展开，件Ⅱ的展开要按放样图中辅助截面MN的位置画直线，在直线上取线段长度等于截面展开长度，再等分作图。两端相贯线相位差a值应是放样图中弧$\widehat{EF}$的展开长度。并且件Ⅱ在制作中应根据展开图注意是反曲面还是正曲面。

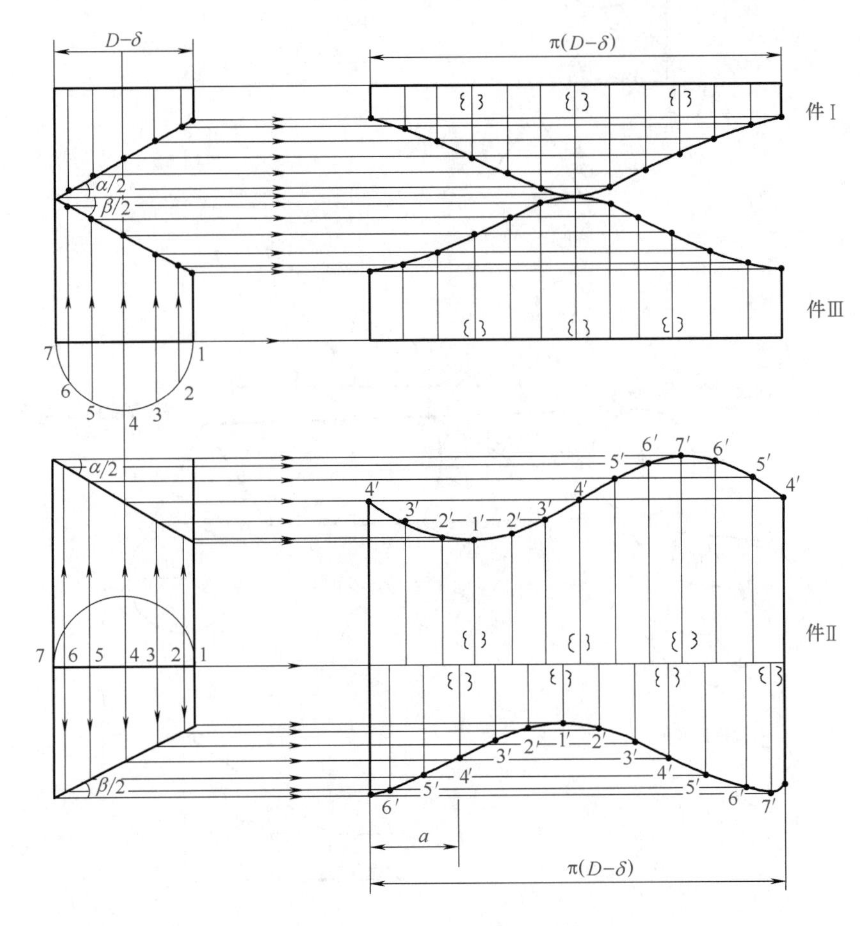

图12-41　三节蛇形圆柱弯管展开图

实例（十二）：双直角五节蛇形圆柱弯管展开

如图12-42为双直角五节蛇形圆柱弯管的投影图。

此构件由五节直径相等的圆柱弯管组成，相当于两个三节直角圆柱弯管扭转90°后拼成。管Ⅰ、管Ⅱ和管Ⅲ的轴线在同一平面上反映实长和实角，管Ⅲ、管Ⅳ和管Ⅴ的轴线也在同一平面上反映实长和实角，而且两部分相同，相邻轴线间夹角均为135°，相贯线平面和轴线间夹角为67.5°。管Ⅲ两端相贯线的错心角为90°。相贯线处的板厚处理可按圆柱管和平面相交的规律进行。本例仍以中径作放样和展开，用计算法作展开图形，为计算方便设D=500mm、δ=14mm，R_1=500mm，用角度等分计算。

公式：$x_n = \tan\alpha(L - R\cos\phi_n)$

$$l_n = \frac{\pi r\phi_n}{180°}$$

已知：α=90° −67.5° =22.5°；L=R_1=500mm；$R = \frac{D-\delta}{2} = \frac{500-14}{2}$mm = 243mm。

将已知数值代入公式，以ϕ_n作变量，用计算法计算对应的x_n和l_n值，见表12-13。因是对称图形，所以仅作半圆周计算即可。把圆周24等分，每等分为15°。

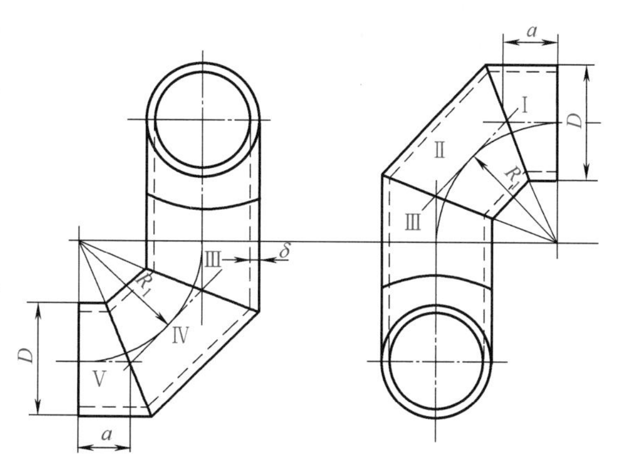

图12-42 双直角五节蛇形圆柱弯管投影图

表12-13 等径正交三通管展开计算值

变量ϕ_n值	0°	15°	30°	45°	60°	75°	90°	105°	120°	135°	150°	165°	180°
对应x_n值/mm	106.4	110.0	109.6	135.9	153.8	181.1	207.1	233.2	257.0	278.3	294.3	304.3	307.8
对应l_n值/mm	0	63.6	126.7	190.1	253.4	316.8	380.1	443.5	506.8	570.2	633.6	696.9	760.3

展开图作法：如图12-43所示，作一矩形使一边长为圆管中径展开周长，另一边长为8a，然后根据管Ⅲ两端相贯线的错心差为1/4圆周长度，作出展开图形。a=R_1tanα=500mm×tan22.5°≈207.1mm。

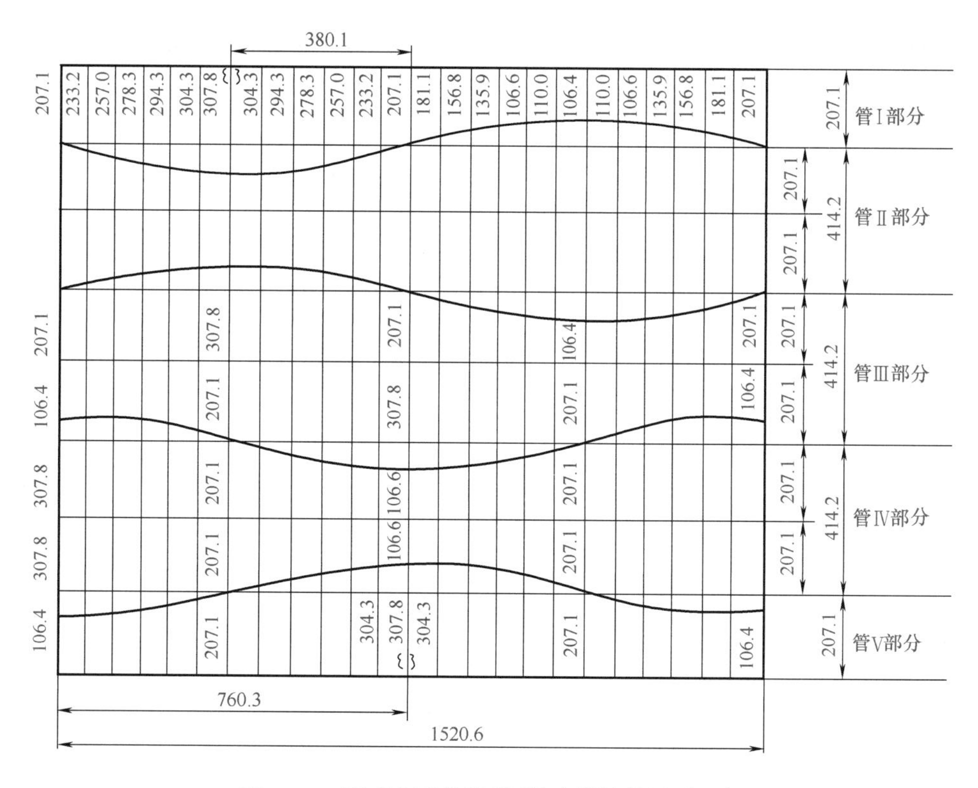

图12-43 双直角五节蛇形圆柱弯管计算展开示意图

实例（十三）：交叉直角四节蛇形圆柱弯管展开

如图12-44所示为交叉直角四节蛇形圆柱弯管的投影图。此构件每相邻管的轴线都不在同一平面上，需要求出管Ⅱ和管Ⅲ间相贯线所在平面和轴线夹角大小。管Ⅰ和管Ⅱ与管Ⅱ和管Ⅲ间相贯线的投影和轴线的夹角大小都相等，而且可在投影图中反映实形大小。本例板厚处理参考前面例中板厚处理规律，仍以中径作放样和展开图。

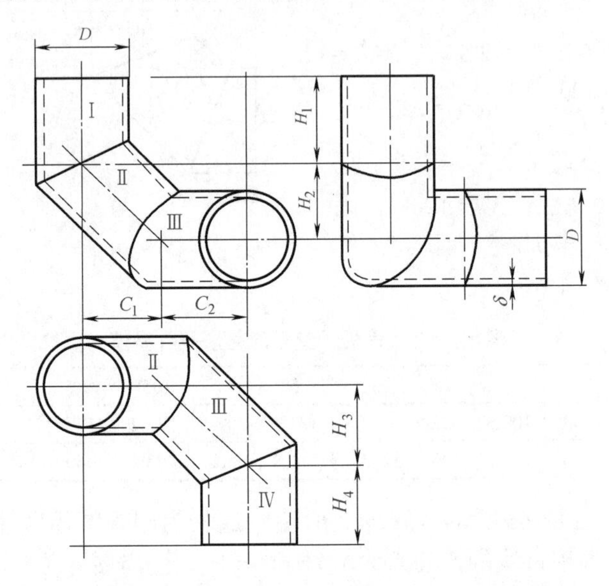

图12-44　交叉直角四节蛇形圆柱弯管投影图

放样图作法：如图12-45所示先作出管件轴线的正视图和俯视图，在视图中夹角α和β分别反映管Ⅰ、管Ⅱ和管Ⅲ、管Ⅳ间的真实夹角。在俯视图中作管Ⅲ轴线的垂直投影面，管Ⅲ轴线在该面的投影为O点。以O点为圆心，以圆管中径为直径作圆，在圆周上$\widehat{ab}$即为管Ⅱ和管Ⅲ间的错心差，角θ为错心角，在图上用支线法可求出角ϕ为管Ⅱ和管Ⅲ的真实夹角。

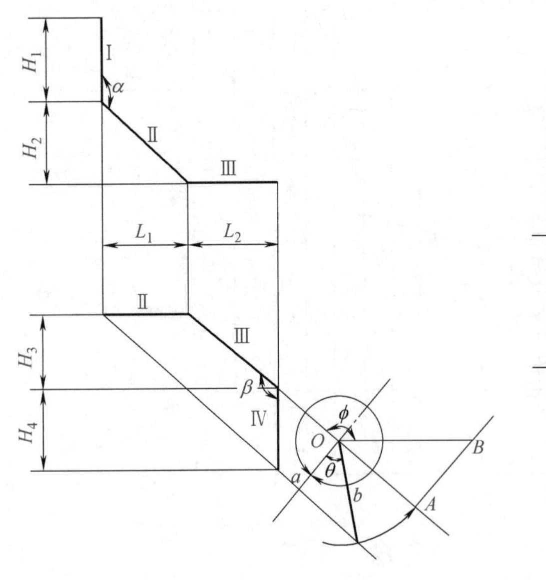

图12-45　交叉直角四节蛇形圆柱弯管放样图

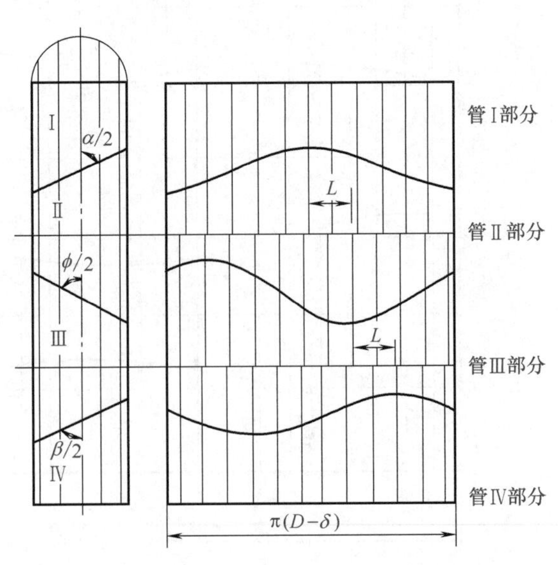

图12-46　交叉直角四节蛇形圆柱弯管展开图

利用角α、角β、角ϕ以及错心差$\widehat{ab}$长度就可作展开图形。

展开图作法：作一矩形如图12-46所示，使一边长为圆管展开周长，另一边长为四节圆管轴线实长之和，利用已知各相邻管间真实夹角和错心差作出展开图形，作法同本小节实例（十二），用计算法展开。图中L为错心差$\widehat{ab}$长度。

实例（十四）：正方锥台正插圆柱管展开

如图12-47所示为正方锥台正插的圆柱管的投影图。从正视图中可以看出，圆柱管内壁与正方锥台的外壁接触，上节的圆柱管被4个与管轴线成45°的平面同时截切，各占1/4圆周，从形体分析看仍然是圆柱管被平面截切的形体。此类形体的构件只作圆柱管的展开，本例圆柱管用计算公式法展开。

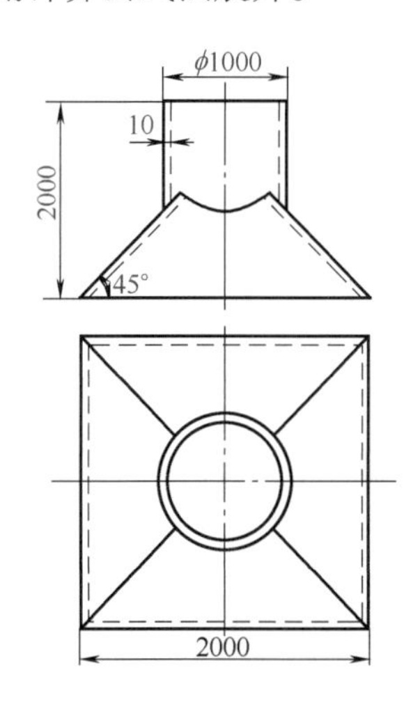

图12-47　正方锥台正插的圆柱管投影图

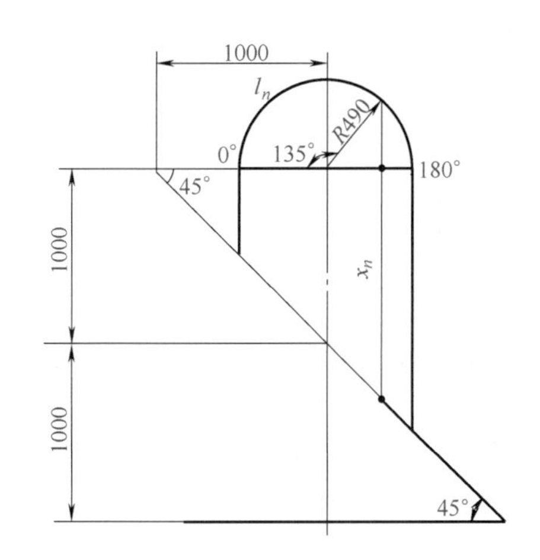

图12-48　正方锥台正插的圆柱管展开计算草图

① 从形体分析结果作出计算草图。如图12-48所示，图中圆柱管用内径画出，而且每1/8截切部分在圆周上对应角度为135°~180°范围内，对称作图得1/4圆周。计算公式：

$$x_n = \tan\alpha(L - R\cos\phi_n)$$

$$l_n = \frac{\pi r\phi_n}{180°}$$

已知：α=45°；L=1000mm×tan45°=1000mm；R=490mm（内径）；r=495mm（中径）。

将已知条件代入公式以ϕ_n为变量求得展开计算值，见表12-14。为作图方便可将l_n值全部求出。

表12-14　正插方锥台圆管计算展开值

变量ϕ_n值	135°	150°	165°	180°
对应x_n值/mm	1346.5	1424.4	1473.3	1490.0
对应l_n/mm	9805.6	1295.9	1425.5	1555.1

② 展开作图法。取线段长为圆柱管中径展开周长3110.2mm，将线段4等分，以中间等分为180°展开计算对应线，用表12-14中l_n值取点，过各点作线段的垂线，在垂线取l_n对应x_n值取点，并对称作图即得到圆周1/4的展开图形，对称作出其他三部分即得到圆柱管全部展开图形如图12-49所示。

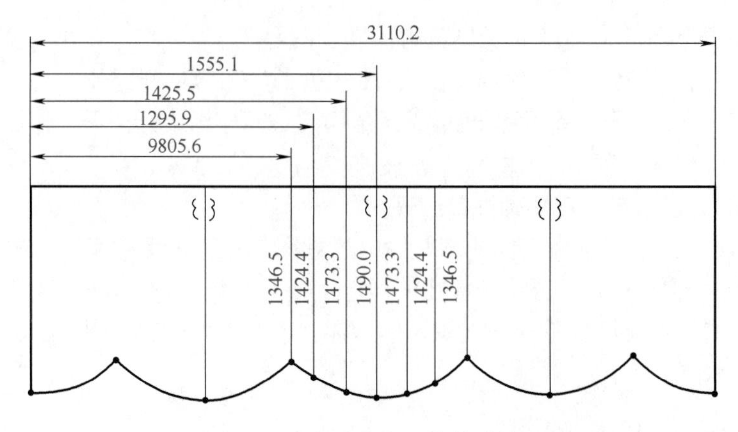

图12-49 正方锥台正插圆柱管计算展开图

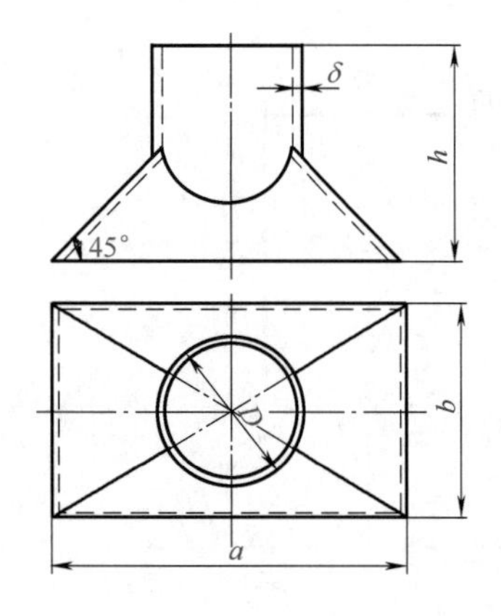

图12-50 长方锥台正插的圆柱管

实例（十五）：长方锥台正插圆柱管展开

如图12-50所示为长方锥台正插圆柱管的投影图。此构件仍然是圆柱管内壁与锥台外壁接触，上节圆柱管同时被4个平面截切，但截切平面和轴线夹角不同，此例用图解法进行展开。

① 放样图作法。如图12-51所示，为展开作图的方便，以圆柱管轴线为中心，在轴线两侧各作出正视图和侧视图的1/2，圆柱管以内径、锥台以外径画出。在俯视图中过圆周上的第4点作圆柱管轴线的平行线和正视图中45°锥台边线交于*A*点，过*A*点作圆柱管轴线的垂线，和另一半视图中过第4点平行于轴线的直线相交于*B*点。对应从图12-51中得到*C*、*D*点，*AC*和*BD*线即为圆周1/4部分在正视图和侧视图中的投影线。

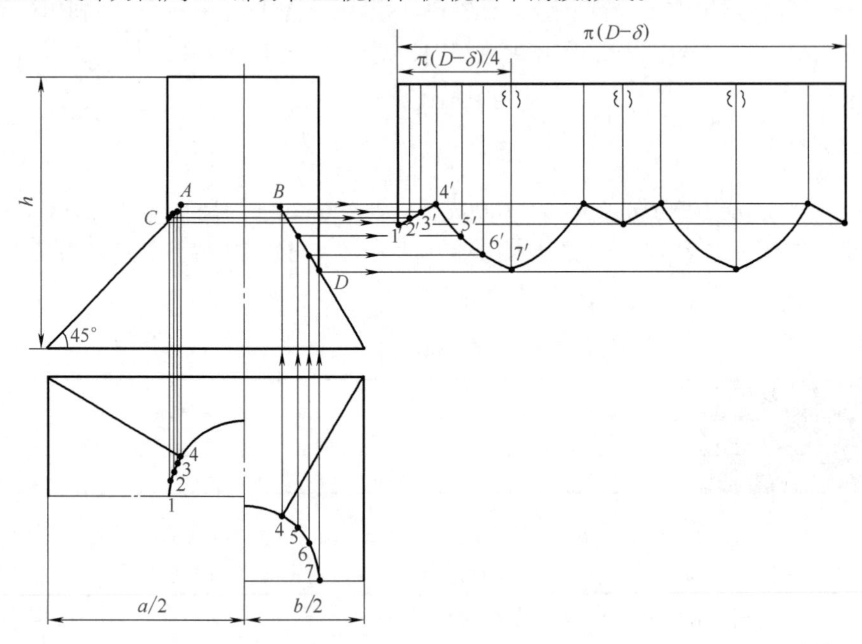

图12-51 长方锥台正插圆柱管放样展开图

② 展开图作法。用平行线法作圆柱管的展开，如图12-51所示。先将俯视图中$\overset{\frown}{14}$和$\overset{\frown}{47}$各自3等分，过等分点作轴线的平行线，在正视图上和AC、BD线交于各点。另沿圆柱管端面边作延长线，在线上取线段长为$\pi(D-\delta)$，将线段4等分，在一个等分段中用$\overset{\frown}{14}$和$\overset{\frown}{47}$的各自3等分长度取点，过各点作垂线，和过相贯线AC、BD上各对应点的水平线交于1′、2′、3′、4′、5′、6′、7′各点，光滑连接各点并对称作出其他3个等分部分的曲线即得到全部展开图形如图12-51所示。

实例（十六）：正方锥台偏插圆柱管展开

如图12-52所示为正方锥台偏插圆柱管的投影图，此构件中圆柱管偏插在锥台一个侧面上，截面是平面椭圆，圆柱管是被和轴线成60°夹角的平面截切后的形体，从正视图中可以看出，靠锥台内侧圆柱管是外壁接触，外侧圆柱管是内壁接触。如图12-53所示的放样展开图中圆柱管内侧和外侧分别用外径和内径画出并作12等分，过各等分点作轴线的平行线交相贯线于各点，然后用平行线法作圆柱管的展开图形，圆柱管用中径展开。

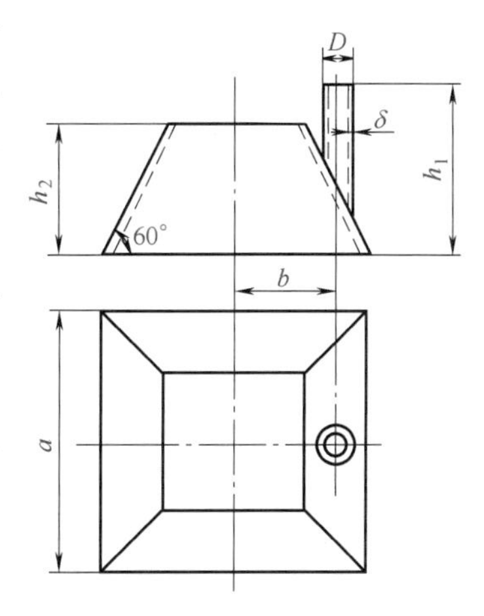

图12-52　正方锥台偏插的圆柱管

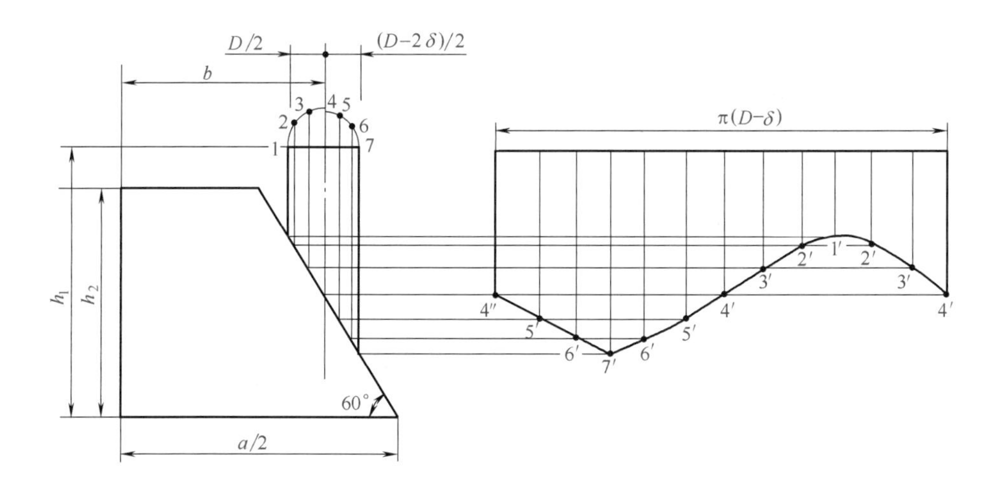

图12-53　正方锥台偏插圆柱管放样展开图

二、被圆柱面截切后的圆柱管构件展开

被圆柱面截切后的圆柱管展开也是工程中常遇到的一种形体展开。在施工中这种形体展开均比平面截切的圆柱管复杂，图解法展开一般均是用平行线法，但相贯线均为曲线而使作图复杂，而且准确度较差。这种形体中的正交、斜交三通在设备制造中的人孔脖和接管经常遇到，尤其是大型管结构，如在火炬塔架等的施工中有大量的正、斜交盲三通，如果用图解法展开就存在复杂的作图过程，而用一般的计算法也存在大量复杂的计算过程。本书中将介绍这种形体的计算公式，只要在计算器进行程序编排时将已知量用寄存器编入程序中，在使用中改变寄存器中主管、支管的半径值等就可快速得出各种半径管互相交接的展开实长线值。就是说各种不同半径的三通管的展开只要一次编程就可以多次使用，而且计算器可随身

携带，十分方便。

（1）正交异径三通圆管支管展开

正交异径三通圆管支管展开（如图12-54所示）通用计算公式如下：

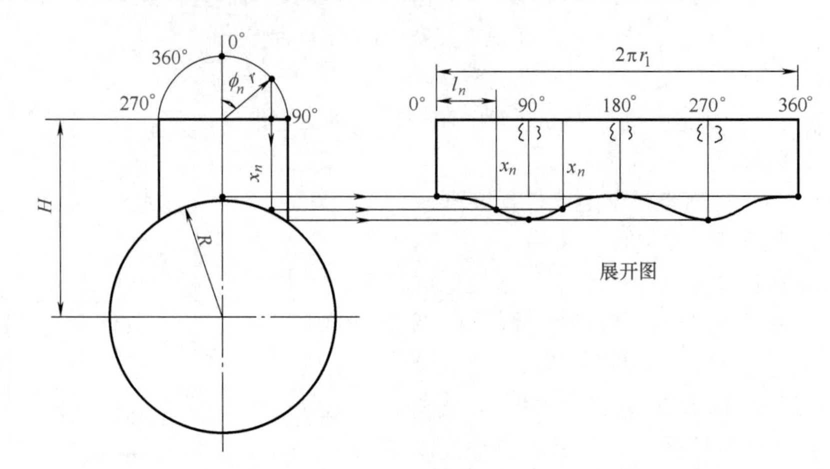

图12-54　正交异径三通圆管支管展开示意图

$$x_n = H - \sqrt{R^2 - \left(r\sin\frac{180°l_n}{\pi r_1}\right)^2} \tag{12-7}$$

式中　H——两管轴线的交点到支管上端面的距离；

R——放样图主管半径；

r——放样图支管半径；

r_1——展开图支管半径，即支管中径；

l_n——支管展开对应圆心角ϕ_n的弧长值；

x_n——支管素线对应l_n的实长值。

此公式适用于正交异径三通圆管支管不用等分的展开计算，可用圆周展开的任意位置值直接求得对应素线实长，使作展开图形所需的计算十分方便，但计算时一般先求出$r_1\pi/2$，$r_1\pi$、$3\pi r_1/4$、$2\pi r_1$四点对应的素线实长值，这四点是展开曲线的交点，同时也是圆管素线在0°、90°、180°、360°处的习惯装配中心线。

（2）正交异径三通圆管支管等分展开

正交异径三通圆管支管等分展开计算公式如下：

$$x_n = H - \sqrt{R^2 - \left(r\sin\phi_n\right)^2} \tag{12-8}$$

式中　R——放样图主管半径；

r——放样图支管半径；

H——两管轴线的交点到支管上端面的距离；

ϕ_n——支管展开l_n值对应圆心角值；

x_n——支管素线对应ϕ_n的实长值。

此公式适用于支管用等分的展开计算，如圆周分为24等分时，即每等分就是ϕ_n=15°，如12等分时，每等分就是ϕ_n=30°。

（3）斜交异径三通圆管支管展开

斜交异径三通圆管支管展开（如图12-55所示）计算公式如下：

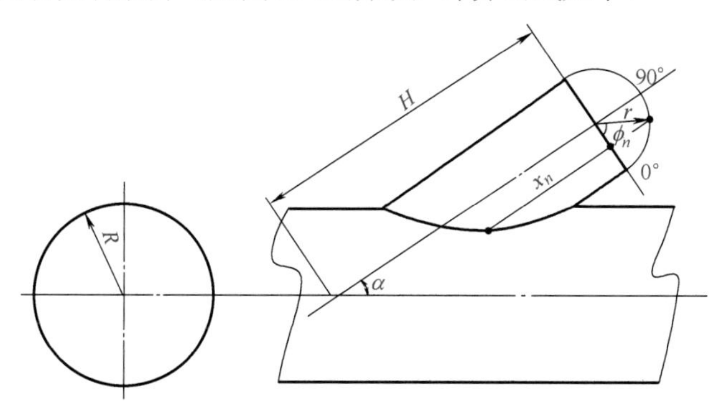

图12-55　斜交异径三通圆管支管展开示意图

$$x_n = H - \frac{\sqrt{R^2 - \left(r\sin\phi_n\right)^2}}{\sin\alpha} - \frac{r\cos\phi_n}{\tan\alpha} \tag{12-9}$$

式中　H——支管上端面到两管轴线交点的距离；

R——放样图主管半径；

r——放样图支管半径；

α——两管轴线间夹角；

ϕ_n——支管展开l_n对应圆心角的值；

x_n——支管展开对应ϕ_n的实长值。

实例（一）：正交异径三通圆管展开1

如图12-56所示为正交异径三通圆管的投影图。此种形体的构件在设备制造中的插管、人孔脖和管道施工中经常可以见到，一般是支管插入主管、主管以外坡口形式处理。本例主管以内径、支管以外径作放样图，以中径用平行线法作图展开。

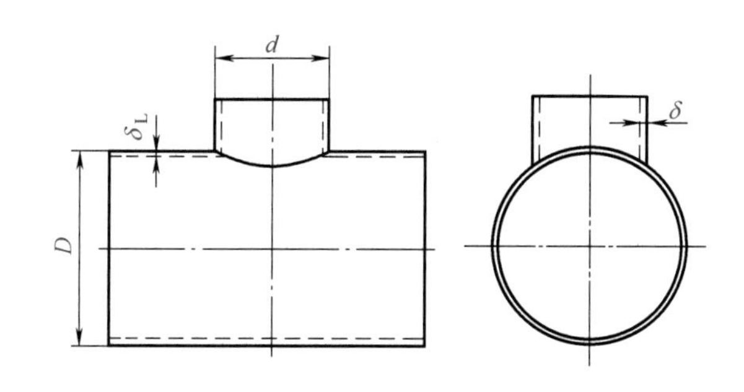

图12-56　正交异径三通圆管投影图

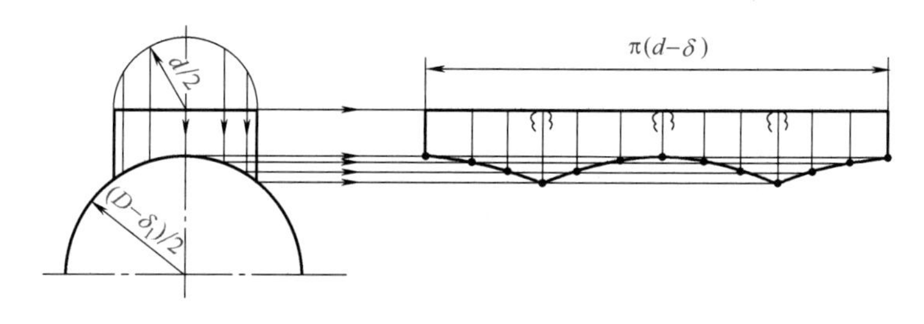

图12-57　正交异径三通圆管放样展开图

此构件的正视图反映出两管相贯线的投影，所以用正视图放样，用平行线法就可直接做出展开图形，如图12-57所示。

实例（二）：正交异径三通圆管展开2

如图12-58所示为较大直径的正交异径三通圆管的施工图。本例因直径较大，在施工中如用图解法放样作图工作量就十分大，故本例用计算公式法展开。公式如下：

$$x_n = H - \sqrt{R^2 - \left(r\sin\phi_n\right)^2}$$

$$l_n = \frac{\pi r_1 \phi_n}{180°}$$

已知：H=1824mm；R=1500mm（放样图主管取内径）；r=1024mm（放样图支管取外径）；r_1=1012mm（支管展开取中径）。

图12-58　正交异径三通圆管施工图

将已知数据代入公式进行运算，因圆管半径较大，所以圆周取36等分，即圆周每等分ϕ_n=10°来分别计算周长展开值l_n和其对应圆管素线实长值x_n，见表12-15。

表12-15　正交异径三通计算展开值

变量ϕ_n值	对应x_n值/mm	对应l_n值/mm	变量ϕ_n值	对应x_n值/mm	对应l_n值/mm
0°	324.0	0	100°	713.6	1766.3
10°	334.6	176.6	110°	673.3	1942.9
20°	365.5	353.3	120°	614.2	2119.5
30°	414.1	529.9	130°	545.5	2296.2
40°	476.1	706.5	140°	476.1	2472.8
50°	545.5	883.1	150°	414.1	2649.4
60°	614.2	1059.8	160°	365.5	2826.0
70°	673.3	1236.4	170°	334.6	3002.7
80°	713.6	1413.0	180°	324.0	3179.3
90°	727.9	1589.6	190°	334.6	3355.9

因是对称图形，从表12-15中可以看出只要作出90°以内值就可以知道90°~180°的对称x_n值。为作图的方便，一般求得180°以内值就可以作出一半展开图形，再对称作另一半展开图形。利用表12-15中x_n和l_n的对应数值取点并光滑连接各点就可求得支管的展开图形，如图12-59所示。

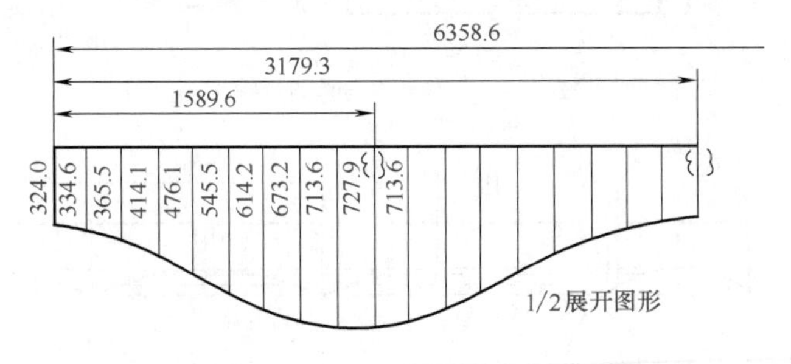

图12-59　正交异径三通支管计算展开图

主管的开孔：为避免较复杂的作图，在施工中对支管直径较小的情况，一般以支管的实物在主管上画线开孔，既简单又实用。本例中支管直径较大，在圆管上直接开孔就较困难，尤其是为节省材料，主管在下料时先行开孔并需要钢板拼接时，就必须先作出开孔图。主管的开孔也可用计算展开。本例用作图法结合计算展开，如图12-60所示，将相贯线投影$\overset{\frown}{ab}$作6等分，过等分点作垂线交俯视图支管圆周上各点，作ab线的延长线，在线上取线段l等于弧$\overset{\frown}{ab}$的展开长度，l=0.017453Rα，α=2arcsin（r/R）。同样作6等分，过各等分点作垂线，和俯视图中对应各点的水平线交于o'、d'、c'、b'各点，光滑连接各点得到开孔图。

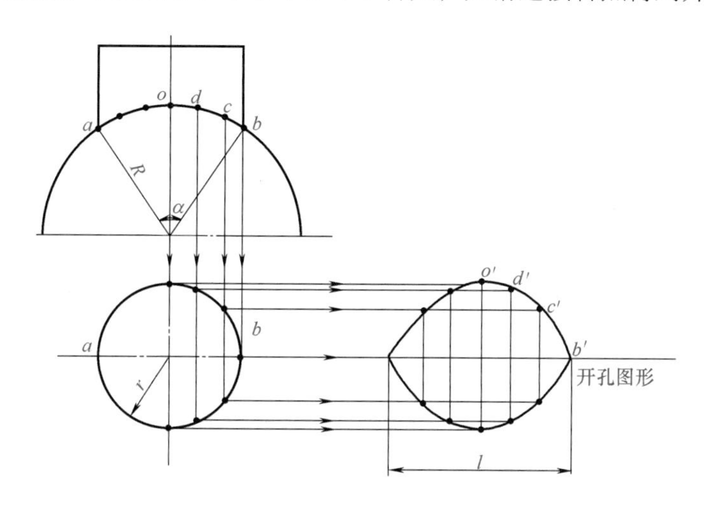

图12-60　正交异径三通主管的开孔

实例（三）：斜交异径三通圆管展开

如图12-61所示为常见塔设备填料孔接管的截面图。此构件是斜交异径三通圆管形体，接管插入设备筒体内15mm，塔体内径D=2400mm、厚度为28mm、接管为ϕ530×14钢管、轴线中心长度为246mm、两轴交线为60°。根据图形用计算法展开，塔体用内径，接管用外径进行计算。公式如下：

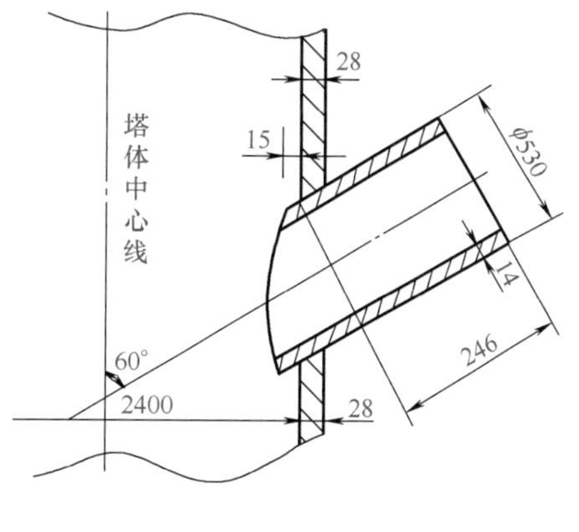

图12-61　斜交异径三通接管

$$x_n = H - \frac{\sqrt{R^2 - \left(r\sin\phi_n\right)^2}}{\sin\alpha} - \frac{r\cos\phi_n}{\tan\alpha}$$

$$l_n = \frac{\pi r_1 \phi_n}{180°}$$

已知：H=1228mm/sin60°+246mm=1664mm；R=1200mm−15mm=1185mm；r=530mm/2=265mm；r_1=（530−12）mm/2=259mm。

将以上数值代入公式，以15°为单位等分圆周，分别计算得l_n和x_n的对应值，见表12-16。

表12-16　斜交异径三通支管计算展开值

变量ϕ_n值	0°	15°	30°	45°	60°	75°	90°	105°	120°	135°	150°	165°	180°
对应x_n值/mm	142.7	150.2	171.8	204.7	245.0	288.4	330.0	367.6	398.0	406.2	437.0	445.7	449.0
对应l_n/mm	0	67.5	135.0	202.6	270.0	337.5	405.3	472.8	540.0	607.9	675.0	743.0	810.5

因是对称图形，故仅作半圆周计算值。

展开图形作法：取线段长等于1621.0mm，并且四等分线段，在1/2等分内以表12-16内l_n的值取点并过各点作垂线，在垂线上以和l_n对应的x_n的值取点并光滑连接各点即得到1/2的展开图形，对称作图即得到全部展开图，如图12-62所示。

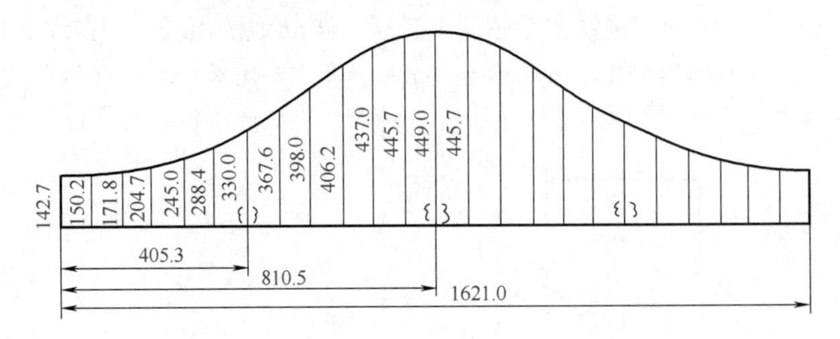

图12-62　斜交异径三通支管计算展开图

实例（四）：斜交异径盲三通圆管展开

斜交异径盲三通圆管的投影图如图12-63所示。这种构件在管架结构的施工中经常遇到，这种构件一般均为较长管件异径相交，为盲三通，即主管不开孔而支管不做坡口处理。因一般管径较小，用作图法就很难分析出放样图两管的接触部位而无法准确作出相贯线，支管展开实长线的准确度也很难保证。而用计算展开就能很容易解决这一技术难题，可得到准确的展开图形。因支管是较长杆件，H值一般取样板用来下料的合适尺寸，本例取H=675mm。为求得相贯线处的准确接触点，支管放样半径以内径和外径同时计算。公式如下：

$$x_n = H - \frac{R^2 - \left(r\sin\phi_n\right)^2}{\sin\alpha} - \frac{r\cos\phi_n}{\tan\alpha}$$

$$l_n = \frac{\pi r_1 \phi_n}{180°}$$

已知：H=675mm；R=162.5mm（盲三通主管取外径）；ϕ_n=37°；r_1=(159+2)mm/2=80.5mm（支管外径加样板厚度）；r=79.5mm（支管外径）；r=73.5mm（支管内径）。

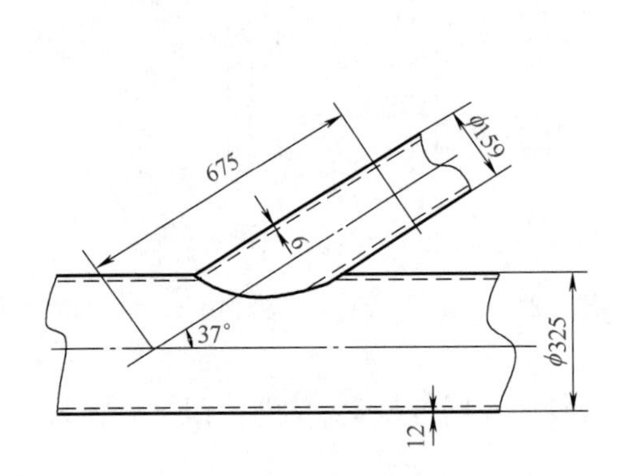

图12-63　斜交异径盲三通

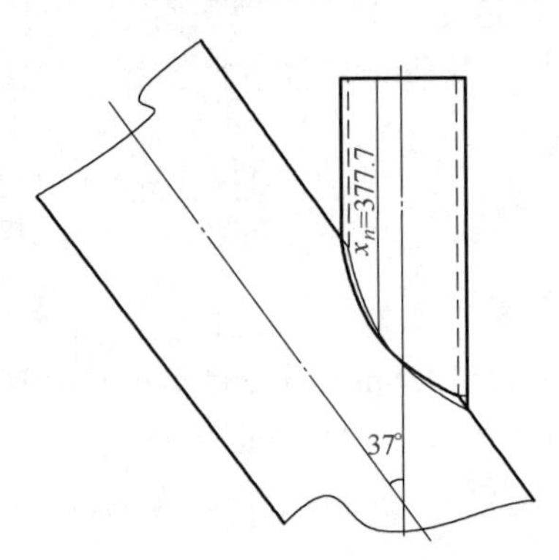

图12-64　两管相贯线分析

将以上数值代入公式，以15°为单位等分圆周，分别计算出对应x_n和l_n值，见表12-17。

从表12-17中可以看出当ϕ_n=60°时内外壁的相贯线长度一致，所以应是以ϕ_n=60°时为中心点，小于60°时用外径作相贯线，大于60°时用内径作相贯线，如图12-64所示。所以应是以表12-18中所列数值为圆管展开素线实长值。

表12-17　斜交异径盲三通圆管计算展开值

变量ϕ_n值	0°	15°	30°	45°	60°	75°	90°	105°	120°	135°	150°	165°	180°
对应l_n值/mm	0	21.1	42.2	63.2	84.3	105.4	126.5	147.5	168.6	189.2	210.7	231.8	252.9
对应x_n值/mm（r=79.5mm时）	299.5	305.3	321.8	347.1	377.7	409.7	439.5	464.3	483.2	496.3	504.6	509.1	510.5
对应x_n值/mm（r=73.5mm时）	307.4	312.6	327.5	350.2	377.7	406.9	434.2	457.4	475.3	488.1	496.5	501.5	502.5

表12-18　圆管展开素线实长值　　单位：mm

l_n值	0	42.2	84.3	126.5	168.6	210.7	252.9
x_n值	299.5	321.8	377.7	434.2	475.3	496.5	502.5

表12-17中所列值是为求内外壁接触点的分界线而ϕ_n值取得很小，在实际展开中l_n值取50~100mm较合适，所以表12-17的l_n和x_n值在计算时取ϕ_n每等分为30°。按表12-18中所列数值取点作图即得到1/2的展开图形，对称作出另一半图形即得到支管画线用样板的全部图形，如图12-65所示。

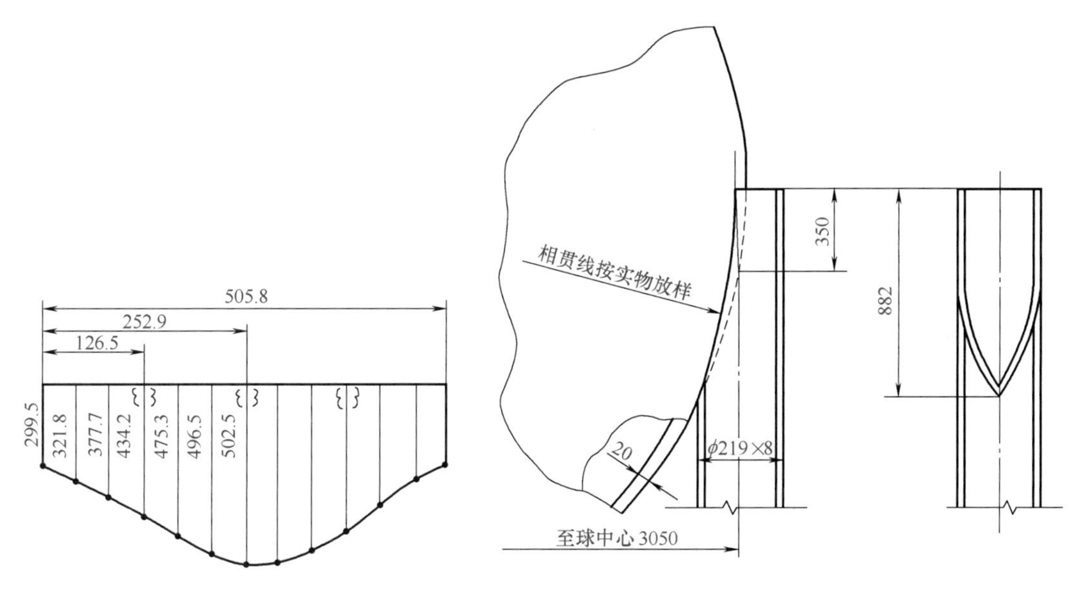

图12-65　支管画线样板计算展开图　　图12-66　120m³球罐支腿施工图

三、被球面截切后的圆柱管构件展开

球面是曲线旋转面，也就是工程中常说的双曲面形体，此类构件一般是较大半径的球面，图解法展开时工作量很大，所以一般用计算法展开。本小节以三例介绍这类形体的展开。此类形体因球面半径一般较大，使在球面某些位置的相贯线的投影曲线对圆管素线实长的影响较小，所以这时一般要加大线条密度，这也是计算法比作图法展开更方便且准确之处。

实例（一）：球罐圆柱管支腿展开

如图12-66所示为120m³球罐支腿施工图样。球罐准确度要求较高。用图解法作图存在大量的放线工作量而且切口曲线展开准确度低，所以一般应以计算法展开。此构件因球面和圆管相贯线沿圆管轴线方向延伸较长，所以展开时多以展开切口图形较为合适，用切口样板在圆管上画线也较方便。此切口样板如按习惯作法沿轴线方向取素线实长，由于相贯线的原因作图连接曲线时十分困难，所以一般取和轴线垂直的方向，即用圆周展开长度来取点，求相贯线展开曲线。因用样板画线，所以圆管和球体均以外径作放样图。本例用图解法和计算法两种方法展开。

① 用图解法展开。如图12-67所示，先将球体外径圆画出，再将支腿圆管外径圆画出，将相贯线部分圆管轴线以50mm为单位分成18等分，最后第18等分为32mm，过各等分点作轴线的垂线和球外径圆交于1、2、3、…、18、19等各点，从各点上引圆管轴线的平行线交球的水平中心线于各点，以各点到球心距离为半径，以球心为圆心画弧交圆管外圆于1′、2′、3′、…、18′、19′各点，圆上$\widehat{1'19'}$、$\widehat{2'19'}$、$\widehat{17'19'}$、$\widehat{18'19'}$等各段弧长即为相贯线切口部分圆管截面弧长的一半。

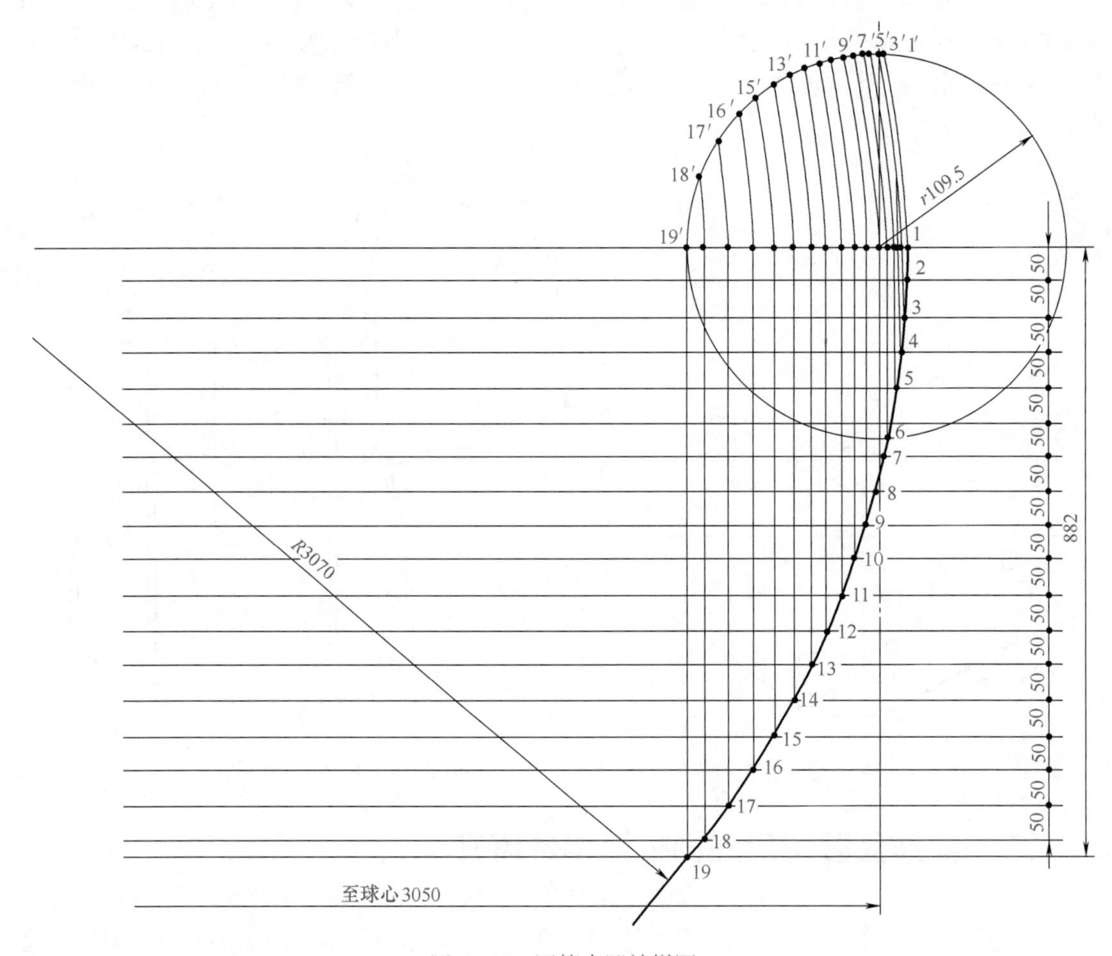

图12-67 圆管支腿放样图

如图12-68所示用各段弧长在882mm长度线段的垂线上对称取点作图就可得切口样板的展开图形。

② 用计算法展开。只要按施工图样已知尺寸套公式运算后就可直接作出切口展开图形。

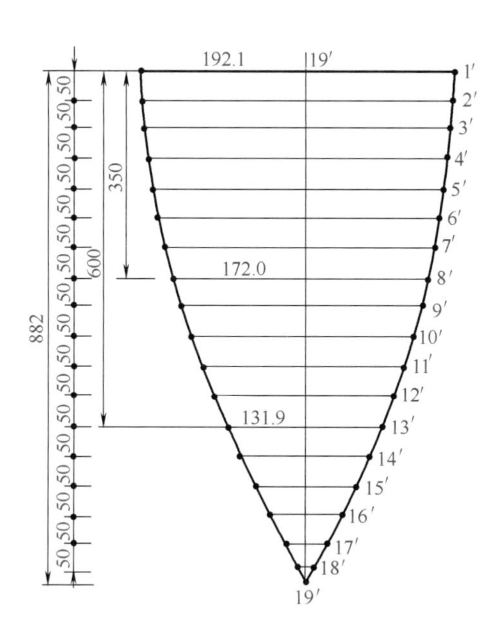

图12-68　切口样板展开图

为便于和图解法进行对照比较，本例计算仍用图12-67中的展开等分进行计算。公式如下：

$$x_n = r\arccos\frac{R_1 - \sqrt{R_2^2 - l_n^2}}{r}$$

已知：R_1=3050mm（球体内径）；R_2=3070mm（球体外径）；r=109.5mm（圆管外半径）；l_n为圆管上端面到轴线任意点的距离；x_n为l_n对应圆管切口的一半值。

将以上已知数值代入公式以l_n每等分为50mm计算得x_n的对应值，圆管切口样板计算展开值见表12-19。

表12-19　圆管切口样板计算展开值　　单位：mm

变量l_n值	对应x_n值	变量l_n值	对应x_n值
0	192.1	250	181.8
50	191.7	300	177.3
100	190.5	350	172.0
150	188.4	400	165.8
200	185.5	450	158.8
500	150.9	750	92.1
550	142.0	800	73.0
600	131.9	850	45.9
650	120.5	882	4.0
700	107.5	882.23	0

由表12-19中可以看出相贯线的真实长度约为882.23mm。实际操作时可以令l_n=882mm，此时x_n为0，就可以达到要求。利用这些l_n和x_n的对应数值，和放样作图中展开作图一样可作出切口样板的图形，如图12-68所示。

实例（二）：半球平插圆柱管展开

如图12-69所示为半球平插圆柱管的截面图。此构件圆管插入半球内，从截面图可以清楚地看到圆管外壁和半球内壁接触，所以应用半球内径和圆管外径作放样图，用中径展开。用计算法来展开本例。计算公式：

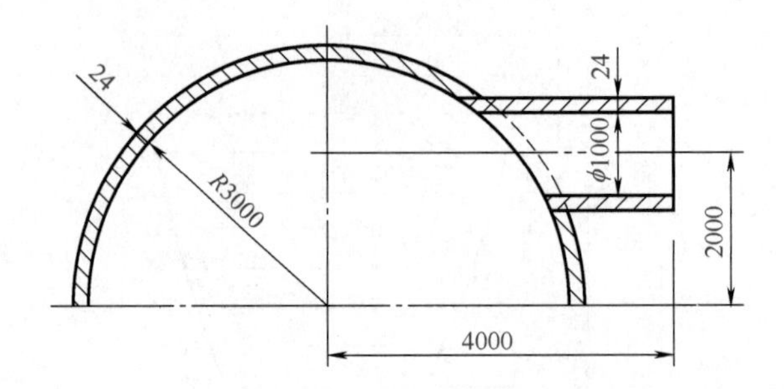

图12-69　半球平插圆柱管

$$x_n = H - \sqrt{R^2 - L^2 - r^2 + 2Lr\cos\phi_n} \tag{12-10}$$

$$l_n = \frac{\pi r_1 \phi_n}{180°}$$

式中　H——圆管上端平面到球心距离；

R——球面半径；

L——圆管轴线到球心距离；

r——圆管展开用半径；

r_1——展开图支管中径；

ϕ_n——圆管展开素线对应圆心角；

x_n——ϕ_n角对应素线实长值。

已知：H=4000mm；R=3000mm；L=2000mm；r=524mm；r_1=512mm。

将以上数值代入公式，用ϕ_n作变量分别计算得l_n和x_n的对应值，见表12-20。

表12-20　半球平插圆柱管计算展开值

变量ϕ_n值	0°	15°	30°	45°	60°	75°	90°	105°	120°	135°	150°	165°	180°
对应x_n值/mm	1146.3	1165.2	1221.0	1312.5	1436.5	1588.9	1764.1	1954.0	2148.7	2333.8	2491.1	2599.0	2637.8
对应l_n值/mm	0	134.0	268.1	402.1	536.2	670.2	804.2	938.3	1072.3	1206.4	1340.4	1474.5	1608.5

如图12-70所示，取线段长为3217mm，在线上以l_n的各值取点，过各点作垂线，在垂线上取l_n对应的各x_n值得各点，光滑连接各点即得到圆管的全部展开图形。

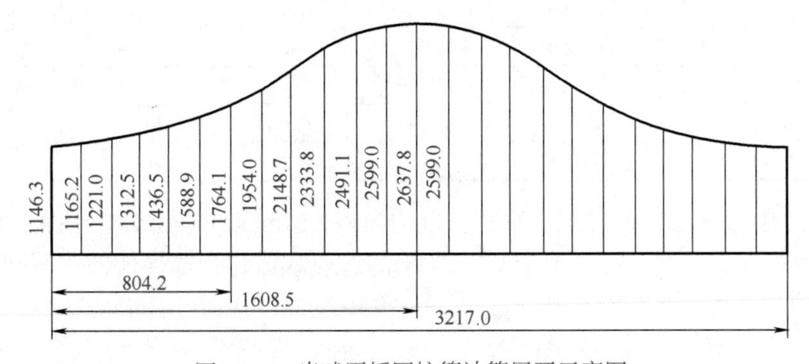

图12-70　半球平插圆柱管计算展开示意图

实例（三）：储罐罐顶正插圆柱管展开

如图12-71所示为储罐罐顶正插圆柱管的放样图，此类构件因储罐顶圆为球缺面，而且半径一般较大，而圆管相对板厚较小，所以施工中一般不做板厚处理，用中径或外径直接作放样图计算展开，一般用展开半径作放样半径。

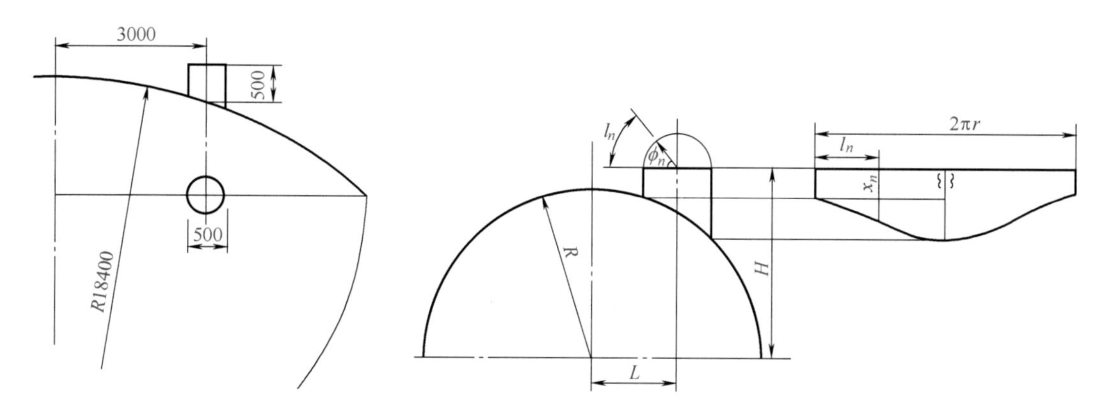

图12-71　储罐罐顶正插圆柱管放样图

图12-72　球面正插圆柱管展开计算示意图

如图12-72所示为展开计算示意图，本例用计算法展开，选用公式（12-10）和式（12-5）：

$$x_n = H - \sqrt{R^2 - L^2 - r^2 + 2Lr\cos\phi_n}$$

$$l_n = \frac{\pi r_1 \phi_n}{180°}$$

已知：$H = \sqrt{18400^2 - 3000^2}$ mm + 500mm = 18654mm；R=18400mm；L=3000mm；r_1=r=250mm。

将以上数值代入公式以ϕ_n为变量计算得值见表12-21。对称图形只做半圆周计算。

表12-21　球面正插圆柱管展开计算值

变量ϕ_n值	0°	30°	60°	90°	120°	150°	180°
对应x_n值/mm	460.7	466.2	481.3	501.9	522.6	537.8	543.3
对应l_n值/mmt	0	130.9	261.8	392.7	523.6	654.5	785.4

利用表中l_n和x_n的对应数值作图即得到圆管的展开图形，如图12-73所示。

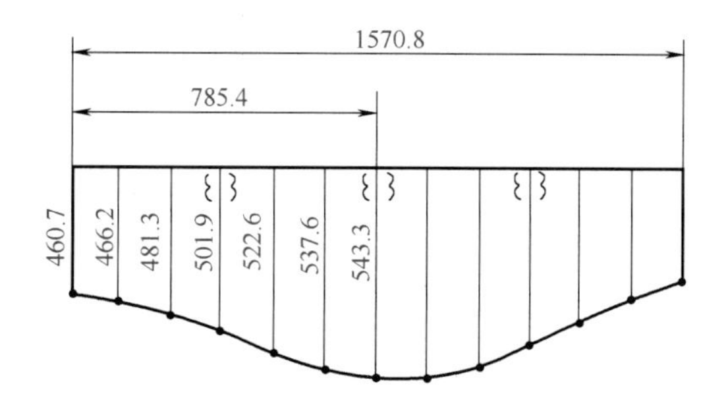

图12-73　球面正插圆柱管计算展开图

四、被椭圆面截切后的圆柱管构件展开

被椭圆面截切后的圆柱管构件可以分为两种情况，一种是被椭圆柱面截切，一种是被旋

转椭圆面截切。前一种情况的相贯线较直观，而后一种情况相贯线的求作就较复杂。本节中以二个实例介绍此种形体的展开，并用一例介绍计算法展开。

实例（一）：椭圆柱面截切后的圆柱管

如图12-74所示为椭圆柱面截切圆柱管的投影图。此构件中圆管直插椭圆柱面，圆管外壁和椭圆柱内壁接触，所以放样图中圆管以外径而椭圆柱以内径画出。两者相贯线在左视图中的投影是椭圆柱截面的一部分，所以利用左视图可直接求取圆管素线的实长。圆管用中径展开，利用平行线法展开可做出圆管展开的全部图形，如图12-75所示。主管开孔一般在圆管直径不大时以实物直接画线，如果需要作开孔图可参考圆柱三通的开孔法。

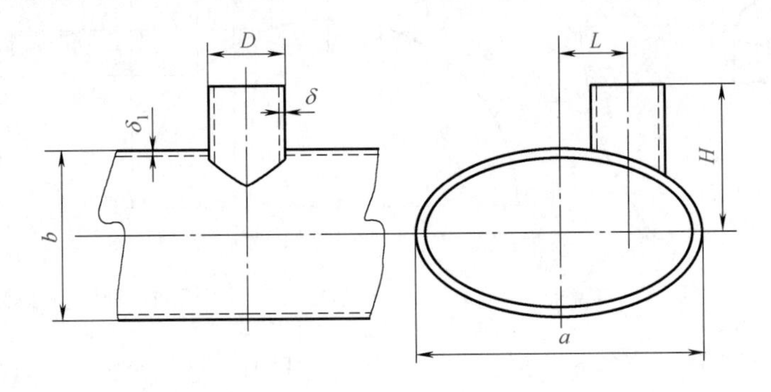

图12-74　椭圆柱面截切圆柱管

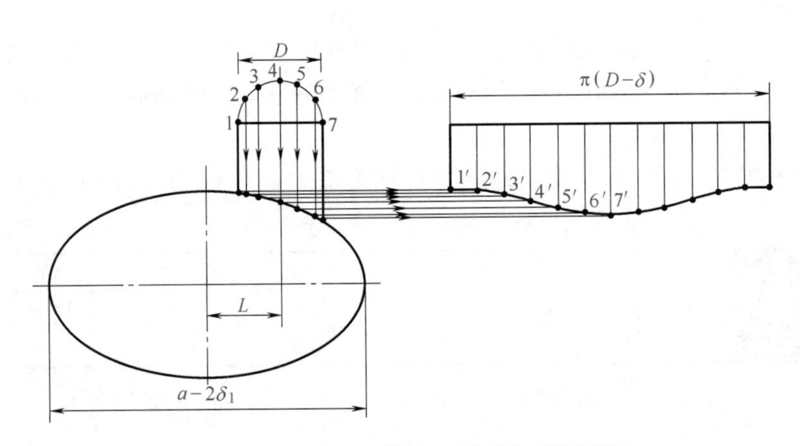

图12-75　椭圆柱面截切圆柱管放样展开图

实例（二）：标准椭圆封头上正插圆柱管展开

如图12-76所示为标准椭圆封头上正插圆柱管的截面图。此构件中椭圆的画法和上例不同，上例一般用于椭圆柱筒体类的储罐接管，这种设备制造中对椭圆曲线的要求不太严格，可采用较方便施工的椭圆曲线作法；而本节中封头在压力容器制造中要求必须是标准椭圆曲线，作图时应先用轨迹法或计算法作出标准椭圆曲线才能展开作图。本例以计算法展开，计算展开示意图如图12-77所示。公式如下：

$$x_n = H - \frac{\sqrt{\frac{D^2}{4} - r^2 - L^2 + 2rL\cos\phi_n}}{2} \tag{12-11}$$

式中　H——椭圆长轴到插管上端口距离；

D——椭圆长轴长度；

r——放样图圆管半径；

L——圆管轴线到椭圆短轴间距离；

ϕ_n——圆管上任意素线对应圆心角；

x_n——ϕ_n对应素线实长值。

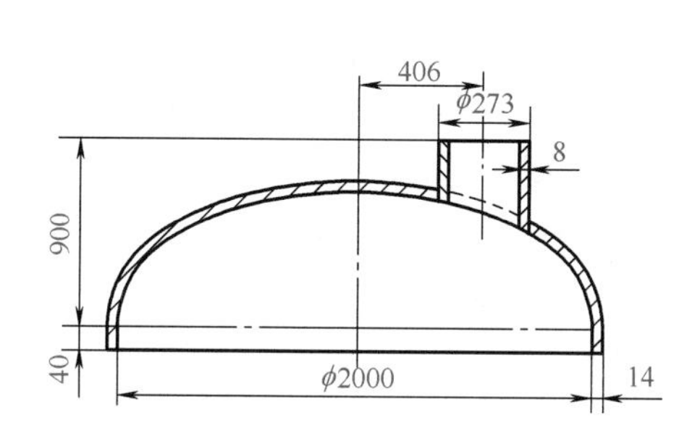

图12-76　标准椭圆封头上正插圆柱管

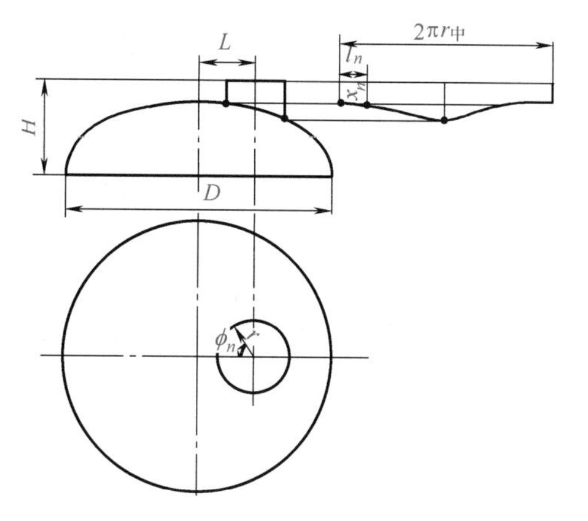

图12-77　椭圆封头上正插圆柱管计算展开示意图

应用式（12-11）和式（12-5）进行计算。

$$x_n = H - \frac{\sqrt{\frac{D^2}{4} - r^2 - L^2 + 2rL\cos\phi_n}}{2}$$

$$l_n = \frac{\pi r_1 \phi_n}{180°}$$

已知：H=900mm；D=2000mm（封头用内径放样）；r=136.5mm（圆管用外径放样）；L=406mm；r_1=132.5mm（圆管用中径展开）。

将已知数值代入公式计算，以ϕ_n为变量每等分取30°，计算得x_n和l_n的对应值，见表12-22。因是对称图形，只做半圆周计算。用表12-22中l_n和l_n对应值作图即可得到圆管一半的展开图形，然后对称作图就可以得到全部展开图形，如图12-78所示。

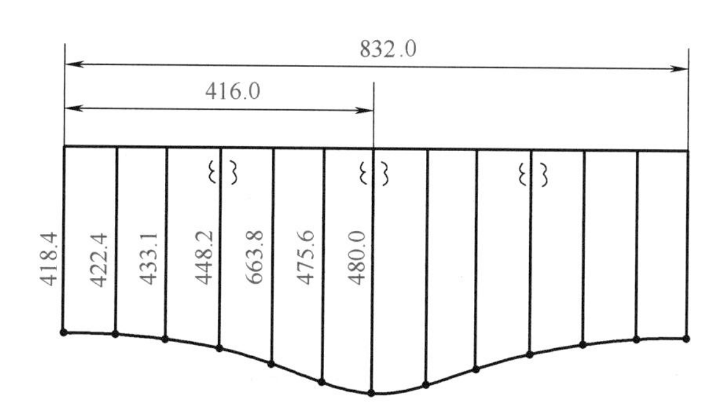

图12-78　封头上正插圆管计算展开图

表12-22　圆管展开素线实长计算值

变量ϕ_n值	0°	30°	60°	90°	120°	150°	180°
对应x_n值/mm	418.4	422.4	433.1	448.2	463.8	475.6	480.0
对应l_n值/mm	0	69.4	138.8	208.1	277.5	346.9	416.0

五、被圆锥面截切后的圆柱管构件展开

此种形体的圆柱管仍是用平行线法展开，但相贯线的求作中也仍较难保证作图时的准确，在施工中一般仍不必求作相贯线，只要将与相贯线相交的素线的实长线求出即可。本节用图解法和计算法介绍三例常见的这种形体的展开。

实例（一）：圆锥面上正插圆柱管展开

如图12-79为圆锥上正插圆柱管的放样展开图。本例用图解法展开。如图12-79所示在俯视图中将圆管作等分，以每等分点到中心O点距离为半径，以O点为圆心画弧交水平轴线于1、2、3等各点，过各点作圆管轴线的平行线交正视图中锥面素线于1′、2′、3′等各点，这些点到圆管上端面的距离即为圆管过各对应等分点的素线实长。利用这些实长值用平行线法即可作出圆管的全部展开图形。板厚处理可参考前面各例题。

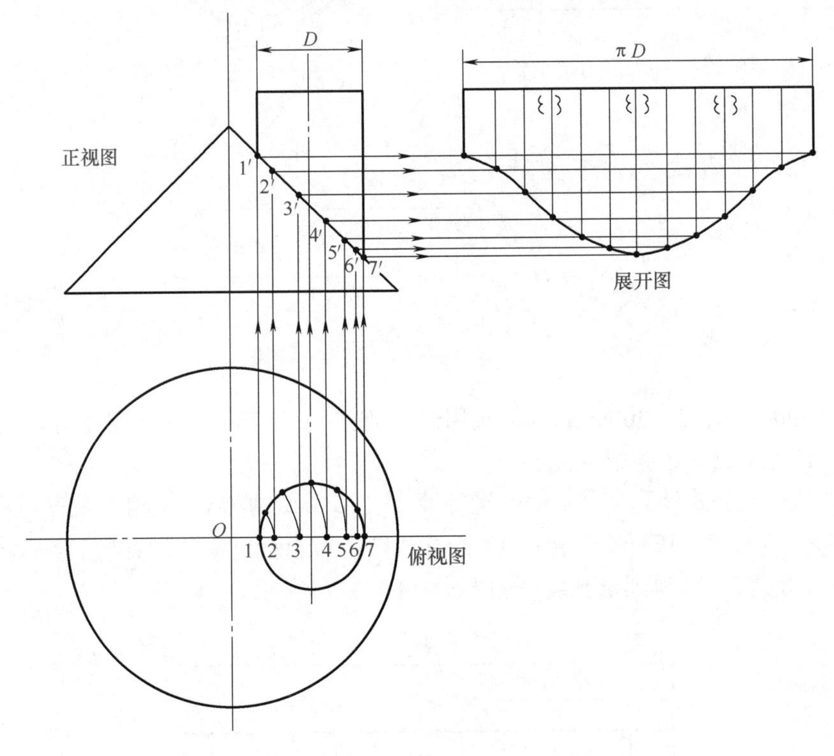

图12-79　圆锥面上正插圆柱管的放样展开图

实例（二）：圆锥面上平插圆柱管展开

如图12-80所示为水解反应釜下锥体水平插管的施工截面图。此构件是水平插入设备下锥体的圆管，圆管和锥体做外坡口处理。从图12-80中可以看出，圆管外壁和锥体内壁接触，所以用圆管外径和锥体内径作放样图。本例用计算法展开，计算公式如下：

$$x_n = L - \sqrt{(H - R\cos\phi_n)^2 - \tan^2\alpha - R^2\sin^2\phi_n} \tag{12-12}$$

式中　L——圆管外端面到锥体轴线距离；
H——圆管轴线到锥顶距离；
R——圆管放样图半径；
α——锥体锥顶角的一半；
ϕ_n——圆管展开任意点到最长素线点之间的夹角；
x_n——ϕ_n角对应素线实长值。

公式示意如图12-81所示。利用此公式和式（12-5）进行本例题的计算法展开。

已知：L=1027mm；H=160mm/tan30°+340mm≈617mm；α=30°；r=157.5（圆管展开用中径）；R=162.5（圆管放样用外径）。

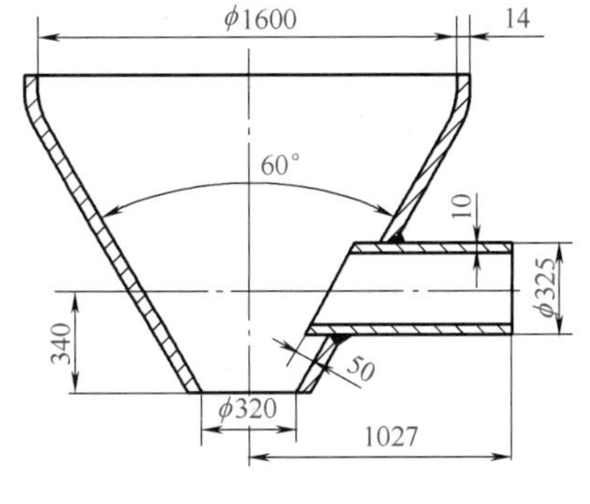

图12-80　圆锥面上平插圆柱管的截面图

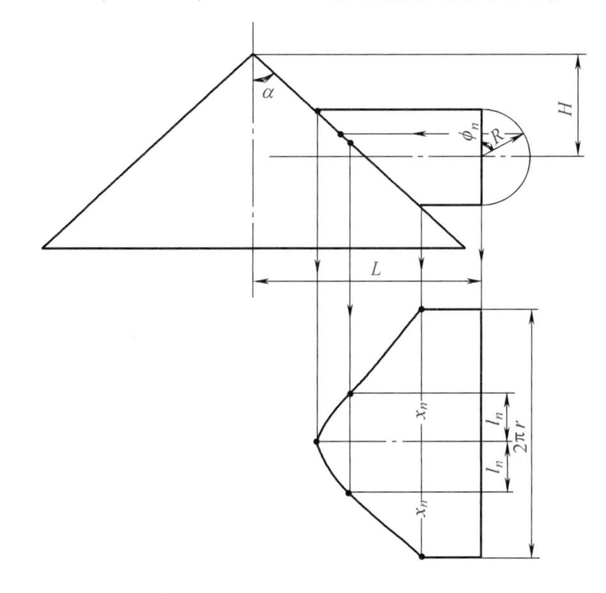

图12-81　圆锥面上平插圆柱管计算展开示意图

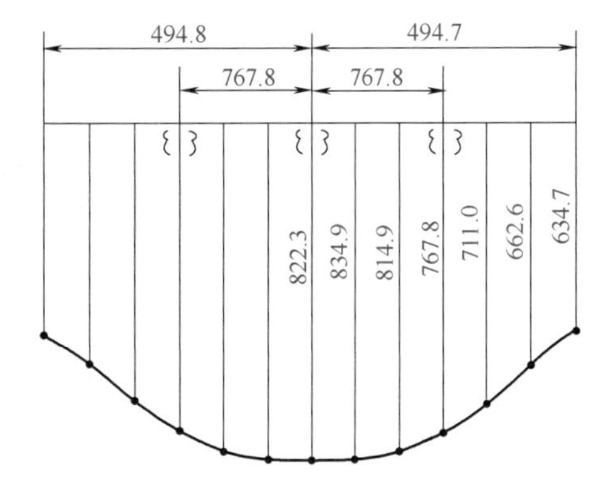

图12-82　圆锥面上平插圆柱管计算展开图

此构件因圆柱插入锥体内，插入长度为50mm/sin60°≈57.7mm，所以x_n值按公式计算完后均应增加57.7mm，当计算器容量较大时可将此数加入公式同时运算。将已知数值代入公式以ϕ_n为变量进行计算得对应x_n和l_n值，见表12-23。

表12-23　圆锥上正插圆管展开计算值

变量ϕ_n值	0°	30°	60°	90°	120°	150°	180°
对应x_n值/mm	822.3	834.9	814.9	767.8	711.0	662.6	634.7
对应l_n值/mm	0	82.5	164.9	247.4	329.9	412.3	494.8

因是对称图形只做半圆周计算。利用表12-23中x_n和l_n的对应值对称作图就得到全部展开图形，如图12-82所示。

实例（三）：圆锥面上斜插圆柱管展开

如图12-83所示为圆锥面上斜插圆柱管的放样展开图。本例用图解法展开。在正视图中将圆管截面等分，过各等分点作圆管轴线的平行线交锥体边线于1、2、3…各点，过各点作锥体轴线的平行线交俯视图中圆管对应轴向截面等分点的水平投影线于1′、2′、3′…各点，以$O1'$、$O2'$…为半径以O为圆心画弧交水平轴线于各点，过这些点向上引锥体轴线的平行线与锥体的轮廓素线交于各点，再过这些点作锥体轴线的垂线，与过圆管各等分点的轴线的平行线对应交于1″、2″、3″…各点，这些点到圆管上端面的距离即为各对应等分点上素线的实长。延长上端面投影线，在线上取线段长等于圆管展开长度，并和放样图作同样等分。过各等分点作垂线，与过1″、2″、3″…各点作上端面投影线的平行线对应交于1°、2°、3°…各点，光滑连接各点即得到圆管的全部展开图形。

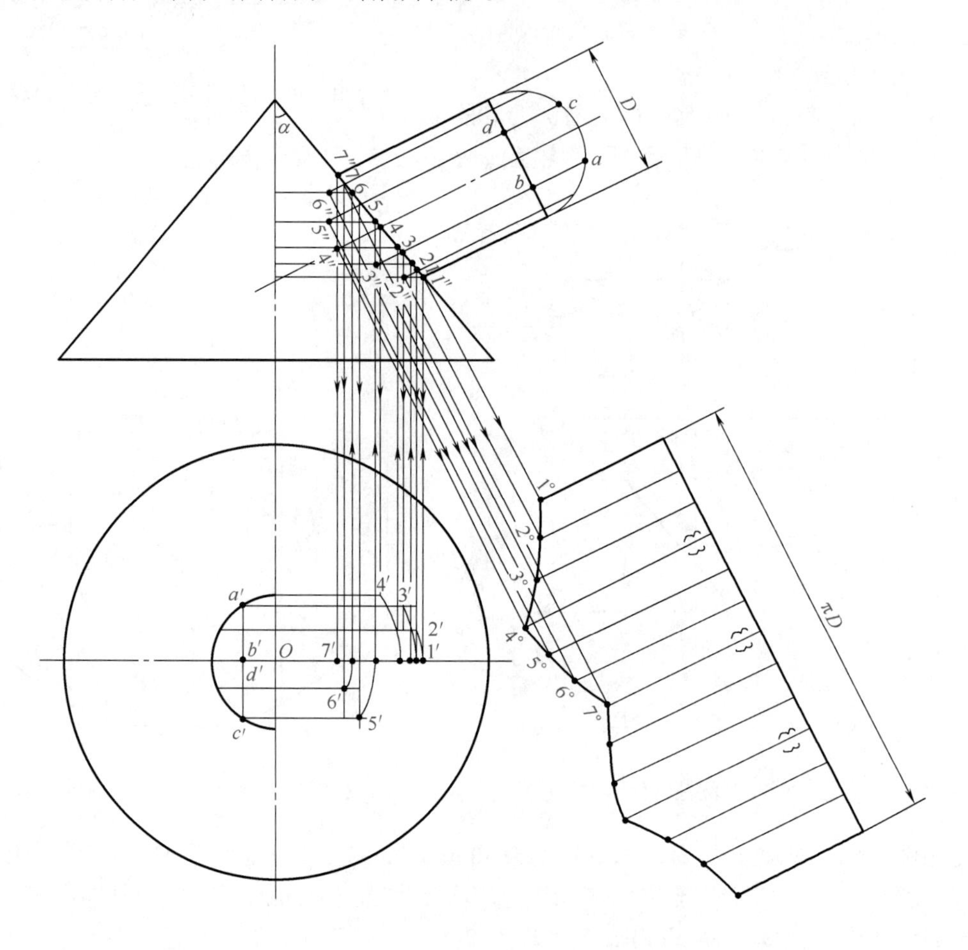

图12-83　圆锥面上斜插圆柱放样展开图

第三节　圆锥面构件的展开

本节中不考虑板厚，仅作各种锥台的展开方法，作图法一般用放射线法展开。

一、圆锥台展开

实例（一）：正圆锥台展开

如图12-84所示为正圆锥台的展开。此锥台以作图法和计算法展开。

（1）作图法展开

在正视图中延长AB线交轴线于O点，以O点为圆心分别以OB和OA为半径画弧，在以OB为半径的弧上截取$\overset{\frown}{be}$长度等于πD，连接Ob、Oe得到的扇形$abec$即为锥台展开图。

（2）计算法展开

计算法展开只要计算出展开半径R和r后不用放样，依照作图法直接画出扇形展开图。作图时一般不必求圆心角α而直接在弧上取弧长。展开半径R和r计算公式如下：

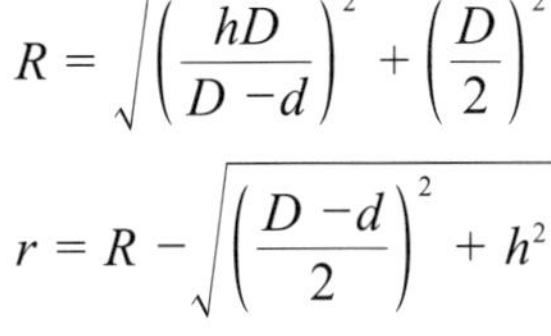

$$R=\sqrt{\left(\frac{hD}{D-d}\right)^2+\left(\frac{D}{2}\right)^2}$$

$$r=R-\sqrt{\left(\frac{D-d}{2}\right)^2+h^2}$$

式中　R——锥台下底展开半径；

r——锥台上底展开半径；

D——锥台下底直径；

d——锥台上底直径；

h——锥台上下底间高度。

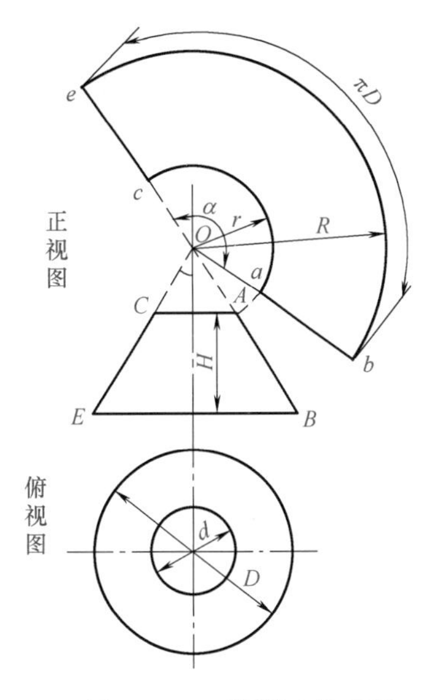

图12-84　正圆锥台的展开

实例（二）：斜圆锥台展开

如图12-85所示为斜圆锥台的展开。此种形体是上下底均为圆形的形体，也是在各种构件制造中经常见到的形体，一般也是用放射线法展开，实长的求作可用作图法或计算法。

（1）用作图法展开

如图12-85所示，在放样图中将斜圆锥底圆周等分，因是对称图形，只作半圆周等分即可，得到1、2、3…各点，以锥顶点作底圆投影线的垂线得垂足O'，以O'为圆心以$O'1$、$O'2$…

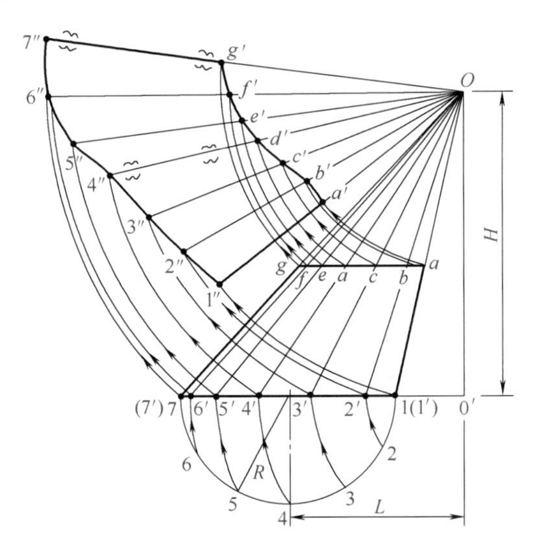

图12-85　斜圆锥台的展开

为半径画弧交于底圆$O'7$线上1′、2′、3′…各点，1′、2′、3′…各点到锥顶的连线即为旋转法求得的各条素线的实长。然后以O为圆心，以各素线实长为半径画弧，在以$O1$为半径的弧上任取一点1″为圆心，以弧长$\overset{\frown}{12}$为半径画弧交$O2'$为半径的圆弧于2″点，再以2″点为圆心依次截取2″—3″、3″—4″、4″—5″…等于弧长$\overset{\frown}{12}$。光滑连接1″、2″、…、7″各点，即得到下底的一半展开曲线。连接$O1'$、$O2'$、…、$O7'$，分别与上底的投影线交于a、b、c…各点。再分别以Oa、Ob…为半径，以O为圆心画弧交$O1''$、$O2''$、$O3''$…各线于a'、b'、c'…各点，光滑连接a'、b'、c'…各点即得到1/2斜圆锥的展开图形。

（2）用计算法展开

计算法作图是用计算公式求出每条素线的实长值x_n和底圆每等分的弧长l_n直接作展开图形。求取斜圆锥素线实长的计算用式如下，公式示意如图12-86所示。

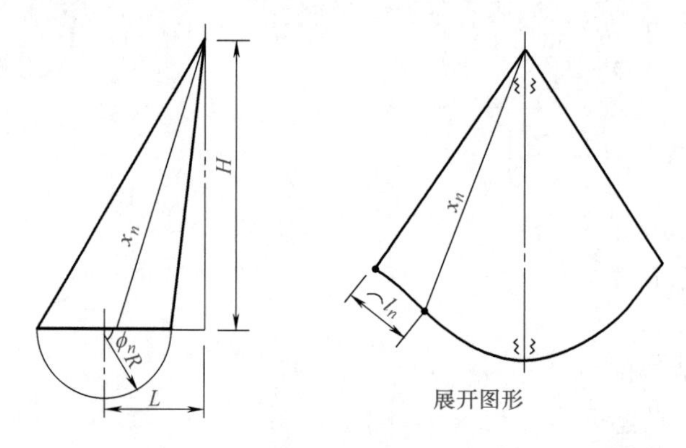

图12-86　斜圆锥计算展开示意图

$$x_n=\sqrt{H^2+L^2+R^2-2LR\cos\phi_n}$$

式中　H——斜圆锥高度；

L——圆锥顶点在底面的投影到底圆圆心的距离；

R——底圆放样半径；

ϕ_n——每条素线在底圆上对应圆心角。

x_n——ϕ_n对应素线实长值。

计算时ϕ_n可用任意角度，底圆弧长的计算应以两素线在底圆上对应的圆心角度来计算，计算式为l_n=0.017453$r\phi_n$，式中r为展开半径。为作图方便ϕ_n一般按底圆等分作计算，即l_n只要计算一个等分段的ϕ_n对应的弧长值就可以。展开计算时只要计算出底圆等分点对应各素线实长值和一个等分段对应展开弧长。

实例（三）：椭圆锥台展开

如图12-87所示为椭圆锥台的放样展开图。此椭圆锥台是正圆锥面被两平行平面截切后形成上下口均为椭圆形的形体，这种形体和前面几种形体一样，也是在各类构件中常见的形体，它的展开仍使用放射线法。

（1）实长线的求法

在锥点的中部取线段$O7$等于线段$O1$，直线1—7为圆锥的正截面投影线，以其为直径画半圆周并作6等分，过各等分点作直径的垂线交于1′、2′、…、7′各点，再将$O1'$、$O2'$、…、$O7'$各线延长，和锥台上下口投影线交于a、b、…、p各点，ah、bi、cj、…、gp等各条线即是各条素线的投影线，再过上下口各条素线的端点作1—7线的平行线，与轮廓线Og交于各点，各点到O的长度即为对应各条素线的实长。

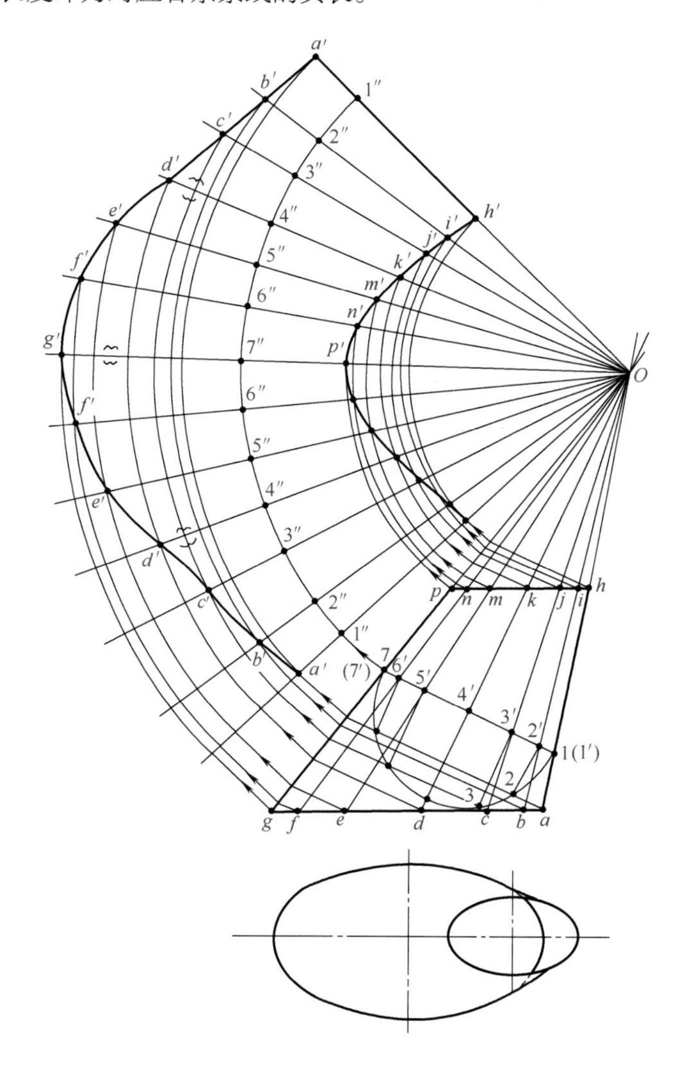

图12-87 椭圆锥台的放样展开图

（2）展开图的作法

以O为圆心，以$O7$为半径画弧，在弧上截取弧长为截面圆周长并作同样等分得1″、2″、3″…各点，作1″、2″…各点和锥顶O的连线。再以O为圆心，分别以椭圆锥台上下口的各素线实长为半径画弧，和$O1''$、$O2''$、…、$O7''$各线及其延长线对应交于a'、b'、…、p'各点，光滑连接各点即得到椭圆锥台的全部展开图形。

二、被平面截切后的圆锥台构件展开

实例（一）：两节任意角度圆柱圆锥弯管展开

如图12-88所示为两节任意角度圆柱圆锥弯管的投

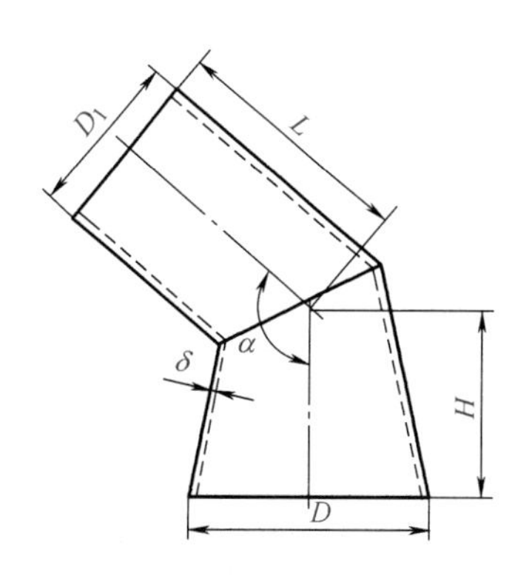

图12-88 两节任意角度圆柱圆锥弯管

影图。此构件由轴线夹角为α的圆柱和圆锥管组成，板厚仍以双面坡口处理，用中径作出放样和展开图。本例仅作圆锥管的放样图说明。

（1）放样图作法

如图12-89所示，取1—7线段等于（$D-\delta$），并过中点O作垂线，在垂线上取$O'O$等于H。以O'为圆心以（$D_1-\delta$)/2为半径画圆，并过O'点作线段$O_1O'=L$，使O_1O'和线段OO'间夹角为角度α。过1点和7点作圆的切线，过O_1作O_1O'的垂线并以O_1为中心取线段CE长度等于($D_1-\delta$)，过C和E点作圆的切线分别和锥体部分切线交于M和N点，MN即为圆柱和圆锥的相贯线投影。

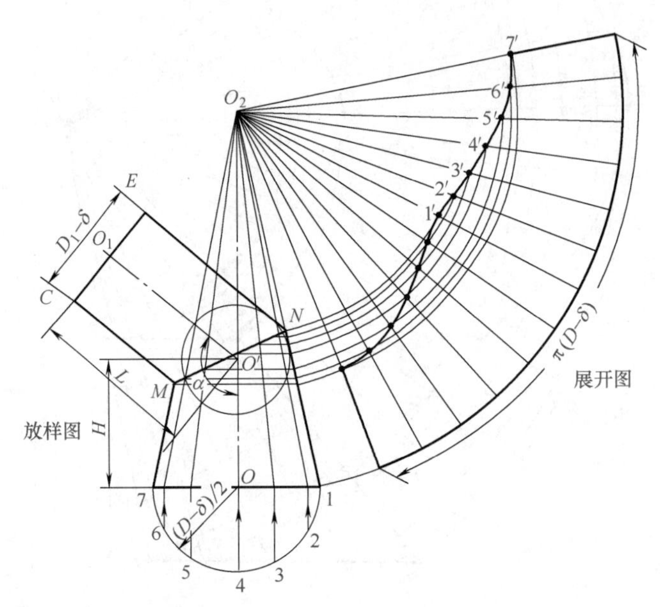

图12-89　两节任意角度圆柱圆锥放样展开图

（2）展开图作法

展开图作法参见上例，用正圆锥面的放射线法作出展开图形。

实例（二）：两节任意角度圆锥弯管展开

如图12-90所示为两节任意角度圆锥弯管的投影图，此圆锥弯管在施工中一般都是给定大口和小口的直径D和d，以及两端面夹角α和弯管半径R，所以一般展开前应根据这些条件作出放样图，然后根据放样图求出相贯线位置并求出素线实长，利用素线实长作出相贯线展开曲线而得到展开图。圆锥弯管的板厚处理如图12-91所示，它在不进行坡口处理时，内壁

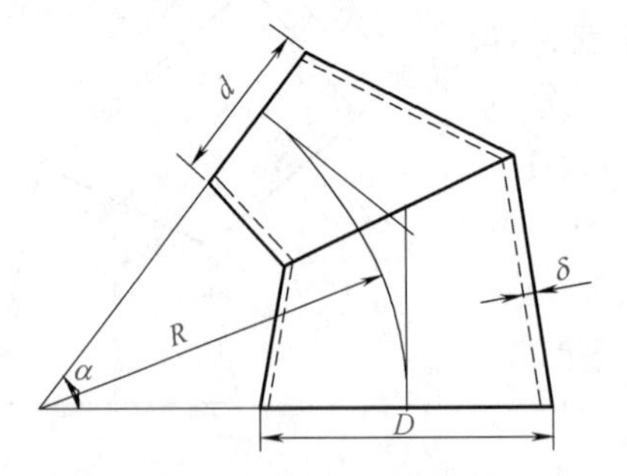

图12-90　两节任意角度圆锥弯管

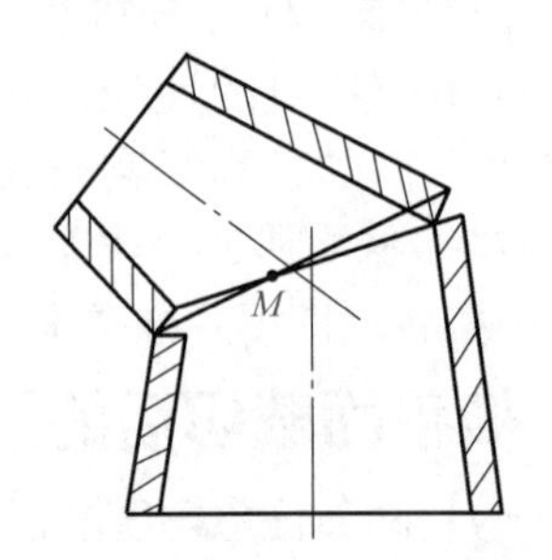

图12-91　圆锥弯管的板厚接触点

和外壁的结合点不在特殊点位置，而和圆管构件中异径斜三通相似，需要用作图或计算的方法求出图12-91中所示内壁和外壁接触的分界点M，放样时在分界点内侧部分用外径作图，外侧部分用内径作图，而展开一般用中径或外壁加样板厚度。因此这类构件在施工时若板厚δ较厚时一般采用双面坡口而全部用中径放样，较薄时采取单面外坡口而全部用内径放样，这样就可以把两节圆锥合并起来用正圆锥的展开方法一起展开。本例采用双面坡口用中径来进行放样。

（1）放样图作法

如图12-92所示，先作夹角为α的交叉直线，以交点O为圆心，以R为半径画弧交两交叉直线于O_1和O_2两点。过O_1和O_2各作两交叉直线的垂线，两垂线相交于O'点，O_1O'和O_2O'即为两锥管的轴线。在O_1O'的延长线上取$O'O_3=O'O_2$，O_1O_3即为两节锥管拼起来后的高度。然后在OO_1线上以O_1为中心取AB等于（$D-\delta$），过O_3点作AB的平行线并以O_3为中心取CE等于（$d-\delta$），连接AC、BE并沿长交于O_4点，即得到两节锥管拼起来后的正圆锥管投影图。然后以O'为圆心作正圆锥的内切圆，并用此圆作为公切圆即可作出同锥度两节任意角度圆锥弯管的放样图。

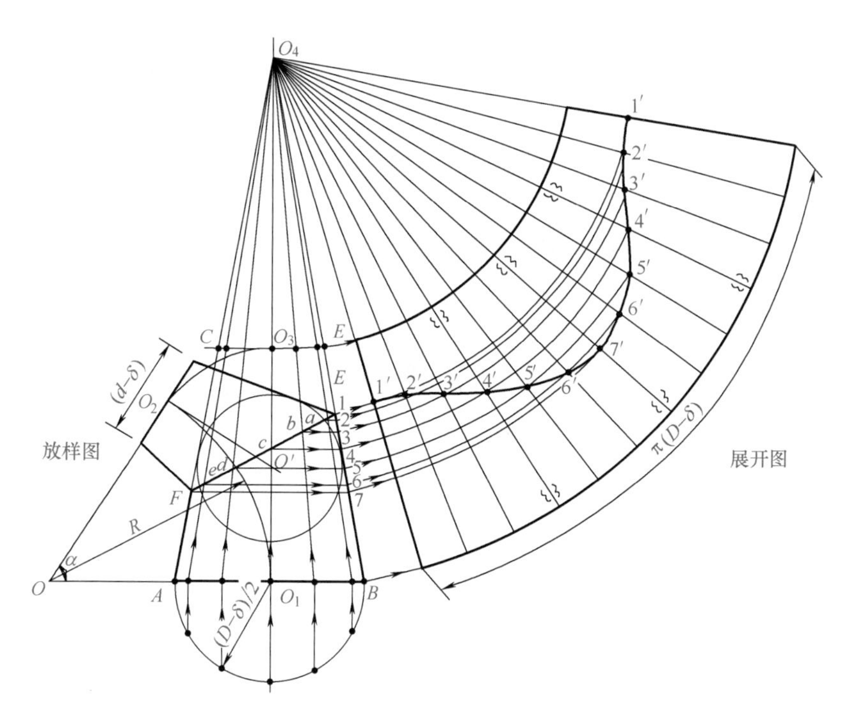

图12-92　两节圆锥弯管放样展开示意图

（2）实长线求法

在放样图中两锥管交线EF即为相贯线投影。在正圆锥的底圆上作半圆周截面并且等分半圆周，过各等分点作AB的垂线，各垂足与O_4的连线与相贯线交于a、b、c、d、e各点，过a、b、c、d、e各点作AB的平行线交O_4B于1、2、3…各点，$1O_4$、$2O_4$…即为圆锥管素线实长。

（3）展开图作法

以O_4为圆心，以O_4B和O_4E为半径分别画弧，在大弧上取弧长等于$\pi(D-\delta)$，并将这段弧作与放样图中底圆弧同样的等分，将各等分点和O_4连接起来，再以O_4为圆心以$O_4$1、$O_4$2…各素线实长为半径画弧与各等分线对应相交于1′、2′、3′…各点，光滑连接各点即得到两节锥管的分界曲线，整个图形就是两节锥管的展开图形。

实例（三）：两节直角圆柱圆锥弯管展开

如图12-93所示为两节直角圆柱圆锥弯管的投影图。此构件是由正圆锥管和圆柱组成的直角弯管，相贯线是平面椭圆，在正视图中投影为直线。因为由锥管组成，它们在相贯线上的接触点需作图求出，见图12-91。本例相贯处作内坡口处理，即是用外径作放样图，用中径展开。圆柱管的展开参见圆柱管构件的展开部分，这里仅作圆锥管的展开。

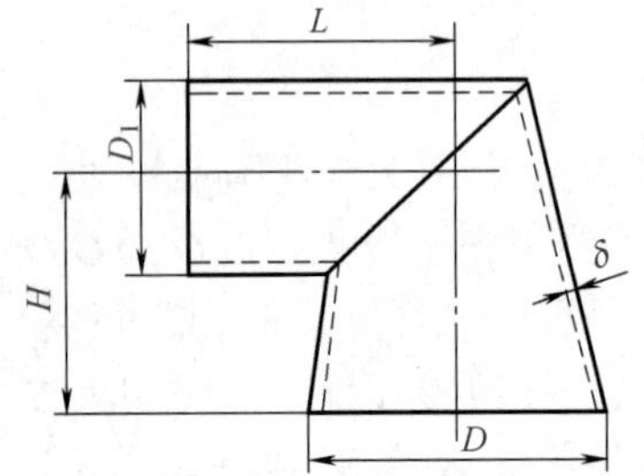

图12-93　两节圆柱圆锥弯管示意

（1）放样图作法

如图12-94所示取线段AB等于圆锥下口直径D，过中点O作垂线，在垂线上取OO_2于H，过O_2作AB的平行线并在平行线上取O_1O_2等于L，OO_2和O_1O_2就分别为圆锥和圆管的轴线。以O_2为圆心，以$D_1/2$为半径作圆，过A和B两点作圆的切线并沿长相交于O'点，并在O_1点作O_1O_2的垂线，在垂线上以O_1为中点取CE等于圆柱直径D_1，过C和E两点作圆的切线与$O'B$和$O'A$分别交于M和N点，MN即为圆管和圆锥的相贯线。

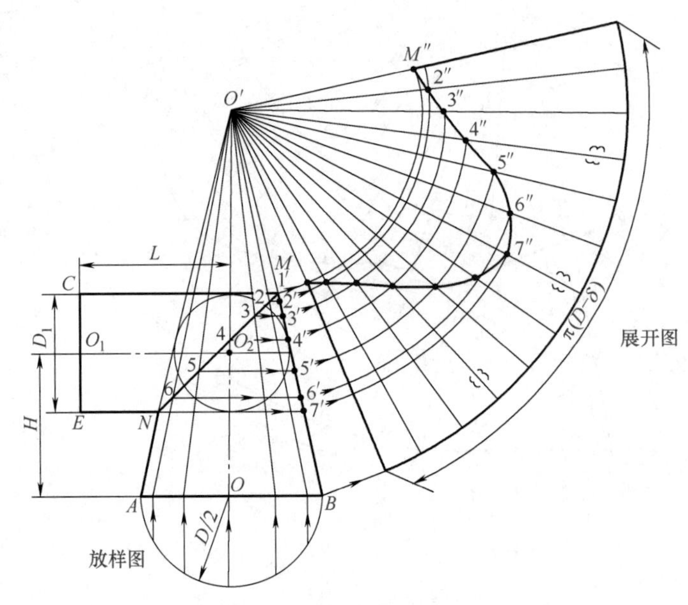

图12-94　锥管的放样展开示意图

（2）展开图作法

将底圆截面半圆周作等分，过等分点作AB的垂线交AB于各点，将这些点与O'点连接，和MN线交于M、2、3、…、N各点，过M、2、3、…、N点作AB线的平行线交圆锥边线于1′、2′、3′、…、7′各点，$O'1'$、$O'2'$、$O'3'$、…、$O'7'$即为圆锥管各素线的实长，以O'为圆心，以$O'B$为半径画弧并截取弧长为底圆展开周长$\pi(D-\delta)$，将这段弧作和底圆同样等分并将等分点和O'点连接，以O'为圆心以各素线实长为半径画弧，和各等分段对应交于点M''、2″、3″、…、7″，光滑连接各点即得锥管的全部展开图形。

实例（四）：三节异径圆柱圆锥弯管展开

如图12-95所示为三节异径圆柱圆锥弯管投影图。此构件由二节异径圆柱管和一节圆锥管组成，圆锥管是被两平行平面同时截切。板厚仍是以外坡口处理，即放样图以内径作出而展开仍用中径展开。本例仍只介绍圆锥管的展开。

（1）放样图作法

如图12-96所示，作直角三角形OO_1O_2，使直角边OO_1的长度等于H_1，OO_2等于L、O_1O_2即为圆锥管轴线，以O_1和O_2为圆心分别以两圆柱管内径画圆，这两圆分别为圆锥管和两圆柱管的公切圆，用这两公切圆分别作出圆锥和圆柱管的内径线，它们的交线AB和CE即为三管相互间的相贯线。

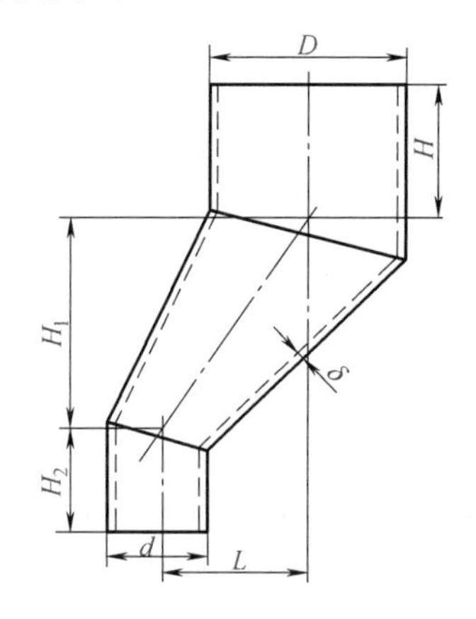

图12-95　三节异径圆柱圆锥弯管

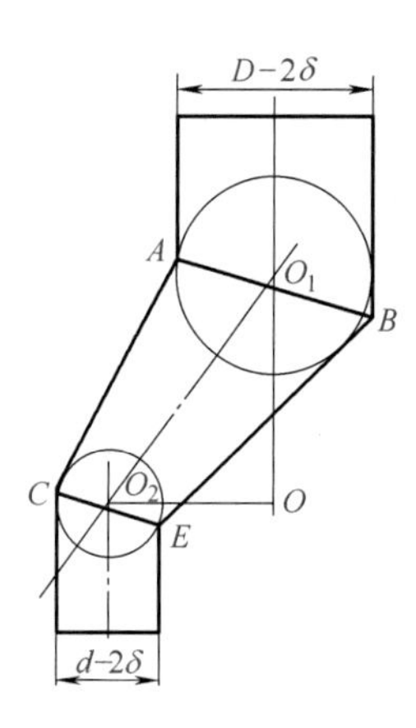

图12-96　三节异径圆柱圆锥弯管放样图

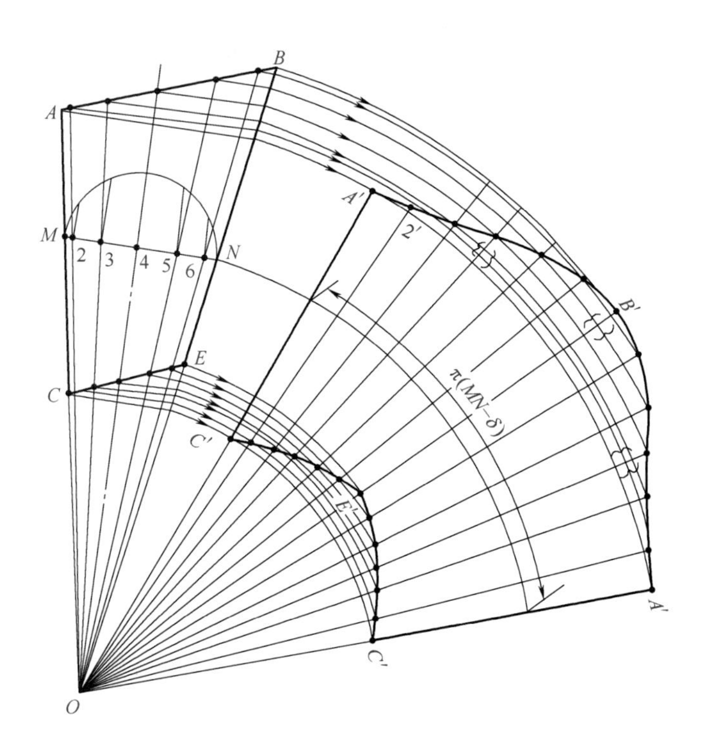

图12-97　三节异径圆柱圆锥弯管展开图

（2）展开图作法

如图12-97所示在圆锥管中部作圆锥管的正截面投影线MN，以MN为直径作半圆并6等分半圆周，过等分点作MN的垂线得M、2、…、N各点，作这些点和圆锥顶点的连线，这些线和圆锥两端相贯线交于各点，过这些点作MN的平行线在OB边上得到对应的交点，这些交点到顶点O的距离即为各条展开素线的实长线。再以O为圆心，以ON为半径画弧，在弧上截取截面MN中径的展开圆周长度，并作与圆锥同样的等分。将各等分点和顶点O连接，这些等分线和以O为圆心以各素线实长为半径的圆弧对应交于A'、B'…和C'、E'…各点，将这些点光滑连接即得到圆锥管的全部展开图。

实例（五）：三节任意角度圆锥弯管展开

如图12-98所示三节任意角度圆锥弯管的投影图。本例仍以双面坡口处理，用中径放样展开。

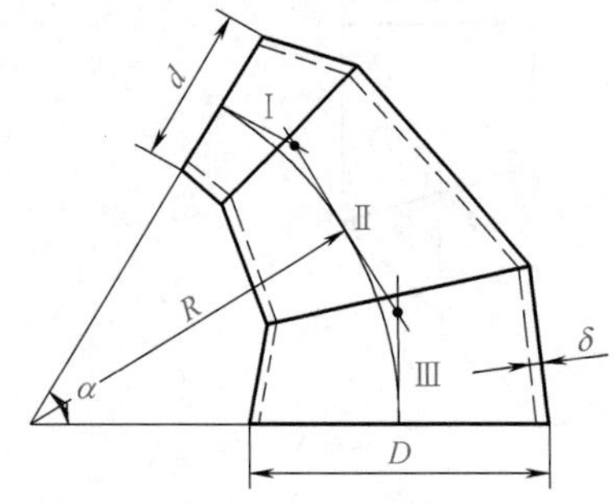

图12-98　三节任意角度圆锥弯管

如图12-99（a）所示，作交叉直线夹角为α，以交点O为圆心，以R为半径画弧交α角的边线于O_1和O_2点，2等分圆弧，过等分点及O_1和O_2点分别作圆弧的三条切线，相交于O_3和O_4点，O_1O_3、O_3O_4和O_2O_4即为弯管各节轴线。然后用这三段轴线长度在如图12-99（b）所示中圆锥轴线$O'_1O'_2$上分别截取线段$O'_3O'_1$、$O'_4O'_3$和$O'_2O'_4$，过O'_1和O'_2作轴线的垂线，分别以O'_1和O'_2为中心作线段ab和ce分别等于（$D-\delta$）和（$d-\delta$），然后以O'_3和O'_4为圆心分别作锥体的内切圆，半径分别为R_1和R_2。然后在图12-99（a）中分别以O_3和O_4为圆心以R_1和R_2为半径作圆，在α角的两条边线上以O_1和O_2为中心，分别作AB和CE分别等于ab和ce，过A、B两点作圆O_3的切线，过C、E两点作圆O_4的切线，并分别和两圆的公切线相交，依次连接各交点即得出三节圆锥弯管的放样图。

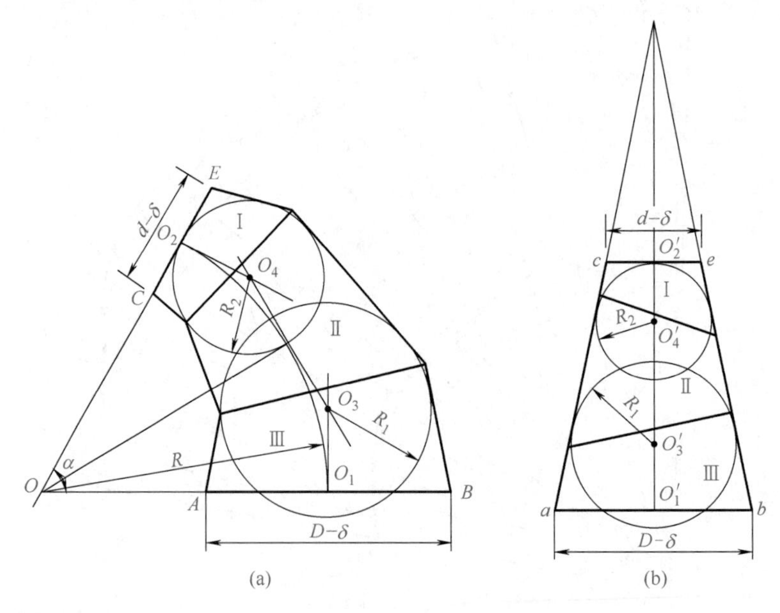

图12-99　三节圆锥弯管的放样图

将各节锥管交线连接起来即得到它们之间的相贯线，然后将相贯线移到图12-99（b）所示的相应位置，再按任意角度圆锥弯管展开的作图法可将全部展开图作出，如图12-100所示。

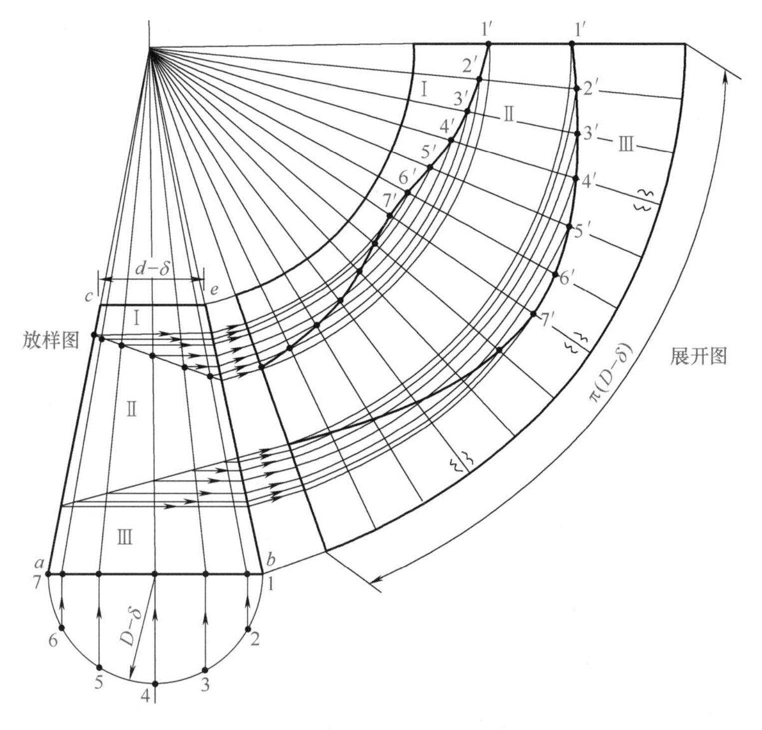

图12-100　三节圆锥弯管的展开图

三、被曲面截切后的圆锥台构件展开

实例（一）：正交圆柱的圆锥管展开1

此类构件的相贯线一般在两面视图中都不为直线，是空间曲线，但仍可利用它们在某一个视图中的较简单投影线如圆形来求实线长度，只要条件许可应尽量避免较复杂的相贯线和图形的求作。本例也是用放射线法展开，而相贯线的求作多用球面法，板厚处理仍是用中径展开的方法处理。

如图12-101所示为正交圆柱的圆锥管投影图。此构件是圆锥管小口在上端和圆管轴线互相垂直组成的三通管。以中径展开锥管，以锥管的内径、圆管的外径来作出放样图，并用放射线法对锥管进行展开，如图12-102所示。

放样展开图作法：按如图12-101所示尺寸，锥管用内径，圆管用外径作出放样图，如图2-102所示延长锥管两边线交于O点，将锥管上端面半圆周作6等分，过各等分点作端面投影线的垂线，将各垂足分别连接O点并延长到相贯线上得1、2、3…各点，过1、2、3…各点作上端面的水平线交边线于1′、2′…各点，1′、2′、3′…各点到上端面间的长度即为锥管各条素线的实长。再在上端面截面圆上用中径画出同心圆，过中径端点A和B点作边线的平行线交于O'点，以O'为圆心以$O'B$为半径画弧，在弧上截取中径展开弧长并作和放样图同样的等分，将各等分点分别连接O'点并延长，在延长线上用各实长线对应取点并光滑连接即得到锥管的全部展开图形。

本例的展开仍没有考虑锥管上端面的板厚处理而仅做中径层的板厚处理，上端的板厚处理可如图12-91所示。如对精度要求不高时可不做板厚处理，因在实际施工时中性层板厚处理和端口的板厚处理一样对展开图形影响不是很大。因锥管在制造过程中钢材有形变，所以在锥管展开时可不考虑端口的板厚处理和中性层的位移，但在板材较厚或形状要求较高时就不仅要做放样和展开的板厚处理，同时应做内外径和中径在放样中的位移和板厚处理。以后各例中不再具体说明。

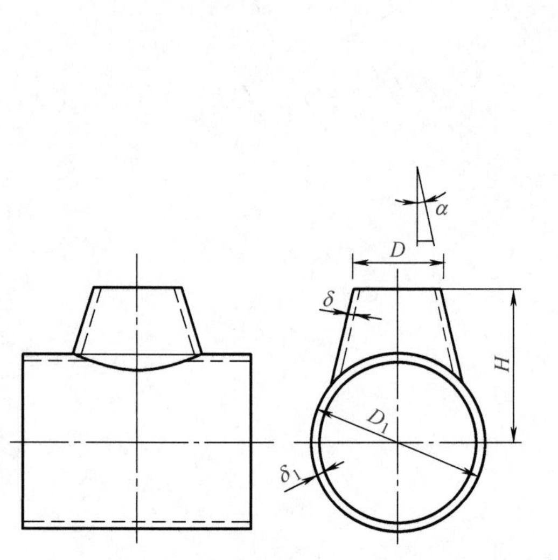

图12-101　正交圆柱的圆锥管（一）

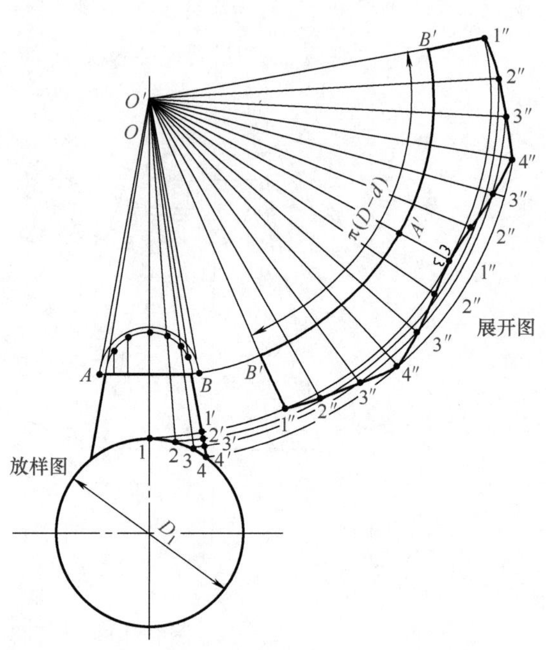

图12-102　正交圆柱圆锥管放样展开图

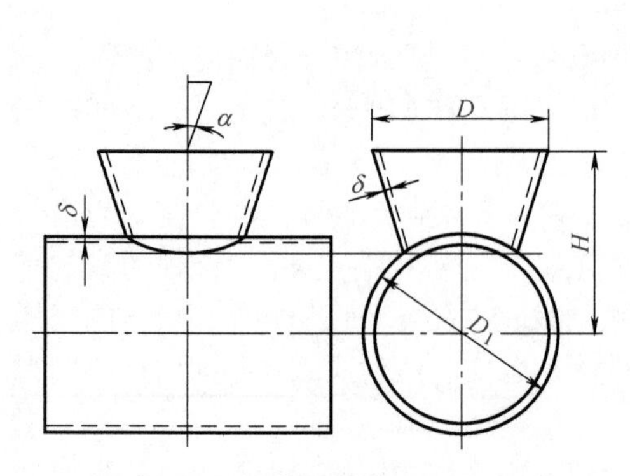

图12-103　正交圆柱的圆锥管（二）

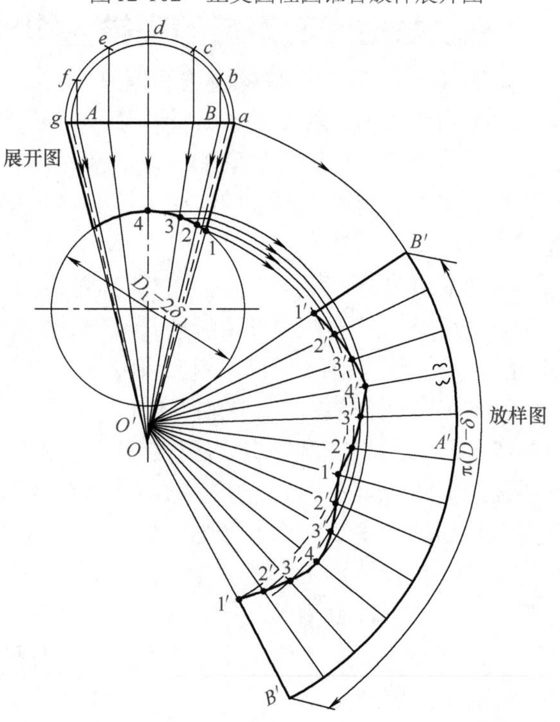

图12-104　圆锥管的放样展开图

实例（二）：正交圆柱的圆锥管展开2

如图12-103所示为正交圆柱的圆锥管的投影图。本例和上例不同处是本例锥管小口和圆管相交而大口在上端面。仍以中径作展开图，以锥管的外径和圆管的内径做板厚处理来做出放样图，用放射线法展开。

放样展开图作法：用如图12-103中所示尺寸，锥管用外径，圆管用内径作出放样图。和上例相同也是利用侧视图中相贯线的投影是圆形而省去相贯线的求作。如图12-104所示，将锥管上端面截面半圆周6等分，过等分点作直径ag的垂线，并将各垂足分别和锥管两边线延长线的交点O连接，和相贯线交于1、2、3…各点，过这些点作上端面投影线的平行线交Oa边于各点，这些点到a点距离即是锥管素线的实长。再在锥管上端面将端口中径AB尺寸画出，过A、B两点作锥管外径边线的平行线交于O'点，以O'点为圆心$O'B$为半径画弧，在弧上截取锥管上端口中径展开长度并作12等分，过各等分点连接O'点，用锥管素线的各实长线在各等分线对应截取得1′、2′、3′…等各点，并光滑连接各点即得到锥管的全部展开图形。

实例（三）：圆锥水壶展开

如图12-105所示是圆锥水壶的壶体视图，此水壶是由正圆锥壶体和斜圆锥壶嘴组成，展开时可不考虑板厚，壶体的开孔可用壶嘴实物。壶嘴的展开用放射线法。

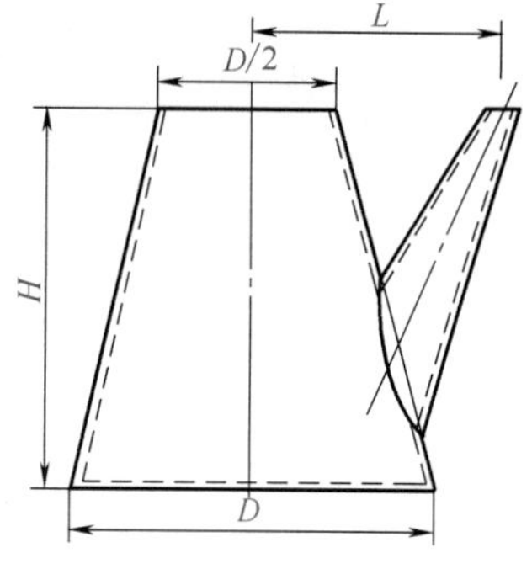

图12-105　圆锥水壶

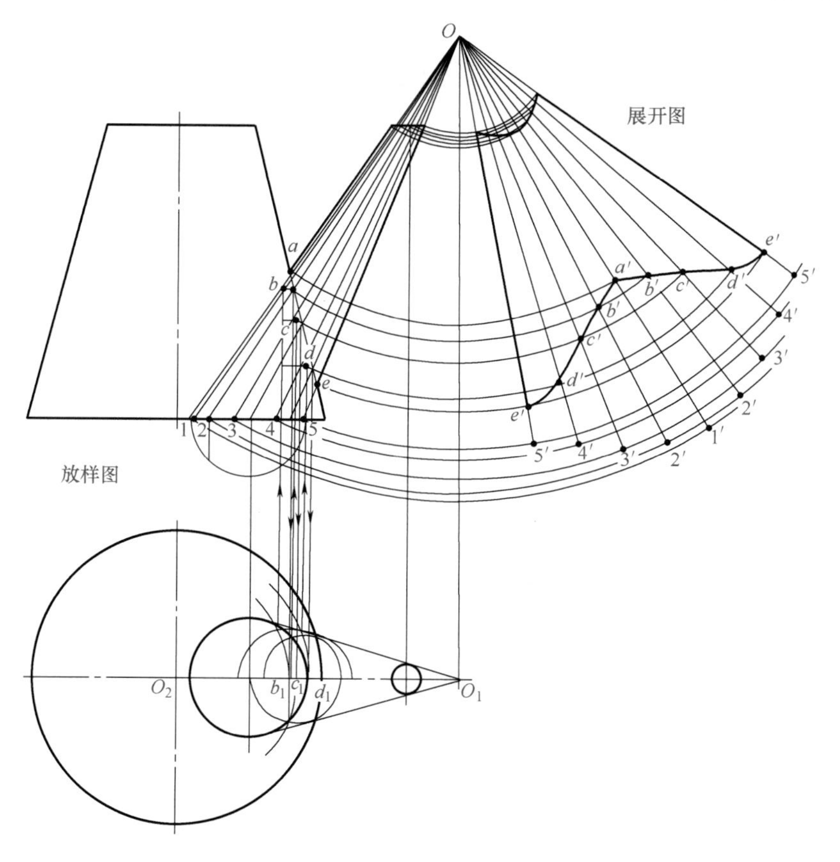

图12-106　壶嘴的放样展开图

展开图作法：先用如图12-105所示中尺寸作出壶体和壶嘴的轮廓线，如图12-106所示，延长壶嘴两边线交于O点，交壶底边线于1、5两点，以1点和5点间距离为直径作半圆周并4等分。过等分点作底边的垂线，将各垂足点分别连接O点和壶体边线交于各点，过各点作水平线和下垂线，下垂线交O_1O_2轴线于b_1、c_1、d_1各点。再将壶嘴轮廓线投影到俯视图中，分别以b_1、c_1、d_1三点为圆心，作壶嘴对应这三点处的截面圆，再以O_2为圆心以O_2b_1、O_2c_1、O_2d_1为半径画弧交对应截面圆于各点，过这些点引壶体轴线的平行线和各水平线对应交于b、c、d点，连接Ob、Oc、Od并延长到壶底边线上得2、3、4点，$O1$、$O2$、$O3$…各线即为斜圆锥被壶底面截断后的素线实长。利用各实长线用斜圆锥展开的作图法作出展开图形。

第四节　平板构件的展开

平板构件多数是棱锥、棱柱面或由它们拼接而成，平板构件的板厚处理一般是用内壁尺寸放样和展开。平板构件的展开一般三种展开方法都可用到，所以展开前应分析清楚构件形体每个面是平面还是折面。是棱锥面时要尽量用放射线法，是棱柱面时应尽量用平行线法，对其他形状再采用分割的办法用三角形法展开。用计算法展开平板构件时对板面的分析就更为重要，计算前必须对构件属于什么形体分析清楚。

对棱锥构件一般用放射线法展开，对棱柱构件一般用平行法展开，在两种办法都不适合时可采用三角形法展开，板厚处理则一般均按内壁尺寸作图展开。

一、棱锥棱柱管及非棱锥棱柱管构件展开

实例（一）：两节直角矩形管弯头展开

如图12-107所示为两节矩形直角弯头的投影图。此弯头由被45°斜截的两个相同的矩形管组成，所以可只作一节矩形管的展开，板厚处理用内径展开，内侧板高度应是外壁棱线高度。

用内径作出一节矩形管的正面和侧面放样图，并作出内侧板棱线的高度如图12-108所示，其余各棱线均反映实长。用平行线法进行展开，取线段长为2（a+b），并以b、a、b、a的顺序取点，过各点作垂线，在垂线上对应截取各棱线的实长得1′、2′、3′各点，将各点依次连接即得到一节矩形管的展开图形，如图12-108所示。

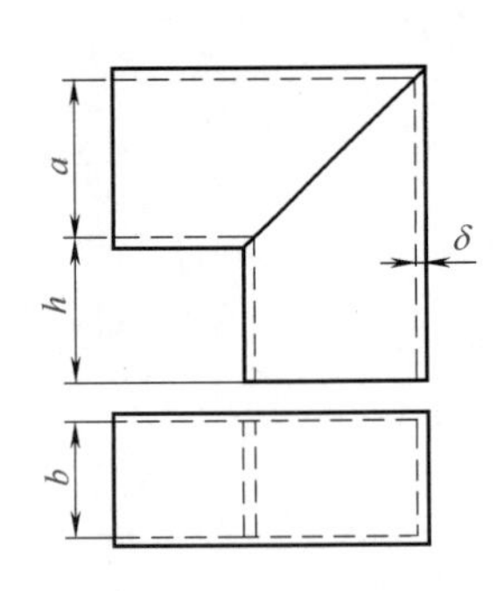

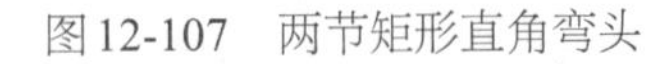
图12-107　两节矩形直角弯头

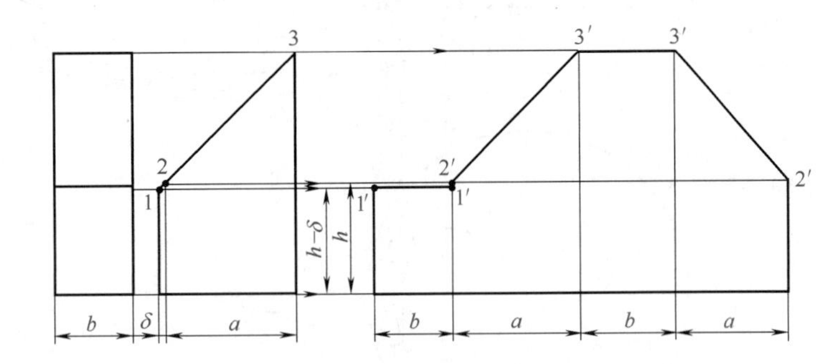

图12-108　矩形管放样展开图

实例（二）：方锥管展开

如图12-109所示为方锥管的正视图和俯视图。此方锥管由4个相同的等腰梯形组成，上

下口各边长反映实长，梯形的高等于正视图中棱线投影的长度。用放射线法展开，全部用内壁尺寸作图。

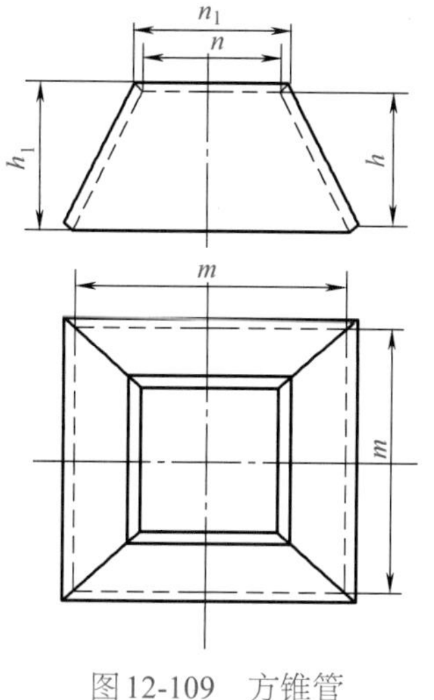

图12-109　方锥管

图12-110　方锥管放样展开图

作方锥管内壁的正视图，用旋转法作出等腰梯形的实形，延长两边线交轴线于O点，以O为圆心以$O2$和OB为半径画圆，在外圆上用长度m作弦长截取得a、b、c、d、a各点，将各点分别与O点连接，在内圆上用长度n为弦长截得1′、2′、3′、4′、1′各点，依次连接各点得到4个相同的等腰梯形即为方锥管的展开，如图12-110所示。

实例（三）：矩形锥管展开

此构件因表面既不是棱锥面又不是棱柱面，所以展开图的画法多用三角形法。

如图12-111所示为矩形锥管的三视图。此构件由前后对称，左右对称的四块梯形板组成，四条棱线不能交于一点。以内壁尺寸做板厚处理进行放样。每块梯形板的上下底边在俯视图中反映实长。正视图和侧视图中棱线的投影长度反映了相应梯形面的高的实长。所以此构件展开时可利用相邻两板在两面视图中的投影线长度求出各投影面梯形板展开的实际高度。

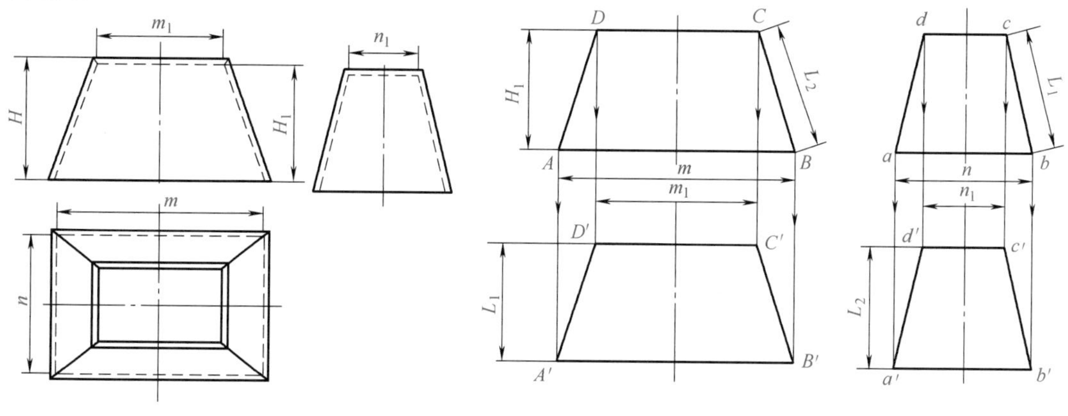

图12-111　矩形锥管

图12-112　矩形锥管放样展开图

展开图形作法：先用内壁尺寸作出放样图，如图12-112上图所示，然后以L_1作高用CD和AB作上、下底边，用L_2作高用cd和ab作上、下底边作出的等腰梯形$A'B'C'D'$和$a'b'c'd'$即是前后面和左右面矩形锥管的展开图形，如图12-112下图所示。

实例（四）：正四棱锥展开

如图12-113所示为四棱锥的正视图和俯视图。用内壁作出正视图，如图12-114所示，底边AB反映实长，OB为四棱锥面其中一面的高的实长，而且四面均为相同的三角形，以OB为高作三角形，使底边$A'B'=AB$，则OB'为棱线实长。用放射线法展开，以O为圆心以OB'为半径画弧，在弧上用L长度作弦长依次截得a、b、c、d、a点，再将O点与各点连接，得到的四个相同三角形为四棱锥的展开图。

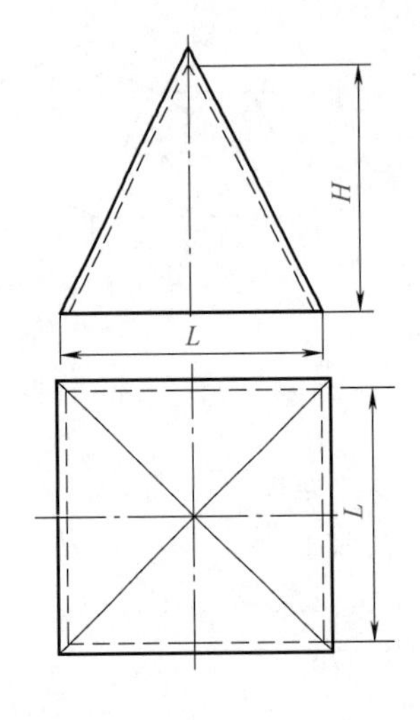

图12-113　正四棱锥

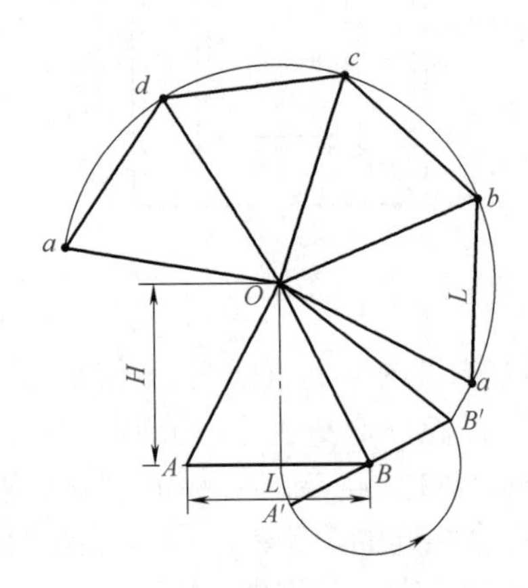

图12-114　正四棱锥放样展开图

实例（五）：矩形口斜漏斗展开

如图12-115所示为矩形口斜漏斗的三面投影图。此构件上口为水平位置的大矩形口，下口为垂直于侧面投影的小矩形口。从正视图看前后面板为平面梯形，而两侧面板四边不共面，是由两个三角形组成的向外折的板面。全部用内径做板厚处理来作出放样展开图。

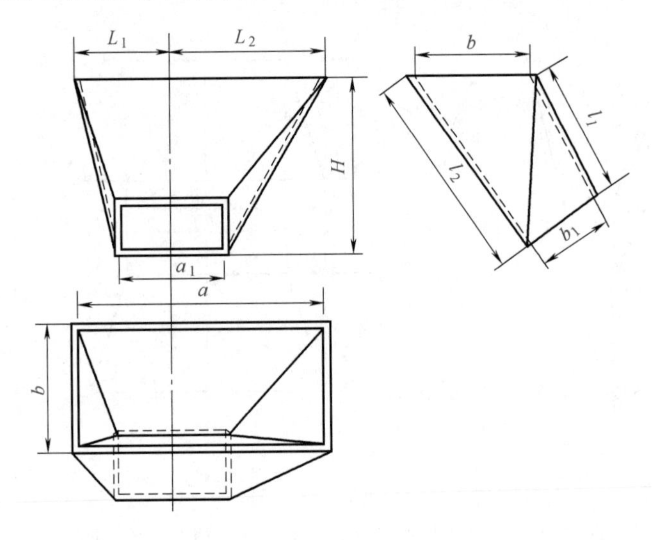

图12-115　矩形口斜漏斗

展开图形作法：用内径作出漏斗的三视图。从三视图可以看出正视图中前后面的展开图形是以a和a_1为底边以侧视图中l_1和l_2为高的两个梯形。在梯形的实形中就可反映出四条棱线的实长，而折线的实长从正视图中用支线法求出l_3和l_4的长度就分别是两折线的实长。利用所有折线和棱线实长就可作出矩形漏斗的全部展开图形。作图时先作出从正面看后面板的展开图形，然后依次对两面用三角形法就可作出全部展开图形，如图12-116（b）所示。

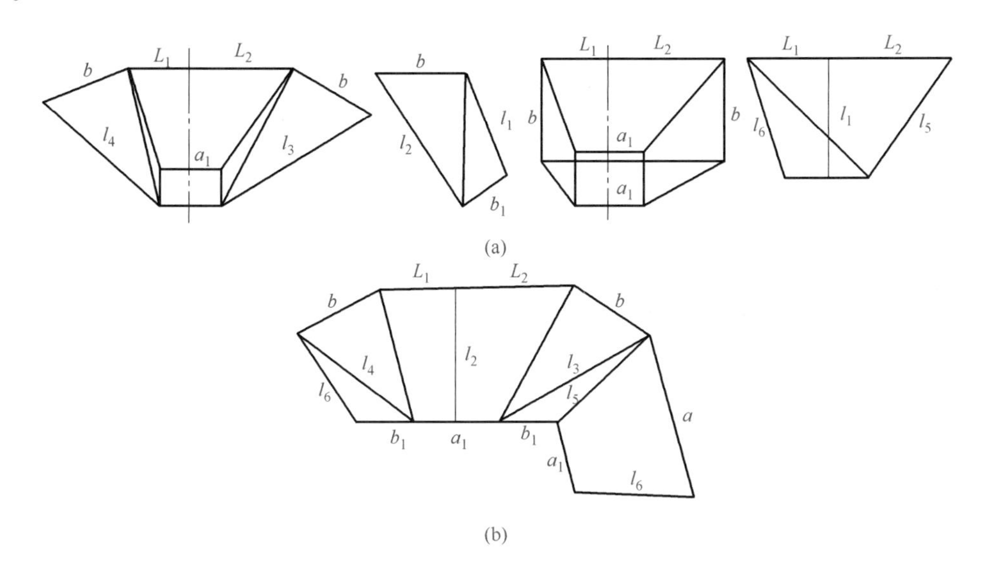

图12-116　矩形漏斗放样展开图

实例（六）：上下矩形口扭转连接管展开

此构件因表面既不是棱锥面又不是棱柱面，所以展开图的画法多用三角形法。

如图12-117所示为上下矩形口扭转连接管的投影图。展开图形作法：用矩形管内壁尺寸作出放样图，如图12-118上图所示，然后作以L_2为高，以m和m_1为底边的等腰梯形$A'B'C'D'$为正面板的展开图形，再作以L_1为高，以n和n_1为底边的等腰梯形$a'b'c'd'$为侧面板的展开图形，如图12-118下图所示。

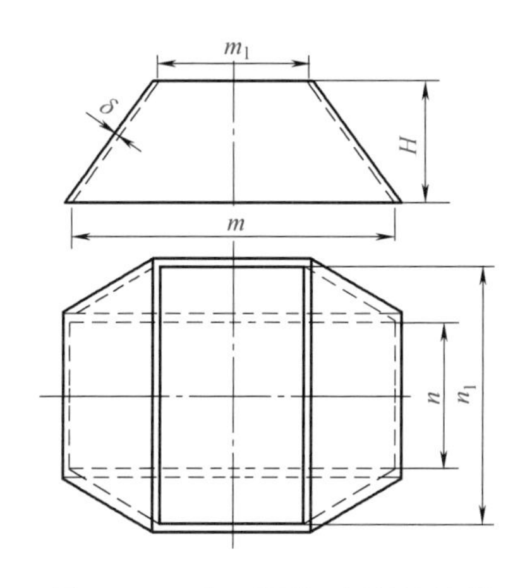

图12-117　上下矩形口扭转连接管

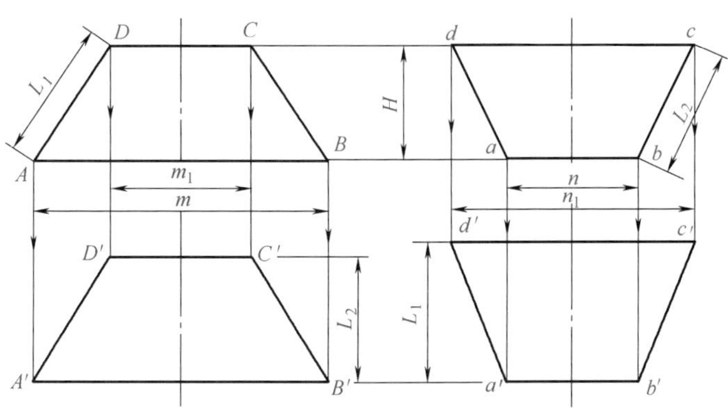

图12-118　上下矩形口扭转连接管放样展开图

二、弯管构件展开

实例（一）：弧形直角方口弯头展开

如图12-119所示为弧形直角方口弯头的投影图。此构件从两面投影看比较易展开，从正视图看前后面板是平面圆环，两侧板是柱面。全部用内径作放样和展开图。板厚处理分析清楚也可以直接计算弧长作出展开图。前后弧面用内径展开时展开半径为$R-\delta$和$r+\delta$的同心圆环的1/4，而内外侧板则应用中径为$r+\delta/2$和$R-\delta/2$的展开圆周长的1/4作长度，用a作宽度的矩形，如图12-120所示。

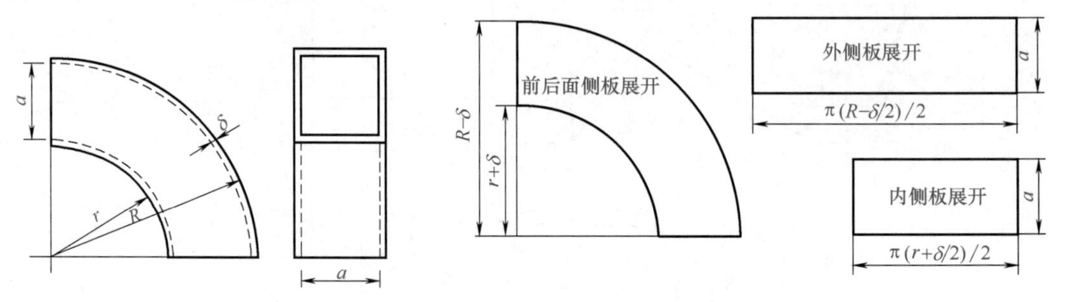

图12-119　弧形直角方口弯头　　图12-120　弧形方管的展开示意图

实例（二）：任意角度换向矩形管弯头展开

如图12-121所示为任意角度换向矩形管弯头投影图。此构件由上下两节锥管组成，上口为水平位置的大矩形口，下口为垂直于正视图和俯视图的小矩形口，每节由四块平面板组成，全部用内径放样和展开。

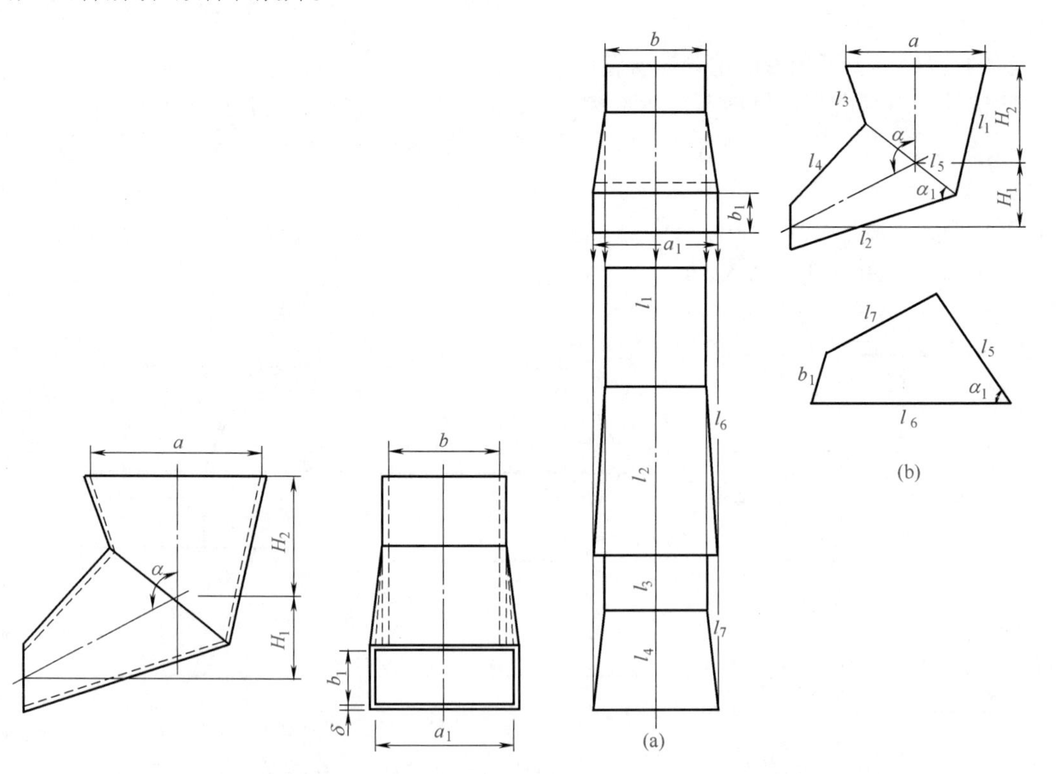

图12-121　任意角度换向矩形管弯头　　图12-122　弯头的放样展开图

展开图形作法：从内径作出弯头的正视图和侧视图，可以看出正视图中l_1、l_2、l_3和l_4反映四块侧板展开图形高度的实长。在侧视图上用各块板宽度a_1和b的实长可作出四块板的展开实形，上节两块侧板为矩形，下面两块板为等腰梯形，如图12-122（a）所示。同时两等腰梯形斜边长l_6和l_7，反映出下节锥管棱线的实长。上节管前后面在正视图中反映实形，利用相贯线l_5反映实长和α_1为两面实角的关系，用三角形法先作出角α_1，然后在角线上截取l_5和l_6，以l_5和l_6的不相交端点为圆心，以l_7和b_1为半径画弧得交点并连线就得到下节锥管前后面的展开图形，如图12-122（b）所示。

实例（三）：两节任意角度方锥管弯头展开

如图12-123所示为两节任意角度方锥管弯头的二面投影图。此构件由上下两节组成，上口为垂直于正视图的方形口，下口为水平位置的方形口，两节锥管弯头从正视图看两侧面板均为平面梯形板，而上节和下节的前后面板均由两个三角形组成。放样和展开图形全部用内径作出。

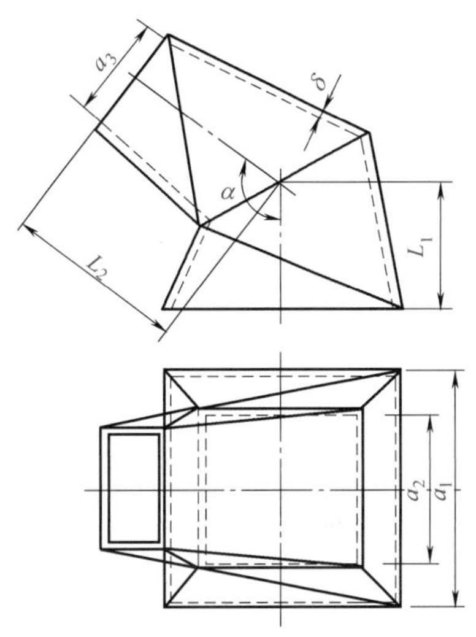

图12-123　两节任意角度方锥管弯头

展开图形作法：用内径作出弯头的正视图和俯视图，如图12-124（a）所示，在正视图的各边线l_1、l_2、l_3和l_4即是两侧面4个梯形展开的高度，在俯视图中利用a_1、a_2和a_3的实长为底边，以l_1、l_2、l_3、l_4为高的4个等腰梯形即是4个侧面板的展开图形，如图12-124（b）所示。在正视图中上节和下节管的相贯线l_5反映实长。利用在图12-124（b）中求出的各棱线实长l_5、l_6、l_7和l_8，用两面实角α_1和l_2可求出折线实长，再用三角形法可作出上节管和下节管前后面折板的展开图形，如图12-124（c）和（d）所示。

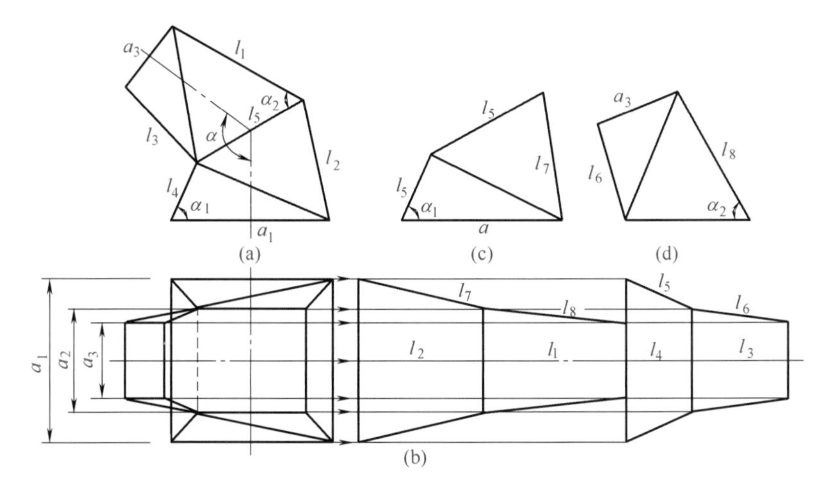

图12-124　弯头的放样展开示意图

三、三通管构件展开

实例（一）：裤形方口三通管展开

如图12-125所示为裤形方口三通管的三面投影图。此三通管构件的前后面的形状相同，左右两侧的内外侧板的形状也分别相同，所以分别展开其中的一件就可以。上口是水平位置的大方形口，下口是两个水平位置的小方形口。全部用内径作放样和展开图样。

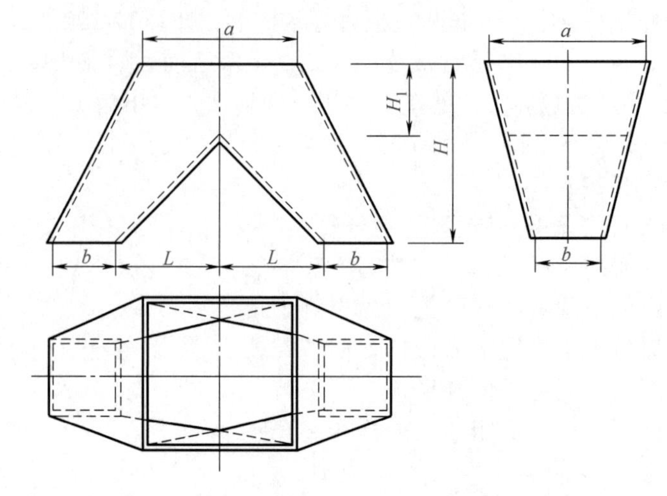

图12-125　裤形方口三通管

展开图形作法：如图12-126所示，用内径作出正视图和侧视图。在侧视图中h_1和h_2反映了正视图中展开图形实际高度，将正视图中心轴线延长，在上面截取h_1和h_2的长度得O_1、O_2和O_3点，过这三点作水平线，过正视图中各棱线和端面线交点，下引垂线和三条水平线对应得各交点，用直线连接各点得到裤形三通前后面板的展开图形。

在正视图中两侧面板的投影棱线长h_3和h_4反映内外侧板展开等腰梯形的高。在侧视图上用上面同样作法可画出内外侧板的展开图形，如图12-126所示。

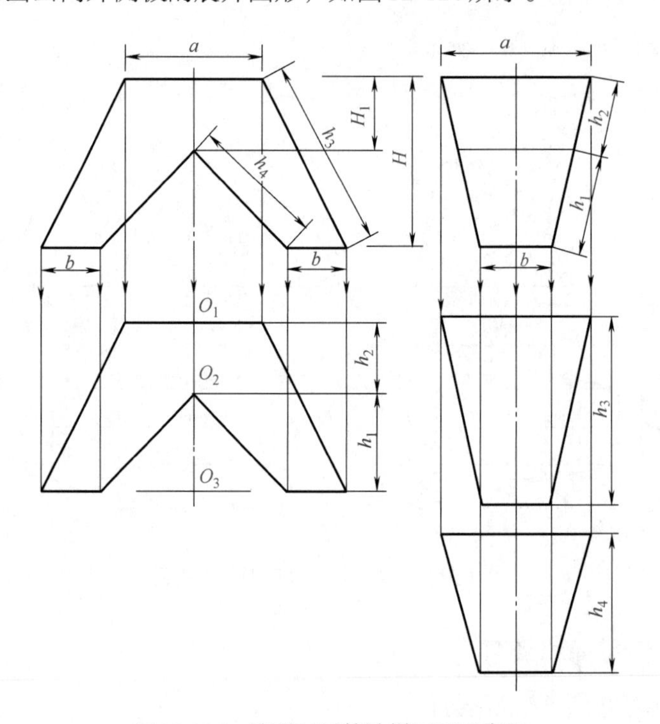

图12-126　裤形三通管放样展开示意图

实例（二）：弧形矩形口三通管展开

如图12-127所示为弧形矩形口三通管的投影图。此构件由矩形管和弧形矩形口管组合构成三通管，上口为水平位置矩形口，侧面为垂直于正视图和俯视图的弧形管矩形口，下口为水平位置两管结合矩形口。全部用内径放样，弧形管两侧面柱面板用中径展开，其他均用内径展开。

此构件不用作放样图可直接根据投影图尺寸展开。在侧面管高为H、宽为a的矩形和前后面内径投影图形构成前后和左侧面的展开图，如图12-128（a）所示。矩形管右侧面板仍是一块矩形板，按内径展开是宽度为H减去缺口尺寸，而长度为a的矩形板，缺口长度为$R_2/$

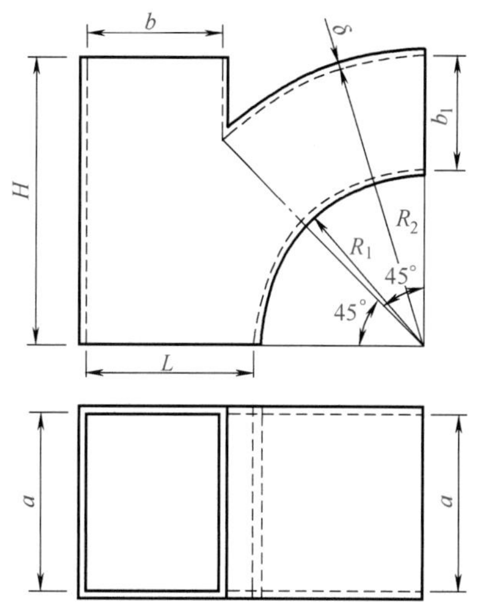

图12-127 弧形矩形口三通管

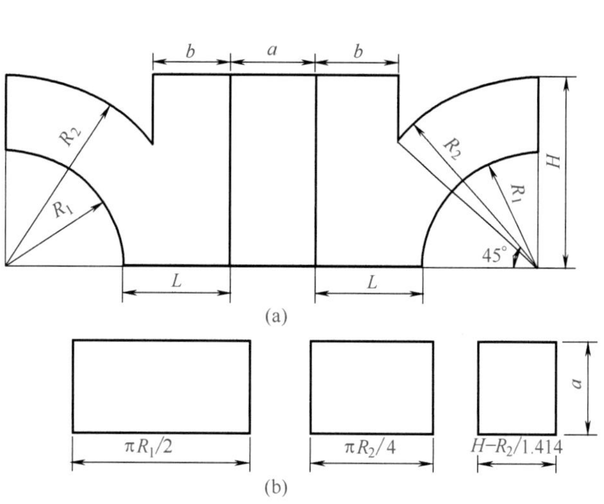

图12-128 弧面矩形三通管展开示意图

1.414。弧形管内外侧柱面板的展开是边长为a、宽为弧面中径展开尺寸的矩形板。所有展开图如图12-128（b）所示。

实例（三）：偏心斜接方口三通管展开

如图12-129所示为偏心斜接方口三通管的两面投影图。此构件左右对称，上部是垂直方向的方管，上端口为水平位置的正方形，下部是两个水平方向的小方管，下端口垂直于俯视图，中部是两个过渡管。全部用内径作其放样和展开图。

上节和下节方管展开图形作法：先用内径作出构件的正视图和俯视图，因是对称构件，下节管和过渡管仅作出一件的放样图形即可。上节棱柱管在正视图中反映出各棱线的实长，水平位置的上口在俯视图中反映实形。下节棱柱管在俯视图中反映各棱线的实长，而且在两面投影中反映出端口边线的实长。因此用平行

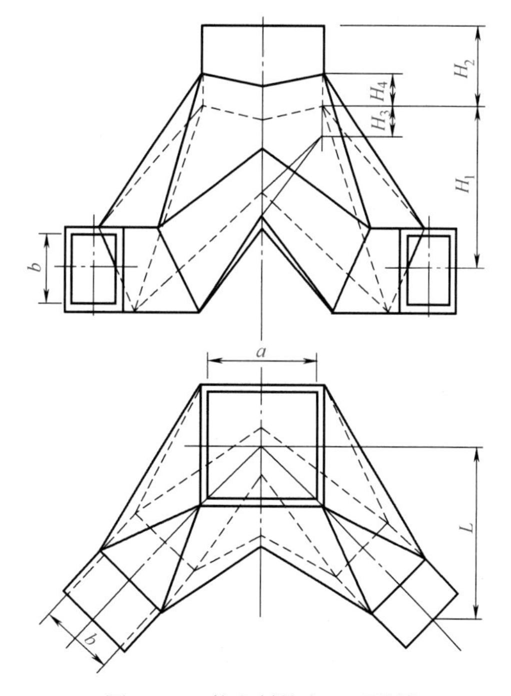

图2-129 偏心斜接方口三通管

线法可展开上节和下节正棱柱管。

在正视图中作上节管的上端面的延长线，在延长线上截取线段长度为4L并作4等分，同时在前后面的展开等分内再分别作2等分，过各等分点作线段的垂线，然后从正视图中过4条棱线的端点a、b、c、d作端面的平行线和各垂线对应交于a'、b'、c'、d'各点，用直线连接各点即得到上节正四棱管的展开图形，如图12-130（a）所示。同理用平行线法在俯视图中作出下节正四棱管的展开，如图12-130（b）所示。

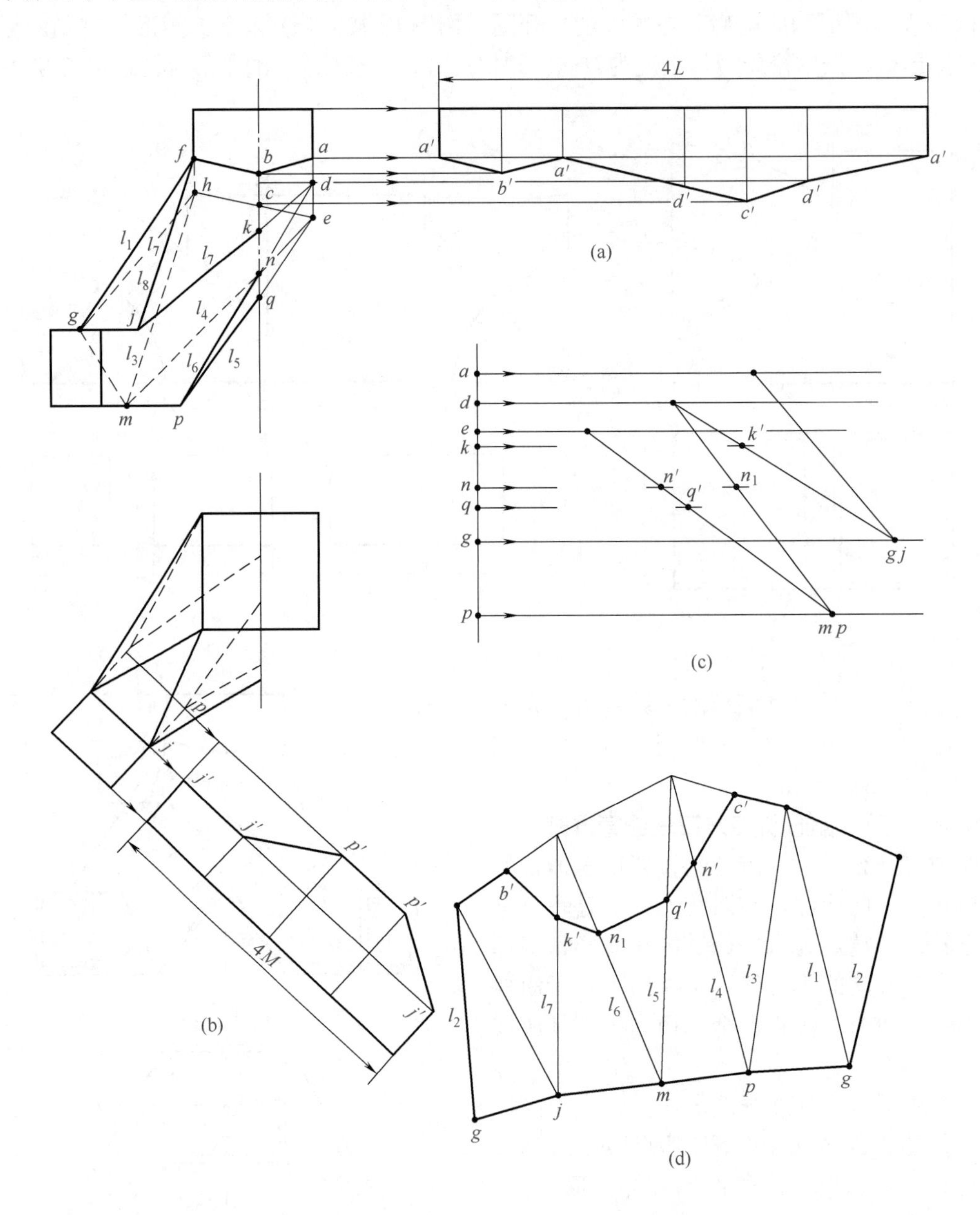

图12-130　偏心斜接三通正四棱管放样展开图

中节过渡管的展开图作法：中节过渡管是由4个三角形面和4个四边形面组成的，各个三角形面和上下节棱管交接的棱线实长在图12-130（a）和（b）的展开实形中已求出。从正视图中可分析出f、g、h三点组成三角形，它相邻两侧也是三角形，两侧的三角形各自再有两个四边形相邻，最后在内侧由l_5、l_6线和nq组成的三角形将两面围过来的四边形相连组成过渡管的8个面。并且前后相邻两四边形的相邻棱线延长交于d和e点，所以可先用三角形作图求实长，然后再减去延长的部分得出四边形。利用各棱线在正视图和俯视图的位置，用直角三角形法求出各线的实长，如图12-142（c）所示，然后先作内侧由l_5、l_6和de实长组成的三角形，再依次按顺序向两边用各实长作出各个三角形，最后在棱线上截取出b'、k'、n_1、q'、n'、c'等点得到4个四边形和4个三角形组成的图形就是中节过渡管的全部展开图，如图12-130（d）所示。

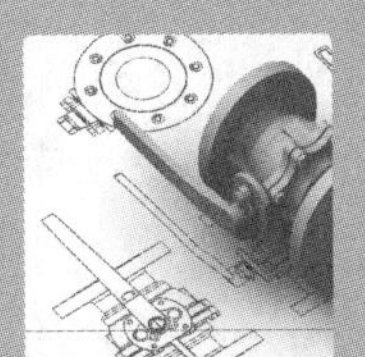

第十三章
钳工识图

第一节　钳工划线图的识读

根据图样或实物的尺寸，在工件表面上（毛坯表面或已加工表面）划出零件的加工界线，这一操作称为划线。

划线的目的是指导加工以及通过划线及时发现毛坯的各种质量问题。通过划线确定零件加工面的理想位置，明确地表示出表面的加工余量，确定孔或内部结构的位置，可划出加工位置的找正线，使机械加工有所标识和依据。当毛坯件误差大时，可通过划线借料予以补救，对不能补救的毛坯件不再转入下面工序，以避免不必要的加工浪费。

按加工中的作用，划线可分为划加工线、证明线及找正线三种：

① 按样要求，划在零件表面作为加工界线的线称为加工线。

② 用来检查发现工件在加工后的各种差错，甚至在出现废品时作为分析原因的线称为证明线。一般证明线距离加工线根据零件的大小形状常取5~10mm，但当证明线容易与其他线混淆时，也可省略不划。

③ 加工线外边划的线称为找正线，在零件加工前，装卡时用以找正。找正线距加工线根据零件的大小一般取3~10mm，特殊情况下也有10mm以上的。

一、常用平面划线标记的识读

常用平面划线标记见表13-1。

表13-1　常用平面划线标记

名称	标记	用途
中心线	——·——·——	用于板料与半成品件的划线
中心点或定位点	⊕ 或 V	
煨制线	━━━━━━	

续表

名称	标记	用途
切断线	制作料 —•—•—•—•— 制作料	用于板料与半成品件的划线
切掉线	余料 制作料	
中心点		用于毛坯或半成品件划线
十字校正线		
加工界限线	—•—•—•—•—•—•—•—	
验证线（又称检查线，距加工线3~10mm）	—•————————•—	

二、划线基准的识读

在零件图上，划线时确定工件几何形状、尺寸位置的点、线、面就叫作划线基准。

（1）选择划线基准的原则

① 图纸尺寸。划线基准与设计基准一致。

② 加工情况。一是毛坯上只有一个表面是已加工面，以该面为基准；二是工件不是全部加工，以不加工面为基准；三是工件全是毛坯面，以较平整的大平面为基准。

③ 毛坯形状。一是圆柱形工件，以轴线为基准；二是有孔、凸起部或毂面时，以孔、凸起部或毂面为基准。

（2）划线前的准备工作及生产要点

① 划线前的准备。划线的质量将直接影响工件的加工质量，要保证划线质量，就必须做好划线前有关准备工作。

a. 清理工件，对铸、锻毛坯件，应将型砂、毛刺、氧化皮除掉，并用钢丝刷刷净，对已生锈的半成品将浮锈刷掉。

b. 分析图样，了解工件的加工部位和要求，选择划线基准。

c. 在工件的划线部位，按工件不同材料涂上合适的涂料。

d. 擦净划线平板，准备好划线工具。

② 生产要点。

a. 熟练掌握各种划线工具的使用方法，特别是一些精密划线工具。

b. 工具要合理放置，左手用的工具放在作业件的左面，右手用的工具放在作业件的右面。

c. 较大工件的立体划线，特别是在调正工件安放位置时，最好用起重设备吊置加以保险，或在工件下垫以垫铁等，以免发生事故。

d. 划线完毕，收好工具，将平台擦净。

（3）找正工件基准的方法

划线时，应使划线基准与设计基准一致。选择划线基准时，应先分析图样，了解零件结构以及零件各部尺寸的标注关系。划线基准一般有三种类型：

① 以两个相互垂直的平面（或直线）为基准。如图13-1所示，该零件在两个垂直的方向上都有尺寸要求。

② 以一个平面（或直线）和一条中心线为基准。如图13-2所示，该零件高度方向的尺寸以底面为依据，宽度方向的尺寸对称于中心线。此时底平面和中心线分别为该零件两个方向上的划线基准。

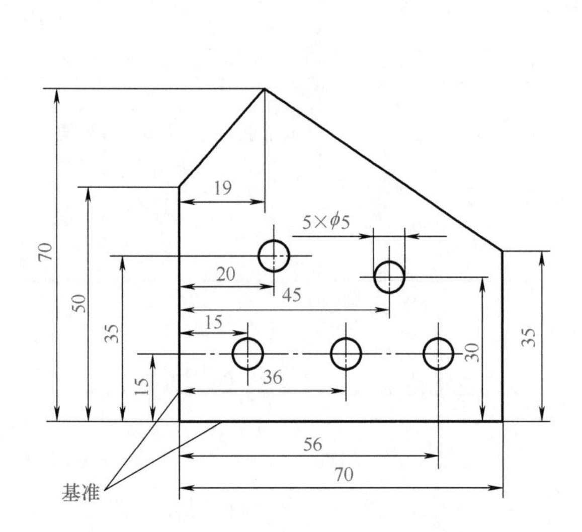

图13-1 以两个相互垂直的平面为基准

图13-2 以一个平面和一条中心线为基准

③ 以两条相互垂直的中心线为基准。如图13-3所示，该零件两个方向尺寸相对其中心线具有对称性，并且其他尺寸也是从中心线开始标注。此时两条中心线分别为两个方向的划线基准。

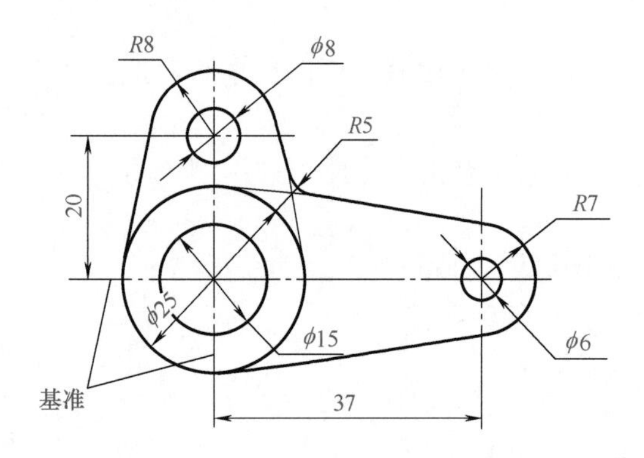

图13-3 以两条相互垂直的中心线为基准

由此可见，划线时在零件的每一个尺寸方向都需要选择一个基准。因此，平面划线一般要选择两个划线基准，立体划线要选择三个划线基准。

（4）平面划线基准

① 如图13-4所示为菱形镶配件各个部位尺寸的标注情况，以及图中各要素形位公差的要求。可见菱形镶配件其宽度方向尺寸如48$_{-0.030}^{\ 0}$mm，12$_{-0.027}^{\ 0}$mm，52mm，均对称于中心线Ⅰ—Ⅰ。其高度方向尺寸如40$_{-0.08}^{+0.08}$mm，60$_{-0.046}^{\ 0}$mm以及两个90°±5′的直角均对称于中心线Ⅱ—Ⅱ，故在菱形镶配件图形中，Ⅰ—Ⅰ，Ⅱ—Ⅱ为设计基准，按划线基准选择原则，该零件划线时，应选择Ⅰ—Ⅰ，Ⅱ—Ⅱ两条中心线为划线基准。划线即从基准开始。

② 如图13-5所示为Y形压模，按Y形压模各部尺寸标注情况分析，压模在两个方向上

有尺寸要求，其高度方向尺寸如$30^{+0.052}_{0}$mm，$65^{0}_{-0.03}$mm均以*A*面（或线）开始标注，其宽度方向尺寸如$15^{0}_{-0.018}$mm，$45^{0}_{-0.025}$mm，$10^{0}_{-0.036}$mm以及90°±5′的直角均对称于中心线Ⅰ—Ⅰ，故*A*面（或线）及中心线Ⅰ—Ⅰ为该压模的设计基准。按划线基准选择原则，压模在划线时应选择*A*面（或线）以及中心线Ⅰ—Ⅰ作划线基准。

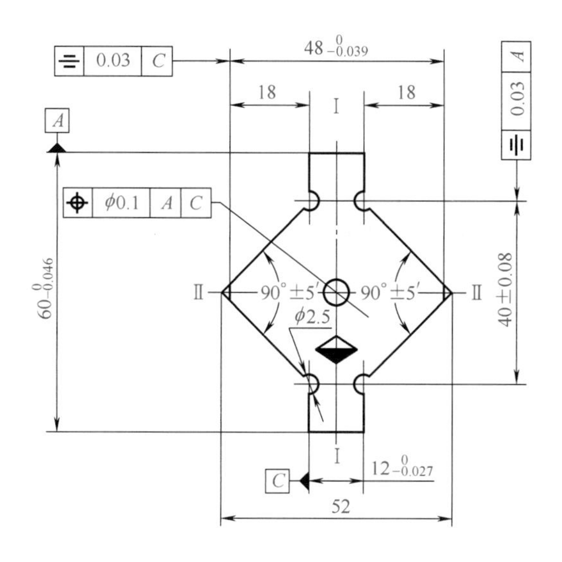

图13-4　菱形镶配件时平面划线基准的选择

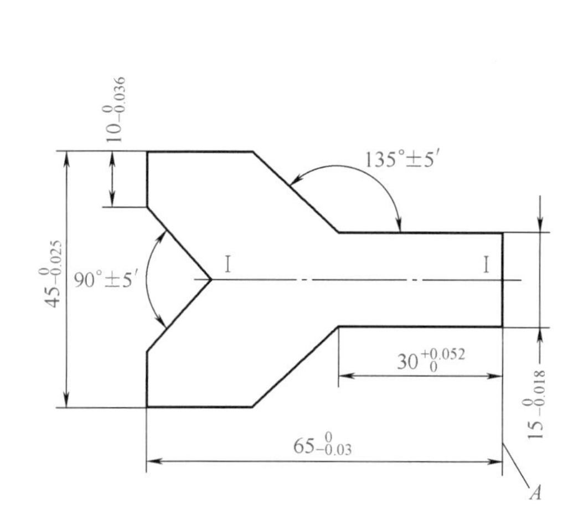

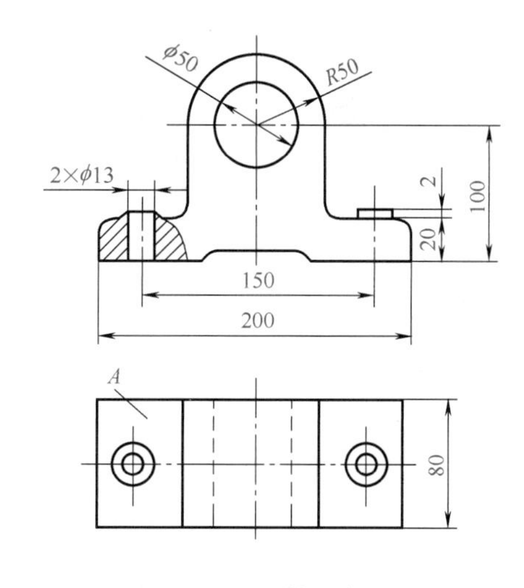

图13-5　Y形压模时平面划线基准的选择　　　　图13-6　轴承座

（5）立体划线基准

如图13-6所示为轴承座划线。从图中分析可见，轴承座加工的部位有底面、轴承座内孔、两个螺钉孔及其上平面。两个大端面，需要划线的尺寸共有三个方向，划线时每个尺寸方向都须选定一个基准，所以轴承座划线需三个划线基准。由此可见该轴承座的划线属立体划线。

在三个方向上划线，工件在平板上要安放三次才能完成所有线条。

① 第一划线位置。应该选择待加工表面和非加工表面均比较重要和比较集中的一个位

置，而且支承面比较平直，所以轴承座第一划线位置应以底平面作安放支承面，如图13-7（a）所示。调节千斤顶，使两端孔的中心基本调到同一高度，划出基准线Ⅰ—Ⅰ底平面加工线及其他有关线条。

② 第二划线位置。安放轴承座，使底平面加工线垂直于平板，并调整千斤顶，使两端孔的中心基本在同一高度，如图13-7（b）所示，然后划基准线Ⅱ—Ⅱ，并划出两螺钉孔中心线。

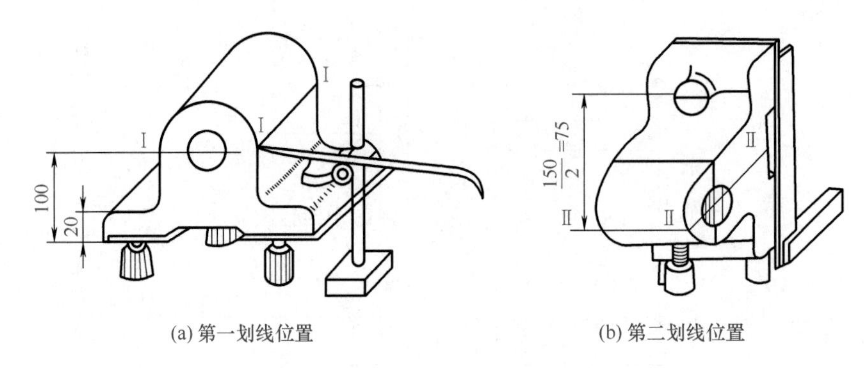

(a) 第一划线位置　(b) 第二划线位置

图13-7　轴承座的第一、第二划线位置

③ 第三划线位置。以轴承座某一端面为安放支承面，调节千斤顶，使轴承座底面加工线和基准线Ⅰ—Ⅰ垂直于平台，如图13-8所示。然后依据两螺钉孔的中心（初定），试划两大端面加工线。如一端面出现余量不够，可适当调整螺孔中心位置（借料）。当中心确定后即可划出Ⅲ—Ⅲ基准线和两大端面的加工线。

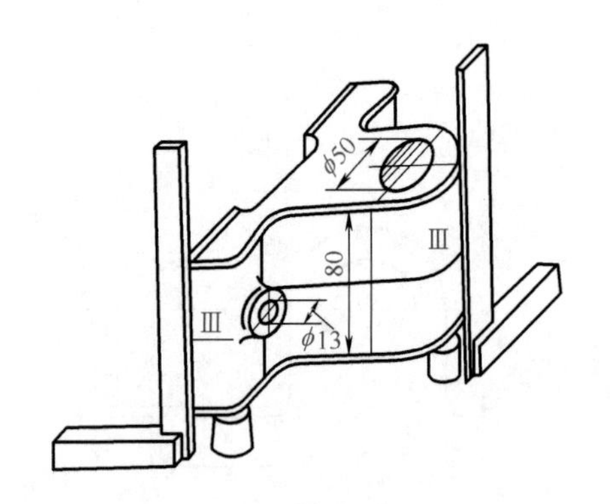

图13-8　轴承座的第三划线位置

至此轴承座三个方向的线条（加工线）都可划出，可见轴承座三个尺寸方向上基准分别为图中Ⅰ—Ⅰ，Ⅱ—Ⅱ，Ⅲ—Ⅲ。在实际划线时，基准线Ⅰ—Ⅰ，Ⅱ—Ⅱ，Ⅲ—Ⅲ及有关尺寸线如底面和两大端面的加工线在轴承座四周都要划出，这除了明确表示加工界线外，也为在机床上加工时找正位置提供方便。

上述划线完成经复验无误后在加工界线上打样冲眼。打样冲眼必须打正，毛坯面要适当深些，已加工面或薄板件要浅些、稀些。精加工表面和软材料上可不打样冲眼。

三、常用划线方法的识读

常用划线方法见表13-2。

表13-2　常用划线方法

名称	图示	步骤
平行线1	C D E F H A B	①在划好的直线上，取A、B两点 ②以A、B为圆心，用相同半径R划出两圆弧 ③用钢直尺作两圆弧的切线

续表

名称	图示	步骤
平行线2	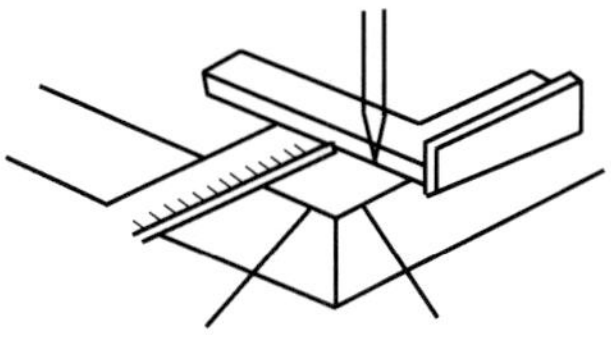	①用钢直尺和划针划出需要的距离 ②用90°角尺紧靠垂直面，另一边对正划出距离，用划针划出平行线
垂直线1	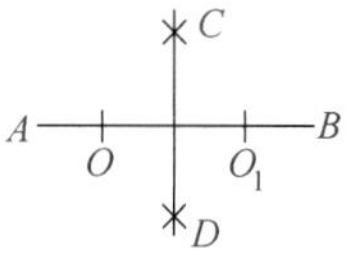 C A O O_1 B D	①在划好的直线上，取任意两点O、O_1为圆心，作圆弧交于上、下两点C和D ②通过C、D连线，就是AB的垂直线
垂直线2	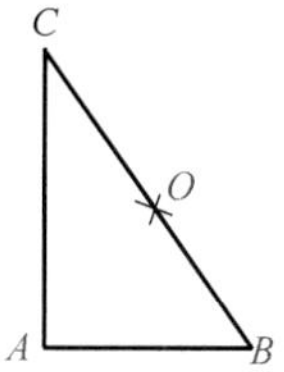 C O A B	①划直线AB ②分别以A、B为圆心，AB为半径作弧，交于O点 ③再以O点为圆心，AB为半径，在BO延长线上作弧，交于C点 ④C点与A点的连线，就是AB的垂直线
垂直线3	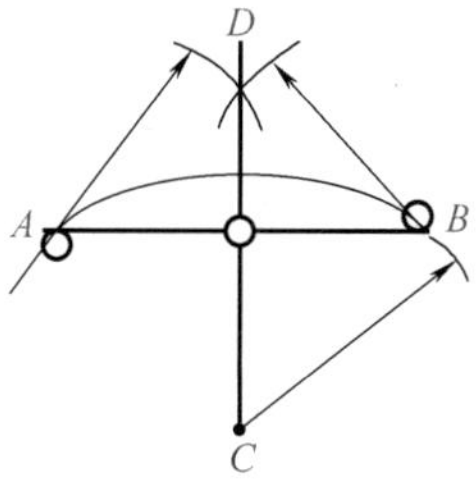 D A B C	①以直线外C点为圆心，适当长度为半径，划弧同已知线交于A和B点 ②用适当长度为半径，分别以A和B点为圆心，划弧交于D点 ③连接C、D的直线就是AB的垂线
二等分一弧线	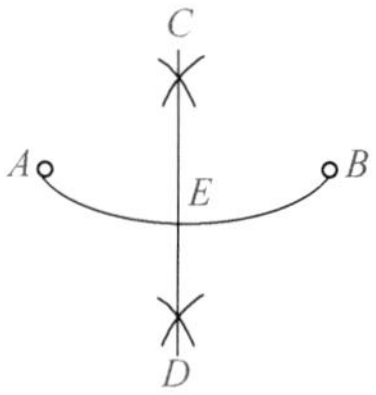 C A E B D	①分别以弧线两端点A、B为圆心，用大于$\frac{1}{2}AB$为半径，划弧交于C、D点 ②连接CD，和弧AB相交于E点
二等分已知角	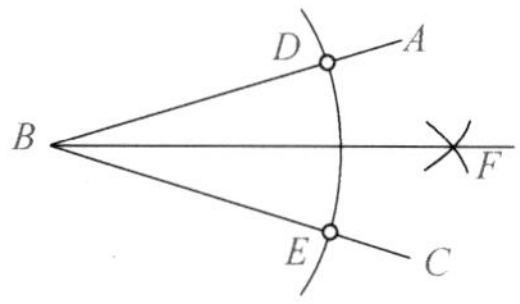 D A B F E C	①以$\angle ABC$的顶点为圆心，任意长度为半径，划弧与两边交于D、E两点 ②分别以D、E为圆心，大于$\frac{1}{2}DE$为半径，划弧交于F点 ③连接BF
30°和60°斜线	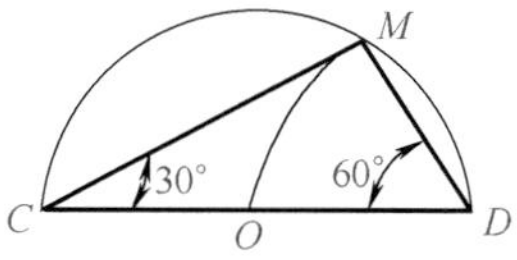 M 30° 60° C O D	①以CD的中点O为圆心，$\frac{CD}{2}$为半径划半圆 ②以D为圆心，用同一半径划弧交半圆于M点 ③连接CM和DM，$\angle DCM$为30°，$\angle CDM$为60°

续表

名称	图示	步骤
45°斜线	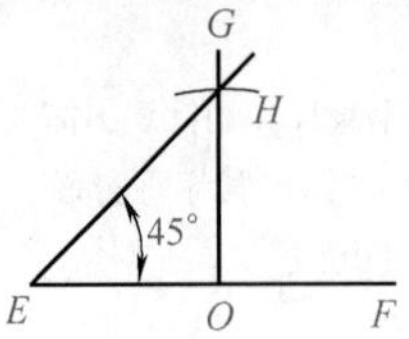	①划线段EF的垂线OG ②以O为圆心，OE为半径划弧，交OG于H ③连接EH，$\angle FEH$为45°
任意角度斜线	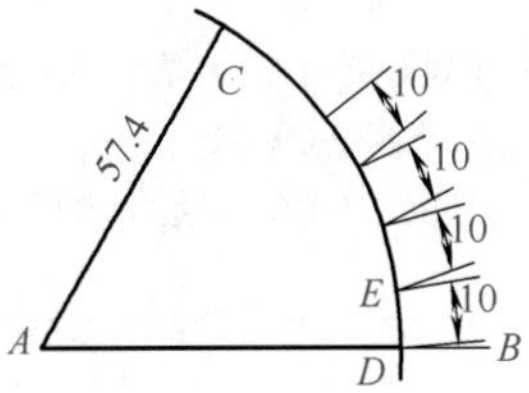	①作AB ②A为圆心，以57.4 mm长为半径作圆弧CD ③在弧CD上截取10mm，交于E点，$\angle EAD$为10°，每10mm弦长的对应角为1°（近似） 使用中应先用常用角划法划出邻近角度，再用此法划剩余角
圆的3等分	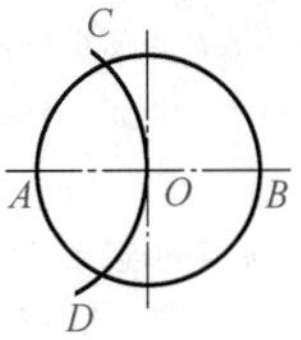	以A为圆心，OA为半径划弧，交圆于C、D两点，C、D、B即3等分点
圆的4等分	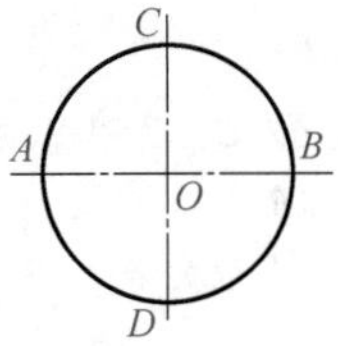	过圆心O作相互垂直的两条直线AB、CD，交点A、B、C、D即4等分点
圆的5等分	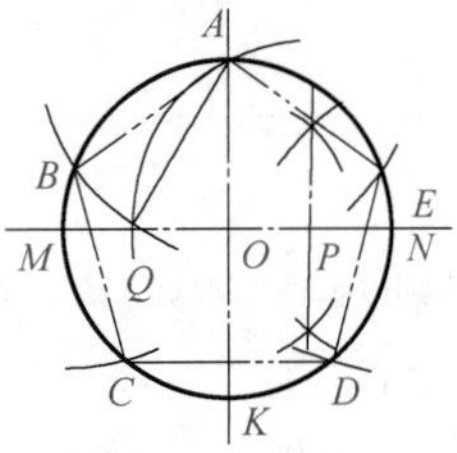	①过圆心O作垂直线AK、MN ②平分ON得交点P ③以P为圆心，PA为半径划弧交OM于Q点，AQ即圆5等分的弦长 ④以AQ为半径，在圆周上截取B、C、D、E及A即为5等分点
圆的6等分	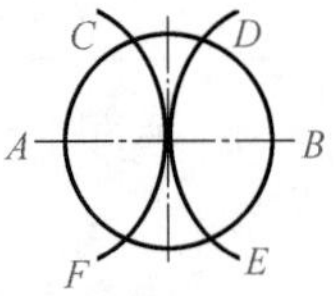	以圆的半径在圆周上连续截取A、B、C、D、E、F 6等分点
半圆的任意等分	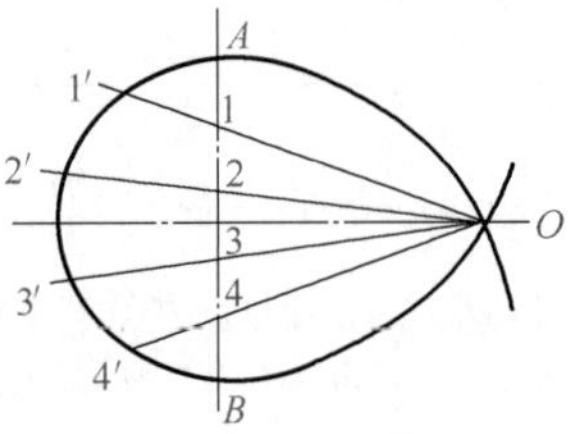	①把直径AB分N等分 ②分别以A、B为圆心，AB为半径，划弧交于O点 ③从O点与AB线上等分点连线，并延长交半圆于1′、2′、3′、4′…各点即为任意等分点

续表

名称	图示	步骤
圆的任意等分	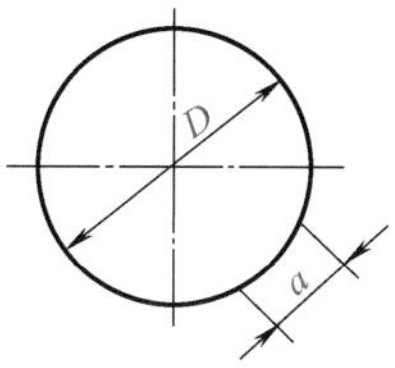 D a	弦长 $a=KD$ 式中　K——N等分的系数(见表13-3)； D——圆周直径
求弧的圆心	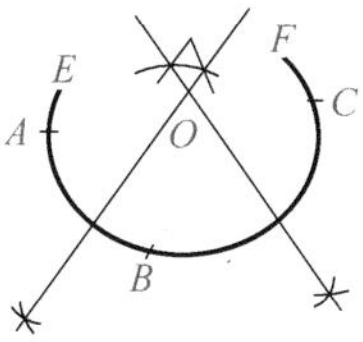 E F A C O B	①在$\widehat{EF}$上任取A、B、C三点 ②作AB的垂直平分线 ③作BC的垂直平分线，两线交于O点，O为$\widehat{EF}$的圆心
作圆弧与两相交直线相切	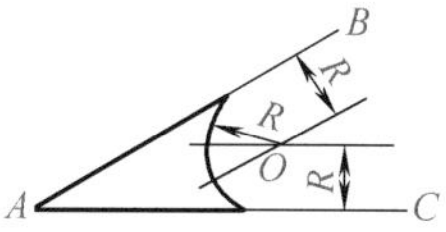 B R R O R A C	①在两相交直线的锐角$\angle BAC$内侧，作与两直线相距为R的两条平行线，得交点O ②以O点为圆心、R为半径作圆弧即成
作圆弧与两圆内切	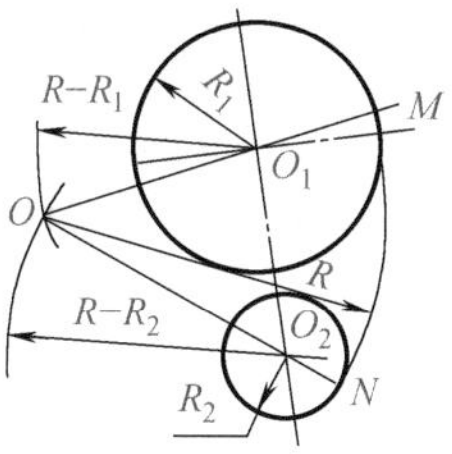 $R-R_1$ R_1 M O_1 O R $R-R_2$ O_2 R_2 N	①分别以O_1和O_2为圆心，$R-R_1$和$R-R_2$为半径作弧交于O点 ②以O点为圆心，R为半径作圆弧即成
作圆弧与两圆外切	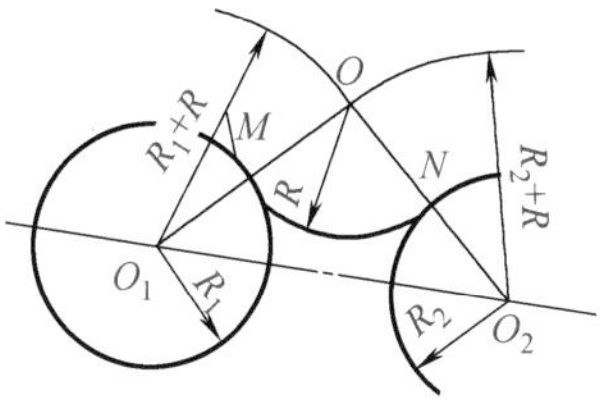 O R_1+R M N R_2+R R O_1 R_1 R_2 O_2	①分别以O_1和O_2为圆心，以R_1+R及R_2+R为半径作圆弧交于O点 ②连接O_1O交已知圆于M点，连接O_2O交已知圆于N点 ③以O点为圆心，R为半径作圆弧即成
作正八边形	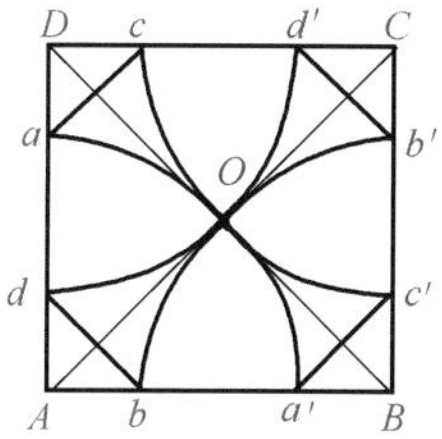 D c d' C a b' O d c' A b a' B	①作正方形$ABCD$的对角线AC和BD，交于O点 ②分别以A、B、C、D为圆心，AO、BO、CO、DO为半径作圆弧，交正方形于a、a'、b、b'、c、c'、d、d'共八个点 ③连接bd、ac、$d'b'$、$c'a'$即得正八边形

续表

名称	图示	步骤
只有短轴的椭圆	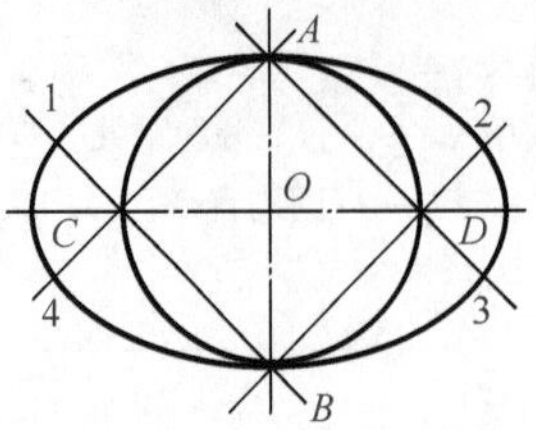	①以短轴AB的中点O为圆心，AO为半径划圆 ②过O划AB的垂线交圆于C、D ③连接AC、AD、BC、BD并延长 ④分别以A、B为圆心，AB为半径划弧$\overset{\frown}{12}$和$\overset{\frown}{34}$ ⑤分别以C、D为圆心，$C1$、$D2$为半径，划弧连接1、4和2、3点
只有长轴的椭圆	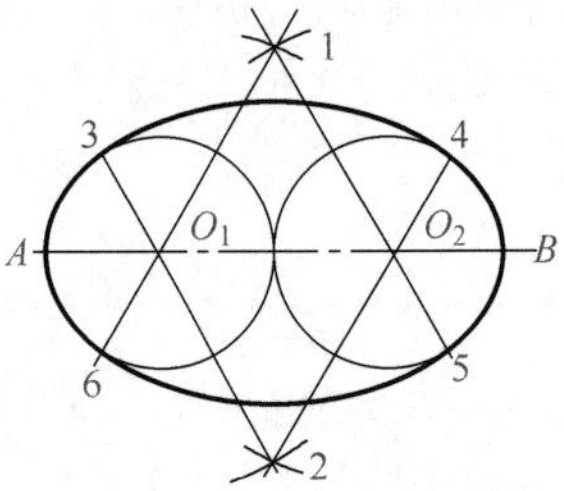	①将长轴AB四等分，得等分点O_1、O_2 ②以一等分长度为半径，分别以O_1、O_2为圆心划圆 ③以O_1到O_2的距离为半径，分别以O_1、O_2为圆心划弧交于1、2点 ④划1点与O_1的连线并延长，交圆于6，同法得3、4、5点 ⑤分别以1、2为圆心，以1—6或2—3为半径，划弧连接5、6及3、4
卵圆形	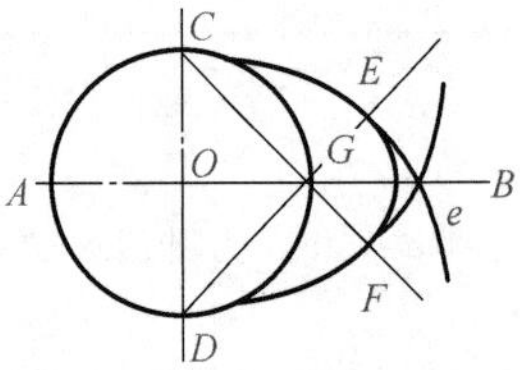	①作线段CD垂直AB，相交于O点 ②以O点为圆心，OC为半径作圆，交AB于G点 ③分别以D、C点为圆心，DC为半径作弧，交于e点 ④连接DG、CG并延长，分别交圆弧于E、F点 ⑤以G点为圆心、GE为半径划弧，即得卵圆形
椭圆（用四心法）	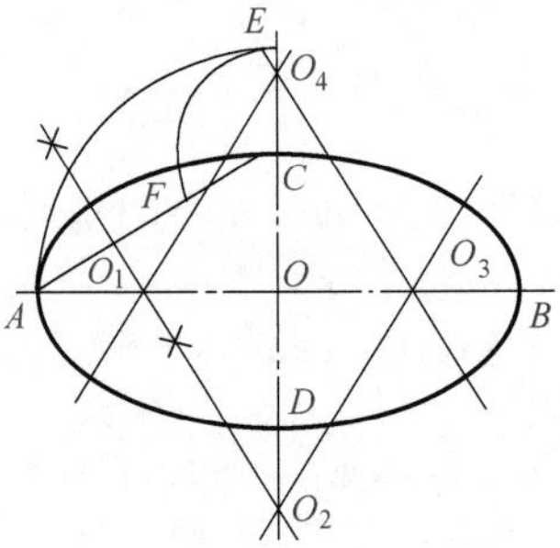	已知：椭圆长轴AB；椭圆短轴CD ①划AB和CD，且相互垂直交点为O点 ②连接AC，并以O点为圆心、OA为半径划圆弧，交OC的延长线于E点 ③以C点为圆心，CE为半径划圆弧，交AC于F点 ④划AF的垂直平分线，交AB于O_1，交CD延长线于O_2，并截取O_1和O_2对于O点的对称点O_3和O_4 ⑤分别以O_1、O_2和O_3、O_4为圆心，O_1A、O_2C和O_3B、O_4D为半径划出四段圆弧，圆滑连接后即得椭圆
椭圆（用同心圆法）	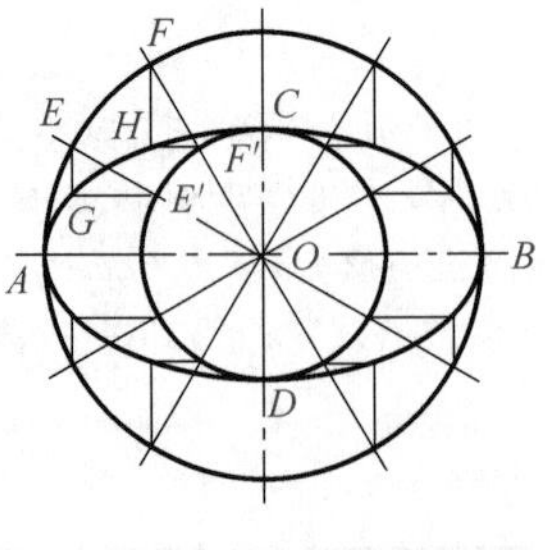	已知：椭圆长轴AB；椭圆短轴CD ①以O点为圆心，分别用长、短轴AB和CD作直径划两个同心圆 ②通过O点相隔一定角度划一系列射线，与两圆相交得E、E'、F、F'等交点 ③分别过E、F…点，划CD的平行线，过E'、F'…点划AB的平行线，相交于G、H…点 ④圆滑连接A、G、H、C…点后即得椭圆

续表

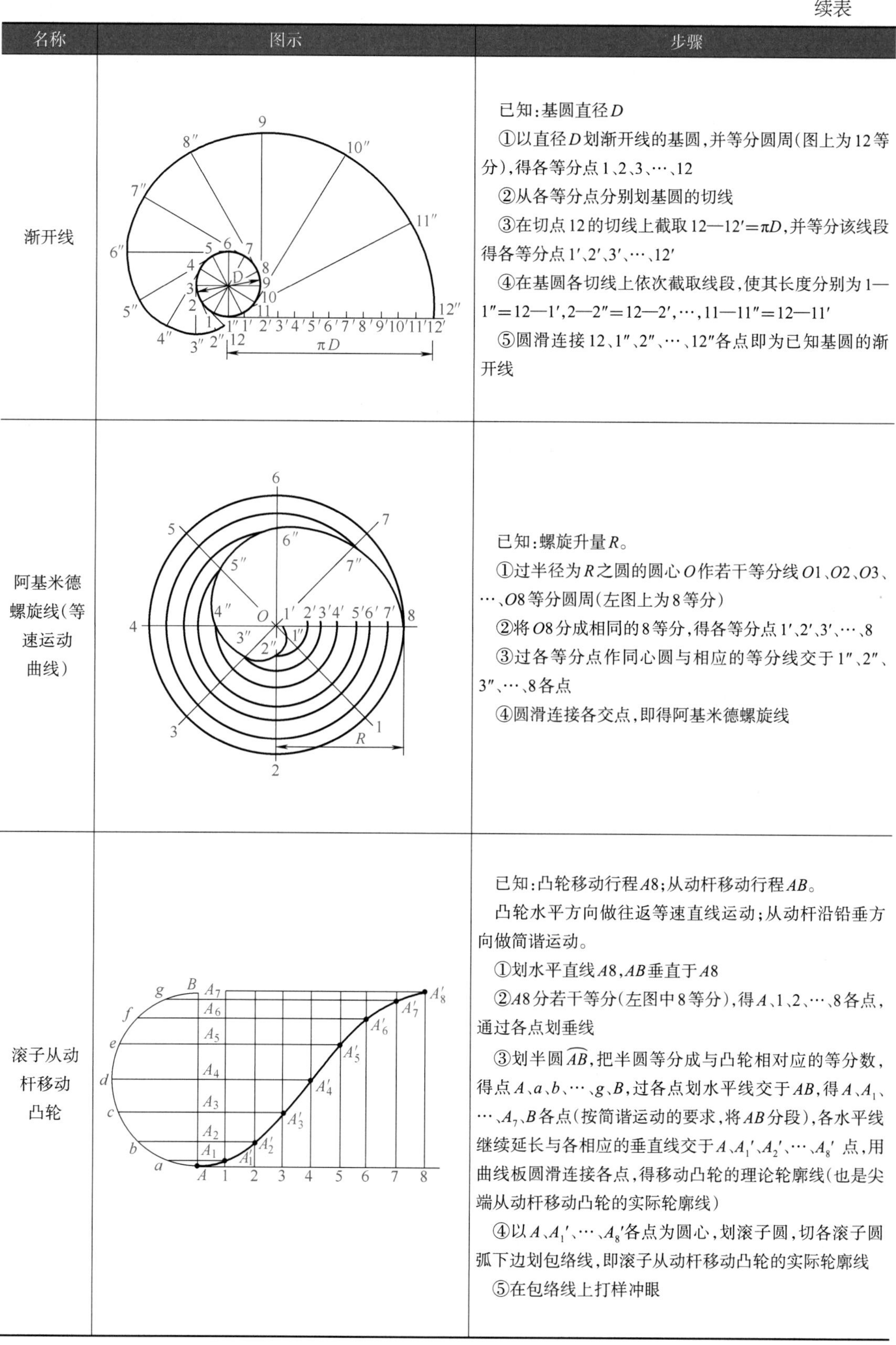

名称	图示	步骤
渐开线		已知：基圆直径D ①以直径D划渐开线的基圆，并等分圆周（图上为12等分），得各等分点1、2、3、…、12 ②从各等分点分别划基圆的切线 ③在切点12的切线上截取$12—12'=\pi D$，并等分该线段得各等分点$1'$、$2'$、$3'$、…、$12'$ ④在基圆各切线上依次截取线段，使其长度分别为$1—1''=12—1'$，$2—2''=12—2'$，…，$11—11''=12—11'$ ⑤圆滑连接12、$1''$、$2''$、…、$12''$各点即为已知基圆的渐开线
阿基米德螺旋线（等速运动曲线）		已知：螺旋升量R。 ①过半径为R之圆的圆心O作若干等分线$O1$、$O2$、$O3$、…、$O8$等分圆周（左图上为8等分） ②将$O8$分成相同的8等分，得各等分点$1'$、$2'$、$3'$、…、8 ③过各等分点作同心圆与相应的等分线交于$1''$、$2''$、$3''$、…、8各点 ④圆滑连接各交点，即得阿基米德螺旋线
滚子从动杆移动凸轮		已知：凸轮移动行程$A8$；从动杆移动行程AB。 凸轮水平方向做往返等速直线运动；从动杆沿铅垂方向做简谐运动。 ①划水平直线$A8$，AB垂直于$A8$ ②$A8$分若干等分（左图中8等分），得A、1、2、…、8各点，通过各点划垂线 ③划半圆$\overset{\frown}{AB}$，把半圆等分成与凸轮相对应的等分数，得点A、a、b、…、g、B，过各点划水平线交于AB，得A、A_1、…、A_7、B各点（按简谐运动的要求，将AB分段），各水平线继续延长与各相应的垂直线交于A、A_1'、A_2'、…、A_8'点，用曲线板圆滑连接各点，得移动凸轮的理论轮廓线（也是尖端从动杆移动凸轮的实际轮廓线） ④以A、A_1'、…、A_8'各点为圆心，划滚子圆，切各滚子圆弧下边划包络线，即滚子从动杆移动凸轮的实际轮廓线 ⑤在包络线上打样冲眼

续表

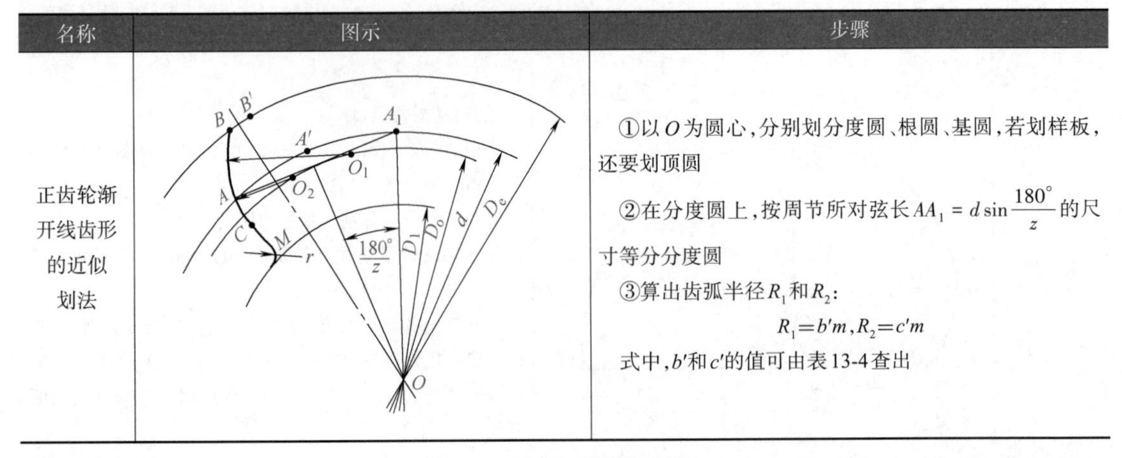

名称	图示	步骤
正齿轮渐开线齿形的近似划法		①以 O 为圆心，分别划分度圆、根圆、基圆，若划样板，还要划顶圆 ②在分度圆上，按周节所对弦长 $AA_1=d\sin\frac{180^\circ}{z}$ 的尺寸等分分度圆 ③算出齿弧半径 R_1 和 R_2： $R_1=b'm, R_2=c'm$ 式中，b' 和 c' 的值可由表13-4查出

表13-3　圆周 N 等分系数表

N	K	N	K	N	K	N	K
3	0.86603	13	0.23932	23	0.13617	33	0.09506
4	0.70711	14	0.22252	24	0.13053	34	0.09227
5	0.58779	15	0.20791	25	0.12533	35	0.08964
6	0.50000	16	0.19509	26	0.12054	36	0.08716
7	0.43388	17	0.18375	27	0.11609	37	0.08481
8	0.38268	18	0.17365	28	0.11196	38	0.08258
9	0.34202	19	0.16459	29	0.10812	39	0.08047
10	0.30902	20	0.15643	30	0.10453	40	0.07846
11	0.28173	21	0.14904	31	0.10117	41	0.07655
12	0.25882	22	0.14231	32	0.09802	42	0.07473

表13-4　齿形 b'、c' 系数表（$\alpha=20^\circ$）

z	b'	c'	z	b'	c'	z	b'	c'
8	2.22	0.84	24	5.20	3.24	40	8.01	5.84
9	2.43	0.98	25	5.38	3.40	42	8.35	6.18
10	2.64	1.11	26	5.55	3.56	45	8.90	6.66
11	2.83	1.25	27	5.75	3.72	48	9.40	7.18
12	3.02	1.30	28	5.93	3.86	49	9.56	7.34
13	3.22	1.54	29	6.10	4.04	50	9.75	7.50
14	3.40	1.68	30	6.26	4.20	55	10.60	8.36
15	3.58	1.84	31	6.45	4.35	60	11.50	9.20
16	3.77	1.98	32	6.62	4.51	65	12.31	10.01
17	3.95	2.14	33	6.81	4.67	70	13.15	10.85
18	4.13	2.29	34	7.00	4.83	80	14.87	12.55
19	4.31	2.45	35	7.16	5.00	90	16.58	14.30
20	4.49	2.61	36	7.35	5.17	100	18.20	16.05
21	4.66	2.77	37	7.51	5.33	120	21.60	19.51
22	4.83	2.92	38	7.66	5.51	140	24.84	22.89
23	5.01	3.08	39	7.85	5.67			

四、分度头划线的识读

分度头是铣床附件，是用来对工件进行分度的工具。钳工划线时可以使用分度头对较小规则的圆形工件进行等分圆周和不等分圆周划线或倾斜角度划线等。其使用方便，精确度好。分度头的外形及传动系统如图13-9所示。

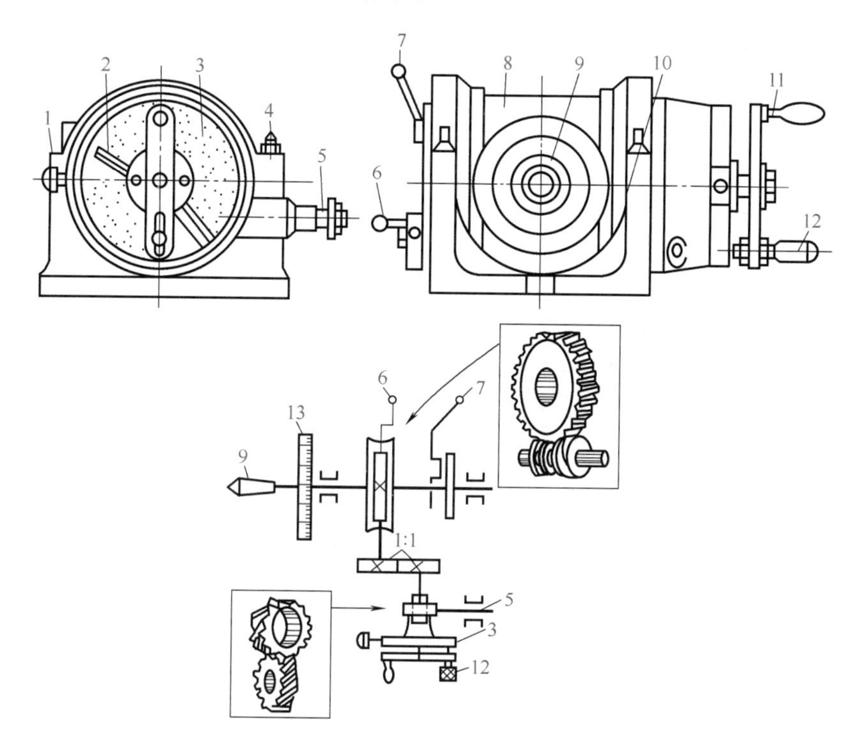

图13-9 F11125型万能分度头的外形和传动系统

1—分度盘紧固螺钉；2—分度叉；3—分度盘；4—螺母；5—交换齿轮轴；6—蜗杆脱落手柄；7—主轴锁紧手柄；8—回转体；9—主轴；10—基座；11—分度手柄；12—分度定位销；13—刻度盘

（1）分度头的主要附件及其功用

① 分度盘。分度头有配一块分度盘的，也有配两块分度盘的。常用的F11125型万能分度头备有两块分度盘，正反面都有数圈均布的孔圈，常用分度盘孔圈数见表13-5。

表13-5 分度盘的孔圈数

盘块面	定数	盘的孔圈数
带一块盘	40	正面:24、25、28、30、34、37、38、39、41、42、43 反面:46、47、49、51、53、54、57、58、59、62、66
带两块盘	40	第一块正面:24、25、28、30、34、37 第一块反面:38、39、41、42、43 第二块正面:46、47、49、51、53、54 第二块反面:57、28、59、62、66

使用分度盘可以解决不是整转数的分度，进行一般的分度操作。

② 分度叉。在分度时，为了避免每分度一次都要人工计数孔数，可利用分度叉来计数，

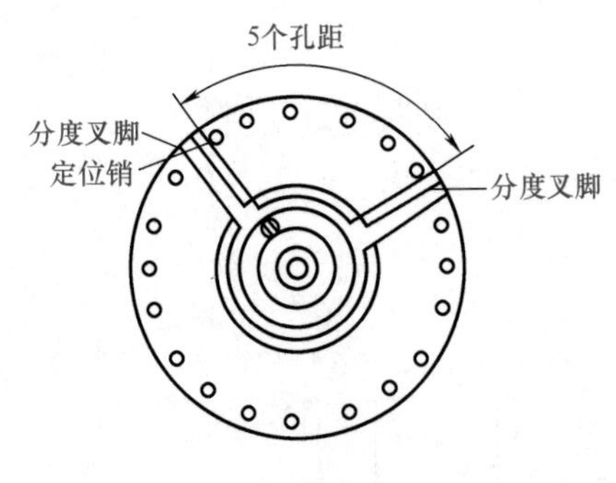

图13-10　分度叉

如图13-10所示。松开分度叉紧固螺钉，可任意调整两叉之间的孔数。为了防止摇动分度手柄时带动分度叉转动，用弹簧片将它压紧在分度盘上。分度叉两叉之间的实际孔数，应比所需的孔距数多一个孔，因为第一个孔是作起始孔而不计数的。图13-10所示是每分度一次摇过5个孔距的情况。

③ 三爪自定心卡盘。三爪自定心卡盘的结构如图13-11所示，它通过连接盘安装在分度头主轴上，用来装夹工件，当扳手方榫插入小锥齿轮的方孔内转动时，小锥齿轮就带动大锥齿轮转动。大锥齿轮的背面有一平面螺纹，与三个卡爪上的牙齿啮合，因此当平面螺纹转动时，三个爪就能同步进出移动。

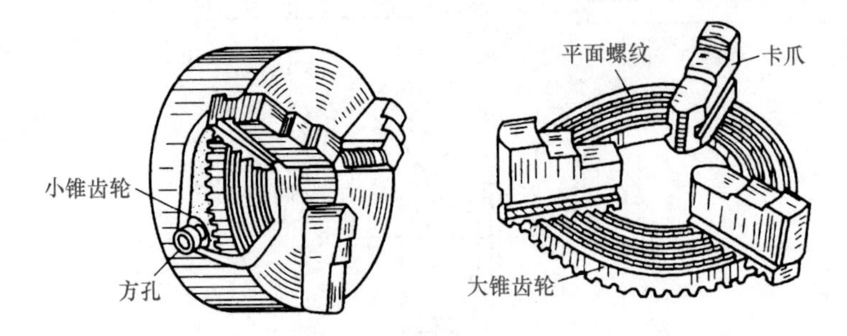

图13-11　三爪自定心卡盘的结构

（2）分度方法

① 单式分度法。由分度头的传动系统可知，分度手柄转40转，主轴转1转，即传动比为1∶40，“40”称为分度头的定数。各种型号的分度头，基本上都采用这个定数。

假如设工件的等分数为z，则每分度一次主轴需转过$1/z$圈，而分度手柄需要转过的圈数设为n。其单式分度法计算公式为

$$\frac{1}{z} : n = 1 : 40\text{，即}n = \frac{40}{z}$$

式中　n——分度手柄的转数；

z——工件等分数；

40——分度头定数。

例1：在一工件轴上划出12条等分线，求每划一条线后，分度头手柄的转数为

$$n = \frac{40}{z} = \frac{40}{12} = 3\frac{4}{12} = 3\frac{8}{24}$$

即：每划一条线后，分度头手柄摇过3圈，再在24的孔圈上转过8个孔距。

为减少计算，可依据所分等分数，直接查单式分度表，见表13-6。

表13-6　单式分度表（分度头定数40）

工件等分数	分度盘孔数	手柄回转数	转过的孔距数	工件等分数	分度盘孔数	手柄回转数	转过的孔距数
2	任意	20	—	5	任意	8	—
3	24	13	8	6	24	6	16
4	任意	10	—	7	28	5	20

续表

工件等分数	分度盘孔数	手柄回转数	转过的孔距数	工件等分数	分度盘孔数	手柄回转数	转过的孔距数
8	任意	5	—	41	41	—	40
9	54	4	24	42	42	—	40
10	任意	4	—	43	43	—	40
11	66	3	42	44	66	—	60
12	24	3	8	45	54	—	48
13	39	3	3	46	46	—	40
14	28	2	24	47	47	—	40
15	24	2	16	48	24	—	20
16	24	2	12	49	49	—	40
17	34	2	12	50	25	—	20
18	54	2	12	51	51	—	40
19	38	2	4	52	39	—	30
20	任意	2	—	53	53	—	40
21	42	1	38	54	54	—	40
22	66	1	54	55	66	—	48
23	46	1	34	56	28	—	20
24	24	1	16	57	57	—	40
25	25	1	15	58	58	—	40
26	39	1	21	59	59	—	40
27	54	1	26	60	42	—	28
28	42	1	18	62	62	—	40
29	58	1	22	64	24	—	15
30	24	1	8	65	39	—	24
31	62	1	18	66	66	—	40
32	28	1	7	68	34	—	20
33	66	1	14	70	28	—	16
34	34	1	6	72	54	—	30
35	28	1	4	74	37	—	20
36	54	1	6	75	30	—	16
37	37	1	3	76	38	—	20
38	38	1	2	78	39	—	20
39	39	1	1	80	34	—	17
40	任意	1	—	—	—	—	—

② 角度分度法。工件角度以“度”（°）为单位时，其计算公式为

$$n=\frac{\theta}{9^\circ}$$

工件角度以“分”（′）为单位时，其计算公式为

$$n=\frac{\theta}{9\times 60'}=\frac{\theta}{540'}$$

工件角度以“秒”（″）为单位时，其计算公式为

$$n=\frac{\theta}{9\times60'\times60''}=\frac{\theta}{3240''}$$

式中　n——分度头手柄的转数；

θ——工件等分角度。

例2：在一工件轴上划两个键槽，其夹角为77°，应如何分度？

解：把77°代入以“度”为单位的公式中

$$n=\frac{77°}{9°}=8\frac{5}{9}=8\frac{30}{54}$$

即：分度头手柄转过8圈后再在54孔圈上转过30孔距。

例3：在一工件轴上划两个键槽，其夹角为7°21′30″，应如何分度？

解：先把7°21′30″化成“秒”

$$7°21'30''=26490''$$

把26490″代入以“秒”为单位的公式中，得

$$n=\frac{\theta}{32400''}=\frac{26490''}{3240''}=0.8176\approx\frac{54}{66}$$

角度分数表见表13-7。

表13-7　角度分数表（分度头定数40）

分度头主轴转角			分度盘孔数	转过的孔距数	折合手柄转数	分度头主轴转角			分度盘孔数	转过的孔距数	折合手柄转数
(°)	(′)	(″)				(°)	(′)	(″)			
0	10	0	54	1	0.0185	4	20	0	54	26	0.4814
0	20	0	54	2	0.0370	4	30	0	66	33	0.5000
0	30	0	54	3	0.0556	4	40	0	54	28	0.5200
0	40	0	54	4	0.0741	4	50	0	54	29	0.5370
0	50	0	54	5	0.0926	5	0	0	54	30	0.5556
1	0	0	54	6	0.1111	5	10	0	54	31	0.5741
1	10	0	54	7	0.1296	5	20	0	54	32	0.5926
1	20	0	54	8	0.1481	5	30	0	54	33	0.6111
1	30	0	30	5	0.1667	5	40	0	54	34	0.629b
1	40	0	54	10	0.1852	5	50	0	54	35	0.6481
1	50	0	54	11	0.2037	6	0	0	30	20	0.6667
2	0	0	54	12	0.2222	6	10	0	54	37	0.6852
2	10	0	54	13	0.2407	6	20	0	54	38	0.7037
2	20	0	54	14	0.2593	6	30	0	54	39	0.7222
2	30	0	54	15	0.2778	6	40	0	54	40	0.7407
2	40	0	54	16	0.2963	6	50	0	54	41	0.7593
2	50	0	54	17	0.3148	7	0	0	54	42	0.7778
3	0	0	30	10	0.3333	7	10	0	54	43	0.7963
3	10	0	54	19	0.3519	7	20	0	54	44	0.8148
3	20	0	54	20	0.3704	7	30	0	30	25	0.8333
3	30	0	54	21	0.3889	7	40	0	54	46	0.8519
3	40	0	54	22	0.4074	7	50	0	54	47	0.8704
3	50	0	54	23	0.4259	8	0	0	54	48	0.8889
4	0	0	54	24	0.4444	8	10	0	54	49	0.9074
4	10	0	54	25	0.4630	8	20	0	54	50	0.9259

续表

分度头主轴转角			分度盘孔数	转过的孔距数	折合手柄转数	分度头主轴转角			分度盘孔数	转过的孔距数	折合手柄转数
(°)	(′)	(″)				(°)	(′)	(″)			
8	30	0	54	51	0.9444	8	50	0	54	53	0.9815
8	40	0	54	52	0.9630	9	0	0	—	—	1.0000

（3）等速凸轮运动曲线的划线

如图13-12（a）所示，凸轮工作曲线AB为从0°~270°的等速上升曲线，其升高量为$H=40\text{mm}-31\text{mm}=9\text{mm}$；工作曲线$BA$为从270°~360°的下降曲线，其$H$仍等于9mm。划线前凸轮坯件除了外缘，其余部分均已加工至图样要求尺寸。其划线步骤如下。

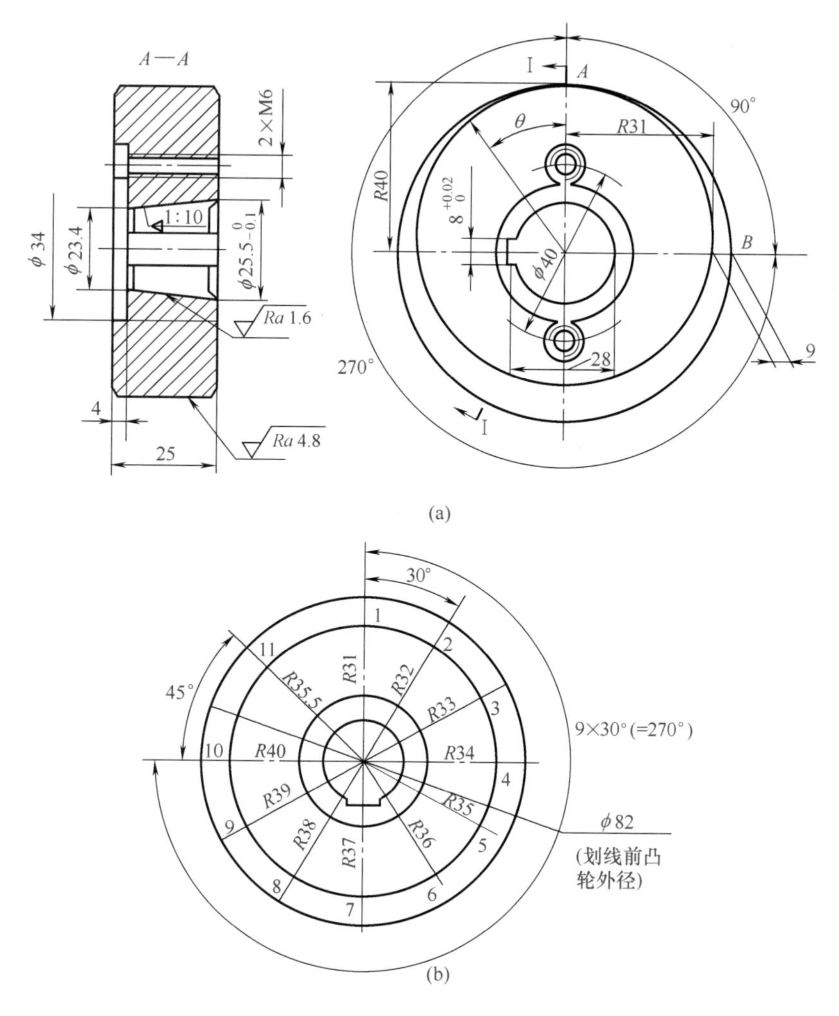

图13-12　凸轮工作等速上升曲线

① 以ϕ25.5mm锥孔为基准，配作1∶10锥度心轴。先将心轴装夹在分度头的三爪自定心卡盘上校正，然后将凸轮坯件装夹在心轴上，以键槽定向划出中心十字线（即定出零位）。

② 凸轮工作曲线AB在270°范围内升高量H=9mm。为计算方便，可将曲线分成9等分（或18等分），每等分为30°（或15°），每等分升高量H=1mm（或0.5mm）。从零位起，当按

分度头每转过30°作射线时，其分度头手柄应摇过$3\frac{22}{66}$（即摇过3转后在66板孔上再转过22孔），如图13-12（b）中的1，2，3，…，10（即在0°~270°范围内共10条射线）。此外下降工作曲线*BA*按每等分45°将曲线分2等分（即分度头手柄再转过5转），再划一条射线。

③ 凸轮工作曲线*AB*按30°等分后，每等分升高量*H*=1mm。定距离时，先将工件的零位转至最高点，用高度游标卡尺在射线1上截取*R*=31mm得到第1点，然后将分度头转过30°，在射线2上截取*R*=32mm得到第2点……以此类推直至在射线10上截取*R*=40mm得到第10点，然后再转过45°在射线11上截取*R*=35.5mm得到第11点，如图13-12（b）所示。

④ 取下工件，用曲线板逐点连接工作曲线，注意连线时应保证曲线的圆滑准确。在凸轮的加工线上冲出样冲孔，并在凸轮工作曲线的起始点做出标记。

五、借料划线图的识读

对有些铸件或锻件毛坯，按划线基准进行划线时，会出现零件毛坯某些部位的加工余量不够。如果通过调整和试划，将各部位的加工余量重新分配，以保证各部位的加工表面均有足够的加工余量，使有误差的毛坯得以补救，这种用划线来补救的方法称为借料。对毛坯零件借料划线的步骤如下：

① 测量毛坯件的各部位尺寸，划出偏移部位及偏移量。

② 根据毛坯偏移量，对照各表面加工余量，分析此毛坯是否能够划线，如确定能够划线，则应确定借料的方向及尺寸，划出基准线。

③ 按图样要求，以基准线为依据，划出其余所有的线。

④ 复查各表面的加工余量是否合理，如发现还有表面的加工余量不够，则应继续借料重新划线，直至各表面都有合适的加工余量为止。

如图13-13所示为箱体借料划线示意图。图13-13中（a）所示为某箱体铸件毛坯的实际尺寸，（b）所示为箱体图样标注的尺寸（已略去其他视图及借料无关的尺寸）。

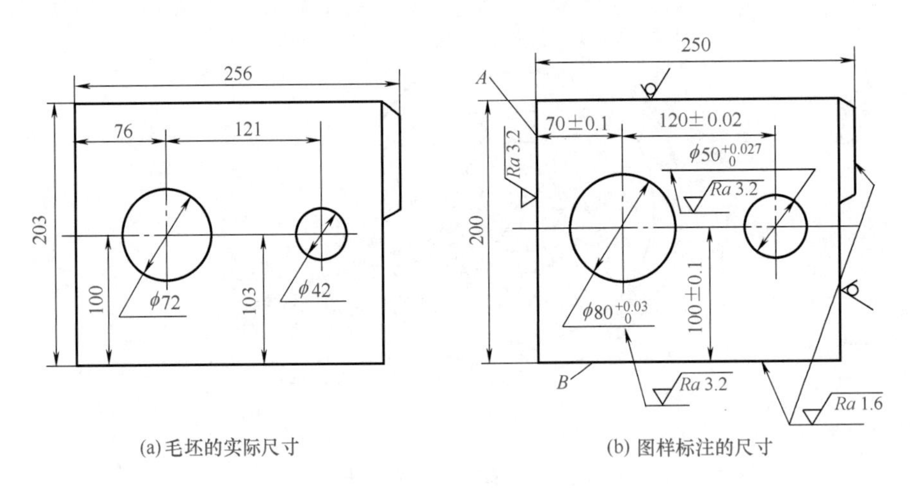

图13-13　箱体借料划线示意

（1）不采用借料划线分析各加工平面的余量

首先应选择两个相互垂直的平面*A*、*B*为划线基准（考虑各面余量均为3mm）。

① 大孔的划线中心与毛坯孔中心相差4.24mm，如图13-14（a）所示。

② 小孔的划线中心与毛坯孔中心相差4mm，如图13-14（a）所示。

③ 如果不借料，以大孔毛坯中心为基准来划线，如图13-14（b）所示，则底面与右侧面均无加工余量，此时小孔的单边余量最小处不到0.9mm，很可能镗不圆。

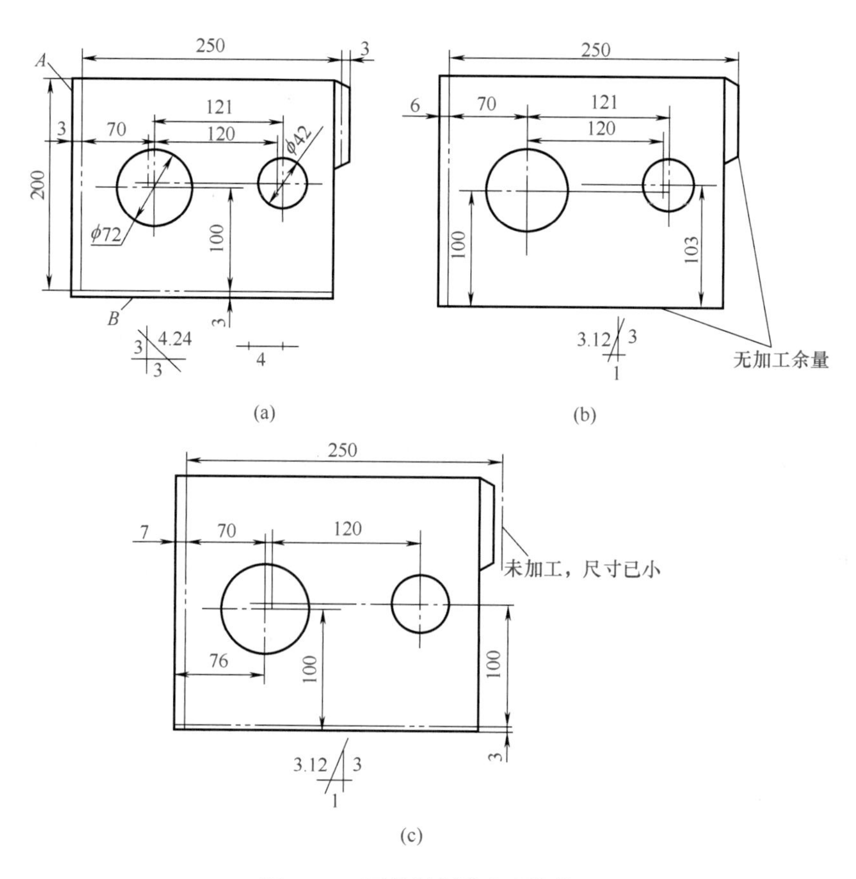

图13-14　不借料划线出现的情况

④ 如果不借料，以小孔毛坯中心为基准来划线，如图13-14（c）所示，则右侧面不但没有加工余量，还比图样尺寸小了1mm，这时大孔的单边余量最小处不到0.9mm，很可能镗不圆。

（2）采用借料划线分析各表面加工余量（图13-15）

① 经借料后各平面加工余量分别为4.5mm、2mm、1.5mm。

② 将大孔中心往上借2mm，往左借1.5mm（孔的中心实际借偏约2.5mm），大孔获得单边最小加工余量为1.5mm。

③ 将小孔中心往下借1mm，往左借2.5mm（孔的中心实际借偏约2.7mm），小孔获得单边最小加工余量为1.3mm。

应当指出，通过借料，高度尺寸比图样要求尺寸超出1mm，但一般是允许的，否则应考虑其他方法借正。

如图13-16所示是一件有锻造缺陷的轴（毛坯）。若按常规方法加工，则轴的大端、小端均有部分没有加工余量，若采用借料划线（轴类工件借料方法，应借调中心孔或外圆夹紧定位部位，使轴的两端外圆均有一定加工余量）进行校正后加工，即可补救锻造缺陷。

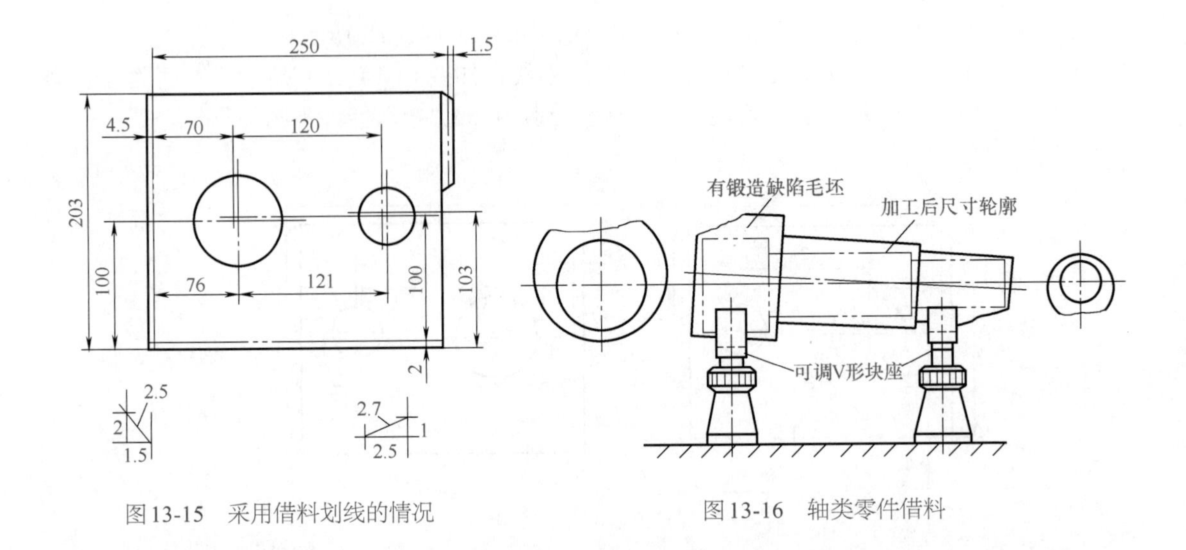

图13-15　采用借料划线的情况

图13-16　轴类零件借料

第二节　钳工识图特点

一、平面图形线段分析图（三步作图法）的识读

绘制平面图形时，先画哪条线，后画哪条线（特别是圆弧线），是有一定规律可循的。如图13-17所示手柄零件图，应按下述三步法作图。

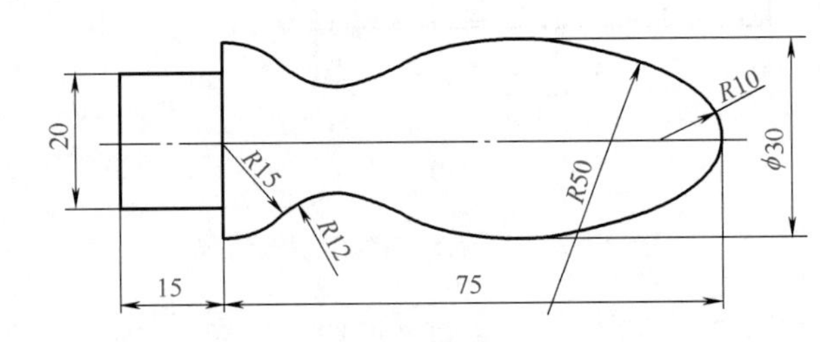

图13-17　手柄零件图

① 先画已知圆弧，即半径确定、圆心确定的圆弧，如图13-17所示中的“*R*10”“*R*15”两段圆弧。

② 再画中间圆弧，即半径确定、圆心位置缺少一个定位尺寸的圆弧，如图13-17所示中的“*R*50”，其长度方位尺寸未确定，宽度方位尺寸可根据右端的“ϕ30”核算出。

③ 最后画连接圆弧，即半径确定、圆心未确定的圆弧，如图13-18所示中的“*R*12”。

具体画图步骤如图13-18所示。

① 画对称轴线和基准线。

② 画已知圆弧“*R*15”“*R*10”。

③ 求出中间圆弧“*R*50”的圆心和切点，画出中间圆弧（与“*R*10”圆弧内切，与“ϕ30”上下尺寸界线相切）。

④ 求出连接圆弧“*R*12”的圆心和切点，画出连接圆弧（与“*R*15”“*R*50”圆弧外切）。

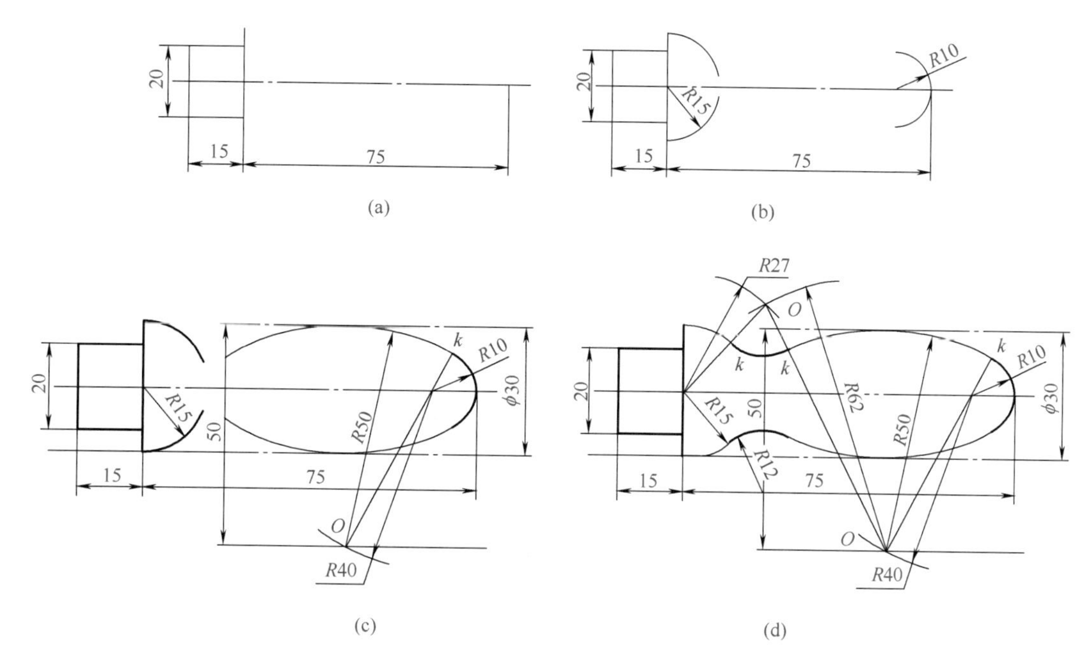

图 13-18　手柄零件图画图步骤

二、设备结构分析图的识读

现以图 13-19 所示行程开关为例说明。此行程开关实际上是二位三通阀，它是气动系统中的位置检测部件，其功用是将机械往复运动瞬时转变成气动控制信号。在静止状况，阀芯在弹簧的推力下，位于行程开关的左端，使出气口与进气口隔离。压缩空气可从泄气口流出。工作时，推动阀芯左端的球头向右移动，使进气口与出气口连通（同时，封闭泄气口），发出气动信号。当外力消失，阀芯复位。

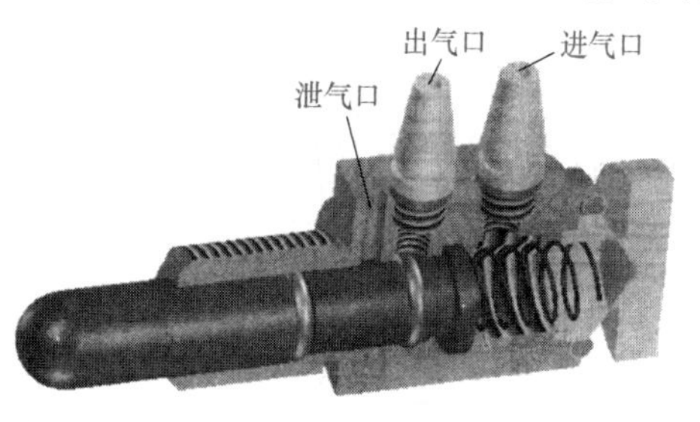

图 13-19　行程开关

识读图 13-20 所示行程开关装配图，可先从标题栏和明细表看起，此装配图表达了十种零件组成的行程开关的结构。如图 13-21~图 13-26 所示为行程开关各零件图及立体图，供读者参考。

看装配图的主要任务是：弄清装配体的工作原理，即运动件的动作传递程序。这要求看懂视图表达方案，想象零件的结构形状。

行程开关有四个主体零件：阀芯 1（材质为 45 钢）、阀体 5、端盖 6 和接头 10（材质均为黄铜 ZH62）。为确保各自功能的发挥，这些零件的制造和装配要达到必要的精度，材质上应有特殊要求，使用材料应满足耐磨、防锈等要求。密封方面为达到气密指标，严格选择了符合国家标准的三种规格的 O 形密封圈和一种规格的圆盘形垫圈，材质均为密封用橡胶。圆螺母 2 为标准件，用于固定行程开关，为了防松，用了两个圆螺母。弹簧 7 是为阀芯复位设计的。

动作的传递是通过动力源推动阀芯左端的球头向右移动，致使进、出气口连通，发出气动信号，进而完成控制。此装置的特色是灵敏、快捷，可把机械式往复运动瞬时转变成气动控制信号。

由图13-20所示可看出，阀芯与阀体的装配是基孔制间隙配合，公差等级为9级；阀体左右端与端盖为螺纹连接，配合要求为基孔制间隙配合，公差等级是阀体7级、端盖6级，按照密封要求，采用公制普通细牙螺纹连接（M14×1）。接头与阀体也是螺纹连接，配合要求为基孔制间隙配合，公差等级是阀体7级、端盖6级，按照密封要求，采用公制普通细牙螺纹连接（M4）。

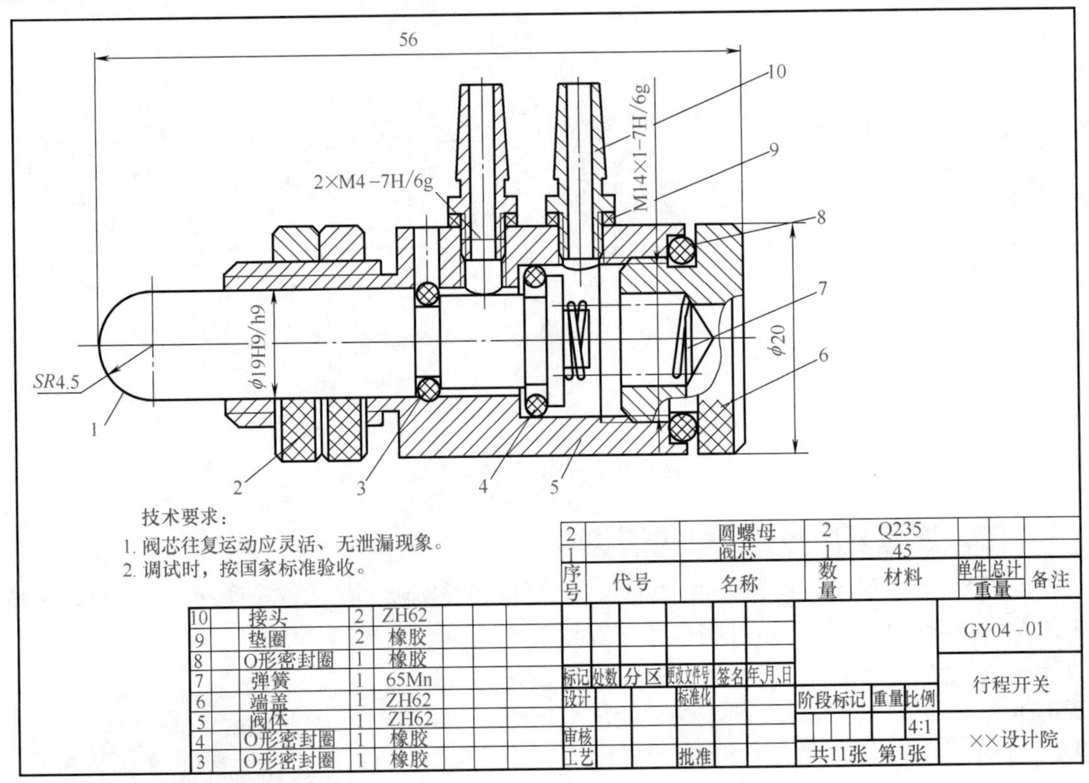

图13-20 行程开关装配图

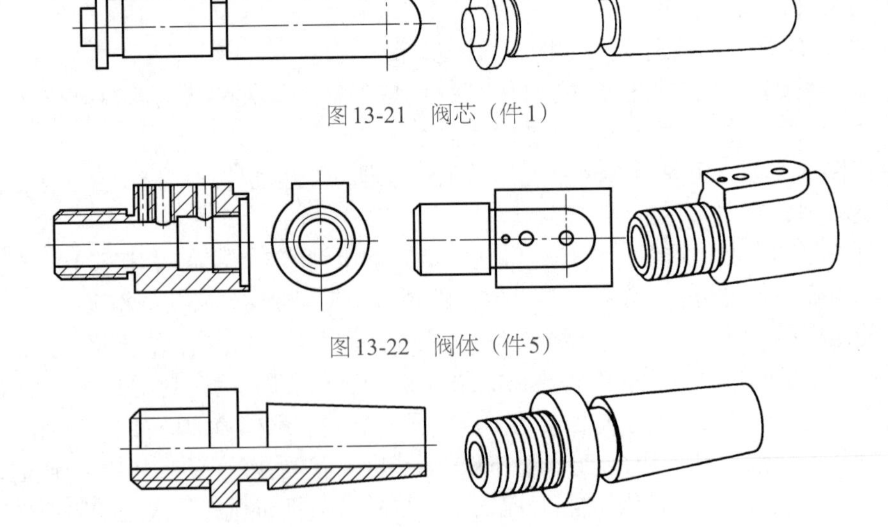

图13-21 阀芯（件1）

图13-22 阀体（件5）

图13-23 接头（件10）

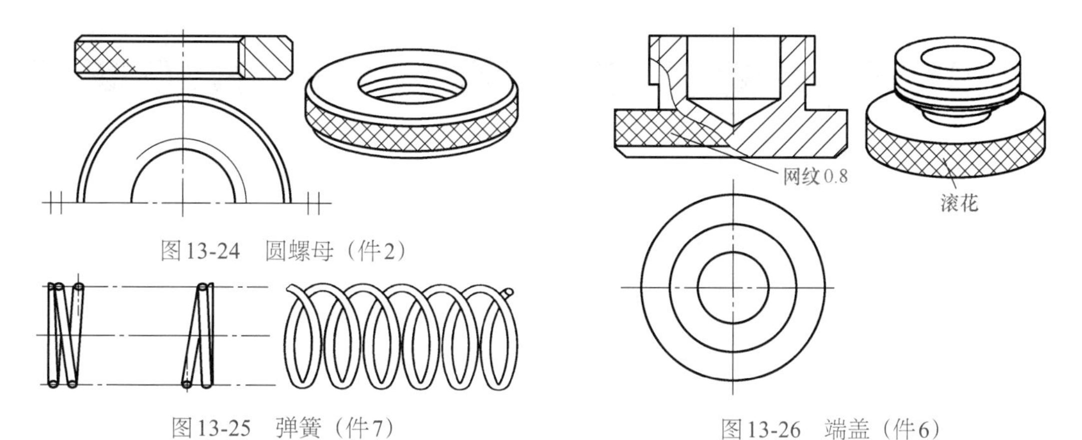

图13-24　圆螺母（件2）

图13-25　弹簧（件7）

图13-26　端盖（件6）

以下介绍几种常用的密封结构、锁紧结构、定位结构等，供读者参考（见表13-8）。

表13-8　常用的密封结构、锁紧结构、定位结构等

项目		说明
静密封	定义	无相对运动的机件之间的密封
静密封	垫片密封	常见形式如图13-27所示。垫片材质一般为密封橡胶，被密封的两零件端面一般不接触。如图13-27（a）、(b)所示为常见的平面式端面；如图13-27（c)所示为凹槽式端面，密封橡胶垫充满凹槽 端面为平面　端面为平面　端面为平面 端面有凹坑　端面有凹槽 (a) 平面式端面　(b) 平面-凹坑式端面　(c) 凹槽式端面 图13-27　垫片密封
静密封	管道密封	常见形式如图13-28所示 (a) 垫圈(密封塑胶)密封　(b) 填料函(石棉盘根)密封 缠乳胶带 (c) 螺纹、乳胶带密封　(d) O形密封圈(塑胶)密封 图13-28

续表

项目		说明
静密封	管道密封	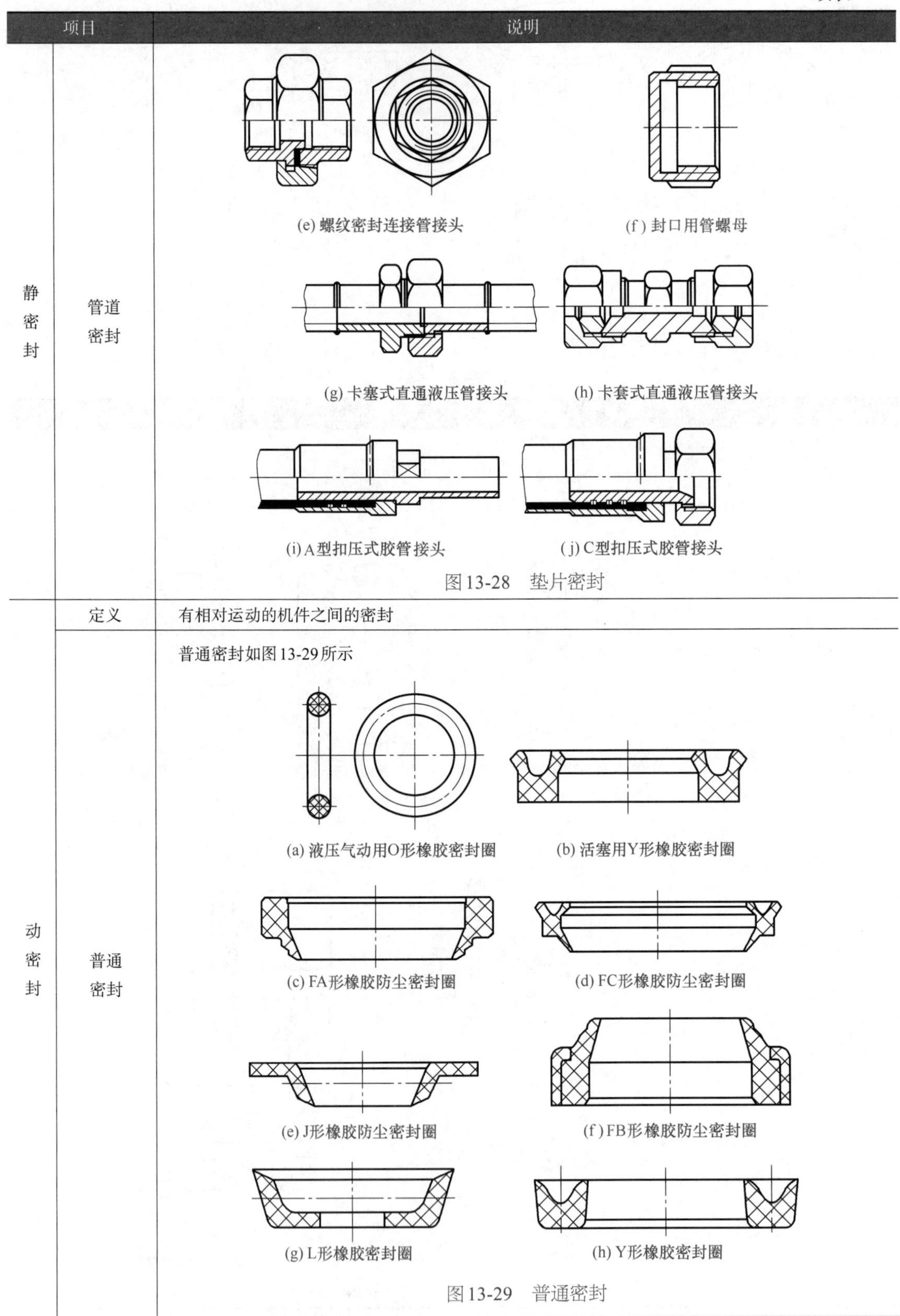 (e) 螺纹密封连接管接头　(f) 封口用管螺母 (g) 卡塞式直通液压管接头　(h) 卡套式直通液压管接头 (i) A型扣压式胶管接头　(j) C型扣压式胶管接头 图13-28　垫片密封
动密封	定义	有相对运动的机件之间的密封
	普通密封	普通密封如图13-29所示 (a) 液压气动用O形橡胶密封圈　(b) 活塞用Y形橡胶密封圈 (c) FA形橡胶防尘密封圈　(d) FC形橡胶防尘密封圈 (e) J形橡胶防尘密封圈　(f) FB形橡胶防尘密封圈 (g) L形橡胶密封圈　(h) Y形橡胶密封圈 图13-29　普通密封

续表

项目		说明
动密封	特殊密封	特殊密封如图13-30所示  (a) U形无骨架橡胶油封　(b) J形无骨架橡胶油封 图13-30　特殊密封
固定、定位装置		常用标准固定件包括弹性挡圈，其结构如图13-31所示 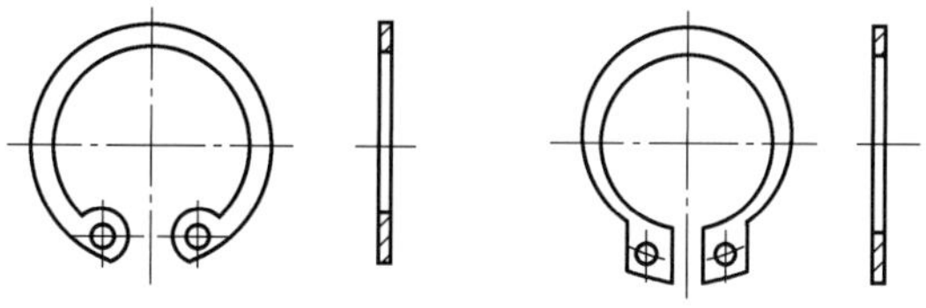 (a)　(b) 图13-31　弹性挡圈
润滑装置		常用润滑装置为油杯，其结构如图13-32所示 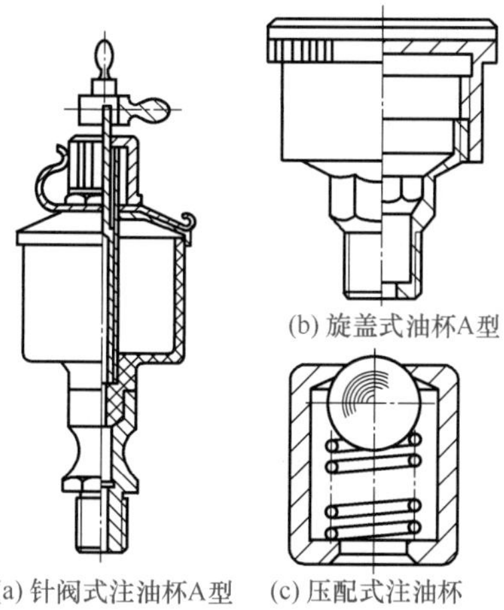 (b) 旋盖式油杯A型 (a) 针阀式注油杯A型　(c) 压配式注油杯 图13-32　润滑装置
锁紧结构	顶紧式锁紧结构	轴与壳体是间隙配合，当拧紧螺钉后，通过顶紧垫块将轴锁紧，如图13-33所示
	夹紧式锁紧结构	壳体开缝，靠螺钉、螺母夹紧，如图13-34所示
轴上零件的连接和定位	紧定螺钉定位	紧定螺钉为标准件，锥端成90°尖角，同理，轴上（直径为d）也应制成90°尖角的承钉坑，螺钉直径一般取（0.15~0.25）d，如图13-35所示
	销定位	销是标准件（直径为d），与接触件是过渡配合，销直径一般取（0.25~0.15）d，如图13-36所示
	弹簧挡圈与轴肩定位	弹簧挡圈与轴肩定位，如图13-37所示
	锥形轴头与螺母固定	锥形轴头与螺母固定，如图13-38所示

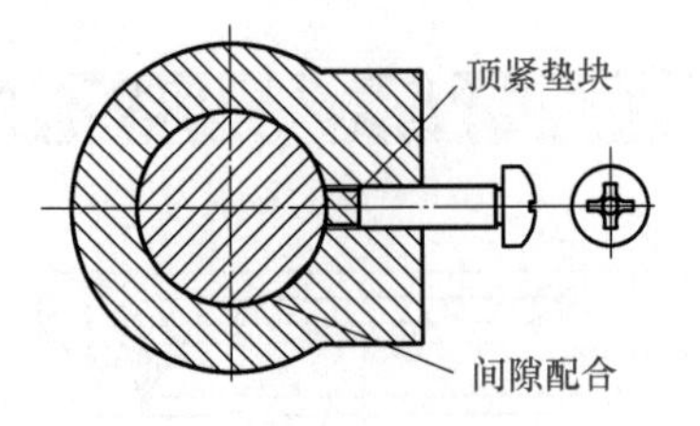

图 13-33　顶紧式锁紧结构

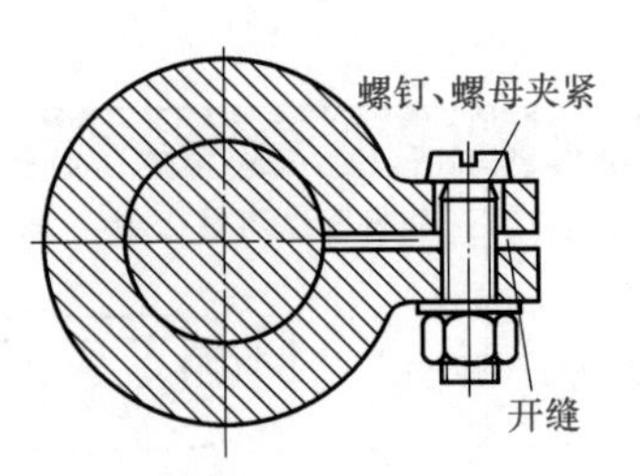

图 13-34　夹紧式锁紧结构

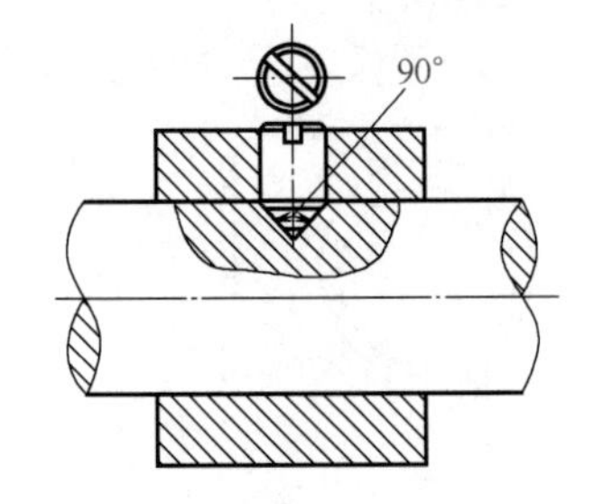

图 13-35　紧定螺钉定位

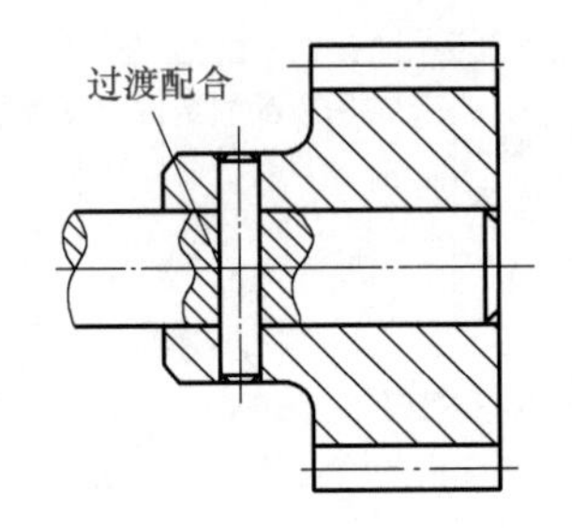

图 13-36　销定位

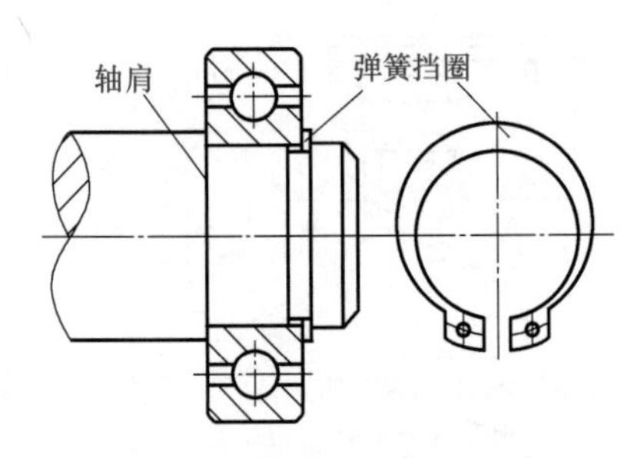

图 13-37　弹簧挡圈与轴肩定位

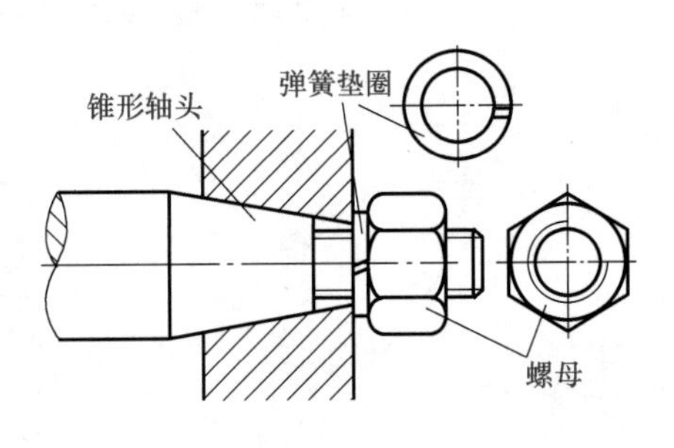

图 13-38　锥形轴头与螺母固定

三、检修钳工图的识读

检修钳工应熟悉机器、设备的结构性能，这往往要从机器的工程图样中分析、掌握有关数据和结构要求。一定要明确任何一种零部件的结构形状也不是随意设置的，例如：掌握摩托车方向的手把是要人来操纵的，所以不管什么样式的手把，必须依据人的肩宽来设计，不能太宽，也不能太窄。再如，一般机床的齿轮传动机构均需要可靠的润滑，因此，润滑油的密封装置就是检修的日常工作。

检修工作可分为日常维修保养和定期大修两个环节。平日对机器、设备的精心呵护，必然会充分发挥机器的功用，并延长机器的使用寿命。准备好必要的备件和恰当的维修工具，是对检修钳工的基本要求。下面以图 13-39 所示手压阀为例，讨论检修钳工的识图特点。

① 先从标题栏和明细栏入手。此图表达的是手压阀的装配图，由 11 种零件组成。

② 弄清装配图的表达方案。图中仅采取了一个基本视图，主视图（全剖）来表达其装配关系，这种装配图可称为装配工作图，其特点是不必表达清楚各个零件的结构形状（装配钳工很容易图、物对照），但是各零件之间的装配松紧要求必须明示清楚。看装配图最重要的是分析机器、部件的工作原理，工作原理就是机器、部件做功传动的程序，并不抽象。手压阀是靠手握球头，施力压迫手柄，推动阀杆向下移动，克服弹簧的张力，使进出口连通，

致使液体流通的。当松开手不再施力时，阀杆靠弹簧的张力上移，顶紧阀体中部孔的锥形台阶，从而切断了液体的进出口通道。

③ 分析运动件的相对摩擦、密封、受力。这样才能理清维护保养的重点部位。从图13-39中可看出，手压阀属低速运动，动密封处是阀杆与阀体上部，靠顶部锁紧螺母压紧石棉盘根达到密封。为确保运动顺利，主动件阀杆与阀体上部的小孔“ϕ10”采用间隙配合“ϕ10H8/f8”，而阀杆上部与锁紧螺母内孔为非配合关系，要做到使阀杆套装在锁紧螺母孔中，而不接触（以免卡住、磨损）。为恰当调节弹簧的弹力，在阀体的底部，设置调节螺母，采用胶垫密封，这属于静密封。调节螺母的另一个作用是便于大修时清理阀体内腔。另外还有两个辅助件：销（用于支持手柄转动）和开口销（用于锁住手柄和销，使其勿滑出）。

如图13-40~图13-49示出了手压阀的零件图及立体图，供读者参考。

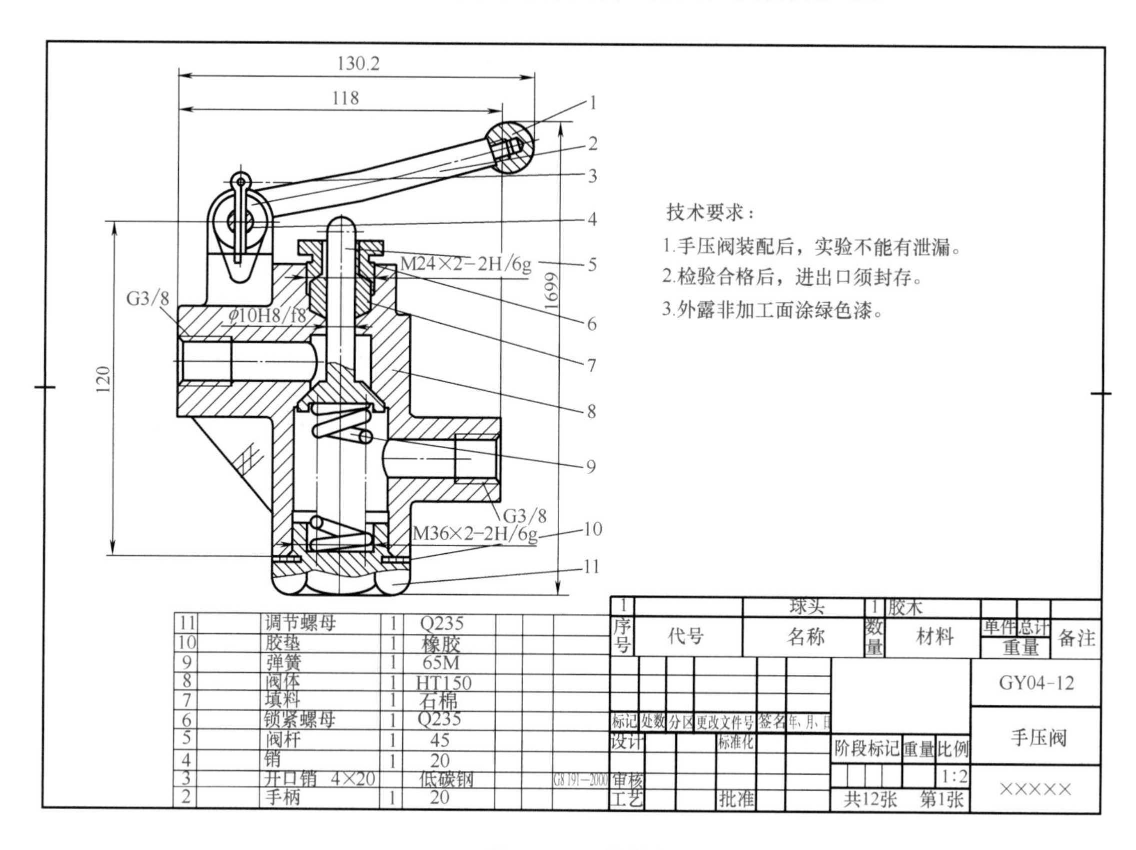

图13-39 手压阀

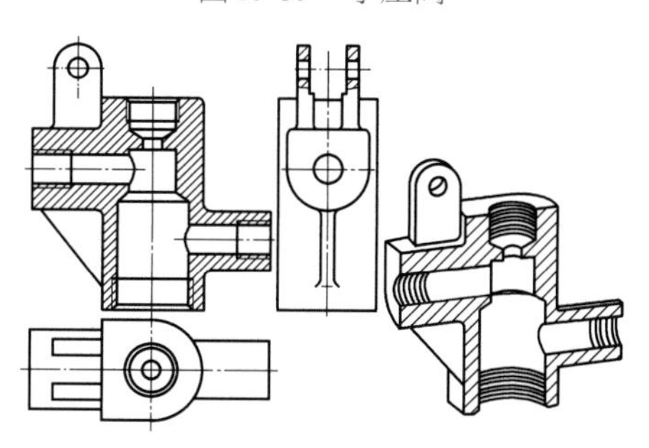

图13-40 阀体（件8）

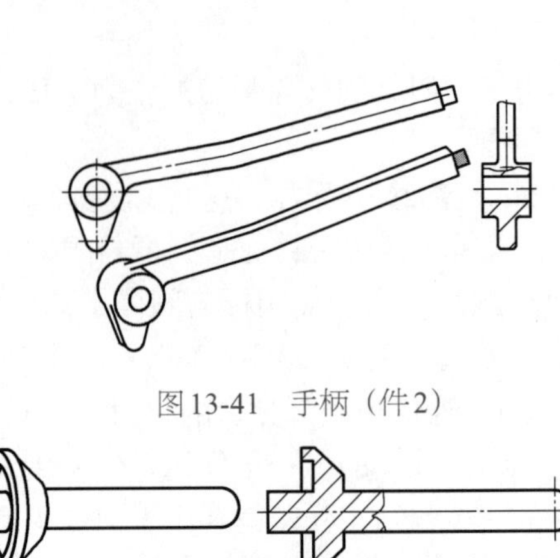

图13-41　手柄（件2）

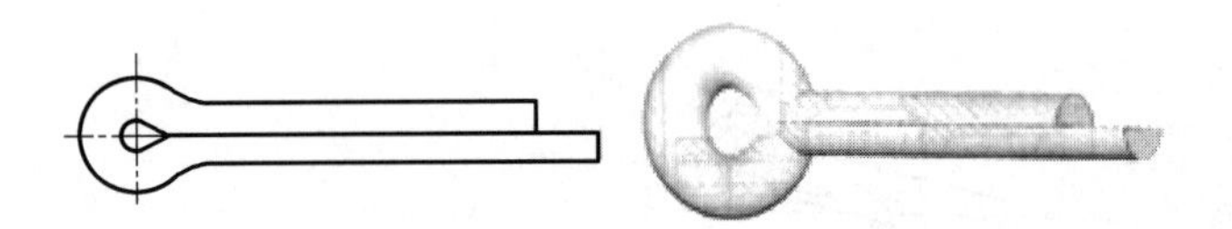

图13-42　阀杆（件5）

图13-43　开口销（件3）

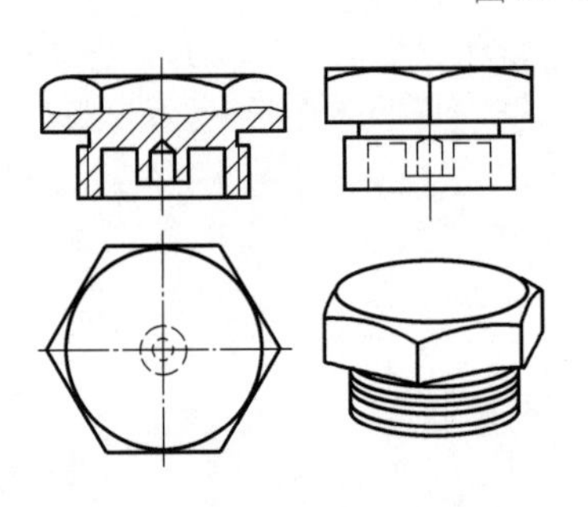

图13-44　调节螺母（件11）

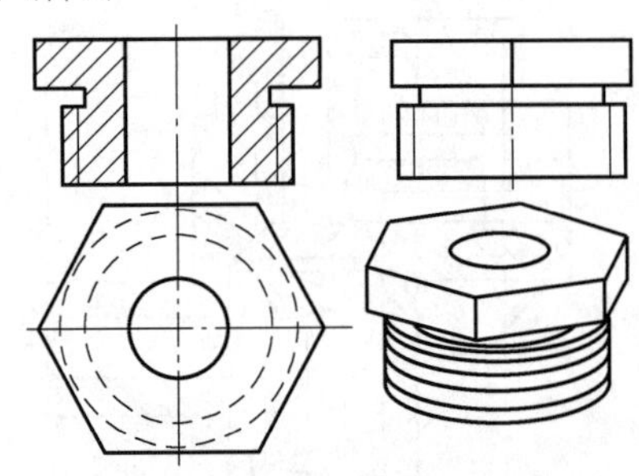

图13-45　锁紧螺母（件6）

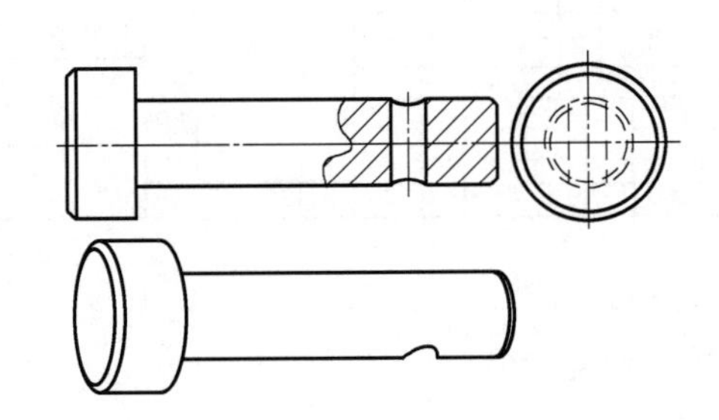

图13-46　销（件4）

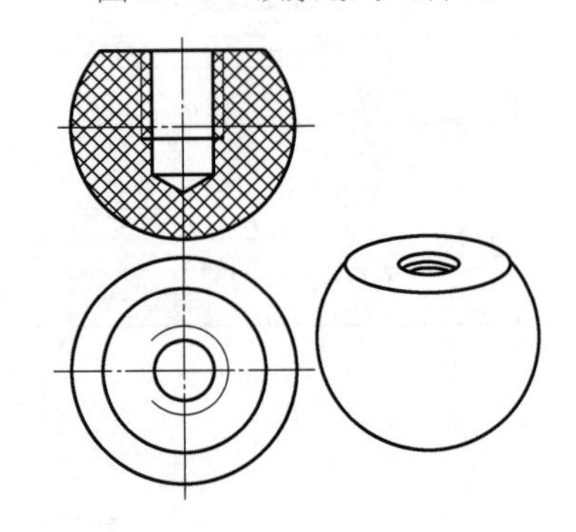

图13-47　球头（件1）

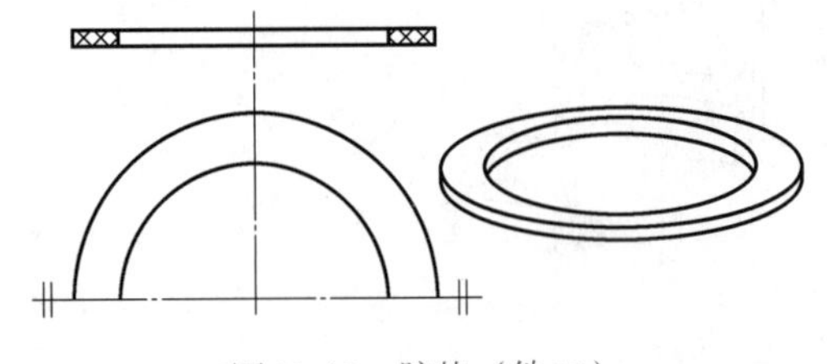

图13-48　胶垫（件10）

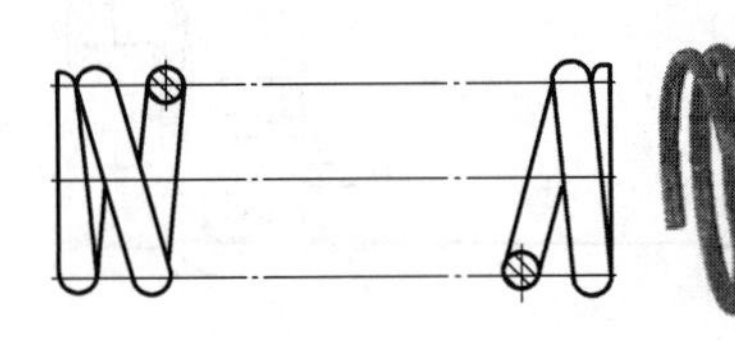

图13-49　弹簧（件9）

四、装配钳工图的识读

在装配线上工作的装配钳工，虽然工作中技术的单一性和重复性较强，对读装配图的需求不大，但为了自身素质的提高，也应不断加强识图能力。

对于小批量甚至单件机器、部件的装配，读懂工程图样尤为重要。下面以图13-50所示的一级齿轮减速器为例，说明齿轮、轴装配结构的通用要求。由于起减速作用的齿轮传动需要有良好的润滑，因此，比照齿轮量身定做了便于密闭、安装、支承、润滑的下减速箱体和上减速箱盖；为固定用于支承的滚动轴承，设置了两对对开的轴承孔；为定位、固定、密封，设置了两对端盖（闷端盖、透端盖）；另外，辅助设置了视孔盖、通气器、油标尺、螺塞（换油、清污用）等。

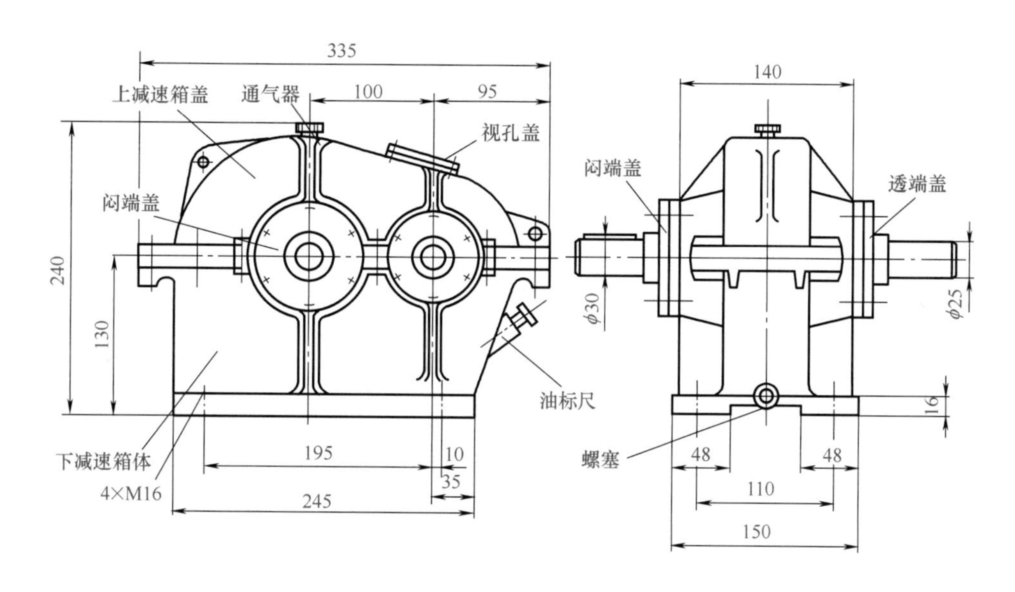

图13-50 一级齿轮减速器结构图

识图的一般步骤如下：

① 首先必须明确零件的结构形状绝不是随意设计的，而是依据零件在装配体中的作用决定的。例如，齿轮与轴的动力传递是靠标准件键来实现的，因此，齿轮与轴上的键槽均要按选定的键的形状、尺寸来设计。传动轴上的轴肩设计也大有讲究，轴肩的作用是轴向定位。如图13-51所示，齿轮的左端面靠紧轴肩的右端面，左边的一个滚动轴承的右端面靠紧轴肩的左端面。为便于拆卸，轴肩的高度应低于滚动轴承内圈的高度。

② 配合尺寸是装配钳工应重点落实的环节，关系到机器的性能、精度。配合的松紧程度要依据配合代号和公差等级来确定。例如，齿轮轴要在轴承孔中旋转，就要采用间隙配合，但齿轮轴装配到滚动轴承的内孔中，由于齿轮轴与内圈孔无相对转动（滚动轴承的内、外圈有相对转动），故为便于安装、拆卸，齿轮轴与内圈孔的配合为不松不紧的过渡配合。如图13-51所示中的“ϕ32k6”，指轴与滚动轴承内孔的配合为基孔制，过渡配合，齿轮轴公差等级为6级。由于滚动轴承是标准件，尺寸、表面粗糙度等已按标准规格要求制成，不可更改，故齿轮轴的形状、尺寸等必须依据滚动轴承来设计。齿轮与齿轮轴的配合亦为基孔制过渡配合，如图13-51所示中的“ϕ32H7/k6”，指齿轮轴与齿轮孔的基本尺寸相同均为

"ϕ32"，属于基孔制，过渡配合，公差等级：齿轮孔为7级，齿轮轴为6级。

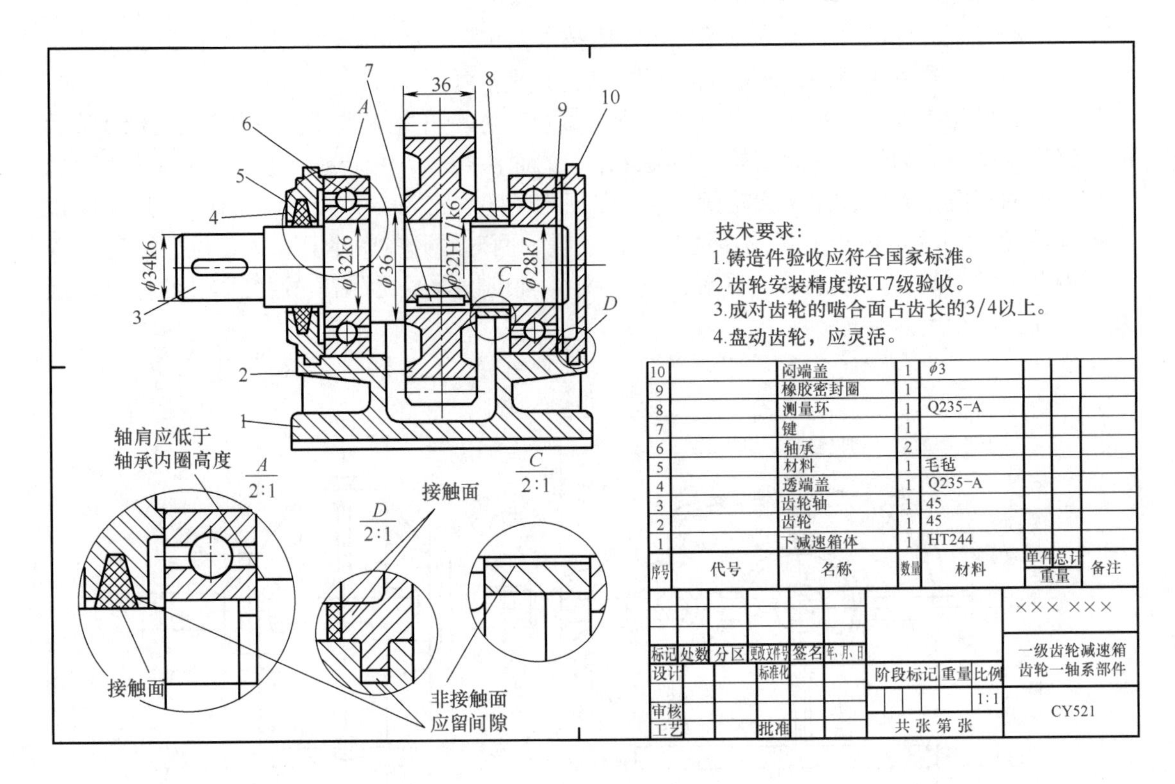

图13-51　一级齿轮减速器齿轮-轴装配图

③ 密封装置也是装配工作不可忽视的环节，尤其是动密封技术要求较高。本例采取了最为简单的毛毡圈密封，但也要注意，毛毡圈要紧贴齿轮轴表面，才能起到密封效果，而包容毛毡圈的透端盖的孔绝不能与齿轮轴接触，以避免摩擦。静密封相对容易达到指标要求，右侧的闷端盖采取了常见的橡胶密封圈密封，这种密封应注意橡胶密封圈的老化程度，应适时更换。

④ 各个零件的相对位置尺寸亦应仔细校正、落实。水平、垂直的校正是装配钳工的基本功。如图13-51中，设置调整环，是为了弥补轴向安装出现的尺寸偏差，一般只需修配、选择合适的调整环即可。

如图13-52~图13-56示出了一级齿轮减速器部分零件图及其立体图，供读者参考。

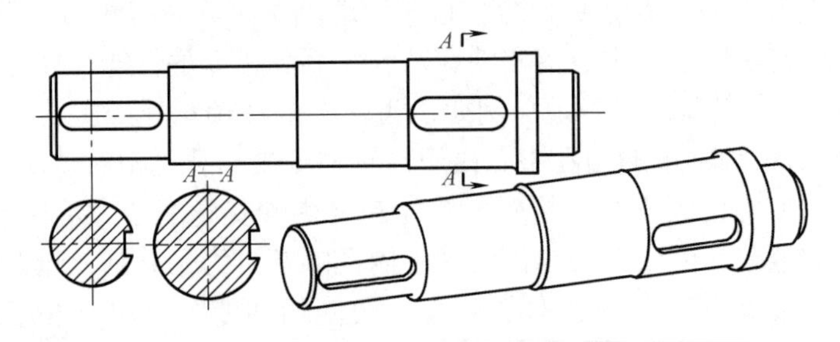

图13-52　齿轮轴（件3）

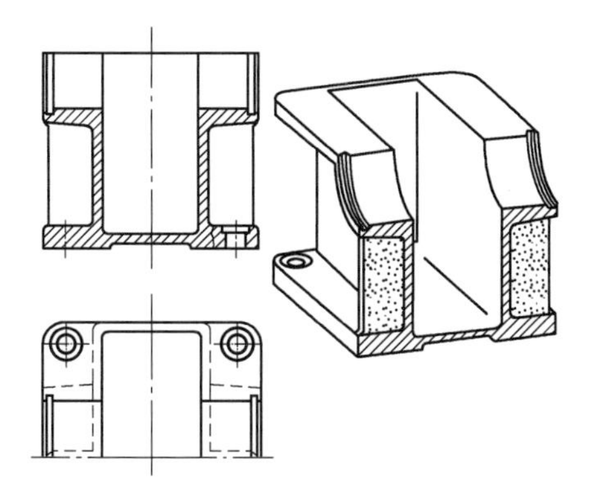

图13-53　下减速箱体（件1）

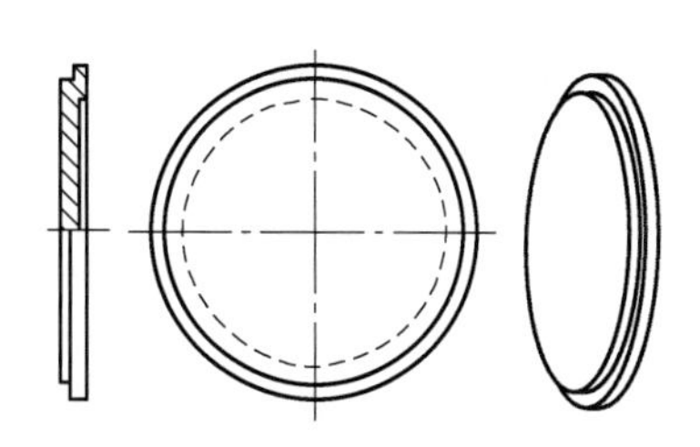

图13-54　闷端盖（件10）

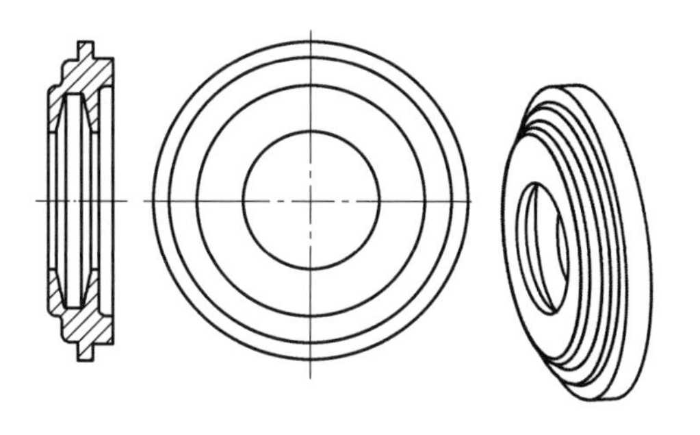

图13-55　透端盖（件4）

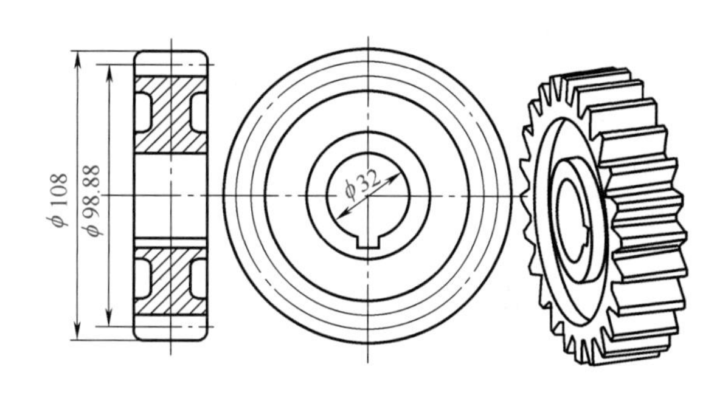

图13-56　齿轮（件2）

参考文献

[1] 车世明. 机械识图 [M]. 北京：清华大学出版社，2009.

[2] 张佑林，王琳. 现代机械工程图学教程 [M]. 北京：科学出版社，2007.

[3] 宋敏生. 机械图识图技巧 [M]. 北京：机械工业出版社，2006.

[4] 左宗义，冯开平. 工程制图 [M]. 广州：华南理工大学出版社，2003.

[5] 方沛伦. 工程制图 [M]. 北京：机械工业出版社，2000.

[6] 大连理工大学工程制图教研室. 机械制图 [M]. 5版. 北京：高等教育出版社，2003.

[7] 郭克希，王建国. 机械制图 [M]. 2版. 北京：机械工业出版社，2009.

[8] 杨利明. 机械制画 [M]. 北京：机械工业出版社，2007.

[9] 王幼龙. 机械制图 [M]. 3版. 北京：高等教育出版社，2007.

[10] 孙培先. 画法几何与工程制图 [M]. 北京：机械工业出版社，2004.

[11] 王其昌. 机械制图 [M]. 北京：人民邮电出版社，2006.

[12] 金大鹰. 机械制图 [M]. 2版. 北京：机械工业出版社，2008.

[13] 中国纺织大学. 画法几何及工程制图 [M]. 上海：上海科学技术出版社，1997.

[14] 许福明. 液压与气压传动 [M]. 北京：机械工业出版社，1996.

[15] 何铭新，钱可强. 机械制图 [M]. 5版. 北京：高等教育出版社，2005.

[16] 周明贵. 机械绘图与识图300例 [M]. 北京：化学工业出版社，2007.